电子系统 EDA 新技术丛书

嵌入式系统设计权威指南

基于 STM32G071 和 Arm Cortex-M0+的系统集成

何　宾　李天凌　编著

電子工業出版社
Publishing House of Electronics Industry
北京·BEIJING

内 容 简 介

本书以意法半导体公司新推出的基于 Arm Cortex-M0+的 STM32G071 MCU 为硬件平台，以意法半导体公司的 STM32CubeMX 和 Arm 公司的 Keil μVision（Arm 版本）集成开发环境（以下简称 Keil）为软件平台，以 Cortex-M0+处理器结构、高级微控制总线结构、Cortex-M0+处理器指令集和应用、C 语言应用开发、外设驱动与控制，以及 RT-Thread 操作系统为主线，由浅入深、由易到难地系统介绍了基于 STM32G071 MCU 的 32 位嵌入式系统开发流程和实现方法。

本书侧重于对基于 Arm Cortex-M0+ MCU 的 32 位嵌入式系统设计应用的讲解，通过典型设计实例说明将嵌入式系统设计应用于不同的应用场景的方法，使得所设计的嵌入式系统在满足应用场景要求的条件下实现成本、功耗和性能的最佳平衡。

本书可作为大学本科和高等职业教育嵌入式系统相关课程的教材，也可作为意法半导体公司举办的各种嵌入式系统开发和设计竞赛的参考用书，还可作为从事基于意法半导体公司产品开发嵌入式系统应用的工程师的参考用书。

图书在版编目（CIP）数据

嵌入式系统设计权威指南 ：基于 STM32G071 和 Arm Cortex-M0+的系统集成 / 何宾，李天凌编著. -- 北京 ：电子工业出版社，2024. 7. --（电子系统 EDA 新技术丛书）. -- ISBN 978-7-121-48433-9

Ⅰ. TP332.021-62

中国国家版本馆 CIP 数据核字第 2024R11H12 号

责任编辑：张　迪（zhangdi@phei.com.cn）　　文字编辑：底　波
印　　刷：河北鑫兆源印刷有限公司
装　　订：河北鑫兆源印刷有限公司
出版发行：电子工业出版社
　　　　　北京市海淀区万寿路 173 信箱　邮编：100036
开　　本：787×1092　1/16　印张：33　字数：929 千字
版　　次：2024 年 7 月第 1 版
印　　次：2024 年 7 月第 1 次印刷
定　　价：138.00 元

凡所购买电子工业出版社图书有缺损问题，请向购买书店调换。若书店售缺，请与本社发行部联系，联系及邮购电话：（010）88254888，88258888。

质量投诉请发邮件至 zlts@phei.com.cn，盗版侵权举报请发邮件至 dbqq@phei.com.cn。

本书咨询联系方式：（010）88254469；zhangdi@phei.com.cn。

前　　言

意法半导体公司（以下简称意法半导体）的微控制器（Microcontroller Unit，MCU）广泛应用于不同的嵌入式领域。该公司 MCU 的一大优势就是外设功能非常丰富，基本上涵盖了 MCU 的所有应用领域。本书以意法半导体的 STM32G0 系列 MCU 为硬件平台，以意法半导体的 STM32CubeMX 和 Arm 公司的 Keil μVision（Arm 版本）集成开发环境为软件平台，系统介绍了 Arm Cortex-M0+处理器的原理和指令集，并通过使用 C 语言开发应用程序实现了在不同应用场景中对 MCU 不同外设的驱动和控制。

本书内容的编排兼顾“原理”和“应用”。通过学习本书内容，读者一方面能真正理解和掌握 Arm Cortex-M0/M0+处理器核的架构和运行机制，另一方面能掌握 STM32 MCU 的外设在显示驱动、电机驱动和控制、信号采集和处理、有线和无线通信方面的配置和使用方法。

对复杂的基于 MCU 的嵌入式系统应用来说，必须有操作系统的支持和帮助，这样 MCU 才能实时响应不同的任务需求，因此在本书第 15 章将国产 RT-Thread 操作系统（以下简称 RTT）引入基于 STM32 MCU 的嵌入式系统应用。通过对 RTT 原理和使用方法的介绍，读者能将实时嵌入式操作系统灵活高效地应用于 Arm 32 位嵌入式系统，以满足不同的嵌入式应用场景的需求。

本书从兼顾“理论”和“应用”两个需求的角度出发，共编写了 15 章，主要内容包括软件工具的下载、安装和应用，Cortex-M0+处理器结构，高级微控制器总线结构，Cortex-M0+处理器指令集和应用，Cortex-M0+ C 语言应用开发，电源、时钟和复位原理及应用，看门狗原理和应用，步进电机的驱动和控制，直流电机的驱动和控制，红外串口通信的设计和实现，音频设备的驱动和控制，实时时钟原理和电子钟实现，直接存储器访问的原理和实现，信号采集和处理的实现，以及嵌入式操作系统原理及应用。这些内容基本能满足读者对 STM32 MUC 在嵌入式系统应用的知识需求，使读者既能掌握 STM32 MCU 的内核原理，又能掌握将 STM32 MCU 应用于不同嵌入式场景的方法。

本书的编写得到了 ST 公司大学计划经理丁晓磊女士的大力支持和帮助，她为本书的编写提供了软件、硬件及经费方面的支持。此外，编写本书第 15 章嵌入式操作系统原理及应用的内容，得到了上海睿赛德电子科技有限公司大学计划经理罗齐熙先生，以及工程师杨洁女士和郭占鑫先生的支持和帮助，他们帮助调试例程，并解答了操作系统方面的一些问题。

在编写本书的过程中，我的学生李天凌设计并验证了书中大型的复杂应用案例，这些应用案例的设计和实现非常巧妙，对读者学习 STM32 MCU 有非常好的借鉴作用。此外，我的学生郑阳扬参与编写第 10～13 章，罗显志参与编写第 14、15 章，在此向他们表示衷心的感谢。

在本书出版过程中，电子工业出版社张迪编辑给予了指导和帮助，我们在一起愉快合作了多年，在此向她表示感谢。

何　宾

目　　录

第 1 章　软件工具的下载、安装和应用

本章介绍 STM32G0 系列 MCU 软件开发工具的下载和安装过程，这些工具包括 STM32CubeMX 和 Keil µVision（Arm 版本）。

在此基础上，通过对一个 LED 的驱动和控制来说明这些软件开发工具的使用方法，以帮助读者了解和掌握基于这些软件开发工具在 STM32G0 系列 MCU 上开发不同场景应用的基本流程。

1.1　STM32CubeMX 工具的下载和安装

本节介绍 STM32CubeMX 工具的下载和安装。STM32CubeMX 是一种图形工具，它可以非常轻松地配置 STM32 微控制器和微处理器，并为 Arm Cortex-M 核生成相应的初始化 C 代码或为 Arm Cortex-A 核生成部分 Linux 设备树。

> 注：本书使用的 MCU 软件开发工具，都是安装在 Windows 10 操作系统中的。

1.1.1　STM32CubeMX 工具的下载

下载 STM32CubeMX 工具的主要步骤如下。

（1）登录意法半导体公司的官网主页。

（2）如图 1.1 所示，在主页上方的搜索框中输入 STM32CubeMX。

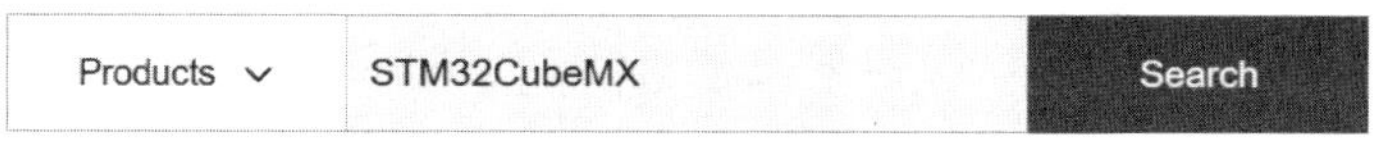

图 1.1　ST 公司官网主页的搜索框

（3）单击搜索框右侧的 Search 按钮。

（4）弹出新的界面，在新的界面中给出搜索结果，如图 1.2 所示。在搜索结果界面中，单击黑框中的 STM32CubeMX 文字。

3 tools & software: STM32CubeMX　　Show / hide columns

Part Number	Status	Type	Category	Description
STM32CubeMX	ACTIVE	Development Tools	Software Development Tools	STM32Cube initialization code generator
X-CUBE-AI	ACTIVE	Embedded Software	Mcu mpu embedded software	AI expansion pack for STM32CubeMX
STSW-STM32095	NRND	Development Tools	Software Development Tools	STM32CubeMX Eclipse plug in for STM32 configuration and initialization C code generation

图 1.2　显示搜索结果界面

（5）弹出新的界面，如图 1.3 所示。在新的界面中，单击 Get Software 按钮。

STM32CubeMX ACTIVE

STM32Cube initialization code generator

图 1.3 获取 STM32CubeMX 软件界面（1）

（6）跳转到界面的底部，如图 1.4 所示。在该界面中，单击 Get Software 按钮。

Get Software

	Part Number	General Description	Software Version	Download	Previous versions
+	STM32CubeMX	STM32Cube initialization code generator	6.1.1	Get Software	Select version

图 1.4 获取 STM32CubeMX 软件界面（2）

（7）弹出 License Agreement 界面，如图 1.5 所示。在该界面中，单击 ACCEPT 按钮。

License Agreement

ACCEPT

Please indicate your acceptance or NON-acceptance by selecting "I ACCEPT" or "I DO NOT ACCEPT" as indicated below in the media.

BY INSTALLING COPYING, DOWNLOADING, ACCESSING OR OTHERWISE USING THIS SOFTWARE PACKAGE OR ANY PART THEREOF (AND THE RELATED DOCUMENTATION) FROM STMICROELECTRONICS INTERNATIONAL N.V, SWISS BRANCH AND/OR ITS AFFILIATED COMPANIES (STMICROELECTRONICS), THE RECIPIENT, ON BEHALF OF HIMSELF OR HERSELF, OR ON BEHALF OF ANY ENTITY BY WHICH SUCH RECIPIENT IS EMPLOYED AND/OR ENGAGED AGREES TO BE BOUND BY THIS SOFTWARE PACKAGE LICENSE AGREEMENT.

图 1.5 License Agreement 界面

（8）弹出 Get Software 界面，如图 1.6 所示。在该界面中，提供了如下两种方法。

Get Software

If you have an account on my.st.com, login and download the software without any further validation steps.

Login/Register

If you don't want to login now, you can download the software by simply providing your name and e-mail address in the form below and validating it.

This allows us to stay in contact and inform you about updates of this software.

For subsequent downloads this step will not be required for most of our software.

图 1.6 Get Software 界面（1）

① 如果已经事先在 ST 官网上注册了账号，就可以单击图 1.6 界面上的 Login/Register 按钮。

② 否则，在图 1.7 给出的界面中，填写姓名和电子邮箱等信息，通过发送的邮件进行验证和下载软件。

由于以前在 ST 官网上注册过账号，在此直接单击图 1.6 界面中的 Login/Register 按钮。

（9）弹出登录界面，如图 1.8 所示。在该界面中，填入电子邮件地址（E-mail address）和密码（Password）信息。

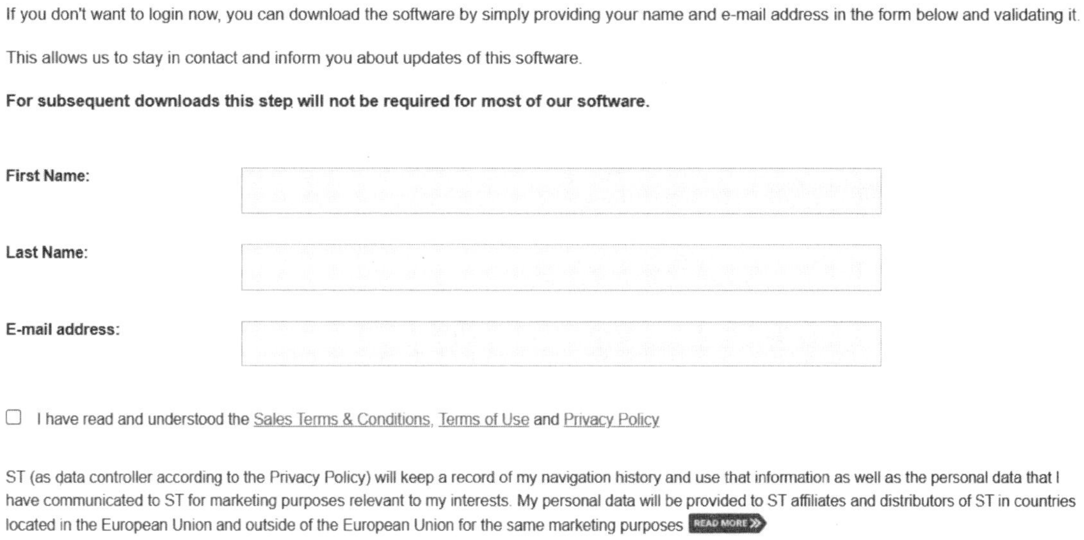

If you don't want to login now, you can download the software by simply providing your name and e-mail address in the form below and validating it.

This allows us to stay in contact and inform you about updates of this software.

For subsequent downloads this step will not be required for most of our software.

First Name:

Last Name:

E-mail address:

☐ I have read and understood the Sales Terms & Conditions, Terms of Use and Privacy Policy

ST (as data controller according to the Privacy Policy) will keep a record of my navigation history and use that information as well as the personal data that I have communicated to ST for marketing purposes relevant to my interests. My personal data will be provided to ST affiliates and distributors of ST in countries located in the European Union and outside of the European Union for the same marketing purposes READ MORE

图 1.7　Get Software 界面（2）

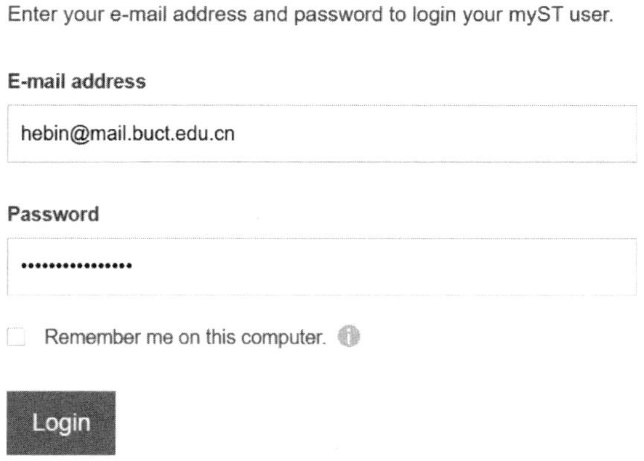

Enter your e-mail address and password to login your myST user.

E-mail address

hebin@mail.buct.edu.cn

Password

••••••••••••••••

☐ Remember me on this computer.

Login

图 1.8　登录界面

（10）单击 Login 按钮。

（11）自动下载名字为 en.stm32cubemx_v6-1-1.zip 文件（该文件大小为 256,113KB）。

（12）下载完成后，在所选择的文件夹中找到该压缩文件，并使用解压缩软件对下载的压缩文件进行解压缩操作。在解压缩后，默认生成一个名字为 en.stm32cubemx_v6-1-1 的文件夹。

1.1.2　STM32CubeMX 工具的安装

本节介绍安装 STM32CubeMX 工具的方法，主要步骤如下。

（1）进入该文件夹，找到并用鼠标右键单击 SetupSTM32CubeMX-6.1.1.exe 文件，出现浮动菜单。在浮动菜单内，选择“以管理员身份运行”选项。

（2）弹出用户账户控制对话框界面。在该界面中，提示信息“你要允许此应用对你的设备进行更改吗?”。

（3）单击是按钮，开始安装过程。

（4）弹出 STM32CubeMX Installation Wizard-Welcome to the Installation of STM32CubeMX 6.1.1 界面。

（5）单击 Next 按钮。

（6）弹出 STM32CubeMX Installation Wizard-STM32CubeMX License agreement 界面。在该界面中，勾选 I accept the terms of this license agreement 前面的复选框。

（7）弹出 STM32CubeMX Installation Wizard-ST Privacy and Terms of Use 界面。在该界面中，按图 1.9 所示，勾选两个复选框。

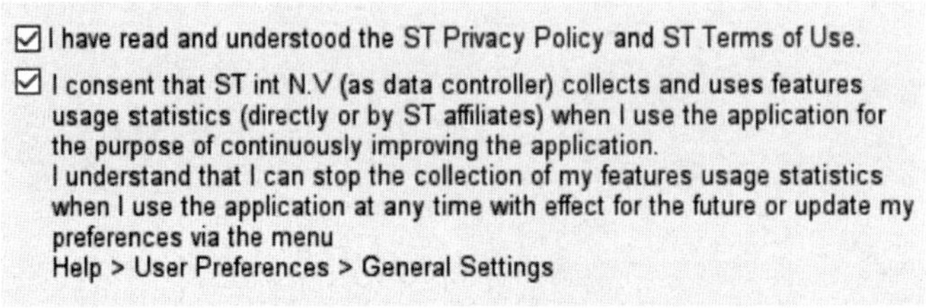

☑ I have read and understood the ST Privacy Policy and ST Terms of Use.

☑ I consent that ST int N.V (as data controller) collects and uses features usage statistics (directly or by ST affiliates) when I use the application for the purpose of continuously improving the application.
I understand that I can stop the collection of my features usage statistics when I use the application at any time with effect for the future or update my preferences via the menu
Help > User Preferences > General Settings

图 1.9　勾选复选框

（8）单击 Next 按钮。

（9）弹出 STM32CubeMX Installation Wizard-STM32CubeMX Installation path 界面。用户可以通过单击 Select the installation path 下面文本框右侧的 Browse 按钮，为安装该软件开发工具选择合适的路径。在此，选择默认安装路径 C:\Program Files\STMicroelectronics\STM32Cube\STM32CubeMX。

（10）单击 Next 按钮。

（11）弹出 Message 界面。在该界面中，提示“The target directory will be created：C:\Program Files\STMicroelectronics\STM32Cube\STM32CubeMX”信息。

（12）单击确定按钮。

（13）弹出 STM32CubeMX Installation Wizard-STM32CubeMX Shortcuts setup 界面。在该界面中按默认选项设置。

（14）单击 Next 按钮。

（15）弹出 STM32CubeMX Installation Wizard-STM32CubeMX Package installation 界面，开始自动安装软件开发工具。

（16）等待安装过程结束后，单击 Next 按钮。

（17）弹出 STM32CubeMX Installation Wizard-STM32CubeMX Installation done 界面。

（18）单击 Done 按钮，结束安装过程。

1.1.3　STM32G0 系列 MCU 支持包的安装

本节介绍在 STM32CubeMX 工具中安装 STM32G0 系列 MCU 支持包的方法，主要步骤如下。

（1）在 Windows 10 操作系统中，双击名字为 STM32CubeMX 的图标，启动 STM32CubeMX 工具。

（2）在 STM32CubeMX 主界面主菜单中，选择 Help->Manage embedded software packages。

（3）弹出 Embedded Software Packages Manager 界面，如图 1.10 所示。在该界面中，找到并展开 STM32G0 选项。在展开项中，勾选 STM32Cube MCU Package for STM32G0 Series（Size：202MB）1.4.0 前面的复选框。

（4）单击该界面底部的 Install Now 按钮。

（5）出现 Downloading selected software packages 界面。在该界面中，显示下载支持包的进度等信息，如图 1.11 所示。

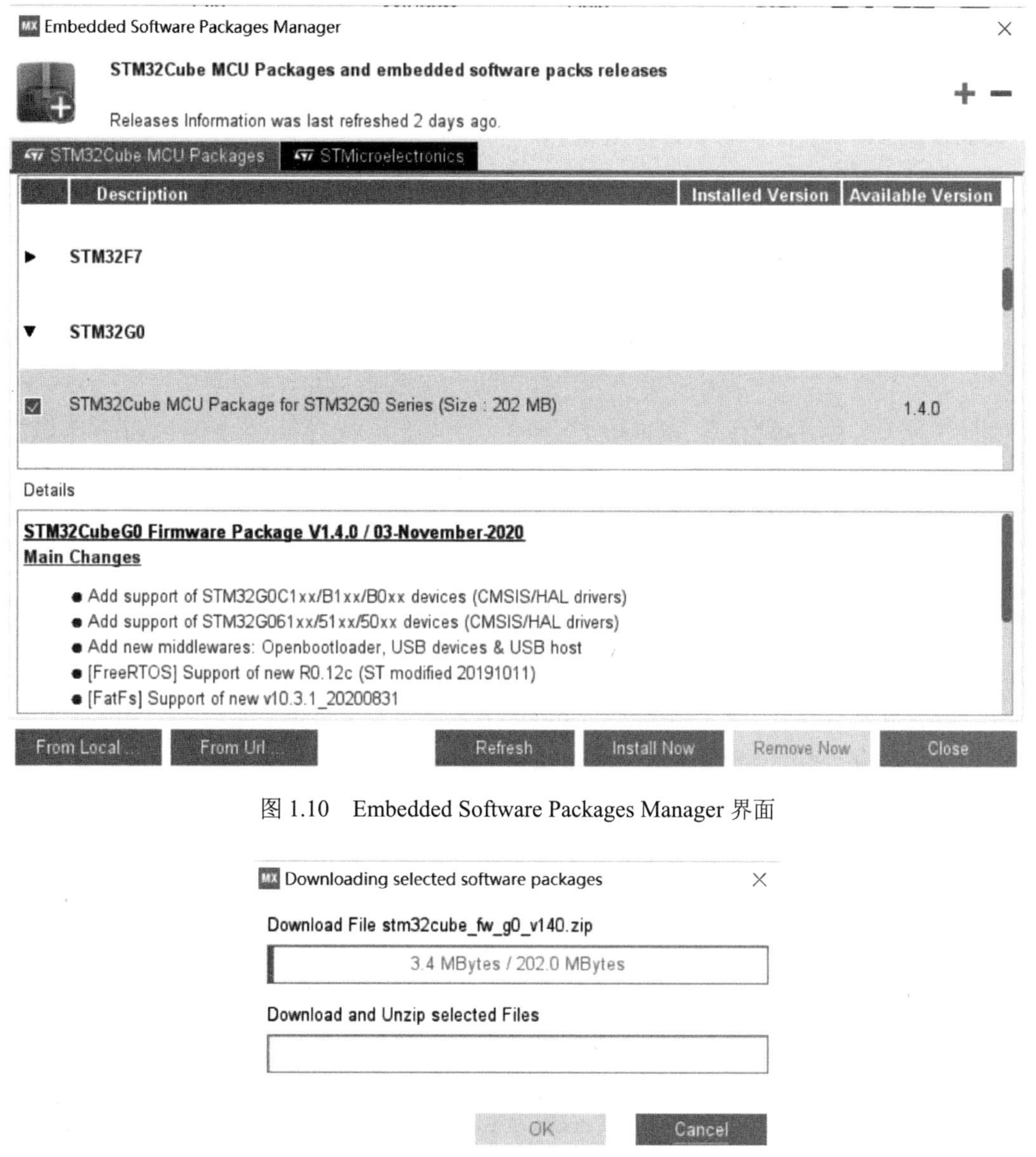

图 1.10　Embedded Software Packages Manager 界面

图 1.11　Downloading selected software packages 界面

（6）下载安装支持包的过程结束后，自动关闭 Downloading selected software packages 界面。

（7）单击图 1.10 右下角的 Close 按钮，退出 Embedded Software Packages Manager 界面。

（8）关闭 STM32CubeMX 集成开发工具。

1.2　Keil μVision（Arm 版本）工具的下载、安装和授权

用于 STM32F0、STM32G0 和 STM32L0 的微控制器开发工具（microcontroller development kit，KIT）为使用 STM32 器件工作的软件开发人员提供了免费的工具套件。Keil MDK 是用于基于 Arm 处理器核的微控制器芯片应用程序开发最全面的软件开发系统之一。

基于 MDK-Essential，用于 STM32F0、STM32G0 和 STM32L0 版本的 MDK，包括 Arm C/C++ 编译器、Keil RTX5 实时操作系统核和μVision IDE/调试器。它仅适用于基于 Cortex-M0/M0+内核

的 STM32 器件，并且代码长度限制为 256KB。

可以使用 STM32CubeMX 配置 STM32 外设，并将最终的工程导入 MDK。

1.2.1　Keil μVision 内嵌编译工具链架构

如图 1.12 所示，Keil μVision 内嵌的编译工具链使程序开发者可以建立可执行的镜像、部分链接的目标文件和共享的目标文件，以及将镜像转换为不同的格式。

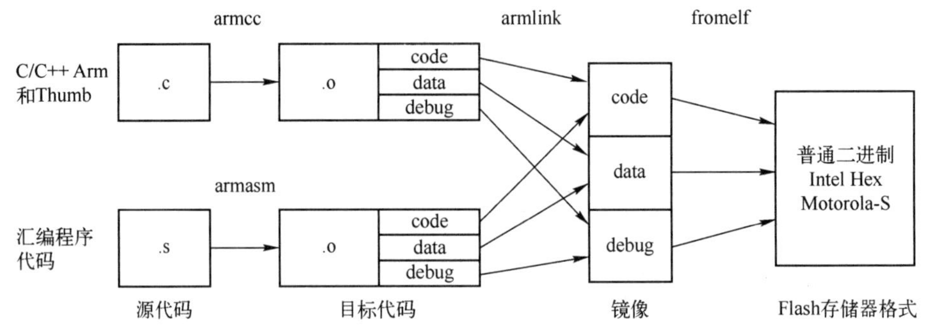

图 1.12　Keil μVision 内嵌的编译工具链

典型的应用程序开发可能涉及以下内容。

（1）为主应用程序编译 C/C++源代码（armcc 工具）。

（2）对接近硬件元件（如中断服务程序）的 Arm 汇编源代码进行汇编（armasm 工具）。

（3）将所有目标链接在仪器产生一个镜像（armlink 工具）。

（4）将镜像转换为 Flash 格式，包括普通二进制、Intel Hex 和 Motorola-S 格式（fromelf 工具）。

> **注：** 用户可以在 C:\Keil_v5\ARM\ARMCC\bin 目录下，找到编译工具链中的这些工具。具体路径取决于用户安装 Keil μVision 所选择的安装路径。

思考与练习 1.1：从图 1.12 中可知，armcc 工具所实现的功能是____________________。

思考与练习 1.2：从图 1.12 中可知，armasm 工具所实现的功能是____________________。

思考与练习 1.3：从图 1.12 中可知，armlink 工具所实现的功能是____________________。

思考与练习 1.4：通过图 1.12 分析由 armcc/armasm 工具所生成的目标文件和由 armlink 工具所生成的最终可执行文件两者之间的区别。

1.2.2　Keil μVision（Arm 版本）工具的下载和安装

下载和安装用于 STM32G0 微控制器的 Keil μVision 软件的主要步骤如下。

（1）在 IE 浏览器中，登录 Arm Keil 官网。

（2）单击官网主页右侧如图 1.13 所示的图标。

图 1.13　用于 STM32F0/G0/L0 的 arm KEIL MDK 下载入口

（3）出现新的界面，如图 1.14 所示。在该界面中，单击 Download MDK Core 按钮。

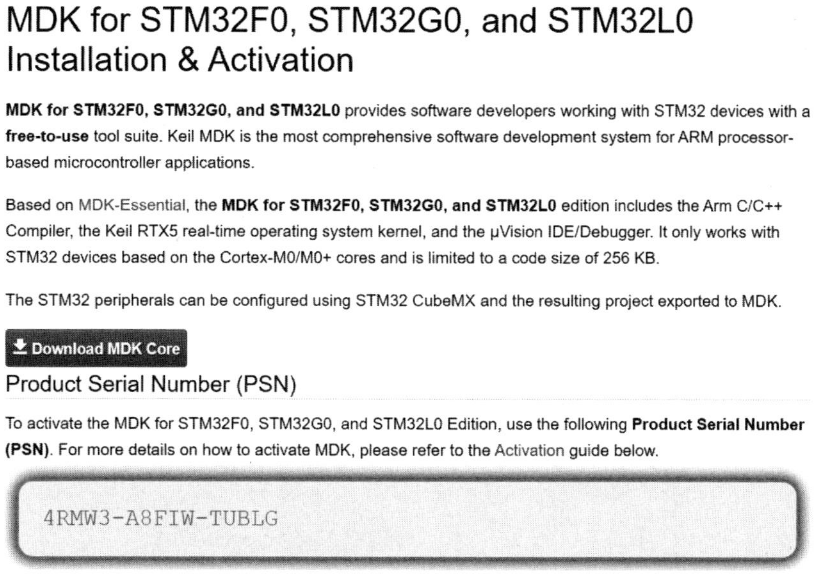

MDK for STM32F0, STM32G0, and STM32L0 Installation & Activation

MDK for STM32F0, STM32G0, and STM32L0 provides software developers working with STM32 devices with a **free-to-use** tool suite. Keil MDK is the most comprehensive software development system for ARM processor-based microcontroller applications.

Based on MDK-Essential, the **MDK for STM32F0, STM32G0, and STM32L0** edition includes the Arm C/C++ Compiler, the Keil RTX5 real-time operating system kernel, and the µVision IDE/Debugger. It only works with STM32 devices based on the Cortex-M0/M0+ cores and is limited to a code size of 256 KB.

The STM32 peripherals can be configured using STM32 CubeMX and the resulting project exported to MDK.

Download MDK Core

Product Serial Number (PSN)

To activate the MDK for STM32F0, STM32G0, and STM32L0 Edition, use the following **Product Serial Number (PSN)**. For more details on how to activate MDK, please refer to the Activation guide below.

4RMW3-A8FIW-TUBLG

图 1.14　下载用于 STM32F0/G0/L0 的 arm KEIL MDK 界面

（4）出现新的界面，如图 1.15 所示。在该界面中，填写用户信息。

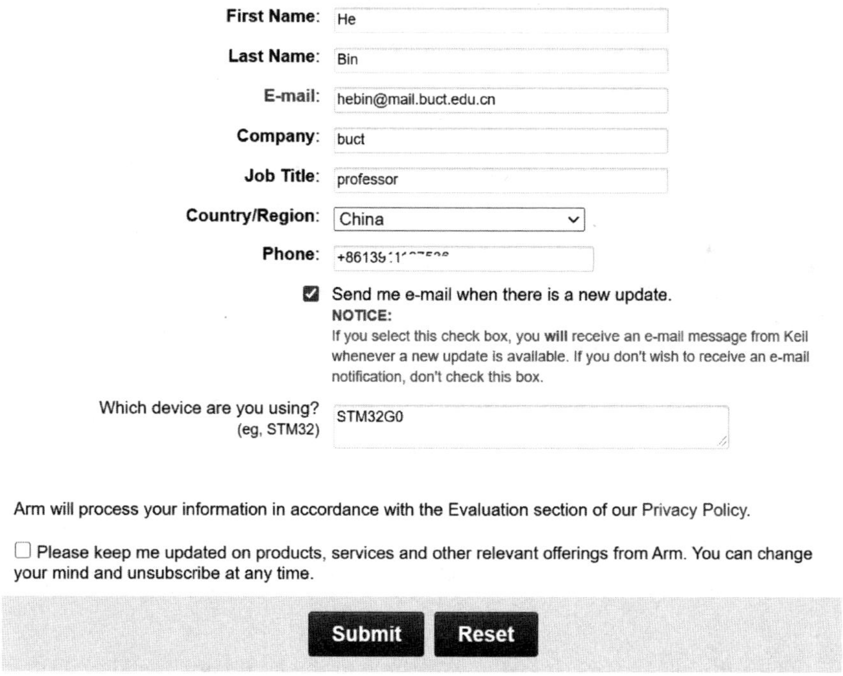

First Name: He
Last Name: Bin
E-mail: hebin@mail.buct.edu.cn
Company: buct
Job Title: professor
Country/Region: China
Phone: +86139

Send me e-mail when there is a new update.
NOTICE:
If you select this check box, you **will** receive an e-mail message from Keil whenever a new update is available. If you don't wish to receive an e-mail notification, don't check this box.

Which device are you using? (eg, STM32) STM32G0

Arm will process your information in accordance with the Evaluation section of our Privacy Policy.

Please keep me updated on products, services and other relevant offerings from Arm. You can change your mind and unsubscribe at any time.

Submit　Reset

图 1.15　填写用户信息

（5）单击 Submit 按钮。

（6）出现新的界面，如图 1.16 所示。在该界面中，单击 MDK533.EXE，开始自动下载软件。

（7）等待下载结束后，找到该下载文件，鼠标右键单击名字为 MDK533.EXE 的文件名，出现浮动菜单。在浮动菜单内，选择“以管理员身份运行”选项。

（8）弹出用户账户控制界面。在界面中，提示“你要允许此应用对你的设备进行更改吗?”。

（9）单击是按钮，开始安装过程。

（10）弹出 Setup MDK-ARM V5.33-Welcome to Keil MDK-ARM 界面。在该界面中，单击 Next 按钮。

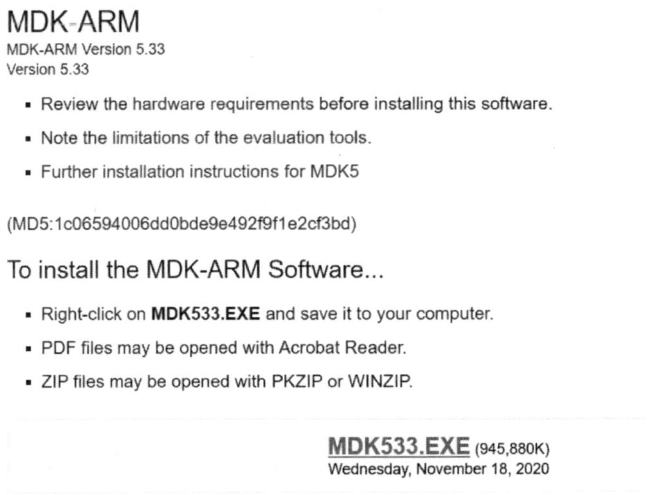

MDK-ARM
MDK-ARM Version 5.33
Version 5.33

- Review the hardware requirements before installing this software.
- Note the limitations of the evaluation tools.
- Further installation instructions for MDK5

(MD5:1c06594006dd0bde9e492f9f1e2cf3bd)

To install the MDK-ARM Software...

- Right-click on **MDK533.EXE** and save it to your computer.
- PDF files may be opened with Acrobat Reader.
- ZIP files may be opened with PKZIP or WINZIP.

MDK533.EXE (945,880K)
Wednesday, November 18, 2020

图 1.16　MDK 下载界面

（11）弹出 Setup MDK-ARM V5.33-License Agreement 界面。在该界面中，勾选 I agree to all the terms of the preceding License Agreement 前面的复选框。

（12）单击 Next 按钮。

（13）弹出 Setup MDK-ARM V5.33-Folder Selection 界面。在该界面中，用户可以通过分别单击 Core 右侧的 Browse 按钮和 Pack 右侧的 Browse 按钮为安装文件选择安装路径和为包选择安装路径。在本书中，使用默认安装路径。

（14）单击 Next 按钮。

（15）弹出 Setup MDK-ARM V5.33-Customer Information 界面。在该界面中，给出了用户名和电子邮件的信息。

（16）单击 Next 按钮。

（17）弹出 Setup MDK-ARM V5.33-Setup Status 界面，指示正在安装软件。

（18）等待安装过程结束后，弹出 Setup MDK-ARM V5.33 Keil MDK-ARM Setup completed 界面，指示安装过程结束。

（19）单击 Finish 按钮。

（20）自动弹出 Pack Installer 界面，同时弹出 Pack Installer-Welcome to the Keil Pack Installer 界面。

（21）单击 OK 按钮，退出 Pack Installer-Welcome to the Keil Pack Installer 界面。

（22）如图 1.17 所示，在 Pack Installer 界面左侧窗口中，找到并展开 STMicroelectronics 选项。在展开项中，找到并展开 STM32G071 选项。在展开项中，找到并选择 STM32G071RBTx 选项。在右侧窗口中，找到并展开 Device Specific 选项。在展开项中，找到并展开 Keil::STM32G0xx_DFP 选项。在展开项中，单击 Install 按钮，安装包文件（如单击 1.2.0(2019-07-19)右侧的 Install 按钮，将安装 1.2.0 包）。

注： 本书使用的是 ST 官方提供的 STM32G071 Nucleo-64 开发板，该开发板搭载了 ST 公司的 STM32G071RBT6 MCU。

（23）等到更新包过程结束后，手工关闭 Pack Installer 界面。

注：软件包（Software packs）可由 Arm、第三方合作伙伴、客户创建，或者用户可能想要构建自己的软件包。软件包文件具有首选扩展名*.pack（也支持*.zip）。Pack Installer 检查文件是否为有效的包。

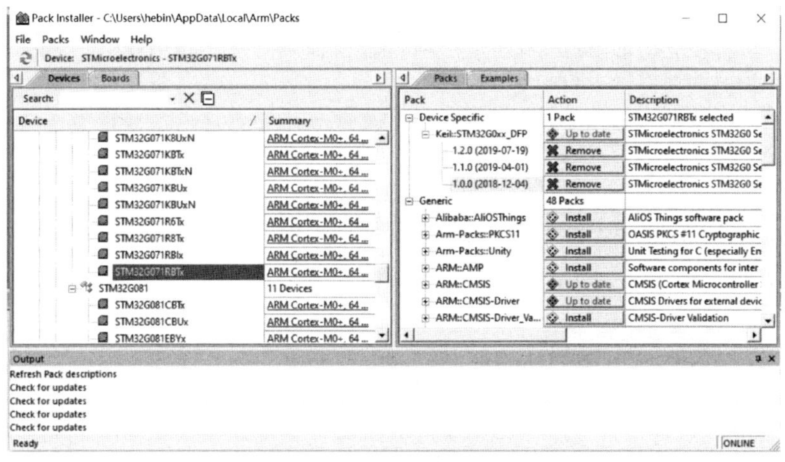

图 1.17　Pack Installer 界面

1.2.3　Keil μVision（Arm 版本）工具的授权

下面通过添加序列号为该软件授权，主要步骤如下。

（1）在 Windows 10 操作系统中，找到并用鼠标右键单击 Keil μVision5 图标，出现浮动菜单。在浮动菜单内，选择“以管理员身份运行”选项。

（2）弹出用户账户控制界面。在该界面中，提示“你要允许此应用对你的设备进行更改吗?”。

（3）单击是按钮，启动 Keil μVision5 集成开发环境（以下简称μVision5 集成开发环境）。

（4）在μVision5 集成开发环境主界面主菜单下，选择 File->License Management。

（5）弹出 License Management 界面，如图 1.18 所示。在该界面中，单击 Get LIC via Internet...按钮。

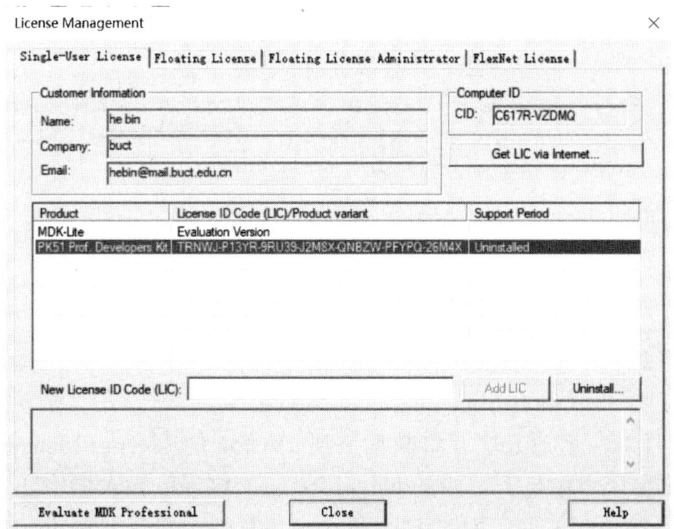

图 1.18　License Management 界面

（6）出现 Obtaining a License ID Code(LIC)界面。在该界面中，单击确定按钮。

（7）弹出 Single-User License 界面，如图 1.19 所示。在该界面中，需要手工将 Product Serial #(PSN)右侧的文本框中输入前面给出的 PSN 号 4RMW3-A8FIW-TUBLG。除了该重要信息外，其他用黑体字标记的选项也需要提供正确的信息。

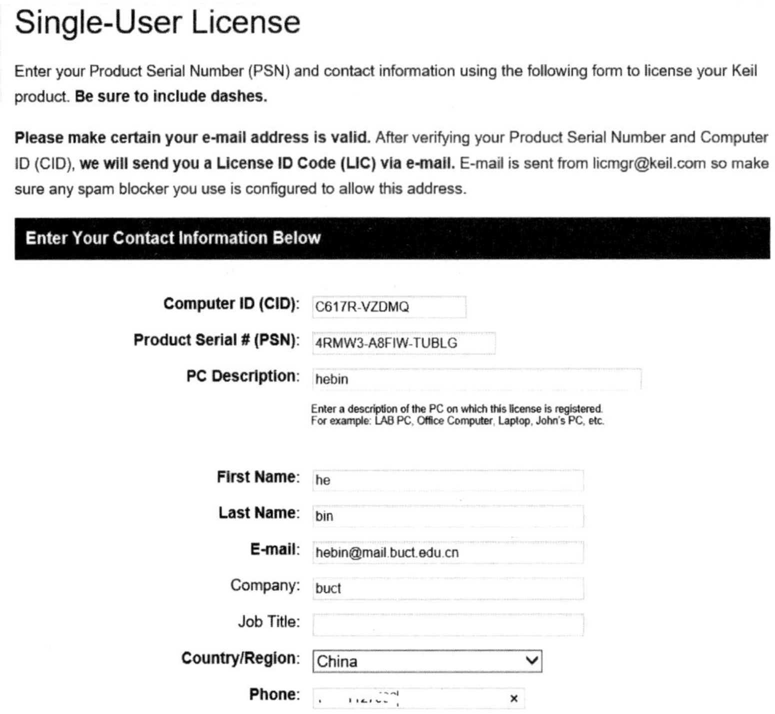

Single-User License

Enter your Product Serial Number (PSN) and contact information using the following form to license your Keil product. **Be sure to include dashes.**

Please make certain your e-mail address is valid. After verifying your Product Serial Number and Computer ID (CID), **we will send you a License ID Code (LIC) via e-mail.** E-mail is sent from licmgr@keil.com so make sure any spam blocker you use is configured to allow this address.

Enter Your Contact Information Below

Computer ID (CID): C617R-VZDMQ
Product Serial # (PSN): 4RMW3-A8FIW-TUBLG
PC Description: hebin
Enter a description of the PC on which this license is registered.
For example: LAB PC, Office Computer, Laptop, John's PC, etc.

First Name: he
Last Name: bin
E-mail: hebin@mail.buct.edu.cn
Company: buct
Job Title:
Country/Region: China
Phone:

图 1.19　Single-User License 界面

（8）使用鼠标滚轮，滑动到该界面底部。然后，单击 Submit 按钮。

（9）弹出新的界面，提示 Thanks for Licensing Your Product，如图 1.20 所示。

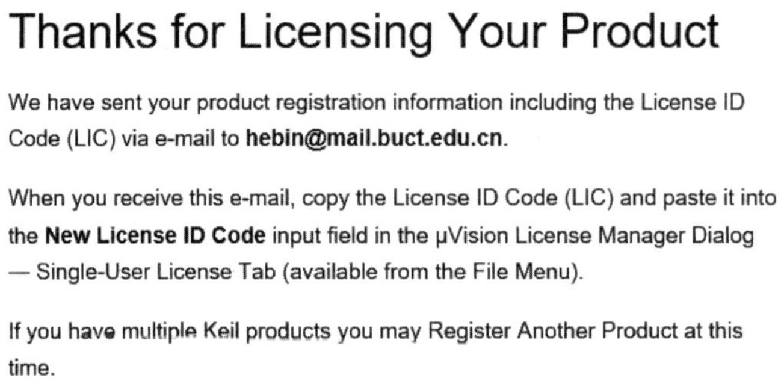

Thanks for Licensing Your Product

We have sent your product registration information including the License ID Code (LIC) via e-mail to **hebin@mail.buct.edu.cn**.

When you receive this e-mail, copy the License ID Code (LIC) and paste it into the **New License ID Code** input field in the μVision License Manager Dialog — Single-User License Tab (available from the File Menu).

If you have multiple Keil products you may Register Another Product at this time.

图 1.20　反馈界面

该界面给出的信息是，我们已经通过电子邮件将你的产品注册信息包括许可证 ID 代码（License ID Code，LIC）发送到 hebin@mail.buct.edu.cn。

当收到该电子邮件时，复制 LIC 并将其粘贴到 μVision 的 License Manager 对话框-Single-User License 标签（可从 File 菜单中打开）中的 New License ID Code 输入框中。

（10）进入邮箱，找到该邮件，如图 1.21 所示，并复制图中黑框内的 LIC 码。

```
Thank you for licensing your Keil product.  Your License ID Code (LIC) i
for your records.

MDK-ARM Cortex-M0/M0+
For ST Only
Support Ends 31 Dec 2032

PC Description        : HEBIN
Computer ID      (CID): C617R-VZDMQ

License ID Code (LIC): M85FJ-ULCD0-GY4CN-BBX9K-47UGM-XJR90
```

图 1.21　邮件中提供的 LIC 信息

（11）将其粘贴到图 1.18 中 New License ID Code(LIC)右侧的文本框中，单击该文本框右侧的 Add LIC 按钮。添加 LIC 后的 License Management 界面如图 1.22 所示。

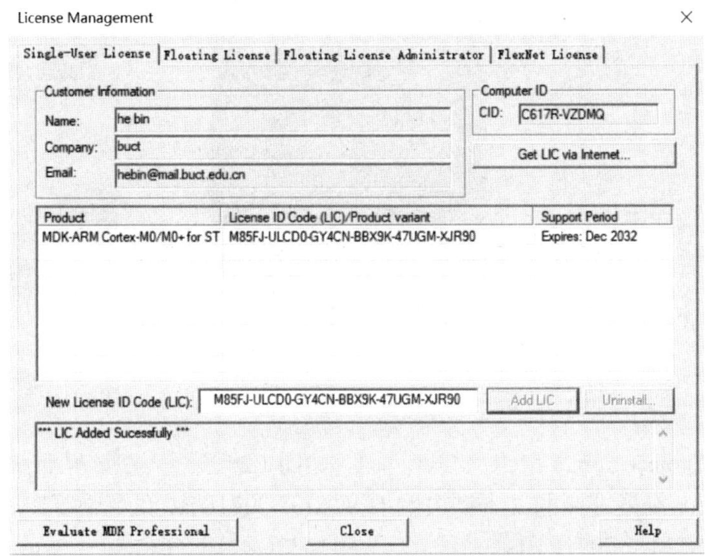

图 1.22　添加 LIC 后的 License Management 界面

（12）单击图 1.22 底部的 Close 按钮，退出 License Management 界面。

（13）退出 Keil μVision5 集成开发环境。

1.3　设计

实例：LED 的驱动和控制

本节将通过一个 LED 驱动和控制实例来说明基于这些软件开发 STM32G0 系列 MCU 应用的基本设计流程。

1.3.1　生成简单的工程

该实验使用 ST 公司提供的 STM32G0 Nucleo 开发板，在开发板上有一个 LED 连接到 STM32G0 MCU 的 PA5 引脚上。

该设计的目标是使用 STM32CubeMX 软件工具生成一个简单的工程，主要步骤如下。

（1）在 Windows 10 操作系统桌面上，找到并用鼠标左键双击 STM32CubeMX 图标，打开 STM32CubeMX 软件工具。

（2）如图 1.23 所示，在 STM32CubeMX 主界面中，单击 Start My project from MCU 标题下的 ACCESS TO MCU SELECTOR 按钮。

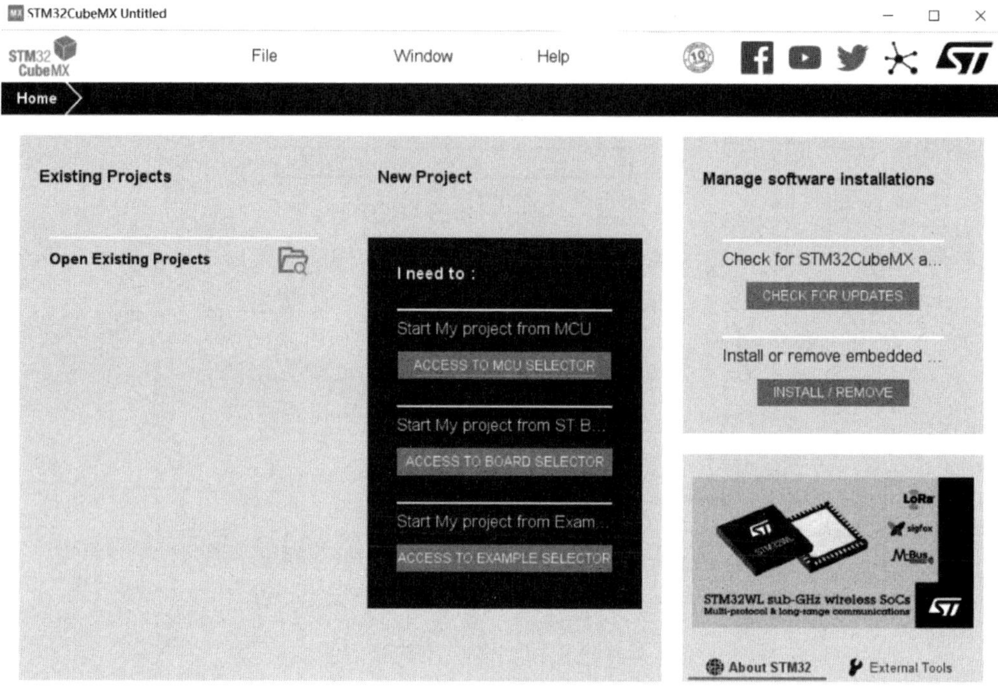

图 1.23　STM32CubeMX 主界面

（3）弹出 New Project from a MCU/MPU 界面，如图 1.24 所示。在该界面左侧 MCU/MPU Filters 窗口中的 Part Number 标题右侧的文本框内输入 STM32G071RB。在右侧窗口底部显示两个相关的器件系列，一个是 STM32G071RBIx，另一个是 STM32G071RBTx。

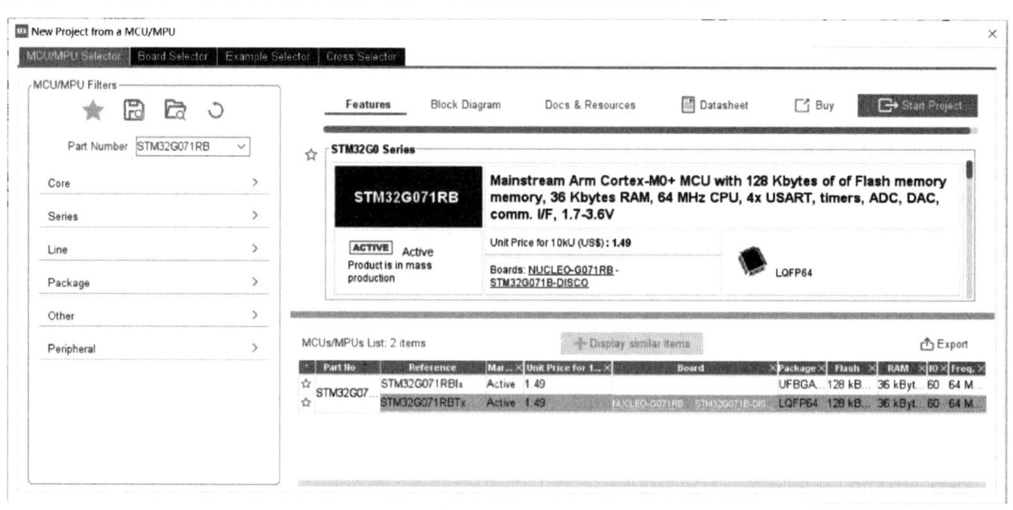

图 1.24　New Project from a MCU/MPU 界面

在该设计中，双击 STM32G071RBTx 选项。

（4）出现 Pinout & Configuration 界面，如图 1.25 所示。在该图右下角黑框内的文本框中输入 PA5，图中用箭头所指的芯片引脚位置高亮闪烁显示，这表示 PA5 引脚在该芯片上的位置。

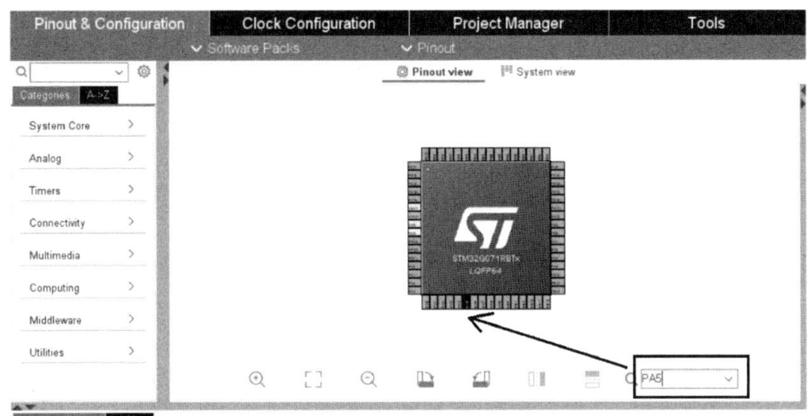

图 1.25　Pinout & Configuration 界面

（5）如图 1.26 所示，鼠标左键单击高亮闪烁显示的 PA5 引脚，出现浮动菜单。在浮动菜单中，选择 GPIO_Output 选项，该选项表示将 PA5 引脚设置为输出模式。

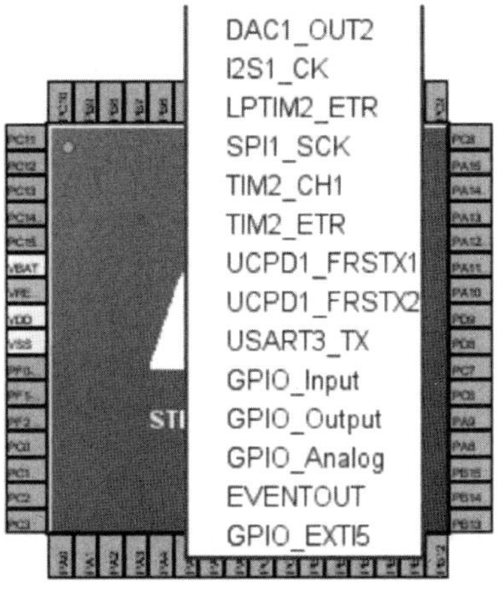

图 1.26　设置引脚 PA5 的驱动模式

（6）如图 1.27 所示，单击 Project Manager 标签。在该标签界面中，按如下内容设置参数。

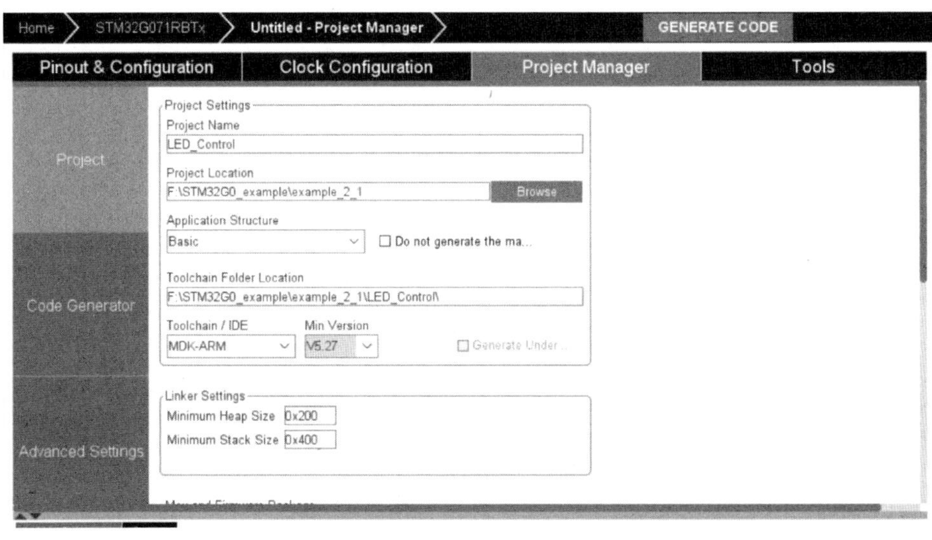

图 1.27　Project Manager 标签界面

① Project Name：LED_Control（用户可以自己给工程命名不同的名字）。

② Project Location：F:\STM32G0_example\example_2_1（用户可以通过单击 Browse 按钮，选择使用不同的工程路径）。

③ Application Structure：Basic。

④ Toolchain Folder Location：F:\STM32G0_example\example_2_1\LED_Control\（根据前面设置的工程路径和工程名字默认生成）。

⑤ Toolchain/IDE：MDK-ARM。

⑥ Min Version：V5.27。

（7）单击图 1.27 右上角的 GENERATE CODE 按钮。

（8）等到生成代码的过程结束后，弹出 Code Generation 界面，如图 1.28 所示。

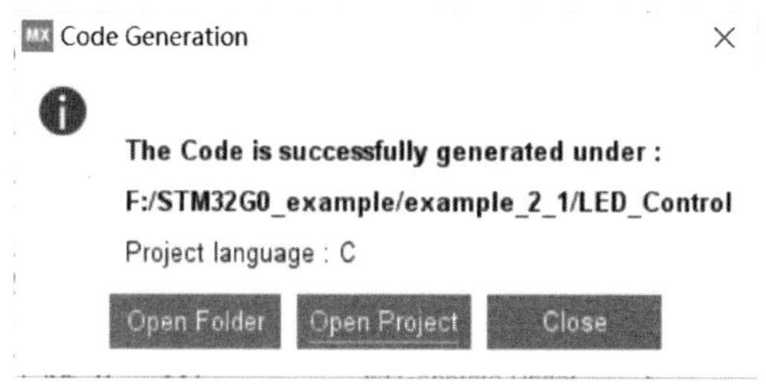

图 1.28　Code Generation 界面

（9）单击图 1.28 中的 Open Project 按钮，将启动 Keil μVision 集成开发环境。

1.3.2　添加设计代码

在 Keil μVision 集成开发环境中，添加和修改设计代码，以实现对 LED 的驱动和控制。本节也将就所涉及的一些知识点进行简要说明。

（1）如图 1.29 所示，在 Keil μVision 集成开发环境左侧 Project 窗口中，以树状结构给出了工程（LED_Control）的软件代码组成结构。

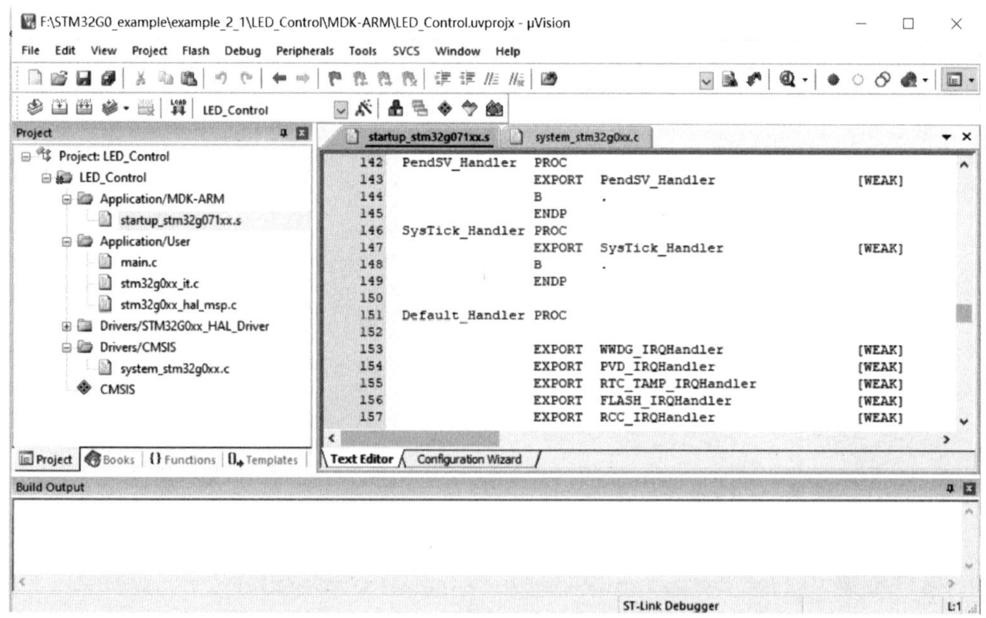

图 1.29　Keil μVision 集成开发环境主界面

① 在子目录 Application/MDK-ARM 中，包含一个名字为 startup_stm32g071xx.s 的文件。该文件是使用纯粹的汇编语言所编写的启动引导代码。在该代码中，给出了向量表的位置和定义说明。对于该段代码将在本书后面章节进行详细说明。

> **注：** 这段代码充分说明了汇编语言的重要性，嵌入式系统的启动引导代码都需要使用汇编语言编写，为什么 C 语言不能代替汇编语言来充当这个角色呢？因为 C 语言是跨平台的语言，对嵌入式系统底层硬件的控制能力较弱，也就是说，C 语言的很多语法无法与底层硬件的驱动和配置直接对应，因此必须通过汇编语言对底层进行初始化。

② 在子目录 Application/User 中，包含 main.c 文件，该文件是整个工程的主文件；stm32g0xx_it.c，该文件提供了异常句柄的框架，在不同异常句柄框架内，用户可以添加定制的异常事件处理代码；stm32g0xx_hal_msp.c 文件，该文件提供了对主堆栈指针的初始化操作代码。

③ Drivers/STM32G0xx_HAL_Driver 文件夹，该文件夹下的文件提供了对 STM32G071 MCU 内部集成外设控制器的操作的应用程序接口（Application Program Interface，API）函数。当用户根据 MCU 的不同应用场景编写应用程序代码时，可以直接调用这些 API 函数，应用程序开发人员并不需要知道底层外设控制器的更多细节，这样显著提高了应用程序代码的编写效率。

④ Drivers/CMSIS 文件夹，该文件夹内包含 system_stm32g0xx.c 文件，该文件提供了系统初始化函数，用于主程序的调用。CMSIS 是 Arm 提供的 Cortex 微控制器软件接口标准（Cortex Microcontroller Software Interface Standard，CMSIS）。在本书后续章节中将详细介绍 CMSIS。

（2）双击图 1.29 左侧 Project 窗口中的 main.c 文件，打开该文件。定位到该文件的第 94 行，如图 1.30 所示。将在符号“{”和 /* USER CODE END WHILE */之间添加设计代码。

```
94    while (1)
95    {
96      /* USER CODE END WHILE */
97
98      /* USER CODE BEGIN 3 */
99    }
100   /* USER CODE END 3 */
101 }
```

图 1.30　要添加代码的位置

（3）添加下面两行设计代码。

```
HAL_GPIO_TogglePin(GPIOA,GPIO_PIN_5);
HAL_Delay(500);
```

添加完设计代码后的结果如图 1.31 所示。

```
94    while (1)
95    {
96      HAL_GPIO_TogglePin(GPIOA,GPIO_PIN_5);
97      HAL_Delay(500);
98      /* USER CODE END WHILE */
99
100     /* USER CODE BEGIN 3 */
101   }
102   /* USER CODE END 3 */
103 }
```

图 1.31　添加完设计代码后的结果

> **注：**（1）必须将用户代码添加到/*USER CODE BEGIN WHILE */和/*USER CODE END WHILE */的区域，该区域为添加用户代码而保留。
>
> （2）当添加代码的时候，会弹出提示框来帮助用户加快代码的添加速度，以及帮助用户查找所需要的函数。

1.3.3　编译和下载设计

本节对设计进行编译，并下载设计到硬件上进行验证，主要步骤如下。

（1）在 Keil μVision 主界面主菜单下，选择 Project->Build Target 或者选择 Rebuild all target files，对设计进行编译。在 Build Output 窗口中，显示了对设计进行编译过程的信息，如图 1.32 所示。当对设计进行成功编译后，在 Build Output 窗口中显示下面的信息:

```
Build Output
Build started: Project: LED_Control
*** Using Compiler 'V5.06 update 7 (build 960)', folder: 'C:\Keil_v5\ARM\ARMCC\Bin'
Build target 'LED_Control'
assembling startup_stm32g071xx.s...
compiling stm32g0xx_hal_tim_ex.c...
compiling stm32g0xx_hal_msp.c...
compiling stm32g0xx_hal_tim.c...
compiling stm32g0xx_ll_rcc.c...
compiling stm32g0xx_it.c...
compiling main.c...
compiling stm32g0xx_hal_rcc_ex.c...
compiling stm32g0xx_hal_rcc.c...
compiling stm32g0xx_ll_dma.c...
compiling stm32g0xx_hal_flash.c...
compiling stm32g0xx_hal_pwr.c...
compiling stm32g0xx_hal_dma.c...
compiling stm32g0xx_hal_dma_ex.c...
compiling stm32g0xx_hal_flash_ex.c...
compiling stm32g0xx_hal_pwr_ex.c...
compiling stm32g0xx_hal_gpio.c...
compiling stm32g0xx_hal_cortex.c...
compiling stm32g0xx_hal_exti.c...
compiling stm32g0xx_hal.c...
compiling system_stm32g0xx.c...
linking...
Program Size: Code=2732 RO-data=284 RW-data=16 ZI-data=1024
FromELF: creating hex file...
"LED_Control\LED_Control.axf" - 0 Error(s), 0 Warning(s).
Build Time Elapsed:  00:00:13
```

图 1.32　对设计进行编译过程的信息

```
Program Size: Code=2732 RO-data=284 RW-data=16 ZI-data=1024
FromELF: creating hex file...
"LED_Control\LED_Control.axf" -0 Error(s), 0 Warning(s).
Build Time Elapsed: 00:00:13
```

（2）在 Keil μVision 主界面主菜单下，选择 Debug->Start/Stop Debug Session，或者在主界面的工具栏中单击 按钮。

（3）弹出 ST-LINK Firmware Update 界面，如图 1.33 所示。在该界面中，提示“Old ST-LINK firmware detected. Do you want to upgrade it?”信息（检测旧的 ST-LINK 固件。你是不是想更新它?）

（4）单击 Yes 按钮，退出 ST-LINK Firmware Upgrade 界面。

（5）弹出 ST-Link Upgrade 界面，如图 1.34 所示。在该界面中，先单击左上角的 Device Connect 按钮，然后再单击右下角的 Yes>>>>按钮，开始更新 ST-LINK 固件程序。

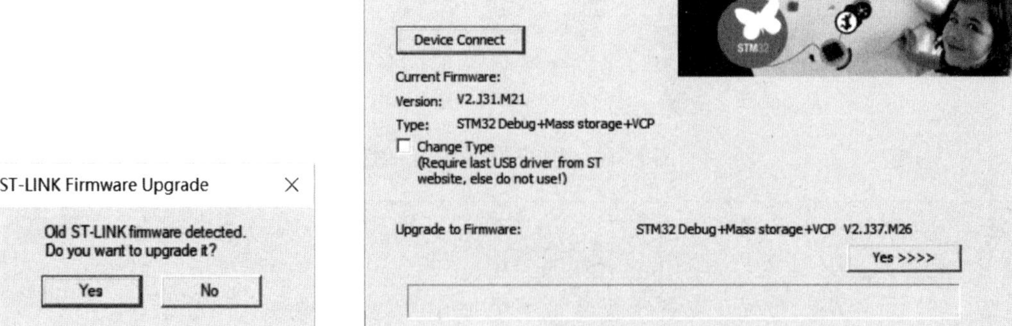

图 1.33　ST-LINK Firmware Upgrade 界面　　　图 1.34　ST-LINK Upgrade 界面

（6）当更新完固件后，弹出 ST-Link Upgrade 界面。在该界面中，提示 upgrade is successful 信息。

（7）单击确定按钮，退出 ST-Link Upgrade 界面。

（8）退出图 1.34 所示的界面。

（9）重新执行步骤（2），进入调试器界面。

注：关于该调试的使用方法，本书后续章节将详细介绍。

（10）在调试界面主菜单中，选择 Debug->Run 开始运行程序。

（11）在 Keil μVision 主界面主菜单下，再次选择 Debug->Start/Stop Debug Session，退出调试器界面。

（12）在 Keil μVision 主界面主菜单下，选择 Flash->Download，将该设计下载到 STM32G071 MCU 内的 Flash 存储器中。

（13）按 STM32G0 Nucleo 开发板上的 RESET 按钮。

思考与练习 1.5：当执行完步骤（10）后观察 STM32G0 Nucleo 开发板上 LED 的变化情况，当执行完步骤（13）后观察 STM32G0 Nucleo 开发板上 LED 的变化情况。

思考与练习 1.6：通过简单的分析过程，说明 ST 应用工程的程序架构，这种架构为应用程序的开发所带来的好处。

思考与练习 1.7：尝试在 main.c 文件中修改控制 LED 的代码，以改变 LED 的闪烁效果。

第 2 章 Cortex-M0+处理器结构

本章介绍 Cortex-M0+处理器结构，内容包括：Cortex-M0+处理器和核心外设、Cortex-M0+处理器的寄存器、Cortex-M0+处理器的存储空间结构、Cortex-M0+处理器的端及分配、Cortex-M0+处理器异常及处理和 Cortex-M0+处理器的存储器保护单元。

读者通过学习本章内容，能够理解并掌握 Cortex-M0+处理器的结构及功能，为进一步学习该处理器的指令集打下坚实的基础。

2.1 Cortex-M0+处理器和核心外设

STM32G0 系列 MCU 内的 Cortex-M0+处理器和核心外设结构，如图 2.1 所示。

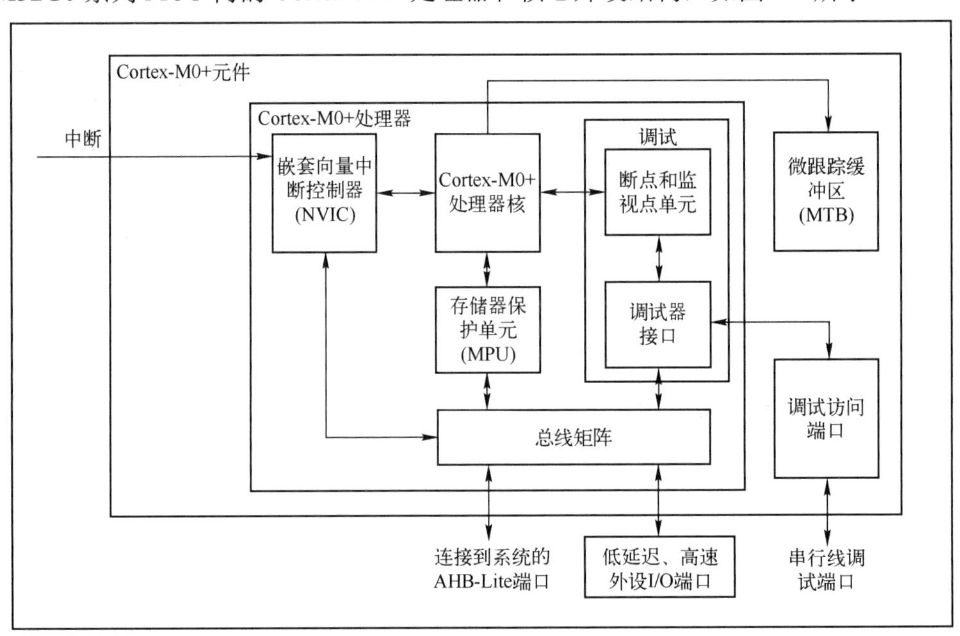

图 2.1 Cortex-M0+处理器和核心外设结构

该处理器是一款入门级的 32 位 Arm Cortex 处理器，专为广泛的嵌入式应用而设计。Cortex-M0+处理器基于对面积和功耗进行充分优化的 32 位处理器内核构建，并具有两级流水线的冯•诺依曼架构。该处理器通过一个小的但是功能强大的指令集和广泛优化的设计来提供出色的能源效率，从而提供包括单周期乘法器在内的高端处理硬件。

Cortex-M0+处理器实现了 Armv6-M 架构，该架构基于 16 位的 Thumb 指令集并包含 Thumb-2 技术。这样，该处理器就提供了现代 32 位架构所期望的出色性能，并且具有比其他 8 位和 16 位处理器更高的代码密度。

Cortex-M0+处理器紧耦合集成了可配置的嵌套向量中断控制器（Nested Vectored Interrupt Controller，NVIC），以提供最好的中断性能。其特性包括：

（1）提供不可屏蔽中断（Non-Maskable Interrupt，NMI）；
（2）提供零抖动中断选项；
（3）提供 4 个中断优先级。

处理器内核和 NVIC 的紧密集成提供了快速执行中断服务程序（Interrupt Service Routines，ISR）的能力，从而显著减少了中断等待时间。这是通过寄存器的硬件堆栈以及放弃并重新启动多个加载和多个保存操作的能力来实现的。中断句柄不要求任何汇编程序封装代码，从而消除了 ISR 的代码开销。当从一个 ISR 切换到另一个 ISR 时，尾链优化还可以显著减少开销。

为了优化低功耗设计，NVIC 与休眠模式集成在一起，该模式包括深度休眠功能，该功能可使整个器件快速断电。

2.1.1 Cortex-M0+处理器核

Cortex-M0+处理器核是 Cortex-M0+最核心的功能部件之一，它负责处理数据，包含内部寄存器、算术逻辑单元（ALU）、数据通路和控制逻辑。

1．处理器核的主要功能

其主要功能包括：
（1）使用 Thumb-2 技术的 Thumb 指令集；
（2）用户模式和特权模式执行；
（3）与 Cortex-M 系列处理器向上兼容的工具和二进制文件；
（4）集成超低功耗休眠模式；
（5）高效的代码执行可以降低处理器时钟或增加休眠时间；
（6）用于对安全有严格要求的存储器保护单元（Memory Protection Unit，MPU）；
（7）低延迟、高速外设 I/O 端口；
（8）向量表偏移寄存器；
（9）丰富的调试功能。

2．处理器核中的流水线

此外，Cortex-M0+处理器核内提供了两级流水线（Cortex-M0、Cortex-M3 和 Cortex-M4 具有三级流水线）。这个两级流水线减少了处理器核响应时间和功耗。第一级流水线完成取指令（简称取指）和预译码，第二级流水线完成主译码和执行，如图 2.2 所示。

> **注：** 当以前的 Cortex-M 处理器核（具有三级流水线）执行条件分支时，下一条指令不再有效。这就意味着每次有分支的时候都必须刷新流水线。通过转移到两级流水线，可以最大限度地减少对 Flash 存储器的访问并降低功耗。通常，Flash 存储器的功耗占据整个 MCU 功耗的绝大部分。因此，减少访问 Flash 存储器的次数将对降低总功耗产生直接影响。

大多数 Armv6-M 架构指令的长度是 16 位。只有 6 条 32 位指令，其中大多数是控制指令，很少使用。但是，用于调用子程序的分支和链接指令也是 32 位的，以便支持该指令与指向要执行下一条指令的标号之间的较大偏移。

理想情况下，每两个 16 位指令只有一个 32 位访问，因此每条指令的访存次数更少。在图 2.2 中，在第 2 个时钟周期没有发生取指操作。当指令 N 为加载/保存指令时，AHB-Lite（Advanced Hight-performance Bus Lite，高级高性能总线简化）端口可用于执行数据访问。

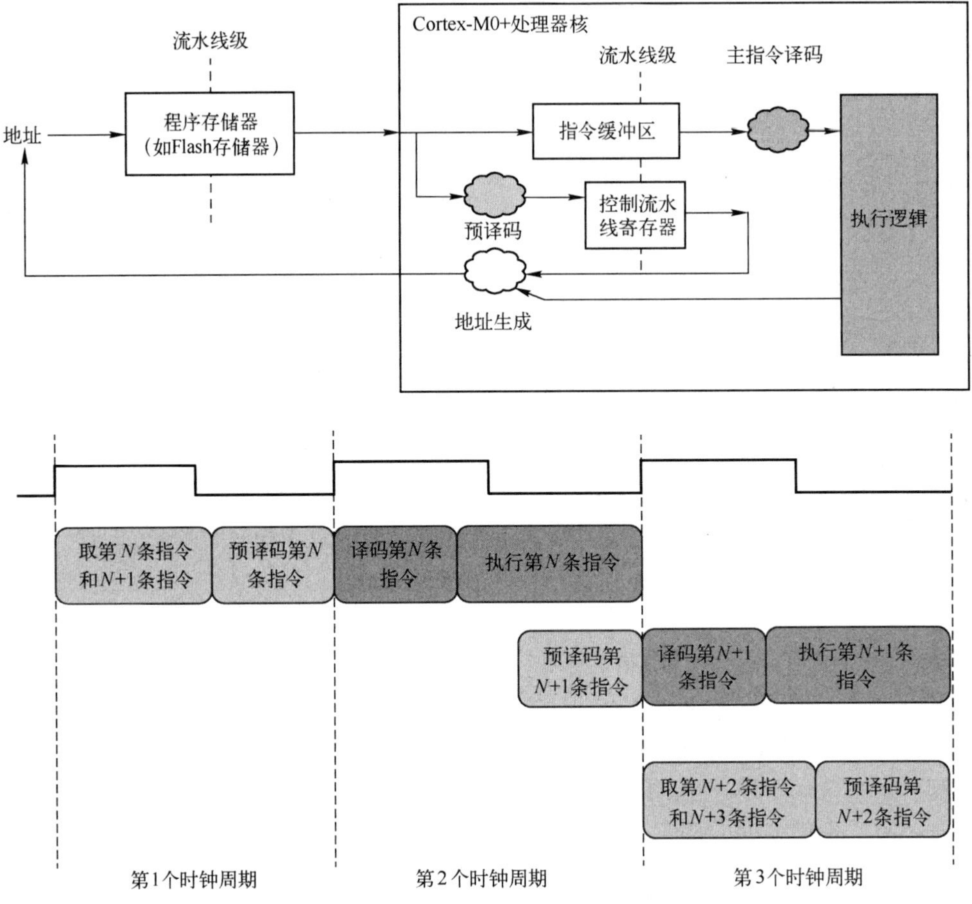

图 2.2　Cortex-M0+处理器核的两级流水线

下面通过一个实例，说明 Cortex-M0+处理器核采用两级流水线的优势，如代码清单 2.1 所示。

代码清单 2.1　一段运行在 Cortex-M0 上的代码

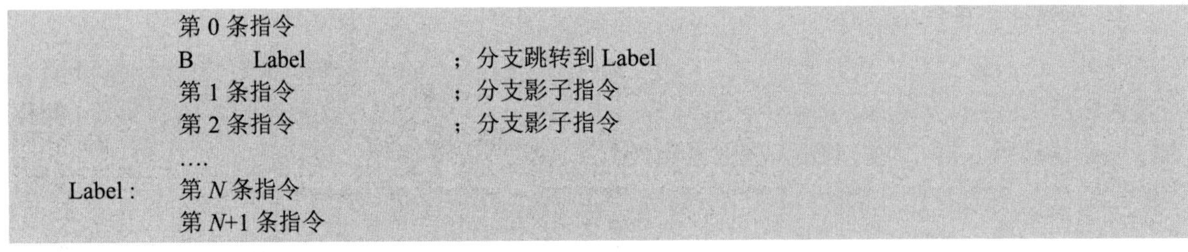

```
        第 0 条指令
        B      Label           ；分支跳转到 Label
        第 1 条指令              ；分支影子指令
        第 2 条指令              ；分支影子指令
        ....
Label:  第 N 条指令
        第 N+1 条指令
```

如图 2.3 所示，由于采用了两级流水线，所以浪费更少的预取指令。

（1）在第 1 个时钟周期，处理器加载第 0 条指令和一条无条件分支指令。

（2）在第 2 个时钟周期，处理器执行第 0 条指令。

（3）在第 3 个时钟周期，处理器在取出第 1 条指令和第 2 条指令的同时，执行分支指令。

（4）在第 4 个时钟周期，处理器丢弃第 1 条指令和第 2 条指令，并取出第 N 条指令和第 N+1 条指令。

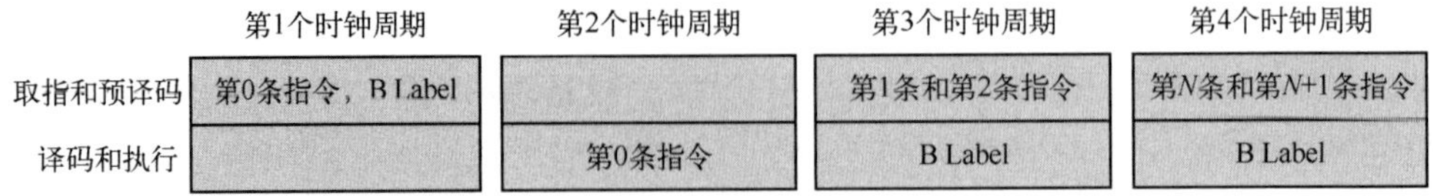

图 2.3　Cortex-M0+处理器执行指令

前面提到，Cortex-M0、Cortex-M3 和 Cortex-M4 具有三级流水线，即取指、译码和执行指令。分支影子指令的数量更多：最多达到 4 条 16 位指令。

3．处理器核的访问方式

如图 2.4 所示，Cortex-M0+既没有缓存，也没有内部 RAM。因此，任何取指交易都会指向 AHB-Lite 端口，并且任何数据访问都会指向 AHB-Lite 端口或单周期 I/O 端口。

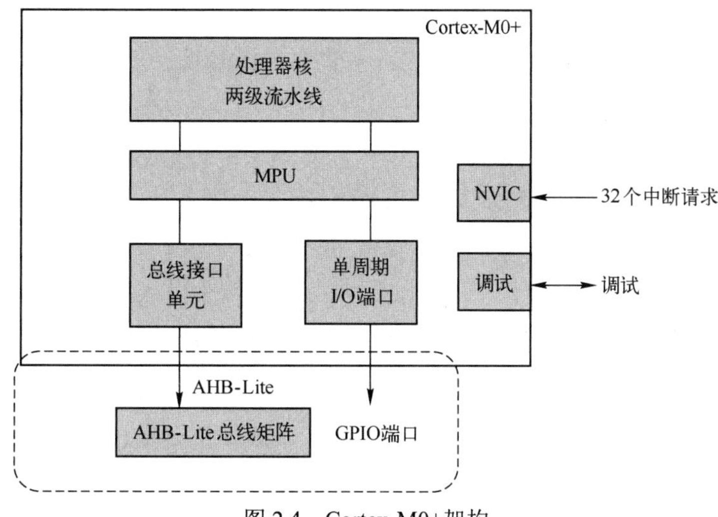

图 2.4　Cortex-M0+架构

注：STM32G0 在处理器外实现了片上系统级（System on Chip，SoC）的缓存。

AHB-Lite 主端口连接到总线矩阵，使得处理器可以访问存储器和外设。由于交易是在 AHB-Lite 端口上进行流水处理的，因此最佳的吞吐量为每个时钟周期传输 32 位数据或指令，同时保持最小的两个时钟周期延迟。

Cortex-M0+还具有单周期 I/O 端口，使处理器能够以一个时钟的延迟访问数据。

一个外部译码逻辑决定将数据访问指向这个端口的地址范围。在 STM32G0 系列 MCU 中，单周期 I/O 端口用于访问通用 I/O（General-Purpose Input & Output，GPIO）端口寄存器，从而使这些端口能够以处理器频率工作。

当加载或保存指令的地址未落入单周期 I/O 端口地址范围内时，将在 AHB-Lite 端口上执行交易，从而防止处理器在同一时钟取指。

当加载或保存指令的地址落入单周期 I/O 端口地址范围内时，在该端口上执行交易，并可能与取指同时进行。

2.1.2　系统级接口

Cortex-M0+处理器使用 AMBA 技术提供单个系统级端口，以提供高速、低延迟的存储器访问。

Cortex-M0+处理器具有一个可选的 MPU，它可以提供细粒度的存储器控制、使得应用程序可以使用多个特权级，并根据任务分割和保护代码、数据和堆栈。在许多嵌入式应用（如汽车系统）中，此类要求变得非常重要。

2.1.3　可配置的调试

Cortex-M0+处理器实现了完整的硬件调试解决方案，并具有广泛的硬件断点和观察点选项。通过一个具有两个引脚的串行线调试（Serial Wire Debug，SWD）端口，该系统可提供对处理器、存储器和外设的可视性，非常适合微控制器和其他小封装器件。

2.1.4 核心外设

核心外设是与 Cortex-M0+处理器核紧密耦合的外部功能部件。

1．嵌套向量中断控制器

NVIC 是一个嵌入的中断控制器，它提供了 32 个可屏蔽的中断通道和 4 个可编程的优先级控制，支持低延迟的异常和中断处理。此外，它还提供了电源管理控制功能。

2．系统控制块

系统控制块（System Control Block，SCB）是程序员与处理器的模型接口。它提供系统的实现信息和系统控制，包括配置、控制以及系统异常的报告。

3．系统定时器

系统定时器（SysTick）是一个 24 位的递减计数器。将该定时器用作一个实时操作系统（Real Time Operating System，RTOS）滴答定时器或作为一个简单的计数器。

4．存储器保护单元

存储器保护单元（Memory Protection Unit，MPU）通过定义不同存储器区域的存储属性来提高系统可靠性。它提供最多 8 个不同的区域以及一个可选的预定义背景区域。

5．I/O 端口

I/O 端口提供单周期加载，并保存到紧耦合的外设。

思考与练习 2.1：请说明 Cortex-M0+处理器核的主要性能参数。

思考与练习 2.2：请说明 Cortex-M0+处理器核采用的流水线结构。

思考与练习 2.3：Cortex-M0+处理器由哪两部分组成，它们各自的主要功能是什么？

2.2 Cortex-M0+处理器的寄存器

本节详细介绍 Cortex-M0+处理器的寄存器，对其内部寄存器来说，其主要特点如下。

（1）它们用于保存和处理 Cortex-M0+处理器核内暂时使用的数据。

（2）这些寄存器在 Cortex-M0+处理器核内，因此处理器访问这些寄存器速度较快。

（3）采用加载-保存结构，即：如果需要处理保存在存储器中的数据，则需要将保存在存储器中的数据加载到一个寄存器中，然后在处理器内部进行处理。在处理完这些数据后，如果需要将其重新保存到存储器中，则将这些数据重新写回到存储器中。

对 Cortex-M0+处理器的寄存器来说，包含寄存器组和特殊寄存器，如图 2.5 所示。下面对这些寄存器的功能进行详细介绍。

2.2.1 通用寄存器

在寄存器组中，提供了 16 个寄存器，这 16 个寄存器中的 R0～R12 寄存器可作为通用寄存器，其中：

（1）低寄存器，包括 R0～R7 寄存器，所有指令均可访问这些寄存器；

（2）高寄存器，包括 R8～R12 寄存器，一些 Thumb 指令不可以访问这些寄存器。

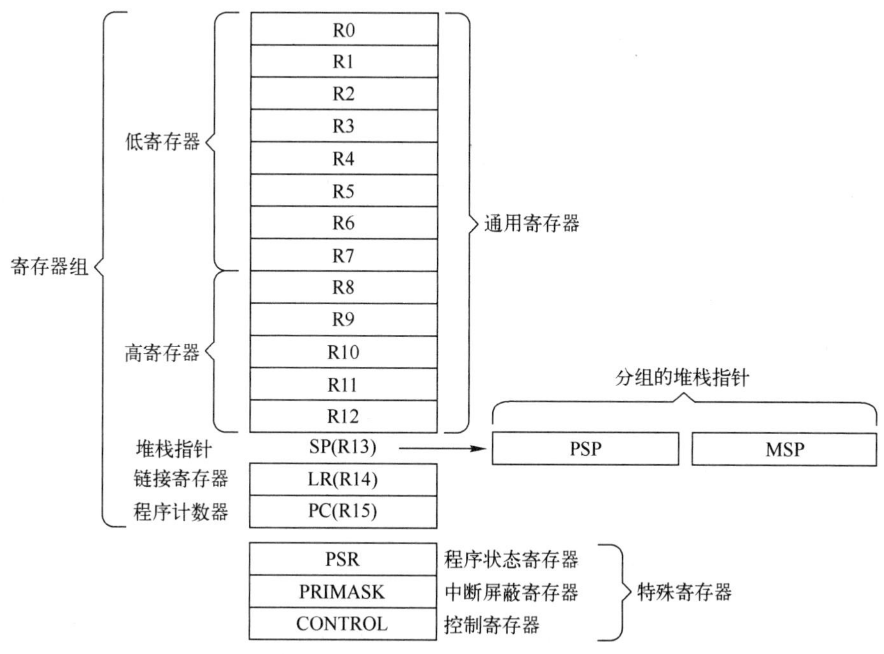

图 2.5　Cortex-M0+处理器的寄存器

2.2.2　堆栈指针

寄存器组中的 R13 寄存器可以用作堆栈指针（Stack Pointer，SP），如图 2.5 所示。SP 的主要功能如下。

（1）记录当前堆栈的地址。

（2）当在不同的任务之间切换时，SP 可用于保存上下文（现场）。

（3）在 Cortex-M0+处理器核中，将 SP 进一步细分为：

① 主堆栈指针（Main Stack Pointer，MSP），在应用程序中，需要特权访问时会使用 MSP，如访问操作系统内核、异常句柄；

② 进程堆栈指针（Process Stack Pointer，PSP），当没有运行一个异常句柄时，该指针可用于基本层次的应用程序代码中。

> **注：**（1）当复位时，处理器使用地址 0x00000000 中的值加载 MSP。
> （2）由 CONTROL 寄存器的 bit[1]来控制 SP 是用作 MSP 还是 PSP。

2.2.3　程序计数器

寄存器组中的 R15 寄存器可用作程序计数器（Program Counter，PC），其主要功能如下。

（1）用于记录当前指令代码的地址。

（2）除了执行分支指令外，在其他情况下，对 32 位指令代码来说，在进行每个操作时，PC 递增 4，即：

$$(PC)+4 \rightarrow (PC)$$

（3）对于分支指令（如函数调用），在将 PC 指向所指定地址的同时，将当前 PC 的值保存到链接寄存器（Link Register，LR）R14 中。

Cortex-M0+处理器核的堆栈操作过程如图 2.6 所示。

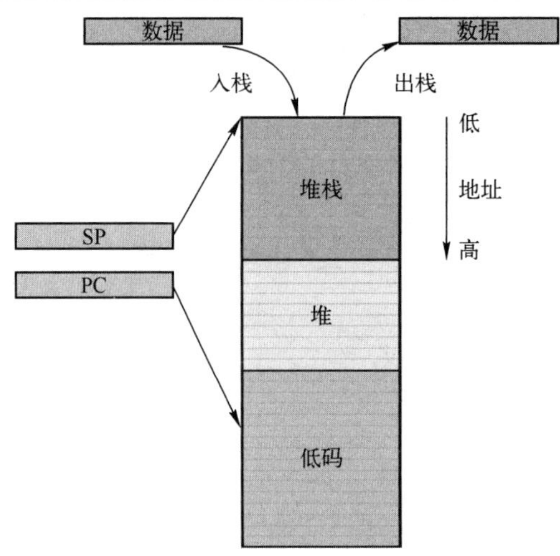

图 2.6　Cortex-M0+处理器核的堆栈操作过程

> 注：复位时，处理器将地址为 0x00000004 的复位向量的值加载到 PC。复位时，将该值的 bit[0]加载到 EPSR 寄存器的 T 比特位中，并且该值必须为 1。

2.2.4　链接寄存器

寄存器组中的 R14 寄存器可用作链接寄存器（Link Register，LR），其主要功能如下。

（1）该寄存器用于保存子程序、程序调用和异常的返回地址，如图 2.7（a）所示。

（2）当程序调用结束后，Cortex-M0+将 LR 中的值加载到 PC 中，如图 2.7（b）所示。

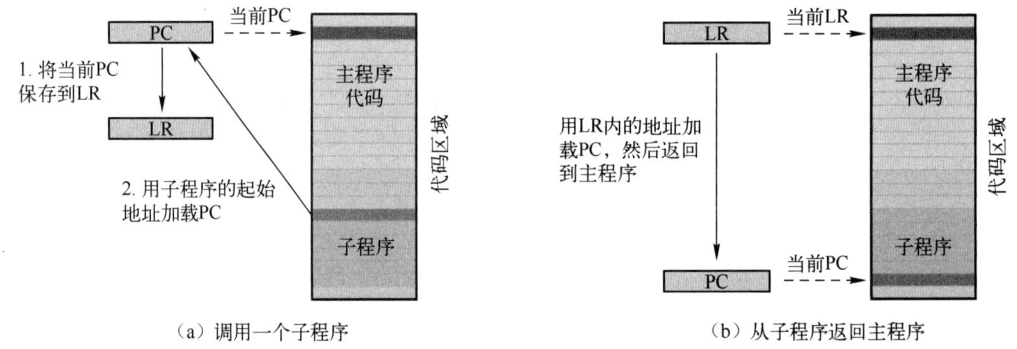

（a）调用一个子程序　　（b）从子程序返回主程序

图 2.7　程序调用和返回

> 注：在复位时，LR 的值未知。

2.2.5　程序状态寄存器

程序状态寄存器（x Program Status Register，xPSR），用于提供执行程序的信息，以及 ALU 的标志位。它包含三个寄存器。

（1）应用程序状态寄存器（Application Program Status Register，APSR）；

（2）中断程序状态寄存器（Interrupt Program Status Register，IPSR）；

（3）执行程序状态寄存器（Execution Program Status Register，EPSR）。

xPSR 的位分配如图 2.8 所示。

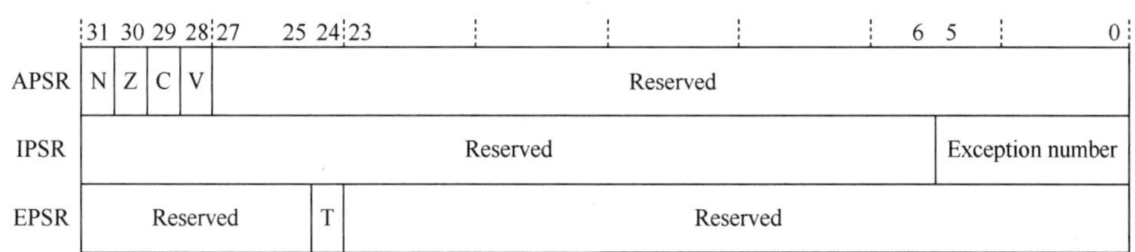

图 2.8　xPSR 的位分配

> **注：**对这三个寄存器来说，它们可以作为一个寄存器 xPSR 来访问。比如，当发生中断时，xPSR 会被自动压入堆栈；当从中断返回时，xPSR 会自动恢复数据。在入栈和出栈时，将 xPSR 作为一个寄存器。

使用寄存器名字作为 MSR 或 MRS 指令的参数，既可以单独访问这些寄存器，也可以将任意两个或所有三个寄存器组合来访问这些寄存器（见表 2.1）例如：

（1）在 MRS 指令中，使用 PSR 来读取所有寄存器；

（2）在 MSR 指令中，使用 APSR 来写入 APSR。

表 2.1　PSR 寄存器的组合

寄存器	类型	组合
PSR	RW①②	APSR、EPSR 和 IPSR
IEPSR	RO	EPSR 和 IPSR
IAPSR	RW①	APSR 和 IPSR
EAPSR	RW②	APSR 和 EPSR

① 处理器忽略对 IPSR 位的写操作；

② 读取 EPSR 的位将返回 0，处理器忽略对这些位的写操作。

1. APSR

APSR 寄存器内保存着 ALU 操作后所产生的标志位，这些标志位说明如下。

（1）[31]：N，符号标志。

① 当 ALU 运算结果为负数时，将该位设置为 1；

② 当 ALU 运算结果为正数时，将该位设置为 0。

（2）[30]：Z，零标志。

① 当 ALU 运算结果等于 0 时，将该位设置为 1；

② 当 ALU 运算结果不等于 0 时，将该位设置为 0。

（3）[29]：C，进位或借位标志。

当操作产生进位时，将该标志设置为 1；否则，将该标志设置为 0。在下面的情况下，产生进位标志，包括：

① 如果相加的结果大于或等于 2^{32}；

② 如果相减的结果为正或者零；

③ 作为移位或旋转指令的结果。

（4）[28]：V，溢出标志。

对于有符号加法和减法，如果有符号溢出，则将该位设置为 1；否则，设置为 0。例如：

① 如果两个负数相加得到一个正数；

② 如果两个正数相加得到一个负数；

③ 如果负数减去正数得到一个正数；

④ 如果正数减去负数得到一个负数。

注：除了丢掉结果外，比较操作 CMP 和 CMN 分别与减法和加法操作相同。

（5）[27:0]：Reserved，保留。

在 Cortex-M0+中，大部分数据处理指令都会更新 APSR 中的条件标志。有些指令更新所有标志，一些指令只更新其中的一些标志。如果没有更新标志，则保留最初的值。

程序开发者可以根据另一条指令中设置的条件标志来执行条件转移指令：

（1）在更新完标志的指令之后，立即执行；

（2）在没有更新标志的任意数量的中间指令之后进行。

2．IPSR

该寄存器保存当前中断服务程序（Interrupt Service Routine，ISR）的异常号。在 Cortex-M0+中每个异常中断都有一个特定的中断编号，用于表示中断类型。在调试时，它对于识别当前中断非常有用，并且在多个中断共享一个中断处理的情况下，可以识别出其中一个中断。IPSR 的位分配如图 2.9 所示。

位	名字	功能
[31:6]	—	保留
[5:0]	Exception number （异常编号）	当前异常的编号 0=线程模式 1=保留 2=NMI 3=硬件故障 4~10=保留 11=SVCall 12~13=保留 14=Pend SV 15=SysTick| 保留 16=IRQ0 ⋮ 47=IRQ31 48~63=保留

图 2.9　IPSR 的位分配

3．EPSR

该寄存器只包含一个 T 比特位，用于表示 Cortex-M0+处理器核是否处于 Thumb 状态。当应用软件尝试使用 MRS 指令直接读取 EPSR 时，总是返回 0。当尝试使用 MSR 指令写入 EPSR 时，将忽略该操作。故障句柄可以检查堆栈 PSR 中的 EPSR 值，用于确定故障原因。以下方法可以将 T 比特位清零，包括：

（1）指令 BLX、BX 和 POP{PC}；

（2）在从异常返回时，从堆栈的 xPSR 值恢复；

（3）一个异常入口上向量值的 bit[0]。

当 T 比特位为 0 时，尝试执行指令将导致硬件故障或锁定。

2.2.6 可中断重启指令

可中断重启指令是 LDM、STM、PUSH、POP 和 MULS。当执行这些指令中的其中一条指令发生中断时，处理器将放弃执行该指令。当处理完中断后，处理器从头开始重新执行指令。

2.2.7 异常屏蔽寄存器

异常屏蔽寄存器禁止处理器对异常进行处理。禁止可能会影响时序关键任务或要求原子的代码序列的异常。

要禁止或重新使能异常，需要使用 MSR 和 MRS 指令或 CPS 指令来修改 PRIMASK 的值。

2.2.8 优先级屏蔽寄存器

优先级屏蔽寄存器（priority mask register，PRIMASK）的位分配如图 2.10 所示。

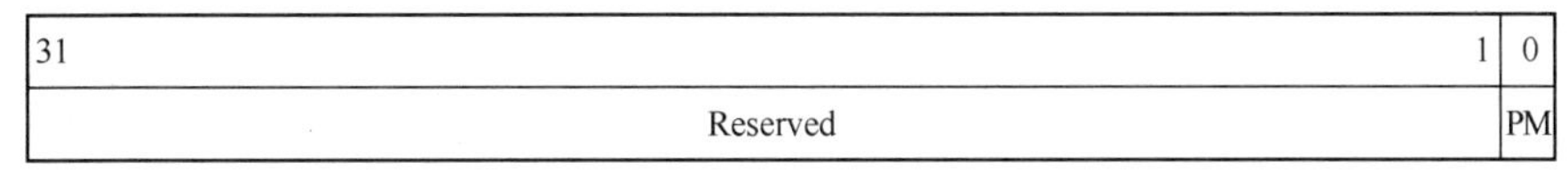

图 2.10　PRIMASK 的位分配

其中：

（1）[31:1]：Reserved（保留）；

（2）[0]：PM，可优先排序的中断屏蔽。

① 0=没有影响。

② 1=阻止激活具有可配置优先级的所有异常。

2.2.9 控制寄存器

当处理器处于线程模式时，控制（CONTROL）寄存器控制使用的堆栈以及软件执行的特权级，其位分配如图 2.11 所示。

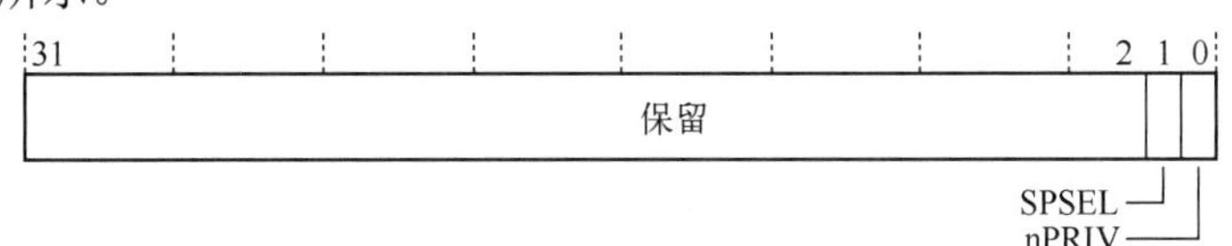

图 2.11　CONTROL 寄存器的位分配

其中：

（1）SPSEL 位。

定义当前的堆栈。当该位为 0 时，MSP 是当前的堆栈指针；当该位为 1 时，PSP 是当前的堆栈指针。

> 注：在句柄模式下，读取该位将返回 0，忽略对该位的写操作。

（2）nPRIV 位。

定义线程模式特权级。当该位为 0 时，为特权级；当该位为 1 时，为非特权级。

句柄模式始终使用 MSP。因此，在句柄模式时，处理器将忽略对 CONTROL 寄存器活动堆栈指针位的显式写入操作。异常进入和返回机制会自动更新 CONTROL 寄存器。

在一个操作系统（Operating System，OS）环境中，建议以线程模式运行的线程使用线程堆栈，OS 内核和异常句柄使用主堆栈。

线程模式默认使用 MSP。要将线程模式下使用的堆栈指针切换到 PSP，使用 MSR 指令将活动的指针位设置为 1。

> **注：**当改变堆栈指针时，软件必须在 MSR 指令后立即使用 ISB 指令。这样可以确保 ISB 之后的指令使用新的堆栈指针执行。

思考与练习 2.4：在 Cortex-M0+处理器核中，通用寄存器的范围____________。

思考与练习 2.5：在 Cortex-M0+处理器核中，实现堆栈指针功能的寄存器是________。

思考与练习 2.6：在 Cortex-M0+处理器核中，所提供的堆栈指针的类型包括______和_______，它们各自实现的功能是____________和___________。

思考与练习 2.7：在 Cortex-M0+处理器核中，用作程序计数器的寄存器是__________，程序计数器所实现的功能是______________。

思考与练习 2.8：在 Cortex-M0+处理器核中，用作链接寄存器的寄存器是__________，链接寄存器的作用是_________________。

思考与练习 2.9：在 Cortex-M0+处理器核中，组合程序状态寄存器中所包含的寄存器是_______、________和________，它们各自的作用分别是___________、__________和__________。

思考与练习 2.10：在 Cortex-M0+处理器核中，中断屏蔽寄存器所实现的功能是__________。

思考与练习 2.11：在 Cortex-M0+处理器核中，控制寄存器所实现的功能是___________。

2.3　Cortex-M0+处理器的存储空间结构

本节介绍 Cortex-M0+处理器的存储空间结构，内容包括存储空间映射、代码区域地址映射、SRAM 区域地址映射、外设区域地址映射、PPB 地址空间映射、SCS 地址空间映射，以及系统控制和 ID 寄存器。

2.3.1　存储空间映射

Cortex-M0+处理器采用了 Armv6-M 架构，该架构支持预定义的 32 位地址空间，并细分为代码、SRAM 和外设，以及片上和片外资源的区域，如图 2.12 所示。其中，片上是指紧耦合到处理器的资源。地址空间支持 8 个基本分区，每个分区是 0.5GB，包括：

（1）代码；

（2）SRAM；

（3）外设；

（4）两个 RAM 区域；

（5）两个设备区域；

（6）系统。

该架构分配用于系统控制、配置以及用作事件入口点或向量的物理地址。该架构定义相对基地址的向量，该基地址在 Armv6-M 中固定为地址 0x00000000。

地址空间 0xE0000000 到 0xFFFFFFFF 保留供系统级使用。

> **注：**尽管默认规定了这些区域的使用方法，但是程序设计人员可以灵活地根据具体要求定义存储器地址空间映射，例如，访问内部私有外设总线。

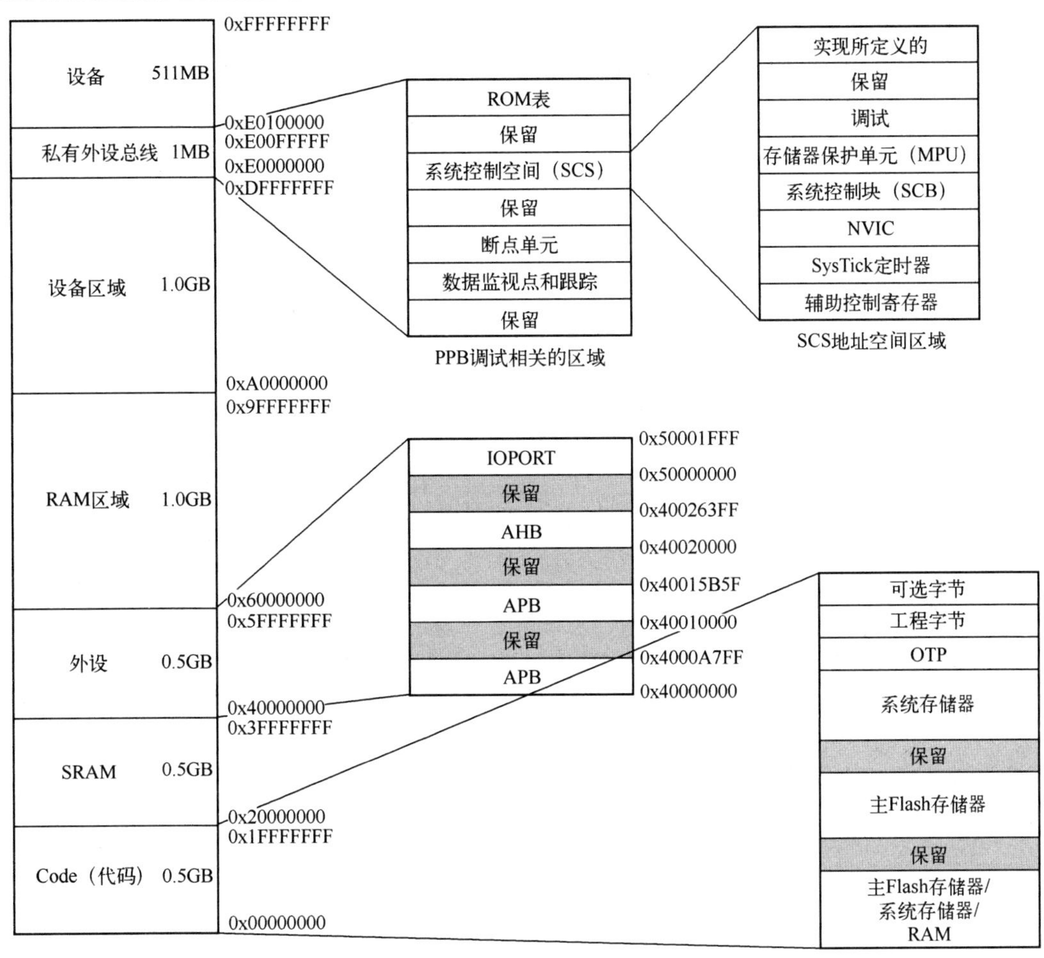

图 2.12　Cortex-M0+处理器的存储器地址空间映射

Armv6-M 地址映射关系如表 2.2 所示。

表 2.2　Armv6-M 地址映射关系

地址	名字	设备类型	XN	缓存	描述
0x00000000～0x1FFFFFFF	Code (代码)	标准	—	WT	通常为 ROM 或 Flash 存储器。来自地址 0x0 的存储器用于支持复位时系统启动引导的向量表。 程序代码的执行区域，此区域也可以放数据
0x20000000～0x3FFFFFFF	SRAM	标准	—	WBWA	SRAM 区域通常用于片上 RAM。 用于数据（如堆或堆栈）的可执行区域，此区域也可以放代码
0x40000000～0x5FFFFFFF	外设	设备	XN	—	片上外设地址空间。 外部的设备存储器，包括 APB 和 AHB 外设
0x60000000～0x7FFFFFFF	RAM	标准	—	WBWA	具有回写（Write-Back）功能的存储器，用于 L2/L3 缓存支持的写分配缓存属性。 用于数据的可执行区域
0x80000000～0x9FFFFFFF	RAM	标准	—	WT	具有直接写（Write-Through）缓存属性的存储器。 用于数据的可执行区域
0xA0000000～0xBFFFFFFF	设备	设备，可共享	XN	—	共享设备空间
0xC0000000～0xDFFFFFFF	设备	设备，不可共享	XN	—	非共享设备空间
0xE0000000～0xFFFFFFFF	系统	详见图 2.12	XN	—	用于私有外设总线和供应商系统外设的系统段

表中：

（1）XN 表示从不执行区域（execute never region）。从 XN 区域执行代码的任何尝试都会出错，从而生成硬件故障异常。

（2）缓存列指示用于标准存储器区域、内部和外部缓存的缓存策略，以支持系统缓存。声明的缓存类型可以降级，但不能升级，如下：

① 直接写（Write-Through，WT），可以看作非缓存；

② 回写和写分配（Write-Back，Write Allocate，WBWA），可以看作直接写或非缓存。

（3）在设备类型一列中，可共享表示该区域支持同一存储器区域中多个代理共享使用。这些代理可以是处理器和 DMA（直接存储器访问）代理的任意组合。标准表示处理器可以对交易进行重新排序以提高效率或者执行预测读取。设备表示处理器将保持相对于到设备或强顺序存储器的其他交易的顺序。

> 注：（1）Armv6-M 不支持诸如 LDREX 或 STREX 之类的互斥访问指令，也不支持任何形式的原子交换指令。在使用共享存储器的多处理环境中，软件必须考虑这一点。
>
> （2）代码、SRAM 和外部 RAM 区域都可以保存程序。
>
> （3）MPU 可以覆盖该部分介绍的默认存储器访问行为。

2.3.2　代码区域地址映射

Code（代码）区域地址映射关系如表 2.3 所示。

表 2.3　Code 区域地址映射关系(STM32G071xx 和 STM32G081xx)

类型	边界地址	大小/B	存储器功能
Code（代码）	0x1FFF7880～0x1FFFFFFF	～34K	保留
	0x1FFF7800～0x1FFF787F	128	选项字节（由用户根据应用需求配置）
	0x1FFF7500～0x1FFF77FF	768	工程字节
	0x1FFF7400～0x1FFF74FF	256	保留
	0x1FFF7000～0x1FFF73FF	1K	OTP
	0x1FFF0000～0x1FFF6FFF	28K	系统存储器
	0x08020000～0x1FFFD7FF	～384M	保留
	0x08000000～0x0801FFFF	128K	主 Flash 存储器
	0x00020000～0x07FFFFFF	～8M	保留
	0x00000000～0x0001FFFF	128K	主 Flash 存储器，系统存储器或 SRAM，取决于启动引导配置

Flash 存储器的构成形式为 72 位宽的存储单元（64 位加 8 个 ECC 位），可用于保存代码和数据常量。Flash 存储器的组织方式如下。

（1）一个主存储器块，包含 64 个（具体数量和器件型号有关）2KB 的页面，每页有 8 行，每行 256B。

（2）信息块。

① 在系统存储器模式中，CPU 从系统存储器启动引导。该区域是保留区域，包含用于通过以下接口之一对 Flash 存储器进行重新编程的启动引导程序，这些接口包括：USART1、USART2、I2C1 和 I2C2（适用于所有器件），USART3、SPI1 和 SPI2（适用于 STM32G071xx、STM32G081xx、STM32G0B1xx 和 STM32G0C1xx），以及 USB(DFU)和 FDCAN2（适用于 STM32G0B1xx 和

STM32G0C1xx）。在生产线上，对芯片进行编程并提供保护，以防止伪造的写/擦除操作。

② 1KB（128 个双字）一次性可编程（One-Time Programmable，OTP）用于用户数据。OTP 数据无法删除，只能写入一次。如果只有 1 位为 0，则即使值 0x0000 0000 0000 0000，也无法再写入整个双字（64 位）

当读出保护机制（RDP）级别为 1，并且引导源不是主 Flash 存储器区域时，无法读取 OTP 区域。

③ 用于用户配置的选项字节。

注：在 STM32G0x1 中，可以通过 BOOT0 引脚，FLASH_SECR 寄存器中的 BOOT_LOCK 位以及用户选项字节中的引导配置位 nBOOT1、nBOOT_SEL 和 nBOOT0 选择三种不同的引导模式，启动模式配置如表 2.4 所示。

表 2.4　启动模式配置

启动模式配置					选择的启动引导区域
BOOT_LOCK	nBOOT1	BOOT0	nBOOT_SEL	nBOOT0	
0	×	0	0	×	主 Flash 存储器
0	1	1	0	×	系统存储器
0	0	1	0	×	嵌入的 SRAM
0	×	×	1	1	主 Flash 存储器
0	1	×	1	0	系统存储器
0	0	×	1	0	嵌入的 SRAM
1	×	×	×	×	强制的主 Flash 存储器

复位后，在 SYSCLK 的第四个上升沿，锁存引导模式配置。用户可以设置与所需引导模式相关的引导模式配置。

当从待机模式退出时，也会重新采样引导模式配置。因此，在待机模式下必须保持所要求的启动引导模式。当从待机模式退出时，CPU 从地址 0x00000000 获取堆栈顶部的值，然后从在 0x00000004 的启动存储器启动代码。

根据所选择的启动引导模式，可以按如下方式访问主 Flash 存储器、系统存储器或 SRAM。

（1）从主 Flash 存储器启动：主 Flash 存储器在启动存储器空间（0x00000000）具有别名，但是仍可以从其原始存储空间（0x08000000）访问。换句话说，可以从地址 0x00000000 或 0x08000000 开始访问主 Flash 存储器内容。

（2）从系统存储器启动：系统存储器在启动引导存储器空间（0x00000000）中是别名，但仍可以从其原始的存储器空间 0x1FFF0000 访问。

（3）从 SRAM 启动：SRAM 在引导存储器空间（0x00000000）中具有别名，但仍可以从其原始存储空间（0x20000000）对其进行访问。

2.3.3　SRAM 区域地址映射

SRAM 区域地址映射关系如表 2.5 所示。

表 2.5　SRAM 区域地址映射关系

类型	边界地址	大小/B	存储器功能
SRAM	0x20009000～0x3FFFFFFF	～512M	保留
	0x20000000～0x20008FFF	36K	SRAM

STM32G071x8/xB 器件提供了 32KB 的具有奇偶校验的嵌入式 SRAM。硬件奇偶校验可以检测到存储器的数据错误，这将有助于提高应用程序的功能安全性。

当由于应用程序的安全性要求不高而不需要奇偶校验保护时，可以将奇偶效验存储位用作附加的 SRAM，以将其总大小增加到 36KB。

片内嵌入 SRAM 的优势是可以以零等待状态和 CPU 的时钟速度读写存储器。

2.3.4 外设区域地址映射

外设区域地址映射关系（不包括 Cortex-M0+内部外设）如表 2.6 所示。

表 2.6 外设区域地址映射关系

总线	边界地址	大小/B	外设
IOPORT	0x50001800～0x5FFFFFFF	～256M	保留
	0x50001400～0x500017FF	1K	GPIOF
	0x50001000～0x500013FF	1K	GPIOE
	0x50000C00～0x50000FFF	1K	GPIOD
	0x50000800～0x50000BFF	1K	GPIOC
	0x50000400～0x500007FF	1K	GPIOB
	0x50000000～0x500003FF	1K	GPIOA
AHB	0x40026400～0x4FFFFFFF	～256M	保留
	0x40026000～0x400263FF	1K	AES
	0x40025400～0x40025FFF	3K	保留
	0x40025000～0x400253FF	1K	RNG
	0x40023400～0x40024FFF	3K	保留
	0x40023000～0x400233FF	1K	CRC
	0x40022400～0x40022FFF	3K	保留
	0x40022000～0x400223FF	1K	Flash
	0x40021C00～0x40021FFF	3K	保留
	0x40021800～0x40021BFF	1K	EXTI
	0x40021400～0x400217FF	1K	保留
	0x40021000～0x400213FF	1K	RCC
	0x40020C00～0x40020FFF	1K	保留
	0x40020800～0x40020BFF	2K	DMAMUX
	0x40020400～0x400207FF	1K	DMA2
	0x40020000～0x400203FF	1K	DMA1
APB	0x40015C00～0x4001FFFF	32K	保留
	0x40015800～0x40015BFF	1K	DBG
	0x40014C00～0x400157FF	3K	保留
	0x40014800～0x40014BFF	1K	TIM17
	0x40014400～0x400147FF	1K	TIM16
	0x40014000～0x400143FF	1K	TIM15
	0x40013C00～0x40013FFF	1K	USART6
	0x40013800～0x40013BFF	1K	USART1
	0x40013400～0x400137FF	1K	保留

续表

总线	边界地址	大小/B	外设
APB	0x40013000～0x400133FF	1K	SPI1/I2S1
	0x40012C00～0x40012FFF	1K	TIMI
	0x40012800～0x40012BFF	1K	保留
	0x40012400～0x400127FF	1K	ADC
	0x40010400～0x400123FF	8K	保留
	0x40010200～0x400103FF	1K	COMP
	0x40010080～0x400101FF		SYSCFG(ITLINE)[①]
	0x40010030～0x4001007F		VREFBUF
	0x40010000～0x4001002F		SYSCFG
	0x4000BC00～0x4000FFFF	17K	保留
	0x4000B400～0x4000BBFF	2K	FDCAN 消息 RAM
	0x4000B000～0x4000B3FF	1K	TAMP(+BKP 寄存器)
	0x4000A800～0x4000AFFF	2K	保留
	0x4000A400～0x4000A7FF	1K	UCPD2
	0x4000A000～0x4000A3FF	1K	UCPD1
	0x40009C00～0x40009FFF	1K	USB RAM2
	0x40009800～0x40009BFF	1K	USB RAM1
	0x40009400～0x400097FF	1K	LPTIM2
	0x40008C00～0x400093FF	2K	保留
	0x40008800～0x40008BFF	1K	I2C3
	0x40008400～0x400087FF	1K	LPUART2
	0x40008000～0x400083FF	1K	LPUART1
	0x40007C00～0x40007FFF	1K	LPTIM1
	0x40007800～0x40007BFF	1K	CEC
	0x40007400～0x400077FF	1K	DAC
	0x40007000～0x400073FF	1K	PWR
	0x40006C00～0x40006FFF	1K	CRS
	0x40006800～0x40006BFF	1K	FDCAN2
	0x40006400～0x400067FF	1K	FDCAN1
	0x40006000～0x400063FF	1K	保留
	0x40005C00～0x40005FFF	1K	USB
	0x40005800～0x40005BFF	1K	I2C2
	0x40005400～0x400057FF	1K	I2C1
	0x40005000～0x400053FF	1K	USART5
	0x40004C00～0x40004FFF	1K	USART4
	0x40004800～0x40004BFF	1K	USART3
	0x40004400～0x400047FF	1K	USART2
	0x40004000～0x400043FF	1K	保留
	0x40003C00～0x40003FFF	1K	SPI3
	0x40003800～0x40003BFF	1K	SPI2/I2S2
	0x40003400～0x400037FF	1K	保留

续表

总线	边界地址	大小/B	外设
APB	0x40003000～0x400033FF	1K	IWDG
	0x40002C00～0x40002FFF	1K	WWDG
	0x40002800～0x40002BFF	1K	RTC
	0x40002400～0x400027FF	1K	保留
	0x40002000～0x400023FF	1K	TIM14
	0x40001800～0x40001FFF	2K	保留
	0x40001400～0x400017FF	1K	TIM7
	0x40001000～0x400013FF	1K	TIM6
	0x40000C00～0x40000FFF	1K	保留
	0x40000800～0x40000BFF	1K	TIM4
	0x40000400～0x400007FF	1K	TIM3
	0x40000000～0x400003FF	1K	TIM2

① SYSCFG(ITLINE)寄存器使用 0x40010000 作为参考外设基地址。

2.3.5 PPB 地址空间映射

0xE0000000～0xFFFFFFFF 区域的存储空间映射关系如表 2.7 所示。

表 2.7　0xE0000000～0xFFFFFFFF 区域的存储空间映射关系

地址	名字	设备类型	XN	描述
0xE0000000～0xE00FFFFF	PPB①	强顺序	XN	1MB 区域保留用于 PPB。该区域支持关键资源，包括系统控制空间和调试功能
0xE0100000～0xFFFFFFFF	Vendor_SYS	设备	XN	供应商系统区域

① 在所有实现中，对它只能通过特权访问。

从表 2.7 中可知，地址空间为 0xE0000000～0xE00FFFFF 的区域为 PPB 区域，PPB 地址空间映射关系如表 2.8 所示。

表 2.8　PPB 地址空间映射关系

资源	地址范围
数据监视点和跟踪	0xE0001000～0xE0001FFF
断点单元	0xE0002000～0xE0002FFF
系统控制空间（System Control Space，SCS）	0xE000E000～0xE000EEFF
系统控制块（System Control Block，SCB）	0xE000ED00～0xE000ED8F
调试控制块（Debug Control Block，DCB）	0xE000EDF0～0xE000EEFF
Armv6-M ROM 表	0xE00FF000～0xE00FFFFF

注：表中地址不连续的区域为保留区域。

除了 SCB、DCB 和 SCS 中的其他调试控制外，其他与调试相关的资源在 Armv6-M 系统地址映射的 PPB 区域内分配了固定的 4KB 区域。这些资源如下。

（1）断点单元（BreakPoint Unit，BPU）。它提供了断点支持。BPU 是 Armv7-M 中可用的 Flash 补丁和断点块（Flash Patch and Breakpoint，FPB）的子集。

（2）ROM 表。ROM 表的入口为调试器提供了一种机制，以标识实现所支持的调试基础结构。

通过 DAP 接口，可以访问这些资源以及 SCS 中的调试寄存器。

在 Armv6-M 架构中，PPB 区域中的通用规则包括：

（1）将该区域定义为强顺序存储器；

（2）始终以小端方式访问寄存器，与处理器当前的端状态无关；

（3）PPB 区域地址空间仅支持对齐的字访问，字节和半字访问是不可预测的。

注： 这与 Armv7-M 不同，后者在某些情况下支持字节和半字访问。对于 Armv6-M，软件必须执行读-修改-写访问序列，在该序列中，软件必须修改 PPB 区域中某个字内的字节字段。

（4）术语“设置”，表示写入 1；术语“清除”，表示写入 0。该术语适用于多个位，所有位均为写入值。

（5）通过将 0 写入相应的寄存器位来禁用功能，并通过将 1 写入该位来使能。

（6）在将某一定义位在读取时清零的情况下，当该位的读取与将该位设置为 1 的事件一致时，该架构保证以下原子行为：

① 如果该位读取为 1，则通过读操作将该位清除为 0；

② 如果该位读取为 0，则将该位设置为 1，并通过后续的读取操作将其清零。

（7）保留的寄存器或位字段必须看作 UNK/SBZP。

（8）对 PPB 的非特权访问会产生硬件故障错误，而不会引起 PPB 访问。

2.3.6　SCS 地址空间映射

SCS 是存储器映射的 4KB 地址空间，它提供了 32 位寄存器用于配置、状态报告和控制。SCS 寄存器一般分为以下几组：

（1）系统控制和识别；

（2）CPUID 处理器标识空间；

（3）系统配置和状态；

（4）可选的系统定时器，SysTick；

（5）嵌套向量中断控制器（Nested Vectored Interrupt Controller，NVIC）；

（6）调试。

SCS 地址空间映射如表 2.9 所示。

表 2.9　SCS 地址空间映射关系

组	地址范围	功能
系统控制和 ID 寄存器	0xE000E000～0xE000E00F	包括辅助控制寄存器
	0xE000ED00～0xE000ED8F	系统控制块（SCB）
	0xE000EF90～0Xe000EFCF	由实现所定义的
SysTick	0xE000E010～0xE000E0FF	可选的系统定时器
NVIC	0xE000E100～0xE000ECFF	外部中断控制器
调试	0xE000EDF0～0xE000EEFF	调试控制和配置，只用于调试扩展
MPU	0xE000ED90～0xE000EDEF	可选的 MPU

注： 未分配的地址被保留。

在 Armv6-M 中，SCS 中的系统控制块（SCB）提供了处理器的关键状态信息和控制功能。SCB 支持如下功能。

（1）不同级别的软件复位控制。

（2）通过控制表的指针来管理异常模型的基地址。

（3）系统异常管理，包括：

① 异常使能；

② 将异常的状态设置为“挂起”，或者从异常中删除挂起的状态；

③ 将每个异常的状态显示为非活动、挂起或者活动；

④ 设置可配置系统异常的优先级；

⑤ 提供其他控制功能和状态信息。

这里不包括外部中断处理，NVIC管理所有的外部中断。

（4）当前正在执行代码和挂起的最高优先级异常的异常号。

（5）其他控制和状态功能。

（6）调试状态信息。这是通过调试专用寄存器区域中的控制和状态来实现的。

思考与练习2.12：Cortex-M0+处理器的存储器地址空间为______________。

思考与练习2.13：Cortex-M0+处理器的中断向量表的开始地址是________________。

思考与练习2.14：Cortex-M0+处理器的PPB所实现的功能是_________________。

思考与练习2.15：说明Cortex-M0+处理器SCS实现的功能。

思考与练习2.16：说明Cortex-M0+处理器SCB实现的功能。

2.3.7 系统控制和ID寄存器

系统控制和ID寄存器如表2.10所示，从存储器基地址开始按地址顺序显示系统控制和ID寄存器。

表2.10 系统控制和ID寄存器

地址	名字	类型	复位	描述
0xE000E008	ACTLR	读/写	实现定义	辅助控制寄存器
0xE000ED00	CPUID	只读	实现定义	CPUID基寄存器
0xE000ED04	ICSR	读/写	0x00000000	中断控制状态寄存器
0xE000ED08	VTOR	读/写	0x00000000①	向量表偏移寄存器
0xE000ED0C	AIRCR	读/写	[10:8]=0b000	应用中断和复位控制寄存器
0xE000ED10	SCR	读/写	[4,2,1]=0b000	系统控制寄存器
0xE000ED14	CCR	只读	[9:3]=0b1111111	配置和控制寄存器
0xE000ED1C	SHPR2	读/写	SBZ②	系统句柄优先级寄存器2
0xE000ED20	SHPR3	读/写	SBZ③	系统句柄优先级寄存器3
0xE000ED24	SHCSR	读/写	0x00000000	系统句柄控制和状态寄存器
0xE000ED30	DFSR	读/写	0x00000000	调试故障状态寄存器

① 查看寄存器描述，以获取更多信息；

② SVCall优先级位[31:30]是0；

③ SysTick位[31:30]和PendSV位[23:22]是0。

1. CPUID基寄存器

CPUID基寄存器包含处理器部件号、版本和实现信息，其位分配如图2.13所示。

31	30	29	28	27	26	25	24	23	22	21	20	19	18	17	16
IMPLEMENTER								VARIANT				ARCHITECTURE			
r	r	r	r	r	r	r	r	r	r	r	r	r	r	r	r

15	14	13	12	11	10	9	8	7	6	5	4	3	2	1	0
PART No												REVISION			
r	r	r	r	r	r	r	r	r	r	r	r	r	r	r	r

图 2.13　CPUID 基寄存器的位分配

（1）[31:24](IMPLEMENTER)：表示实施者代码，取值为 0x41，标识为 Arm；

（2）[23:20](VARIANT)：表示 rnpm 修订状态中的主要修订号 n，取值为 0x0，表示修订版 0；

（3）[19:16](ARCHITECTURE)：表示定义处理器架构的常数，取值为 0xC，表示 Armv6-M 架构；

（4）[15:4](PART No)：表示处理器的器件号，取值为 0Xc60，表示 Cortex-M0+；

（5）[3:0](REVISION)：表示 rnpm 修订状态中的小修订号 m，取值为 0x1，表示补丁 1。

2．中断控制和状态寄存器

中断控制和状态寄存器（Interrupt Control and State Register，ICSR）提供：

（1）不可屏蔽中断（Non-Maskable Interrupt，NMI）异常的设置挂起位；

（2）为 PendSV 和 SysTick 异常设置挂起和清除挂起位。

此外，它还给出正在挂起的最高优先级异常的异常号，该寄存器的位分配如图 2.14 所示。

31	30	29	28	27	26	25	24	23	22	21	20	19	18	17	16
NMIPENDSET	Reserved		PENDSVSET	PENDSVCLR	PENDSTSET	PENDSTCLR	Reserved		ISRPENDING	Reserved			VECTPENDING[6:4]		
rw			rw	w	rw	w			r				r	r	r

15	14	13	12	11	10	9	8	7	6	5	4	3	2	1	0
VECTPENDING[3:0]				RETOBASE	Reserved		VECTACTIVE[8:0]								
r	r	r	r	r			rw	rw	rw	rw	rw	rw	rw	rw	rw

图 2.14　ICSR 的位分配

（1）[31](NMIPENDSET)：表示 NMI 设置挂起位。当给该位写 1 时，将 NMI 异常修改为挂起；当读取该位时，0 表示没有挂起 NMI 异常，1 表示正在挂起 NMI 异常。

由于 NMI 是优先级最高的异常，因此通常处理器一旦检测到对该位写入 1，便立即进入 NMI 异常句柄。当进入句柄时，将该位清零。

这意味着只有在处理器执行该句柄重新使 NMI 信号有效时，NMI 异常句柄对该位的读取才返回 1。

（2）[30:29]：保留；

（3）[28](PENDSVSET)：设置 PENDSVSET 挂起位。当该位设置为 1 时，将 PendSV 异常修改为挂起。读取该位时，0 表示没有挂起 PendSV 异常，1 表示正在挂起 PendSV 异常。对该位写 1 是使得 PendSV 异常挂起的唯一方法。

（4）[27](PENDSVCLR)：清除 PendSV 挂起位。当该位设置为 1 时，从 PendSV 异常中删除挂起。

（5）[26](PENDSTSET)：设置 SysTick 异常挂起位。当该位设置为 1 时，将 SysTick 异常修改为挂起。读取该位时，0 表示没有挂起 SysTick 异常，1 表示正在挂起 SysTick 异常。

（6）[25](PENDSTCLR)：清除 SysTick 异常挂起位。当该位设置为 1 时，从 SysTick 异常中删除挂起。该位是只写位。在寄存器上读取它的值是未知。

（7）[24:18]：保留。

（8）[17:12](VECTPENDING)：表示优先级最高的挂起的使能异常号。读取该位，返回 0 表示没有挂起的异常；非零表示优先级最高的挂起的使能异常号。

从该值减去 16，即可获得 CMSIS IRQ 的编号，该编号表示中断清除使能、设置使能、清除挂起、设置挂起和优先级寄存器中相应的位。

（9）[11:0]：保留。

当写 ICSR 时，如果执行下面的操作，则结果是不可预知的。

（1）给 PENDSVSET 写 1，并且给 PENDSVCLR 位写 1。

（2）给 PENDSTSET 写 1，并且给 PENDSTCLR 位写 1。

3．向量表偏移寄存器

向量表偏移寄存器（Vector Table Offset Register，VTOR）表示向量表基地址与存储器地址 0x00000000 的偏移量，该寄存器的位分配如图 2.15 所示。

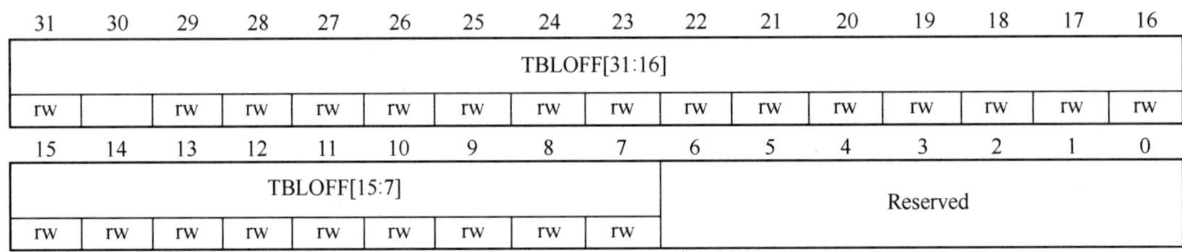

图 2.15　VTOR 的位分配

（1）[31:7](TBLOFF)：表示向量表的基本偏移字段。它包含表的基地址与存储器映射底部偏移量的位[31:7]。

（2）[6:0]：保留。

4．应用中断和复位控制寄存器

应用中断和复位控制寄存器（Application Interrupt and Reset Control Register，AIRCR）为数据访问和系统的复位控制提供端状态。要写入该寄存器，必须将 0x05FA 写入 VECTKEY 字段，否则处理器将忽略该写入操作。该寄存器的位分配如图 2.16 所示。

31	30	29	28	27	26	25	24	23	22	21	20	19	18	17	16
VECTKEYSTAT															
rw	rw	rw	rw	rw	rw	rw	rw	rw	rw	rw	rw	rw	rw	rw	rw

15	14	13	12	11	10	9	8	7	6	5	4	3	2	1	0
ENDIANESS	Reserved												SYSRESETREQ	VECTCLRACTIVE	Reserv-ed
r													w	w	

图 2.16　AIRCR 的位分配

（1）[31:16](VECTKEYSTAT)：VECTKEY 注册键，为注册密钥。当读取时，未知；当写入时，将 0x05FA 写入 VECTKEY 字段，负责忽略写操作。

（2）[15](ENDIANESS)：数据端比特。当读取该位时，返回值为 0，表示小端模式。

（3）[14:3]：保留。

（4）[2](SYSRESETREQ)：系统复位请求。当给该位设置为 1 时，请求一个系统级复位。当读取该位时，返回值为 0。

（5）[1](VECTCLRACTIVE)：保留用于调试。当读取该位时，返回值为 0。当写入该位时，必须向该位写 0，否则行为不可预测。

（6）[0]：保留。

5. 系统控制寄存器

系统控制寄存器（System Control Register，SCR）控制进入和退出低功耗的功能。SCR 的位分配如图 2.17 所示。

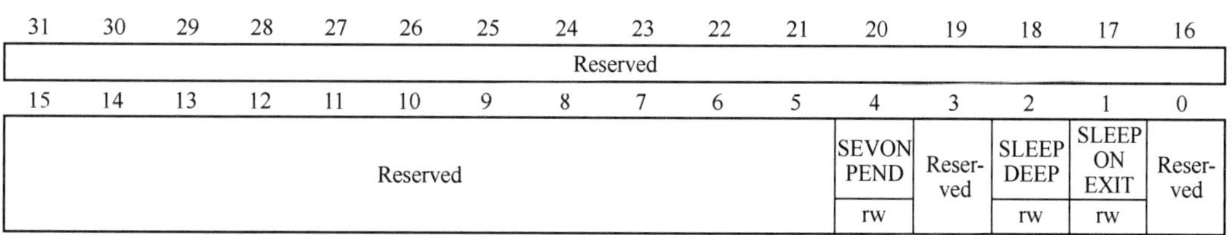

图 2.17　SCR 的位分配

（1）[31:5]：保留。

（2）[4](SEVONPEND)：表示在挂起位上发送事件。当该位为 0 时，只有允许的中断或事件才能唤醒处理器，禁止的中断将被排除在外；当该位为 1 时，使能的事件和所有中断（包括禁止的中断）都可以唤醒处理器。

当挂起一个事件或中断时，事件信号将处理器从 WFE 唤醒。如果处理器不等待一个事件，则寄存该事件并影响下一个 WFE。

在执行 SEV 指令或一个外部事件时，也会唤醒处理器。

（3）[3]：该位必须保持清零。

（4）[2](SLEEPDEEP)：控制处理器在低功耗模式时使用休眠或深度休眠。当该位为 0 时，使用休眠；当该位为 1 时，使用深度休眠。

（5）[1](SLEEPONEXIT)：当从句柄模式返回到线程模式时，表示退出时休眠。将该位设置为 1 时，可使中断驱动的应用程序避免返回到空的主应用程序。当该位为 0 时，返回线程时不休眠；当该位为 1，并且从中断服务程序（Interrupt Service Routine，ISR）返回线程模式时，进入休眠或深度休眠。

（6）[0]：保留，必须保持清除状态。

6. 配置和控制寄存器

配置和控制寄存器（Configuration and Control Register，CCR）是只读存储器，它指示 Cortex-M0+处理器行为的某些方面。CCR 的位分配如图 2.18 所示。

31	30	29	28	27	26	25	24	23	22	21	20	19	18	17	16
Reserved															

15–10	9	8	7–5	4	3	2	1	0
Reserved	STK ALIGN	BFHF NMIGN	Reserved	DIV_0_TRP	UN ALIGN_TRP	Reser-ved	USER SET MPEND	NON BASE THRD ENA
	rw	rw		rw	rw		rw	rw

图 2.18　CCR 的位分配

（1）[31:10]：保留，必须保持清除状态。

（2）[9](STKALIGN)：始终读为 1，表示在异常入口上 8 个字节堆栈对齐。在异常入口处，处理器使用入栈 PSR 的第[9]位指示堆栈对齐。从异常返回时，它使用这个堆栈位恢复正确的堆栈对齐方式。

（3）[8:4]：保留，必须保持清除状态。

（4）[3](UNALIGN_TRP)：总是读取为 1，指示所有未对齐的访问将产生一个硬件故障。

（5）[2:0](Reserved)：保留，必须保持未清除状态。

7．系统句柄优先级寄存器

系统句柄优先级寄存器（System Handler Priority Register，SHPR）2 和 3，将具有可配置优先级的系统异常句柄的优先级设置为 0～192。SHPR2、SHPR3 是字访问的。SHPR2 的位分配如图 2.19 所示，SHPR3 的位分配如图 2.20 所示。

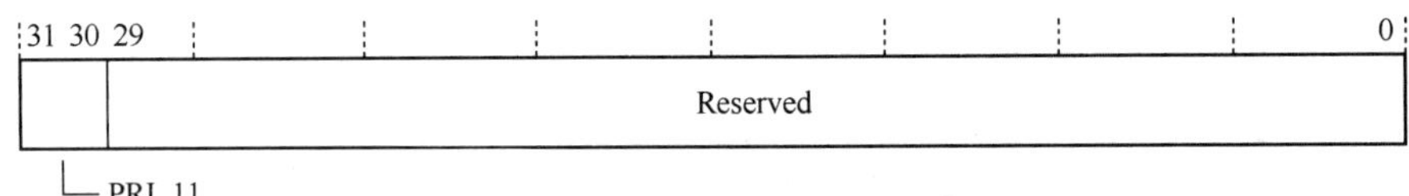

图 2.19　SHPR2 的位分配

（1）[31:30](PRI_11)：系统句柄 11(SVCall)的优先级。

（2）[29:0]：保留，必须保持清除状态。

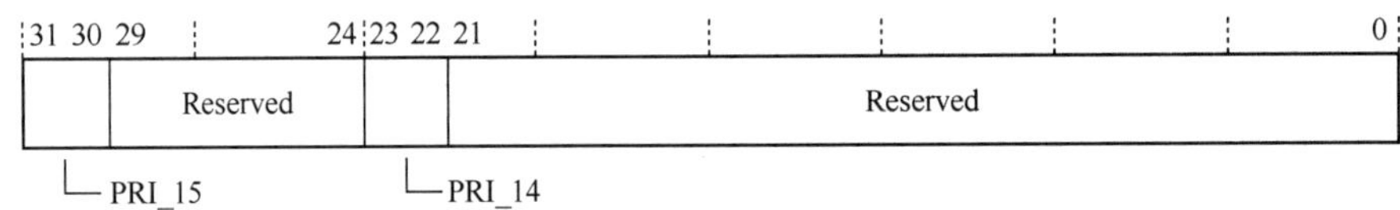

图 2.20　SHPR3 的位分配

（1）[31:30](PRI_15)：系统句柄 15（SysTick 异常）的优先级（当没有实现 SysTick 定时器时，该字段为保留字段）。

（2）[23:22](PRI_14)：系统句柄 14（PendSV）的优先级。

当使用 CMSIS 访问系统异常优先级时，使用下面的 CMSIS 函数：

（1）uint32_t NVIC_GetPriority(IRQn_Type IRQn)

（2）void NVIC_SetPriority(IRQn_Type IRQn, uint32_t priority)

输入参数 IRQn 是 IRQ 的编号。

2.4　Cortex-M0+处理器的端及分配

端（Endian）是指保存在存储器中的字节顺序。根据字节在存储器中的保存顺序，将其划分为小端（Little Endian）和大端（Big Endian）。

（1）小端。

对一个 32 位字长的数据来说，最低字节保存该数据的第 0 位至第 7 位，如图 2.21（a）所示，也就是我们常说的“低址低字节，高址高字节”。

（2）大端。

对一个 32 位字长的数据来说，最低字节保存该数据的第 24 位至第 31 位，如图 2.21（b）所示，也就是我们常说的“低址高字节，高址低字节”。

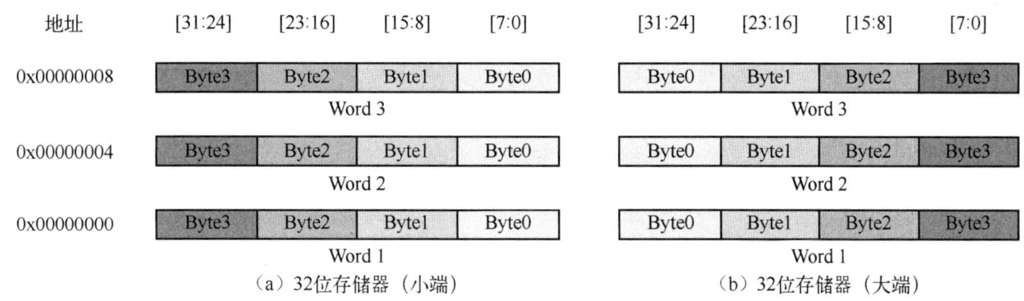

图 2.21　Cortex0-M0+小端和大端定义

对 Cortex-M0+处理器来说，默认支持小端。然而，端概念只存在硬件这一层。

思考与练习 2.17：请说明在 Cortex-M0+处理器中，端的含义。

思考与练习 2.18：请说明大端和小端的区别。

2.5 Cortex-M0+处理器的异常及处理

异常（Exception）是事件，它将使程序流退出当前的程序线程，然后执行和该事件相关的代码片段（子程序）。通过软件代码，可以使能或者禁止处理器核对异常事件的响应。事件可以是内部的也可以是外部的，如果事件来自外部，则称为中断请求（Interrupt Request，IRQ）。

本节介绍 Cortex-M0+处理器异常所处的状态、异常类型、异常优先级、向量表等。

2.5.1 异常所处的状态

每个异常均处于以下状态之一。

（1）非活动（Inactive）。当异常处于该状态时，它既不活动也不挂起。

（2）挂起（Pending）。当异常处于该状态时，表示它在等待处理器为其提供服务。一个来自外设或软件的中断请求可以将相应中断的状态改为挂起。

（3）活动（Active）。处理器正在处理异常但尚未完成。异常句柄可以中断另一个异常的执行。在这种情况下，两个异常均处于活动状态。

注：异常句柄是指在异常模式中，所执行的一段代码，也称为异常服务程序。如果异常是由 IRQ 引起的，则将其称为中断句柄（Interrupt Handler）/中断服务程序（Interrupt Service Route，ISR）。

（4）活动和挂起。处理器正在处理异常，并且同一来源还有一个挂起的异常。

2.5.2 异常类型

在 Cortex-M0+处理器中，提供了不同的异常类型，以满足不同应用的需求，包括复位、不可屏蔽中断、硬件故障、请求管理调用、可挂起的系统调用、系统滴答和外部中断。

1．复位

Armv6-M 框架支持两级复位。复位包括：

（1）上电复位用于复位处理器、SCS 和调试逻辑；

（2）本地复位用于复位处理器和 SCS，不包括与调试相关的资源。

2．不可屏蔽中断

不可屏蔽中断（Non-Maskable Interrupt，NMI）特点如下：

（1）用户不可屏蔽 NMI；

（2）它用于对安全性苛刻的系统中，如工业控制或汽车；

（3）它可以用于电源失败或看门狗。

对 STM32G0 来说，NMI 是由 SRAM 奇偶校验错误、Flash 存储器双 ECC 错误或时钟故障引起的。

3．硬件故障

硬件故障（HardFault）常用于处理程序执行时产生的错误，这些错误可以是试图执行未知的操作码、总线接口或存储器系统的错误，也可以是尝试切换到 Arm 状态之类的非法操作。

4．请求管理调用

请求管理调用（SuperVisor Call，SVC）是由 SVC 指令触发的异常。在操作系统环境中，应用程序可以使用 SVC 指令来访问操作系统内核功能和设备驱动程序。

5．可挂起的系统调用

可挂起的系统调用（PendSV）是用于包含操作系统的应用程序的另一个异常，SVC 异常在 SVC 指令执行后会马上开始，PendSV 在这点上有所不同，它可以延迟执行，在操作系统上使用 PendSV 可以确保高优先级任务完成后再执行系统调用。

6．系统滴答（SysTick）

NVIC 中的 SysTick 定时器为操作系统可以使用的另一个特性。几乎所有操作系统的运行都需要上下文（现场）切换，而这一过程通常需要依靠定时器来完成。Cortex-M0+处理器内集成了一个简单的定时器，这样使得操作系统的移植更加容易。

7．外部中断

Cortex-M0+处理器中的 NVIC，支持最多 32 个中断请求（IRQ）。由于 STM32G0 提供了 SYSCFG 模块，使得 STM32G0 可以响应中断事件的数量大于 32 个，这是因为 SYSCFG 模块可以将几个中断组合到一个中断线上。通过读取 SYSCFG 模块中的 ITLINEx 寄存器，就可以快速确定产生中断请求的外设源了。

只有用户使能外部中断后，才能使用它。如果禁止了外部中断，或者处理器正在运行另一个相同或更高优先级的异常处理，则中断请求会被保存在挂起状态寄存器中。当处理完高优先级的中断或返回后，才能执行挂起的中断请求。对 NVIC 来说，可接受的中断请求信号可以是高逻辑电平，也可以是中断脉冲（最少为一个时钟周期）。

> **注：**（1）在 MCU 外部接口中，外部中断信号可以是高电平也可以是低电平，或者可以通过编程配置。
>
> （2）软件可以修改外部中断的优先级，但是不能修改复位、NMI 和硬件故障的优先级。

2.5.3　异常优先级

在 Cortex-M0+处理器中，每个异常都有相关联的优先级，其中：

（1）较低的优先级值意味着具有较高的优先级；

（2）除了复位、硬件故障和 NMI 外，软件可配置其他所有异常的优先级。

如果软件没有配置任何优先级，则所有可配置优先级异常的优先级为 0。

> 注：可配置优先级的值在 0～192 的范围内，以 64 为步长。具有固定负优先级值的复位、硬件故障和 NMI 异常始终有比其他任何异常更高的优先级。复位的优先级值为-3，NMI 的优先级值为-2，硬件故障的优先级值为-1，除此之外的其他异常（包括外设中断和软件异常）的优先级为 0～3。

为 IRQ[0]分配较高的优先级值，为 IRQ[1]分配较低的优先级值，则意味着 IRQ[1]的优先级高于 IRQ[0]。如果 IRQ[1]和 IRQ[0]均有效，则先处理 IRQ[1]，处理完毕后再处理 IRQ[0]。

如果多个挂起的异常具有相同的优先级，则优先处理具有最低优先级编号的异常。例如，如果 IRQ[0]和 IRQ[1]都处于挂起状态并具有相同的优先级，则先处理 IRQ[0]。

当处理器执行一个异常句柄时，如果发生了具有更高优先级的异常，则会抢占该异常句柄。如果又发生与正在处理的异常具有相同优先级的异常，则不会抢占当前正在处理的句柄。然而，新中断的状态变为挂起。

2.5.4 向量表

向量表包含用于所有异常句柄的堆栈指针和起始地址（也称为异常向量）。向量表中异常向量的顺序如图 2.22 所示。每个向量的最低有效位必须为 1，用来指示异常句柄是用 Thumb 代码编写的。

异常号	IRQ号	向量	偏置
47	31	IRQ31	0xBC
⋮	⋮	⋮	⋮
18	2	IRQ2	0x48
17	1	IRQ1	0x44
16	0	IRQ0	0x40
15	−1	SysTick	0x3C
14	−2	PendSV	0x38
13 12	⋮	Reserved	⋮
11	−5	SVCall	0x2C
10 9 8 7 6 5 4	⋮	Reserved	⋮ 0x10
3	−13	HardFault	0x0C
2	−14	NMI	0x08
1		Reset	0x04
		Initial SP value	0x00

图 2.22　向量表中异常向量的顺序

系统复位时，向量表固定在地址 0x00000000。具有特权级的软件可以写入向量表偏移寄存器（Vector Table Offset Register，VTOR），以根据向量表的大小和 TBLOFF 设置的粒度，将向量表的起始地址重新定位到其他存储器位置。

> **注**：为了简化软件层的应用程序设计，Cortex 微控制器软件接口标准（Cortex Microcontroller Software Interface Standard，CMSIS）只使用 IRQ 号。它对中断以外的其他异常使用负值。IPSR 返回异常号。

2.5.5 异常的进入和返回

在描述异常的处理时，会用到下面的术语。

（1）抢占（preemption）。

如图 2.23 所示，当处理器正在处理一个中断，一个具有更高优先级的新请求到达时，新的异常可以抢占当前的中断，称之为嵌套的异常处理。

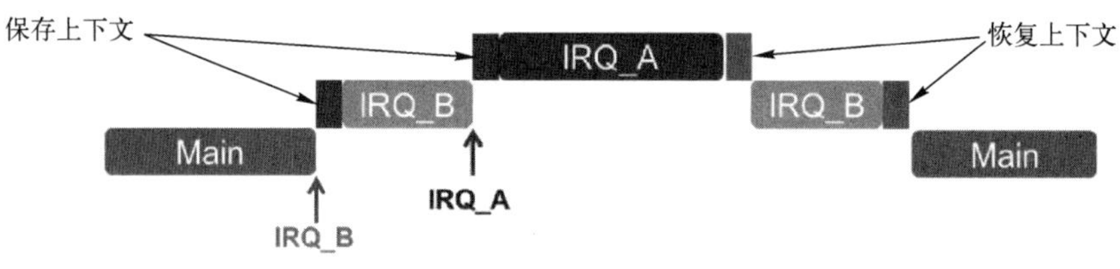

图 2.23 抢占和中断嵌套

> **注**：图中的保存上下文就是通常所说的保存现场，也就是说，在处理器进入异常句柄之前，先将进入异常句柄之前处理器的状态保存起来，处理器的状态包括寄存器以及状态标志等，称之为上文。此外，处理器还得知道在处理完中断句柄后该如何继续执行原来的程序，称之为下文。只有处理器能正确地保存上下文的信息，才能在其进入异常句柄后，正确地从异常句柄返回。应该说术语“上下文”比“现场”更能反映处理器处理异常的机制。

在处理完较高优先级的异常后，先前被打断的异常句柄将恢复继续执行。

Cortex-M0+处理器内的微指令控制序列会自动地将上下文保存到当前堆栈，并在中断返回时将其恢复。

（2）返回（return）。

当完成处理异常句柄时，会发生返回这种情况，并且：

① 没有正在挂起需要待处理的具有足够优先级的异常；

② 已完成的异常句柄未处理迟到的异常。

处理器弹出堆栈，并且将处理器的状态恢复到发生中断之前的状态。

（3）尾链（tail-chaining）。

如图 2.24 所示，这种机制加快了异常处理的速度。在处理完一个异常句柄后，如果一个挂起的异常满足进入异常的要求，则跳过弹出堆栈的过程，并将控制权转移到新的异常句柄。

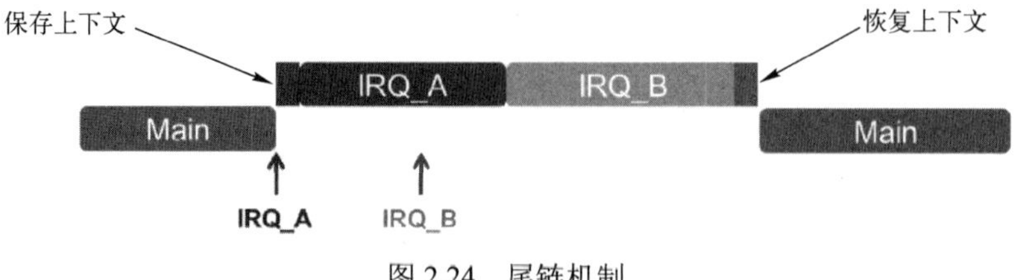

图 2.24 尾链机制

因此，将具有较低优先级（较高优先级值）的背靠背中断连接在一起，这样在处理异常句柄时，就能显著减少处理延迟并降低器件功耗。

（4）迟到（late-arriving）。

如图 2.25 所示，这种机制可加快抢占速度。如果在保存当前异常的状态期间又发生了较高优先级的异常，则处理器将切换未处理较高优先级的异常，并为该异常启动向量获取。由于状态保存不受延迟到达的影响，因此对于两种异常状态，保存的状态都相同。从迟到异常的异常句柄返回时，将应用常规的尾链规则。

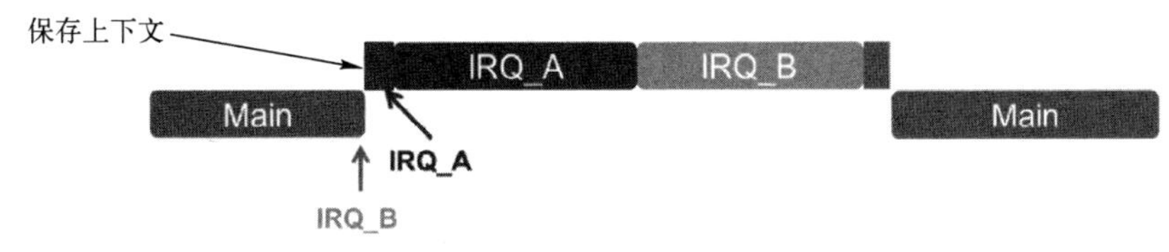

图 2.25　迟到机制

1．异常进入

当存在具有足够优先级的挂起异常时，将发生进入异常，并且：

（1）处理器处于线程模式；

（2）新异常的优先级要高于正在被处理的异常，在这种情况下，新异常抢占正在被处理的异常。

当一个异常抢占另一个异常时，将嵌套异常。当处理采纳（处理）一个异常时，除非异常是尾链或迟到的异常，处理器将信息压入当前的堆栈。该操作称为压栈（入栈）。8 个数据字的结构称为堆栈帧，堆栈帧如图 2.26 所示。

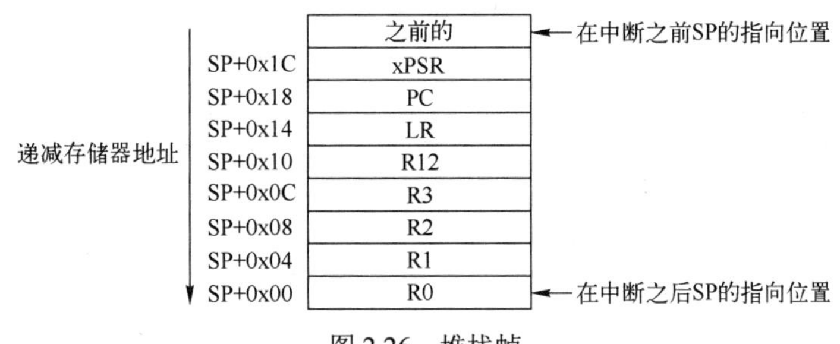

图 2.26　堆栈帧

在压栈之后，堆栈指针指向堆栈中的最低地址。堆栈帧与双字地址对齐。堆栈帧包含返回地址。这是被中断打断的当前正在执行程序的下一条地址。当从异常返回时，将该值恢复到 PC，这样可以继续执行被打断的程序。

处理器提取向量，从向量表中读取异常句柄的起始地址。当完成压栈后，处理器开始执行异常句柄。同时处理器将 EXC_RETURN 值写入 LR。这指示哪个堆栈指针对应于堆栈帧，以及处理器在进入异常之前所处的模式。

如果处理器在进入异常期间没有发生更高优先级的异常，则处理器开始执行异常句柄，并自动将当前挂起的中断状态修改为活动。

如果处理器在进入异常期间发生了一个更高优先级的异常，则处理器开始对该异常执行异常句柄，并且不会更改较早异常的挂起状态。这是迟到的情况。

2．异常返回

当处理器处理句柄模式，并且执行以下指令之一，尝试将 PC 设置为 EXC_RETURN 值时，将发生异常返回：

（1）加载 PC 的 POP 指令；

（2）使用任何寄存器的 B PBX 指令。

处理器在异常入口处将 EXC_RETURN 值保存到 LR 中。异常机制依靠该值来检测处理器何时完成异常句柄。EXC_RETURN 值的第[31:4]位为 0xFFFFFFF。当处理器将匹配该模式的值加载至 PC 时，它将检测到该操作不是正常的分支操作，而是完成异常。结果，它启动异常返回序列。EXC_RETURN 值的位[3:0]指示所要求返回的堆栈和处理器模式，异常返回行为如表 2.11 所示。

表 2.11　异常返回行为

EXC_RETURN	描述
0xFFFFFFF1	返回到句柄模式。 异常返回从主堆栈中得到状态。 当返回之后，使用 MSP 执行
0xFFFFFFF9	返回到线程模式。 异常返回从主堆栈中得到状态。 当返回之后，使用 MSP 执行
0xFFFFFFFD	返回到线程模式。 异常返回从进程堆栈中得到状态。 当返回之后，使用 PSP 执行
所有其他值	保留

思考与练习 2.19：请说明在 Cortex-M0+处理器中，异常的定义，以及处理异常的过程。

思考与练习 2.20：根据图 2.23，说明处理中断嵌套的过程。

思考与练习 2.21：请说明在 Cortex-M0 处理器中，向量表所实现的功能。

思考与练习 2.22：请说明在 Cortex-M0 处理器中，异常的类型。

2.5.6 NVIC 中的中断寄存器集

NVIC 中的中断寄存器集如表 2.12 所示。本节详细介绍这些寄存器的功能，以帮助读者更好地理解处理器异常的原理和控制机制。

表 2.12　NVIC 中的中断寄存器集

地址	名字	类型	复位值
0xE000E100	NVIC_ISER	读写	0x00000000
0xE000E180	NVIC_ICER	读写	0x00000000
0xE000E200	NVIC_ISPR	读写	0x00000000
0xE000E280	NVIC_ICPR	读写	0x00000000
0xE000E400～0xE000E4EF	NVIC_IPR0～7	读写	0x00000000

1．中断设置使能寄存器

中断设置使能寄存器（NVIC Interrupt Set Enable Register，NVIC_ISER）使能中断，并显示了所使能的中断，该寄存器的位分配如图 2.27 所示。

31	30	29	28	27	26	25	24	23	22	21	20	19	18	17	16
SETPENA[31:16]															
rs	rs	rs	rs	rs	rs	rs	rs	rs	rs	rs	rs	rs	rs	rs	rs
15	14	13	12	11	10	9	8	7	6	5	4	3	2	1	0
SETPENA[15:0]															
rs	rs	rs	rs	rs	rs	rs	rs	rs	rs	rs	rs	rs	rs	rs	rs

图 2.27　中断设置使能寄存器的位分配

[31:0]：SETENA，中断设置使能位。当写入时：

① 0，没有影响；

② 1，使能中断。

当读取时：

① 0，表示禁止中断；

② 1，表示使能中断。

如果使能了待处理的中断，则 NVIC 会根据其优先级激活该中断。如果未使能中断，则中断有效信号将中断的状态改为挂起，但 NVIC 不会激活该中断，无论其优先级如何。

2．中断清除使能寄存器

中断清除使能寄存器（NVIC Interrupt Clear Enable Register，NVIC_ICER）禁用中断，并显示使能了哪些中断，该寄存器的位分配如图 2.28 所示。

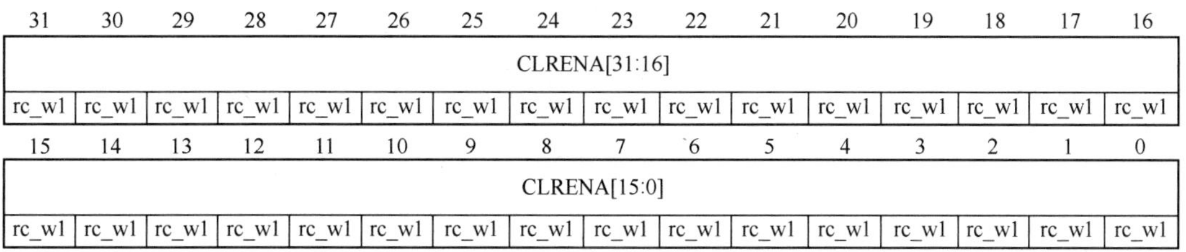

31	30	29	28	27	26	25	24	23	22	21	20	19	18	17	16
CLRENA[31:16]															
rc_wl	rc_wl	rc_wl	rc_wl	rc_wl	rc_wl	rc_wl	rc_wl	rc_wl	rc_wl	rc_wl	rc_wl	rc_wl	rc_wl	rc_wl	rc_wl

15	14	13	12	11	10	9	8	7	6	5	4	3	2	1	0
CLRENA[15:0]															
rc_wl	rc_wl	rc_wl	rc_wl	rc_wl	rc_wl	rc_wl	rc_wl	rc_wl	rc_wl	rc_wl	rc_wl	rc_wl	rc_wl	rc_wl	rc_wl

图 2.28 中断清除使能寄存器的位分配

[31:0]：CLRENA，中断清除使能位。当写入时：

① 0，没有影响；

② 1，禁止中断。

当读取时：

① 0，禁止中断；

② 1，使能中断。

3．中断设置挂起寄存器

中断设置挂起寄存器（NVIC Interrupt Set Pending Register，NVIC_ISPR）强制中断进入挂起状态，并指示正在挂起的中断，该寄存器的位分配如图 2.29 所示。

31	30	29	28	27	26	25	24	23	22	21	20	19	18	17	16
SETPEND[31:16]															
rs	rs	rs	rs	rs	rs	rs	rs	rs	rs7	rs	rs	rs	rs	rs	rs

15	14	13	12	11	10	9	8	7	6	5	4	3	2	1	0
SETPEND[15:0]															
rs	rs	rs	rs	rs	rs	rs	rs	rs	rs	rs	rs	rs	rs	rs	rs

图 2.29 中断设置挂起寄存器的位分配

[31:0]：SETPEND，中断设置挂起位。当写入时：

① 0，没有影响；

② 1，将中断状态改为挂起。

当读取时：

① 0，当前没有挂起中断；

② 1，当前有挂起中断。

> 注：将 1 写入 NVIC_ISPR 位对应于：对于一个正在挂起的中断无效；禁用的中断将该中断的状态设置为挂起。

4．中断清除挂起寄存器

中断清除挂起寄存器（NVIC Interrupt Clear Pending Register，NVIC_ICPR）从中断中删除挂起状态，并显示正在挂起的中断，该寄存器的位分配如图 2.30 所示。

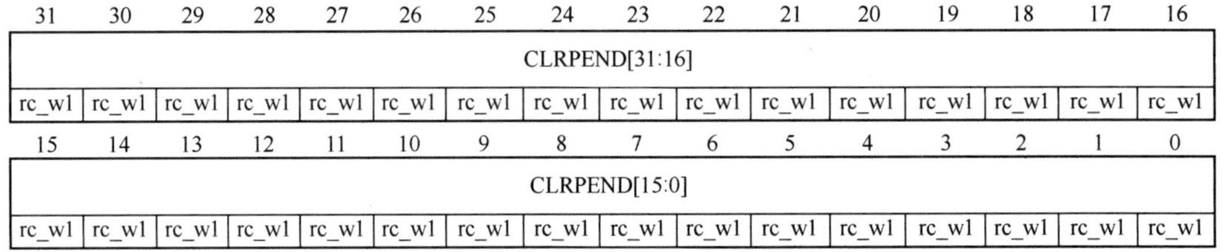

图 2.30 中断清除挂起寄存器的位分配

[31:0]：CLRPEND，清除中断挂起位。当写入时：

① 0，没有影响；

② 1，删除挂起状态并中断。

当读取时：

① 0，没有挂起中断；

② 1，正在挂起中断。

5．中断优先级寄存器

中断优先级寄存器（NVIC Interrupt Priority Register，NVIC_IPR）0～7 为每个中断提供了 8 位的优先级字段。这些寄存器只能通过字访问，每个寄存器包含 4 个优先级字段，这 8 个寄存器的位分配如图 2.31 所示，这些位分配的功能如表 2.13 所示。

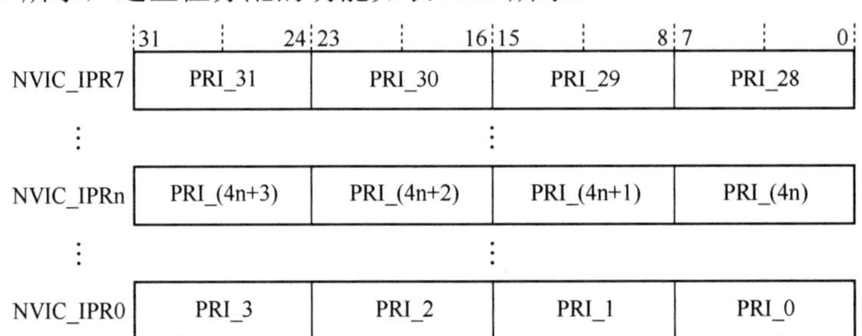

图 2.31 中断优先级寄存器的位分配

表 2.13 位分配的功能

比特	名字	功能
[31:24]	优先级，字节偏移 3	每个优先级字段都有一个优先级值 0～192。值越小，相应中断的优先级越高。处理器仅实现每个字段的[7:6]位，[5:0]位读取为 0，并忽略对[5:0]位的写入。这意味着将 255 写入优先级寄存器会将值 192 保存到该寄存器中
[24:16]	优先级，字节偏移 2	
[15:8]	优先级，字节偏移 1	
[7:0]	优先级，字节偏移 0	

2.5.7 电平和脉冲中断

Cortex-M0+处理器中断对电平和脉冲均敏感。脉冲中断也称为边沿触发中断。

电平敏感中断一直保持有效，直到外设将中断信号设置为无效为止。通常，发生这种情况是因为 ISR 访问外设，导致其清除了中断请求。脉冲中断是在处理器时钟的上升沿同步采样的中断信号。为了确保 NVIC 检测到中断，外设必须在至少一个时钟周期内使中断信号有效，在此期间 NVIC 检测到脉冲并锁存中断。

当处理器进入 ISR 时，它会自动从中断中删除挂起中断。对于电平敏感的中断，如果在处理器从 ISR 返回之前没有使该信号无效，则中断状态再次变为挂起，处理器必须再次执行它的 ISR。这意味着外设可以保持有效的中断信号，直到不需要继续服务为止。

Cortex-M0+处理器锁存所有中断。由于以下原因之一，挂起外设中断。

（1）NVIC 检测到中断信号有效，而相应的中断无效。

（2）NVIC 检测到中断信号的上升沿。

（3）软件写入相应的中断设置挂起寄存器位。

中断状态保持挂起，直到发生下面的情况之一为止。

（1）处理器进入中断的 ISR。这会将中断的状态从挂起改为活动。

① 对于电平敏感中断，当处理器从 ISR 返回时，NVIC 采样中断信号。如果该信号有效，则中断状态变为挂起，这可能导致处理器立即重新进入 ISR。否则，中断状态将变为非活动状态。

② 对于脉冲中断，NVIC 持续监视中断信号，如果发出脉冲信号，则中断状态将变为挂起并激活。在这种情况下，当处理器从 ISR 返回时，中断状态将变为挂起，这可能导致处理器立即重新进入 ISR。如果在处理器处于 ISR 中时没有发出中断信号，则当处理器从 ISR 返回时，中断状态变为非活动状态。

（2）软件写入相应的中断清除挂起寄存器位。

对于电平敏感的中断，如果中断信号仍然有效，则中断状态不会变化。否则，中断状态将变为非活动状态。

对于脉冲中断，中断状态变为：

① 非活动状态（如果状态为挂起）；

② 活动（如果状态是活动和挂起）。

确保软件使用正确对齐的寄存器访问。处理器不支持对 NVIC 的非对齐访问。即使一个中断被禁止，它也可以进入挂起状态。禁用中断只会阻止处理器接收该中断。

在对 VTOR 进行编程以重定位向量表之前，应确保新的向量表的入口已经设置了故障句柄、NMI 和所有类似中断的使能异常。

2.6 Cortex-M0+处理器的存储器保护单元

本节介绍 Cortex-M0+处理器内集成的存储器保护单元（Memory Protection Unit，MPU）。MPU 将存储器映射到多个区域，并定义每个区域的位置、大小、访问权限和存储器属性。它支持：

（1）每个区域独立的属性设置；

（2）重叠区域；

（3）将存储器属性导出到系统中。

存储器属性会影响对区域的存储器访问行为。MPU 定义如下。

（1）8 个单独的存储区域，0～7。

（2）背景区域。

当存储区域重叠时，存储器的访问将受到编号最大的区域属性的影响。例如，区域 7 的属性优先于与区域 7 重叠的任何区域的属性。

背景区域具有与默认存储器映射相同的存储器属性，但只能通过特权软件访问。

MPU 的存储器映射是统一的。这意味着指令访问和数据访问具有相同的区域设置。如果程序访问 MPU 禁止的存储器位置，则处理器会生成硬件故障异常。

在搭载了操作系统（Operating System，OS）的环境下，内核可以根据要执行的进程动态更新 MPU 区域的设置。典型的例子：一个嵌入式的操作系统使用 MPU 进行存储器保护。

可用的 MPU 属性如表 2.14 所示。

表 2.14　可用的 MPU 属性

存储器类型	共享性	其他属性	描述
强顺序	—	—	对强顺序存储器的所有访问都按程序的顺序进行。假定所有强顺序区域都是共享的
设备	共享的	—	多个处理器共享的存储器映射的外设
	非共享的	—	仅单个处理器使用的存储器映射的外设
普通	共享的	不可缓存 直接写 可缓存的写回 可缓存的	在多个处理器之间共享的普通存储器
	非共享的	不可缓存 直接写 可缓存的写回 可缓存的	仅单个处理器使用的普通存储器

2.6.1　MPU 寄存器

在 MPU 中，提供了 MPU 寄存器，用于定义 MPU 的区域和它们的属性，如表 2.15 所示。

表 2.15　MPU 寄存器总结

地址	名字	类型	复位值
0xE0000ED90	MPU_TYPE	只读	0x00000000/0x000008000
0xE0000ED94	MPU_CTRL	读写	0x00000000
0xE0000ED98	MPU_RNR	读写	未知
0xE0000ED9C	MPU_RBAR	读写	未知
0xE0000EDA0	MPU_RASR	读写	未知

1. MPU_TYPE 寄存器

MPU 类型寄存器（MPU Type Register，MPU_TYPE）指示是否存在 MPU，如果存在，则指示它支持多个区域。该寄存器的位分配如图 2.32 所示。

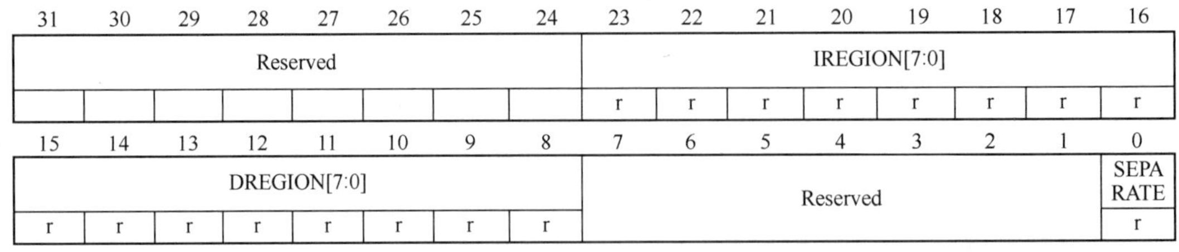

图 2.32　MPU_TYPE 的位分配

其中：

（1）[31:24]：Reserved（保留）。

（2）[23:16]：IREGION[7:0]，表示支持的 MPU 指令区域的数量。该字段的值总是 0x00。MPU

存储器映射是统一的，由 DREGION 字段描述。

（3）[15:8]：DREGION[7:0]，表示支持的 MPU 数据区域的数量。取值为：

① 0x00=0 个区域（如果使用的器件中不包含 MPU）；

② 0x08=8 个区域（如果使用的器件中包含 MPU），该器件使用该取值。

（4）[7:1]：Reserved（保留）。

（5）[0]：SEPARATE，表示支持统一的或独立的指令和数据存储器映射。

① 0=统一的，该器件使用该取值。

② 1=独立的指令和数据存储器映射。

2．MPU_CTRL 寄存器

MPU 控制寄存器（MPU Control Register，MPU_CTRL）的功能如下。

（1）使能 MPU。

（2）使能默认的存储器映射背景区域。

（3）当在硬件故障或不可屏蔽中断句柄中时，使能 MPU。

MPU_CTRL 的位分配如图 2.33 所示。

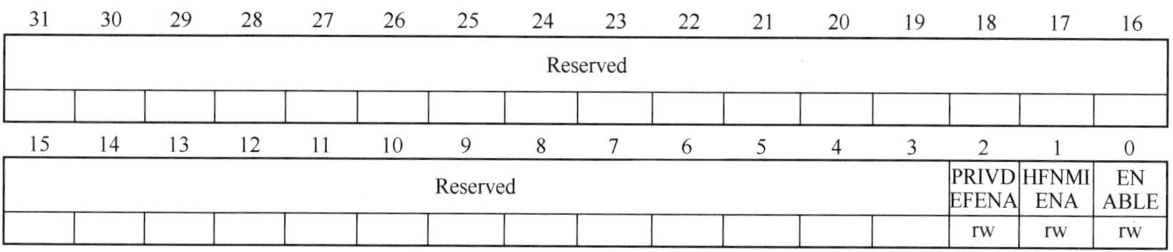

图 2.33　MPU_CTRL 的位分配

其中：

（1）[31:3]：Reserved（保留）。

（2）[2]：PRIVDEFENA，使能特权软件访问默认的存储器映射。

① 0：如果使能 MPU，则禁止使用默认的存储器映射。对任何使能区域未覆盖的位置的任何存储器访问都会导致故障。

② 1：如果使能 MPU，则使能使用默认的存储器映射作为特权软件访问的背景区域。

> **注：** 当使能时，背景区域的作用就好像是区域编号-1。任何定义和使能区域都优先于该默认设置。如果禁止 MPU，则处理器将忽略该位。

（3）[1]：HFNMIENA，在硬件故障和 NMI 句柄期间，使能 MPU 操作。当使能 MPU 时：

① 0，在硬件故障和 NMI 句柄期间，禁止 MPU，无论 ENABLE 位的值如何设置；

② 1，在硬件故障和 NMI 句柄期间，使能 MPU。

当禁止 MPU 时，如果将该位设置为 1，则行为不可预测。

（4）[0]：ENABLE，使能 MPU。当该位为：

① 0，禁止 MPU；

② 1，使能 MPU。

当 ENABLE 和 PRIVDEFENA 位都设置为 1 时：

（1）特权访问的默认存储空间映射如 2.3.1 节所述，特权软件对非使能存储区域地址的访问，其行为由默认存储空间映射定义；

（2）非特权软件对非使能存储区域地址的访问，将引起存储器管理（MemManage）故障。

XN 和强顺序规则始终应用于系统控制空间，与 ENABLE 位的值无关。

当 ENABLE 位设置为 1 时，除非 PRIVDEFENA 位设置为 1，否则至少必须使能存储器映射的一个区域用于系统运行。如果 PRIVDEFENA 位设置为 1，但是没有使能任何区域，则仅特权软件可以运行。

当 ENABLE 位设置为 0 时，系统使用默认的存储器设置，这就好像没有实现 MPU 一样。默认的存储器映射适用于特权和非特权的软件访问。

当使能 MPU 后，始终允许访问系统控制空间和向量表。是否可以访问其他区域，要根据区域和 PRIVDEFENA 位是否设置为 1。

除非 HFNMIENA 位设置为 1，否则当处理器执行优先级为-1 或-2 的异常句柄时，不会使能 MPU。这些优先级仅在处理硬件故障或 NMI 异常时才可能出现。设置 HFNMIENA 位为 1 将使能 MPU。

3. MPU_RNR 寄存器

MPU 区域编号寄存器（MPU Region Number Register，MPU_RNR）选择寄存器 MPU_RBAR 和 MPU_RASR 引用的存储器区域，该寄存器的位分配如图 2.34 所示。

31	30	29	28	27	26	25	24	23	22	21	20	19	18	17	16
Reserved															

15	14	13	12	11	10	9	8	7	6	5	4	3	2	1	0
Reserved								REGION							

图 2.34　MPU_RNR 的位分配

其中：

（1）[31:8]：Reserved（保留），必须保持清零。

（2）[7:0]：REGION。该字段指示 MPU_RBAR 和 MPU_RASR 寄存器引用的 MPU 区域。MPU 支持 8 个存储器区域，因此该字段允许的值为 0～7。

通常，在访问 MPU_RBAR 或 MPU_RASR 之前，需要将所要求的区域号写到该寄存器中。但是，用户可以通过将 MPU_RBAR 的 VALID 位设置为 1 来更改区域号。

4. MPU_RBAR 寄存器

MPU 区域基地址寄存器（MPU Region Base Address Register，MPU_RBAR）定义由 MPU_RNR 选择的 MPU 区域的基地址，并且写入该寄存器可以更新 MPU_RNR 的值。将该寄存器的 VALID 位设置为 1 来写入 MPU_RBAR，以更改当前区域编号并更新 MPU_RNR。该寄存器的位分配如图 2.35 所示。

31	30	29	28	27	26	25	24	23	22	21	20	19	18	17	16
ADDR[31:*N*]															
rw	rw	rw	rw	rw	rw	rw	rw	rw	rw	rw	rw	rw	rw	rw	rw

15	14	13	12	11	10	9	8	7	6	5	4	3	2	1	0
ADDR[31:*N*]											VALID	REGION[3:0]			
rw	rw	rw	rw	rw	rw	rw	rw	rw	rw	rw	rw	rw	rw	rw	rw

图 2.35　MPU_RBAR 的位分配

其中：

（1）[31:*N*]：ADDR[31:*N*]为区域基地址字段，*N* 的具体取值取决于区域的大小。

（2）[*N*-1:5]：保留字段，硬件将其强置为 0。

（3）[4]：VALID，MPU 区域号有效。当写入时：

① 0，MPU_RNR 没有变化，处理器更新 MPU_RNR 中指定区域的基地址，且忽略 REGION 字段的值；

② 1，处理器将 MPU_RNR 的值更新为 REGION 字段的值，且更新 REGION 字段中指定区域的基地址。

当读取时，总是返回 0。

（4）[3:0]：REGION[3:0]。MPU 区域字段。对于写行为，参见 VALID 字段的描述。当读取该字段时，返回当前区域的编号，它由 MPU_RNR 指定。

如果区域大小为 32B，ADDR 字段是[31:5]，则没有保留字段。ADDR 字段是 MPU_RBAR 的[31:N]位。区域大小，由 MPU_RASR 指定，N 值由下式定义：

$$N = \log_2(\text{以字节为单位的区域大小})$$

如果在 MPU_RASR 中将区域大小配置为 4GB，则没有有效的 ADDR 字段。在这种情况下，区域完全占据了整个存储器映射空间，基地址为 0x00000000。

基地址必须对齐区域大小，如一个 64KB 区域必须对齐 64KB 的整数倍。例如，在 0x00010000 或 0x00020000 的起始地址的位置。

5．MPU_RASR 寄存器

MPU 区域属性和大小寄存器（MPU Region Attribute and Size Register，MPU_RASR）定义 MPU_RNR 所指定的 MPU 区域的大小和存储器属性，并使能该区域和任何子区域，该寄存器的位分配如图 2.36 所示。

31	30	29	28	27	26	25	24	23	22	21	20	19	18	17	16
Reserved			XN	Reserved	AP[2:0]			Reserved					S	C	B
			rw		rw	rw	rw			rw	rw	rw	rw	rw	rw

15	14	13	12	11	10	9	8	7	6	5	4	3	2	1	0
SRD[7:0]								Reserved		SIZE					ENABLE
rw	rw	rw	rw	rw	rw	rw	rw			rw	rw	rw	rw	rw	rw

图 2.36　MPU_RASR 的位分配

其中：

（1）[31:29]：Reserved（保留）。

（2）[28]：XN，指令访问禁止位。

① 0=使能取指令；

② 1=禁止取指令。

（3）[27]：Reserved，保留，硬件将其强置为 0。

（4）[26:24]：AP[2:0]，访问允许字段，详见后面的说明。

（5）[23:19]：Reserved，保留，硬件将其强置为 0。

（6）[18]：S，可共享的位，详见后面的说明。

（7）[17]：C，可缓存的位，详见后面的说明。

（8）[16]：B，可缓冲的位，详见后面的说明。

（9）[15:8]：SRD[7:0]，子区域禁止位（Subregion Disable Bits，SRD）。对于该字段中的每一位：

① 0=使能对应的子区域；

② 1=禁止对应的子区域。

（10）[7:6]：Reserved，保留，硬件将其强置为 0。

（11）[5:1]：SIZE，MPU 保护区域的大小，指定 MPU 区域的大小，允许的最小值为 7（b00111）。以字节为单位的区域的大小与 SIZE 字段值之间的关系为：

$$(以字节为单位的区域) = 2^{(SIZE+1)}$$

最小允许的区域大小为 256B，对应的 SIZE 的值为 7，表 2.16 给出了 SIZE 值的对应关系，包括与对应的区域大小，以及 MPU_RBAR 中 *N* 的值。

表 2.16　SIZE 值的对应关系

SIZE 的值	区域大小	*N* 的值	注释
b00111(7)	256B	8	允许的最小值
b01001(9)	1KB	10	—
b10011(19)	1MB	20	—
b11101(29)	1GB	30	—
b11111(31)	4GB	32	可能的最大值

（12）[0]：ENABLE，区域使能位。当复位时，所有区域的区域使能位都将复位为 0。这使得用户可以进入要使能的区域进行编程。

2.6.2　MPU 访问权限属性

本节介绍 MPU 访问权限属性。MPU_RASR 的访问许可位 C、B、S、AP 和 XN 控制对相对应存储区域的访问。如果访问一个没有授权的存储器区域，则 MPU 会产生许可故障。C、B、S 编码和存储器属性的关系如表 2.17 所示。AP 编码和软件特权级的关系如表 2.18 所示。

表 2.17　C、B、S 编码和存储器的关系

C	B	S	存储器类型	共享性	其他属性
0	0	—	强顺序	可共享	—
	1	—	设备	可共享	—
1	0	0	普通	不可共享	内部和外部直接写，没有写分配
		1		可共享	
	1	0	普通	不可共享	内部和外部写回，没有写分配
		1		可共享	

表 2.18　AP 编码和软件特权级的关系

AP[2:0]	特权权限	非特权权限	功能
000	无法访问	无法访问	所有的访问产生权限故障
001	读写	无法访问	只能由特权权限的软件访问
010	读写	只读	由非特权权限的软件写入将产生权限故障
011	读写	读写	完全访问
100	不可预知	不可预知	保留
101	只读	无法访问	只能由特权权限的软件读取
110	只读	只读	只读。由特权或非特权权限软件读取
111	只读	只读	只读。由特权或非特权权限软件读取

2.6.3　更新 MPU 区域

如果更新一个 MPU 区域的属性，则需要更新 MPU_RNR、MPU_RBAR 和 MPU_RASR。

注：建议参考后面章节指令集的内容来学习本节内容。

假设寄存器 R1 保存区域编号，寄存器 R2 保存大小和使能，寄存器 R3 保存区域属性，寄存器 R4 保存区域基地址，则更新 MPU 区域的指令如下：

```
LDR R0,=MPU_RNR              ; 0xE000ED98, MPU 区域编号寄存器
STR R1, [R0, #0x0]           ; 区域编号
STR R4, [R0, #0x4]           ; 区域基地址
STRH R2, [R0, #0x8]          ; 区域大小和使能
STRH R3, [R0, #0xA]          ; 区域属性
```

软件必须使用存储器屏障指令：

（1）在设置 MPU 之前，如果可能存在未完成的存储器传输（如缓冲的写），则可能会受到 MPU 设置更改的影响；

（2）在设置 MPU 之后，如果其中包含存储器传输，则必须使用新的 MPU 设置。

但是，如果 MPU 设置过程起始于进入异常句柄，或者后面跟着异常返回，则不需要同步屏障指令，因为异常进入和异常返回机制都会引起存储器屏障行为。

例如，如果希望所有存储器访问行为在编程序列后理解生效，就使用 DSB 指令和 ISB 指令。在改变 MPU 设置后，如在上下文切换结束时，就需要 DSB 指令。如果代码编程 MPU 区域或者使用分支或者调用进入了 MPU 区域，则要求使用 ISB。如果使用从异常返回或通过采纳一个异常来进入程序序列，则不需要 ISB。

2.6.4　子区域及用法

区域被分为 8 个大小相等的子区域。在 MPU_RASR 的 SRD 字段中设置相应的位以禁用子区域。SRD 的最低有效位控制第一个子区域，最高有效位控制最后一个子区域。禁用子区域意味着与禁用范围匹配的另一个区域将匹配。如果没有其他启用的区域与禁用的子区域重叠，则 MPU 发出故障。下面给出子区域及用法示例，如图 2.37 所示。在该示例中，两个带有相同地址的区域重叠。区域 1 是 128KB，区域 2 是 512KB。为了确保区域 1 的属性能应用于区域 2 的第 128KB 区域，将区域 2 的 SRD 字段设置为 b00000011，以禁止前两个子区域。

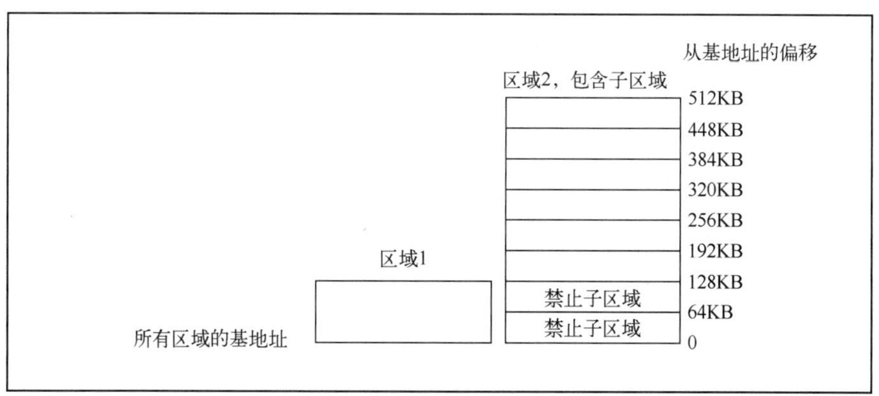

图 2.37　子区域及用法示例

2.6.5 MPU 设计技巧和提示

为了避免出现不期望的行为，在更新中断句柄可能访问的区域属性之前禁止中断。当设置 MPU 时，如果先前已经对 MPU 进行过编程，那么禁用未使用的区域，以阻止任何先前的区域设置影响新的 MPU 设置。

通常，微控制器只有一个处理器并且没有高速缓存。微控制器的存储器区域属性如表 2.19 所示。

表 2.19　微控制器的存储器区域属性

存储器区域	C	B	S	存储器类型和属性
Flash 存储器	1	0	0	普通存储器，非共享，直接写
内部 SRAM	1	0	1	普通存储器，可共享，直接写
外部 SRAM	1	1	1	普通存储器，可共享，写回，写分配
外设	0	1	1	设备存储器，可共享

在大多数微控制器实现中，可共享性和缓存策略不会影响系统行为。但是，将这些设置用于 MPU 区域可以使应用程序代码更具有可移植性，给出的值用于典型情况。在特殊系统中，如多处理器设计或具有单独 DMA 引擎的设计，可共享性可能会非常重要。在这种情况下，请参考存储设备制造商的建议。

第 3 章　高级微控制器总线结构

Arm 公司提供的高级微控制器总线结构（Advanced Microcontroller Bus Architecture，AMBA）规范是实现 Arm 处理器与存储器和外设互连的基础。在基于 Arm Cortex-M0+的 STM32G071 MCU 中，通过 AMBA APB 和 AMBA AHB 规范，实现以 Arm Cortex-M0+处理器和 DMA 控制器为代表的多个主设备对多个从设备的高效率访问。

本章将详细介绍 AMBA APB 规范和 AMBA AHB 规范所涉及的结构、信号和时序等内容。读者通过学习本章内容，能够理解 APB 和 AHB 总线的结构、接口信号和时序关系，以便进一步学习本书后续内容。

3.1　Arm AMBA 系统总线

在 SoC 设计中，高级微控制器总线结构（Advanced Microcontroller Bus Architecture，AMBA）用于片上总线。自从 AMBA 出现后，其应用领域早已超出了微控制器设备，现在被广泛地应用于各种范围的 ASIC 和 SoC 器件，包括用于便携设备的应用处理器。

AMBA 规范是一个开放标准的片上互连规范（除 AMBA5 以外），用于 SoC 内功能模块的连接和管理。它便于第一时间开发带有大量控制器和外设的多处理器设计。其发展过程如下。

（1）1996 年，Arm 公司推出了 AMBA 的第一个版本，包括：

① 高级系统总线（Advanced System Bus，ASB）；

② 高级外设总线（Advanced Peripheral Bus，APB）。

（2）第二个版本——AMBA2，Arm 增加了 AMBA 高性能总线（AMBA High-performance Bus, AHB），它是一个单个时钟沿的规范。AMBA2 用于 Arm 公司的 Arm7 和 Arm9 处理器。

（3）2003 年，Arm 推出了第三个版本——AMBA3，增加了如下规范。

① 高级可扩展接口（Advanced Extensible Interface，AXI）v1.0/AXI3，它用于实现更高性能的互连。

② 高级跟踪总线（Advanced Trace Bus，ATB）v1.0，它用于 CoreSight 片上调试和跟踪解决方案。

此外，AMBA3 还包含如下规范。

① 高级高性能总线简化（Advanced High-performance Bus Lite，AHB-Lite）v1.0。

② 高级外设总线（Advanced Peripheral Bus，APB）v1.0。

其中：

① AHB-Lite 和 APB 规范用于 Arm 的 Cortex-M0、M3 和 M4。

② AXI 规范用于 Arm 的 Cortex-A9、A8、R4 和 R5 的处理器。

（4）2009 年，Xilinx 同 Arm 公司密切合作，共同为基于现场可编程门阵列（Field Programmable Gate Array，FPGA）的高性能系统和设计定义了高级可扩展接口（Advanced eXtensible Interface，AXI）规范 AXI4，并且在其新一代可编程门阵列芯片上采用了高级可扩展接口 AXI4 规范。其主要内容如下。

① AXI 一致性扩展（AXI Coherency Extensions，ACE）。

② AXI 一致性扩展简化（AXI Coherency Extensions Lite，ACE-Lite）。

③ 高级可扩展接口 4（Advanced eXtensible Interface 4，AXI4）。

④ 高级可扩展接口 4 简化（Advanced eXtensible Interface 4 Lite，AXI4-Lite）。

⑤ 高级可扩展接口 4 流（Advanced eXtensible Interface 4 Stream，AXI4-Stream）v1.0。

⑥ 高级跟踪总线（Advanced Trace Bus，ATB）v1.1。

⑦ 高级外设总线（Advanced Peripheral Bus，APB）v2.0。

其中的 ACE 规范用于 Arm 的 Cortex-A7 和 A15 处理器。

（5）2013 年，Arm 推出了 AMBA5。该规范增加了一致集线器接口（Coherent Hub Interface，CHI）规划，用于 Arm Cortex-A50 系列处理器，以高性能、一致性处理“集线器”方式协同工作，这样就能在企业级市场中实现高速可靠数据传输。

思考与练习 3.1：请说明 Arm AMBA 的含义，以及所实现的目的。

思考与练习 3.2：请说明在 STM32G071 MCU 中，所采用的总线规范。

思考与练习 3.3：在 Arm AMBA 中，对 APB、AHB 和 AXI 来说，性能最高的是________，性能最低的是______________。

3.2 AMBA APB 规范

APB 属于 AMBA3 系列，它提供了一个低功耗的接口，并降低了接口的复杂性。APB 接口用在低带宽和不需要高性能总线的外围设备上。APB 是非流水线结构，所有的信号仅与时钟上升沿相关，这样即可简化 APB 外围设备的设计流程，每个传输至少消耗两个周期。

APB 可以与 AMBA 高级高性能总线和 AMBA 高级可扩展接口连接。

3.2.1 AMBA APB 写传输

AMBA APB 写传输包括两种类型：无等待状态写传输和有等待状态写传输。

1. 无等待状态写传输

无等待状态写传输的过程如图 3.1 所示。在时钟上升沿后，改变地址、数据、写信号和选择信号。

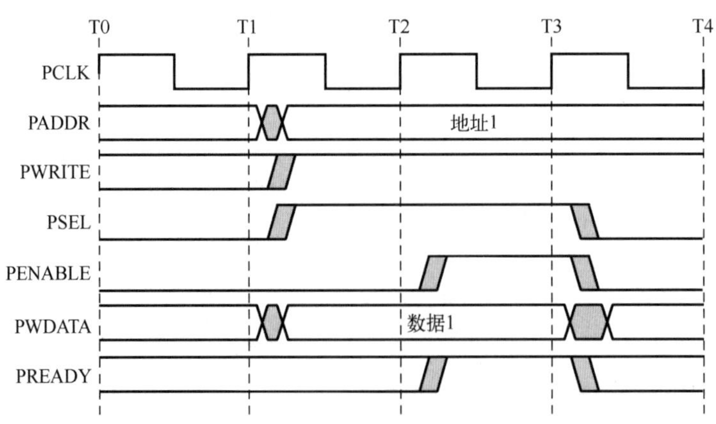

图 3.1 无等待状态写传输的过程

（1）T1 周期（写传输建立周期）。写传输起始于地址（PADDR）、写数据（PWDATA）、写信号（PWRITE）和选择信号（PSEL）。这些信号在 PSCLK 的上升沿寄存。

（2）T2 周期。在 PSCLK 的上升沿寄存使能信号 PENABLE 和准备信号 PREADY。

① 当有效时，PENABLE 表示传输访问周期的开始。

② 当有效时，PREADY 表示在 PCLK 的下一个上升沿从设备可以完成传输。

（3）地址（PADDR）、写数据（PWDATA）和控制信号一直保持有效，直到在 T3 周期完成传输后，结束访问周期。

（4）在传输结束后，使能信号（PENABLE）变成无效，选择信号（PSEL）也变成无效。如果相同的外设立即开始下一个传输，则这些信号重新有效。

2. 有等待状态写传输

有等待状态写传输的过程如图 3.2 所示。在访问周期，当 PENABLE 为高时，可以通过拉低 PREADY 来扩展传输。

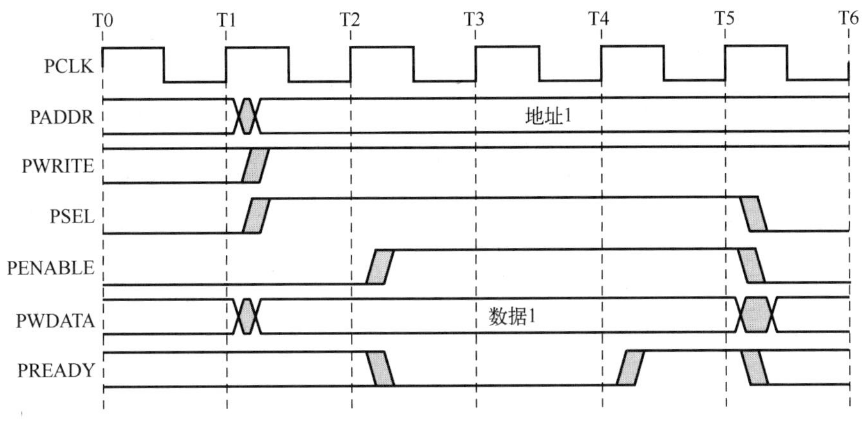

图 3.2　有等待状态写传输的过程

以下信号保持不变：地址（PADDR）、写信号（PWRITE）、选择信号（PSEL）、使能信号（PENABLE）、写数据（PWDATA）、写选通（PSTRB）和保护类型（PPROT）。

当 PENABLE 为低时，PREADY 可以为任何值，确保外围器件有固定的两个周期来使 PREADY 为高。

> 注：推荐在传输结束后不要立即更改地址和写信号，保持当前状态直到下一个传输开始，这样可以降低芯片功耗。

3.2.2　AMBA APB 读传输

AMBA APB 读传输包括以下两种类型：无等待状态读传输和有等待状态读传输。

1. 无等待状态读传输

无等待状态读传输时的过程如图 3.3 所示。图中给出了地址、写数据、选择信号和使能信号等。在读传输结束以前，从设备必须主动提供数据。

2. 有等待状态读传输

在读传输中，使用 PREADY 信号来添加两个周期，有等待状态读传输的过程如图 3.4 所示。在传输过程中也可以添加多个周期，如果在访问周期内拉低 PREADY 信号，则扩展读传输。

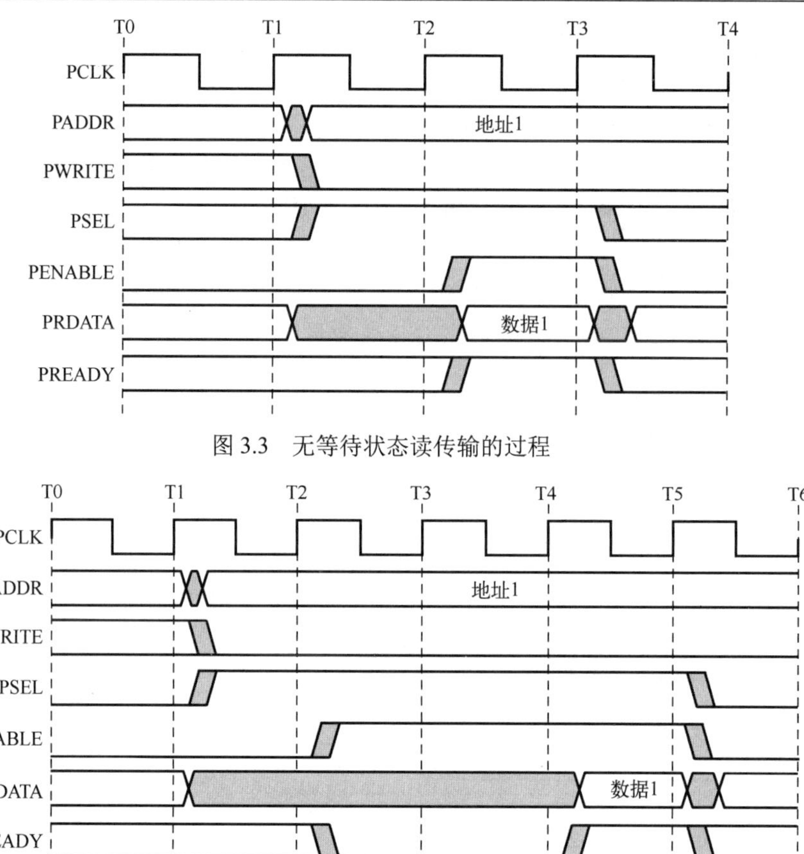

图 3.3　无等待状态读传输的过程

图 3.4　有等待状态读传输的过程

规范保证在额外的扩展周期时，以下信号保持不变，包括地址（PADDR）、写信号（PWRITE）、选择信号（PSEL）、使能信号（PENABLE）和保护类型（PPROT）。

3.2.3　AMBA APB 错误响应

可以使用 PSLVERR 来指示 APB 传输错误条件。在读和写交易中，可以发生错误条件。在一个 APB 传输中的最后一个周期内，当 PSEL、PENABLE 和 PREADY 信号都为高时，PSLVERR 才是有效的。

当外设接收到一个错误的交易时，外设的状态可能会发生改变（由外设决定）。当一个写交易接收到一个错误时，并不意味着外设内的寄存器没有更新。当读交易接收到一个错误时，能返回无效的数据。对于一个读错误，并不要求外设将数据总线驱动为 0。

1．写传输和读传输错误响应

写传输错误的响应过程如图 3.5 所示，读传输错误的响应过程如图 3.6 所示。

2．PSLVERR 映射

当桥接时，对于从 AXI 到 APB 的情况，将 APB 错误映射回 RRRSP/BRESP=SLVERR，这可以通过将 PSLVERR 映射到 RRESP[1]信号（用于读）和 BRESP[1]（用于写）信号来实现；对于从 AHB 到 APB 的情况，对于读和写，PSLVERR 被映射回 HRESP=SLVERR，这可以通过将 PSLVERR 映射到 AHB 信号和 HRESP[0]信号来实现。

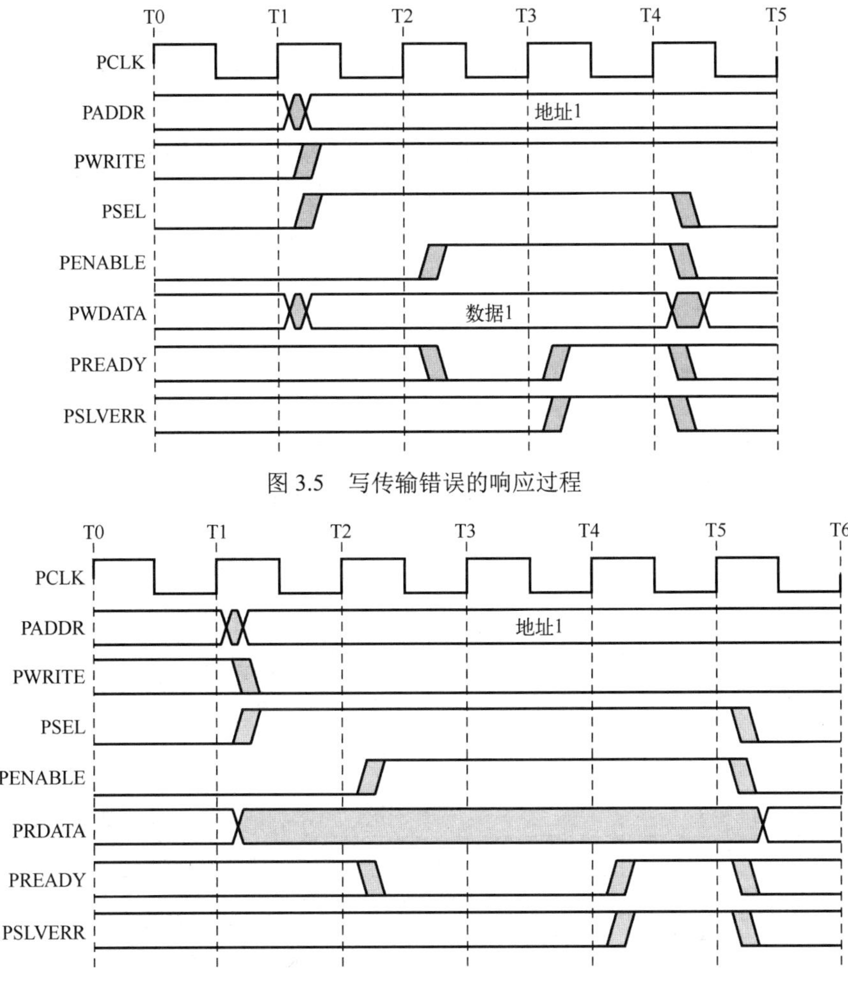

图 3.5　写传输错误的响应过程

图 3.6　读传输错误的响应过程

3.2.4　AMBA APB 操作流程

AMBA APB 操作流程如图 3.7 所示。

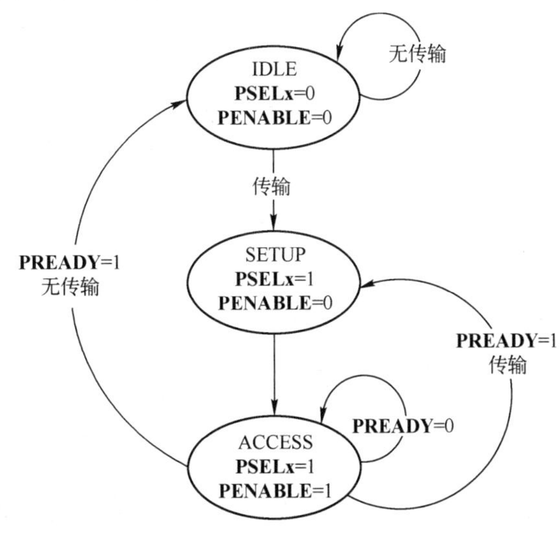

图 3.7　AMBA APB 操作流程

（1）空闲（IDLE）。这是默认的 APB 状态。

（2）建立（SETUP）。当请求传输时，总线进入 SETUP 状态，设置选择信号 PSELx。总线仅在 SETUP 状态停留一个时钟周期，并在下一个时钟周期进入 ACCESS 状态。

（3）访问（ACCESS）。在 ACCESS 状态中置位使能信号 PENABLE。在传输从 SETUP 状态到 ACCESS 状态转变的过程中，地址、写、选择和写数据信号必须保持不变。从 ACCESS 状态退出，由从器件的 PREADY 信号控制，如果 PREADY 为低，则保持 ACCESS 状态；如果 PREADY 为高，则退出 ACCESS 状态，如果此时没有其他传输请求，那么总线返回 IDLE 状态，否则进入 SETUP 状态。

3.2.5　AMBA3 APB 信号

AMBA3 APB 信号及功能如表 3.1 所示。

表 3.1　AMBA3 APB 信号及功能

信号	来源	功能
PCLK	时钟源	时钟
PRESETn	系统总线	复位。APB 复位信号低有效，该信号一般直接与系统总线复位信号相连
PADDR	APB 桥	地址。最大可达 32bit，由外设总线桥单元驱动
PPROT	APB 桥	保护类型。这个信号表示交易类型是普通的、剥夺的或者是安全保护级别，以及这个交易是数据访问或者是指令访问
PSELx	APB 桥	选择信号。APB 桥单元产生到每个外设从设备的信号。该信号表示从设备被选中，要求一个数据传输。每个从设备都有一个 PSELx 信号
PENABLE	APB 桥	使能信号。这个信号表示 APB 传输的第二个和随后的周期
PWRITE	APB 桥	访问方向。该信号为高时，表示 APB 写访问；当该信号为低时，表示 APB 读访问
PWDATA	APB 桥	写数据。当 PWRITE 为高时，在写周期内，外设总线桥单元驱动写数据总线
PSTRB	APB 桥	写选通。这个信号表示在写传输时，所更新的字节通道。每 8bit 有一个写选通信号。因此，PSTRB[n]对应于 PWDATA[(8n+7):(8n)]。在读传输时，写选通不是活动的
PREADY	从接口	准备信号。从设备使用该信号来扩展 APB 传输过程
PRDATA	从接口	读数据。当 PWRITE 为低时，在读周期，所选择的从设备驱动该总线。该总线宽度最多为 32bit
PSLVERR	从接口	这个信号表示传输失败。APB 外设不要求 PSLVERR 引脚。对已经存在的设计和新 APB 外设设计，当外设不包含这个引脚时，将 APB 桥的数据适当拉低

3.3　AMBA AHB 规范

AHB 是新一代的 AMBA 总线，其目的用于解决高性能可同步的设计要求。AMBA 是一个新级别的总线，高于 APB，用于实现高性能、高时钟频率系统的特征要求，这些要求包括猝发传输、分割交易、单周期总线主设备交接、单时钟沿操作、无三态实现，以及更宽的数据总线配置（64/128bit）。

3.3.1　AMBA AHB 结构

本节介绍 AMBA AHB 结构，包括典型结构和总线互连。

1．AMBA AHB 典型结构

包含 AHB 和 APB 总线结构的 AMBA 系统如图 3.8 所示。基于 AMBA 规范的微控制器，包括高性能系统背板总线，该总线支持外部存储器的带宽。这个总线存在 CPU 和 DMA 设备，以及 AHB 转 APB 的桥接器。在 APB 总线上连接了较低带宽的外设。表 3.2 给出了 AHB 和 APB 总线的特性比较。

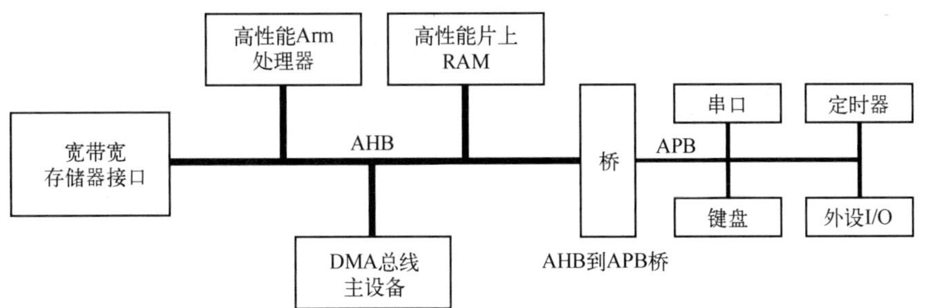

图 3.8　包含 AHB 和 APB 总线结构的 AMBA 系统

表 3.2　AHB 和 APB 总线的特性比较

AMBA 高级高性能总线 AHB	AMBA 高级外设总线 APB
（1）高性能 （2）流水线操作 （3）猝发传输 （4）多个总线主设备 （5）分割交易	（1）低功耗 （2）锁存的地址和控制 （3）简单的接口 （4）适合很多外设

2．AMBA AHB 总线互连

基于一个中心多路复用器互连机制，设计 AMBA AHB 总线规范。使用这个机制，总线上所有主设备都可以驱动地址和控制信号，用于表示它们所希望执行的传输。仲裁器用于决定将哪个主设备的地址和控制信号连接到所有的从设备。译码器要求控制读数据和响应信号的切换，用于从从设备中选择合适的包含用于传输的信号。一个 AMBA AHB 总线互连结构中有 3 个主设备和 4 个从设备，如图 3.9 所示。

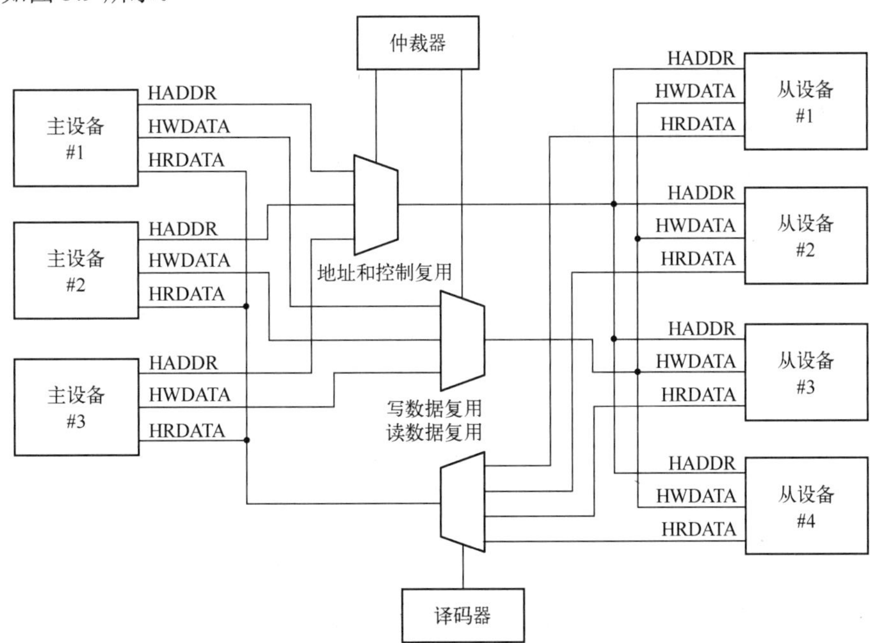

图 3.9　AMBA AHB 总线互连结构

3.3.2　AMBA AHB 操作

本节介绍 AMBA AHB 操作，内容包括 AMBA AHB 操作概述、AMBA AHB 基本传输。

1. AMBA AHB 操作概述

在一个 AMBA AHB 传输开始前，必须授权总线主设备访问总线。通过主设备对连接到仲裁器请求信号的确认，启动该过程，然后，指示授权主设备将要使用总线。

通过驱动地址和控制信号，授权的总线主设备启动 AHB 传输。该信号提供了地址、方向和传输宽度的信息，以及指示传输是否是猝发的一部分。AHB 允许两种不同的猝发传输，包括：

（1）增量猝发，在地址边界不回卷；

（2）回卷猝发，在一个特殊的地址边界回卷。

写数据总线用于将数据从主设备移动到从设备，而读数据总线用于将数据从从设备移动到主设备。每个传输包括一个地址和控制周期，以及一个或多个数据周期。

不能扩展地址，因此在此期间内，所有的从设备必须采样地址。然而，通过使用 HREADY 信号，允许对数据进行扩展。当 HREADY 信号为低时，允许在传输中插入等待状态。因此，允许额外的时间用于从设备提供或者采样数据。

在一个传输期间内，从设备使用响应信号 HRESP[1:0]显示状态。

（1）OKAY。用于指示正在正常处理传输过程。当 HREADY 信号变高时，表示成功结束传输过程。

（2）ERROR。用于指示传输过程发生错误，传输过程不成功。

（3）RETRY 和 SPLIT。这两个传输响应信号指示不能立即完成传输过程，但总线主设备应该继续尝试传输。

在正常操作下，在仲裁器授权其他主设备访问总线前，允许一个主设备以一个特定的猝发，完成所有的传输。然而，为了避免太长的仲裁延迟，仲裁器可能分解一个猝发。在这种情况下，主设备必须为总线重新仲裁，以便完成猝发中剩余的操作。

2. AMBA AHB 基本传输

AMBA AHB 基本传输由两个不同的部分组成。

（1）地址阶段。持续一个单周期。

（2）数据阶段。可能要求几个周期，通过使用 HREADY 信号实现。

没有等待状态的传输过程如图 3.10 所示。

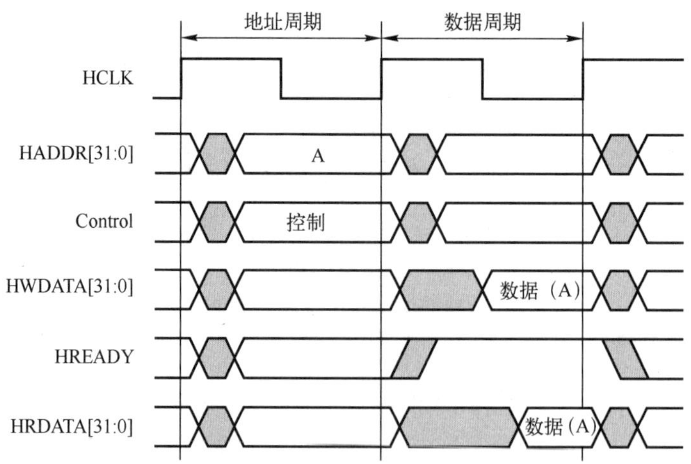

图 3.10　没有等待状态的传输过程

（1）在 HCLK 的上升沿，主设备驱动总线上地址和控制信号。

（2）在下一个时钟上升沿，从设备采样地址和控制信息。

（3）当从设备采样地址和控制后，驱动正确的响应。在第三个时钟上升沿，总线主设备采样这个响应。

这个简单的例子说明了在不同的时钟周期，产生地址和数据周期的方法。实际上，任何传输的地址阶段可以发生在前一个传输的数据阶段。这个重叠的地址和数据是总线流水线的基本属性，它将允许更高性能的操作，同时为一个从设备提供了充足的时间，用于对一个传输进行响应。

在任何传输中，从设备可能插入等待状态，包含等待状态的传输过程如图 3.11 所示。

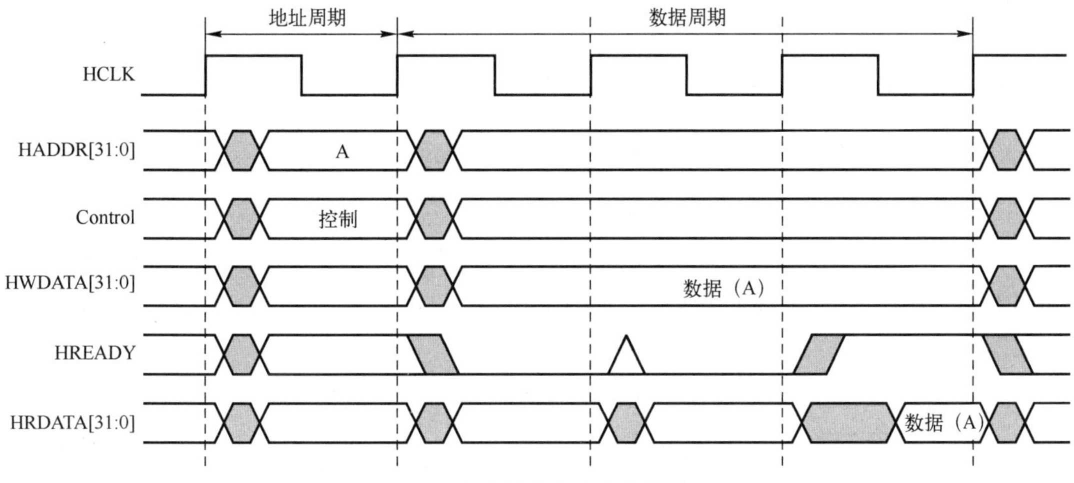

图 3.11　包含等待状态的传输过程

（1）对于写传输，在扩展周期内，总线主设备应该保持总线稳定。

（2）对于读传输，从设备不必提供有效数据，直到将要完成传输。

当以这种方式扩展传输时，对随后传输的地址周期有副作用。三个无关地址 A、B、C 的传输过程如图 3.12 所示。

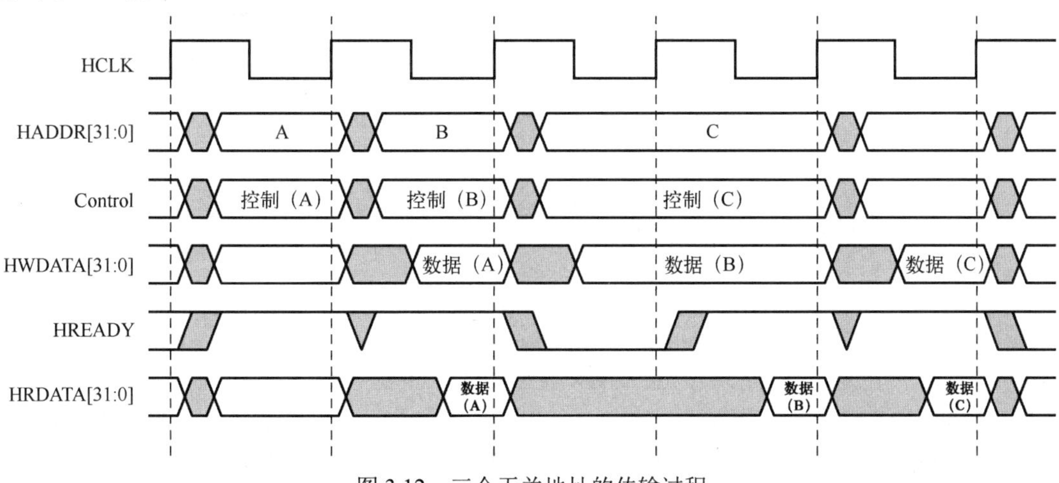

图 3.12　三个无关地址的传输过程

（1）传输地址 A 和 C，都是零等待状态。

（2）传输地址 B 是一个等待周期。

（3）传输的数据周期扩展到地址 B，传输的扩展地址周期影响地址 C。

3.3.3　AMBA AHB 传输类型

每个传输可以分为四个不同类型中的一个。由 HTRANS[1:0]信号表示，传输类型编码如表 3.3 所示。

表 3.3　传输类型编码

HTRANS[1:0]	类型	描述
00	IDLE	表示没有数据传输的要求。总线主设备在空闲传输中被授权总线，但并不希望执行一个数据传输时使用空闲传输。从设备必须总是提供一个零等待状态 OKAY 来响应空闲传输，并且从设备应该忽略该传输
01	BUSY	忙传输类型。允许总线主设备在猝发传输中插入空闲周期。这种传输类型表示总线主设备正在连续执行一个猝发传输，但不能立即产生下一次传输。当一个主设备使用忙传输类型时，地址和控制信号必须反映猝发中的下一次传输。 从设备应该忽略这种传输。与从设备响应空闲传输一样，从设备总是提供一个零等待状态 OKAY 响应
10	NONSEQ	表示一次猝发的第一个传输或者一个单个传输。地址与控制信号与前一次传输无关。 总线上的单个传输被看作一个猝发，因此，传输类型是不连续的
11	SEQ	在一个猝发中剩下的传输是连续传输并且地址是和前一次传输有关的。控制信息和前一次传输时一样。地址等于前一次传输的地址加上传输大小（字节）。在回卷猝发的情况下，传输地址在地址边界处回卷，回卷值等于传输大小乘以传输的次数（4、8 或 16 其中之一）

使用不同的传输类型如图 3.13 所示。

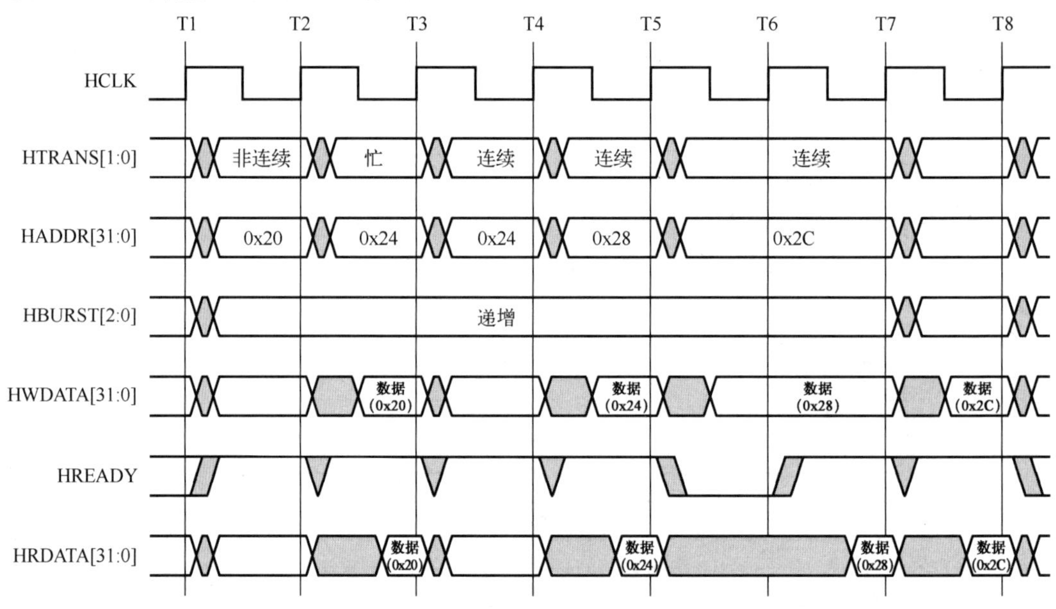

图 3.13　使用不同的传输类型

（1）第一个传输是一次猝发的开始，所以传输类型为非连续传输。

（2）主设备不能立刻执行猝发的第二次传输，所以主设备使用了忙传输来延迟下一次传输的开始。在这个例子中，主设备在它准备开始下一次猝发传输之前，仅要求一个忙周期，下一次传输完成不带有等待状态。

（3）主设备立刻执行猝发的第三次传输，但此时从设备不能完成传输，并用 HREADY 来插入一个等待状态。

（4）猝发的最后一个传输以无等待状态完成。

3.3.4　AMBA AHB 猝发操作

本节介绍 AMBA AHB 猝发操作，包括 AMBA 猝发操作概述和猝发早期停止。

1．猝发操作概述

AMBA AHB 规范定义了 4、8 和 16 拍猝发，也有未定长度的猝发和信号传输。该协议支持递增猝发和回卷猝发。

（1）递增猝发。访问连续地址，并且猝发中每次传输地址仅是前一次地址的一个递增。

（2）回卷猝发。如果传输的起始地址并未和猝发（*x* 拍）中字节总数对齐，那么猝发传输地址将在达到边界处回卷。例如，一个 4 拍回卷猝发的字（4B）访问将在 16B 边界回卷。因此，如果传输的起始地址是 0x34，那么它将包含四个到地址 0x34、0x38、0x3C 和 0x30。

通过 HBURST[2:0]提供 8 种猝发类型编码，如表 3.4 所示。

表 3.4　8 种猝发类型编码

HBURST[2:0]	类型	描述
000	SINGLE	单个传输
001	INCR	未指定长度的递增猝发
010	WRAP4	4 拍回卷猝发
011	INCR4	4 拍递增猝发
100	WRAP8	8 拍回卷猝发
101	INCR8	8 拍递增猝发
110	WRAP16	16 拍回卷猝发
111	INCR16	16 拍递增猝发

猝发不能超过 1KB 的地址边界。因此，主设备不要尝试发起一个将要超过这个边界的定长递增猝发，可以接受只有一个猝发长度和未指定长度的递增猝发来执行单个传输。一个递增猝发可以是任意长度，但是其地址的上限不能超过 1KB 边界。

注：猝发大小表示猝发的节拍个数，并不是一次猝发传输的实际字节个数。一次猝发传输的数据总数可以用节拍数乘以每拍数据的字节数来计算，每拍字节数由 HSIZE[2:0]指示。

所有猝发传输必须将地址边界和传输大小对齐。例如，字传输必须对齐到字地址边界（也就是 A[1:0] = 00），半字传输必须对齐到半字地址边界（也就是 A[0] = 0）。

2．猝发早期停止

对从设备来说，在不允许完成一个猝发的特定情况下，如果提前停止猝发，那么利用猝发信息能够采取正确的行为就显得非常重要。通过监控 HTRANS 信号，从设备能够决定一个猝发提前终止的时间，并且确保在猝发开始之后每次传输都有连续或者忙标记。如果产生一个非连续或者空闲传输，那么表明已经开始了一个新的猝发。因此，这时一定已经终止了前一次猝发传输。

如果总线主设备因为失去对总线的占有而不能完成一次猝发，那么它必须在下一次获取访问总线时正确地重建猝发。例如，如果一个主设备仅完成了一个 4 拍猝发中的一拍，那么，它必须用一个未定长度猝发来执行剩下的 3 拍猝发。

4 拍回卷猝发传输如图 3.14 所示，4 拍递增猝发传输如图 3.15 所示，8 拍回卷猝发传输如图 3.16 所示。作为一次 4 拍字猝发传输，地址将会在 16B 边界回卷。因此，传输到地址 0x3C 之后接下来传输的地址是 0x30。

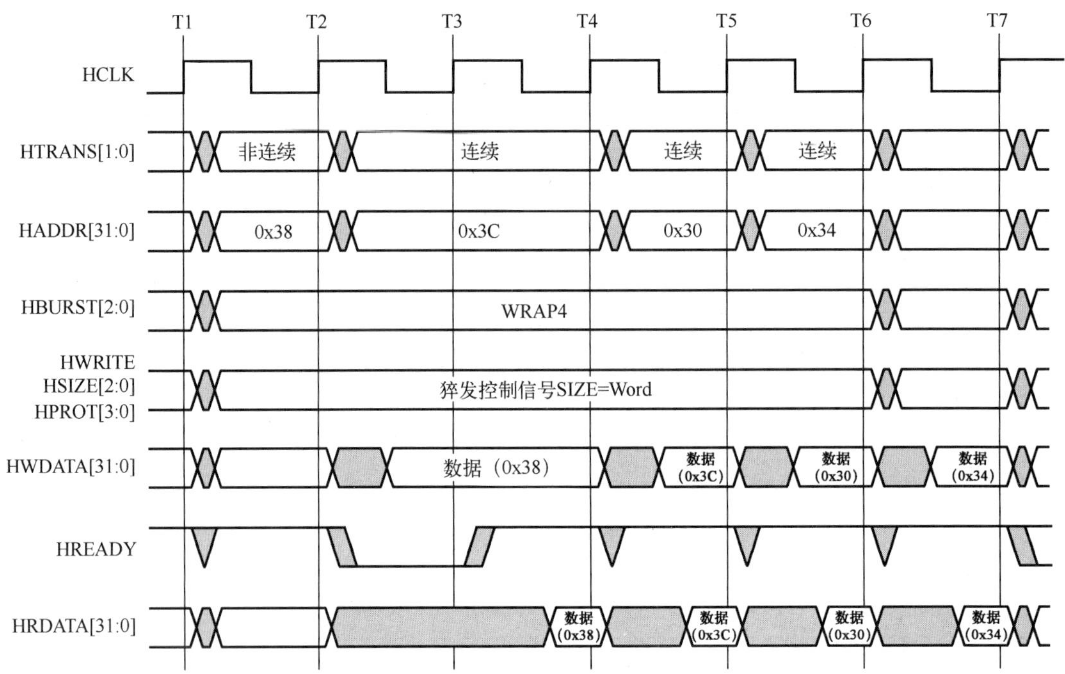

图 3.14　4 拍回卷猝发传输

从图 3.14 和图 3.15 中可知，回卷猝发和递增猝发的唯一不同是地址连续通过 16B 边界。从图 3.16 中可知，地址将在 32B 边界处回卷。因此，地址 0x3C 之后的地址是 0x20。

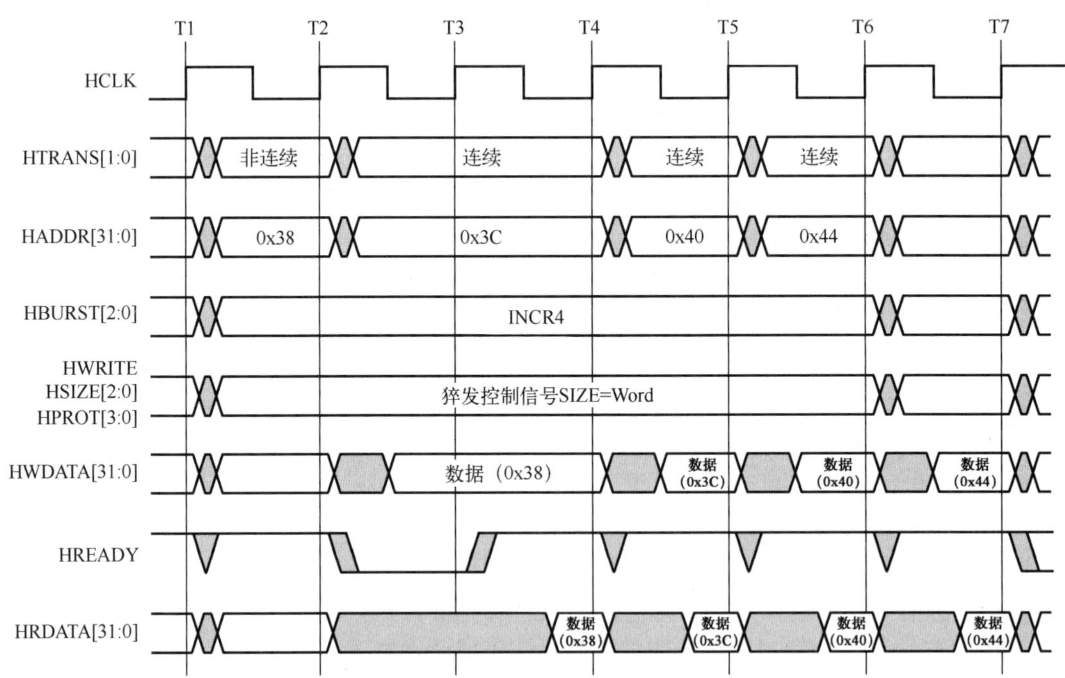

图 3.15　4 拍递增猝发传输

8 拍递增猝发传输如图 3.17 所示，该猝发使用半字传输，所以地址每次增加 2B，并且猝发在递增。因此，地址连续增加，通过了 16B 边界。

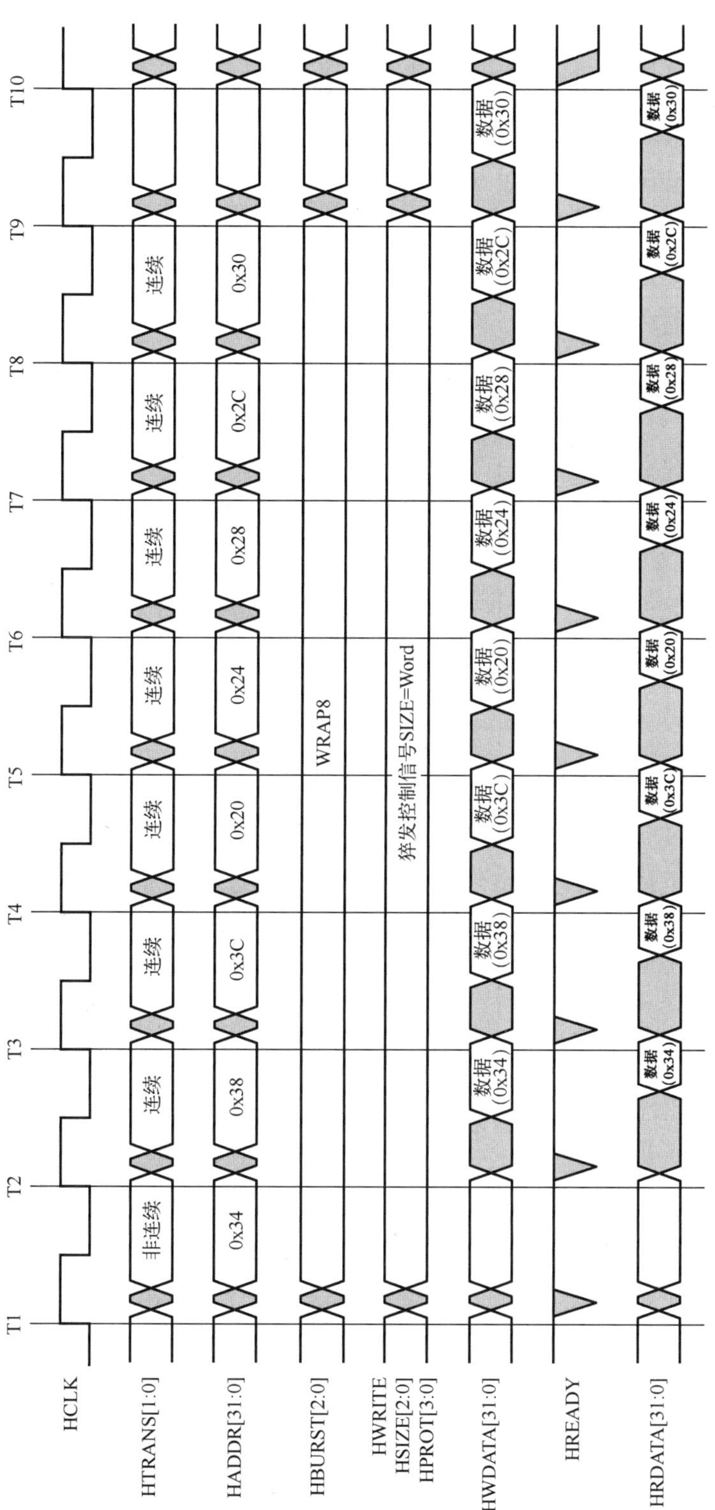

图 3.16　8 拍回卷猝发传输

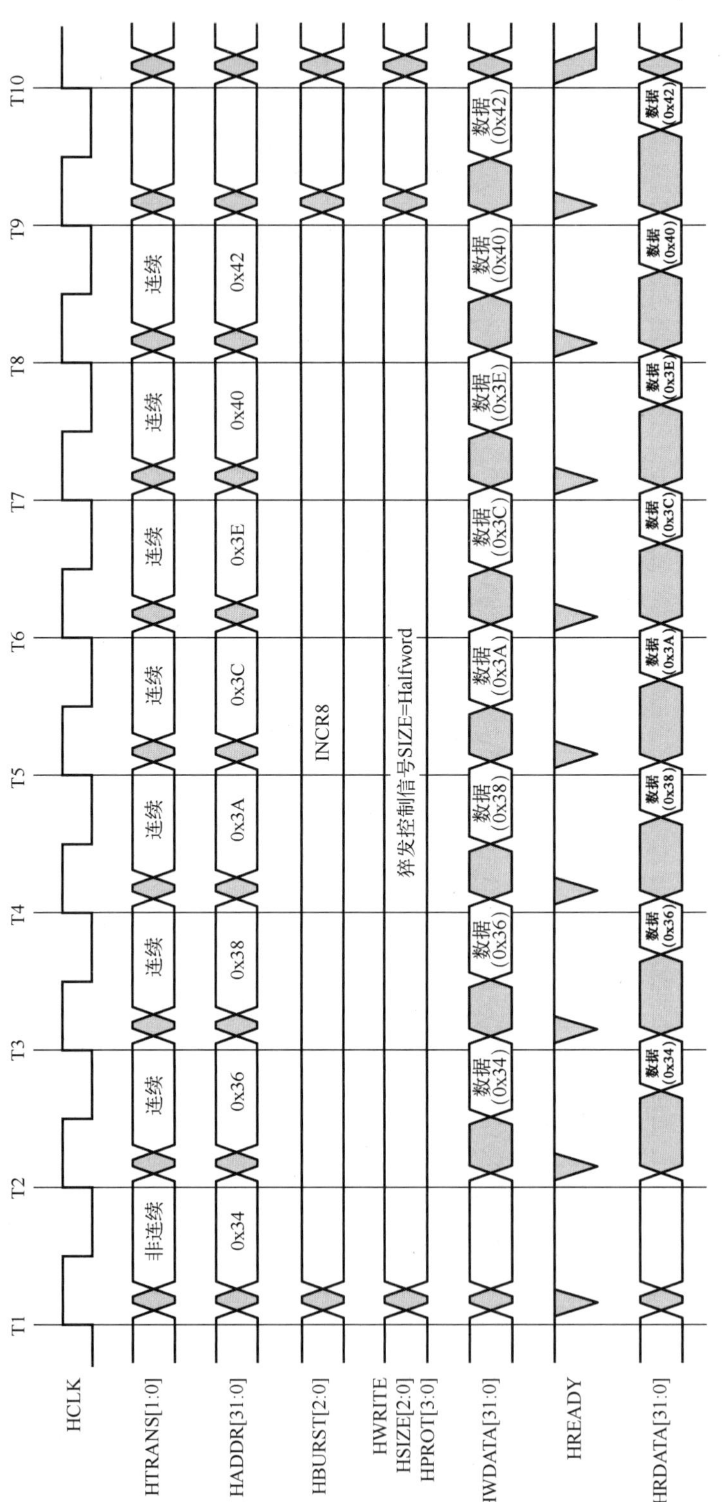

图 3.17 8 拍递增猝发传输

未定义长度的猝发传输如图 3.18 所示，图中表示两个猝发。

（1）在地址 0x20 处，开始传输两个半字（半字传输地址增加 2）。

（2）在地址 0x5C 处，开始三个字传输（字传输地址增加 4）。

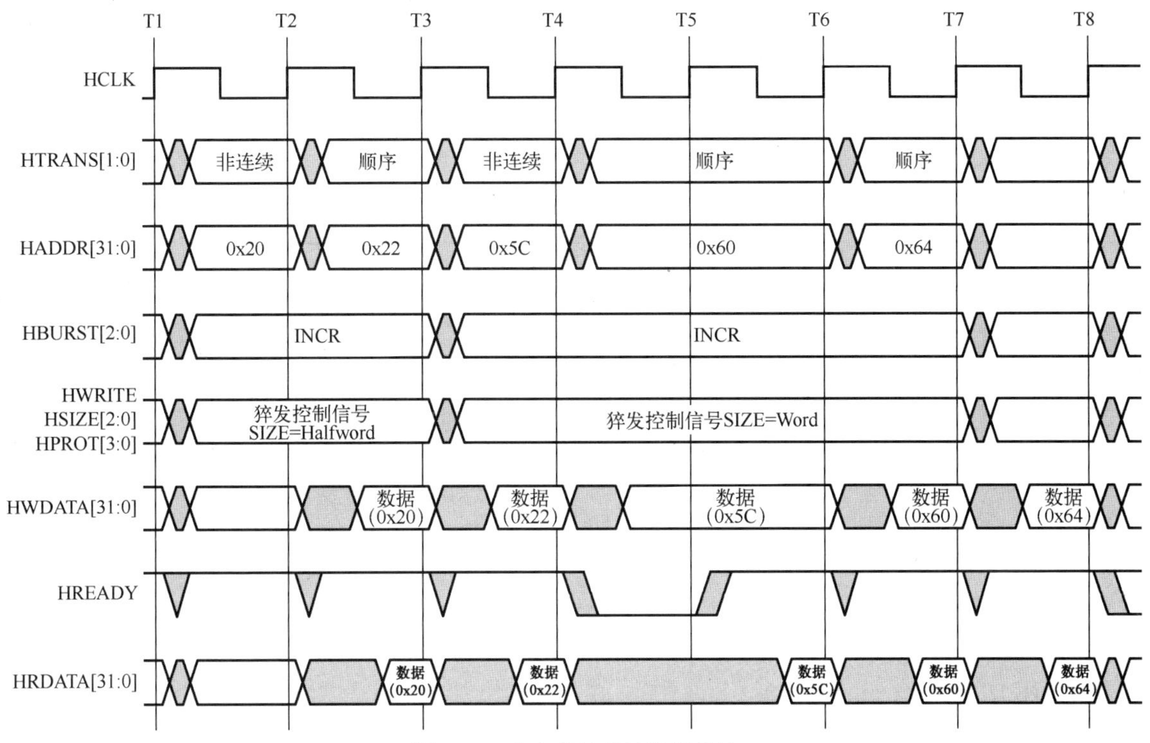

图 3.18　未定义长度的猝发传输

3.3.5 AMBA AHB 传输控制信号

传输类型和猝发类型一样，每次传输都会有一组控制信号，用于提供传输的附加信息。这些控制信号和地址总线有严格一致的时序。然而，在一次猝发传输过程中它们必须保持不变。

（1）传输方向。当 HWRITE 为高时表示写传输，并且主设备将数据广播到写数据总线 HWDATA[31:0]上；当该信号为低时将会执行读传输，并且从设备必须产生数据到读数据总线 HRDATA[31:0]上。

（2）传输大小/位宽。

HSIZE[2:0]用于表示传输的大小/位宽，如表 3.5 所示。将传输大小和 HBURST[2:0]信号组合在一起，以决定回卷猝发的地址边界。

表 3.5　传输的大小/位宽

HSIZE[2]	HSIZE[1]	HSIZE[0]	大小/bit	描述
0	0	0	8	字节
0	0	1	16	半字
0	1	0	32	字
0	1	1	64	—
1	0	0	128	4 字线
1	0	1	256	8 字线
1	1	0	512	—
1	1	1	1024	—

（3）保护控制。保护控制信号 HPROT[3:0]，提供总线访问的附加信息，并且最初是给那些希望执行某种保护级别的模块使用的，表 3.6 给出了保护信号编码。

这些信号表示传输是否为：

（1）一次预取指或者数据访问；

（2）特权模式访问或者用户模式访问。

对于包含存储器管理单元的总线主设备来说，这些信号也表示当前访问是带高速缓存的还是带缓冲的。

表 3.6 保护信号编码

HPROT[3] 高速缓存	HPROT[2] 带缓冲	HPROT[1] 特权模式	HPROT[0] 数据/预取指	描述
—	—	—	0	预取指
—	—	—	1	数据访问
—	—	0	—	用户模式访问
—	—	1	—	特权模式访问
—	0	-	—	无缓冲
—	1	—	—	带缓冲
0	—	—	—	无高速缓存
1	—	—	—	带高速缓存

并不是所有总线主设备都能产生正确的保护信息，因此，建议从设备在没有严格必要的情况下不要使用 HPROT 信号。

3.3.6 AMBA AHB 地址译码

对每个总线上的从设备来说，使用一个中央地址译码器提供选择信号 HSELx。选择信号是高位地址信号的组合译码，并且建议使用简单的译码方案以避免复杂译码逻辑和确保高速操作。

从设备只能在 HREADY 信号为高时，采样地址、控制信号和 HSELx 信号。当 HSELx 为高时，表示当前传输已经完成。在特定的情况下，有可能在 HREADY 为低时采样 HSELx 信号。但是，这样会在当前传输完成后，更改选中的从设备。

能够分配给单个从设备的最小地址空间是 1KB。所设计的总线主设备，不能执行超过 1KB 地址边界的递增传输。因此，应保证一个猝发不会超过地址译码的边界。

在设计系统时，如果有包含一个存储器映射，但其并未完全填满存储空间的情况，则应该设置一个额外的默认从设备，以便在访问任何不存在的地址空间时提供响应。如果一个非连续传输或者连续传输尝试访问一个不存在的地址空间，则这个默认从设备应该提供一个 ERROR 响应。当空闲或者忙传输访问不存在的空间（默认从设备）时，应该给出一个零等待状态的 OKAY 响应。典型的设计是，默认从设备的功能将以作为中央地址译码器的一部分来实现。

包含地址译码和从设备选择信号的系统如图 3.19 所示。

3.3.7 AMBA AHB 从设备传输响应

在主设备发起传输后，由从设备决定传输的方式。AMBA AHB 规范中没有规定总线主设备在传输已经开始后取消传输的方法。

只要访问从设备，那么它必须提供一个表示传输状态的响应。使用 HREADY 信号，用于扩展传输并且和响应信号 HRESP[1:0]相结合，以提供传输状态。

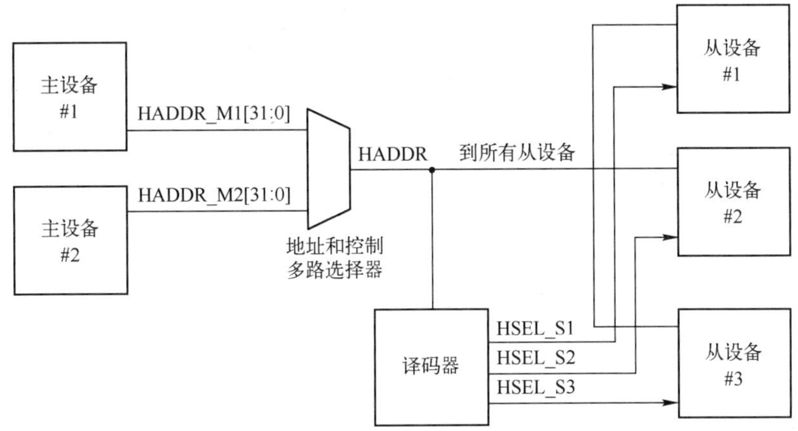

图 3.19　包含地址译码和从设备选择信号的系统

从设备能够用许多种方式来完成传输。

（1）立刻完成传输。

（2）插入一个或者多个等待状态，以有时间来完成传输。

（3）发出一个错误信号，来表示传输失败。

（4）延时传输的完成，但是允许主设备和从设备放弃总线，把总线留给其他传输使用。

1. 传输完成

HREADY 信号用于扩展 AHB 传输的数据周期。当 HREADY 信号为低时，表示将要扩展传输；当该信号为高时，表示传输完成。

> **注：** 在从设备放弃总线之前，每个从设备必须有一个预先确定的、所插入最大等待状态的个数，以便能够计算访问总线的延时。建议但不强制规定，从设备不要插入多于 16 个等待状态，以阻止任何单个访问将总线锁定较长的时钟周期。

2. 传输响应

通常，从设备会用 HREADY 信号。在传输中插入适当数量的等待状态，当 HREADY 信号为高，并且给出 OKAY 响应时，表示成功完成传输过程。

从设备用 ERROR 响应来表示某种形式的错误条件和相关的传输。通常，它用于保护错误。例如，尝试写一个只读的存储空间。

SPLIT 和 RETRY 响应组合允许从设备延长传输完成的时间。但是，这会释放总线给其他主设备使用。这些响应组合通常仅由有高访问延时的从设备请求。并且，从设备能够利用这些响应编码来保证在长时间内并不阻止其他主设备访问总线。

HRESP[1:0]的编码、传输响应信号及其描述如表 3.7 所示。

表 3.7　传输响应信号及其描述

HRESP[1]	HRESP[0]	响应	描述
0	0	OKAY	当 HREADY 为高时，表示传输已经成功完成。OKAY 响应也被用来插入任意一个附加周期；当 HREADY 为低时，优先给出其他三种响应之一
0	1	ERROR	该响应表示发生了一个错误。错误条件应该发信号给总线主设备，以便让主设备知道传输失败。一个错误条件需要双周期响应
1	0	RETRY	重试信号表示传输并未完成。因此，总线主设备应该尝试重新传输。主设备应该继续重试传输直到完成为止。要求双周期的重试响应

续表

HRESP[1]	HRESP[0]	响应	描述
1	1	SPLIT	传输并未成功完成。总线主设备必须在下一次被授权访问总线时，尝试重新传输。当传输能够完成时，从设备将请求代替主设备访问总线。要求双周期的 SPLIT 响应

当决定将要给出的响应类型之前，从设备需要插入一定数量的等待状态。从设备必须驱动响应为 OKAY。

3．双周期响应

在单个周期内，仅可以给出 OKAY 响应。需要至少两个周期响应 ERROR、SPLIT 和 RETRY。为了完成这些响应中的任意一个，在最后一个传输的前一个周期，从设备驱动 HRESP[1:0]，以表示 ERROR、RETRY 或者 SPLIT。同时，驱动 HREADY 信号为低电平，给传输扩展一个额外的周期。在最后一个周期内，驱动 HREADY 信号为高电平以结束传输，同时，保持驱动 HRESP[1:0]，以表示 ERROR、RETRY 或者 SPLIT 响应。

如果从设备需要两个以上的周期，以提供 ERROR、SPLIT 或者 RETRY 响应，那么可能会在传输开始时插入额外等待状态。在这段时间内，将 HREADY 信号驱动为低电平，同时，必须将响应设为 OKAY。

因为总线通道的本质特征，所以需要双周期响应。在从设备开始发出 ERROR、SPLIT 或者 RETRY 中任何一个响应时，接下来传输的地址已经广播到总线上了。双周期响应允许主设备有足够的时间来取消该地址，并且在开始下一次传输之前驱动 HTRANS[1:0]为空闲传输。

由于当前传输完成之前禁止发生下一次传输，所以对于 SPLIT 和 RETRY 响应，必须取消随后的传输。然而，对于 ERROR 响应，由于不重复当前传输，所以可以选择完成接下来的传输。

包含 RETRY 响应的传输如图 3.20 所示。

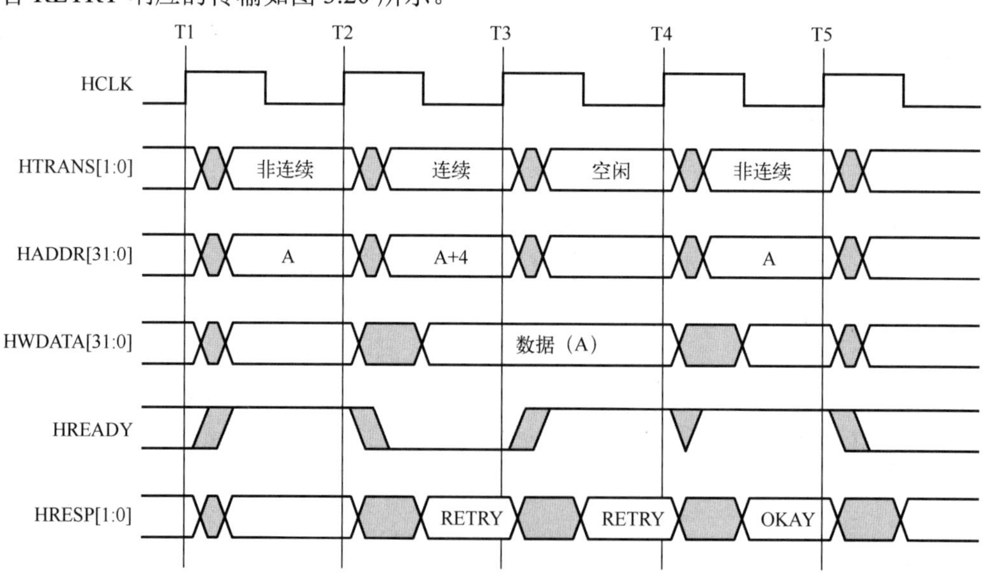

图 3.20　包含 RETRY 响应的传输

（1）主设备从地址 A 开始传输。

（2）在接收到这次传输响应之前，主设备将地址移动到 A＋4。

（3）在地址 A 的从设备不能立刻完成传输，因此，从设备发出一个 RETRY 响应。该响应指示主设备，在地址 A 的传输无法完成，并且取消在地址 A＋4 的传输，用空闲传输来替代。

在一个传输中，设备请求一个周期来决定将要给出的响应（在 HRESP 为 OKAY 的时间段），错误响应如图 3.21 所示。之后，从设备用一个双周期的 ERROR 响应来结束传输。

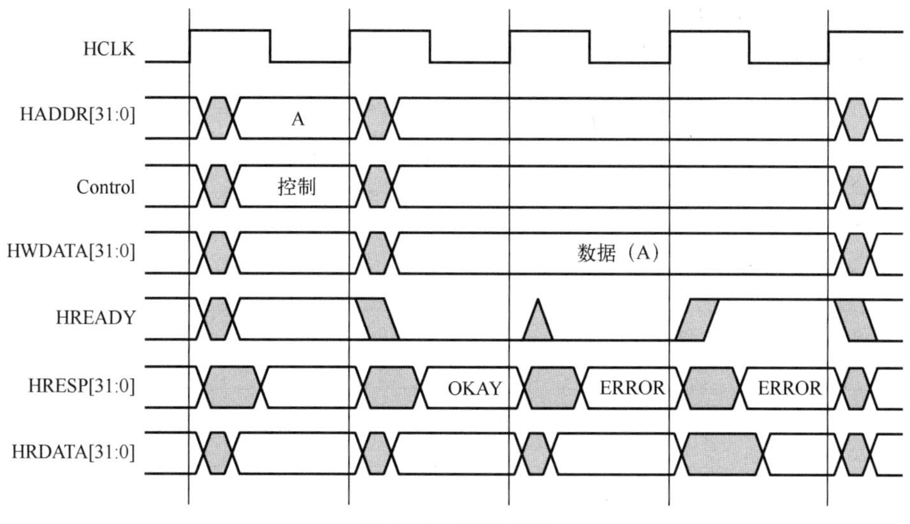

图 3.21　错误响应

4．错误响应

如果从设备提供一个错误响应，那么主设备可以选择取消猝发中剩余的传输。然而，这并不是一个严格的要求，同时，从设备也接收主设备继续猝发中剩余的传输。

5．分割和重试响应

分割（SPLIT）和重试（RETRY）响应给从设备提供了在无法立刻给传输提供数据时释放总线的机制。这两种机制都允许在总线上结束传输，因此，允许更高优先级的主设备能够访问总线。

分割和重试的不同之处在于仲裁器在发生分割和重试后分配总线的方式。

（1）重试。仲裁器将继续使用常规优先级方案。因此，只有拥有更高优先级的主机才能获准访问总线。

（2）分割。仲裁器将调整优先级方案，以便其他任何主设备请求总线时，都能立即获得总线访问（即使是优先级较低的主设备）。为了完成一个分割传输，从设备必须通知仲裁器何时数据可用。

分割传输增加了仲裁器和从设备的复杂性，却有可以完全释放总线给其他主设备使用的优点。但是，在重试响应的情况下，就只允许较高优先级的主设备使用总线了。

总线主设备应该以同样的方式来对待分割和重试响应。主设备应该继续请求总线并尝试传输，直到传输成功完成或者遇到错误响应时终止。

3.3.8　AMBA AHB 数据总线

为了不使用三态驱动，同时又允许运行 AHB 系统，所以要求读和写数据总线分开。最小的数据宽度规定为 32 位，但是，总线宽度可以增加。

1．HWDATA[31:0]

在写传输期间，由总线主设备驱动写数据总线。如果是扩展传输，则总线主设备必须保持数据有效，直到 HREADY 为高表示传输完成为止。

所有传输必须对齐到与传输大小相等的地址边界。例如，字传输必须对齐到字地址边界（也就是 A[1:0] = 00）；半字传输必须对齐到半字地址边界（也就是 A[0] = 0）。

对于小于总线宽度的传输，例如，一个在 32 位总线上的 16 位传输，总线主设备仅需要驱动相应的字节通道，从设备负责从正确的字节通道选择写数据。表 3.8 和表 3.9 分别表示 32 位小端数据总线和大端数据总线的有效字节通道。如果有要求，则这些信息可以在更宽的总线应用中扩展。传输大小小于数据总线宽度的猝发传输将在每拍猝发中有不同有效的字节通道。

表 3.8　32 位小端数据总线的有效字节通道

传输大小	地址偏移	DATA[31:24]	DATA[23:16]	DATA[15:8]	DATA[7:0]
字	0	√	√	√	√
半字	0	—	—	√	√
半字	2	√	√	—	—
字节	0	—	—	—	√
字节	1	—	—	√	—
字节	2	—	√	—	—
字节	3	√	—	—	—

表 3.9　32 位大端数据总线的有效字节通道

传输大小	地址偏移	DATA[31:24]	DATA[23:16]	DATA[15:8]	DATA[7:0]
字	0	√	√	√	√
半字	0	√	√	—	—
半字	2	—	—	√	√
字节	0	√	—	—	—
字节	1	—	√	—	—
字节	2	—	—	√	—
字节	3	—	—	—	√

有效字节通道取决于系统的端结构。但是，AHB 并不指定要求的端结构。因此，要求总线上所有主设备和从设备的端结构相同。

2. HRDATA[31:0]

在读传输期间，由合适的从设备驱动读数据总线。如果从设备通过拉低 HREADY 扩展读传输，那么在传输的最后一个周期提供有效数据，由 HREADY 为高表示。

对于小于总线宽度的传输，从设备仅需要在有效的字节通道提供有效数据，如表 3.8 和表 3.9 所示。总线主设备负责从正确的字节通道中选择数据。

当传输以 OKAY 响应完成时，从设备仅需提供有效数据。SPLIT、RETRY 和 ERROR 响应不需要提供有效的读数据。

3. 端结构

为了正确地运行系统，事实上所有模块都有相同的端结构。并且，任何数据通路或者桥接器也具有相同的端结构。在大多数嵌入式系统中，动态端结构将导致显著的硅片开销。所以，嵌入式系统不支持动态端结构。

对模块设计者来说，建议只有应用场合非常广泛的模块才设计为双端结构。通过一个配置引脚或者内部控制位来选择端结构。对于更多的特定用途的模块，将端结构固定为大端或小端，将产生体积更小、功耗更低、性能更高的接口。

3.3.9 AMBA AHB 传输仲裁

使用仲裁机制来保证任意时刻只有一个主设备能够访问总线。仲裁器的功能是检测许多不同的使用总线的请求，以及决定当前请求总线的主设备中哪一个的优先级最高。仲裁器也接收来自从设备需要完成分割传输的请求。

任何没有能力执行分割传输的从设备，不需要了解仲裁的过程。除非它们遇到需要检测由于总线所有权改变，而导致猝发传输不能完成的情况。

1．信号描述

下面给出对每个仲裁信号的简短描述。

（1）HBUSREQx（总线请求信号）。总线主设备使用这个信号请求访问总线。每个总线主设备各自都有连接到仲裁器的 HBUSREQx 信号。并且，任何一个系统中最多可以有 16 个独立的总线主设备。

（2）HLOCKx。在主设备请求总线的同时，锁定信号有效。该信号提示仲裁器，主设备正在执行一系列不可分割的传输。并且，一旦锁定传输的第一个传输已经开始，仲裁器就不能授权任何其他主设备访问总线。在寻址到所涉及的地址之前，HLOCKx 必须至少有效一个周期，以防止仲裁器改变授权信号。

（3）HGRANTx（授权信号）。它由仲裁器产生，并且表示相关主设备是当前请求总线的主设备中优先级最高的主设备，优先考虑锁定传输和分割传输。

主设备在 HGRANTx 为高时，获取地址总线的所有权。并且，在 HCLK 的上升沿时，HREADY 为高电平。

（4）HMASTER[3:0]。仲裁器使用 HMASTER[3:0]信号，表示当前授权哪一个主设备使用总线。并且，该信号可被用来控制中央地址和控制多路选择器。有分割传输能力的从设备也可以请求主设备号，以便它们能够提示仲裁器哪个主设备能够完成一个分割传输。

（5）HMASTLOCK。仲裁器通过使 HMASTLOCK 信号有效来指示当前传输是一个锁定序列的一部分，该信号和地址以及控制信号有相同的时序。

（6）HSPLIT[15:0]。这是 16 位有完整分割能力的总线。有分割能力的从设备用来指示哪个总线主设备能够完成一个分割传输。仲裁器需要这些信息，以便于授权主设备访问总线完成传输。

2．请求总线访问

总线主设备使用 HBUSREQx 信号来请求访问总线，并且可以在任何周期请求总线。仲裁器将在时钟的上升沿采样主设备请求，然后使用内部优先级算法来决定，哪个主设备将会是获得访问总线的下一个设备。如果主设备请求锁定访问总线，那么主设备也必须使 HLOCKx 信号有效，以提示仲裁器不给其他主设备授权总线。

当给主设备授权总线并正在执行固定长度的猝发时，那么就没有必要继续请求总线以便完成传输了。仲裁器监视猝发的进程，并且使用 HBURST[2:0]信号来决定主设备请求了多少个传输。如果主设备希望在当前正在进行的传输之后，执行另一个猝发，则主设备需要在猝发中重新使请求信号有效。

如果主设备在一次猝发中失去对总线的访问，那么它必须重新使 HBUSREQx 请求线有效，以重新获取访问总线。

对未定长度的猝发，主设备应该继续使请求有效，直到已经开始最后一次传输为止。在未定长度的猝发结束时，仲裁器不能预知何时改变仲裁。

对主设备而言，有可能在它未申请总线时却被授予总线。这可能在没有主设备请求总线并且仲裁器将访问总线授权的一个默认主设备时发生。因此，如果一个主设备没请求访问总线，那么它驱动传输类型 HTRANS 来表示空闲传输。

3．授权总线访问

通过使合适的 HGRANTx 信号有效，仲裁器表示请求总线的当前优先级最高的主设备。当 HREADY 为高时表示当前传输完成，那么将授权主设备使用总线，并且仲裁器将通过改变 HMASTER[3:0]信号来表示总线主设备序号。

所有传输都为零等待状态且 HREADY 信号为高时的处理过程（没有等待周期的授权访问）如图 3.22 所示。

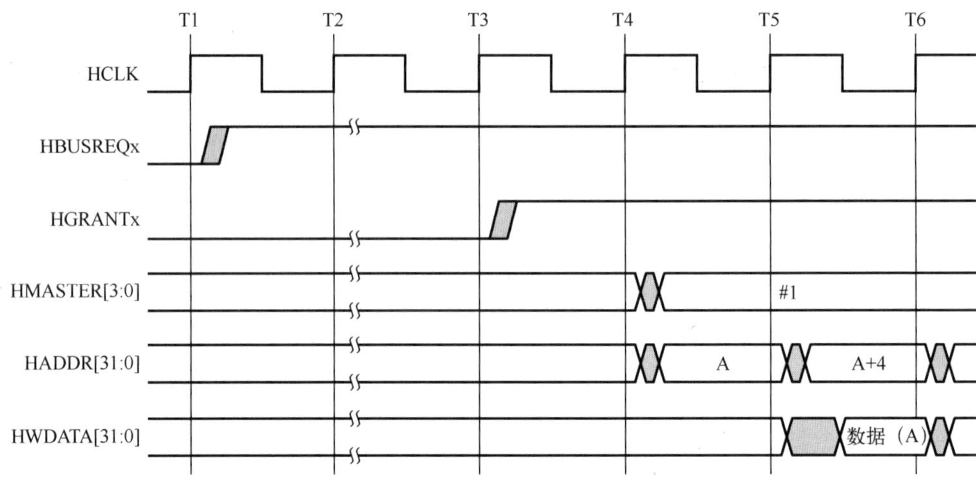

图 3.22　没有等待周期的授权访问

在总线移交时等待状态的影响的传输过程（有等待周期的授权访问）如图 3.23 所示。数据总线的所有权延时在地址总线的所有权之后。无论何时完成（由 HREADY 为高时所表示）一次传输，然后占有地址总线的主设备才能使用数据总线，并且将继续占有数据总线直到完成传输为止。

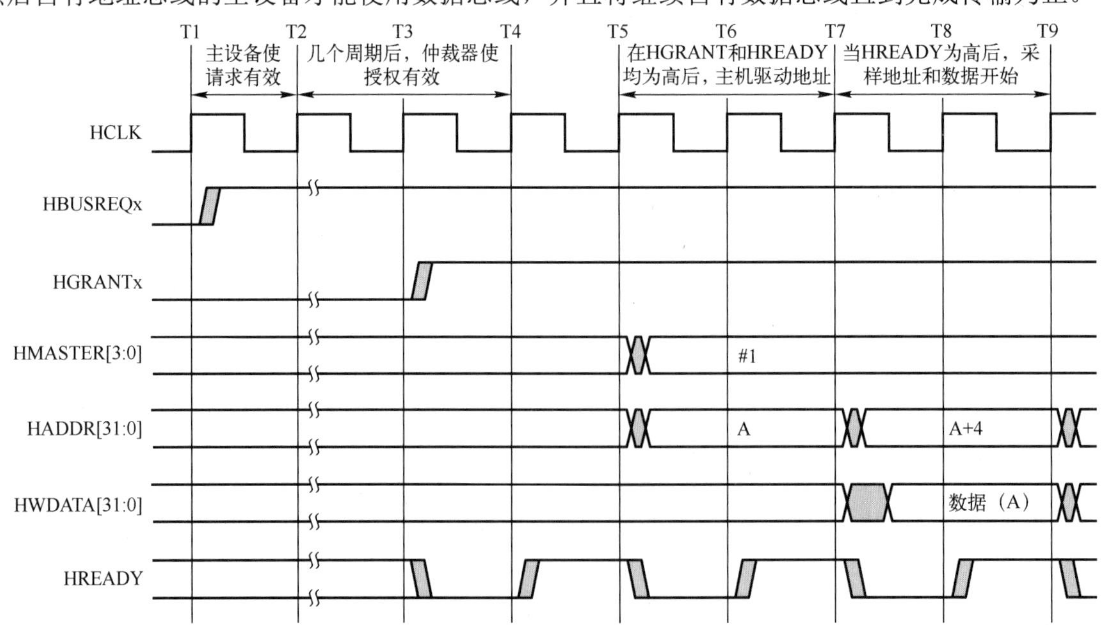

图 3.23　有等待周期的授权访问

当在两个总线主设备之间移交总线时，转移数据总线所有权的过程如图 3.24 所示。

图 3.25 给出了一个仲裁器在一次猝发传输结束后移交总线的例子。

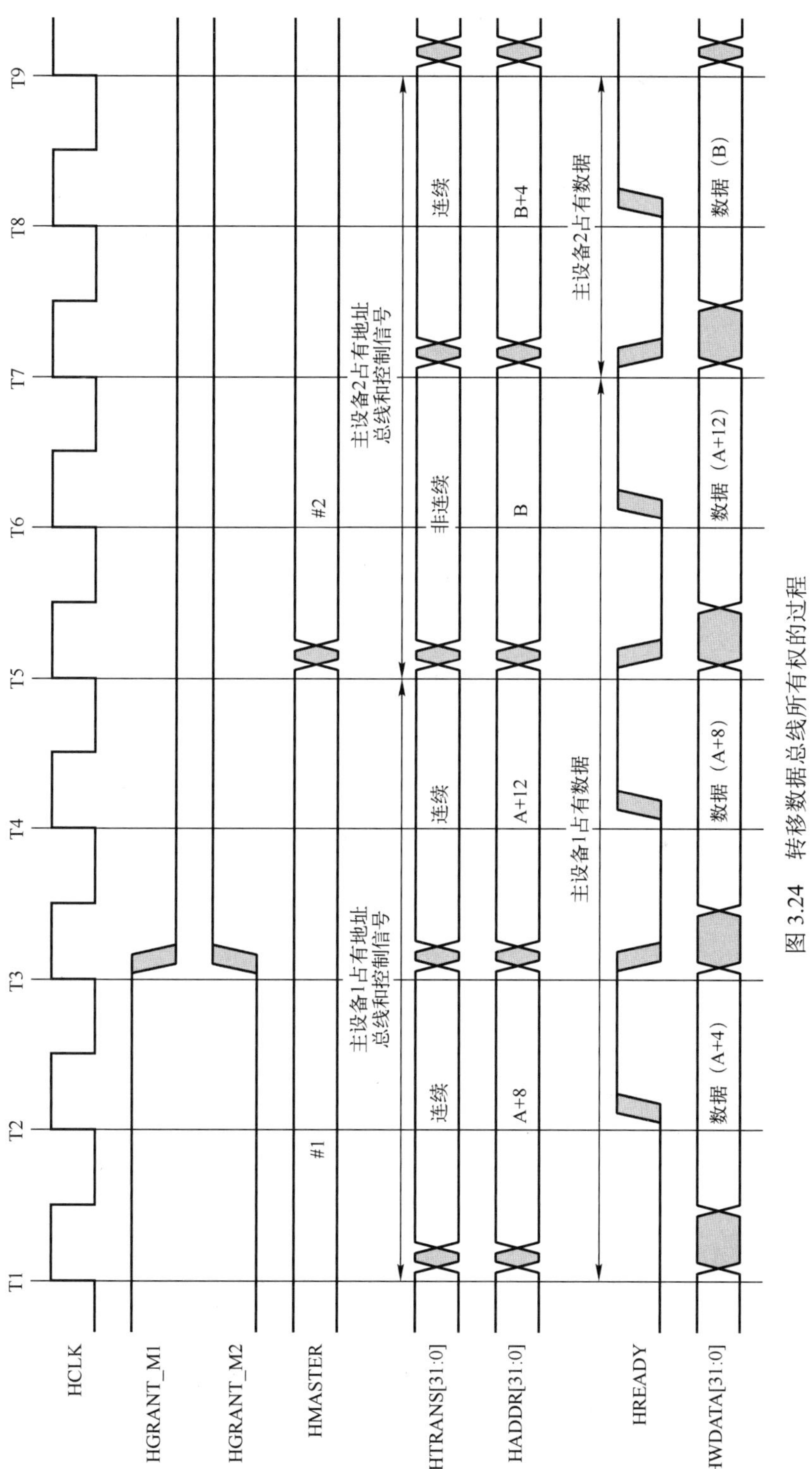

图 3.24　转移数据总线所有权的过程

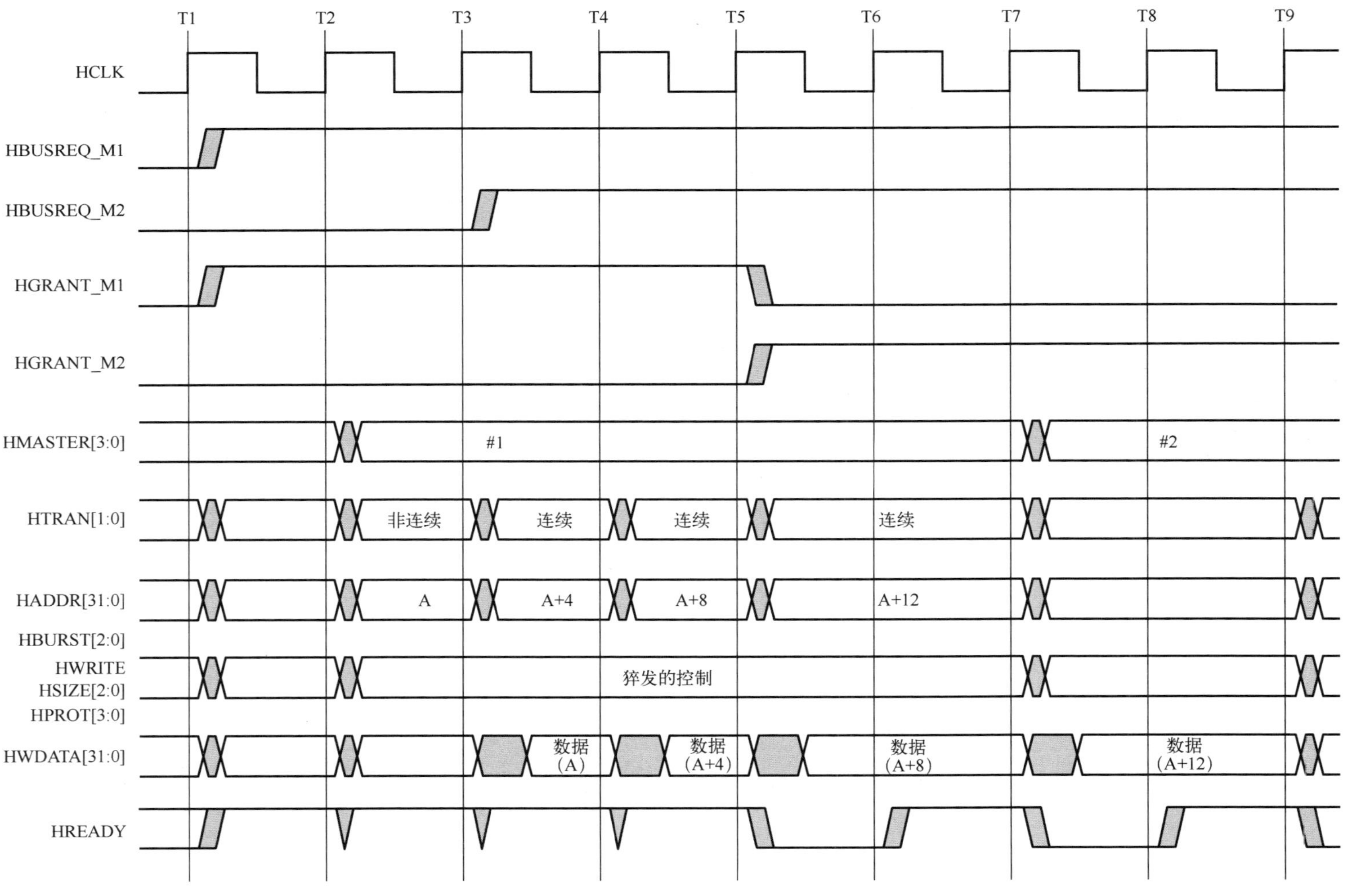

图 3.25 猝发传输结束后移交总线

当开始采样最后一个地址之前，仲裁器改变 HGRANTx 信号。然后在采样猝发最后一个地址的同一点采样新的 HGRANTx 信息。

在系统中使用 HGRANTx 和 HMASTER 信号如图 3.26 所示。

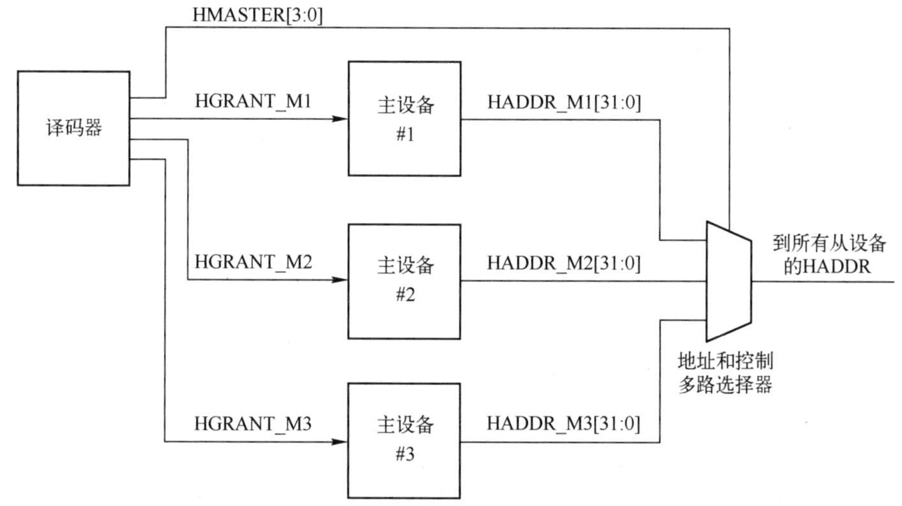

图 3.26 在系统中使用 HGRANTx 和 HMASTER 信号

> **注：** 因为使用了中央多路选择器，每个主设备可以立刻输出它希望执行的地址，所以不需要等到授权总线。主设备使用 HGRANTx 信号用来决定它何时拥有总线，因此，需要考虑什么时候让合适的从设备采样地址。

HMASTER 总线的延时版本，用于控制写数据多路选择器。

4．早期的猝发停止

通常仲裁器在猝发传输结束之前不会将总线移交给一个新的主设备。但是，如果仲裁器决定必须提前终止猝发以防止过长的总线访问时间，那么它可能会在一个猝发完成之前将总线授权转移给另一个总线主设备。

如果主设备在猝发传输期间失去了对总线的所有权，那么它必须重新断言总线请求，以完成猝发。主设备必须确保更新 HBURST 和 HTRANS 信号，以反映主设备不再执行一个完整的 4 拍、8 拍或 16 拍的猝发。

例如，如果一个主设备仅能完成一个 8 拍猝发的 3 个传输，那么当它重新获得总线时必须使用一个合法的猝发编码来完成剩下的 5 个传输。主设备可以使用任何有效的组合，因此无论是 5 拍未定长度的猝发，还是 4 拍固定长度的猝发跟上一个单拍未定长度的猝发都是可以接受的。

5．锁定传输

仲裁器必须监视来自各个主设备的 HLOCKx 信号，以确定主设备何时希望执行一个锁定连续传输。之后，仲裁器负责确保没有授权总线给其他总线主设备，直至锁定传输完成。

在一个连续锁定传输之后，仲裁器将总是为一个额外传输保持总线主设备被授权总线的状态，以确保锁定序列的最后一个传输成功完成。并且，主设备没有接收到 SPLIT 或者 RETRY 响应。因此，建议但不规定，主设备在任何锁定连续传输之后插入一个空闲传输，以提供给仲裁器在准备另一个猝发传输之前改变总线授权的机会。

仲裁器也负责断言 HMASTLOCK 信号，HMASTLOCK 信号和地址以及控制信号有相同的时序。该信号指示每个从设备当前传输是锁定的。因此，在其他主设备被授权总线之前，它必须被处理掉。

6. 默认总线主设备

每个系统必须包含一个默认总线主设备。当所有其他主设备不能使用总线时，授权该主设备使用总线。当主设备授权使用总线时，默认主设备只能执行空闲（IDLE）传输。

如果没有请求总线，那么仲裁器可以授权默认主设备访问总线，或者访问总线延时较低的主设备。

授权默认主设备访问总线，也是为确保在总线上没有新的传输开始提供一个有用的机制，并且，这也是预先进入低功耗操作模式的有用步骤。

当其他所有主设备都在等待分割传输完成时，必须给默认主设备授权总线。

3.3.10　AMBA AHB 分割传输

分割传输是根据从设备的响应操作来分离（或者分割）主设备操作的，以给从设备提供地址和合适的数据，从而提高了总线的整体利用率。

当发生传输时，如果从设备认为传输将需要大量的时钟周期，那么从设备能够决定发出一个分割响应信号，该信号提示仲裁器不给尝试这次传输的主设备授权访问总线，直到从设备表示它准备好了完成传输为止。因此，仲裁器负责监视响应信号，并且在内部屏蔽已经是分割传输的主设备的任何请求。

在传输的地址阶段，仲裁器在 HMASTER[3:0]产生一个标记或者总线主设备号，以表示正在执行传输的主设备。任何一个发出分割响应的从设备必须表示它有能力完成这个传输，并且通过记录 HMASTER[3:0]信号上的主设备号来实现这一点。

当从设备能够完成传输时，它就根据主设备号在从从设备到主设备的 HSPLITx[15:0]信号上使合适的位有效。然后，仲裁器使用该信息来解除对来自主设备请求信号的屏蔽，并且及时授权主设备访问总线以尝试重新传输。仲裁器在每个时钟周期采样 HSPLITx 总线。因此，从设备只需要一个周期使合适的位有效，仲裁器就能够识别它。

如果系统中有多个具有分割能力的从设备，则可以将每个从设备的 HSPLITx 总线通过逻辑“或”组合在一起，以提供给仲裁器单个 HSPLIT 总线。

在大多数系统中，并不会用到 16 个总线主设备的最大容量，因此仲裁器仅要求一个位数和总线主设备数量一样的 HSPLIT 总线。但是，建议将所有具有分割功能的从设备设计为最多支持 16 个主设备。

1. 分割传输顺序

分割传输顺序如下。

（1）主设备以和其他传输一样的方式，发起传输并发出地址和控制信息。

（2）如果从设备能够立刻提供数据，则从设备给出所需要的数据。如果从设备确认获取数据可能会花费多个周期，则它将给出一个分割传输响应。

每次传输期间，仲裁器广播一个号码或者标记，显示正在使用总线的主设备。从设备必须记录该数字，以便稍后使用它来重新启动传输。

（3）仲裁器授权其他主设备使用总线，并且分割响应的动作允许发生主设备移交总线。如果所有其他主设备也接收到分割响应，则将授权默认主设备使用总线。

（4）当从设备准备完成传输时，它会使 HSPLITx 总线中合适的位有效，这样指示仲裁器应该重新授权访问总线的主设备。

（5）仲裁器每个时钟周期监视 HSPLITx 信号，并且当使 HSPLITx 中的任何一位有效时，仲裁器将恢复对应主设备的优先级。

（6）最后仲裁器将授权主设备，这样它可以尝试重新传输。如果一个高优先级的主设备正在使用总线，则传输可能不会立刻发生。

（7）当最终开始传输后，从设备以一个 OKAY 响应来结束传输。

2．多个分割传输

总线协议只允许每个总线主设备有一个未完成的处理。如果任何主设备模块能够处理多个（多于一个）未完成的处理，那么它需要为每个未完成的处理设置一个额外的请求和授权信号。在协议级上，一个信号模块可以表现为许多不同总线主设备，每个主设备只能有一个未完成的处理。

然而，具有分割能力的从设备会接收比它能同时处理传输还要多的传输请求。如果发生这种情况，那么从设备可以不用记录对应传输的地址和控制信息，而仅需要记录主设备号就发出分割响应。之后，从设备可以通过使 HSPLITx 总线中适当的位有效，提供之前被给出分割响应的所有主设备表示它能处理另一个传输。但是，从设备没有记录地址和控制信息。

然后，仲裁器能够重新授权这些主设备访问总线，并且它们将尝试重新传输，提供从设备所要求的地址和控制信息。这意味主设备可以在最终完成所要求的传输之前，多次授权使用总线。

3．预防死锁

在使用分割和重试传输响应时，必须注意预防总线死锁。单个传输决不会锁定 AHB，这是因为将每个从设备都设计成能在预先确定的周期数内完成传输。但是，如果多个不同主设备尝试访问同一个从设备，从设备发出分割或重试响应以表示从设备不能处理，那么就有可能发生死锁。

（1）分割传输。

从设备可以发出分割传输响应，通过确保从设备能够承受系统中每个主设备（最多 16 个）的单个请求来预防死锁。从设备并不需要存储每个主设备的地址和控制信息，它只需要简单地记录传输请求已经被处理和分割响应已经发出的事实即可。所有主设备将处在低优先级。然后，从设备可以有次序地处理这些请求，指示仲裁器正在服务于哪个请求，因而确保最终服务所有请求。

当从设备有许多未完成的请求时，它可能会以任何顺序随机地选择处理这些请求。然而，从设备需要注意锁定传输，必须在任何其他传输继续之前完成。

从设备使用分割响应而不使用锁存地址和控制信息的方法是非常合适的。从设备仅需要记录特定主设备做出的传输尝试，并且在稍后的时间段，从设备通过指示自己已经准备好完成传输，就能获取地址和控制信息。授权主设备使用总线并将重新广播传输，以允许从设备锁存地址和控制信息。另外，从设备立刻应答数据或发出另一个分割响应（如果还需要额外的时钟周期）。

理想情况下，从设备不应有多于其能支持的未完成的传输，但是要求支持这种机制以防止总线死锁。

（2）重试传输。

发出分割响应的从设备一次只能被一个主设备访问。虽然总线协议并没有强制要求，但是在系统体系结构中应该确保这一点。在大多数情况下，发出重试响应的从设备必须是一次只能被一个主设备访问的外设。因此，这会在一些更高级协议中得到保证。

硬件保护和多主机访问重试响应的从设备冲突并不是协议中的要求，但是可能会在下文描述的设计中得到执行。仅有的总线级要求是，从设备必须在预先确定的时钟周期内驱动 HREADY 为高。

如果要求硬件保护，那么它可以被重试响应的从设备自己执行。当一个从设备发出一个重试信号后，它能够采样主设备号。在这之后和传输最终完成之前，重试的从设备可以检查所做的每次传输尝试以确保主设备号相同。如果从设备发现主设备号不一致，那么它可以采取下列的行为，包括一个错误响应、一个信号给仲裁器、一个系统级中断，以及一个完全的系统复位。

4．分割传输的总线移交

协议要求主设备在接收到一个分割或者尝试重新响应后立刻执行一个空闲传输，以允许总线转移给另一个主设备。分割传输后的移交如图 3.27 所示。

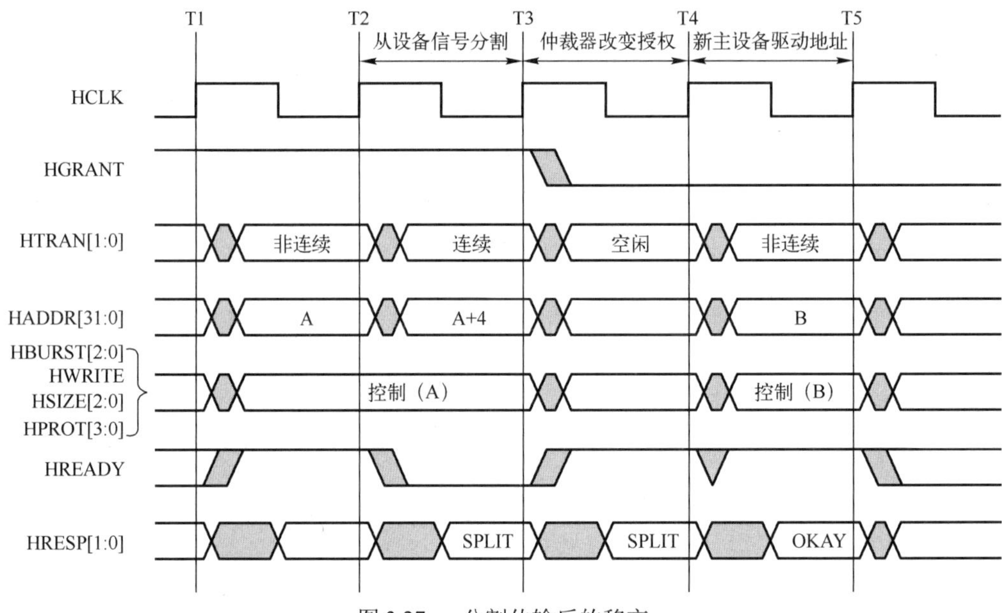

图 3.27　分割传输后的移交

（1）传输的地址在时间 T1 之后出现在总线上。在时钟沿 T2 和 T3 后，从设备返回两个周期的 SPLIT 响应。

（2）在第一个响应周期的末尾，也就是 T3，主设备能够检测到将要分割传输。因此，主设备改变接下来的传输控制信号，以表示一个空闲传输。

（3）同样在时间 T3 处，仲裁器采样响应信号并确定已经分割传输。之后，仲裁器可以调整仲裁优先权，并且，在接下来的周期改变授权信号。这样，能够在时间 T4 后授权新的主设备访问地址总线。

（4）因为空闲传输总是在一个周期内完成的，所以新的主设备可以保证立即访问总线。

3.3.11　AMBA AHB 复位

复位信号 HRESETn 是 AMBA AHB 规范中唯一的低有效信号，并且是所有总线设备的主要复位源。复位可以是异步有效，但是在 HCLK 的上升沿后同步无效。

在复位期间，所有主设备必须确保地址和控制信号处于有效电平，并且使用 HTRANS[1:0]信号表示空闲。

3.3.12　AMBA AHB 总线数据宽度

在不提高工作频率的情况下增加总线带宽的一种方法是使片上总线的数据路径更宽。增加金属层和使用大容量片上存储模块（如嵌入式 DRAM）是推动使用更宽片上总线的因素。

指定固定总线宽度意味着在大多数情况下总线宽度不是应用的最佳选择。因此，这里采用了一种允许可变总线宽度的方法，但仍确保模块在设计之间具有高度的可移植性。

该协议允许 AHB 数据总线可以是 8 位、16 位、32 位、64 位、128 位、256 位、512 位或 1024 位。然而，建议使用 32 位的最小总线宽度，并且预计最多 256 位将适用于几乎所有的应用。

对读写传输来说，接收模块必须从总线上正确的字节通道选择数据，而无须将数据复制到所有字节通道上。

1．在宽总线上实现窄从设备

在 32 位数据总线上运行 64 位从设备模块的结构，如图 3.28 所示。在该结构中，仅需要增加外部逻辑，而不需要修改任何内部的设计，因此该技术也适用于硬宏单元。

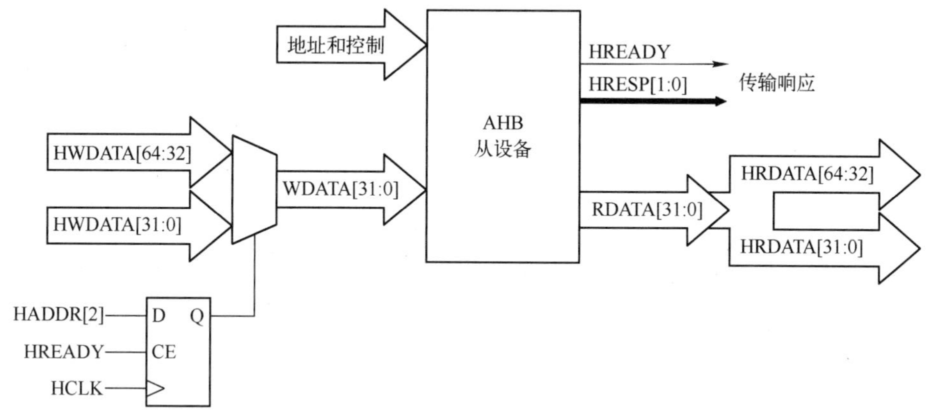

图 3.28　在 32 位数据总线上运行 64 位从设备模块的结构

对于输出，在将窄总线转换成宽总线时，可以执行以下操作之一。

（1）将数据复制到宽总线的下两半，如图 3.28 所示。

（2）使用额外的逻辑以确保修改总线上适当的那一半。这会导致功耗降低。

从设备只接收与其接口相同宽度的传输。如果一个主设备尝试一个比从设备能支持宽度更宽的传输，则从设备可以使用 ERROR 响应错误传输。

2．在窄总线上实现宽从设备

在窄总线上实现宽从设备的例子如图 3.29 所示。同样，由于只需要外部逻辑，因此可以轻松修改预先设计或导入的块以使用不同宽度的数据总线。

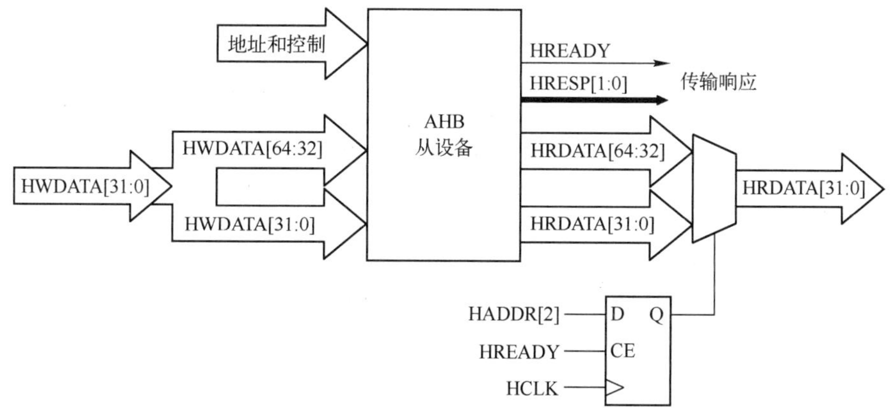

图 3.29　在窄总线上实现宽从设备的例子

与最初尝试通过用相同的方式修改从设备以使其工作在宽的总线上相比，总线主设备可以用以下方式，经过简单修改便能工作在宽总线上：多路选择输入总线和复制输出总线。

然而，总线主设备不能工作在比原先设计更窄的总线上，除非有一些限制，这些限制包括：总线主设备包含某种机制来限制总线主设备尝试的传输宽度。禁止主设备尝试的传输宽度（由 HSIZE 表示）大于连接的数据总线的传输宽度。

3.3.13 AMBA AHB 接口设备

AMBA AHB 接口设备包括 AMBA AHB 总线从设备、AMBA AHB 总线主设备、AMBA AHB 总线仲裁器，以及 AMBA AHB 总线译码器。

1. AMBA AHB 总线从设备

AMBA AHB 总线从设备符号如图 3.30 所示。该总线从设备响应系统内总线主设备发起的传输。从设备使用来自译码器的 HSELx 选择信号来确定它何时应该响应总线传输。传输所需要的所有其他信号，如地址和控制信息，将由总线主设备生成。

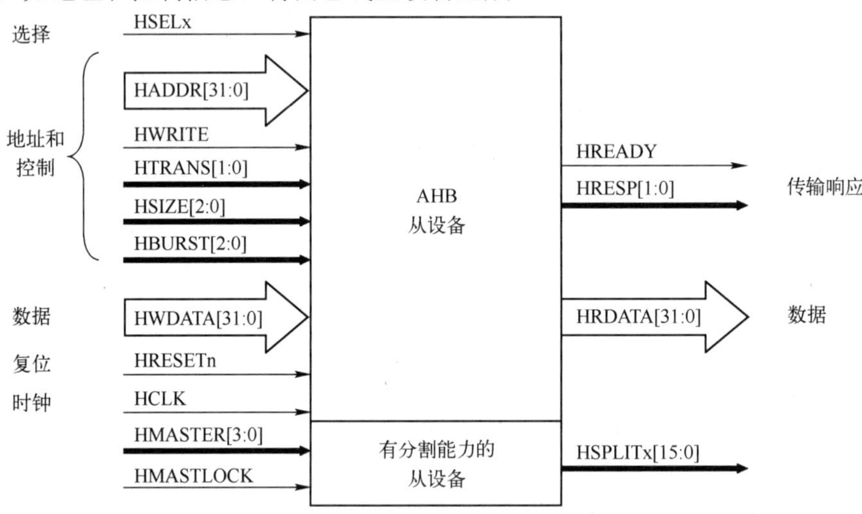

图 3.30 AMBA AHB 总线从设备符号

2. AMBA AHB 总线主设备

AMBA AHB 总线主设备符号如图 3.31 所示。在 AMBA 系统中，总线主设备具有复杂的总线接口。通常，AMBA 系统设计者会使用预先设计的总线主设备，因此无须关注总线主设备接口的细节。

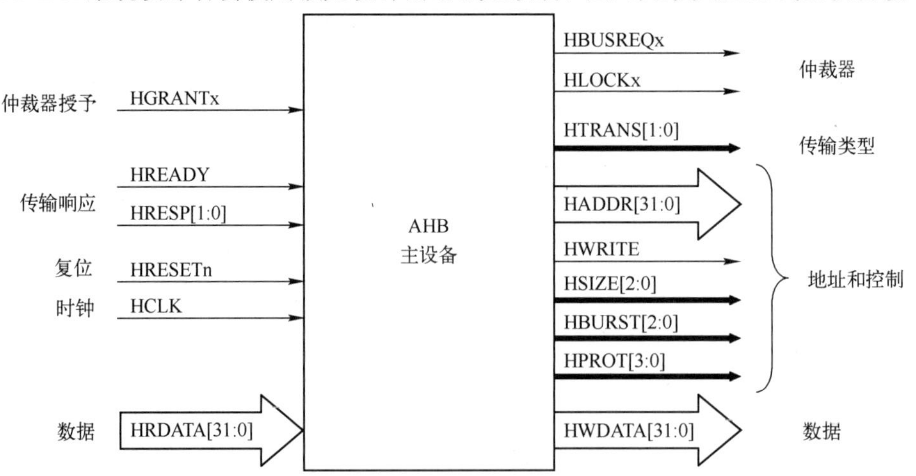

图 3.31 AMBA AHB 总线主设备符号

3．AMBA AHB 总线仲裁器

AMBA AHB 总线仲裁器符号如图 3.32 所示。在 AMBA 系统中，仲裁器的作用是控制哪个主设备可以访问总线。每个总线主设备都有一个到仲裁器的请求/授权接口，仲裁器使用优先级方案来确定哪个总线主设备是当前请求总线的最高级主设备。

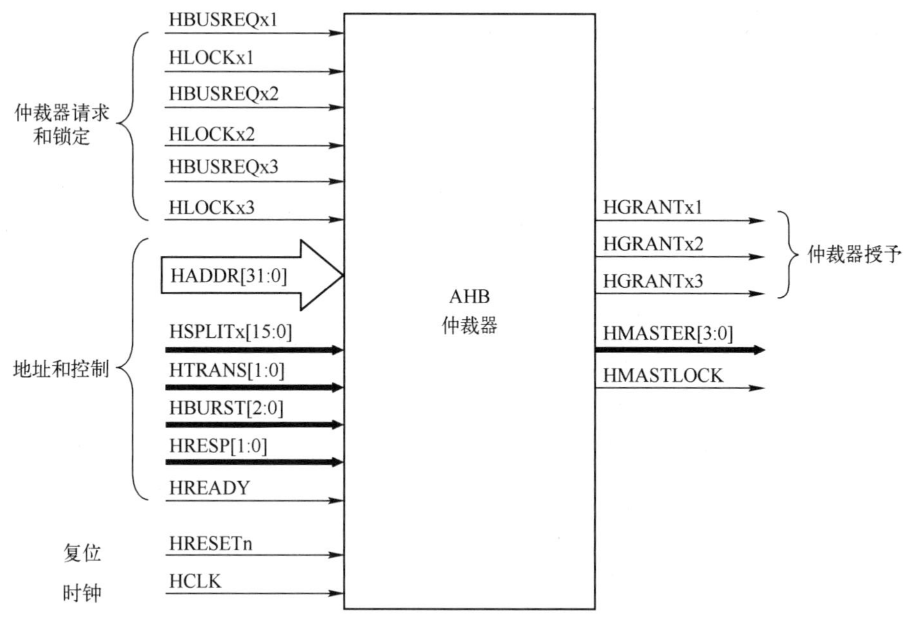

图 3.32　AMBA AHB 总线仲裁器符号

每个主设备还会生成一个 HLOCKx 信号，用于指示主设备需要对总线进行独占访问。

优先级方案的细节没有指定，而是根据每个应用进行定义。仲裁器可以使用其他信号（无论是 AMBA 还是非 AMBA）来影响正在使用的优先级方案。

4．AMBA AHB 总线译码器

AMBA AHB 总线译码器符号如图 3.33 所示。在 AMBA 系统中，译码器用于执行集中地址译码功能，通过使用独立于系统存储器映射的外设，提高外设的可移植性。

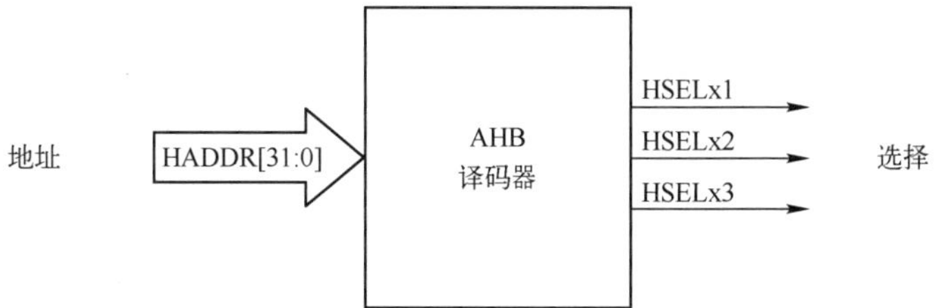

图 3.33　AMBA AHB 总线译码器符号

第 4 章　Cortex-M0+处理器指令集和应用

本章首先介绍了 Cortex-M0+处理器指令集，包括寄存器传输指令、存储器加载和保存指令、多数据加载和保存指令、堆栈访问指令、算术运算指令、逻辑操作指令、移位操作指令、反序操作指令、扩展操作指令、程序流控制指令、存储器屏障指令、异常相关指令、休眠相关指令和其他指令。在此基础上，本章介绍了 STM32G0 的向量表格式及堆和堆栈的配置方法。最后，本章通过使用汇编助记符指令实现了三个设计实例，包括冒泡排序算法实现、GPIO 的驱动和控制，以及中断的控制和实现。

读者通过学习本章内容，不仅能够掌握 Cortex-M0+处理器的指令集和使用方法，而且能够通过编写简单的汇编语言程序实现对处理器核、中断控制器和简单外设的读/写访问操作。

4.1　Thumb 指令集

早期的 Arm 处理器使用 32 位指令集，称为 Arm 指令。这个指令集具有较高的运行性能，与 8 位和 16 位处理器相比，具有更大的程序存储空间。但是，这也带来了较大的功耗。

在 1995 年，16 位的 Thumb-1 指令集首先应用于 Arm7TDMI 处理器，它是 Arm 指令集的子集。与 32 位的 RISC 结构相比，它提供了更好的代码密度，将代码长度减少了 30%，但性能也降低了 20%。通过使用多路复用器，它能够与 Arm 指令集一起使用。Thumb 指令选择如图 4.1 所示。

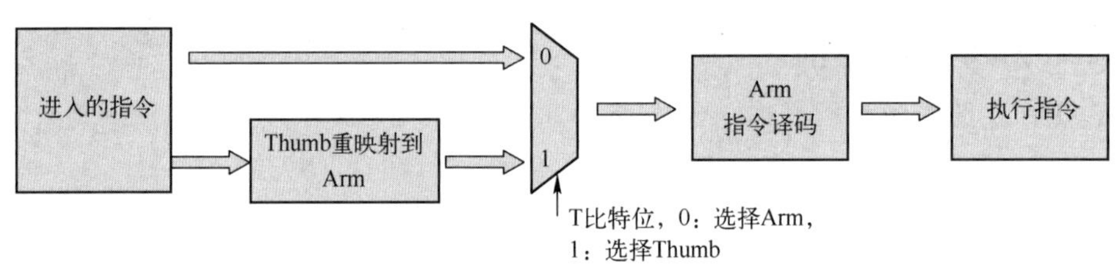

图 4.1　Thumb 指令选择

Thumb 指令流是一系列采用半字对齐的半字。每条 Thumb 指令要么是该流中的单个 16 位半字，要么是包含该流中两个连续半字的 32 位指令。

如果要解码的半字的位域[15:11]取 0b11101、0b11110、0b11111 中的任何值，则该半字是 32 位指令的第一个半字；否则，半字为 16 位指令。

Thumb-2 指令集由 32 位的 Thumb 指令和最初的 16 位 Thumb 指令组成，与 32 位的 Arm 指令集相比，其代码长度减少了 26%，但保持相似的运行性能。

Cortex-M0+采用了 Armv6-M 的结构，将电路规模降低到最小，它采用了 16 位 Thumb-1 的超集，以及 32 位 Thumb-2 的最小子集。

Cortex-M0+支持的 16 位 Thumb 指令如图 4.2 所示。

ADCS	ADDS	ADR	ANDS	ASRS	B	BIC	BLX	BKPT	BX
CMN	CMP	CPS	EORS	LDM	LDR	LDRH	LDRSH	LDRB	LDRSB
LSLS	LSRS	MOV	MVN	MULS	NOP	ORRS	POP	PUSH	REV
REV16	REVSH	ROR	RSB	SBCS	SEV	STM	STR	STRH	STRB
SUBS	SVC	SXTB	SXTH	TST	UXTB	UXTH	WFE	WFI	YIELD

图 4.2　Cortex-M0+支持的 16 位 Thumb 指令

Cortex-M0+支持的 32 位 Thumb 指令如图 4.3 所示。

BL	DSB	DMB	ISB	MRS	MSR

图 4.3　Cortex-M0+支持的 32 位 Thumb 指令

思考与练习 4.1：请说明 Thumb 指令集的主要特点。

思考与练习 4.2：请说明 Thumb-1 指令集和 Thumb-2 指令集的区别。

4.2　Keil MDK 汇编语言指令格式要点

本节将介绍在 Keil μVision 中编写汇编语言程序的一些基本知识，帮助读者学习汇编语言助记符指令的书写规则。

4.2.1　汇编语言源代码中的文字

汇编语言源代码可以包含数字、字符串、布尔值和单个字符文字。文字可以表示如下。

（1）十进制数，如 123。

（2）十六进制数，如 0x7B。

（3）二至九任何进制的数字。比如，5_204 表示五进制数 204，即

$$2\times5^2+0\times5^1+4\times5^0=54$$

等效于十进制数 54。很明显，在采用五进制的数值表示中，有效的数字范围为 0～4，这个规则适用于采用其他进制的数值表示，即在采用 n 进制的数值表示中，有效的数字范围为 0～n−1。

（4）浮点数，如 123.4。

（5）布尔值{TRUE}或{FALSE}。

（6）单引号引起来的单个字符值，如'W'。

（7）双引号引起来的字符串，如"This is a string"。

注：在大多数情况下，将包含单个字符的字符串看作单个字符值。例如，接受 ADD r0,r1,#"a"，但不接受 ADD r0,r1, #"ab"。

此外，还可以使用变量和名字来表示文字。

4.2.2　汇编语言源代码行的语法

汇编器对汇编语言进行解析并对汇编语言进行汇编以生成目标代码。Keil MDK 汇编语言源代码行的格式如图 4.4 所示。Keil MDK 汇编语言源文件中的每行代码都遵循下面的通用格式：

```
{symbol} {instruction|directive|pseudo-instruction} {;comment}
```

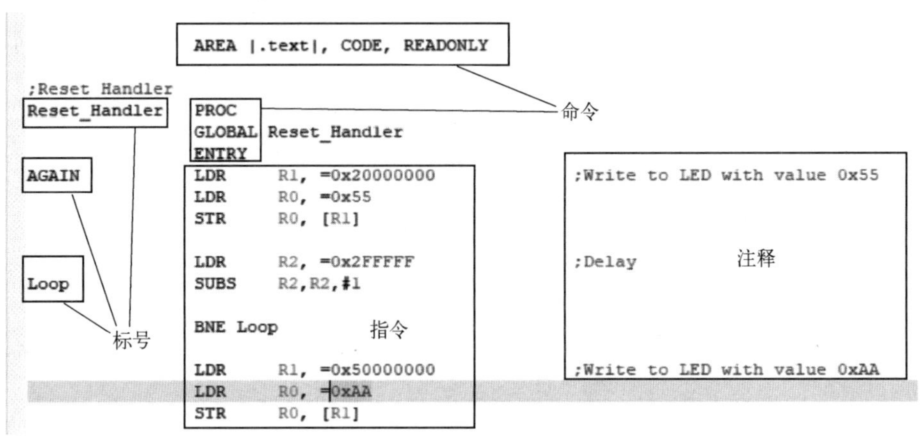

图 4.4　Keil MDK 汇编语言源代码行的格式

其中：

（1）{}表示可选部分，也就是说，每行代码的三个用符号{}括起来的部分都是可选的。

（2）symbol 通常是一个标号。在指令和伪指令中，它总是一个标号。在一些命令中，它是变量或常量的符号。

符号必须从第一列开始。除非用竖线（|）括起来，否则它不能包含空格或制表符之类的任何空格字符。

标号是地址的符号表示。可以使用标号来标记要从代码其他部分引用的特定地址。数字局部标签是标签的子类，标签的子类以 0～99 范围内的数字开头。与其他标号不同，数字局部标号可以多次定义。这使得它们在使用宏生成标号时非常有用。

（3）instruction（指令）|directive（命令）| pseudo-instruction（伪指令）

① 命令用于指导汇编器和链接器对汇编语言程序的理解和处理，会影响汇编的过程或影响最终输出的镜像。命令并不能转换为机器指令（机器码）。

② 指令是指机器指令（机器码），在汇编语言程序设计中使用汇编语言助记符指令来描述机器指令。本质上，汇编语言程序代码主要是由汇编语言助记符指令构成的。通过使用汇编器和链接器对汇编语言助记符指令进行汇编和连接，转换为可以在 Cortex-M0+处理器上执行的机器指令，以实现和完成特定的任务。使用汇编器对图 4.4 给出的汇编源代码进行汇编后生成的机器指令序列如图 4.5 所示。

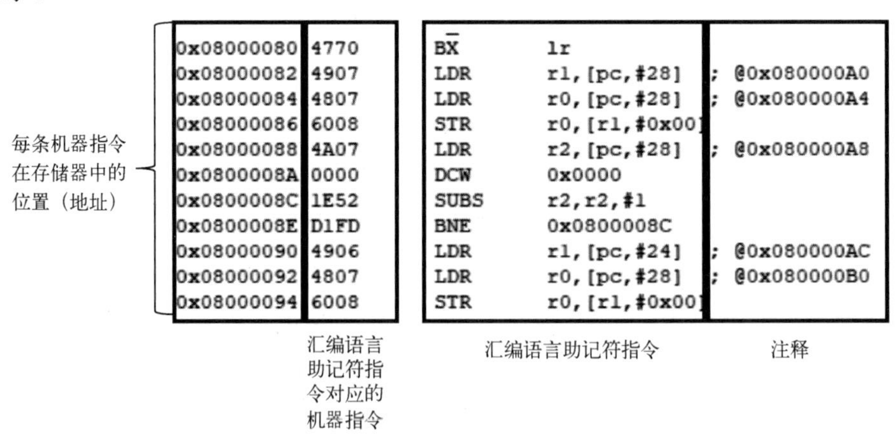

图 4.5　使用汇编器对图 4.4 给出的汇编源代码进行汇编后的生成的机器指令序列

从图 4.4 和图 4.5 可知，一条汇编语言助记符指令由操作码和操作数构成。操作码说明指令要执行的操作类型，而操作数说明执行指令时，所需要操作对象的来源。操作数（操作对象）的来源可能是立即数、寄存器或存储器，这与每条指令的寻址方式有关。

（4）comment。注释是源代码行的最后一部分。每行的第一个分号标记注释的开头，除非分号出现在字符串文字内。该行的结尾是注释的结尾。在代码行中，允许仅存在注释。在对汇编源代码进行汇编时，汇编器将忽略所有注释。

注：（1）在 Keil μVision 软件开发工具中，输入指令助记符、伪指令、命令和符号寄存器名字时，要么全部使用大写字母，要么全部使用小写字母，不允许使用大小写混合的形式。标号和注释可以大写、小写或大小写混合。

（2）为了使汇编源代码更容易阅读，可以通过在每行默认放置反斜杠字符（\），将一行中很长的源代码分成几行。反斜杠后不能跟任何其他字符，包括空格和制表符。汇编器将反斜杠和后面跟随的行结束序列看作空白。此外，还可以使用空行使代码更具有可读性。

4.2.3　汇编语言指令后缀的含义

对于 Cortex-M0+的一些汇编助记符指令，需要在其后面添加后缀，后缀及含义如表 4.1 所示。

表 4.1　后缀及含义

后缀	标志	含义
S	—	更新 APSR（标志）
EQ	Z=1	等于
NE	Z=0	不等于
CS/HS	C=1	高或相同，无符号
CC/LO	C=0	低，无符号
MI	N=1	负数
PL	N=0	正数或零
VS	V=1	溢出
VC	V=0	无溢出
HI	C=1 和 Z=0	高，无符号
LS	C=0 或 Z=1	低或者相同，无符号
GE	N=V	大于或者等于，有符号
LT	N!=V	小于，有符号
GT	Z=0 和 N=V	大于，有符号
LE	Z=1 和 N!=V	小于或等于，有符号

4.3　寄存器说明符的限制规则

本节介绍使用 0b1111 作为寄存器说明符和使用 0b1101 作为寄存器说明符的规则。

4.3.1　使用 0b1111 作为寄存器说明符的规则

Thumb 指令通常不允许将 0b1111 用作寄存器说明符。当允许寄存器的值为 0b1111 时，可能有多个含义。对于寄存器读操作，有如下含义。

（1）读取 PC 的值，当前指令的地址加 4。某些指令不使用寄存器说明符而隐含读取 PC 值，如条件分支指令 B<c>。

（2）读取字对齐的 PC 值，即当前指令的地址加 4，将[1:0]位强制设置为 0。这使得 ADR 和 LDR(literal)指令可以使用 PC 相对数据寻址。这些指令的 Armv6-M 编码中隐含了寄存器说明符。

对于寄存器写操作，有如下含义。

（1）可以将 PC 指定为指令的目标寄存器。Thumb 交互工作定义了是忽略地址的位[0]，还是确定执行指令的状态。如果它在分支之后选择执行状态，则位[0]的值必须为 1。

指令可以隐含写入 PC，如 B<cond>，也可以使用寄存器掩码而不是寄存器说明符（POP）来编写。要跳转的地址可以是加载的值（如 POP）、寄存器的值（如 BX）或计算结果（如 ADD）。

（2）丢弃计算结果。在某些情况下，当一条指令是另一条更通用指令的特例时，会执行该操作，但结果会被丢弃。在这些情况下，指令列在不同的页面上，更通用的指令在伪代码中有一个特殊情况，它会交叉引用另一个页面。该方法不适用于 ARMv6-M 编码。

4.3.2　使用 0b1101 作为寄存器说明符的规则

Thumb 指令集中定义了 R13，它主要用作堆栈指针，使 R13 与 Arm 架构过程调用标准（Arm Architecture Procedure Call Standard，AAPCS）（PUSH 和 POP 指令支持的架构使用模型）保持一致。

1. R13<1:0>的定义

R13 的位[1:0]看作应为 0 或保留（Should Be Zero or Preserved，SBZP），向位[1:0]写入非零的值会导致无法预料的行为。读取位[1:0]将返回 0。

2. R13 指令支持

Armv6-M 中的 R13 指令支持仅限于以下情况。

（1）R12 作为 MOV（寄存器）指令的源或目标寄存器，如

```
MOV SP , Rm
MOV Rd , SP
```

（2）通过对齐的倍数向上或向下调整 R13，如

```
SUB(SP 减去立即数)
ADD(SP 减去立即数)
ADD(SP 加上寄存器)    //Rm 是 4 的倍数
```

（3）R13 作为 ADD（SP+寄存器）的第一个操作数<Rm>，其中，Rd 不是 SP。

（4）R13 作为 CMP（寄存器）指令中的第一个操作数<Rn>。CMP 对于检查堆栈非常有用。

（5）R13 作为 POP 或 PUSH 指令中的地址。

其限制如下。

（1）不推荐使用 ADD（寄存器）和 CMP（寄存器）的高寄存器形式，不建议使用 R13 作为 Rd。

（2）ADD（SP+寄存器），其中 Rd==13，且 Rm 没有字对齐。

4.4　寄存器传输指令

本节介绍寄存器传输指令，下面对这些指令进行详细说明。

1. MOVS <Rd>, #imm8

该指令将[7:0]位所指定的立即数 imm8（范围为 0～255）写到寄存器 Rd 中。该汇编助记符指令的机器码格式如图 4.6 所示。从该指令格式的机器码格式可知，Rd 寄存器的使用范围为 R0～R7。

位索引	15	14	13	12	11	10	9	8	7	6	5	4	3	2	1	0
含义	0	0	1	0	0	Rd			imm8							

图 4.6 MOVS <Rd>, #imm8 指令的机器码格式

指令 MOVS R1, #0x14，其机器码为$(2114)_{16}$。该指令将立即数 0x14 的内容写到寄存器 R1 中。并且更新 APSR 寄存器中的标志 N、Z 和 C，但不修改标志 V。

注：（2114）的下标 16 表示 2114 为十六进制数。

2. MOV <Rd>, <Rm>

该指令将寄存器 Rm 的内容写到寄存器 Rd 中。该汇编助记符指令的机器码格式如图 4.7 所示。从该指令的机器码格式可知，Rm 可用的寄存器范围为 R0～R15，Rd 可用的寄存器范围为 R0～R7。当 Rd 和 D 组合在一起使用时，可用的寄存器范围扩展到 R0～R15。

位索引	15	14	13	12	11	10	9	8	7	6	5	4	3	2	1	0
含义	0	1	0	0	0	1	1	0	D	Rm				Rd		

图 4.7 MOV <Rd>, <Rm>指令的机器码格式

指令 MOV R0, SP，其机器码为$(4668)_{16}$，将 SP 的内容写到寄存器 R0 中，不更新 APSR 寄存器中的标志。

3. MOVS <Rd>, <Rm>

该指令将寄存器 Rm 的内容复制到寄存器 Rd 中，并且更新 APSR 寄存器中的标志 Z 和 N，该汇编助记符指令的机器码格式如图 4.8 所示。从该指令的机器码格式可知，Rm 可用的寄存器范围为 R0～R7，Rd 可用的寄存器范围为 R0～R7。

位索引	15	14	13	12	11	10	9	8	7	6	5	4	3	2	1	0
含义	0	0	0	0	0	0	0	0	0	0	Rm			Rd		

图 4.8 MOVS <Rd>,<Rm>指令的机器码格式

指令 MOVS R0, R1，其机器码为$(0008)_{16}$。该指令将寄存器 R1 的内容复制到寄存器 R0 中，并且更新 APSR 寄存器中的标志 N 和 Z，并不修改标志 C 和 V。

4. MRS <Rd>, <SpecialReg>

该指令是 32 位的 Thumb 指令，将由 SpecialReg 标识的特殊寄存器内容写到寄存器 Rd 中。该指令不影响 APSR 寄存器中的任何标志位。该汇编助记符指令的机器码格式如图 4.9 所示。从该指令的机器码格式可知，可用的 Rd 寄存器范围为 R0～R15。

位索引	15	14	13	12	11	10	9	8	7	6	5	4	3	2	1	0	15	14	13	12	11	10	9	8	7	6	5	4	3	2	1	0
含义	1	1	1	1	0	0	1	1	1	1	1	(0)	(1)	(1)	(1)	(1)	1	0	(0)	0	Rd				SYSm							

图 4.9 MRS <Rd>, <SpecialReg>指令的机器码格式

SYSm 的定义如表 4.2 所示。

表 4.2 SYSm 的定义

<table>
<tr><td>SYSm 的编码</td><td>7</td><td>6</td><td>5</td><td>4</td><td>3</td><td>2</td><td>1</td><td>0</td></tr>
<tr><td>IPSR</td><td rowspan="7">0</td><td rowspan="7">0</td><td rowspan="7">0</td><td rowspan="7">0</td><td rowspan="7">0</td><td>1</td><td>0</td><td>1</td></tr>
<tr><td>EPSR</td><td>1</td><td>1</td><td>0</td></tr>
<tr><td>APSR</td><td>0</td><td>0</td><td>0</td></tr>
<tr><td>PSR</td><td>0</td><td>1</td><td>1</td></tr>
<tr><td>IEPSR</td><td>1</td><td>1</td><td>1</td></tr>
<tr><td>IAPSR</td><td>0</td><td>0</td><td>1</td></tr>
<tr><td>EAPSR</td><td>0</td><td>1</td><td>0</td></tr>
<tr><td>MSP</td><td rowspan="2">0</td><td rowspan="2">0</td><td rowspan="2">0</td><td rowspan="2">0</td><td rowspan="2">1</td><td>0</td><td>0</td><td>0</td></tr>
<tr><td>PSP</td><td>0</td><td>0</td><td>1</td></tr>
<tr><td>PRIMASK</td><td rowspan="2">0</td><td rowspan="2">0</td><td rowspan="2">0</td><td rowspan="2">1</td><td rowspan="2">0</td><td>0</td><td>0</td><td>0</td></tr>
<tr><td>CONTROL</td><td>1</td><td>0</td><td>0</td></tr>
</table>

指令 MRS R1, CONTROL，其机器码为$(F3EF8514)_{16}$。该指令将 CONTROL 寄存器的内容写到寄存器 R1 中。

5. MSR <SpecialReg>, <Rn>

该指令将寄存器 Rn 中的内容写到 SpecialReg 标识的特殊寄存器中。该指令影响 APSR 寄存器中的标志 N、Z、C 和 V。该汇编助记符指令的机器码格式如图 4.10 所示。从该指令的机器码格式可知，可用的 Rn 寄存器的范围为 R0～R15。

<table>
<tr><td>位索引</td><td>15</td><td>14</td><td>13</td><td>12</td><td>11</td><td>10</td><td>9</td><td>8</td><td>7</td><td>6</td><td>5</td><td>4</td><td>3</td><td>2</td><td>1</td><td>0</td><td>15</td><td>14</td><td>13</td><td>12</td><td>11</td><td>10</td><td>9</td><td>8</td><td>7</td><td>6</td><td>5</td><td>4</td><td>3</td><td>2</td><td>1</td><td>0</td></tr>
<tr><td>含义</td><td>1</td><td>1</td><td>1</td><td>1</td><td>0</td><td>0</td><td>1</td><td>1</td><td>1</td><td>0</td><td>0</td><td>(0)</td><td colspan="4">Rn</td><td>1</td><td>0</td><td>(0)</td><td>0</td><td>(1)</td><td>(0)</td><td>(0)</td><td>(0)</td><td colspan="8">SYSm</td></tr>
</table>

图 4.10 MSR<SpecialReg>,<Rn>指令的机器码格式

指令 MSR APSR, R0，其机器码为$(F3808800)_{16}$，将寄存器 R0 的内容写到 APSR 寄存器中。

思考与练习 4.3：说明以下指令实现的功能。

（1）MOVS R0, #0x000B ____________________

（2）MOVS R1, #0x0 ____________________

（3）MOV R10, R12 ____________________

（4）MOVS R3, #23 ____________________

（5）MOV R8, SP ____________________

4.5 存储器加载和保存指令

4.5.1 存储器加载指令

存储器加载指令不会影响 APSR 寄存器中的任何标志位。

1．LDR <Rt>, [<Rn>,<Rm>]

该指令从[<Rn>+<Rm>]寄存器所指向存储器的地址中，取出一个字（32 位），并将其写到寄存器 Rt 中，该汇编助记符指令的机器码格式如图 4.11 所示。从该指令的机器码格式可知，Rm、Rn 和 Rt 所使用寄存器的范围为 R0～R7。

位索引	15	14	13	12	11	10	9	8	7	6	5	4	3	2	1	0
含义	0	1	0	1	1	0	0	Rm			Rn			Rt		

图 4.11　LDR <Rt>, [<Rn>,<Rm>]指令的机器码格式

指令 LDR R0, [R1, R2]，其机器码为$(5888)_{16}$。该指令从[R1+R2]所指向存储器的地址中，取出一个字（32 位），并将其写到寄存器 R0 中。

2．LDRH <Rt>, [<Rn>,<Rm>]

该指令从[<Rn>+<Rm>]寄存器所指向存储器的地址中，取出半个字（16 位），将其写到寄存器 Rt 的[15:0]位中，并将寄存器 Rt 的[31:16]位清零，该汇编助记符指令的机器码格式如图 4.12 所示。从该指令的机器码格式可知，Rm、Rn 和 Rt 所使用寄存器的范围为 R0～R7。

位索引	15	14	13	12	11	10	9	8	7	6	5	4	3	2	1	0
含义	0	1	0	1	1	0	1	Rm			Rn			Rt		

图 4.12　LDRH <Rt>, [<Rn>,<Rm>]指令的机器码格式

指令 LDRH R0, [R1, R2]，其机器码为$(5A88)_{16}$。该指令从[R1+R2]所指向存储器的地址中，取出半个字（16 位），将其写到寄存器 R0 的[15:0]位。

3．LDRB <Rt>, [<Rn>,<Rm>]

该指令从[<Rn>+<Rm>]寄存器所指向存储器的地址中，取出单字节（8 位），将其写到寄存器 Rt 的[7:0]位，并将寄存器 Rt 的[31:8]位清零，该汇编助记符指令的机器码格式如图 4.13 所示。从该指令的机器码格式可知，Rm、Rn 和 Rt 所使用寄存器的范围为 R0～R7。

位索引	15	14	13	12	11	10	9	8	7	6	5	4	3	2	1	0
含义	0	1	0	1	1	1	0	Rm			Rn			Rt		

图 4.13　LDRB <Rt>, [<Rn>,<Rm>]指令的机器码格式

指令 LDRB R0, [R1, R2]，其机器码为$(5C88)_{16}$。该指令从[R1+R2]寄存器所指向存储器中，取出一个字节（8 位），并将其写到寄存器 R0 的[7:0]位。

4．LDR <Rt>, [<Rn>,#imm]

该指令从[<Rn>+imm]指向存储器的地址中，取出一个字（32 位），并将其写到寄存器 Rt 中，该汇编助记符指令的机器码格式如图 4.14 所示。从该指令的机器码格式可知，Rn 和 Rt 所使用寄存器的范围为 R0～R7。

位索引	15	14	13	12	11	10	9	8	7	6	5	4	3	2	1	0
含义	0	1	1	0	1	imm5					Rn			Rt		

图 4.14　LDR <Rt>, [<Rn>,#imm]指令的机器码格式

注：（1）该汇编语言助记符指令中允许的立即数 imm 的范围为 0～124（7 位二进制数），并且该立即数是 4 的整数倍。在对该立即数 imm 进行机器指令编码时，将汇编语言助记符指令中给出的立即数 imm 右移两位，然后得到该汇编指令中立即数在机器码中的编码格式为 imm5，即为 5 位立即数。

（2）汇编语言助记符指令中的立即数 imm=0 扩展到 32 位（imm5<<2）。

指令 LDR R0, [R1, #0x7C]，其机器码为$(6FC8)_{16}$，该指令从[R1+0x7C]所指向存储器的地址中，取出一个字（32 位），并将其写到寄存器 R0 中。

注：对于汇编指令中给出的立即数 0x7C，在将其转换为机器码格式时，右移 2 位，变成 0x1F，因此机器指令的格式为$(6FC8)_{16}$。

指令 LDR R0,[R1,#0x80]中的立即数 0x80 超过范围，因此该指令是错误的。指令 LDR R0,[R1,#0x7E]中的立即数 0x7E 没有字对齐（不是 4 的整数倍），因此该指令也是错误的。

5．LDRH <Rt>, [<Rn>,#imm]

该指令从[<Rn>+imm]指向存储器的地址中，取出半个字（16 位），并将其写到寄存器 Rt 的[15:0]位，用零填充[31:16]位。该汇编助记符指令的机器码格式如图 4.15 所示。从该指令的机器码格式可知，Rn 和 Rt 所使用寄存器的范围为 R0～R7。

位索引	15	14	13	12	11	10	9	8	7	6	5	4	3	2	1	0
含义	1	0	0	0	1	imm5					Rn			Rt		

图 4.15　LDRH <Rt>, [<Rn>,#imm]指令的机器码格式

注：（1）该汇编语言助记符指令中允许的立即数 imm 的范围为 0～62（6 位二进制数），并且该立即数是 2 的整数倍。在对该立即数 imm 进行机器指令编码时，将汇编语言助记符指令中给出的立即数 imm 右移 1 位，然后得到该汇编指令中立即数在机器码中的编码格式为 imm5，即为 5 位立即数。

（2）该汇编语言助记符指令中的立即数 imm=0 扩展到 32 位（imm5<<1）。

指令 LDRH R0, [R1, #0x3E]，其机器码为$(8FC8)_{16}$，该指令从[(R1) + (0x3E)]指向存储器的地址中，取出半个字（16 位），并将其写到寄存器 R0 的[15:0]位，[31:16]位用 0 填充。

注：对于汇编指令中给出的立即数 0x3E，在将其转换为机器码格式时，右移 1 位，变成 0x1F，因此机器指令的格式为$(8FC8)_{16}$。

指令 LDRH R0,[R1,#0x40]中的立即数 0x40 超过范围，因此该指令是错误的。指令 LDRH R0,[R1,#0x3F]中的立即数 0x3F 没有半字对齐，因此该指令也是错误的。

6．LDRB <Rt>, [<Rn>,#imm]

该指令从[<Rn>+imm]指向存储器的地址中，取出单字节（8 位），并将其写到寄存器 Rt 的[7:0]位，用零填充[31:8]位。该汇编助记符指令的机器码格式如图 4.16 所示。从该指令的机器码格式可知，Rn 和 Rt 所使用寄存器的范围为 R0～R7。

位索引	15	14	13	12	11	10	9	8	7	6	5	4	3	2	1	0
含义	0	1	1	1	1	imm5					Rn			Rt		

图 4.16　LDRB <Rt>, [<Rn>,#imm]指令的机器码格式

注：（1）该汇编语言助记符指令中允许的立即数 imm5 的范围为 0～31（5 位二进制数）。
（2）该汇编语言助记符指令中的立即数 imm 可以删除，表示偏移为 0。

指令 LDRB R0, [R1, #0x1F]，其机器码为$(7FC8)_{16}$，该指令从[(R1) + 0x1F]指向存储器的地址中，取出单字节，并将其写到寄存器 Rt 的[7:0]位。

7. LDR <Rt>, =立即数

该指令将立即数加载到寄存器 Rt 中。实际上，当 Keil μVision 编译器对该指令进行编译处理时，会转换为 LDR<Rt>,[pc, #imm]的形式。因此，没有该指令的机器码编码格式，该指令为伪指令。该指令的存在只是方便编程人员直接对存储器空间的绝对地址进行操作而已。

注：该伪指令生成最有效的单个指令以加载任何 32 位数。可以使用该伪指令生成超出 MOV 和 MVN 指令范围的常量。

指令 LDR R0, =0x12345678，将立即数 0x12345678 的值加载到寄存器 R0 中。

8. LDR <Rt>, [PC , #imm]

该指令从[PC+imm]指向存储器的地址中，取出一个字，并将其写到寄存器 Rt 中，该汇编助记符指令的机器码格式如图 4.17 所示。从该指令的机器码格式可知，Rt 所使用寄存器的范围为 R0～R7。

位索引	15	14	13	12	11	10	9	8	7	6	5	4	3	2	1	0
含义	0	1	0	0	1	Rt			imm8							

图 4.17　LDR <Rt>, [PC , #imm]指令的机器码格式

注：（1）该汇编语言助记符指令中允许的立即数 imm 的范围为 0～1020（10 位二进制数），并且该立即数是 4 的整数倍。在对该立即数 imm 进行机器指令编码时，将汇编语言助记符指令中给出的立即数 imm 右移 2 位，然后得到该汇编指令中立即数在机器码中的编码格式为 imm8，即为 8 位立即数。
（2）该汇编语言助记符指令中的立即数 imm=0 扩展到 32 位（imm8<<2）。

指令 LDR R7, [PC, #0x44]，其机器码为$(4F11)_{16}$，该指令从[(PC) + 0x44]指向存储器的地址中，取出一个字，并将其写到寄存器 R7 中。

注：对于汇编指令中给出的立即数 0x44，在将其转换为机器码格式时，右移 2 位，变成 0x11，因此机器指令的格式为$(4F11)_{16}$。

9. LDR <Rt>, [SP , #imm]

该指令从[SP+imm]指向存储器的地址中，取出一个字，并将其写到寄存器 Rt 中，该汇编助记符指令的机器码格式如图 4.18 所示。从该指令的机器码格式可知，Rt 所使用寄存器的范围为 R0～R7。

位索引	15	14	13	12	11	10	9	8	7	6	5	4	3	2	1	0
含义	1	0	0	1	1	Rt			imm8							

图 4.18　LDR <Rt>, [SP , #imm]指令的机器码格式

注：（1）该汇编语言助记符指令中允许的立即数 imm 的范围为 0～1020（10 位二进制数），并且该立即数是 4 的整数倍。在对该立即数 imm 进行机器指令编码时，将汇编语言助记符指令中给出的立即数 imm 右移 2 位，然后得到该汇编指令中立即数在机器码中的编码格式为 imm8，即为 8 位立即数。

（2）该汇编语言助记符指令中的立即数 imm=0 扩展到 32 位（imm8<<2）。

指令 LDR R0, [SP, #0x68]，其机器码为$(981A)_{16}$，该指令从[(SP) + 0x68]指向存储器的地址，取出一个字，并将其写到寄存器 R0 中。

注：对于汇编指令中给出的立即数 0x68，在将其转换为机器码格式时，右移 2 位，变成 0x1A，因此机器指令的格式为$(981A)_{16}$。

10．LDRSH <Rt>, [<Rn>,<Rm>]

该指令从[Rn+Rm]所指向的存储器中取出半个字（16 位），并将其写到 Rt 寄存器的[15:0]位中。对于[31:16]位，取决于第[15]位，采用符号扩展。当该位为 1 时，[31:16]各位均用 1 填充；当该位为 0 时，[31:16]各位均用 0 填充。该汇编助记符指令的机器码格式如图 4.19 所示。从该指令的机器码格式可知，Rm、Rn 和 Rt 所使用寄存器的范围为 R0～R7。

位索引	15	14	13	12	11	10	9	8	7	6	5	4	3	2	1	0
含义	0	1	0	1	1	1	1	Rm			Rn			Rt		

图 4.19　LDRSH <Rt>, [<Rn>,<Rm>]指令的机器码格式

指令 LDRSH R0, [R1, R2]，其机器码为$(5E88)_{16}$。该指令从[R1+R2]所指向的存储器地址中取出半个字（16 位），并将其写到 R0 寄存器的[15:0]位中，同时进行符号扩展。

11．LDRSB <Rt>, [<Rn>,<Rm>]

从[Rn+Rm]所指向存储器的地址中取出单字节（8 位），并将其写到 Rt 寄存器[7:0]位。对于[31:8]位，取决于第[7]位，采用符号扩展。当该位为 1 时，[31:8]各位均用 1 填充；当该位为 0 时，[31:8]各位均用 0 填充。该汇编助记符指令的机器码格式如图 4.20 所示。从该指令的机器码格式可知，Rm、Rn 和 Rt 所使用寄存器的范围为 R0～R7。

位索引	15	14	13	12	11	10	9	8	7	6	5	4	3	2	1	0
含义	0	1	0	1	0	1	1	Rm			Rn			Rt		

图 4.20　LDRSB <Rt>, [<Rn>,<Rm>]指令的机器码格式

指令 LDRSB R0, [R1, R2]，其机器码为$(5688)_{16}$。该指令从[R1+R2]所指向的存储器中取出一个字节（8 位），并将其写到 R0 寄存器的[7:0]位，同时进行符号扩展。

思考与练习 4.4：说明以下指令实现的功能。

（1）LDR R1, =0x54000000 ____________________

（2）LDRSH R1, [R2, R3] ____________________

（3）LDR R0, LookUpTable ____________________

（4）LDR R3, [PC, #100] ____________________

4.5.2　存储器保存指令

下面介绍存储器保存指令，并对这些指令进行详细说明。这些指令不影响 APSR 寄存器中的

任何标志位。

1. STR <Rt>, [<Rn>,<Rm>]

该指令将 Rt 寄存器中的字数据写到 [<Rn>+<Rm>]所指向存储器的地址单元中，该汇编助记符指令的机器码格式如图 4.21 所示。从该指令的机器码格式可知，Rm、Rn 和 Rt 所使用寄存器的范围为 R0～R7。

位索引	15	14	13	12	11	10	9	8	7	6	5	4	3	2	1	0
含义	0	1	0	1	0	0	0	Rm			Rn			Rt		

图 4.21 STR <Rt>, [<Rn>,<Rm>]指令的机器码格式

指令 STR R0, [R1, R2]，其机器码为$(5088)_{16}$。该指令将 R0 寄存器中的字数据写到 [R1+R2]所指向存储器地址单元中。

2. STRH <Rt>, [<Rn>,<Rm>]

该指令将 Rt 寄存器的半字，即[15:0]位写到 [<Rn>+<Rm>]所指向存储器的地址单元中，该汇编助记符指令的机器码格式如图 4.22 所示。从该指令的机器码格式可知，Rm、Rn 和 Rt 所使用寄存器的范围为 R0～R7。

位索引	15	14	13	12	11	10	9	8	7	6	5	4	3	2	1	0
含义	0	1	0	1	0	0	1	Rm			Rn			Rt		

图 4.22 STRH <Rt>, [<Rn>,<Rm>]指令的机器码格式

指令 STRH R0, [R1, R2]，其机器码为$(5288)_{16}$。该指令将 R0 寄存器中的[15:0]位数据写到[R1+R2]所指向存储器的地址单元中。

3. STRB <Rt>, [<Rn>,<Rm>]

该指令将 Rt 寄存器的字节，即[7:0]位写到 [<Rn>+<Rm>]所指向存储器的地址单元中，该汇编助记符指令的机器码格式如图 4.23 所示。从该指令的机器码格式中可知，Rm、Rn 和 Rt 所使用寄存器的范围为 R0～R7。

位索引	15	14	13	12	11	10	9	8	7	6	5	4	3	2	1	0
含义	0	1	0	1	0	1	0	Rm			Rn			Rt		

图 4.23 STRB <Rt>, [<Rn>,<Rm>]指令的机器码格式

指令 STRB R0, [R1, R2]，其机器码为$(5488)_{16}$。该指令将 R0 寄存器中的[7:0]位写到 [R1+R2]所指向存储器的地址单元中。

4. STR <Rt>, [<Rn>,#imm]

该指令将 Rt 寄存器的字数据写到[<Rn>+imm]所指向存储器地址的单元中。该汇编助记符指令的机器码格式如图 4.24 所示。从该指令的机器码格式可知，Rn 和 Rt 所使用寄存器的范围为 R0～R7。

位索引	15	14	13	12	11	10	9	8	7	6	5	4	3	2	1	0
含义	0	1	1	0	0	imm5					Rn			Rt		

图 4.24 STR <Rt>, [<Rn>,#imm]指令的机器码格式

> **注：**（1）该汇编语言助记符指令中允许的立即数 imm 的范围为 0～124（7 位二进制数），并且该立即数是 4 的整数倍。在对该立即数 imm 进行机器指令编码时，将汇编语言助记符指令中给出的立即数 imm 右移 2 位（零扩展），然后得到该汇编指令中立即数在机器码中的编码格式为 imm5，即为 5 位立即数。
> （2）该汇编语言助记符指令中的立即数 imm=0 扩展到 32 位（imm5<<2）。

指令 STR R0, [R1, #0x44]，其机器码为$(6448)_{16}$，该指令将 R0 寄存器的字写到[R1+ 0x44]所指向存储器地址的单元中。

> **注：**对于汇编指令中给出的立即数 0x44，在将其转换为机器码格式时，右移 2 位，变成 0x11，因此机器指令的格式为$(6448)_{16}$。

5．STRH <Rt>, [<Rn>, #imm]

该指令将 Rt 寄存器的半字数据，即[15:0]位写到[<Rn> +imm]所指向存储器地址的单元中。该汇编助记符指令的机器码格式如图 4.25 所示。从该指令的机器码格式可知，Rn 和 Rt 所使用寄存器的范围为 R0～R7。

位索引	15	14	13	12	11	10	9	8	7	6	5	4	3	2	1	0
含义	1	0	0	0	0	imm5					Rn			Rt		

图 4.25　STRH <Rt>, [<Rn>, #imm]指令的机器码格式

> **注：**（1）该汇编语言助记符指令中允许的立即数 imm 的范围为 0～62（6 位二进制数），并且该立即数是 2 的整数倍。在对该立即数 imm 进行机器指令编码时，将汇编语言助记符指令中给出的立即数 imm 右移 1 位（零扩展），然后得到该汇编指令中立即数在机器码中的编码格式为 imm5，即为 5 位立即数。
> （2）该汇编语言助记符指令中的立即数 imm=0 扩展到 32 位（imm5<<1）。

指令 STRH R0, [R1, #0x2]，其机器码为$(8048)_{16}$。该指令将 R0 寄存器的半字，即[15:0]位写到[R1 + 0x2]所指向存储器地址的单元中。

> **注：**对于汇编指令中给出的立即数 0x2，在将其转换为机器码格式时，右移 1 位，变成 0x1，因此机器指令的格式为$(8048)_{16}$。

6．STRB <Rt>, [<Rn>,#imm]

该指令将 Rt 寄存器的字节数据写到[<Rn>+imm]所指向存储器的单元中。该汇编助记符指令的机器码格式如图 4.26 所示。从该指令的机器码格式可知，Rn 和 Rt 所使用寄存器的范围为 R0～R7。

位索引	15	14	13	12	11	10	9	8	7	6	5	4	3	2	1	0
含义	0	1	1	1	0	imm5					Rn			Rt		

图 4.26　STRB <Rt>, [<Rn>,#imm]指令的机器码格式

> **注：**（1）该汇编语言助记符指令中允许的立即数 imm 的范围为 0～31（5 位二进制数）。
> （2）该汇编语言助记符指令中的立即数 imm=0 扩展到 32 位（imm5）。

指令 STRB R0, [R1, #0x1]，其机器码为$(7048)_{16}$。该指令将 R0 寄存器的字节[7:0]位写到[R1+0x01]所指向存储器地址的单元中。

7．STR <Rt>, [SP, #imm]

该指令将 Rt 寄存器中的字数据写到[SP +imm]所指向存储器地址的单元中。该汇编助记符指令的机器码格式如图 4.27 所示。从该指令的机器码格式可知，Rt 所使用寄存器的范围为 R0～R7。

位索引	15	14	13	12	11	10	9	8	7	6	5	4	3	2	1	0
含义	1	0	0	1	0		Rt		imm8							

图 4.27　STR <Rt>, [SP, #imm]指令的机器码格式

> **注：**（1）该汇编语言助记符指令中允许的立即数 imm 的范围为 0～1020（10 位二进制数），并且该立即数是 4 的整数倍。在对该立即数 imm 进行机器指令编码时，将汇编语言助记符指令中给出的立即数 imm 右移 2 位（零扩展），然后得到该汇编指令中立即数在机器码中的编码格式为 imm8，即为 8 位立即数。
>
> （2）该汇编语言助记符指令中的立即数 imm=0 扩展到 32 位（imm8<<2）。

指令 STR R0, [SP, #0x8]，其机器码为$(9002)_{16}$。该指令将 R0 寄存器的字数据写到[SP + (0x8)]所指向存储器地址的单元中。

> **注：**对于汇编指令中给出的立即数 0x8，在将其转换为机器码格式时，右移 2 位，变成 0x2，因此机器指令的格式为$(9002)_{16}$。

思考与练习 4.5：说明以下指令实现的功能。

（1）STR R0, [R5, R1]　＿＿＿＿＿＿＿＿＿＿＿＿＿＿＿＿

（2）STR R2, [R0,#const-struc]　＿＿＿＿＿＿＿＿＿＿＿＿＿＿＿＿

4.6　多数据加载和保存指令

本节介绍多数据加载指令和多数据保存指令。

4.6.1　多数据加载指令

多数据加载指令包括 LDM、LDMIA 和 LDMFD。它们使用基址寄存器中的地址从连续的存储器位置中加载多个寄存器后，加载多个增量。连续的存储器位置从该地址开始，并且当基址寄存器 Rn 不属于<registers>列表时，这些位置的最后一个地址之上的地址将写回基址寄存器。

下面对 LDM 指令进行详细说明。该指令有两种形式，包括：

```
LDM <Rn>!,<registers>          <registers>中不包含<Rn>
LDM <Rn>,<registers>           <registers>中包含<Rn>
```

> **注：**（1）! 的作用是：使指令将修改后的值写回<Rn>。如果没有!，则指令不会以这种方式修改<Rn>。
>
> （2）registers 是要加载的一个或多个寄存器的列表，用逗号分隔，并且用{}符号包围。编号最小的寄存器从最低的存储器地址加载，直到从最高的存储器地址加载到编号最大的寄存器。

该汇编助记符指令的机器码格式如图 4.28 所示。从该指令的机器码格式可知，Rn 所使用寄存器的范围为 R0～R7。

位索引	15	14	13	12	11	10	9	8	7	6	5	4	3	2	1	0
含义	1	1	0	0	1	Rn			register_list							

图 4.28　LDM 指令的机器码格式

注： register_list 字段中的每一位都对应一个寄存器。register_list[7]对应寄存器 R7；register_list[6]对应寄存器 R6；register_list[5]对应寄存器 R5；register_list[4]对应寄存器 R4；register_list[3]对应寄存器 R3；register_list[2]对应寄存器 R2；register_list[1]对应寄存器 R1；register_list[0]对应寄存器 R0。当<registers>存在某个寄存器时，register_list 字段中对应的位置为 1，否则为 0。

指令 LDM R0! , {R1, R2-R7}，其机器码为$(C8FE)_{16}$。该指令实现以下功能。

（1）将寄存器 R0 所指向存储器地址单元的内容复制到寄存器 R1 中。

（2）将寄存器 R0+4 所指向存储器地址单元的内容复制到寄存器 R2 中。

（3）将寄存器 R0+8 所指向存储器地址单元的内容复制到寄存器 R3 中。

……

（7）将寄存器 R0+24 所指向存储器地址单元的内容复制到寄存器 R7 中。

（8）用 R0+4×7 的值更新寄存器 R0 的内容。

注： LDMIA 和 LDMFD 为 LDM 指令的伪指令。LDMIA 是 LDM 指令的别名，用法同 LDM。LDMFD 是同一指令的另一个名字，在使用软件管理堆栈的传统 Arm 系统中，该指令用于从全递减堆栈中还原数据。

4.6.2　多数据保存指令

多数据保存指令包括 STM、STMIA 和 STMEA。使用来自基址寄存器的地址将多个寄存器的内容保存到连续的存储器位置。随后的存储器位置从该地址开始，并且这些位置的最后一个地址之上的地址将写回基址寄存器。指令格式为

```
STM <Rn>! , <registers>
```

注：（1）！的作用是：使指令将修改后的值写回<Rn>。

（2）registers 是要加载的一个或多个寄存器的列表，用逗号分隔，并且用{}符号包围。编号最小的寄存器从最低的存储器地址加载，直到从最高的存储器地址加载到编号最大的寄存器。不推荐在寄存器列表中使用<Rn>。

该汇编助记符指令的机器码格式如图 4.29 所示。

位索引	15	14	13	12	11	10	9	8	7	6	5	4	3	2	1	0
含义	1	1	0	0	0	Rn			register_list							

图 4.29　STM <Rn>! , <registers>指令的机器码格式

注： register_list 的具体含义同图 4.28。

指令 STM R0!, {R1, R2-R7}，其机器码为$(C0FE)_{16}$ 。该指令实现以下功能。

（1）将寄存器 R1 的内容复制到寄存器 R0 所指向存储器地址的单元中。

（2）将寄存器 R2 的内容复制到寄存器 R0+4 所指向存储器地址的单元中。

（3）将寄存器 R3 的内容复制到寄存器 R0+8 所指向存储器地址的单元中。

……

（7）将寄存器 R7 的内容复制到寄存器 R0+24 所指向存储器地址的单元中。

（8）用 R0+7×4 的值更新 R0 寄存器的值。

思考与练习 4.6：说明以下指令实现的功能。

（1）LDM R0,{R0,R3,R4}　______________________________

（2）STMIA R1!,{R2-R4,R6} ______________________________

4.7　堆栈访问指令

堆栈访问指令包括 PUSH 和 POP，下面对这些指令进行详细说明。

1．PUSH <registers>

该指令将一个/多个寄存器（包括 R0～R7 及 LR）保存到堆栈（入栈）中，并且更新堆栈指针寄存器。该汇编助记符指令的机器码格式如图 4.30 所示。

位索引	15	14	13	12	11	10	9	8	7	6	5	4	3	2	1	0
含义	1	0	1	1	0	1	0	M	register_list							

图 4.30　PUSH <registers>指令的机器码格式

注：（1）registers (register='0':　M:'000000':register_list)是一个或多个寄存器的列表，用逗号分隔，并且用{}符号包围。它标识了将要保存的寄存器集，按顺序保存。编号最小的寄存器到最低的存储器地址，编号最大的寄存器到最高的存储器地址。

（2）register_list 的具体含义同图 4.28。

指令 PUSH {R0, R1, R2}，其机器码为$(B407)_{16}$，该指令实现以下功能。

（1）(SP)=(SP)−4×进入堆栈的寄存器的个数。

（2）将寄存器 R0 的内容保存到(SP)所指向的存储器的地址。

（3）将寄存器 R1 的内容保存到(SP)+4 所指向的存储器的地址。

（4）将寄存器 R2 的内容保存到(SP)+8 所指向的存储器的地址。

（5）将 SP 的内容更新为步骤（1）计算得到的 SP 内容。

2．POP <registers>

该指令将存储器中的内容恢复到多个寄存器（包括 R0～R7 及 PC）中，并且更新堆栈指针寄存器，该汇编助记符指令的机器码格式如图 4.31 所示。

位索引	15	14	13	12	11	10	9	8	7	6	5	4	3	2	1	0
含义	1	0	1	1	1	1	0	P	register_list							

图 4.31　POP <registers>指令的机器码格式

注：（1）registers(registers=P:'0000000':register_list)是一个或多个寄存器的列表，用逗号分隔，并且用{}符号包围。它标识了将要加载的寄存器集。从最低的存储器地址加载到编号最小的寄存器，从最高的存储器地址加载到编号最大的寄存器。如果在<registers>中指定了 PC，则该指令将导致跳转到 PC 中加载的地址（数据）

（2）register_list 的具体含义同图 4.28。

指令 POP { R0, R1, R2 }，其机器码为$(BC07)_{16}$，该指令实现以下功能。

（1）将(SP)所指向的存储器的内容加载到寄存器 R0 中。

（2）将(SP)+4 所指向的存储器的内容加载到寄存器 R1 中。

（3）将(SP)+8 所指向的存储器的内容加载到寄存器 R2 中。

（4）将(SP)+4×出栈寄存器的个数的值更新寄存器 SP。

思考与练习 4.7：说明以下指令实现的功能。

（1）PUSH {R0,R4-R7} ________________________________

（2）PUSH {R2,LR} ________________________________

（3）POP {R0,R6,PC} ________________________________

4.8　算术运算指令

本节介绍算术运算指令，包括加法指令、减法指令和乘法指令。

4.8.1　加法指令

1．ADDS <Rd>, <Rn>, <Rm>

该指令将 Rn 寄存器的内容和 Rm 寄存器的内容相加，将结果保存在寄存器 Rd 中，同时更新寄存器 APSR 中的 N、Z、C 和 V 标志，该汇编助记符指令的机器码格式如图 4.32 所示。从该指令的机器码格式可知，寄存器 Rm、Rn 和 Rd 可用的范围为 R0～R7。

位索引	15	14	13	12	11	10	9	8	7	6	5	4	3	2	1	0
含义	0	0	0	1	1	0	0	Rm			Rn			Rd		

图 4.32　ADDS <Rd>, <Rn>, <Rm>指令的机器码格式

指令 ADDS R0, R1, R2，其机器码为 $(1888)_{16}$。该指令将 R1 寄存器的内容和 R2 寄存器的内容相加，将结果保存在寄存器 R0 中，同时更新寄存器 APSR 中的标志。

2．ADDS <Rd>, <Rn>, #imm3

该指令将 Rn 寄存器的内容和立即数 imm3 相加，将结果保存在寄存器 Rd 中，同时更新寄存器 APSR 中的 N、Z、C 和 V 标志，该汇编助记符指令的机器码格式如图 4.33 所示。从该指令的机器码格式可知，寄存器 Rn 和 Rd 可用的范围为 R0～R7。

位索引	15	14	13	12	11	10	9	8	7	6	5	4	3	2	1	0
含义	0	0	0	1	1	1	0	imm3			Rn			Rd		

图 4.33　ADDS <Rd>, <Rn>, #imm3 指令的机器码格式

注：图中 imm3 的范围为 0～7。

指令 ADDS R0, R1, #0x07，其机器码为$(1DC8)_{16}$。该指令将 R1 寄存器的内容和立即数 0x07 相加，将结果保存在寄存器 R0 中，同时更新寄存器 APSR 中的标志。

3．ADDS <Rd>, #imm8

该指令将 Rd 寄存器的内容和立即数 imm8 相加，将结果保存在寄存器 Rd 中，同时更新寄存器 APSR 中的 N、Z、C 和 V 标志，该汇编助记符指令的机器码格式如图 4.34 所示。从该指令的机器码格式可知，寄存器 Rd 可用的范围为 R0～R7。

位索引	15	14	13	12	11	10	9	8	7	6	5	4	3	2	1	0
含义	0	0	1	1	0	Rd			imm8							

图 4.34　ADDS <Rd>, #imm8 指令的机器码格式

注：图中 imm8 的范围为 0～255。

指令 ADDS R0, #0x01，其机器码为$(3001)_{16}$。该指令将 R0 寄存器的内容和立即数 0x01 相加，将结果保存在寄存器 R0 中，同时更新寄存器 APSR 中的标志。

4．ADD <Rd>, <Rm>

该指令将 Rd 寄存器的内容和 Rn 寄存器的内容相加，将结果保存在寄存器 Rd 中，不更新寄存器 APSR 中的标志，该汇编助记符指令的机器码格式如图 4.35 所示。从该指令的机器码格式可知，寄存器 Rm 可用的范围为 R0～R15，DN 与 Rd 组合后可用的范围为 R0～R15。

位索引	15	14	13	12	11	10	9	8	7	6	5	4	3	2	1	0
含义	0	1	0	0	0	1	0	0	DN	Rm				Rd		

图 4.35　ADD <Rd>, <Rm>指令的机器码格式

指令 ADD R0, R1，其机器码为$(4408)_{16}$，该指令将 R0 寄存器的内容和 R1 寄存器的内容相加，将结果保存在寄存器 R0 中，不更新寄存器 APSR 中的标志。

5．ADCS <Rd>, <Rm>

该指令将 Rd 寄存器的内容、Rm 寄存器的内容和进位标志相加，将结果保存在寄存器 Rd 中，同时更新寄存器 APSR 中的 N、Z、C 和 V 标志，该汇编助记符指令的机器码格式如图 4.36 所示。从该指令的机器码格式可知，寄存器 Rm 和 Rd 可用的范围为 R0～R7。

位索引	15	14	13	12	11	10	9	8	7	6	5	4	3	2	1	0
含义	0	1	0	0	0	0	0	1	0	1	Rm			Rd		

图 4.36　ADCS <Rd>, <Rm>指令的机器码格式

指令 ADCS R0, R1，其机器码为$(4148)_{16}$。该寄存器将 R0 寄存器的内容、R1 寄存器的内容和进位标志相加，将结果保存在寄存器 R0 中，同时更新寄存器 APSR 中的标志。

6．ADD <Rd>, PC, #imm

该指令将 PC 寄存器的内容和立即数#imm 相加，将结果保存在寄存器 Rd 中，不更新寄存器 APSR 中的标志。该汇编助记符指令的机器码格式与指令 ADR <Rd>, <label>相同，如图 4.37 所示。

位索引	15	14	13	12	11	10	9	8	7	6	5	4	3	2	1	0
含义	1	0	1	0	0	Rd			imm8							

图 4.37　ADR <Rd>, <label>指令的机器码格式

注：（1）在相加的时候，必须将 PC 寄存器的内容与字对齐，即 Align(PC,4)。

（2）该汇编语言助记符指令中允许的立即数 imm 的范围为 0～1020（10 位二进制数），并且该立即数是 4 的整数倍。在对该立即数 imm 进行机器指令编码时，将汇编语言助记符指令中给出的立即数 imm 右移 2 位（零扩展），然后得到该汇编指令中立即数在机器码中的编码格式为 imm8，即为 8 位立即数。

（3）该汇编语言助记符指令中的立即数 imm=0 扩展到 32 位（imm8<<2）。

指令 ADD R0, PC, #0x04，该指令的机器码为$(A001)_{16}$。该指令将 PC 寄存器的内容（字对齐）和立即数 0x04 相加，将结果保存在寄存器 R0 中，不更新寄存器 APSR 中的标志。

7．ADR <Rd>,<label >

该指令将 PC 寄存器的内容与标号所表示的偏移量进行相加，将结果保存在寄存器 Rd 中，不更新 APSR 中的标志。<label>为将地址加载到<Rd>中的指令或文字数据项的标号。汇编器计算从 ADR 指令的 Align(PC,4)值到该标签的偏移量所需要的值。偏移量的允许值是 0～1020 范围内的整数（4 的倍数）。

指令 ADR R3, JumpTable，该指令将 JumpTable 的地址加载到寄存器 R3 中。

8．ADD(SP 加立即数指令)

该类型指令有两个指令类型。

（1）ADD <Rd>, SP, #imm

该指令实现将堆栈指针 SP 的内容和立即数 imm 相加，相加的结果写到寄存器 Rd 中。该汇编助记符指令的机器码格式如图 4.38 所示。从该指令的机器码格式可知，寄存器 Rd 可用的范围为 R0～R7。

位索引	15	14	13	12	11	10	9	8	7	6	5	4	3	2	1	0
含义	1	0	1	0	1	Rd			imm8							

图 4.38　ADD <Rd>, SP, #imm 指令的机器码格式

注：（1）imm8 的含义同图 4.37。

（2）该指令中 imm 的范围为 0～1020，且 imm 为 4 的整数倍。

指令 ADD R3,SP,#0x04，其机器码为$(AB01)_{16}$，该指令实现将堆栈指针 SP 的内容和立即数 0x04 相加，相加的结果写到寄存器 R3 中。

（2）ADD SP,SP,#imm

该指令实现将堆栈指针 SP 的内容和立即数 imm 相加，相加的结果写到堆栈指针中。该汇编助记符指令的机器码格式如图 4.39 所示。

位索引	15	14	13	12	11	10	9	8	7	6	5	4	3	2	1	0
含义	1	0	1	1	0	0	0	0	0	imm7						

图 4.39　ADD SP,SP,#imm 指令的机器码格式

注：（1）该汇编语言助记符指令中允许的立即数 imm 的范围为 0～508（9 位二进制数），并且该立即数是 4 的整数倍。在对该立即数 imm 进行机器指令编码时，将汇编语言助记符指令中给出的立即数 imm 右移 2 位（零扩展），然后得到该汇编指令中立即数在机器码中的编码格式为 imm7，即为 7 位立即数。

（2）该汇编语言助记符指令中的立即数 imm=0 扩展到 32 位（imm7<<2）。

指令 ADD SP,SP,#08，其机器码为$(B002)_{16}$，该指令实现将堆栈指针 SP 的内容和立即数 0x08 相加，相加的结果写到堆栈指针 SP 中。

4.8.2 减法指令

1. SUBS <Rd>, <Rn>, <Rm>

该指令将寄存器 Rn 的内容减去寄存器 Rm 的内容，将结果保存在 Rd 中，同时更新寄存器 APSR 寄存器中的 N、Z、C 和 V 标志，该汇编助记符指令的机器码格式如图 4.40 所示。从该指令的机器码格式可知，寄存器 Rm、Rn 和 Rd 可用的范围为 R0～R7。

位索引	15	14	13	12	11	10	9	8	7	6	5	4	3	2	1	0
含义	0	0	0	1	1	0	1	Rm			Rn			Rd		

图 4.40 SUBS <Rd>, <Rn>, <Rm>指令的机器码格式

指令 SUBS R0, R1, R2，其机器码为$(1A88)_{16}$。该指令将寄存器 R1 的内容减去寄存器 R2 的内容，将结果保存在 R0 中，同时更新寄存器 APSR 寄存器中的标志。

2. SUBS <Rd>, <Rn>, #imm3

该指令将 Rn 寄存器的内容和立即数 imm3 相减，将结果保存在寄存器 Rd 中，同时更新寄存器 APSR 中的 N、Z、C 和 V 标志，该汇编助记符指令的机器码格式如图 4.41 所示。从该指令的机器码格式可知，寄存器 Rn 和 Rd 可用的范围为 R0～R7。

位索引	15	14	13	12	11	10	9	8	7	6	5	4	3	2	1	0
含义	0	0	0	1	1	1	1	imm3			Rn			Rd		

图 4.41 SUBS <Rd>, <Rn>, #imm3 指令的机器码格式

注：imm3 的范围为 0～7。

指令 SUBS R0, R1, #0x01，其机器码为$(1E48)_{16}$。该指令将 R1 寄存器的内容和立即数 0x01 相减，将结果保存在寄存器 R0 中，同时更新寄存器 APSR 中的标志。

3. SUBS <Rd>, #imm8

该指令将 Rd 寄存器的内容和立即数#imm8 相减，将结果保存在寄存器 Rd 中，同时更新寄存器 APSR 中的 N、Z、C 和 V 标志，该汇编助记符指令的机器码格式如图 4.42 所示。从该指令的机器码格式可知，寄存器 Rd 可用的范围为 R0～R7。

位索引	15	14	13	12	11	10	9	8	7	6	5	4	3	2	1	0
含义	0	0	1	1	1	Rd			imm8							

图 4.42 SUBS <Rd>, #imm8 指令的机器码格式

注：imm8 的范围为 0～255。

指令 SUBS R0, #0x01，其机器码为$(3801)_{16}$。该指令将 R0 寄存器的内容和立即数 0x01 相减，将结果保存在寄存器 R0 中，同时更新寄存器 APSR 中的标志。

4．SBCS <Rd> , <Rm>

该指令将 Rd 寄存器的内容、Rm 寄存器的内容和借位标志相减，将结果保存在寄存器 Rd 中，同时更新寄存器 APSR 中的 N、Z、C 和 V 标志，该汇编助记符指令的机器码格式如图 4.43 所示。从该指令的机器码格式可知，寄存器 Rd 和 Rm 可用的范围为 R0～R7。

位索引	15	14	13	12	11	10	9	8	7	6	5	4	3	2	1	0
含义	0	1	0	0	0	0	0	1	1	0	Rm			Rd		

图 4.43　SBCS <Rd> , <Rm>指令的机器码格式

指令 SBCS R0, R1，其机器码为$(4188)_{16}$。该寄存器将 R0 寄存器的内容、R1 寄存器的内容和借位标志相减，将结果保存在寄存器 R0 中，同时更新寄存器 APSR 中的标志。

5．RSBS <Rd>, <Rn>, #0

该指令用数字 0 减去寄存器 Rn 中的内容，将结果保存在寄存器 Rd 中，并且更新寄存器 APSR 中的 N、Z、C 和 V 标志，该汇编助记符指令的机器码格式如图 4.44 所示。从该指令的机器码格式可知，寄存器 Rd 和 Rn 可用的范围为 R0～R7。

位索引	15	14	13	12	11	10	9	8	7	6	5	4	3	2	1	0
含义	0	1	0	0	0	0	1	0	0	1	Rn			Rd		

图 4.44　RSBS <Rd>, <Rm>, #0 指令的机器码格式

指令 RSBS R0, R0, #0，其机器码为$(4240)_{16}$。该指令用数字 0 减去寄存器 R0 中的内容，将结果保存在寄存器 R0 中，并且更新寄存器 APSR 中的标志。

6．SUB SP,SP,#imm

该指令将堆栈指针 SP 的内容减去立即数 imm，将结果保存在堆栈指针 SP 中，该指令不影响 APSR 中的标志，该汇编助记符指令的机器码格式如图 4.45 所示。

位索引	15	14	13	12	11	10	9	8	7	6	5	4	3	2	1	0
含义	1	0	1	1	0	0	0	0	1	imm7						

图 4.45　SUB SP,SP,#imm7 指令的机器码格式

注：imm7 的含义同图 4.39。

指令 SUB SP,SP,#0x18，其机器码为$(B086)_{16}$，该指令实现将堆栈指针 SP 的内容和立即数 0x18 相减，相减的结果写到堆栈指针 SP 中。

4.8.3　乘法指令

MULS <Rd>, <Rn>, <Rd>

该指令将寄存器 Rn 的内容和寄存器 Rd 的内容相乘，低 32 位结果保存在 Rd 寄存器中，同时更新寄存器 APSR 中的 N 和 Z 标志，但不影响 C 和 V 标志，该汇编助记符指令的机器码格式

如图 4.46 所示。从该指令的机器码格式可知，寄存器 Rd 和 Rn 可用的范围为 R0～R7。

位索引	15	14	13	12	11	10	9	8	7	6	5	4	3	2	1	0
含义	0	1	0	0	0	0	1	1	0	1	Rn			Rd		

图 4.46　MULS <Rd>, <Rn>, <Rd>指令的机器码格式

指令 MULS R0, R1, R0，其机器码为$(4348)_{16}$。该指令将寄存器 R1 的内容和寄存器 R0 的内容相乘，将结果保存在 R0 寄存器中，同时更新寄存器 APSR 中的标志。

4.8.4　比较指令

1．CMP <Rn>, <Rm>

该指令比较寄存器 Rn 和寄存器 Rm 的内容，得到（Rn）-（Rm）的结果，但不保存该结果，同时更新寄存器 APSR 中的 N、Z、C 和 V 标志，该汇编助记符指令的机器码格式如图 4.47 所示。从该指令的机器码格式可知，寄存器 Rn 和 Rm 可用的范围为 R0～R7。

位索引	15	14	13	12	11	10	9	8	7	6	5	4	3	2	1	0
含义	0	1	0	0	0	0	1	0	1	0	Rm			Rn		

图 4.47　CMP <Rn>, <Rm>指令的机器码格式

指令 CMP R0, R1，其机器码为$(4288)_{16}$。该指令比较寄存器 R0 和寄存器 R1 的内容，得到（R0）-（R1）的结果，但不保存该结果，同时更新寄存器 APSR 中的标志。

2．CMP <Rn>, #imm8

该指令将寄存器 Rn 的内容和立即数#imm8 进行比较，得到（Rn）-imm8 的结果，但不保存该结果，同时更新寄存器 APSR 中的 N、Z、C 和 V 标志，该汇编助记符指令的机器码格式如图 4.48 所示。从该指令的机器码格式可知，寄存器 Rn 可用的范围为 R0～R7。

位索引	15	14	13	12	11	10	9	8	7	6	5	4	3	2	1	0
含义	0	0	1	0	1	Rn			imm8							

图 4.48　CMP <Rn>, #imm8 指令的机器码格式

注：图中立即数 imm8 的范围为 0～255，imm=0 扩展到 32 位。

指令 CMP R0, #0x01，其机器码为$(2801)_{16}$。该指令将寄存器 R0 的内容和立即数 0x01 进行比较，得到（R0）-0x01 的结果，但不保存该结果，同时更新寄存器 APSR 中的标志。

3．CMN <Rn>, <Rm>

该指令比较寄存器 Rn 的内容和对寄存器 Rm 取反后内容，得到（Rn）+（Rm）的结果，但不保存该结果，同时更新寄存器 APSR 中的 N、Z、C 和 V 标志，该汇编助记符指令的机器码格式如图 4.49 所示。从该指令的机器码格式可知，寄存器 Rn 和 Rm 可用的范围为 R0～R7。

位索引	15	14	13	12	11	10	9	8	7	6	5	4	3	2	1	0
含义	0	1	0	0	0	0	1	0	1	1	Rm			Rn		

图 4.49　CMN <Rn>, <Rm>指令的机器码格式

指令 CMN R0, R1，其机器码为$(42C8)_{16}$。该指令比较寄存器 R0 和对寄存器 R1 取反后的内容，得到（R0）+（R1）的结果，但不保存该结果，同时更新寄存器 APSR 中的标志。

思考与练习 4.8：将保存在寄存器 R0 和 R1 内的 64 位整数，与保存在寄存器 R2 和 R3 内的 64 位整数相加，将结果保存在寄存器 R0 和 R1 中。使用 ADDS 和 ADCS 指令实现该 64 位整数相加功能。

思考与练习 4.9：将保存在寄存器 R1、R2 和 R3 内的 96 位整数，与保存在寄存器 R4、R5 和 R6 内的 96 位整数相减，结果保存在寄存器 R4、R5 和 R6 中。使用 SUBS 和 SBCS 指令实现该 96 位整数相减功能。

4.9　逻辑操作指令

本节介绍逻辑操作指令，下面对这些指令进行详细说明。

1. ANDS <Rd>, <Rm>

该指令将寄存器 Rd 和寄存器 Rm 中的内容做“逻辑与”运算，将结果保存在寄存器 Rd 中，同时更新寄存器 APSR 中的 N、Z 和 C 标志，但不更新 V 标志，该汇编助记符指令的机器码格式如图 4.50 所示。从该指令的机器码格式可知，寄存器 Rm 和 Rd 的范围为 R0～R7。

位索引	15	14	13	12	11	10	9	8	7	6	5	4	3	2	1	0
含义	0	1	0	0	0	0	0	0	0	0		Rm			Rd	

图 4.50　ANDS <Rd>, <Rm>指令的机器码格式

指令 ANDS R0, R1，其机器码为$(4008)_{16}$。该指令将寄存器 R0 和寄存器 R1 中的内容做“逻辑与”运算，将结果保存在寄存器 R0 中，同时更新寄存器 APSR 中的标志。

2. ORRS <Rd>, <Rm>

该指令将寄存器 Rd 和寄存器 Rm 中的内容做“逻辑或”运算，将结果保存在寄存器 Rd 中，同时更新寄存器 APSR 中的 N、Z 和 C 标志，但不更新 V 标志，该汇编助记符指令的机器码格式如图 4.51 所示。从该指令的机器码格式可知，寄存器 Rm 和 Rd 的范围为 R0～R7。

位索引	15	14	13	12	11	10	9	8	7	6	5	4	3	2	1	0
含义	0	1	0	0	0	0	1	1	0	0		Rm			Rd	

图 4.51　ORRS<Rd>, <Rm>指令的机器码格式

指令 ORRS R0, R1，其机器码为$(4308)_{16}$。该指令将寄存器 R0 和寄存器 R1 中的内容做“逻辑或”运算，将结果保存在寄存器 R0 中，同时更新寄存器 APSR 中的标志。

3. EORS <Rd>, <Rm>

该指令将寄存器 Rd 和寄存器 Rm 中的内容做“逻辑异或”运算，将结果保存在寄存器 Rd 中，同时更新寄存器 APSR 中的 N、Z 和 C 标志，但不更新 V 标志，该汇编助记符指令的机器码格式如图 4.52 所示。从该指令的机器码格式可知，寄存器 Rm 和 Rd 的范围为 R0～R7。

位索引	15	14	13	12	11	10	9	8	7	6	5	4	3	2	1	0
含义	0	1	0	0	0	0	0	0	0	1		Rm			Rd	

图 4.52　EORS<Rd>, <Rm>指令的机器码格式

指令 EORS R0, R1，其机器码为$(4048)_{16}$。该指令将寄存器 R0 和寄存器 R1 中的内容做“逻辑异或”运算，将结果保存在寄存器 R0 中，同时更新寄存器 APSR 中的标志。

4．MVNS <Rd>, <Rm>

该指令将寄存器 Rm 的[31:0]位按位做“逻辑取反”运算，将结果保存在寄存器 Rd 中，同时更新寄存器 APSR 中的 N、Z 和 C 标志，但不更新 V 标志，该汇编助记符指令的机器码格式如图 4.53 所示。从该指令的机器码格式可知，寄存器 Rm 和 Rd 的范围为 R0～R7。

位索引	15	14	13	12	11	10	9	8	7	6	5	4	3	2	1	0
含义	0	1	0	0	0	0	1	1	1	1		Rm			Rd	

图 4.53　MVNS<Rd>, <Rm>指令的机器码格式

指令 MVNS R0, R1，其机器码为$(43C8)_{16}$。该指令将寄存器 R1 的[31:0]位按位做“逻辑取反”运算，将结果保存在寄存器 R0 中，同时更新寄存器 APSR 中的标志。

5．BICS <Rd>, <Rm>

该指令将寄存器 Rm 的[31:0]位按位做“逻辑取反”运算，然后与寄存器 Rd 中的[31:0]位做“逻辑与”运算，将结果保存在寄存器 Rd 中，同时更新寄存器 APSR 中的 N、Z 和 C 标志，但不更新 V 标志。该汇编助记符指令的机器码格式如图 4.54 所示。从该指令的机器码格式可知，寄存器 Rm 和 Rd 的范围为 R0～R7。

位索引	15	14	13	12	11	10	9	8	7	6	5	4	3	2	1	0
含义	0	1	0	0	0	0	1	1	1	0		Rm			Rd	

图 4.54　BICS <Rd>, <Rm>指令的机器码格式

指令 BICS R0, R1，其机器码为$(4388)_{16}$。该指令将寄存器 R1 的[31:0]位按位做“逻辑取反”运算，然后与寄存器 R0 中的[31:0]位做“逻辑与”运算，将结果保存在寄存器 R0 中，同时更新寄存器 APSR 中的标志。

6．TST <Rd>, <Rm>

该指令将寄存器 Rd 和寄存器 Rm 中的内容做“逻辑与”运算，但是不保存结果，同时更新寄存器 APSR 中的 N、Z 和 C 标志，但不更新 V 标志，该汇编助记符指令的机器码格式如图 4.55 所示。从该指令的机器码格式可知，寄存器 Rm 和 Rd 的范围为 R0～R7。

位索引	15	14	13	12	11	10	9	8	7	6	5	4	3	2	1	0
含义	0	1	0	0	0	0	1	0	0	0		Rm			Rd	

图 4.55　TST<Rd>, <Rm>指令的机器码格式

指令 TST R0, R1，其机器码为$(4208)_{16}$。该指令将寄存器 R0 和寄存器 R1 中的内容做“逻辑与”运算，但是不保存结果，并且更新寄存器 APSR 中的标志。

思考与练习 4.10：说明以下指令实现的功能。

（1）ANDS R2, R2, R1　________________

（2）ORRS R2, R2, R5　________________

（3）ANDS R5, R5, R8　________________

（4）EORS R7, R7, R6　________________

（5）BICS R0, R0, R1　________________

4.10　移位操作指令

本节介绍右移和左移操作指令，下面对这些指令进行详细介绍。

4.10.1　右移指令

1．ASRS <Rd>, <Rm>

该指令执行算术右移操作。将保存在寄存器 Rd 中的数据向右移动 Rm 所指定的次数，移位的结果保存在寄存器 Rd 中，即 Rd=Rd>>Rm。在右移过程中，最后移出去的位保存在寄存器 APSR 的 C 标志中，也更新 N 和 Z 标志。算术右移操作如图 4.56（a）所示。

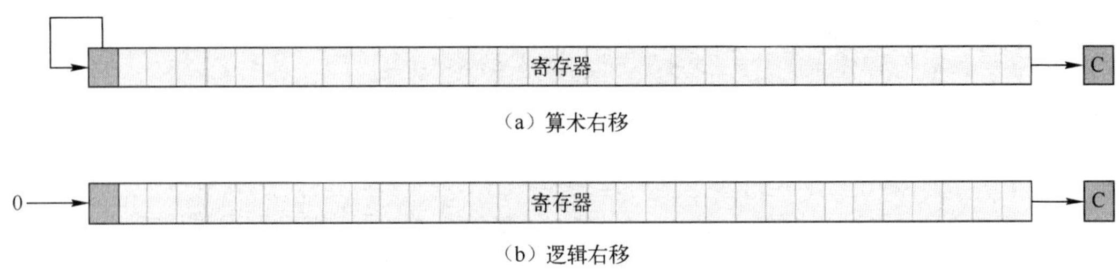

（a）算术右移

（b）逻辑右移

图 4.56　算术和逻辑右移操作

该汇编助记符指令的机器码格式如图 4.57 所示。从该指令的机器码格式可知，寄存器 Rm 和 Rd 的范围为 R0～R7。

位索引	15	14	13	12	11	10	9	8	7	6	5	4	3	2	1	0
含义	0	1	0	0	0	0	0	1	0	0	Rm			Rd		

图 4.57　ASRS <Rd>, <Rm>指令的机器码格式

指令 ASRS R0, R1，其机器码为$(4108)_{16}$。该指令将保存在寄存器 R0 中的数据向右移动 R1 所指定的次数，移位的结果保存在寄存器 R0 中。在右移过程中，最后移出去的位保存在寄存器 APSR 的 C 标志中，也更新 N 和 Z 标志。

2．ASRS <Rd>, <Rm>, #imm

该指令执行算术右移操作。将保存在寄存器 Rm 中的数据向右移动立即数 imm 所指定的次数，移位的结果保存在寄存器 Rd 中。在右移过程中，最后移出去的位保存在寄存器 APSR 的 C 标志中，也更新 N 和 Z 标志，该汇编助记符指令的机器码格式如图 4.58 所示。从该指令的机器码格式可知，寄存器 Rm 和 Rd 的范围为 R0～R7。

位索引	15	14	13	12	11	10	9	8	7	6	5	4	3	2	1	0
含义	0	0	0	1	0	imm5					Rm			Rd		

图 4.58　ASRS <Rd>, <Rm>, #imm 指令的机器码格式

> **注：**（1）汇编指令中立即数 imm 的范围为 1～32。
> （2）当 imm<32 时，imm5=imm；当 imm=32 时，imm5=0。

指令 ASRS R0, R1,#0x01，其机器码为$(1048)_{16}$。该指令将保存在寄存器 R1 中的数据向右移动 1 次，移位的结果保存在寄存器 R0 中。在右移过程中，最后移出去的位保存在寄存器 APSR 的 C

标志中，也更新 N 和 Z 标志。

3．LSRS <Rd>, <Rm>

该指令执行逻辑右移操作。将保存在寄存器 Rd 中的数据向右移动 Rm 所指定的次数，移位的结果保存在寄存器 Rd 中。在右移过程中，最后移出去的位保存在寄存器 APSR 的 C 标志中，也更新 N 和 Z 标志。逻辑右移操作如图 4.56（b）所示。该汇编助记符指令的机器码格式如图 4.59 所示。从该指令的机器码格式可知，寄存器 Rm 和 Rd 的范围为 R0～R7。

位索引	15	14	13	12	11	10	9	8	7	6	5	4	3	2	1	0
含义	0	1	0	0	0	0	0	0	1	1	Rm			Rd		

图 4.59　LSRS <Rd>, <Rm>指令的机器码格式

指令 LSRS R0, R1，其机器码为$(40C8)_{16}$。该指令将保存在寄存器 R0 中的数据向右移动 R1 所指定的次数，移位的结果保存在寄存器 R0 中。在右移过程中，最后移出去的位保存在寄存器 APSR 的 C 标志中，也更新 N 和 Z 标志。

4．LSRS <Rd>, <Rm>, #imm

该指令执行逻辑右移操作。将保存在寄存器 Rm 中的数据向右移动立即数#imm 所指定的次数，移位的结果保存在寄存器 Rd 中。在右移过程中，最后移出去的位保存在寄存器 APSR 的 C 标志中，也更新 N 和 Z 标志。该汇编助记符指令的机器码格式如图 4.60 所示。从该指令的机器码格式可知，寄存器 Rm 和 Rd 的范围为 R0～R7。

位索引	15	14	13	12	11	10	9	8	7	6	5	4	3	2	1	0
含义	0	0	0	0	1	imm5					Rm			Rd		

图 4.60　LSRS <Rd>, <Rm>, #imm 指令的机器码格式

> **注：**（1）汇编指令中立即数 imm 的范围为 1～32。
> （2）当 imm<32 时，imm5=imm；当 imm=32 时，imm5=0。

指令 LSRS R0, R1, #0x01，其机器码为$(0848)_{16}$。该指令将保存在寄存器 R1 中的数据向右移动 1 次，移位的结果保存在寄存器 R0 中。在右移过程中，最后移出去的位保存在寄存器 APSR 的 C 标志中，也更新 N 和 Z 标志。

5．RORS <Rd>, <Rm>

该指令执行循环右移操作。将保存在寄存器 Rd 中的数据向右循环移动 Rm 所指定的次数，移位的结果保存在寄存器 Rd 中。在循环右移过程中，最后移出去的位保存在寄存器 APSR 的 C 标志中，也更新 N 和 Z 标志。循环右移操作如图 4.61 所示。该汇编助记符指令的机器码格式如图 4.62 所示。从该指令的机器码格式可知，寄存器 Rm 和 Rd 的范围为 R0～R7。

图 4.61　循环右移操作

位索引	15	14	13	12	11	10	9	8	7	6	5	4	3	2	1	0
含义	0	1	0	0	0	0	0	1	1	1	Rm			Rd		

图 4.62　RORS <Rd>, <Rm>指令的机器码格式

指令 RORS R0, R1，其机器码为$(41C8)_{16}$。该指令将保存在寄存器 R0 中的数据向右循环移动 R1 所指定的次数，移位的结果保存在寄存器 R0 中。在循环右移过程中，最后移出去的位保存在寄存器 APSR 的 C 标志中，也更新 N 和 Z 标志。

4.10.2　左移指令

1．LSLS <Rd>, <Rm>

该指令执行逻辑左移操作。将保存在寄存器 Rd 中的数据向左移动 Rm 所指定的次数，移位的结果保存在寄存器 Rd 中。在左移过程中，最后移出去的位保存在寄存器 APSR 的 C 标志中，也更新 N 和 Z 标志。逻辑左移操作如图 4.63 所示。该汇编助记符指令的机器码格式如图 4.64 所示。从该指令的机器码格式可知，寄存器 Rm 和 Rd 的范围为 R0～R7。

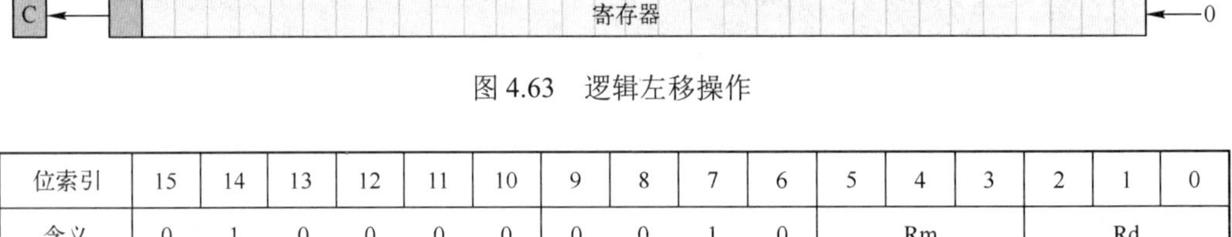

图 4.63　逻辑左移操作

位索引	15	14	13	12	11	10	9	8	7	6	5	4	3	2	1	0
含义	0	1	0	0	0	0	0	0	1	0	Rm			Rd		

图 4.64　LSLS <Rd>, <Rm>指令的机器码格式

指令 LSLS R0, R1，其机器码为$(4088)_{16}$。该指令将保存在寄存器 R0 中的数据向左移动 R1 所指定的次数，移位的结果保存在寄存器 R0 中。在左移过程中，最后移出去的位保存在寄存器 APSR 的 C 标志中，也更新 N 和 Z 标志。

2．LSLS <Rd>, <Rm>, #imm

该指令执行逻辑左移操作。将保存在寄存器 Rd 中的数据向左移动立即数 imm 所指定的次数，移位的结果保存在寄存器 Rd 中，在左移过程中，最后移出去的位保存在寄存器 APSR 的 C 标志中，也更新 N 和 Z 标志。该汇编助记符指令的机器码格式如图 4.65 所示。从该指令的机器码格式可知，寄存器 Rm 和 Rd 的范围为 R0～R7。

位索引	15	14	13	12	11	10	9	8	7	6	5	4	3	2	1	0
含义	0	0	0	0	0	imm5					Rm			Rd		

图 4.65　LSLS <Rd>, <Rm>, #imm 指令的机器码格式

> 注：imm5 与 imm 之间的关系参见 LSRS 指令。

指令 LSLS R0, R1, #0x01，其机器码为$(0048)_{16}$。该指令将保存在寄存器 R1 中的数据向左移动 1 次，移位的结果保存在寄存器 R0 中。在左移过程中，最后移出去的位保存在寄存器 APSR 的 C 标志中，也更新 N 和 Z 标志。

思考与练习 4.11：说明以下指令实现的功能。

（1）ASRS R7, R5, #9 ____________________

（2）LSLS R1, R2, #3 ____________________

（3）LSRS R4, R5, #6 ____________________

（4）RORS R4, R4, R6 ____________________

4.11　反序操作指令

本节介绍反序操作指令，下面对这些指令进行详细说明。

1．REV <Rd>, <Rm>

该指令将寄存器 Rm 中字节的顺序按逆序重新排列，将结果保存在寄存器 Rd 中，其操作如图 4.66 所示。该汇编助记符指令的机器码格式如图 4.67 所示。从该指令的机器码格式可知，寄存器 Rm 和 Rd 的范围为 R0～R7。

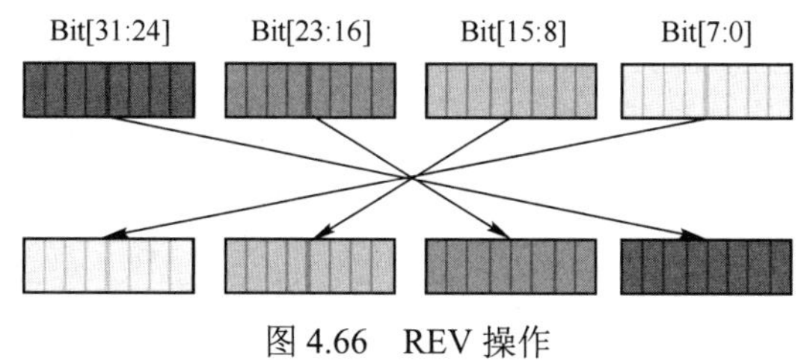

图 4.66　REV 操作

位索引	15	14	13	12	11	10	9	8	7	6	5	4	3	2	1	0
含义	1	0	1	1	1	0	1	0	0	0	Rm			Rd		

图 4.67　REV <Rd>, <Rm>指令的机器码格式

指令 REV R0, R1，其机器码为$(BA08)_{16}$。该指令将寄存器中 R1 的数据逆序重新排列，即{R1[7:0],R1[15:8],R1[23:16],R1[31:24]}，将结果保存在寄存器 R0 中。

2．REV16 <Rd>, <Rm>

该指令将寄存器 Rm 中的内容以半字为边界，半字内的两个字节逆序重新排列，将结果保存在寄存器 Rd 中，其操作如图 4.68 所示。该汇编助记符指令的机器码格式如图 4.69 所示。从该指令的机器码格式可知，寄存器 Rm 和 Rd 的范围为 R0～R7。

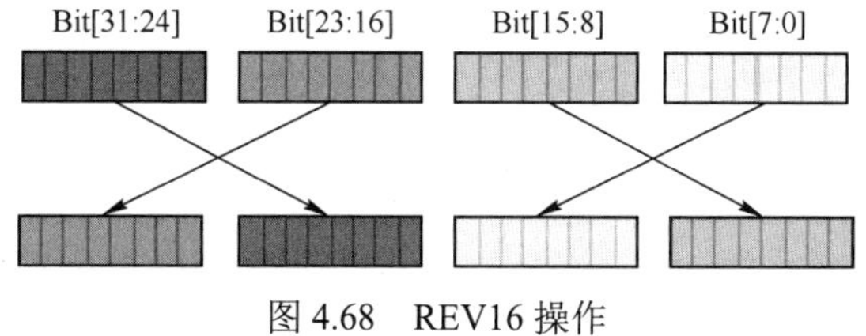

图 4.68　REV16 操作

位索引	15	14	13	12	11	10	9	8	7	6	5	4	3	2	1	0
含义	1	0	1	1	1	0	1	0	0	1	Rm			Rd		

图 4.69　REV16 <Rd>, <Rm>指令的机器码格式

指令 REV16 R0, R1，其机器码为$(BA48)_{16}$。该指令将寄存器中 R1 的数据以半字为边界，半字内的字节按逆序重新排列，即{R1[23:16],R1[31:24],R1[7:0],R1[15:8]}，将结果保存在寄存器 R0 中。

3．REVSH <Rd>, <Rm>

该指令将寄存器 Rm 中的低半字内的两个字节逆序重新排列，将结果保存在寄存器 Rd[15:0]中，对于 Rd[31:16]中的内容由交换字节后 R[7]的内容决定，即符号扩展，其操作如图 4.70 所示。

该汇编助记符指令的机器码格式如图 4.71 所示。从该指令的机器码格式可知，寄存器 Rm 和 Rd 的范围为 R0～R7。

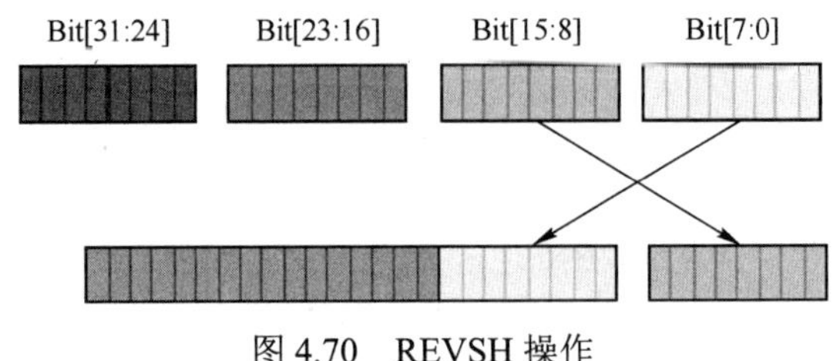

图 4.70　REVSH 操作

位索引	15	14	13	12	11	10	9	8	7	6	5	4	3	2	1	0
含义	1	0	1	1	1	0	1	0	1	1	Rm			Rd		

图 4.71　REVSH <Rd>, <Rm>指令的机器码格式

指令 REVSH R0, R1，其机器为$(BAC8)_{16}$。该指令将寄存器中 R1 的低半字内的两个字节按逆序重新排列，将结果保存在寄存器 R0[15:0]中，对于 R0[31:16]中的内容由交换字节后 R0[7]的内容决定，即符号扩展，表示为 R0=符号扩展{R1[7:0],R1[15:8]}。

思考与练习 4.12：说明以下指令实现的功能。

（1）REV R3, R7 ________________________________

（2）REV16 R0, R0 ________________________________

（3）REVSH R0, R5 ________________________________

4.12　扩展操作指令

本节介绍扩展操作指令，下面对这些指令进行详细说明。

1．SXTB <Rd>, <Rm>

将寄存器 Rm 中的[7:0]位进行符号扩展，将结果保存在寄存器 Rd 中，该汇编助记符指令的机器码格式如图 4.72 所示。从该指令的机器码格式可知，寄存器 Rm 和 Rd 的范围为 R0～R7。

位索引	15	14	13	12	11	10	9	8	7	6	5	4	3	2	1	0
含义	1	0	1	1	0	0	1	0	0	1	Rm			Rd		

图 4.72　SXTB <Rd>, <Rm>指令的机器码格式

指令 SXTB R0, R1，其机器码为$(B248)_{16}$。该指令将寄存器 R1 中的[7:0]位进行符号扩展，将结果保存在寄存器 R0 中，表示为 R0=符号扩展{R1[7:0]}。

2．SXTH <Rd>, <Rm>

将寄存器 Rm 中的[15:0]位进行符号扩展，将结果保存在寄存器 Rd 中。该汇编助记符指令的机器码格式如图 4.73 所示。从该指令的机器码格式可知，寄存器 Rm 和 Rd 的范围为 R0～R7。

位索引	15	14	13	12	11	10	9	8	7	6	5	4	3	2	1	0
含义	1	0	1	1	0	0	1	0	0	0	Rm			Rd		

图 4.73　SXTH <Rd>, <Rm>指令的机器码格式

指令 SXTH R0, R1，其机器码为$(B208)_{16}$。该指令将寄存器 R1 中的[15:0]位进行符号扩展，将结果保存在寄存器 R0 中，表示为 R0=符号扩展{R1[15:0]}。

3．UXTB <Rd>, <Rm>

将寄存器 Rm 中的[7:0]位进行零扩展，将结果保存在寄存器 Rd 中。该汇编助记符指令的机器码格式如图 4.74 所示。从该指令的机器码格式可知，寄存器 Rm 和 Rd 的范围为 R0～R7。

位索引	15	14	13	12	11	10	9	8	7	6	5	4	3	2	1	0
含义	1	0	1	1	0	0	1	0	1	1	Rm			Rd		

图 4.74　UXTB <Rd>, <Rm>指令的机器码格式

指令 UXTB R0, R1，其机器码为$(B2C8)_{16}$。该指令将寄存器 R1 中的[7:0]位进行零扩展，将结果保存在寄存器 R0 中，表示为 R0=零扩展{R1[7:0]}。

4．UXTH <Rd>, <Rm>

将寄存器 Rm 中的[15:0]位进行零扩展，将结果保存在寄存器 Rd 中。该汇编助记符指令的机器码格式如图 4.75 所示。从该指令的机器码格式可知，寄存器 Rm 和 Rd 的范围为 R0～R7。

位索引	15	14	13	12	11	10	9	8	7	6	5	4	3	2	1	0
含义	1	0	1	1	0	0	1	0	1	0	Rm			Rd		

图 4.75　UXTH <Rd>, <Rm>指令的机器码格式

指令 UXTH R0, R1，其机器码为$(B288)_{16}$。该指令将寄存器 R1 中的[15:0]位进行零扩展，将结果保存在寄存器 R0 中，表示为 R0=零扩展{R1[15:0]}。

思考与练习 4.13：说明以下指令实现的功能。

（1）SXTH R4, R6　________________________

（2）UXTB R3, R1　________________________

4.13　程序流控制指令

本节介绍程序流控制指令，下面对这些指令进行详细说明。

1．B <label>

该指令实现无条件跳转，该汇编助记符指令的机器码格式如图 4.76 所示。

位索引	15	14	13	12	11	10	9	8	7	6	5	4	3	2	1	0
含义	1	1	1	0	0	imm11										

图 4.76　B <label>指令的机器码格式

> **注：**（1）label 是要跳转到的指令的标号。imm11 为汇编器计算得到的偏移量，该偏移量允许的范围为-2048～+2046 的偶数。
>
> （2）当前 B 指令的 PC 值加 4，其结果作为计算与目标标号地址之间偏移量的 PC 值，目标标号的地址减去该 PC 值得到偏移量，然后将得到的偏移量的值除以 2，就是 imm11 的值。

指令 B loop，该指令实现无条件跳转到 loop 标号地址以执行指令。

2. B <cond> <label>

有条件跳转指令，根据寄存器 APSR 中的 N、Z、C 和 V 标志，跳转到 label 所标识的地址，该汇编助记符指令的机器码格式如图 4.77 所示。图中，cond 为条件码，其编码格式如表 4.3 所示。

位索引	15	14	13	12	11	10	9	8	7	6	5	4	3	2	1	0
含义	1	1	0	1	cond				imm8							

图 4.77　B <cond> <label>指令的机器码格式

注：（1）label 是要跳转到的指令的标号。imm8 为汇编器计算得到的偏移量，该偏移量允许的范围为−256～+254 的偶数。

（2）当前 B 指令的 PC 值加 4，其结果作为计算与目标标号地址之间偏移量的 PC 值，目标标号的地址减去该 PC 值得到偏移量，然后将得到的偏移量的值除以 2，就是 imm8 的值。

表 4.3　cond 的编码格式

cond	助记符扩展	含义	条件标志
0000	EQ	相等	Z==1
0001	NE	不相等	Z==0
0010	CS①	设置进位	C==1
0011	CC②	清除进位	C==0
0100	MI	减，负的	N==1
0101	PL	加，正的或零	N==0
0110	VS	溢出	V==1
0111	VC	无溢出	V==0
1000	HI	无符号的较高	C==1 且 Z==0
1001	LS	无符号的较低或相同	C==0 或 Z==1
1010	GE	有符号的大于或等于	N==V
1011	LT	有符号的小于	N!=V
1100	GT	有符号的大于	Z==0 且 N==V
1101	LE	有符号的小于或等于	Z==1 或 N!=V
1110③	None(AL)④	总是（无条件）	任何

注：① HS（无符号的较高或相同）是 CS 的同义词。
② LO（无符号的较低）是 CC 的同义词。
③ 永远不会在 Armv6-M Thumb 指令中对该值进行编码。
④ AL 是为“总是”提供的一个可选的助记符扩展名。

指令 BEQ loop，该指令实现当寄存器 APSR 中的标志位 Z 等于 1 时，将跳转到标号为 loop 的位置执行指令。

3. BL <label>

该指令表示跳转和连接，跳转到一个地址，并且将返回地址保存到寄存器 LR 中。跳转地址在当前 PC±16MB 的范围内。该指令通常用于调用一个子程序或函数。一旦完成执行函数，就通过执行指令 BX LR 返回。

指令中的 label 是要跳转到的指令的标号。汇编器计算从 BL 指令的 PC 值（该 PC 值加 4 后才作为计算真正使用的 PC 值）到该标号的偏移量所需的值，然后选择将 imm32 设置为该偏移量的编码。允许的偏移量范围是−16777216～+16777214。

BL 指令是 Thumb 指令集中的 32 位指令，该汇编助记符指令的机器码格式如图 4.78 所示。

位索引	15	14	13	12	11	10	9	8	7	6	5	4	3	2	1	0	15	14	13	12	11	10	9	8	7	6	5	4	3	2	1	0
含义	1	1	1	1	0	S	imm10										1	1	J1	1	J2	imm11										

图 4.78 BL<label>指令的机器码格式

其中，符号进行如下组合：I1=NOT(J1 EOR S); I2=NOT(J2 EOR S); imm32=SignExtend (S:I1:I2:imm10:imm11:'0',32)。显然，偏移量地址包括 S、I1、I2、imm10 和 imm11。

注：在引入 Thumb-2 技术之前，J1 和 J2 均为 1，导致分支的范围较小。这些指令可作为两个单独的 16 位指令执行：第一条指令 instr1 将 LR 设置为 PC+有符号扩展（instr1 <10:0>: '00000000000',32）；第二条指令完成该操作。在 Armv6T2、Armv6-M 和 Armv7 中，不再可能将 BL 指令拆分为两个 16 位指令。

指令 BL functionA，该指令将 PC 值修改为 functionA 标号所表示的地址值，寄存器 LR 的值等于 PC+4。

4. BX <Rm>

该指令表示跳转和交换，跳转到寄存器所指定的地址，根据寄存器第 0 位的值（1 表示 Thumb，0 表示 Arm），在 Arm 和 Thumb 模式之间切换处理器的状态。Armv6-M 仅支持 Thumb 执行。尝试更改指令执行状态会导致目标地址上指令的异常。该汇编助记符指令的机器码格式如图 4.79 所示。从该指令的机器码格式可知，寄存器 Rm 可用的范围为 R0～R15。

位索引	15	14	13	12	11	10	9	8	7	6	5	4	3	2	1	0
含义	0	1	0	0	0	1	1	1	1	Rm				(0)	(0)	(0)

图 4.79 BX <Rm>指令的机器码格式

指令 BX R0，其机器码为$(4700)_{16}$。该指令将 PC 值修改为 R0 寄存器内的内容，即 PC=R0。

5. BLX <Rm>

跳转和带有交换的连接。跳转到寄存器所指定的地址，将返回地址保存到寄存器 LR 中，并且根据寄存器的第 0 位的值（1 表示 Thumb，0 表示 Arm），在 Arm 和 Thumb 模式之间切换处理器的状态。Armv6-M 仅支持 Thumb 执行。尝试更改指令执行状态会导致目标地址上指令的异常。

注：返回地址=当前指令的 PC+4−2=当前指令的 PC+2，第 0 位需要设置为 1。

该汇编助记符指令的机器码格式如图 4.80 所示。从该指令的机器码格式可知，寄存器 Rm 可用的范围为 R0～R15。

位索引	15	14	13	12	11	10	9	8	7	6	5	4	3	2	1	0
含义	0	1	0	0	0	1	1	1	1	Rm				(0)	(0)	(0)

图 4.80 BX <Rm>指令的机器码格式

指令 BLX R0，其机器码为$(4780)_2$。该指令将 PC 值修改为 R0 寄存器内的内容，即 PC=R0，并且寄存器 LR 的值等于当前 PC+2（LR 的第 0 位应该为 1，以保持 Thumb 状态）。

思考与练习 4.14：说明以下指令实现的功能。

（1）B loopA ________________________

（2）BL funC ________________________________

（3）BX LR ________________________________

（4）BLX R0 ________________________________

（5）BEQ labelD ________________________________

4.14　存储器屏障指令

本节介绍存储器屏障指令，下面对这些指令进行详细说明。

1．DMB

数据存储器屏蔽（Data Memory Barrier，DMB）指令，在提交新的存储器访问之前，确保已经完成所有的存储器访问。DMB 指令是 Thumb 指令集上的 32 位指令。该汇编助记符指令的机器码格式如图 4.81 所示。

位索引	15	14	13	12	11	10	9	8	7	6	5	4	3	2	1	0	15	14	13	12	11	10	9	8	7	6	5	4	3	2	1	0
含义	1	1	1	1	0	0	1	1	1	0	1	1	(1)	(1)	(1)	(1)	1	0	(0)	0	(1)	(1)	(1)	(1)	0	1	0	1	option			

图 4.81　DMB 指令的机器码格式

注：option 指定 DMB 操作的可选限制。当 DMB 指令后的选项为 SY 时，DMB 操作可以确保所有访问的顺序，option 编码为“1111”，可以省略该选项。保留 option 的所有其他编码。相应指令执行系统（SY）DMB 操作，但是软件不依赖该行为。

2．DSB

数据同步屏蔽（Data Synchronization Barrier，DSB）指令，在执行下一条指令前，确保已经完成所有的存储器访问。DSB 指令是 Thumb 指令集上的 32 位指令。该汇编助记符指令的机器码格式如图 4.82 所示。

位索引	15	14	13	12	11	10	9	8	7	6	5	4	3	2	1	0	15	14	13	12	11	10	9	8	7	6	5	4	3	2	1	0
含义	1	1	1	1	0	0	1	1	1	0	1	1	(1)	(1)	(1)	(1)	1	0	(0)	0	(1)	(1)	(1)	(1)	0	1	0	0	option			

图 4.82　DSB 指令的机器码格式

注：option 指定 DSB 操作的可选限制。当 DSB 指令后的选项为 SY 时，DSB 操作可以确保完成所有的访问，option 编码为“1111”，可以省略该选项。保留 option 的所有其他编码。相应指令执行系统（SY）DSB 操作，但是软件不依赖该行为。

3．ISB

指令同步屏蔽（Instruction Synchronization Barrier，ISB）指令，在执行新的指令前，刷新流水线，确保已经完成先前所有的指令。ISB 指令是 Thumb 指令集上的 32 位指令。该汇编助记符指令的机器码格式如图 4.83 所示。

位索引	15	14	13	12	11	10	9	8	7	6	5	4	3	2	1	0	15	14	13	12	11	10	9	8	7	6	5	4	3	2	1	0
含义	1	1	1	1	0	0	1	1	1	0	1	1	(1)	(1)	(1)	(1)	1	0	(0)	0	(1)	(1)	(1)	(1)	0	1	1	0	option			

图 4.83　ISB 指令的机器码格式

> 注：option 指定 ISB 操作的可选限制。完整的系统 ISB 操作，option 编码为“1111”，可以省略该选项。保留 option 的所有其他编码。相应指令执行完整的系统 ISB 操作，但是软件不依赖该行为。

4.15　异常相关指令

本节介绍异常相关指令，下面对这些指令进行详细说明。

1．SVC #<imm8>

该指令是管理员调用指令，触发 SVC 异常。该汇编助记符指令的机器码格式如图 4.84 所示。

位索引	15	14	13	12	11	10	9	8	7	6	5	4	3	2	1	0
含义	1	1	0	1	1	1	1	1	imm8							

图 4.84　SVC #<imm8>指令的机器码格式

指令 SVC #3，其机器码为$(DF03)_{16}$。该指令表示触发 SVC 异常，其参数为 3。

2．CPS<effect> i

该指令修改处理器的状态，使能/禁止中断。该指令不会阻塞 NMI 和硬件故障句柄。该指令中的<effect>指定对 PRIMASK 所要求的效果。<effect>为以下参数之一。

（1）IE。中断使能，将 PRIMASK.PM 设置为 0。

（2）ID。中断禁止，将 PRIMASK.PM 设置为 1。

指令中的 i 表示 PRIMASK 受到的影响。当它设置为 1 时，将当前优先级提高为 0。PRIMASK 是 1 位寄存器，只能在特权级执行中访问它。该汇编助记符指令的机器码格式如图 4.85 所示。

位索引	15	14	13	12	11	10	9	8	7	6	5	4	3	2	1	0
含义	1	0	1	1	0	1	1	0	0	1	1	im	(0)	(0)	(1)	(0)

图 4.85　CPS<effect> i 指令的机器码格式

指令 CPSIE i，其机器码为$(B662)_{16}$，该指令使能中断，清除 PRIMASK；指令 CPSID i，其机器码为$(B672)_{16}$，该指令禁止中断，设置 PRIMASK。

4.16　休眠相关指令

本节介绍与休眠相关的指令，下面对这些指令进行详细说明。

1．WFI

该指令等待中断，停止执行程序，直到中断到来或者处理器进入调试状态。该汇编助记符指令的机器码格式如图 4.86 所示。

位索引	15	14	13	12	11	10	9	8	7	6	5	4	3	2	1	0
含义	1	0	1	1	1	1	1	1	0	0	1	1	0	0	0	0

图 4.86　WFI 指令的机器码格式

2．WFE

该指令等待事件，停止执行程序，直到事件到来（由内部事件寄存器设置）或者处理器进入调试状态。该汇编助记符指令的机器码格式如图 4.87 所示。

位索引	15	14	13	12	11	10	9	8	7	6	5	4	3	2	1	0
含义	1	0	1	1	1	1	1	1	0	0	1	0	0	0	0	0

图 4.87　WFE 指令的机器码格式

3．SEV

该指令在多处理环境（包括自身）中，向所有处理器发送事件。该汇编助记符指令的机器码格式如图 4.88 所示。

位索引	15	14	13	12	11	10	9	8	7	6	5	4	3	2	1	0
含义	1	0	1	1	1	1	1	1	0	1	0	0	0	0	0	0

图 4.88　SEV 指令的机器码格式

4.17　其他指令

本节介绍其他指令，下面对这些指令进行详细说明。

1．NOP

该指令为空操作指令，用于产生指令对齐，或者引入延迟。该汇编助记符指令的机器码格式如图 4.89 所示。

位索引	15	14	13	12	11	10	9	8	7	6	5	4	3	2	1	0
含义	1	0	1	1	1	1	1	1	0	0	0	0	0	0	0	0

图 4.89　NOP 指令的机器码格式

2．BKPT #<imm8>

该指令为断点指令，将处理器置为停止阶段。指令中的 imm8 用于标识保存在指令中的一个 8 位数。Arm 硬件忽略这个值，但是调试器可以用它来保存关于断点的额外信息。

在该阶段，通过调试器，用户执行调试任务。由调试器插入 BKPT 指令，用于代替原来的指令。该汇编助记符指令的机器码格式如图 4.90 所示。

位索引	15	14	13	12	11	10	9	8	7	6	5	4	3	2	1	0
含义	1	0	1	1	1	1	1	0	imm8							

图 4.90　BKPT #<imm8>指令的机器码格式

指令 BKPT #5，其机器码为$(BE05)_{16}$，该指令表示标号为 5 的断点。

3．YIELD

YIELD 是一个提示指令。它使具有多线程功能的软件能够向硬件指示其正在执行任务（如自旋锁），可以交换出去以提高系统的整体性能。

如果硬件支持该功能，则可以使用它提示挂起和恢复多个代码线程。该汇编助记符指令的机器码格式如图 4.91 所示。

位索引	15	14	13	12	11	10	9	8	7	6	5	4	3	2	1	0
含义	1	0	1	1	1	1	1	1	0	0	0	1	0	0	0	0

图 4.91　YIELD 指令的机器码格式

4.18　STM32G0 的向量表格式

所有 Arm 系统都有一个向量表。它不构成初始化序列的一部分，但是必须存在它才能处理异常。用于 STM32G0 系列 MCU 的向量表格式如代码清单 4.1 所示。

代码清单 4.1　用于 STM32G0 系列 MCU 的向量表格式

```
AREA      RESET, DATA, READONLY
                EXPORT    __Vectors
                EXPORT    __Vectors_End
                EXPORT    __Vectors_Size

__Vectors      DCD     __initial_sp                   ;堆栈顶部
               DCD     Reset_Handler                  ;复位句柄
               DCD     NMI_Handler                    ; NMI 句柄
               DCD     HardFault_Handler              ;硬件故障句柄
               DCD     0                              ;保留
               DCD     0                              ;保留
               DCD     0                              ;保留
               DCD     0                              ;保留
               DCD     0                              ;保留
               DCD     0                              ;保留
               DCD     0                              ;保留
               DCD     SVC_Handler                    ; SVCall 句柄
               DCD     0                              ;保留
               DCD     0                              ;保留
               DCD     PendSV_Handler                 ;PendSV 句柄
               DCD     SysTick_Handler                ; SysTick 句柄

               ;外部中断
               DCD     WWDG_IRQHandler                ; 窗口看门狗
               DCD     PVD_IRQHandler                 ; 通过 EXTI 线检测的 PVD
               DCD     RTC_TAMP_IRQHandler            ; 通过 EXTI 线检测的 RTC
               DCD     FLASH_IRQHandler               ; FLASH
               DCD     RCC_IRQHandler                 ; RCC
               DCD     EXTI0_1_IRQHandler             ; EXTI 线 0 和 1
               DCD     EXTI2_3_IRQHandler             ; EXTI 线 2 和 3
               DCD     EXTI4_15_IRQHandler            ; EXTI 线 4～15
               DCD     UCPD1_2_IRQHandler             ; UCPD1、UCPD2
               DCD     DMA1_Channel1_IRQHandler       ; DMA1 通道 1
               DCD     DMA1_Channel2_3_IRQHandler     ; DMA1 通道 2 和通道 3
               DCD    DMA1_Ch4_7_DMAMUX1_OVR_IRQHandler
                                                      ; DMA1 通道 4～7，DMAMUX1 超限
               DCD     ADC1_COMP_IRQHandler           ; ADC1、COMP1 和 COMP2
```

```
        DCD    TIM1_BRK_UP_TRG_COM_IRQHandler  ; TIM1 暂停、更新、触发和通信
        DCD    TIM1_CC_IRQHandler              ; TIM1 捕获比较
        DCD    TIM2_IRQHandler                 ; TIM2
        DCD    TIM3_IRQHandler                 ; TIM3
        DCD    TIM6_DAC_LPTIM1_IRQHandler      ; TIM6、DAC & LPTIM1
        DCD    TIM7_LPTIM2_IRQHandler          ; TIM7 & LPTIM2
        DCD    TIM14_IRQHandler                ; TIM14
        DCD    TIM15_IRQHandler                ; TIM15
        DCD    TIM16_IRQHandler                ; TIM16
        DCD    TIM17_IRQHandler                ; TIM17
        DCD      I2C1_IRQHandler               ; I2C1
        DCD      I2C2_IRQHandler               ; I2C2
        DCD      SPI1_IRQHandler               ; SPI1
        DCD      SPI2_IRQHandler               ; SPI2
        DCD      USART1_IRQHandler             ; USART1
        DCD      USART2_IRQHandler             ; USART2
        DCD      USART3_4_LPUART1_IRQHandler   ; USART3、USART4、LPUART1
        DCD      CEC_IRQHandler                ; CEC

__Vectors_End
```

从上面的代码清单可知，以 STM32G0 系列 MCU 为代表的配置文件由相关句柄的地址组成。在向量表中使用文字池意味着以后可以根据需要轻松地修改地址。其中，每个异常号 *n* 所对应的句柄都保存在（向量基地址+4×*n*）的地址。

在 Armv7-M 和 Armv8-M 处理器中，可以在向量表偏移量寄存器（VTOR）中指定向量基地址，以重新定位向量表。复位时，默认的向量表基地址为 0x0（CODE 空间）。对于 Armv6-M，向量表的基地址固定为 0x0。向量表基地址的位置保存着主堆栈指针的复位值。

注：（1）必须设置向量表中的每个地址的最低有效位 bit[0]，否则将生成硬件故障异常。如果向量表中包含 T32 符号名字，则 Arm 编译器工具链会设置这些位。

（2）因为 STM32G0 系列 MCU 的核心寄存器集中提供了 VTOR，所以也可以通过该寄存器来改变中断向量表的基地址。

4.19　配置堆和堆栈

要使用 Microlib，就必须为堆栈指定一个初始指针。可以在分散文件中使用__initial_sp 符号指定初始指针。

要使用堆函数，如 malloc()、calloc()、realloc()和 free()，就必须指定堆区域的位置和大小。

要配置堆栈和堆与 Microlib 一起使用，就需要使用以下两种方法之一。

（1）定义符号__initial_sp 指向堆栈的顶部。如果使用堆，则还要定义符号__heap_base 和__heap_limit。

① __initial_sp 必须与 8 个字节的倍数对齐。

② __heap_limit 必须指向堆区域中最后一个字节之后的字节。

（2）在分散文件中，可以执行以下任一操作。

① 定义 ARM_LIB_STACK 和 ARM_LIB_HEAP 区域。如果不打算使用堆，则仅定义一个

ARM_LIB_STACK 区域。

② 定义一个 ARM_LIB_STACKHEAP 区域，则堆栈将从该区域的顶部开始，而堆从底部开始。使用 armasm 汇编语言设置初始堆栈和堆如代码清单 4.2 所示。

代码清单 4.2　使用 armasm 汇编语言设置初始堆栈和堆

```
Stack_Size      EQU      0x400

                AREA     STACK, NOINIT, READWRITE, ALIGN=3
Stack_Mem       SPACE    Stack_Size
__initial_sp

Heap_Size       EQU      0x200

                AREA     HEAP, NOINIT, READWRITE, ALIGN=3
__heap_base
Heap_Mem        SPACE    Heap_Size
__heap_limit

EXPORT   __initial_sp
EXPORT   __heap_base
EXPORT   __heap_limit
```

4.20　设计实例一：汇编语言程序的分析和调试

本节将在 Keil μVision 集成开发环境中使用汇编语言编写冒泡排序算法，并通过对该程序的调试，说明 Keil μVision 调试工具在 Arm 32 位嵌入式系统开发中的作用。

4.20.1　冒泡排序算法的基本思想

冒泡排序算法的基本思想如下。

（1）给定一个包含多个数据元素的任意数据序列，制定排序目标，即从大到小排序还是从小到大排序。

（2）从任意给定的一个数据序列的头部开始，进行两两比较，根据数据值的大小交换数据序列中数据元素所在位置，直到最后将最大/最小的数据元素交换到了无序队列的队尾，从而成为有序序列的一部分。这样，完成对无序数据序列的一次完整的排序过程。

（3）下一次从该数据序列的头部重新开始继续这个过程，重复步骤（2），直到所有数据元素都排好序（注意，不能对已经排列到队尾的有序数据进行排序操作），也就是不需要再交换数据的顺序为止。

冒泡排序算法的核心在于每次通过对相邻两个数据元素的两两比较来交换位置，选出剩余无序序列里最大/最小的数据元素放到数据序列的队尾。

在具体实现冒泡排序算法时，应遵循以下规则。

（1）比较相邻的元素。如果前面一个数据比后面一个数据的值大/小（根据排序目标确定大小比较规则），就交换它们两个。

（2）对每一对相邻元素做同样的工作，从开始第一对到结尾的最后一对。完成该步骤后，最后的元素会是最大/最小的数据元素。

（3）针对所有的数据元素重复以上步骤，除了最后已经选出的元素（有序元素）。

（4）持续每次对越来越少的元素（无序元素）重复上面的步骤，直到没有任何一对数据需要比较，则序列实现有序。

4.20.2　冒泡排序算法的设计实现

下面介绍冒泡排序算法的设计与实现，主要步骤如下。

（1）启动 Keil μVision（以下简称 Keil）集成开发环境。

（2）在 Keil 集成开发环境主界面主菜单中，选择 Project->New μVision Project…。

（3）弹出 Create New Project 界面。在该界面中，将路径指向 E:\STM32G0_example\example_4_1（读者可以根据自己的要求指定不同的工程路径）。在该界面底部的文件名右侧的文本框中输入工程的名字。在该例子中，将文件命名为 top。

（4）单击保存按钮，退出该界面。

（5）弹出 Select Device for Target 'Target 1'…界面。如图 4.92 所示，在该界面左下角的器件选择窗口中，找到并展开 STMicroelectronics 选项。在展开项中，找到并展开 STM32G071 选项。在展开项中，选择 STM32G071RBTx 选项。

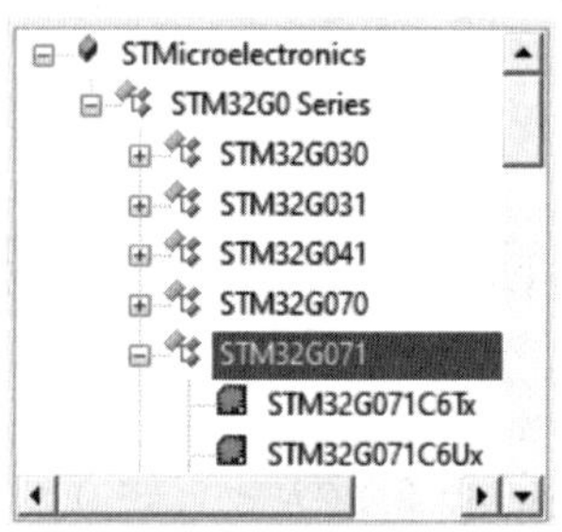

图 4.92　选择器件界面

（6）单击 OK 按钮，退出 Select Device for Target 'Target 1'…界面。

（7）自动弹出 Manage Run-Time Environment 界面，单击该界面右上角的×按钮，退出该界面。

（8）如图 4.93 所示，在 Keil 主界面左侧的 Project 窗口中找到并展开 Project:top 选项。在展开项中，找到并展开 Target 1 选项。在展开项中，找到并选择 Source Group 1 选项，右击鼠标，出现浮动菜单。在浮动菜单内，选择 Add New Item to Group 'Source Group 1'…。

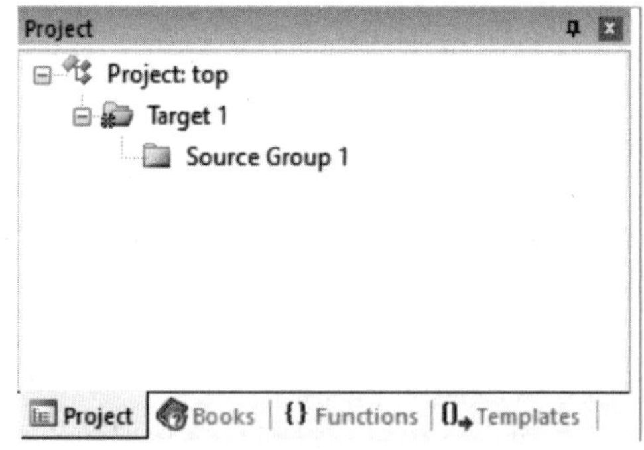

图 4.93　Project 窗口

（9）弹出 Add New Item to Group 'Source Group 1'界面，如图 4.94 所示。在该界面左侧窗口中，选择 Asm File(.s)选项。在该界面下方 Name 标题右侧的文本框中输入 startup，即该汇编源文件的名字为 startup.s。

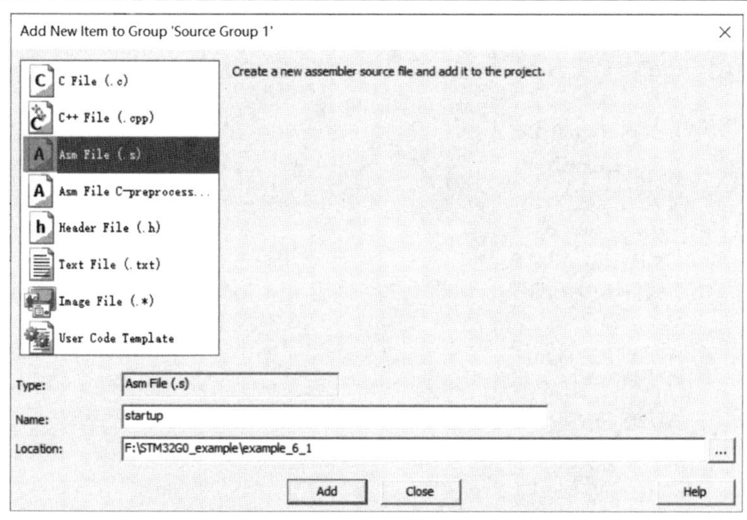

图 4.94　Add New Item to Group 'Source Group 1'界面

（10）单击 Add 按钮，退出该界面。

（11）自动打开 startup.s 文件。在该文件中，添加设计代码，如代码清单 4.3 所示。

代码清单 4.3　汇编语言编写的冒泡排序算法代码片段

```
          MOVS R0, #0x20
          MOVS R1, #24
          LSLS R0, R1                   ;R0 指向存储器基地址 0x2000 0000
          ;需要冒泡排序的 7 个数 0x85、0x6F、0xC2、0x1E、0x34、0x14 和 0x8E
          ;分别保存到寄存器 R1、R2、R3、R4、R5、R6 和 R7 中
          MOVS R1, #0x85
          MOVS R2, #0x6F
          MOVS R3, #0xC2
          MOVS R4, #0x1E
          MOVS R5, #0x34
          MOVS R6, #0x14
          MOVS R7, #0x8E

          STM   R0!, {R1,R2-R7}         ;将需要排序的数据导入到 R0 指向的寄存器中

          MOVS R0, #0x20                ;
          MOVS R1, #24                  ;
          LSLS R0, R1                   ;将 R0 指针指向的位置重新指向 0x2000 0000

          MOVS R3, #0x00                ;初始化 R3 指向第一个需要排序数据的偏移地址
          MOVS R4, #0x04                ;初始化 R4 指向第二个需要排序数据的偏移地址
LEBEL                                   ;循环开始标志
          LDR   R1, [R0,R3]             ;将第一个需要排序的数据从存储器加载到 R1 中
          LDR   R2, [R0,R4]             ;将第二个需要排序的数据从存储器加载到 R2 中

          CMP   R1, R2                  ;比较 R1 和 R2 的值
          BLS   LEBEL1                  ;R1<=R2，不需要交换跳转到 LEBEL1

          STR   R1, [R0,R4]             ;否则 R1 和 R2 需要交换
          STR   R2, [R0,R3]             ;将 R1/R2 交叉保存在存储器中，完成交换

LEBEL1
```

```
            CMP   R4, #0x18              ;比较判断第二个被比较数是否遍历到最后一个
            BEQ   LEBEL2                 ;如果是，则跳转到 LEBEL2

            ADDS R4, #0x04               ;如果不是，则指向下一个被比较数据的偏移地址
            B     LEBEL                  ;开始新的比较循环

LEBEL2
            CMP   R3, #0x14              ;比较判断第一个被比较数是否为倒数第二个数
            BEQ   LEBEL3                 ;如果是，则全部遍历完成，跳转到 LEBEL3 结束排序

            ADDS R3, #0x04               ;如果不是，则让 R3 指向下一个被比较的数
            MOVS R4, R3
            ADDS R4, #0x04               ;让 R4 指向 R3 后面的一个数
            B     LEBEL                  ;开始新的比较循环

LEBEL3
            LDM R0!, {R1, R2-R7}         ;将存储器中排序完的数据，依次导出至 R1～R7
```

（12）保存该设计代码。

> 注：（1）上面的代码没有包含启动引导部分。
> （2）读者可以进入本书提供资源的目录\STM32G0_example\example_4_1，打开该工程，以查看完整的设计代码。

思考与练习 4.15：分析 startup.s 文件中的启动引导代码，说明其结构和实现的功能。

思考与练习 4.16：根据代码清单 4.3 给出的代码，绘制出实现该算法的数据流图。

4.20.3　冒泡排序算法的调试

下面使用 Keil 集成的调试器工具对 4.20.2 节的设计代码进行调试，主要步骤如下。

（1）在如图 4.93 所示的窗口中，找到并选择 Target 1 选项，出现浮动菜单。在浮动菜单内，选择 Options for Target 'Target 1'选项。

（2）弹出 Options for Target 'Target 1'界面。在该界面中，单击 Target 标签。在该标签界面右侧的 Code Generation 栏中，通过 Arm Compiler 右侧的下拉框，将 Arm Compiler 设置为 Use default compiler version5。

（3）在该界面中，单击 Debug 标签。在该标签界面的右侧窗口中，选择 Use 前面的单选按钮，并且通过其右侧的下拉框，将其设置为 ST-Link Debugger，如图 4.95 所示。

图 4.95　选择调试器工具界面

（4）单击 OK 按钮，退出 Options for Target 'Target 1'界面。

（5）在 Keil 主界面主菜单下，选择 Project->Build Target，对汇编源文件执行编译和连接过程。

> 注：在编译和连接过程中，如果在 Build Output 窗口中出现错误信息，则需要仔细检查设计源文件中的代码。

（6）通过 USB 电缆，将 ST 公司提供的 NUCLEO-G071RB 开发板连接到当前计算机的 USB 接口。

（7）在 Keil 主界面主菜单中，选择 Debug->Start/Stop Debug Session。

（8）进入调试器界面，如图 4.96 所示。在该界面的 Disassembly 窗口中，自动跳到复位向量后的第一条指令 MOVS R0, #0x20。

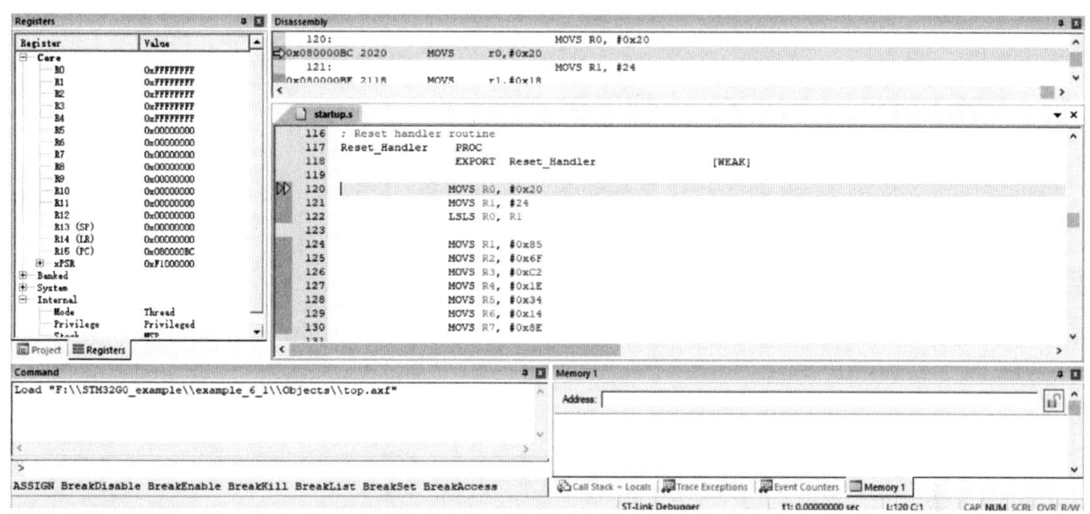

图 4.96　调试器界面

> **注：** 如果没有出现 Disassembly 窗口，可以在调试界面主菜单中选择 View->Disassembly Window，打开该窗口。

（9）在调试界面工具栏中，连续单击工具栏中的单步运行按钮 运行程序，直到运行完指令 MOVS R7, #0x8E 为止。

思考与练习 4.17：在单步运行程序时，注意观察图 4.96 中左上角 Registers 窗口中寄存器内容的变化。

> **注：** 如果没有出现 Registers 窗口，则可以在调试界面主菜单中选择 View->Registers Window，打开该窗口。

（10）在图 4.96 所示调试界面右下角的 Memory 1 窗口中，在 Address 右侧的文本框中输入 0x20000000。

（11）再单步运行完以下指令：

```
STM    R0!, {R1,R2-R7}
```

思考与练习 4.18：查看 Memory 1 窗口中从 0x20000000 开始的地址的内容，以确认将 7 个没有排序的数据保存到了指定的存储器位置，如图 4.97 所示。

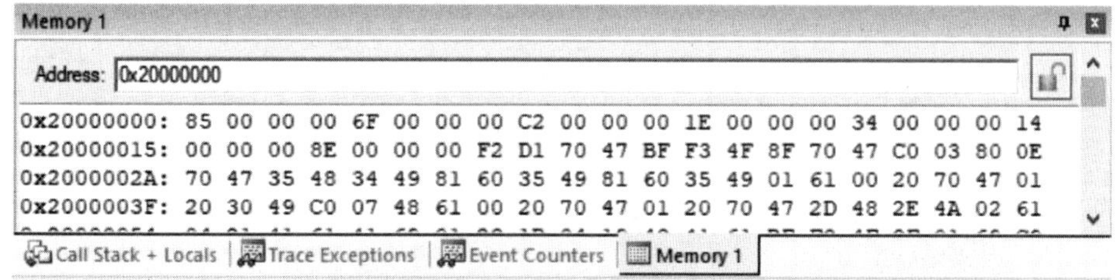

图 4.97　Memory 1 窗口的内容

（12）在指令 LDM R0!, {R1,R2-R7}所在的一行设置一个断点，然后在调试器主界面主菜单中选择 Debug->Run。程序运行到该条指令。

（13）再单步执行一次，以运行完该指令。

思考与练习 4.19：观察 Registers 窗口中寄存器 R1～R7 中的内容，以确认冒泡排序算法的正确性。

4.21　设计实例二：GPIO 的驱动和控制

本节将使用汇编语言编写应用程序来驱动 NUCLEO-G071RB 开发板上的 LED。如图 4.98 所示，在 NUCLEO-G071RB 开发板上标记为 LD4 的 LED 灯，通过名字为 BSN20 的 N 沟道 MOSFET 驱动，该场效应管的栅极连接到 STM32G071RBTx 的 PA5 引脚上。

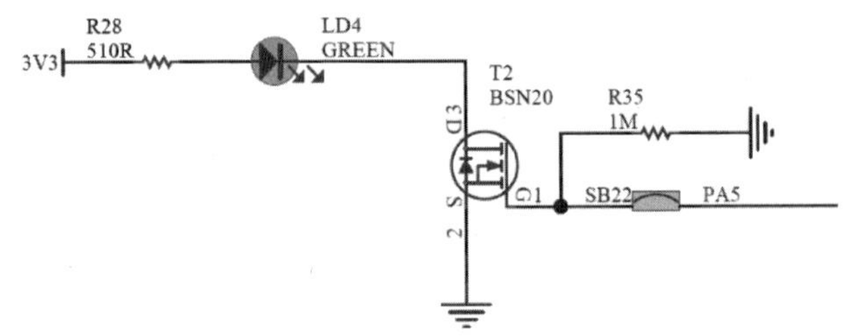

图 4.98　NUCLEO-G071RB 开发板上 LED 的驱动电路（仿真）

根据 N 沟道 MOSFET 的驱动原理，当 PA5 为高电平时，MOSFET 导通，有电流流经 LED，因此 LED 处于“亮”状态；当 PA5 为低电平时，MOSFET 截止，没有电流流经 LED，因此 LED 处于“灭”状态。

4.21.1　STM32G071 的 GPIO 原理

STM32 微控制器的通用输入/输出（General-Purpose IO，GPIO）引脚提供了与外部环境的接口。GPIO 的基本结构如图 4.99 所示。MCU 和所有其他嵌入式外设都使用该可配置接口来与数字和模拟信号进行接口。STM32 上 GPIO 的优势体现在广泛支持的 I/O 电源电压，以及从低功耗模式唤醒 MCU 的能力。

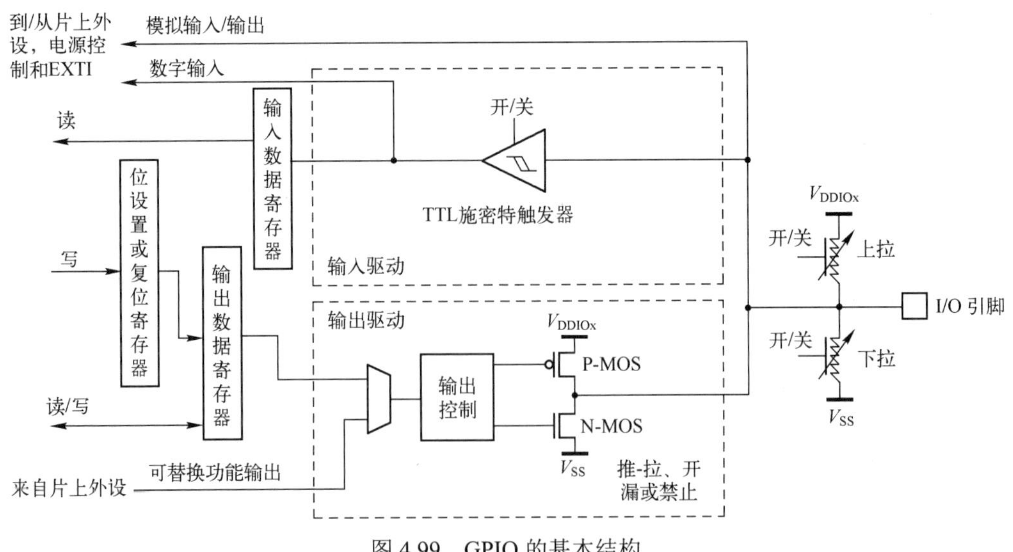

图 4.99　GPIO 的基本结构

当 STM32G0 微控制器处于复位状态时，大多数 I/O 接口配置为模拟模式，以最大限度地降低功耗。

从本书第 2 章的图 2.1 可知，Cortex-M0+处理器核可通过单周期 I/O 总线直接访问 GPIO 寄存器。它提供了一个低延迟的直接路径来改变输出状态或读取输入状态。

对 STM32G0 上的 GPIO 来说，它们中的每个都可以独立配置上拉或下拉电阻。这样，在进入低功耗时，可以保持活动状态，并且可以在 PWR 模块中进行配置。

GPIO 提供双向操作（输入和输出），每个 I/O 引脚具有独立的配置。它们在多达 5 个名字为 GPIOA、GPIOB、GPIOC、GPIOD 和 GPIOF 的端口之间共享。它们每个都承载多达 16 个 I/O 引脚。通过 BSRR 和 BRR 寄存器，I/O 引脚支持原子位置位和复位操作。

I/O 引脚直接连接到单周期 I/O 总线。这允许实现快速的 I/O 引脚操作。例如，每两个时钟周期切换一次引脚。因为该 Cortex-M0+端口是 CPU 专用的，所以与 DMA 不会发生冲突。当由高于 1.6V 的 V_{DDIOx} 供电时，大多数 I/O 引脚可承受 5V 电压。

通用 I/O 引脚可以配置为几种工作模式。可以将 I/O 引脚配置为具有浮动输入的输入模式、带有内部上拉或下拉电阻的输入模式或模拟输入。

I/O 引脚也可以配置为具有内部上拉或下拉电阻的推挽输出或漏极开路输出的输出模式。

对于每个 I/O 引脚，都可以在四个范围内选择压摆率的速度，以确保最大速度和 I/O 开关发射之间的最佳折中，并调整应用的 EMI 性能。其他集成的外设也可以使用 I/O 引脚与外部环境进行接口。在这种情况下，可替换功能寄存器用于选择外设的配置。

可以锁定 I/O 引脚的配置，以提高应用程序的健壮性。通过将正确的写入顺序应用于锁定寄存器来锁定配置后，在下一次复位之前，无法修改 I/O 引脚的配置。

1. 可替换的功能

几个集成的外设，如 USART、定时器、SPI 和其他集成外设，共享相同的 I/O 引脚，以便与外部环境连接。外设通过可替换功能多路选择器配置，可确保一次仅将一个外设连接到 I/O 引脚，如图 4.100 所示。当然，可以在运行应用程序时通过 GPIOx_AFRL 和 AFRH 寄存器来修改此选择。

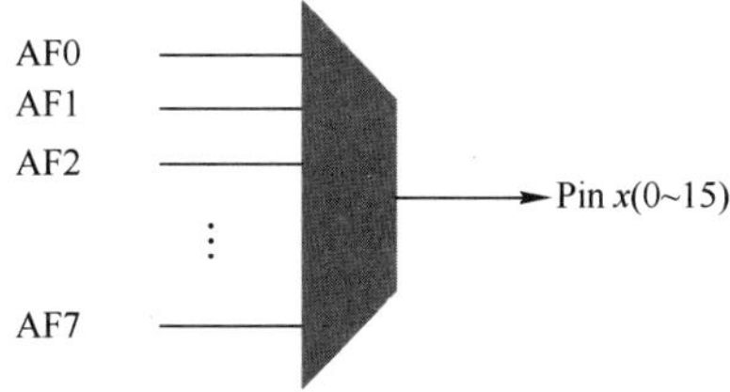

图 4.100 通过多路选择器选择外设与 I/O 引脚的连接关系

> **注：** 对于本书所使用的 MCU 每个 I/O 引脚可以映射的不同可替换功能，读者可查看 ST 公司给出的 DS12232 文档 *STM32G071x8/xB* 中的表 12。

思考与练习 4.20：通过查看 DS12232 文档 *STM32G071x8/xB* 中的表 12，说明 STM32G071 系列 MCU 的 GPIO 的分组方式。（提示：分为 PA、PB、PC、PD 和 PF。）

思考与练习 4.21：根据 DS12232 文档 *STM32G071x8/xB* 中的表 13（Port A alternate function mapping）、表 14（Port B alternate function mapping）、表 15（Port C alternate function mapping）、表 16（Port D alternate function mapping）和表 17（Port F alternate function mapping）以及 ST 给出的文档 RM0444 Reference manual *STM32G0x1 advanced Arm-based 32-bit MCUs*，说明该 MCU 的 GPIO 可替换功能的映射方法。

2．I/O 引脚的配置

I/O 引脚的配置可通过 3 个寄存器实现，包括 GPIOx_MODER、GPIOx_OTYPER 和 GPIOx_PUPDR，如表 4.4 所示。

表 4.4　I/O 引脚的配置

GPIOx_MODER[MODEi]	GPIOx_OTYPER[OTi]	GPIOx_PUPDR[PUPDi]	I/O 配置
0b00（输入）		0b00（无上拉/下拉）	输入、浮空
		0b01（上拉）	输入、上拉
		0b10（下拉）	输入、下拉
0b01（输出）	0（推-拉）	0b00（无上拉/下拉）	GP 输出、推-拉、浮空
		0b01（上拉）	GP 输出、推-拉、上拉
		0b10（下拉）	GP 输出、推-拉、下拉
	0（开漏）	0b00（无上拉/下拉）	GP 输出、开漏、浮空
		0b01（上拉）	GP 输出、开漏、上拉
		0b10（下拉）	GP 输出、开漏、下拉
0b01（可替换的功能）（Alternate Function，AF）	0（推-拉）	0b00（无上拉/下拉）	AF 输出、推-拉、浮空
		0b01（上拉）	AF 输出、推-拉、上拉
		0b10（下拉）	AF 输出、推-拉、下拉
	0（开漏）	0b00（无上拉/下拉）	AF 输出、开漏、浮空
		0b01（上拉）	AF 输出、开漏、上拉
		0b10（下拉）	AF 输出、开漏、下拉
0b11（模拟）	x	0bxx	模拟输入

（1）寄存器 GPIOx_MODER 选择 I/O 引脚的功能：数字输入、数字输出、数字可替换功能或模拟。

（2）当引脚为输出时，寄存器 GPIO_OTYPER 是相关的。它选择开漏或推挽操作。

（3）当引脚未配置为模拟模式时，寄存器 GPIOx_PUPDR 是相关的。它使能/禁止上拉或下拉电阻。

3．引脚重新映射

引脚 PA9 和 PA10 可以分别重新映射 GPIO PA11 和 GPIO PA12，以便在封装本身不可用时访问它们的功能。

通过这种重新映射，可以使用与引脚 PA9 和 PA10 相关的替代功能。

注：当封装支持引脚 PA9 和 PA10 作为独立引脚时，也使用该重新映射。

4．其他考虑

在复位期间和复位之后，可替换功能均无效，只能在可替换模式下使用调试引脚。PA14 引脚与 BOOT0 功能共享。由于调试设备可以操控 BOOT0 引脚值来选择启动模式，因此需要谨慎考虑。

4.21.2　所用寄存器的地址和功能

下面简要介绍设计实例二中所使用的寄存器的地址和功能。表 4.5 给出了寄存器的地址和所对应的寄存器名字。

表 4.5　寄存器的地址和所对应的寄存器名字

寄存器名字	基地址	偏移地址	实际地址
GPIOA_MODER	0x50000000	0x00	0x50000000
RCC_IOPENR	0x40021000	0x34	0x40021034
GPIOA_ODR	0x50000000	0x14	0x50000014

注： 关于模块基地址和偏移地址及寄存器映射关系，读者可以参考 ST 官方文档资料 RM0444 Reference manual *STM32G0x1 advanced Arm-based 32-bit MCUs* 中 2.1 节 System architecture（系统架构）部分的内容。

1．RCC_IOPENR 寄存器

I/O 端口时钟使能寄存器（I/O Port Clock Enable Register，RCC_IOPENR）的内容如图 4.101 所示，该寄存器的复位值为 0x00000000。

31	30	29	28	27	26	25	24	23	22	21	20	19	18	17	16
—	—	—	—	—	—	—	—	—	—	—	—	—	—	—	—
15	14	13	12	11	10	9	8	7	6	5	4	3	2	1	0
—	—	—	—	—	—	—	—	—	—	GPIOFEN	GPIOEEN	GPIODEN	GPIOCEN	GPIOBEN	GPIOAEN

图 4.101　RCC_IOPENR 寄存器的内容

其中：

（1）[31:6]位。保留，必须保持其复位值。

（2）GPIOFEN。I/O 端口 F 时钟使能。该位由软件设置和清除。当该位为 0 时，禁止端口 F 时钟；当该位为 1 时，使能端口 F 时钟。

（3）GPIOEEN。I/O 端口 E 时钟使能。该位由软件设置和清除。当该位为 0 时，禁止端口 E 时钟；当该位为 1 时，使能端口 E 时钟。

（4）GPIODEN。I/O 端口 D 时钟使能。该位由软件设置和清除。当该位为 0 时，禁止端口 D 时钟；当该位为 1 时，使能端口 D 时钟。

（5）GPIOCEN。I/O 端口 C 时钟使能。该位由软件设置和清除。当该位为 0 时，禁止端口 C 时钟；当该位为 1 时，使能端口 C 时钟。

（6）GPIOBEN。I/O 端口 B 时钟使能。该位由软件设置和清除。当该位为 0 时，禁止端口 B 时钟；当该位为 1 时，使能端口 B 时钟。

（7）GPIOAEN。I/O 端口 A 时钟使能。该位由软件设置和清除。当该位为 0 时，禁止端口 A 时钟；当该位为 1 时，使能端口 A 时钟。

在该设计中，需要将该寄存器设置为 0x00000001。

2．GPIOA_MODER 寄存器

GPIOA 端口模式寄存器（GPIOA Port Mode Register，GPIOA_MODER）的内容如图 4.102 所示。该寄存器的复位值为 0xEBFFFFFF。

[31:0] MODE[15:0][1:0]：端口 A 配置 I/O 引脚 y（y=15～0）。这些位由软件写入以配置 I/O 模式。规定：

（1）00，输入模式。

（2）01，通用输出模式。

31　30	29　28	27　26	25　24	23　22	21　20	19　18	17　16
MODE15[1:0]	MODE14[1:0]	MODE13[1:0]	MODE12[1:0]	MODE11[1:0]	MODE10[1:0]	MODE9[1:0]	MODE8[1:0]
15　14	13　12	11　10	9　8	7　6	5　4	3　2	1　0
MODE7[1:0]	MODE6[1:0]	MODE5[1:0]	MODE4[1:0]	MODE3[1:0]	MODE2[1:0]	MODE1[1:0]	MODE0[1:0]

图 4.102　GPIOA_MODER 寄存器的内容

（3）10，可替换功能模式。

（4）11，模拟模式（复位状态）。

在该设计中，该寄存器的值设置为 0xEBFFF7FF。

3．GPIOA_ODR 寄存器

GPIO 端口输出数据寄存器（GPIO Port Output Data Register，GPIOA_ODR）的内容如图 4.103 所示，该寄存器的复位值为 0x00000000。

31	30	29	28	27	26	25	24	23	22	21	20	19	18	17	16
—	—	—	—	—	—	—	—	—	—	—	—	—	—	—	—
15	14	13	12	11	10	9	8	7	6	5	4	3	2	1	0
OD15	OD14	OD13	OD12	OD11	OD10	OD9	OD8	OD7	OD6	OD5	OD4	OD3	OD2	OD1	OD0

图 4.103　GPIOA_ODR 寄存器的内容

其中：

（1）[31:16]位：保留，必须保持复位值。

（2）[15:0]OD[15:0]：端口 A 输出数据 I/O 引脚 *y*（*y*=15～0）。软件可以读/写这些位。

> **注：** 对于原子位的置位/复位，可以通过写入 GPIOA_BSRR 寄存器来分别置位和/或复位 OD 位。

4.21.3　GPIO 驱动和控制的实现

下面将使用汇编语言编写应用程序驱动开发板上的 LED。需要特别注意，在初始化 GPIO 寄存器之前，首先必须初始化 RCC 中必要的寄存器，否则，STM32G071 内的时钟树无法正常工作。而对 GPIO 模块中的寄存器的初始化操作会使用到 APB 总线所提供的时钟资源。

实现 GPIO 驱动和控制的步骤如下。

（1）按照 4.20.2 节给出的步骤，在本书所提供资料的 E:\STM32G0_example\example_4_2 目录下，建立一个名字为 top.uvprojx 的工程。

（2）按照 4.20.2 节给出的步骤，创建一个名字为 startup.s 的汇编源文件。

（3）在该汇编源文件中，添加启动引导代码和与 GPIO 相关的驱动代码，如代码清单 4.4 所示。

代码清单 4.4　GPIO 的驱动和控制代码片段

```
MOVS R0, #1                  ;给寄存器 R0 赋值为 1
LDR  R1, =0x40021034         ;将寄存器 RCC_IOPENR 的地址送给 R1
STR  R0, [R1]                ;给寄存器 RCC_IOPENR 设置值 1
```

```
            LDR   R0, =0xEBFFF7FF          ;给寄存器 R0 赋值为 0xEBFFF7FF
            LDR   R1, =0x50000000          ;将寄存器 GPIOA_MODER 的地址送给 R1
            STR   R0, [R1]                 ;给寄存器 GPIOA_MODER 设置值 0xEBFFF7FF

LEBEL                                      ;最外层循环标号
            LDR   R4, =0x000FFFFF          ;第一个内循环的延迟初值为 0x000FFFFF
LEBEL1                                     ;第一个内循环的标号
           LDR   R0, =0x20                 ;给寄存器 R0 赋值为 0x20
            LDR   R1, =0x50000014          ;将寄存器 GPIOA_ODR 的地址送给寄存器 R1
            STR   R0, [R1]                 ;给寄存器 GPIOA_ODR 设置值 0x20

            SUBS R4, #1                    ;递减第一个内循环延迟值
            CMP   R4, #1                   ;将递减后的延迟值与 1 进行比较，产生标志
            BGE LEBEL1                     ;当未到达延迟值的下界时，继续第一个内循环

            LDR   R5, =0x000FFFFF          ;第二个内循环的延迟初值为 0x000FFFFF
LEBEL2                                     ;第二个内循环的标号
            LDR   R0, =0x0                 ;给寄存器 R0 赋值为 0x0
            LDR   R1, =0x50000014          ;将寄存器 GPIOA_ODR 的地址送给寄存器 R1
            STR   R0, [R1]                 ;给寄存器 GPIOA_ODR 设置值 0x00

            SUBS R5, #1                    ;递减第二个内循环延迟值
            CMP R5, #1                     ;将递减后的延迟值与 1 进行比较，产生标志
            BGE LEBEL2                     ;当未到达延迟值的下界时，继续第二个内循环

            B LEBEL                        ;无条件跳转到外循环
```

注：(1) 上面的代码没有包含启动引导部分。

(2) 读者可以进入本书提供资源的目录 E:\STM32G0_example\example_4_2 中，打开该工程，以查看完整的设计代码。

思考与练习 4.22：根据代码清单给出的代码，绘制出控制开发板上 LED 的流程图。

(4) 保存该设计文件。

(5) 在 Keil 主界面主菜单下，选择 Project→Build Target，对设计代码进行编译和连接。

(6) 通过 USB 电缆，将 ST 公司提供的开发板 NUCLEO-G071RB 连接到计算机 USB 接口。

(7) 在 Keil 主界面主菜单下，选择 Flash→Download，将生成的烧写文件自动下载到开发板上型号为 STM32G071 MCU 的片内 Flash 存储器中。

(8) 按一下开发板 NUCLEO-G071RB 上标记为 RESET 的按键，开始运行程序。

思考与练习 4.23：观察开发板上 LED 的闪烁现象是否和设计目标一致，并修改该设计中的 GPIO 驱动代码实现对 LED 控制模式的修改。

4.22　设计实例三：中断的控制和实现

本节将使用 ST 开发板 NUCLEO-G071RB 上标记为 USER 的按键来控制开发板上标记为 LD4 的 LED。每当按下 USER 按键时，切换 LED 的状态。USER 按键的电路原理如图 4.104 所示。当按下该按键时，PC13 引脚拉低到 GND；当未按下该按键时，PC13 引脚拉高到 VDD。

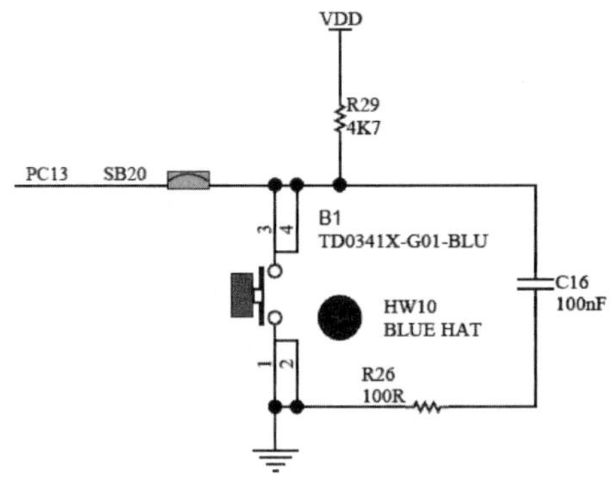

图 4.104　USER 按键的电路原理

4.22.1　扩展中断和事件控制器（EXTI）原理

扩展中断和事件控制器（extended interrupt and event controller，EXTI）通过可配置和直接事件输入（线）管理 CPU 和系统唤醒。它向电源控制提供唤醒请求，并向 CPU NVIC 生成中断请求，向 CPU 事件输入生成事件。对于 CPU，需要一个额外的事件产生块（event generation block，EVG）来生成 CPU 事件信号。EXTI 唤醒请求允许从停止模式唤醒系统。此外，可以在运行模式下使用中断请求和事件请求生成。

EXTI 也包含 EXTI I/O 端口多路复用器。

1．EXTI 的内部结构

EXTI 的内部结构如图 4.105 所示。从该图中可知，EXTI 包含通过 AHB 接口访问的寄存器块、事件输入触发块、屏蔽块和 EXTI 多路复用器。其中：

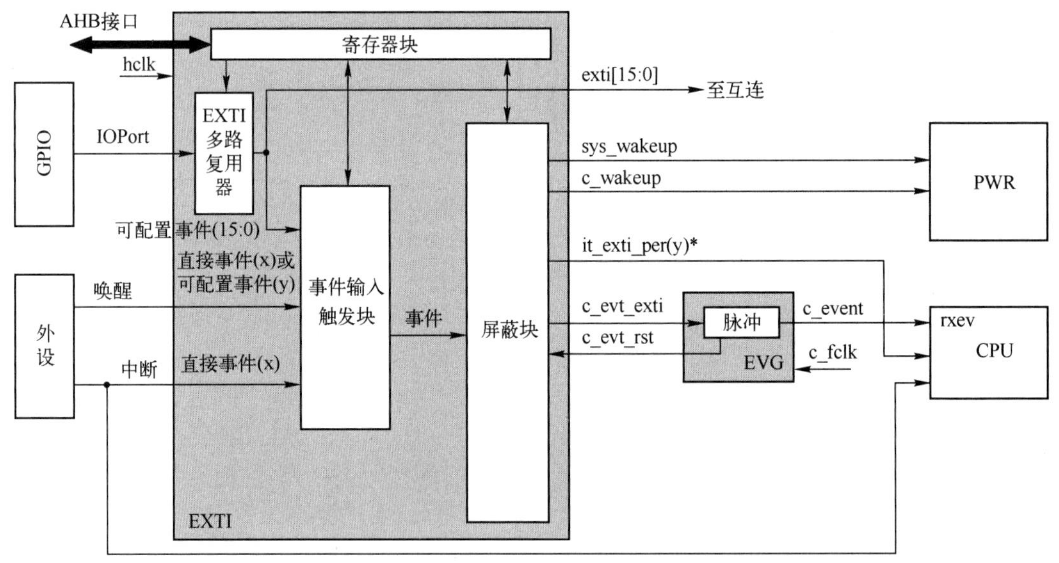

图 4.105　EXTI 的内部结构

（1）寄存器块包含所有 EXTI；

（2）事件输入触发块提供一个事件输入边沿触发逻辑；

（3）屏蔽块将事件输入分配提供给不同的唤醒、中断和事件输出，以及对它们的屏蔽；

（4）EXTI 多路复用器在 EXTI 事件信号上提供 I/O 端口选择。

注：图 4.105 中 it_exti_per(y)仅适用于可配置事件(y)。

EXTI 模块内部信号及功能如表 4.6 所示。

表 4.6　EXTI 内部信号及功能

信号名字	I/O	功能
AHB 接口	I/O	EXTI 总线接口。当把一个事件配置为允许安全特性时，AHB 接口支持安全访问
hclk	I	AHB 总线时钟和 EXTI 系统时钟
可配置事件(y)	I	来自外设的异步唤醒事件，这些事件在外设中没有相关的中断和标志
直接事件(x)	I	来自外设的同步和异步唤醒事件，在外设中有相关的中断和标志
IOPort	I	GPIO 端口[15:0]
exit[15:0]	O	EXTI 输出端口，触发其他 IP
it_exti_per(y)	O	与可配置事件(y)相关的 CPU 中断
c_evt_exti	O	高级敏感事件输出，用于同步到 hclk
c_evt_rst	I	用于清除 c_evt_exti 的异步复位输入
sys_wakeup	O	为 ck_sys 和 hclk 到 PWR 的异步系统唤醒请求
c_wakeup	O	为 CPU 到 PWR 的唤醒请求，同步到 hclk

EVG 块的引脚及功能如表 4.7 所示。

表 4.7　EVG 块的引脚及功能

信号名字	I/O	功能
c_fclk	I	CPU 自由运行的时钟
c_evt_in	I	来自 EXTI 的高级敏感事件输入，与 CPU 时钟异步
c_event	O	事件脉冲，与 CPU 时钟同步
c_evt_rst	O	事件复位信号，与 CPU 时钟同步

2. EXTI 多路复用器

EXTI 多路复用器允许选择 GPIO 作为中断和唤醒，如图 4.106 所示。前面提到，STM32G0 具有 5 个 I/O 端口：端口 A 至 D 为 16 个引脚宽度，端口 F 是 4 个引脚宽度。

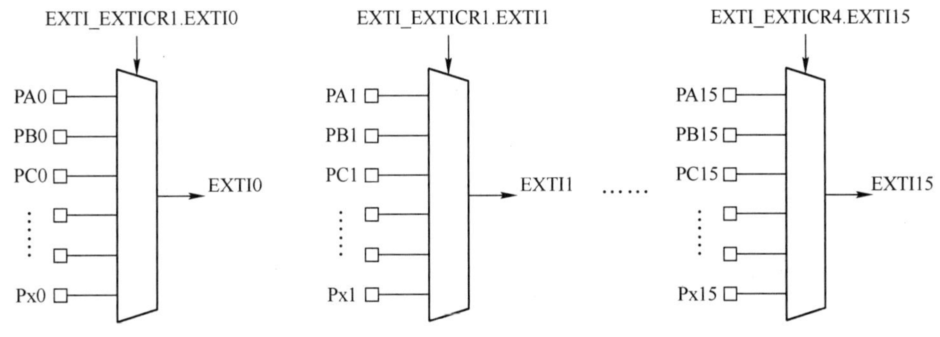

图 4.106　EXTI 多路复用器

GPIO 通过 16 个 EXTI 多路复用器线连接到前 16 个 EXTI 事件，作为可配置事件。通过 EXTI 外部中断选择寄存器（EXTI_EXTICRx）控制 GPIO 端口作为 EXTI 多路复用器输出的选择。

EXTI 多路复用器的输出可用作来自 EXTI 的输出信号，以触发其他功能块。通过 EXTI_IMR 和 EXTI_EMR 寄存器，可以使用 EXTI 多路复用器的输出，而独立于屏蔽设置。

所连接的 EXTI 线（事件输入）如表 4.8 所示。

表 4.8 所连接的 EXTI 线

EXTI 线	线的源	线的类型
0~15	GPIO	可配置的
16	PVD 输出	可配置的
17	COMP1 输出	可配置的
18	COMP2 输出	可配置的
19	RTC	直接
20	COMP3 输出	可配置的
21	TAMP	直接
22	I2C2 唤醒	直接
23	I2C1 唤醒	直接
24	USART3 唤醒	直接
25	USART1 唤醒	直接
26	USART2 唤醒	直接
27	CEC 唤醒	直接
28	LPUART1 唤醒	直接
29	LPTIM1	直接
30	LPTIM2	直接
31	LSE_CSS	直接
32	UCPD1 唤醒	直接
33	UCPD2 唤醒	直接
34	V_{DDIO2} 监视可配置的	直接
35	LPUART2 唤醒	直接

3. 外设和 CPU 之间的 EXTI 连接

当系统处于停止模式时，能够产生唤醒或中断事件的外设连接到 EXTI。

（1）产生脉冲或外设中没有状态位的外设唤醒信号连接到一个 EXTI 可配置线。对于这些事件，EXTI 提供了一个状态位，需要将其清除。与状态位相关的 EXTI 中断会中断 CPU。

（2）在外设中有状态位且需要在外设中清除的外设中断和唤醒信号连接到 EXTI 直连线。EXTI 中没有状态位。外设中的中断或唤醒由 CPU 清除。外设中断直接中断 CPU。

（3）所有输入到 EXTI 多路复用器的 GPIO 端口，允许选择一个端口以通过可配置的事件唤醒系统。

EXTI 可配置事件中断连接到 CPU 的 NVIC(a)。专用的 EXTI/EVG CPU 事件连接到 CPU 的 RxEV 输入。EXTI CPU 唤醒信号连接到 PWR 块，用于唤醒系统和 CPU 子系统总线时钟。

4. Cortex-M0+事件和中断

事件和中断的响应如图 4.107 所示，Cortex-M0+支持两种进入低功耗状态的方法：

（1）执行等待事件（Wait For Event，WFE）指令；

（2）执行等待中断（Wait For Interrupt，WFI）指令。

对于 WFE，唤醒事件后执行的第一条指令是下一个顺序指令 INSTR_N+1。当接收到使能的中断请求时，处理器将跳至中断服务程序（Interrupt Service Routine，ISR）。

注：中断请求是 WFE 的退出条件，但是在 RxEV 上接收到的事件不是 WFI 的退出条件。

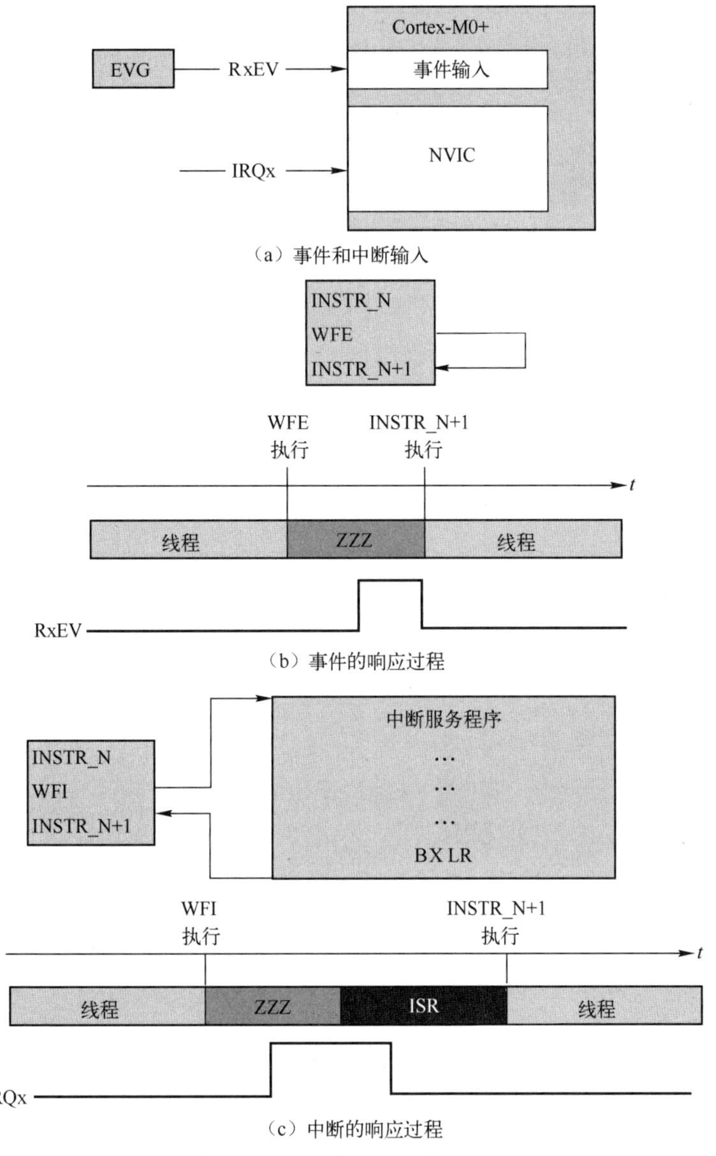

图 4.107　事件和中断的响应

5．中断的产生

中断的产生原理如图 4.108 所示。该图旨在说明使可配置事件活动边沿转换为中断请求的各个阶段。第一级是由两个寄存器 EXTI_RTSR1[y]和 EXTI_FTSR1[y]配置的异步边沿检测电路。可以选择任何沿，也可能是两个沿。

通过在 EXTI_SWIER1[y]寄存器中设置相应的位来模拟可配置的事件。该位由硬件自动清除。

图 4.108 中，“与”逻辑门用于屏蔽或使能 NVIC 中断的产生。

最后，当对 NVIC 产生中断时，在 EXTI_RPR1 寄存器中设置一个标志。该标志使得软件能够确定中断原因。预期该标志由中断服务程序清除。

6．CPU 事件产生

CPU 事件的产生原理如图 4.109 所示。该图旨在说明使可配置事件活动边沿转换为处理器事件的各个阶段。可配置事件和直接事件都可配置为向 CPU 发出事件，并直接转到其 RxEV 输入。

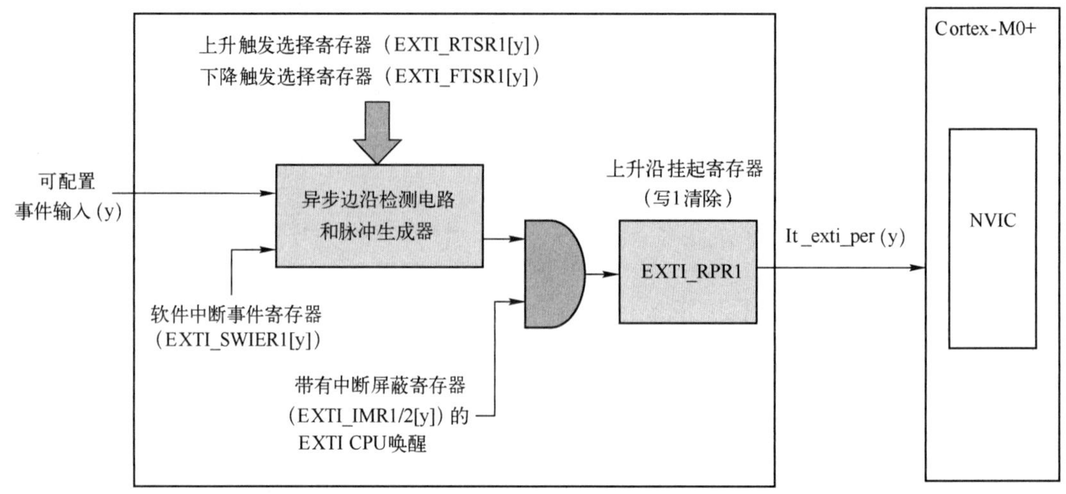

图 4.108　中断的产生原理

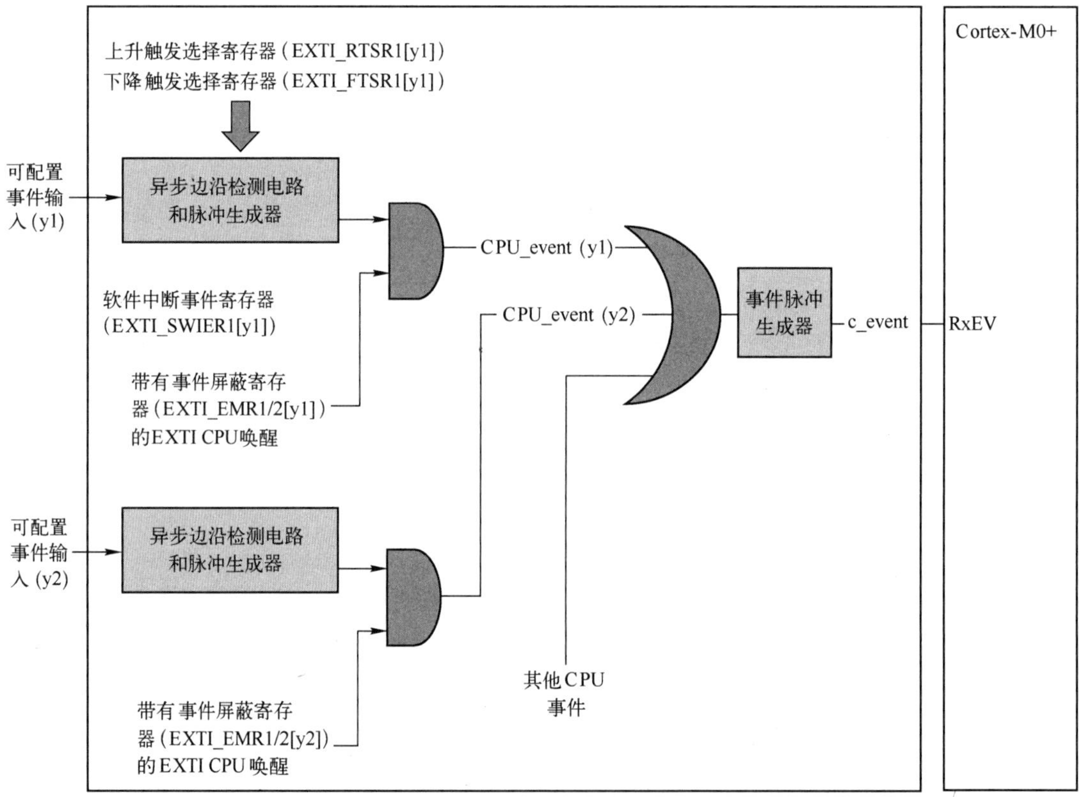

图 4.109　CPU 事件的产生原理

不像中断请求，CPU 具有唯一的事件输入，因此所有事件请求在进入事件脉冲生成器之前都要进行逻辑“或“运算。

用于屏蔽事件生成的寄存器与用于屏蔽中断生成的寄存器不同：一个是 EXTI_EMR，而另一个是 EXTI_IMR。

7. 唤醒事件生成

唤醒事件的产生原理如图 4.110 所示。

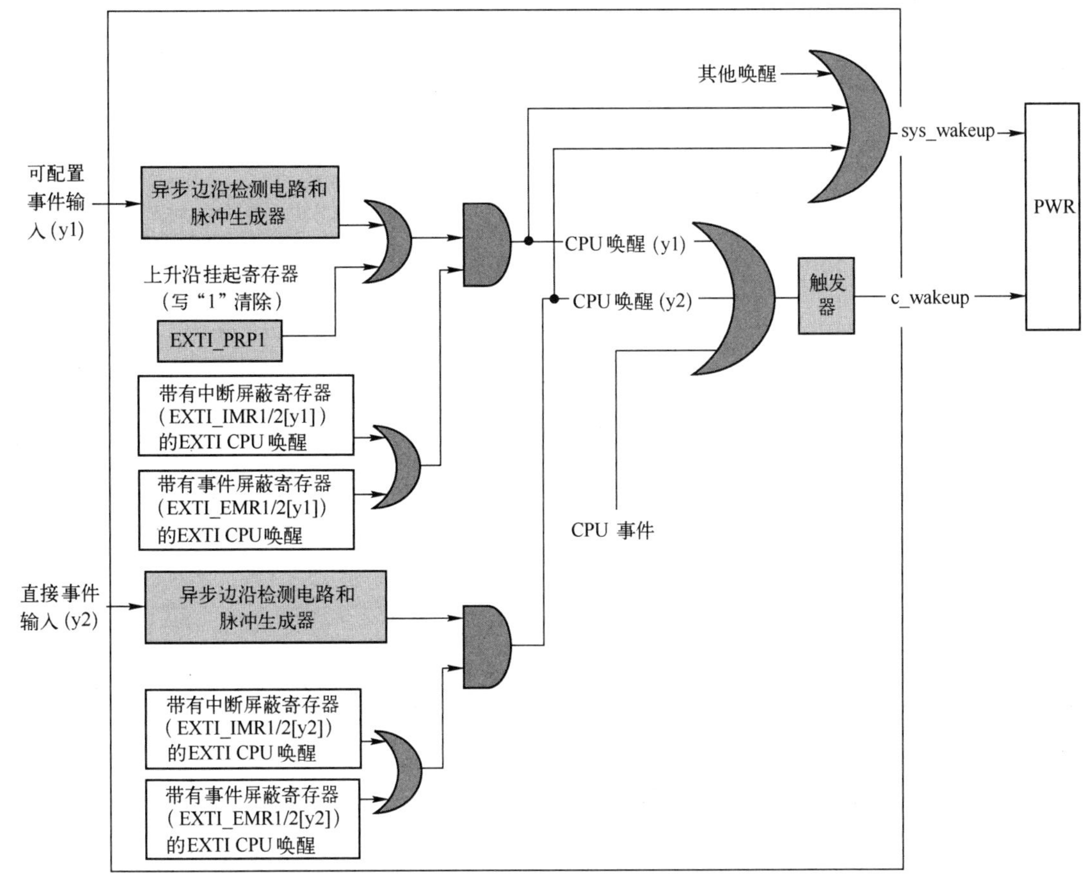

图 4.110　唤醒事件的产生原理

EXIT 模块生成的 CPU 唤醒信号连接到 PWR 模块，用于唤醒系统和 CPU 子系统总线时钟。可配置事件和直接事件都能请求一个唤醒。

当异步边沿检测电路检测到活动边沿或EXTI_RPR1 寄存器中的标志设置为1时，将发生唤醒。因此，当唤醒源是可配置事件时，期望软件清除 EXTI_RPR1 寄存器中的标志以禁用唤醒请求。对于直接事件，标志位于外设单元中。这些标志使软件能够找到唤醒原因。

当使能产生中断或事件时，唤醒指示是有效的。参见逻辑“或”门将 EXTI_IMR 和 EXTI_EMR 寄存器组合在一起的相关内容。

所有 CPU 唤醒信号都进行逻辑“或”运算，然后与事件请求进行“或”运算。sys_wakeup 信号是异步的，它会唤醒时钟。一旦 hclk 运行，就会产生同步 c_wakeup。

直接事件能够通过 EXTI 控制器生成 CPU 事件并触发系统唤醒。直接事件的活动边沿是上升沿。

直接事件不依赖 EXTI 控制器去使中断请求有效，这是因为它们有到 NVIC 的专用线。

4.22.2　所用寄存器的地址和功能

下面介绍该设计所用到的其他寄存器。表 4.9 给出了寄存器的地址和所对应的寄存器名字。

表 4.9　寄存器的地址和所对应的寄存器名字

寄存器名字	基地址	偏移地址	实际地址
GPIOC_MODER	0x50000800	0x00	0x50000800
EXTI_EXTICR4	0x40021800	0x60+0x4×3=0x6C	0x4002186C

续表

寄存器名字	基地址	偏移地址	实际地址
EXTI_IMR1	0x40021800	0x80	0x40021880
EXTI_EMR1	0x40021800	0x84	0x40021884
EXTI_FTSR1	0x40021800	0x04	0x40021804
EXTI_FPR1	0x40021800	0x10	0x40021810

注：（1）关于模块基地址和偏移地址以及存储器映射关系，读者可以参考 ST 官方文档资料 RM0444 Reference manual *STM32G0x1 advanced Arm-based 32-bit MCUs* 中 2.1 节 System architecture（系统架构）部分的内容。

（2）对于 NVIC_ISER 寄存器的详细信息，请参考本书 2.5.6 节的内容。

1. GPIOC_MODER

GPIOC 端口模式寄存器（GPIOC port mode register，GPIOC_MODER）的内容如图 4.111 所示。该寄存器的复位值为 0xFFFFFFFF。

31　30	29　28	27　26	25　24	23　22	21　20	19　18	17　16
MODE15[1:0]	MODE14[1:0]	MODE13[1:0]	MODE12[1:0]	MODE11[1:0]	MODE10[1:0]	MODE9[1:0]	MODE8[1:0]
15　14	13　12	11　10	9　8	7　6	5　4	3　2	1　0
MODE7[1:0]	MODE6[1:0]	MODE5[1:0]	MODE4[1:0]	MODE3[1:0]	MODE2[1:0]	MODE1[1:0]	MODE0[1:0]

图 4.111　GPIOC_MODER 的内容

[31:0] MODE[15:0][1:0]：端口 C 配置 I/O 引脚 y（y=15～0）。这些位由软件写入以配置 I/O 模式。规定：

（1）00，输入模式；

（2）01，通用输出模式；

（3）10，可替换功能模式；

（4）11，模拟模式（复位状态）。

在该设计中，该寄存器的值设置为 0xF3FFFFFF。

2. EXTI_EXTICRx

EXTI 外部中断选择寄存器（EXTI external interrupt selection register，EXTI_EXTICRx）的内容如图 4.112 所示。该寄存器的偏移地址的计算公式为

$$\text{偏移地址} = 0x060 + 0x4 \times (x-1), (x = 1,2,3\text{或}4)$$

该寄存器的复位值为 0x0000 0000。

31	30	29	28	27	26	25	24	23	22	21	20	19	18	17	16
EXTI*m*+3[7:0]								EXTI*m*+2[7:0]							
15	14	13	12	11	10	9	8	7	6	5	4	3	2	1	0
EXTI*m*+1[7:0]								EXTI*m*[7:0]							

图 4.112　EXTI_EXTICRx 的内容

其中，EXTI*m* 字段仅包含与 nb_ioport 配置一致的位数。

（1）[31:24]EXTIm+3[7:0]：EXTIm+3 GPIO 端口选择（$m=4\times(x-1)$）。这些位由软件写入，以选择 EXTIm+3 外部中断的源输入。

① 0x00：PA[m+3]引脚。

② 0x01：PB[m+3]引脚。

③ 0x02：PC[m+3]引脚。

④ 0x03：PD[m+3]引脚。

⑤ 0x04：保留。

⑥ 0x05：PF[m+3]引脚。

⑦ 其他保留。

（2）[23:16]EXTIm+2[7:0]：EXTIm+2 GPIO 端口选择（$m=4\times(x-1)$）。这些位由软件写入，以选择 EXTIm+2 外部中断的源输入。

① 0x00：PA[m+2]引脚。

② 0x01：PB[m+2]引脚。

③ 0x02：PC[m+2]引脚。

④ 0x03：PD[m+2]引脚。

⑤ 0x04：保留。

⑥ 0x05：PF[m+2]引脚。

⑦ 其他保留。

（3）[15:8]EXTIm+1[7:0]：EXTIm+1 GPIO 端口选择（$m=4\times(x-1)$）。这些位由软件写入，以选择 EXTIm+1 外部中断的源输入。

① 0x00：PA[m+1]引脚。

② 0x01：PB[m+1]引脚。

③ 0x02：PC[m+1]引脚。

④ 0x03：PD[m+1]引脚。

⑤ 0x04：保留。

⑥ 0x05：PF[m+1]引脚。

⑦ 其他保留。

（4）[7:0]EXTIm[7:0]：EXTIm GPIO 端口选择（$m=4\times(x-1)$）。这些位由软件写入，以选择 EXTIm 外部中断的源输入。

① 0x00：PA[m]引脚。

② 0x01：PB[m]引脚。

③ 0x02：PC[m]引脚。

④ 0x03：PD[m]引脚。

⑤ 0x04：保留。

⑥ 0x05：PF[m]引脚。

⑦ 其他保留。

3．EXTI_IMR1

带有中断屏蔽寄存器的 EXTI CPU 唤醒（EXTI CPU wakeup with interrupt mask register，EXTI_IMR1），该寄存器的内容如图 4.113 所示，其复位值为 0xFFF80000。该寄存器包含用于可配置事件和直接事件的寄存器位。

默认情况下，设置复位值，就好像是使能来自直接线的中断，并禁止来自可配置线上的中断。

31	30	29	28	27	26	25	24	23	22	21	20	19	18	17	16
IM31	IM30	IM29	IM28	IM27	IM26	IM25	IM24	IM23	IM22	IM21	IM20	IM19	IM18	IM17	IM16
15	14	13	12	11	10	9	8	7	6	5	4	3	2	1	0
IM15	IM14	IM13	IM12	IM11	IM10	IM9	IM8	IM7	IM6	IM5	IM4	IM3	IM2	IM1	IM0

图 4.113　EXTI_IMR1 的内容

其中，[31:0]IM*x*：在第 *x*（*x*=31, 30, …, 0）线上带有屏蔽中断的 CPU 唤醒。设置/清除每一位将通过对应线上的事件不屏蔽/屏蔽具有中断的 CPU 唤醒。当对应的位设置为 0 时，屏蔽使用中断唤醒；当对应的位设置为 1 时，不屏蔽使用中断唤醒。

4. EXTI_EMR1

带有事件屏蔽寄存器的 EXTI CPU 唤醒（EXTI CPU wakeup with event mask register EXTI_EMR1），该寄存器的内容如图 4.114 所示，其复位值为 0x00000000。

31	30	29	28	27	26	25	24	23	22	21	20	19	18	17	16
EM31	EM30	EM29	EM28	EM27	EM26	EM25	EM24	EM23	EM22	EM21	EM20	EM19	EM18	EM17	EM16
15	14	13	12	11	10	9	8	7	6	5	4	3	2	1	0
EM15	EM14	EM13	EM12	EM11	EM10	EM9	EM8	EM7	EM6	IM5	EM4	EM3	EM2	EM1	EM0

图 4.114　EXTI_EMR1 的内容

其中，[31:0]EM*x*：在第 *x*（*x*=31, 30, …, 0）线上带有屏蔽事件的 CPU 唤醒。设置/清除每一位将通过对应线上的生成事件不屏蔽/屏蔽 CPU 唤醒。当对应的位设置为 0 时，屏蔽使用事件唤醒；当对应的位设置为 1 时，不屏蔽使用事件唤醒。

5. EXTI_FTSR1

EXTI 下降触发选择寄存器 1（EXTI falling trigger selection register 1，EXTI_FTSR1），该寄存器的内容如图 4.115 所示，其复位值为 0x00000000。

31	30	29	28	27	26	25	24	23	22	21	20	19	18	17	16
—	—	—	—	—	—	—	—	—	—	—	FT20	—	FT18	FT17	FT16
15	14	13	12	11	10	9	8	7	6	5	4	3	2	1	0
FT15	FT14	FT13	FT12	FT11	FT10	FT9	FT8	FT7	FT6	FT5	FT4	FT3	FT2	FT1	FT0

图 4.115　EXTI_FTSR1 的内容

其中：

（1）[31:21]：保留，必须保持其复位值。

（2）[20]FT20：可配置线 20（边沿触发）的下降触发事件配置位。该位使能或禁止事件的下降沿触发和相应线上的中断。当该位为 0 时，禁止；当该位为 1 时，使能。

FT20 位仅在 STM32G0B1xx 和 STM32G0C1xx 中可用。在其他所有器件中该位为保留位。

（3）[19]：保留，必须保持复位值。

（4）[18:0]FT*x*：可配置线 *x*（*x*=18, 17, …, 0）的下降触发事件配置位。每一位使能/禁止事件的下降沿触发和相应线上的中断。当该位为 0 时，禁止；当该位为 1 时，使能。

FT18 和 FT17 位仅可用于 STM32G071xx 和 STM32G081xx，以及 STM32G0B1xx 和 STM32G0C1xx。

6．EXTI_FPR1

EXTI 下降沿挂起寄存器 1（EXTI falling edge pending register 1，EXTI_FPR1），该寄存器的内容如图 4.116 所示，其复位值为 0x00000000，该寄存器仅包含可配置事件的寄存器位。

31	30	29	28	27	26	25	24	23	22	21	20	19	18	17	16
—	—	—	—	—	—	—	—	—	—	—	FPIF20	—	FPIF18	FPIF17	FPIF16
15	14	13	12	11	10	9	8	7	6	5	4	3	2	1	0
FPIF15	FPIF14	FPIF13	FPIF12	FPIF11	FPIF10	FPIF9	FPIF8	FPIF7	FPIF6	FPIF5	FPIF4	FPIF3	FPIF2	FPIF1	FPIF0

图 4.116　EXTI_FPR1 的内容

其中：

（1）[31:21]：保留，必须保持为默认值。

（2）[20]FPIF20：可配置线 20 的下降沿事件挂起。

在相应的线上由硬件或软件（通过 EXTI_SWIER1 寄存器）生成下降沿事件时，将该位置 1。通过向该位写 1 清除该位。当该位为 0 时，未发生下降沿触发请求；当该位为 1 时，发生下降沿触发请求。

FPIF 位尽可用于 STM32G0B1xx 和 STM32G0C1xx，在所有其他器件中保留该位。

（3）[19]：保留，必须保持在复位值。

（4）[18:0]FP1F*x*：可配置线 *x*（*x*=18, 17, …, 0）的下降沿事件挂起。

在相应的线上由硬件或软件（通过 EXTI_SWIER1 寄存器）生成下降沿事件时，将该位设置为 1。通过给对应的位写 1 来清除该位。当对应的位为 0 时，未发生下降沿触发请求；当对应的位为 1 时，发生下降沿触发请求。

FPIF18 和 FPIF17 位仅可用于 STM32G071xx 和 STM32G081xx，而在 STM32G031xx 和 STM32G041xx，以及 STM32G051xx 和 STM32G061xx 中，保留该位。

4.22.3　向量表信息

向量表如表 4.10 所示。与外设有关的信息仅适用于包含该外设。

表 4.10　向量表

位置	优先级	优先级类型	首字母缩写	描述	地址
—	—	—	—	保留	0x0000_0000
—	-3	固定	Reset	复位	0x0000_0004
—	-2	固定	NMI_Handler	不可屏蔽中断。SRAM 奇偶错误、Flash ECC 双错误、HSE CSS 和 LSE CSS 连接到 NMI 向量	0x0000_0008
—	-1	固定	HardFault_Handler	所有类别的故障	0x0000_000C
—	—	—	—	保留	0x0000_0010 0x0000_0014 0x0000_0018 0x0000_001C 0x0000_0020 0x0000_0024 0x0000_0028

续表

位置	优先级	优先级类型	首字母缩写	描述	地址
—	3	可设置	SVC_Handler	通过 SWI 指令的系统服务调用	0x0000_002C
—	—	—	—	保留	0x0000_0030 0x0000_0034
—	5	可设置	PendSV_Handler	可挂起的系统服务请求	0x0000_0038
—	6	可设置	SysTick_Handler	系统滴答定时器	0x0000_003C
0	7	可设置	WWDG	窗口看门狗中断	0x0000_0040
1	8	可设置	PVD	电源电压检测器中断（EXTI 线 16）	0x0000_0044
2	9	可设置	RTC/TAMP	RTC 和 TAMP 中断（组合 EXTI 线 19 和 21）	0x0000_0048
3	10	可设置	Flash	Flash 全局中断	0x0000_004C
4	11	可设置	RCC/CRS	RCC 全局中断	0x0000_0050
5	12	可设置	EXTI0_1	EXTI 线 0 和 1 中断	0x0000_0054
6	13	可设置	EXTI2_3	EXTI 线 2 和 3 中断	0x0000_0058
7	14	可设置	EXTI4_15	EXTI 线 4 和 15 中断	0x0000_005C
8	15	可设置	UCPD1/UCPD2/USB	UCPD 和 USB 全局中断（组合 EXTI 线 32 和 33）	0x0000_0060
9	16	可设置	DMA1_Channel1	DMA1 通道 1 中断	0x0000_0064
10	17	可设置	DMA1_Channel2_3	DMA1 通道 2 和 3 中断	0x0000_0068
11	18	可设置	DMA1_Channel4_5_6_7/DMAMUX/DMA2_Channel1_2_3_4_5	DMA1 通道 4、5、6、7、DMAMUX DMA2 通道 1、2、3、4、5 中断	0x0000_006C
12	19	可设置	ADC_COMP	ADC 和 COMP 中断（ADC 组合 EXTI 线 17 和 18）	0x0000_0070
13	20	可设置	TIM1_BRK_UP_TRG_COM	TIM1 打断、更新、触发和换向中断	0x0000_0074
14	21	可设置	TIM1_CC	TIM1 捕获比较中断	0x0000_0078
15	22	可设置	TIM2	TIM2 全局中断	0x0000_007C
16	23	可设置	TIM3_TIM4	TIM3 和 TIM4 全局中断	0x0000_0080
17	24	可设置	TIM6_DAC/LPTIM1	TIM6、LPTIM1 和 DAC 全局中断	0x0000_0084
18	25	可设置	TIM7/LPTIM2	TIM7 和 LPTIM2 全局中断	0x0000_0088
19	26	可设置	TIM14	TIM14 全局中断	0x0000_008C
20	27	可设置	TIM15	TIM15 全局中断	0x0000_0090
21	28	可设置	TIM16/FDCAN_IT0	TIM16 和 FDCAN_IT0 全局中断	0x0000_0094
22	29	可设置	TIM17/FDCAN_IT1	TIM17 和 FDCAN_IT1 全局中断	0x0000_0098
23	30	可设置	I2C1	I2C1 全局中断（与 EXTI23 组合）	0x0000_009C
24	31	可设置	I2C2/I2C3	I2C2 和 I2C3 全局中断	0x0000_00A0
25	32	可设置	SPI1	SPI1 全局中断	0x0000_00A4
26	33	可设置	SPI2/SPI3	SPI2 全局中断	0x0000_00A8
27	34	可设置	USART1	USART1 全局中断（与 EXTI25 组合）	0x0000_00AC
28	35	可设置	USART2/LPUART2	USART2 和 LPUART2 全局中断（与 EXTI26 组合）	0x0000_00B0
29	36	可设置	USART3/USART4/USART5/USART6/LPUART1	USART3/4/5/6 和 LPUART1 全局中断（与 EXTI28 组合）	0x0000_00B4
30	37	可设置	CEC	CEC 全局中断（与 EXTI27 组合）	0x0000_00B8
31	38	可设置	AES/RNG	AES 和 RNG 全局中断	0x0000_00BC

4.22.4　应用程序的设计

下面将使用汇编语言编写应用程序驱动开发板上的 LED。在应用程序中，包括主程序和中断服务程序。在主程序中，对所使用的寄存器进行初始化。每当按下开发板上的按键时，触发外部中断并进入中断服务程序。在中断服务程序中，实现对 LED 状态的切换。

使用按键实现 GPIO 驱动和控制的主要步骤如下。

（1）按照 4.20.2 节给出的步骤，在本书所提供资料的\STM32G0_example\example_4_3 目录下，建立一个名字为 top.uvprojx 的工程。

（2）按照 4.20.2 节给出的步骤，创建一个名字为 startup.s 的汇编源文件。

（3）在该汇编源文件中，添加启动引导代码、初始化代码和中断服务程序相关的代码，如代码清单 4.5 和 4.6 所示。

代码清单 4.5　复位向量中的初始化代码

```
Reset_Handler    PROC                                  ;复位后，跳到复位向量程序中
                  EXPORT   Reset_Handler                        [WEAK]

                   ;RCC.IOPENR 初始化
                   LDR    R1, =0x40021000              ;RCC_IOPENR 寄存器的基地址赋值给 R1
                   MOVS R2, #0x34                      ;RCC_IOPENR 寄存器的偏移地址赋值给 R2
                   MOVS R0, #0x05                      ;把 RCC_IOPENR 寄存器的值赋给 R0
                   STR   R0, [R1,R2]                   ;设置 RCC_IOPENR 寄存器

                   ;GPIOC.MODER 初始化
                   LDR    R1, =0x50000800              ;GPIOC_MODER 寄存器的基地址赋值给 R1
                   MOVS R2, #0x00                      ;GPIOC_MODER 寄存器的偏移地址赋值给 R2
                   LDR    R0, =0xF3FFFFFF              ;把 GPIOC_MODER 寄存器的值赋给 R0
                   STR   R0, [R1,R2]                   ;设置 GPIOC_MODER 寄存器

                   ;EXTI.EXTICR4 初始化
                   LDR    R1, =0x40021800              ;EXTI_EXTICR4 寄存器的基地址赋值给 R1
                   MOVS R2, #0x6C                      ;EXTI_EXTICR4 寄存器的偏移地址赋值给 R2
                   LDR    R0, =0x00000200              ;把 EXTI_EXTICR4 寄存器的值赋给 R0
                   STR   R0, [R1,R2]                   ;设置 EXTI_EXTICR4 寄存器

                   ;EXTI.IMR1 初始化
                   ;不需要修改 EXTI_IMR1 寄存器的基地址 0x40021800
                   MOVS R2, #0x80                      ;EXTI_IMR1 寄存器的偏移地址赋值给 R2
                   LDR    R0, =0xFFF82000              ;把 EXTI_IMR1 寄存器的值赋给 R0
                   STR   R0, [R1,R2]                   ;设置 EXTI_IMR1 寄存器

                   ;EXTI.EMR1 初始化（可省略）
                   ;不需要修改 EXTI_EMR1 寄存器的基地址 0x40021800
                   MOVS R2, #0x84                      ;EXTI_EMR1 寄存器的偏移地址赋值给 R2
                   ;不需要修改 R0 寄存器的值，即 R0 寄存器中的值仍为 0xFFF82000
                   STR   R0, [R1,R2]                   ;设置 EXTI_EMR1 寄存器

                   ;EXTI.FTSR1 初始化
                   ;不需要修改 EXTI_FTSR1 寄存器的基地址 0x40021800
                   MOVS R2, #0x04                      ;EXTI_FTSR1 寄存器的偏移地址赋值给 R2
                   LDR    R0, =0x00002000              ;把 EXTI_FTSR1 寄存器的值赋给 R0
```

```
                STR   R0, [R1,R2]              ;设置 EXTI_FTSR1 寄存器

                ;GPIOA.MODER 初始化
                LDR   R1, –0x50000000          ;GPIOA_MODER 寄存器的基地址赋值给 R1
                MOVS R2, #0x00                 ;GPIOA_MODER 寄存器的偏移地址赋值给 R2
                LDR   R0, =0xEBFFF7FF          ;把 GPIOA_MODER 寄存器的值赋给 R0
                STR   R0, [R1,R2]              ;设置 GPIOA_MODER 寄存器

                ;NVIC.ISER 初始化
                LDR   R1, =0xE000E100          ;NVIC_ISER 寄存器的基地址赋值给 R1
                MOVS R2, #0x00                 ;NVIC_ISER 寄存器的偏移地址赋值给 R2
                MOVS R0, #0x80                 ;把 NVIC_ISER 寄存器的值赋给 R0
                STR   R0, [R1,R2]              ;设置 NVIC_ISER 寄存器

                ;GPIOA.ODR 初始化
                LDR   R1, =0x50000000          ;GPIOA_ODR 寄存器的基地址赋值给 R1
                MOVS R2, #0x14                 ;GPIOA_ODR 寄存器的偏移地址赋值给 R2
                MOVS R0, #0x20                 ;把 GPIOA_ODR 寄存器的值赋给 R0
                STR   R0,[R1,R2]               ;设置 GPIOA_ODR 寄存器

LEBEL5
                B      LEBEL5                  ;无条件永远在 LEBEL5 循环，等待外部中断
                ENDP                           ;结束主程序
```

代码清单 4.6　中断服务程序代码

```
EXTI4_15_IRQHandler PROC                       ;用于 EXTI4_15 的中断服务
                EXPORT   EXTI4_15_IRQHandler              [WEAK]
                NOP                            ;空操作，为了调试时设置断点方便
                ;清除 EXTI.FPR1 寄存器中断标志位
                LDR   R1, =0x40021800          ;EXTI_FPR1 寄存器的基地址赋值给 R1
                MOVS R2, #0x010                ;EXTI_FPR1 寄存器的偏移地址赋值给 R2
                LDR   R0, =0x00002000          ;把 EXTI_FPR1 寄存器的值赋给 R0
                STR   R0, [R1,R2]              ;设置 EXTI_FPR1 寄存器，写 1 清除挂起标志

                ;设置 GPIOA_ODR 寄存器，以切换 LED 状态
                LDR   R1, =0x50000000          ;GPIOA_ODR 寄存器的基地址赋值给 R1
                MOVS R2, #0x14                 ;GPIOA_ODR 寄存器的偏移地址赋值给 R2
                LDR   R0, [R1,R2] ;            ;设置 GPIOA_ODR 寄存器
                CMP   R0, #0x20                ;比较 R0 寄存器和 0x20
                BEQ   LEBEL1                   ;如果相等则跳转到 LEBEL1

                MOVS R0, #0x20                 ;否则，给寄存器 R0 赋值为 0x20（切换状态）
                STR   R0, [R1,R2]              ;设置 GPIOA_ODR 寄存器
                B      LEBEL                   ;跳到标号 LEBEL 处

LEBEL1                                         ;跳转标号
                MOVS R0,#0x00                  ;将 0x00 赋值给寄存器 R0
                STR   R0, [R1,R2]              ;设置 GPIOA_ODR 寄存器
                B      LEBEL                   ;跳到标号 LEBEL

LEBEL
                NOP                            ;空操作，为了调试时设置断点的方便
                ENDP                           ;结束中断服务程序
```

```
        ALIGN                                   ;ALIGN 四字节对齐
```

注：（1）上面的代码没有包含启动引导部分。

（2）读者可以进入本书提供资源的目录\STM32G0_example\example_4_3 中，打开该工程，以查看完整的设计代码。

思考与练习 4.24：根据设计给出的代码，说明中断向量表和中断向量之间的对应关系。

思考与练习 4.25：根据给出的中断服务程序代码，说明入栈和出栈操作的作用。

思考与练习 4.26：根据 4.22.1 节介绍的 EXTI 原理，说明 EXTI 与 NVIC 之间的关系。

（4）保存设计代码。

（5）在 Keil 主界面主菜单中，选择 Project->Build Target，对该程序进行编译和连接。

（6）通过 USB 电缆，将 ST 公司提供的开发板 NUCLEO-G071RB 连接到计算机/笔记本电脑的 USB 接口上。

（7）在 Keil 主界面主菜单下，选择 Flash->Download，将生成的烧写文件自动下载到开发板上型号为 STM32G071 MCU 的片内 Flash 存储器中。

（8）按一下开发板 NUCLEO-G071RB 上标记为 RESET 的按键，开始运行程序。

思考与练习 4.27：连续按下开发板上标记为 USER 的按键，观察 LED 的状态切换。根据中断服务程序给出的代码，说明控制 LED 切换状态的实现方法。

4.22.5　程序代码的调试

下面将使用 Keil 中的调试器对设计代码进行调试，目的是更进一步掌握中断的原理和实现方法，主要步骤如下。

（1）按 4.20.3 节的方法设置 ST-Link Debugger。

（2）在复位向量代码中，找到并在下面一行代码的前面设置断点。

```
B   LEBEL5
```

（3）在中断服务程序代码中，找到并分别在两个 NOP 代码行前面设置断点。

（4）在 Keil 主界面主菜单中，选择 Debug->Start/Stop Debug Session，进入调试器界面。

（5）在调试器界面主菜单中，选择 Debug->Run，程序运行到第一个设置断点的代码的一行。

思考与练习 4.28：观察 Registers 窗口中各个寄存器的内容，并填空。

① R0=____________________

② R1=____________________

③ R2=____________________

④ R3=____________________

⑤ R12=___________________

⑥ R14(LR)=________________

⑦ R15(PC)=________________

⑧ xPSR=__________________

⑨ MSP=___________________

⑩ Mode=__________________

（6）去掉该行代码前面的断点。在 Keil 主界面主菜单中，选择 Debug->Run。

（7）按一下开发板上标记为 USER 的按键，此时看到程序进入中断服务程序中设置断点的一行代码 NOP 的位置停下来。

思考与练习 4.29：观察 Registers 窗口中各个寄存器的内容，并填空。

① R13(SP)=________________

② R15(PC)=________________

③ MSP=____________________

④ xPSR=___________________

⑤ 与进入中断之前的 SP 值相比，在入栈操作过程中，SP 是按____________（递增/递减）方向变化的。

思考与练习 4.30：在调试界面的 Memory 1 窗口的 Address 右侧文本框中输入 0x200005E0，该地址为当前 SP 的内容，观察从 0x20000E50 到 0x20000600 之间存储器的内容。

（8）在 Keil 主界面主菜单中，选择 Debug->Run，程序运行到第二个 NOP 指令设置断点的代码的一行。

（9）在 Keil 主界面的工具栏中，找到并单击 Step 按钮 {}，单步执行程序，程序将返回到主程序中。

思考与练习 4.31：在 Registers 窗口中，查看 SP 的值____________，说明在出栈操作过程中，SP 是按______________（递增/递减）方向变化的。（小提示：仔细阅读本书 2.5 节的内容，彻底理解和掌握 Cortex-M0+的异常处理原理和实现方法。）

第 5 章　Cortex-M0+ C 语言应用开发

本章通过设计实例介绍使用 C 语言在 STM32G0 系列 MCU 上开发应用程序的方法，主要内容包括 Arm C/C++编译器选项、CMSIS 软件架构、输入输出重定向的实现、1602 字符型 LCD 的驱动、中断控制与 1602 字符型 LCD 的交互，以及软件驱动的设计与实现。

读者通过学习本章内容，能够掌握 C 语言在 Arm 平台上的扩展语法，以及使用 C 语言在嵌入式系统中开发应用程序的基本方法。

5.1　Arm C/C++编译器选项

该编译器支持对 ISO C++标准、C90 语言以及 Arm 指定的众多扩展。本节介绍在 Arm Keil μVision 集成开发环境的 Options 对话框的 C/C++选项卡中提供的参数选项（Arm Compiler 设置为 Use default compiler version 5 的条件下），如图 5.1 所示。

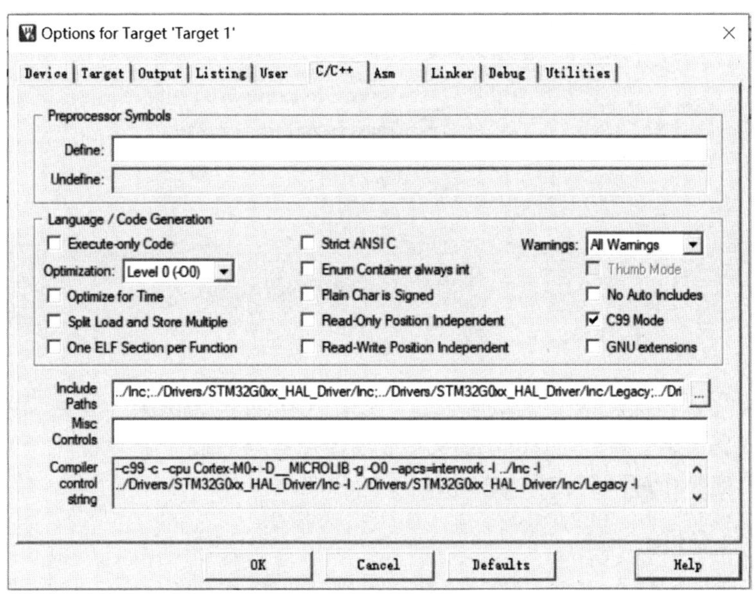

图 5.1　C/C++选项卡中提供的参数选项

5.1.1　Arm 编译器的优化级别

Arm 编译器执行了一些优化，以减少应用程序的代码长度并提高应用程序的性能。因此，不同的优化级别具有不同的优化目标，针对某个目标进行的优化会影响其他目标。优化级别总在不同的目标之间进行权衡。

Arm 编译器提供了不同的优化级别用于控制不同的优化目标。应用程序最佳的优化级别取决于应用程序和优化目标。当在 Arm Compiler 中选择 Use default compiler version 6 时，优化目标和优化级别的对应关系如表 5.1 所示。

表 5.1 优化目标和优化级别的对应关系

优化目标	有用的优化级别
较小的代码长度	-Oz，-Omin
更快的性能	-O2、-O3、-Ofast、-Omax
良好的调试经验，没有代码膨胀	-O1
源代码和生成代码之间有更好的关联性	-O0（无优化）
更快的编译和建立时间	-O0（无优化）
代码长度和快速性能之间的权衡	-Os

如果使用更高的优化级别来提高性能，则会对其他目标产生更大的影响，如降低了调试体验、增加了代码的长度以及增加了对源文件的建立时间。

如果优化目标是减少代码长度，则会影响其他目标，如降低调试体验、降低性能并增加建立时间。

armclang 提供了一系列选项，可以帮助用户找到满足要求的方法。考虑减少代码长度或提高性能是最适合应用程序的目标，然后选择与目标相匹配的选项。

> **注**：当在 Options 对话框的 Target 标签栏中选择不同的 Arm 编译器（Arm Compiler）版本（见图 5.2）时，与图 5.1 中给出的 C/C++选项卡中设置参数有所不同。

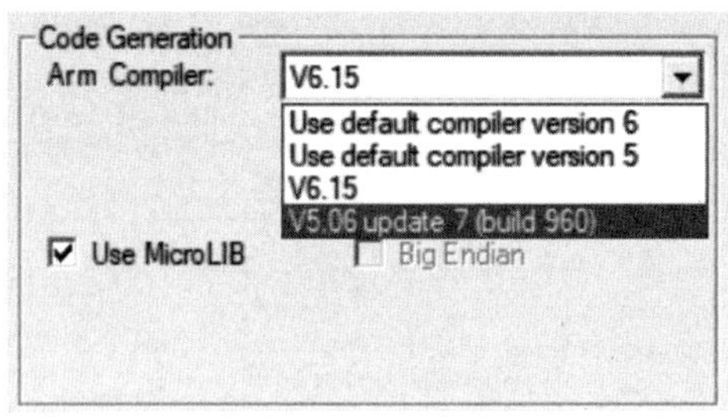

图 5.2 不同的 Arm 编译器版本选项

1．优化级别（-O0）

禁止所有的优化。该优化级别是默认设置。使用-O0 可以加快编译和建立时间，但是比其他优化级别产生的代码要慢。-O0 的代码长度和堆栈使用量显著高于其他优化级别。生成的代码与源代码紧密相关，但是生成的代码更多，包括无效代码。

2．优化级别（-O1）

-O1 使能编译器中的核心优化。该优化级别提供了良好的调试体验，并且代码质量优于-O0。同样，堆栈的使用率也比-O0 有所提高。Arm 建议使用该选项，以获得良好的调试体验。

与-O0 相比，使用-O1 的区别如下。

（1）使能优化，可能会降低调试信息的保真度。

（2）使能内联和尾部调用，这意味着回溯可能不会提供打开函数激活的堆栈，它可能是从读取源代码中获得的。

（3）如果结果是不需要的，则可能不会在预期位置调用没有副作用的函数，或者可能会忽略该函数。

（4）变量的值在它们的范围不会使用时会变成不可用。例如，它们的堆栈位置可能已经被重用。

3．优化级别（-O2）

与-O1 相比，-O2 是性能上的更高优化。与-O1 相比，它增加了一些新的优化，并更改了优化的试探法。该级别是编译器可能会自动生成向量指令的第一个优化级别。它也会降低调试过程的体验，并且与-O1 相比，可能会导致代码长度的增加。

与-O1 相比，使用-O2 的区别如下。

（1）编译器认为内联调用站点的阈值可能会增加。

（2）执行循环展开的数量可能会增加。

（3）可能会为简单循环和独立标量运算的相关序列生成向量指令，可以使用 armclang 命令行选项-fno-vectorize 禁止创建向量指令。

4．优化级别（-O3）

与-O2 相比，-O3 是对性能更高的优化。该优化级别允许进行需要大量编译时分析和资源的优化，并且与-O2 相比，它更改了启发式优化。-O3 指示编译器针对所生成代码的性能进行优化，而忽略所生成代码的长度，这可能会导致代码长度的增加。与-O2 相比，它还会降低调试体验。

与-O2 相比，使用-O3 的区别如下。

（1）编译器认为内联调用站点的阈值可能会增加。

（2）执行循环展开的数量可能会增加。

（3）在编译器流水线的后期使能更积极的指令优化。

5．优化级别（-Os）

-Os 旨在不显著增加代码长度的情况下提供高性能。根据应用程序，-Os 提供的性能可能类似于-O2 或-O3。与-O3 相比，-Os 减少了代码长度。与-O1 相比，它会降低调试体验。

与-O3 相比，使用-Os 的区别如下。

（1）降低了编译器认为内联调用站点的阈值。

（2）显著降低了执行的循环展开量。

6．优化级别（-Oz）

-Oz 的目的是在不使用连接时间优化（Link-Time Optimization，LTO）的情况下减少代码长度。如果 LTO 不适合应用程序，则 Arm 建议使用该选项以获得最佳的代码长度。与-O1 相比，该优化级别降低了调试体验。

与-Os 相比，使用-Oz 的区别如下。

（1）指示编译器仅对代码长度进行优化，而忽略性能优化，这可能导致代码变慢。

（2）未禁止函数内联。在某些情况下，内联可能会从整体上减少代码长度，如一个函数仅被调用一次。仅当预期代码长度减少时，才将内联启发式方法调整为内联式。

（3）禁用了可能会增加代码长度的优化，如循环展开和循环向量化。

（4）循环是作为 while 循环（代替 do-while 循环）而生成的。

7．优化级别（-Omin）

-Omin 旨在提供尽可能小的代码长度。Arm 建议使用该选项以获得最佳的代码长度。与-O1 相比，该优化级别降低了调试体验。

与-Oz 相比，使用-Omin 的区别如下。

（1）-Omin 启用了一组基本的 LTO，旨在删除未使用的代码和数据，同时还尝试优化全局存储器访问。

（2）-Omin 使能消除虚函数，这对于 C++使用者特别有利。

如果要在-Omin 进行编译并使用单独的编译和连接步骤，则必须在 armlink 命令行中包括-Omin。

8．优化级别（-Ofast）

-Ofast 从-O3 级别执行优化，包括使用-ffast-math armclang 选项执行的优化。该级别还执行其他的优化，可能会违反严格遵守语言标准的规定。

与-O3 相比，该级别会降低调试体验，并可能导致代码长度增加。

9．优化级（-Omax）

-Omax 执行最大优化，并专门针对性能优化。它启用了-Ofast 级别的所有优化，以及 LTO 优化。

在该优化级别上，Arm 编译器可能会违反严格遵守语言标准的规定，使用该优化级别可获得最快的性能。

与-Ofast 相比，该级别降低了调试体验，并可能导致代码长度增加。

如果要以-Omax 进行编译，并具有单独的编译和连接步骤，则必须在 armlink 命令行中包括-Omax。

【例 5-1】 编译器优化级别对编译结果的影响，如代码清单 5.1 所示。

代码清单 5.1　C 代码描述

```
int main()
{
  volatile int x=10, y=20;
  volatile int z;
  z=x+y;
  return 0;
}
```

当对该代码执行 Level 0(-O0)优化时，得到的反汇编代码如代码清单 5.2 所示。当对该代码执行 Level 3(-O3)优化时，得到的反汇编代码如代码清单 5.3 所示。

代码清单 5.2　执行 Level 0(-O0)优化时的反汇编代码

```
        6:    volatile int x=10, y=20;
        7:    volatile int z;
0x080000EA 200A        MOVS      r0,#0x0A
0x080000EC 9002        STR       r0,[sp,#0x08]
0x080000EE 2014        MOVS      r0,#0x14
0x080000F0 9001        STR       r0,[sp,#0x04]
        8:    z=x+y;
0x080000F2 9901        LDR       r1,[sp,#0x04]
0x080000F4 9802        LDR       r0,[sp,#0x08]
0x080000F6 1840        ADDS      r0,r0,r1
0x080000F8 9000        STR       r0,[sp,#0x00]
        9:          return 0;
```

代码清单 5.3　执行 Level 3(-O3)优化时的反汇编代码

```
        6:    volatile int x=10, y=20;
        7:    volatile int z;
```

```
0x080000EA 200A        MOVS        r0,#0x0A
0x080000EC 2014        MOVS        r0,#0x14
     8:     z=x+y;
0x080000EE 201E        MOVS        r0,#0x1E
     9:          return 0;
```

注：读者可进入本书提供设计实例的 example_5_1 目录下，打开该设计工程。

思考与练习 5.1：根据代码清单 5.2 和 5.3 给出的反汇编代码，比较使用不同优化级别所形成目标代码的区别。

5.1.2　Arm Compiler 5 的参数设置选项

下面介绍 Arm Compiler 5 的 C/C++编译器选项。

1．Preprocessor Symbols（预处理器符号）

（1）Define。

Define 是可以在程序代码中用#if、#ifdef 和#ifndef 检查的预处理器符号。定义的名字将完全按照输入的名字进行复制（区分大小写），每个名字都可以获取一个值，如图 5.3 所示。

图 5.3　预处理器符号定义界面

它与以下 C 预处理程序#define 语句相同：

```
#define Check 1
#define NoExtRam 1
#define X1 1+5
```

注：（1）Define 字段的设置将转换为命令行选项-Doption。
（2）要定义 X2 而不设置值，则在 Misc Controls 字段中输入-DX2=。

（2）Undefine。

Undefine 用于清除在较高 Target 或 Groups 级的 Options 对话框中输入的先前的 Define 分配。

2．Language / Code Generation 标题下的参数选项

（1）Enable Arm/Thumb Interworking。它只能用于在 Arm 和 Thumb 模式切换的 CPU，生成可以在任何 CPU 模式（Arm 或 Thumb）下调用的代码，设置编译器命令行选项--apcs=interwork。

（2）Execute-only Code。它生成仅执行代码，并阻止编译器生成对代码段的任何数据访问。其创建的代码没有在代码段中嵌入文字池，因此硬件可以强制仅允许从存储器读取指令的操作（保护固件）。

它受限于：

① C 代码；

② Thumb 代码；

③ 基于 Cortex-M3 和 Cortex-M4 处理器的器件；

④ ARMCC 编译器版本 5.04 及更高版本。

该标志设置编译器命令行选项--execute_only。

（3）Optimization。它控制用于生成代码的编译器进行代码优化。设置编译器的命令行选项-Onum。

（4）Optimize for Time。它以更大的代码长度为代价，减少执行时间。设备编译器命令行选项-Otime。如果未使能该选项，则编译器将假定-Ospace。

（5）Split Load and Store Multiple。它指示编译器将 LDM 和 STM 指令拆分为两个或多个 LDM 或 STM 指令，以减少中断延迟。当 LDM/STM 有多于 5 个（当改变 PC 时，多于 4 个）CPU 寄存器时，将生成多个 LDM/STM 指令。设置编译器命令行选项--split_ldm。

（6）One ELF Section per Function。它为源文件中的每个函数生成一个 ELF 段，输出段的名字与生成段的函数相同，允许用户可以优化代码或将每个函数定位在单独的存储器地址上。设置编译器命令行选项--split_sections。

（7）Strict ANSI C。它检查源文件是否严格符合 ANSI C。设置编译器命令行选项--strict。

（8）Enum Container always int。当不勾选该复选框时，将根据值的范围优化枚举的数据类型容器。当勾选该复选框时，枚举的数据类型容器始终为 signed int。设置编译器命令行选项--enum_is_int。

（9）Plain Char is Signed。它指示编译器将用纯字符声明的所有变量看作 signed char。设置编译器命令行选项--signed_chars。

（10）Read-Only Position Independent。它为 const（ROM）访问生成与位置无关的代码。设置编译器命令行选项--apcs=/ropi。

（11）Read-Write Position Independent。它为变量（RAM）访问生成位置无关的代码。设置编译器命令行选项--apcs=/rwpi。

（12）Warnings。它控制生成警告消息，默认值为 unspecified（未指定），默认为所有警告。选择 No Warnings 设置命令行选项为-W。

（13）Thumb Mode。它为文件或文件组明确选择 Thumb 或 Arm 代码。

注：在 Target 选项卡中，Code Generation 字段的选择将设置为默认值。

（14）No Auto Includes。它禁止编译期间自动包含所有的 C/C++路径，系统包括文件（如 stdio.h）不受该选项的影响，可以在 Compiler control string 字段中查看编译器自动包含的路径。

（15）C99 Mode。编译器按照 1999 C 标准和附录的规定编译 C。

① ISO/IEC 9899: 1999。1999 年 C 语言国际标准。

② ISO/IEC 9899: 1999/Cor 2:2004。技术勘误 2。

该选项将设置命令行选项--c99。

3．Include Paths

它允许用户提供一个或多个用分号分割的路径来搜索头文件。例如，对于#include "filename.h"，编译器首先搜索当前文件夹，然后是源文件的文件夹。当搜索失败或使用#include<filename.h>时，将搜索在 include path 框中指定的路径。如果该搜索再次失败，则使用在 Manage Project Items 对话框的 Folders/Extensions 选项卡界面的 INC 字段中指定的路径。

4．Misc Controls

它指定没有单独对话框控制的任何指令。例如，将错误信息的语言改为日语，则参阅显示日语消息。

5．Compiler control string

它用于在编译器命令行中显示当前指令。通过单击该字段右侧的向上箭头按钮和向下箭头按钮能够以向上/向下滚动的方式查看所有命令。根据 MDK 的使用，添加了控制字符串，如表 5.2 所示。

表 5.2　添加的控制字符串

控制字符串	功能
__UVISION_VERSION	μVision 的主版本和次版本。例如，-D__UVISION_VERSION="533"
RTE	当使用 RTE 时设置。例如，-D_RTE_
__RTX	当在 Options for Target 对话框的 Target 选项卡界面中 Operating system 选择 RTX Kernel 时设置。例如，-D__RTX
__MICROLIB	当在 Options for Target 对话框的 Target 选项卡界面中勾选 Use Microlib 时设置。例如，-D__MICROLIB
__EVAL	μVision 运行在评估模式。许可 MDK-Lite。例如，-D__EVAL
器件标题名字	器件标题名字

5.1.3　Arm Compiler 6 的参数设置选项

下面仅介绍 Arm Compiler 5 中没有涉及的参数设置选项。

（1）Link-Time Optimization。它在连接状态期间执行模块间优化，设置 compiler control string 为-flto。

（2）Split Load and Store Multiple。它设置编译器控制字符串-fno-ldm-stm。

（3）One ELF Section per Function。它为源文件中的每个函数生成一个 ELF 段。输出段的名字与生成段的函数相同，但是带有一个.text。它允许用户可以优化代码或将每个函数定位在单独的存储器地址上。如果要在单独的段放置用户指定的数据项或结构，则使用__attribute__((section("name")))分别标记它们。设置编译器控制字符串-ffunction-sections。默认使能该选项。

（4）Restrictions。该选项减少了在函数之间共享地址、数据和字符串文字的可能性。因此，对于某些函数，它可能会稍微增加代码的长度。

（5）Warnings。它通过以下设置控制生成诊断信息。

① <unspecified>。它不添加编译器控制字符串，行为取决于编译器在父 μVision 组级别上的默认或选项设置，是默认设置。

② No Warnings。它不显示诊断信息，设置编译器控制字符串-W。

③ All Warnings。它是 μVision 的默认设置，显示所有的诊断信息（-Weverything），并排除在编译器控制字符串中列出的诊断：

```
-Weverything
-Wno-reserved-id-marco
-Wno-unused-macros
-Wno-documentation-unknown-command
-Wno-documentation
```

④ AC5-like Warnings。它用于显示 Arm Complier 5 将实现的所有警告，禁止显示下面的警告：

```
-Wno-missing-variable-declarations
-Wno-missing-prototypes
-Wno-missing-noreturn
-Wno-sign-conversion
-Wnonportable-include-path
-Wno-packed
-Wno-reserved-id-macro
-Wno-unused-macros
```

```
-Wno-documentation-unknown-command
-Wno-documentation
-Wno-license-management
-Wno-parentheses-equality
```

⑤ MISRA compatible。它用于显示除与 MISRA 规则有冲突外的其他所有警告，添加控制字符串：

```
-Wno-covered-switch-default
-Wno-unreachable-code-break
```

（6）Turn Warnings into Errors。它将警告消息看作错误。设置编译器控制字符串-Werror。

（7）Plain Char is Signed。它指示编译器将用纯字符声明的所有变量看作 signed char。设置编译器控制字符串-fsigned-char。默认禁止该选项，添加编译器控制字符串-funsigned-char。

（8）Read-Only Position Independent。它为 const（ROM）访问生成与位置无关的代码。设置编译器控制字符串-fropi。

自动使能-fropi-lowering。这意味着正在运行的静态初始化是通过相同的机制完成的，该机制用于调用必须在 main()之前运行的静态 C++对象的构造函数。

限制条件：不能与 C++代码一起使用。

（9）Read-Write Position Independent。它为变量（RAM）访问生成与位置无关的代码。设置编译器控制字符串-frwpi。自动使能以下所有选项。

① -fropi-lowering。这意味着正在运行的静态初始化是通过相同的机制完成的，该机制用于调用必须在 main()之前运行的静态 C++对象的构造函数。

② -frwpi-lowering。这意味着正在运行的静态初始化是通过用于 C 和 C++代码的 C++构造函数机制进行的。

（10）Language C。它指定 C 代码的语言标准。这些设置将传播到相关的组和文件，并在编译期间应用于文件级别。文件类型决定编译器是使用 C 语言还是 C++语言设置。在*.c 文件的属性对话框中验证设置。

有关语言支持和限制的更多信息，可以参阅 LLVM component versions and language compatibility。

除了下面列出的字符串，还添加编译器控制字符串-xc。

① c90。编译 1990 C 标准定义的 C。μVision 是默认设置，并设置编译器控制字符串-std=c90。

② gnu90。编译 1990 C 标准定义的 C，带有附加的 GNU 扩展。设置编译器控制字符串-std=gnu90。

③ c99。编译 1999 C 标准定义的 C。设置编译器控制字符串-std=c99。

④ gnu99。编译 1999 C 标准定义的 C，带有附加的 GNU 扩展。设置编译器控制字符串-std=gnu99。

⑤ c11。编译 2011 C 标准定义的 C。设置编译器控制字符串-std=c11。

⑥ gnu11。编译 2011 C 标准定义的 C，带有附加的 GNU 扩展。设置编译器控制字符串-std=gnu11。这是 C 文件的编译器默认值。

（11）Language C++。它指定 C++代码的语言标准。这些设置将传播到相关的组和文件，并在编译期间用于文件级别。在目标或组级别的“编译器控制字符串”字段中无法查看下面的任何选项，在*.cpp 文件的属性对话框中验证设置。文件类型决定编译器是使用 C++语言还是 C 语言设置。

除了下面列出的项，还添加编译器控制字符串-xc++。

① <default>。默认为父 μVision 组或目标的设置，或编译器的默认值。不设置编译器控制字符串。

② c++98。编译 1998 标准定义的 C++，是默认的 μVision 设置，并设置编译器控制字符串-std=c++98，是 C++文件的编译器默认值。

③ gnu++98。编译 1998 标准定义的 C++，并带有其他 GNU 扩展。设置编译器控制字符串-std=gnu++98。

④ c++11。编译 2011 标准定义的 C++。设置编译器控制字符串-std=c++11。

⑤ gnu++11。编译 2011 标准定义的 C++，并带有其他 GNU 扩展。设置编译器控制字符串-std=gnu++11。

⑥ c++03。编译 2003 标准定义的 C++。设置编译器控制字符串-std=c++03。

⑦ c++14(community)。编译 2014 标准定义的 C++。设置编译器控制字符串-std=c++14。

（12）Short enums/wchar。它用于优化代码长度以改善存储器的使用率。该选项可能会降低性能。在默认情况下，使能该选项。设置编译器控制字符串：

① -fshort-enums，将枚举类型的位宽设置为可以容纳最大枚举器值的最小数据类型（-fno-short-enums 的枚举类型的默认大小至少为 32 位）；

② -short-wchar，将 wchar_t 的位宽设置为 2 字节（对于-fno-short-wchar，wchar_t 的默认位宽为 4 字节）。

限制条件如下。

① ISO C 将枚举器值限制为 int 范围。在默认情况下，编译器不会发出有关枚举器值太大的警告，但是当 Warnings 设置为 Pedantic 时，将显示警告。

② 所有连接的对象（包括库）必须做出相同的选择。无法将使用-fshort-enums 编译的目标文件与不使用-fshort-enums 编译的另一个目标文件连接，也不能将使用-fshoft-wchar 编译的目标文件与不使用-fshoft-wchar 编译的另一个目标文件连接。

（13）use RTTI。在 C++中，控制对 RTTI 功能 dynamic_cast 和 typeid 的支持。去除编译器控制字符串-fno-rtti，该字符串由默认情况设置（未选择该设置）。

5.2　CMSIS 软件架构

Cortex 微控制器软件接口标准（Cortex Microcontroller Software Interface Standard，CMSIS）独立于供应商的硬件抽象层（Hardware Abstraction Layer，HAL），用于基于 Arm Cortex 处理器的微控制器。CMSIS 定义了通用工具接口，并提供了一致的设备支持。它为处理器和外设提供了简单的软件接口，从而简化了软件的复用，减少了微控制器开发人员学习时间，并缩短了新设备的上市时间。

CMSIS 是与各种芯片和软件供应商紧密合作而定义的，并提供了一种通用方法来连接外设、实时操作系统（Real-Time Operating System，RTOS）和中间件组件。CMSIS 旨在实现对来自多个中间件供应商的软件组件的组合。

CMSIS 的创建是为了帮助 Arm 32 位嵌入式应用行业实现设计标准化。它为广泛的开发工具和微控制器提供一致的软件层和器件支持。CMSIS 并不是一个庞大的软件层，它会带来开销，并且没有定义标准的外设。因此，半导体厂商可以使用该通用标准来支持基于 Cortex-M 处理器的器件。

5.2.1 引入 CMSIS 的必要性

在前面的设计中，详细介绍了在底层控制外设的方法。然而，直接在底层控制外设有很多缺点。

（1）在开发应用程序时，效率较低。

（2）对其他开发人员来说，理解程序以及对代码重用比较困难。

（3）代码密度较低。

（4）由于编写的代码效率低，潜在地降低了运行性能。

（5）当把代码从一个平台移植到另一个平台时，可移植性差。

（6）对较长的代码来说，维护起来比较困难。

当有软件库或者应用程序接口 API 支持时，可以克服上面的诸多缺点。

（1）显著缩短应用程序的开发时间，因此提高了程序开发的效率。

（2）对其他程序员来说，容易理解设计代码，并且可以实现代码重用。

（3）由于采用了专家精心开发的程序库，因此有更好的代码密度。

（4）由于提高了代码效率，因此潜在地提高了系统的运行性能。

（5）当把代码从一个平台移植到另一个平台时，可移植性好。

（6）容易维护和更新程序代码。

5.2.2 CMSIS 的架构

CMSIS 架构如图 5.4 所示，该架构中的模块单元及功能如表 5.3 所示。

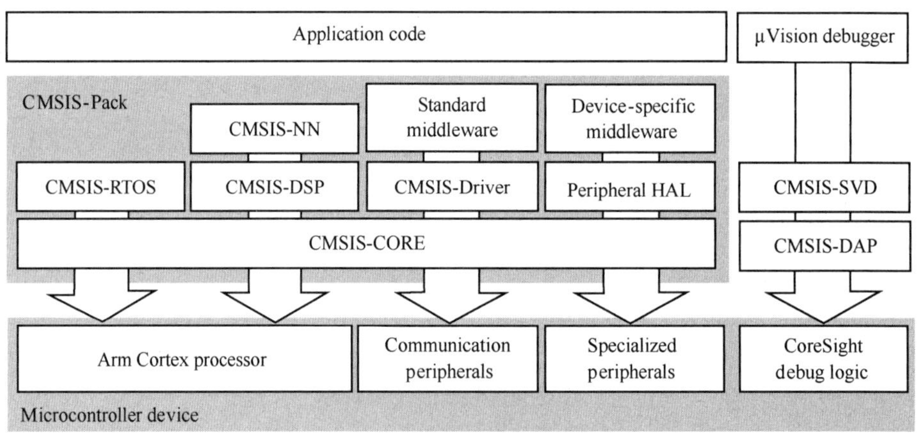

图 5.4 CMSIS 架构

表 5.3 CMIS 架构中的模块单元及功能

CMSIS-...	目标处理器	功能
CORE(M)	所有的 Cortex-M, SecurCore	用于 Cortex-M 处理器核和外设的标准化 API，包括用于 Cortex-M4/M7/M33/M35P SIMD 指令的内联函数
CORE(A)	Cortex-A5/A7/A9	用于 Cortex-A5/A7/A9 处理器核和外设的标准化 API 及基本运行时系统（运行时环境）
Driver	所有 Cortex	用于中间件的通过外设驱动程序接口。将微控制器外设与中间件连接，以实现如通信栈、文件系统或图形用户接口功能
DSP	所有 Cortex-M	DSP 库集合包含多个函数，可用于各种数据类型：定点（小数 q7、q15、q31）和单精度浮点（32 位）。针对 Cortex-M4/M7/M33/M35P 的 SIMD 指令进行了优化
NN	所有 Cortex-M	开发了高效的神经网络（Neural Network，NN）核，以最大限度地提高性能，并最大限度地减少 Cortex-M 处理器内核上的存储器资源占用

续表

CMSIS-...	目标处理器	功能
RTOS v1	Cortex-M0/M0+/M3/M4/M7	实时操作系统的通用 API 以及基于 RTX 的参考实现。它启动了可在多个 RTOS 系统上运行的软件组件
RTOS v2	所有 Cortex-M, Cortex-A5/A7/A9	扩展 CMSIS-RTOS v1，支持 Armv8-M、动态对象创建、多核系统配置、二进制兼容的接口
Pack	所有 Cortex-M, SecurCore, Cortex-A5/A7/A9	描述了软件组件、器件参数和评估板支持的交付机制。它简化了软件重用和产品生命周期管理（Product Life-cycle Management，PLM）
Build	所有 Cortex-M, SecurCore, Cortex-A5/A7/A9	一组工具、软件框架和工作流程来提高生产力，如通过连续集成（Continuous Integration，CI）
SVD	所有 Cortex-M, SecurCore	器件的外设描述，可用于在调试器或 CMSIS-CORE 头文件中创建外设感知
DAP	所有 Cortex	用于与 CoreSight 调试访问端口（Debug Access Port，DAP）连接的调试单元的固件
Zone	所有 Cortex-M	定义描述系统资源和用于将这些资源划分到多个工程和执行区域的方法

思考与练习 5.2：请说明 CMSIS 的架构。

5.2.3　CMSIS 的优势

采用 CMSIS 的优势如下。

（1）CMSIS 减少了针对 Arm 32 位嵌入式的学习强度、开发成本和上市时间。开发人员可以通过各种易于使用的标准化软件接口更快地编写软件。

（2）一致的软件接口提高了软件的可移植性和重用性。通用软件库和接口提供了一致性的软件框架。

（3）它提供了用于调试连接、调试外设视图、软件交付和器件支持的接口，以减少部署新微控制器上市的时间。

（4）作为独立的编译器的层，它允许使用程序开发人员选的编译器。因此，主流编译器都支持它。

（5）通过用于调试器的外设信息和用于 printf 类型输出的 ITM，增强了程序的调试。

（6）CMSIS 以 CMSIS-Pack 格式交付，可以实现快速的软件交付、简化了更新和使能与开发工具保持一致集成。

（7）CMSIS-Zone 在管理多处理器、存储区域和外设配置时，将简化系统资源和分配。

思考与练习 5.3：请说明 CMSIS 在程序开发中的优势。

5.2.4　CMSIS 的编程规则

CMSIS 使用以下基本编程规则和约定。

（1）符合 ANSI C（C99）和 C++（C++03）。

（2）使用在<stdint.h>中定义的 ANSI C 标准数据类型。

（3）变量和参数具有完整的数据类型。

（4）用于#define constant（常数）的表达式使用括号括起来。

（5）符合 MISRA 2012（但不声称符合 MISRA）。记录了违反 MISRA 规则的情况。

此外，CMSIS 建议使用下面的标识符规则。

（1）大写的名字用于标识 CPU 寄存器、外设寄存器和 CPU 指令。

（2）CamelCase 名字用于标识函数名字和中断函数。

注：CamelCase 称为骆驼拼写法，是指在英语中，依靠单词的大小写拼写复合词的做法。

（3）名字空间前面加上前缀_以避免与用户标识符冲突，并提供功能组（如用于外设、RTOS 或 DSP 库）。

CMSIS 在源文件中记录如下。

（1）使用 C/C++类型的注释。

（2）符合 Doxygen 的函数注释，可提供：

① 简要的函数概述；

② 函数的详细说明；

③ 详细的参数说明；

④ 有关返回值的详细信息。

> 注：更详细的信息可以登录其官网查看。

5.2.5 CMSIS 软件包

CMSIS 软件组件以 CMSIS-Pack 格式提供。CMSIS 软件包如图 5.5 所示，它们的内容如表 5.4 所示。

← → ˅ ↑ › 此电脑 › Windows (C:) › 用户 › hebin › AppData › Local › Arm › Packs › ARM › CMSIS › 5.7.0

名称	修改日期	类型	大小
CMSIS	2020/12/25 13:58	文件夹	
Device	2020/12/25 13:58	文件夹	
ARM.CMSIS.pdsc	2020/4/9 15:47	PDSC 文件	268 KB
LICENSE.txt	2019/3/14 17:53	文本文档	12 KB

图 5.5　CMSIS 软件包

表 5.4　CMSIS 软件包内容

文件/目录	内容
ARM.CMSIS.pdsc	CMSIS-Pack 格式的包描述文件
LICENSE.txt	CMSIS 许可协议（Apache 2.0）
CMSIS	CMSIS 组件
Device	基于 Arm Cortex-M 处理器器件的 CMSIS 参考实现

CMSIS 结构框架如图 5.6 所示。

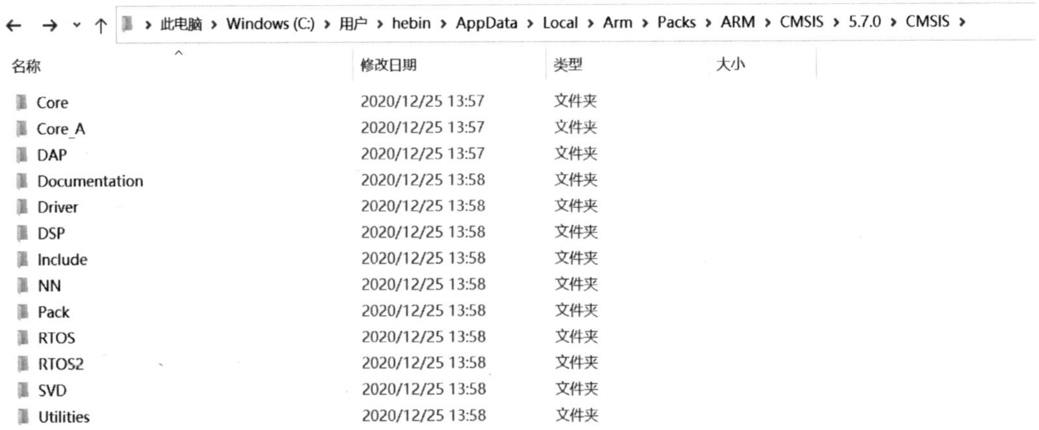

← → ˅ ↑ › 此电脑 › Windows (C:) › 用户 › hebin › AppData › Local › Arm › Packs › ARM › CMSIS › 5.7.0 › CMSIS ›

名称	修改日期	类型	大小
Core	2020/12/25 13:57	文件夹	
Core_A	2020/12/25 13:57	文件夹	
DAP	2020/12/25 13:57	文件夹	
Documentation	2020/12/25 13:58	文件夹	
Driver	2020/12/25 13:58	文件夹	
DSP	2020/12/25 13:58	文件夹	
Include	2020/12/25 13:58	文件夹	
NN	2020/12/25 13:58	文件夹	
Pack	2020/12/25 13:58	文件夹	
RTOS	2020/12/25 13:58	文件夹	
RTOS2	2020/12/25 13:58	文件夹	
SVD	2020/12/25 13:58	文件夹	
Utilities	2020/12/25 13:58	文件夹	

图 5.6　CMSIS 结构框架

5.2.6　使用 CMSIS 访问不同资源

下面介绍一些使用 CMSIS 访问不同资源的方法。

1．访问 NVIC

在 CMSIS 中，提供用于访问 NVIC 的函数，如表 5.5 所示。

表 5.5　访问 NVIC 的函数

CMSIS 函数	功能
void NVIC_EnableIRQ (IRQn_Type IRQn)	使能中断或异常
void NVIC_DisableIRQ (IRQn_Type IRQn)	禁止中断或异常
void NVIC_SetPendingIRQ (IRQn_Type IRQn)	将中断或异常的挂起状态设置为 1
void NVIC_ClearPendingIRQ (IRQn_Type IRQn)	将中断或异常的挂起状态清除为 0
uint32_t NVIC_GetPendingIRQ (IRQn_Type IRQn)	读中断或异常的挂起状态。如果挂起状态设置为 1，则该函数返回非零的数
void NVIC_SetPriority (IRQn_Type IRQn, uint32_t priority)	设置可配置优先级的中断或异常，将优先级设置为 1
uint32_t NVIC_GetPriority (IRQn_Type IRQn)	读可配置优先级中断或异常的优先级。该函数返回当前的优先级
void NVIC_SystemReset(void)	初始化一个系统复位请求

注：更详细的信息可以登录其官网查看。

2．访问特殊寄存器

在 CMSIS 中，提供用于访问特殊寄存器的函数，如表 5.6 所示。

表 5.6　访问特殊寄存器的函数

特殊寄存器	访问	CMSIS 函数
PRIMASK	读	uint32_t __get_PRIMASK (void)
	写	void __set_PRIMASK (uint32_t value)
CONTROL	读	uint32_t __get_CONTROL (void)
	写	void __set_CONTROL (uint32_t value)
MSP	读	uint32_t __get_MSP (void)
	写	void __set_MSP (uint32_t TopOfMainStack)
PSP	读	uint32_t __get_PSP (void)
	写	void __set_PSP (uint32_t TopOfProcStack)

注：更详细的信息可以登录其官网查看。

3．访问 CPU 指令

在 CMSIS 中，提供用于访问 CPU 指令的函数，如表 5.7 所示。

表 5.7　访问 CPU 指令的函数

指令	CMSIS 函数
CPSIE i	void __enable_irq(void)
CPSID i	void __disable_irq(void)
ISB	void __ISB(void)
DSB	void __DSB(void)

续表

指令	CMSIS 函数
DMB	void __DMB(void)
NOP	void __NOP(void)
REV	uint32_t __REV(uint32_t int value)
REV16	uint32_t __REV16(uint32_t int value)
REVSH	uint32_t __REVSH(uint32_t int value)
SEV	void __SEV(void)
WFE	void __WFE(void)
WFI	void __WFI(void)

注：更详细的信息可以登录其官网查看。

4．系统和时钟配置

在 CMSIS 中，提供用于访问系统和时钟配置的函数，如表 5.8 所示。

表 5.8　访问系统和时钟配置的函数

CMSIS 函数	功能
void SystemInit (void)	初始化系统
void SystemCoreClockUpdate(void)	更新 SystemCoreClock 变量

注：更详细的信息可以登录其官网查看。

5.3　C 语言设计实例一：输入/输出重定向的实现

在 Arm 32 位嵌入式系统的应用程序中调用 C 语言提供的输入/输出函数时，与在传统的计算机上调用 C 语言提供的输入/输出函数有很大的不同。这是因为用户在计算机上执行输入/输出函数（如 scanf、printf 等）时，只需要包含 stdio.h 头文件并调用这些函数即可。但是，当用户在 Arm 目标硬件上执行输入/输出函数时，需要对原始 C 语言提供的输入/输出函数进行重定位，然后才能在应用程序中使用输入/输出函数。

注：因为本节内容涉及 C 语言的其他知识以及串口初始化的相关知识，因此读者可以在学完相关章节的内容后，再学习本节的内容。

5.3.1　定制 Microlib 输入/输出函数

Microlib 提供了有限的 stdio 子系统。要使用高级输入/输出函数，程序开发者必须重新实现基本的输入/输出函数。

Microlib 提供了一个受限的 stdio 子系统，该子系统仅支持无缓冲的 stdin、stdout 和 stderr。这样，程序开发人员可以使用 printf()显示来自应用程序的诊断消息。

要使用高级输入/输出函数，程序开发人员必须自己实现以下基本函数，以便它们与自己的输入/输出设备一起使用。

1．fputc()

为所有输出函数实现该基本功能。例如，fprintf()、printf()、fwrite()、fputs()、puts()、putc()

和 putchar()。

2．fgetc()

为所有输入函数实现该基本功能。例如，fscanf()、scanf()、fread()、read()、fgets()、gets()、getc()和 getchar()。

3．__backspace()

如果应用程序中的输入函数使用了 scanf()或 fscanf()，则需要在 fgetc()上实现该基本函数。语法格式为：

```
int __backspace(FILE *stream);
```

只有在从流中读取一个字符后，才能调用__backspace(stream)。例如，不能在 write、seek 之后调用它，或者在打开文件后立即调用它。它将从流中读取的最后一个字符返回到流中，以便可以通过下一个读取操作再次从流中读取相同的字符。这意味着通过 scanf 从流中读取的但不是必需的字符（即它终止了 scanf 操作），将由从该流中读取的下一个函数正确读取。

__backspace()与 ungetc()是分开的。这是为了保证完成 scanf 系列函数后可以将单个字符后退。

__backspace()返回的值是 0（成功）或 EOF（失败）。仅当使用不正确（如没有从流中读取任何字符）时，它才返回 EOF。如果正确使用，则__backspace()必须始终返回 0，因为 scanf 系列函数不会检查错误返回。

__backspace()和 ungetc()之间的交互如下。

（1）如果将__backspace()应用于流，然后将 ungetc()应用于同一流，则对 fgetc()的后续调用必须首先返回 ungetc()字符，然后返回__backspace()字符。

（2）如果将 ungetc()字符返回流，再使用 fgetc()读取它，然后退格，则 fgetc()读取的下一个字符必须与返回到流中的字符相同。也就是说，__backspace()操作必须取消 fgetc()操作的效果。但是，不需要成功调用__backspace()之后再调用 ungetc()。

（3）永远不会出现这样的情况，即 ungetc()一个字符到流中，然后立即调用__backspace()另一个字符，而没有进行中间读取。只能在 fgetc()之后调用__backspace()，因此该调用顺序是非法的。如果要编写__backsapce()实现，则可以假定将字符的 ungetc()插入流中，紧随其后的是__backspace()，并且没有中间读取。

> 注：（1）Microlib 不支持的转换为%lc、%ls 和%a。
> （2）通常，除非程序开发人员要实现自己定制的类似 scanf()函数，否则不需要直接调用__backspace()。

5.3.2　输入/输出函数重定向的实现原理

下面将对 STM32G0 的串口进行初始化，以实现对输入/输出函数重定向。将输入/输出函数重定向到低功耗通用异步收发器（Low Power Universal Asynchronous Receiver/Transmitter，LPUART1），该串口连接到 Nucleo 板的 ST-LINK 虚拟 COM 端口。通过使用串口调试助手来实现 scanf()函数的输入功能和 printf()函数的输出功能。

读者可以查看 NUCLEO-G071RB 开发板原理图，STM32G071RBT6 的 PA2 引脚分配为 LPUART1_TX，PA3 引脚分配为 LPUART1_RX。

（1）将 LPUART1 的时钟分配为 PCLK1（64MHz）。

（2）将 LPUART1 设置为 Asynchronous Mode（异步模式），波特率为 115200b/s，8 个数据位，

一个停止位，无奇偶校验，没有硬件流量控制，没有高级功能。

在 NUCLEO-G071RB 开发板上，LPUART1 连接到 ST-Link 的 USART，并通过 USB 的虚拟 COM 端口类引入。

5.3.3　输入/输出函数重定向的具体实现

下面将使用 STM32CubeMX 初始化串口，并生成可用于 Keil MDK 的应用程序框架，然后在该应用程序框架中添加输入/输出函数重定向代码，最后在应用程序中添加测试代码来测试重定向后的输入/输出函数。

实现输入/输出函数重定向的主要步骤如下。

（1）在 Windows 10 操作系统桌面上，双击 STM32CubeMX 图标，启动 STM32CubeMX 工具。

（2）在 STM32CubeMX 主界面中，找到并单击 ACCESS TO MCU SELECTOR 按钮。

（3）弹出 New Project from a MCU/MPU 界面。在该界面中，参数设置如下。

① 通过 Part Number 右侧的下拉框，选择 STM32G071RB。

② 在右侧窗口中，显示 MCUs/MPUs List：2 items。在该标题下面的列表中，选择并双击 STM32G071RBTx。

（4）出现新的界面。在该界面中，单击 Pinout & Configuration 标签，如图 5.7 所示。在该标签界面中，参数设置如下。

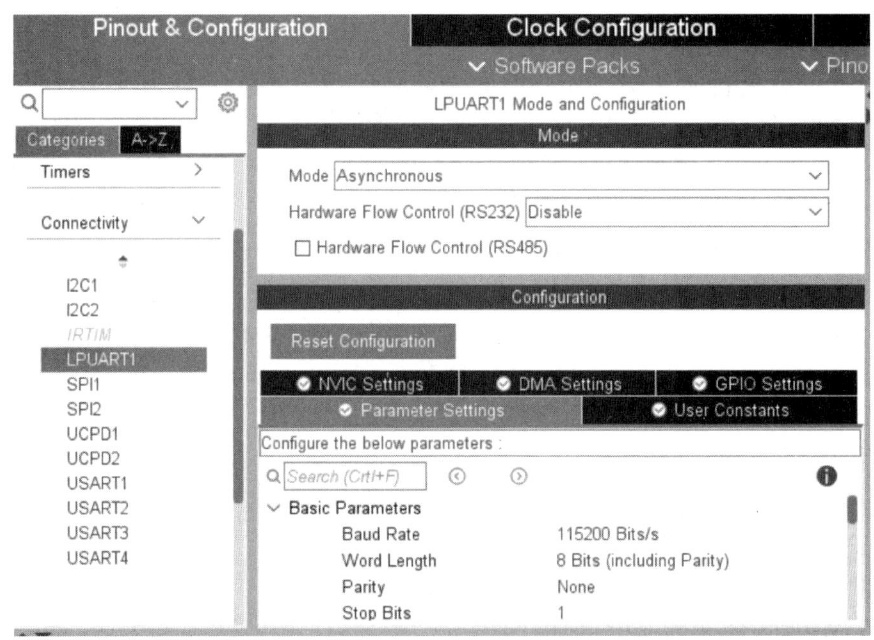

图 5.7　Pinout & Configuration 标签界面

① 在该标签界面的左侧窗口中，找到并展开 Connectivity。在展开项中，找到并选择 LPUART1 选项。

② 在该标签界面右上角的 Mode 窗口中，通过 Mode 右侧的下拉框将 Mode 设置为 Asynchronous。

③ 在该标签界面右下角的 Configuration 窗口中，单击 Parameter Settings 标签。在该标签界面中，参数设置如下。

● 在 Band Rate 右侧的文本框中输入 115200；

- 在 Word Length 右侧的下拉框中选择 8 Bits(including Parity)；
- 其余按默认参数设置。

（5）在 Pinout 界面中，给出了 LPUART1 的默认引脚分配，如图 5.8 所示。从该图中可知，默认情况下，将 LPUART1_RX 分配到 PC0 引脚，将 LPUART1_TX 分配到 PC1 引脚。

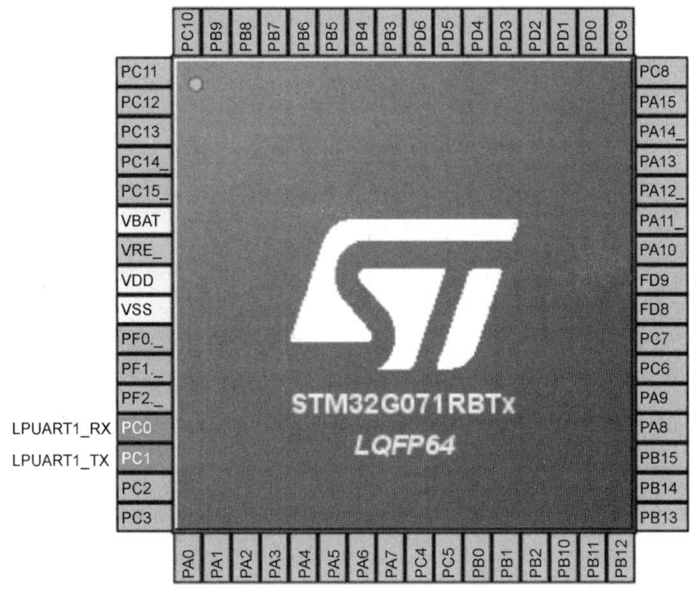

图 5.8　LPUART1 的默认引脚分配

① 找到并单击图 5.8 中名字为 PA3 的引脚，出现浮动下拉框。在下拉框中，选择 LPUART1_RX 选项。

② 找到并单击图 5.8 中名字为 PA2 的引脚，出现浮动下拉框。在下拉框中，选择 LPUART1_TX 选项。

重新分配 LPUART1 后的引脚，如图 5.9 所示。

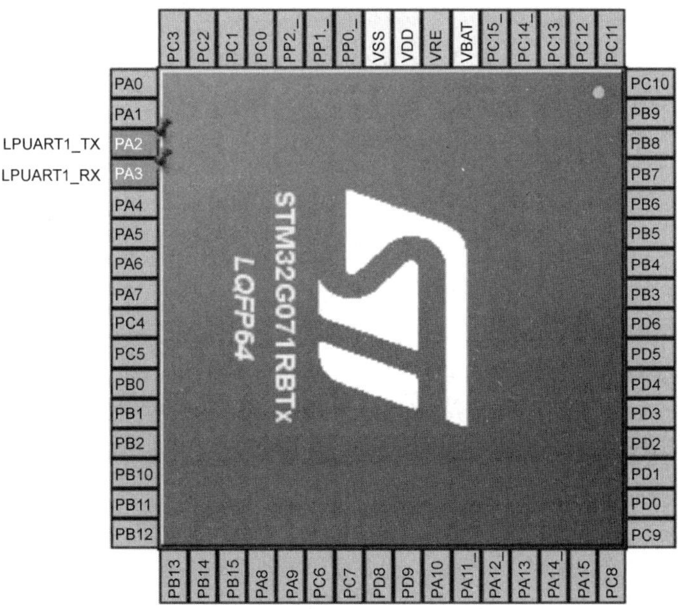

图 5.9　重新分配 LPUART1 后的引脚（视图顺时针旋转 90°）

（6）单击图 5.7 中的 Clock Configuration 标签。如图 5.10 所示，在该标签界面中，找到 System Clock Mux 模块，并勾选该模块中 PLLCLK 前面的复选框。这样就自动将 HCLK 设置为 64MHz，并且 To LPUART1 的时钟自动设置为 64MHz。

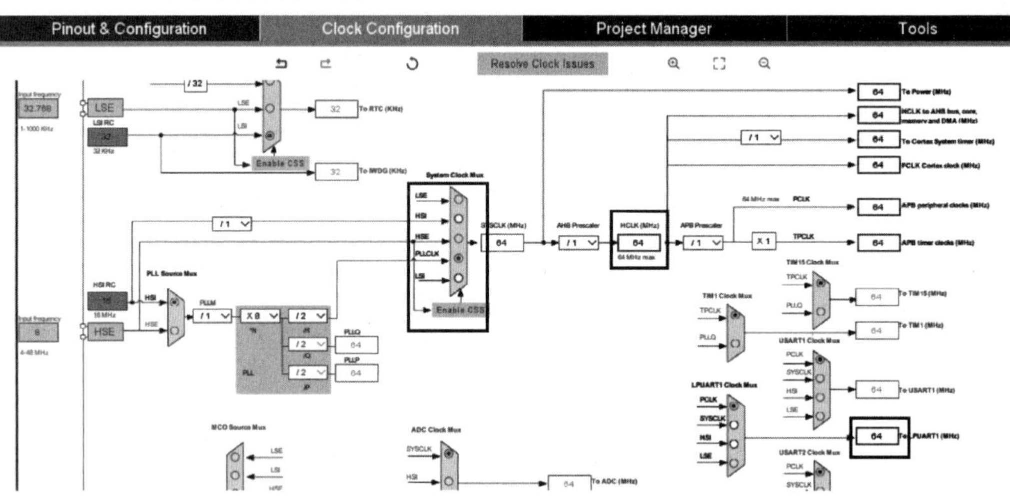

图 5.10　Clock Configuration 标签界面

（7）单击 Project Manager 标签。在该标签界面中，按图 5.11 所示，设置输出工程的参数。

（8）单击图 5.11 右上角的 GENERATE CODE 按钮，开始生成 Keil MDK 下的工程文件。

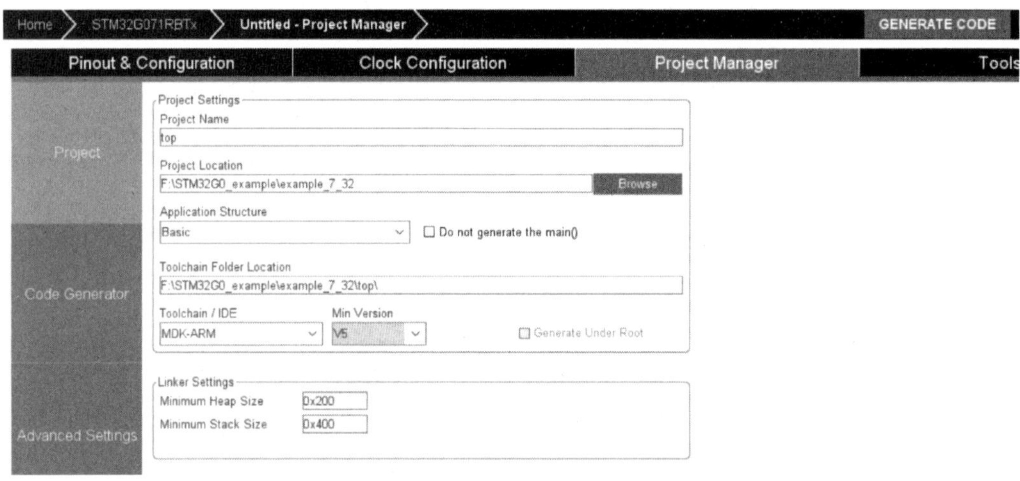

图 5.11　设置输出工程的参数

（9）生成结束后，弹出 Code Generation 界面。在该界面中，单击 Open Project 按钮。

（10）自动启动 Keil μVision 开发工具，并自动打开 top.uvprojx 工程。

（11）退出 STM32CubeMX 开发工具。

（12）在 Keil μVision 开发工具主界面左侧的 Project 窗口中，找到并展开 Application/User 文件夹。在展开项中，找到并双击 main.c 文件，打开该文件。

（13）如图 5.12 所示，添加一行代码，#include "stdio.h"。

```
/* Private includes -------------
/* USER CODE BEGIN Includes */
#include "stdio.h"
/* USER CODE END Includes */
```

图 5.12　添加设计代码（1）

（14）如图 5.13 所示，添加设计代码。

```
/* USER CODE BEGIN PFP */
#define PUTCHAR_PROTOTYPE int fputc(int ch, FILE *f)
#define GETCHAR_PROTOTYPE int fgetc(FILE *f)
#define BACKSPACE_PROTOTYPE int __backspace(FILE *f)
```

图 5.13　添加设计代码（2）

（15）如图 5.14 所示，添加设计代码。

```
int main(void)
{
  /* USER CODE BEGIN 1 */
   volatile  float i=10.0;
   volatile int j=20,k=30;
  /* USER CODE END 1 */
```

图 5.14　添加设计代码（3）

（16）如图 5.15 所示，添加设计代码。

```
/* USER CODE BEGIN WHILE */
while (1)
{
  /* USER CODE END WHILE */
  printf("\nplease input float i:\n");
  scanf("%f",&i);
  printf("\nplease input integer j:\n");
  scanf("%d",&j);
  printf("\nplease input integer k:\n");
  scanf("%d",&k);
  printf("\n");
  printf("i=%f,j=%d,k=%d\r\n",i,j,k);
  /* USER CODE BEGIN 3 */
}
```

图 5.15　添加设计代码（4）

注：要根据程序框架内给出的提示信息，在指定的位置添加用户代码。这些提示信息用多行注释符号对“/*”和“*/”表示。

（17）如图 5.16 所示，添加设计代码。

```
/* USER CODE BEGIN 4 */
PUTCHAR_PROTOTYPE
{
  HAL_UART_Transmit(&hlpuart1,(uint8_t *)&ch,1,0xFFFF);
  return ch;
}


GETCHAR_PROTOTYPE
{
  uint8_t value;
    while((LPUART1->ISR & 0x00000020)==0){}
    value=(uint8_t)LPUART1->RDR;
    HAL_UART_Transmit(&hlpuart1,(uint8_t *)&value,1,0x1000);
  return value;
}
BACKSPACE_PROTOTYPE
{
  return 0;
}
/* USER CODE END 4 */
```

图 5.16　添加设计代码（5）

（18）保存 main.c 文件。

（19）在 Keil μVision 主界面主菜单中，选择 Project->Build Target，对该设计工程进行编译和连接，生成可执行文件和 HEX 文件。

（20）通过 USB 电缆，将 NUCLEO-G071RB 开发板与计算机的 USB 接口连接，给开发板供电。计算机将自动安装驱动并在计算机上虚拟出一个串口（如 COM4）。

（21）打开串口调试助手界面，如图 5.17 所示。在该界面中，设置串口参数。

① 串口：COM4。

② 波特率：115200。

③ 校验位：无校验。

④ 停止位：1 位。

⑤ 将接收缓冲区和发送缓冲区都设置为文本模式。

然后，单击打开串口按钮，使得计算机上的虚拟串口正常工作。

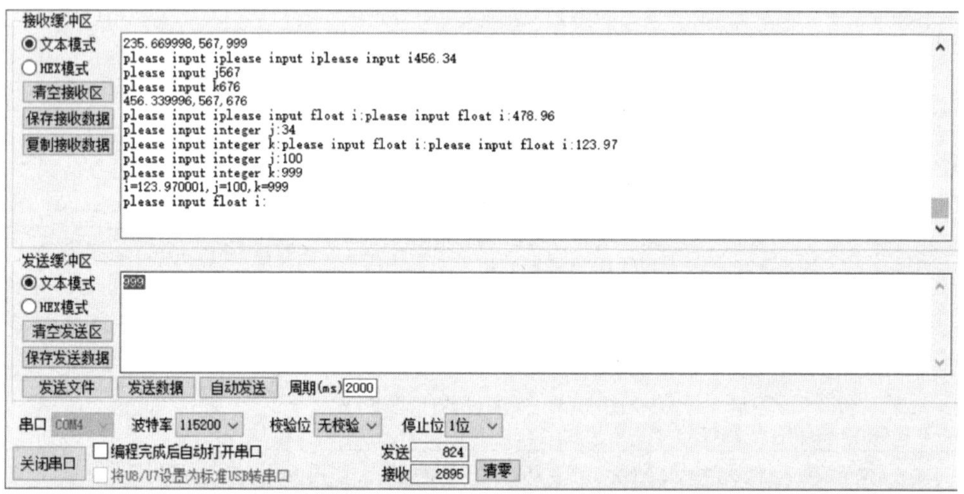

图 5.17　串口调试助手界面

> 注：读者根据自己所使用计算机上虚拟出来的串口号，在串口调试助手界面上选择正确的串口号。

（22）在 Keil μVision 主界面主菜单中，选择 Flash->Download，将 HEX 文件下载到开发板上 STM32G0 MCU 的 Flash 中。

（23）按一下开发板上标记为 RESET 的复位按钮，使得该应用程序正常运行。

（24）在接收缓冲区中自动提示 please input float i:信息。然后，在发送缓冲区中依次执行下面的操作。

① 单击清空发送区按钮，清除发送缓冲区的内容。

② 在发送缓冲区的文本框中，输入浮点变量 i 的值，如 123.97，然后按计算机上的 Enter 键，也就是在输入的浮点变量值 123.97 后面跟着回车换行结束符。

> 注：一定不能少了回车换行结束符。

③ 单击发送数据按钮。

（25）在接收缓冲区中自动提示 please input integer j:信息。然后，在发送缓冲区中依次执行下面操作。

① 单击清空发送区按钮，清除发送缓冲区的内容。

② 在发送缓冲区的文本框中，输入整型变量 j 的值，如 100，然后按计算机上的 Enter 键，也就是在输入的变量值 100 后面跟着回车换行结束符。

③ 单击发送数据按钮。

（26）在接收缓冲区中自动提示 please input integer k:信息。然后，在发送缓冲区中依次执行下面操作。

① 单击清空发送区按钮，清除发送缓冲区的内容。

② 在发送缓冲区的文本框中，输入整型变量 k 的值，如 999，然后按计算机上的 Enter 键，也就是在输入的变量值 999 后面跟着回车换行结束符。

③ 单击发送数据按钮。

（27）在串口调试助手的接收缓冲区界面上显示：

i=123.97001,j=100,k=999

这个信息说明，对输入/输出函数的重定位是正确的，程序开发人员可以通过标准的输入设备终端（串口）输入信息，并可以通过标准的输出设备终端（串口）输出信息。

5.4　C 语言设计实例二：1602 字符型 LCD 的驱动

本节将使用 C 语言编写应用程序，实现对 1602 字符型 LCD 的驱动，并在 1602 字符型 LCD 上显示字符串。

5.4.1　1602 字符型 LCD 的原理

下面介绍 1602 字符型 LCD 的原理，内容包括：1602 字符型 LCD 的引脚定义、1602 字符型 LCD 的指标、1602 字符型 LCD 内部显存、1602 字型符 LCD 读写时序、1602 字符型 LCD 命令和数据。

1．1602 字符型 LCD 的引脚定义

1602 字符型 LCD 的外观如图 5.18 所示，该字符型 LCD 提供了 16 个引脚与外部设备连接，这 16 个引脚的定义和功能如表 5.9 所示。

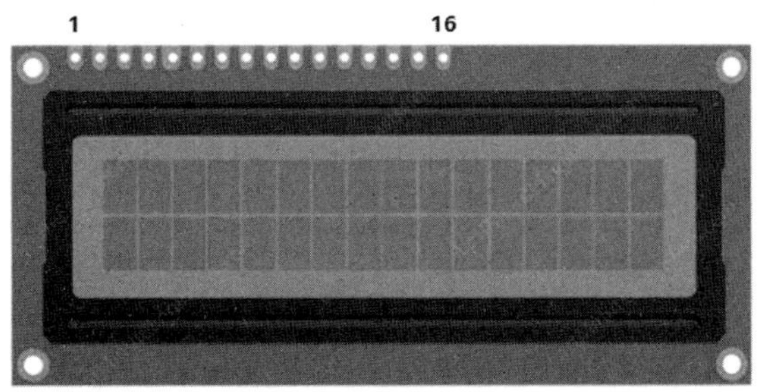

图 5.18　1602 字符型 LCD 的外观

表 5.9　1602 字符型 LCD 的引脚定义和功能

引脚号	信号名字	功能
1	VSS	地
2	VCC	+5V/+3.3V 电源①
3	V0	LCD 驱动电压输入

续表

引脚号	信号名字	功能
4	RS	寄存器选择。RS=1，数据；RS=0，指令
5	R/W	读写信号。R/W=1，读操作；R/W=0，写操作
6	E	芯片使能信号
7	DB0	8 位数据总线信号
8	DB1	
9	DB2	
10	DB3	
11	DB4	
12	DB5	
13	DB6	
14	DB7	
15	LEDA	背光源正极，接+5.0V/+3.3V（取决于 VCC）
16	LEDK	背光源负极，接地

① 在购买 1602 字符型 LCD 时，可以选择+5V 或+3.3V 供电，这主要取决于和 1602 字符型 LCD 所连接的 MCU 的供电电压。在本设计中，使用+3.3V 供电的 1602 字符型 LCD。

2. 1602 字符型 LCD 指标

1602 字符型 LCD 的特性指标，如表 5.10 所示。

表 5.10　1602 字符型 LCD 的特性指标

显示容量	16×2 个字符（可以显示 2 行字符，每行可以显示 16 个字符）
工作电压范围	当 MCU 使用+5V 供电时，选择+5V 供电的 1602 字符型 LCD；当 MCU 使用+3.3V 供电时，选择+3.3V 供电的 1602 字符型 LCD
工作电流①	2.0mA@5V
屏幕尺寸	2.95mm×4.35mm（宽×高）

① 工作电流是指液晶的耗电，没有考虑背光耗电。一般情况下，背光耗电大约为 20mA。

3. 1602 字符型 LCD 内部显存

1602 字符型 LCD 内部包含 80 个字节的显示 RAM，用于保存需要发送的数据，如图 5.19 所示。

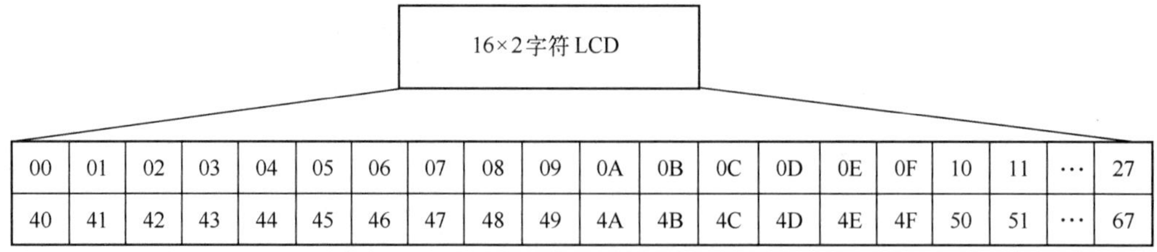

图 5.19　1602 字符型 LCD 内部 RAM 结构

第一行存储器地址范围是 0x00～0x27；第二行存储器地址范围是 0x40～0x67。其中：

（1）第一行存储器地址范围 0x00～0x0F 与 1602 字符型 LCD 第一行位置对应；

（2）第二行存储器地址范围 0x40～0x4F 与 1602 字符型 LCD 第二行位置对应。

每行多出来的部分是为了显示移动字符设置。

4．1602 字符型 LCD 读写时序

下面介绍在 8 位并行模式下，1602 字符型 LCD 的各种信号在读写操作时的时序关系。

（1）写操作时序。

STM32G071 对 1602 字符型 LCD 进行写操作时序，如图 5.20 所示。步骤如下。

① 将 R/W 信号拉低。同时，给出 RS 信号，该信号为逻辑高（“1”）或逻辑低（“0”），用于区分数据和命令。

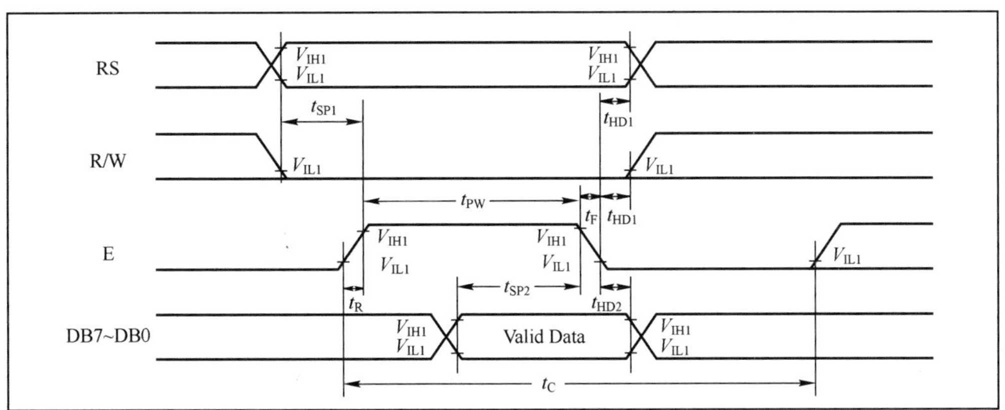

图 5.20　STM32G071 对 1602 字符型 LCD 进行写操作时序

② 将 E 信号拉高。当 E 信号拉高后，STM32G071 将写入 1602 字符型 LCD 的数据放在 DB7～DB0 数据线上。当数据有效一段时间后，首先将 E 信号拉低。然后，数据继续维持一段时间 T_{HD2}。这样，数据就写到了 1602 字符型 LCD 中。

③ 撤除/保持 R/W 信号。

（2）读操作时序。

STM32G071 对 1602 字符型 LCD 进行读操作时序，如图 5.21 所示。

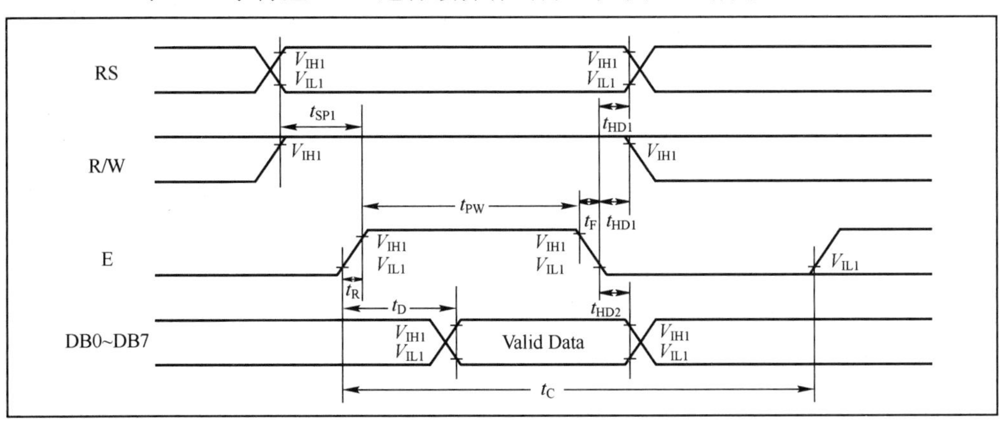

图 5.21　STM32G071 对 1602 字符型 LCD 进行读操作时序

① 将 R/W 信号拉高。同时，给出 RS 信号，该信号为逻辑高（“1”）或逻辑低（“0”），用于区分数据和状态。

② 将 E 信号拉高。当 E 信号拉高，并且延迟一段时间 t_o 后，1602 字符型 LCD 将数据放在 DB0～DB7 数据线上。当维持一段时间 t_{pw} 后，将 E 信号拉低。

③ 撤除/保持 R/W 信号。

将上面的读和写操作进行总结，如表 5.11 所示。

表 5.11 读和写操作总结

RS	R/W	操作说明
0	0	写入指令寄存器（清屏）
0	1	读 BF（忙）标志，以及读取地址计数器的内容
1	0	写入数据寄存器（显示各字型等）
1	1	从数据寄存器读取数据

5．1602 字符型 LCD 命令和数据

在 STM32G071 对 1602 字符型 LCD 操作的过程中，会用到指令和数据，如表 5.12 所示。

表 5.12 1602 字符型 LCD 指令和数据

指令	指令操作码										功能
	RS	RW	DB7	DB6	DB5	DB4	DB3	DB2	DB1	DB0	
清屏	0	0	0	0	0	0	0	0	0	1	将 20H 写入 DDRAM，将 DDRAM 地址从 AC（地址计数器）设置到 00
光标归位	0	0	0	0	0	0	0	0	1	—	将 DDRAM 的地址设置为 00，光标如果移动，则将光标返回到初始的位置。DDRRAM 的内容保持不变
输入模式设置	0	0	0	0	0	0	0	1	I	S	分配光标移动的方向，使能整个显示的移动。I=0，递减模式。I=1，递增模式。S=0，关闭整个移动；S=1，打开整个移动
显示打开/关闭控制	0	0	0	0	0	0	1	D	C	B	设置显示（D），光标（C）和光标闪烁（B）打开/关闭控制。 D=0，关闭显示；D=1，打开显示。 C=0，关闭光标；C=1，打开光标。 B=0，关闭闪烁；B=1，打开闪烁
光标或者显示移动	0	0	0	0	0	1	S/C	R/L	—	—	设置光标移动和显示移动的控制位，以及方向，不改变 DDRAM 数据。S/C=0，R/L=0，光标左移；S/C=0，R/L=1，光标右移；S/C=1，R/L=0，显示左移，光标跟随显示移动；S/C=1，R/L=1，显示右移，光标跟随显示移动
功能设置	0	0	0	0	1	DL	N	F	—	—	设置接口数据宽度，以及显示行的个数。DL=1，8 位宽度；DL=0，4 位宽度。N=0，1 行模式；N=1，2 行模式。F=0，5×8 字符字体；F=1，5×10 字符字体
设置 CGRAM 地址	0	0	0	1	AC5	AC4	AC3	AC2	AC1	AC0	在地址计数器中，设置 CGRAM 地址
设置 DDRAM 地址	0	0	1	AC6	AC5	AC4	AC3	AC2	AC1	AC0	在地址计数器中，设置 DDRAM 地址
读忙标志和地址计数器	0	1	BF	AC6	AC5	AC4	AC3	AC2	AC1	AC0	读 BF 标志，知道 LCD 屏内部是否正在操作，也可以读取地址计数器的内容
将数据写入 RAM	1	0	D7	D6	D5	D4	D3	D2	D1	D0	写数据到内部 RAM（DDRAM/CGRAM）
从 RAM 中读数据	1	1	D7	D6	D5	D4	D3	D2	D1	D0	从内部 RAM（DDRAM/ CGRAM）中读取数据

5.4.2 1602 字符型 LCD 的处理流程

将上面的指令表进行总结，得到 1602 字符型 LCD 的初始化和读写操作流程，如图 5.22 所示。

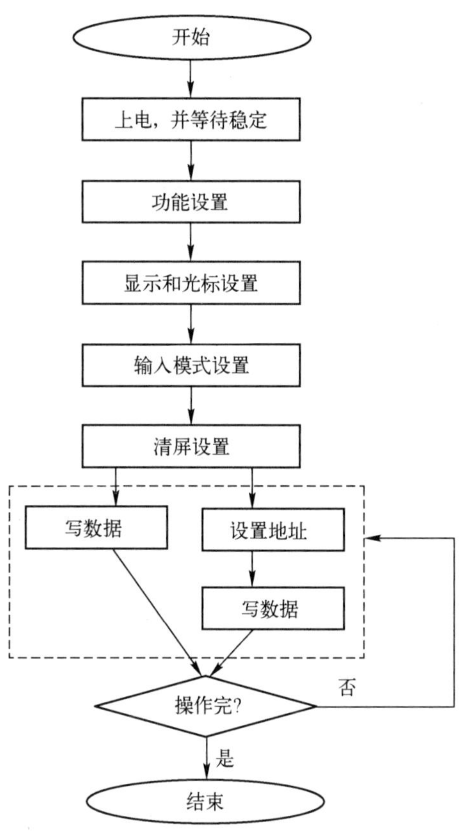

图 5.22 1602 字符型 LCD 的初始化和读写操作流程

5.4.3 1602 字符型 LCD 和开发板的硬件连接

在 NUCLEO-G071RB 开发板上提供了名字为 CN7、CN8、CN9 和 CN10 的连接器，读者可以通过杜邦线和连接器，将 STM32G071 MCU 与 1602 字符型 LCD 进行连接。

> 注：关于 CN7、CN8、CN9 和 CN10 连接器与 STM32G071 MCU 引脚的连接关系，可以参考 NUCLEO-G071RB 原理图。

在该设计中，1602 字符型 LCD 与 STM32G071 MCU 引脚之间的连接关系，如表 5.13 所示。

表 5.13 1602 字符型 LCD 与 STM32G071 MCU 引脚之间的连接关系

STM32G071 MCU 的引脚名字	1602 字符型 LCD 的引脚名字
GPIOA[7]/PA7	DB7
GPIOA[6]/PA6	DB6
GPIOA[5]/PA5	DB5
GPIOA[4]/PA4	DB4
GPIOA[3]/PA3	DB3
GPIOA[2]/PA2	DB2
GPIOA[1]/PA1	DB1
GPIOA[0]/PA0	DB0
GPIOB[2]/PB2	E
GPIOB[1]/PB1	R/W
GPIOB[0]/PB0	RS

注：（1）除了连接上面的信号，还需要通过开发板给 1602 字符型 LCD 提供+3.3V 电源和地。

（2）对背光而言，从+3.3V 通过阻值为 10kΩ可变电阻后连接到 1602 字符型 LCD 的背光电源 LEDA 的输入。

5.4.4 程序代码的设计

下面将通过 STM32CubeMAX 和 Keil μVision 集成开发环境完成程序代码的编写。在本设计中，没有使用硬件抽象层（Hardware Abstraction Layer，HAL）函数，这是为了完整地展示开发 Arm 32 位嵌入式系统的流程。设计程序代码的步骤如下。

（1）按照 5.3.3 节介绍的方法，在 STM32CubeMX 中建立一个名字为 LCD1602NHAL 的工程。在 STM32CubeMX 界面的 Pinout & Configuration 标签界面中，将引脚 PA0、PA1、PA2、PA3、PA4、PA5、PA6 和 PA7，以及 PB0、PB1 和 PB2 的模式均设成 GPIO_Output，然后，导出该设计工程。

（2）启动 Keil μVision 集成开发环境（以下简称 Keil），将路径定位到\STM32G0_example\example_5_2\MDK-ARM。在该目录下，打开名字为 LCD1602NHAL.uvprojx 的工程文件。

（3）在 Keil 左侧的 Project 窗口中，找到并双击 main.c 文件。

（4）在 main.c 文件中，添加设计代码，如代码清单 5.4 所示。

代码清单 5.4　添加的设计代码片段

```
#define u8    unsigned char                          //自定义数据类型 u8
#define u16 unsigned int                              //自定义数据类型

//下面为新添加的函数声明部分
void delay(void);
void lcdwritecmd(unsigned char cmd);
void lcdwritedata(unsigned char dat);
void lcdinit(void);
void lcdsetcursor(unsigned char x, unsigned char y);
void lcdshowstr(unsigned char x, unsigned char y, unsigned char *str);

//下面为在 main()主函数中添加的设计代码
int main(void)
{
  lcdinit();                                          //调用 lcdinit()函数，初始化 1602
  delay();                                            //调用 delay()函数，软件延迟
  lcdshowstr(0,0,"Good Boy");                         //在 1602 第一行，显示字符串 Good Boy
  lcdshowstr(0,1,"Success");                          //在 1602 第二行，显示字符串 Success
}

//下面为新定义的函数
void delay ()                                         //定义 delay 函数
{                                                     //两重 for 循环实现软件延迟
  for(int i=0;i<99;i++)
    for(int j=0;j<99;j++)
     {}
}

void lcdwritecmd(unsigned char cmd)                   //定义 lcdwritecmd 函数
{
```

```
    delay();                                                   //调用延迟函数
    GPIOB->ODR=0x00;                                           //驱动 E=0，R/W=0，RS=0
    GPIOA->ODR=cmd;                                            //将 cmd 送给 GPIOA 的 ODR 寄存器
    GPIOB->ODR=0x04;                                           //驱动 E=1，R/W=0，RS=0
    delay();                                                   //调用延迟函数
    GPIOB->ODR=0x00;                                           //驱动 E=0，R/W=0，RS=0
}

void lcdwritedata(unsigned char dat)                           //定义 lcdwritedata 函数
{
    delay();                                                   //调用延迟函数
    GPIOB->ODR=0x01;                                           //驱动 E=0，R/W=0，RS=1
    GPIOA->ODR=dat;                                            //将 dat 送给 GPIOA 的 ODR 寄存器
    GPIOB->ODR=0x05;                                           //驱动 E=1，R/W=0，RS=1
    delay();                                                   //调用延迟函数
    GPIOB->ODR=0x01;                                           //驱动 E=0，R/W=0，RS=1
}

void lcdinit()                                                 //定义 lcdinit 函数，用于初始化 1602
{
    lcdwritecmd(0x38);                                         //2 行模式，5*8 点阵，8 位宽度
    lcdwritecmd(0x0c);                                         //打开显示，关闭光标
    lcdwritecmd(0x06);                                         //文字不动，地址自动加 1
    lcdwritecmd(0x01);                                         //清屏
}
                                                               //定义 lcdsetcursor 函数
void lcdsetcursor(unsigned char x, unsigned char y)
{
    unsigned char address;                                     //定义无符号字符型数据 address
    if(y==0)                                                   //定义行存储器地址 0x00 开始
        address=0x00+x;
    else                                                       //第二行存储器地址 0x40 开始
        address=0x40+x;
    lcdwritecmd(address|0x80);                                 //写存储器地址
}
                                                               //定义 lcdshowstr 函数
void lcdshowstr(unsigned char x, unsigned char y, unsigned char *str)
{                                                              //在 x,y 出现显示字符
    lcdsetcursor(x,y);                                         //调用函数 lcdsetcursor(x,y)
    while((*str)!='\0')                                        //不是字符串结尾，则继续
    {
          lcdwritedata(*str);                                  //写数据
          str++;                                               //指针加 1，指向下一个字符
    }
}
```

注：请参考本书提供资源设计工程中的 main.c 文件，获取完整的设计代码。

（5）保存 main.c 文件。

（6）在 Keil 主界面主菜单中，选择 Project->Build Target，对设计进行编译和连接。

（7）通过杜邦线，将 1602 字符型 LCD 与开发板连接器进行正确连接。

（8）通过 USB 电缆，将开发板的 USB 接口与计算机/笔记本电脑的 USB 接口进行连接。

（9）在 Keil 主界面主菜单中，选择 Flash->Download，将设计代码下载到 STM32G071 MCU 的 Flash 存储器中。

思考与练习 5.4：按一下开发板上标记为 RESET 的按键，使程序开始正常运行，观察在 1602 字符型 LCD 上显示的字符，然后修改设计代码，使得在 LCD 上可以显示其他字符。

思考与练习 5.5：查看设计代码中所使用的 GPIOA 和 GPIOB 结构体的描述。（提示，按下面的步骤查看。）

（1）在 main.c 文件中，高亮选中 GPIOA 或 GPIOB 选项，单击鼠标右键，出现浮动菜单。在浮动菜单中，选择 Go To Definition Of ‘GPIOA’选项。

（2）跳到下面一行代码处

```
#define GPIOA                    ((GPIO_TypeDef *) GPIOA_BASE)
```

（3）高亮选中 GPIO_TypeDef，单击鼠标右键，出现浮动菜单。在浮动菜单中，选择 Go To Definition Of ‘GPIO_TypeDef’选项。

（4）跳到了 GPIO_TypeDef 的定义处，如图 5.23 所示。

```
typedef struct
{
  __IO uint32_t MODER;       /*!< GPIO port mode register,                  Address offset: 0x00      */
  __IO uint32_t OTYPER;      /*!< GPIO port output type register,           Address offset: 0x04      */
  __IO uint32_t OSPEEDR;     /*!< GPIO port output speed register,          Address offset: 0x08      */
  __IO uint32_t PUPDR;       /*!< GPIO port pull-up/pull-down register,     Address offset: 0x0C      */
  __IO uint32_t IDR;         /*!< GPIO port input data register,            Address offset: 0x10      */
  __IO uint32_t ODR;         /*!< GPIO port output data register,           Address offset: 0x14      */
  __IO uint32_t BSRR;        /*!< GPIO port bit set/reset  register,        Address offset: 0x18      */
  __IO uint32_t LCKR;        /*!< GPIO port configuration lock register,    Address offset: 0x1C      */
  __IO uint32_t AFR[2];      /*!< GPIO alternate function registers,        Address offset: 0x20-0x24 */
  __IO uint32_t BRR;         /*!< GPIO Bit Reset register,                  Address offset: 0x28      */
} GPIO_TypeDef;
```

图 5.23 GPIO_TypeDef 的定义

5.5 C 语言设计实例三：中断控制与 1602 字符型 LCD 的交互

本节将在设计实例一的基础上，加入中断处理程序。当每次按下开发板上的按键时，就将按键的次数加 1，然后在 1602 字符型 LCD 上显示合计的按键次数。

5.5.1 程序代码的设计

设计程序代码的步骤如下。

（1）在 STM32CubeMX 中建立一个名字为 LCD1602interrupt1 的工程。在 STM32CubeMX 界面的 Pinout & Configuration 标签界面中，将引脚 PA0、PA1、PA2、PA3、PA4、PA5、PA6 和 PA7，以及 PB0、PB1 和 PB2 的模式均设成 GPIO_Output，并将 PC13 引脚设置为 GPIO_EXTI13。然后，导出该设计工程。

（2）启动 Keil μVision 集成开发环境（以下简称 Keil），将路径定位到\STM32G0_example\example_5_3\MDK-ARM。在该目录下，打开名字为 LCD1602interrupt1.uvprojx 的工程文件。

（3）在 Keil 左侧的 Project 窗口中，找到并双击 main.c 文件。

（4）在 main.c 文件中，添加设计代码，如代码清单 5.5 所示。在该代码清单中，没有重复给出在设计实例一中对于 1602 字符型 LCD 的操作函数和定义。

代码清单 5.5　添加设计代码片段

```
int location=9;                                    //定义整型变量 location，其值为 9
int counter=0;                                     //定义整型变量 counter，其值为 0
unsigned char tstr[5];                             //定义无符号字符型数组 tstr

main()                                             //主程序 main
{
    lcdinit();                                     //调用 lcdinit 函数，初始化 1602
    delay();                                       //调用延迟函数
    lcdshowstr(0,0,"Interrupt Counter");           //在 1602 第一行打印字符串
    lcdshowstr(11,1,"times");                      //在 1602 第二行打印次数
    sprintf(tstr,"%d",counter);                    //调用 sprintf 函数执行整型到字符串转换
    lcdshowstr(location,1,tstr);                   //以字符串形式打印中断的次数
}
                                                   //中断回调函数
void HAL_GPIO_EXTI_Falling_Callback(uint16_t GPIO_Pin)
{
    counter++;                                     //当按下按键时，全局变量 counter 递增
    if(counter>99999)                              //如果 counter 超过阈值，则打印错误消息
    {
      lcdshowstr(0,1,"   !!!ERROR!!!    ");        //在 1602 上打印错误信息
    }                                              //采用右对齐的打印方式
    else if(counter>9999) location=5;              //根据 counter 值，调整 1602 打印位置
    else if(counter>999)  location=6;              //根据 counter 值，调整 1602 打印位置
    else if(counter>99)   location=7;              //根据 counter 值，调整 1602 打印位置
    else if(counter>9)    location=8;              //根据 counter 值，调整 1602 打印位置
    sprintf(tstr,"%d",counter);                    //调用 sprintf 将整型数转换为字符串
    lcdshowstr(location,1,tstr);                   //在 1602 上显示中断的次数
}
```

（5）保存设计代码。

（6）在 Keil 主界面主菜单中，选择 Project->Build Target，对设计进行编译和连接。

（7）通过杜邦线，将 1602 字符型 LCD 与开发板连接器进行正确连接。

（8）通过 USB 电缆，将开发板的 USB 接口与计算机/笔记本电脑的 USB 接口进行连接。

（9）在 Keil 主界面主菜单中，选择 Flash->Download，将设计代码下载到 STM32G071 MCU 的 Flash 存储器中。

思考与练习 5.6：按一下开发板上标记为 RESET 的按键，使程序开始正常运行。观察每当按一次 USER 按键时，在 1602 字符型 LCD 上所显示中断次数的变化。

5.5.2　C 语言中断程序的分析

下面简要分析使用 C 语言编写中断服务程序的本质，帮助读者从 STM32CubeMX 生成的庞大代码中厘清思路。

（1）在 startup_stm32g071xx.s 文件中的第 85 行，有一行代码：

```
DCD       EXTI4_15_IRQHandler                    ; EXTI Line 4 to 15
```

它用于处理 EXTI4_15 的中断服务程序在中断向量表中的位置。EXTI4_15_IRQHandler 为中断服务程序的地址，由编译器确定。

第 160 行有一行代码：

```
EXPORT   EXTI4_15_IRQHandler                   [WEAK]
```

表示导出 EXTI4_15_IRQHandler，这样就可以在别的文件中使用 EXTI4_15_IRQHandler 编写中断服务程序了。

（2）高亮选中代码清单 5.5 中的 HAL_GPIO_EXTI_Falling_Callback，单击鼠标右键，出现浮动菜单。在浮动菜单中，选择 Go To Previous Reference To ‘HAL_GPIO_EXTI_Falling_Callback’。

（3）跳转到 stm32g0xx_hal_gpio.h 文件中的下面一行代码：

```
void                    HAL_GPIO_EXTI_Falling_Callback(uint16_t GPIO_Pin);
```

（4）高亮选中 HAL_GPIO_EXTI_Falling_Callback，单击鼠标右键，出现浮动菜单。在浮动菜单中，选择 Go To Previous Reference To ‘HAL_GPIO_EXTI_Falling_Callback’。

（5）跳转到 stm32g0xx_hal_gpio.c 文件中的下面一段代码：

```
__weak void HAL_GPIO_EXTI_Falling_Callback(uint16_t GPIO_Pin)
{
  /* Prevent unused argument(s) compilation warning */
  UNUSED(GPIO_Pin);

  /* NOTE: This function should not be modified, when the callback is needed,
     the HAL_GPIO_EXTI_Falling_Callback could be implemented in the user file
  */
}
```

（6）高亮选中 HAL_GPIO_EXTI_Falling_Callback，单击鼠标右键，出现浮动菜单。在浮动菜单中，选择 Go To Previous Reference To ‘HAL_GPIO_EXTI_Falling_Callback’。

（7）跳转到 stm32g0xx_hal_gpio.c 文件中的下面一段代码：

```
void HAL_GPIO_EXTI_IRQHandler(uint16_t GPIO_Pin)
{
  /* EXTI line interrupt detected */
  if (__HAL_GPIO_EXTI_GET_RISING_IT(GPIO_Pin) != 0x00u)
  {
    __HAL_GPIO_EXTI_CLEAR_RISING_IT(GPIO_Pin);
    HAL_GPIO_EXTI_Rising_Callback(GPIO_Pin);
  }

  if (__HAL_GPIO_EXTI_GET_FALLING_IT(GPIO_Pin) != 0x00u)
  {
    __HAL_GPIO_EXTI_CLEAR_FALLING_IT(GPIO_Pin);
    HAL_GPIO_EXTI_Falling_Callback(GPIO_Pin);
  }
}
```

可见，在 HAL_GPIO_EXTI_IRQHandler 函数中引用了函数 HAL_GPIO_EXTI_Falling_Callback。

（8）高亮选中 HAL_GPIO_EXTI_IRQHandler，单击鼠标右键，出现浮动菜单。在浮动菜单中，选择 Go To Previous Reference To ‘HAL_GPIO_EXTI_IRQHandler’。

（9）跳转到 stm32g0xx_it.c 文件中的下面一段代码：

```
void EXTI4_15_IRQHandler(void)
{
    /* USER CODE BEGIN EXTI4_15_IRQn 0 */
```

```
    /* USER CODE END EXTI4_15_IRQn 0 */
    HAL_GPIO_EXTI_IRQHandler(GPIO_PIN_13);
    /* USER CODE BEGIN EXTI4_15_IRQn 1 */

    /* USER CODE END EXTI4_15_IRQn 1 */
}
```

（10）高亮选中 EXTI4_15_IRQHandler，单击鼠标右键，出现浮动菜单。在浮动菜单中，选择 Go To Previous Reference To‘EXTI4_15_IRQHandler’。

（11）跳转到 stm32g0xx_it.h 文件中的下面一行代码：

```
void EXTI4_15_IRQHandler(void);
```

至此，找到了中断服务程序的入口。

思考与练习 5.7：分析启动引导代码中的异常向量表、异常向量和异常处理程序入口之间的关系。

5.6　C 语言设计实例四：软件驱动的设计与实现

本节要使用底层驱动程序/底层（Low Layer，LL）进行设计，设计目的是使用 STM32CubeMX 生成使用底层驱动程序/LL 的工程。通过相同的设计目标和功能，与使用 HAL 的工程相比，使用 LL 的工程在占用 Flash 和 RAM 的资源方面会有显著的改善。

STM32Cube HAL 和 LL 是互补的，并且涵盖了广泛的应用需求。

（1）HAL 提供了面向高级和功能性的 API，具有高度的可移植性，并且向最终用户隐藏了产品/IP 的复杂性。

（2）LL 在寄存器级上提供了低层次 API，具有更好的优化功能，但可移植性较差，并且需要对产品/IP 规范有深入的了解。

（3）LL 库提供了下面的服务。

① 静态内联函数集，用于直接寄存器访问（只在.h 文件中提供）。

② HAL 驱动程序或应用级程序可以使用的一键式操作。

③ 与 HAL 无关，可以独立使用（没有 HAL 驱动程序）。

④ 所支持外设的完整功能覆盖。

（4）LL API 在 STM32 系列中不是完全可移植的。某些宏的可用性取决于产品上相关功能的物理可用性。

（5）覆盖大多数 STM32 外设。

（6）与 HAL 相同的标准兼容性（MISRA-C, ANSIC）。

（7）STM32CubeMX 提供了 LL，即用户可以通过外设在 HAL 和 LL 之间进行选择。

STM32Cube 固件（FirmWare，FW）包块结构，如图 5.24 所示。从该图中可知，FW 包块包括底层驱动程序。在该 FW 包块中提供了一些底层例子以及 HAL 与 LL 之间的混合例子。此外，还有支持 LL/底层驱动程序的 STM32CubeMX 工具。很明显，可以通过 LL 驱动程序生成代码。

5.6.1　创建 HAL 的设计实例

创建 HAL 设计实例的主要步骤如下。

（1）启动 STM32CubeMX 工具。在该工具中，将 PA5 引脚设置为 GPIO_OUTPUT，然后导出工程，如图 5.25 所示。

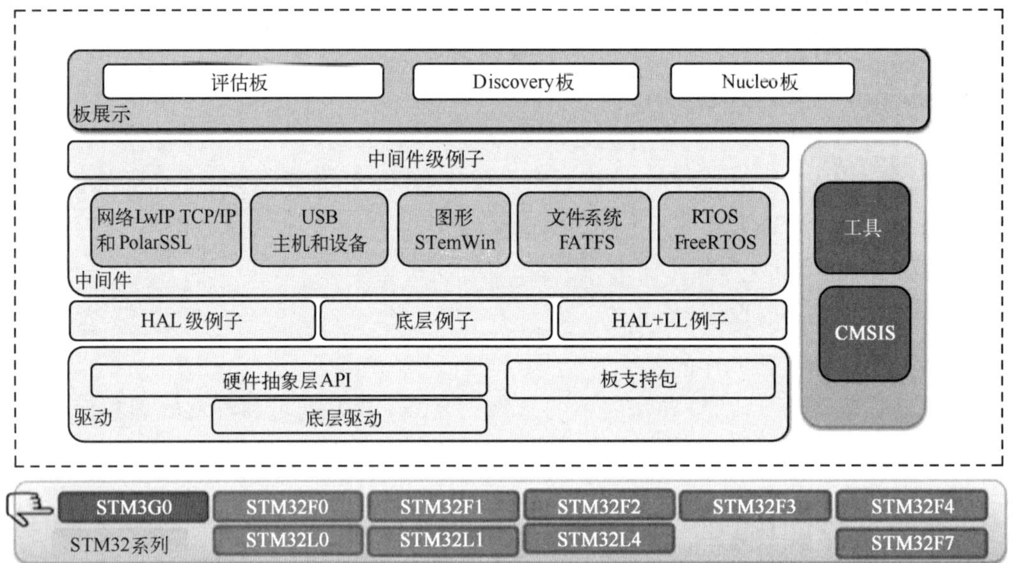

图 5.24　STM32 固件包块结构

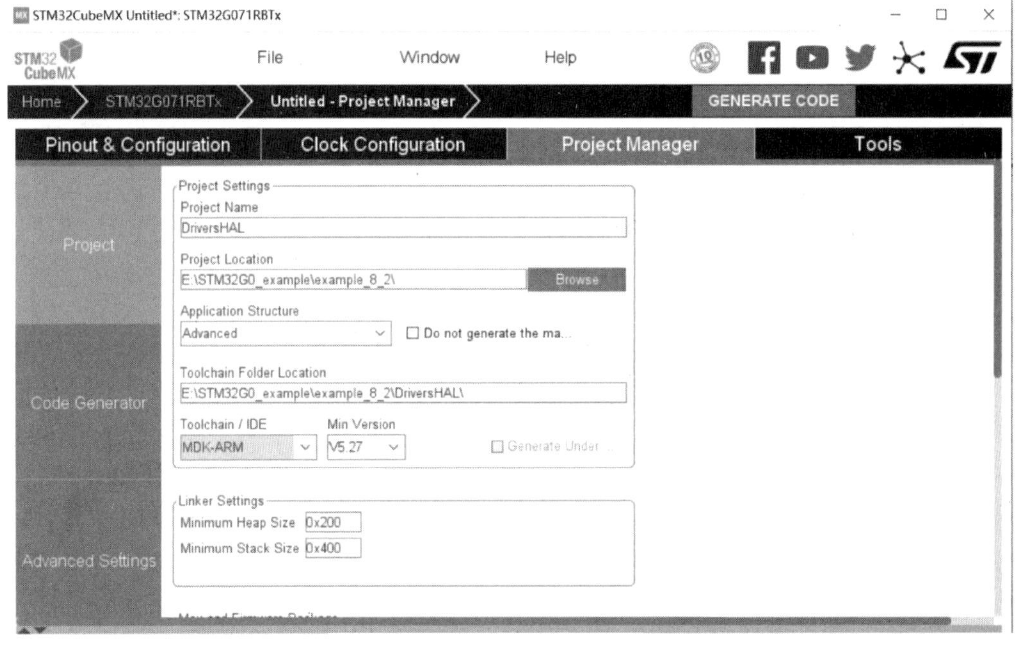

图 5.25　导出用 HAL 创建的工程

（2）启动 Keil μVision 集成开发环境（以下简称 Keil），在 Keil 中，将路径定位到 E:\STM32G0_example\example_5_4\MDK-ARM，打开名字为 DriversHAL.uvprojx 的工程文件。

（3）在左侧的 Project 窗口中，找到并双击 main.c 文件，打开该文件。

（4）在该文件的 while 循环中，加入两行代码，如代码清单 5.6 所示。

代码清单 5.6　添加的两行代码（HAL 工程）

```
while (1)
{
    /* USER CODE END WHILE */
```

```
        HAL_GPIO_TogglePin(GPIOA,GPIO_PIN_5);          //切换 PA5 引脚的状态
        HAL_Delay(100);                                //延迟
    /* USER CODE BEGIN 3 */
  }
```

（5）保存设计代码。

（6）在 Keil 主界面主菜单中，选择 Project->Build Target，对该设计进行编译和连接。

（7）进入下面的目录路径 E:\STM32G0_example\example_5_4\MDK-ARM\DriversHAL，在该路径下，用 Windows 10 操作系统提供的写字板工具打开 DriversHAL.map 文件。

（8）在该文件的结尾处，给出了设计所使用的存储器资源，如表 5.14 所示。

表 5.14　设计所使用的存储器资源（HAL 工程）

```
Total RO    Size (Code + RO Data)                  3012 (   2.94KB)
Total RW    Size (RW Data + ZI Data)               1040 (   1.02KB)
Total ROM Size (Code + RO Data + RW Data)          3028 (   2.96KB)
```

思考与练习 5.8：根据表 5.14 给出的内容，说明该设计所使用的存储器资源的数量。

5.6.2　创建 LL 的设计实例

创建 LL 的设计实例的主要步骤如下。

（1）启动 STM32CubeMX 工具。在该工具中，首先将 PA5 引脚设置为 GPIO_OUTPUT。

（2）在 STM32CubeMX 工具中，单击 Project Manager 标签。如图 5.26 所示，在该标签界面左侧窗口中，找到并单击 Advanced Settings 按钮。在右侧窗口中，单击 GPIO 一行右侧的 HAL，弹出下拉框，在下拉框中选择 LL。与之类似，单击 RCC 一行右侧的 HAL，弹出下拉框，在下拉框中选择 LL。

图 5.26　设置 LL 界面

（3）在 STM32CubeMX 工具的 Project Manager 标签界面左侧窗口中，找到并单击 Project 按钮，在右侧界面中设置导出工程的参数，如图 5.27 所示。

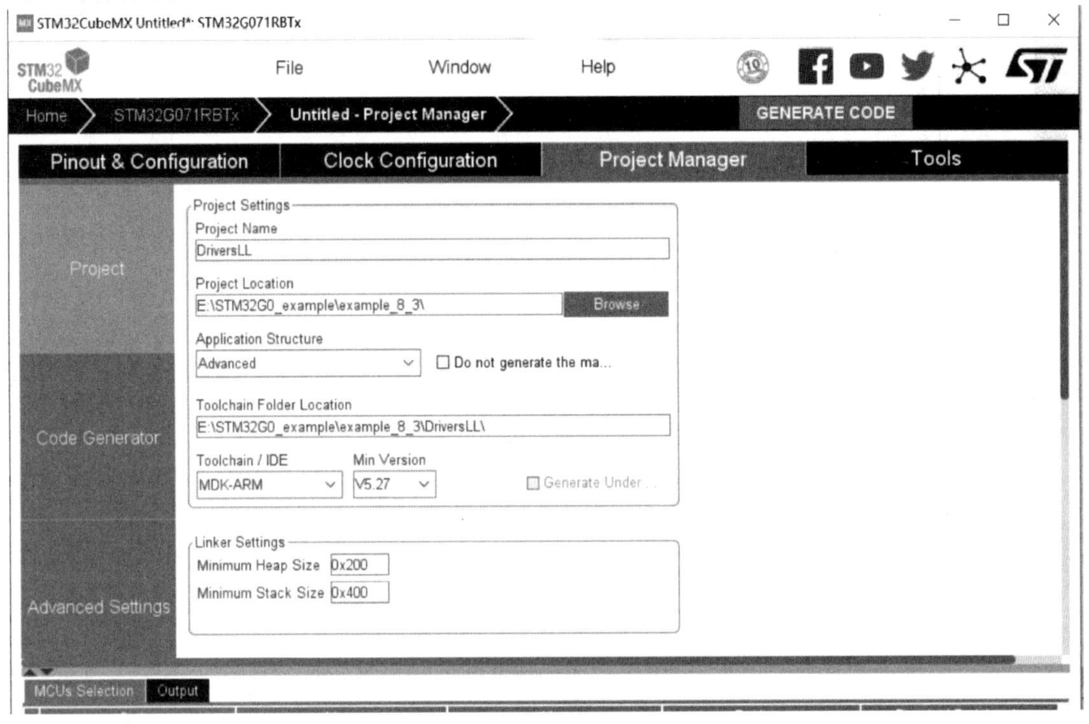

图 5.27　设置导出工程的参数

（4）导出工程。

（5）启动 Keil μVision 集成开发环境（以下简称 Keil），在 Keil 中，将路径定位到 E:\STM32G0_example\example_5_5\MDK-ARM。在该路径下，打开名字为 DriversLL.uvprojx 的工程文件。

（6）在 Keil 左侧的 Project 窗口中，列出了 LL 格式的驱动文件列表，如图 5.28 所示。

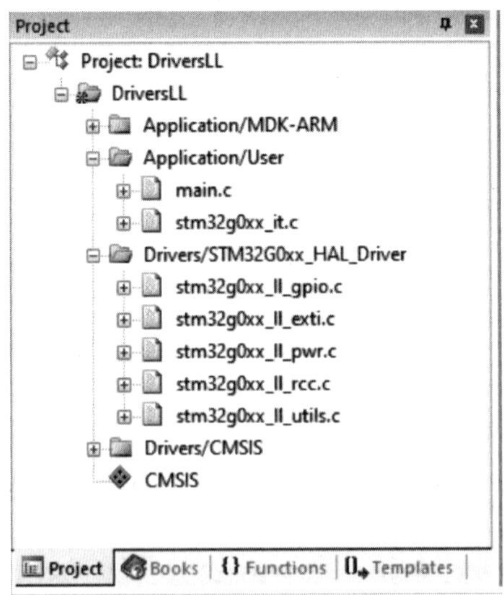

图 5.28　Project 窗口中的文件

思考与练习 5.9：打开这些文件，查看其格式与 HAL 有何不同。

（7）在左侧的 Project 窗口中，找到并双击 main.c 文件，打开该文件。

（8）在该文件的 while 循环中，加入两行代码，如代码清单 5.7 所示。

代码清单 5.7　添加的两行代码（LL 工程）

```
while (1)
{
  /* USER CODE END WHILE */
    LL_GPIO_TogglePin(GPIOA,LL_GPIO_PIN_5);
    LL_mDelay(100);
  /* USER CODE BEGIN 3 */
}
```

（9）保存设计代码。

（10）在 Keil 主界面主菜单中，选择 Project->Build Target，对该设计进行编译和连接。

（11）进入下面的目录路径 E:\STM32G0_example\example_5_5\MDK-ARM\DriversHAL，在该路径下，用 Windows 10 操作系统提供的写字板工具打开 DriversLL.map 文件。

（12）在该文件的结尾处，给出了设计所使用的存储器资源，如表 5.15 所示。

表 5.15　设计所使用的存储器资源（LL 工程）

```
Total RO    Size (Code + RO Data)                  916 (    0.89KB)
Total RW    Size (RW Data + ZI Data)              1032 (    1.01KB)
Total ROM Size (Code + RO Data + RW Data)          920 (    0.90KB)
```

思考与练习 5.10：根据表 5.15 给出的内容，说明该设计所使用的存储器资源的数量。

思考与练习 5.11：根据上面的设计和分析过程，比较 HAL 工程和 LL 工程。

第 6 章　电源、时钟和复位的原理及应用

STM32G0 系列 MCU 内提供的电源、时钟和复位系统，更好地满足了嵌入式系统对低功耗和高性能的双重要求。

本章介绍 STM32G0 系列 MCU 的电源系统原理及功能、RCC 中的时钟管理功能，以及 RCC 中的复位管理功能。在此基础上，通过三个典型设计实例说明控制 STM32G0 系列 MCU 功耗的方法，以帮助读者能够灵活高效地使用功耗控制方法以满足低功耗和高性能的嵌入式应用需求。

6.1　电源系统的原理及功能

STM32G0 器件提供了 FlexPowerControl 技术，增强了电源模式管理的灵活性，并且进一步降低了系统应用时的整体功耗。这是该器件的一大优势，正是由于其在功耗方面的优势，使得它在低功耗应用中有着广泛的用途。

6.1.1　电源系统框架

STM32G0x1 器件需要 1.7～3.6V 的工作电源（V_{DD}）。特定的外设上提供了几种不同的电源，其电源结构如图 6.1 所示。

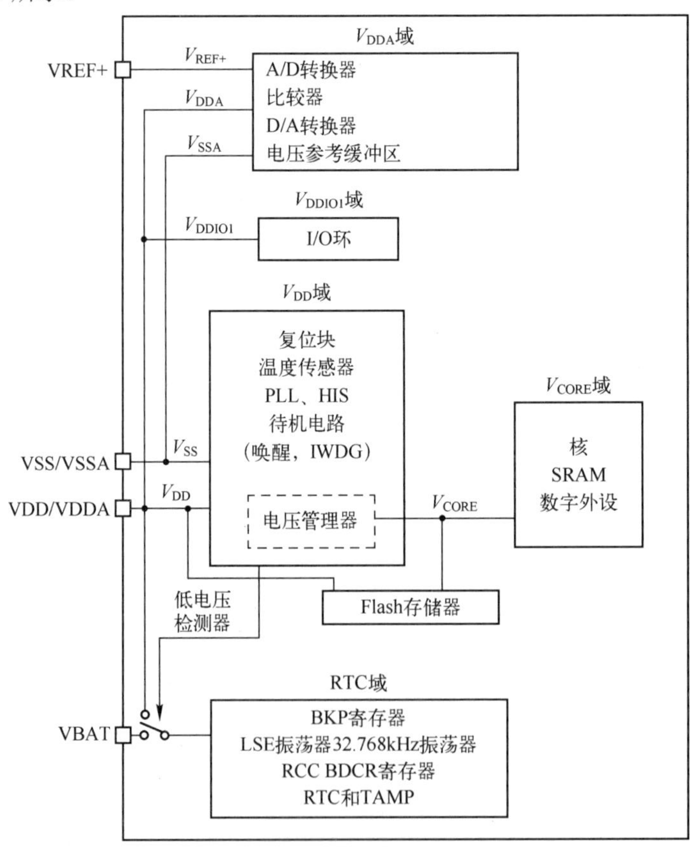

图 6.1　STM32G0x1 电源结构

（1）V_{DD}=1.7～3.6V（当断电时，降到 1.6V）

V_{DD}是外部供电电源，用于内部管理器和系统模拟部分，如复位、电源管理和内部时钟。通过 VDD/VDDA 引脚从外部提供。

> 注：最小电压 1.7V 对应于上电复位释放阈值 V_{PDR}（最小）。

（2）V_{DDA}=1.7～3.6V（当断电时，降到 1.6V）

V_{DDA}是模拟供电电源，用于 A/D 转换器、D/A 转换器、参考电压缓冲区和比较器。V_{DDA}电压和 V_{DD}电压相同，因为它是通过 VDD/VDDA 引脚从外部供电的。

① 当使用 A/D 转换器或比较器时，最小电压为 1.62V。

② 当使用 D/A 转换器时，最小电压为 1.8V。

③ 当使用电压参考缓冲区时，最小电压为 2.4V。

（3）V_{DDIO1}=V_{DD}

V_{DDIO1}是 I/O 的电源。V_{DDIO1}电压与 V_{DD}电压相同，因为它是通过 VDD/VDDA 引脚从外部供电的。

（4）V_{DDIO2}=1.6～3.6V（仅在 STM32G0B1xx 和 STM32G0C1xx 上可用）

V_{DDIO2}是来自 VDDIO2 引脚的供电电源，用于 I/O。尽管 V_{DDIO2}独立于 V_{DD}或 V_{DDA}，但是在没有有效 V_{DD}的情况下不得使用。

（5）V_{BAT}=1.55～3.6V

当不存在 V_{DD}时，V_{BAT}是电源（通过一个电源开关），用于实时时钟（Real Time Clock，RTC）、篡改（tamper, TAMP）、低速外部 32.768kHz 振荡器和备份寄存器。通过 VBAT 引脚从外部提供 V_{BAT}。当在封装上没有该引脚时，它内部连接到 VDD/VDDA。

两个篡改引脚在 VBAT 模式下可以正常工作，并且在检测到入侵的情况下，将擦除 V_{BAT}域中还包含的 20B 备份寄存器。此外，备份域还包含 RTC 时钟控制逻辑。

如果 V_{DD}降低到某个阈值以下，则备用域电源将自动切换到 V_{BAT}。当 V_{DD}恢复正常时，备用域电源会自动切换到 V_{DD}。

V_{BAT}电压内部连接到 A/D 转换器输入通道，以检测备用电池的电量。当存在 V_{DD}时，可以由 V_{DD}给连接到 VBAT 引脚的电池充电，如图 6.2 所示。

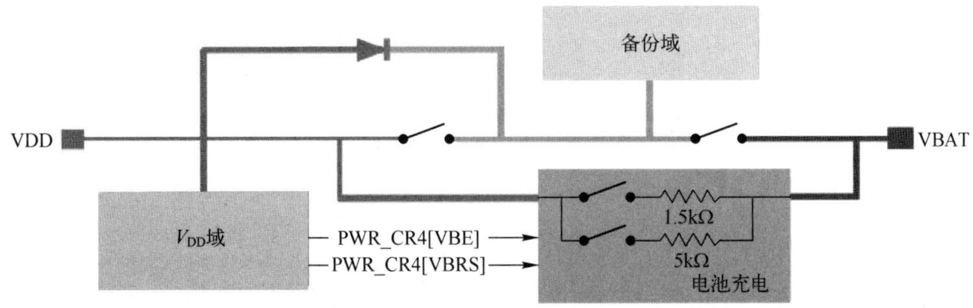

图 6.2　V_{DD}给电池充电的电路

电池充电功能允许当存在 V_{DD}电源时，为通过内部电阻连接到 VBAT 引脚的超级电容充电。充电由软件使能，并通过 5kΩ 或 1.5kΩ 电阻完成，具体取决于软件。在 VBAT 模式下，自动禁止电池充电。PWR_CR4[VBE]使能电池充电。PWR_CR4[VBRS]选择电阻值。

在启动阶段，如果建立的 V_{DD}的时间小于 $t_{RSTTEMPO}$，并且 V_{DD}大于 V_{BAT}+0.6V 时，则电流可以通过连接在 VDD 和 VBAT 引脚之间的内部二极管注入 V_{BAT}。

如果连接到 VBAT 引脚的电源/电池不支持该电流注入，则强烈建议在该电源和 VBAT 引脚之间连接一个外部低压降二极管。

在 VBAT 模式下，主电源管理器和低功耗电源管理器掉电。

（6）V_{REF+}

V_{REF+}是 A/D 转换器和 D/A 转换器的输入参考电压，或者内部参考电压缓冲器的输出（当使能时）。当 V_{DDA}<2V 时，V_{REF+}必须等于 V_{DDA}。当 V_{DDA}>2V 时，V_{REF+}必须在 2V 和 V_{DDA}之间。当 A/D 转换器和 D/A 转换器不活动时，可以将其接地。

内部基准电压缓冲区支持两个输出电压，这些电压通过 VREFBUF_CSR 寄存器的 VRS 位配置：

① V_{REF+}约为 2.048V（要求 V_{DDA} 等于或高于 2.4V）；

② V_{REF+}约为 2.5V（要求 V_{DDA} 等于或高于 2.8V）。

V_{REF+}通过 VREF+引脚提供。在没有 VREF+引脚的封装上，将 VREF+内部连接到 VDD，并且内部基准电压缓冲区必须保持禁止状态。

（7）V_{CORE}

嵌入的线性稳压器用于提供 V_{CORE} 内部数字电源。V_{CORE} 是为数字外设、SRAM 和 Flash 存储器供电的电源。Flash 存储器由 V_{DD} 供电。

除了待机电路和备份域外，两个嵌入的线性电源稳压器为所有的数字电路供电，如图 6.3 所示。管理器的输出电压（V_{CORE}）可以通过软件编程为两个不同的值，具体取决于性能和功耗要求，称之为动态电压标定。

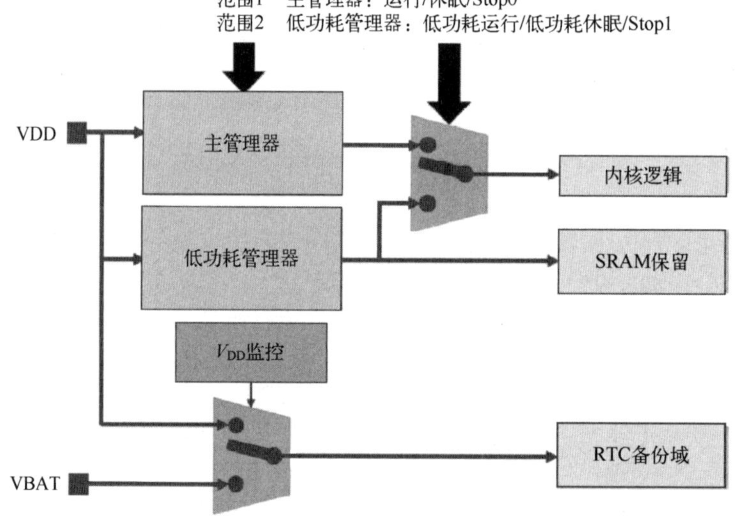

图 6.3　电源管理器

根据应用模式，V_{CORE} 由用于运行、休眠和 Stop0 模式的主管理器提供，或者由用于低功耗运行、低功耗休眠、Stop1 模式的低功耗管理器提供。

在待机和断电模式下，电源管理器处于关闭状态。当在待机模式下保留 SRAM 内容时，低功耗管理器保持打开状态并为 SRAM 提供电源。

6.1.2　电源监控

该器件具有集成的上电复位（Power On Reset，POR）、掉电复位（Power Down Reset，PDR）

及欠压复位（Brown Out Reset，BOR）电路。除在断电以外的所有其他功耗模式下，POR 和 PDR 均有效，并确保在上电和掉电时均能正常工作。当电源电压低于 $V_{POR/PDR}$ 阈值时，在不需要外部复位电路的情况下，仍然可使器件保持复位状态。BOR 功能可提供更大的灵活性，可以通过选项字节来使能和配置它，方法是在 V_{DD} 上升时选择四个阈值中的一个，在 V_{DD} 下降时选择四个阈值中的一个，如图 6.4 所示。上电期间，BOR 使器件保持复位状态，指导 V_{DD} 电源电压达到指定的 BOR 上升阈值（V_{BORRx}）。此时，器件脱离复位状态，启动系统。掉电期间，当 V_{DD} 降低到选定的 BOR 下降阈值（V_{BORFx}）以下时，将器件再次设置为复位状态。

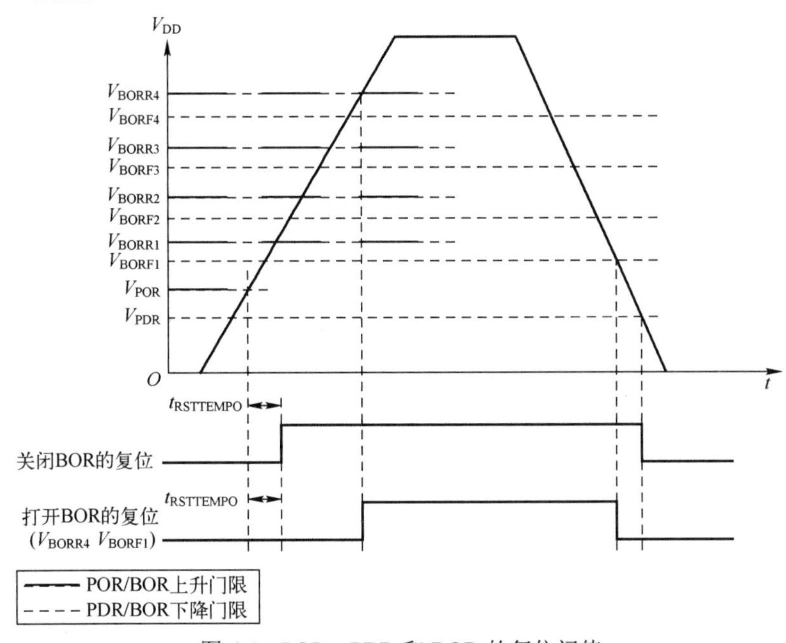

图 6.4　POR、PDR 和 BOR 的复位阈值

注：不允许将 BOR 下降阈值（V_{BORFx}）配置为高于 BOR 的上升阈值（V_{BORRx}）。

该器件也具有嵌入式的可编程电压检测器（Programmable Voltage Detector，PVD），可监控 V_{DD} 电源并将其与 V_{PVD} 阈值进行比较。当 V_{DD} 电平跨越 V_{PVD} 阈值时，它有选择性地在下降沿、上升沿或者同时在下降沿和上升沿产生中断，电压检测器的输出如图 6.5 所示。然后，中断服务程序可以生成警告消息和/或将 MCU 置于安全状态。PVD 由软件使能。

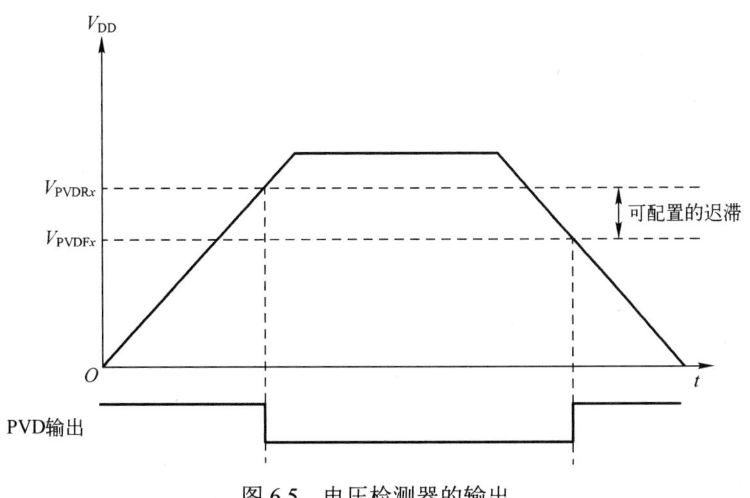

图 6.5　电压检测器的输出

6.1.3 低功耗模式

在默认情况下，在系统或电源复位后，微控制器处于运行模式。

（1）在范围 1 时，它支持最高 64MHz 的系统时钟，其电流为 100μA/MHz。在范围 1 时，所有外设均处于活动状态。

（2）在范围 2 时，它支持最高 16MHz 的系统时钟，其功耗更低，电流为 93μA/MHz。在范围 2 时，所有外设均处于活动状态，但是不能编程或擦除 Flash 存储器。

此外，可以通过以下一种方式降低运行模式下的功耗。

（1）降低系统时钟。

（2）当不使用 APB 和 AHB 外设时，对连接到这些外设的时钟进行门控。

当不需要保持 CPU 运行时（如等待一个外部事件），可以使用几种低功耗模式来减小功率。用户可以选择在低功耗、短启动时间和可用唤醒源之间做出最佳折中的模式。STM32G0 系列 MCU 提供了 7 种低功耗模式：低功耗运行模式、休眠模式、低功耗休眠模式、Stop 0 模式、Stop 1 模式、待机模式和断电模式。我们可以使用多个方法来配置每一种模式，这样就提供了更多的子模式。

1．低功耗运行模式

当系统时钟频率降低到 2MHz 以下时，可实现该模式。该模式从 SRAM 或 Flash 存储器运行代码。电源管理器处于低功耗运行模式，以最小化电源管理器的工作电流。在低功耗运行模式下，所有外设均处于活动状态。当从 SRAM 运行时，Flash 存储器可以处于断电模式，并且可以关闭 Flash 时钟，注意此时需要通过 Cortex-M0+向量表偏移寄存器，在 SRAM 中映射中断向量表。

运行模式和低功耗运行模式的时钟比较，如表 6.1 所示。

表 6.1 运行模式和低功耗运行模式的时钟比较

电压范围	SYSCLK	HSI16	HSE	PLL
范围 1	64MHz（最大）	16MHz	48MHz	128MHz V_{CO}（最大）=344MHz
范围 2	16MHz（最大）	16MHz	16MHz	40MHz V_{CO}（最大）=128MHz
低功耗运行	2MHz（最大）	带分压器允许	带分压器允许	不允许

在运行模式和低功耗运行模式下，消耗电流取决于以下因素。

（1）所执行的二进制代码（程序本身+编译器的共同影响）。

（2）程序在存储器中的位置（取决于所执行代码的地址）。

（3）器件配置（取决于应用场景）。

（4）I/O 引脚负载和切换速度。

（5）温度。

（6）从 Flash 存储器还是从 SRAM 执行。

① 当从 Flash 存储器执行时：

- 加速器配置（缓存，预取指）；
- 更好的能效（预取指+使能缓存）。

② 当从 SRAM 执行时，比从 Flash 存储器执行有更好的能效。这是因为 Flash 存储器属于 V_{DD} 电源域，而 SRAM 属于 V_{CORE} 电源域。

2．休眠模式

关闭 CPU 时钟。当发生中断或事件时，包括 Cortex-M0+核心外设（如 NVIC 和 SysTick 等）

在内的所有外设均可运行并唤醒 CPU。

3．低功耗休眠模式

从低功耗运行模式进入该模式：关闭 Cortex-M0+处理器。

休眠模式和低功耗休眠模式允许使用所有外设，并具有最快的唤醒时间。在这些模式下，Cortex-M0+处理器会停止工作，并且可以通过软件将每个外设的时钟配置为“打开”或“关闭”。

通过执行汇编指令等待中断（Wait For Interrupt，WFI）或等待事件（Wait For Event，WFE）来进入这些模式。在低功耗运行模式下执行时，器件进入低功耗休眠模式。

根据 Cortex-M0+系统控制寄存器中的 SLEEPONEXIT 比特位配置，一旦执行指令或者退出最低优先级的中段服务程序，MUC 便进入休眠模式。

最后的配置可通过节省退出低功耗模式时的出栈和压栈的需求来节约时间和功耗。但是，所有计算必须在 Cortex-M0+句柄模式下完成。

批量采集模式（Batch Acquisition Mode，BAM），该模式是用于传输数据的优化模式，如图 6.6 所示。在休眠模式下，仅对需要的通信外设、DMA 和 SRAM 配置了时钟。Flash 存储器处于掉电模式，并且在休眠模式下关闭 Flash 存储器的时钟。然后，它可以进入休眠模式或低功耗休眠模式。

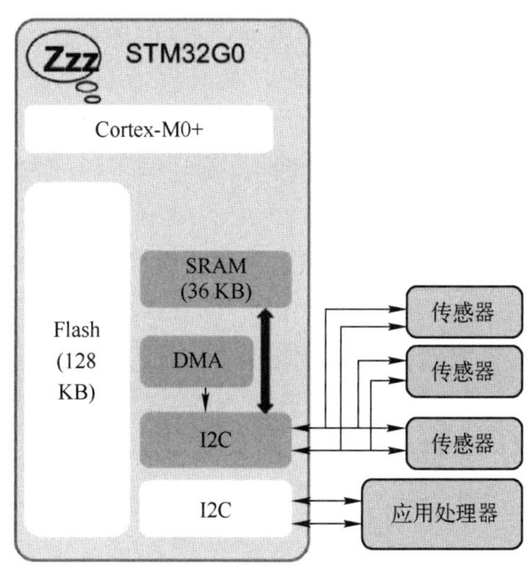

图 6.6　批量采集模式

> 注：即使在低功耗休眠模式下，I2C 时钟也可以为 16MHz，从而支持 1MHz 快速模式+。USART 和 LPUART 时钟也可以基于高速内部振荡器。典型应用是传感器集线器。

4．Stop 0 模式和 Stop 1 模式

保留 SRAM 和所有寄存器的内容。V_{CORE} 域中的所有时钟均停止，禁止 PLL、HSI16 和 HSE。LSI 和 LSE 保持运行。

RTC 和 TAMP 保持活动（带 RTC 的停止模式，不带 RTC 的停止模式）。

某些具有唤醒功能的外设可以在停止模式下使能 HSI16 RC，以检测其唤醒条件。

在 Stop 0 模式中，主电源管理器保持开启状态，这样可以实现最快的唤醒时间，但有更多的消耗。活动的外设和唤醒源与 Stop 1 模式下的相同。

退出 Stop 0 模式或 Stop 1 模式时，系统时钟是 HSISYS 时钟。如果配置为在低功耗运行模式

下唤醒器件，则必须在进入停止模式之前配置 RCC_CR 寄存器中的 HSIDIV 位，以提供不大于 2MHz 的频率。

Stop 0 模式和 Stop 1 模式的比较，如表 6.2 所示。

表 6.2　Stop 0 模式和 Stop 1 模式的比较

	Stop 0	Stop 1
耗电	25℃，3V	
	97μA	1.3μA（当禁止 RTC 时）
唤醒时间到 16MHz	5.5μs，在 Flash 存储器最初断电 2μs，在 RAM	9μs，在 Flash 存储器最初断电 5μs，在 RAM
唤醒时钟	HSI16（在 16MHz）	
电源管理器	主电源管理器	低功耗电源管理器
外设	RTC、I/O、BOR、PVD、COMP、IWDG	
	2 个低功耗定时器 1 个低功耗 UART（开始、地址匹配或接收到字节） 2 个 U(S)ARTx（开始、地址匹配或接收到字节） 1 个 I2C（地址匹配）	

5．待机模式

关闭 V_{CORE} 域。但是，可以保留 SRAM 内容。

（1）当设置 PWR_CR3 寄存器中 RRS 位时，具有保留 SRAM 的待机模式。在这种情况下，SRAM 由低功耗电源管理器提供。

（2）当清除 PWR_CR3 寄存器中的 RRS 位时，就是待机模式。在这种情况下，关闭主电源管理器和低功耗电源管理器。

停止 V_{CORE} 域中的所有时钟，并且禁止 PLL、HSI16 和 HSE 振荡器。LSI 和 LSE 振荡器保持运行。

RTC 可以保持活动状态（带 RTC 的待机模式，不带 RTC 的待机模式）。

待机模式是最低功耗模式，可以保留 36KB 的 SRAM，支持从 V_{DD} 到 V_{BAT} 的自动切换，并且可以通过独立的上拉和下拉电路配置 I/O 电平。

在默认情况下，电压管理器处于掉电模式，并且 SRAM 内容和外设寄存器均丢失，始终保留 20B 的备份寄存器。

在待机模式下，超低功耗欠压复位可用。断电复位总是打开的，以确保安全复位，而不管 V_{DD} 的斜率。

每个 I/O 均可配置为带/不带上拉或下拉，这要归结为 APC 控制位的应用和释放。这样，即使在待机模式下也可以控制外部元件的输入状态。

5 个唤醒引脚可用于将设备从待机模式唤醒。每个唤醒引脚的极性都是可配置的。

当退出待机模式时，系统时钟是 HSI16 振荡器时钟。

6．断电模式

关闭 V_{CORE} 域的电源（包括主电源管理器和低功耗电源管理器）。停止 V_{CORE} 域中的所有时钟，并且禁止 PLL、HSI16、LSI 和 HSE 振荡器。由于 LSI 不可用，因此也不可使用独立的看门狗。LSE 可以保持运行，由外部低速振荡器驱动的 RTC 也保持活动。

断电模式是 STM32G0 的最低功耗模式，在 3.0V 时仅为 40nA。该模式类似于待机模式，但没有任何电源监视：禁止断电复位，并且在断电模式下不支持切换到 V_{BAT}。在这种模式下，禁止监视电源电压，并且在电源电压下降的情况下，不能保证产品的行为（性能）。

当器件退出断电模式时，将产生电源复位：复位所有寄存器（备份域中的寄存器除外），并且在芯片的焊盘上产生一个复位信号。在断电模式下，保持 20B 的备份寄存器。

从断电模式唤醒的唤醒源有 5 个唤醒引脚以及包含篡改在内的 RTC 事件。退出断电模式时，系统时钟为 16MHz 的 HSI 振荡器时钟。通常，唤醒时间为 250μs。

7. 不同电源状态的转换

低功耗状态下的状态转换如图 6.7 所示。从该图中可知，在运行模式下，可以访问除低功耗休眠模式外的所有低功耗模式。为了进入低功耗休眠模式，要求首先进入低功耗运行模式，并且在电源管理器为低功耗管理器时执行 WFI 或 WFE 指令。

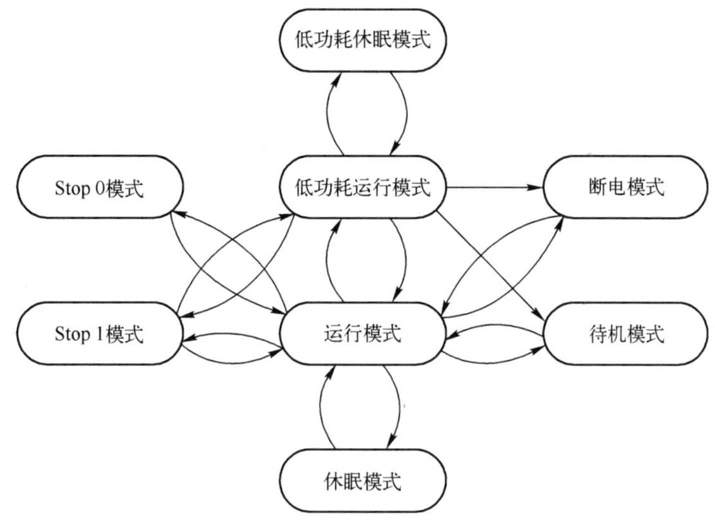

图 6.7　低功耗状态下的转换

另外，当退出低功耗休眠模式时，STM32G0 处于低功耗运行模式。

当器件处于低功耗运行模式时，可以转换到除休眠模式和 Stop 0 模式以外的所有低功耗模式。器件只能从运行模式进入 Stop 0 模式。如果器件从低功耗运行模式进入 Stop 1 模式，则它将退出低功耗运行模式。

如果器件进入待机模式或断电模式，则它将在运行模式下退出。

8. 低功耗模式下的调试

微控制器集成了特殊的方法以允许用户在低功耗模式下调试软件。在调试控制寄存器（DBGMCU_CR）中有两位可用于允许在停止、待机和断电模式下进行调试。当设置相关的位时，电源管理器保持在待机模式和断电模式，由内部 RC 振荡器提供 HCLK 和 FCLK 时钟，即：

（1）DBG_STANDBY：当设置该位时，在待机模式和断电模式下数字部分没有断电，且 HCLK 和 FCLK 保持有效。

（2）DBG_STOP：当设置该位时，在 Stop 0 模式和 Stop 1 模式下 HCLK 和 FCLK 保持有效。

当这两位都设置时，在低功耗模式下，保持调试器的连接。

这样，可以在低功耗模式下维持与调试器的连接，并且在唤醒后继续调试。

注：当微控制器未处于调试状态时，请清除这些位，因为在低功耗模式下会增加功耗。

6.2 RCC 中的时钟管理功能

本节详细介绍 RCC 提供的时钟管理功能，包括 RCC 中的时钟源和 RCC 中的时钟树结构。

6.2.1 RCC 中的时钟源

STM32G0 MCU 中 RCC 提供的时钟资源如下。

（1）两个内部振荡器，包括：

① 高速内部 16MHz（High-Speed Internal 16MHz，HSI16）RC 振荡器；

② 低速内部（Low-Speed Internal，LSI）32kHz 的 RC 振荡器。

（2）两个外部有源和无源晶振的振荡器，包括：

① 高速外部（High-Speed External，HSE）振荡器（频率范围为 4～48MHz），带时钟安全系统；

② 低速外部（Low-Speed External，LSE）振荡器（频率为 32.768kHz），带时钟安全系统。

（3）一个相位锁相环（Phase Locked Loop，PLL），它可提供三个独立的输出。

6.2.2 RCC 中的时钟树结构

RCC 中的时钟树结构如图 6.8 所示。从该图中可知，系统始终可以来自 HSI16、HSE、LSI 或 LSE。AHB 时钟称为 HCLK，它是通过将系统时钟除以可编程分频器得到的。通过将 AHB 时钟除以可编程的预分频器，可以生成称之为 PCLK 的 APB 时钟。

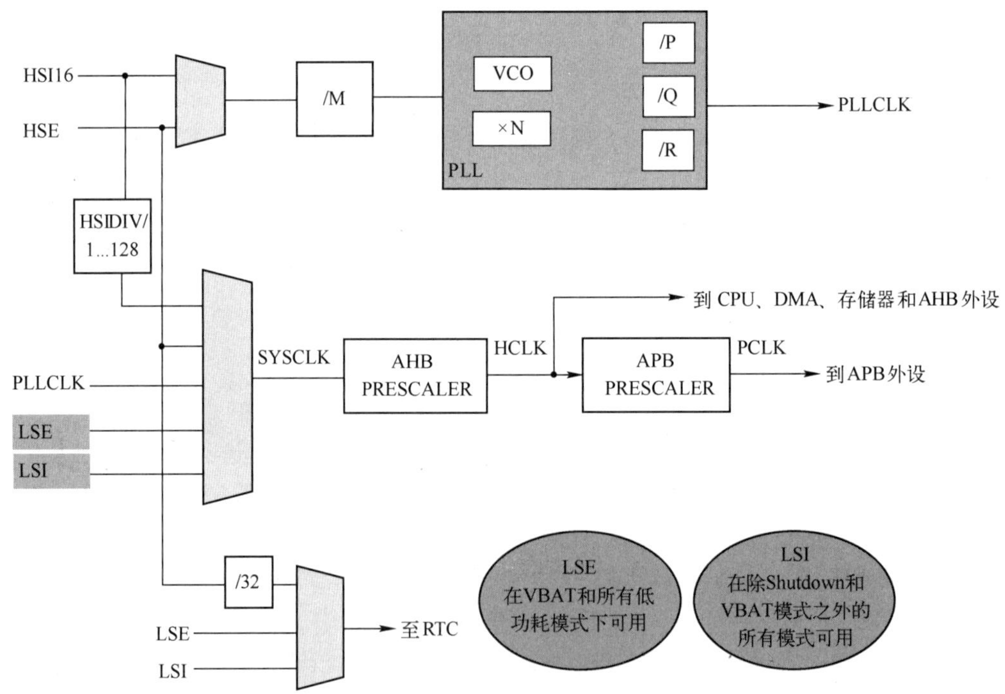

图 6.8　RCC 中的时钟树结构

RTC 时钟由 LSE、LSI 或 HSE 除以 32 产生。

由于 LSE 属于 RTC 电源域，因此 LSE 可以在所有低功耗模式和 VBAT 模式下保持使能状态。LSI 可以在除 Shutdown 和 VBAT 模式之外的所有模式下保持使能状态。

1．HSI16 时钟

Stop（停止）模式（Stop 0 模式和 Stop 1 模式）停止 V_{CORE} 域中的所有时钟，并禁止 PLL 以及 HSI16 和 HSE 振荡器。

HSI16 是 16MHz 的 RC 振荡器，可提供 1%的精度和快速的唤醒时间。在生产测试期间，HSI16 进行了修正，用户也可以对其进行修正。

从 Stop 0 模式或 Stop 1 模式唤醒时，将 HSISYS 时钟（即 HSI16 时钟除以 HSIDIV）用作时钟。

如果时钟安全系统（Clock Security System，CSS）检测到 HSE 振荡器发生故障，则 HSI16 可以用作备份时钟源（辅助时钟），如图 6.9 所示。

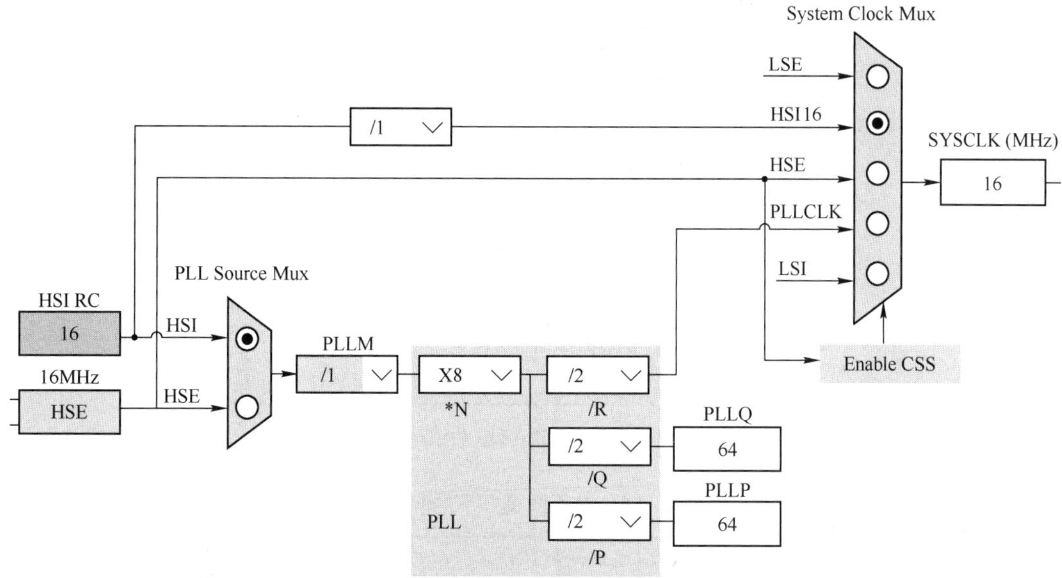

图 6.9　CSS 监视 HSE，根据 HSE 状态控制 System Clock Mux

即使 MCU 处于停止模式（如果将 HSI16 选择为该外设的时钟源），USART1、USART2、LPUART1、CEC、UCPD 和 I2C1 外设也可以使能 HSI16。

通过执行一个修整过程，可以提高 HSI16 精度。该方法是，通过使用 HIS 时钟驱动定时器 TIM14、TIM16 或 TIM17 来测量它的频率，并在 HSE/32、RTCCLK 或 LSE 的通道 1 输入捕获提供精确的时钟参考。

HIS 时钟的启动时间通常为 1μs，而 HSE 时钟的启动时间通常为 2ms。

2．HSE 时钟

高速外部振荡器可以提供安全的晶体系统时钟。HSE 支持频率范围为 4～48MHz 的外部有源和无源晶体振荡器，以及旁路模式的外部源。在图 6.9 中，CSS 可以自动检测 HSE 故障。在这种情况下，可产生一个不可屏蔽中断 NMI，并且中断可以发送到定时器，为了将一些诸如电机控制之类的关键应用置于安全状态，当检测到 HSE 故障后，自动禁止 HSE 振荡器。

如果直接或间接选择 HSE（为 SYSCLK 选择了 PLLRCLK 并将 PLL 输入作为 HSE）作为系统时钟，并且检测到 HSE 时钟发生故障，则系统时钟将自动切换到 HSISYS，因此在晶体振荡器出现故障的情况下应用软件不会停止。

在外部源模式（也称 HSE 旁路模式）下，必须提供外部时钟源。该时钟源的频率最高可达 48MHz。

具有 40%～60%占空比（取决于频率）的外部时钟信号（方波、正弦波或三角波）必须驱动 OSC_IN 引脚。OSC_OUT 引脚可以用作 GPIO，也可以配置为 OSC_EN 备用功能，以提供一个信号，使器件进入低功耗模式时能够停止外部时钟合成器。

3．LSI 时钟

STM32G0 MCU 内嵌入了超低功耗精度为+6.3%或-7.8%的 32kHz 的 RC 振荡器。在除关机和 VBAT 模式以外的其他任何情况下均可使用。

LSI 可用作驱动 RTC、低功耗定时器和独立看门狗的时钟。典型的 LSI 功耗为 110nA。

4．LSE 时钟

32.768kHz 的 LSE 可以与外部的石英或谐振器一起使用，也可以与旁路模式下的外部时钟源一起使用。LSE 的驱动结构如图 6.10 所示，通过编程来控制振荡器的驱动能力。它共有四种模式可用，从仅消耗 250nA 的超低功耗模式到高驱动模式，如表 6.3 所示。

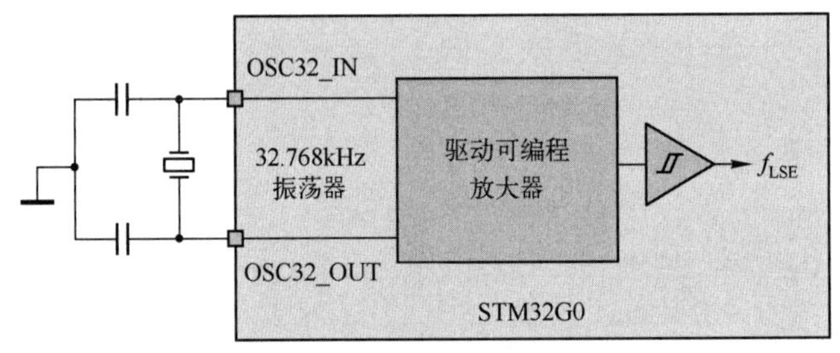

图 6.10　LSE 的驱动结构

表 6.3　LSE 在不同模式下的驱动能力

模式	最大临界晶体跨导 g_m/（μA/V）	功耗/nA
超低功耗	0.5	250
中-低驱动	0.75	315
中-高驱动	1.7	500
高驱动	2.7	630

如图 6.11 所示，CSS 监视 LSE 振荡器。如果将 LSE 用作系统时钟，并且检测到 LSE 时钟发生故障，则系统时钟将自动切换到 LSI。除了断电模式和 VBAT 模式外，其他模式均可使用，在复位时也可以工作。

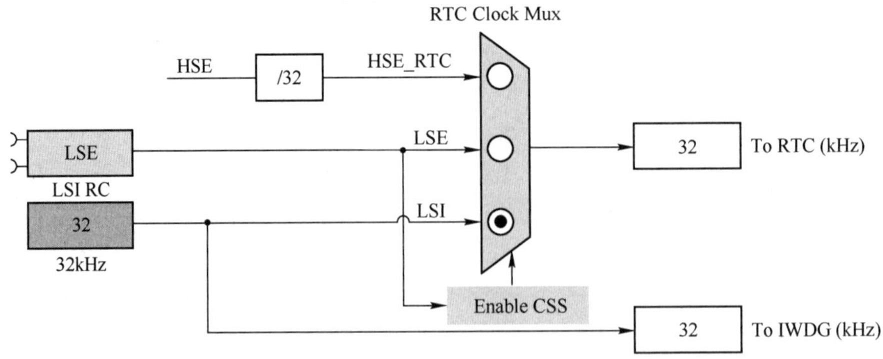

图 6.11　CSS 监视 LSE，根据 LSE 状态控制 RTC Clock Mux

LSE 可用于为 RTC、CEC、USART 或低功耗 UART 外设以及低功耗定时器提供时钟。

5．PLL 时钟

STM32G0 器件内嵌入了一个锁相环，每个环具有三个独立的输出，如图 6.9 所示。从该图中可知，可以在 HSI16 和 HSE 之间选择 PLL 的输入时钟。

（1）PLLQCLK 可用于驱动随机数发生器（Random Number Generator，RNG）和定时器 TIM1 和 TIM15。

（2）PLLPCLK 可用于驱动 I2S1 和 ADC。

（3）PLLRCLK 可选作系统时钟 SYCCLK，它是 AHB 和 APB 时钟域的根时钟。

PLLQCLK 和 PLLPCK 的最高时钟频率比 SYSCLK 的视频频率高。其中：

（1）对 PLLPCLK 来说，在 Range1 时，频率可达到 122MHz，在 Range 2 时，频率可达到 40MHz；

（2）对 PLLQCLK 来说，在 Range1 时，频率可达到 128MHz，在 Range2 时，频率可达到 32MHz；

（3）对 PLLRCLK 来说，在 Range1 时，频率可达到 64MHz，在 Range2 时，频率可达到 16MHz。

注：Range1 和 Range2 是两个不同的功率范围，可以在主调节器中进行编程，以便根据系统的最高工作频率来优化功耗。

6．系统时钟

如图 6.9 所示，可以在 HSI16、HSE、LSI、LSE 和 PLLCLK 的输出之间选择一个作为系统时钟 SYSCLK，系统时钟的最高工作频率为 64MHz。APB1 和 APB2 的时钟域如图 6.12 所示，APB1 和 APB2 总线频率最高可达 64MHz。

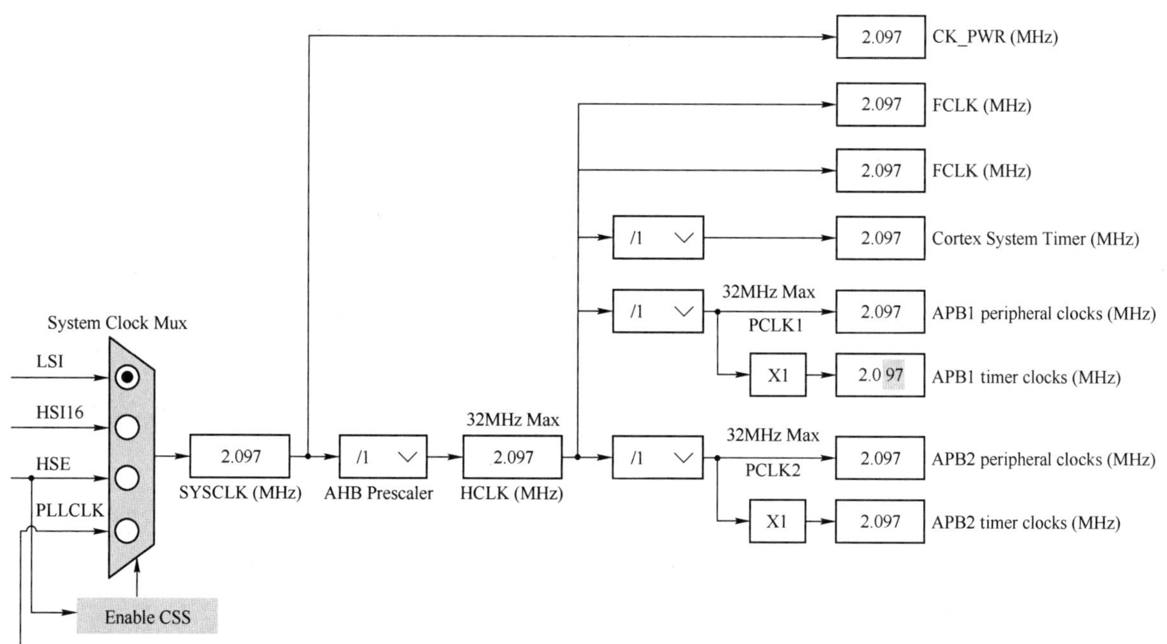

图 6.12　APB1 和 APB2 的时钟域

最高的时钟频率取决于电压缩放和功率模式。系统时钟的限制为：

（1）在 Range1 时，最高时钟频率为 64MHz；

（2）在 Range2 时，最高时钟频率为 16MHz；

（3）在低功耗运行/低功耗休眠模式时，最高时钟频率为 2MHz。

7. 输出时钟

各种时钟可以在 I/O 引脚输出。微控制器时钟输出功能允许在 MCU 引脚上输出这六个时钟的其中一个，即 HSI16、HSE、LSI、LSE、SYSCLK 和 PLLCLK，如图 6.13 所示。

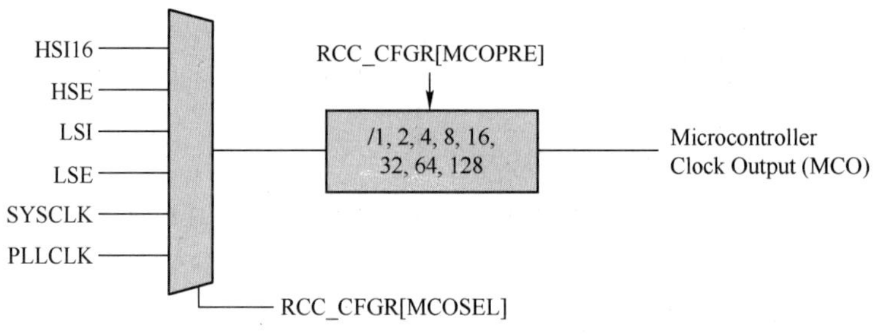

图 6.13　输出时钟结构（1）

低速时钟输出（Low Speed Clock Output，LSCO）功能允许在引脚上输出 LSI 或 LSE 时钟，如图 6.14 所示。在 Stop 0、Stop1、Standby（待机）和 Shutdown（断电）模式下，LCSO 仍然可用，可以通过设置 RCC_BDCR 寄存器中的 LSCOEN 位使能该功能。

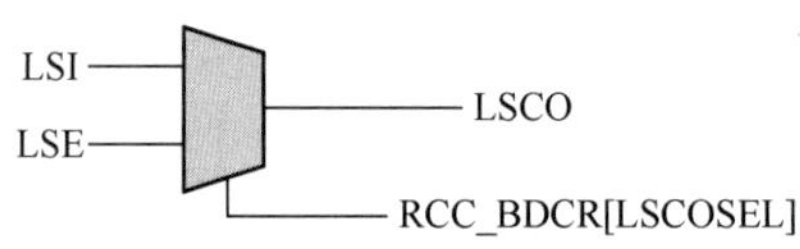

图 6.14　输出时钟结构（2）

> 注：在关机模式下，LSI 不可用。

8. 外设时钟门控

通过使用外设时钟门控来优化动态功耗。在运行模式和低功耗运行模式下，可以将每个时钟选通为 ON（开）或 OFF（关）。

默认情况下，除了 Flash 存储器时钟外，外设时钟均处于禁止状态。需要特别注意，当禁止外设时钟时，不能读写外设寄存器。

其他寄存器允许在停止、休眠和低功耗休眠模式下配置外设时钟。这也会影响外设的停止模式，并且在停止模式下有独立的时钟处于活动状态。如果清除了相应的外设时钟使能，则这些控制位无效。默认情况下，在停止模式、休眠模式和低功耗休眠模式下没有活动的外设时钟门控。当不再需要外设时，应清除其时钟使能位以降低功耗。

9. RCC 中断

RCC 中断及功能如表 6.4 所示。从该表中可知，LSE 和 HSE 时钟安全系统、PLL 就绪中断标志以及所有振荡器的准备信号都能产生中断。

表 6.4　RCC 中断及功能

中断事件	描述
LSE 时钟安全系统	当检测到 LSE 振荡器故障时，设置
HSE 时钟安全系统	当检测到 HSE 振荡器故障时，设置
PLL 就绪中断标志	PLL 锁定引起的时钟就绪
HSE 就绪	HSE 振荡器时钟就绪

续表

中断事件	描述
HSI16 就绪	HSI16 振荡器时钟就绪
LSE 就绪	LSE 振荡器时钟就绪
LSI 就绪	LSI 振荡器时钟就绪

6.3 RCC 中的复位管理功能

RCC 也负责管理存在于器件中的各种复位。在 STM32G0 MCU 中有三种类型的复位，包括电源复位、系统复位和 RTC 域复位。

6.3.1 电源复位

当出现以下事件时，会产生电源复位。

（1）上电复位（Power-On Reset，POR）或欠压复位（Brown-Out Reset，BOR）。

除 RTC 域寄存器外，上电复位和欠压复位将其他所有寄存器设置到它们的复位值。

（2）从待机（Standby）模式退出。

当从待机模式退出时，将 V_{CORE} 域中的所有寄存器设置为它们的复位值。在 V_{CORE} 域外的寄存器（RTC、WKUP、IWDG 和待机/断电模式控制）不受影响。

（3）从断电（Shutdown）模式退出。

当从断电模式退出时，产生欠压复位，这样复位除 RTC 域以外的所有寄存器。

6.3.2 系统复位

除时钟控制和状态寄存器（RCC_CSR）中的复位标志和 RTC 域中的寄存器外，系统复位将所有寄存器设置为它们的复位值。系统复位源如下。

（1）NRST 引脚上的低电平（外部复位）。

通过指定的选项位，将 NRST 引脚配置如下。

① 复位输入/输出（在器件交付时的默认设置）。

复位电路如图 6.15 所示，引脚上的有效复位信号将传播到内部逻辑，每个内部复位源均被引到脉冲发生器，该脉冲发生器的输出驱动该引脚。GPIO 功能（PF2）不可用。脉冲发生器保证了每个内部复位源在 NRST 引脚上输出的最小复位脉冲持续时间为 20μs。如果在选项字节中使能了内部复位保持器选项，则可以确保将引脚拉低，直到其电压达到 V_{IL} 阈值为止。当电路面对一个较大的电容负载时，该功能允许通过外部元件来检测内部复位源。

② 复位输入。

在该模式下，在 NRST 引脚上任何有效的复位信号都会传播到器件内部逻辑，但是在该引脚上无法看到由器件内部产生的复位。在该配置中，GPIO 功能（PF2）不可用。

③ GPIO。

在该模式下，NRST 引脚用作 PF2 标准 GPIO，不可使用该引脚的复位功能，只能从器件内部复位源进行复位，并且不会传播至该引脚。

注：上电复位或者从断电模式唤醒时，将 NRST 引脚配置为复位输入/输出，并由系统驱动为低电平，直到在加载选项字节时将其重新配置为所期望的模式为止。

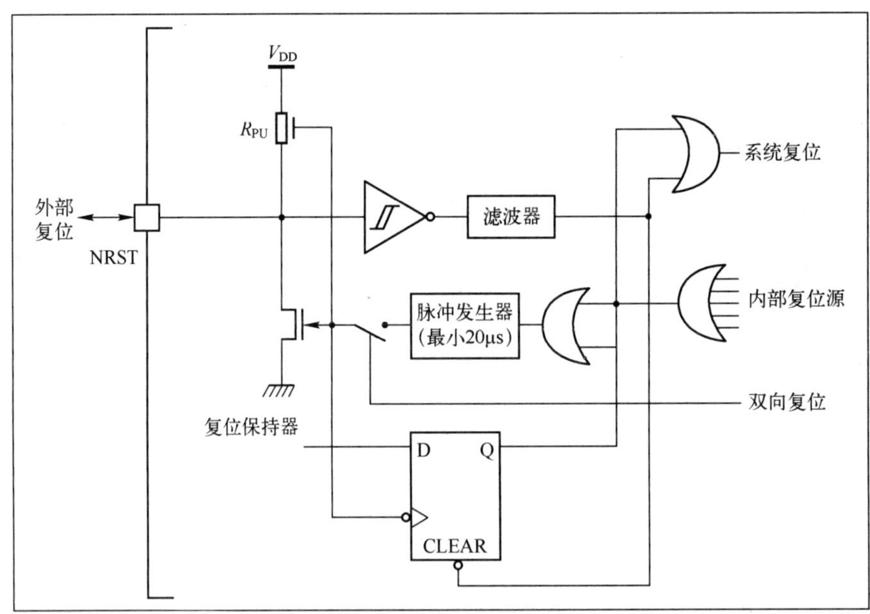

图 6.15　复位电路

（2）窗口看门狗事件（WWDG 复位）。

（3）独立的看门狗事件（IWDG 复位）。

（4）软件复位请求（SW 复位）。

将 Cortex-M0+应用中断和复位控制寄存器中的 SYSRESETREQ 位设置为 1，以强制在器件上进行软件复位。

（5）低功耗模式安全复位。

为防止关键应用程序错误地进入低功耗模式，提供了三种低功耗模式安全复位。如果在选项字节中使能，则在以下条件中将生成复位。

① 进入待机模式。

通过复位用户选项字节中的 nRST_STDBY 位，可以使能这种类型的复位。在这种情况下，只要成功执行了待机模式入口序列，器件就会复位，而不是进入待机模式。

② 进入停止模式。

通过复位用户选项字节中的 nRST_STOP 位，可以使能这种类型的复位。在这种情况下，只要成功执行了停止模式入口序列，器件就会复位，而不是进入停止模式。

③ 进入断电模式。

通过复位用户选项字节中的 nRST_SHDW 位，可以使能这种类型的复位。在这种情况下，只要成功执行了断电模式入口序列，器件就会复位，而不是进入断电模式。

（6）选项字节加载程序复位。

当设置 FLASH_CR 寄存器中的 OBL_LAUNCH 位（第 27 位）时，产生选项字节加载程序复位。该位用于通过软件启动选项字节加载。

（7）上电复位。

6.3.3 RTC 域复位

RTC 域有两种特定的复位。当出现以下条件时，产生 RTC 域复位。

（1）软件复位（通过设置 RTC 域控制寄存器 RCC_BDCR 中的 BDRST 位）。

（2）V_{DD} 或 V_{BAT} 上电（如果两个电源以前都断电的话）。

RTC 域复位仅影响 LSE 振荡器、RTC、备份寄存器和 RCC RTC 域控制寄存器。

6.4　低功耗设计实例一：从停止模式唤醒 MCU 的实现

在该设计中，将微控制器设置为 Stop 1 模式，并通过 RTC 或外部按键中断唤醒。

6.4.1　设计策略和实现目标

在具体实现上，可以采用以下两种唤醒策略。

（1）将 RTC 设置为每隔 5s 唤醒一次 STM32G071 MCU。当唤醒 STM32G071 MCU 时，驱动 PA5 引脚为高电平，持续时间为 1s。这样，使 NUCLEO-G071RB 开发板上标记为 LD4 的 LED 处于“亮”状态时间为 1s，然后重新返回 Stop 1 模式。

（2）使用 NUCLEO-G071RB 开发板上标记为 USER 的外部按键，该按键连接到 STM32G071 MCU 的 PC13 引脚。在该设计实例中，将 PC13 引脚设置为“外部中断”。这样，当按下该按键触发外部中断时，也可以将 STM32G071 MCU 从 Stop 1 模式中唤醒。

6.4.2　程序设计和实现

下面将介绍实现从停止模式唤醒 MCU 具体实现过程，主要步骤如下。

（1）启动 STM32CubeMX 集成开发环境（以下简称 STM32CubeMX），按本书前面介绍的方法选择正确的 MCU 器件。

（2）在 STM32CubeMX 的 Pinout & Configuration 标签界面中，将 PA5 引脚的模式设置为 GPIO_Output，将 PC13 引脚的模式设置为中断工作模式 GPIO_EXTI13。

（3）如图 6.16 所示，在 Pinout & Configuration 标签界面的右侧窗口中，单击 System view 按钮。右下侧窗口左边按列排列着名字为 DMA、GPIO、NVIC、RCC、SYS 的按钮。

图 6.16　GPIO 和 NVIC 的设置入口

（4）单击图 6.16 左侧窗口的 GPIO 选项。

（5）在图 6.17 所示界面右侧的窗口中，单击 Pin Name 为 PC13 的一行。在其下面的窗口中，通过 GPIO mode 右侧的下拉框将 GPIO mode 设置为 External Interrupt Mode with Falling edge trigger detection。

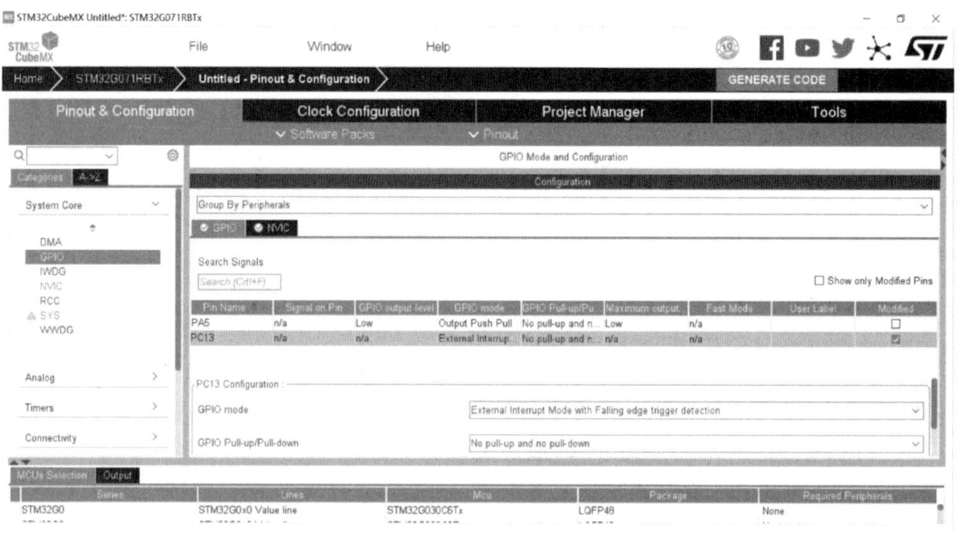

图 6.17　GPIO 设置界面

（6）如图 6.18 所示，单击 NVIC 标签，勾选 EXTI line 4 to 15 interrupts 一行和 Enabled 一列相交的复选框☑，使能中断。

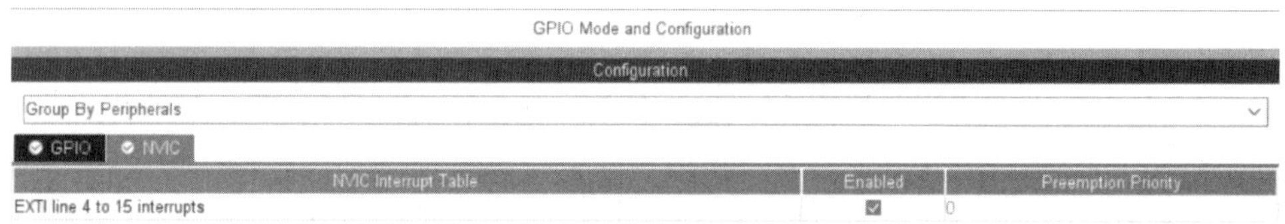

图 6.18　使能中断选项界面

（7）通过开发板电路原理图可知，在 STM32G071 MCU 的 PC14 和 PC15 之间，连接了频率为 32.768kHz 无源晶体振荡器。该晶体振荡器为 STM32G071 MCU 内集成的 RTC 模块提供时钟。单击图 6.16 右侧窗口中名字为 RCC 的按钮。

（8）出现低速时钟（Low Speed Clock，LSE）设置界面，如图 6.19 所示。在该界面右侧窗口中，通过 Low Speed Clock(LSE)右侧的下拉框将 Low Speed Clock(LSE)设置为 Crystal/Ceramic Resonator。

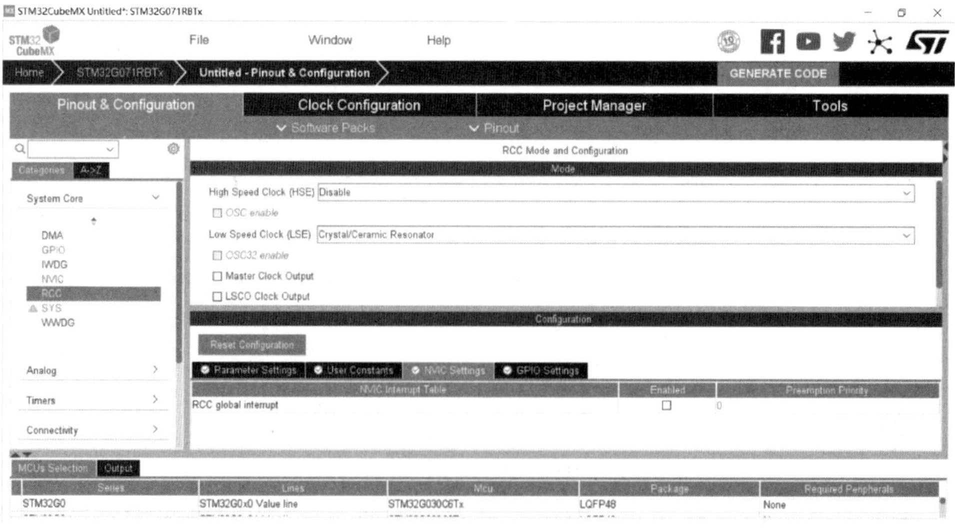

图 6.19　设置低速时钟（LSE）

设置完成后将选择 PC14 和 PC15 引脚(已经为其配置了 OSC32 输入和输出),如图 6.20 所示。

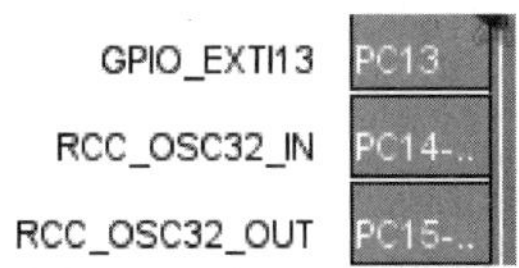

图 6.20　设计完后的引脚（局部视图）

（9）如图 6.21 所示，在 Pinout & Configuration 标签界面左侧窗口中，找到并展开 Timers。在展开项中，找到并选择 RTC 选项。在右侧窗口中，勾选 Activate Clock Source 前面的复选框。通过 WakeUP 右侧的下拉框，将 WakeUp 设置为 Internal WakeUp。

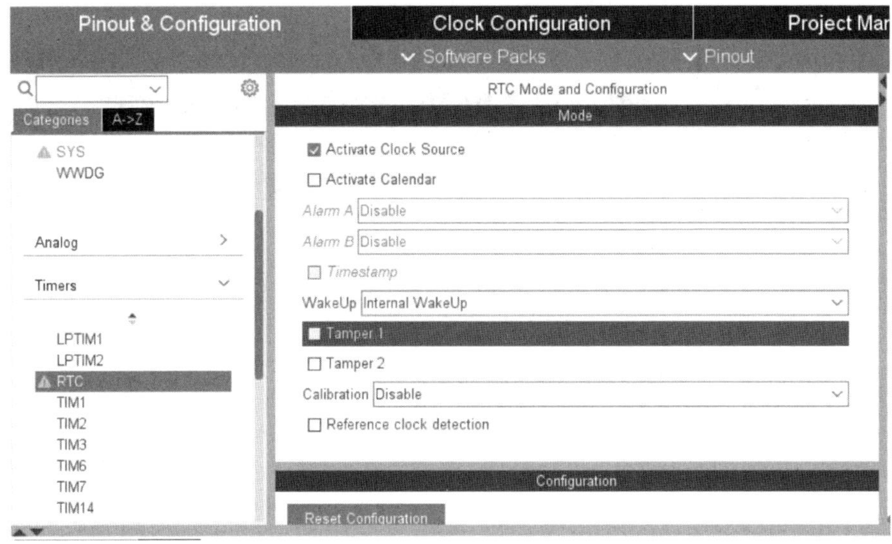

图 6.21　设置 RTC 参数

（10）在 STM32CubeMX 中，单击 Clock Configuration 标签。在该标签界面中，勾选 LSE 右侧的复选框，使得能够将外部输入的 32.768kHz 的 LSE 时钟，通过 RTC Clock Mux，送给 STM32G071 内的 RTC 中，如图 6.22 所示。

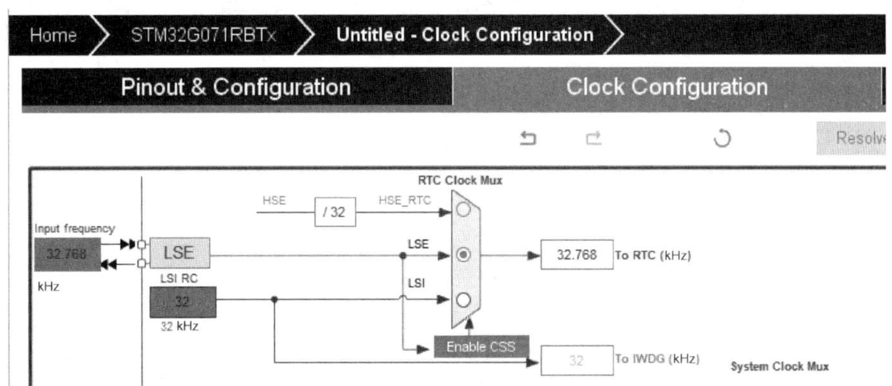

图 6.22　设置 RTC 时钟输入源界面

（11）现在配置 RTC。在该设计中，需要的唤醒时间间隔为 5s，因此要将唤醒计数器设置为 10246。在将 RTC 设置为 16 分频的情况下，其计算过程如下。

Wakeup Time Base = RTC_PRESCALER / LSE=16 / (32.768kHz) = 0.488ms

Wakeup Time = Wakeup Time Base * Wakeup Counter = 0.488ms * Wakeup Counter

因此，Wakeup Counter = 5s / 0.488ms = 10246。

（12）再次返回到 RTC 设置界面，如图 6.23 所示。在该界面右侧窗口中，通过 Wake Up Clock 右侧的下拉框，将 Wake Up Clock 设置为 RTCCLK/16。在 Wake Up Counter 右侧的文本框中输入 10246。

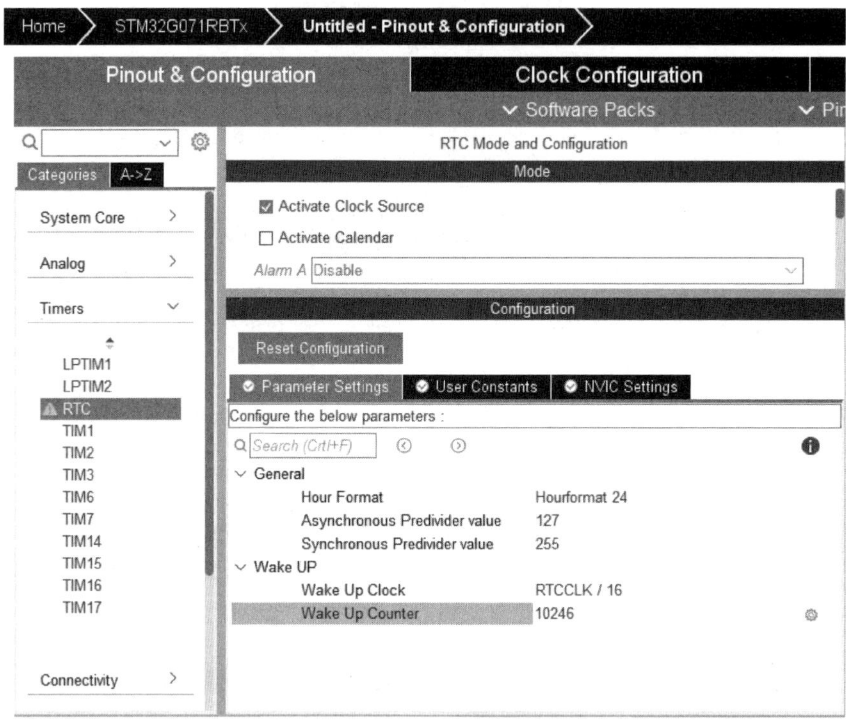

图 6.23　设置唤醒参数界面

（13）再次进入 NVIC 参数设置界面，如图 6.24 所示。在该界面右侧窗口中，勾选 RTC and TAMP interrupts through EXTI lines 19 and 21 右侧的复选框，并确保已经勾选了 EXTI line 4 to 15 interrupts 右侧的复选框。

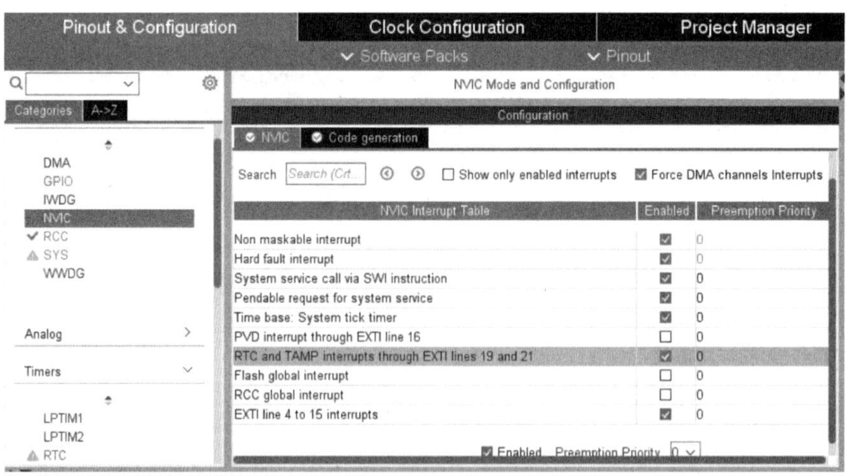

图 6.24　设置 RTC 中断

（14）生成并导出名字为 LowPowerDesign 的设计工程。

（15）启动 Keil μVision 集成开发环境（以下简称 Keil）。将路径定位到下面的路径

STM32G0_example\example_6_1\MDK-ARM。在该路径下，打开名字为 LowPowerDesign.uvprojx 的工程文件。

（16）在 Keil 主界面左侧窗口中，找到并双击 main.c 文件，打开该设计文件。在该文件的 while(1) 循环中添加设计代码，如代码清单 6.1 所示。

代码清单 6.1　在 while(1)循环中添加设计代码

```
while (1)
 {
  /* USER CODE END WHILE */
  HAL_GPIO_WritePin(GPIOA,GPIO_PIN_5,GPIO_PIN_SET);          //设置输出引脚，驱动为高
  HAL_Delay(1000);
  HAL_GPIO_WritePin(GPIOA,GPIO_PIN_5,GPIO_PIN_RESET);        //设置输出引脚，输出为低
  //进入停止模式
  HAL_PWR_EnterSTOPMode(PWR_LOWPOWERREGULATOR_ON,PWR_STOPENTRY_WFI);
  SystemClock_Config();                                      //重新配置系统时钟
  /* USER CODE BEGIN 3 */
  }
  /* USER CODE END 3 */
```

所添加的代码实现的功能是，在程序正常运行模式下将 LED 点亮 1s，然后进入停止模式。当 MCU 处于停止模式被唤醒后，重新配置时钟。

（17）在之前的 STM32CubeMX 版本中，需要使能一个时钟才能让 RTC 代码正常运行。因此必须确认在 stm32g0xx_hal_msp.c 文件的 HAL_RTC_MspInit 函数中使能了 RTCAPB 时钟（使用下画线标注），如代码清单 6.2 所示。

代码清单 6.2　在 HAL_RTC_MspInit 函数中使能 RTCAPB 时钟

```
void HAL_RTC_MspInit(RTC_HandleTypeDef* hrtc)
{
  if(hrtc->Instance==RTC)
  {
  /* USER CODE BEGIN RTC_MspInit 0 */

  /* USER CODE END RTC_MspInit 0 */
    /* Peripheral clock enable */
    __HAL_RCC_RTC_ENABLE();
    __HAL_RCC_RTCAPB_CLK_ENABLE(); //必须包含该行代码，如果没有则要手动添加
    /* RTC interrupt Init */
    HAL_NVIC_SetPriority(RTC_TAMP_IRQn, 0, 0);
    HAL_NVIC_EnableIRQ(RTC_TAMP_IRQn);
  /* USER CODE BEGIN RTC_MspInit 1 */

  /* USER CODE END RTC_MspInit 1 */
  }

}
```

（18）保存设计文件。

（19）在 Keil 主界面主菜单下，选择 Project->Build Target，对整个工程文件进行编译和连接，并生成可以下载到 STM32G071 MCU 内 Flash 存储器的文件格式。

（20）通过 USB 电缆，将 ST 公司提供的 NUCLEO-G071RB 开发板的 USB 接口与计算机/笔记本电脑的 USB 接口进行正确连接。

（21）在 Keil 主界面主菜单下，选择 Flash->Download，将设计代码下载到开发板上 STM32G071 MCU 的片内 Flash 存储器中。

（22）在加载代码后，按下开发板上标记为 RESET 的按键，使设计代码开始正常运行。

思考与练习 6.1：观察开发板上标记为 LD4 的 LED 的变化情况。（提示：程序以运行模式运行 1s，然后以 Stop 1 模式运行 5s，并通过 RTC 唤醒 STM32G071 MCU；此外，在微控制器处于 Stop 1 模式时，可以按下开发板上标记为 USER 的按键，从 Stop 1 模式唤醒 STM32G071 MCU，并同时点亮开发板上标记为 LD4 的 LED。）

思考与练习 6.2：根据 RTC 和外部按键唤醒的原理，分析该设计实例中相关部分代码的实现方法。

6.5　低功耗设计实例二：定时器唤醒功耗分析

本节将在设计实例一的基础上，使用 STM32CubeMX 中的功耗工具，估算设计实例一中采用定时器唤醒的 STM32G071 MCU 的平均功耗，主要步骤如下。

（1）在 STM32CubeMX 工具界面中，单击 Tools 标签，出现 Tools 标签界面，如图 6.25 所示。在左侧窗口中，确认 V_{DD} 设置为 3.0。

（2）如图 6.26 所示，单击 Change 按钮，修改所使用的电池。

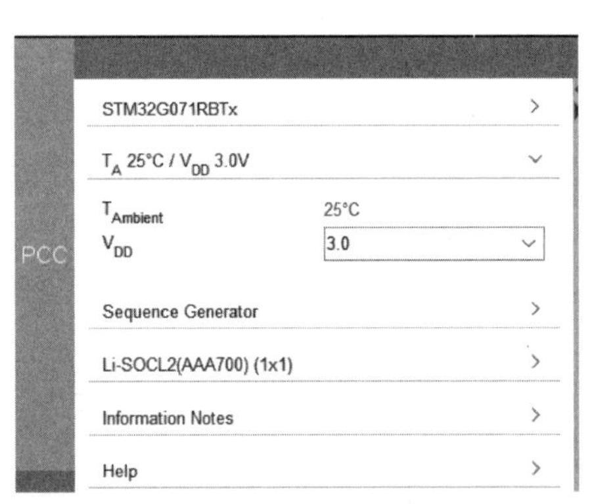

图 6.25　设置功耗分析的供电电压

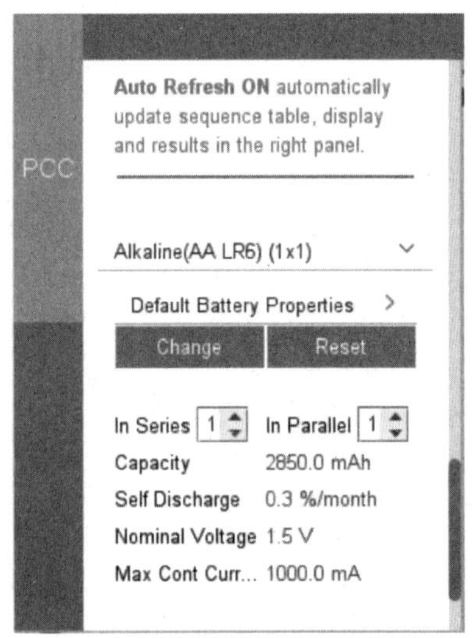

图 6.26　设置电池配置入口

（3）弹出 STM32CubeMX PCC: Battery Database Management 界面，如图 6.27 所示。在该界面中，选中第一行（Name 为 Alkaline(AA LR6)）。

（4）单击 OK 按钮，退出该界面。

（5）如图 6.28 所示，通过 In Series 右侧的滚动条，将 In Series 设置为 2，该设置表示串联两个电池，获取 3V 的标准电压。

STM32CubeMX PCC: Battery Database Management

User Battery

Add User Battery　Edit

Batteries Table

Used	Name	Capacity (mAh)	Self Discharge ...	Nominal Voltag...	Max Cont Curr...	Max Pulse Curr...	Database
⊙	Alkaline(AA LR6)	2850.0	0.3	1.5	1000.0	0.0	Default
	Alkaline(AAA L...	1250.0	0.3	1.5	400.0	0.0	Default
	Alkaline(C LR14)	8350.0	0.3	1.5	3000.0	0.0	Default
	Alkaline(D LR20)	20500.0	0.3	1.5	7500.0	0.0	Default
	Alkaline(9V)	625.0	0.3	9.0	200.0	0.0	Default
	Li-MnO2(CR12...	48.0	0.12	3.0	1.0	5.0	Default
	Li-MnO2(CR16...	125.0	0.12	3.0	1.5	10.0	Default
	Li-MnO2(CR20...	225.0	0.12	3.0	3.0	15.0	Default
	Li-MnO2(CR24...	285.0	0.12	3.0	4.0	20.0	Default
	Li-MnO2(CR24...	850.0	0.12	3.0	2.0	10.0	Default
	Li-SOCL2(AAA...	700.0	0.08	3.6	10.0	30.0	Default
	Li-SOCL2(A3400)	3400.0	0.08	3.6	100.0	200.0	Default
	Li-SOCL2(C9000)	9000.0	0.08	3.6	230.0	400.0	Default
	Li-SOCL2(D190...	19000.0	0.08	3.6	230.0	500.0	Default
	Li-SOCL2(DD3...	36000.0	0.08	3.6	450.0	1000.0	Default
	Ni-Cd(AA1100)	1100.0	20.0	1.2	220.0	0.0	Default
	Ni-Cd(A1700)	1700.0	20.0	1.2	340.0	0.0	Default
	Ni-Cd(C3000)	3000.0	20.0	1.2	600.0	0.0	Default
	Ni-Cd(D4400)	4400.0	20.0	1.2	880.0	0.0	Default
	Ni-Cd(F7000)	7000.0	20.0	1.2	1400.0	0.0	Default

* The Battery usage is optional, but battery selection is mandatory before clicking OK button

OK　Cancel

图 6.27　选择电池类型

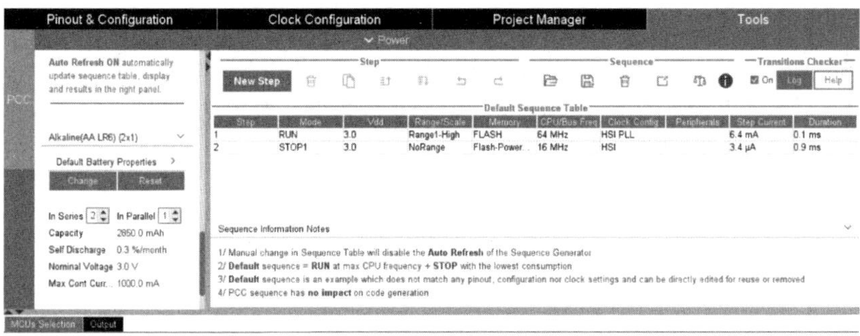

图 6.28　修改电池连接参数

（6）添加运行（RUN）模式。双击图 6.28 右侧窗口中 Mode 为 RUN 的一行。

（7）弹出 Edit Step 界面，如图 6.29 所示。在该界面中，参数设置如下。

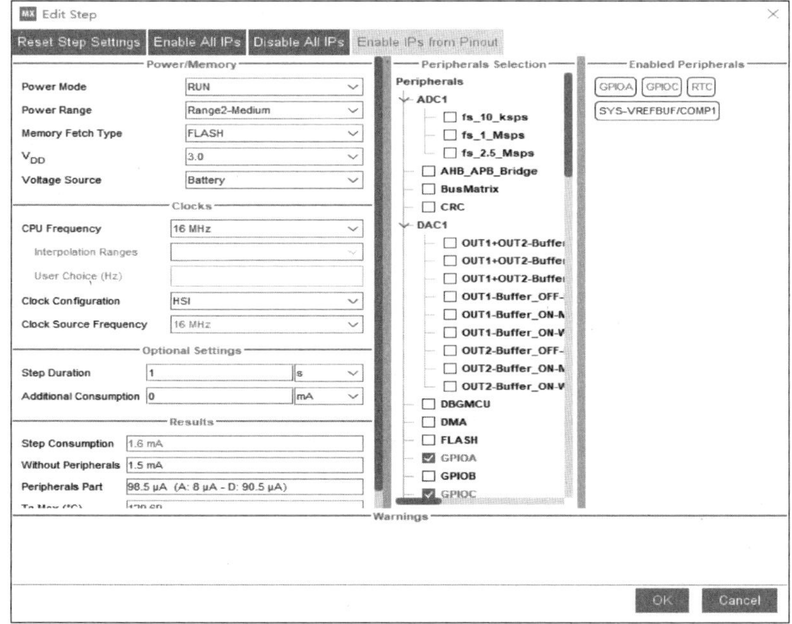

图 6.29　修改 RUN 模式参数

① Power Range：Range2-Medium；

② Memory Fetch Type：FLASH；

③ V_{DD}：3.0；

④ Voltage Source：Battery；

⑤ CPU Frequency：16MHz；

⑥ Clock Configuration：HSI；

⑦ Step Duration:1s。

> **注：** 运行模式特性："电压范围"为"范围 2-中等"，然后从 Flash 运行，V_{DD}=3V，"电源"为电池。将以 HSI 提供的 16MHz 时钟频率运行，并使能引脚布局中涉及的所有 IP，我们将导入之前的项目中使用的所有不同 IP 或外设。然后持续时间选择 1s，实际上就是之前实现的运行模式闪烁或 LED 点亮时间为 1s。

当设置完上面的参数后，图 6.29 中 Results 标题栏窗口下的 Step Consumption（电流消耗）右侧的文本框显示 1.6mA，即电流消耗应为 1.6mA，也就是具有这些特性的运行模式下的功耗，该参数符合预期结果。

（8）添加 Stop 1 模式。双击图 6.28 右侧窗口中 Mode 为 STOP1 的一行。

（9）弹出 Edit Step 界面，如图 6.30 所示。在该界面中，参数设置如下。

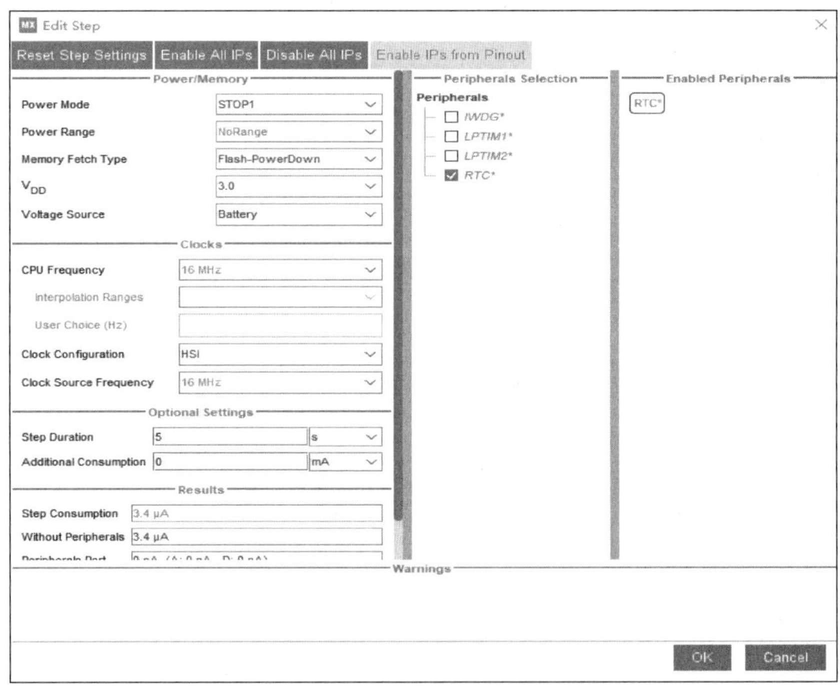

图 6.30　修改 STOP1 模式参数

① Memory Fetch Type：Flash-PowerDown；

② V_{DD}：3.0；

③ Voltage Source：Battery；

④ CPU Frequency：16MHz；

⑤ Clock Configuration：HSI。

设置完这些参数之后，在 Results 标题窗口下的 Step Consumption（电流消耗）右侧的文本框显示 3.4μA，也就是具有这些特性的运行模式下的功耗，该值符合预期结果。

（10）添加从 Stop 1 唤醒模式。单击图 6.28 右侧窗口左上角的 New Step 按钮。

（11）弹出 New Step 界面，如图 6.31 所示。在该界面中，参数设置如下。

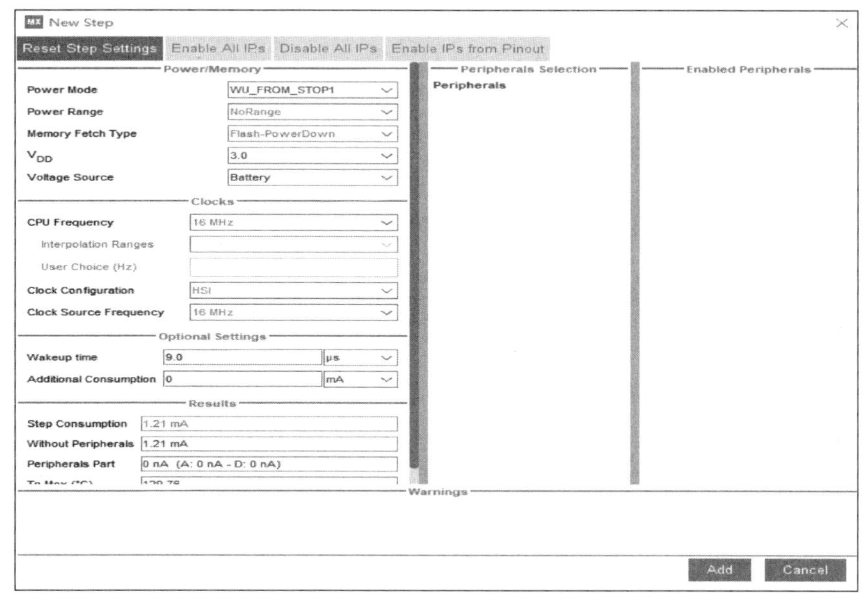

图 6.31　添加从 Stop 1 唤醒模式参数

① Power Mode：WU_FROM_STOP1；

② V_{DD}：3.0；

③ Voltage Source：Battery；

④ Wakeup time：9.0μs。

设置完这些参数之后，在 Results 标题窗口下的 Step Consumption（电流消耗）右侧的文本框显示 1.21mA，该值符合预期结果。

（12）Tools 标签界面右下侧提供了该应用的平均电流消耗，如图 6.32 所示。

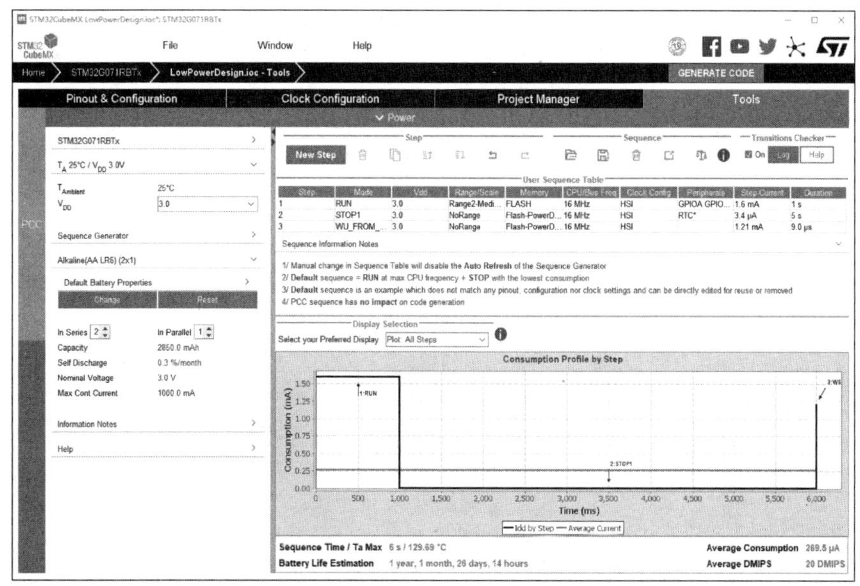

图 6.32　Consumption Profile by Step 窗口

通过图 6.32 的电流消耗曲线可以看出，该应用的平均电流消耗为 269.5μA，由于在该设计中选择了 AA 电池，因此可以估算出电池寿命为 1 年 1 个月 26 天 14 小时。

6.6　低功耗设计实例三：运行模式和低功耗模式状态的显示

在本设计实例中，将在设计实例一的基础上，加入 1602 字符型 LCD，在 LCD1602 上显示 STM32G071 MCU 当前所处的状态。

6.6.1　第一种设计实现方法

下面首先介绍第一种设计实现方法，主要步骤如下。

（1）在 STM32CubeMX 集成开发环境中，参考本章设计实例一，配置低功耗模式端口。

（2）在 STM32CubeMX 集成开发环境中，参考 5.4.3 节内容，配置 1602 字符型 LCD 所使用的 GPIO 端口。

（3）导出名字为 LowPowerDesignLCD1602 的工程，将该工程保存在 E:\STM32G0_example\example_6_2 目录下。

（4）启动 Keil μVision 集成开发环境（以下简称 Keil）。在 Keil 中，将路径定位到下面的路径 E:\STM32G0_example\example_6_2\MDK-ARM\中，在该路径下，打开名字为 LowPowerDesignLCD1602.uvprojx 的工程文件。

（5）在 Keil 左侧的 Project 窗口中，找到并双击 main.c 文件。在该文件中，添加下面的设计代码，如代码清单 6.3 所示。

代码清单 6.3　添加设计代码

```
;与 1602 字符型 LCD 相关的子函数声明
void delay(void);
void lcdwritecmd(unsigned char cmd);
void lcdwritedata(unsigned char dat);
void lcdinit(void);
void lcdsetcursor(unsigned char x, unsigned char y);
void lcdshowstr(unsigned char x, unsigned char y, unsigned char *str);

int main(void)
{
 lcdinit();                                  //初始化 1602 字符型 LCD 的代码
 delay();                                    //延迟函数

 while(1)
{
  lcdshowstr(0,0,"Welcome To");              //运行模式
  lcdshowstr(0,1,"Run Mode          ");      //输出多个空格是为了清除之前的输出
  HAL_Delay(2000);                           //延时 2s

  lcdshowstr(0,0,"Welcome To");              //进入低功耗模式前一刻，改变输出
  lcdshowstr(0,1,"Low Power Mode");          //打印信息

//进入停止模式，低功耗模式下不改变 1602 的输出
 HAL_PWR_EnterSTOPMode(PWR_LOWPOWERREGULATOR_ON,PWR_STOPENTRY_WFI);
SystemClock_Config();                        //重新配置系统时钟
```

```
}

void delay ()                                   //定义 delay 子函数
{
    for(int i=0;i<99;i++)                       //二重循环，实现软件延迟
      for(int j=0;j<99;j++)
     {}
}

void lcdwritecmd(unsigned char cmd)             //定义函数 lcdwritecmd
{
  delay();                                      //软件延迟
  GPIOB->ODR=0x00;                              //驱动 E=0, R/W=0, RS=0
  GPIOA->ODR=cmd;                               //将 cmd 送给 GPIOA 端口的 ODR 寄存器
  GPIOB->ODR=0x04;                              //驱动 E=1, R/W=0, RS=0
  delay();                                      //软件延迟
  GPIOB->ODR=0x00;                              //E=0, R/W=0, RS=0
}

void lcdwritedata(unsigned char dat)            //定义函数 lcdwrtiedata
{
  delay();                                      //软件延迟
  GPIOB->ODR=0x01;                              //驱动 E=0, R/W=0, RS=1
  GPIOA->ODR=dat;                               //将 dat 送给 GPIOA 端口的 ODR 寄存器
  GPIOB->ODR=0x05;                              //驱动 E=1, R/W=0, RS=1
  delay();                                      //软件延迟
  GPIOB->ODR=0x01;                              //驱动 E=0, R/W=0, RS=1
}

void lcdinit()                                  //定义函数 lcdinit
{
  lcdwritecmd(0x38);                            //2 行模式，5×8 点阵，8 位宽度
  lcdwritecmd(0x0c);                            //打开显示，关闭光标
  lcdwritecmd(0x06);                            //文字不动，地址自动加 1
  lcdwritecmd(0x01);                            //清屏
}

void lcdsetcursor(unsigned char x, unsigned char y)
{
    unsigned char address;                      //定义无符号字符型变量 address
    if(y==0)                                    //第一行存储器地址，0x00 开始
        address=0x00+x;
    else                                        //第二行存储器地址，0x40 开始
        address=0x40+x;
    lcdwritecmd(address|0x80);                  //写存储器地址
}
                                                //定义函数 lcdshowstr
void lcdshowstr(unsigned char x, unsigned char y, unsigned char *str)
{                                               //在(x,y)位置，显示字符
    lcdsetcursor(x,y);                          //设置光标位置
    while((*str)!='\0')                         //如果没有到字符串结束，则继续循环
    {
      lcdwritedata(*str);                       //写数据
```

```
        str++;                                   //指针加 1，指向下一个字符
    }
}
```

（6）保存设计代码。

（7）在 Keil 主界面主菜单中，选择 Project->Build Target，对整个工程的设计文件进行编译和连接，并生成可以下载到 STM32G071 MCU 内 Flash 存储器的文件格式。

（8）通过开发板 NUCLEO-G071RB 上的连接器，将 1602 字符型 LCD 与 STM32G071 MCU 的引脚进行正确连接。

（9）通过 USB 电缆，将开发板 NUCLEO-G071RB 上的 USB 接口与计算机/笔记本电脑的 USB 接口进行连接。

（10）在 Keil 主界面主菜单中，选择 Flash->Download，将代码下载到 STM32G071 MCU 内的 Flash 存储器中。

（11）按下复位按键后，开始执行主函数，先初始化 HAL、Clock、GPIO、RTC 以及 LCD，之后进入循环 while(1)。系统运行效果如图 6.33 所示，在运行模式下，1602 字符型 LCD 上输出“Welcome to Run Mode”信息，持续 2s 后，在进入低功耗模式的前一刻，改变 1602 字符型 LCD 上的输出为“Welcome to Low Power Mode”信息。进入低功耗模式后，由于禁止除 RTC 外的其他所有外设，所以不会给 1602 字符型 LCD 发送新的数据/命令信号，读者将看到在 1602 字符型 LCD 上仍然显示“Welcome to Low Power Mode”信息。在 5s 后，由 RTC 唤醒 STM32G071 MCU，重新进入运行模式。当然，我们也可以像设计实例一那样，通过按下开发板上标记为 USER 的按键来唤醒 MCU。

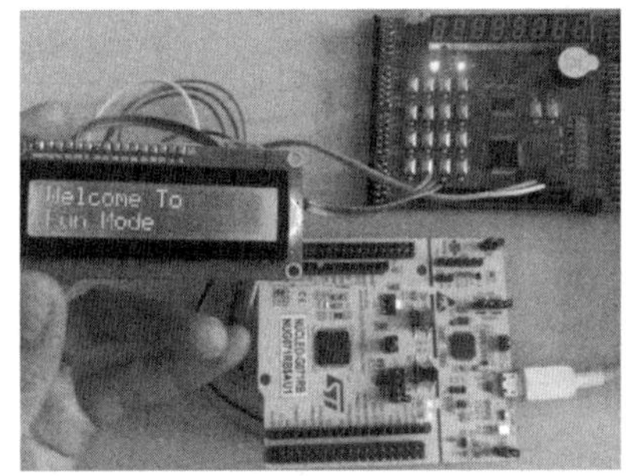

（a）系统处于运行模式

（b）系统处于低功耗模式

图 6.33　系统运行效果

6.6.2　第二种设计实现方法

在第一种设计实现方法的基础上，进一步做出假设，如果改变 1602 字符型 LCD 的输出为“Welcome to Low Power Mode”是在 STM32G071 MCU 进入低功耗模式之后，那么会出现什么情况呢？为了得到确定的答案，修改第一种设计实现方法的代码，如代码清单 6.4 所示。

代码清单 6.4　修改后的设计代码片段

```
while(1)
{
  lcdshowstr(0,0,"Welcome To");                  //在 1602 字符型 LCD 第一行上显示信息
  lcdshowstr(0,1,"Run Mode           ");         //在 1602 字符型 LCD 第二行上显示信息
  HAL_Delay(2000);

                                                 //进入 Stop 模式
```

```
HAL_PWR_EnterSTOPMode(PWR_LOWPOWERREGULATOR_ON,PWR_STOPENTRY_WFI);
lcdshowstr(0,0,"Welcome To");                  //在 1602 字符型 LCD 第一行上显示信息
lcdshowstr(0,1,"Low Power Mode");              //在 1602 字符型 LCD 第二行上显示信息
SystemClock_Config();                          //重新配置系统时钟
```

在修改完设计代码后，对设计代码进行编译和连接，然后下载到 STM32G071 MCU 内的 Flash 存储器中。

思考与练习 6.3：按下 NUCLEO-G071RB 开发板上标记为 RESET 的按键，使程序正常运行，观察程序运行结果。（提示：1602 字符型 LCD 将一直显示 “Welcome to Run Mode”，所以在低功耗的 Stop 1 模式下，MCD 不会通过 GPIO 端口向 1602 字符型 LCD 发送命令，GPIO 端口使能被禁止。）

第 7 章　看门狗的原理和应用

STM32G0 系列 MCU 中集成了功能强大的看门狗资源。看门狗本质上也是由定时器机制实现的，因此看门狗也称为看门狗定时器。但是它与第 8 章中介绍的定时器用途不一样，看门狗用于在一些恶劣工作条件（如极端温度环境，强噪声环境）下保证系统的可靠运行。

简单地说，在开启看门狗的情况下，如果 STM32G0 系列 MCU 工作正常，则应用软件应该每隔一个固定的时间，就访问一次看门狗。每当访问看门狗（俗称“喂狗”）时，就会使看门狗重新开始计数，这样看门狗不会出现溢出现象；如果应用软件在规定的时间间隔内没有访问看门狗，则看门狗会出现溢出现象，这表明 MCU 中当前正在运行的应用软件出现异常情况时，看门狗会自动复位 MCU，使得 MCU 中的应用软件重新开始运行。

本章介绍独立看门狗及系统窗口看门狗的原理和功能，并通过一个独立看门狗的设计实例说明使用看门狗的方法。

7.1　独立看门狗的原理和功能

在 STM32G0 系列 MCU 中嵌入了看门狗外设，该看门狗具有高安全级别、高定时精度和使用灵活的优点。独立看门狗外设检测并解决由于软件失效引起的故障，并在计数器到达给定的超时值时触发系统复位。

独立看门狗（independent watchdog，IWDG）由其自己的专用低速时钟 LSI 提供时钟源，因此即使主时钟发生故障，IWDG 也保持活动状态。

IWDG 适合要求看门狗在主应用程序之外作为完全独立的进程运行，但对时序精度约束要求较低的应用程序。

7.1.1　IWDG 的结构

IWDG 的结构如图 7.1 所示。从该图中可知，IWDG 内的寄存器位于核电压域 V_{CORE} 中，而它的功能位于 V_{DD} 电压域中。很明显，IWDG 中的寄存器连接到 APB 总线。通过该总线，Arm Cortex-M0+访问 IWDG 中这些寄存器资源。

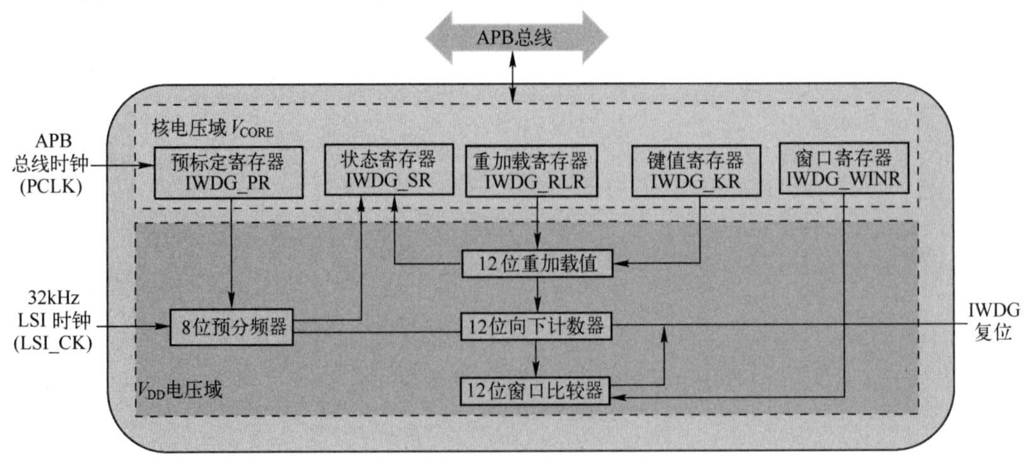

图 7.1　IWDG 的结构

从该图中可知，在 IWDG 中需要两个时钟资源。

（1）APB 总线时钟 PCLK，该时钟用于提供 APB 总线访问 IWDG 中寄存器的时钟信号。

（2）LSI 时钟，用于 IWDG 中的功能部分。

在 IWDG 功能区中的 8 位预分频器用于对 LSI 振荡器时钟进行分频。12 位递减（向下）计数器定义了超时值。当该计数器中的值达到零时，将产生看门狗复位信号。

这种结构使得 IWDG 在停止模式、待机模式和关机模式下也可以保持活动。

思考与练习 7.1：根据图 7.1 给出的 IWDG 的结构，简要分析其工作原理。

7.1.2　IWDG 的工作原理

通过在 IWDG 键值寄存器（IWDG_KR）中写入值 0x0000CCCC 来启动 IWDG 时，计数器将从复位值 0xFFF 开始递减计数。当达到计数值 0x000 时，将产生一个复位信号（IWDG 复位）。

每当把键值 0x0000AAAA 写到寄存器 IWDG_KR 时，都会将 IWDG_RLR 值重新加载到计数器中，以阻止看门狗复位。特别要注意，一旦 IWDG 开始运行，则无法停止它。

需要注意的是，寄存器 IWDG_PR、IWDG_RLR 和 IWDG_WINR 的写访问受到保护，当需要通过写访问来修改这些寄存器的内容时，必须先给 IWDG_KR 寄存器写入 0x00005555。用不同的值写入该寄存器将中断序列，并再次保护寄存器访问。

通过在寄存器 IWDG_WINR 中设置合适的窗口，IWDG 也可以作为窗口看门狗使用。如果递减计数器的值大于保存在寄存器 IWDG_WINR 中的值，执行了重加载操作，则产生复位。寄存器 IWDG_WINR 中默认的值为 0x00000FFF，因此如果没有更新该值，则禁止窗口选项。只要窗口的值发生变化，就执行重加载操作，用于将递减计数器的值复位到寄存器 IWDG_RLR 中的值，并且简化周期数计算以生成下一次重加载。

为了阻止看门狗复位，可以在递减计数器中的值不为零且比时间窗口值小的时候，执行对看门狗寄存器的刷新操作。

> **注：**（1）如果使能 IWDG 硬件模式，则在每个系统复位后，IWDG 用 0xFFF 自动加载递减计数器，并向下计数。
>
> （2）当器件进入调试模式（内核停止）时，递减计数器继续正常工作或者停止工作，这取决于 DBGMCU 的冻结寄存器中相应位的设置。

（1）当使能窗口选项时，配置 IWDG 的步骤如下。

① 通过给寄存器 IWDG_KR 写 0x0000CCCC，使能 IWDG。

② 通过给寄存器 IWDG_KR 写 0x00005555，使能寄存器访问。

③ 通过给寄存器 IWDG_PR 写 0～7 的数据，编程 IWDG 预标定（分频）器。

④ 写寄存器 IWDG_RLR。

⑤ 等待更新寄存器（IWDG_SR=0x00000000）。

⑥ 写寄存器 IWDG_WINR，将自动刷新寄存器 IWDG_RLR 中的计数值。

> **注：**当寄存器 IWDG_SR 设置为 0x00000000 时，写入的窗口值允许寄存器 IWDG_RLR 刷新计数器值。

（2）当禁止窗口选项时，配置 IWDG 的步骤如下。

① 通过给寄存器 IWDG_KR 写 0x0000CCCC，使能 IWDG。

② 通过给寄存器 IWDG_KR 写 0x00005555，使能寄存器访问。

③ 通过给寄存器 IWDG_PR 写 0～7 的数据，编程 IWDG 预标定（分频）器。

④ 写寄存器 IWDG_RLR。

⑤ 等待更新寄存器（IWDG_SR=0x00000000）。

⑥ 写寄存器 IWDG_RLR 来刷新计数值（IWDG_KR=0x0000AAAA）。

注：（1）IWDG 内寄存器的基地址为 0x40003000，为 IWDG 分配的地址空间的范围为 0x40003000～0x400033FF，该地址空间的大小为 1KB。

（2）关于该模块寄存器的详细信息，请参考 RM0444 Reference manual *STM32G0x1 advanced Arm-Based 32-bit MCU* 中的相关内容。

7.1.3　IWDG 时钟基准和超时的设置

从图 7.1 中可知，IWDG 时钟基准是由 32kHz 的 LSI 时钟预标定（分频）得到的。寄存器 IWDG_PR 可以对 LSI 时钟进行分频，分频范围为 4～256。看门狗计数器重新加载的值是写在寄存器 IWDG_RLR 中的 12 位值。

IWDG 超时值可以用下面的公式计算：

$$t_{\mathrm{IWDG}} = t_{\mathrm{LSI}} \times 4 \times 2^{\mathrm{PR}} \times (\mathrm{RL}+1)$$

式中，$t_{\mathrm{LSI}} = 1/32000 = 31.25\mu\mathrm{s}$，PR 和 RL 是 IWDG 中寄存器设置的值。

注：可以通过 RCC 中的寄存器识别 IWDG 复位。通过这种方法，启动程序就能检查是否是由于 IWDG 引起的复位。

7.2　系统窗口看门狗的原理和功能

系统窗口看门狗（window watchdog，WWDG）用于检测软件故障的发生，通常由外部干扰或不可预见的逻辑条件引起，导致应用程序放弃其正常的执行顺序。看门狗会在编程的时间段到期时生成 MCU 复位，除非程序在 T6 位清零之前刷新了递减计数器的内容。如果在递减计数器达到窗口寄存器值之前刷新了控制寄存器中递减计数器的 7 位计数值，则也会产生 MCU 复位。这意味着必须在有限的窗口中刷新计数器。

WWDG 时钟是从 APB 时钟开始预分频的，并且有可配置的时间窗口，可对其进行编程以检测异常应用程序的超前和滞后行为。WWDG 适合要求看门狗在准确的时序窗口内做出反应的应用。

7.2.1　WWDG 的结构

如果激活 WWDG（在 WWDG_CR 寄存器中设置 WDGA 位），并且当 7 位递减计数器（T[6:0]位）从 0x40 递减到 0x3F（T6 被清除）时，它将产生复位。当计数器值大于保存在窗口寄存器中的值时，如果软件重新加载计数器，则会产生复位。

在 WWDG 正常工作期间，应用程序必须定期在寄存器 WWDG_CR 中写入数据，以阻止 MCU 复位。仅当计数器值小于窗口寄存器值且大于 0x3F 时，才必须执行该操作。保存在寄存器 WWDG_CR 中的值必须在 0xFF 和 0xC0 之间。WWDG 的结构如图 7.2 所示。

思考与练习 7.2：根据图 7.2 给出的 WWDG 的结构，详细分析其工作原理。

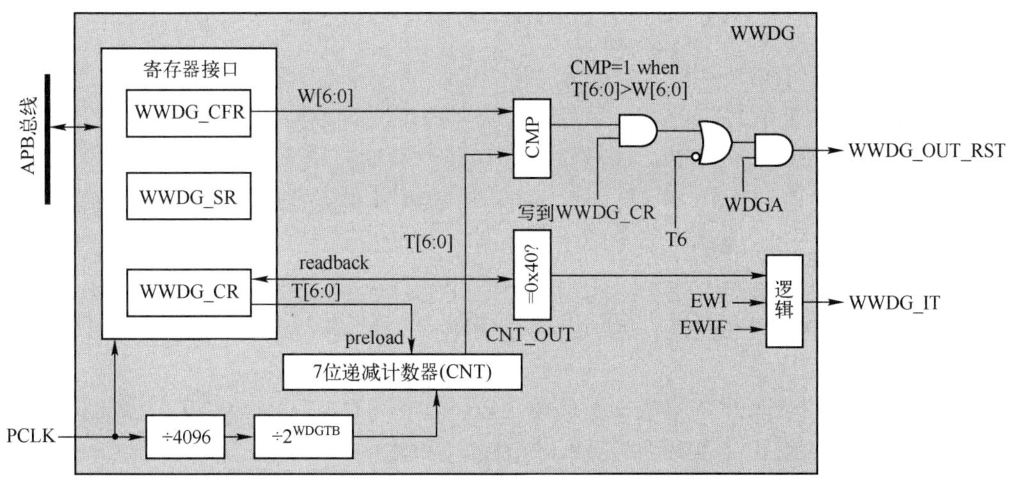

图 7.2　WWDG 的结构

7.2.2　WWDG 的工作原理

当用户选项中的 WWDG_SW 选择 Software window watch（软件窗口看门狗）时，复位后总是禁止看门狗。可以通过设置寄存器 WWDG_CR 中的 WDGA 位来使能它，然后不能禁止该看门狗，除非通过复位才能禁止它。

当用户选项中的 WWDG_SW 选择 Hardware window watchdog（硬件看门狗）时，子复位后总是使能它，并且不能通过其他方式来禁止它。

此外，要使 WWDG 能够真正工作，还必须使能 WWDG 的时钟，在 RCC 块中对应的窗口看门狗使能位必须设置为 1。

（1）将 WWDGEN 位设置为 1，使得为 WWDG 提供 APB 时钟，使得 Cortex-M0+处理器内核可以通过 APB 总线来访问 WWDG 中的寄存器。

（2）将 WWDGSMEN 位设置为 1，使得在休眠模式和停止模式时 WWDG 仍然可以运行。

> **注：**一旦使能连接看门狗的 APB 时钟，则应用程序不能禁止它。只有系统复位才能禁止看门狗时钟。

7.2.3　WWDG 时钟基准和超时值的设置

从图 7.2 中可知，递减计数器使用对 APB 时钟 PCLK 进行 4096 分频后的时钟作为时钟基准，然后通过应用程序选择的分频因子对该时钟基准再进行分频。该分频因子由寄存器 WWDG_CFR 的 WDGTB[2:0]字段确定。因此，真正提供给 7 位递减计数器的时钟频率 f_{CNT} 为

$$f_{\text{CNT}}=\frac{f_{\text{PCLK}}}{4096\times(2^{\text{WDGTB}})}$$

通过下面的公式，计算 WWDG 的超时值

$$t_{\text{WWDG}}(\text{ms})=t_{\text{PCLK}}\times 4096\times 2^{\text{WDGTB}}\times(\text{T}[5:0]+1)$$

例如，假设 APB 频率为 48MHz，WDGTB[1:0]设置为 3 且 T[5:0]设置为 63，则超时值为

$$t_{\text{WWDG}}(\text{ms})=\frac{1}{48000}\times 4096\times 2^{3}\times(63+1)=43.69(\text{ms})$$

7.2.4　WWDG 中断

如果在产生真正的复位之前必须执行指定的安全操作或者数据记录，则可以使用早期唤醒中断（Early Wakeup Interrupt，EWI）。通过设置寄存器 WWDG_CFR 中的 EWI 位，可以使能 EWI 中断。当递减计数器的值到达 0x40 时，将产生一个 EWI 中断，并且在复位设置之前，可以使用相应的中断服务程序（ISR）触发特定的操作（如通信或数据记录）。

7.3　独立看门狗设计实例：实现与分析

本节将基于 STM32CubeMX 集成开发环境（以下简称 STM32CubeMX）以及 Keil μVision 集成开发环境（以下简称 Keil），实现独立看门狗的设计和验证。

7.3.1　生成工程框架

下面将在 STM32CubeMX 中配置 STM32G071 MCU，并生成用于 Keil 的工程，主要步骤如下。

（1）启动 STM32CubeMX。在 STM32CubeMX 主界面中，找到并单击 ACCESS TO MCU SELECTOR 按钮。

（2）弹出 Download Selected Files 界面，将自动下载和更新器件信息。

（3）更新完成后，弹出 New Project from a MCU/MPU 界面。为了加快搜索速度，在该界面左侧窗口中，勾选 Arm Cortex-M0+前面的复选框。在右侧窗口中，找到并双击名字为 STM32G071RBTx 的一行条目。

（4）弹出新的 STM32CubeMX Untitled: STM32G071RBTx 界面。在该界面中，单击 Pinout & Configuration 标签。在该标签界面的右侧窗口中，将 STM32G071 MCU 的 PA5 引脚设置为 GPIO_Output，PC13 引脚设置为 GPIO_EXTI13。

（5）在该标签界面右侧窗口中，找到并单击 System view 按钮。在该视图下面的窗口中有一列蓝色的按钮，找到并单击名字为 GPIO 的按钮，如图 7.3 所示。

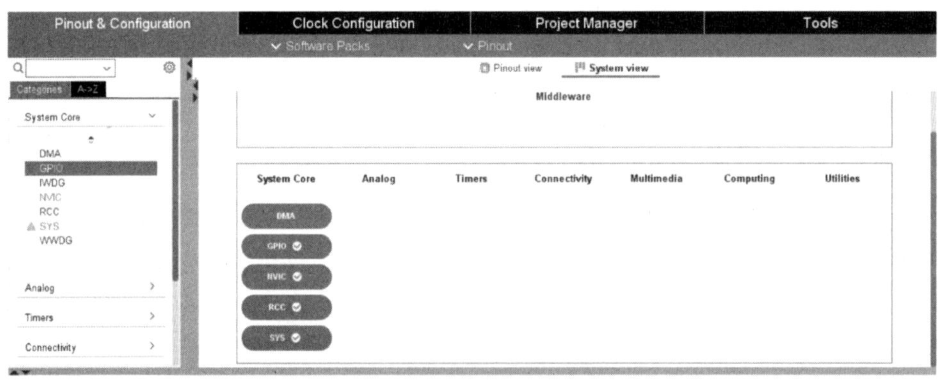

图 7.3　GPIO 设置入口界面

（6）在左侧窗口中，找到并单击 GPIO 按钮。在右侧窗口中，找到并单击 Pin Name（引脚名字）为 PA5 的一行，如图 7.4 所示。在该界面下方的窗口中，找到 User Label 标题，在其右侧文本框中输入 LED4。

（7）如图 7.5 所示，找到并单击 Pin Name 为 PC13 的一行，在其下面的窗口中，设置如下参数。

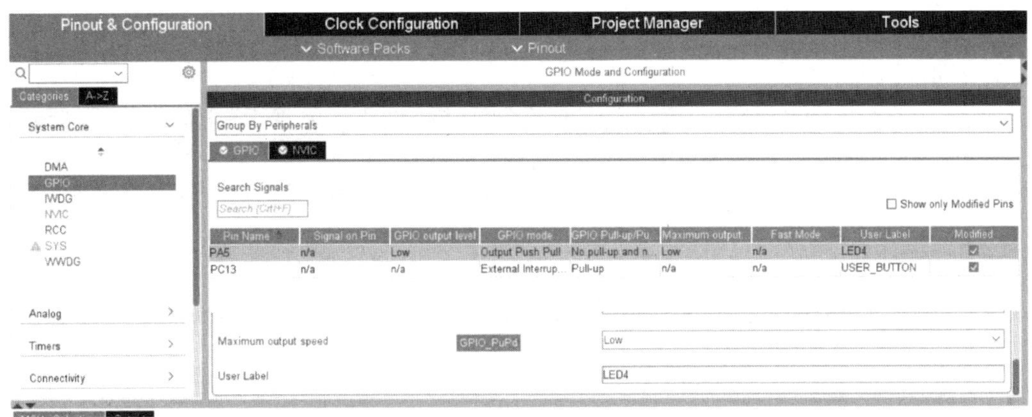

图 7.4　设置 PA5 引脚的参数

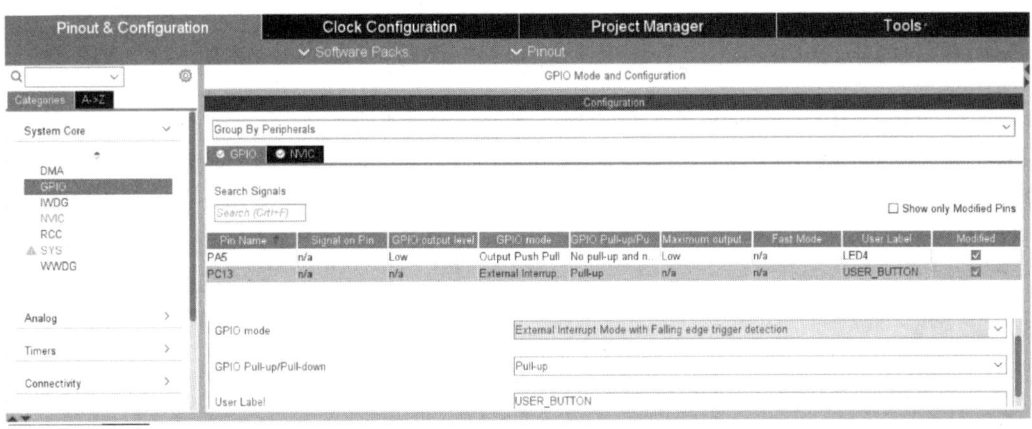

图 7.5　设置 PC13 引脚的参数

① GPIO mode：External Interrupt Mode with Falling edge trigger detection（通过下拉框选择）。

② GPIO Pull-up/Pull-down：Pull-up（通过下拉框选择）。

③ User Label：USER_BUTTON（通过在文本框中输入）。

（8）如图 7.6 所示，在左侧窗口中，找到并单击 NVIC 按钮。在右侧窗口中，勾选 EXTI line 4 to 15 interrupts 一行和 Enabled 一列所对应的复选框，表示使能 EXTI line 4 to 15 interrupts。

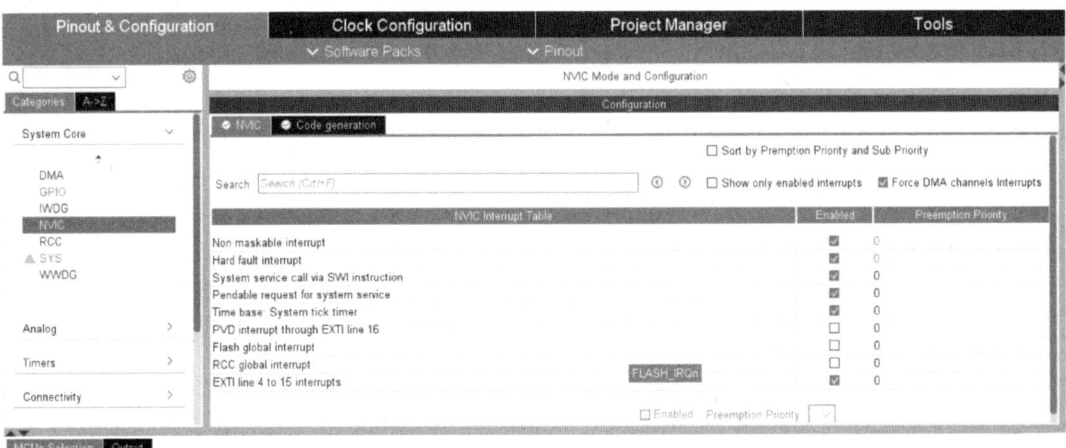

图 7.6　设置 NVIC 的参数

（9）如图 7.7 所示，在左侧窗口中，找到并单击 RCC 按钮。在右侧窗口下面的子窗口中，找到并展开 Peripherals Clock Configuration。在展开项中，将 Generate the peripherals clock configuration 设置为 FALSE。

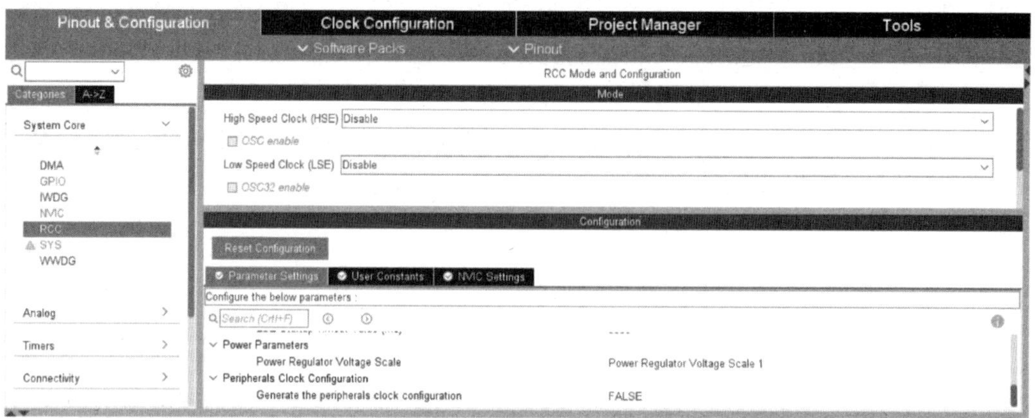

图 7.7 设置 RCC 的参数

（10）单击 Project Manager 标签。在该标签界面左侧，找到并单击 Advanced Settings 按钮。如图 7.8 所示，在右侧窗口中，将 GPIO 设置为 LL，以及将 RCC 设置为 LL，表示生成 LL 形式的驱动。在下面的 Generated Function Calls 窗口中，勾选所有行右侧 Visibility(Static)一列的复选框。

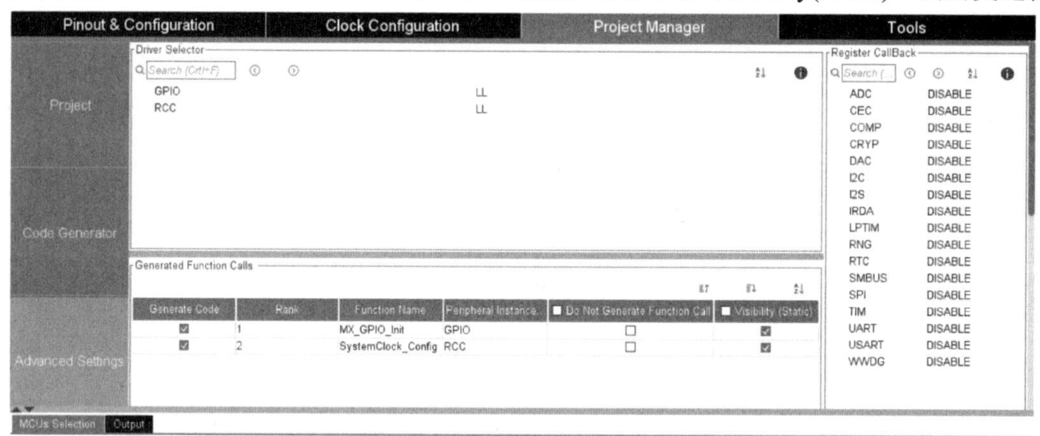

图 7.8 Project Manager 界面

（11）单击图 7.8 左侧窗口中的 Project 按钮，修改导出工程的参数配置：

① Project Name：IWDG_LL；

② Project Location：E:\STM32G0_example\example_7_1；

③ Application Structure：Basic；

④ Toolchain/IDE：MDK-ARM；

⑤ Min Version：V5。

（12）单击 STM32CubeMX 主界面右上角的 GENERATE CODE 按钮，导出生成的工程。

7.3.2 添加设计代码

下面将在导出的工程文件中添加设计代码，主要步骤如下。

（1）启动 Keil μVision 集成开发环境（以下简称 Keil）。将路径定位到下面的路径 E:\STM32G0_example\example_7_1\MDK-ARM\，在该路径中打开名字为 IWDG_LL.uvprojx 的工程文件。

（2）在 Keil 主界面左侧窗口中，找到并双击 main.c 文件，打开该文件。在该文件中添加设计代码，如代码清单 7.1 所示。

代码清单 7.1　添加的设计代码片段

```
//定义外部复位按键标志位（0 即没有按下按键，当前无复位请求）
static volatile uint8_t ubKeyPressed = 0;
void     Check_IWDG_Reset(void);                              //声明函数，用于检测独立看门狗复位
void     LED_On(void);                                        //声明函数，点亮 LED

int main(void)
{
  LL_APB2_GRP1_EnableClock(LL_APB2_GRP1_PERIPH_SYSCFG);       //APB 总线系统时钟使能
  LL_APB1_GRP1_EnableClock(LL_APB1_GRP1_PERIPH_PWR);          //APB 总线 PWR 时钟使能

  LL_SYSCFG_DisableDBATT(LL_SYSCFG_UCPD1_STROBE | LL_SYSCFG_UCPD2_STROBE);

  SystemClock_Config();                                       //系统时钟初始化
  MX_GPIO_Init();                                             //GPIO 初始化
  MX_IWDG_Init();                                             //看门狗初始化
  Check_IWDG_Reset();                                         //检测独立看门狗复位
  while (1)
  {
    if (1 != ubKeyPressed)                                    //如果没有外部复位请求
    {
      //重新加载看门狗递减计数器（更新）“喂狗”
      LL_IWDG_ReloadCounter(IWDG);
      LL_GPIO_TogglePin(LED4_GPIO_Port, LED4_Pin);  //LD4（原理图中标记为 LD4）状态切换——闪烁
      LL_mDelay(200);                                         //延时
    }
  }
}

//定义子函数 Check_IWDG_Reset
void Check_IWDG_Reset(void)
{
  if (LL_RCC_IsActiveFlag_IWDGRST())                          //如果 RCC 时钟计数到了预设的复位值
  {
    LL_RCC_ClearResetFlags();                                 //清除 RCC 复位标志
    LED_On();                                                 //让 LD4 点亮
    while(ubKeyPressed != 1)                   //外部复位按键标志位是 0 即没有复位请求则 LD4 常亮
    {
    }
    ubKeyPressed = 0;                                         //清空外部复位按键标志位
  }
}

void LED_On(void)
{
  LL_GPIO_SetOutputPin(LED4_GPIO_Port, LED4_Pin);             //设置 LD4 的输出为高电平
}

void UserButton_Callback(void)                                //中断回调函数，生成外部中断复位请求
{
```

```
    ubKeyPressed = 1;
  }
```

> 注：在 stm32g0xx_it.c 文件中的中断函数 EXTI4_15_IRQHandler 下调用中断的回调函数 UserButton_Callback()。

（3）保存设计代码。

（4）在 Keil 主界面主菜单下，选择 Project->Build Target，对设计代码进行编译和连接，生成可以下载到 STM32G071 MCU 内 Flash 存储器中的文件格式。

思考与练习 7.3：根据设计给出的代码，分析独立看门狗的运行机制。

7.3.3 设计下载和分析

下面将设计代码下载到 STM32G071 MCU 内的 Flash 存储器中，并运行设计代码，然后对设计代码进行进一步的分析，主要步骤如下。

（1）通过 USB 电缆，将 NUCLEO-G071RB 开发板的 USB 接口连接到计算机/笔记本电脑的 USB 接口。

（2）按下开发板上标记为 RESET 的按键，此时开发板上标记为 LD4 的 LED 开始闪烁。

（3）当第一次按下开发板上标记为 USER 的按键后，LD4 保持常亮；然后，第二次按下开发板上标记为 USER 的按键后，LD4 恢复闪烁。

当观察到该现象后，再对设计进行更详细的分析，以进一步帮助读者理解和掌握独立看门狗的工作原理。

（1）按下开发板上标记为 RESET 的按键（复位后）。

先执行启动引导代码，然后跳转到 main.c 文件中的 main()主函数。进入 main()主函数之后执行一系列初始化配置，包括使能 APB 总线上相关设备的时钟、初始化系统时钟、初始化 GPIO、初始化独立看门狗等。进而调用 Check_IWDG_Reset()函数检测独立看门狗复位，不满足锁死条件。然后，程序进入 while(1)循环，此时还是没有外部复位请求，正常访问看门狗定时器，即“喂狗”，LD4 闪烁。

（2）第一次按下开发板上标记为 USER 的按键。

触发 13 号外部中断，执行其中断回调函数，将外部复位请求标志位设置为 1。执行完中断程序后，跳转回主函数的 while(1)循环中。不满足 ubKeyPressed！=1 的条件，不会重新加载看门狗递减计数器，即不会“喂狗”，但是还在 while(1)循环内，看门狗还在计数，当看门狗溢出后复位（注意，这与按下 RESET 按键不同），重新执行 main()主函数。但是现在将 ubKeyPressed 置为 1，当执行到 Check_IWDG_Reset()函数检测独立看门狗复位时，将开发板上标记为 LD4 的 LED 点亮，并一直处于 while(ubKeyPressed != 1)循环中，因此 LED 常亮。

（3）第二次按下开发板上标记为 USER 的按键。

触发 13 号外部中断，执行其中断回调函数，将外部复位请求标志位置 1。执行完中断程序后，跳转回子函数 Check_IWDG_Reset()的 while(ubKeyPressed != 1)循环中，不满足循环条件，跳出此循环。之后，在该子函数的最后将 ubKeyPressed 标志位清零。返回 main()主函数，又进入 while(1)循环，正常“喂狗”。

如此反复，无穷无尽。

第 8 章　步进电机的驱动和控制

在 STM32G0 系列 MCU 中，提供了可以实现不同功能的丰富的定时器资源。与第 7 章所介绍的看门狗定时器的作用不同，本章所介绍的这些定时器资源可以实现脉冲宽度测量、生成 PWM 波形、信号捕获、信号比较等功能。

本章将详细讲解低功耗定时器的结构及功能、高级控制定时器的结构及功能。在此基础上，通过步进电机的驱动和信号测量设计实例说明高级控制定时器资源的使用方法。

8.1　低功耗定时器的结构及功能

低功耗定时器（Low Power Timer，LPTIM）是一个 16 位的定时器，该定时器得益于降低功耗技术的发展。由于其时钟源的多样性，LPTIM 能够在除待机模式以外的所有功耗模式下运行。由于即使没有内部时钟源也可以运行，因此 LPTIM 可以用作脉冲计数器，这在某些应用中非常有用。此外，LPTIM 能够将系统从低功耗模式中唤醒，使其非常适合以极低功耗实现“超时功能”。

8.1.1　LPTIM 的结构

LPTIM 的结构如图 8.1 所示。从该图中可知，该定时器有两个时钟域。

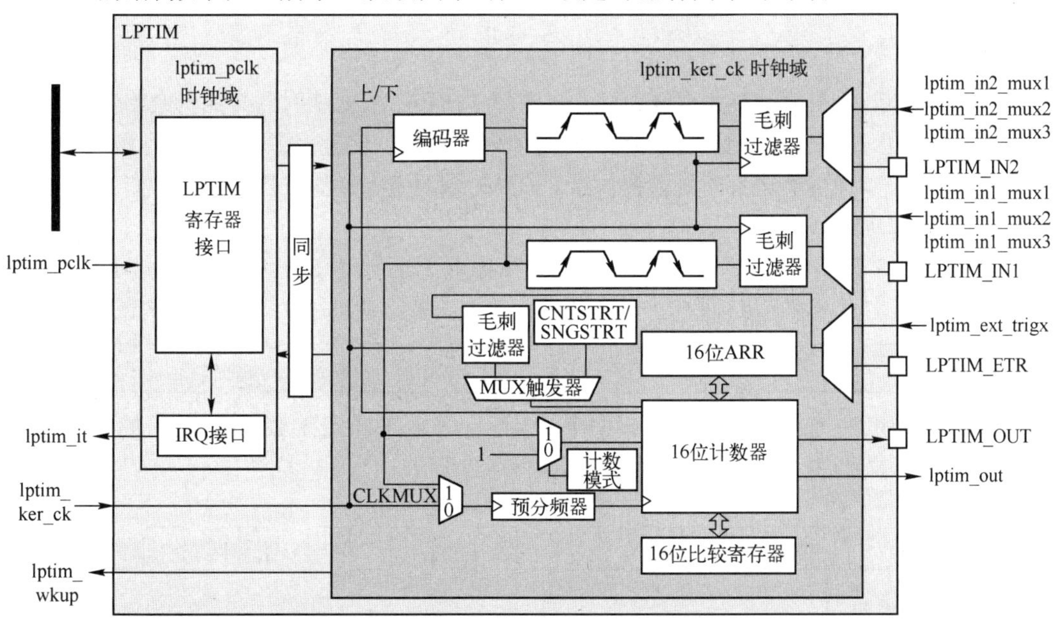

图 8.1　LPTIM 的结构

（1）APB 时钟域 lptim_pclk。该时钟域包含外设的 APB 接口。

（2）内核时钟域 lptim_ker_ck。该时钟域包含 LPTIM 外设的核心功能。此外，该时钟域可以由内部时钟源通过 LPTIM 的 LPTIM_IN1 输入从外部时钟源提供时钟。

从图 8.1 中可知，LPTIM 核心是一个 16 位计数器。输入时钟通过一个分频器（该分频器的分频因子为 2 的幂次方）后驱动该 16 位计数器。在该计数器旁提供了 16 位 ARR 和 16 位比较寄存器，分别用于为定时器 LPTIM_OUT 输出引脚上的脉冲宽度调制（Pulse Width Modulation，PWM）设置周期和占空比。

> **注：**（1）LPTIM2 仅有输入通道 1，没有输入通道 2。
> （2）图 8.1 中的信号 lptim_out 是内部 LPTIM 输出信号，可以将其连接到内部外设。
> （3）分频器的分频值由 PRESC[2:0]字段控制。当该字段设置为 n 时，实际得到的时钟分频值为 2^n（n 的范围为 0～7）。

在 LPTIM 中，提供了编码器模式功能。通过使用外设的 lptim_in1_mux 和 lptim_in2_mux 输入与增量式正交编码器传感器进行连接。两个输入都提供了毛刺过滤功能。

1. LPTIM 的时钟源

前面提到，可以使用内部时钟或外部时钟驱动 LPTIM。当使用外部时钟源时，LPTIM 可以使用下面的配置方式运行。

（1）第一种配置方式是 LPTIM 由外部信号提供时钟，但同时从 PCLK 或任何其他内嵌的振荡器向 LPTIM 提供内部时钟信号。

（2）第二种配置方式是 LPTIM 仅由外部时钟源通过其外部的 Input1 进行时钟控制。在进入低功耗模式关闭所有内嵌的振荡器时，该配置用于实现超时功能或脉冲计数器功能的配置。

对 CKSEL 和 COUNTMODE 位进行编程可以控制 LPTIM 是使用外部时钟源还是内部时钟源。当配置为使用外部时钟源时，CKPOL 位用于选择外部时钟信号的有效边沿。如果将时钟的上升沿和下降沿均配置为活动边沿，则内部还应提供时钟信号（即第一种配置）。在这种情况下，内部时钟信号的频率至少要比外部时钟信号频率高 4 倍。

2. 毛刺过滤器

LPTIM 的输入，由外部（映射到 GPIO）或内部（在芯片级上映射到其他内嵌的外设），由数字过滤器保护，以防止任何毛刺或噪声扰动在 LPTIM 内部传播。这是为了防止虚假计数或触发。在激活数字滤波器之前，首先应将内部时钟源提供给 LPTIM。这对于保证滤波器的正常工作是非常必要的。

数字滤波器有两组。

（1）第一组数字滤波器可以保护 LPTIM 的外部输入。数字滤波器的灵敏度由 CKFLT 位控制。

（2）第二组数字滤波器可以保护 LPTIM 的内部输入。数字滤波器的灵敏度由 TRGFIT 位控制。

> **注：**数字滤波器的灵敏度按组控制。在同一组中，不能单独配置每个数字滤波器的灵敏度。

滤波器的灵敏度对连续等效的采样起作用，该连续等效采样应在 LPTIM 输入的其中一个被检测到，这样将信号电平的变化看作有效跳变，如图 8.2 所示。

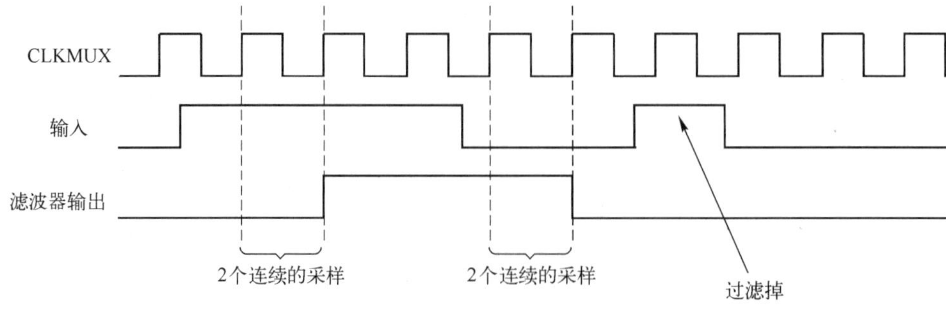

图 8.2　毛刺过滤器

> 注：如果没有提供内部时钟信号，则必须通过将 CKFLT 和 TRGFLT 位设置为 0 来停用数字滤波器。在这种情况下，可以使用外部模拟滤波器来保护 LPTIM 外部输入免受干扰。

3．波形生成

两个 16 位寄存器 LPTIM_ARR 和 LPTIM_CMP 用于在 LPTIM 输出上生成不同的波形。定时器可以生成以下波形。

（1）PWM 模式。当 LPTIM_CNT 的计数值超过 LPTIM_CMP 中的比较值时，将立即设置 LPTIM 输出。一旦在 LPTIM_ARP 和 LPTIM_CNT 寄存器之间发生匹配，就会复位 LPTIM 输出。

（2）单脉冲模式。输出波形类似于第一个脉冲的 PWM 模式，然后将输出永久复位。

（3）一次设置模式。输出波形类似于单脉冲模式，不同之处在于输出保持为最后一个信号电平（取决于输出配置的属性）。

上述给出的模式要求 LPTIM_ARR 寄存器的值严格大于 LPTIM_CMP 寄存器的值。

此外，可以通过 WAVE 位来配置 LPTIM 输出波形，如图 8.3 所示。

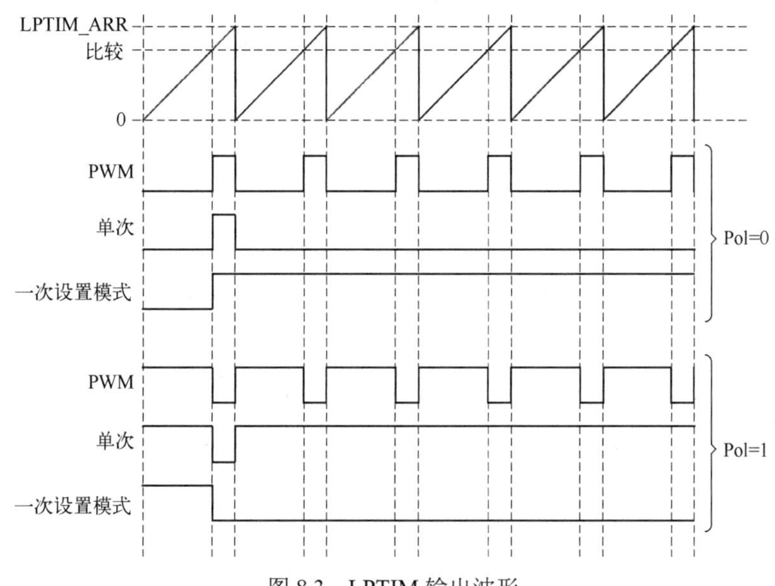

图 8.3　LPTIM 输出波形

（1）将 WAVE 位复位为 0 会强制 LPTIM 生成 PWM 波形或一个脉冲波形，具体取决于设置哪位：CNTSTRT 或 SNGSTRT。

（2）将 WAVE 位设置为 1，强制 LPTIM 生成一次设置模式波形。

WAVPOL 位控制 LPTIM 输出极性。更改将立即生效，因此即使在使能定时器之前，当重新配置极性后，也会立即改变输出的默认值。

> 注：生成信号的最高频率为 LPTIM 时钟频率的二分之一。

4．定时器复位

为了将 LPTIM_CNT 寄存器的内容复位为 0，可以实现两种复位机制。

（1）同步复位机制。同步复位由 LPTIM_CR 寄存器中的 COUNTRST 位控制。将 COUNTRST 位设置为 1 后，复位信号将在 LPTIM 内核时钟域中传播。因此，最重要的是，在考虑复位之前，将经过 LPTIM 内核逻辑的几个时钟脉冲。这将使得 LPTIM 计数器在触发复位到有效之前几乎没有额外的计数。由于 COUNTRST 位位于 APB 时钟域中，而 LPTIM 计数器位于 LPTIM 内核时钟域中，因此需要 3 个内核时钟的延迟以同步复位信号，该信号是 APB 时钟域内由于给 COUNTRST 位写 1 而产生的。

（2）异步复位机制。异步复位由位于 LPTIM_CR 寄存器中的 RSTARE 位控制。当该位设置为 1 时，对于 LPTIM_CNT 寄存器的读取访问都会将其复位为 0。异步复位应该在没有提供 LPTIM 内核时钟的时间范围内触发。例如，当 LPTIM Input1 用作外部时钟源时，仅当充分保证在 LPTIM Input1 上不会发生翻转时，才可以应用异步复位。

应该注意的是，为了可靠地读取 LPTIM_CNT 寄存器的内容，必须执行两个连续的读取访问并进行比较。当两个读取访问的值相等时，可以认为读取访问是可靠的。不幸的是，使能异步复位后，将无法读取两次 LPTIM_CNT 寄存器。

注：LPTIM 内部没有机制可以阻止同时使用两种复位机制。因此，程序开发人员应该确保以互斥方式使用这两种机制。

5. 编码器模式

该模式允许处理来自检测旋转元件角度位置的正交编码器的信号。编码器接口模式仅用作带有方向选择的外部时钟。这意味着计数器仅在 0 和编程到 LPTIM_ARR 寄存器中的自动重载值之间连续计数（0 到 ARR 或 ARR 到 0，取决于方向）。因此，在启动该模式之前必须配置 LPTIM_ARR 寄存器。

通过两个外部输入信号 Input1 和 Input2，将产生一个时钟信号为 LPTIM 计数器提供时钟。这两个信号之间的相位决定计数方向。

仅当 LPTIM 由内部时钟源作为时钟源时，才能使用编码器模式。输入信号 Input1 和 Input2 的频率不能超过 LPTIM 内部时钟频率的 1/4。这是强制性的，以保证 LPTIM 正常工作。

方向的变化通过 LPTIM_ISR 寄存器中的 Down 和 Up 两个标志发出信号。同样，如果通过 DOWNIE 位使能，则两个方向改变事件都可能产生中断。

要激活编码器模式，必须将 ENC 位设置为 1。LPTIM 必须首先配置为连续模式。当激活编码器模式时，根据增量编码器的速度和方向自动修改 LPTIM 计数器。因此，它的内容始终代表编码器的位置。由 Up 和 Down 标志指示的计数方向与编码器转子的旋转方向相对应。

根据使用 CKPOL[1:0]位配置的边沿灵敏度，可能有不同的计数方案，表 8.1 总结了可能的组合，假设 Input1 和 Input2 不同时切换。

表 8.1　计数方案

<table>
<tr><td colspan="3" rowspan="2">活动沿</td><td rowspan="2">相反信号上的电平（Input1 用于 Input2，Input2 用于 Input1）</td><td colspan="2">Input1</td><td colspan="2">Input2</td></tr>
<tr><td>上升</td><td>下降</td><td>上升</td><td>下降</td></tr>
<tr><td colspan="3" rowspan="2">上升沿</td><td>高</td><td>Down</td><td>不计数</td><td>UP</td><td>不计数</td></tr>
<tr><td>低</td><td>Up</td><td>不计数</td><td>Down</td><td>不计数</td></tr>
<tr><td colspan="3" rowspan="2">下降沿</td><td>高</td><td>不计数</td><td>UP</td><td>不计数</td><td>Down</td></tr>
<tr><td>低</td><td>不计数</td><td>Down</td><td>不计数</td><td>UP</td></tr>
<tr><td rowspan="2">所有边沿</td><td>高</td><td>Down</td><td>UP</td><td colspan="2">UP</td><td colspan="2">Down</td></tr>
<tr><td>低</td><td>Up</td><td>Down</td><td colspan="2">Down</td><td colspan="2">Up</td></tr>
</table>

图 8.4 显示了编码器模式下的计数序列。在该模式下，配置了双沿灵敏度。

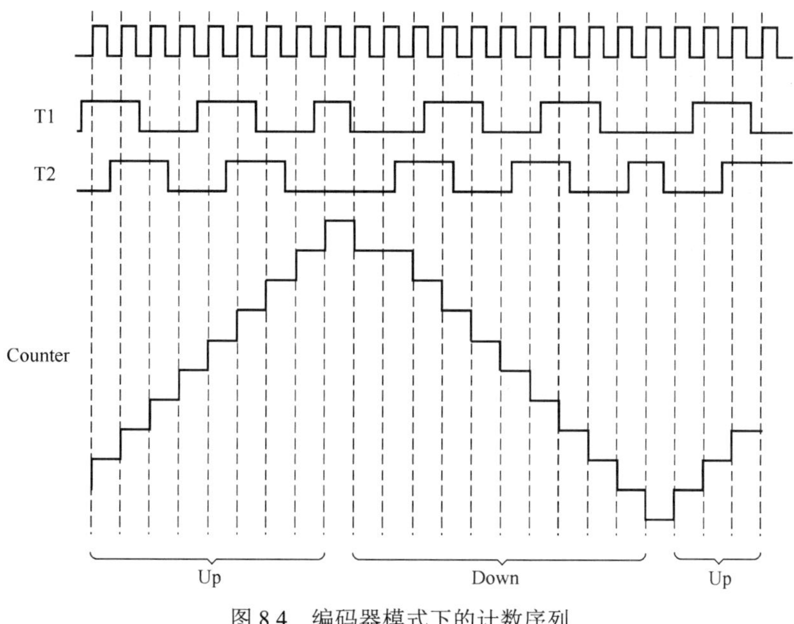

图 8.4　编码器模式下的计数序列

注：（1）在这种模式下，LPTIM 必须由内部时钟源提供时钟，因此 CKSEL 位必须保持为等于 0 的复位值。同样，预分频器的分频比值必须等于其复位值 1（PRESC[2:0]位必须为 000）。

（2）当微控制器进入调试模式（内核停止）时，LPTIM 计数器将继续正常工作或停止，具体取决于 DBG 模块中的 DBG_LPTIM_STOP 配置位。

6．LPTIM 低功耗模式

低功耗模式对 LPTIM 的影响如表 8.2 所示。

表 8.2　低功耗模式对 LPTIM 的影响

模式	功能
休眠	没有效果。LPTIM 中断使得器件退出休眠模式
低功耗运行	没有效果
低功耗休眠	没有效果。LPTIM 中断使得器件从低功耗休眠模式退出
Stop 0/Stop 1	当 LPTIM 由 LSE 或 LSI 驱动时，没有效果。LPTIM 中断使得器件从 Stop 0 模式和 Stop 1 模式退出
待机	LPTIM 外设已断电，退出待机模式或关机模式后必须重新初始化
关机	

产生的中断/唤醒事件如表 8.3 所示，如果通过 LPTIM_IER 寄存器使能了以下事件，则会产生中断/唤醒事件。

表 8.3　产生的中断/唤醒事件

中断事件	描述
比较匹配	当计数器寄存器（LPTIM_CNT 寄存器）的内容与比较寄存器（LPTIM_CMP 寄存器）的内容匹配时，产生中断标志
自动重加载匹配	当计数器寄存器（LPTIM_CNT 寄存器）的内容与自动重加载寄存器（LPTIM_ARR 寄存器）的内容匹配时，产生中断标志
外部触发器事件	当检测到触发器事件时，产生中断标志
自动重加载寄存器更新完成	当完成对 LPTIM_ARR 寄存器的写入操作时，产生中断标志

续表

中断事件	描述
比较寄存器更新完成	当完成对 LPTIM_CMP 寄存器的写入操作时，产生中断标志
方向改变	用于编码器模式。嵌入两个中断标志用于指示方向的变化： （1）Up 标志标识向上计数方向的改变 （2）Down 标志标识向下计数方向的改变

（1）比较匹配；

（2）自动重加载匹配（无论编码器模式为哪个方向）；

（3）外部触发器事件；

（4）自动重加载寄存器写入完成；

（5）比较寄存器写入完成；

（6）方向改变（编码器模式）、可编程（上/下/所有）。

注：如果在设置了 LPTIM_ISR 寄存器（状态寄存器）中相应的标志后，再设置 LPTIM_IER 寄存器（中断使能寄存器）中的任何位，则中断不会有效。

8.1.2　LPTIM 的功能

LPTIM 引入了一种灵活的时钟方案，该方案可以提供所需的功能和性能，同时将功耗降至最低，它的主要特性如下。

（1）16 位的递增计数器。

（2）3 位预分频器，提供 8 个可能的分频因子（1、2、4、8、16、32、64、128）。

（3）LPTIM1 的时钟源如图 8.5 所示，可选的时钟如下。

① 内部时钟源：PCLK 或任何嵌入式振荡器。

② 通过 LPTIM 输入的外部时钟源（在没有运行嵌入式振荡器的情况下工作，用于对脉冲进行计数的应用）。

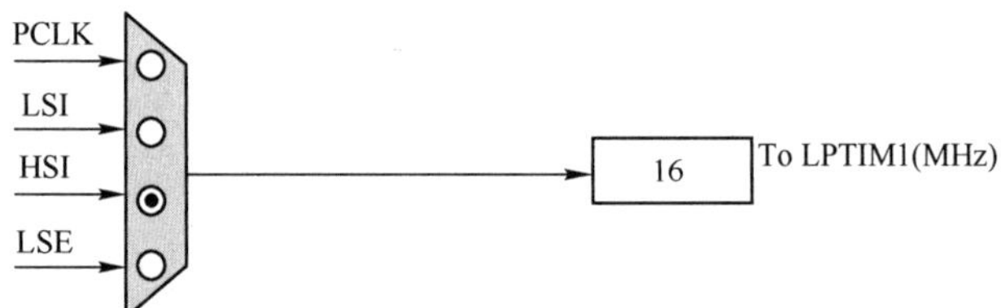

图 8.5　LPTIM1 的时钟源

（4）16 位自动重加载寄存器（Auto-Reload Register，ARR）。

（5）16 位比较寄存器。

（6）连续/单次模式。

（7）可选的软件/硬件输入触发器。

（8）可编程的数字抖动滤波器。

（9）可配置的输出：脉冲，PWM。

（10）可配置的 I/O 极性。

（11）编码器模式。

注：LPTIM1 支持编码器格式，LPTIM2 不支持编码器格式。

8.2 高级控制定时器的结构及功能

本节介绍高级控制定时器（TIM1）的结构和功能。

8.2.1 TIM1 的结构

TIM1 的结构如图 8.6 所示，它是由一个 16 位的自动重加载计数器构成的，该计数器由一个可编程的预分频器驱动。

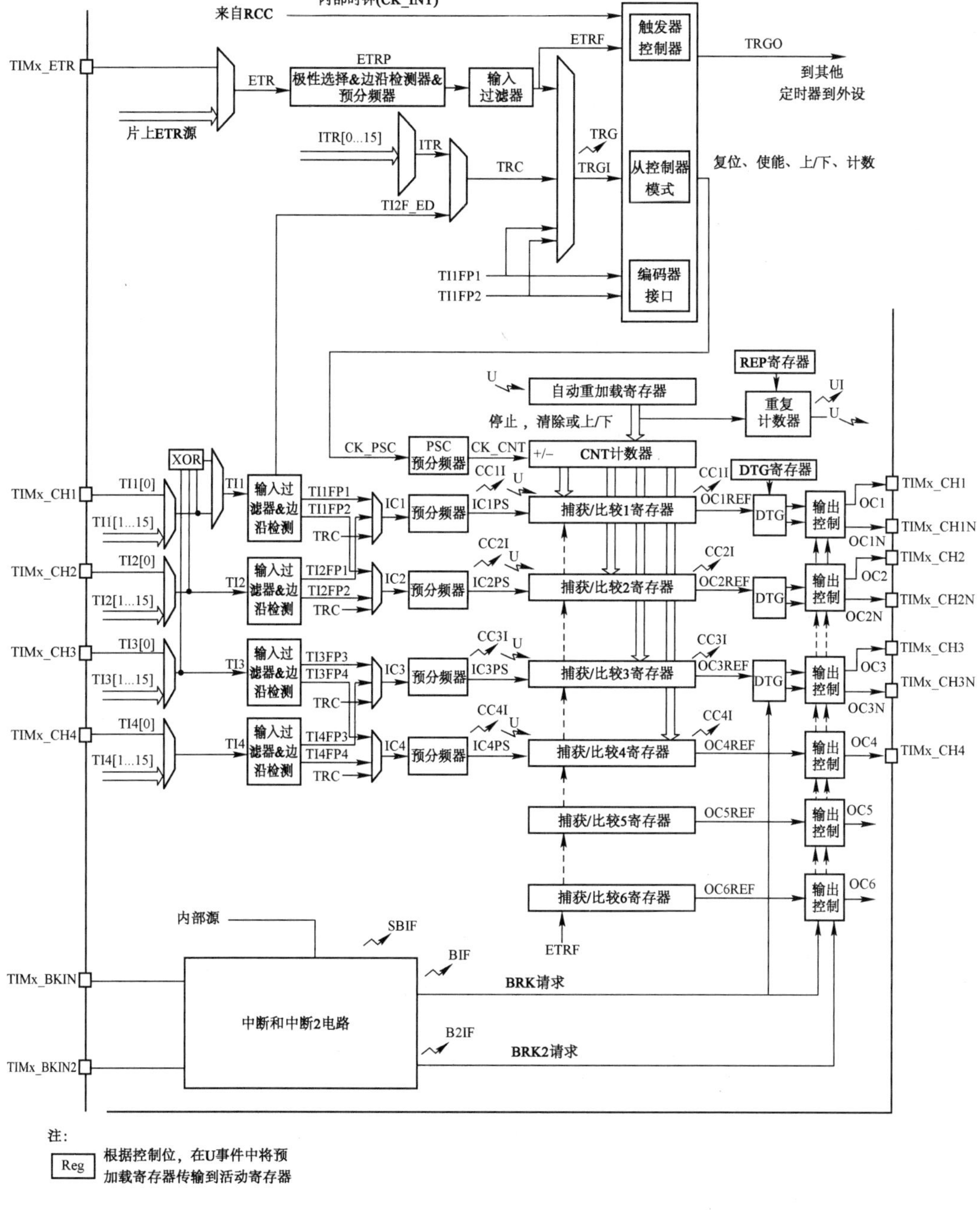

图 8.6　TIM1 的结构

注：图 8.6 中，TIMx 中的小写字母 x 表示具体的数字，实际为 TIM1。

TIM1 可用于多种目的，包括测量输入信号的脉冲长度（输入捕获）或生成输出波形（输出比较、PWM、具有死区时间插入的互补 PWM）。

使用定时器预分频器和 RCC 时钟控制器预分频器，可以将脉冲长度和波形周期从几微秒调整到几毫秒。

TIM1 和通用定时器是完全独立的，并且不共享任何资源。

8.2.2　TIM1 的功能

根据图 8.6 给出的 TIM1 的结构，下面将详细介绍该定时器中各个模块的功能。

1．时基单元

TIM1 内的主要模块是包含自动重加载寄存器的 16 位计数器。计数器可以向上、向下或向上和向下计数。计数器的时钟可以通过预分频器进行分频。软件可以读写计数器寄存器（TIM1_CNT 寄存器）、自动重加载寄存器（TIM1_ARR 寄存器）和预分频器寄存器（TIM1_PSC 寄存器），在计数器正在运行时也可执行这样的操作。在时基单元中，还包含重复计数器寄存器（TIM1_RCR 寄存器）。

当设置 TIM1_CR1 寄存器的计数器使能位（CEN）时，计数器由预分频器的输出 CK_CNT 驱动。需要注意，当在 TIM1_CR1 寄存器中设置 CEN 位后，计数器启动计数一个时钟周期。

预加载寄存器。对 TIM1_ARR 寄存器的写入和读取操作，将访问预加载寄存器。预加载寄存器的内容永久或在每个更新事件（update event，UEV）时传输到影子寄存器，这取决于 TIM1_CR1 寄存器中的预加载自动重加载使能位（ARPE）。当计数器达到上溢或下溢时发送更新事件，并且当 TIM1_CR1 寄存器中的 UDIS 位为 0 时，发送更新事件。这也可以通过软件产生。

预分频器可以对计数器的时钟频率进行分频，分配因子的范围为 1～65536，它基于通过 16 位寄存器（在 TIM1_PSC 寄存器中）控制的 16 位计数器。由于该控制寄存器已经被缓冲，因此可以对其进行即时更改。在下一个更新事件中将考虑新的预分频值，从 1 分频改到 4 分频如图 8.7 所示。

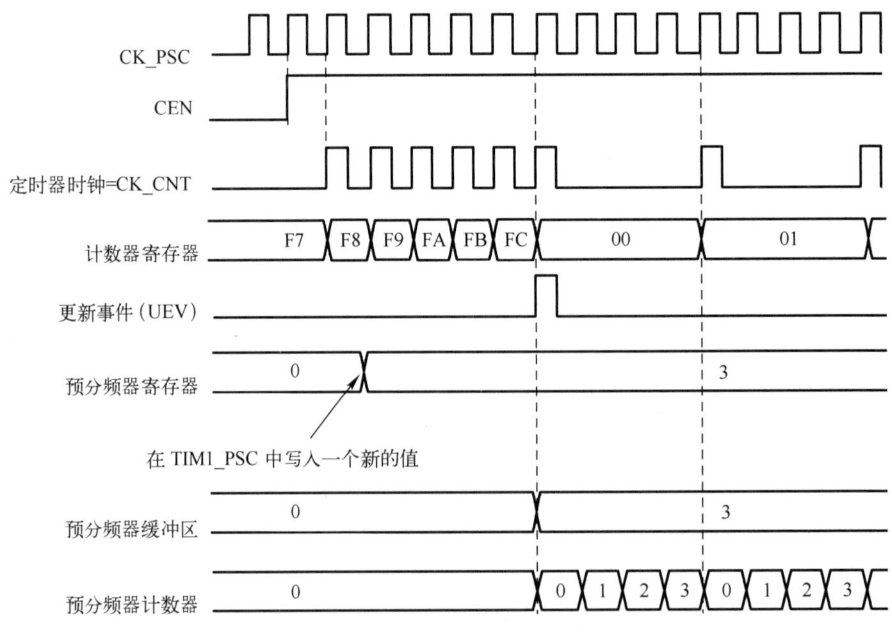

图 8.7　从 1 分频改到 4 分频

2. 计数器模式

（1）向上计数模式。

在该模式中，计数器从 0 一直计数到自动重加载的值（TIM1_ARR 寄存器的内容），然后从 0 重新开始，并产生一个计数器溢出事件。

使用了重复计数器，则在向上计数重复在 TIM1_RCR 寄存器（重复计数器寄存器）中编程的次数加一后，将生成更新事件（UEV）。否则，每次计数器溢出时都会生成更新事件，内部时钟 4 分频的计数器时序（TIM1_ARR=0x36）如图 8.8 所示。此外，通过软件或使用从模式控制器设置 TIM1_EGR 寄存器中的 UG 比特位，也将生成一个更新事件。

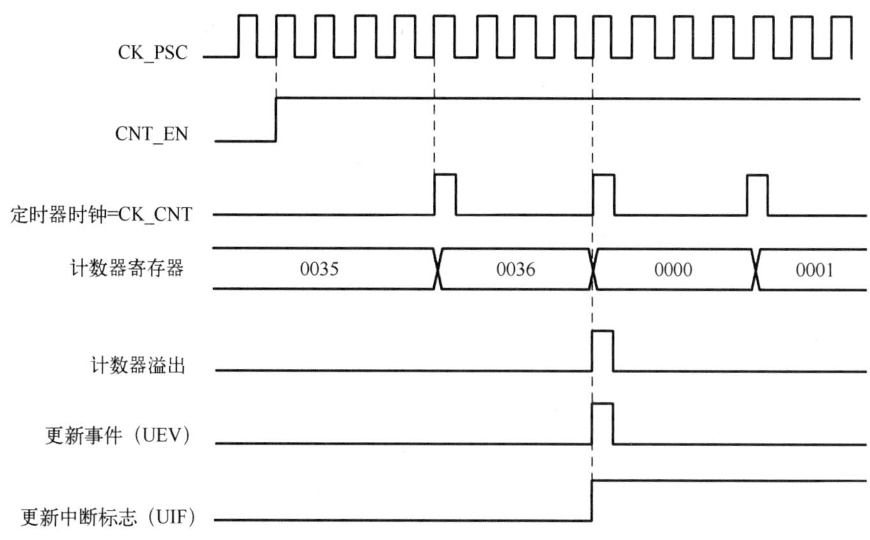

图 8.8　内部时钟 4 分频的计数器时序（TIM1_ARR=0x36）

通过设置 TIM1_CR1 寄存器中的 UDIS 位，可以利用软件禁止更新事件。这是为了避免将新值写入预加载寄存器时更新影子寄存器。然后，直到将 UDIS 位写成 0 时，才产生更新事件。但是，计数器和预分频器的计数器都从 0 重新开始（预分频率不变）。此外，如果设置了 TIM1_CR1 寄存器中的更新请求选择（Update Request Selection，URS）位，则设置 UG 位将产生一个更新事件但是不设置 UIF 标志（因此不会发送中断或 DMA 请求）。当在捕获上清除计数器时，可以避免产生所有更新和捕获中断。

当发生更新事件时，更新所有寄存器并且设置更新标志（TIM1_SR 寄存器中的 UIF 位，取决于 URS 位）。

① 用 TIM1_RCR 寄存器中的内容重新加载重复寄存器。

② 用预加载值（TIM1_ARR 寄存器的内容）更新自动重加载影子寄存器。

③ 用预加载值（TIM1_PSC 寄存器内容）重加载预分频器缓冲区。

图 8.9 给出了当 ARPE=0（TIM1_ARR 寄存器没有缓冲）时的 TIM1 时序，图 8.10 给出了当 ARPE=1（TIM1_ARR 寄存器有缓冲）时的 TIM1 时序。

（2）向下计数模式。

在向下（递减）计数模式下，计数器从自动重加载值（TIM1_ARR 寄存器的内容）开始递减计数至 0，然后从自动重加载值重新启动并生成计数器向下溢出事件，如图 8.11 所示。

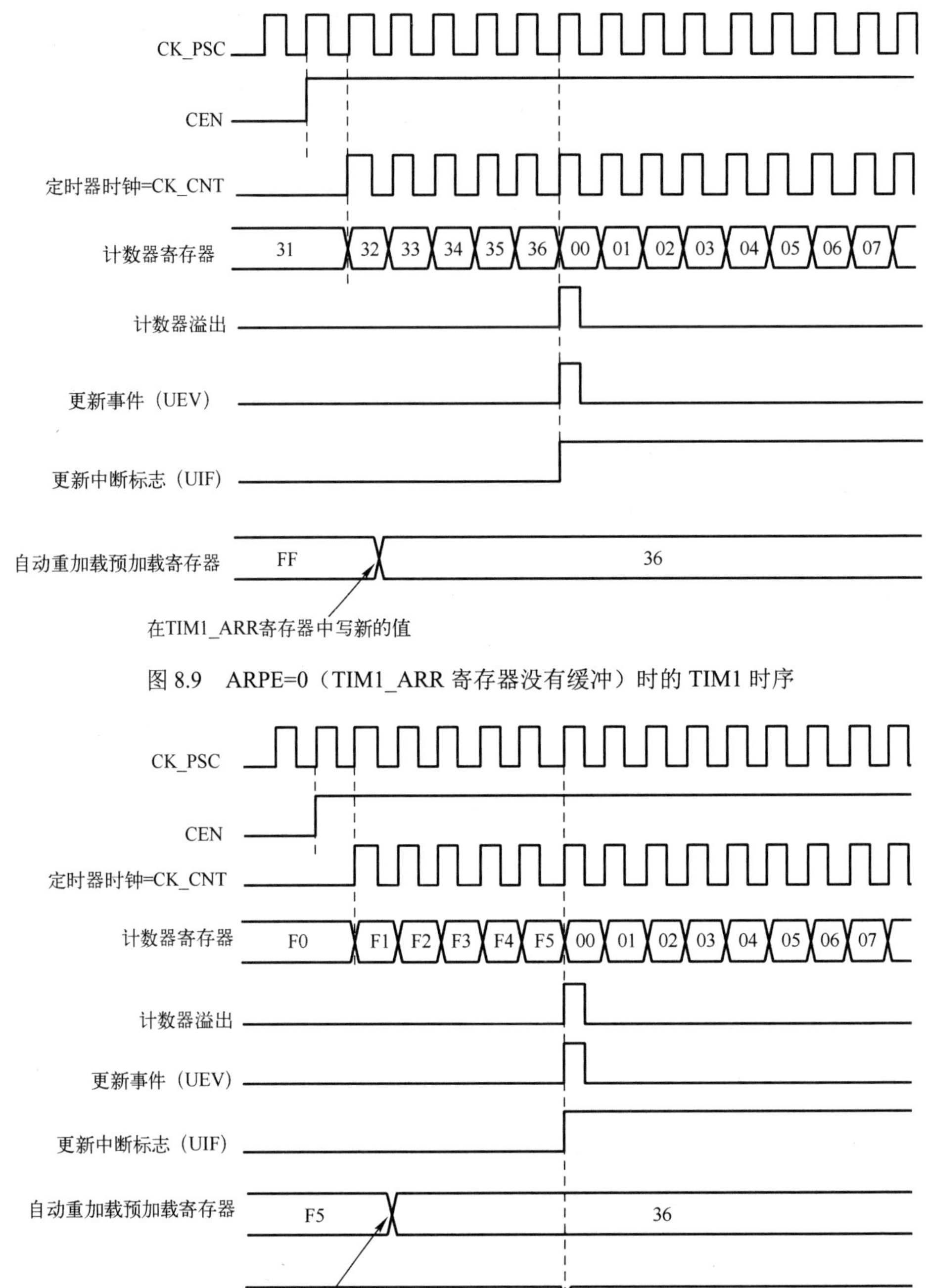

图 8.9　ARPE=0（TIM1_ARR 寄存器没有缓冲）时的 TIM1 时序

图 8.10　ARPE=1（TIM1_ARR 寄存器有缓冲）时的 TIM1 时序

如果使用重复计数器，则在递减计数重复在 TIM1_RCR 寄存器中所编程的次数后，将生成更新事件（UEV）。否则，在每次计数器下溢时都会生成更新事件。

在 TIM1_EGR 寄存器中设置 UG 位（通过软件或使用从模式控制器）也会生成一个更新事件。通过设置 TIM1_CR1 寄存器中的 UDIS 位，可以利用软件禁止更新事件。这是为了避免在将新值写入预加载寄存器时更新影子寄存器。然后，不会发生更新事件，直到将 UDIS 位写入 0 为止。

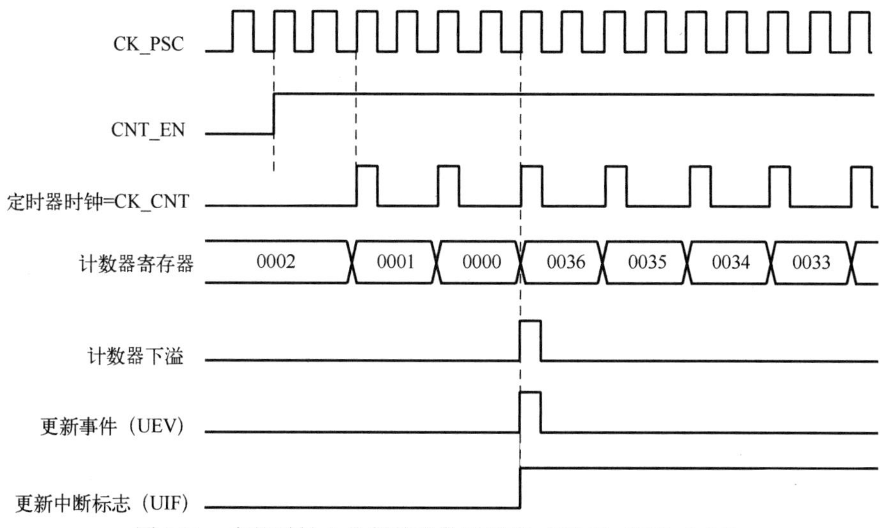

图 8.11　内部时钟 2 分频的计数器时序（TIM1_ARR=0x36）

然而，计数器会从当前的自动重加载值重新启动，而预分频器的计数器也从 0 重新启动（预分频率不会变化）。

此外，如果在 TIM1_CR1 寄存器中设置了 UG 位，则会生成一个更新事件，但是不会设置 UIF 标志（不会发送中断或 DMA 请求）。这是为了避免在捕获事件清除计数器时产生更新和捕获中断。

当发生更新事件时，将更新所有寄存器并设置更新标志（TIM1_SR 寄存器中的 UIF 位，取决于 URS 位）。

① 用 TIM1_RCR 寄存器中的内容重新加载重复计数器。

② 用预加载值（TIM1_PSC 寄存器的内容）重新加载预分频器的缓冲区。

③ 用预加载值（TIM1_ARR 寄存器的内容）更新自动重加载活动寄存器。注意，在重加载计数器之前更新自动重加载，这样下一个周期是预期的周期。

（3）中心对齐模式（向上/向下计数）。

在中心对齐模式下，计数器从 0 计数到自动重加载的值（TIM1_ARR 寄存器的内容）-1，产生一个计数器上溢事件，然后从自动重加载值向下计数到 1，并且产生计数器下溢事件。然后，它从 0 开始重新计数，如图 8.12 所示。

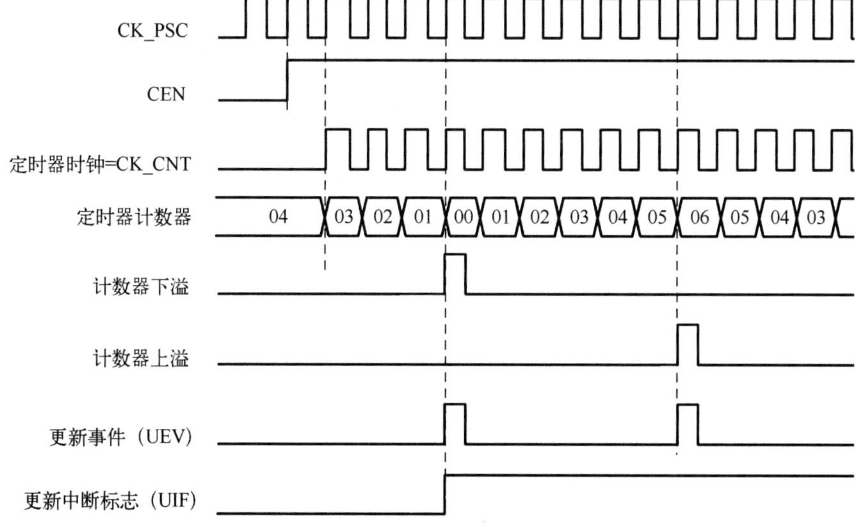

图 8.12　内部时钟 1 分频的计数器时序（TIM1_ARR=0x6）

当计数器中的 CMS 字段不等于 00 时，中心对齐模式有效。在以下情况下，设置在输出中配置的通道输出比较中断标志：

① 计数器向下计数（中心对齐模式 1，CMS=01）；

② 计数器向上计数（中心对齐模式 2，CMS=10）；

③ 计数器向上/向下计数（中心对齐模式 3，CMS=11）。

在这种模式下，不能写入 TIM1_CR1 寄存器中的方向位（DIR）。它由硬件更新，并给出计数器当前的方向。

可以在每次计数器上溢和每次下溢时产生更新事件，或者通过设置 TIM1_EGR 寄存器的 UG 位（利用软件或者使用从模式控制器）也可以生成更新事件。在这种情况下，计数器以及预分频器的计数器将从 0 开始重新计数。

利用软件在 TIM1_CR 寄存器中设置 UDIS 位，可以禁止更新事件。这就可以避免在预加载寄存器中写入新值时更新影子寄存器。然后，不会发生更新事件，直到 UDIS 位写入 0 为止。然而，计数器将根据当前的自动重载值继续递增或递减计数。

此外，如果设置了 TIM1_CR1 寄存器中的更新请求选择（Update Request Selection，URS）位，设置 UG 位会产生更新事件，但没有设置 UIF 标志（不会发送中断或 DMA 请求）。这是为了避免在捕获事件上清除计数器时生成更新和捕获中断。

当发生更新事件时，更新所有寄存器并且设置更新标志（TIM1_SR 寄存器中的 UIF 位，取决于 URS 位）。

① 用 TIM1_RCR 寄存器中的内容重加载重复计数器。

② 用预加载值（TIM1_PSC 寄存器的内容）重加载预分频器的缓冲区。

③ 用预加载值（TIM1_ARR 寄存器的内容）更新自动重加载活动寄存器。注意，如果更新源是计数器上溢，则在重加载计数器之前更新自动重加载，以便下一个周期为预期的周期（用新值加载计数器），如图 8.13 所示。

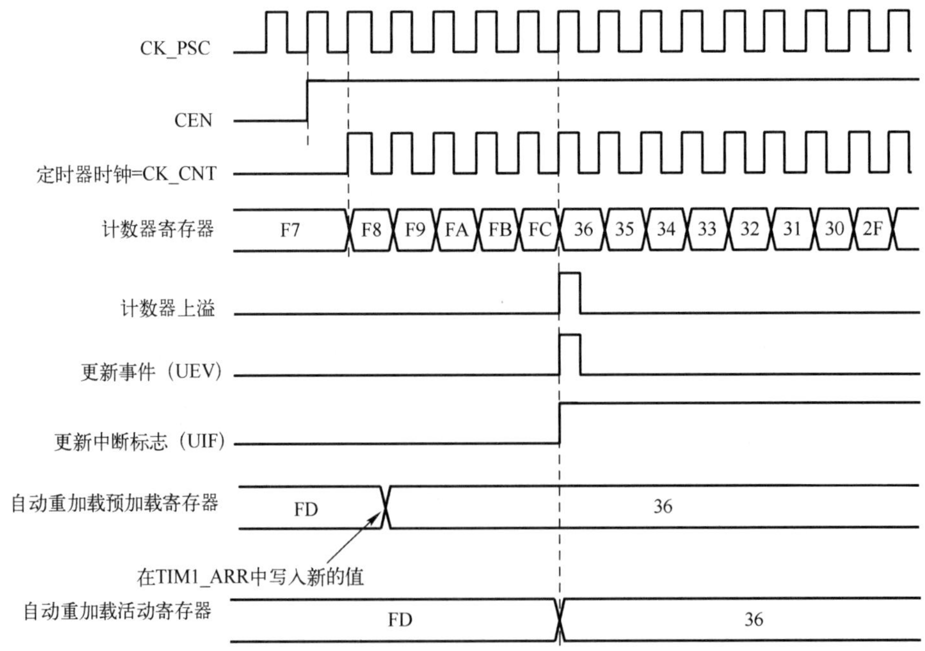

图 8.13　ARPE=1 更新事件（计数器上溢）的计数器时序

3．重复计数器

在时基部分介绍了相对于计数器上溢/下溢如何产生更新事件（UEV）。实际上，仅当重复计数器达到 0 时才能生成它。这在生成 PWM 信号时非常有用。

这意味着每 N+1 个计数器上溢/下溢，数据就从预加载寄存器传输到影子寄存器（TIM1_ARR 自动重加载寄存器，TIM1_PSC 预分频寄存器，以及 TIM1_CCR1～ TIM1_CCR4 捕获/比较寄存器）。

在下面的情况下，重复计数器递减：

（1）在递增计数模式下，每个计数器的上溢；

（2）在递减计数模式下，每个计数器的下溢；

（3）在中心对齐模式下，每个计数器的上溢和下溢。

尽管这将最大重复次数限制为 32768 个 PWM 周期，但它使每个 PWM 周期两次更新占空比成为可能。当在中心对齐模式下，每个 PWM 周期仅刷新比较寄存器一次时，由于模式的对称性，最大分辨率为两倍的 T_{ck}。

重复计数器是自动重加载类型。重复率如 TIM1_RCR 寄存器值所定义的那样。TIM15/TIM16/TIM17 定时器包括一个 16 位自动重加载计数器，该计数器由可编程的预分频器驱动。当由软件（在 TIM1_EGR 寄存器中设置 UG 位）或硬件通过从模式控制器生成更新事件时，无论重复计数器的值如何，都会立即发生，并且将 TIM1_RCR 寄存器的内容重新加载到重复计数器中。

在中心对齐模式下，对于 TIM1_RCR 的奇数值，更新事件在上溢或下溢时发生，具体取决于何时写入 TIM1_RCR 寄存器以及何时启动计数器。如果在启动计数器之前写入 TIM1_RCR 寄存器，则在下溢时发生更新事件；如果在启动计数器后写入 TIM1_RCR 寄存器，则会在上溢时发生更新事件。

例如，对于 TIM1_RCR=3，取决于何时写入 TIM1_RCR 寄存器，每个第 4 次上溢或下溢事件都会生成更新事件，如图 8.14 所示。

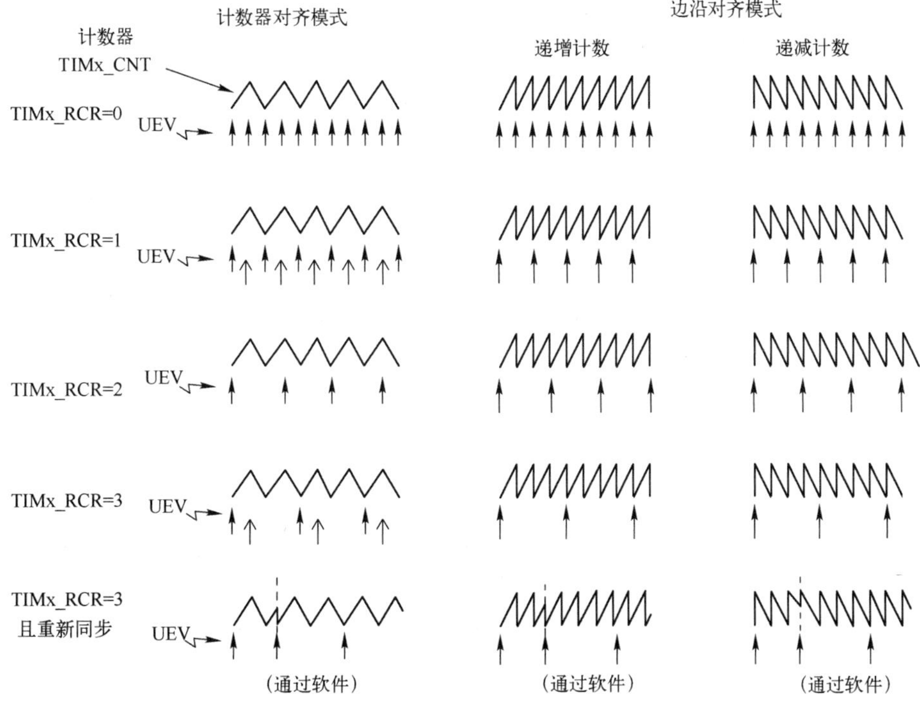

图 8.14　更新事件的例子（取决于模式和 TIM1_RCR 寄存器设置）

4．外部触发器输入

定时器具有外部触发器输入（external trigger input，ETR）功能。它可以用作：

（1）外部时钟（外部时钟模式 2）；

（2）从模式触发器；

（3）PWM 复位输入，用于按周期电流管理。

外部触发器输入块如图 8.15 所示，图中给出了 ETR 条件。首先，由 TIM1_SMCR 寄存器中的 ETP 位定义输入极性；然后，通过编程 ETPS[1:0]字段的分频器对触发器进行预分频；最后，通过 ETF[3:0]字段进行数字滤波。

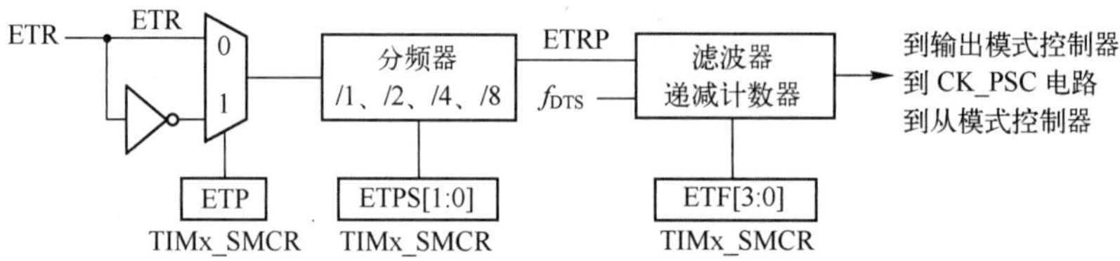

图 8.15　外部触发器输入块

ETR 来自多个源：输入引脚（默认配置）、比较器输出和模拟看门狗，通过 TIM1_AF1 寄存器的 ETRSEL[3:0]字段选择输入源。

5．时钟选择

计数器的时钟可以通过以下方式提供。

（1）内部时钟。

如果禁止从模式控制器（SMS=000），则 CEN、DIR（在 TIM1_CR1 寄存器中）和 UG 位（在 TIM1_EGR 寄存器中）是实际的控制位，并且只能由软件进行修改（除了 UG 保持自动清除外）。一旦将 CEN 位写入 1，预分频器就由内部时钟 CK_INT 驱动。

（2）外部时钟源模式 1。

当在 TIM1_SMCR 寄存器中将 SMS 设置为 111 时，选择该模式。计数器在一个所选择输入的上升沿或下降沿计数。

注：保留从 01000～11111 的编码。

如图 8.16 所示，要配置递增计数器以响应 TI2 输入的上升沿进行计数，需要遵循下面的步骤。

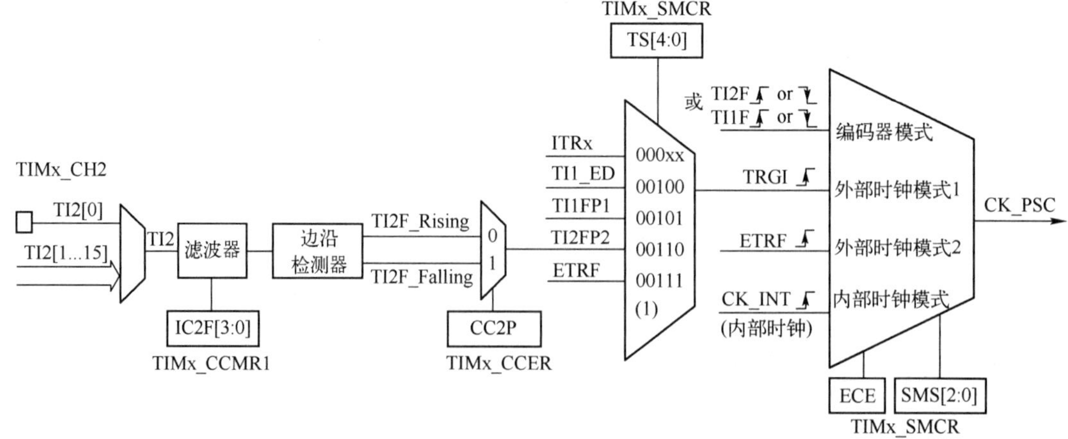

图 8.16　TI2 外部时钟连接的例子

① 使用 TIM1_TISEL 寄存器中的 TI2SEL[3:0]字段选择正确的 TI2x 源（内部或外部）。

② 通过在 TIM1_CCMR1 寄存器中写入 CC2S=01，将通道 2 配置为检测 TI2 输入的上升沿。

③ 通过写 TIM1_CCMR1 寄存器中的 IC2F[3:0]字段来配置输入滤波器的持续时间（如果不需要滤波器，则保持 IC2F=0000）。

④ 通过写 TIM1_CCER 寄存器中的 CC2P=0 和 CC2NP=0，选择上升沿极性。

⑤ 通过写 TIM1_SMCR 寄存器中的 SMS=111，将定时器配置为外部时钟模式 1。

⑥ 通过写 TIM1_SMCR 寄存器中的 TS=00110，选择 TI2 作为触发输入源。

⑦ 通过写 TIM1_CR1 寄存器中的 CEN=1，使能计数器。

注：捕获预分频器不能用于触发，因此用户不需要配置它。

当在 TI2 上出现上升沿时，计数器计数一次，并设置 TIF 标志。在 TI2 上升沿和计数器实际时钟之间的延时归结为在 TI2 输入上的重同步电路。

（3）外部时钟源模式 2。

通过在 TIM1_SMCR 寄存器中写入 ECE=1 来选择该模式。计数器可以在外部触发输入 ETR 的每个上升沿或下降沿计数。外部触发器输入块结构如图 8.17 所示。

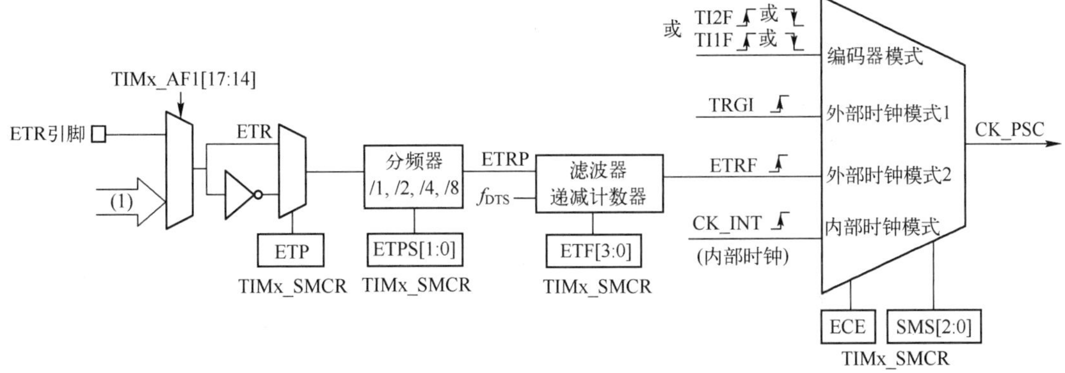

图 8.17　外部触发器输入块结构

要配置递增计数器以对 ETR 上的每两个上升沿进行计数，可使用以下过程。

① 由于在该例子中不需要滤波器，因此在 TIM1_SMCR 寄存器中写入 ETF[3:0]=0000。

② 通过在 TIM1_SMCR 寄存器中写入 ETPS[1:0]=01 来设置预分频器。

③ 通过在 TIM1_SMCR 寄存器中写入 ETP=0，选择在 ETR 上的上升沿检测。

④ 通过在 TIM1_SMCR 寄存器中写入 ECE=1，使能外部时钟模式 2。

⑤ 通过在 TIM1_CR1 寄存器中写入 CEN=1，使能计数器。

ETR 上的上升沿和实际时钟之间的延时是由于 ETRP 信号上的重同步电路引起的。结果，计数器可以正确捕获信号的最高频率最多为 TIM1CLK 频率的 1/4。当 ETRP 信号较快时，用户应该通过正确的 ETPS 预分频器设置对外部信号进行分频。

6. 捕获/比较通道

每个捕获/比较通道均围绕着一个捕获/比较寄存器（包括影子寄存器），用于捕获的输入级（具有数字滤波器、多路复用器和预分频器，通道 5 和 6 除外）和一个输出级（带有比较器和输出控制）构建。

如图 8.18 所示，输入级对相应的 TIx 输入进行采样以生成滤波信号 TIxF。然后，具有极性选择的边沿检测器生成一个信号（TI1FPx），该信号可以用作从模式控制器的触发输入或用作捕获命令。它在捕获寄存器（ICxPS）之前进行预分频。

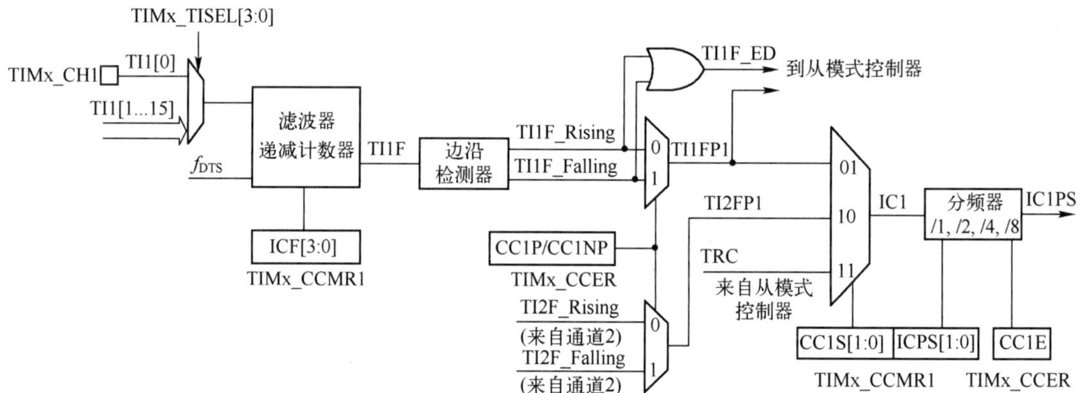

图 8.18　TIM1_CH1 输入级内部结构

图 8.19 给出了捕获/比较通道 1 的主电路。图中，捕获/比较模块由一个预加载寄存器和一个影子寄存器组成。写入和读取始终访问预加载寄存器。

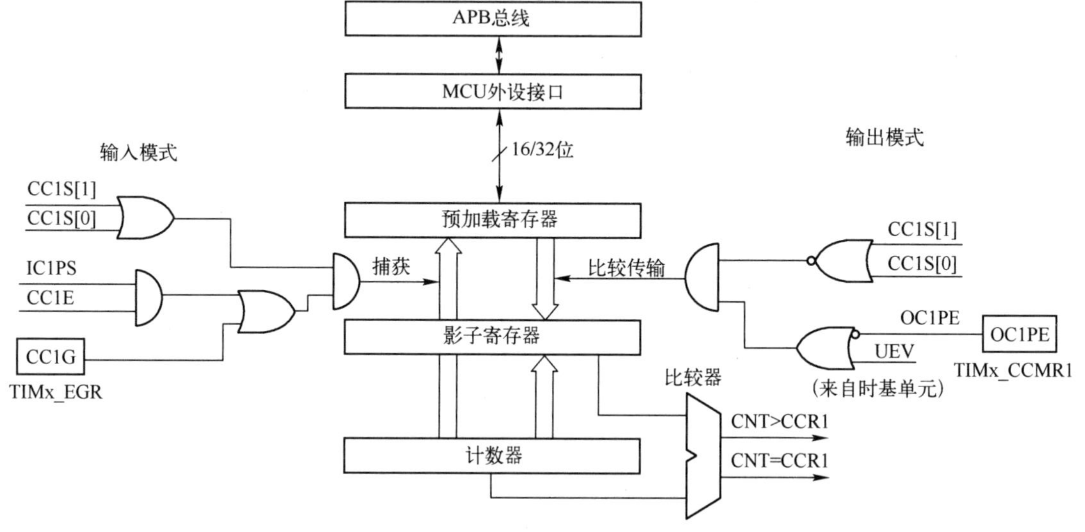

图 8.19　捕获/比较通道 1 的主电路

在捕获模式下，捕获实际上是在影子寄存器中完成的，然后将其复制到预加载寄存器中。在比较模式下，预加载寄存器的内容被复制到影子寄存器中，并与计数器进行比较。

输出级生成中间波形，然后将其用作参考：OCxREF（高电平有效）。极性作用于链的末端。图 8.20 给出了通道 1～3 的捕获/比较通道输出级。图 8.21 给出了通道 4 的捕获/比较通道输出级。图 8.22 给出了通道 5、通道 6 的捕获/比较通道输出级。

7．输入捕获模式

在输入捕获模式下，捕获/比较寄存器（TIM1_CCRx）用于在相应的 ICx 信号检测到跳变之后锁存寄存器的值。当发生一个捕获时，设置相应的 CCxIF 标志（TIM1_SR 寄存器），并且可以发送中断或 DMA 请求（如果使能）。如果发生捕获，同时 CCxIF 标志已经为高电平，就可以设置已经捕获标志 CCxOF（TIM1_SR 寄存器）。CCxIF 可以通过软件清除的方法给该标志写 0，或者读取保存在 TIM1_CCRx 寄存器中的捕获数据。当给 CCxOF 写 0 时，清除该位。

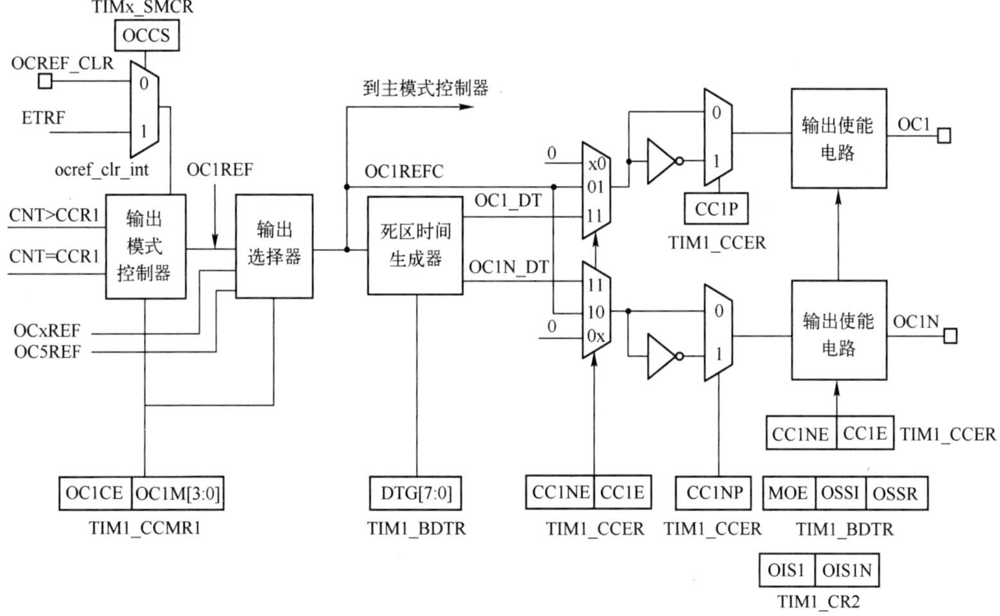

图 8.20　通道 1～3 的捕获/比较通道输出级

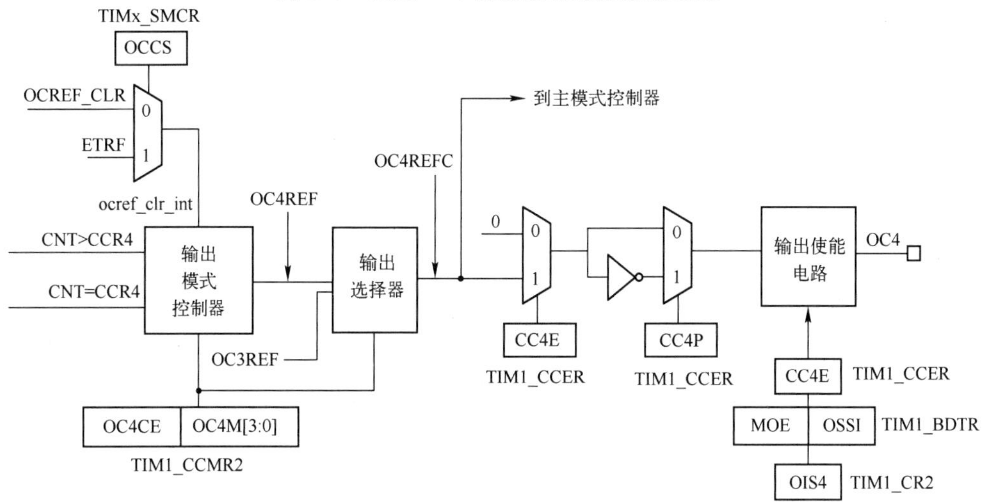

图 8.21　通道 4 的捕获/比较通道输出级

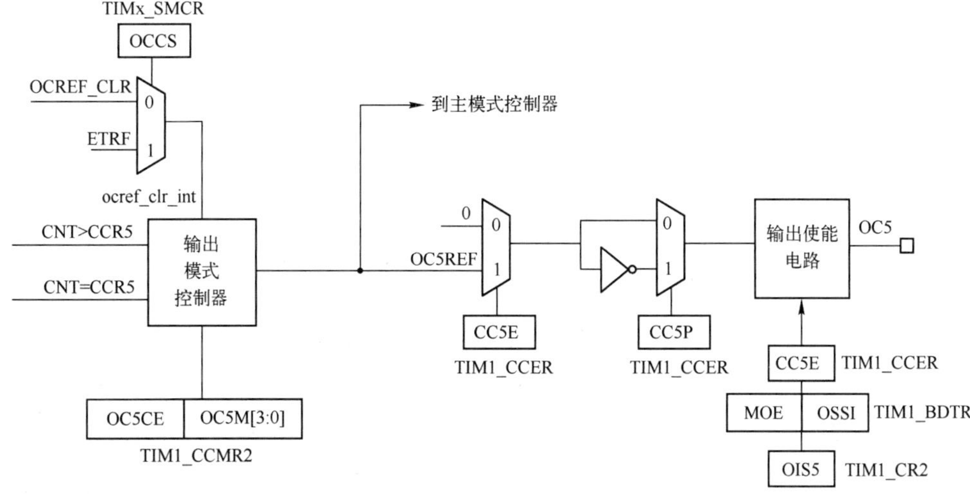

图 8.22　通道 5、通道 6 的捕获/比较通道输出级

下面的例子给出在 TI1 输入上升时如何在 TIM1_CCR1 寄存器中捕获计数器的值，步骤如下。

（1）通过 TIM1_TISEL 寄存器中的 TI1SEL[3:0]字段选择正确的 TI1x 源（内部或外部）。

（2）选择活动的输入：TIM1_CCR1 寄存器必须连接到 TI1 输入，这样将 TIM1_CCMR1 寄存器中的 CC1S 字段写成 01。一旦 CC1S 字段不是 00，通道就配置为输入，且 TIM1_CCR1 寄存器变成只读。

（3）根据与定时器连接的信号（当输入是 TIx 的其中之一，TIM1_CCMRx 寄存器的 ICxF 位时），编程合适的输入滤波器长度。假设在切换时，在必需的 5 个内部时钟周期内，输入信号是不稳定的，则编程滤波器的长度必须大于这 5 个时钟周期。当检测到连续 8 个具有新电平的采样（以 f_{DTS} 频率采样）时，可以确认 TI1 的跳变，然后在 TIM1_CCMR1 寄存器中将 0011 写入 ICIF 字段。

（4）通过将 TIM1_CCER 寄存器中的 CCIP 和 CCINP 位写入 0，选择 TI1 通道上活动的跳变沿（在这种情况下为上升沿）。

（5）编程预分频器。在本例中，希望在每个有效的跳变中执行捕获，因此禁止了分频器（将 TIM1_CCMR1 寄存器的 IC1PSC 字段写成 00）。

（6）通过在 TIM1_CCER 寄存器内设置 CC1E 位，使能从计数器到捕获寄存器的捕获。

（7）如果需要，则通过在 TIM1_DIER 寄存器中设置 CC1IE 来使能相关中断请求，和/或在 TIM1_DIER 寄存器中设置 CC1DE 位来使能 DMA 请求。

发生输入捕获时：

（1）TIM1_CCR1 寄存器在活动的跳变时获取计数器的值；

（2）设置 CC1IF 标志（中断标志），如果至少发生两次连续捕获而没有清除标志，则设置 CC1OF 标志；

（3）根据 CC1IE 位产生中断；

（4）根据 CC1DE 位产生 DMA 请求。

为了处理已经出现的捕获，建议在已经出现捕获标志之前读取数据。这是为了避免丢失可能在读取标志之后和数据之前发生已经出现的捕获。

注：通过软件设置 TIM1_EGR 寄存器中相应的 CCxG 位来产生 IC 中断和/或 DMA 请求。

8. PWM 输入模式

该模式是输入捕获模式的特殊情况，其步骤基本相同，除了以下情况。

（1）两个 ICx 信号映射到同一个 TIx 输入上。

（2）两个 ICx 信号在极性相反的边沿上有效。

（3）选择两个 TIxFP 信号之一作为触发输入，并且在复位下配置从模式控制器。

如图 8.23 所示，可以通过下面的步骤（取决于 CK_INT 频率和预分频值）来测量 TI1 上施加的 PWM 的周期（在 TIM1_CCR1 寄存器）和占空比（在 TIM1_CCR2 寄存器）。

（1）通过 TIM1_TISEL 寄存器中的 TI1SEL[3:0]字段选择正确的 TI1x 源（内部或外部）。

（2）选择 TIM1_CCR1 寄存器的有效输入：在 TIM1_CCMR1 寄存器中将 CC1S 字段设置为 01（选择 TI1）。

（3）选择 TI1FP1 的活动极性（用于在 TIM1_CCR1 寄存器中捕获并清除计数器）：将 CC1P 和 CC1NP 位写成 0（上升沿有效）。

（4）选择 TIM1_CCR2 寄存器的有效输入：在 TIM1_CCMR1 寄存器中将 CC2S 字段设置为 10（选择 TI1）。

（5）选择 TI1FP2 的活动极性（用于 TIMx_CCR2 寄存器中的捕获）：将 CC2P 和 CC2NP 位写

入 CC2P/CC2NP=10（在下降沿有效）。

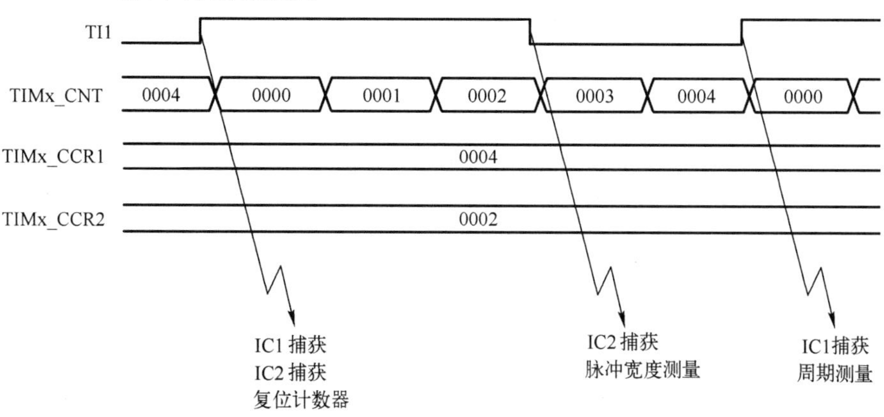

图 8.23　PWM 输入模式时序

（6）选择有效的触发输入：将 TIM1_SMCR 寄存器中的 TS 字段设置为 00101（选择 TI1FP1）。

（7）在复位模式下配置从模式控制器：将 TIM1_SMCR 寄存器中的 SMS 字段设置为 0100。

（8）使能捕获：将 TIM1_CCER 寄存器中的 CC1E 和 CC2E 位设置为 1。

9．强制输出模式

在输出模式下（TIM1_CCMRx 寄存器中的 CCxS 字段设置为 00），软件可以直接将每个输出比较信号（OCxREF 然后是 OCx/OCxN）强制为有效或无效电平，而与输出比较寄存器和计数器之间的任何比较无关。

为了将输出比较信号（OCxREF/OCx）强制为它的有效电平，用户只需要在相应的 TIM1_CCMIRx 寄存器的 OCxM 字段写入 0101 即可。因此，OCxREF 强制为高电平（OCxREF 总为有效高电平），并且 OCx 获得与 CCxP 极性相反的值。

例如，CCxP=0（OCx 高电平有效），使得 OCx 强制为高电平。

通过将 TIM1_CCMRx 寄存器中的 OCxM 字段设置为 0100，可以将 0CxREF 信号强制为低电平。

无论如何，TIM1_CCRx 寄存器和计数器之间仍然会执行比较，并允许设置标志，可以相应地发送中断和 DMA 请求。

10．输出比较模式

该模式用于控制一个输出波形或者指示所经历的时间。通道 1～4 可以输出，而通道 5 和通道 6 仅在器件内可用（如用于混合波形生成或用于模数转换器触发）。

当在捕获/比较寄存器和计数器之间找到匹配项时，输出比较器功能。

（1）将相应的输出引脚分配给由输出比较模式（TIM1_CCMRx 寄存器中的 OCxM 字段）和输出极性（TIM1_CCER 寄存器中的 CCxP 位）定义的可编程值。输出引脚可以保持其电平（OCxM=0000），可以设置为有效（OCxM=0001），可以设置为无效（OCxM=0010）或在匹配时切换（OCxM=0011）。

（2）在中断状态寄存器中设置一个标志（TIM1_SR 寄存器中的 CCxIF 位）。

（3）如果设置了相应的中断屏蔽（TIM1_DIER 寄存器中的 CCxIE 位），则产生一个中断。

（4）如果设置了相应的使能位（TIM1_DIER 寄存器中的 CCxDE 位用于使能 DMA 请求，TIM1_CR2 寄存器中的 CCDS 位用于选择 DMA 请求），则发送一个 DMA 请求。

无论是否带有预加载寄存器，都可以使用 TIM1_CCMRx 寄存器中的 OCxPE 位对 TIM1_CCRx

寄存器进行编程。

在输出比较模式中，更新事件（UEV）对 OCxREF 和 OCx 输出没有影响。

定时分辨率是计数器的一个计数。输出比较模式也可以用于输出单个脉冲（在一个脉冲模式下），步骤如下。

（1）选择计数器时钟（内部、外部或预分频器）。

（2）在 TIM1_ARR 和 TIM1_CCRx 寄存器中写入期望的数据。

（3）如果要产生中断请求，则设置 CCxIE 位。

（4）选择输出模式。比如：

① 当 CNT 与 CCRx 匹配时，写入 OCxM=0011 以切换 OCx 输出引脚；

② 写 OCxPE=0 以禁止预加载寄存器；

③ 写 CCxP=0 以选择有效的高极性；

④ 写 CCxE=1 以禁止输出。

（5）设置 TIM1_CR1 寄存器中的 CEN 位来使能计数器。

如果未使能预加载寄存器（OCxPE=0，否则 TIMx_CCRx 寄存器仅在下一个更新事件时更新），则可以通过软件在任何时候更新 TIM1_CCRx 寄存器，以控制输出波形，如图 8.24 所示。

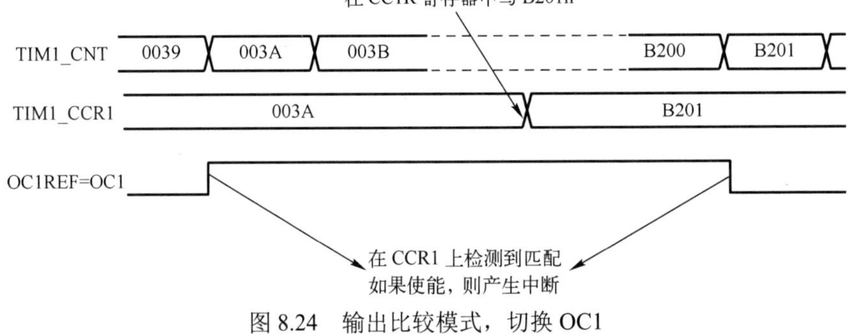

图 8.24　输出比较模式，切换 OC1

11. PWM 模式

脉冲宽度调制（Pulse Width Modulation，PWM）允许以 TIM1_ARR 寄存器的值确定的频率和 TIM1_CCRx 寄存器的值确定的占空比生成信号。

通过在 TIM1_CCMRx 寄存器的 OCxM 字段中写入 0110（PWM 模式 1）或 0111（PWM 模式 2），来在每个通道上独立选择 PWM 模式（每个 OCx 输出一个 PWM）。通过设置 TIM1_CCMRx 寄存器中的 OCxPE 位来使能相应的预加载寄存器，最后通过设置 TIM1_CR1 寄存器中的 ARPE 位来自动重加载预加载寄存器（在递增计数或中心对齐模式下）。

由于仅在发生更新事件时才将预加载寄存器传输到影子寄存器，因此在启动计数器之前，必须通过设置 TIM1_EGR 寄存器中的 UG 位来初始化所有寄存器。

OCx 极性可通过 TIM1_CCER 寄存器中的 CCxP 位进行软件编程，可以将其编程为高电平或低电平有效。通过组合 CCxE、CCxNE、MOE、OSSI 和 OSSR 位（TIM1_CCER 和 TIM1_BDTR 寄存器），使能 OCx 输出。

在 PWM 模式（1 或 2）下，始终将 TIM1_CNT 和 TIM1_CCRx 进行比较，以确定 TIM1_CCRx≤TIM1_CNT 还是 TIM1_CNT≤TIM1_CCRx（取决于计数器的方向）。

根据 TIM1_CR1 寄存器中的 CMS 位，定时器能够在边沿对齐模式或中心对齐模式下生成 PWM。

（1）边沿对齐模式。

① 递增计数配置。当 TIM1_CR1 寄存器中的 DIR 位为低电平时，递增计数有效。如图 8.25

所示，考虑 PWM 模式 1。只要 TIM1_CNT<TIM1_CCRx，参考 PWM 信号 OCxREF 就会变成高电平，否则它将变成低电平。如果 TIM1_CCRx 寄存器中的比较值大于自动重加载值（TIMx_ARR 寄存器中），则 OCxREF 保持为 1。如果比较值为 0，则 OCxREF 保持为 0。

如图 8.25 所示，给出了 TIM1_ARR=8 的一些边沿对齐的 PWM 波形。

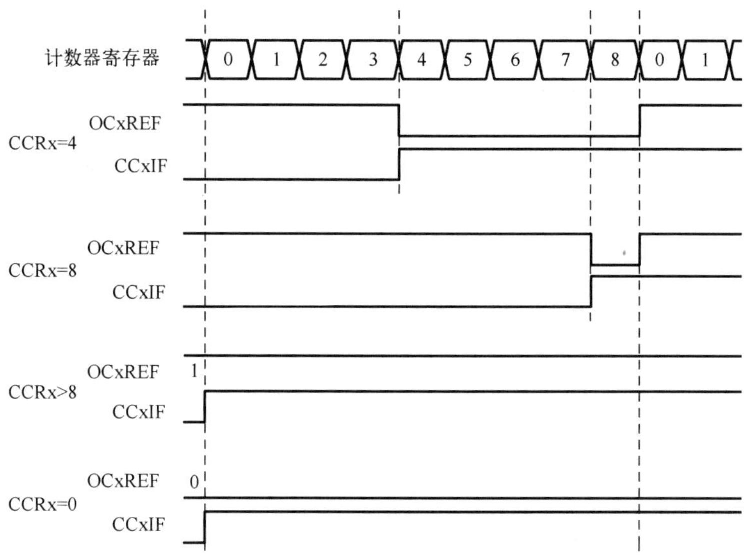

图 8.25　边沿对齐的 PWM 波形（TIM1_ARR=8）

② 递减配置。当 TIM1_CR1 寄存器中的方向位（DIR）为高电平时，递减计数有效。在 PWM 模式 1 中，只要 TIM1_CNT>TIM1_CCRx，参考信号 OCxREF 就会为低电平，否则它将变为高电平。如果 TIM1_CCRx 寄存器中的比较值大于 TIM1_ARR 寄存器中的自动重加载值，则 OCxREF 保持为 1。在该模式下，无法使用 PWM。

（2）中心对齐模式。

当 TIM1_CR1 寄存器中的 CMS 字段不同于 00（所有剩余配置对 OCxREF/OCx 信号具有相同的影响）时，中心对齐模式有效。

当计数器递增计数、计数器递减计数或计数器递增计数和递减计数时都将设置比较标志，具体取决于 CMS 字段的配置。TIM1_CR1 寄存器中的方向位（DIR）由硬件更新，并且不能由软件更改。

图 8.26 给出了中心对齐的 PWM 波形。

（1）TIM1_ARR=8；

（2）PWM 模式是 PWM 模式 1；

（3）当计数器递减计数时，对应于 TIM1_CR1 寄存器中 CMS=01 选择中心对齐模式 1。

使用中心对齐模式的提示如下。

（1）在中心对齐模式下启动时，将使用当前的上/下配置。这意味着计数器根据在 TIM1_CR1 寄存器的 DIR 位中写入的值递增/递减计数。此外，软件不能同时修改 DIR 和 CMS 字段。

（2）不建议在中心对齐模式下运行时写入计数器，因为这会导致意外的结果。特别是：

① 如果值大于写入到计数器的重加载值（TIM1_CNT>TIM1_ARR），则不会更新方向，例如，计数器正在递增计数，它将继续递增计数；

② 如果将 0 或者 TIM1_ARR 寄存器的值写入计数器，但没有生成更新事件，则更新方向。

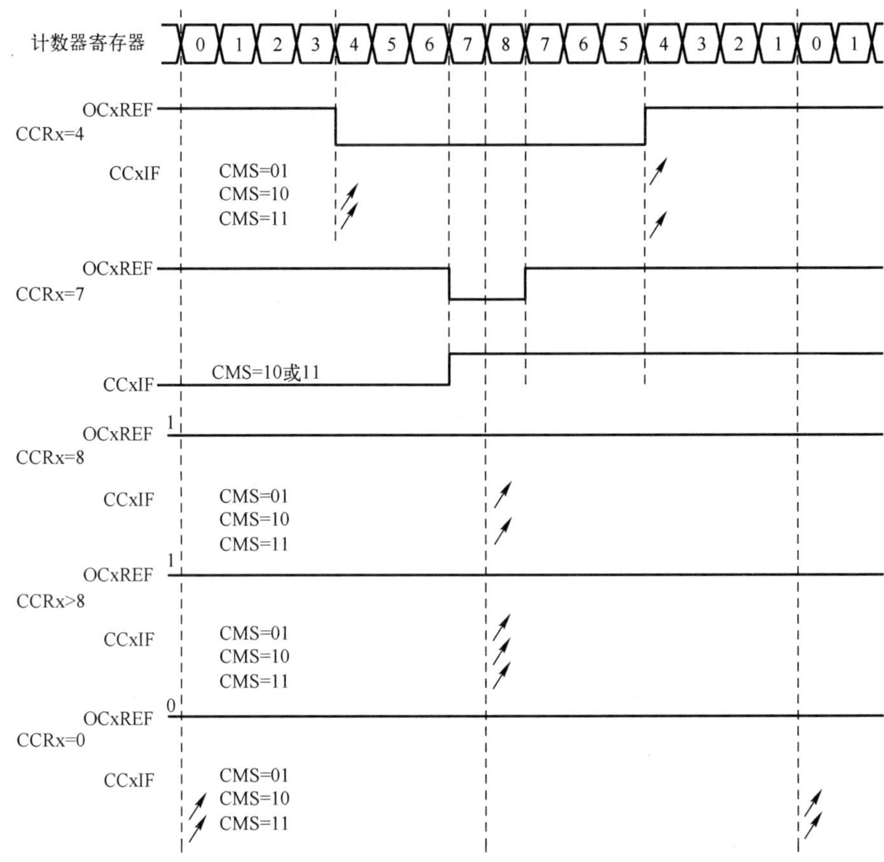

图 8.26　中心对齐的 PWM 波形（TIM1_ARR=8）

（3）使用中心对齐模式最安全的方法是在启动计数器之前通过软件生成更新（设置 TIM1_EGR 寄存器中的 UG 位），而不是在运行时写入计数器。

12．非对称 PWM 模式

非对称 PWM 模式允许使用可编程的相移生成两个中心对齐的 PWM 信号。频率由 TIM1_ARR 寄存器的值确定，而占空比和相移由一对 TIM1_CCRx 寄存器确定。第一个寄存器在向上计数期间控制 PWM，第二个寄存器在向下计数期间控制 PWM，因此每半个 PWM 周期调整一次 PWM：

（1）TIM1_CCR1 和 TIM1_CCR2 寄存器控制 OC1REFC（或 OC2REFC）；

（2）TIM1_CCR3 和 TIM1_CCR4 寄存器控制 OC3REFC（或 OC4REFC）。

通过在 TIM1_CCMRx 寄存器的 OCxM 字段写入“1110”（非对称 PWM 模式 1）或“1111”（非对称 PWM 模式 2），可以在两个通道上独立选择非对称 PWM 模式（每对 CCR 寄存器一个 OCx 输出）。

注：出于兼容性原因，OCxM[3:0]字段分为两部分，最高有效位与 3 个最低有效位不连续。

当给定通道用作非对称 PWM 通道时，也可以使用其互补通道。例如，如果在通道 1 上生成 OC1REFC 信号（非对称 PWM 模式 1），则可以在通道 2 输出 OC2REF 信号，也可以输出由非对称 PWM 模式 1 产生的 OC2REFC 信号。

如图 8.27 所示，可以使用非对称 PWM 模式生成的信号（通道 1～4 在非对称 PWM 模式 1 中配置）。与死区时间发生器一起使用，可以控制全桥相移 DC-DC 转换器。

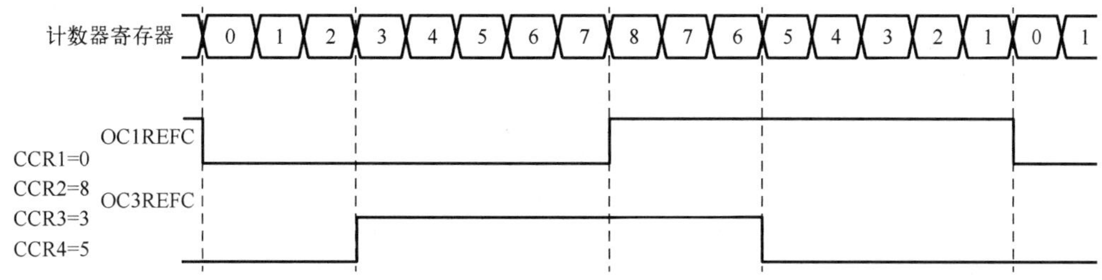

图 8.27　生成两个占空比为 50%的相移 PWM 信号

13．组合 PWM 模式

组合 PWM 模式允许生成两个边沿或中心对齐的 PWM 信号，并在各个脉冲之间具有可编程延迟和相移。频率由 TIM1_ARR 寄存器的值确定，占空比和延迟由两个 TIM1_CCRx 寄存器确定。产生的信号，OCxREFC 由两个参考 PWM 信号的逻辑“或”关系或者逻辑“与”关系组合生成：

（1）OC1REFC（或 OC2REFC）由 TIM1_CCR1 和 TIM1_CCR2 寄存器控制；

（2）OC3REFC（或 OC4REFC）由 TIM1_CCR3 和 TIM1_CCR4 寄存器控制。

通过在 TIM1_CCMRx 寄存器的 OCxM 字段写入 1100(组合 PWM 模式 1)或 1101(组合 PWM 模式 2)，可以在两个通道上独立选择组合 PWM 模式（每对 CCR 寄存器一个 OCx 输出）。将给定通道用作组合 PWM 模式时，必须将其互补通道配置为相反的 PWM 模式。例如，一个是组合 PWM 模式 1，另一个是组合 PWM 模式 2。

注：出于兼容性原因，OCxM[3:0]字段分为两部分，最高有效位与 3 个最低有效位不连续。

图 8.28 给出了可以使用非对称 PWM 模式生成信号的例子，该信号通过以下配置获得：

（1）通道 1 配置为组合 PWM 模式 2；

（2）通道 2 配置为 PWM 模式 1；

（3）通道 3 配置为组合 PWM 模式 2；

（4）通道 4 配置为 PWM 模式 1。

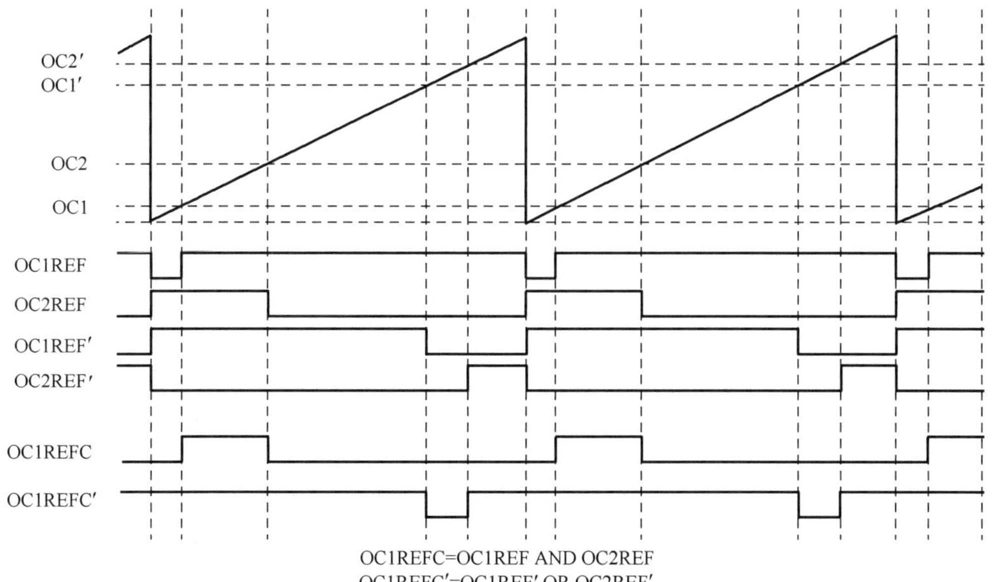

图 8.28　通道 1 和通道 3 上的组合 PWM 模式

14．组合三相 PWM 模式

组合三相 PWM 模式允许通过单个可编程信号在脉冲中间进行“与”运算来生成一个到三个中心对齐的PWM信号。OC5REF信号用于定义最终的组合信号。TIM1_CCR5寄存器中的GC5C[3:1]字段允许选择组合的参考信号。最终的信号 OCxREFC 由两个参考 PWM 的逻辑“与”组合构成：

（1）如果设置 GC5C1，则 OC1REFC 由 TIM1_CCR1 和 TIM1_CCR5 寄存器控制；

（2）如果设置 GC5C2，则 OC2REFC 由 TIM1_CCR2 和 TIM1_CCR5 寄存器控制；

（3）如果设置 GC5C3，则 OC3REFC 由 TIM1_CCR3 和 TIM1_CCR5 寄存器控制。

通过设置三位 GC5C[3:1]中的至少一位，可以在通道 1～3 上独立选择组合三相 PWM 模式。图 8.29 给出了每个周期具有多个触发脉冲的组合三相 PWM 信号。

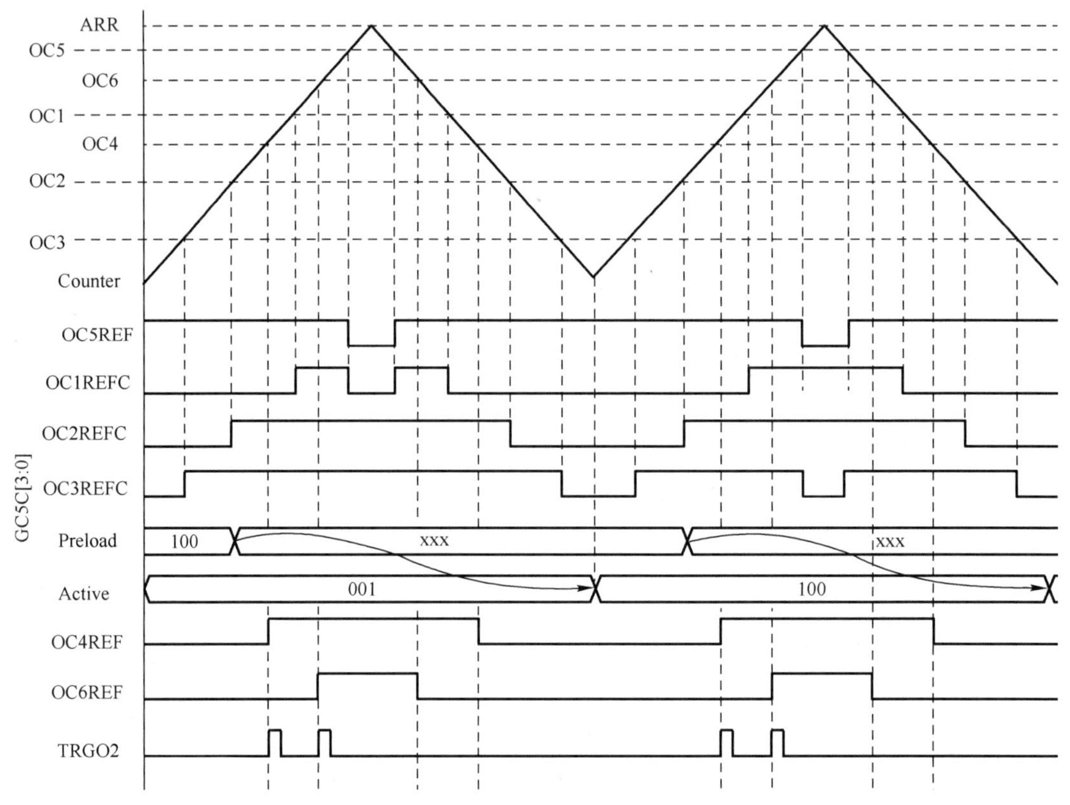

图 8.29　每个周期具有多个触发脉冲的组合三相 PWM 信号

15．互补输出和死区时间插入

TIM1 可以输出两个互补信号，并管理输出的关闭和打开时间。该时间通常称为死区时间，用户必须根据连接到输出的设备及其特性（电平转换器的固有延迟、电源开关引起的延迟等）进行调整。

TIM1 可以为每个输出独立选择输出的极性（主输出 OCx 或互补 OCxN）。这是通过写入 TIMx_CCER 寄存器中的 CCxP 和 CCxNP 位来完成的。

互补信号 OCx 和 OCxN 由多个控制位组合激活，这些位包括：TIM1_CCER 寄存器中的 CCxE 和 CCxNE 位以及 TIM1_BDTR 和 TIM1_CR2 寄存器中的 MOE、OISx、OISxN、OSSI 和 OSSR 位。

当切换到空闲状态（MOE 位下降到 0）时，激活死区时间。

通过设置 CCxE 和 CCxNE 位，以及 MOE 位（如果存在中断电路），可以使能死区插入。每个通道都有一个 10 位的死区时间发生器。从参考波形 OCxREF，它生成两个输出 OCx 和 OCxN。如果 OCx 和 OCxN 都是高电平有效：

（1）OCx 输出信号与参考信号相同，但上升沿相对于参考上升沿有所延迟；

（2）OCxN 输出信号与参考信号相反，但上升沿相对于参考下降沿有所延迟。

如果延迟大于有效输出（OCx 或者 OCxN）的宽度，则不会生成相应的脉冲。

图 8.30～图 8.32 给出了死区时间生成器输出信号和参考信号 OCxREF 之间的关系。在该例子中，假设 CCxP=0，CCxNP=0，MOE=1，CCxE=1 和 CCxNE=1。

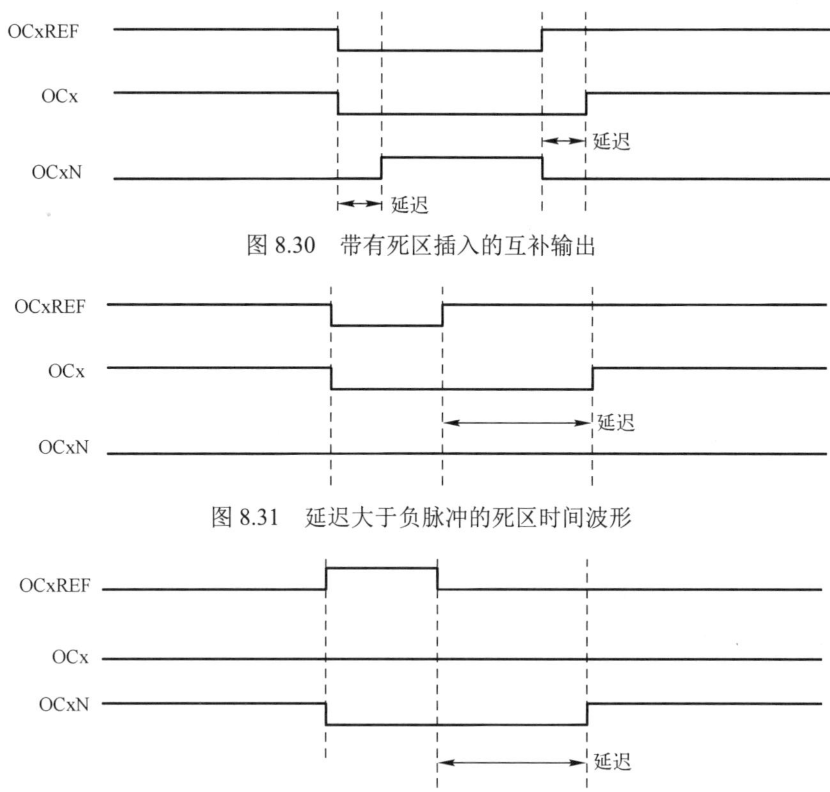

图 8.30　带有死区插入的互补输出

图 8.31　延迟大于负脉冲的死区时间波形

图 8.32　延迟大于正脉冲的死区时间波形

每个通道的死区延迟都相同，并且可以使用 TIM1_BDTR 寄存器中的 DTG 位进行编程。

在输出模式（强制、输出比较或 PWM）下，通过配置 TIM1_CCER 寄存器中的 CCxE 和 CCxNE 位将 OCxREF 重定向到 OCx 输出或 OCxN 输出。

这样，就可以在一个输出上发送特定的波形（如 PWM 或静态有效电平），而互补波形保持在它的无效电平上。其他替代的可能性必须使两个输出均处于非活动状态，或者使两个输出均处于活动状态并与死区时间互补。

> **注：** 仅使能 OCxN 时（CCxE=0，CCxNE=1），它将不是互补的，并且只要 OCxREF 为高电平，就会变成活动状态。例如，如果 CCxNP=0，则 OCxN=OCxREF。另外，当同时使能 OCx 和 0CxN（CCxE=CCxNE=1）时，OCx 在 OCxREF 为高电平时变为有效，而 OCxN 是互补的，当 OCxREF 为低电平时变为有效。

16．使用中断功能

使用中断（打断）功能的目的是保护由 TIM1 定时器生成的 PWM 信号驱动的电源开关。两个中断输入通常连接到功率级和三相逆变器的故障输出。当激活后，中断电路将关闭 PWM 输出，并强制它们进入预定义的安全状态，也可以选择许多内部的 MCU 事件来触发输出关闭。

中断设有两个通道：一个中断通道可收集系统级故障（时钟故障、奇偶校验错误等）和应用故障（来自输入引脚和内建比较器），并可以在死区时间后，将输出强制为预定义的电平（活动或不活动）；另一个中断通道仅包含应用故障，并且能将输出强制为一个非活动的状态。

在中断期间，输出使能信号和输出电平取决于下面的控制位。

（1）TIM1_BDTR 寄存器中的 MOE 位允许通过软件使能/禁止输出，并在中断（BRK）/中断 2（BRK2）事件时将其复位。

（2）TIM1_BDTR 寄存器中的 OSSI 位定义了定时器是在非活动状态下控制输出，还是将控制释放给 GPIO 控制器（通常使其处于高阻模式）。

（3）TIM1_CR2 寄存器中的 OISx 和 OISxN 位设置了输出的关闭电平（有效或无效）。无论 OISx 和 OISxN 的值如何，在给定的时间内不能将 OCx 和 OCxN 输出都设置为活动电平。

当从复位退出时，禁止中断电路，MOE 位为低电平。通过在 TIMx_BDTR 寄存器中设置 BKE 和 BK2E 位来使能中断功能。通过在同一寄存器中配置 BKP 和 BK2P 位来选择中断输入极性，可以同时修改 BKE/BK2E 和 BKP/BK2P。当写入 BKE/BK2E 和 BKP/BK2P 时，在写入有效之前，会施加一个 APB 时钟周期的延迟。因此，必须等待一个 APB 时钟周期才能在写操作后正确读回该位。

由于 MOE 下降沿可以是异步的，因此在实际的信号（作用于输出）和同步控制位（访问 TIM1_BDTR 寄存器）之间插入了重新同步电路。这会导致异步信号和同步信号之间的某些延迟。特别是，如果 MOE 设置为 1 而它为低电平，则必须先插入一个延迟（虚拟指令），然后才能正确读取它。这是因为写操作作用于异步信号，而读操作反映了同步信号。

使用 TIM1_OR2 和 TIM1_OR3 寄存器可以从多个源生成中断，这些源可以单独使能并具有可编程的边沿灵敏度。

中断（BRK）通道的源如下。

（1）连接到 BKIN 引脚之一的外部源（根据 AFIO 控制器中的选择），具有极性选择和可选的数字滤波。

（2）内部源，包括：

① Cortex-M0+ LOCKUP 输出；

② PVD 输出；

③ SRAM 奇偶校验错误；

④ Flash 存储器 ECC 双错误检测；

⑤ CSS 检测器生成的时钟故障事件；

⑥ 比较器的输出，带有极性选择和可选的数字滤波。

中断 2（BRK2）通道的源如下。

（1）连接到 BKIN 引脚之一的外部源（根据 AFIO 控制器中的选择），具有极性选择和可选的数字滤波。

（2）来自比较器输出的内部源。

中断事件也可以通过软件使用 TIM1_EGR 寄存器中的 BG 和 B2G 位生成。无论 BKE 和 BK2E 使能位的值如何，使用 BG 和 B2G 的软件中断生成都是有效的。

在进入定时器 BRK 或 BRK2 输入之前，所有源都进行逻辑“或”运算，BRK 和 BRK2 电路结构如图 8.33 所示。

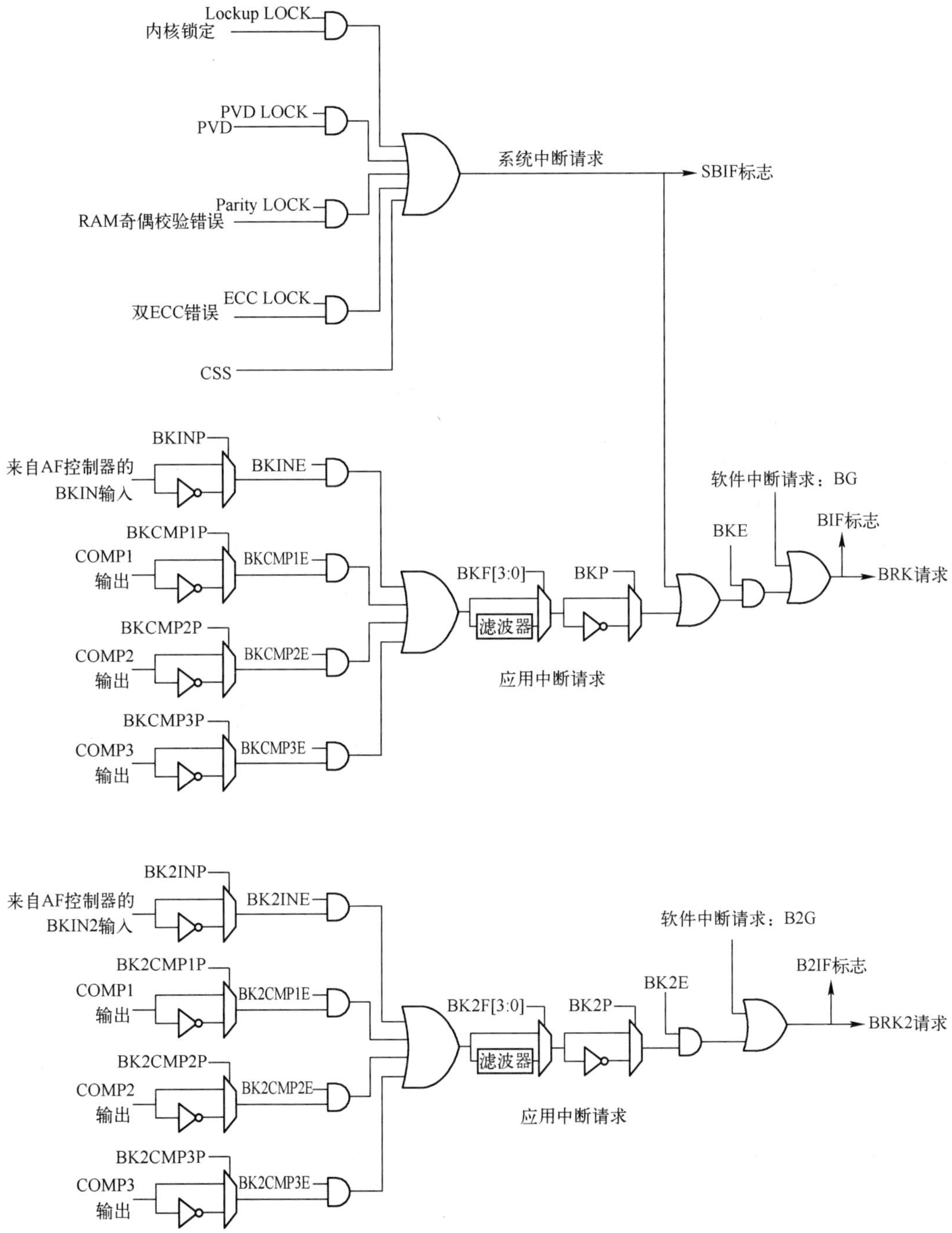

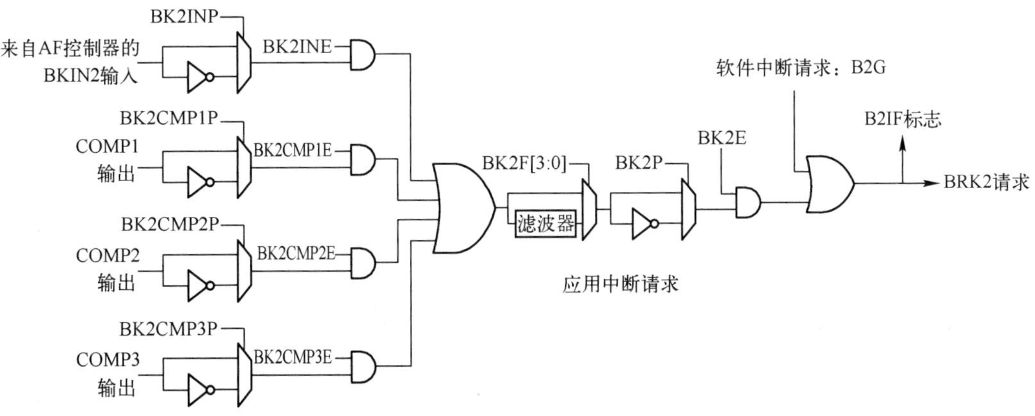

图 8.33　BRK 和 BRK2 电路结构

当其中一个中断发生时（在中断输入之一上选定的电平）：

（1）MOE 位被异步清除，使输出处于非活动状态、空闲状态，甚至将控制释放给 GPIO 控制器（由 OSSI 位选择）。即使 MCU 振荡器处于关闭状态，该功能也会使能。

（2）一旦 MOE=0，便以 TIMx_CR2 寄存器的 OISx 位中编程的电平驱动每个输出通道。如果 OSSI=0，则计数器释放输出控制（由 GPIO 控制器接管），否则使能输出保持高电平。

（3）当使用互补输出时：

① 首先将输出置于无效状态（取决于极性）。这是异步完成的，因此即使没有时钟提供给计数器，它也可以工作。

② 如果定时器时钟仍然存在，则死区实践发生器将重新激活，以便在死区实践之后以 OISx 和 OISxN 位编程的电平驱动输出。即使在这种情况下，也无法将 OCx 和 OCxN 一起驱动到它们的活动电平。注意，由于 MOE 位的重新同步，死区时间可能会比平时稍长（大约 2 个 ck_tim 时钟周期）。

③ 如果 OSSI=0，则定时器释放输出控制（由 GPIO 控制器接管，则控制器强制为 Hi-Z 状态），否则，一旦 CCxE 或 CCxNE 位变为高电平，使能输出就将保持或变为高电平。

（4）设置中断状态标志（TIM1_SR 寄存器中的 SBIF、BIF 和 B2IF 位）。如果设置 TIM1_DIER 寄存器中的 BIE 位，则将产生一个中断。

（5）如果设置 TIM1_BDTR 寄存器中的 AOE 位，则在下一个更新事件（UEV）时再次自动设置 MOE 位。例如，它可以用于执行管理。否则，MOE 位保持低电平，直至应用再次将其设置为 1。在这种情况下，它可以用于安全保护，并且中断输入可以连接到电源驱动器、温度传感器或者任何安全元件的报警端。

> **注：** 中断输入在电平上处于活动状态。因此，在中断输入处于活动状态时（既不自动也不通过软件）不能设置 MOE 位。同时，无法清除 BIF 和 B2IF 状态标志。

除了中断输入和输出管理，中断电路内部还实现了写保护，以保护应用。它允许冻结几个参数的配置（死区时间长度、OCx/OCxN 极性和禁止状态、OCxM 配置、中断使能和极性）。应用可以从 TIM1_BDTR 寄存器中的 LOCK 位选择 3 种保护级别之一。

在 MCU 复位后，只能写入一次 LOCK 位。图 8.34 给出了响应 BRK（OSSI=1）上的中断事件的各种输出行为。

两个中断输入在定时器输出上具有不同的行为。

（1）BRK 的输入可以禁止（无效状态）或者强制 PWM 输出进入预定义的安全状态。

（2）BRK2 只能禁止（无效状态）PWM 输出。

定时器输出与 BRK/BRK2 输入的行为如表 8.4 所示，BRK 的优先级高于 BRK2。

> **注：** BRK2 必须仅在 OSSR=OSSI=1 的情况下使用。

图 8.35 和图 8.36 给出了在 BRK 和 BRK2 引脚有效后的 PWM 输出状态（OSSI=1）和 BRK 引脚有效后的 PWM 输出状态（OSSI=0）。

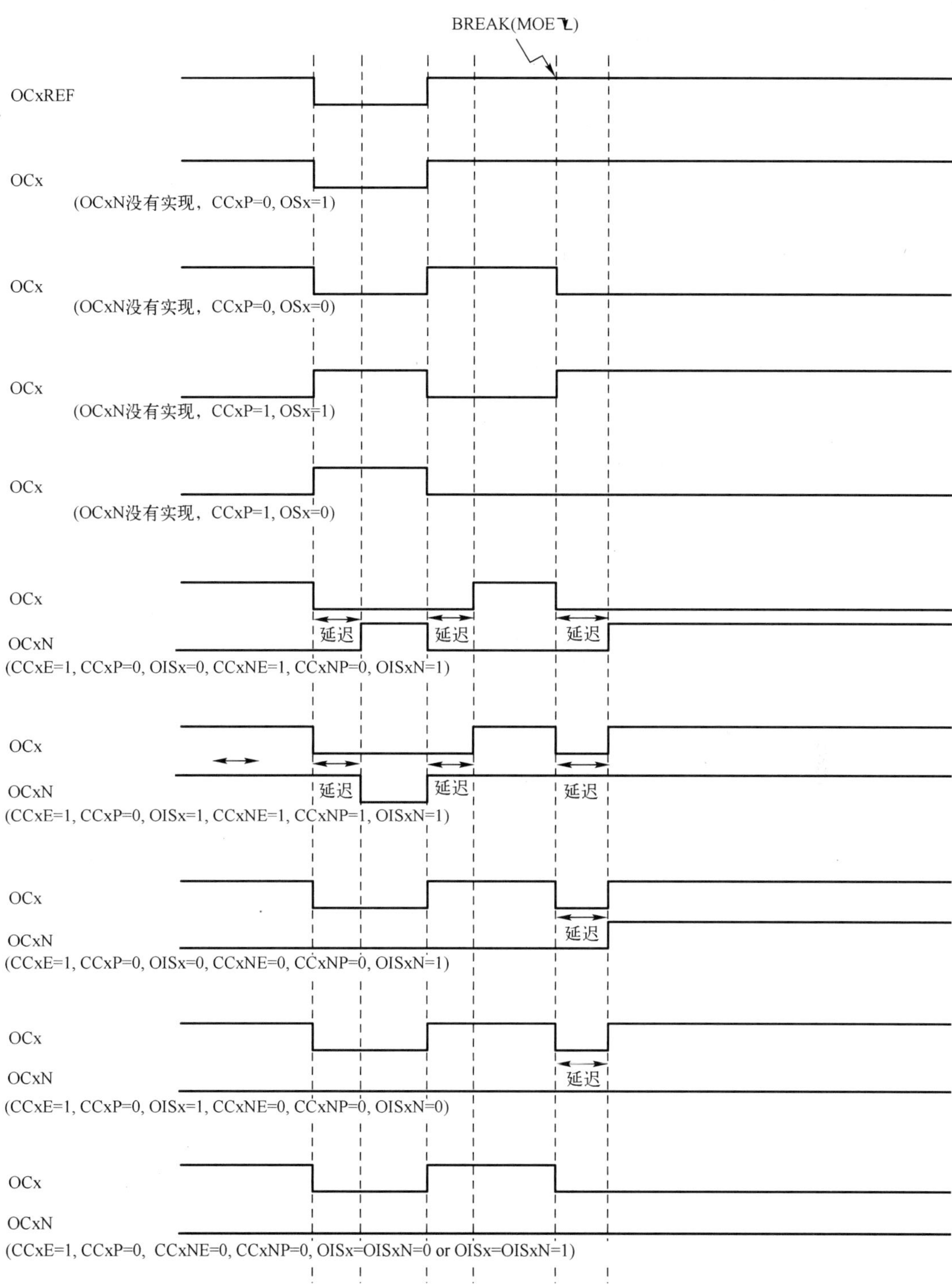

图 8.34　响应 BRK（OSSI=1）上的中断事件的各种输出行为

表 8.4　定时器输出与 BRK/BRK2 输入的行为

BRK	BRK2	定时器输出状态	典型用例	
			OCxN 输出（低侧开关）	OCx 输出（高侧开关）
活动（有效）	×	无效然后强制输出状态（死区时间之后）；如果 OSSI=0，禁止输出（GPIO 逻辑接管控制）	在插入死区时间后打开（ON）	关闭（OFF）
非活动（无效）	活动	非活动	关闭（OFF）	关闭（OFF）

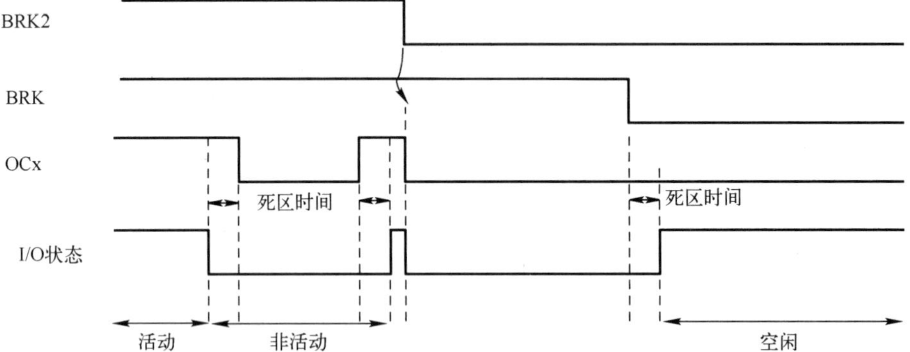

图 8.35　BRK 和 BRK2 引脚有效后的 PWM 输出状态（OSSI=1）

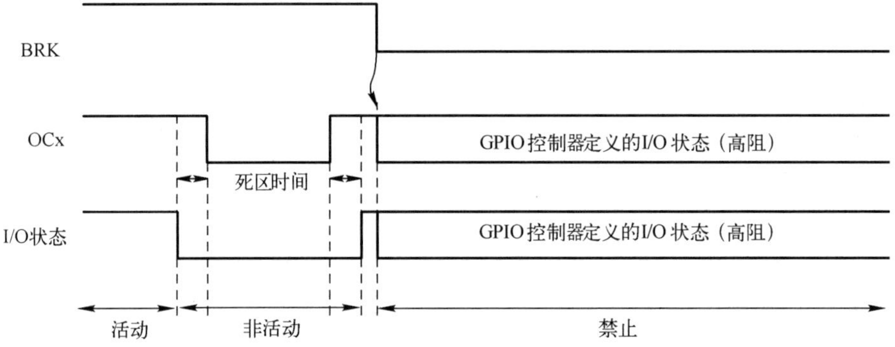

图 8.36　BRK 引脚有效后的 PWM 输出状态（OSSI=0）

17. 双向中断输入

TIM1 具有双向中断 I/O，输出重定向（未显示 BRK2 请求）如图 8.37 所示。

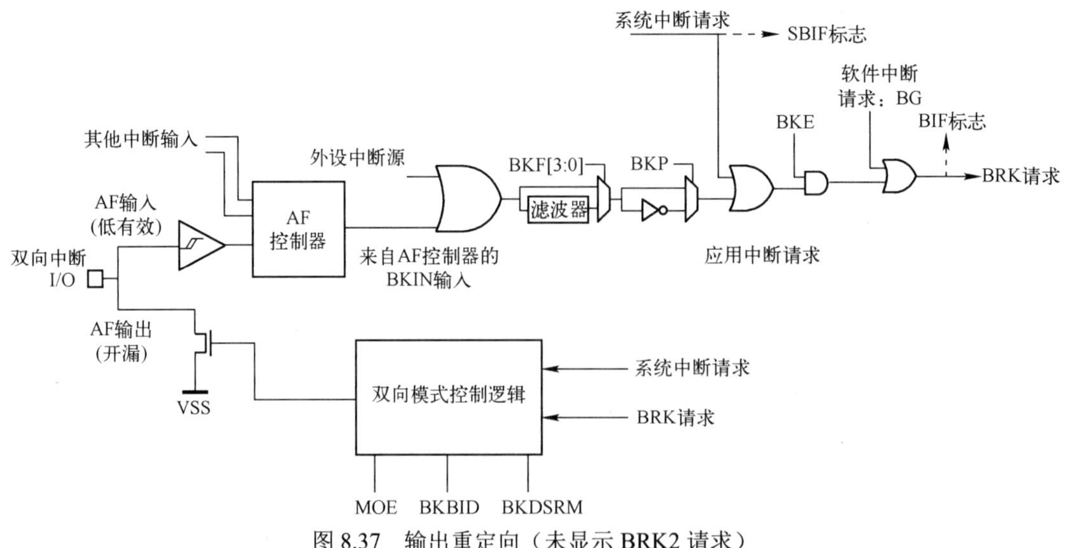

图 8.37　输出重定向（未显示 BRK2 请求）

（1）板级全局中断信号可用于向外部 MCU 或门驱动器发出故障信号，其唯一的引脚既是输入状态引脚又是输出状态引脚。

（2）当多个内部和外部中断源必须合并时，内部中断源和多个外部漏极开路比较器输出进行逻辑“或”以触发唯一的中断事件。

使用 TIM1_BDTR 寄存器中的 BKBID 和 BK2BID 位，将中断（BRK）和中断 2（BRK2）输入配置成双向模式。可以使用 TIM1_BDTR 寄存器中的 LOCK 位（处于 LOCK 级别 1 或更高）将 BKBID 编程位锁定为只读模式。

双向模式可用于中断和中断 2 输入，并要求将 I/O 配置为具有低有效极性的漏极开路模式（使用 BKINP、BKP、BK2INP 和 BK2P 位）。来自系统（如 CSS）、片上外设或中断输入的任何中断请求都会在中断输入上施加低电平，以发出故障事件信号。为了安全起见，如果没有正确设置极性位（有效的高极性），则禁止双向模式。

中断软件事件（BG 和 B2G）也导致中断 I/O 强制为 0，以向外部元件指示定时器已经进入中断状态。但是，这仅在使能中断（BK(2)E=1）的情况下才有效。当使用 BK(2)E=0 生成软件中断事件时，输出将置于安全状态并设置中断标志，但是对 BK(2) I/O 无效。

安全撤防机制可防止系统被最终锁定（中断输入上的低电平触发一个中断，从而在同一个输入上强制执行低电平）。

当 BKDSRM（BK2DSRM）位设置为 1 时，会释放中断输出以清除故障信号并提供重新布防系统的可能性。

绝对不能禁用中断保护电路。

（1）中断输入路径始终处于活动状态：即使设置了 BKDSRM（BK2DSRM）位，并且释放了漏极开路控制，中断事件也是活动的。只要存在中断条件，就可以阻止 PWM 输出重新启动。

（2）只要使能输出（设置 MOE 位），BKDSRM（BK2DSRM）位就无法撤销断点保护，中断保护解除条件如表 8.5 所示。

表 8.5　中断保护解除条件

MOE	BKBID（BK2BID）	BKDSRM（BK2DSRM）	中断保护条件
0	0	×	启用
0	1	0	启用
0	1	1	解除
1	×	×	启用

默认（外设复位配置）启用中断电路（以输入或双向模式）。在发生 BRK（BRK2）事件后，必须遵循以下过程重新启用。

（1）必须设置 BKDSRM（BK2DSRM）位以释放输出控制。

（2）软件必须等待，直到系统中断条件消失（如果有）并清除 SBIF 状态标志（或者在重新启动之前系统地清除它）。

（3）软件必须轮询 BKDSRM（BK2DSRM）位，直到硬件清除该位为止（当应用中断条件消失时）。

此时，启动并激活中断电路，并设置 MOE 位，以重新使能 PWM 输出。

18．发生外部事件时清除 OCxREF 信号

当在 ocref_clr_int 输入上施加高电平时（在对应的 TIM1_CCMRx 寄存器中设置 OCxCE 使能

位），可以清除给定通道的 OCxREF 信号。OCxREF 保持低电平，直至发生下一个更新事件。该功能只能在输出比较和 PWM 模式下使用，不能用于强制模式。通过配置 TIM1_SMCR 寄存器中的 OCCS 位，可以在 OCREF_CLR 和 ETRF（滤波器之后的 ETR）之间选择 ocref_clr_int 输入。

当选择 ETRF 时，必须按以下方式配置 ETR。

（1）外部触发器预分频器应保持关闭：TIM1_SMCR 寄存器中的 ETPS[1:0]字段设置为 00。

（2）必须禁止外部时钟模式 2：TIM1_SMCR 寄存器的 ECE 位设置为 0。

（3）根据用户需求配置外部触发器极性（ETP）和外部触发器滤波器（ETF）。

图 8.38 显示了对于使能位 OCxCE 的两个值，当 ETRF 输入变为高电平时 OCxREF 信号的行为。在该例子中，将定时器 TIM1 编程为 PWM 模式。

> **注**：如果 PWM 的占空比为 100%（CCRx>ARR），则在下一次计数器溢出时再次使能 OCxREF。

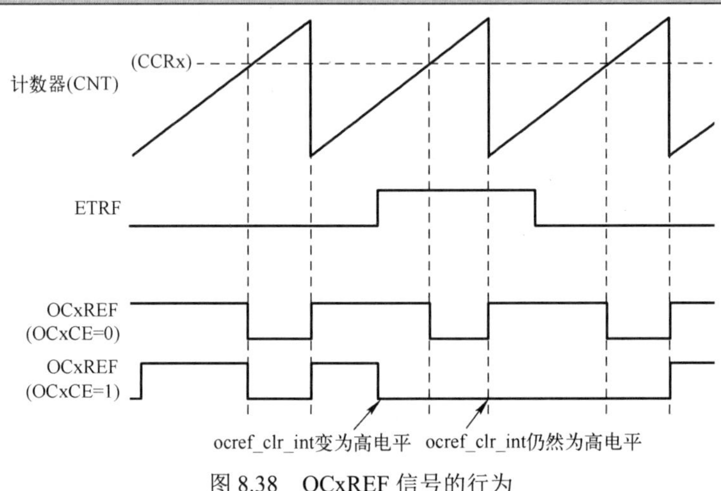

图 8.38　OCxREF 信号的行为

19．6 步 PWM 生成

当在一个通道上使用互补输出时，OCxM、CCxE 和 CCxNE 位上提供了预加载位。在 COM 通信事件期间，预加载位传输到影子位。因此，可以预先为下一步编程配置，并同时更改所有通道的配置。通过软件设置 TIM1_EGR 寄存器的 COM 位或由硬件（在 TRGI 上升沿）来生成 COM 事件。

当发生 COM 事件（TIM1_SR 寄存器中的 COMIF 位）时，会设置一个标志。该标志会产生中断（如果设置 TIM1_DIER 寄存器的 COMIE 位）或 DMA 请求（如果设置 TIM1_DIER 寄存器中的 COMDE 位）。

图 8.39 给出了在三个不同的编程配置示例中发生 COM 事件时 OCx 和 OCxN 输出的行为。

20．单脉冲模式

单脉冲模式（One-Pulse Mode，OPM）是前面模式的特例。它允许计数器响应激励而启动，并在可编程的延迟后生成具有可编程长度的脉冲。

通过从模式控制器，可以控制计数器的启动。波形的产生可以在输出比较模式或 PWM 模式下完成。通过设置 TIM1_CR1 寄存器中的 OPM 位选择单脉冲模式。这使得计数器在下一个更新事件中自动停止。

仅当比较值与计数器初始化值不同时，才能正确生成脉冲。在启动之前（当定时器等待触发时），配置必须如下。

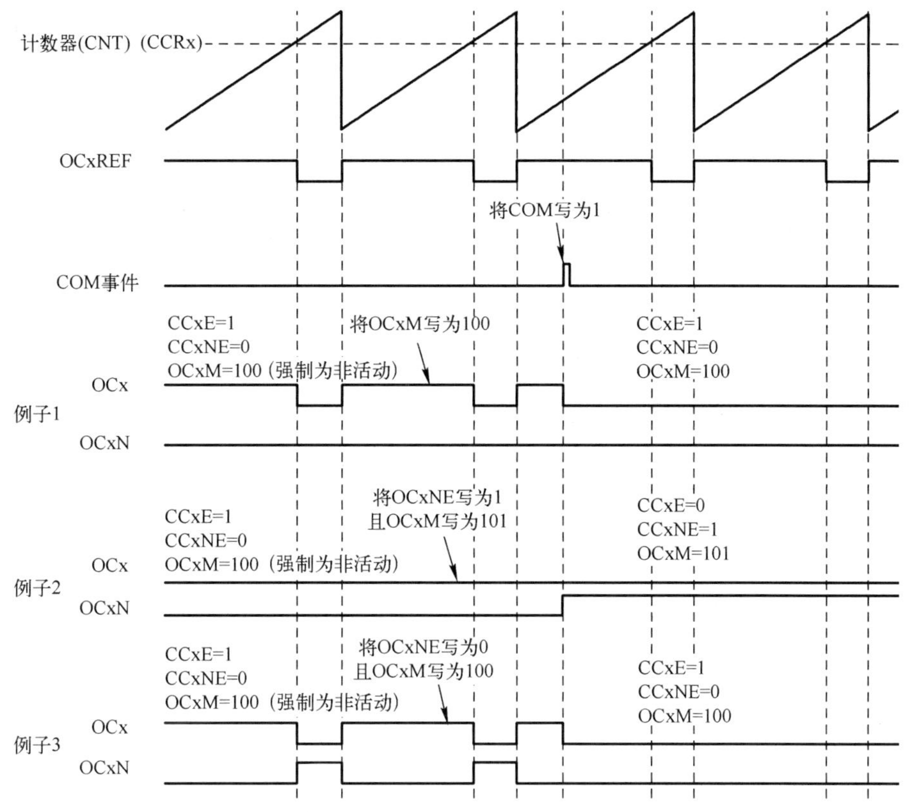

图 8.39　发生 COM 事件时 OCx 和 OCxN 输出的行为

（1）递增计数：CNT<CCRx≤ARR（尤其是 0<CCRx）。

（2）递减计数：CNT>CCRx。

单脉冲模式的例子如图 8.40 所示。

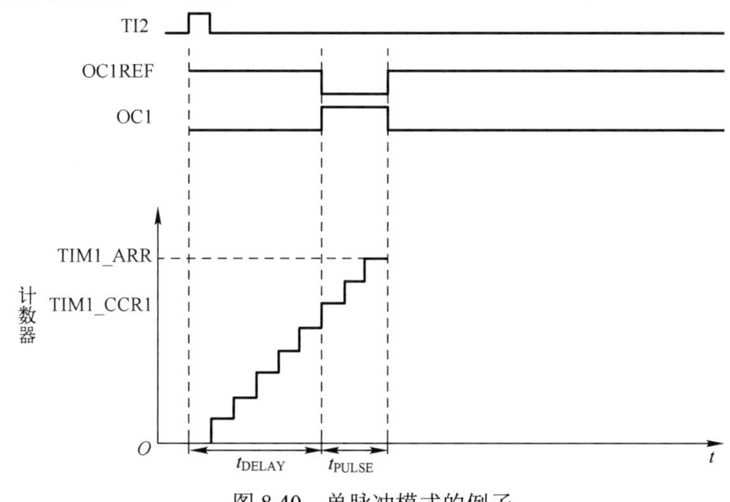

图 8.40　单脉冲模式的例子

例如，只要在 TI2 输入引脚上检测到正沿，就可能在 OC1 上产生一个长度为 t_{PULSE} 的正脉冲，并且在 t_{DELAY} 延迟后。

将 TI2FP2 用作触发器 1。

（1）通过 TIM1_TISEL 寄存器中的 TI2SEL[3:0]字段，选择正确的 TI2x 源（内部或外部）。

（2）通过设置 TIM1_CCMR1 寄存器中的 CC2S 字段为 01，将 TI2FP2 映射到 TI2。

（3）TI2FP2 必须检测一个上升沿，在 TIM1_CCER 寄存器中写 CC2P=0 和 CC2NP=0。

（4）通过将 TIM1_SMCR 寄存器中的 TS 字段设置为 00110，将 TI2FP2 配置为从模式控制器（TRGI）的触发器。

（5）通过将 TIM1_SMCR 寄存器中的 SMS 字段设置为 110（触发模式），TI2FP2 用于启动计数器。

通过写比较寄存器定义 OPM 波形（考虑了时钟频率和计数器预分频器）。

（1）由写入 TIM1_CCR1 寄存器的值定义 t_{DELAY}。

（2）由自动重加载值和比较值的差值（TIM1_ARR−TIM1_CCR1）定义 t_{PULSE}。

（3）假设要建立一个波形，当发生比较匹配时从 0 跳变到 1，当计数器到达自动重加载值时从 1 跳变到 0。为此，必须通过在 TIM1_CCMR1 寄存器中设置 OC1M 为 111 来使能 PWM 模式 2。可以通过在 TIM1_CCMR1 寄存器中写入 OC1PE=1，在 TIM1_CR1 寄存器中写入 ARPE，使能预加载寄存器（可选）。在这种情况下，必须将比较值写入 TIM1_CCR1 寄存器，将自动重加载值写入 TIM1_ARR 寄存器，通过设置 UG 位产生更新，并且等待 TI2 上的外部触发事件。在本例子中，给 CC1P 写入 0。

在本例子中，TIM1_CR1 寄存器中的 DIR 和 CMS 位应该为低电平。由于仅需要 1 个脉冲（单模式），必须在 TIM1_CR1 寄存器中的 OPM 位中写入 1，用于在下一个更新事件（计数器从自动重加载值返回到 0）时停止计数器。当 TIM1_CR1 寄存器中的 OPM 位设置为 0 时，将选择重复模式。

特殊情况：OCx 快速使能。

在单脉冲模式下，TIx 输入的边沿检测将设置 CEN 位，该位用于使能计数器。然后，通过计数值和比较值之间的比较结果使得输出切换。但是，这些操作需要几个时钟周期，并且它限制了我们可以获得的最小延迟 t_{DELAY}。

如果要以最小延迟输出波形，则可以在 TIM1_CCMRx 寄存器中设置 OCxFE 位，然后强制 OCxREF（和 OCx）响应激励，而不考虑比较。它的新电平与发生比较匹配时的情况相同。仅当通道配置为 PWM 模式 1 或 PWM 模式 2 时，OCxFE 才起作用。

21．可重复触发单脉冲模式

可重复触发单脉冲模式如图 8.41 所示，该模式允许计数器响应激励而启动并生成具有可编程长度的脉冲，但与前面所述的不可重触发的单脉冲模式具有以下区别。

（1）触发发生后立即开始脉冲（没有可编程的延迟）。

（2）如果在上一个触发完成之前发生了新的触发，则脉冲会延长。

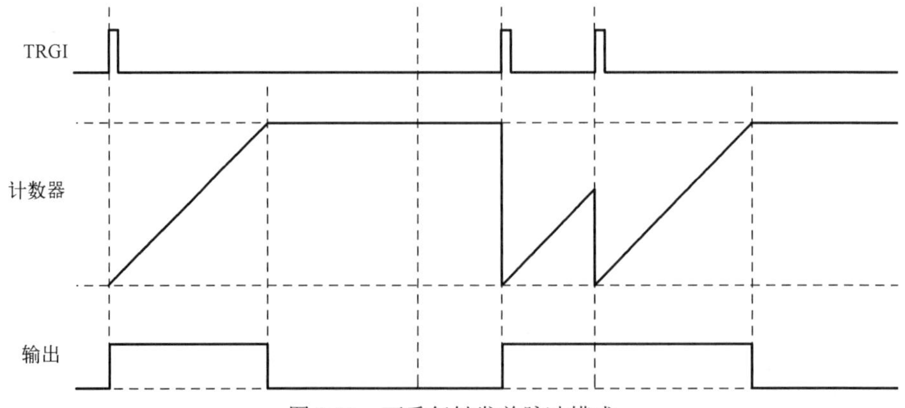

图 8.41　可重复触发单脉冲模式

定时器必须处于从模式，TIM1_SMCR 寄存器中的 SMS[3:0]字段设置为 1000（组合复位+触发模式），并且 OCxM[3:0]字段设置为 1000 或 1001 表示可重复触发单脉冲模式 1 或可重复触发单脉冲模式 2。

如果定时器配置为递增计数模式，则相应的 CCRx 必须设置为 0（TIM1_ARR 寄存器设置脉冲长度）。如果定时器配置为递减计数模式，则 CCRx 必须大于或等于 ARR。

注： 出于兼容性的原因，OCxM[3:0]和 SMS[3:0]字段分为两部分，最高有效位与 3 个最低有效位不连续。该模式不能与中心对齐的 PWM 模式一起使用。在 TIM1_CR1 寄存器中必须具有 CMS[1:0]=00。

22．编码器接口模式

要选择编码器接口模式，如果计数器仅在 TI2 边沿计数，则在 TIM1_SMCR 寄存器中写入 SMS=001；如果计数器仅在 TI1 边沿计数，则写入 SMS=010；如果计数器在 TI1 和 TI2 边沿计数，则写入 SMS=011。

通过编程 TIM1_CCER 寄存器中的 CC1P 和 CC2P 位，选择 TI1 和 TI2 的极性。当需要时，也可以对滤波器进行编程。CC1NP 和 CC2NP 必须保持低电平。

两个输入 TI1 和 TI2 用于与正交编码器进行连接，计数方向与编码器信号如表 8.6 所示。

表 8.6　计数方向与编码器信号

活动边沿	相反信号上的电平（TI2 为 TI1FP1，TI1 为 TI2FP2）	TI1P1 信号		TI2P2 信号	
		上升	下降	上升	下降
只在 TI1 边沿计数	高	递减	递增	无计数	无计数
	低	递增	递减	无计数	无计数
只在 TI2 边沿计数	高	无计数	无计数	递增	递减
	低	无计数	无计数	递减	递增
在 TI1 和 TI2 边沿计数	高	递减	递增	递增	递减
	低	递增	递减	递减	递增

计数器由 TI1FP1 或 TI2FP2 上的每个有效跳变提供时钟(输入滤波和极性选择后的 TI1 和 TI2，如果没有过滤且没有反相，则 TI1FP1=TI1，TI2FP2=TI2)，假定它被使能（TIM1_CR1 寄存器中的 CEN 位写入 1)。评估两个输入的跳变顺序，并生成计数脉冲以及方向信号。根据计数器的递增或递减的顺序，硬件会相应地修改 TIM1_CR1 寄存器中的 DIR 位。在任意输入（TI1 或 TI2）上的每个跳变计算 DIR 位，无论计数器仅在 TI1 上、仅在 TI2 上，还是在 TI1 和 TI2 上都进行计数。

编码器接口模式仅用作带有方向选择的外部时钟。这意味着计数器仅在 0 和 TIM1_ARR 寄存器中的自动重加载值之间连续计数（从 0 到 ARR 或从 ARR 降低到 0，具体取决于方向)。因此，必须在启动计数器之前配置 TIM1_ARR 寄存器。以相同的方式，捕获、比较、重复计数器、触发输出功能继续正常运行。编码器接口模式和外部时钟模式 2 不兼容，因此不能一起选择。

注： 使能编码器接口模式时，必须将预分频器设置为 0。

在这种模式下，计数器会根据正交编码器的速度和方向以及内容自动进行修改，因此它始终代表编码器的位置。计数方向对应于所连接传感器的旋转方向。表 8.6 总结了可能的组合，假设 TI1 和 TI2 不同时切换。

正交编码器可以直接连到 MCU，而无须外部接口逻辑。但是，比较器通常用于将编码器的差分输出转换为数字信号，这显著提高了抗噪能力。用于指示机械零点位置的第三个编码器输出可以连接到外部中断输入并触发计数器复位。

图 8.42 给出了编码器接口模式下计数器工作的例子，它显示了计数信号的生成和方向控制，还给出了如何在选择两个边沿的情况下补偿输入抖动。如果传感器靠近开关点之一，则可能会发生这种情况。对于该例子，假设配置如下。

（1）CC1S=01（TIM1_CCMR1 寄存器，TI1FP1 映射到 TI1）。

（2）CC2S=01（TIM1_CCMR2 寄存器，TI1FP2 映射到 TI2）。

（3）CC1P=0 且 CC1NP=0（TIM1_CCER 寄存器，TI1FP1 不反相，TI1FP1=TI1）。

（4）CC2P=0 且 CC2NP=0（TIM1_CCER 寄存器，TI1FP2 不反相，TI1FP2=TI2）。

（5）SMS=011（TIM1_SMCR 寄存器，两个输入在上升沿和下降沿均有效）。

（6）CEN=1（TIM1_CR1 寄存器，计数器使能）。

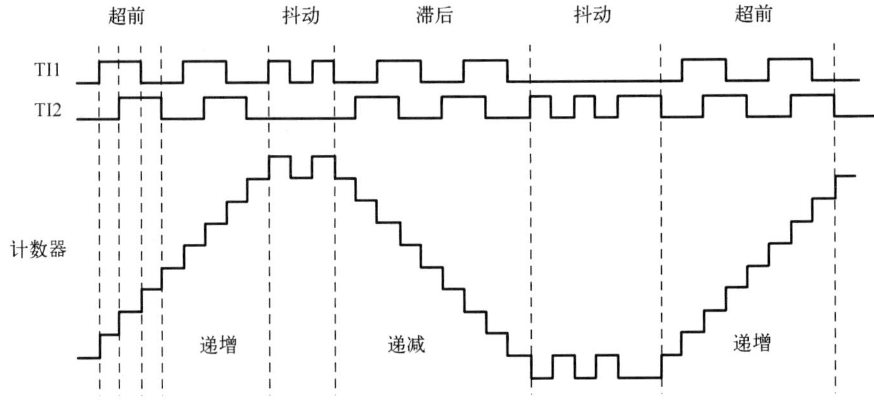

图 8.42　编码器接口模式下计数器工作的例子

图 8.43 给出了 T1FP1 极性反转时计数器的行为（除了 CC1P=1 以外，其他配置与上述内容相同）。

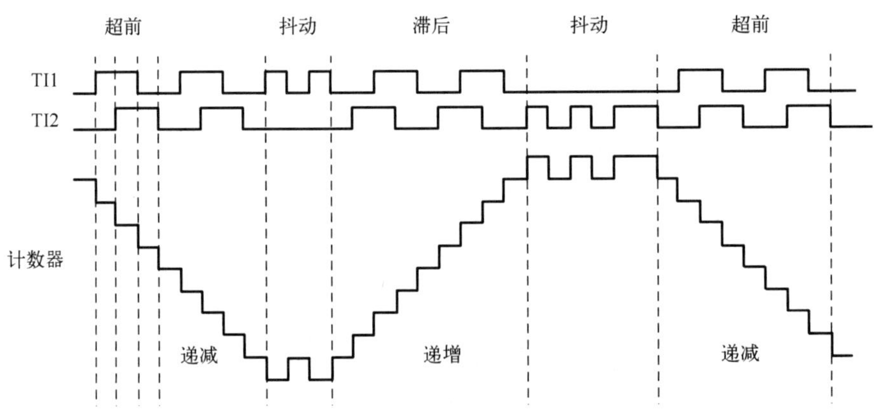

图 8.43　TI1FP1 极性反转时计数器的行为

当把定时器配置为编码器接口模式时，它会提供传感器当前位置的信息。通过使用在捕获模式下配置的第二个定时器测量两个编码器事件的时间间隔，可以获得动态信息（速度、加速度、减速度）。指示机械零点的编码器输出可以用于该目的。根据两个事件之间的时间，可以定期读取计数器。这可以通过将计数器值锁存到第三个输入捕获寄存器（如果可用）中来完成（然后，捕获信号必须是周期性的，并且可以由另一个计数器生成）。如果捕获寄存器可用，那么也可以通过 DMA 请求读取它的值。

TIM1_CR1 寄存器中的 IUFREMAP 位强制将更新中断标志（Update Interrupt Flag，UIF）连续复制到定时器计数器寄存器的第 31 位（TIM1CNT[31]）。这允许以原子方式读取计数器值和由 UIFCPY 标志发出信号的潜在翻转条件。通过避免如由后台任务（计数器读取）和中断（更新中断）之间共享的处理引起的竞争条件，简化了角速度的计算过程。

在 UIF 和 UIFCPY 标志有效之间没有等待时间。

在 32 位定时器实现中，当设置 IUFREMAP 位时，计数器的第 31 位在读取访问时被 UIFCPY 标志覆盖（计数器的最高有效位仅可在写入模式下访问）。

23．定时器输入异或功能

TIM1_CR2 寄存器中的 TI1S 位允许将通道 1 的输入滤波器连接到异或逻辑门的输出，组合 3 个输入引脚 TIM1_CH1、TIM1_CH2 和 TIM1_CH3。

逻辑异或的输出可以和所有定时器输入功能一起使用，如触发或输入捕获。测量输入信号的边沿之间的时间间隔如图 8.44 所示。

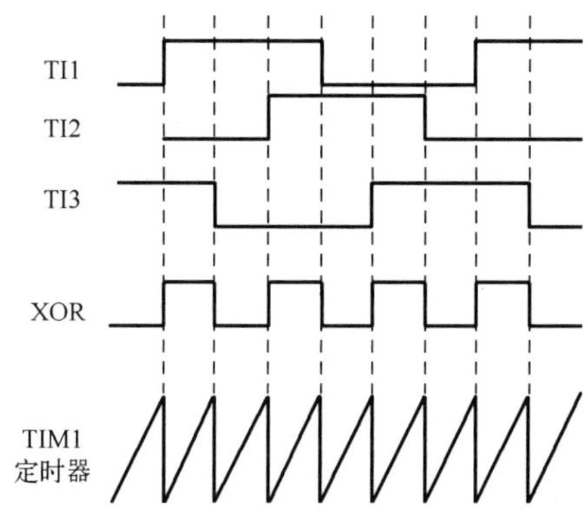

图 8.44　测量输入信号的边沿之间的时间间隔

24．与霍尔传感器接口

这里使用 TIM1 生成 PWM 信号来驱动电机以及另一个计数器 TIMx（TIM2、TIM3、TIM4(a)），霍尔传感器示例如图 8.45 所示。接口定时器捕获通过 XOR 连接到 TI1 输入通道（设置 TIM1_CR2 寄存器中的 TI1S 位）的 3 个定时器输入引脚（CC1、CC2 和 CC3）。

在复位模式下配置从模式控制器，从输入是 TI1F_ED。因此，每次 3 个输入中的一个切换时，计数器就会从 0 重新开始计数。这将创建一个时基，该时基由霍尔输入的任何变化触发。

在接口定时器上，在捕获/比较通道 1 配置为捕获模式，捕获信号为 TRC。捕获值（对应于两次变化之间所经过的时间）给出了电机速度的信息。

可以在输出模式下使用接口定时器以生成一个脉冲，该脉冲通过触发 COM 事件来更改 TIM1 的通道配置。TIM1 定时器用来生成 PWM 信号以驱动电机。为此，必须对接口定时器进行编程，以便在编程的延迟后（在输出比较或 PWM 模式下）产生一个正脉冲。该脉冲通过 TRG0 输出到 TIM1。

例如，每当连接到 TIMx 定时器之一的霍尔输入发生变化时，都希望在经过编程的延迟后更改 TIM1 的 PWM 配置。

（1）通过将 TIM1_CR2 寄存器中的 TI1S 位写为 1，将 3 个定时器输入与 TI1 输入通道进行逻辑“或”运算。

（2）编程时基：将 TIM1_ARR 寄存器写入最大值（必须通过 TI1 变化清除计数器）。设置预分频器使最大计数周期大于传感器两次变化之间的时间。

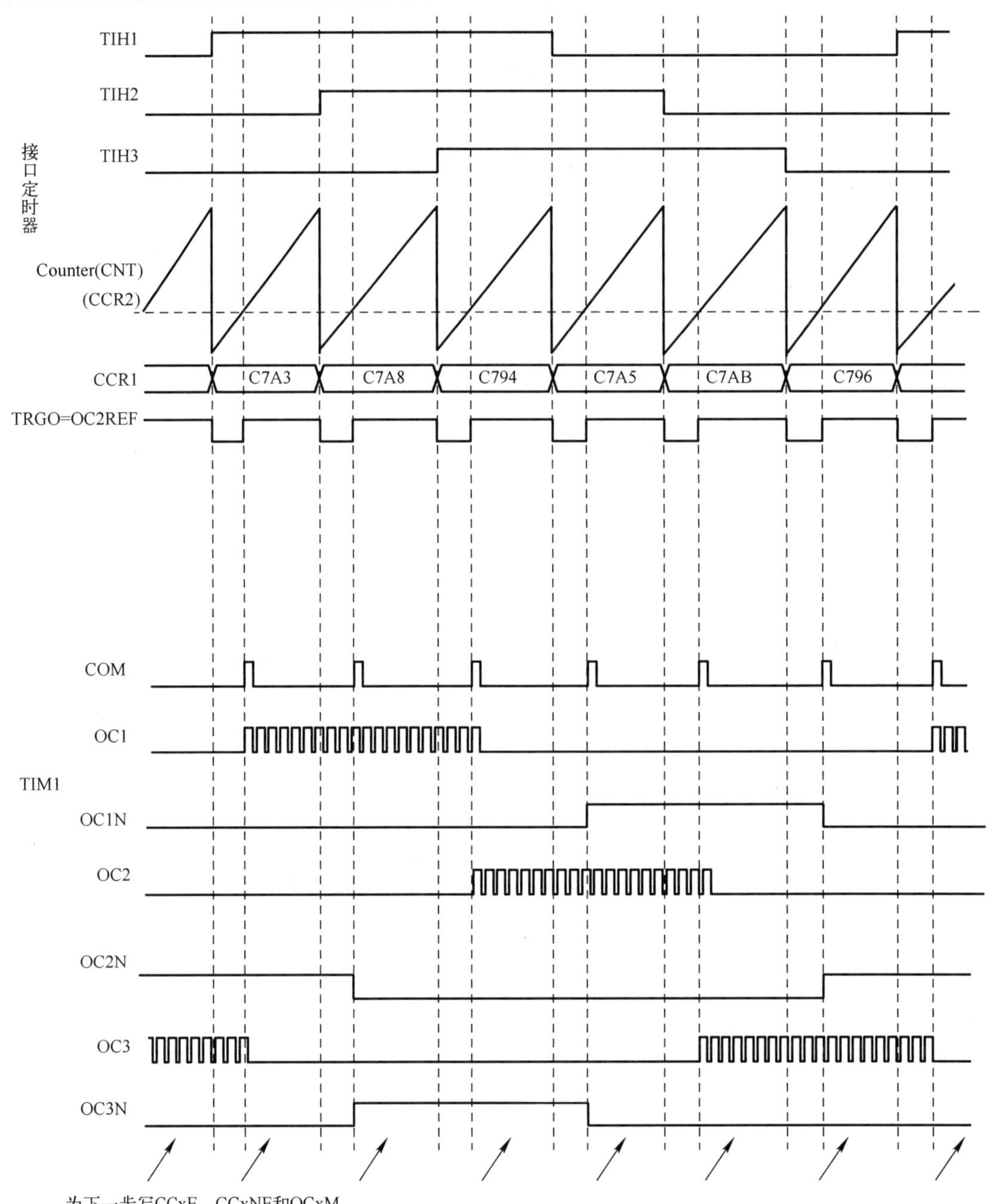

图 8.45　霍尔传感器示例

（3）在捕获模式下编程通道 1（选择 TRC）：将 TIM1_CCMR1 寄存器中的 CC1S 位写入 01。如果需要，还可以对数字滤波器进行编程。

（4）在 PWM 模式 2 下用期望的延迟编程通道 2：将 TIM1_CCMR1 寄存器中的 OC2M 字段写入 111，且将 CC2S 位写入 00。

（5）选择 OC2REF 作为 TRG0 上的触发输出：将 TIM1_CR2 寄存器中的 MMS 字段写入 101。

在 TIM1 中，必须选择正确的 ITR 输入作为触发输入，编程定时器以产生 PWM 信号，预加载捕获/比较控制信号（TIM1_CR2 寄存器中的 CCPC=1），并且 COM 事件由触发输入（TIM1_CR2 寄存器中的 CCUS=1）控制。在发生 COM 事件后，可写入 PWM 控制位（CCxE、OCxM）用于下一步行为（可在 OC2REF 的上升沿生成的中断子程序中完成）。

25. 定时器同步

TIM1 定时器可以在内部连接在一起，用于定时器同步或连接。它们可以在几种模式下同步：复位模式、门控模式和触发模式等。

1）从模式：复位模式

复位模式可以重新初始化计数器和它的预分频器以响应触发输入的事件。此外，如果来自 TIM1_CR1 寄存器的 URS 位为低电平，则会生成更新事件。然后，更新所有预加载的寄存器（TIM1_ARR、TIM1_CCRx）。

在下面的例子中，清除递增计数器以响应 TI1 输入的上升沿。

（1）配置通道 1 以检测 TI1 的上升沿。配置输入滤波器的持续时间（在该例子中，不需要任何滤波器，因此保持 IC1F=0000）。捕获分频器不用于触发，因此不需要对其进行配置。CC1S 位仅选择输入捕获源，TIM1_CCMR1 寄存器中的 CC1S=01。在 TIM1_CCER 寄存器中写入 CC1P=0 和 CC1NP=0，以验证极性（仅检测上升沿）。

（2）通过在 TIM1_SMCR 寄存器中写入 SMS=100 将定时器配置为复位模式。同构在 TIM1_SMCR 寄存器中写入 TS=00101，选择 TI1 作为输入源。

（3）通过在 TIM1_CR1 寄存器中写入 CEN=1 来启动计数器。

计数器从内部时钟开始计数，然后正常工作直到 TI1 上升沿。当 TI1 上升时，清除计数器，并从 0 重新开始。同时，设置触发标志（TIM1_SR 寄存器中的 TIF 位）并产生中断请求，或者如果允许则可以发送 DMA 请求（取决于 TIM1_DIER 寄存器中的 TIE 和 TDE 位）。

图 8.46 给出了复位模式的控制电路。

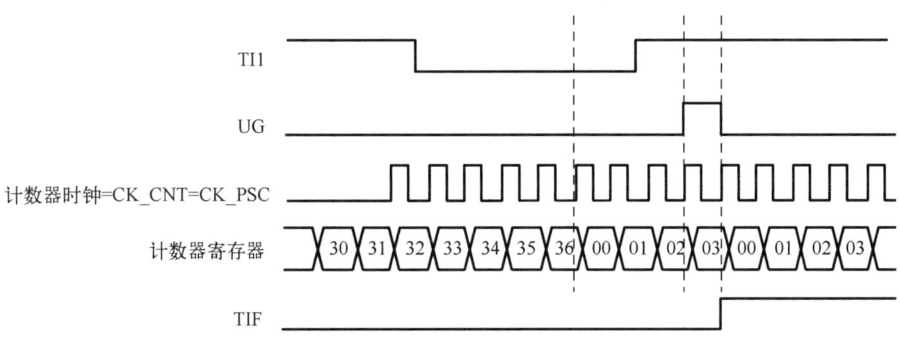

图 8.46　复位模式的控制电路

TI1 的上升沿与计数器的实际复位之间的延迟是由 TI1 输入的重新同步电路引起的。

2）从模式：门控模式

门控模式可以根据所选择输入的电平来使能计数器。

在下面的例子中，仅当 TI1 输入为低电平时，递增计数器才会计数。

（1）配置通道 1 以检测 TI1 的低电平。配置输入滤波器的持续时间（在该例子中，不需要任何滤波器，因此将保持 IC1F=0000）。捕获分频器不用于触发，因此不需要对其进行配置。CC1S 字段仅选择输入捕获源，TIM1_CCMR1 寄存器中 CC1S=01。在 TIM1_CCER 寄存器中写入 CC1P=1 和 CC1NP=0 可以验证极性（仅检测低电平）。

（2）通过在 TIM1_SMCR 寄存器中写入 SMS=101 将定时器配置为门控模式。通过在 TIM1_SMCR 寄存器中写入 TS=00101，来选择 TI1 作为输入源。

（3）通过在 TIM1_CR1 寄存器中写入 CEN=1 来使能计数器（在门控模式下，如果 CEN=0，则无论触发电平如何，计数器都不会启动）。

只要 TI1 为低电平，计数器就开始对内部时钟进行计数，而当 TI1 变为高电平时，计数器就停止计数。当计数器启动或停止时，都将设置 TIM1_SR 寄存器中的 TIF 标志。

TI1 的上升沿与计数器实际停止之间的延迟是由 TI1 输入的重新同步电路引起的。

图 8.47 给出了门控模式的控制电路。

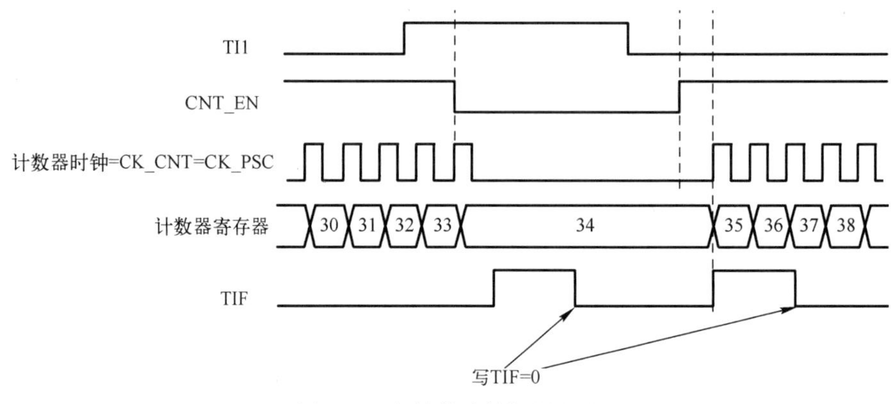

图 8.47　门控模式的控制电路

3）从模式：触发模式

触发模式可以启动计数器以响应所选输入的事件。在下面的例子中，启动递增计数器以响应 TI2 输入的上升沿。

（1）配置通道 2 以检测 TI2 的上升沿。配置输入滤波器的持续时间（在该例子中，不需要任何滤波器，因此保持 IC2F=0000）。捕获预分频器不用于触发，因此不需要对其进行配置。配置 CC2S 字段仅选择输入捕获源，TIM1_CCMR1 寄存器中的 CC2S=01。写 TIM1_CCER 寄存器中的 CC2P=1 和 CC2NP=0，以验证极性（仅检测低电平）。

（2）通过在 TIM1_SMCR 寄存器中写入 SMS=110，将定时器配置为触发模式。通过在 TIM1_SMCR 寄存器中写入 TS=00110，选择 TI2 作为输入源。

当在 TI2 上出现上升沿时，计数器开始在内部时钟中进行计数，并且设置 TIF 标志。

TI2 的上升沿与计数器的实际启动之间的延迟是由 TI2 输入的重新同步电路引起的。

图 8.48 给出了触发模式的控制电路。

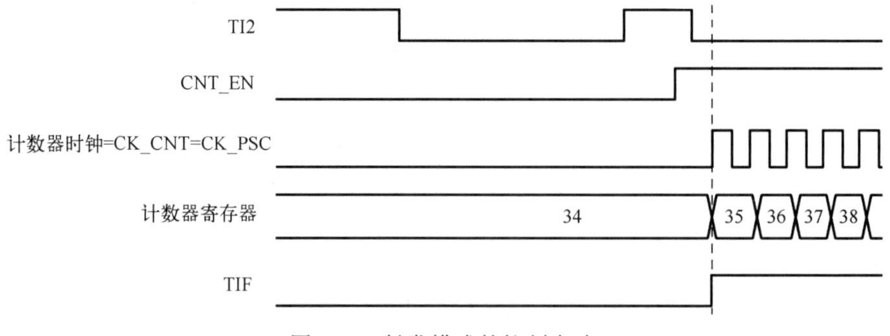

图 8.48　触发模式的控制电路

4）从模式：组合复位+触发模式

在这种情况下，所选择触发输入（trigger input，TRGI）的上升沿将重新初始化计数器，产生寄存器的更新并启动计数器。

该模式用于单脉冲模式。

5）从模式：外部时钟模式 2+触发模式

除其他从模式外，还可以使用外部时钟模式 2（外部时钟模式 1 和编码器模式除外）。在这种情况下，ETR 信号用作外部时钟输入，并且可以选择另一个输入作为触发输入（在复位模式、门控模式或触发模式）。建议不要通过 TIM1_SMCR 寄存器的 TS 字段选择 ETR 信号作为 TRGI。

在下面的例子中，只要 TI1 的上升沿发生，在 ETR 信号的每个上升沿就对递增计数器进行递增。

（1）通过编程 TIM1_SMCR 寄存器来配置外部触发器输入电路。

① ETF=0000：无滤波器。

② ETPS=00：禁止预分频器。

③ ETP=0：检测 ETR 的上升沿，并且 ECE=1，以使能外部时钟模式 2。

（2）配置通道 1，以检测 TI 上的上升沿。

① ICIF=0000：无过滤器。

② 捕获预分频器不用于触发，因此不需要进行配置。

③ 设置 TIM1_CCMR1 寄存器中的 CC1S=01，仅选择输入捕获源。

④ 设置 TIM1_CCER 寄存器中的 CC1P=0 且 CC1NP=0，以验证极性（仅检测上升沿）。

（3）通过在 TIM1_SMCR 寄存器中写入 SMS=110 将定时器配置为触发模式。通过在 TIM1_SMCR 寄存器中写入 TS=00101，选择 TI1 作为输入源。

TI1 的上升沿使能计数器并设置 TIF 标志。然后，计数器在 ETR 信号上升沿计数。

ETR 信号的上升沿与计数器的实际复位之间的延迟是由 ETR 信号输入的重新同步电路引起的。

图 8.49 给出了外部时钟模式 2+触发模式的控制电路。

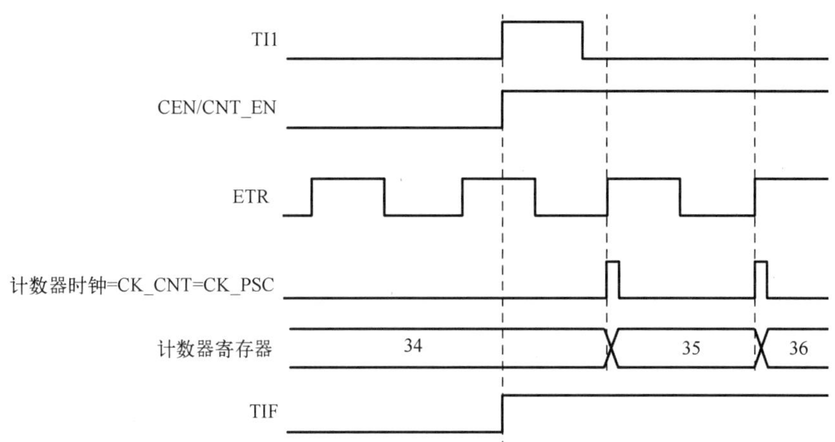

图 8.49　外部时钟模式 2+触发模式的控制电路

> **注：** 在接收到来自主定时器的事件之前，必须先使能接收 TRGO 或 TRGO2x 信号的从外设时钟（定时器、模数转换器等），并且在从主定时器接收到触发器时，不得更改时钟频率（预分频器）。

26．模数转换器同步

定时器可以产生带有各种内部信号的模数转换器触发事件，如复位、使能或比较事件，也可以生成由内部边沿检测器发出的脉冲，例如：

（1）OC4REFD 的上升沿和下降沿；

（2）OC5REF 的上升沿或 OC6REF 的下降沿。

触发器在 TRGO2 内部线路上发出，该线路重定向到模数转换器。共有 16 个可能的事件，可通过 TIM1_CR2 寄存器的 MMS2[3:0]字段选择。

27．DMA 猝发模式

TIM1 定时器具有在单个事件上生成多个 DMA 请求的功能。其主要目的是能够多次对定时器的一部分进行重新编程，而不是产生软件开销，但它也可以用于以规则的间隔连续读取多个寄存器。

DMA 控制器的目的是唯一的，必须指向虚拟寄存器 TIM1_DMAR。

在给定的定时器事件上，定时器启动 DMA 请求（猝发）序列。每次对 TIM1_DMAR 寄存器的写入操作都会重定向到定时器寄存器之一。

TIM1_DCR 寄存器中的 DBL[4:0]字段设置 DMA 猝发长度。当对 TIM1_DMAR 寄存器地址进行读写访问时，定时器会识别猝发传输，即传输个数（以半字或字节为单位）。DBA 定义了从 TIM1_CR1 寄存器地址开始的偏移量。

（1）“00000”：TIM1_CR1。

（2）“00001”：TIM1_CR2。

（3）“00010”：TIM1_SMCR。

例如，定时器 DMA 猝发功能用于在发生更新事件时更新 CCRx 寄存器（x 指 2、3、4）的内容，而 DMA 将半字传输到 CCRx 寄存器中。这是通过以下步骤完成的。

（1）按如下配置相应的 DMA 通道。

① DMA 通道外设地址是 DMAR 寄存器地址。

② DMA 通道存储器地址是 RAM 中包含要通过 DMA 传输到 CCRx 寄存器中数据的缓冲区地址。

③ 要传输的数据数量=3。

④ 禁止循环模式。

（2）通过配置 DBA 和 DBL 字段来配置 DCR 寄存器。

① DBL=3 个传输。

② DBA=0xE。

（3）使能 TIM1 更新 DMA 请求（在 DIER 寄存器中设置 UDE 位）。

（4）使能 TIM1。

（5）使能 DMA 通道。

该例子适用于每个 CCRx 寄存器都更新一次的情况。例如，如果每个 CCRx 寄存器都需要更新两次，则要传输的数据数量应该为 6。以 RAM 中包含 data1、data2、data3、data4、data5 和 data6 的缓冲区为例，数据按以下方式传输到 CCRx 寄存器中。

（1）在第一个更新 DMA 请求上，将 data1 传输到 CCR2，data2 传输到 CCR3，data3 传输到 CCR4。

（2）在第二个更新 DMA 请求上，data4 传输到 CCR2，data5 传输到 CCR3，data6 传输到 CCR4。

注：可以将空值写到保留的寄存器中。

28．调试模式

当微控制器进入调试模式（Cortex-M0+核停止）时，TIM1 计数器要么继续正常工作，要么停止，这取决于 DBG 模块中的 DBG_TIM1_STOP 配置位。

为了安全起见，当计数器停止运行后，将禁止输出（就像将 MOE 位复位一样）。可以将输出强制为无效状态（OSSI=1），也可以通过 GPIO 控制器（OSSI=0）接管其输出，通常强制为 Hi-Z。

注： 关于 TIM1 寄存器的详细信息，参见 RM0444 Reference manual *STM32G0x1 advanced Arm-based 32-bit MCUs* 中的 21.4 节。

8.3　设计实例：步进电机的驱动和信号测量

本节介绍步进电机的驱动和测速方法，以帮助读者理解高级控制定时器在电机驱动和控制方面的应用。

8.3.1　步进电机的设计原理

步进电机是一种将电脉冲转化为角位移的执行机构。当步进驱动器接收到一个脉冲信号后，它就驱动步进电机按设定的方向转动一个固定的角度（即步进角）。通过控制脉冲个数来控制角位移量，从而达到准确定位的目的。同时，通过控制脉冲频率来控制电机转动的速度和加速度，从而达到调速的目的。

在该设计中，使用了直流 5V、4 相 5 线步进电机 28BYJ-48 减速步进电机，该步进电机的外观如图 8.50 所示。该步进电机内部电路原理如图 8.51 所示。

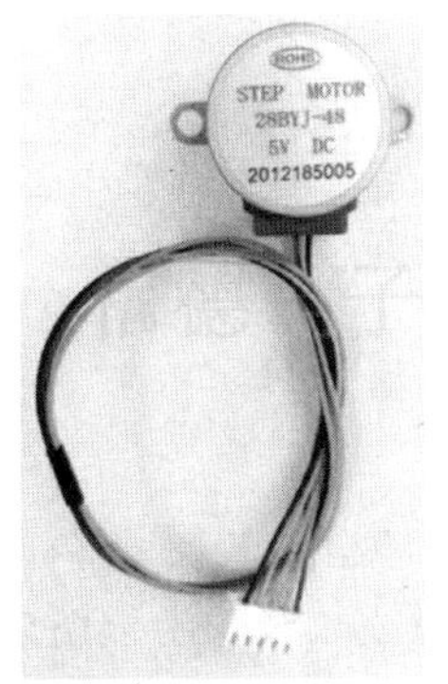

（a）步进电机的背面

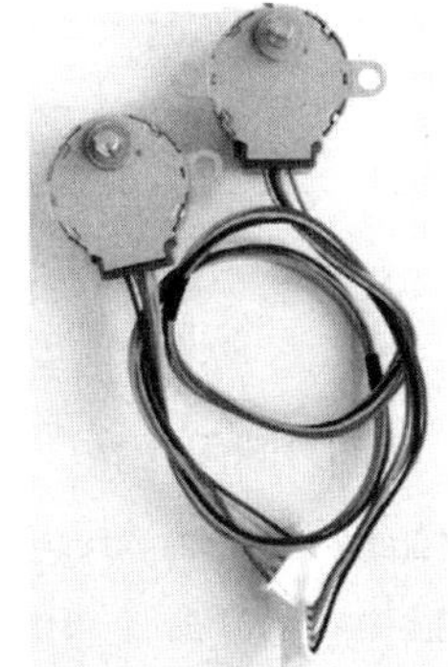

（b）步进电机的正面

图 8.50　步进电机的外观

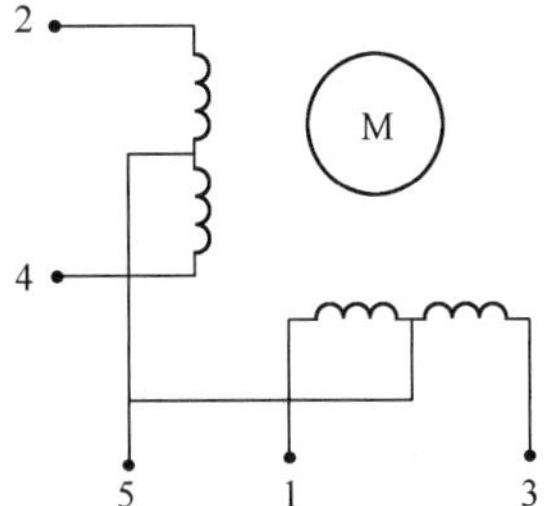

图 8.51　步进电机的内部电路原理

步进电机的内部结构如图 8.52 所示，步进电机的中间部分是转子，由一个永磁体组成，边上的是定子绕组。当定子的一个绕组通电时，将产生一个方向的电磁场。如果这个磁场的方向和转子磁场方向不在同一条直线上，那么定子和转子的磁场将产生一个扭力将定子扭转。依次改变绕组的磁场，就可以使步进电机正转或反转（比如，通电次序为 A->B->C->D 正转，反之则反转）。如果改变磁场切换的时间间隔，就可以控制步进电机的速度，这就是步进电机的驱动原理。

在本节设计中，使用的步进电机型号为 28BYJ-48。其特性主要包括①额定电压：5VDC（另有电压 6V、12V、24V）。②相数：4。③减速比：1/64（另有减速比 1/16、1/32）。④步距角：5.625°/64。⑤驱动方式：4 相 8 拍。⑥直流电阻：200Ω×(1±7%)25℃。⑦空载牵入频率：≥600Hz。⑧空载牵出频率：≥1000Hz。⑨牵入转矩：≥34.3mN • m（120Hz）。⑩自定位转矩：≥34.3mN • m。⑪绝缘电阻：>10MΩ（500V）。⑫绝缘介电强度：600VAC/1mA/1s。⑬绝缘等级：A。⑭温升：<50K（120Hz）。⑮噪声：<40dB（120Hz）。⑯质量：大约 40g。⑰未注公差按：GB/T 1804-m。⑱转向：CCW。

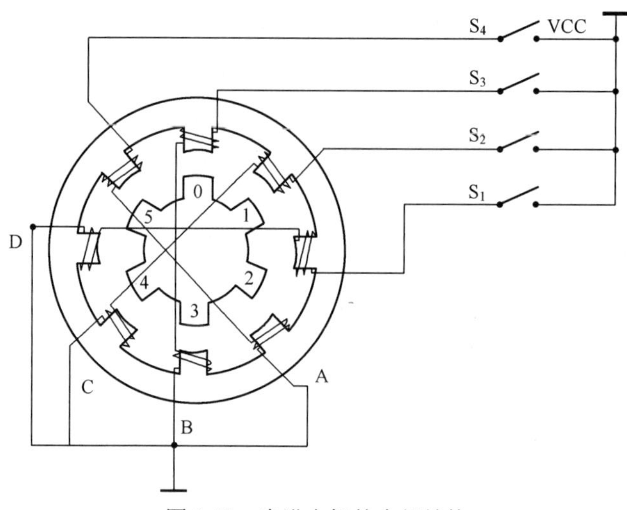

图 8.52　步进电机的内部结构

8.3.2　步进电机的驱动电路

由于步进电机的驱动电流较大，因此单片机不能直接驱动步进电机，一般都是使用 ULN2003 达林顿阵列驱动的，如图 8.53 所示。

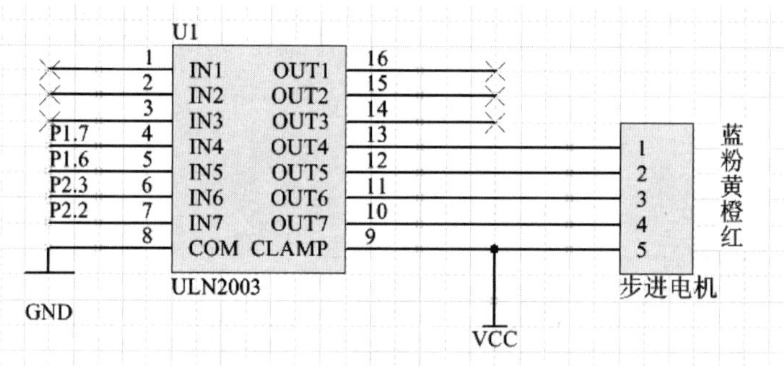

图 8.53　步进电机驱动电路

ULN2003 器件是高电压、高电流达灵顿晶体管阵列，其内部功能框架如图 8.54 所示。七对 NPN 达灵顿管中的每个管子都可以产生高压输出，它们包含共阴极钳位二极管用于切换感性负载。每个达灵顿管的集电极电流摆率为 500mA。此外，可以将达灵顿管并联以产生更大的电流，其典型应用如图 8.55 所示。

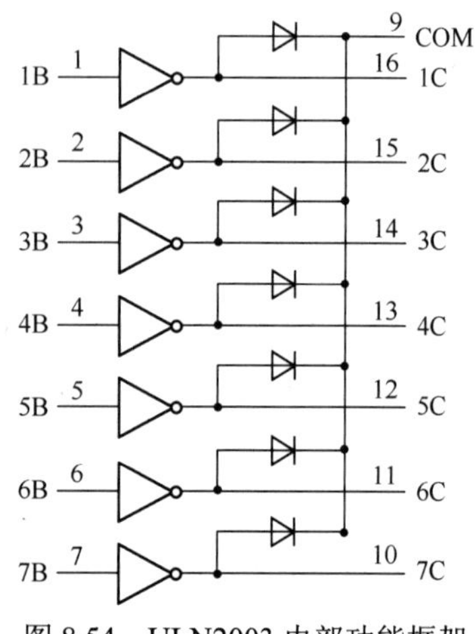

图 8.54　ULN2003 内部功能框架

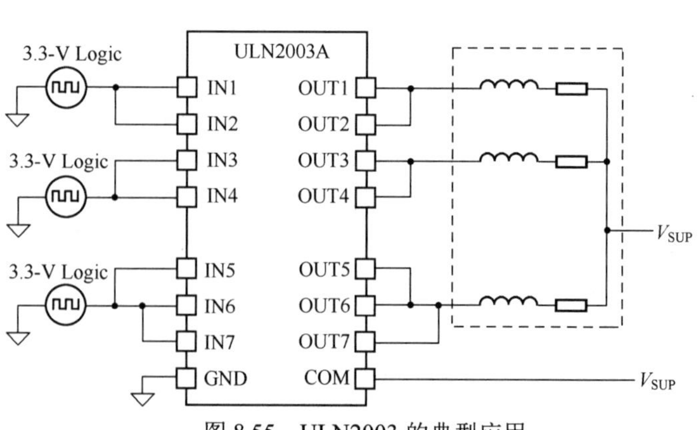

图 8.55　ULN2003 的典型应用

8.3.3　霍尔传感器的测速原理

下面介绍霍尔传感器的测速原理。

1．硬件电路

搭载霍尔传感器的编码器电路板如图 8.56（a）所示。在该电路板上，搭载了两个霍尔传感器（称为 A 相和 B 相）。很明显，当步进电机按顺时针或逆时针方向运行时，经过两个霍尔传感器的前后顺序不一样。根据装配位置，当步进电机正转时先经过 A 相霍尔传感器，然后经过 B 相霍尔传感器；当步进电机反转时先经过 B 相霍尔传感器，然后经过 A 相霍尔传感器。霍尔传感器与步进电机的装配图如图 8.56（b）所示。

（a）搭载霍尔传感器的编码器电路板

（b）霍尔传感器与步进电机的装配图

图 8.56　搭载霍尔传感器的步进电机驱动系统

按图 8.56（a）所示的方法设置磁体，使磁性转盘的输入轴与被测转轴相连，霍尔传感器固定在磁性转盘附近。霍尔传感器测速原理如图 8.57 所示，当被测转轴转动时，磁性盘随之转动，磁体每经过霍尔传感器一次，霍尔传感器便输出一个相应的电压脉冲。检出单位时间的脉冲数，即可求出被测转速。

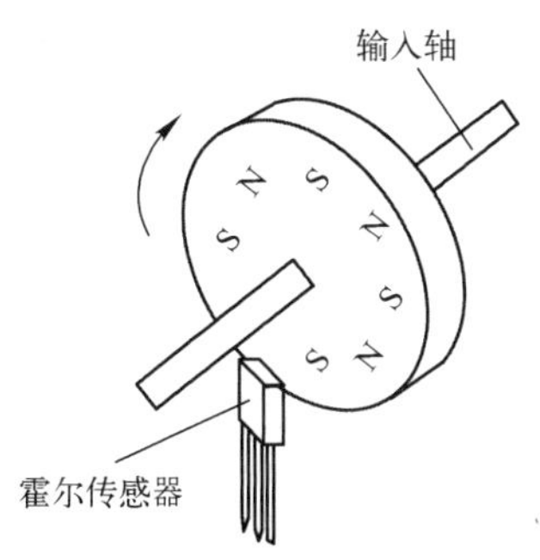

图 8.57　霍尔传感器测速原理

> **注**：注意磁环的磁场分布，呈镜像分布。

2．编码器输出信号

编码器输出信号时序如图 8.58 所示。

在该设计中，STM32G071 MCU 的 PC11 引脚连接在编码器的 A 相输出信号线，且为通用输入模式；STM32G071 MCU 的 PA8 引脚连接在编码器的 B 相输出信号线，即外部中断 12 连接在 B 相信号线，且设置为下降沿触发模式。

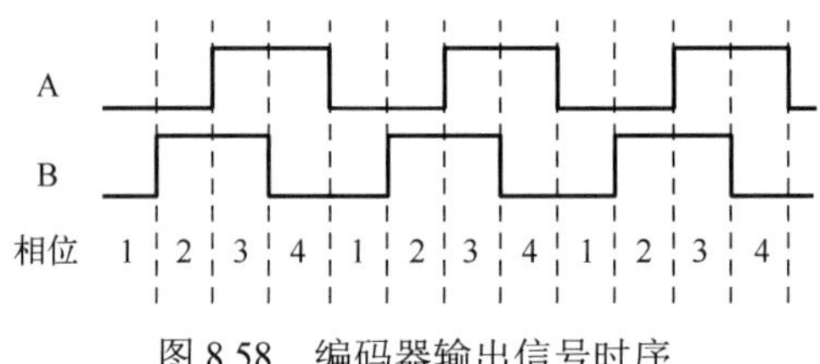

图 8.58　编码器输出信号时序

（1）当步进电机向前旋转（图 8.58 中信号方向超前），定时器捕获通道触发即 B 相信号线的下降沿时，A 相信号线为高电平，此时检测到步进电机向前转动。

（2）当步进电机向后旋转（图 8.58 中信号方向滞后），定时器捕获通道触发即 B 相信号线的下降沿时，A 相信号线为低电平，此时检测到步进电机向后转动。

8.3.4　系统硬件连接

系统的硬件连接如下。

（1）图 8.53 所示的步进电机驱动板接口与 NUCLEO-G071RB 开发板进行连接，如表 8.7 所示。

表 8.7　步进电机驱动板接口与 NUCLEO-G071RB 开发板的连接

驱动板信号引脚	NUCLEO-G071RB 开发板	STM32G071 MCU 的引脚
P1.7	CN7_9	PD0
P1.6	CN7_10	PD1
P2.3	CN7_4	PD2
P2.2	CN7_11	PD3
GND	GND	—
VCC	+5V	—

（2）图 8.56（b）所示的搭载霍尔传感器电路板接口与 NUCLEO-G071RB 开发板进行连接，如表 8.8 所示。

表 8.8　霍尔传感器电路板接口与 NUCLEO-G071RB 开发板的连接

霍尔传感器电路板信号引脚	NUCLEO-G071RB 连接器	STM32G071 MCU 的引脚
A	CN7_2	PC11
B	CN9_8	PA8
GND	GND	—
VCC(+3.3V)	CN6_2	—

8.3.5　在 STM32CubeMX 中配置参数

下面将在 STM32CubeMX 中配置 STM32G071 MCU 内的模块参数，并导出 Keil MDK 格式的工程文件，主要步骤如下。

（1）启动 STM32CubeMX 集成开发环境。

（2）在该集成开发环境中，选择器件 STM32G071RBTx LQFP64。

（3）进入 STM32CubeMX Untiled:STM32G071RBTx 界面。在该界面中，单击 Pinout & Configuration 标签。在该标签界面左侧窗口中，找到并展开 System Core。在展开项中，找到并选择 RCC 选项，如图 8.59 所示。在右侧 RCC Mode and Configuration 窗口中，找到 Configuration 子窗口。在该子窗口中，单击 Parameter Settings 标签。在该标签界面中，找到并展开 Peripherals Clock Configuration。

在展开项中，将 Generate the peripherals clock configuration 设置为 FALSE。

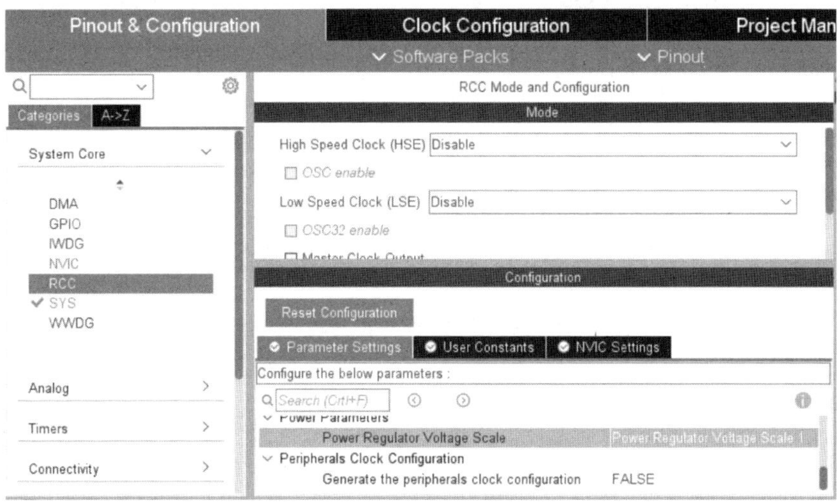

图 8.59　RCC 参数配置

（4）单击 Clock Configuration 标签。在该标签界面中，按图 8.60 配置时钟参数。

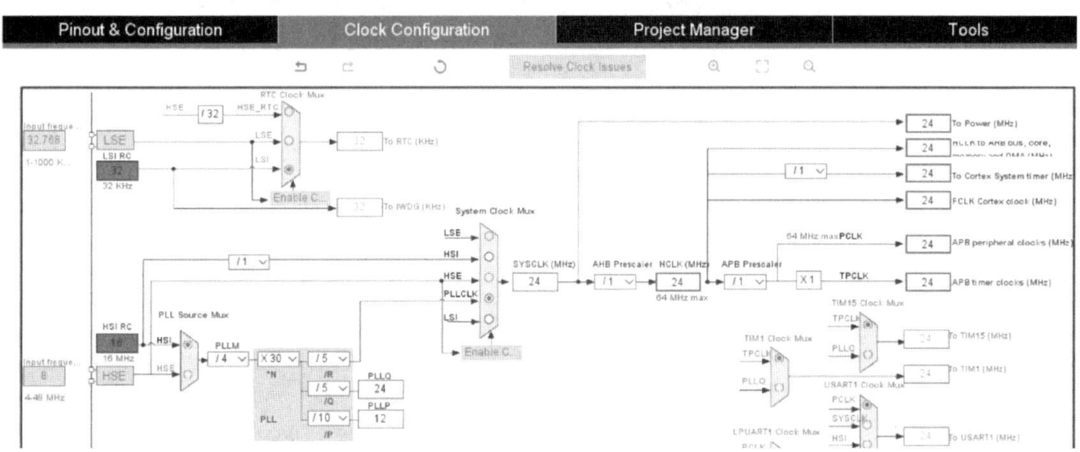

图 8.60　配置时钟参数

（5）单击 Pinout & Configuration 标签。在该标签界面左侧窗口中，找到并展开 Timers。在展开项中，找到并选择 TIM1 选项。在右侧 TIM1 Mode and Configuration 窗口中，找到 Mode 子窗口，如图 8.61 所示。在该子窗口中，通过 Channel1 右侧的下拉框将 Channel1 设置为 Input Capture direct mode。

（6）在图 8.61 右侧的窗口中，找到 Configuration 子窗口。在该子窗口中，单击 Parameter Settings 标签。在该标签界面中，找到并展开 Counter Settings。在展开项中，按图 8.62 配置 TIM1 参数。

（7）在 Pinout & Configuration 标签界面中，找到并单击 Pinout view 按钮。进入 STM32G071RBTx LQFP64 器件封装界面。在该界面中，参数设置如下。

① 找到并单击 STM32G071 MCU 上的 PD0 引脚，弹出浮动菜单。在浮动菜单内，选择 GPIO_Output，将 PD0 引脚设置为通用输出模式。

② 找到并单击 STM32G071 MCU 上的 PD1 引脚，弹出浮动菜单。在浮动菜单内，选择 GPIO_Output，将 PD1 引脚设置为通用输出模式。

③ 找到并单击 STM32G071 MCU 上的 PD2 引脚，弹出浮动菜单。在浮动菜单内，选择 GPIO_Output，将 PD2 引脚设置为通用输出模式。

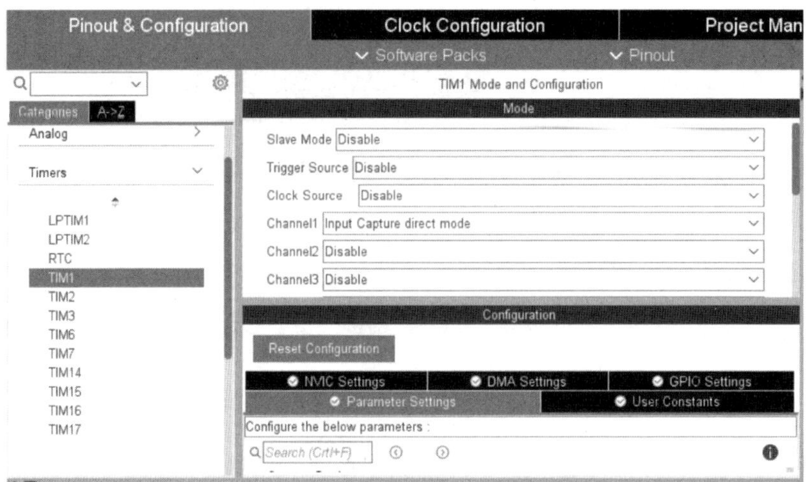

图 8.61　配置 TIM1 参数(1)

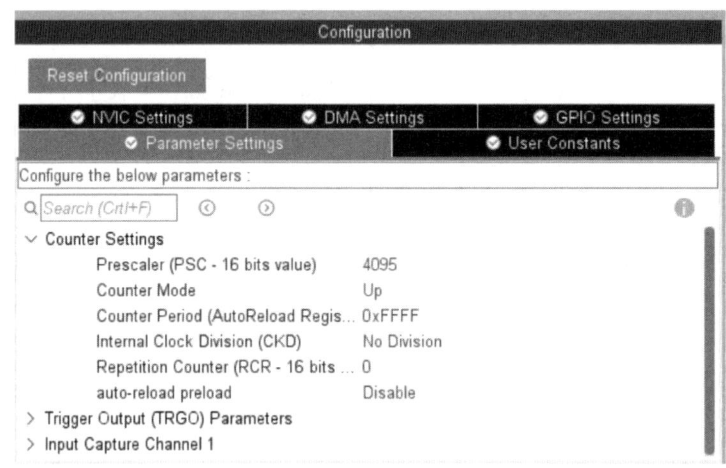

图 8.62　配置 TIM1 参数(2)

④ 找到并单击 STM32G071 MCU 上的 PD3 引脚，弹出浮动菜单。在浮动菜单内，选择 GPIO_Output，将 PD3 引脚设置为通用输出模式。

⑤ 找到并单击 STM32G071 MCU 上的 PC11 引脚，弹出浮动菜单。在浮动菜单内，选择 GPIO_Input，将 PC11 引脚设置为通用输入模式。

⑥ 找到并单击 STM32G071 MCU 上的 PC13 引脚，弹出浮动菜单。在浮动菜单内，选择 GPIO_EXTI13，将 PC13 引脚设置为外部触发中断模式。

（8）在 Pinout & Configuration 标签界面左侧窗口中，找到并展开 System Core。在展开项中，找到并选择 GPIO 选项。在右侧的 GPIO Mode and Configuration 窗口中，找到 Configuration 子窗口。在该子窗口中，找到并单击 GPIO 标签。在该标签界面中，找到并选择 Pin Name 为 PC13 的一行，如图 8.63 所示。在下面的 PC13 Configuration 标题窗口中，通过 GPIO mode 右侧的下拉框，将 GPIO mode 设置为 External Interrupt Mode with Falling edge trigger detection。

（9）在 Pinout & Configuration 标签界面中，找到并展开 System Core。在展开项中，找到并选择 NVIC 选项，在右侧的 NVIC Mode and Configuration 窗口中，找到 Configuration 子窗口，如图 8.64 所示。在该窗口中的 NVIC Interrupt Table 中，找到并勾选 EXTI line 4 to 15 interrupts 右侧的复选框。

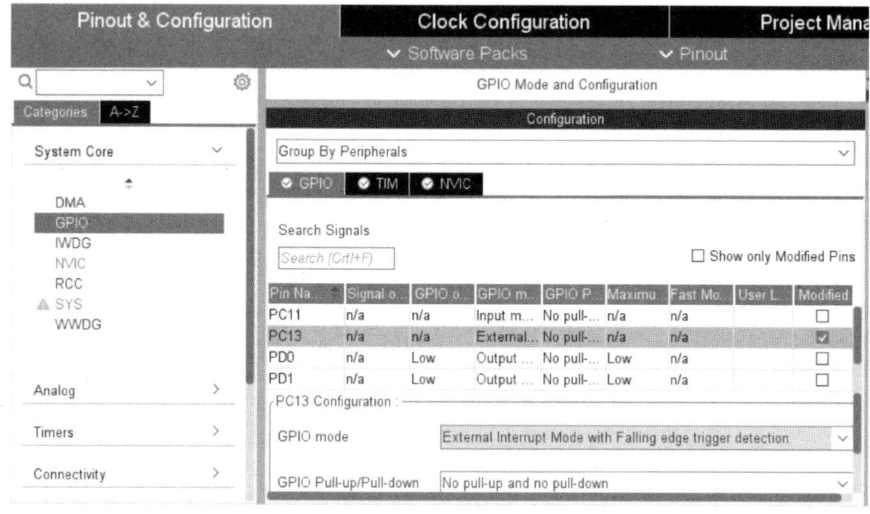

图 8.63　配置 GPIO 参数

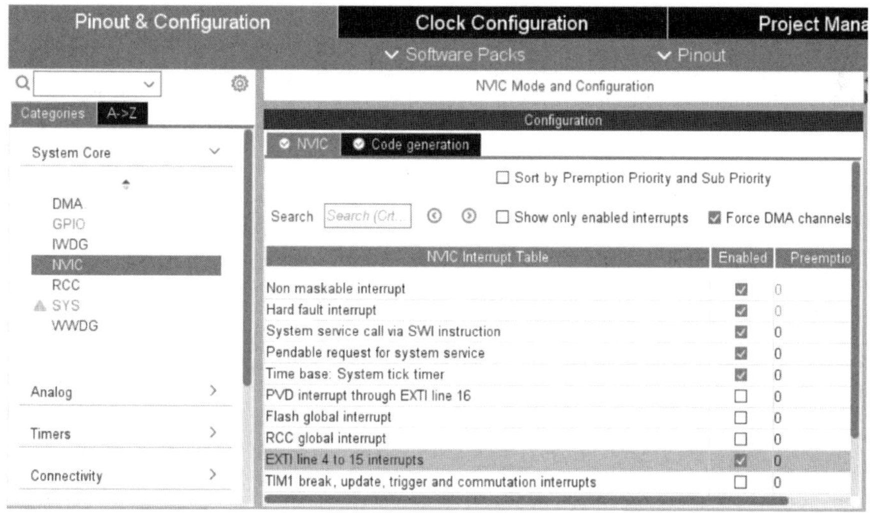

图 8.64　配置 NVIC 参数

（10）单击 Project Manager 标签。在该标签界面中，读者可以参考本书前面介绍的方法设置导出工程的参数。

（11）单击 GENERATE 按钮，导出 Keil MDK 格式的工程文件。

8.3.6　在 Keil μVision 中添加设计代码

下面将在 Keil μVision 中添加设计代码，主要步骤如下。

（1）启动 Keil μVision 集成开发环境（以下简称 Keil）。

（2）在 Keil 主界面主菜单下，选择 Project->Open Project。

（3）弹出 Select Project File 界面。在该界面中，将路径定位到 E:\STM32G0_example\example_9_1\MDK-ARM。在该路径下，找到并选择 TIM_Capture_Test_3.uvprojx 工程文件。

（4）单击打开按钮，退出 Select Project File 界面。

（5）在 Keil 主界面左侧 Project 窗口中，找到并双击 main.c 文件，打开该设计文件。在该文件中添加设计代码。

① 添加变量定义，如代码清单 8.1 所示。

代码清单 8.1　添加变量定义

```
#include "stdio.h"
unsigned char Step_table[]={0x08,0x04,0x02,0x01};
int time=4;
int mode=0;
char fangxiang[5];

uint32_t uwIC2Value1 = 0;                    //触发捕获的第一个计数值
uint32_t uwIC2Value2 = 0;                    //触发捕获的第二个计数值
uint32_t uwDiffCapture = 0;                  //触发捕获的时间差
uint16_t uhCaptureIndex = 0;                 //捕获指标：标明第一次捕获还是第二次捕获
double uwFrequency = 0;                      //频率值（转速）
```

② 添加函数声明，如代码清单 8.2 所示。

代码清单 8.2　添加函数声明

```
ITStatus EXTI_GetITStatus(uint32_t EXTI_Line)          //中断标志处理函数
{
    ITStatus bitstatus = RESET;                         //初始位状态 0
    uint32_t enablestatus = 0;                          //初始使能状态 0
    /* 检查参数 */
    assert_param(IS_GET_EXTI_LINE(EXTI_Line));
    enablestatus =  EXTI->IMR1 & EXTI_Line;
    if (((EXTI->FPR1 & EXTI_Line) != (uint32_t)RESET) && (enablestatus != (uint32_t)RESET))
          bitstatus = SET;
    else
         bitstatus = RESET;
    return bitstatus;
}

void EXTI_ClearITPendingBit(uint32_t EXTI_Line)
{
  /* 检查参数 */
  assert_param(IS_EXTI_LINE(EXTI_Line));
  EXTI->FPR1 = EXTI_Line;
}
```

③ 修改 main()主函数，如代码清单 8.3 所示。

代码清单 8.3　修改 main()主函数

```
int main(void)
{
  HAL_Init();
  SystemClock_Config();
  MX_GPIO_Init();
  MX_TIM1_Init();

  if(HAL_TIM_IC_Start_IT(&htim1, TIM_CHANNEL_1) != HAL_OK)
                                                        //使能定时器 1 通道 1
    Error_Handler();                                    //打开失败
  //主函数循环部分依据电机工作模式与转速驱动电机
  while (1)
```

```
  {
        if(mode==0)
            for(int i=0;i<4;i++)
            {
                GPIOD->ODR=Step_table[i];
                HAL_Delay(time);
            }
        else
            for(int i=0;i<4;i++)
            {
                GPIOD->ODR=Step_table[3-i];
                HAL_Delay(time);
            }
  }
}
```

④ 编写 13 号中断服务程序与定时器 1 捕获中断回调函数，如代码清单 8.4 所示。

代码清单 8.4　编写 13 号中断服务程序与定时器/捕获中断回调函数

```
void EXTI4_15_IRQHandler(void)
{
    if (EXTI_GetITStatus(0x2000) != 0x00)              // 0x2000==EXTI_PIN_13 换方向换速度
  {
        EXTI_ClearITPendingBit(0x2000);                //清除中断标志位
        if((mode==0)&&(time>=14))
            mode++;
        else if((mode==1)&&(time<=6))
            mode=0;
        else if(mode==1)
            time=time-2;
        else if(mode==0)
            time=time+2;
  }
}

void HAL_TIM_IC_CaptureCallback(TIM_HandleTypeDef *htim)
{
  if (htim->Channel == HAL_TIM_ACTIVE_CHANNEL_1)
  {
    if(uhCaptureIndex == 0)                              // 第一次捕获
    {
      /* 获取计数值 */
      uwIC2Value1 = HAL_TIM_ReadCapturedValue(htim, TIM_CHANNEL_1);
      uhCaptureIndex = 1;
    }

    else if(uhCaptureIndex == 1)                         //第二次捕获
    {
      /*获取计数值*/
      uwIC2Value2 = HAL_TIM_ReadCapturedValue(htim, TIM_CHANNEL_1);
      if (uwIC2Value2 > uwIC2Value1)                     //计算两次捕获计数器值之差
      {
        uwDiffCapture = (uwIC2Value2 - uwIC2Value1);
      }
```

```
        else if (uwIC2Value2 < uwIC2Value1)
        {
          //0xFFFF 是 TIM1_CCRx 寄存器的最大值，转了一圈 Value2+max+1 - Value1
          uwDiffCapture = ((0xFFFF - uwIC2Value1) + uwIC2Value2) + 1;
        }
        else
          //若捕获值相等，则表示超过最高频率测量值，即计数器还没反应就已经捕获两次
          Error_Handler();
          //计算频率：在该例子中，定时器 1 时钟源是 APB1CLK
        uwFrequency = HAL_RCC_GetPCLK1Freq() * 1.000 / uwDiffCapture    / 4096;
          //4096 是定时器 1 分频值
        uhCaptureIndex = 0;
      }

      if(HAL_GPIO_ReadPin(GPIOC,GPIO_PIN_11)==1)
            strcpy(fangxiang, "Qian");
      else
            strcpy(fangxiang, "Hou ");
    }
}
```

（6）保存 main.c 文件。

（7）在 Keil 主界面左侧 Project 窗口中，找到并双击 stm32g0xx_it.c，打开该文件。在该文件中，注释掉原有的 13 号中断入口，如代码清单 8.5 所示。

代码清单 8.5　注释掉原来的 13 号中断入口

```
/*void EXTI4_15_IRQHandler(void)
{
  HAL_GPIO_EXTI_IRQHandler(GPIO_PIN_13);
} */
```

（8）保存 stm32g0xx_it.c 文件。

思考与练习 8.1：系统时钟为 24MHz，定时器分频值是 4096，因此最大检测频率为______________。（提示：24MHz/4096=5859.375Hz。）

思考与练习 8.2：定时器 1 最大计数值设置为 0xFFFF，计数周期为 2^{16}=65536，因此最小检测频率为______________。（提示：24MHz/4096/65536=0.0894Hz。）

8.3.7　设计处理和验证

下面将对设计文件进行编译和连接，生成可以下载到 STM32G071 MCU 内 Flash 存储器中的文件格式，并在调试器环境中查看设计结果，主要步骤如下。

（1）在 Keil 主界面主菜单下，选择 Project->Build Target，对设计进行编译和连接，并生成可以下载到 STM32G071 MCU 内 Flash 存储器中的文件格式。

（2）通过 USB 电缆，将 NUCLEO-G071RB 开发板的 USB 接口连接到计算机/笔记本电脑的 USB 接口。

（3）通过杜邦线，将步进电机驱动模块与 NUCLEO-G071RB 开发板进行连接。

（4）通过杜邦线，将霍尔传感器电路板与 NUCLEO-G071RB 开发板进行连接。

（5）在 Keil 主界面主菜单中，选择 Debug->Start/Stop Debug Session，进入调试器界面。

（6）将需要观察的变量添加到 Watch 1 窗口中，如图 8.65 所示。

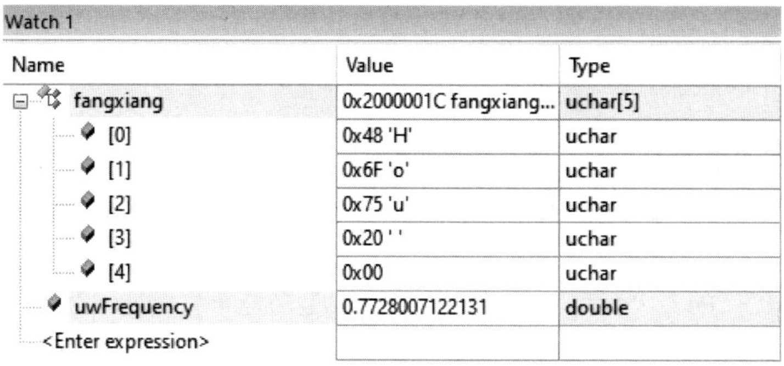

Watch 1

Name	Value	Type
fangxiang	0x2000001C fangxiang...	uchar[5]
[0]	0x48 'H'	uchar
[1]	0x6F 'o'	uchar
[2]	0x75 'u'	uchar
[3]	0x20 ' '	uchar
[4]	0x00	uchar
uwFrequency	0.7728007122131	double
<Enter expression>		

图 8.65　Watch 1 中的变量

注：如果没有出现 Watch 1 窗口，则在 Keil 主界面主菜单下，选择 View->Watch Windows->Watch 1。

思考与练习 8.3：按下 NUCLEO-G071RB 开发板上标记为 USER 的按键，观察图 8.65 中变量值的变化情况，是否符合设计要求。

思考与练习 8.4：在设计中，添加 1602 字符型 LCD 的显示驱动代码，实现在 1602 字符型 LCD 上显示步进电机的转速和方向等信息。

第 9 章　直流电机的驱动和控制

STM32G071 MCU 的一大优势就是片内集成了大量功能丰富的定时器资源，可满足不同的应用场景需求。

本章将使用 STM32G071 MCU 内集成的定时器资源，实现对直流风扇的驱动和控制，以及通过定时器资源获取直流风扇的转速信号。本章内容主要包括脉冲宽度调制的原理、直流风扇的驱动原理、通用定时器的原理，以及直流风扇驱动和测速的设计与实现。

通过本章理论和实验案例的详细讲解，读者可以深入理解并掌握 STM32G071 MCU 内通用定时器的原理，以及通用定时器在直流电机驱动方面的应用。

9.1　脉冲宽度调制的原理

使用 MCU 来控制直流电机的速度，通常使用脉冲宽度调制（Pulse Width Modulation，PWM）。PWM 的特点是脉冲的周期保持恒定，而脉冲的高电平时间（称为占空）可变，如图 9.1 所示。

图 9.1　PWM 信号波形

占空比表示为

$$占比空=\frac{占空}{周期}\times 100\%$$

当增加占空时（即增加脉冲的高电平时间，减少脉冲的低电平时间，总的周期保持不变），占空比的值将增加，在给定周期内隐含的直流信号分量的值（平均值）增加；当减少占空时（即减少脉冲的高电平时间，增加脉冲的低电平时间，总的周期保持不变），占空比的值将减少，在给定周期内隐含的直流信号分量的值（平均值）减少。

思考与练习 9.1：说明脉冲宽度信号中占空比的含义，以及它与直流分量之间的关系。

9.2　直流风扇的驱动原理

在本章的设计中，使用了日本 SANYO DENKI 的 SanAce40 9GA0405P6F001 直流风扇。本节对该直流风扇的驱动原理进行介绍。

9.2.1　直流风扇的规范和连线

直流风扇的外观如图 9.2 所示，该直流风扇主要的机械和电气规范，如表 9.1 所示。

图 9.2　直流风扇的外观

表 9.1　直流风扇主要的机械和电气规范

规格参数	值
风扇制造商	SANYO DENKI
模型型号	9GA0405P6F001
尺寸/mm	40×40×20
额定电压/V	5V 直流
工作电压范围/V	4.5～5.5
额定电流/A	0.18
额定输入/W	0.9
额定转速/RPM	8000
最大空气流量/(m^3/min)	0.21
最大空气流量/CFM	7.4
噪声/dBA	28
PWM 控制	有
传感器类型	脉冲传感器
工作温度/℃	-20～+70
外壳材料	塑料
质量/g	35

风扇单元的导线以规定的电压连接到直流电源。红线为“+”，黑色或蓝色原则上为“−”（GND）。

（1）传感器线。

在直流风扇传感器输出规范的情况下，连接了黄色导线。将该黄色导线连接到传感器的接收电路。传感器的规格会因风扇型号的不同而不同。不要让超过默认值的电流流过传感器的导线，否则风扇可能会损坏。

（2）控制线。

对于具有 PWM 速度控制功能的风扇，需要连接棕色导线，使用棕色导线进行控制。

9.2.2　PWM 速度控制功能

PWM 速度控制功能是通过改变控制端子和 GND 之间的输入脉冲信号的占空比从外部控制风扇转速的。对本节所使用的直流风扇来说，PWM 占空周期与转速之间的关系如图 9.3 所示。PWM 控制信号与直流风扇的连接如图 9.4 所示。

思考与练习 9.2：根据图 9.3 给出的转速和占空周期之间的关系，通过拟合算法，用公式表示占空比和直流风扇转速之间的关系。

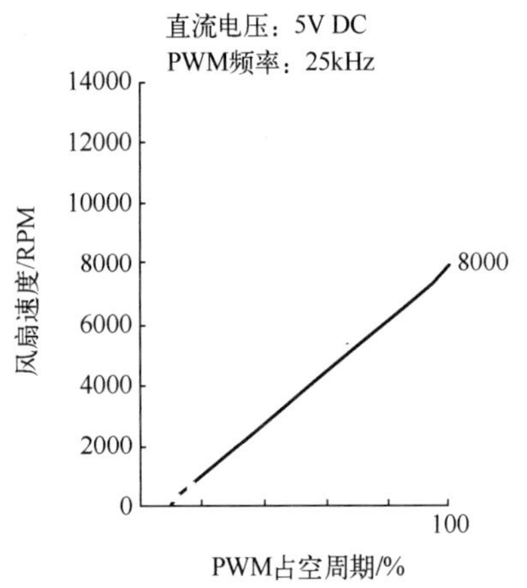

图 9.3　PWM 占空周期与转速之间的关系

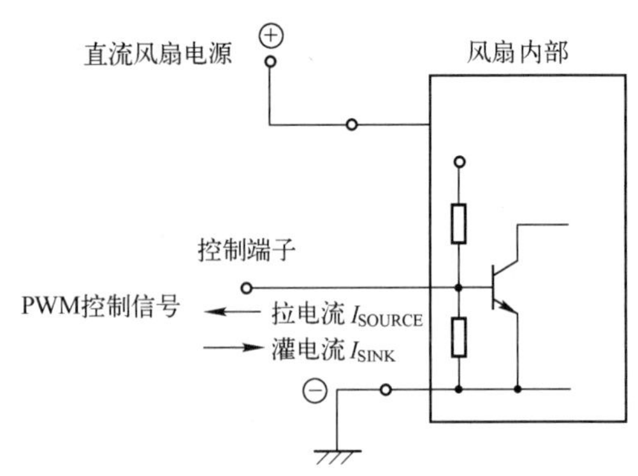

图 9.4　PWM 控制信号与直流风扇的连接

9.2.3　脉冲传感器（转速输出类型）

风扇每旋转一圈，脉冲传感器就会输出两个脉冲波形，这对于检测风扇速度非常有利。脉冲传感器可以集成在各种无刷直流电机（brushless direct current motor，BLDC）风扇中。

注：风扇内部或外部设备的噪声可能会影响传感器的输出。

脉冲传感器的输出电路如图 9.5 所示。从该图中可知，脉冲传感器的输出采用了集电极开漏的模式，因此需要在脉冲传感器输出端口（测速线）上拉一个电阻到电源上。

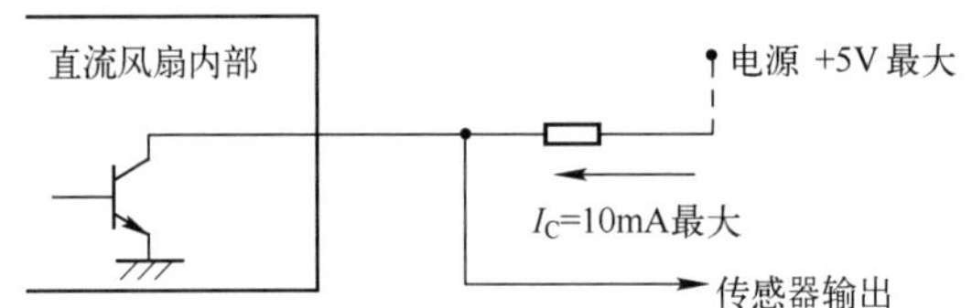

图 9.5　脉冲传感器的输出电路

当直流风扇稳定运行时脉冲传感器的输出波形（需要上拉电阻）如图 9.6 所示。该输出波形满足以下几个条件

$$T_1 \approx T_2 \approx T_3 \approx T_4 \approx 60 / (4N)(\text{s})$$

式中，N 是风扇的速度（RPM）。

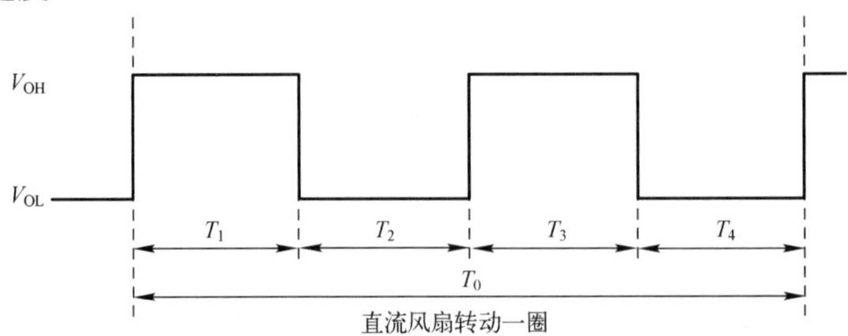

图 9.6　直流风扇稳定运行时脉冲传感器的输出波形

9.3　通用定时器的原理

通用定时器包括 TIM2、TIM3、TIM4、TIM14、TIM15、TIM16、TIM17。其中：

（1）TIM2/TIM3/TIM4 是由可编程预分频器驱动的 16 位/32 位自动重加载计数器。

（2）TIM14 是由可编程预分频器驱动的 16 位自动重加载计数器。

（3）TIM15/TIM16/TIM17 是由可编程预分频器驱动的 16 位自动重加载计数器。

这些通用定时器可用于多个目的，包括测量输入信号的脉冲长度（输入捕获）或产生输出波形。

（1）TIM2/TIM3/TIM4 生成的输出波形（输出比较、PWM）。

（2）TIM14 生成的输出波形（输出比较、PWM）。

（3）TIM15/TIM16/TIM17 生成的输出波形（输出比较、PWM、具有死区插入功能的互补 PWM）。

使用定时器预分频器和 RCC 时钟控制器预分频器，可以将脉冲长度和波形周期从几微秒调节到几毫秒。定时器是完全独立的，并不需要共享任何资源。

注：TIM4 仅在 STM32G0B1xx 和 STM32G0C1xx 器件上可用。

9.3.1　TIM2/TIM3/TIM4 的主要功能

TIM2/TIM3/TIM4 的内部结构如图 9.7 所示，TIM2/TIM3/TIM4 的主要功能如下。

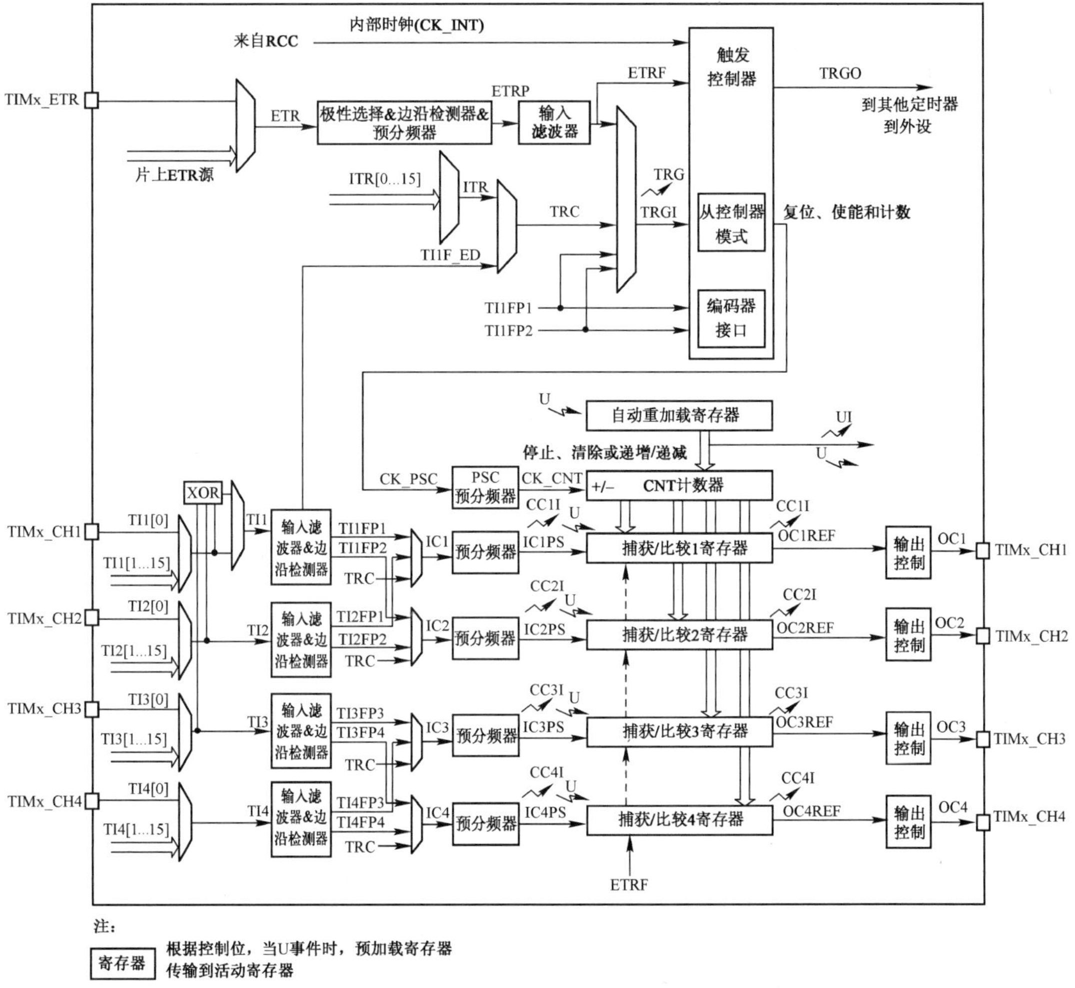

图 9.7　TIM2/TIM3/TIM4 的内部结构

（1）16 位（TIM3 和 TIM4）或 32 位（TIM2）递增、递减、递增/递减自动重加载计数器。

（2）16 位的可编程预分频器，用于将计数器时钟频率除以（也可以“即时”）1～65535 的分频因子。

（3）最多 4 个独立通道，用于输入捕获、输出比较、PWM 生成（边沿和中心对齐模式）以及单脉冲模式输出。

（4）同步电路，用于通过外部信号控制定时器并互连多个定时器。

（5）发生以下事件时产生中断/DMA。

① 更新：计数器上溢/下溢，计数器初始化（通过软件或内部/外部触发）。

② 触发事件（计数器开始、停止、初始化或由内部/外部触发的计数）。

③ 输入捕获。

④ 输出比较。

（6）支持增量（正交）编码器和霍尔传感器电路以进行定位。

（7）触发输入，用于外部时钟或按周期电流管理。

> **注：**（1）关于 TIM2/TIM3/TIM4 功能的详细信息，参见 RM0444 Reference manual *STM32G0x1 advanced Arm-based 32-bit MCUs* 的 22.2 节。
>
> （2）关于 TIM2/TIM3/TIM4 寄存器的详细信息，参见 RM0444 Reference manual *STM32G0x1 advanced Arm-based 32-bit MCUs* 的 22.4 节。

9.3.2 TIM14 的主要功能

TIM14 的内部结构如图 9.8 所示，TIM14 的主要功能如下。

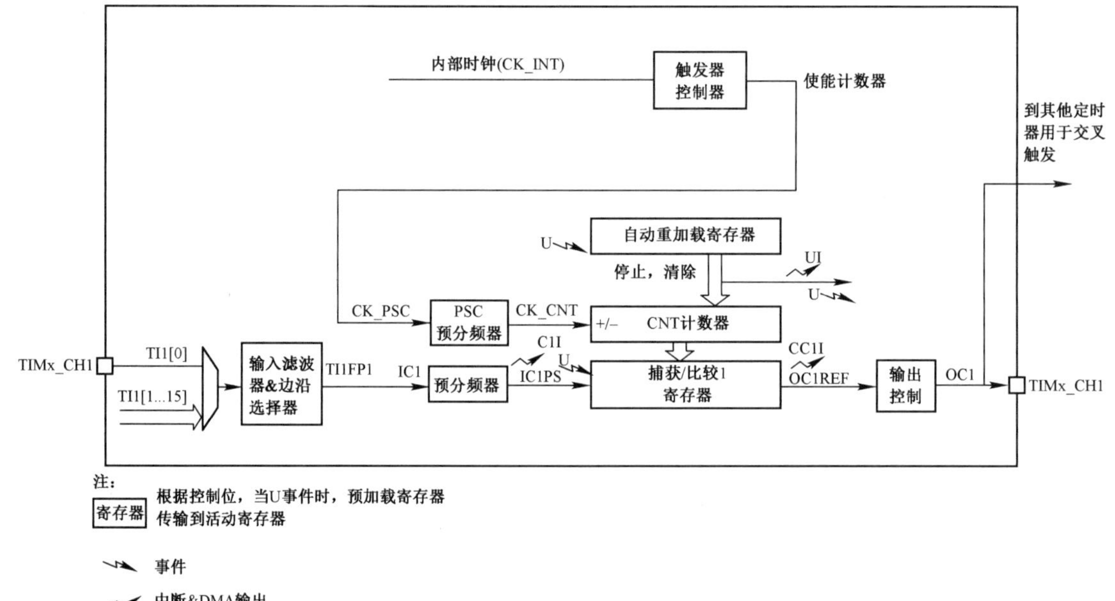

图 9.8　TIM14 的内部结构

（1）16 位自动重加载递增计数器。

（2）16 位可编程预分频器，用于将计数器的时钟频率除以 1～65535 的任意因子（可以“即时”更改）。

（3）独立的通道，可用于输入捕获、输出比较、PWM 生成（边沿对齐模式）和单脉冲模式输出。

（4）在发生以下事件时产生中断。

① 更新：计数器上溢、计数器初始化（通过软件）。

② 输入捕获。

③ 输出比较。

注：关于 TIM14 功能的详细信息，参见 RM0444 Reference manual *STM32G0x1 advanced Arm-based 32-bit MCUs* 的 24.3 节。

思考与练习 9.3：根据图 9.8 给出的 TIM14 的内部结构，分析该定时器所提供的功能。

9.3.3 TIM15 的主要功能

TIM15 的内部结构如图 9.9 所示，TIM15 的主要功能如下。

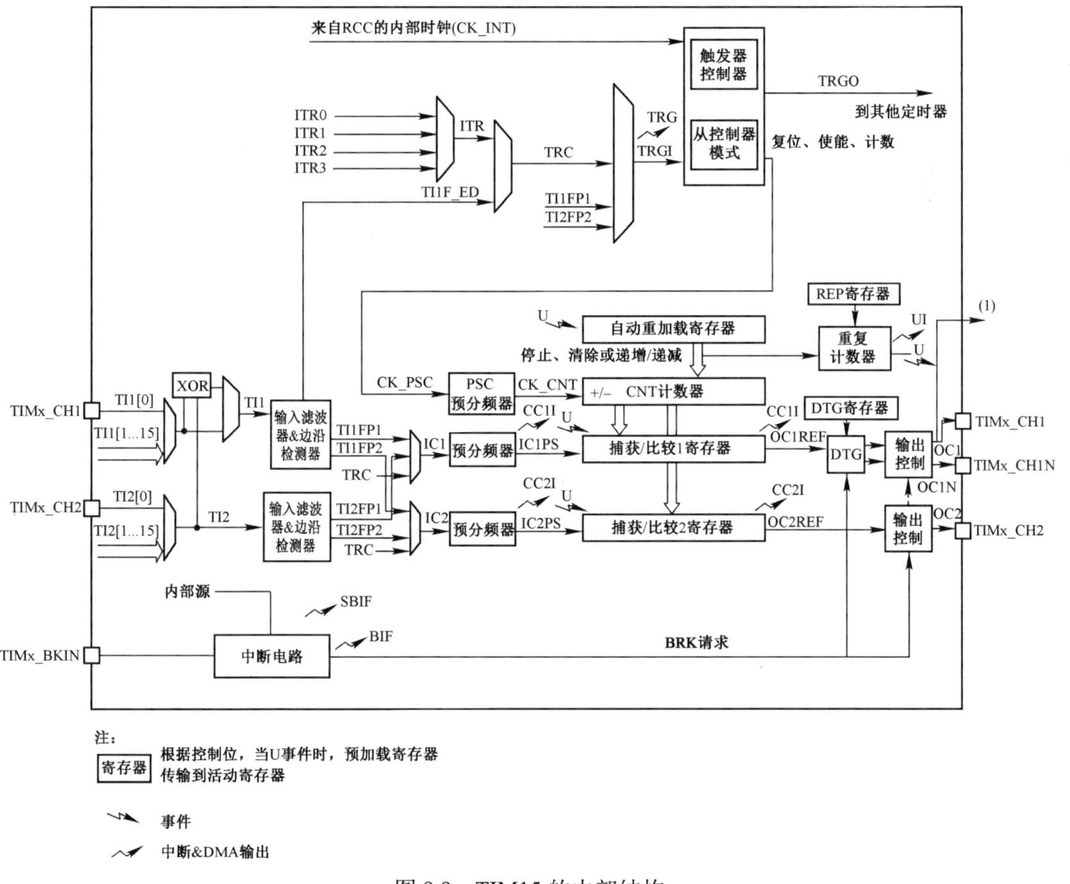

图 9.9　TIM15 的内部结构

（1）16 位自动重加载递增计数器。

（2）16 位可编程预分频器，用于将计数器时钟频率除以（也可以“即时”）1～65535 的因子。

（3）最多两个独立通道，用于输入捕获、输出比较、PWM 生成（边沿模式）和单脉冲模式输出。

（4）具有可编程死区（仅适用于通道 1）的互补输出。

（5）同步电路，用于通过外部信号控制定时器，以及将多个定时器互连在一起。

（6）重复计数器仅在给定数量的计数器循环后才更新定时器寄存器。

（7）中断/打断输入将定时器的输出信号置于复位状态或已知状态。

（8）在发生以下事件时产生中断/DMA。

① 更新：计数器上溢、计数器初始化（通过软件或内部/外部触发器）。

② 触发事件（计数器启动、停止、初始化或通过内部/外部触发进行计数）。

③ 输入捕获。

④ 输出比较。

⑤ 中断/打断输入（中断请求）。

注： 图 9.9 中，内部中断事件源，包括 CSS 生成的时钟故障事件、PVD 输出、SRAM 奇偶校验错误信号、Cortex-M0+ LOCKUP（故障）输出、COMP 输出。

思考与练习 9.4：根据图 9.9 给出的 TIM15 的内部结构，分析该定时器所提供的功能。

9.3.4　TIM16/TIM17 的主要功能

TIM16/TIM17 的内部结构如图 9.10 所示，TIM16/TIM17 的主要功能如下。

（1）16 位自动重加载递增计数器。

（2）16 位可编程预分频器，用于将计数器时钟频率除以 1～65535 的分频因子。

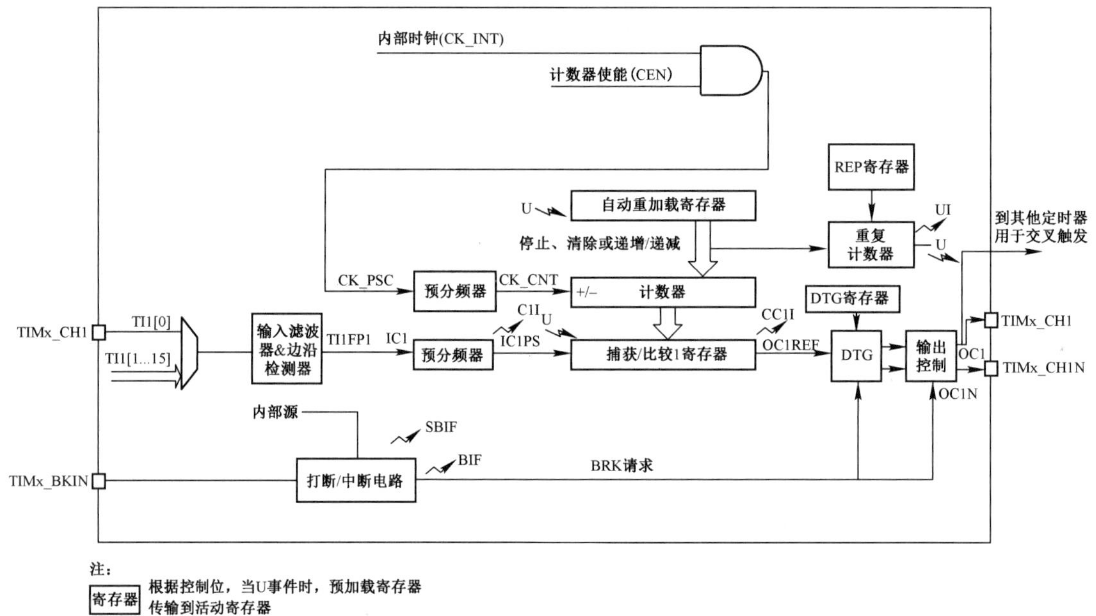

图 9.10　TIM16/TIM17 的内部结构

（3）一个通道用于输入捕获、输出比较、PWM 生成（边沿对齐模式）和单脉冲模式输出。

（4）带有死区事件的互补输出。

（5）重复计数器仅在给定个数的计数器周期后才更新定时器寄存器。

（6）中断/打断输入将定时器的输出信号置于复位状态或已知状态。

（7）在发生以下事件时产生中断/DMA。

① 更新：计数器上溢。

② 输入捕获。

③ 输出比较。

④ 中断/打断输入。

图 9.10 中：

（1）该信号可用作某些从定时器的触发器。

（2）内部中断/打断事件源，包括 CCS 生成的时钟故障事件、PVD 输出、SRAM 奇偶校验错误信号、Cortex-M0+ LOCKUP（硬件故障）输出和 COMP 输出。

> **注：**（1）关于 TIM15/TIM6/TIM7 功能的详细信息，参见 RM0444 Reference manual *STM32G0x1 advanced Arm-based 32-bit MCUs* 的 25.4 节。
>
> （2）关于 TIM15 功能的详细信息，参见 RM0444 Reference manual *STM32G0x1 advanced Arm-based 32-bit MCUs* 的 25.5 节。
>
> （3）关于 TIM16/TIM17 功能的详细信息，参见 RM0444 Reference manual *STM32G0x1 advanced Arm-based 32-bit MCUs* 的 25.6 节。

思考与练习 9.5：根据图 9.10 给出的 TIM16/TIM17 的内部结构，分析该定时器所提供的功能。

9.4 直流风扇驱动和测速的设计与实现

该直流风扇驱动和测速系统由直流风扇的 PWM 驱动模块、直流风扇速度信号获取模块，以及直流风扇速度显示模块构成。

本节将介绍系统设计策略、系统硬件连接，以及应用程序的设计等。

9.4.1 系统设计策略

系统设计策略包括直流风扇的驱动、直流风扇的测速，以及系统的设计优化。

1．直流风扇的驱动

直流风扇的驱动信号由定时器 2 通道 1 产生。当每次按下 NUCLEO-G071RB 开发板上标记为 USER 的按键（该按键作为调速触发按键）时，触发 STM32G071 MCU 的第 13 号外部中断。在外部中断服务程序中，修改全局整型变量 mode 的值（初始值设置为 1）。每当进入外部中断服务程序中时，变量 mode 递增。当变量 mode 的值递增到 5 时，重新将 mode 的值设置为 1。这样，就使得变量 mode 在 1～5 依次变化。

变量 mode 值的变化会改变定时器 2 的工作模式。首先关闭定时器 2 的通道 1，然后重新初始化定时器 2。在重新初始化定时器 2 时，计数周期保持不变，但是改变了高电平的计数值，因此就会改变信号的占空比，即产生具有不同占空比的 PWM 信号。该信号连接到直流风扇的 PWM 信号输入端，这样就可以调整直流风扇的转速了。

2．直流风扇的测速

直流风扇的测速过程如下。

（1）由于直流风扇输出的测速信号是集电极开漏的，因此需要将直流风扇的测速信号线通过上拉电阻（阻值范围为 1～10kΩ）连接到 NUCLEO-G071RB 开发板上的 3.3V 电源引脚。

（2）同时，将直流风扇的测速信号连接到 NUCLEO-G071RB 开发板的 PC9 端口，用于触发 STM32G071 MCU 的第 9 号外部中断，每当触发外部中断（即在测速输出信号的下降沿触发外部中断）时，递增/累计脉冲的个数。

（3）使用定时器 3 通道 1 产生频率为 1Hz（周期为 1s）的信号，并将该信号送到

NUCLEO-G071RB 开发板上的 PC8 端口，用于触发 STM32G071 MCU 的第 8 号外部中断。每当中断到来时，当前的计数值就是测速信号线的频率 f。

3．系统的设计优化

PWM 调速时采用以下方法。

（1）修改 mode 值，关闭定时器 2 通道 1，调用自定义的定时器初始化函数，根据 mode 值重新配置定时器 2，以改变定时器驱动信号占空比。

（2）定时器 3 下降沿触发清零时，全局整型变量 number_old 的设置。如果更新后的计数值 number 还等于原来的计数值，则不需要刷新 1602 字符型 LCD，显示屏保持上一显示状态即可。在不影响测速结果精度的前提下，减少刷新 1602 字符型 LCD 的次数，以提高 STM32G071 MCU 的运行效率，降低 MCU 的运行负载。

（3）当定时器 3 给出下降沿时，首先关闭定时器 3 的通道 1，等待 1602 字符型 LCD 显示刷新完成后再重新打开定时器 3 的通道 1。然后，将直流风扇测速信号的计数值重新清零以开始新的计数周期。

上面的应用程序设计思路，使得不管 1602 字符型 LCD 的刷新时间是多少，都不会影响对测速信号的计数周期，从而消除了因刷新 1602 字符型 LCD 对测速信号脉冲累计个数产生的影响，确保了脉冲累计个数的准确性。

9.4.2　系统硬件连接

该系统的硬件连接如下。

（1）将直流风扇的电源线连接到外部的+5V 电源，直流风扇的地线连接到外部电源的地线。在使用外部电源时，外部电源应该有足够大的电流，使得直流风扇可以达到额定转速。

（2）直流风扇的 PWM 输入引脚连接到 NUCLEO-G071RB 开发板连接器的 CN7_17 引脚，该引脚内部连接到 STM32G071 MCU 的 PA15 引脚，该引脚作为定时器 2 通道 1 的 PWM 输出。

（3）直流风扇的测速输出引脚除了通过电阻上拉到+3.3V，还需要连接到 NUCLEO-G071RB 开发板连接器的 CN10_1 引脚，该引脚连接到 STM32G071 MCU 的 PC9 引脚，用于 STM32G071 MCU 的第 9 号中断。

（4）1602 字符型 LCD 与 NUCLEO-G071RB 开发板的连接如表 9.2 所示。

表 9.2　1602 字符型 LCD 与 NUCLEO-G071RB 开发板的连接

1602 字符型 LCD 的引脚	NUCLEO-G071RB 开发板上的引脚位置	STM32G071 MCU 上对应的引脚位置
D0	CN8_1	PA0
D1	CN8_2	PA1
D2	CN10_34	PA2
D3	CN10_6	PA3
D4	CN8_3	PA4
D5	CN5_6	PA5
D6	CN5_5	PA6
D7	CN5_4	PA7
RS	CN5_3	PB0
R/W	CN8_44	PB1
E	CN10_22	PB2

9.4.3　应用程序的设计

应用程序的设计包括在 STM32CubeMX 内初始化 STM32G071 MCU 并生成 Keil μVision（以下简称 Keil）格式的工程，以及在 Keil 集成开发环境下添加设计代码。

1．STM32CubeMX 中建立设计工程

下面将在 STM32CubeMX 软件工具内通过图形化界面初始化 STM32G071 MCU，并生成和导出 Keil 格式的工程文件。

（1）启动 STM32CubeMX 软件工具。

（2）器件类型选择 STM32G071RB MCU。

（3）进入 STM32CubeMX Untiled:STM32G071RBTx 界面。在该界面中单击 Clock Configuration 标签。

（4）在 Clock Configuration 标签界面中，在 System Clock Mux 标题下面的多路选择器符号中勾选 HIS 对应的复选框，默认 SYSCLK(MHz)为 16MHz，AHB Prescaler 为/1，因此 HCLK(MHz)为 16，时钟参数设置如图 9.11 所示。

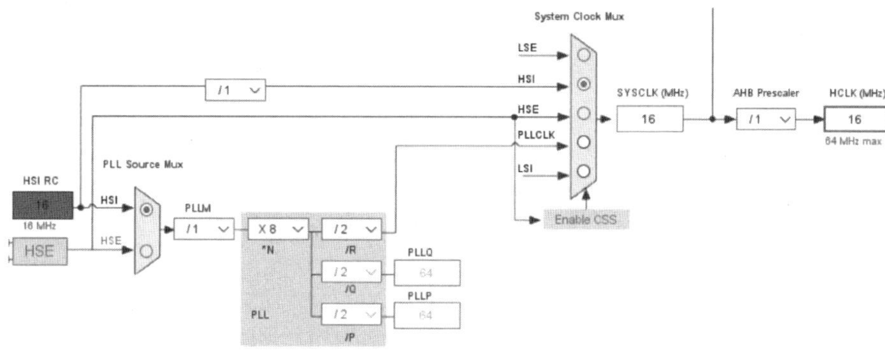

图 9.11　时钟参数设置

（5）单击 Pinout & Configuration 标签，进入 Pinout & Configuration 标签界面。如图 9.12 所示，在该界面左侧窗口中，找到并展开 Timers。在展开项中，选择 TIM2 选项。在右侧的 TIM2 Mode and Configuration 窗口中，参数配置如下。

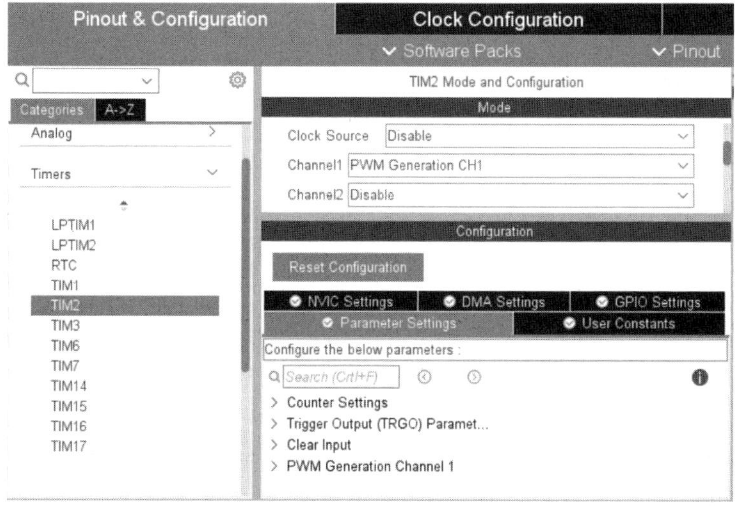

图 9.12　TIM2 参数设置

在 Mode 子窗口中，通过 Channel1 右侧的下拉框将 Channel1 设置为 PWM Generation CH1。

在 Configuration 子窗口中，参数设置如下。

① 找到并展开 Counter Settings。在展开项中，将 Prescaler(PSC-16 bits value)设置为 7（实现 8 分频），Counter Period(AutoReload Register-32 bits value)设置为 1000。

② 找到并展开 PWM Generation Channel 1。在展开项中，将 Pulse(32 bits value)设置为 500（即持续高电平的计数值）。

通过上面的设置，使得定时器 2 通道 1 产生占空比为 50%，频率为 8M/8/1000=1kHz 的直流风扇驱动信号。

（6）在 Pinout view 界面中，选中 STM32G071 MCU 器件封装上的 PA15 引脚，出现浮动菜单。在浮动菜单内，选择 TIM2_CH1 选项，这样使得在 PA15 引脚上输出定时器 2 通道 1 的信号。

（7）单击 Pinout & Configuration 标签，进入 Pinout & Configuration 标签界面。在该界面左侧窗口中，找到并展开 Timers。在展开项中，选择 TIM3 选项。在右侧的 TIM3 Mode and Configuration 窗口中，参数配置如下。

在 Mode 子窗口中，通过 Channel1 右侧的下拉框将 Channel1 设置为 PWM Generation CH1。

在 Configuration 子窗口中，参数设置如下。

① 找到并展开 Counter Settings。在展开项中，将 Prescaler(PSC-16 bits value)设置为 127（实现 128 分频），Counter Period(AutoReload Register-32 bits value)设置为 62500。

② 找到并展开 PWM Generation Channel 1。在展开项中，将 Pulse(32 bits value)设置为 31250。

上面的设置，使得定时器 3 通道 1 产生占空比为 50%，频率为 8M/128/62500=1Hz 的定时信号。

（8）在 Pinout view 界面中，选中 STM32G071 MCU 器件封装上的 PC6 引脚，出现浮动菜单。在浮动菜单内，选择 TIM3_CH1 选项，这样使得在 PC6 引脚上输出定时器 3 通道 1 的信号。

（9）在 Pinout view 界面中，选中 STM32G071 MCU 器件封装上的 PC8 引脚，出现浮动菜单。在浮动菜单内，选择 GPIO_EXTI8 选项。

（10）在 Pinout view 界面中，选中 STM32G071 MCU 器件封装上的 PC9 引脚，出现浮动菜单。在浮动菜单内，选择 GPIO_EXTI9 选项。

（11）在 Pinout view 界面中，选中 STM32G071 MCU 器件封装上的 PC13 引脚，出现浮动菜单。在浮动菜单内，选择 GPIO_EXTI13 选项。

（12）在 Pinout view 界面中，分别选中 STM32G071 MCU 器件封装上的 PA0～PA7 引脚，出现浮动菜单。在浮动菜单内，选择 GPIO_Output 选项。

（13）在 Pinout view 界面中，分别选中 STM32G071 MCU 器件封装上的 PB0 和 PB2 引脚，出现浮动菜单。在浮动菜单内，选择 GPIO_Output 选项。

（14）单击 Pinout & Configuration 标签。在该标签界面左侧窗口中，找到并展开 System Core。在展开项中，找到并选择 GPIO 选项，如图 9.13 所示。在右侧的 GPIO Mode and Configuration 窗口下面找到 Pin name 为 PC8 的一行。在 PC8 Configuration 窗口中，通过 GPIO mode 右侧的下拉框，将 GPIO mode 设置为 External Interrupt Mode with Falling edge trigger detection。

（15）在 GPIO Mode and Configuration 窗口下面找到 Pin name 为 PC9 的一行。在 PC9 Configuration 窗口中，通过 GPIO mode 右侧的下拉框，将 GPIO mode 设置为 External Interrupt Mode with Falling edge trigger detection。

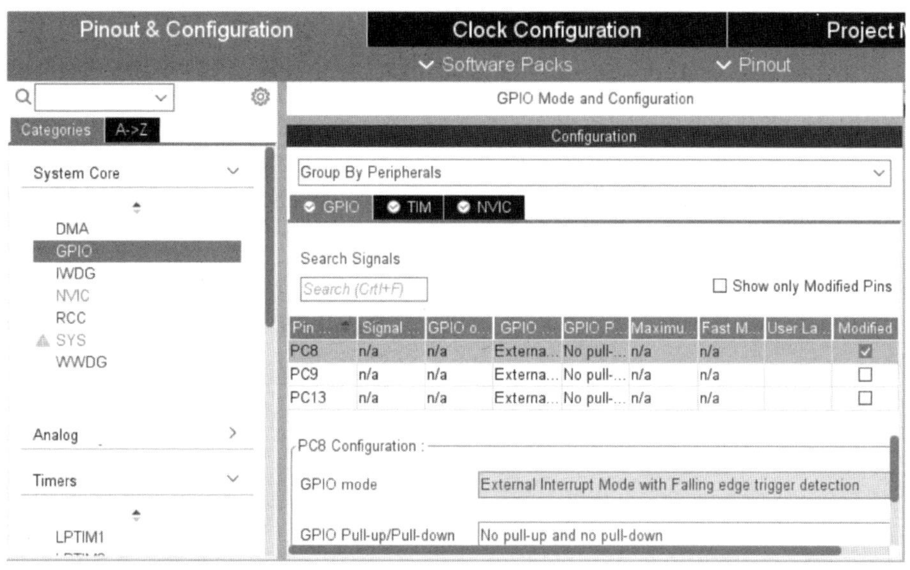

图 9.13　GPIO 参数设置

（16）在 GPIO Mode and Configuration 窗口下面找到 Pin name 为 PC13 的一行。在 PC13 Configuration 窗口中，通过 GPIO mode 右侧的下拉框，将 GPIO mode 设置为 External Interrupt Mode with Falling edge trigger detection。

（17）单击 Pinout & Configuration 标签。在该标签界面中，找到并展开 System Core。在展开项中，找到并选择 NVIC 选项，如图 9.14 所示。在右侧 NVIC Mode and Configuration 窗口的 NVIC Interrupt Table 中，勾选 EXTI line 4 to 15 interrupts 右侧的复选框，以使能中断。

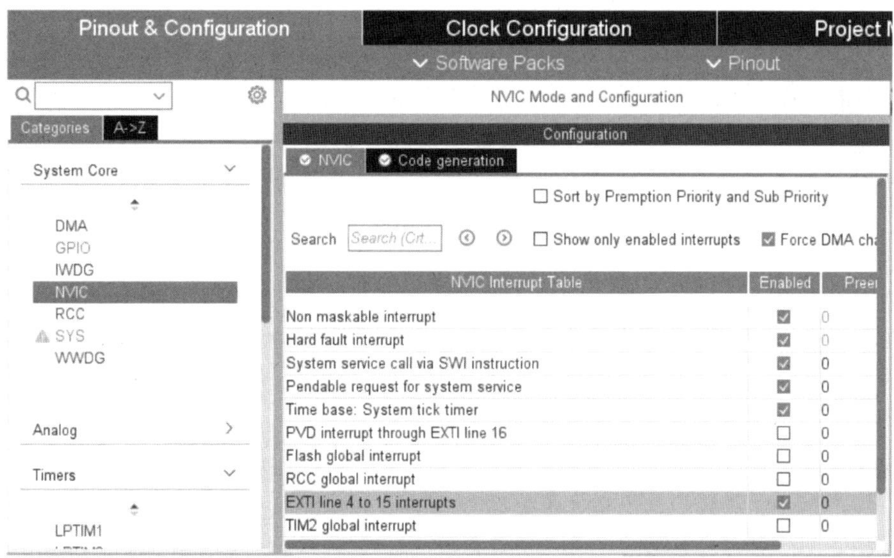

图 9.14　NVIC 参数设置

（18）生成并导出 Keil 格式的设计工程。

2．在 Keil μVision 中添加设计代码

下面将在 Keil μVision 集成开发环境（以下简称 Keil）中，打开设计工程，并添加设计代码。主要步骤如下。

（1）启动 Keil 集成开发环境。

（2）在 Keil 主界面主菜单中，选择 Project->Open Project。

（3）弹出 Select Project File 界面。在该界面中，将路径定位到 E:\STM32G0_example\example_8_1\MDK-ARM，在该路径中，选择 FS_SX_TEST1.uvprojx 工程文件名。

（4）单击打开按钮，退出 Select Project File 界面，自动打开该工程。

（5）在 Keil 主界面左侧的 Project 窗口中，找到并双击 main.c 文件。打开该文件，添加设计代码。

① 添加变量定义及函数声明，如代码清单 9.1 所示。

代码清单 9.1　添加变量定义及函数声明

```
#define u8    unsigned char                          //定义数据类型
#define u16 unsigned int

int mode=1;                                          //调速模式
int number=0;                                        //下降沿计数
int number_f=0;                                      //每分钟转速
int number_old=0;                                    //下降沿计数寄存值
unsigned char tstr[5];                               //显示器字符串

/*LCD1602 相关函数的声明*/
void delay(void);
void lcdwritecmd(unsigned char cmd);
void lcdwritedata(unsigned char dat);
void lcdinit(void);
void lcdsetcursor(unsigned char x, unsigned char y);
void lcdshowstr(unsigned char x, unsigned char y, unsigned char *str);

void MX_TIM2_Init_NEW(int i);                        //自定义新的定时器初始化函数
```

② 添加定时器初始化代码，如代码清单 9.2 所示。

代码清单 9.2　添加定时器初始化代码

```
HAL_TIM_PWM_Start(&htim2,TIM_CHANNEL_1);    //打开定时器 2 通道 1
HAL_TIM_PWM_Start(&htim3,TIM_CHANNEL_1);    //打开定时器 3 通道 1
lcdinit();                                  //LCD1602 初始化
delay();
lcdshowstr(0,0,"Speed");                    //在 LCD1602 输出起始提示字符
lcdshowstr(6,0,"0          ");
```

③ 在 while()循环中添加设计代码，如代码清单 9.3 所示。

代码清单 9.3　在 while()循环中添加设计代码

```
while (1)
{
    HAL_Delay(100);
}
```

④ 编写与 1602 字符型 LCD 显示相关的函数，如代码清单 9.4 所示。

代码清单 9.4　与 1602 字符型 LCD 显示相关的函数

```
void delay ()
{
    for(int i=0;i<99;i++)
        for(int j=0;j<99;j++)
```

```
        {}
}

void lcdwritecmd(unsigned char cmd)
{
    delay();
    GPIOB->ODR=0x00;                    //驱动 E=0,R/W=0,RS=0
    GPIOA->ODR=cmd;
    GPIOB->ODR=0x04;                    //驱动 E=1,R/W=0,RS=0
    delay();
    GPIOB->ODR=0x00;                    //驱动 E=0,R/W=0,RS=0
}

void lcdwritedata(unsigned char dat)
{
    delay();
    GPIOB->ODR=0x01;                    //驱动 E=0,R/W=0,RS=1
    GPIOA->ODR=dat;
    GPIOB->ODR=0x05;                    //驱动 E=1,R/W=0,RS=1
    delay();
    GPIOB->ODR=0x01;                    //驱动 E=0,R/W=0,RS=1
}

void lcdinit()
{
    lcdwritecmd(0x38);
    lcdwritecmd(0x0c);
    lcdwritecmd(0x06);
    lcdwritecmd(0x01);
}

void lcdsetcursor(unsigned char x, unsigned char y)
{
    unsigned char address;
    if(y==0)
        address=0x00+x;
    else
        address=0x40+x;
    lcdwritecmd(address|0x80);
}

void lcdshowstr(unsigned char x, unsigned char y, unsigned char *str)
{
    lcdsetcursor(x,y);
    while((*str)!='\0')
    {
        lcdwritedata(*str);
        str++;
    }
}
```

⑤ 编写中断服务程序代码，如代码清单 9.5 所示。

代码清单 9.5　中断服务程序代码

```
void HAL_GPIO_EXTI_Falling_Callback(uint16_t GPIO_Pin)
{
    if(GPIO_Pin==0x2000)                                    //判断是否是 PC13 引脚
    {
        if(mode<5)                                          //mode 在 1～5 变化
            mode++;
        else
            mode=1;                                         //超出范围，重新置 1
        HAL_TIM_PWM_Stop(&htim2,TIM_CHANNEL_1);            //关闭定时器 2 通道 1
        MX_TIM2_Init_NEW(mode);                             //重新配置定时器 2
        HAL_TIM_PWM_Start(&htim2,TIM_CHANNEL_1);           //关闭定时器 2 通道 1
    }
    else if(GPIO_Pin==0x0100)                               //判断是否是 PC8 引脚
    {
        HAL_TIM_PWM_Stop(&htim3,TIM_CHANNEL_1);            //打开定时器 3 通道 1
        if(number!=number_old)                              //降低 LCD1602 刷新速度
        {
            number_f=number*30;
            lcdshowstr(6,0,"          ");                   //清除原来的数据（显存）
            sprintf(tstr,"%d",number_f);                    //转换数据类型
            lcdshowstr(6,0,tstr);                           //输出 number_f 每分钟转速
            number_old=number;                              //刷新 number_old 值
        }
        HAL_TIM_PWM_Start(&htim3,TIM_CHANNEL_1);           //打开定时器 3 通道 1
        number=0;
    }
    else if(GPIO_Pin==0x0200)                               //判断 PC9 引脚
    {
        number++;                                           //累计脉冲个数
    }
    else ;
}
```

⑥ 自定义新的定时器初始化函数，如代码清单 9.6 所示。

代码清单 9.6　自定义新的定时器初始化函数

```
void MX_TIM2_Init_NEW(int i)                                //自定义新的定时器初始化函数
{
  TIM_MasterConfigTypeDef sMasterConfig = {0};
  TIM_OC_InitTypeDef sConfigOC = {0};
  htim2.Instance = TIM2;
  htim2.Init.Prescaler = 7;
  htim2.Init.CounterMode = TIM_COUNTERMODE_UP;
  htim2.Init.Period = 1000;
  htim2.Init.ClockDivision = TIM_CLOCKDIVISION_DIV1;
  htim2.Init.AutoReloadPreload = TIM_AUTORELOAD_PRELOAD_DISABLE;
  if (HAL_TIM_PWM_Init(&htim2) != HAL_OK)
  {
    Error_Handler();
  }
  sMasterConfig.MasterOutputTrigger = TIM_TRGO_RESET;
  sMasterConfig.MasterSlaveMode = TIM_MASTERSLAVEMODE_DISABLE;
```

```
    if (HAL_TIMEx_MasterConfigSynchronization(&htim2, &sMasterConfig) != HAL_OK)
    {
      Error_Handler();
    }
    sConfigOC.OCMode = TIM_OCMODE_PWM1;
    sConfigOC.Pulse = 200*i;    //500
    sConfigOC.OCPolarity = TIM_OCPOLARITY_HIGH;
    sConfigOC.OCFastMode = TIM_OCFAST_DISABLE;
    if (HAL_TIM_PWM_ConfigChannel(&htim2, &sConfigOC, TIM_CHANNEL_1) != HAL_OK)
    {
      Error_Handler();
    }
    HAL_TIM_MspPostInit(&htim2);
}
```

（6）保存设计代码。

9.4.4 设计处理和下载

下面将对设计代码进行编译和连接，并将生成的代码下载到 STM32G071 MCU 内的 Flash 存储器中。主要步骤如下。

（1）在 Keil 主界面主菜单中，选择 Project->Build Target，对设计代码进行编译和连接，最后生成可以下载到 STM32G071 MCU 内的 Flash 存储器文件格式。

（2）通过 USB 电缆，将计算机/笔记本电脑的 USB 接口连接到 NUCLEO-G071RB 开发板的 USB 接口。

（3）在 Keil 主界面主菜单中，选择 Flash->Download，将生成的 Flash 存储器文件格式下载到 STM32G071 MCU 内的 Flash 存储器中。

（4）按一下 NUCLEO-G071RB 开发板上标记为 RESET 的按键，使程序正常运行。

思考与练习 9.6：按下 NUCLEO-G071RB 开发板上标记为 USER 的按键，调整输出的 PWM 信号，感受直流风扇速度的变化，观察在 1602 字符型 LCD 上所显示的直流风扇的转速。

思考与练习 9.7：以图 9.15 为例，将直流风扇的测速信号连接到示波器的输入端，并调整示波器的参数设置，使测速信号能直观地显示在示波器上。根据示波器上给出测速信号脉冲的频率和 9.2.3 节给出的直流电机的转速计算公式，验证 1602 字符型 LCD 上显示的转速值的正确性。

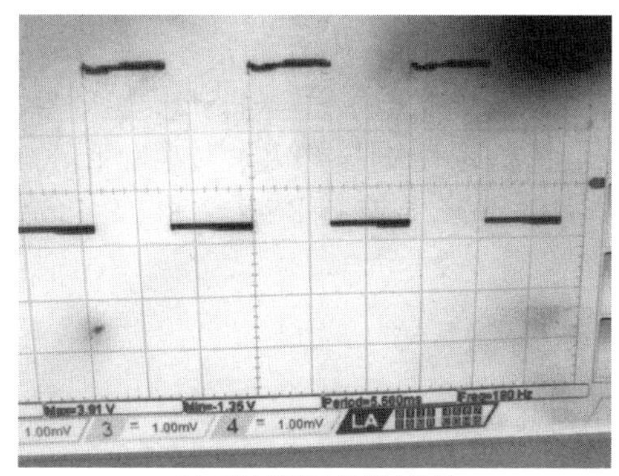

（a）示波器显示的转速信号

（b）1602字符型LCD上显示的转速值

图 9.15　示波器显示的转速信号与 1602 字符型 LCD 上显示的转速值

思考与练习 9.8：根据本章介绍的定时器原理和定时器的配置过程，说明使用定时器产生 PWM 信号的原理及实现方法。

第 10 章　红外串口通信的设计和实现

在 STM32G071 MCU 中集成了一个低功耗通用异步收发器（Low-Power Universal Asynchronous Receiver Transmitter，LPUART）模块和四个通用同步异步收发器（Universal Synchronous Asynchronous Receiver Transmitter，USART）模块，使得可以使用这种低成本、低开销的通信方式实现多个外设的数据传输。

本章首先详细介绍低功耗通用异步收发器的原理和通用同步异步收发器的原理，在此基础上通过红外串口通信的实现来介绍 LPUART 以及定时器的高级使用方法。

10.1　低功耗通用异步收发器的原理

当使用低速外部 32.768kHz 振荡器（Low Speed External，LSE）为 LPUART 提供时钟时，LPUART 可以在 9600 波特率下提供完整的 UART 通信。

当使用不同于 LSE 时钟的时钟源作为驱动时钟时，可以达到更高的波特率。设备之间仅需要几个引脚，就可以很轻松、很便宜地进行连接，从而使应用受益，LPUART 的引脚及信号波形如图 10.1 所示。此外，LPUART 外设还可以处于低功耗运行模式。它带有发送和接收先进先出（First Input and First Output，FIFO）缓冲区，具有在停止模式下发送和接收的功能。

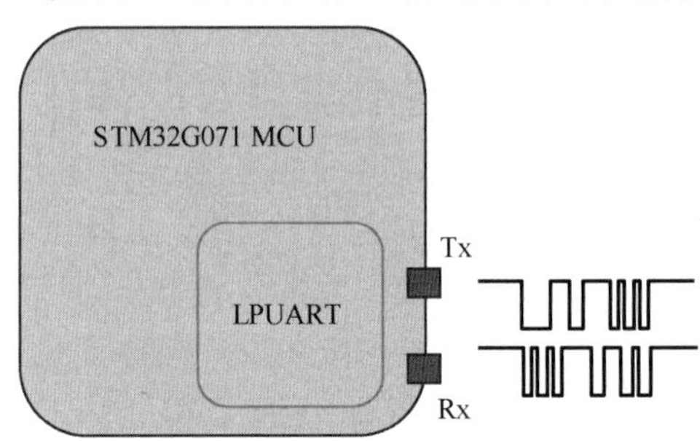

图 10.1　LPUART 的引脚及信号波形

LPUART 是一个完全可编程的串行接口，具有可配置的功能，如数据长度、自动生成和检查的奇偶校验、停止位个数、数据顺序、用于发送和接收的信号的极性，以及波特率发生器。LPUART 可以在 FIFO 模式下运行，并且带有发送 FIFO 和接收 FIFO。它支持 RS-232 和 RS-485 硬件流量控制选项。

10.1.1　模块结构

LPUART 的内部结构如图 10.2 所示。从该图中可知，LPUART 内部存在两个独立的时钟域。

（1）lpuart_pclk 时钟域。

lpuart_pclk 时钟信号馈入外设总线接口。当需要访问 LPUART 寄存器时，它必须处于活动状态。

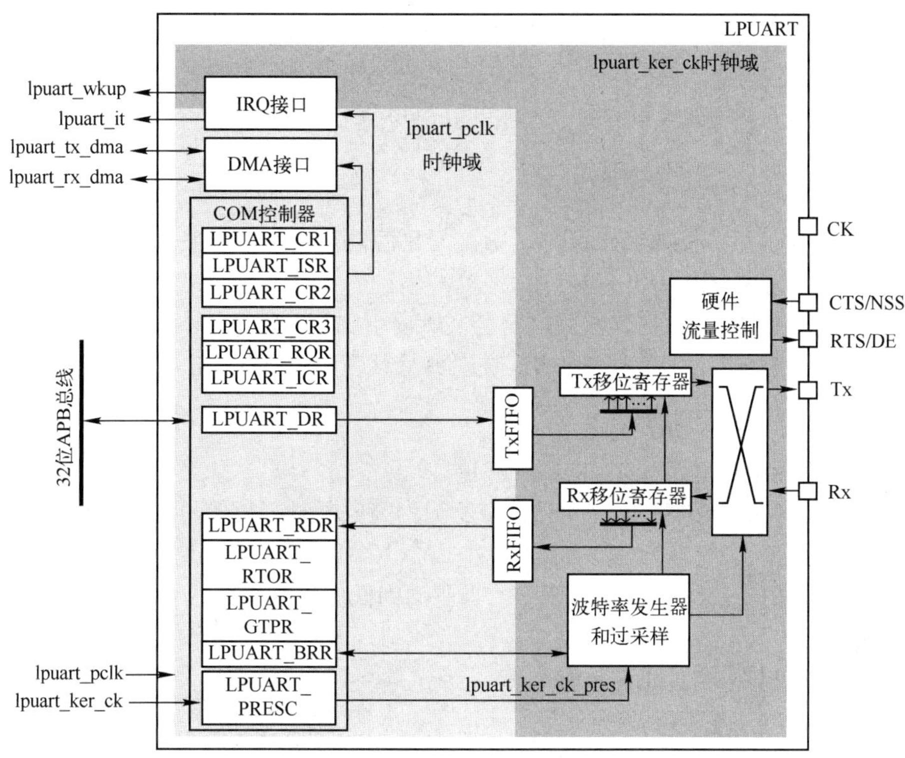

图 10.2　LPUART 的内部结构

（2）lpuart_ker_ck 时钟域。

lpuart_ker_ck 是 LPUART 的时钟源。它独立于 lpuart_pclk，由 RCC 提供。因此，即使 lpuart_ker_ck 停止，也可以写入/读取 LPUART 寄存器。

当禁止双时钟域功能时，lpuart_ker_ck 与 lpuart_pclk 时钟相同。在 lpuart_pclk 和 lpuart_ker_ck 时钟之间没有任何限制，即 lpuart_ker_ck 可以比 lpuart_pclk 更快或更慢，并且与软件管理通信足够快相比，没有更多的限制。

lpuart_ker_ck 的时钟源如图 10.3 所示，LPUART 时钟源（lpuart_ker_ck）可以来自下面的时钟，包括外设时钟（APB 时钟 PCLK）、SYSCLK、高速内部 16MHz 振荡器（HSI16），或者低速外部振荡器（LSE）。LPUART 时钟源由 LPUART_PRESC 寄存器中的可编程因子进行分频，分频因子范围为 1～256。

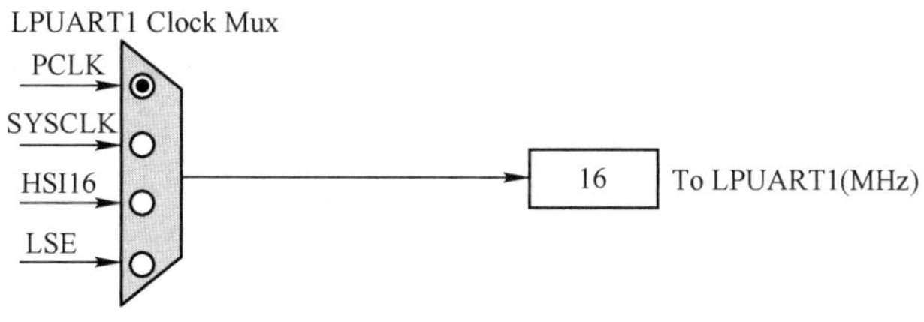

图 10.3　lpuart_ker_ck 的时钟源

从图 10.2 中可知，Tx 和 Rx 引脚分别用于数据的发送和接收，CTS 和 RTS 引脚用于 RS-232 硬件流量控制。此外，在 RS-485 模式下使用与 RTS 相同的 I/O 上的驱动器使能（Driver Enable，DE）引脚。

从图 10.2 中可知，为了将数据从一个时钟域传递到另一个时钟域，可使用 8 个数据 FIFO 或单个数据缓冲区。

LPUART 是 APB 的从设备，可以依赖 DMA 请求将数据传输到存储器缓冲区或从存储器缓冲区传输数据。

此外，Tx 和 Rx 引脚功能可以互换。这样可以在与另一个 UART 进行跨线连接的情况下工作。

10.1.2　接口信号

LPUART 双向通信至少需要两个引脚，即接收数据输入（Rx）和发送数据输出（Tx）。

（1）Rx（接收数据输入）。Rx 是串行数据输入。

（2）Tx（发送数据输出）。当禁止发送器后，输出引脚将返回其 I/O 端口配置。当使能发送器并且不发送任何内容时，Tx 引脚为高电平。在单线模式下，该 I/O 端口用于发送和接收数据。

1．RS-232 硬件流量控制模式

在 RS-232 硬件流量控制模式下需要以下引脚。

（1）清除发送（Clear To Send，CTS）。当驱动为高电平时，该信号在当前传输结束时阻止数据传输。

（2）请求发送（Request To Send，RTS）。当驱动为低电平时，该信号表示 LPUART 已经准备好接收数据。

图 10.4 给出了 LPUART 的信号连接。

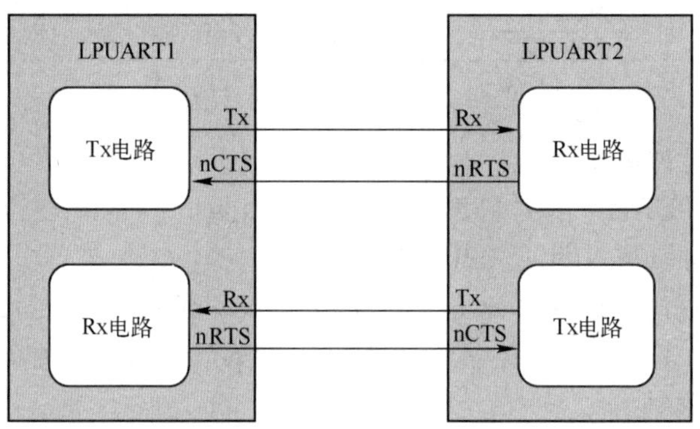

图 10.4　LPUART 的信号连接

2．RS-485 硬件流量控制模式

在 RS-485 硬件控制模式下需要以下引脚。

驱动器使能（Driver Enable，DE）。该信号激活外部收发器的传输模式。对于串行半双工协议（如 RS-485），主设备需要一个方向信号来控制收发器（物理层）。该信号通知物理层是否必须在发送或接收模式下运行。

10.1.3　数据格式

串行通信的数据格式如图 10.5 所示，帧格式除了用于同步的位以及可选的用于错误检查的奇偶校验位，还包括一组数据位。一个数据帧以一个起始位（s）开始，在该起始位，Tx 线驱动为低电平。这表示一帧的开始，并用于同步。

数据长度可以是 7 位、8 位或 9 位，其中奇偶校验位已经计算在内。最后，1 个或 2 个停止位（Tx 驱动位高电平）表示帧的结束。

从图 10.5（b）中可知，将空闲字符理解为整个帧都为 1。1 的个数也将包含停止位的个数。从图 10.5（c）中可知，将间隔字符理解为在一个帧周期内接收到所有的 0。在间隔帧的末尾，插

入了 2 个停止位。

前面提到数据长度可以是 7 位、8 位或 9 位，这是通过编程 LPUART_CR1 寄存器中的 M 字段（M0：位 12 和 M1：位 28）实现的。当 M[1:0]=10 时，数据长度为 7 位；当 M[1:0]=00 时，数据长度为 8 位；当 M[1:0]=01 时，数据长度为 9 位。

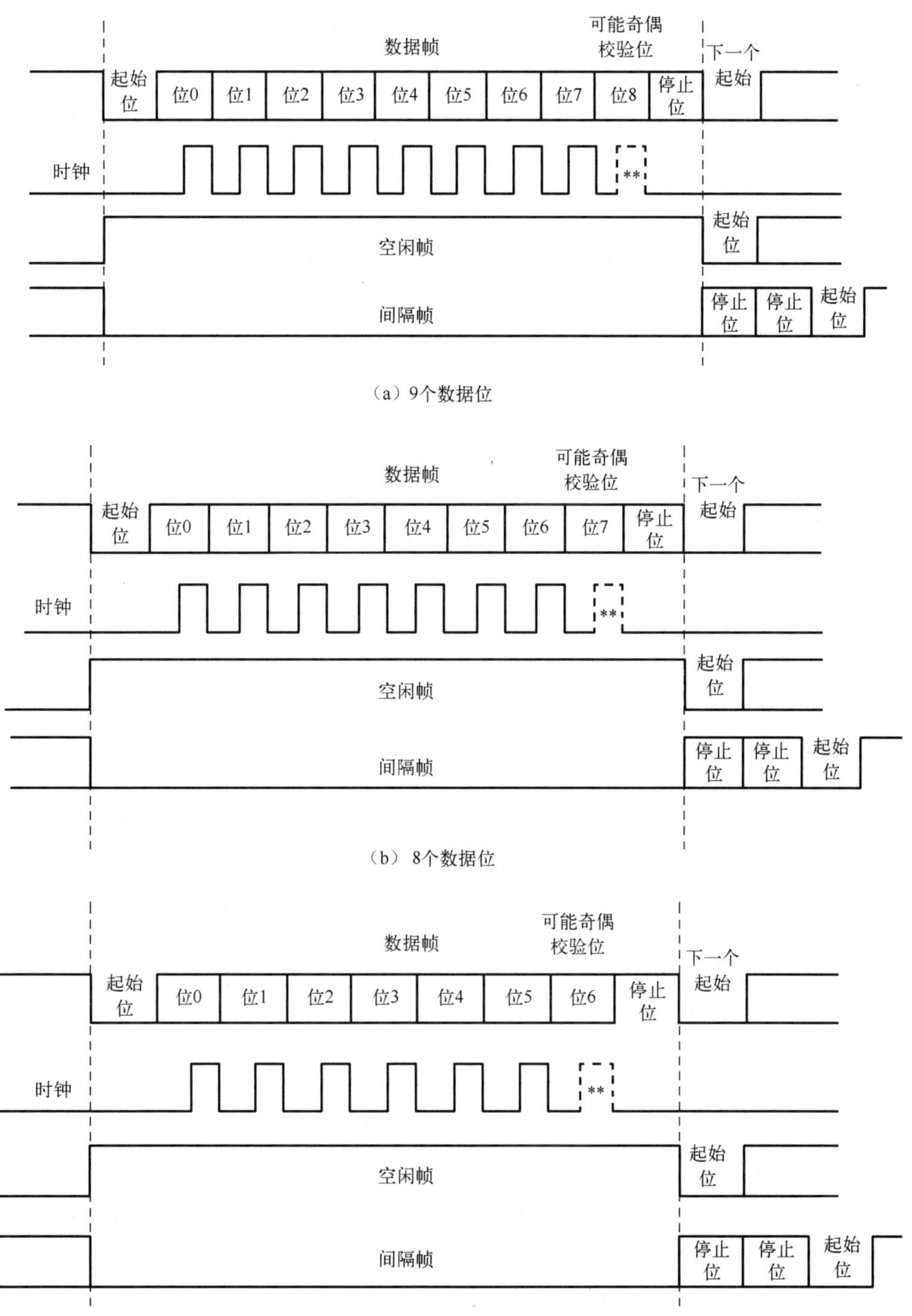

（a）9个数据位

（b）8个数据位

（c）7个数据位

图 10.5　串行通信的数据格式

10.1.4　FIFO 模式

LPUART 可以在由软件使能/禁止的 FIFO 模式下运行，默认为禁用 FIFO 模式。从图 10.2 中可知，LPUART 带有一个发送 FIFO（TxFIFO）和一个接收 FIFO（RxFIFO），每个深度为 8 个数据。其中，TxFIFO 为 9 位宽度，RxFIFO 默认宽度为 12 位。这是因为以下事实：接收器不仅将数据保存在 FIFO 中，而且还保存与每个字符相关的错误标志（奇偶校验错误标志、噪声错误标志和成帧错误标志）。

假设 FIFO 由内核提供时钟，则即使在停止模式下也可以发送和接收时钟。此外，可以配置 TxFIFO 和 RxFIFO 阈值，主要用于避免从停止模式唤醒时发生欠载/溢出问题。

10.1.5　单线半双工模式

通过设置 LPUART_CR3 寄存器中的 HDSEL 位，选择单线半双工模式。LPUART 还可以配置为内部连接 Tx 和 Rx 线的单线半双工模式。在这种通信模式下，仅 Tx 引脚用于发送和接收。当没有数据传输时，始终释放 Tx 引脚。因此，它在空闲或接收状态下充当标准 I/O。对于这种用法，必须使用交替的漏极开路模式和外部上拉电阻将 Tx 引脚配置为 I/O，如图 10.6 所示。

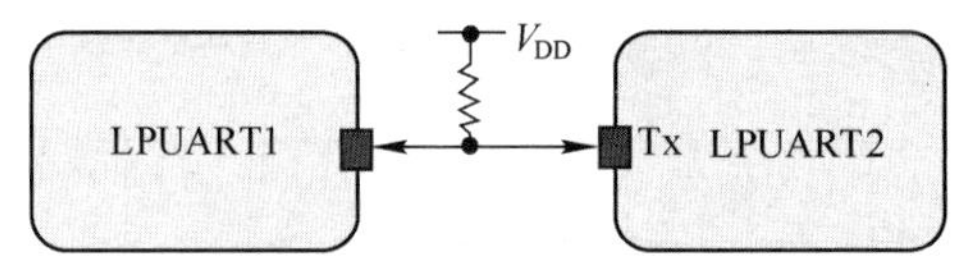

图 10.6　单线半双工模式

10.1.6　多处理器通信

可以执行 LPUART 多处理器通信（一个网络中连接了多个 LPUART）。例如，一个 LPUART 可以是主设备，它的 Tx 输出连接到其他 LPUART 的 Rx 输入。其他 LPUART 都是从设备，它们各自的 Tx 输出在逻辑上进行“与”运算，并且连接到主设备的 Rx 输入。

在多处理器配置中，通常希望只有预期的消息接收者主动接收完整的消息内容，从而减少所有未寻址接收者的冗余 LPUART 服务开销。

可以通过静音功能将未寻址的设备置于静音模式。要使用静音模式，必须在 LPUART_CR1 寄存器中将 MME 位置 1。

> **注：** 当使能 FIFO 管理并且已经设置 MME 时，一定不要清除 MME，然后再快速设置（在两个 lpuart_ker_ck 周期内），否则静音模式可能保持活动状态。

当使能静音模式时：

（1）无法设置接收状态位；

（2）禁止所有的接收中断；

（3）LPUART_ISR 寄存器中的 RWU 位设置为 1，在某些情况下，可以通过 LPUART_RQR 寄存器中的 MMRQ 位由硬件或软件自动控制 RWU 位。

LPUART 可以使用两种方法中的一种进入或退出静音模式，具体取决于 LPUART_CR1 寄存器中的 WAKE 位。

（1）空闲线检测（如果复位 WAKE 位）。

如图 10.7 所示，当 MMRQ 位写入 1 且 RWU 位自动置位时，LPUART 进入静音模式。当检测到空闲帧时，唤醒 LPUART。然后，硬件将 RWU 位清零，但未设置 LPUART_ISR 寄存器中的 IDLE 位。

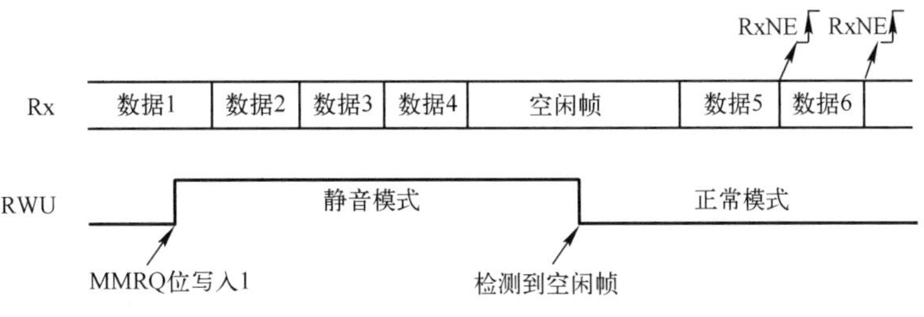

图 10.7　使用空闲线检测的静音模式

> **注：**如果在空闲字符已经设置了 MMRQ，则不会进入静音模式（未设置 RWU）。如果在线路为空闲时激活了 LPUART，则在一个空闲帧的持续时间之后（不仅在接收到一个字符帧之后）将检测到空闲状态。

（2）如果设置 WAKE 位，则检测地址标记。

在该模式下，如果字节的 MSB（最高有效位）为 1，则将其识别为地址，否则将其看作数据。在地址字节中，目标接收器的地址放入 4 个或 7 个 LSB（最低有效位）。使用 ADDM7 位选择 7 位或 4 位地址检测。接收器会将这个 4 位或 7 位字与自己的地址进行比较，该地址已在 LPUART_CR2 寄存器中的 ADD 位中进行了编程。

> **注：**在 7 位和 9 位数据模式下，地址检测分别在 6 位和 8 位地址（ADD[5:0]和 ADD[7:0]）上进行。

当收到的地址字符与其编程地址不匹配时，LPUART 进入静音模式。在这种情况下，RWU 位由硬件设置。当 LPUART 进入静音模式时，没有为该地址字节设置 RxNE 标志，并且不发出中断或 DMA 请求。

当 MMRQ 位写为 1 时，LPUART 也进入静音模式。在这种情况下，也会自动设置 RWU 位。

当收到与编程地址匹配的地址字符时，LPUART 从静音模式退出。然后，清除 RWU 位，正常接收随后的字节。由于已经清除 RWU 位，因此设置地址字符的 RxNE/RxFNE 位。

> **注：**当使能 FIFO 管理时，如果在接收器对数据的最后一位采样时将 MMRQ 位置 1，则可以在有效进入静音模式之前接收该数据。

图 10.8 给出了使用地址标记检测的静音模式。在该例子中，当前接收器的地址为 1（在 LPUART_CR2 寄存器中编程）。

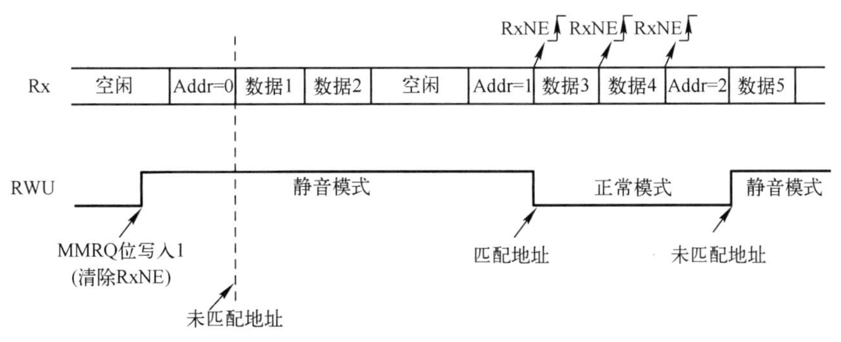

图 10.8　使用地址标记检测的静音模式

10.1.7 发送器原理

下面以发送字符为例进行说明，发送过程如下。

（1）编程寄存器 LPUART_CR1 中的 M 字段（由 M1 和 M2 两位构成）。

（2）使用寄存器 LPUART_BRR 选择期望的波特率。

（3）在寄存器 LPUART_CR2 中编程停止位的个数。

（4）在寄存器 LPUART_CR1 中将 UE 位置 1，使能 LPUART。

（5）如果要进行多缓冲区通信，则在寄存器 LPUART_CR3 中选择 DMA 使能（DMAT）。

（6）设置 LPUART_CR1 中的 TE 位，以发送空闲帧作为首次发送。

（7）把要发送的数据写到寄存器 LPUART_TDR 中。如果是单个缓冲区，则对要传输的每个数据重复该操作。

① 当禁止 FIFO 模式时，在寄存器 LPUART_TDR 中写入数据将清除 TxE 标志。

② 当使能 FIFO 模式时，在寄存器 LPUART_TDR 中写入数据将该数据添加到 TxFIFO。当设置 TxFNF 标志时，将执行对 LPUART_TDR 的写操作。该标志保持置位，直到 TxFIFO 满为止。

（8）当最后一个数据写入寄存器 LPUART_TDR 时，等待直到 TC=1。这表示已经完成最后一帧的传输。

① 当禁止 FIFO 模式时，表示已经完成最后一帧的传输。

② 当使能 FIFO 模式时，表明 TxFIFO 和移位寄存器均为空。

要求进行该检查，以避免在禁止 LPUART 或进入停止模式后破坏最后一个传输。

图 10.9 给出了发送时的 TC/TxE 行为。

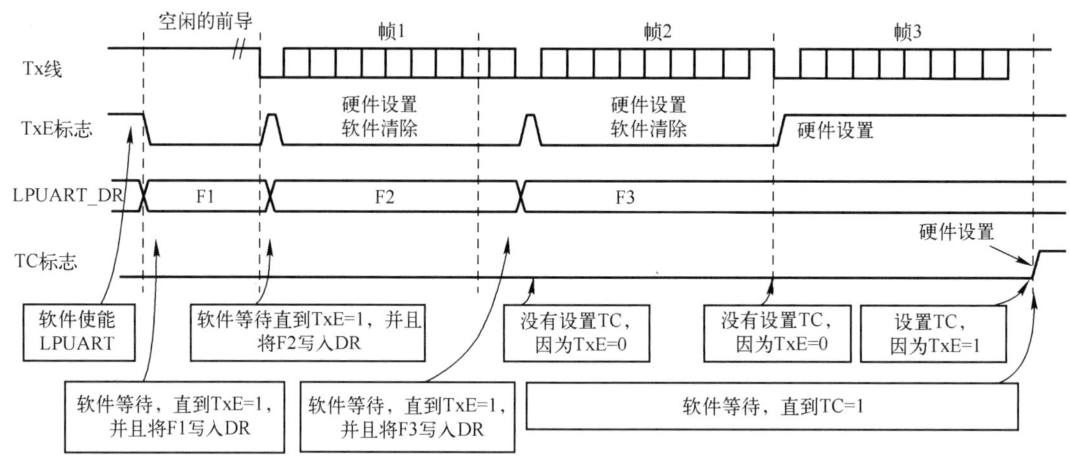

图 10.9 发送时的 TC/TxE 行为

（1）TC 为发送完成标志（LPUART_ISR 寄存器）。当发送包含数据的帧完成，并且设置 TxE 时，硬件设置该位。

（2）TxE 为发送数据寄存器空/TxFIFO 未满标志（0 表示满，1 表示不满）。当 LPUART_TDR 寄存器的内容传输到移位寄存器中时，设置 TxE。对 LPUART_TDR 寄存器的写入操作将清除该位。

10.1.8 接收器原理

LPUART 可以接收 7 位、8 位或 9 位数字，具体取决于 LPUART_CR1 寄存器中的 M 字段。

1. 起始位的检测

在 LPUART 中，当 Rx 线上出现下降沿时检测到起始位，然后在起始位进行采样以确认其仍然为 0。如果起始的样本为 1，则设置噪声错误（Noise Error，NE）标志，然后丢弃起始位，接收器等待新的起始位。否则，接收器将继续正常采样所有输入位。

2．接收字符

在 LPUART 接收期间，通过 Rx 引脚，数据首先以最低有效位移位（默认配置）。在这种模式下，LPUART_RDR 寄存器由内部总线和接收到的移位寄存器之间的缓冲区构成（RDR）。

字符接收过程要接收字符，需要遵循以下顺序。

（1）编程 LPUART_CR1 的 M 字段以定义字长。

（2）使用波特率寄存器 LPUART_BRR 选择所需要的波特率。

（3）编程 LPUART_CR2 寄存器中的停止位数。

（4）将 LPUART_CR1 寄存器中的 UE 位置 1，使能 LPUART。

（5）如果要进行多缓冲区通信，则在 LPUART_CR3 寄存器中选择 DMA 使能（DMAR）。

（6）设置 LPUART_CR1 寄存器的 RE 位，使得接收器开始搜索起始位。

当接收到一个字符时，执行下面的操作。

（1）当禁用 FIFO 模式时，设置 RxNE 位（读数据寄存器不为空标志）。它指示移位寄存器内容已经传输到 RDR，也就是说，已经接收到数据并可以读取（以及相关的错误）。

（2）当使能 FIFO 模式时，设置 RxFNE 位（RxFIFO 不为空标志），表示 RxFIFO 不为空。读取 LPUART_RDR 将返回在 RxFIFO 中输入的最早数据。当接收到数据时，它将与相应的错误位一起保存在 RxFIFO 中。

（3）如果设置 RxNEIE（在 FIFO 模式下为 RxFNEIE）位，则产生中断。

（4）如果在接收过程中检测到帧错误、噪声或溢出错误，则可以设置错误标志。

（5）在多缓冲区通信模式下：

① 当禁止 FIFO 模式时，在接收到每个字节之后设置 RxNE 标志，通过 DMA 读取接收数据寄存器并将其清除。

② 当使能 FIFO 模式时，若 RxFIFO 不为空，则设置 RxFNE 标志。在每个 DMA 请求之后，都会从 RxFIFO 中检索数据。DMA 请求是由 RxFIFO 不为空触发的，即 RxFIFO 中有一个数据将要读取。

（6）在单缓冲区模式下：

① 当禁止 FIFO 模式时，软件通过执行从 LPUART_RDR 寄存器中读取操作，来清除 RxNE 标志。通过向 LPUART_RQR 寄存器中的 RxFRQ 写入 1，也可以清除 RxNE 标志。必须在接收下一个字符结束之前清除 RxNE 标志，以避免溢出错误。

② 当使能 FIFO 模式时，若 RxFIFO 不为空，则设置 RxFNE 标志。每次从 LPUART_RDR 寄存器中进行读取操作后，都会从 RxFIFO 中检索数据。若 RxFIFO 为空，则清除 RxFNE 标志。也可以通过向 LPUART_RQR 寄存器的 RxFRQ 位写入 1 来清除 RxFNE 标志。当 RxFIFO 已满时，必须在接收下一个字符结束之前读取 RxFIFO 中的第一个入口，以避免溢出错误。如果设置了 RxFNEIE 位，则 RxFNE 标志产生一个中断。

或者，当达到 RxFIFO 阈值时，可以生成中断并从 RxFIFO 中读取数据。在这种情况下，CPU 可以读取由编程的阈值定义的数据块。

10.1.9　波特率发生器

接收器和发送器的波特率（Rx 和 Tx）均设置为 LPUART_BRR 寄存器中的编程的值。计算公式为：

$$\text{Tx或Rx波特率} = \frac{256 \times \text{LPUARTCKPRES}}{\text{LPUARTDIV}}$$

式中，LPUARTDIV 在 LPURAT_BRR 寄存器中定义。

> **注**：对 LPUART_BRR 寄存器进行写操作后，波特率计数器将更新为波特率寄存器中的新值。因此，在通信过程中不应该更改波特率的值。禁止在 LPUART_BRR 寄存器中写入小于 0x300 的值。f_{CK} 的范围必须是 3 倍到 4096 倍的波特率。

当 LPUART 时钟源为 LSE 时，可以达到的最大波特率为 9600bps。当 LPUART 由不是 LSE 的其他时钟源驱动时，可以达到更大的波特率。例如，如果 LPUART 的时钟源频率为 100MHz，则可以达到的最大波特率为 33Mbps。

10.1.10 唤醒和中断事件

当 LPUART 的时钟源为 HSI 或 LSE 时钟时，LPUART 能够将 MCU 从停止模式唤醒。唤醒源可以是：

（1）由起始位或地址匹配或任何接收到的数据触发的特定唤醒事件；

（2）禁止 FIFO 管理时的 RxNE 中断，或者是使能 FIFO 管理时的 FIFO 事件中断。

LPUART 中断事件请求如表 10.1 所示。

表 10.1　LPUART 中断事件请求

<table>
<tr><th>中断事件</th><th>事件标志</th><th>使能控制位</th><th>清除中断方法</th><th>从休眠模式退出</th><th>从停止模式退出</th><th>从待机模式退出</th></tr>
<tr><td>发送数据寄存器空</td><td>TxE</td><td>TxEIE</td><td>写 TDR</td><td rowspan="6">是</td><td>否</td><td rowspan="17">否</td></tr>
<tr><td>发送 FIFO 非空</td><td>TxFNF</td><td>TxFNF</td><td>TxFIFO 满</td><td>否</td></tr>
<tr><td>发送 FIFO 空</td><td>TxFE</td><td>TxFEIE</td><td>写 TDR 或给 TxFRQ 写 1</td><td>是</td></tr>
<tr><td>到达发送 FIFO 门限</td><td>TxFT</td><td>TxFTIE</td><td>写 TDR</td><td>是</td></tr>
<tr><td>CTS 中断</td><td>CTSIF</td><td>CTSIE</td><td>给 CTSCF 写 1</td><td>否</td></tr>
<tr><td>发送完成</td><td>TC</td><td>TCIE</td><td>写 TDR 或给 TCCF 写 1</td><td>否</td></tr>
<tr><td>接收数据寄存器非空（准备读取数据）</td><td>RxNE</td><td>RxNEIE</td><td>读 RDR 或给 RxFRQ 写 1</td><td rowspan="11">是</td><td>是</td></tr>
<tr><td>接收 FIFO 非空</td><td>RxFNE</td><td>RxFNEIE</td><td>读 RDR，直到 RxFIFO 为空或给 RxFRQ 写 1</td><td>是</td></tr>
<tr><td>接收 FIFO 满</td><td>RxFF</td><td>RxFFIE</td><td>读 RDR</td><td>是</td></tr>
<tr><td>达到接收 FIFO 门限</td><td>RxFT</td><td>RxFTIE</td><td>读 RDR</td><td>是</td></tr>
<tr><td>检测到溢出错误</td><td>ORE</td><td>RxNEIE/RxFNEIE</td><td>给 ORECF 写 1</td><td>否</td></tr>
<tr><td>检测到空闲线路</td><td>IDLE</td><td>IDLEIE</td><td>给 IDLECF 写 1</td><td>否</td></tr>
<tr><td>奇偶错误</td><td>PE</td><td>PEIE</td><td>给 PECF 写 1</td><td>否</td></tr>
<tr><td>在多缓冲区通信的噪声错误</td><td>NE</td><td rowspan="3">EIE</td><td>给 NECF 写 1</td><td>否</td></tr>
<tr><td>在多缓冲区通信的溢出错误</td><td>ORE</td><td>给 ORECF 写 1</td><td>否</td></tr>
<tr><td>在多缓冲区通信的组帧错误</td><td>FE</td><td>给 FECF 写 1</td><td>否</td></tr>
<tr><td>字符匹配</td><td>CMF</td><td>CMIE</td><td>给 CMCF 写 1</td><td>否</td></tr>
<tr><td>从低功耗模式唤醒</td><td>WUF</td><td>WUFIE</td><td>给 WUC 写 1</td><td>是</td></tr>
</table>

10.2　通用同步异步收发器的原理

通用同步异步收发器（Universal Synchronous Asynchronous Receiver Transmitter，USART）是一个非常灵活的串行接口，支持：

（1）异步 UART 通信；

（2）串行外设接口（Serial Peripheral Interface，SPI）主设备模式和从设备模式；

（3）智能卡 ISO 7816 通信；

（4）irDA 串行红外通信；

（5）本地互联网络（Local Interconnect Network，LIN）模式。

此外，它还提供了某些功能，这些功能在实施 Modbus 通信时非常有用。

使用 USART 的应用受益于设备之间便捷且低成本的连接，而这些连接仅需要几个引脚即可。此外，USART 还可以在低功耗模式下运行。它带有发送和接收 FIFO，并且可以在停止模式下发送和接收。

10.2.1　主要功能

USART 提供的主要功能如下。

（1）全双工异步通信。

（2）不归零（Non Return Zero，NRZ）码标准格式（标记/空格）。

（3）可配置 16 位或 8 位的过采样方法，以实现速度和时钟容限之间的最佳折中。

（4）波特率产生器系统。

（5）两个内部 FIFO 用于发送和接收数据。每个 FIFO 可以通过使能/禁止，并且带有一个状态标志。

（6）公共的可编程发送和接收波特率。

（7）具有专用内核时钟的双时钟域，用在独立于 PCLK 的外设。

（8）自动波特率检测。

（9）可编程的数据字长度（7 位、8 位或 9 位）。

（10）具有 MSB 优先或 LSB 优先移位的可编程数据顺序。

（11）可配置的停止位（1 个或 2 个停止位）。

（12）同步主设备模式/从设备模式和时钟输出/输入，用于同步通信。

（13）SPI 从设备发送欠载错误标志。

（14）单线半双工通信。

（15）使用 DMA 的连续通信。

（16）使用集中式 DMA 将接收/发送的字节缓存在保留的 SRAM 中。

（17）分别用于发送器和接收器的使能位。

（18）分别用于发送和接收的信号极性控制。

（19）可交换的 Tx/Rx 引脚配置。

（20）用于调制解调器和 RS-485 收发器的硬件流量控制。

（21）奇偶校验控制：

① 发送奇偶校验位；

② 检查接收到的数据字节的奇偶校验。

（22）带有标志的中断源。

（23）多处理器通信：通过空闲线路检测或地址标记检测从静音模式唤醒。

（24）从停止模式唤醒。

> 注：由于 USART 的异步模式的原理和 LPUART 的基本一致，本节只介绍 USART 的同步模式。

10.2.2 接收器过采样技术

USART 接收器通过区分有效的输入数据和噪声来实现不同的用户可配置的过采样技术，以进行数据恢复。这允许在最高通信速度和噪声/时钟误差抗扰度之间进行权衡。

选择 8 的过采样以获得更高的速度（最高为 usart_ker_ck_pres/8），其中 usart_ker_ck_pres 是 USART 的时钟频率。在这种情况下，最大接收器对时钟偏差的容忍度会降低。

选择 16 的过采样（OVER8=0），以增加接收器对时钟偏差的容忍度。在这种情况下，最高的速度限制为 usart_ker_ck_pres/16。

当时钟源为 64MHz 且配置了 8 的过采样时，可以达到的最大波特率为 8Mbps。对于其他时钟源，和/或更高的过采样率，最高速度受到限制。

当以 16 或 8 过采样时，起始位检测顺序是相同的。在 USART 中，当识别出特定的采样序列时，将检测到起始位。该顺序为：1 1 1 0 X 0 X 0 X 0 X 0 X 0 X 0。以 16 或 8 过采样时起始位检测的过程如图 10.10 所示。如果序列不完整，则将放弃起始位的检测，接收器返回到空闲状态（未设置标志），在该状态中等待下降沿。

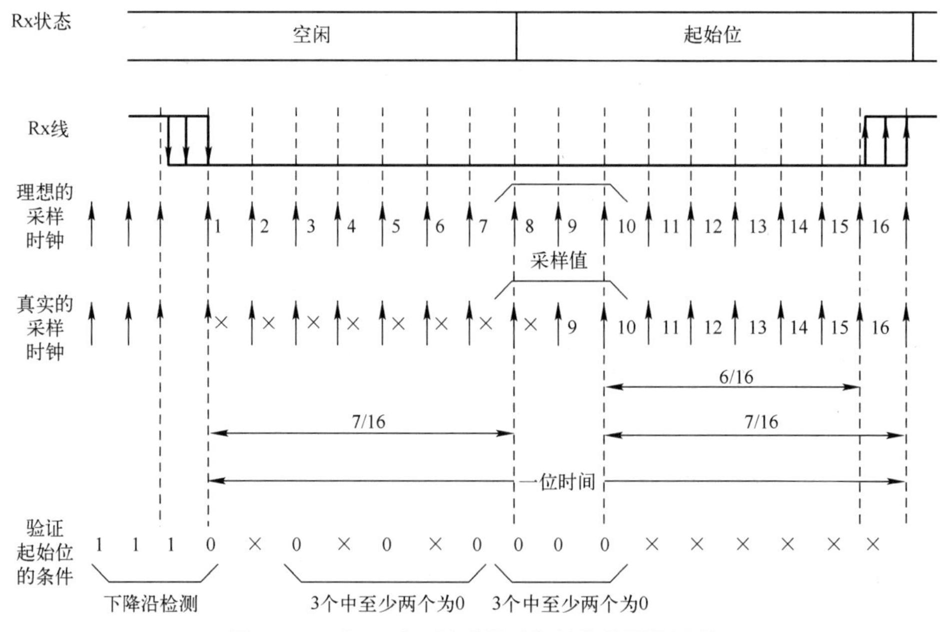

图 10.10 以 16 或 8 过采样时起始位检测的过程

如果 3 个采样位是 0（在第 3 位、第 5 位和第 7 位上的第一个采样找到 3 位是 0，以及在第 8 位、第 9 位和第 10 位也找到 3 位为 0），则确认起始位（设置 RxNE 标志，如果 RxNEIE=1，则产生中断；或者设置 RxFNE 标志，如果使能 FIFO 模式且 RxFNEIE=1，则产生中断）。

如果起始位有效，则在以下的情况中设置 NE 噪声标志位。

（1）对于 2 个采样，3 个采样位中的 2 个都为 0（在第 3 位、第 5 位和第 7 位进行采样，并且在第 8 位、第 9 位和第 10 位进行采样)。

(2)对于一个采样(在第 3 位、第 5 位和第 7 位进行采样，或者在第 8 位、第 9 位和第 10 位进行采样)，则 3 位中的 2 位为 0。

如果以上两个条件均不满足，则停止检测起始位，接收器返回空闲状态(未设置标志)。

10.2.3　同步模式

USART 也可以同步通信。USART 作为主设备和从设备的信号连接如图 10.11 所示。它可以在主设备模式(简称主模式)或从设备模式(简称从模式)下作为串行外设接口(Serial Peripheral Interface，SPI)工作，具有可编程的时钟极性(clock polarity，CPOL)和时钟相位(clock phase，CPHA)，以及可编程的数据顺序(首先是 MSB 或者 LSB)，其信号传输时序如图 10.12 所示。

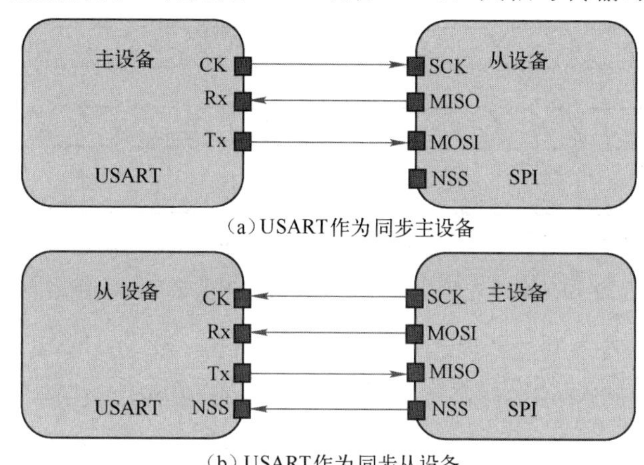

(a) USART作为同步主设备

(b) USART作为同步从设备

图 10.11　USART 作为主设备和从设备的信号连接

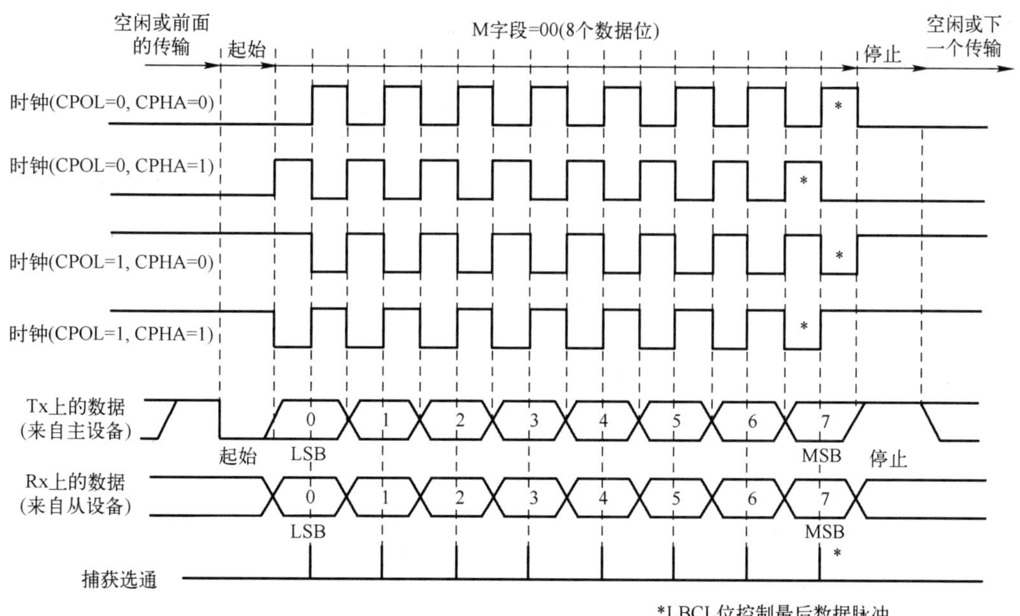

(a) USART在同步主模式下的信号传输时序

图 10.12　USART 在同步主模式和从模式下的信号传输时序

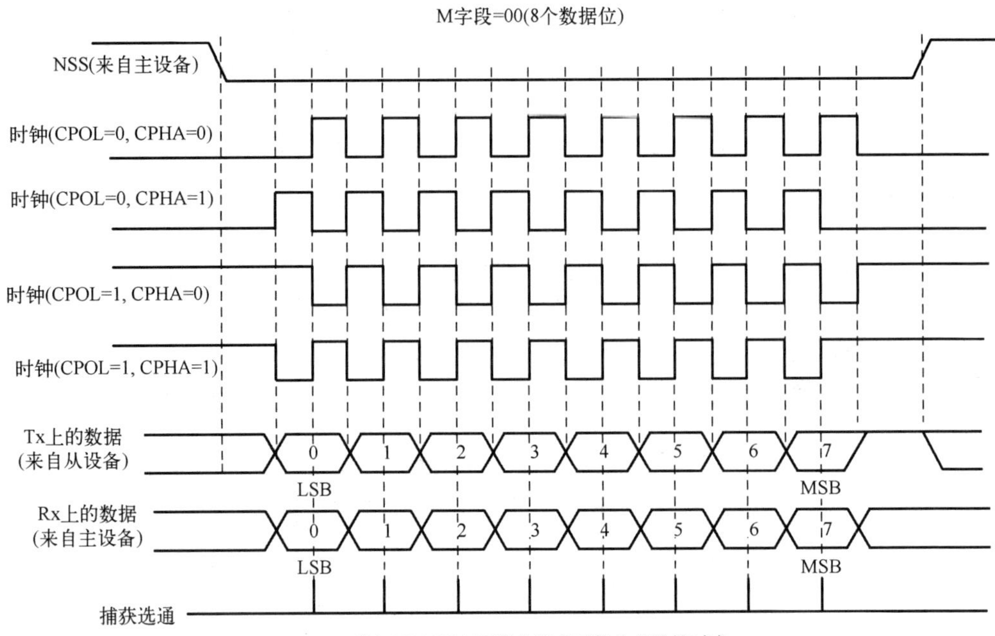

（b）USART在同步从模式下的信号传输时序

图 10.12　USART 在同步主模式和从模式下的信号传输时序（续）

图 10.12 中，NSS 信号为同步从模式时的从设备选择输入信号。NSS 和 CTS 共享相同的引脚。

时钟在 CK 引脚上输出（在主模式下）或输入（在从模式下）。在起始位和停止位期间不提供时钟脉冲。

当把 USART 配置为 SPI 从模式时，它支持发送欠载错误以及 NSS 硬件或软件管理。

10.2.4　ISO/IEC 7816 模式

基于半双工通信，可以在智能卡模式下使用 USART。ISO/IEC 7816-2 指定了一个集成电路卡（Integrated Circuit Card，ICC），该 ICC 在卡的正面以标准化的位置存在 8 个触点，称为 C1～C8。这些触点中的一些触点电气连接到嵌入在卡中的微处理器芯片内。某些触点没有连接，但是已被定义为允许增强，但目前尚未使用，图 10.13 给出了 ICC 触点的定义。其触点的功能定义如表 10.2 所示。

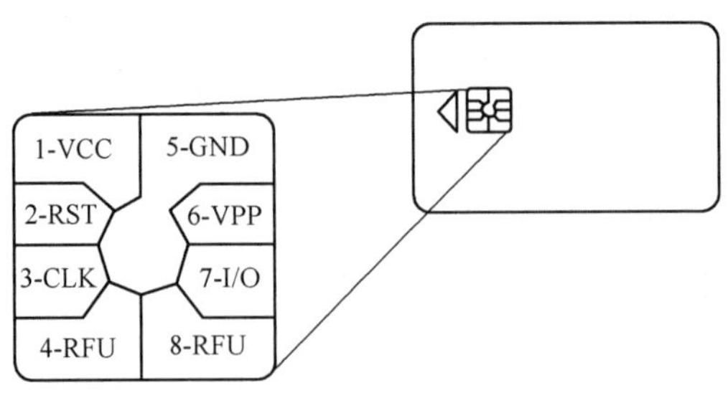

图 10.13　ICC 触点的定义

表 10.2　ICC 触点的功能定义

触点	功能
C1	V_{CC}，5V 或 3.3V
C2	复位

续表

触点	功能
C3	时钟
C4	RFU
C5	GND
C6	VPP
C7	I/O
C8	RFU

通过将 USART_CR3 寄存器中的 SCEN 位置 1，可以选择智能卡模式。在智能卡模式下，必须保持清除以下位。

（1）USART_CR2 寄存器中的 LINEN 位。

（2）USART_CR3 寄存器中的 HDSEL 和 IREN 位。

此外，还可以设置 CLKEN 位，以向智能卡提供时钟。智能卡接口旨在支持 ISO/IEC 7816-3 标准中定义的异步智能卡协议。同时支持字符模式和块模式。

注：关于智能卡和 USART 更详细的信息，请参考 ST 官方提供的 RM0444 Reference manual *STM32G0x1 advanced Arm-based 32-bit MCUs* 中 33.5.17 节 USART Smartcard mode 的内容。

10.2.5 串行红外通信

USART 支持红外数据组织（Infrared Data Association，IrDA）规范，它是一种半双工通信协议。往返于 USART 的数据以非归零格式（Non-Return to Zero，NRZ）表示，其中信号值在整个位周期内都在同一水平。

对于 IrDA，要求的数据格式是返回零反转码（Return to Zero Inverted，RZI），其中通过将线路保持为低来表示逻辑 1，而通过短的高脉冲来表示逻辑 0。

IrDA SIR 的结构如图 10.14 所示，串行红外（Serial Infrared，SIR）发送编码器对从 USART 输出的 NRZ 发送比特流进行调制。SIR 接收解码器对来自红外检测器的归零比特流进行解调，并将接收到的 NRZ 串行比特流输出到 USART。

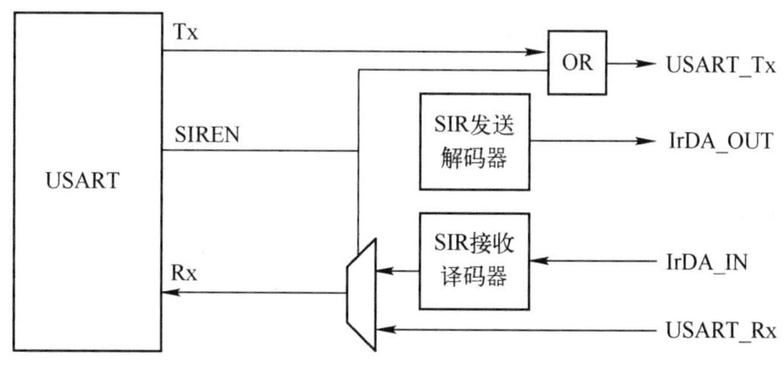

图 10.14　IrDA SIR 的结构

对于 SIR 的调制器和解调器，USART 仅支持最高 115.2kbps 的波特率。在正常模式下，发送脉冲宽度指定为位周期的 3/16，如图 10.15 所示。

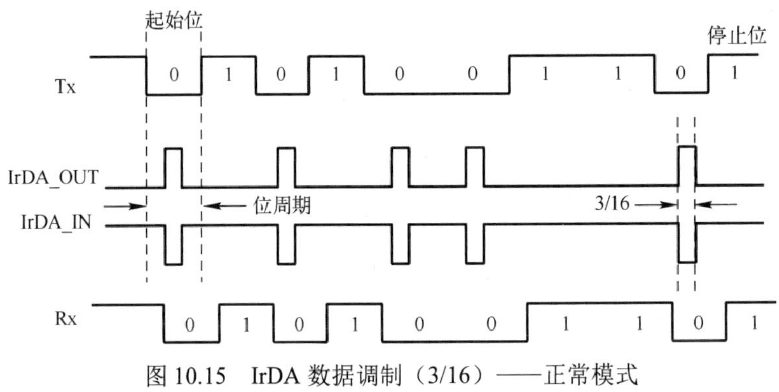

图 10.15　IrDA 数据调制（3/16）——正常模式

> **注：**关于智能卡和 USART 更详细的信息，请参考 ST 官方提供的 RM0444 Reference manual *STM32G0x1 advanced Arm-based 32-bit MCUs* 中 33.5.18 节 USART IrDA SIR ENDEC block 的内容。

10.2.6　自动波特率检测

USART 接收器能够根据一个字符的接收来检测并自动配置波特率。

（1）以 1 开头的任何字符。在这种情况下，USART 测量起始位的持续时间（从下降沿到上升沿）。

（2）以 10xx 模式开头的任何字符。在这种情况下，USART 会测量开始和第一个数据位的持续时间。持续时间从下降沿到下降沿进行测量，以确保在信号斜率较小的情况下具有更好的精度。

（3）0x7F 字符帧。在这种情况下，波特率首先在起始位的末尾更新，然后在第 6 位的末尾更新。

（4）0x55 字符帧。在这种情况下，波特率首先在起始位的末尾更新，然后在第 0 位的末尾更新，最后在第 6 位的末尾更新。并行的，对 Rx 线的每个中间跳变进行一次检查。

10.2.7　接收器超时

USART 支持接收器超时功能。当 USART 在设定的时间内未收到新数据时，将发出接收器超时事件的信号，如果使能则将产生中断。

USART 接收器超时计数器开始计数：

（1）在 1 个和 1.5 个停止位的配置条件下，从第 1 个停止位的结束开始；

（2）如果配置了 2 个停止位，则从第 2 个停止位的结束开始；

（3）如果配置了 0.5 个停止位，则从停止位的开头开始。

10.2.8　唤醒和中断事件

当 USART 时钟源为 HIS 或 LSE 时钟时，USART 可以将 MCU 从停止模式中唤醒。唤醒源可以是：

（1）由起始位或地址匹配或任何接收到的数据触发的特定的唤醒事件；

（2）禁止 FIFO 管理时的 RxNE 中断，或者使能 FIFO 管理时的 FIFO 事件中断，包括接收 FIFO 满中断、发送 FIFO 空中断、接收 FIFO 门限中断，以及发送 FIFO 门限中断。

USART 的中断请求类型如表 10.3 所示。

表 10.3　USART 的中断请求类型

中断向量	中断事件	事件标志	使能控制位	清除中断的方法	从休眠模式退出	从停止模式退出	从待机模式退出
USART /UART	发送数据寄存器空	TxE	TxEIE	写 TDR	是	否	否
	发送 FIFO 不满	TxFNF	TxFNFIE	TxFIFO 满		否	
	发送 FIFO 空	TxFE	TxFEIE	写 TDR 或给 TxFRQ 写 1		是	
	到达发送 FIFO 门限	TxFT	TxFTIE	写 TDR		是	
	CTS 中断	CTSIF	CTSIE	给 CTSCF 写 1		否	
	发送完成	TC	TCIE	写 TDR 或给 TCCF 写 1		否	
	在保护时间前完成发送	TCBGT	TCBGTIE	写 TDR 或给 TCBGT 写 1		否	
USART /UART	接收数据寄存器非空（准备读取数据）	RxNE	RxNEIE	读 RDR 或给 RxFRQ 写 1	是	是	否
	接收 FIFO 非空	RxFNE	RxFNEIE	读 RDR，直到 RxFIFO 为空，或者给 RxFRQ 写 1		是	
	接收 FIFO 满	RxFF	RxFFIE	读 RDR		是	
	达到接收 FIFO 门限	RxFT	RxFTIE	读 RDR		是	
	检测到溢出错误	ORE	RxNEIE/ RxFNEIE	给 ORECF 写 1		否	
	检测到空闲线路	IDLE	IDLEIE	给 IDLECF 写 1		否	
	奇偶错误	PE	PEIE	给 PECF 写 1		否	
	LIN 打断	LBDF	LBDIE	给 LBDCF 写 1		否	
	多缓冲区通信噪声错误	NE	EIE	给 NECF 写 1		否	
	多缓冲区通信溢出错误	ORE		给 ORECF 写 1		否	
	多缓冲区通信成帧错误	FE		给 FECF 写 1		否	
	字符匹配	CMF	CMIE	给 CMCF 写 1		否	
	接收超时	RTOF	RTOFIE	给 RTOCCF 写 1		否	
	块结束	EOBF	EOBIE	给 EOBCF 写 1		否	
	从低功耗模式中唤醒	WUF	WUFIE	给 WUC 写 1		是	
	SPI 从设备欠载错误	UDR	EIE	给 UDRCF 写 1		否	

USART 外设在 STM32G071 MCU 运行、休眠和低功耗模式下处于活动状态。USART 中断将使得器件退出休眠和低功耗休眠模式。

当 USART 时钟设置为 HSI 或 LSE 时，USART 可以将 MCU 从 Stop 0 和 Stop 1 模式中唤醒。在待机和断电模式下，外设处于掉电状态。退出待机或断电模式后，必须重新对其进行初始化。

10.3　设计实例：基于 LPUART 和红外接口的串行通信的实现

本节将基于 LPUART 串口和红外接口实现两台计算机/笔记本电脑之间的数据通信。

10.3.1　红外串行通信设计思路

图 10.16 给出了基于 LPUART 和红外接口串行通信的系统结构。在该结构中，发送端一侧的原理如下。

（1）通过 USB 电缆，将发送端计算机/笔记本电脑的 USB 接口与 NUCLEO-G071RB 开发板的 USB 接口进行连接。这样，就可以在发送端计算机/笔记本电脑上虚拟一个串口。发送端计算机/笔记本电脑就可以通过所安装的串口调试助手软件工具，将要发送的数据写到虚拟的串口中。

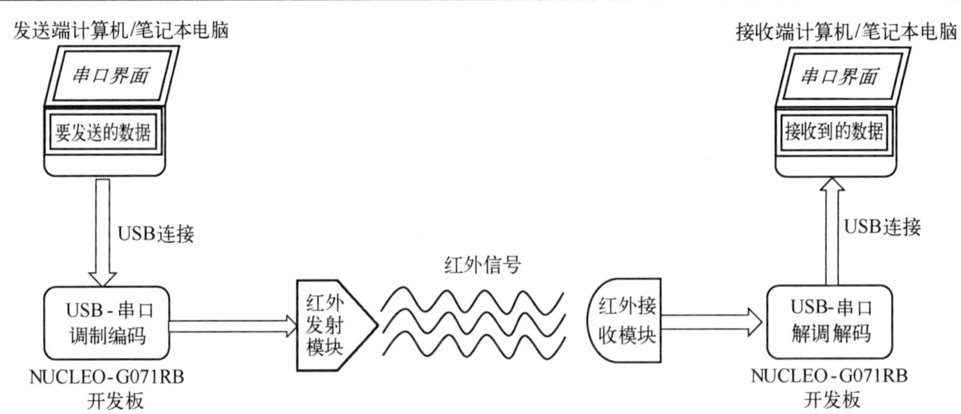

图 10.16　基于 LPUART 和红外接口串行通信的系统结构

（2）在 NUCLEO-G071RB 开发板上，提供了 USB-UART 的接口。这样，通过在开发板上 STM32G071 MCU 内集成的 LPUART 模块，就可以将写入计算机虚拟串口的发送数据发送到 STM32G071 MCU 的接收数据线上。

（3）发送一侧的 STM32G071 MCU 接收到该数据后，可以通过软件和硬件电路对数据进行编码和调制，然后通过与开发板上连接的红外发射模块，将数据通过红外线发射出去。

在该结构中，接收端一侧的原理如下。

（1）通过 USB 电缆，将接收端计算机/笔记本电脑的 USB 接口与另一块 NUCLEO-G071RB 开发板的 USB 接口进行连接。这样，可以在接收端计算机/笔记本电脑上虚拟一个串口。通过虚拟串口，接收端计算机/笔记本电脑就可以将所接收到的数据显示在串口调试助手软件工具的界面中了。

（2）接收一侧的红外接收模块在接收到通过红外传输的数据后，对该数据进行解调。然后，将解调后的数据写入接收端开发板上的 STM32G071 MCU 接收数据引脚，由 STM32G071 MCU 对其进行解码。最后，通过 STM32G071 MCU 内集成的 LPUART 模块，将解码后的数据放到 LPUART 的发送数据引脚上。

（3）同样，在接收端的 NUCLEO-G071RB 开发板上，提供了 UART-USB 的接口。这样，就可以将 LPUART 发送数据引脚上的串行数据通过 USB 接口传输到接收端计算机/笔记本电脑的虚拟串口上，最后通过接收端安装的串口调试助手软件工具来显示所接收到的数据。

10.3.2　串口的通信参数配置规则

在该设计中，发送端一侧和接收端一侧都使用了 STM32G071 MCU 内集成的 LPUART1 模块。在实现时，将 LPUART1 模块的异步串行通信参数设置如下。

（1）使能异步串行通信模式。

（2）波特率（bps）：115200。

（3）数据位（比特）：8。

（4）奇偶校验：无。

（5）停止位 1。

（6）将 LPUART1 模块的串口发送引脚映射到 PA2。

（7）将 LPUART1 模块的串口接收引脚映射到 PA3。

发送和接收引脚映射之后，STM32G071 MCU 本身的发送引脚和接收引脚与开发板上 USB-串口芯片（通过 USB 连接到计算机/笔记本电脑的 USB 接口，并在计算机/笔记本电脑上虚拟出串口设备）的发送引脚和接收引脚是在内部交叉连接的，即 LPUART1 的 Tx 引脚连接到 USB-串口芯片的 Rx 引脚，LPUART1 的 Rx 引脚连接到 USB-串口芯片的 Tx 引脚。

> **注：**（1）如果没有进行映射，当保持在其默认引脚时，则需要单独用杜邦线连接对应引脚。（2）在软件代码部分对 LPUART 进行重定向之后方可使用。

10.3.3　红外发射电路和红外接收电路的设计

下面介绍红外发射电路和红外接收电路的设计。

1．红外发射电路的设计

如图 10.17（a）所示，当 NPN 型晶体管的基极输入高电平时，晶体管处于饱和导通状态，晶体管的集电极为低电平，集电极电流流过红外二极管；当 NPN 型晶体管的基极输入低电平时，晶体管处于截止状态，晶体管的集电极为高电平，无集电极电流流过红外二极管。红外发射电路实物如图 10.17（b）所示。

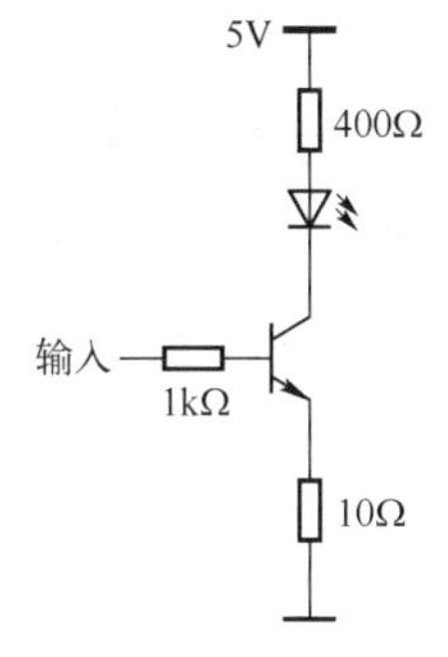

（a）红外发射电路原理

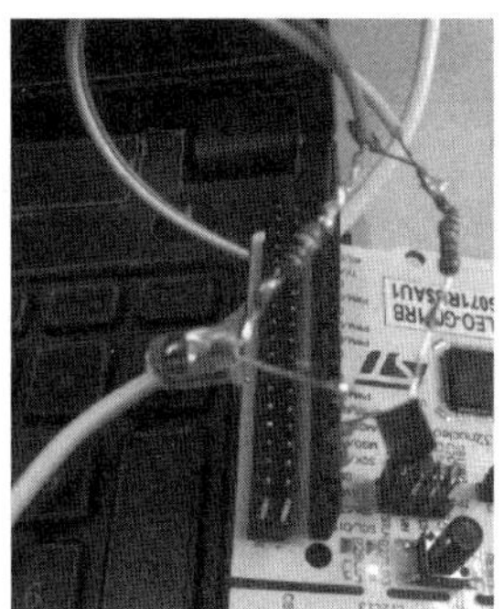

（b）红外发射电路实物

图 10.17　红外发射电路原理及实物

发送端晶体管输入和输出信号的波形如图 10.18 所示，示波器界面上给出了测量的四路信号，其中第 2 路信号（从上往下的顺序）对应于 NPN 型晶体管的输入端，第 3 路信号（从上往下的顺序）对应于 NPN 型晶体管的集电极的输出端。很明显，这两路信号互为反相信号。

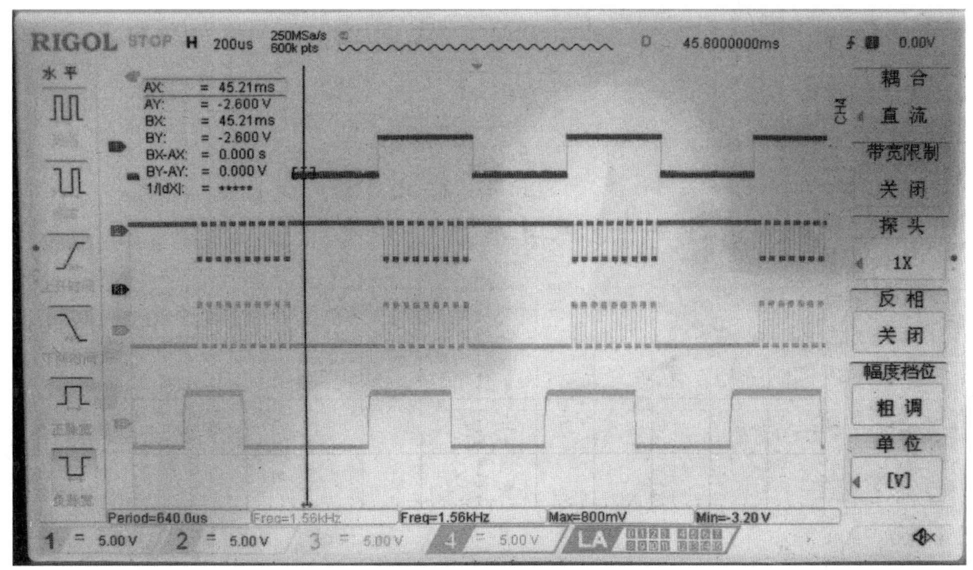

图 10.18　发送端晶体管输入和输出信号的波形

2．红外接收电路的设计

在该设计中，使用了 HS0038BD 红外接收模块，该模块的外观及接收电路原理如图 10.19（a）所示，基于该模块构成的电路实物如图 10.19（b）所示。在该设计中选择 R_1=100Ω，C_1=10μF。HS0038BD 的内部结构如图 10.20 所示。

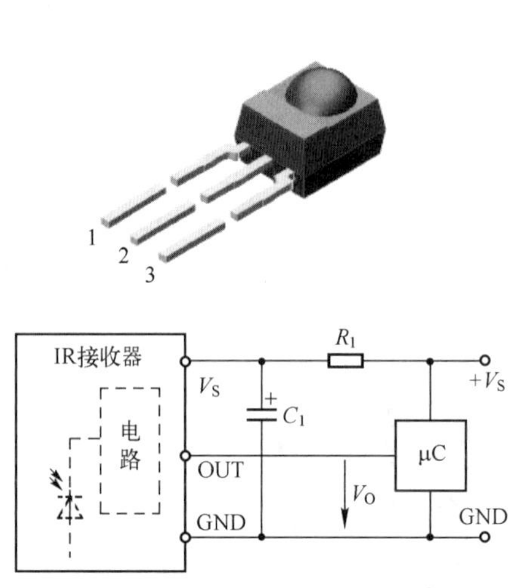

（a）红外接收模块外观及接收电路原理

（b）电路实物

图 10.19　红外接收模块外观、接收电路原理及接收电路实物

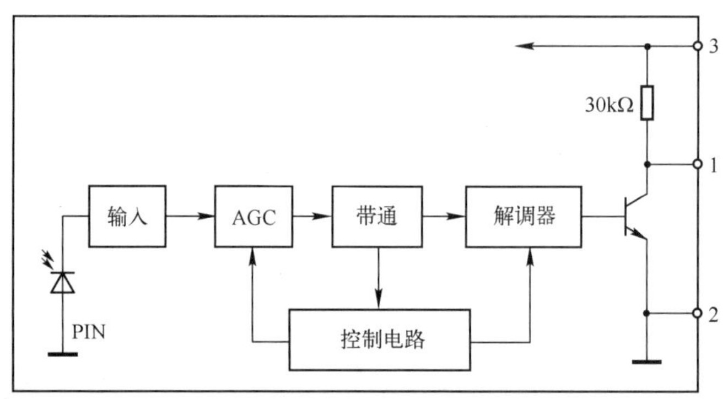

图 10.20　HS0038BD 的内部结构

HS0038BD 是用于红外遥控系统的小型接收器。PIN 二极管和前置放大器组装在引线框架上，环氧树脂封装用作 IR 滤镜。

解调后的输出信号可以由 STM32G071 MCU 直接解码。HS0038BD 与所有常见的 IR 遥控数据格式兼容，并且可以抑制来自节能荧光灯的几乎所有杂散脉冲。

> **注：** PIN 型二极管就是在 P 区和 N 区之间夹一层本征半导体（或低浓度杂质的半导体）构造的晶体二极管。

红外接收模块的输入和输出特性如图 10.21 所示。

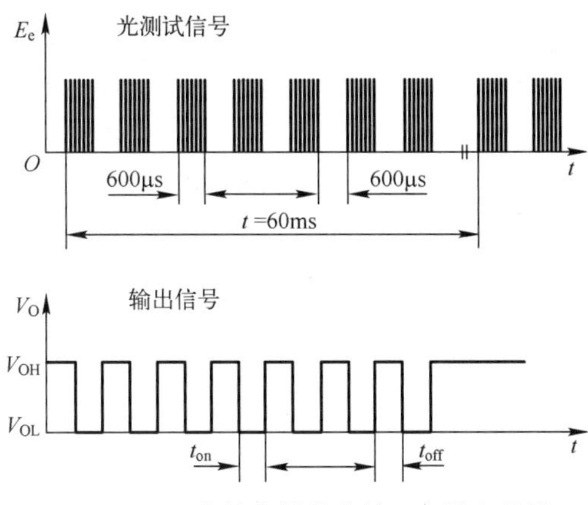

图 10.21　红外接收模块的输入和输出特性

10.3.4　红外接口的原理

STM32G071 MCU 上提供了用于远程控制的红外接口（infrared interface，IRTIM）。它可与红外 LED 一起使用以执行远程控制功能。

IRTIM 使用与 USART1、USART4（在 STM32G071/81/B1/C1xx）或 USART2（STM32G031/41/51/61xx），TIM16 和 TIM17 的内部连接，如图 10.22 所示。

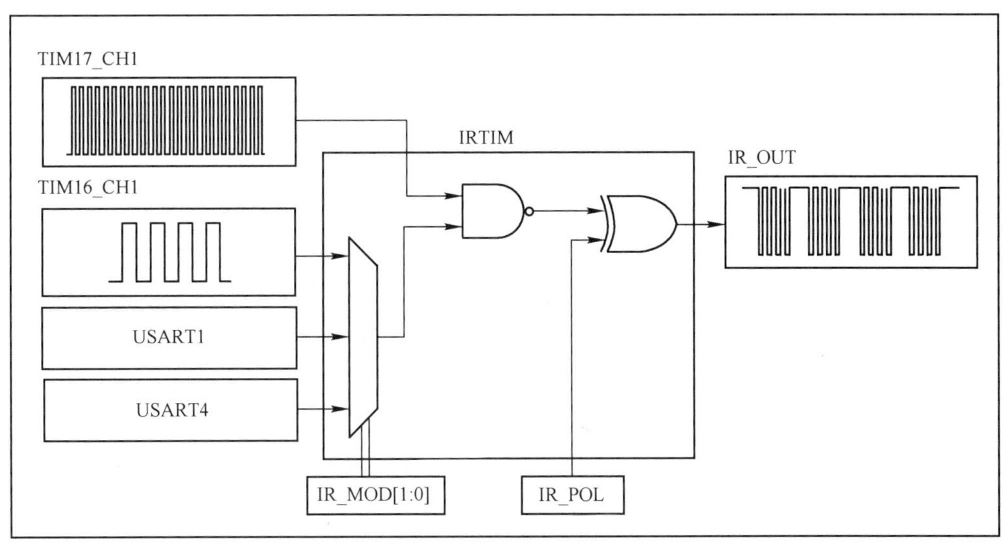

图 10.22　IRTIM 内部连接

要生成远程控制信号，必须使能红外接口并正确配置 TIM16 通道 1（TIM16_OC1）和 TIM17 通道 1（TIM17_OC1），以生成正确的波形。从图 10.22 中可知，IR_MOD[1:0]字段与 IR_POL 位分别控制多路数据选择器与反相输出的设置。

通过基本的输入捕获模式，可以轻松实现红外接收。

通过对两个定时器输出比较通道的编程，可以得到所有标准的 IR 脉冲调制模式。TIM17 用于生成高频的载波信号，而 TIM16/USART1/USART4 根据 SYSCFG_CFGR1 寄存器中的 IR_MOD[1:0] 的设置生成调制包络。在该设计中，选择 TIM16 通道 1，两路信号经过与非门后调制成功，后边的异或门可以将生成的信号反相输出，在该设计中不需要使用反相功能。

通过使能 GPIOx_AFRx 寄存器相关的可替换功能位，使得可以在 IR_OUT 引脚上输出红外功能。

通过 SYSCFG_CFGR1 寄存器的 I2C_PB9_FMP 位，使能高灌电流 LED 驱动器能力（仅在 PB9 引脚上可用），用于给需要直接控制的红外 LED 提供大的灌电流。

下面对与非门电路的工作原理进行简要分析。包络（TIM16）为高电平，其调制输出端口信号 IR_OUT 为载波信号反相；包络为低电平，其调制输出端口信号 IR_OUT 为高电平。

从前面介绍的红外接收模块的参数可知，接收模块接收载波频率为 38kHz 的红外调制信号。因此，其设计如下。

（1）将 STM32G071 MCU 的系统时钟频率设置为最高的 64MHz。

（2）用于产生载波的 TIM17 参数设置如下。

① 工作在“通道 1 生成 PWM”的模式。

② 时钟预分频系数：128。

③ 计数周期：16。

④ 翻转：8（计数周期的一半）。

载波信号频率为 64/128/16=31.25kHz（接近 38kHz），周期为$1/(31.25\times10^3)=32\times10^{-3}\text{s}=32\mu\text{s}$，占空比为 50%，因此它可用作红外发射管的载波频率。

（3）产生信号包络的 TIM16 的参数设置如下。

① 工作在“通道 1 生成 PWM”的模式下。

② 时钟预分频系数：128。

③ 计数周期：320。

④ 翻转：160（周期的一半）。

包络信号频率为 64MHz/128/320=1.56kHz，周期为$1/(1.56\times10^3)=0.641\times10^{-3}\text{s}=641\mu\text{s}$，占空比为 50%，因此它便于接收端检测。

使用四通道示波器对定时器生成的载波信号、包络信号和调制信号进行测量，得到的信号波形如图 10.23 所示。

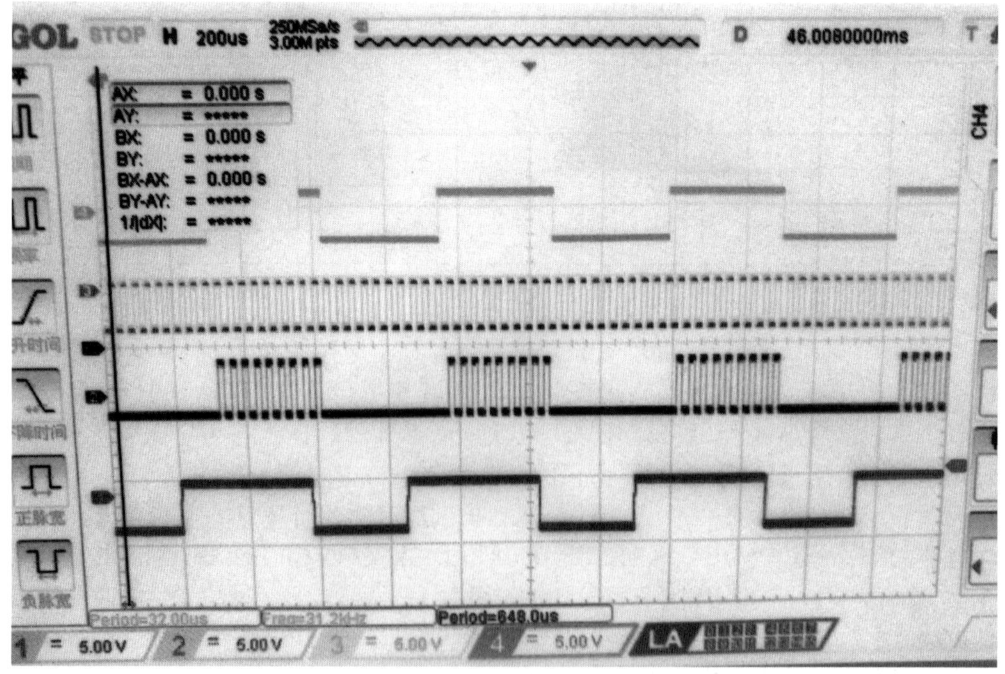

图 10.23　示波器测量得到的包络信号和载波信号波形

图 10.23 中信号波形从上到下依次表示为：

（1）TIM16 产生的包络信号；

（2）TIM17 产生的载波信号；

（3）红外发射管发射信号;

（4）红外接收模块输出的信号。

从图 10.23 中可知，其周期、频率接近理论计算值。

红外发射管发出信号经过 IRTIM 与发送端红外驱动电路中的三极管两次反相，所以其包络就是 TIM16 产生的信号，并且相位相同。

10.3.5 信号的编码与解码

下面介绍信号的编码与解码设计原理。

1. 编码原理

通过控制定时器打开关闭的时间间隔，来控制发送的脉冲个数。在该设计中，对数字 1～9 进行编码，需要发送的数据定义为 INPUT。首先，启动 TIM16，延迟 INPUT×5ms；然后，关闭 TIM16，延时为 200ms−INPUT×5ms。

从上面的规则可知，发送一个数据，共需要 200ms，其中定时器工作时间为 INPUT×5ms。例如，要发送数字 1，启动 TIM16 工作 5ms，即 5ms/641μs=7.8 个周期，约为 8 个周期（TIM16 产生 8 个脉冲）。

2. 解码原理

译码端的系统时钟频率设置为 64MHz，解码时用到 TIM2 产生接收复位信号，该定时器的参数设置如下。

（1）工作在“通道 1 生成 PWM”的模式。

（2）时钟预分频系数：1024。

（3）计数周期：62500。

（4）翻转：31250（计数周期的一半）。

接收复位信号频率为 64MHz/1024/62500=1Hz，周期为 1s，占空比为 50%。

当收到发送端发出信号的那一刻，启动 TIM2，并记录接收到信号的下降沿个数，即高电平个数。TIM2 开始工作 500ms 后产生第一个下降沿触发中断，先根据记录的高电平的个数解码输出，再执行接收复位并关闭它自己，直到发送端通过红外发射管发来红外调制信号为止。

解码算法的规则是：加四除八后赋值给整型数 data（自动取整）。例如，在编码原理部分提到要通过红外发射管发送数字 1，要求 TIM16 工作 5ms，产生 8 个脉冲。在收到信号后，进行下面的处理，(8+4)/8=1.5，对 1.5 执行取整操作，即$\lfloor 1.5 \rfloor = 1$，成功解码。

10.3.6 红外通信系统的抗干扰设计

为了保证红外通信系统的可靠运行，在设计时加入了一些额外的设计策略，以提高系统的抗干扰能力。

1. 发送端串口通信与发送端红外信号时序

发送端的 STM32G071 MCU 接收到计算机/笔记本电脑发送的串口数据后，先延时 100ms 再对 TIM16 进行操作，此过程持续 200ms，即编码中提到的发送一个数据所需的时间，这样可以保证每个数据顺利发送。最后，提示发送端可以发送下一个数据，这样避免了上一个数据还没成功发送完毕，又更新了串口数据内容，而出现数据覆盖的错误。

2．红外发射管、接收管工作时序

根据前面的设计规则可知，发送一个数据，红外发射管需要的工作时间为 200ms，而接收一侧的红外接收管的复位时间为 500ms，大于红外发射管的工作时间，这样保证红外发射管发出的调制信号能完整地被接收一侧的接收管接收。

3．解码策略的处理

解码时不是一一对应而是采用加四除八的方式，极大地降低了误码率，如收到 4～11 个脉冲，都可以解码为 1，即便发送端没有准确地发出 8 个脉冲而是小范围波动，依旧可以正确解码，其次此解码算法确保了每次发送数据的标准脉冲个数都在该接收区间的正中央（如 8 在 4～11 的中间，16 在 12～19 的中间等）。这样还避免了红外发射管的误触发造成的影响，收到 1、2 或 3 个脉冲时，加四除八取整后为 0 即没接收到任何数据。

10.3.7　发送端应用程序的设计与实现

该红外异步串行通信系统的应用程序开发包括发送端一侧的 STM32G071 MCU 的应用程序开发和接收端一侧的 STM32G071 MCU 的应用程序开发。下面介绍发送端一侧 STM32G071 MCU 的应用程序开发。

1．STM32CubeMX 工程的建立

下面将建立新的设计工程，主要步骤如下。

（1）启动 STM32CubeMX 集成开发环境。

（2）选择器件 STM32G071RBTx。

（3）进入 STM32CubeMX untitled:STM32G071RBTx 主界面。在该界面中，单击 Clock Configuration（时钟配置）标签。

（4）在 Clock Configuration 标签界面中，参数配置如下。

① 在 System Clock Mux 标题下的多路选择器符号中，勾选 PLLCLK 对应的复选框。

② 确保 SYSCLK(MHz)设置为 64（如果不是，则调整前面 PLL 的参数）。

③ AHB Prescaler：/1（通过下拉框选择）。

④ APB Prescaler：/1（通过下拉框选择）。

⑤ 如图 10.24 所示，在 LPUART1 Clock Mux 标题下的多路复用器符号中，勾选 PCLK 所对应的复选框，并在多路复选框输出后面的文本框中输入 64，表示 LPUART1 的驱动时钟为 64MHz。

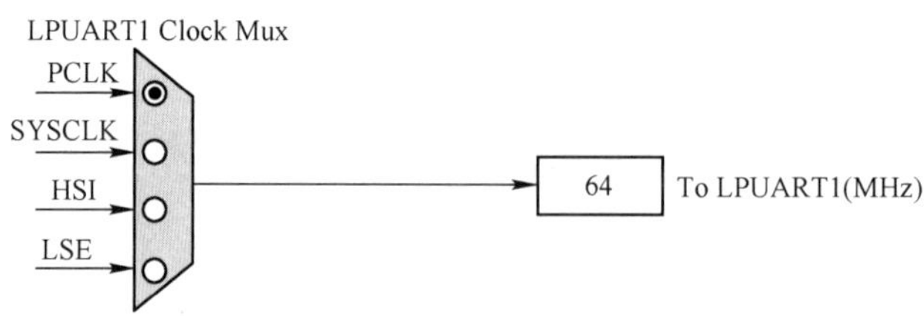

图 10.24　LPUART1 的时钟参数设置

注：只有当使能 LPUART1 时，才能执行 LPUART1 的时钟参数设置。因此，建议读者在设置完 LPUART1 的参数后，再设置 LPUART1 的时钟参数。

（5）如图 10.25 所示，单击 Pinout & Configuration 标签。在该标签界面左侧窗口中，找到并展开 Timers。在展开项中，找到并选择 TIM16 选项。在中间的 TIM16 Mode and Configuration 窗口中，设置参数。

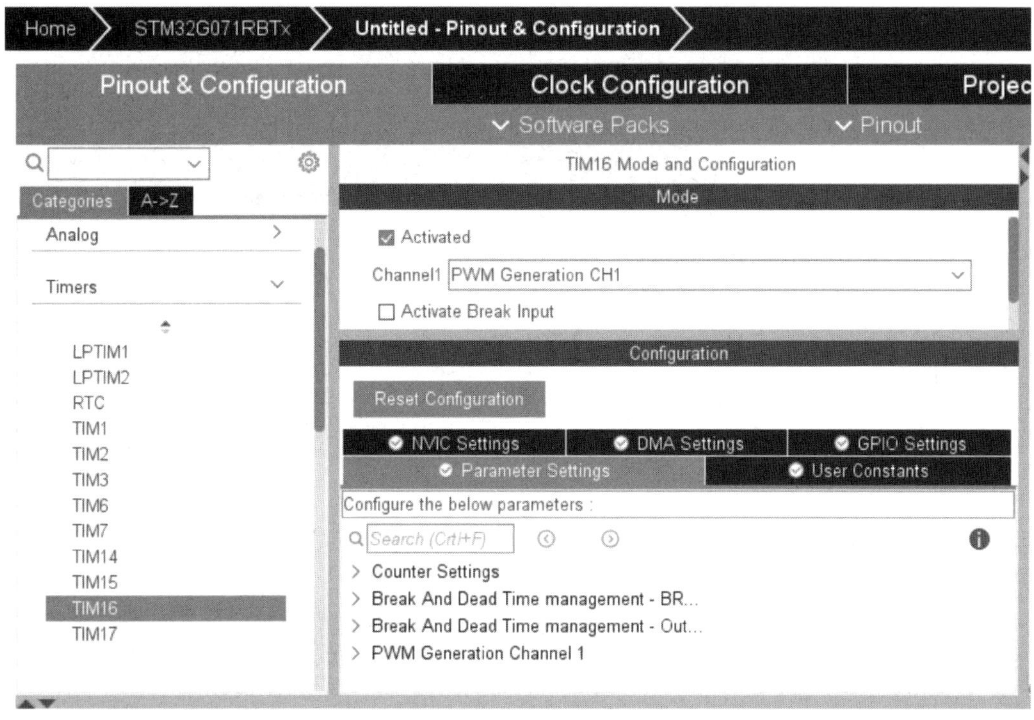

图 10.25　TIM16 参数设置

在 Mode 子窗口中，参数设置如下。

① 勾选 Activated 前面的复选框，表示使能 TIM16 定时器。

② 通过 Channel1 右侧的下拉框将 Channel1 设置为 PWM Generation CH1。

在 Configuration 子窗口中，参数设置如下。

① 展开 Counter Settings。在展开项中，将 Prescaler(PSC-16 bits value)设置为 127，Counter Period(AutoReload Register-16 bits value)设置为 320。

② 展开 PWM Generation Channel 1。在展开项中，将 Pulse(16 bits value)设置为 160。

（6）如图 10.26 所示，单击 Pinout & Configuration 标签。在该标签界面左侧窗口中，找到并展开 Timers。在展开项中，找到并选择 TIM17 选项。在中间的 TIM17 Mode and Configuration 窗口中，设置参数。

在 Mode 子窗口中，参数设置如下。

① 勾选 Activated 前面的复选框，表示使能 TIM17 定时器。

② 通过 Channel1 右侧的下拉框将 Channel1 设置为 PWM Generation CH1。

在 Configuration 子窗口中，参数设置如下。

① 展开 Counter Settings。在展开项中，将 Prescaler(PSC-16 bits value)设置为 127，Counter Period(AutoReload Register-16 bits value)设置为 16。

② 展开 PWM Generation Channel 1。在展开项中，将 Pulse(16 bits value)设置为 8。

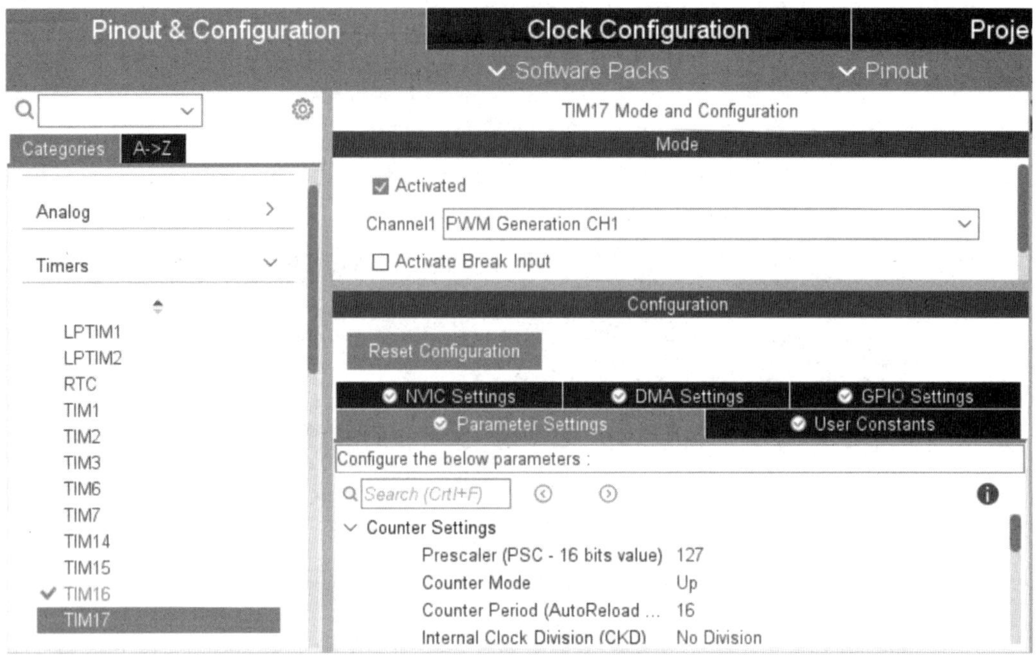

图 10.26　TIM17 参数设置

（7）如图 10.27 所示，单击 Pinout & Configuration 标签。在该标签界面左侧窗口中，找到并展开 Connectivity。在展开项中，找到并选择 IRTIM 选项。在中间的 IRTIM Mode and Configuration 窗口中，设置参数。

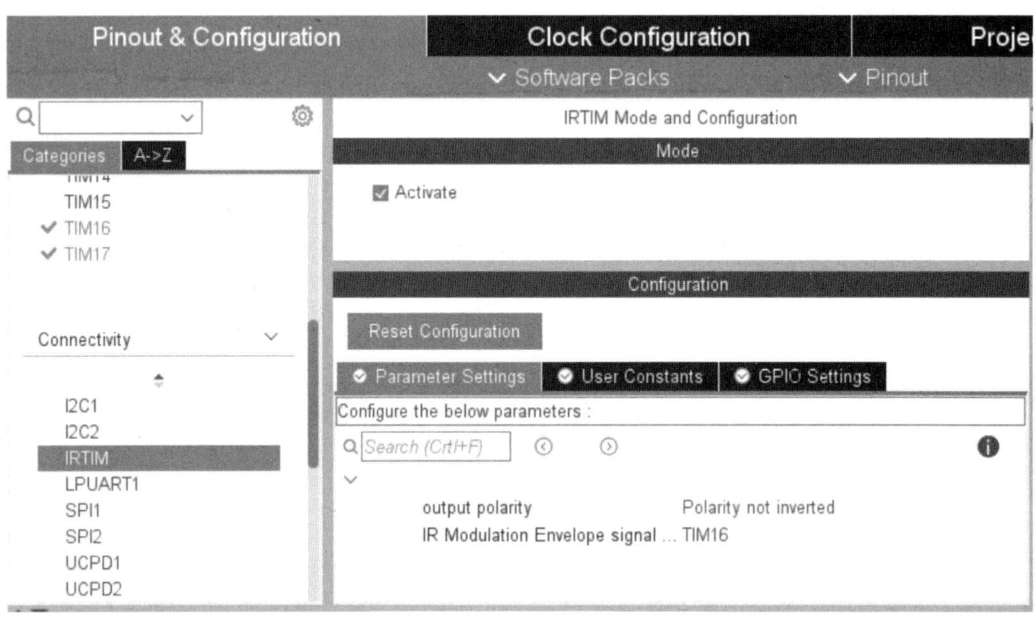

图 10.27　IRTIM 参数设置

在 Mode 子窗口中，勾选 Activate 前面的复选框，表示使能 IRTIM。

在 Configuration 子窗口中，参数设置如下。

① output polarity：Polarity not inverted。

② IR Modulation Envelope signal selection：TIM16。

（8）在器件引脚封装图上，单击 Rotate 90° clockwise 按钮，将器件封装视图旋转到合适的位置。

（9）如图 10.28 所示，鼠标左键单击器件封装视图上的 PB9 引脚，出现浮动菜单。在浮动菜单内选择 IR_OUT，将 PB9 设置为 IR_OUT 模式。

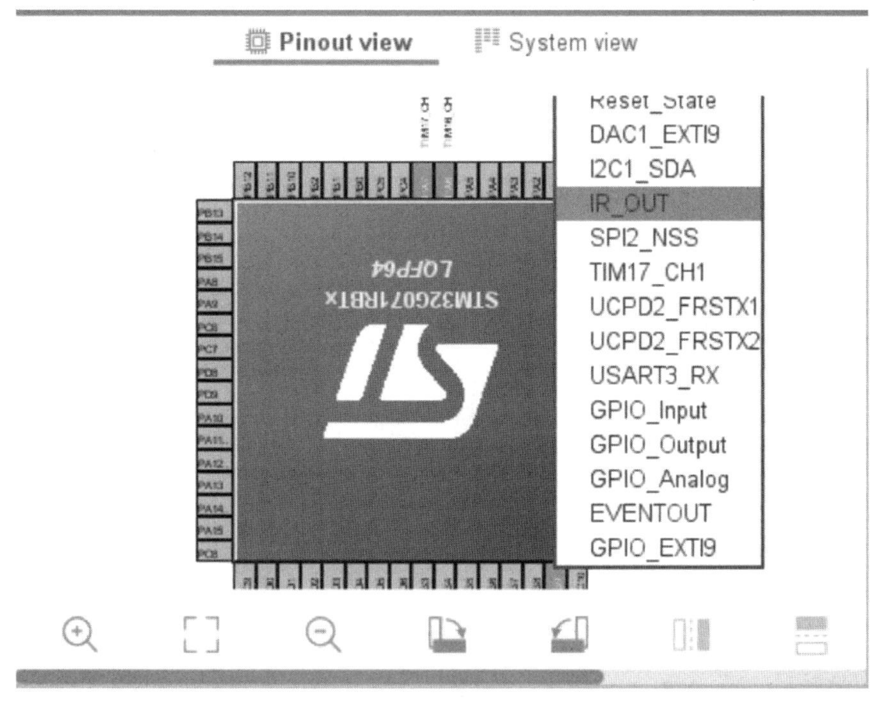

图 10.28　PB9 引脚模式设置界面

（10）如图 10.29 所示，单击 Pinout & Configuration 标签。在该标签界面左侧窗口中，找到并展开 Connectivity。在展开项中，找到并选择 LPUART1 选项。在中间的 LPUART1 Mode and Configuration 窗口中，设置参数。

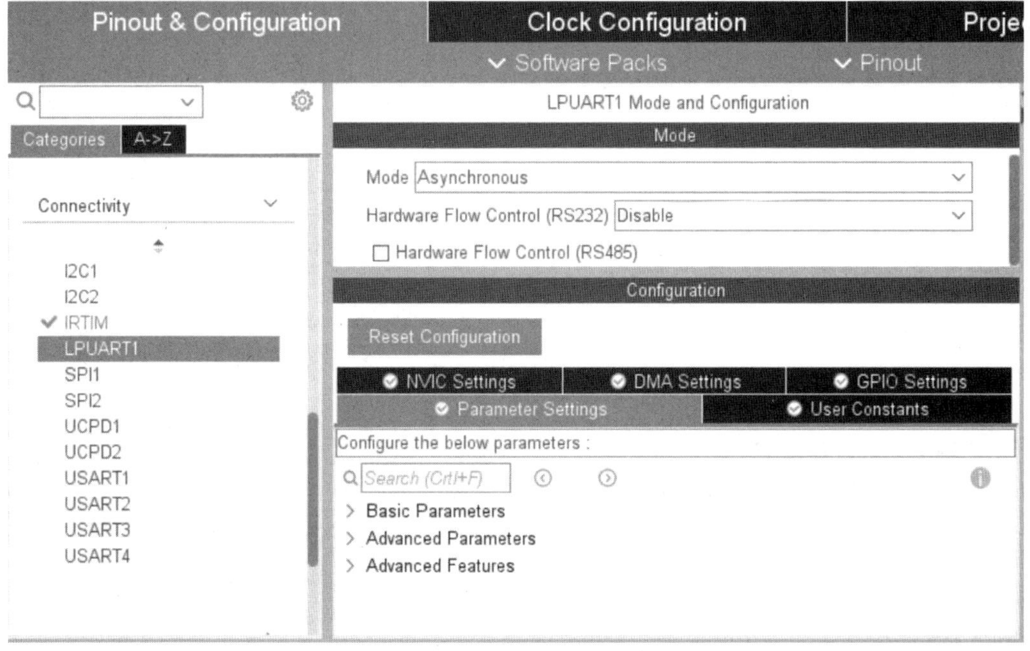

图 10.29　LPUART1 参数设置

在 Mode 子窗口中，参数设置如下。

通过 Mode 右侧的下拉框将 Mode 设置为 Asynchronous。

在 Configuration 子窗口中，找到并展开 Basic Parameters。在展开项中，参数设置如下。

① Baud Rate：115200 Bits/s。

② Word Length：8 Bits(including Parity)。

③ Parity：None。

④ Stop Bits：1。

（11）在器件封装视图上，将 PA2 引脚设置为 LPUART1_TX，将 PA3 引脚设置为 LPUART_RX。

（12）导出设计工程。

2．在 Keil μVision 中添加设计代码

下面将在生成的 Keil 工程框架中添加设计代码，主要步骤如下。

（1）启动 Keil μVision 集成开发环境。

（2）将工程路径定位到 E:\STM32G0_example\example_12_1\HY_TEST_SYSTEM_TX\MDK-ARM，在该路径下打开名字为 HY_TEST_SYSTEM_TX.uvprojx 的工程文件。

（3）在 Keil 主界面左侧 Project 窗口中，找到并打开 main.c 文件。在该文件中，添加设计代码。

（4）添加头文件、串口重定向声明语句，如代码清单 10.1 所示。

代码清单 10.1　添加设计代码片段

```
#include "stdio.h"
#include "string.h"
#define unit8_t unsigned char
#define PUTCHAR_PROTOTYPE int fputc(int ch,FILE *f)
#define GETCHAR_PROTOTYPE int fgetc(FILE *f)
#define BACKSPACE_PROTOTYPE int _backspace(FILE *f)
```

（5）在 main()函数中添加设计代码。

① 添加下面的一行设计代码。

```
HAL_TIM_PWM_Start(&htim17,TIM_CHANNEL_1);              //使能 TIM17
```

② 在 while 循环中添加设计代码，如代码清单 10.2 所示。

代码清单 10.2　在 while 循环中添加设计代码

```
while (1)
{
  printf("\r\n 请输入需要发送的数据: ");              //提示输入要发送的串口数据
  scanf("%d",&INPUT);                                //输入发送的数据
  HAL_Delay(100);

  if(INPUT>0&&INPUT<10)                              //如果发送的数据有效
  {
    HAL_TIM_PWM_Start(&htim16,TIM_CHANNEL_1);        //启动 TIM16
    HAL_Delay(INPUT*5);                              //延迟 INPUT×5
    HAL_TIM_PWM_Stop(&htim16,TIM_CHANNEL_1);         //停止 TIM16
    HAL_Delay(200-INPUT*5);                          //延迟 200- INPUT×5
  }
}
```

（6）添加输出重定向函数代码，如代码清单 10.3 所示。

代码清单 10.3　添加输出重定向函数代码

```
PUTCHAR_PROTOTYPE                                          //重定向 fputc()函数
{
  HAL_UART_Transmit(&hlpuart1,(uint8_t*) &ch,1,0xFFFF);    //调用串口发送函数
  return ch;                                               //返回发送的字符
}
```

（7）添加输入重定向函数代码，如代码清单 10.4 所示。

代码清单 10.4　添加输入重定向函数

```
GETCHAR_PROTOTYPE                                          //重定向 fgetc()函数
{
  uint8_t value;                                           //定义变量 value
  while((LPUART1->ISR & 0x00000020)==0){}                  //判断串口是否接收到字符
  value=(uint8_t)LPUART1->RDR;                             //读取串口接收到的字符
  HAL_UART_Transmit(&hlpuart1,(uint8_t *)&value,1,0x1000); //回显接收到的字符
  return value;                                            //返回接收到的值 value
}
```

（8）添加退回键重定向函数代码，如代码清单 10.5 所示。

代码清单 10.5　添加退回键重定向函数

```
BACKSPACE_PROTOTYPE                                        //重定向函数
{
    return 0;
}
```

（9）保存设计代码。

3．设计处理和下载

下面将对设计进行编译和连接，并将文件下载到 STM32G071 MCU 内的 Flash 存储器中，然后运行设计。主要步骤如下。

（1）通过 USB 电缆，将计算机/笔记本电脑的 USB 接口与 NUCLEO-G071RB 开发板的 USB 接口连接。

（2）在 Keil 主界面主菜单中，选择 Project->Build Target，对设计进行编译和连接。

（3）在 Keil 主界面主菜单中，选择 Flash->Download，将生成的 Flash 存储器格式文件下载到 STM32G071 MCU 内的 Flash 存储器中。

（4）按一下 NUCLEO-G071RB 开发板上标记为 RESET 的按键，使程序正常运行。

10.3.8　接收端应用程序的设计与实现

下面介绍发送端一侧 STM32G071 MCU 的应用程序开发。

1．STM32CubeMX 工程的建立

下面将建立新的设计工程，主要步骤如下。

（1）启动 STM32CubeMX 集成开发环境。

（2）选择器件 STM32G071RBTx。

（3）进入 STM32CubeMX untitled:STM32G071RBTx 主界面。在该界面中，单击 Clock Configuration（时钟配置）标签。

（4）在 Clock Configuration 标签界面中，参数配置如下。

① 在 System Clock Mux 标题下的多路选择器符号中，勾选 PLLCLK 对应的复选框。

② 确保 SYSCLK(MHz)设置为 64（如果不是，则调整前面 PLL 的参数设置）。

③ AHB Prescaler：/1（通过下拉框选择）。

④ APB Prescaler：/1（通过下拉框选择）。

⑤ 在 LPUART1 Clock Mux 标题下的多路复用器符号中，勾选 PCLK 所对应的复选框，并在多路复选框输出后面的文本框中输入 64，表示 LPUART1 的驱动时钟为 64MHz。

> **注：**只有当使能 LPUART1 时，才能执行 LPUART1 的时钟参数设置。因此，建议读者在设置完 LPUART1 的参数后，再设置 LPUART1 的时钟参数。

（5）如图 10.30 所示，单击 Pinout & Configuration 标签。在该标签界面左侧窗口中，找到并展开 Timers。在展开项中，找到并选择 TIM2 选项。在中间的 TIM2 Mode and Configuration 窗口中，设置参数。

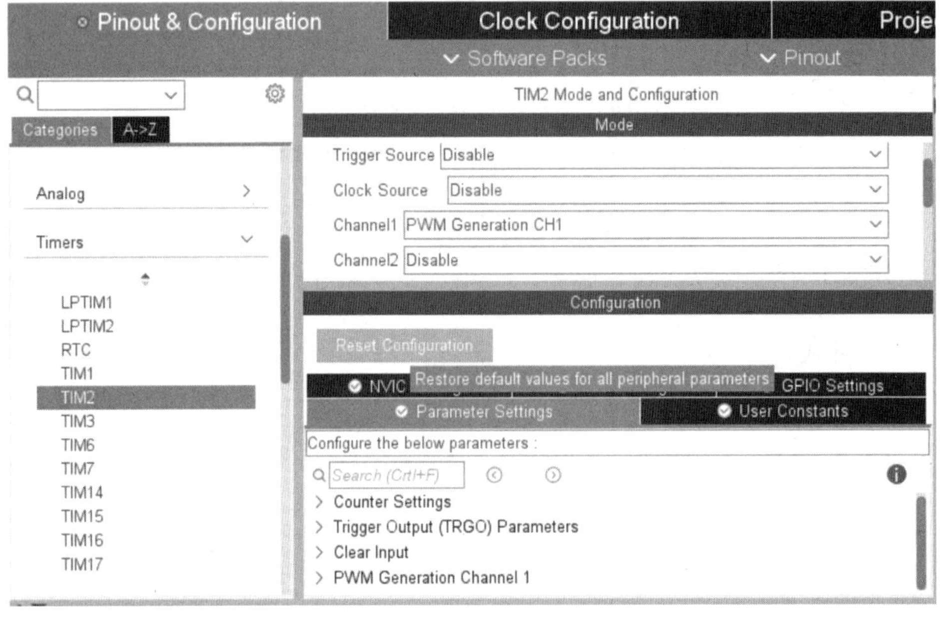

图 10.30　TIM2 参数设置

在 Mode 子窗口中，通过 Channel1 右侧的下拉框将 Channel1 设置为 PWM Generation CH1。

在 Configuration 子窗口中，参数设置如下。

① 展开 Counter Settings。在展开项中，将 Prescaler(PSC-16 bits value)设置为 1023，Counter Period(AutoReload Register-32 bits)设置为 62500。

② 展开 PWM Generation Channel 1。在展开项中，将 Pulse(32 bits value)设置为 31250。计数周期为 62500，脉冲为 31250。

（6）单击 Pinout & Configuration 标签。在该标签界面左侧窗口中，找到并展开 Connectivity。在展开项中，找到并选择 LPUART1 选项。然后在 LPUART1 Mode and Configuration 窗口中为 LPUART1 设置参数。这些参数与发送端的 LPUART1 的参数完全相同。

（7）在 Pinout view 界面中，选中 PC4 引脚，出现浮动菜单。在浮动菜单内，选择 GPIO_EXTI4。

（8）在 Pinout view 界面中，选中 PC5 引脚，出现浮动菜单。在浮动菜单内，选择 GPIO_EXTI5。

（9）单击 Pinout & Configuration 标签。在该标签界面左侧窗口中，找到并展开 System Core。

在展开项中，找到并选择 GPIO 选项。如图 10.31 所示，在右侧的 GPIO Mode and Configuration 窗口中，参数设置如下。

① 选中 Pin name 为 PC4 的一行。在下面的 PC4 Configuration 标题栏窗口中，通过 GPIO mode 右侧的下拉框将 GPIO mode 设置为 External Interrupt Mode with Falling edge trigger detection。

② 选中 Pin name 为 PC5 的一行。在下面的 PC5 Configuration 标题栏窗口中，通过 GPIO mode 右侧的下拉框将 GPIO mode 设置为 External Interrupt Mode with Falling edge trigger detection。

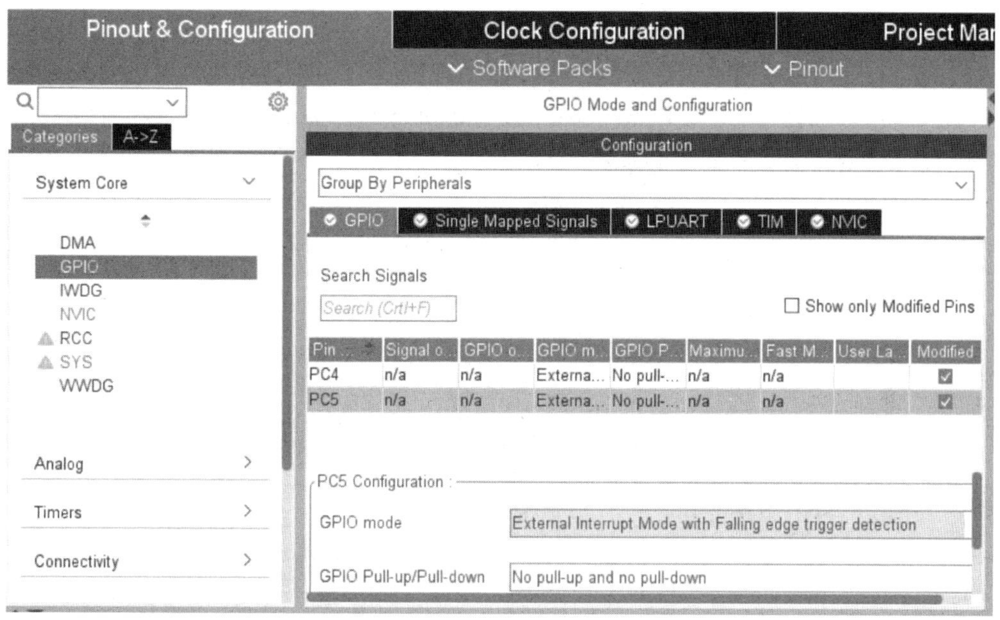

图 10.31　GPIO 参数设置

（10）单击 Pinout & Configuration 标签。在该标签界面左侧窗口中，找到并展开 System Core。如图 10.32 所示，在展开项中，找到并选择 NVIC 选项。在右侧的 NVIC Mode and Configuration 窗口中，勾选 EXTI line 4 to 15 interrupts 一行后面的复选框，表示使能 EXTI line 4 to 15 中断。

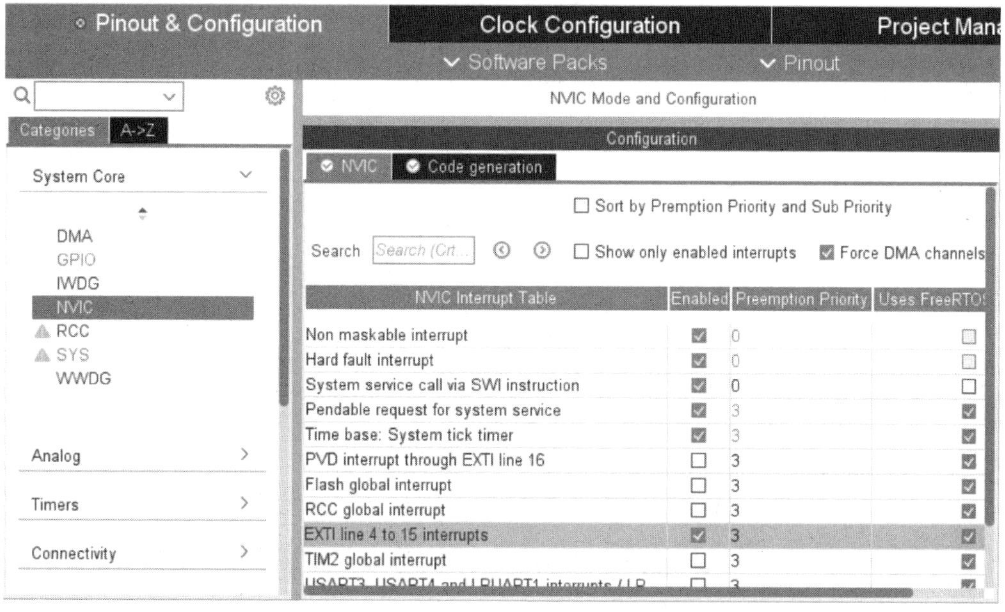

图 10.32　NVIC 参数设置

（11）导出设计工程。

> **注：**接收端的硬件电路连接规则，定时器输出引脚 PA0 连接外部中断引脚 PC4，红外接收模块反馈信号线接外部中断引脚 PC5，并将红外接收模块的 VCC 与开发板上的 5V 引脚连接，将红外接收模块的 GND 与开发板上的 GND 引脚连接。

2．在 Keil μVision 中添加设计代码

下面将在生成的 Keil 工程框架中添加设计代码，主要步骤如下。

（1）启动 Keil μVision 集成开发环境。

（2）将工程路径定位到 E:\STM32G0_example\example_12_1\HY_TEST_SYSTEM_RX\MDK-ARM，在该路径下打开名字为 HY_TEST_SYSTEM_RX.uvprojx 的工程文件。

（3）在 Keil 主界面左侧 Project 窗口中，找到并打开 main.c 文件。在该文件中，添加设计代码。

（4）添加头文件、串口重定向声明、定义变量，如代码清单 10.6 所示。

代码清单 10.6　添加设计代码片段

```
#include "stdio.h"
#include "string.h"
#define unit8_t unsigned char
#define PUTCHAR_PROTOTYPE int fputc(int ch,FILE *f)
#define GETCHAR_PROTOTYPE int fgetc(FILE *f)
#define BACKSPACE_PROTOTYPE int _backspace(FILE *f)
volatile int    number=0;                              //收到的脉冲个数
int data=0;                                            //解码出的数据
int flag_TIM2=0;                                       //TIM2 通道 1 标志位，其值为 1，打开；为 0，关闭
```

（5）在 main()函数中添加设计代码，如代码清单 10.7 所示。

代码清单 10.7　在 main()函数中添加设计代码

```
printf("开始接收 \r\n");                               //提示准备接收信息
while (1)
{
    HAL_Delay(10);
}
```

（6）重定向输出函数 fputc()，如代码清单 10.8 所示。

代码清单 10.8　重定向函数 fput()的设计代码

```
PUTCHAR_PROTOTYPE                                          //重定向 fputc()函数
{
  HAL_UART_Transmit(&hlpuart1,(unit8_t*) &ch,1,0xFFFF);    //调用串口发送函数
  return ch;                                               //返回发送的字符
}
```

（7）重定向输入函数 fgetc()，如代码清单 10.9 所示。

代码清单 10.9　重定向函数 fgetc()的代码

```
GETCHAR_PROTOTYPE                                          //重定向 fgetc()函数
{
    uint8_t value;                                         //定义无符号字符型变量 value
```

```
    while((LPUART1->ISR & 0x00000020)==0){}                    //判断串口是否接收字符
    value=(uint8_t)LPUART1->RDR;                               //读取串口接收的字符
    HAL_UART_Transmit(&hlpuart1,(uint8_t *)&value,1,0x1000);   //回显接收的字符
    return value;                                              //返回接收的值 value
}
```

（8）添加重定向函数 backspace()代码，如代码清单 10.10 所示。

代码清单 10.10　添加重定向函数 backspace()的代码

```
BACKSPACE_PROTOTYPE                    //重定向 backspace()函数
{
  return 0;
}
```

（9）编写中断回调函数代码，如代码清单 10.11 所示。

代码清单 10.11　编写中断回调函数代码

```
void HAL_GPIO_EXTI_Falling_Callback(uint16_t GPIO_Pin)
{
    if(GPIO_Pin==0x0010)                         //PC4 定时器中断触发：输出+清零
    {
        //计时结束关闭 TIM2 通道 1，并更新 TIM2 标志位
        HAL_TIM_PWM_Stop(&htim2,TIM_CHANNEL_1);
        flag_TIM2=0;
        data=(number+4)/8;                       //根据脉冲个数解码出数据
        //数据为 0 说明：发送数据或红外干扰不输出忽视即可
        if(data!=0)
            printf(" 收到数据 %d \r\n",data);   //否则通过串口显示在接收端计算机中
        number=0;                                //脉冲计数清零准备新一轮接收
    }
    else if(GPIO_Pin==0x0020)                    //PC5 红外所接收中断触发
    {
        if(flag_TIM2==0)                         //如果定时器关闭，则将其打开
        {                                        //如果定时器已经打开，则不进行操作
            HAL_TIM_PWM_Start(&htim2,TIM_CHANNEL_1);
            flag_TIM2=1;
        }
        //PC5 中断每触发一次就说明接收到一个脉冲，脉冲计数加一
        number++;
    }
}
```

（10）保存设计代码。

3．设计处理和下载

下面将对设计进行编译和连接，并将文件下载到 STM32G071 MCU 内的 Flash 存储器中，然后运行设计。主要步骤如下。

（1）通过 USB 电缆，将计算机/笔记本电脑的 USB 接口与 NUCLEO-G071RB 开发板的 USB 接口连接。

（2）在 Keil 主界面主菜单中，选择 Project->Build Target，对设计进行编译和连接。

（3）在 Keil 主界面主菜单中，选择 Flash->Download，将生成的 Flash 存储器格式文件下载到 STM32G071 MCU 内的 Flash 存储器中。

（4）按一下 NUCLEO-G071RB 开发板上标记为 RESET 的按键，使程序正常运行。

思考与练习 10.1：在发送端和接收端计算机/笔记本电脑的串口调试助手工具中，找到虚拟串口，并正确设置串行通信的参数，然后打开发送端和接收端的虚拟串口。在发送端的串口调试助手的输入窗口中输入要发送的数字，在接收端的串口调试助手界面的接收窗口中观察接收到的字符，验证设计的正确性。

第 11 章　音频设备的驱动和控制

STM32G0 系列 MCU 内集成了串行外设接口（Serial Peripheral Interface，SPI）/集成的芯片间声音（Integrated Interchip Sound，I2S），提供了简单的通信接口，允许微控制器与外部设备进行通信。该接口是高度可配置的，以支持许多标准协议。

本章首先介绍 SPI 模块和 I2S 模块的原理，然后通过一个音频设备的驱动和控制说明 I2S 模块的使用方法。

11.1　外设串行接口概述

SPI/I2S 接口可用于使用 SPI 协议或 I2S 协议与外部设备进行通信，可以通过软件选择 SPI 模式或 I2S 模式。当复位器件后，默认选择 SPI 摩托罗拉模式。

SPI 协议支持与外部设备进行半双工、全双工以及单工同步串行通信。SPI 可以配置为主设备，在这种情况下，它可以向外部从设备提供通信时钟（SCK）。SPI 还可以在多个主设备的配置中运行。

I2S 协议也支持同步串行通信，可以在从模式或主模式下，进行半双工通信。它可以满足四种不同的音频标准，包括飞利浦的 I2S 标准、MSB 对齐和 LSB 对齐标准，以及（Pulse Code Modulation，PCM）标准。

注：有些教材将 I2S 写作 I^2S，两者含义相同。

11.1.1　SPI 模块的主要特性

STM32G0 系列 MCU 内所集成的 SPI 模块的主要特性如下。

（1）主设备或从设备工作模式。

（2）基于三个信号线的全双工同步传输。

（3）基于两个信号线的半双工同步传输（使用双向数据线）。

（4）基于两个信号线的单工同步传输（使用单向数据线）。

（5）4～16 位数据宽度选择。

（6）多主模式的能力。

（7）8 个主模式波特率预分频器，最高可达 $f_{PCLK}/2$。

（8）从模式频率最高可达 $f_{PCLK}/2$。

（9）通过硬件或软件对主设备和从设备进行 NSS 管理：动态改变主设备/从设备的工作。

（10）可编程的时钟极性和相位。

（11）具有 MSB 对齐或 LSB 对齐的可编程数据顺序。

（12）具有中断功能的专用发送和接收标志。

（13）SPI 总线忙状态标志。

（14）SPI 摩托罗拉支持。

（15）硬件 CRC（循环冗余校验）功能实现可靠的通信：

① CRC 值可以在 Tx 模式下作为最后一个字节发送；

② 对最后接收到的字节进行自动 CRC 错误检查。

（16）主模式故障，具有中断功能的溢出标志。

（17）CRC 错误标志。

（18）两个具有 DMA 功能的 32 位嵌入式 Rx 和 Tx FIFO。

（19）增强的 TI 和 NSS 脉冲模式支持。

11.1.2　I2S 模块的主要特性

STM32G0 系列 MCU 内所集成的 I2S 模块的主要特性如下。

（1）半双工通信（仅发送器或接收器）。

（2）主设备或从设备工作。

（3）8 位可编程线性预分频器，可达到准确的音频采样频率（8～192kHz）。

（4）数据格式可以是 16 位、24 位或 32 位。

（5）数据包的帧通过音频通道固定为 16 位（16 位数据帧）或 32 位（16 位、24 位、32 位数据帧）。

（6）可编程的时钟极性（稳态）。

（7）在从设备发送模式下的欠载标志，接收模式（主设备和从设备）下的过载标志，以及在接收和发送模式下的帧错误标志（仅从设备）。

（8）用于发送和接收的 16 位寄存器，两个通道侧都有一个数据寄存器。

（9）支持的 I2S 协议，包括 I2S 飞利浦标准、MSB 对齐标准（左对齐）、LSB 对齐标准（右对齐），以及 PCM 标准（在 16 位通道帧或扩展到 32 位通道帧的 16 位数据帧上实现短帧和长帧同步）。

（10）数据方向总是从 MSB 开始。

（11）发送和接收的 DMA 功能（16 位宽）。

（12）可以输出主设备时钟用于驱动外部音频元件。比率固定在 $256\times F_S$（其中 F_S 是音频的采样频率）。

11.2　SPI 模块的结构和功能

SPI 允许 MCU 和外设之间的同步串行通信。应用软件可以通过轮询标志或使用专用 SPI 中断来管理通信。

11.2.1　SPI 模块的结构

STM32G071 MCU 内所集成 SPI 模块的内部结构，如图 11.1 所示。

SPI 模块提供了四个 I/O 引脚，用于与外设进行 SPI 通信。

（1）主设备输入从设备输出（Master Input & Slave Output，MISO）引脚。一般情况下，该引脚用于在从模式下发送数据和在主模式下接收数据。

（2）主设备输出从设备输入（Master Output & Slave Input，MOSI）引脚。一般情况下，该引脚用于在主模式下发送数据和在从模式下接收数据。

（3）串行时钟（serial clock，SCK）引脚。主设备的串行时钟输出引脚和从设备的输入引脚。

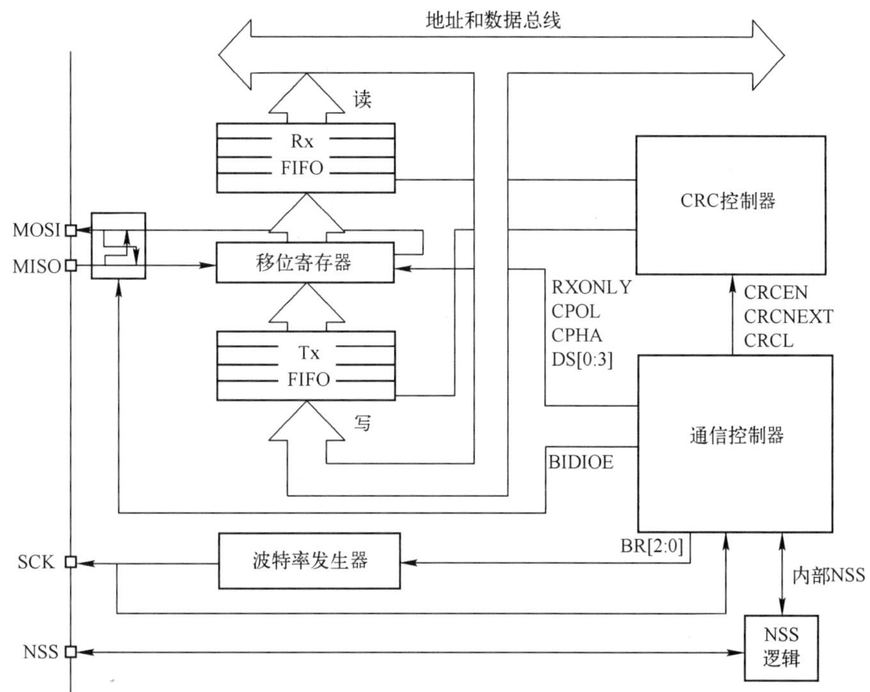

图 11.1　SPI 模块的内部结构

（4）从设备选择（NSS）引脚。根据 SPI 和 NSS 设置，该引脚可用于：

① 选择一个单独的从设备进行通信；

② 同步数据帧或；

③ 检测多个主设备之间的冲突。

SPI 总线允许一个主设备和一个或多个从设备之间进行通信。SPI 总线至少由两根线组成，一根用于时钟信号，另一根用于同步数据传输。根据 SPI 节点之间的数据交换以及从设备选择信号管理，可以添加其他信号。

11.2.2　一个主设备和一个从设备的通信

SPI 允许 MCU 使用不同的配置进行通信，具体取决于目标设备和应用要求。这些配置使用 2 线、3 线（带软件 NSS 管理）或 3/4 线（带硬件 NSS 管理）。

通信始终由主设备发起。

1．全双工通信

在默认情况下，SPI 配置为全双工通信。在该配置中，主设备和从设备的移位寄存器使用 MOSI 和 MISO 引脚之间的两条单向线连接，如图 11.2 所示。在 SPI 通信期间，数据在主设备提供的 SCK 时钟沿同步移位。主设备通过 MOSI 引脚将要发送给从设备的数据进行传输，并通过 MISO 引脚从从设备接收数据。当完成数据帧传输（所有位都被移位）时，将交换主设备和从设备之间的信息。

> **注：** NSS 引脚可用于提供主设备和从设备之间的硬件控制流。它是可选的，外设可以不使用该引脚。用户必须在内部为主设备和从设备处理流。

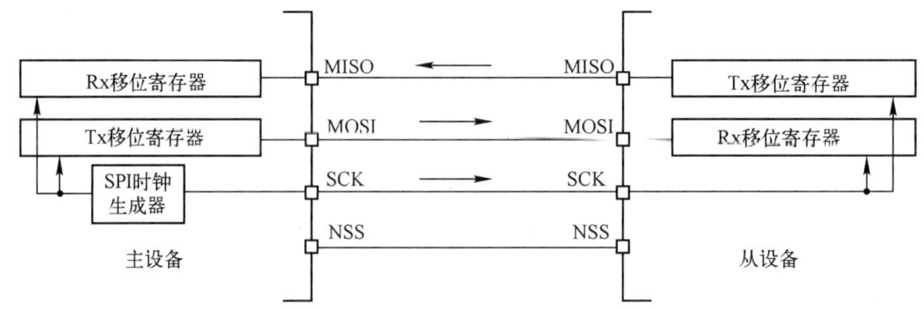

图 11.2　一个主设备和一个从设备的全双工通信结构

2. 半双工通信

通过设置 SPIx_CR1 寄存器中的 BIDIMODE 位，SPI 可以在半双工模式下进行通信，如图 11.3 所示。在该配置中，使用一条交叉连接线将主设备和从设备的移位寄存器连接在一起。在此通信期间，数据在 SCK 时钟边沿的移位寄存器之间同步移位，传输方向由主设备和从设备通过其 SPIx_CR1 寄存器中的 BDIOE 位互相选择。在此配置中，主设备的 MISO 引脚和从设备的 MOSI 引脚可自由地用于其他应用程序并用作 GPIO。

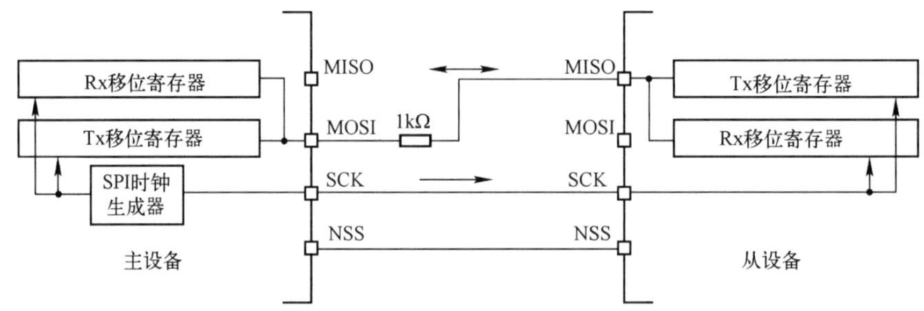

图 11.3　一个主设备和一个从设备的半双工通信结构

（1）NSS 引脚可用于提供主设备和从设备之间的硬件控制流。它是可选的，外设可以不使用该引脚。用户必须在内部为主设备和从设备处理流。

（2）在该配置中，主设备的 MISO 引脚和从设备的 MOSI 引脚可用作 GPIO。

（3）当两个工作在双向模式的节点之间的通信方向没有同步改变时，并且新的发送器访问工具数据线而前面的发送器仍然保持在线上相反的值时，就可能会发生危急情况（该值取决于 SPI 的配置和通信数据）。然后，两个节点在公共线上临时提供相反输出电平的同时进行战斗，直至下一个节点也相应地改变其方向设置。在这种情况下，建议在 MISO 和 MOSI 引脚之间串联一个电阻，以保护输出并限制它们之间的电流消耗。

3. 单工通信

通过使用 SPI_CR2 寄存器中的 RxONLY 位将 SPI 设置为仅发送或仅接收，SPI 可以在单工模式下进行通信，如图 11.4 所示。

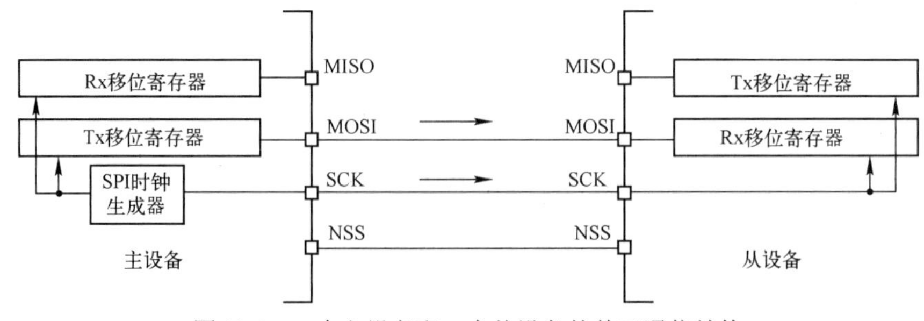

图 11.4　一个主设备和一个从设备的单工通信结构

在这种配置中，只有一条线用于主设备和从设备移位寄存器之间的传输。剩余的 MISO 和 MOSI 引脚对不用于通信，可用作 GPIO。

（1）仅发送模式（RxONLY=0）：配置设置与全双工相同。应用程序必须忽略在未使用的输入引脚上捕获的信息。该引脚可用作 GPIO。

（2）仅接收模式（RxONLY=1）：应用程序可以通过设置 RxONLY 位来禁止 SPI 输出功能。在从设备配置中，禁止 MISO 输出，该引脚可用作 GPIO。从设备在其从设备选择信号处于活动状态时继续从 MOSI 引脚接收数据。接收数据的出现取决于数据缓冲区配置。在主设备配置中，禁止 MOSI 引脚输出，该引脚可用作 GPIO。只要使能 SPI，就会连续生成时钟信号。停止时钟的唯一方法是清零 RxONLY 位或 SPE 位，并等待，直至来自 MISO 引脚的输入模式完成并填充数据缓冲区结构，具体取决于其配置。

11.2.3 标准的多个从设备通信

在具有两个或多个独立从设备的配置中，主设备使用 GPIO 引脚来管理每个从设备的片选线，如图 11.5 所示。主设备必须通过拉低连接到从设备 NSS 输入的 GPIO 来单独选择一个从设备。完成该操作后，将建立标准主设备和专用从设备通信。

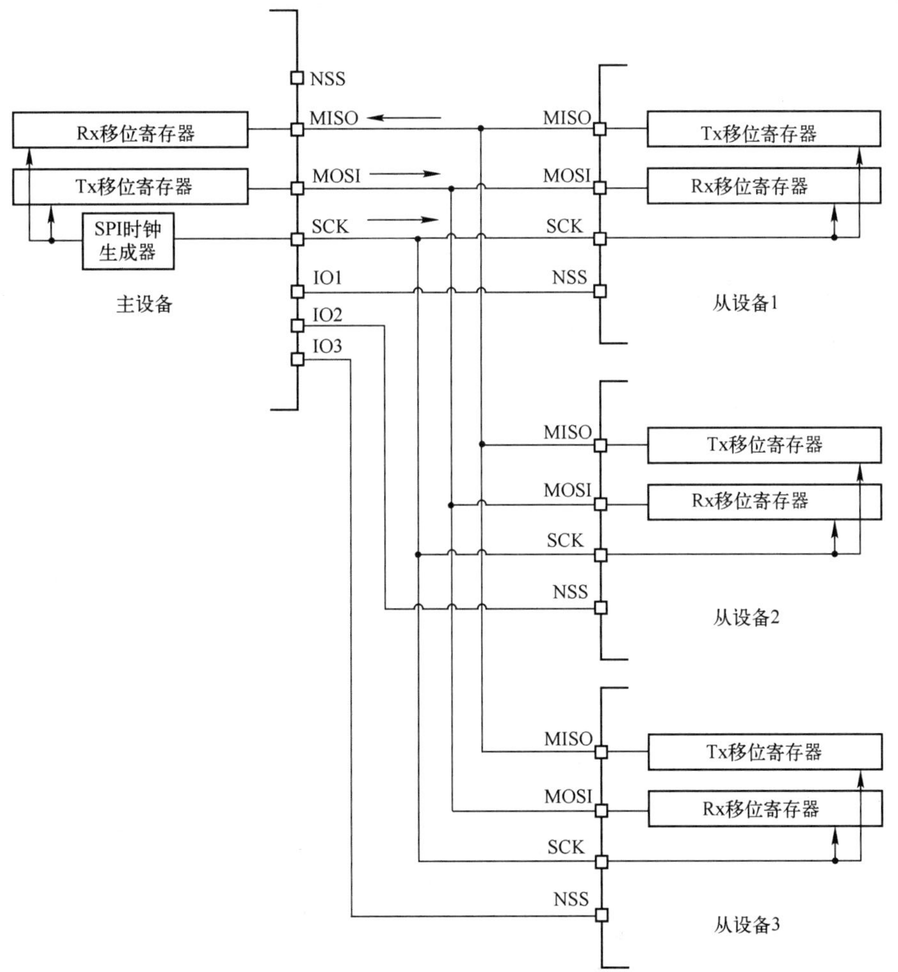

图 11.5 一个主设备和三个从设备的 SPI 通信

（1）在该配置下，主设备一侧不能使用 NSS 引脚。它必须在内部进行管理（SSM=1, SSI=1）以防止任何 MODF 错误。

（2）由于从设备的 MISO 引脚连接在一起，因此所有从设备必须将其 MISO 引脚的 GPIO 设置位复用功能开漏。

11.2.4　多个主设备通信

除非 SPI 总线主要不是为多主设备功能而设计的，否则用户就可以使用内置功能来检测试图同时控制总线的两个节点之间的潜在冲突。对于该检测，NSS 引脚用于配置为硬件输入模式。

在这种模式下工作的两个以上 SPI 节点的连接是不可能的，因为一次只有一个节点可以将其输出应用到公共数据线上。

当节点处于非活动状态时，默认状况下都保持从模式。一旦一个节点想要接管总线上的控制权，它就会将自己切换到主模式，并通过专用 GPIO 引脚在另一个节点上的从设备选择输入中应用活动电平。当会话完成后，将释放活动的从设备选择信号，主控总线的节点暂时返回被动从模式，等待下一次会话开始。

如果两个节点同时提出其主控请求，则会出现总线冲突事件，然后使用者可以应用一些简单的仲裁过程（如通过在两个节点上应用预定义的不同超时来推迟下一次尝试）。

11.2.5　从设备选择引脚管理

在从模式下，NSS 作为标准的“片选”输入工作，让从设备和主设备进行通信。在主模式下，NSS 可用作输出或输入。

作为输入，它可以防止多主总线冲突；作为输出，它可以驱动单个从设备的选择信号。硬件/软件从设备选择管理如图 11.6 所示，用户可以使用 SPIx_CR1 寄存器中的 SSM 位设置硬件或软件从设备选择管理。

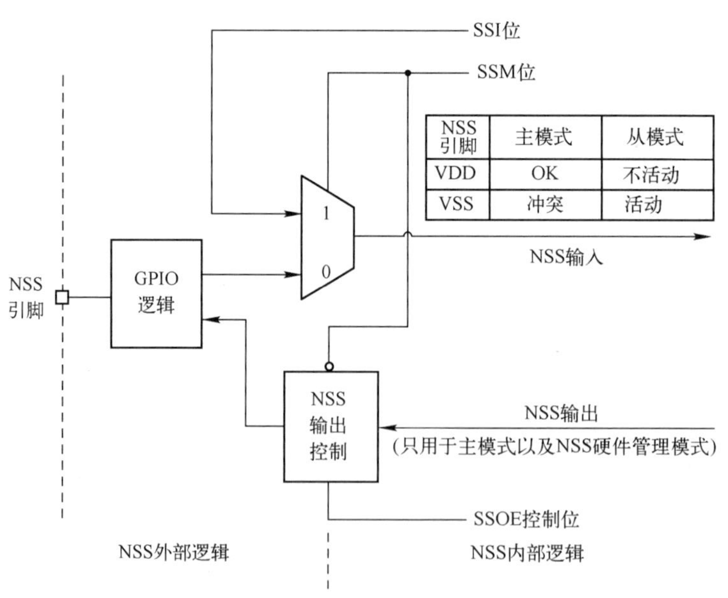

图 11.6　硬件/软件从设备选择管理

（1）软件 NSS 管理（SSM=1）。在该配置中，从设备选择信息由寄存器 SPIx_CR1 的 SSI 位的值内部驱动。外部 NSS 引脚可自由用于其他应用。

（2）硬件 NSS 管理（SSM=0）。在这种情况下，有两种可能的配置，使用的配置取决于 NSS 输出配置（寄存器 SPIx_CR1 中的 SSOE 位）。

① NSS 输出使能（SSM=0，SSOE=1）。该配置仅在 MCU 设置为主设备时使用。NSS 引脚由硬件管理。一旦在主模式下使能 SPI（SPE=1），就将 NSS 信号驱动为低电平，并且持续为低直到禁止 SPI（SPE=0）为止。如果激活 NSS 脉冲模式（NSSP=1），则可以在连续通信之间生成脉冲。SPI 无法使用此 NSS 设置在多主配置中工作。

② NSS 输出禁止（SSM=0，SSOE=0）。如果微控制器作为总线上的主设备，则该配置允许多个主设备功能。如果在该模式下拉低 NSS 引脚，则 SPI 进入主模式故障状态，并且器件会自动重新配置为从模式。在从模式下，NSS 引脚用作标准的“片选”输入，当 NSS 线处于低电平时选择从设备。

11.2.6　通信格式

在 SPI 通信过程中，接收和发送操作是同时进行的。串行时钟（SCK）同步数据线上的信息移位和采样。通信格式取决于时钟相位、时钟极性和数据帧格式。为了能够一起通信，主设备和从设备必须遵循相同的通信格式。

1．时钟相位和极性控制

软件可以使用 SPIx_CR1 寄存器中的 CPOL（时钟极性）位和 CPHA（时钟相位）位来选择四种可能的时序关系。当没有数据传输时，CPOL 位控制时钟的空闲状态值。该位影响主模式和从模式。如果复位 CPOL 位，则 SCK 引脚处于低电平空闲状态。如果置位了 CPOL 位，则 SCK 引脚处于高电平空闲状态。

如果置位了 CPHA 位，则 SCK 引脚上的第二个边沿会捕获第一个处理的数据位（如果复位 CPOL 位，则为下降沿；如果置位 CPOL 位，则为上升沿）。每次出现这种时钟跳变类型时都会锁存数据。如果复位 CPHA 位，则 SCK 引脚上的第一个边沿捕获第一个处理的数据位（如果置位 CPOL 位，则为下降沿；如果复位 CPOL 位，则为上升沿）。每次出现这种时钟跳变时都会锁存数据。

CPOL 位和 CPHA 位的组合选择数据捕获时钟边沿，数据和时钟时序如图 11.7 所示。

注：在更改 CPOL/CPHA 位之前，必须通过复位 SPE 位来禁止 SPI。

SCK 的空闲状态必须对应于在 SPIx_CR1 寄存器中选择的极性（如果 CPOL=1，则上拉 SCK；如果 CPOL=0，则下拉 SCK）。

2．数据帧格式

根据 LSBFIRST 位的值，可以将 SPI 移位寄存器设置为先移出 MSB 或 LSB。通过使用 DS 字段，选择数据帧的大小。它的长度可以设置为 4～16 位，该设置适用于接收和发送。无论选定的数据帧的大小如何，对 FIFO 的读取访问都必须与 FRXTH 级别对齐。当访问 SPIx_DR 寄存器时，数据帧总是右对齐为一个字节（如果数据适合一个字节）或一个半字，如图 11.8 所示。在通信期间内，只有数据帧内的位才会有时钟驱动并进行传输。

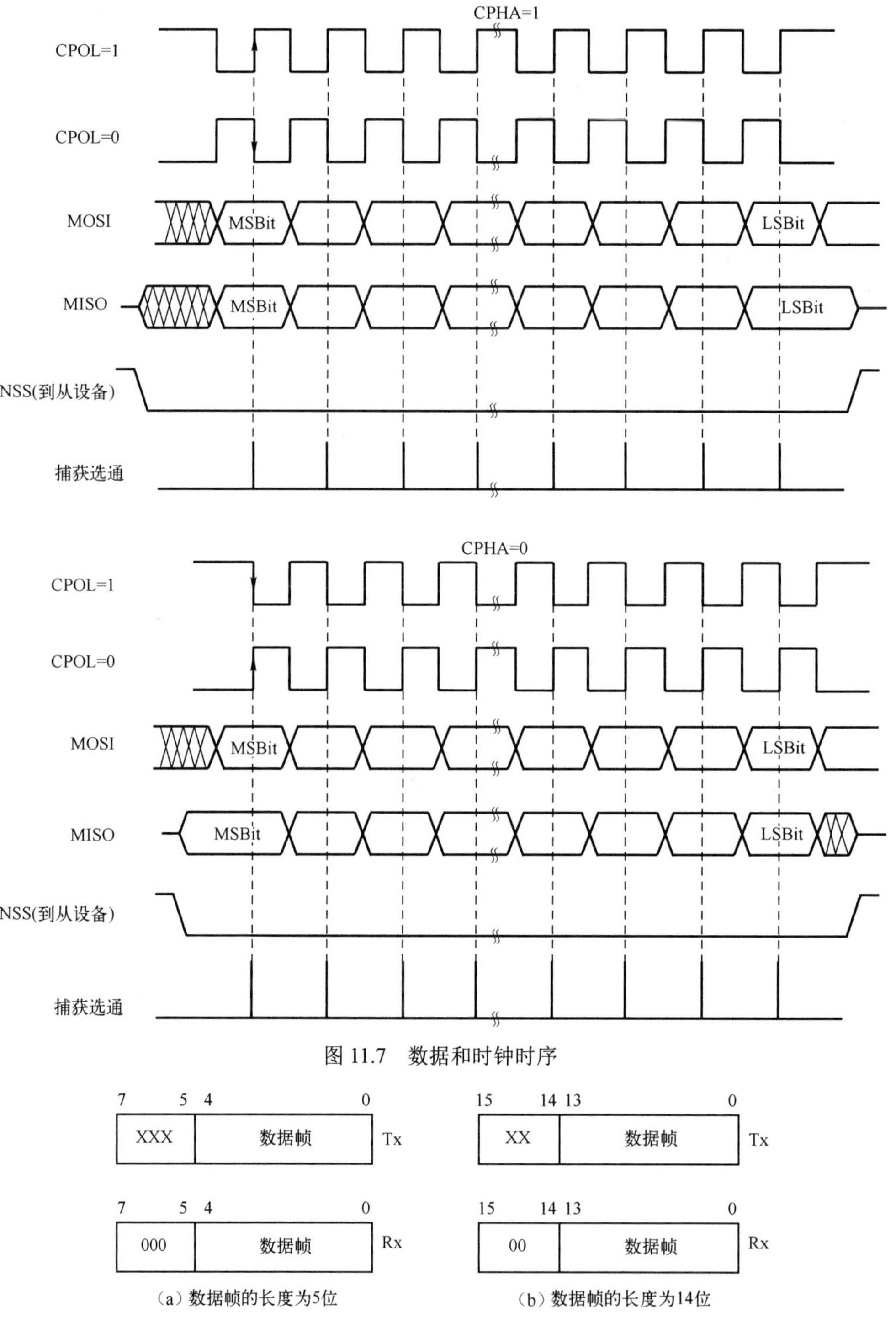

图 11.7　数据和时钟时序

图 11.8　不同的数据帧长度

11.2.7　配置 SPI

主设备和从设备的配置过程几乎相同。对于特定模式的设置，应遵循特定的内容。当初始化标准的通信时，执行以下步骤。

（1）写正确的 GPIO 寄存器：为 MOSI、MISO 和 SCK 引脚配置 GPIO。

（2）写入 SPI_CR1 寄存器。

① 使用 BR[2:0]字段配置串行时钟波特率[注（4）]。

② 配置 CPOL 位和 CPHA 位组合以定义数据传输和串行时钟之间的四种关系之一（在 NSSP 模式下 CPHA 位必须清零）[注（2）]。

③ 通过配置 RxONLY 或 BIDIMODE 和 BIDIOE 位来选择单工或半双工模式（不能同时设置 RxONLY 和 BIDIMODE 位）。

④ 配置 LSBFIRST 位以定义帧格式[注（2）]。

⑤ 如果需要 CRC，则配置 CRCL 和 CRCEN 位（当 SCK 时钟信号处于空闲状态时）。

⑥ 配置 SSM 和 SSI[注（2）、（3）]。

⑦ 配置 MSTR 位（在多主 NSS 配置中，如果主设备配置为防止 MODF 错误，则避免 NSS 上的冲突状态）。

（3）写 SPI_CR2 寄存器。

① 配置 DS[3:0]字段，以选择用于传输的数据长度。

② 配置 SSOE[注（1）～（3）]。

③ 如果要求 TI 协议，则设置 FRF 位（在 TI 模式下保持 NSSP 位清零）。

④ 如果需要在两个数据单元之间的 NSS 脉冲模式，则设置 NSSP 位（在 NSSP 模式下保持 CPHA 位和 TI 位清零）。

⑤ 配置 FRXTH 位。RxFIFO 阈值必须与 SPI_DR 寄存器的读访问大小对齐。

⑥ 如果 DMA 用于打包模式，则初始化 LDMA_Tx 和 LDMA_Rx 位。

（4）写入 SPI_CRCPR 寄存器：如果需要，则配置 CRC 多项式。

（5）写入正确的 DMA 寄存器：如果使用 DMA 流，则在 DMA 寄存器中配置专用于 SPI Tx 和 Rx 的 DMA 流。

注：（1）从模式下不需要的步骤；
（2）TI 模式下不需要的步骤；
（3）NSSP 模式下不需要的步骤；
（4）除了从设备工作在 TI 模式外，从模式下不需要的步骤。

11.2.8　使能 SPI 的步骤

建议在主设备发送时钟之前使能 SPI 从设备，否则，可能会发生不需要的数据传输。从设备的数据寄存器必须已经包含要在开始与主设备通信之前发送的数据（在通信时钟的第一个边沿，或者如果时钟信号是连续的，则在正在进行的通信结束之前）。在使能 SPI 从设备之前，SCK 信号必须稳定在与所选极性相对应的空闲状态电平。

当使能 SPI 且 TxFIFO 不为空时，或者在下一次写入 TxFIFO 时，全双工（或任何仅发送模式）的主设备开始通信。

在任何主设备仅接收模式（RxONLY=1 或 BIDIMODE=1 且 BIDIOE=0）下，主设备开始通信，并且时钟在 SPI 使能后立即开始运行。

11.2.9　数据发送和接收过程

下面介绍数据发送和接收过程。

1. TxFIFO 和 RxFIFO

所有 SPI 数据“交易”都通过 32 位嵌入的 FIFO。这使得 SPI 能够在连续流中工作，并且在数据帧大小较短时防止溢出。每个方向都有自己的 FIFO，称之为 TxFIFO 和 RxFIFO。除了使能 CRC 计算的仅接收器模式（从设备或主设备）外，这些 FIFO 用于所有 SPI 模式。

FIFO 的管理取决于数据交换模式（双工、单工）、数据帧格式（帧中的位数）、对 FIFO 数据寄存器（8 位或 16 位）执行的访问大小，以及是否访问 FIFO 时使用数据打包。

对 SPIx_DR 寄存器的读访问将返回保存在 RxFIFO 中但尚未读取的值。对 SPIx_DR 的写访问将写入的数据保存在发送队列末尾的 TxFIFO 中。读访问必须始终与 SPIx_CR2 寄存器中 FRXTH 位配置的 RxFIFO 阈值对齐。FTLVL[1:0]和 FRLVL[1:0]字段表示两个 FIFO 的当前占用水平。

对 SPIx_DR 寄存器的读访问必须由 RxNE 事件管理。当数据保存在 RxFIFO 中并到达阈值（由 FRXTH 位定义）时触发该事件。当 RxNE 清零时，将认为 RxFIFO 是空的。以类似的方式，要传输的数据帧的写访问由 TxE 事件管理。当 TxFIFO 的级别小于或等于其容量的一半时触发该事件。否则，清除 TxE 并将 TxFIFO 看作已满。这样，RxFIFO 最多可以保存 4 个数据帧，而 TxFIFO 在数据帧格式不超过 8 位时最多只能保存 3 个。当软件尝试以 16 位模式将更多数据写入 TxFIFO 时，该差异可阻止对已经保存在 TxFIFO 中的 3×8 位数据帧的破坏。TxE 和 RxNE 事件可以被轮询或中断处理。

数据管理的另一种方法是使用 DMA。

如果当 RxFIFO 已满时接收到下一个数据，则会发生溢出事件。溢出事件可以由中断轮询或中断处理。

正在设置的 BSY 位指示当前数据帧正在进行“交易”。当时钟信号连续运行时，在主设备的数据帧之间保持设置 BSY 位，但在从设备每次传输数据帧之间的一个 SPI 时钟的最短持续时间内变低。

2. 顺序管理

可以按单个序列传递几个数据帧以完成一条消息。当使能传输后，当主机的 TxFIFO 中存在任何数据时，序列开始并继续。由主设备连续提供时钟信号，直到 TxFIFO 变空，然后停止等待额外的数据。

在仅接收模式、半双工（BIDIMODE=1, BIDIOE=0）或单工（BIDIMODE=0, RXONLY=1）模式下，当使能 SPI 且激活仅接收模式时，主设备立即启动序列。由主设备提供时钟信号，它不会停止，直到主设备禁用 SPI 或仅接收模式为止。

虽然主设备可以在连续模式下提供所有“交易”（SCK 信号是连续的），但它必须遵循从设备随时处理数据流及其内容的能力。必要时，主设备必须减慢通信速度，并提供较慢的时钟或足够延迟的单独帧或数据会话。注意，在 SPI 模式下，主设备或从设备没有下溢错误信号，即使从设备无法及时正确准备，来自从设备的数据也始终由主设备进行交易和处理。从设备最好使用 DMA，尤其是在数据帧较短且总线速率较高的情况下。

每个序列必须由与多个从设备系统的并行 NSS 脉冲进行封装，以仅选择一个从设备进行通信。在单个从设备的系统中，没有必要使用 NSS 控制从设备，但最好也在这里提供脉冲，以便使从设备与每个数据序列的开始同步。NSS 可以由软件和硬件管理。

当设置 BSY 位时，表示正在进行数据帧交易。当完成专用的帧交易时，会出现 RxNE 标志，仅采样最后一位，完整的数据帧保存在 RxFIFO 中。

3．禁止 SPI 的步骤

当禁止 SPI 时，必须遵守以下所描述的禁用步骤。当停止外设时钟时，在系统进入低功耗模式之前执行此操作非常重要。在这种情况下，正在进行的交易可能会被破坏。在某些模式下，禁止过程是停止连续通信运行的唯一方法。

在全双工或仅传输模式中的主设备可以在停止提供发送数据的情况下完成任何交易。在这种情况下，在最后一次数据交易后停止时钟。当处理奇数个数据帧时，在打包模式下必须特别小心，以防止一些虚拟字节交换。在禁止 SPI 之前，使用者必须遵循标准的禁用过程。当正在进行帧传输或下一个数据帧保存在 TxFIFO 中，以及在主设备发送器上禁止 SPI 时，无法保证 SPI 行为。

当主设备处于任何仅接收模式时，停止连续时钟的唯一方法就是通过 SPE=0 禁止外设。这必须发生在最后一个数据帧交易的特定时间窗口，恰好在其第一位的采样时间和最后一位传输开始之前（为了接收完整数量的预期数据帧并仿真任何额外的“虚拟”数据读取在最后一个有效数据帧之后）。当该模式下禁止 SPI 时，必须遵守特定的过程。

当禁止 SPI 时，接收到但未读取的数据仍保存在 RxFIFO 中，并且必须在下次使能 SPI 时进行处理，然后才能开始新的序列。为防止出现未读数据，应确保在禁止 SPI 时 RxFIFO 为空，其方法是使用正确的禁止过程，或者通过控制专用于外设复位的特定寄存器（参见 RCC_APBiRSTR 寄存器中的 SPIiRST 字段）使用软件复位初始化所有 SPI 寄存器。

标准的禁用过程是基于拉动 BSY 状态和 FTLVL[1:0]来检查传输交易是否完全完成。当需要识别正在进行的交易结束时，这种检查也可以在特定情况下进行。

（1）当 NSS 信号由软件管理且主设备必须为从设备提供正确的 NSS 脉冲结束时。

（2）当完成来自 DMA 或 FIFO 的交易流，而最后一个数据帧或 CRC 帧交易仍然在外设总线上进行时。

正确的禁止过程是（除了使用仅接收模式）：

（1）等待直到 FTLVL[1:0]=00（不发送更多的数据）；

（2）等待直到 BSY=0（处理完最后一个数据帧）；

（3）禁止 SPI（SPE=0）；

（4）读取数据直到 FRLVL[1:0]=00（读取所有接收到的数据）。

某些仅接收模式的正确禁止过程是：

（1）当最后一个数据帧正在进行时，通过在特定的时间窗口中禁止 SPI（SPE=0）来中断接收流；

（2）等待直到 BSY=0（已经处理完最后一个数据帧）；

（3）读取数据直到 FRLVL[1:0]=00（读取完所有接收到的数据）。

> **注：** 如果使用打包方式，则需要接收奇数个格式小于或等于 8 位（适合一个字节）的数据帧，FRVLL[1:0]=01 时必须设置 FRXTH，这是为了产生 RxNE 事件以读取最后一个奇数数据帧并保持良好的 FIFO 指针对齐。

4．数据打包

当数据帧大小适合一个字节（小于或等于 8 位），以及对 SPIx_DR 寄存器执行任何读或写 16 位访问时，将自动使用数据打包。在这种情况下，双数据帧模式是并行处理的。首先，SPI 使用保存在访问字的 LSB 中的模式进行操作，然后使用保存在 MSB 中的另一半字。发送和接收在 FIFO

内打包数据的处理过程如图 11.9 所示。在发送器的单个 16 位访问 SPIx_DR 寄存器后，发送两个数据帧。如果接收器的 RxFIFO 门限设置为 16 位（FRXTH=0），那么该序列只能在接收器中生成一个 RxNE 事件。然后，接收器必须通过对 SPIx_DR 的单个 16 位读取来访问两个数据帧，作为对这个单个 RxNE 事件的响应。RxFIFO 阈值设置和随后的读取访问必须始终在接收器端保持对齐，如果数据未对齐，则可能会丢失数据。

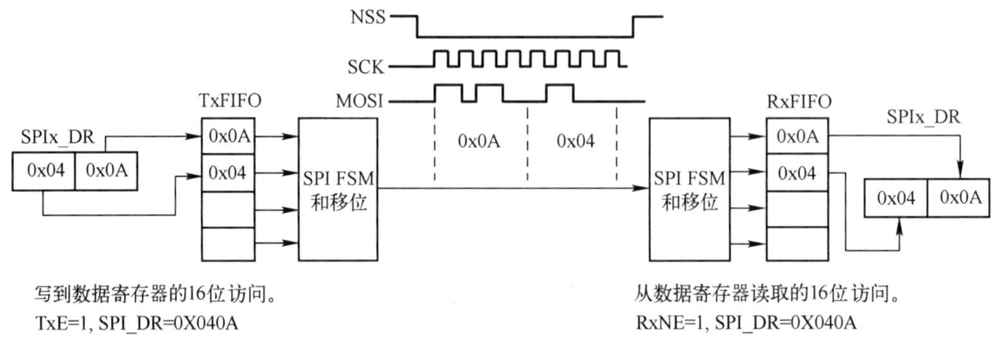

图 11.9 发送和接收在 FIFO 内打包数据的处理过程

如果必须处理奇数个此类“适合一个字节”的数据帧，则会出现特定问题。在发送端，写入任何奇数序列的最后一个数据帧并具有对 SPIx_DR 的 8 位访问权限就足够了。接收器必须修改奇数帧序列中接收到的最后一个数据帧的 RxFIFO 阈值级别，以生成 RxNE 事件。

5. 使用 DMA 的通信

为了以最大速度运行并便于避免溢出所需的数据寄存器读/写过程，SPI 提供了 DMA 功能，该功能实现了简单的请求/确认协议。

当设置了 SPIx_CR2 寄存器中的 TxE 或 RxNE 使能位时，请求 DMA 访问。必须向 Tx 和 Rx 缓冲区发出单独的请求。

（1）在发送中，每次 TxE 设置为 1 时就会发出一个 DMA 请求，然后 DMA 写入 SPIx_DR 寄存器。

（2）在接收中，每次 RxNE 设置为 1 时就会发出一个 DMA 请求，然后 DMA 读取 SPIx_DR 寄存器。

当 SPI 仅用于传输数据时，可以只使能 SPI Tx DMA 通道。在这种情况下，设置 OVR 标志，因为没有读取接收到的数据。当 SPI 仅用于接收数据时，可以只使能 SPI Rx DMA 通道。

在发送模式下，当 DMA 已经写入了要发送的所有数据（在 DMA_ISR 寄存器中设置了 TCIF 标志）时，可以监视 BSY 标志以确保 SPI 通信完成。这是在禁止 SPI 或者进入停止模式之前避免破坏最后一次传输所必需的。软件必须先等待，直到 FTLVL[1:0]=00，然后直到 BSY=0。使用 DMA 开始通信时，为防止 DMA 通道管理引发错误事件，必须按顺序执行以下步骤。

（1）如果使用 DMA Rx，则在 SPI_CR2 寄存器的 RxDMAEN 位中使能 DMA Rx 缓冲区。

（2）如果使用流，则在 DMA 寄存器中为 Tx 和 Rx 使能 DMA 流。

（3）如果使用 DMA Tx，则在 SPI_CR2 寄存器的 TxDMAEN 位中使能 DMA Tx 缓冲区。

（4）通过设置 SPE 位，使能 SPI。

要关闭通信，必须按顺序执行以下步骤。

（1）禁止 DMA 寄存器中用于 Tx 和 Rx 的 DMA 流（如果使用流）。

（2）按照 SPI 禁用过程禁止 SPI。

（3）如果使用 DMA Tx 和/或 DMA Rx，则通过清除 SPI_CR2 寄存器中的 TxDMAEN 和

RxDMAEN 位来禁止 DMA Tx 和 Rx 缓冲区。

6．用 DMA 打包

如果传输由 DMA（在 SPIx_CR2 寄存器中设置 TxDMAEN 和 RxDMAEN）管理，则会根据 SPI Tx 和 SPI Rx DMA 通道配置的 PSIZE 值自动使能/禁止打包模式。如果 DMA 通道 PSIZE 值等于 16 位且 SPI 数据大小小于或等于 8 位，则使能打包模式。然后，DMA 自动管理对 SPIx_DR 寄存器的写操作。

如果使用数据打包模式并且要传输的数据个数不是 2 的倍数，那么必须设置 LDMA_Tx/LDMA_Rx 位，然后 SPI 只考虑一个用于发送和接收的数据来服务最后的 DMA 传输。

7．通信图

下面介绍一些典型的时序方案。无论 SPI 事件是通过轮询、中断还是 DMA 处理，这些方案都是有效的。为了简单，LSBFIRST=0、CPOL=0 和 CPHA=1 设置在这里用作常见假设，没有提供 DMA 流的完整配置。

各种全双工通信如图 11.10～图 11.13 所示。下面的注释对图 11.10～图 11.13 都是通用的。

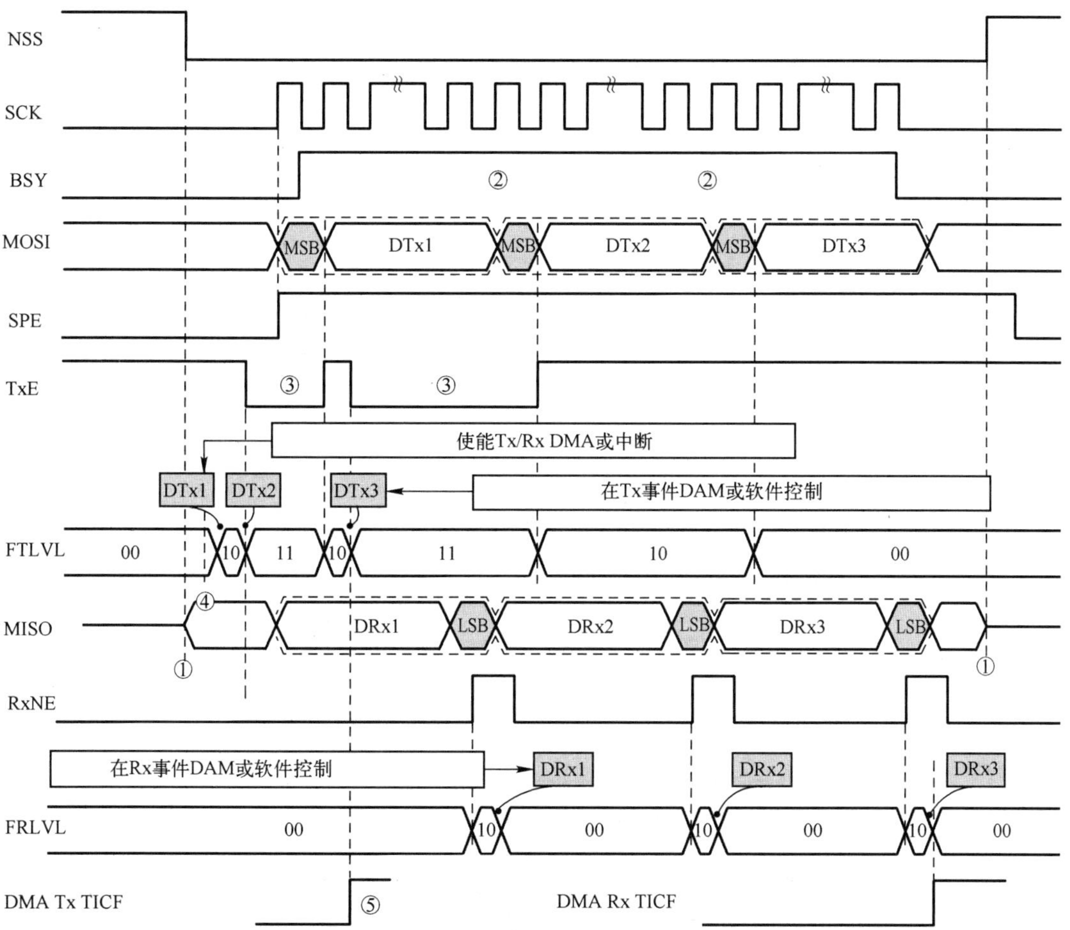

数据大小大于 8 位。如果使用 DMA，则 DMA 处理的 Tx 帧数设置为 3，DMA 处理的 Rx 帧数设置为 3。

图 11.10　主设备全双工通信

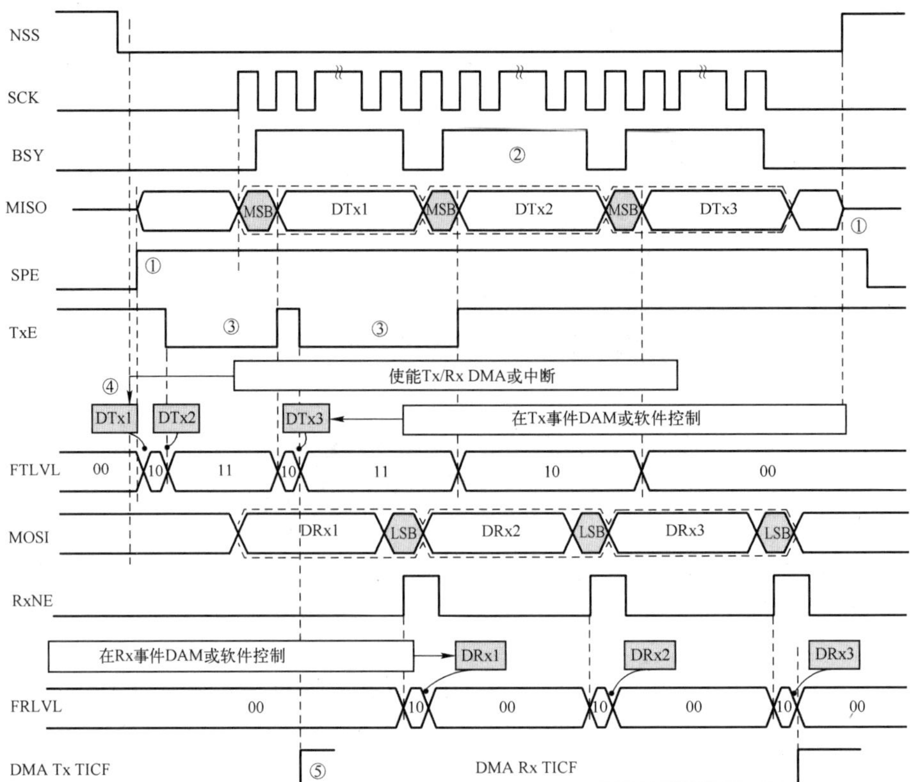

数据大小大于 8 位。如果使用 DMA，则 DMA 处理的 Tx 帧数设置为 3，DMA 处理的 Rx 帧数设置为 3。

图 11.11　从设备全双工通信

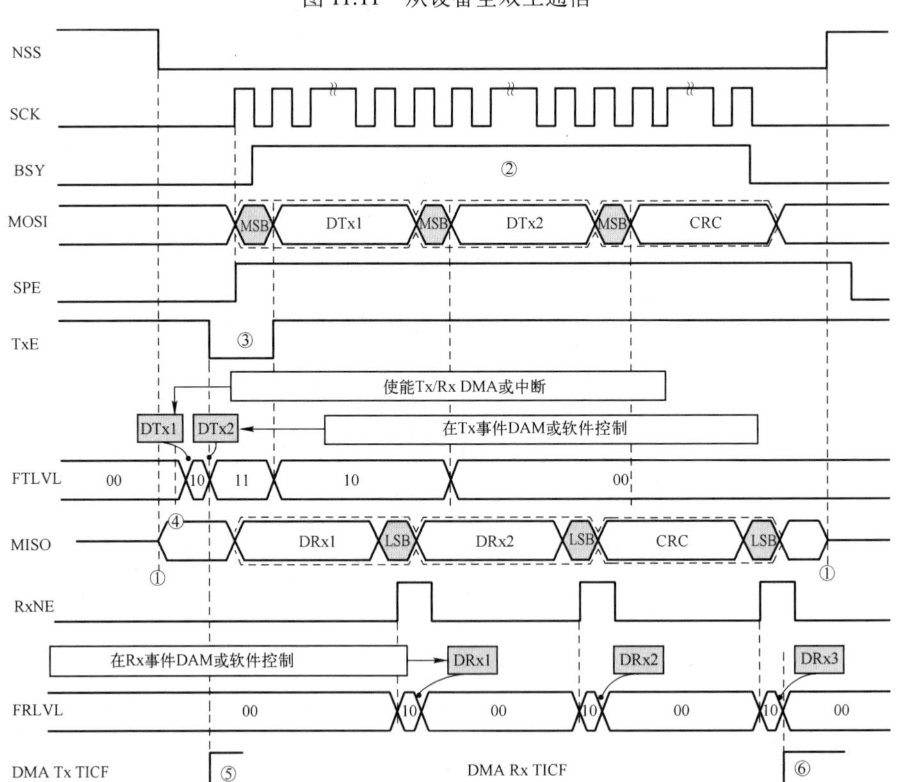

数据大小等于 16 位，使能 CRC。如果使用 DMA，则 DMA 处理的 Tx 帧数设置为 2，DMA 处理的 Rx 帧数设置为 3。

图 11.12　带有 CRC 的主设备全双工通信

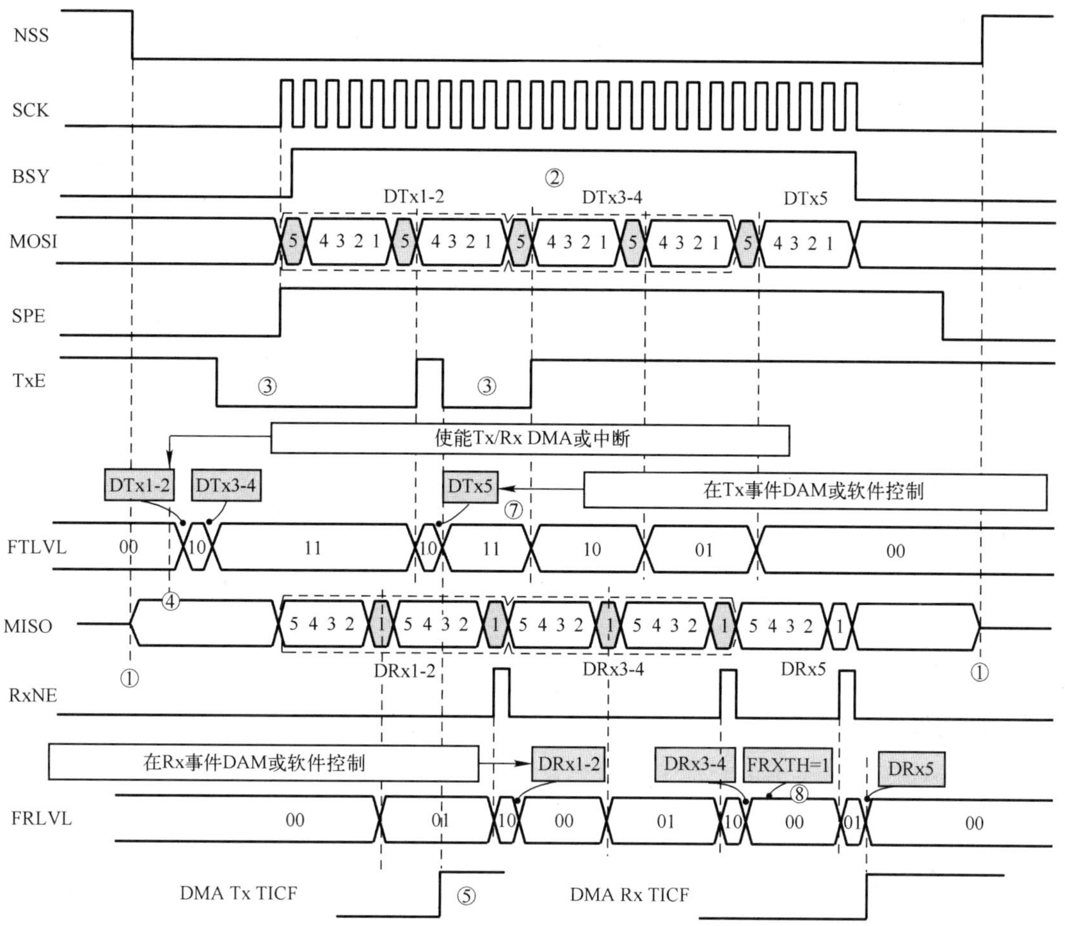

数据大小等于 5 位，读写 FIFO 主要通过 16 位访问执行，FRXTH=0。如果使用 DMA，则 DMA 处理的 Tx 帧数设置为 3，DMA 处理的 Rx 帧数设置为 3，Tx 和 Rx DMA 通道的 PSIZE 设置为 16 位，LDMA_Tx=1 和 LDMA_Rx=1。

图 11.13 打包模式的主设备全双工通信

（1）当 NSS 处于活动状态且使能 SPI 时，从设备开始控制 MISO 线，当释放其中之一时，从设备与线断开连接。在交易开始之前，必须为从设备提供足够的时间以事先为主设备准备专门的数据。

在主设备端，仅当使能 SPI 时，SPI 外设才能控制 MOSI 和 SCK 信号（有时也控制 NSS 信号）。如果禁止 SPI，则 SPI 外设与 GPIO 逻辑断开连接，因此这些线上的电平完全取决于 GPIO 的设置。

（2）在主设备端，如果通信（时钟信号）是连续的，则 BSY 在帧之间保持活动状态。在从设备上，BSY 信号在数据帧之间的至少一个时钟周期内变为低电平。

（3）如果 TxFIFO 为满，则清除 TxE 信号。

（4）在设置 TxDMAEN 位后开始 DMA 仲裁过程。在设置 TxEIE 位后，产生 TxE 中断。只要 TxE 信号处于活动电平，就启动到 TxFIFO 的数据传输，直到 TxFIFO 为满或 DMA 传输完成为止。

（5）如果所有要发送的数据都可以装入 TxFIFO，则 DMA Tx TCIF 标志甚至在 SPI 总线上的通信开始之前就可以产生。该标志总在 SPI 交易完成之前产生。

（6）用于一个数据包的 CRC 值在 SPIx_TxCRCR 和 SPIx_RxCRCR 寄存器中逐帧连续计算。

在完成整个数据包后处理 CRC 信息，由 DAM 自动处理（必须将 Tx 通道设置为要处理的数据帧个数）或通过软件进行处理（用户必须在处理最后一个数据帧期间处理 CRCNEXT 位）。

虽然 SPIx_TxCRCR 中计算出的 CRC 值只由发送器发出，但是接收到的 CRC 信息会加载到 RxFIFO 中，然后与 SPIx_RxCRCR 寄存器中的内容进行比较（如果有差异，则可以在此处产生 CRC 错误标志）。这就是为什么使用者必须小心地刷新这个来自 FIFO 的信息，要么通过软件读出 RxFIFO 的所有保存的内容，要么在为 Rx 通道预设置适当的数据帧个数（数据帧个数+CRC 帧的个数）。

（7）在数据打包模式下，TxE 和 RxNE 事件是成对的，对 FIFO 的每次读/写访问都是 16 位宽，直至数据帧的个数为偶数。如果 TxFIFO 为 3/4 满，则 FTLVL 状态保持在 FIFO 满水平。这就是为什么在 TxFIFO 变为 1/2 满之前无法保存最后一个奇数数据帧的原因。当设置 LDMA_Tx 控制时，该帧通过软件或 DMA 自动通过 8 位访问保存到 TxFIFO 中。

（8）要在打包模式下接收最后一个数据帧，必须在处理最后一个数据帧时将 Rx 阈值更改为 8 位，通过软件设置 FRXTH=1 或在设置 LDMA_Rx 时通过 DMA 内部信号自动修改。

11.2.10 SPI 状态位

SPI 状态位为应用程序提供了 3 个状态标志以完全监控 SPI 总线的状态。

1. Tx 缓冲区空（TxE）标志

当发送 TxFIFO 有足够的空间来保存要发送的数据时，设置 TxE 标志。TxE 标志连接到 TxFIFO 级别。该标志变为高电平并保持高电平，直到 TxFIFO 级别低于或等于 FIFO 深度的 1/2 为止。如果设置了 SPIx_CR2 寄存器中的 TxEIE 位，则可以产生中断。当 TxFIFO 级别大于 1/2 时，该位自动清零。

2. Rx 缓冲区不为空（RxNE）标志

RxNE 标志的设置取决于 SPIx_CR2 寄存器中的 FRXTH 位的值。

（1）如果设置了 FRXTH，则 RxNE 变高电平并保持高电平，直到 RxFIFO 级别大于或等于 1/4（8 位）为止。

（2）如果清除了 FRXTH，则 RxNE 变高电平并保持高电平，直到 RxFIFO 级别大于或等于 1/2（16 位）为止。

如果设置了 SPIx_CR2 寄存器中的 RxNEIE 位，则会产生中断。

当上面的条件不再成立时，RxNE 由硬件自动清零。

3. 忙（BSY）标志

BSY 标志由硬件设置和清除（写入该标志无效）。

当设置 BSY 标志时，表示 SPI 上正在进行数据传输（SPI 总线繁忙）。

BSY 标志可以在某些模式下用于检测传输的结束，以便软件可以在进入不为外设提供时钟的低功耗模式之前禁止 SPI 或其外设时钟，这可以避免破坏最后一次传输。

BSY 标志对于防止多主系统中的写冲突也非常有用。在以下任何一种情况下，清除 BSY 标志：

（1）当正确禁止 SPI 时；

（2）在主模式下检测到故障时（将 MODF 位设置为 1）；

（3）在主模式下，当它完成了一个数据发送并且没有准备发送新的数据时；

（4）在从模式下，在每次数据传输之间至少一个 SPI 时钟周期内将 BSY 标志设置为 0。

注：当主设备可以立即处理下一次传输时（如主设备处于仅接收模式或其发送 FIFO 不为空），通信是连续的，并且 BSY 标志在主设备一侧的传输之间保持设置为 1。尽管从设备不是这种情况，但建议始终使用 TxE 和 RxNE 标志（而不是 BSY 标志）来处理数据发送或接收操作。

11.2.11　SPI 错误标志

如果设置下面的其中一个错误标志，并且通过设置 ERRIE 位使能中断，则会产生 SPI 中断。

1．溢出（OVR）标志

当主设备或从设备接收到数据并且 RxFIFO 没有足够的空间来保存接收到的数据时，就会发生溢出情况。如果软件或 DMA 没有足够的时间读取先前接收的数据（保存在 RxFIFO 中），或者数据存储空间有限，如在仅接收模式下使能 CRC 时，RxFIFO 不可用，那么在这种情况下，将接收缓冲区限制为单个数据帧缓冲区。

当发生溢出条件时，新接收的值不会覆盖 RxFIFO 中的前一个值。新接收的值将被丢弃，随后接收的数据将全部丢失。通过对 SPI_DR 寄存器的读访问和对 SPI_SR 寄存器的读访问来清除 OVR 位。

2．模式故障（MODF）标志

当主设备将其内部 NSS 信号（NSS 硬件模式下的 NSS 引脚，或者 NSS 软件模式下的 SSI 位）拉低时，会发生模式故障。这会自动设置 MODF 标志。主模式故障通过以下方式影响 SPI 接口：

（1）如果设置了 MODF 标志，则产生 SPI 中断；

（2）清除 SPE 位，会阻止设备的所有输出并禁止 SPI 接口；

（3）清除 MSTR 位，从而强制器件进入从模式。

使用以下软件序列清除 MODF 标志：

（1）在设置 MODF 位时对 SPIx_SR 寄存器进行读或写访问；

（2）然后写入 SPIx_CR 寄存器。

为了避免在包含多个 MCU 的系统中出现任何从设备冲突，必须在 MODF 标志清除序列期间将 NSS 引脚拉高。在清除序列之后，SPE 和 MSTR 位可以恢复到其原始状态。作为安全措施，引荐不允许在设置 MODF 标志时设置 SPE 和 MSTR 位。在从设备中，不能设置 MODF 标志，除非是由于先前的多主设备冲突的结果。

3．CRC 错误（CRCERR）标志

当设置 SPIx_CR1 寄存器中的 CRCEN 位时，其标志用于验证所接收到值的有效性。如果移位寄存器中接收到的值与接收器 SPIx_RxCRCR 中的值不匹配，则设置 SPIx_SR 寄存器中的 CRCERR 标志。该标志由软件清零。

4．TI 模式帧格式错误（FRE）

当 SPI 在从模式下运行并配置为符合 TI 时，正在进行的通信期间出现 NSS 脉冲现象，会检测到 TI 模式帧格式错误。当发生该错误时，设置 SPIx_SR 寄存器中的 FRE 标志。尽管发生错误，也不会禁止 SPI，忽略 NSS 脉冲，SPI 开始新的传输之前等待下一个 NSS 脉冲。由于错误检测可能会导致丢失两个数据字节，因此可能会破坏数据。

当读取 SPIx_SR 寄存器时，清除 FRE 标志。如果设置了 ERRIE 位，NSS 错误检测就会产生一个中断。在这种情况下，应该禁止 SPI，因为它不再保证数据一致性，并且当再次启动从设备 SPI 时，主设备应该重新启动通信。

11.2.12　NSS 脉冲模式

NSS 脉冲模式由 SPIx_CR2 寄存器中的 NSSP 位激活，并且仅当 SPI 配置为摩托罗拉 SPI 主设备（FRF=0）并且在第一个边沿进行捕获（SPIx_CR1 CPHA =0，CPOL 设置被忽略）时才会生效。激活该模式后，当 NSS 至少在一个时钟周期内保持高电平时，两个连续数据帧传输之间会产生一个 NSS 脉冲。NSSP 脉冲模式允许从设备锁存数据。这种模式专为具有单个主从对的应用而设计。

使能 NSSP 脉冲模式时的 NSS 引脚管理如图 11.14 所示。

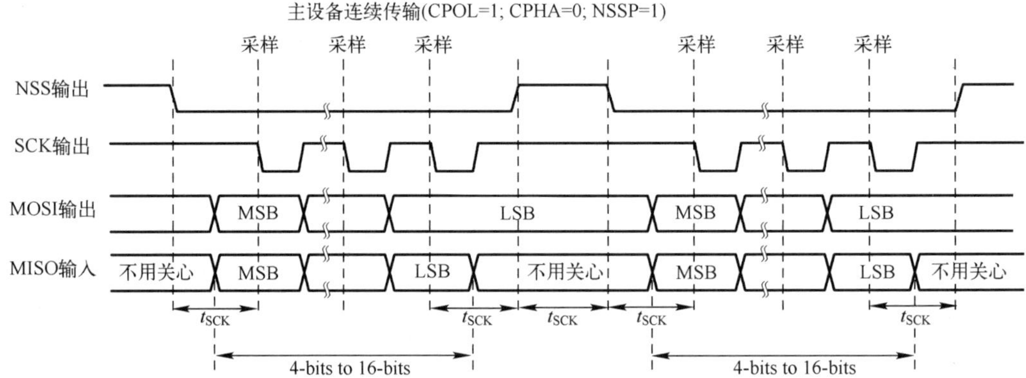

图 11.14　使能 NSSP 脉冲模式时的 NSS 引脚管理

11.2.13　TI 模式

SPI 与 TI 协议兼容。SPIx_CR2 寄存器中的 FRF 位可用于配置 SPI 以符合该协议。

无论 SPIx_CR1 寄存器中设置的值如何，时钟极性和相位都必须符合 TI 协议要求。NSS 管理也特定于 TI 协议，这使得在这种情况下无法通过 SPIx_CR1 和 SPI_CR2 寄存器（SSM、SSI、SSOE）进行 NSS 管理。

在从模式下，SPI 波特率预分频器用于控制当前会话完成时，MISO 引脚状态更改为 HiZ 的时刻，TI 模式传输如图 11.15 所示。该模式可以使用任何波特率，从而可以以最佳灵活性确定这一时刻。但是，波特率一般设置为外部主时钟波特率。MISO 信号变为 HiZ 的延迟 t_{RELEASE} 取决于内部重新同步和通过 SPIx_CR1 寄存器中的 BR[2:0]位设置的波特率。它由以下公式给出：

$$\frac{t_{\text{BAND\_RATE}}}{2}+4\times t_{\text{PCLK}}<t_{\text{RELEASE}}<\frac{t_{\text{BAND\_RATE}}}{2}+6\times t_{\text{PCLK}}$$

如果从设备在数据帧传输期间检测到错位的 NSS 脉冲，则设置 TIRE 标志。

如果数据大小等于 4 位或 5 位，则在全双工模式或仅发送模式下的主设备使用在 LSB 后多增加的一个虚拟数据位的协议。在此虚拟数据位时钟周期之上生成 TI NSS 脉冲，而不是在每个周期的 LSB 上。

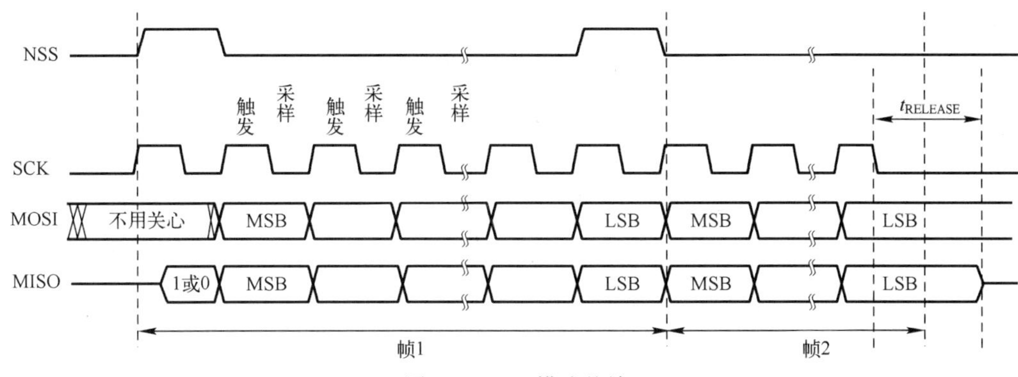

图 11.15　TI 模式传输

该功能不适用于摩托罗拉 SPI 通信（FRF 位设置为 0）。

11.2.14　CRC 计算

SPI 实现了两个独立的 CRC 计算器，以检查发送和接收数据的可靠性。SPI 提供独立于帧数据长度的 CRC8 和 CRC16 计算，可固定为 8 位或 16 位。对于所有其他数据帧长度，没有 CRC 可用。

1．CRC 原理

在使能 SPI（SPE=1）之前，通过设置 SPIx_CR1 寄存器中的 CRCEN 位来使能计算 CRC。通过在每一位上使用奇数可编程多项式来计算 CRC 的值。在由 SPIx_CR1 寄存器中 CPHA 和 CPOL 位所定义的采样时钟边沿上处理计算过程。计算出的 CRC 值会在数据块的末尾以及由 CPU 或 DMA 管理的传输中自动检查。当在接收数据内部计算的 CRC 与发送器发送的 CRC 之间检测到不匹配时，将设置 CRCERR 标志以指示数据损坏错误。处理 CRC 计算的正确过程取决于 SPI 配置和所选择的传输管理。

注：多项式值只能是奇数，不支持偶数。

2．由 CPU 管理的 CRC 传输

通信开始并正常持续，直到必须在 SPIx_DR 寄存器中发送或接收最后一个数据帧为止。然后，必须在 SPIx_CR1 寄存器中设置 CRCNEXT 位，以指示 CRC 交易在当前处理的数据帧交易之后。在结束最后一个数据帧交易之前，必须设置 CRCNEXT。在 CRC 交易期间，冻结 CRC 的计算。

接收到的 CRC 像数据字节或字一样存储在 RxFIFO 中。这就是为什么仅在 CRC 模式下，将接收缓冲区看作 16 位的缓冲区，用于一次仅接收一个数据帧。

CRC 的交易通常在数据序列的末尾再使用一个数据帧进行通信。但是，当设置一个 8 位数据帧通过 16 位 CRC 时，还需要两个帧才能发送完整的 CRC。

当接收到最后一个 CRC 时，将执行自动检查，将接收到的值与 SPIx_RxCRC 寄存器中的值进行比较。软件必须检查 SPIx_SR 寄存器中的 CRCERR 标志以确定数据传输是否已经损坏。软件通过向其写入 0 来清除 CRCERR 标志。

当接收 CRC 后，CRC 保存在 RxFIFO 中，必须在 SPIx_DR 寄存器中读取以清除 RxNE 标志。

3．由 DMA 管理的 CRC 传输

当 SPI 通信使能 CRC 通信和 DMA 模式时，通信结束时 CRC 的发送和接收是自动的（除了在仅接收模式下读取 CRC）。软件不必处理 CRCNEXT 位。用于 SPI 发送 DMA 通道的计数器需要设置为要传输的数据帧个数，不包括 CRC 帧。在接收端，接收到的 CRC 在交易结束时由 DMA

自动处理，但用户必须注意从 RxFIFO 中清除接收到的 CRC，因为它总是可以加载到其中的。在全双工模式下，接收 DMA 通道的计数器可以设置为要接收的数据帧个数，包括 CRC，这意味着，8 位数据帧由 16 位 CRC 检查：

DMA_Rx=数据帧个数+2

在仅接收模式下，DMA 接收通道计数器应仅包含传输的数据量，不包括 CRC 计算。然后，基于来自 DMA 的完整传输，所有 CRC 必须由软件从 FIFO 读回，因此它在该模式下用作单个缓冲区。

当数据和 CRC 传输结束时，如果传输过程发生损坏，则设置 SPIx_SR 寄存器中的 CRCERR 标志。

当使用了打包模式时，如果数据个数是奇数，则需要管理 LDMA_Rx 位。

4．复位 SPIx_TxCRC 和 SPI_RxCRC 值

在 CRC 阶段后，当采样新的数据时，SPIx_TxCRC 和 SPIx_RxCRC 值会被自动清零。这允许使用 DMA 循环模式（在仅接收模式下不可用），以便在没有任何中断的情况下传输数据（中间的 CRC 检查阶段覆盖了几个数据块）。

如果在通信期间禁止 SPI，则必须遵循以下顺序。

（1）禁止 SPI。

（2）清除 CRCEN 位。

（3）使能 CRCEN 位。

（4）使能 SPI。

> **注：**当 SPI 配置为从设备时，一旦释放 CRCNEXT 信号时，在 CRC 阶段的交易期间，NSS 内部信号需要保持低电平。因此，当 NSS 硬件模式应该正常用于从设备时，无法在 NSS 脉冲模式下使用 CRC 计算。
>
> 在 TI 模式下，尽管时钟相位和时钟极性设置是固定的，并且独立于 SPIx_CR1 寄存器，但如果应用 CRC，则无论如何必须在 SPIx_CR1 寄存器中保持相应的设置 CPOL=0、CPHA=1。此外，必须通过 SPI 禁止序列在会话之间复位 CRC 计算，并且在主设备和从设备一侧重新使能上述 CRCEN 位，以避免在该特定模式下破坏 CRC 计算。

11.2.15　SPI 中断

SPI 中断请求如表 11.1 所示。

表 11.1　SPI 中断请求

中断事件	事件标志	使能控制位
发送 TxFIFO 准备好加载	TxE	TxEIE
在 RxFIFO 中接收到数据	RxNE	RxNEIE
主模式故障	MODF	ERRIE
溢出/过载错误	OVR	
TI 帧格式错误	FRE	
CRC 协议错误	CRCERR	

> **注：**可以分别使能或禁止中断。

11.3　I2S 模块的结构和功能

当使能 I2S 功能时（通过设置 SPIx_I2SCFGR 寄存器中的 I2SMOD 位），SPI 可用作音频 I2S 接口。该接口主要使用与 SPI 相同的引脚、标志和中断。

11.3.1　I2S 模块的结构

STM32G071 MCU 内所集成 I2S 模块的内部结构，如图 11.16 所示。I2S 与 SPI 共享三个公共引脚。

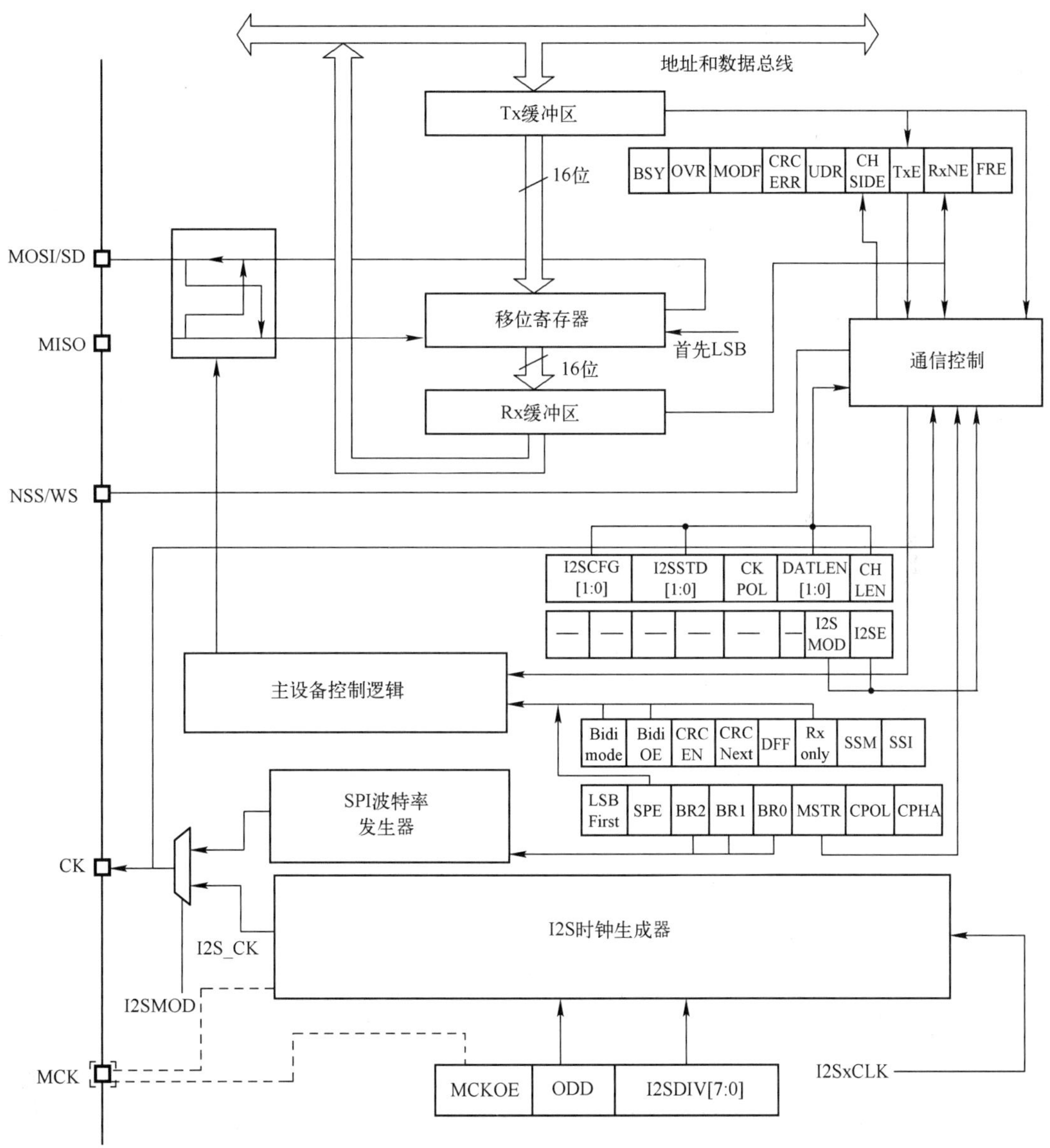

图 11.16　I2S 模块的内部结构

（1）串行数据（Serial Data，SD）。映射到 MOSI 引脚，以发送和接收两个时分复用数据通道

（仅限半双工模式）。

（2）字选择（Word Select，WS）。映射到 NSS 引脚，是主模式下的数据控制信号输出和从模式下的输入。

（3）串行时钟（Serial Clock，CK）。映射到 SCK 引脚，是主模式下的串行时钟输出和从模式下的串行时钟输入。

当某些外部音频设备需要主时钟输出时，可以使用额外的引脚：主时钟（master clock，MCK）。单独映射。

当把 I2S 设置为主模式时，并且当给 SPIx_I2SPR 寄存器中的 MCKOE 置位时，输出以等于 $256\times f_S$ 的预配置频率生成的额外时钟，其中 f_S 是音频采样频率。

当把 I2S 设置为主模式时，I2S 使用它自己的时钟发生器来产生通信时钟。该时钟发生器也是主时钟的源。在 I2S 模式下有两个额外的寄存器可用：一个连接到时钟发生器配置 SPIx_I2SPR；另一个是通用 I2S 配置寄存器 SPIx_I2SCFGR（音频标准、从/主模式、数据格式、数据包帧、时钟极性等）。

在 I2S 模式下不使用 SPIx_CR1 寄存器和所有 CRC 寄存器。同样，不使用 SPIx_CR2 寄存器中的 SSOE 位以及 SPIx_SR 中的 MODF 和 CRCERR 位。

在 16 位宽度模式下，I2S 使用相同的 SPI 寄存器进行数据传输（SPIx_DR）。

11.3.2　支持的音频标准

三线总线必须仅处理通常在两个通道上时分复用的音频数据：右声道和左声道。但是只有一个 16 位寄存器用于发送或接收。因此，由软件将每个通道侧对应的适当值写入数据寄存器，或者从数据寄存器中读取数据并通过检查 SPIx_SR 寄存器中的 CHSIDE 位来识别相应的通道（CHSIDE 对 PCM 协议没有意义）。

有四个数据和数据包帧可供使用。数据可以按以下格式发送。

（1）16 位数据封装在 16 位帧中。

（2）16 位数据封装在 32 位帧中。

（3）24 位数据封装在 32 位帧中。

（4）32 位数据封装在 32 位帧中。

在 32 位数据包上使用扩展的 16 位数据时，前 16 位（MSB）是有效位，16 位 LSB 强制为 0，无须任何软件操作或 DMA 请求（仅一次读/写操作）。

24 位和 32 位数据帧需要两个 CPU 对 SPIx_DR 寄存器的读/写操作或两个 DMA 操作（如果应用程序想用 DMA）。特别是对于 24 位数据帧，8 位非有效位用 0 扩展为 32 位（通过硬件实现）。对于所有数据格式和通信标准，始终首先发送最高有效位（MSB 在前）。

I2S 接口支持四种音频标准，可使用 SPIx_I2SCFGR 寄存器中的 I2SSTD[1:0]和 PCMSYNC 位进行配置。

1. I2S 飞利浦标准

对于该标准，WS 信号用于指示正在传输的通道。在第一个位（MSB）可使用之前先激活一个 CK 时钟周期，其波形如图 11.17 和图 11.18 所示。可知，在 CK 的下降沿锁存数据（对于发送器），并在上升沿读取数据（对于接收器）。同样，在 CK 的下降沿锁存 WS 信号。

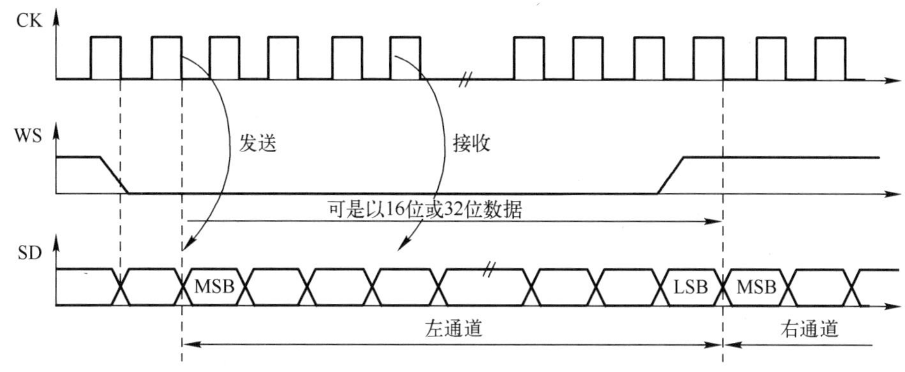

图 11.17　I2S 飞利浦标准波形（16 位或 32 位全精度）

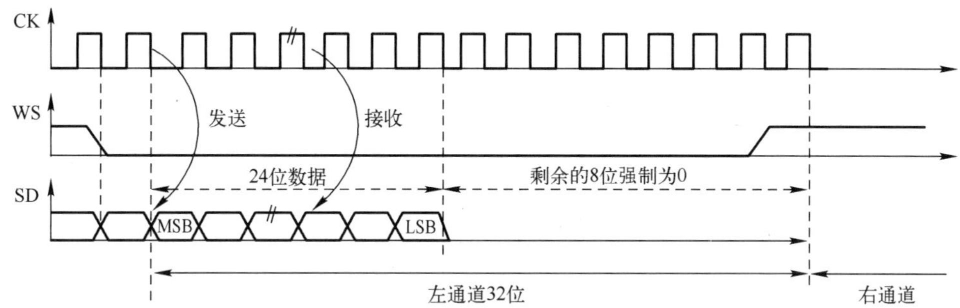

图 11.18　I2S 飞利浦标准波形（24 位）

该标准需要对 SPIx_DR 寄存器进行两次写入或读取操作。

（1）在发送模式下，如果必须发送 0x8EAA33（24 位），那么，首先将 0x8EAA 写入数据寄存器，然后将 0x33xx 写入数据寄存器，这里只发送了 8 个 MSB，剩下的 8 个 LSB 没有任何含义，可以是任意数。

（2）在接收模式下，如果接收到数据 0x8EAA33，那么，首先从数据寄存器中读取 0x8EAA，然后再读取 0x33xx。

以 16 位扩展到 32 位的 I2S 飞利浦标准波形，如图 11.19 所示。在 I2S 配置阶段选择 16 位数据帧扩展到 32 位通道帧，只需要对 SPIx_DR 寄存器进行一次访问即可。剩余的 16 位由硬件强制为 0，以将数据扩展为 32 位格式。

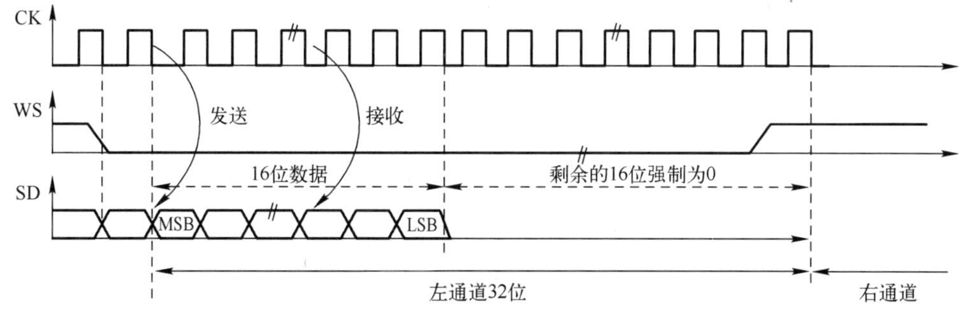

图 11.19　I2S 飞利浦标准波形（从 16 位扩展到 32 位）

2．MSB 对齐标准

对于该标准，WS 信号与第一个最高有效数据位同时生成。MSB 对齐的 16 位或 32 位全精度长度及 24 位长度波形，如图 11.20 和图 11.21 所示。在 CK 的下降沿锁存数据（对于发送器），并在 CK 的上升沿读取数据（对于接收器）。

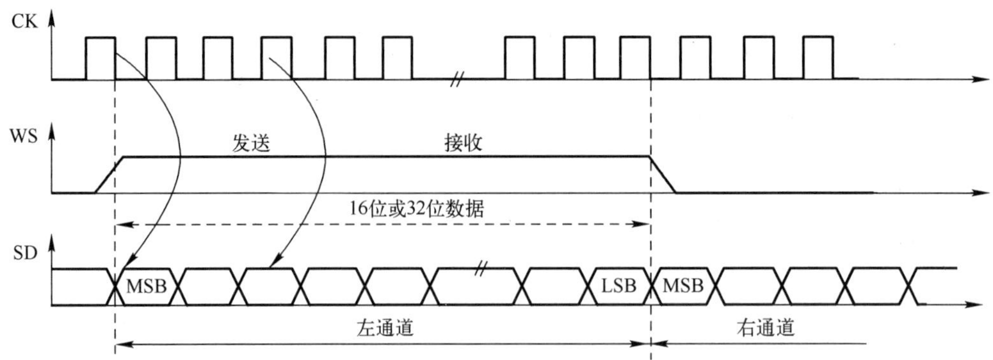

图 11.20　MSB 对齐的 16 位或 32 位全精度长度波形

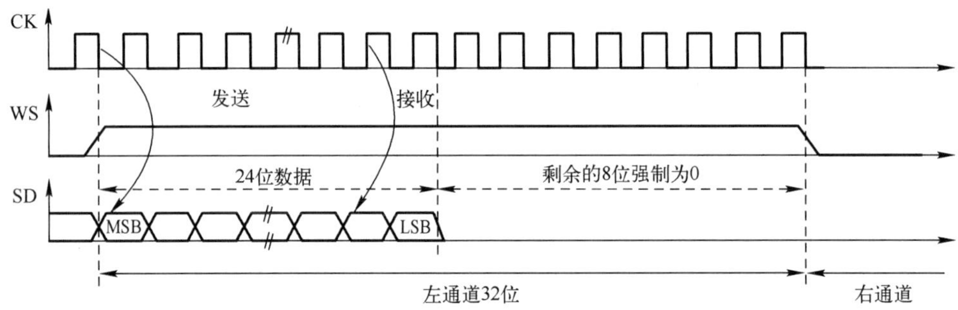

图 11.21　MSB 对齐的 24 位长度波形

3．LSB 对齐标准

该标准类似于 MSB 对齐标准（16 位和 32 位全精度帧格式没有区别）。输入和输出的采样与 I2S 飞利浦标准相同。LSB 对齐的 24 位长度波形如图 11.22 所示。

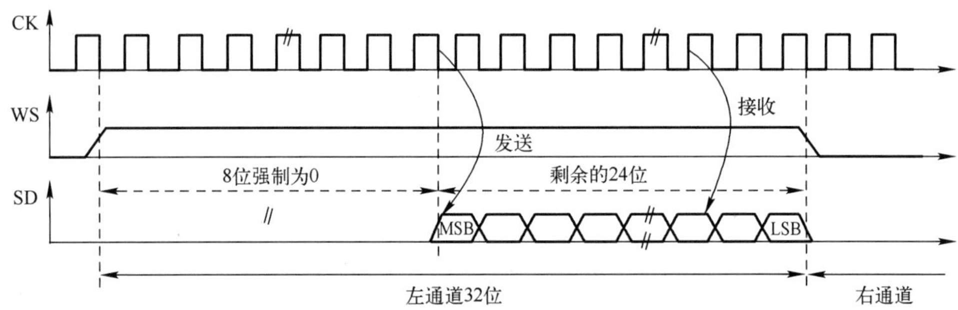

图 11.22　LSB 对齐的 24 位长度波形

在发送模式下，如果必须传输数据 0x3478AE，则需要通过软件或 DMA 对 SPIx_DR 寄存器进行两次写操作。首先，写数据寄存器条件为 TxE=1，先写入 0xXX34，只有半字的低 8 位是有意义的，强制使用 0x00 字段而不是 8 个 MSB；第二次写数据寄存器条件为 TxE=1，写入 0x78AE。

在接收模式下，如果接收到的数据是 0x3478AE，则每个 RxNE 事件都需要对 SPIx_DR 寄存器进行两次连续的读取操作。首先，在 RxNE=1 的条件下，从数据寄存器中读取 0xXX34，只有半字中的低 8 个 LSB 是有效的，0x00 字段是强制的用于取代 8 个 MSB；然后，在 RxNE=1 的条件下，从数据寄存器中读取 0x78AE。

在 I2S 配置阶段选择 16 位数据帧扩展到 32 位通道帧时，只需要对 SPIx_DR 寄存器进行一次访问即可。剩余的 16 位由硬件强制为 0，以将数据扩展为 32 位格式。在这种情况下，它对应于半个字的 MSB。

4. PCM 标准

对于 PCM 标准，不需要使用通道侧信息。SPIx_I2SCFGR 寄存器中的 PCMSYNC 位可以使用和配置两种 PCM 模式（短帧和长帧）。

在 PCM 模式下，在 CK 信号上升沿输出信号（WS、SD）。在 CK 的下降沿捕获输入信号（WS、SD）。注意，CK 和 WS 配置为主模式下的输出。

PCM 标准波形（16 位）如图 11.23 所示。

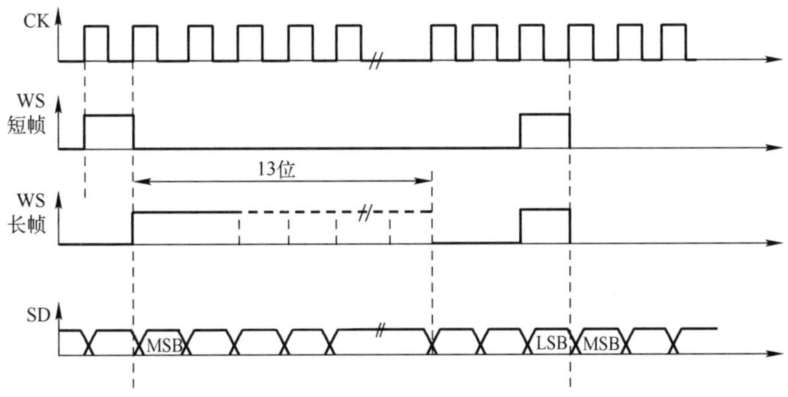

图 11.23　PCM 标准波形（16 位）

（1）对于长帧同步，在主模式下，WS 信号的有效时间固定为 13 位。

（2）对于短帧同步，WS 信号只有一个周期长度。

PCM 标准波形（从 16 位扩展到 32 位包帧）如图 11.24 所示。

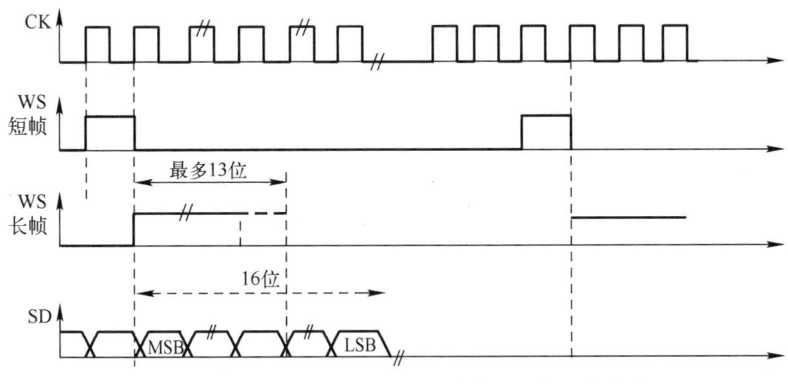

图 11.24　PCM 标准波形（从 16 位扩展到 32 位包帧）

> **注：**对于两种模式（主模式和从模式）和两种同步（短和长），需要在 SPIx_I2SCFGR 寄存器的 DATLEN 和 CHLEN 位中指定两个连续数据（以及两个同步信号）之间的位数，即使在从模式下也是如此。

11.3.3　启动说明

图 11.25 展示了在使能 SPI/I2S（通过 I2SE 位）的情况下，如何在主模式下处理串行接口。同时，该图还展示了 CKPOL 对生成信号的影响。

在从模式下，检测帧同步的方式取决于 ASTRTEN 位的值。如果 ASTRTEN=0，则当使能音频接口（I2SE=1）时，硬件使用 CK 信号等待输入 WS 信号上合适的跳变。

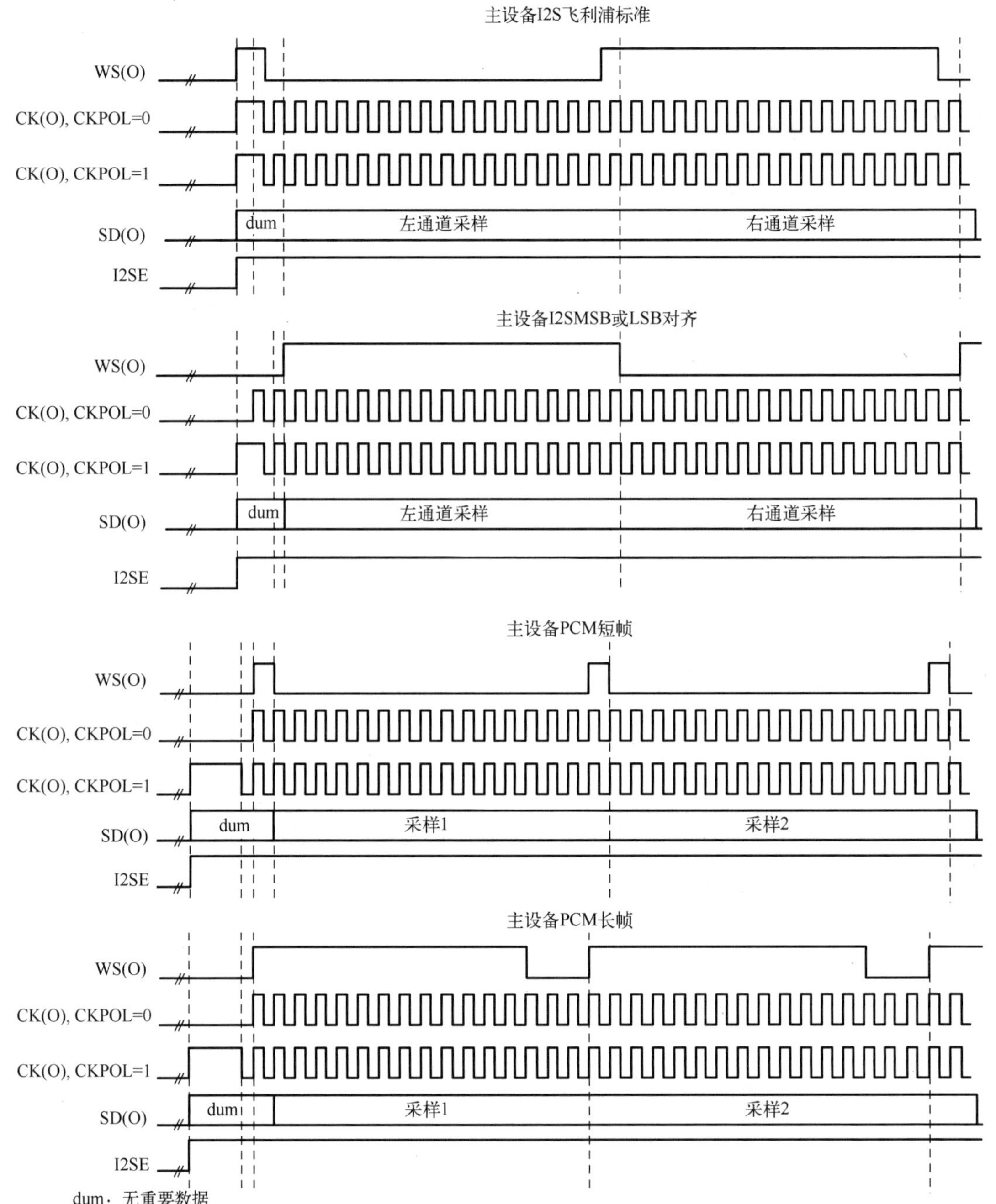

图 11.25　主模式下的启动序列

当使用 I2S 飞利浦标准时，合适的跳变发生在 WS 信号的下降沿或其他标准的上升沿。检测下降沿的方法是前面采样 WS 为 1，后面采样 WS 为 0；反之亦然，用于上升沿检测。

如果 ASTRTEN=1，则在 WS 变成活动之前，用户必须使能音频接口。这意味着，对于 I2S 飞利浦标准，当 WS=1 时，I2SE 位必须设置为 1；对于其他标准，当 WS=0 时，I2SE 位设置为 1。

11.3.4　I2S 时钟生成器

I2S 的位速率决定 I2S 数据线上的数据流和 I2S 时钟信号频率。I2S 位速率表示为

I2S 位速率=每通道的比特数×通道数×采样音频频率

对于 16 位音频，左声道和右声道，I2S 位速率计算如下：

$$\text{I2S 位速率}=16\times2\times f_S$$

音频采样频率的定义如图 11.26 所示。

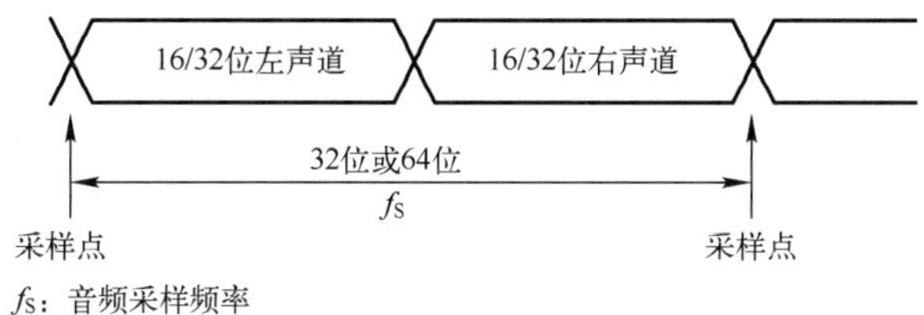

图 11.26　音频采样频率的定义

当配置主模式时，需要采取特定的操作对线性分频器进行正确编程，以便与所需的音频频率进行通信。I2S 时钟生成器结构如图 11.27 所示。I2SxCLK 时钟由产品的复位和时钟控制器（RCC）提供。I2SxCLK 时钟可以与 SPI/I2S APB 时钟异步。

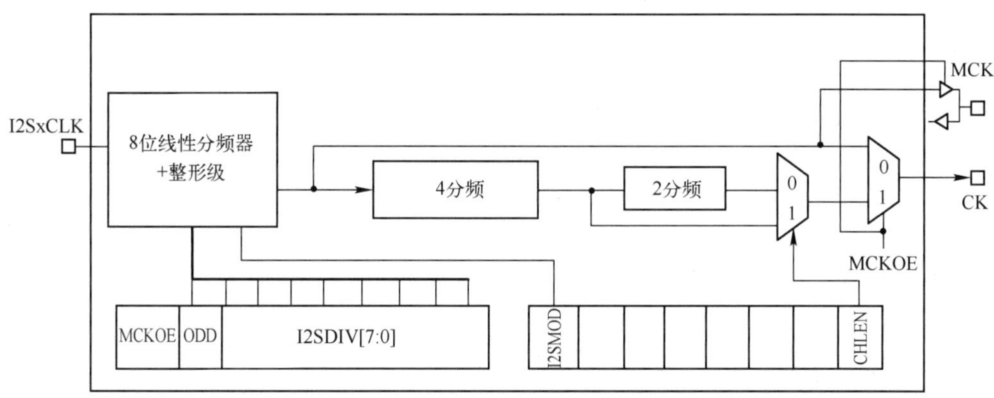

图 11.27　I2S 时钟生成器结构

> **注：**此外，必须保持 I2SxCLK 频率大于或等于 SPI/I2S 模块使用的 APB 时钟频率。如果不遵守该条件，则 SPI/I2S 将无法正常工作。

音频采样频率可以是 192kHz、96kHz、48kHz、44.1kHz、32kHz、22.05kHz、16kHz、11.025kHz 或 8kHz（或该范围内的其他值）。

为了达到所期望的频率，需要根据下面的公式对线性分频器进行编程。

（1）对于 I2S 模式。

当产生主时钟时（设置 SPIx_I2SPR 寄存器中的 MCKOE 位）：

$$f_S=\frac{f_{\text{I2SxCLK}}}{256\times((2\times\text{I2SDIV})+\text{ODD})}$$

式中，f_S 是音频采样频率；f_{I2SxCLK} 是提供给 SPI/I2S 模块的内核时钟频率。

当禁止主时钟时（清除 MCKOE 位）：

$$f_S=\frac{f_{\text{I2SxCLK}}}{32\times(\text{CHLEN}+1)\times((2\times\text{I2SDIV})+\text{ODD})}$$

式中，当通道帧宽度为 16 位时，CHLEN=0；当通道帧宽度为 32 位时，CHLEN=1。

（2）对于 PCM 模式。

当产生主时钟时（设置 SPIx_I2SPR 寄存器中的 MCKOE 位）：

$$f_S = \frac{f_{I2SxCLK}}{128 \times ((2 \times I2SDIV) + ODD)}$$

当禁止主时钟时（清除 MCKOE 位）：

$$f_S = \frac{f_{I2SxCLK}}{16 \times (CHLEN + 1) \times ((2 \times I2SDIV) + ODD)}$$

式中，当通道帧宽度为 16 位时，CHLEN=0；当通道帧宽度为 32 位时，CHLEN=1。

注：I2SDIV 必须严格大于 1。

11.3.5　I2S 主模式

I2S 可以配置为主模式，这意味着它可以在 CK 引脚上产生串行时钟，以及产生字选择信号 WS。主模式还可以输出/不输出主时钟 MCK，这由 SPIx_I2SPR 寄存器中的 MCKOE 位控制。

1．过程

（1）在 SPIx_I2SPR 寄存器中选择 I2SDIV[7:0]字段来定义串行时钟波特率以达到正确的音频采样频率，还必须定义 SPIx_I2SPR 寄存器中的 ODD 位。

（2）选择 CKPOL 位来定义通信时钟的稳定电平。如果需要向外部 DAC（数模转换器）/ADC（模数转换器）音频元件提供主时钟 MCK，则设置 SPIx_I2SPR 寄存器中的 MCKOE 位（应根据 MCK 输出的状态计算 I2SDIV 和 ODD 值）。

（3）设置 SPIx_I2SCFGR 寄存器中的 I2SMOD 位以激活 I2S 功能，并且通过 I2SSTD[1:0]和 PCMSYNC 字段选择 I2S 标准，通过 DATLEN[1:0]字段选择数据长度，以及通过配置 CHLEN 位选择每个通道的位数。通过 SPIx_I2SCFGR 寄存器中的 I2SCFG[1:0]字段选择 I2S 主模式和方向（发送器或接收器）。

（4）如果需要，则可以通过写入 SPIx_CR2 寄存器来选择所有潜在的中断源和 DMA 功能。

（5）必须设置 SPIx_I2SCFGR 寄存器中的 I2SE 位。

WS 和 CK 配置为输出模式。如果设置了 SPIx_I2SPR 中的 MCKOE 位，那么 MCK 也是一个输出。

2．发送序列

当把一个半字写入 Tx 缓冲区时，传输序列开始。

假设写入 Tx 缓冲区的第一个数据对应于左通道数据。当数据从 Tx 缓冲区传输到移位寄存器时，设置 TxE，并且把对应于右通道的数据写入 Tx 缓冲区。CHSIDE 标志指示要传输的通道，当设置 TxE 时它是有意义的，因为当 TxE 变为高电平时将更新 CHSIDE 标志。

必须将全帧看作左通道数据传输，然后是右通道数据传输，无法仅发送左通道的部分帧。

在发送第一位期间，半字数据并行加载到 16 位移位寄存器中，然后串行移出至 MOSI/SD 引脚，首先是 MSB。每次从 Tx 缓冲区传输到移位寄存器后将设置 TxE，如果设置了 SPIx_CR2 寄存器中的 TxEIE 位，则会产生一个中断。

为了确保连续的音频数据传输，必须在当前传输结束前将下一个要传输的数据写入 SPIx_DR 寄存器。

要关闭 I2S，必须清除 I2SE，并等待 TxE=1 和 BSY=0。

3．接收序列

除了上述“过程”中所介绍的第（3）点外，操作模式与传输模式相同，其中通过 I2SCFG[1:0]字段将配置设置为主设备接收模式。

无论数据或通道长度如何，音频数据都是通过 16 位数据包接收的。这意味着每次 Rx 缓冲区满时，都会设置 RxNE 标志并产生中断。

如果设置了 SPIx_CR2 寄存器中的 RxNEIE 位，则会产生一个中断。根据数据和通道长度配置，右声道或左声道接收的音频值可能来自一两个接收到的 Rx 缓冲区。

通过读取 SPIx_DR 寄存器来清除 RxNE 位。

在每次接收到从 SPIx_DR 寄存器读取的数据时，就会更新 CHSIDE。它对 I2S 单元产生的 WS 信号很敏感。

如果在尚未读取前一个已经接收到的数据时又接收到新的数据，则会产生溢出并设置 OVR 标志。如果设置 SPIx_CR2 寄存器中的 ERRIE 位，则会产生一个中断来指示错误。

要关闭 I2S，需要执行特定操作以确保 I2S 正确完成传输周期而不启动新的数据传输。所执行的序列取决于数据和通道长度的配置，以及所选的音频标准模式。

（1）使用 LSB 对齐模式（I2SSTD=10），在 32 位通道长度（DATLEN=00 和 CHLEN=1）上扩展 16 位数据长度。

① 等待倒数第二个 RxNE=1(n−1)；

② 然后等待 17 个 I2S 时钟周期（使用一个软件循环）；

③ 禁止 I2S（I2SE=0）。

（2）在 MSB 对齐、I2S 或 PCM 模式（分别为 I2SSTD=00、I2SSTD=01 或 ISSTD=11）下，在 32 位通道长度上扩展 16 位数据长度（DATLEN=00 且 CHLEN=1）。

① 等待最后一个 RxNE；

② 然后等待一个 I2S 时钟周期（使用一个软件循环）；

③ 禁止 I2S（I2SE=0）。

（3）对于 DATLEN 和 CHLEN 的所有其他组合，无论通过 I2SSTD 位选择哪种音频模式，执行以下序列以关闭 I2S。

① 等待倒数第二个 RxNE=1(n−1)；

② 然后等待一个 I2S 时钟周期（使用软件循环）；

③ 禁止 I2S（I2SE=0）。

注：传输期间 BSY 标志保持低电平。

11.3.6　I2S 从模式

对于从设备配置，I2S 可以配置为发送或接收模式。操作模式主要遵循与 I2S 主设备配置相同的规则。在从模式下，I2S 接口不会产生时钟。时钟和 WS 信号从连接到 I2S 接口的外部主设备输入。这样用户就不需要配置时钟了。

下面给出要遵循的配置步骤。

（1）设置 SPIx_I2SCFGR 寄存器中的 I2SMOD 位以选择 I2S 模式，通过 I2SSTD[1:0]字段选择 I2S 标准，通过 DATLEN[1:0]字段选择数据长度，通过 CHLEN 位配置每个通道的位数。通过 SPIx_I2SCFGR 寄存器中的 I2SCFG[1:0]字段选择从模式（发送或接收）。

（2）如果需要，通过写入 SPIx_CR2 寄存器来选择所有潜在的中断源和 DMA 功能。

（3）必须设置 SPIx_I2SCFGR 寄存器中的 I2SE 位。

1．发送序列

当外部主设备发送时钟和 NSS_WS 信号请求传输数据时，传输序列开始。必须在外部主设备开始通信之前使能从设备。在主设备初始化通信之前，加载 I2S 数据寄存器。

对于 I2S、MSB 对齐和 LSB 对齐标准，写入数据寄存器的第一个数据项对应左通道的数据。当通信开始时，数据从 Tx 缓冲区传输到移位寄存器中，然后设置 TxE 标志以请求将右通道数据写入 I2S 数据寄存器。

CHSIDE 标志指示要传输的通道。与主设备传输模式相比，在从模式下，CHSIDE 标志对来自外部主设备的 WS 信号敏感。这意味着从设备需要在主设备生成时钟之前准备好传输第一个数据。WS 信号有效对应首先传输的左声道。

注：I2SE 必须在主设备的第一个时钟到达 CK 线上之前至少写入两个 PCLK 周期。

在发送第一位时，将半字数据并行加载到 16 位移位寄存器中（从内部总线），然后串行移出至 MOSI/SD 引脚，首先是 MSB。在每次从 Tx 缓冲区传输到移位寄存器后设置 TxE 标志，如果设置了 SPIx_CR2 寄存器中的 TxEIE 位，则会产生一个中断。

注意，在尝试写入 Tx 缓冲区之前，应该检查 TxE 标志是否为 1。

为了确保连续的音频数据传输，必须在当前传输结束之前将下一个要传输的数据写入 SPIx_DR 寄存器。如果在下一个数据通信的第一个时钟沿之前未将数据写入 SPIx_DR 寄存器，则会设置欠载标志并可能产生中断。这表明传输的数据是错误的。如果在 SPIx_CR2 寄存器中设置 ERRIE 位，则当 SPIx_SR 寄存器中的 UDR 标志变高电平时会产生中断。在这种情况下，必须关闭 I2S 并重新启动从左通道开始的数据传输。要关闭 I2S，必须清除 I2SE 位，并等待 TxE=1 和 BSY=0。

2．接收序列

除了上述所介绍的配置步骤的第（1）点外，操作模式与发送模式相同，其中配置应使用 SPIx_I2SCFGR 寄存器中的 I2SCFG[1:0]字段设置主设备接收模式。

无论数据长度或通道长度如何，音频数据都是通过 16 位数据包接收的。这意味着每次 Rx 缓冲区满时，设置 SPIx_SR 寄存器中的 RxNE 标志，如果设置了 SPIx_CR2 寄存器中的 RxNEIE 位，则会产生一个中断。根据数据长度和通道长度配置，右通道或左通道接收的音频值可能来自 Rx 缓冲区的一两次接收。

每次接收到从 SPIx_DR 寄存器读取的数据时，就会更新 CHSIDE 标志。它对外部主设备元件管理的外部 WS 线很敏感。通过读取 SPIx_DR 寄存器，清除 RxNE 位。

如果在尚未读取前一个已经接收到的数据时又接收到新的数据，则会产生溢出并设置 OVR 标志。如果设置了 SPIx_CR2 寄存器中的 ERRIE 位，则会产生一个中断来指示错误。

要在接收模式下关闭 I2S，必须在接收到最后一个 RxNE=1 后立即清除 I2SE。

注：外部主设备元件具有通过音频通道以 16 位或 32 位数据包的形式发送/接收数据的能力。

11.3.7　I2S 状态位

I2S 模块为应用程序提供了三个状态标志以完全监控 I2S 总线的状态。

1．忙（BSY）标志

BSY 标志由硬件设置和清除（写入该标志无效）。它指示 I2S 通信层的状态。当设置 BSY 时，表示 I2S 正在忙于通信。在主设备接收模式（I2SCFG=11）中有一个例外，即在接收期间 BSY 标志保持低电平。

如果软件需要禁用 I2S，则 BSY 标志可用于检测传输结束，可以避免破坏最后一次传输。为此，必须严格遵守下面给出的过程。

当传输开始时设置 BSY 标志，除非 I2S 处于主模式接收器模式。在以下情况下，将清除 BSY 标志。

（1）当完成传输时（主设备发送模式除外，在该模式下，通信应该是连续的）。

（2）当禁止 I2S 时。

当通信是连续的时候：

（1）在主设备发送模式下，在所有传输过程中 BSY 标志都保持高电平；

（2）在从模式下，在每个传输之间的一个 I2S 时钟周期内 BSY 标志会变为低电平。

注：不要使用 BSY 标志来处理每个数据发送或接收，最好改用 TxE 和 RxNE 标志。

2．Tx 缓冲区空（TxE）标志

当设置时，该标志表示 Tx 缓冲区为空，然后可以将要传输的下一个数据加载到该缓冲区中。当 Tx 缓冲区已包含要发送的数据时，复位 TxE 标志。当禁止 I2S（复位 I2SE）时，它也会复位。

3．Rx 缓冲区不为空（RxNE）标志

当设置时，该标志表示 Rx 缓冲区有有效的接收数据。读取 SPIx_DR 寄存器时复位该标志。

4．通道侧（CHSIDE）标志

在发送模式下，该标志在 TxE 变高电平时被刷新。它指示要在 SD 上传输的数据所属的通道侧。如果在从设备发送模式下发生欠载错误时间，则该标志不可靠，需要在继续通信之前关闭和打开 I2S。

在接收模式下，当把数据接收到 SPIx_DR 时，刷新该标志。它指示从哪个通道侧接收到数据。注意，如果出现错误（如 OVR），则该标志将变得毫无意义，应该通过禁止来复位 I2S，然后再使能它（如果需要更改，则使用配置）。

在 PCM 标准下，该标志没有意义（对于短帧和长帧模式）。

当设置 SPIx_SR 中的 OVR 或 UDR 标志，且在 SPIx_CR2 中设置了 ERRIE 位时，将产生中断。通过读取 SPIx_SR 状态寄存器可以清除该中断。

11.3.8　I2S 错误标志

I2S 单元有三个错误标志。

1．欠载（UDR）标志

在从设备传输模式下，当出现第一个数据传输时钟而软件还没有将任何值加载到 SPIx_DR 时，就会设置该标志。当设置 SPIx_I2SCFGR 寄存器中的 I2SMOD 位时，它可用。如果在 SPIx_CR2 寄存器中设置了 ERRIE 位，则可能产生中断。

通过对 SPIx_SR 寄存器的读操作，将 UDR 位清零。

2．溢出（OVR）标志

当接收到数据且尚未从 SPIx_DR 寄存器读取之前的数据时，会设置该标志。结果是传入的数据丢失。如果设置了 SPIx_CR2 寄存器中的 ERRIE 位，则可能会产生中断。

在这种情况下，不会使用从发送器设备新接收到的数据来更新接收缓冲器的内容。对 SPIx_DR 寄存器的读操作返回先前正确接收的数据，所有其他随后传输的半字都将被丢弃。

通过对 SPIx_DR 寄存器的读操作和对 SPIx_SR 寄存器的读访问来清除 OVR 标志。

3．帧错误（FRE）标志

只有当 I2S 配置为从模式时，才能由硬件设置该标志。如果外部主设备正在更改 WS 线而从设备不希望更改，则设置它。如果丢失同步，则需要以下步骤从该状态中恢复并重新同步外部主设备与 I2S 从设备。

（1）禁止 I2S。

（2）当在 WS 线上检测到正确的电平时再次使能它（在 I2S 模式下，WS 线为高电平；在 MSB、LSB 或 PCM 模式下，WS 线为低电平）。

主设备和从设备之间的不同步可能是由于 CK 通信时钟或 WS 帧同步上的嘈杂环境造成的。如果设置了 ERRIE 位，则会产生错误中断。当读取状态寄存器时，清除不同步标志（FRE）。

11.3.9 DMA 功能

在 I2S 模式下，DMA 的工作方式与它在 SPI 模式下的工作方式完全相同。除了在 I2S 模式下不可以使用 CRC 功能（因为没有数据传输保护系统）外，没有其他区别。

11.3.10 I2S 中断

I2S 中断请求如表 11.2 所示。

表 11.2 I2S 中断请求

中断事件	事件标志	使能控制位
发送 TxFIFO 空标志	TxE	TxEIE
接收缓冲区非空标志	RxNE	RxNEIE
溢出错误	OVR	ERRIE
欠载错误	UDR	
帧错误标志	FRE	

11.4 设计实例：I2S 模块与音频设备的交互设计

WM8960 是一款低功耗、高质量的立体声编解码器，专门为便携式数字音频应用而设计，其内部结构如图 11.28 所示。其中，数字音频接口的引脚功能如表 11.3 所示，控制接口的引脚功能如表 11.4 所示。

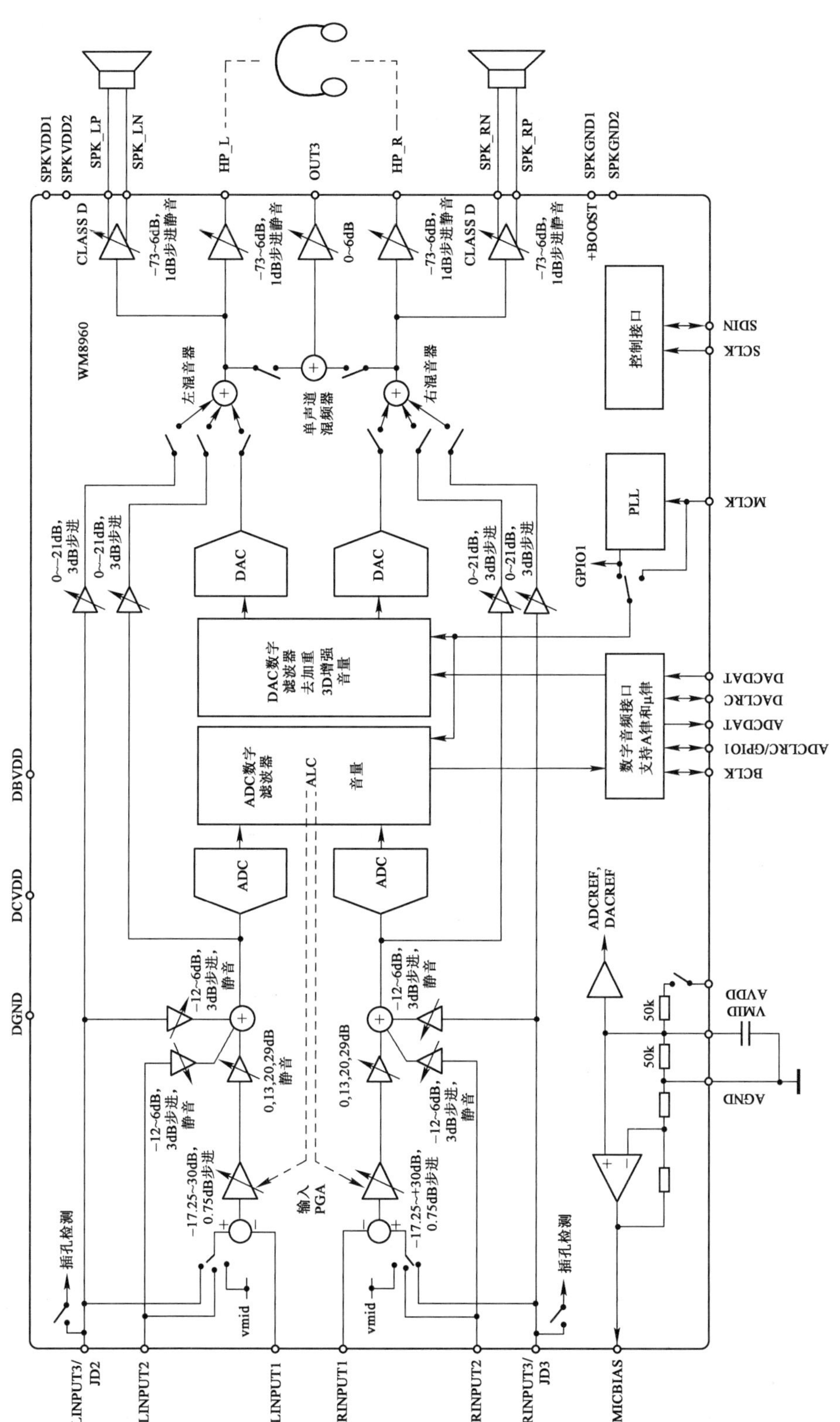

图 11.28　WM8960 的内部结构

表 11.3　数字音频接口的引脚功能

信号名字	类型	功能
BCLK	数字输入/输出	音频接口的位时钟
ADCLRC/GPIO1	数字输入/输出	音频接口 ADC 左/右时钟/GPIO1 引脚
ADCDAT	数字输出	ADC 数字音频数据
DACLRC	数字输入/输出	音频接口 DAC 左/右时钟
DACDAT	数字输入	DAC 数字音频数据

表 11.4　控制接口的引脚功能

信号名字	类型	功能
SCLK	数字输入	控制接口时钟输入
SDIN	数字输入/输出	控制接口数据输入/两线确认输出

11.4.1　数字音频接口

WM8960 可配置为主模式或从模式。当配置为主模式时，WM8960 产生 BCLK、ADCLRC 和 DACLRC，从而控制 ADCDAT 和 DACDAT 数据传输的顺序，如图 11.29（a）所示。在从模式下，WM8960 用数据响应它通过数字音频接口接收的时钟，如图 11.29（b）所示。通过写 MS 位，可以选择模式。

图 11.29　不同模式下的 WM8960 信号连接关系

11.4.2　音频数据格式

在左对齐模式下，随着 LRCLK 跳变后的 BCLK 的第一个上升沿 MSB 可用，然后按顺序传输其他位，直到 LSB。根据字长、BCLK 频率和采样率，每次 LRCLK 跳变之前可能有未使用的 BCLK 周期，如图 11.30 所示。

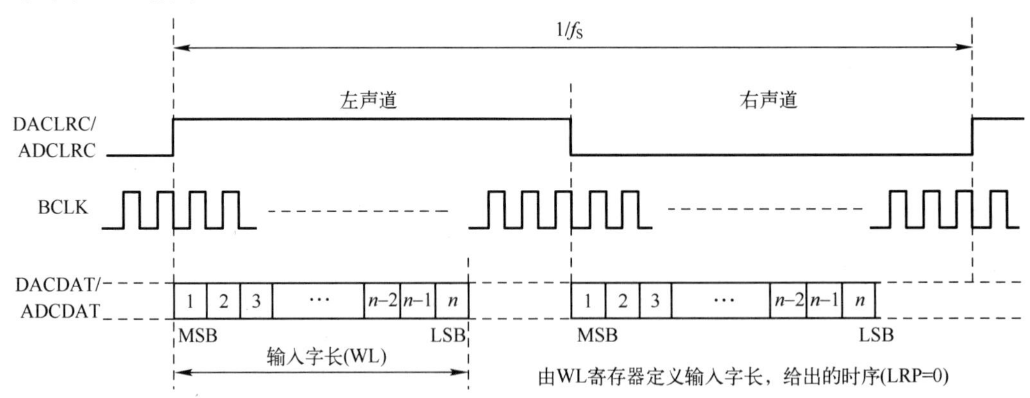

图 11.30　左对齐模式下的数据传输

在右对齐模式下，随着 LRCLK 跳变前的 BCLK 最后一个上升沿 LSB 可用，所有其他位在之前传输（MSB 在前）。根据字长、BCLK 频率和采样率，每次 LRCLK 跳变之后可能有未使用的

BCLK 周期，如图 11.31 所示。

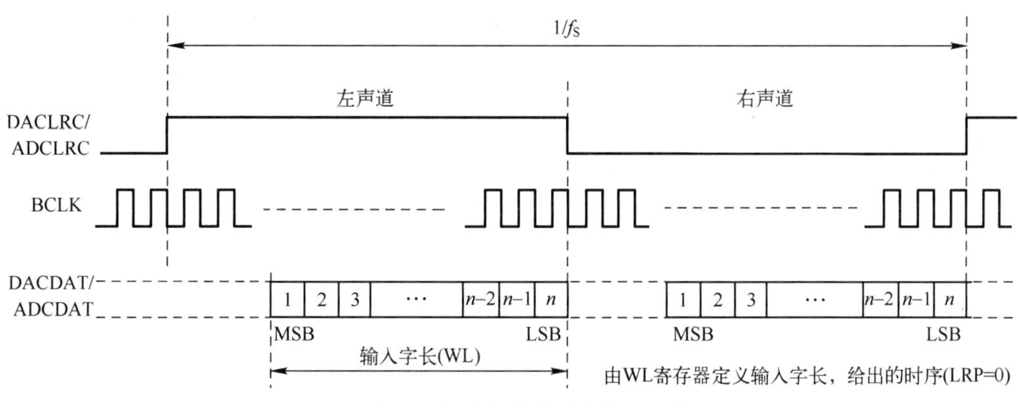

图 11.31　右对齐模式下的数据传输

在 I2S 模式下，随着 LRCLK 跳变后的 BCLK 的第二个上升沿 MSB 可用。其他位按顺序传输，直到 LSB。根据字长、BCLK 频率和采样率，在一个采样的 LSB 和下一个采样的 MSB 之间可能存在未使用的 BCLK 周期，如图 11.32 所示。

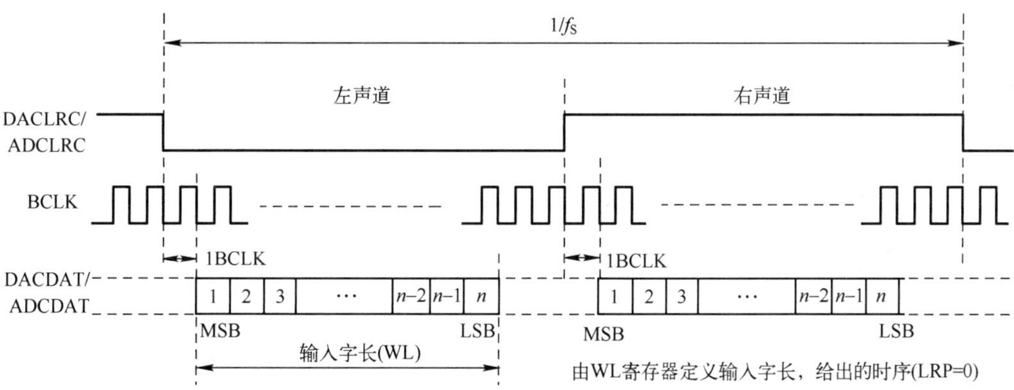

图 11.32　I2S 模式下的数据传输

注：更详细的信息，请读者参考 WM8960 的数据手册。

11.4.3　音频模块硬件电路

本设计中使用了搭载 WM8960 芯片的音频模块，音频模块与 NUCLEO-G071RB 开发板的连接如表 11.5 所示。

表 11.5　音频模块与 NUCLEO-G071RB 开发板的连接

音频模块引脚	NUCLEO-G071RB 开发板引脚	STM32G071 MCU 引脚
VCC	+3.3V	—
GND	GND	—
SDA	CN5_9	PB9（I2C1_SDA）
SCL	CN5_10	PB8（I2C1_SCL）
CLK	CN8_2	PA1（I2S1_CK_B）
WS	CN8_3	PA4（I2S1_WS_B）
RXSDA	CN10_34	PA2（I2S1_SD）
RXMCLK	—	—

11.4.4　在 STM32CubeMX 中配置参数

下面将在 STM32CubeMX 中配置该设计所使用的 STM32G071 MCU 片内资源的参数，主要步骤如下。

（1）启动 STM32CubeMX 集成开发环境。

（2）选择器件 STM32G071RBTx LQFP64。

（3）进入 STM32CubeMX untiled: STM32G071RBTx 界面。在该界面中，单击 Clock Configuration 标签。在该标签界面中设置参数。

① 按图 11.33 和图 11.34 设置系统主时钟参数。

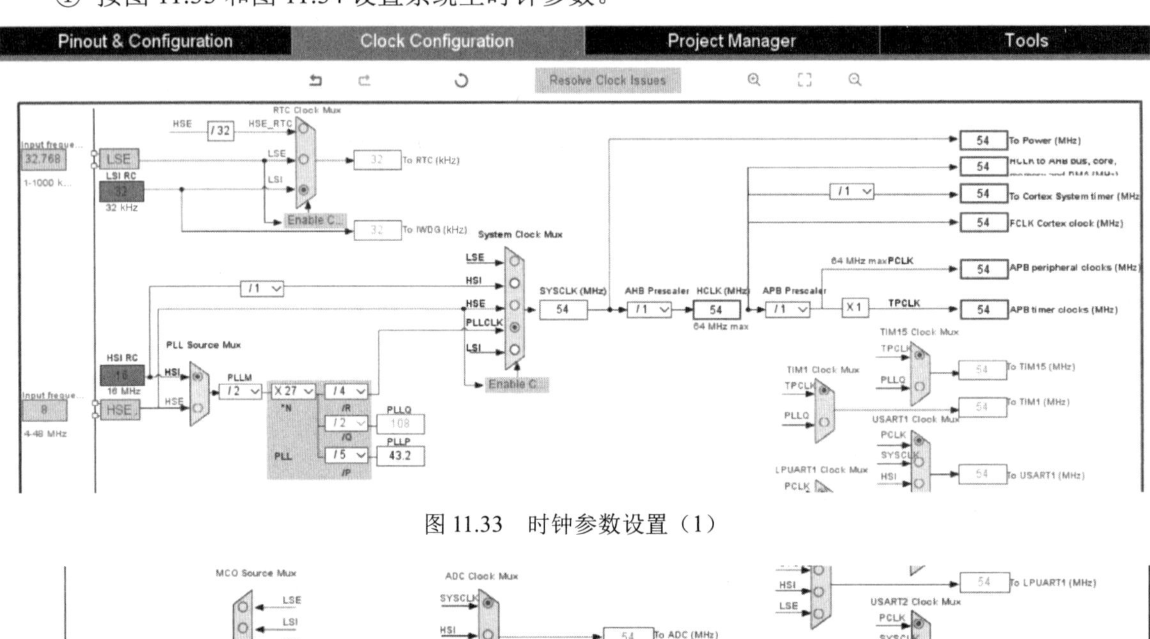

图 11.33　时钟参数设置（1）

图 11.34　时钟参数设置（2）

② 按图 11.35 和图 11.36 设置 I2C1 模块和 I2S1 模块参数。

（4）单击 Pinout & Configuration 标签。在该标签界面左侧窗口中，找到并展开 Connectivity。在展开项中，选择 I2C1 选项。在右侧的 I2C1 Mode and Configuration 窗口中，找到 Mode 子窗口。在该子窗口中，通过 I2C 右侧的下拉框，将 I2C 设置为 I2C。

> 注：保持 Configuration 子窗口中 Parameter Settings 标签窗口中的参数设置不变。

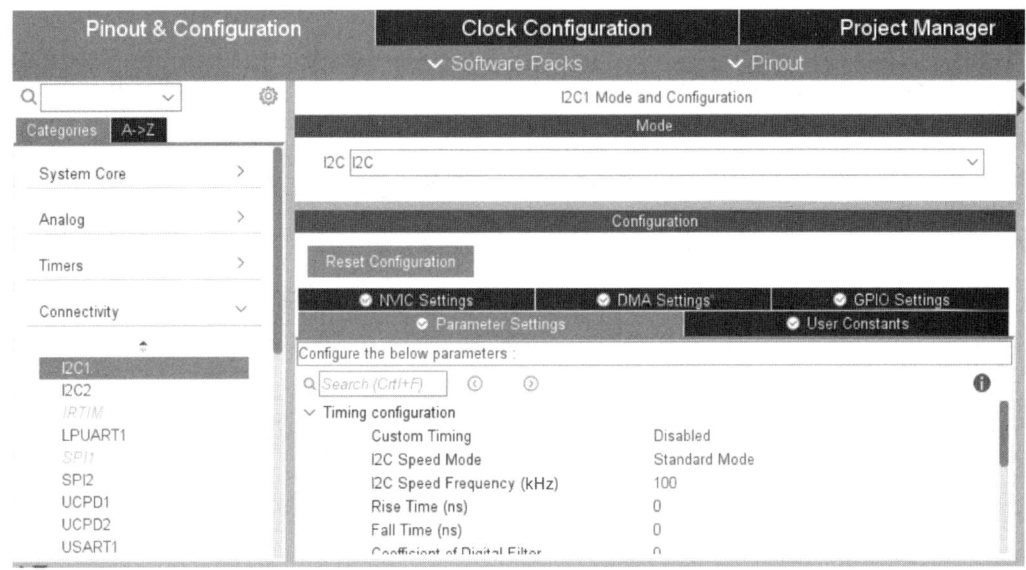

图 11.35　I2C1 模块参数配置

（5）单击 Pinout & Configuration 标签。在该标签界面左侧窗口中，找到并展开 Multimedia。在展开项中，选择 I2S1 选项。在右侧的 I2S1 Mode and Configuration 窗口中，找到 Mode 子窗口。在该子窗口中，通过 Mode 右侧的下拉框将 Mode 设置为 Half-Duplex Master。

注：保持 Configuration 子窗口中 Parameter Settings 标签窗口中的参数设置不变。

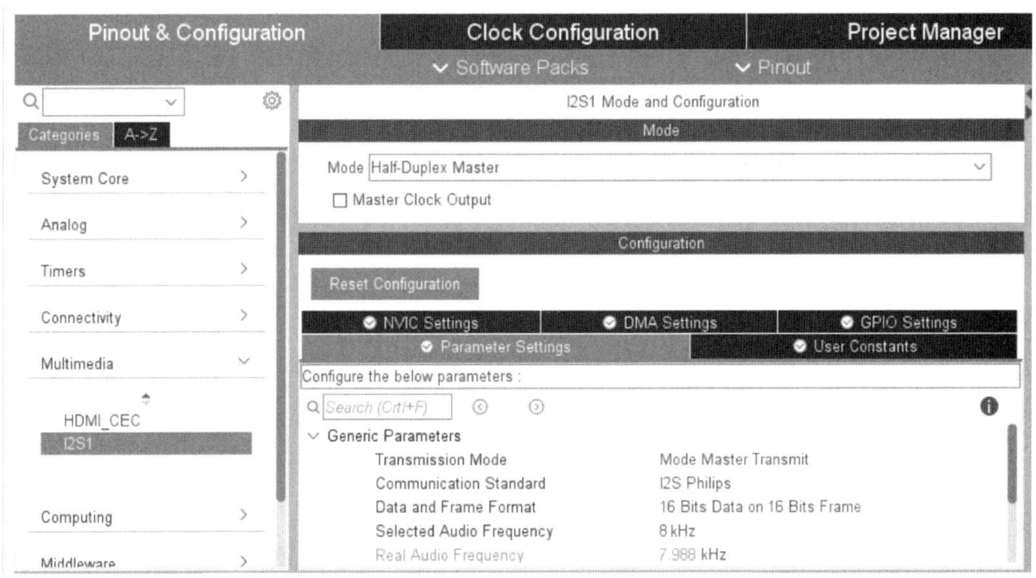

图 11.36　I2S1 模块参数配置

（6）在 Pinout & Configuration 标签界面中，找到并单击 Pinout view 按钮，进入 STM32G071RBTx LQFP64 器件界面。按如下内容定义引脚。

① 单击 STM32G071RBTx LQFP64 器件上的 PB9 引脚，出现浮动菜单。在浮动菜单中，选择 I2C1_SDA 选项。

② 单击 STM32G071RBTx LQFP64 器件上的 PB8 引脚，出现浮动菜单。在浮动菜单中，选择 I2C1_SCL 选项。

注：其余引脚的位置保持不变。

（7）单击 Project Manager 标签，读者可参考本书前面章节介绍的方法设置导出 Keil MDK 工程的方法。

（8）单击 STM32CubeMX 界面右上角的 GENERATE CODE 按钮，生成 Keil MDK 的工程文件。

11.4.5 在 Keil μVision 中修改设计代码

下面将在 Keil μVision 集成开发环境中修改设计代码，主要步骤如下。

（1）启动 keil μVision 集成开发环境（以下简称 Keil）。

（2）在 Keil 主界面主菜单中，选择 Project->Open Project。

（3）弹出 Select Project File 界面。在该界面下，将路径定位到下面的路径 E:\STM32G0_example\example_11_1\MDK-ARM，在该路径下找到并选中名字为 IIS_TEST3.uvprojx 的工程文件。

（4）在 Keil 主界面左侧 Project 窗口中，找到并双击 main.c 文件，打开该设计文件，修改设计代码。

① 添加变量定义和函数声明，如代码清单 11.1 所示。

代码清单 11.1　添加变量定义和函数声明

```
#include "wave_data.h"
#define WM8960_ADDRESS    0x1A
#define AUIDO_START_ADDRESS            58        //相对于音频文件头大小的偏移量
static uint16_t WM8960_REG_VAL[56] =             //寄存器值
{
   0x0097, 0x0097, 0x0000, 0x0000, 0x0000, 0x0008, 0x0000, 0x000A,
   0x01C0, 0x0000, 0x00FF, 0x00FF, 0x0000, 0x0000, 0x0000, 0x0000,
   0x0000, 0x007B, 0x0100, 0x0032, 0x0000, 0x00C3, 0x00C3, 0x01C0,
   0x0000, 0x0000, 0x0000, 0x0000, 0x0000, 0x0000, 0x0000, 0x0000,
   0x0100, 0x0100, 0x0050, 0x0050, 0x0050, 0x0050, 0x0000, 0x0000,
   0x0000, 0x0000, 0x0040, 0x0000, 0x0000, 0x0050, 0x0050, 0x0000,
   0x0000, 0x0037, 0x004D, 0x0080, 0x0008, 0x0031, 0x0026, 0x00ED
};

uint32_t WaveDataLength=0;
uint8_t WM8960_Write_Reg(uint8_t reg, uint16_t dat);
uint8_t WM89060_Init(void);
```

② 修改 main()函数代码，如代码清单 11.2 所示。

代码清单 11.2　修改 main()函数代码

```
int main(void)
{
   HAL_Init();
   SystemClock_Config();
   MX_GPIO_Init();
   MX_I2C1_Init();
   MX_I2S1_Init();
   MX_TIM2_Init();
   WM89060_Init();

   //计算音频数据长度 = 总长度-开头
   WaveDataLength = sizeof(WaveData) - AUIDO_START_ADDRESS;
```

```
  while (1)
  {
    HAL_I2S_Transmit(&hi2s1,(uint16_t*)(WaveData + AUIDO_START_ADDRESS),
                              WaveDataLength,1000);
    HAL_Delay(10);
  }
}
```

③ 添加子函数代码，如代码清单 11.3 所示。

代码清单 11.3　添加子函数代码

```
uint8_t WM8960_Write_Reg(uint8_t reg, uint16_t dat)
{
  uint8_t res,I2C_Data[2];
  I2C_Data[0] = (reg<<1)|((uint8_t)((dat>>8)&0x0001));        //寄存器地址
  I2C_Data[1] = (uint8_t)(dat&0x00FF);                        //寄存器数据
  res = HAL_I2C_Master_Transmit(&hi2c1,(WM8960_ADDRESS<<1),I2C_Data,2,10);
  if(res == HAL_OK)
    WM8960_REG_VAL[reg] = dat;
  return res;
}

uint8_t WM89060_Init(void)
{
  uint8_t res;
  res = WM8960_Write_Reg(0x0f, 0x0000);                 //复位设备
  if(res != 0)
    return res;
  else ;                                                //WM8960 复位成功
  //设置电源
  res =   WM8960_Write_Reg(0x19, 1<<8 | 1<<7 | 1<<6);
  res += WM8960_Write_Reg(0x1A, 1<<8 | 1<<7 | 1<<6 | 1<<5 | 1<<4 | 1<<3);
  res += WM8960_Write_Reg(0x2F, 1<<3 | 1<<2);
  if(res != 0)                                          //电源设置失败
    return res;
  //配置时钟
  //MCLK->div1->SYSCLK->DAC/ADC sample Freq = 25MHz(MCLK)/2*256 = 48.8kHz
  WM8960_Write_Reg(0x04, 0x0000);                       //预设
  //配置 ADC 和 DAC
  WM8960_Write_Reg(0x05, 0x0000);                       //预设
  //配置音频接口
  WM8960_Write_Reg(0x07, 0x0002);                       //I2S 格式 16 位字长

  //配置 HP_L 和 HP_R 输出
  WM8960_Write_Reg(0x02, 0x006F | 0x0100);              //设置 LOUT1 音量，输出电压 6F 最大
  WM8960_Write_Reg(0x03, 0x006F | 0x0100);              //设置 ROUT1
  //配置 SPK_RP 和 SPK_RN
  WM8960_Write_Reg(0x28, 0x007F | 0x0100);              //左扬声器音量，7F 最大
  WM8960_Write_Reg(0x29, 0x007F | 0x0100);              //右扬声器音量，7F 最大
  //输出使能
  WM8960_Write_Reg(0x31, 0x00F7);                       //左右声道都打开

  //配置 DAC 的值
  WM8960_Write_Reg(0x0a, 0x00FF | 0x0100);              //FF 无衰减
```

```
    WM8960_Write_Reg(0x0b, 0x00FF | 0x0100);

    //3D 音效控制
    //WM8960_Write_Reg(0x10, 0x001F);

    //配置 MIXER
    WM8960_Write_Reg(0x22, 1<<8 | 1<<7);
    WM8960_Write_Reg(0x25, 1<<8 | 1<<7);

    //检测插口
    WM8960_Write_Reg(0x18, 1<<6 | 0<<5);
    WM8960_Write_Reg(0x17, 0x01C3);
    WM8960_Write_Reg(0x30, 0x0009);//0x000D,0x0005
    return 0;
}
```

（5）保存 main.c 文件。

（6）添加数据文件。

① 在 Keil 主界面左侧 Project 窗口中，找到并选择 Application/User 文件夹，如图 11.37 所示。单击鼠标右键，出现浮动菜单。在浮动菜单内，选择 Add New Item to Group 'Application/User'...。

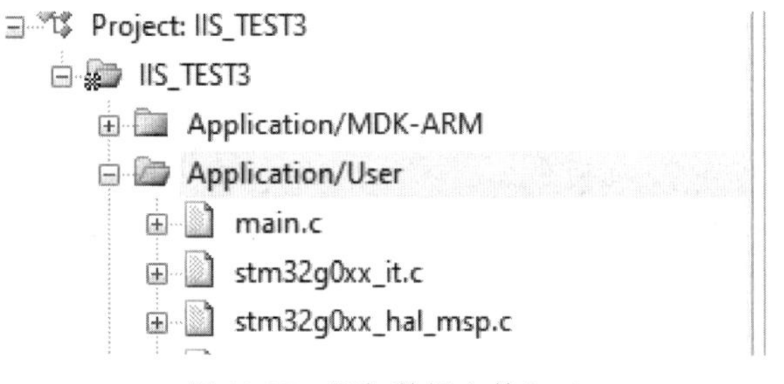

图 11.37　添加数据文件入口

② 弹出 Add New Item to Group 'Application/User'界面，如图 11.38 所示。在该界面中，参数设置如下。

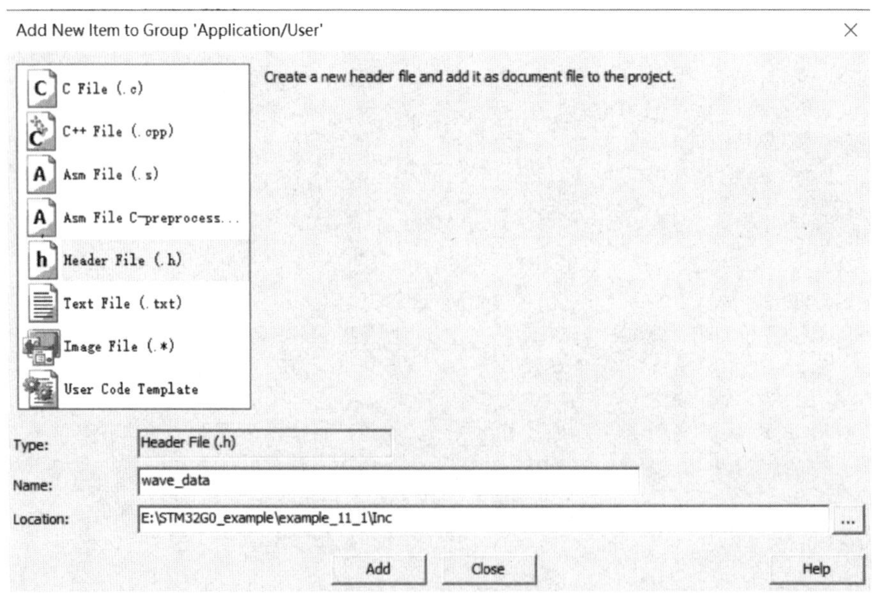

图 11.38　选择添加文件的类型

- Type：Header File(.h)；
- Name：wave_data；
- Location：E:\STM32G0_example\example_11_1\Inc。

注：新建的文件必须保存在当前工程路径的 Inc 子文件夹下。

（7）该文件添加成功后，自动打开该文件。然后，在该文件中写入数据，如代码清单 11.4 所示。

代码清单 11.4　音频数据文件

```
#ifndef __WAVEDATE_H
#define __WAVEDATE_H
#include "stm32g0xx_hal.h"
const uint16_t WaveData[] = {
0x99,0x02,0x68,0x05,0x07,0x05,0xCC,0x05,0x1D,0x03,0xEA,0x02,0xC6,0x02,0x50,0xFE
,0x95,0xFA,0x9B,0x03,0x3B,0x00,0x80,0xFA,0x01,0x01,0x62,0xFB,0x35,0xFB,0x98,0xF9
,0xBA,0xFE,0xA5,0xF8,0x92,0xF5,0x42,0xF9,0xF4,0xF8,0x58,0xFF,0x3D,0x01,0x89,0xFB
,0x10,0xFC,0x63,0xFA,0x52,0xFC,0xB6,0xF6,0xA1,0xFC,0x05,0xF8,0xB6,0xF8,0x0B,0xFA
,0xC0,0xFD,0xF9,0xF3,0xA8,0xF4……}                    //此处是大量音频数据
#endif
```

注：（1）可用 GoldWave（音频抽样）、UltraEdit（范围选择复制）与记事本（批量替换为 0x 格式）产生音频数据。

（2）详见数据文件，对于更多的音频数据文件，建议读者保存在 STM32G071 MCU 的片外存储器中，如 SD 卡。

（8）保存 wave_data.h 文件。

11.4.6　设计处理和验证

下面将对设计文件进行编译和连接，并生成 STM32G071 MCU 内的 Flash 存储器文件格式，并下载到 STM32G071 MCU 内的 Flash 存储器中，主要步骤如下。

（1）在 Keil 主界面主菜单中，选择 Project->Build Target，对设计进行编译和连接，并生成 STM32G071 MCU 内 Flash 存储器的文件格式。

（2）通过 USB 电缆，将 NUCLEO-G071RB 开发板上的 USB 接口与计算机/笔记本电脑的 USB 接口进行连接。

（3）通过杜邦线，将搭载 WM8960 芯片的音频模块与 NUCLEO-G071RB 开发板进行连接，同时将扬声器与音频模块进行连接。

（4）在 Keil 主界面主菜单中，选择 Flash->Download，将生成的 Flash 存储器文件下载到 STM32G071 MCU 内的 Flash 存储器中。

（5）按一下 NUCLEO-G071RB 开发板上标记为 RESET 的按键，使程序正常运行。

思考与练习 11.1：因为保存的音频数据量比较少，所以通过扬声器放出来的声音非常短，读者可以尝试将音频数据文件保存在大容量的外部存储器中，修改应用，实现更复杂的场景应用。

第 12 章　实时时钟的原理和电子钟实现

本章将使用 STM32G071 MCU 内集成的实时时钟模块以及带有 I2C 接口的 OLED 实现实时时钟的显示和修改。本章介绍实时时钟的原理及功能、I2C 总线的原理及功能、OLED 显示模块原理，以及电子钟的应用设计。

通过本章内容的学习，读者将掌握实时时钟模块的原理及 I2C 总线的原理，并灵活使用这些资源满足复杂应用场景的设计要求。

12.1　实时时钟的原理及功能

实时时钟（Real-Time Clock，RTC）提供自动唤醒功能以管理所有低功耗模式。RTC 是独立的 BCD 定时器/计数器。RTC 提供了可编程报警中断的全天时钟/日历。

只要电源电压保持在工作范围内，无论设备处于什么状态（运行模式、低功耗模式或复位状态），RTC 都不会停止。此外，RTC 可以在 VBAT 模式下正常工作。

12.1.1　RTC 的功能和结构

下面介绍 RTC 的功能和结构。

1．RTC 的功能

RTC 的主要功能如下。

（1）以 BCD（二进制编码的十进制）格式，具有亚秒、秒、分钟、小时（12 或 24 格式）、星期、日期、月份、年份的日历。

（2）自动校正每月的 28、29（闰年）、30 和 31 天。

（3）两个可编程的警报。

（4）1～32767 RTC 时钟脉冲进行实时校正。这可用于将其与主时钟同步。

（5）参考时钟检测：可以使用更精确的第二个源时钟（50Hz 或 60Hz）来提高日历的精度。

（6）具有 0.95ppm 分辨率的校准电路，可补偿石英晶体的误差。

（7）时间戳功能，可用于保存日历内容，可以通过时间戳引脚上的事件、篡改事件或通过切换到 VBAT 模式来触发此功能。

（8）17 位自动重加载唤醒定时器（wakeup timer，WUT），用于具有可编程分辨率和周期的周期性事件。

RTC 通过一个开关供电，该开关从存在的 VDD 或 VBAT 引脚供电。RTC 的时钟源如图 12.1 所示。

（1）32.768kHz 外部晶体（LSE）。

（2）外部谐振器或振荡器（LSE）。

（3）内部低功耗 RC 振荡器（LSI，典型频率为 32kHz）。

（4）高速外部时钟（HSE），除以 RCC 中的预分频器。

当由 LSE 驱动时，RTC 可在 VBAT 模式和所有低功耗模式下工作。当由 LSI 驱动时，RTC 在 VBAT 模式下不起作用，但在除断电模式外的所有低功耗模式下都起作用。

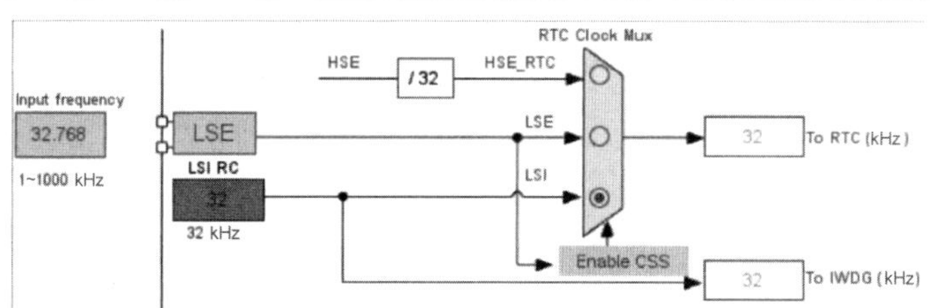

图 12.1　RTC 的时钟源

2．RTC 的结构

RTC 的结构如图 12.2 所示。该模块的引脚及功能如表 12.1 所示。该模块的内部信号及功能如表 12.2 所示。

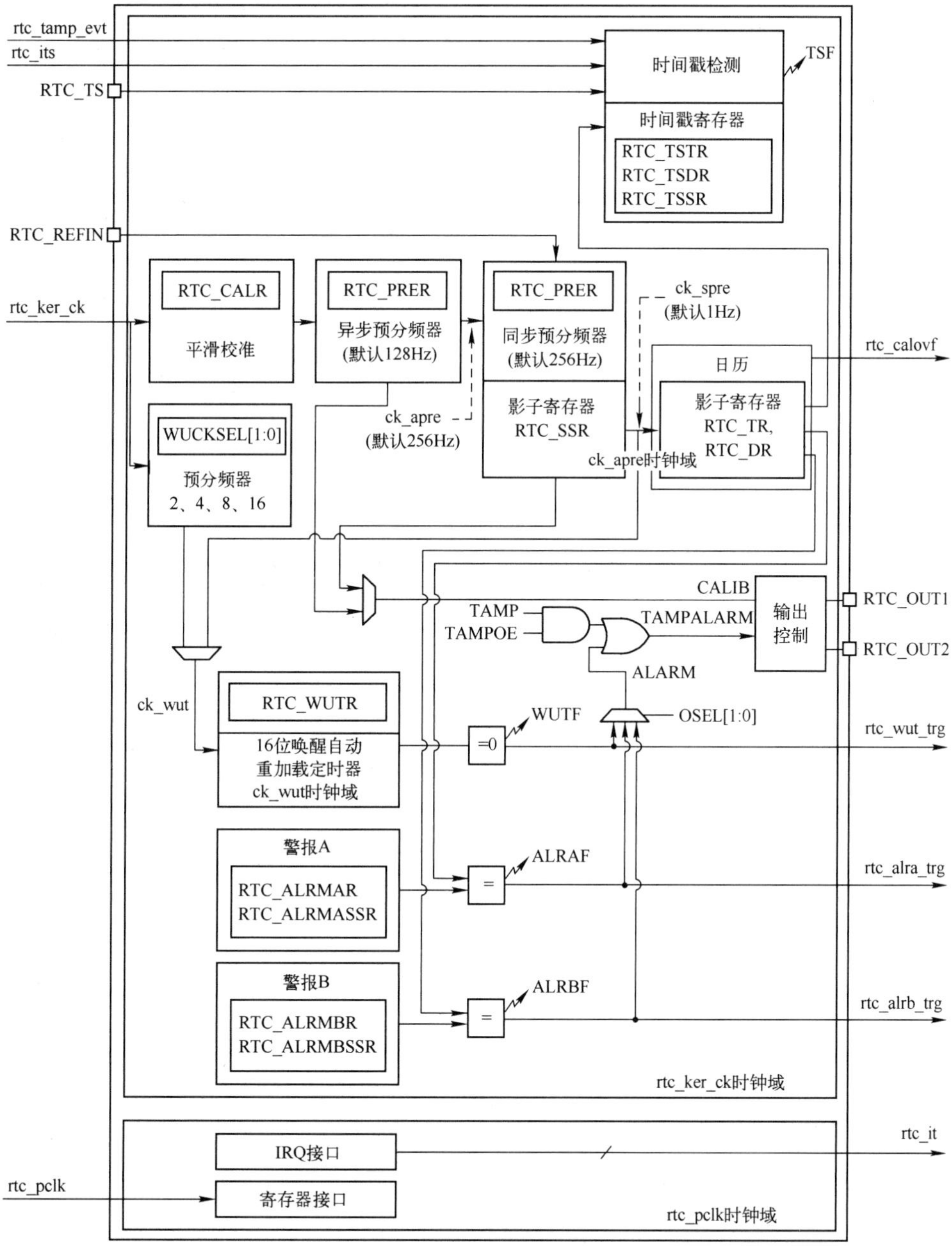

图 12.2　RTC 的结构

表 12.1　RTC 模块的引脚及功能

引脚名字	信号类型	描述
RTC_TS	输入	RTC 时间戳输入
RTC_REFIN	输入	RTC 50/60Hz 参考时钟输入
RTC_OUT1	输出	RTC 输出 1
RTC_OUT2	输出	RTC 输出 2

表 12.2　RTC 模块的内部信号及功能

内部信号的名字	信号类型	功能
rtc_ker_ck	输入	RTC 内核时钟，在本节中也称为 RTCCLK
rtc_pclk	输入	RTC APB 时钟
rtc_its	输入	RTC 内部时间戳事件
rtc_tamp_evt	输入	在 TAMP 外设中检测到篡改事件（内部或外部）
rtc_it	输出	RTC 中断
rtc_alra_trg	输出	RTC 报警 A 事件检测触发
rtc_alrb_trg	输出	RTC 报警 B 事件检测触发
rtc_wut_trg	输出	RTC 唤醒定时器事件检测触发
rtc_calovf	输出	RTC 日历溢出

RTC_OUT1 和 RTC_OUT2，它们选择以下两个输出之一。

（1）CALIB：512Hz 或 1Hz 时钟输出（LSE 频率为 32.768kHz）。通过设置 RTC_CR 寄存器中的 COE 位，使能该输出。

（2）TAMPALRM：该输出是 TAMP 和 ALARM 输出之间的逻辑“或”。

通过配置 RTC_CR 寄存器中的 OSEL[1:0]字段来使能报警，该字段选择报警 A/报警 B 或者唤醒输出。通过设置 RTC_CR 寄存器中的 TAMPOE 位，可以选择“篡改”事件输出，从而使能 TAMP。

尽管可以在 RCC 中选择其他时钟源，RTC 内核时钟通常是 32.768kHz 的 LSE。当所选择的时钟不是 LSE 时，某些功能在低功耗模式或 VBAT 模式中不可用。

RTC 互连关系如表 12.3 所示。

表 12.3　RTC 互连关系

信号名字	源/目的
rtc_its	从电源控制器（PWR）：主电源损耗/切换到 VBAT 模式检测输出
rtc_tamp_evt	来自 TAMP 外设：tamp_evt
rtc_calovf	到 TAMP 外设：tamp_itamp5

触发输出可用于其他外设的触发器。

3．由 RTC 和 TAMP 控制的 GPIO

电池备份域（V_{BAT} 域）中包含的 GPIO 由外设直接控制，外设在这些 I/O 上提供功能，而与 GPIO 配置无关。

RTC 和 TAMP 外设都在这些 I/O 上提供功能。RTC_OUT1、RTC_TS 和 TAMP_IN1 映射在同一引脚（PC13）上。在所有低功耗模式和 VBAT 模式下，PC13 上映射的 RTC 和 TAMP 功能均可用。

4．时钟和预分频器

通过时钟控制器，在 LSE 时钟、LSI 振荡器时钟和 HSE 时钟中选择 RTC 时钟源（RTCCLK）。可编程的预分频器产生一个 1Hz 时钟，用于更新日历。为了最大限度地降低功耗，预分频器可分为两个可编程的预分频器。

（1）通过 RTC_PRER 寄存器的 PREDIV_A 位配置的 7 位异步预分频器。

（2）通过 RTC_PRER 寄存器的 PREDIV_S 位配置的 15 位同步预分频器。

> **注：**当同时使用两个预分频器时，建议将异步预分频器配置为较高的值，以最大限度地降低功耗。

异步预分频器的分频系数为 128，同步预分频器的分频系数设置为 256，以获得 LSE 频率为 32.768kHz 的 1Hz 内部时钟频率（ck_spre）。

最小的除法因子为 1，最大除法因子为 2^{22}。这对应于大约 4MHz 的最大输入频率。

$f_{\mathrm{ck\_apre}}$ 由以下公式给出：

$$f_{\mathrm{ck\_apre}} = \frac{f_{\mathrm{RTCCLK}}}{\mathrm{PREDIV\_A} + 1}$$

ck_apre 时钟用于为二进制的 RTC_SSR 亚秒递减计数器提供时钟。当它达到 0 时，将使用 PREDIV_S 的内容重新加载 RTC_SSR。

$f_{\mathrm{ck\_spre}}$ 由下面公式给定：

$$f_{\mathrm{ck\_spre}} = \frac{f_{\mathrm{RTCCLK}}}{(\mathrm{PREDIV\_S} + 1)(\mathrm{PREDIV\_A} + 1)}$$

ck_spre 时钟可用于更新日历或用作 16 位唤醒自动重加载定时器的时基。为了获得较短的超时时间，16 位唤醒自动重加载定时器还可以与 RTCCLK 除以可编程 4 位异步预分频器一起使用。

5．实时时钟和日历

可以通过与 PCLK（APB 时钟）同步的影子寄存器访问 RTC 日历时间和日期寄存器，也可以直接访问它们，以避免等待同步持续时间。

（1）用于亚秒的 RTC_SSR；

（2）用于时间的 RTC_TR；

（3）用于日期的 RTC_DR。

在每个 RTCCLK 周期，将当前日历值复制到影子寄存器中，并设置 RTC_ICSR 寄存器中的 RSF 位。在停止和待机模式下，不执行复制。当退出这些模式时，影子寄存器会在最多 4 个 RTCCLK 周期后更新。

当应用程序读取日历寄存器时，它访问影子寄存器的内容。通过设置 RTC_CR 寄存器中的 BYPSHAD 控制位，可以直接访问日历寄存器。默认是清除该位，并且用户访问影子寄存器。

当在 BYPSHAD=0 模式下读取 RTC_SSR 寄存器、RTC_TR 寄存器或者 RTC_DR 寄存器时，APB 时钟频率（f_{APB}）必须至少是 RTC 时钟频率（f_{RTCCLK}）的 7 倍。

通过系统复位，可以对影子寄存器进行复位操作。

6．可编程的报警

RTC 单元提供可编程报警：报警 A 和报警 B。下面的内容是针对报警 A 的，但可以以同样的方式转换为报警 B。

通过 RTC_CR 寄存器中的 ALRAE 位使能可编程的报警功能。

如果日历的亚秒、秒、分钟、小时、日期或天与在报警寄存器 RTC_ALRMASSR 和 RTC_ALRMAR 中编程的值匹配，则将 ALRAF 设置为 1。内阁日历字段都可以通过 RTC_ALRMAR 寄存器中的 MSKx 字段和 RTC_ALRMASSR 寄存器中的 MASKSSx 字段独立选择。

通过 RTC_CR 寄存器中的 ALRAIE 位使能报警中断。

> 注：如果选择了秒字段（复位 RTC_ALRMAR 中的 MSK1 位），则 RTC_PRER 寄存器中设置的同步预分频器分频系数必须至少为 3，以保证正确的行为。

报警 A 和报警 B 如果由 RTC_CR 寄存器中 OSEL[1:0]字段使能，则可以连接到 TAMPALRM 输出，可以通过 RTC_CR 寄存器中的 POL 位配置 TAMPALRM 输出极性。

7．周期自动唤醒

周期唤醒标志由一个 16 位可编程自动重载递减计数器生成。唤醒定时器范围可以扩展到 17 位。通过 RTC_CR 寄存器中的 WUTE 位使能唤醒功能。

唤醒定时器时钟输入 ck_wut 可以是：

（1）RTC 时钟（RTCCLK）除以 2、4、8 或 16。

当 RTCCLK 为 LSE（32.768kHz）时，允许将唤醒周期配置从 122μs 到 32s，分辨率低至 61μs。

（2）ck_spre（通常为 1Hz 内部时钟）。

当 ck_spre 频率为 1Hz 时，将以 1s 的分辨率实现从 1s 到大约 36h 的唤醒时间。这个较大的可编程的时间范围可分为两部分。

① 当 WUCKSEL[2:1]=10 时，从 1s 到 18h。

② 当 WUCKSEL[2:1]=11 时，从 18h 到 36h。在后一种情况下，将 216 添加到 16 位计数器的当前值。当初始化序列完成后，定时器开始递减计数。当使能唤醒功能后，在低功耗模式下，递减计数器保持活动状态。此外，当它达到 0 时，在 RTC_SR 寄存器中设置 WUTF 标志，并且自动将其重加载值（RTC_WUTR 寄存器值）重加载到唤醒计数器中。需要注意的是，必须通过软件随后清除 WUTF 标志。

通过在 RTC_CR 寄存器中设置 WUTIE 位，使能周期性唤醒中断。

如果已经通过 RTC_CR 寄存器的 OSEL[1:0]位使能，则周期性唤醒标志可以连接到 TAMPALRM 输出。通过 RTC_CR 寄存器中的 POL 位，可以配置 TAMPALRM 的输出极性。

系统复位以及低功耗模式（休眠、停止和待机）对唤醒定时器均没有影响。

8．RTC 初始化和配置

（1）RTC 寄存器访问。

RTC 寄存器是 32 位寄存器。在访问 RTC 寄存器时，除了 BYPSHAD=0 时对日历影子寄存器的读取访问外，APB 接口引入两个等待状态。

（2）RTC 寄存器写保护。

系统复位后，通过电源控制外设中的 DBP 位保护 RTC 寄存器免受寄生写访问，必须设置 DBP 位，以使能 RTC 寄存器写访问。在备份域复位后，将一些 RTC 寄存器写保护。

通过将密钥写入写保护寄存器 RTC_WPR，可以使能写入受保护的寄存器。

需要执行下面的步骤来解锁受保护的 RTC 寄存器上的写保护。

① 将 0xCA 写入 RTC_WPR 寄存器。

② 将 0x53 写入 RTC_WPR 寄存器。

写入错误的密钥将重新激活写保护。系统复位不会影响写保护机制。

（3）日历初始化和配置。

要编程初始时间和日期日历值，包括时间格式和预分频器配置，需要按以下顺序进行。

① 将 RTC_ICSR 寄存器的 INIT 位设置为 1，以进入初始化模式。在该模式中，日历计数器将停止，并且可以更新其值。

② 轮询 RTC_ICSR 寄存器中的 INITF 位。当 INITF 位设置为 1 时，进入初始化阶段模式。该过程大约需要两个 RTCCLK 时钟周期（由于时钟同步）。

③ 要为日历计数器生成 1Hz 时钟，在 RTC_PRER 寄存器编程两个预分频因子。

④ 将初始时间和日期值加载到影子寄存器（RTC_TR 和 RTC_DR）中，并通过 RTC_CR 寄存器中的 FMT 位配置时间格式（12 或 24 小时）。

⑤ 通过清除 INIT 位退出初始化模式，然后将自动加载实际的日历计数器值，并在 4 个 RTCCLK 时钟周期后重新开发计数。

当初始化序列完成后，日历开始计数。

注：当系统复位后，应用程序可以读取 RTC_ICSR 寄存器中的 INITS 标志，以检查日历是否已初始化。如果该标志等于 0，则因为年份字段设置为其备份域复位默认值（0x00），所以未初始化。

要在初始化后读取日历，软件必须首先检查是否已经设置 RTC_ICSR 寄存器中的 RSF 位。

（4）夏令时。

通过 RTC_CR 寄存器中的 SUB1H、ADD1H 和 BKP 字段，执行夏令时管理。

使用 SUB1H 或 ADD1H，软件可以通过一次操作在日历中减去或增加一小时，而无须执行初始化操作。

此外，软件可以使用 BKP 位来保存该操作。

（5）编程报警。

必须遵循以下步骤来编程或更新可编程的报警。下面给出的步骤用于报警 A，而且也可以用于报警 B。

① 清除 RTC_CR 寄存器中的 ALRAE，以禁止报警 A。

② 清除报警 A 寄存器（RTC_ALRMASSR/RTC_ALRMAR）。

③ 在 RTC_CR 寄存器中设置 ALRAE，以再次使能报警 A。

注：由于时钟同步，每次对 RTC_CR 寄存器的更改应考虑在 2 个 RTCCLK 时钟周期后。

（6）编程唤醒定时器。

需要按以下顺序来配置或更改唤醒定时器自动重加载值（RTC_WUTR 寄存器中的 WUT[15:0]）。

① 清除 RTC_CR 寄存器中的 WUTE 以禁止唤醒定时器。

② 轮询 WUTWF，直到在 RTC_ICSR 中将其设置为确保允许访问唤醒自动重载计数器和 WUCKSEL[2:0]。在日历初始化模式中，必须跳过该步骤。这大约需要 2 个 RTCCLK 时钟周期（由

于时钟同步）。

③ 编程唤醒自动重加载值 WUT[15:0]和唤醒时钟选择（RTC_CR 寄存器中的 WUCKSEL[2:0]字段）。在 RTC_CR 寄存器中设置 WUTE 以再次使能定时器。

唤醒定时器会重新开始递减计数。由于时钟同步，在清除 WUTE 之后，最多在 2 个 RTCCLK 时钟周期内清除 WUTWF。

9．读日历

（1）当清除 RTC_CR 寄存器中的 BYPSHAD 控制位时。

为了正确读取 RTC 日历寄存器（RTC_SSR、RTC_TR 和 RTC_DR），APB1 时钟频率（f_{PCLK}）必须等于或大于 RTC 时钟频率（f_{RTCCLK}）的 7 倍。这确保了同步机制的安全行为。

如果 APB1 时钟频率小于 RTC 时钟频率的 7 倍，则软件必须两次读取日历时间和日期寄存器。如果第二次读取 RTC_TR 寄存器的结果与第一次读取的结果相同，就确保了数据的正确性。否则，必须进行第三次读取访问。在任何情况下，APB1 时钟频率都不能低于 RTC 时钟频率。

每次将日历寄存器复制到 RTC_SSR、RTC_TR 和 RTC_DR 寄存器时，设置 RTC_ICSR 寄存器中的 RSF 位。每个 RTCCLK 周期执行一次复制。为了确保 3 个值之间的一致性，读取 RTC_SSR 或 RTC_TR 寄存器会将值锁定在高阶日历影子寄存器中，直到读取了 RTC_DR 寄存器。如果软件在小于 1 个 RTCCLK 周期的时间间隔内对日历进行读取访问，则必须在第一次读取日历后通过软件清除 RSF 位，然后软件必须等待，直到设置了 RSF 位后才能再次读取 RTC_SSR、RTC_TR 和 RTC_DR 寄存器。实际上，系统复位将影子寄存器的值复位为它们的默认值。

在初始化后，软件必须等待，直到设置了 RSF 位，才能读取 RTC_SSR、RTC_TR 和 RTC_DR 寄存器。

同步后，软件必须等待，直到设置了 RSF 位，才能读取 RTC_SSR、RTC_TR 和 RTC_DR 寄存器。

（2）当在 RTC_CR 寄存器（旁路影子寄存器）中设置了 BYPSHAD 控制位时。

读取日历寄存器可直接从日历计数器中获得值，从而无须等待设置 RSF 位。从低功耗模式（停止或待机）退出后，这尤其有用，因为在这些模式下不会更新影子寄存器。

当 BYPSHAD 位设置为 1 时，如果两次读取寄存器之间发生 RTCCLK 沿，则不同寄存器的结果可能彼此不一致。此外，如果在读取操作期间发生 RTCCLK 沿，则其中一个值可能不正确。软件必须两次读取所有寄存器，然后比较结果以确认数据是一致且正确的。另外，软件只比较最低有效的日历寄存器的两个结果。

> **注：** 当 BYPSHAD=1 时，读取日历寄存器的指令需要完成一个额外的 APB 周期。

10．复位 RTC

所有可用的系统复位源将日历寄存器（RTC_SSR、RTC_TR 和 RTC_DR）和 RTC 状态寄存器（RTC_ICSR）的某些字段复位到它们的默认值。

相反，以下寄存器通过备份域将其复位到它们的默认值，并且不受系统复位的影响：RTC 当前日历寄存器、RTC 控制寄存器（RTC_CR）、预分频器寄存器（RTC_PRER）、RTC 校准寄存器（RTC_CALR）、RTC 移位寄存器（RTC_SHIFTR）、RTC 时间戳寄存器（RTC_TSSSR、RTC_RSTR 和 RTC_TSDR）、唤醒定时器寄存器（RTC_WUTR）和报警 A 与报警 B 寄存器（RTC_ALRMASSR/RTC_ALRMAR 和 RTC_ALRMBSSR/RTC_ALRMBR）。

此外，当 LSE 为 RTC 提供时钟时，如果复位源与备份域复位源不同，则在系统复位时 RTC

仍然保持运行。当发生备份域复位时，停止 RTC，并且所有 RTC 均复位到它们的复位值。

11．RTC 同步

RTC 可以高精度地同步到远端时钟。当读取亚秒字段（RTC_SSR 或 RTC_TSSSR 寄存器）后，可以对远程时钟和 RTC 所保持时间之间的精确偏移进行计算。然后，可以通过使用 RTC_SHIFTER 寄存器将时钟“偏移”几分之一秒来调整 RTC 以消除此偏移。

RTC_SSR 寄存器包含同步预分频器计数器的值。这样，用户就可以计算出 RTC 所保持的精确时间，直到精确到 1/（PREDIV_S+1）秒的分辨率。结果，可以通过增加同步预分频器值（PREDIV_S[14:0]）来提高分辨率，在 PREDIV_S 设置为 0x7FFF 的情况下，可以获得允许的最大分辨率（32.768Hz 时钟下为 30.52μs）。

但是，增加 PREDIV_S 意味着必须减少 PREDIV_A 才能将同步预分频器的输出保持在 1Hz。这样，异步预分频器的输出频率会增加，从而可能会增加 RTC 动态功耗。

可以使用 RTC 移位控制寄存器（RTC_SHIFTR）细调 RTC。写入 RTC_SHIFTER 寄存器可使时钟偏移（延迟或提前）最多一秒，分辨率为 1/（PREDIV_S+1）秒。移位操作包括将 SUBFS[14:0]的值添加到同步预分频器计数器 SS[15:0]：该操作可实现延迟时钟的功能。如果同时设置 ADD1S 位，则导致相加一秒，同时减去几分之一秒，因此该操作可实现提前时钟的功能。

注：在初始移位操作之前，用户必须检查 SS[15]=0，以确保该操作不会溢出。

通过对 RTC_SHIFTR 寄存器的写操作来启动移位操作后，硬件将设置 SHPF 标志，以指示正在挂起移位操作。一旦完成移位操作，硬件将清除该位。

注：该同步功能与参考时钟检测功能不兼容：当 REFCKON=1 时，固件不能写入 RTC_SHIFTR 寄存器。

12．RTC 参考时钟检测

RTC 日历的更新可以与参考时钟 RTC_REFIN 同步，该参考时钟通常是电源频率（50Hz 或 60Hz）。RTC_REFIN 参考时钟的精度应高于 32.768kHz LSE 时钟。当使能 RTC_REFIN 检测（RTC_CR 的 REFCKON 位设置为 1）时，日历仍然由 LSE 提供时钟，并且 RTC_REFIN 用于补偿日历更新频率（1Hz）的不精确性。

将每个 1Hz 时钟沿与最近的 RTC_REFIN 时钟沿进行比较（如果在给定的时钟窗口内找到一个时钟沿），在大多数情况下，两个时钟沿正确对齐。当由于 LSE 时钟的不精确导致 1Hz 时钟未对准时，RTC 会将 1Hz 时钟沿移动一些，以便将来的 1Hz 时钟沿对齐。由于采用了这种机制，日历变得和参考时钟一样精确。

RTC 使用从 32.768kHz 石英产生的 256Hz 时钟（ck_apre）来检测参考时钟源是否存在。在每个日历更新周围的时间窗口（每 1s）内执行一次检测。当检测到第一参考时钟沿时，该窗口等于 7 个 ck_apre 周期。3 个 clk_apre 周期的小窗口用于后续的日历更新。

每次在窗口中检测到参考时钟时，都会强制重新加载输出 ck_spre 时钟的异步预分频器。当参考时钟和 1Hz 时钟对齐时，这没有影响，因为预分频器是在同一时刻重新加载的。当时钟未对齐时，重载会在将来的 1Hz 时钟沿上移动一些，使它们与参考时钟对齐。

如果参考时钟停止（在 3 个 ck_apre 周期窗口中没有参考时钟沿），则仅基于 LSE 时钟连续更新日历。然后，RTC 使用以 ck_spre 边沿为中心的较大的 7 个 ck_apre 周期窗口等待参考时钟。

当使能 RTC_REFIN 检测后，必须将 PREDIV_A 和 PREDIV_S 设置为其默认值，即 PREDIV_A=0x007F 和 PREDIV_S=0x00FF。

> 注：在待机模式下，RTC_REFIN 时钟检测不可用。

13. RTC 平滑数字校准

RTC 频率可以数字校准，分辨率约为 0.954ppm，范围为-487.1～+488.5ppm。使用一系列小调整（加和/或加单个 RTCCLK 脉冲）执行频率校正。这些调整的分布相当均匀，因此即使在很短的时间内观察到 RTC 都可以很好地进行校准。

在大约 220 个 RTCCLK 脉冲周期内，或者在输入频率为 32768Hz 的 32s 内，执行平滑的数字校准。该周期由 20 位计数器 cal_cnt[19:0]维持，由 RTCCLK 提供时钟。

平滑校准寄存器（RTC_CALR）指定在 32s 周期内要屏蔽的 RTCCLK 时钟周期数。

（1）将 CALM[0]设置为 1，会导致在 32s 的周期内恰好屏蔽了一个脉冲。

（2）将 CALM[1]设置为 1，会导致屏蔽另外 2 个周期。

（3）将 CALM[2]设置为 1，会导致屏蔽另外 4 个周期。

（4）以此类推，最多将 CALM[8]设置为 1，会导致屏蔽 256 个周期。

> 注：CALM[8:0](RTC_CALR)指定了在 32s 周期内要屏蔽的 RTCCLK 脉冲数。将 CALM[0]设置为 1，将会导致在 32s 周期内，在 cal_cnt[19:0]=0x80000 的那一刻屏蔽一个脉冲。CALM[1]=1 导致屏蔽另外 2 个周期（当 cal_cnt=0x40000 和 cal_cnt=0xC0000 时）；CALM[2]=1 导致屏蔽其他 4 个周期（当 cal_cnt=0x20000/0x60000/0xA0000/0xE0000）；以此类推，直到 CALM[8]=1，将会导致屏蔽 256 个周期（cal_cnt=0xXX800）。

尽管 CALM 允许以高分辨率将 RTC 频率降低最多 487.1ppm，但是 CALP 可用于将频率提高 488.5ppm。将 CALP 设置为 1，可在每 2^{11} 个 RTCCLK 周期内插入一个额外的 RTCCLK 脉冲，这意味着在每 32s 的周期内添加 512 个周期。

通过将 CALM 与 CALP 结合使用，可以在 32s 的周期内添加-511～+512 个 RTCCLK 周期的偏移量，这意味着将转换为-487.1～+488.5ppm 的校准范围，分辨率为 0.954ppm。

在给定输入频率（f_{RTCCLK}）的情况下，计算有效校准频率（f_{CAL}）的公式为

$$f_{\mathrm{CAL}} = f_{\mathrm{RTCCLK}} \times [1 + (\mathrm{CALP} \times 512 - \mathrm{CALM}) / (2^{20} + \mathrm{CALM} - \mathrm{CALP} \times 512)]$$

（1）当 PREDIV_A<3 时的校准。

当异步预分频器的值（RTC_PRER 寄存器中的 PREDIV_A 字段）小于 3 时，CALP 不能设置为 1。如果 CALP 已经设置为 1，而 PREDIV_A 字段设置为小于 3，则忽略 CALP，并且校准操作就像 CALP=0 一样。

要使用小于 3 的 PREDIV_A 执行校准，应减少同步预分频器的值（PREDIV_S），以使每秒钟加速 8 个 RTCCLK 时钟周期，相当于每 32s 增加 256 个时钟周期。结果是仅使用 CALM 字段就可以在每个 32s 周期内有效地添加 255～256 个时钟脉冲（对应于 243.3～244.1ppm 的校准范围）。

在标称 RTCCLK 频率为 32768Hz 的情况下，当 PREDIV_A=1（分频系数 2）时，PREDIV_S 应该设置为 16379，而不是 16383（少 4）。唯一有趣的情况是，当 PREDIV_A=0 时，应将 PREDIV_S 设置为 32759，而不是 32767（少 8）。

如果以这种方式减少 PREDIV_S，则给出校准输入时钟的有效频率的计算公式为

$$f_{CAL} = f_{RTCCLK} \times [1 + (256 - CALM) / (2^{20} + CALM - 256)]$$

在这种情况下，如果 RTCCLK 恰好是 32768.00Hz，则 CALM[7:0]=0x100（CALM 范围的中点）是正确的设置。

（2）验证 RTC 校准。

通过测量 RTCCLK 的准确频率并计算正确的 CALM 值和 CALP 值，可以确保 RTC 精度，提供可选的 1Hz 输出，以允许应用测量和验证 RTC 精度。

在有限的时间间隔内测量 RTC 的准确频率会导致整个测量周期内多达 2 个 RTCCLK 时钟周期的测量误差，具体取决于数字校准周期与测量周期的对齐方式。

但是，如果测量周期与校准周期的长度相同，则可以消除该测量误差。在这种情况下，观察到的唯一错误是由于数字校准的分辨率引起的。

① 默认情况下，校准周期为 32s。

使用该模式并且在精确的 32s 内测量 1Hz 输出的精度可确保该测量值在 0.477ppm 之内（32s 内有 0.5 个 RTCCLK 周期，其受限于校准分辨率）。

② 可以将 RTC_CALR 寄存器的 CALW16 设置为 1，以强制执行 16s 的校准周期。

在这种情况下，可以在 16s 内测量 RTC 精度，最大误差为 0.954ppm（16s 内有 0.5 个 RTCCLK 周期）。但是，由于校准分辨率降低，长期 RTC 精度也会降低到 0.954ppm；当 CALW16 设置为 1 时，CALM[0]固定为 0。

③ RTC_CALR 寄存器的 CALW8 可以设置为 1，以强制执行 8s 的校准周期。

在这种情况下，可以在 8s 内测量 RTC 精度，最大误差为 1.907ppm（8s 内 0.5 个 RTCLK 周期）。长期 RTC 精度也降低到 1.907ppm：当 CALW8 设置为 1 时，CALM[1:0]固定为 00。

（3）即时重新校准。

可以使用下面的过程，在 RTC_ICSR/INITF=0 时动态更新校准寄存器（RTC_CALR）。

① 轮询 RTC_ICSR/RECALPF（重标定挂起标志）。

② 当将其设置为 0 时，如果有必要，则将新值写入 RTC_CALR 寄存器，然后将 RECALPF 自动设置为 1。

③ 对 RTC_CALR 寄存器的写操作后的 3 个 ck_apre 周期内，新的校准设置生效。

14．时间戳功能

通过将 RTC_CR 寄存器的 TSE 或 ITSE 位设置为 1，可以使能时间戳。

（1）设置 TSE 时。

当在 RTC_TS 寄存器引脚上检测到时间戳事件时，日历将保存在时间戳寄存器（RTC_TSSSR、RTC_TSTR、RTC_TSDR）中。

（2）设置 TAMPTS 时。

当在 TAMP_INx 引脚上检测到篡改事件时，日历将保存在时间戳寄存器（RTC_TSSSR、RTC_TSTR、RTC_TSDR）中。

（3）设置 ITSE 时。

当检测到内部时间戳事件时，日历将保存在时间戳寄存器（RTC_TSSSR、RTC_TSTR、RTC_TSDR）中。内部时间戳事件是由切换到 V_{BAT} 电源产生的。

由于内部或外部事件，发生时间戳事件时，设置 RTC_SR 寄存器时间戳标志 TSF。如果事件是内部事件，则还在 RTC_SR 寄存器中设置 ITSF 标志。

通过设置 RTC_CR 寄存器中的 TSIE 位，当发生时间戳事件时产生中断。

如果在已设置时间戳标志（TSF）的情况下检测到新的时间戳事件，则将设置时间戳溢出标志（TSOVF），并且时间戳寄存器（RTC_TSTR 和 RTC_TSDR）将保留前一事件的结果。

注：由于是同步过程，所以在发生时间戳事件后的 2 个 ck_apre 周期内设置 TSF。

TSOVF 的设置没有延迟。这意味着，如果两个时间戳事件并在一起，则 TSOVF 可看作 1，而 TSF 仍然为 0。因此，建议仅在设置了 TSF 之后才轮询 TSOVF。

注：如果在应清除 TSF 之后立即发生时间戳事件，则 TSF 和 TSOVF 都将置 1。为避免掩盖同时发生的时间戳事件，除非应用程序已经将其读取为 1，否则不得将其写入 TSF。

可选的是，篡改事件可以导致记录时间戳。

15．校正时钟输出

当 RTC_CR 寄存器中的 COE 位设置为 1 时，在 CALIB 器件输出上提供一个参考时钟。

如果复位 RTC_CR 寄存器中的 COSEL 且 PREDIV_A=0x7F，则 CALIB 频率是 $f_{RTCCLK}/4$。对于 32.768kHz 的 RTCCLK 频率，对应 512Hz 的校准输出。CALIB 占空比是不规则的：下降沿会有轻微的抖动。因此，建议使用上升沿。

当设置 COSEL 且“PREDIV_S+1”是 256 的非零倍数（即 PREDIV_S[7:0]=0xFF）时，CALB 频率为 $f_{RTCCLK}/(256\times(PREDIV\_A+1))$。它对应预分频器默认值（PREDIV_A=0x7F，PREDIV_S=0xFF）的 1Hz 校准输出，RTCCLK 频率为 32.768kHz。

注：当选择 CALIB 输出时，将自动配置 RTC_OUT1 引脚，但必须将 RTC_OUT2 引脚设置为替代功能。

当清除 COSEL 时，CALIB 输出是异步预分频器的第 6 级输出。当设置 COSEL 时，CALIB 输出是同步预分频器的第 8 级输出。

16．篡改和报警输出

RTC_CR 寄存器中的 OSEL[1:0]用于激活报警输出 TAMPALRM，并且选择输出的功能。这些功能反映了 RTC_SR 寄存器中相应标志的内容。

当 TAMPOE 的控制位设置为 RTC_CR 寄存器时，所有外部和内部篡改标志都将进行逻辑或运算，并且连接到 TAMPALRM 输出。如果 OSEL=00，则 TAMPALRM 输出仅反映篡改标志。如果 OSEL≠00，则 TAMPALRM 上的信号同时提供篡改标志和警报 A、警报 B 或唤醒标志。

TAMPALRM 输出极性由 RTC_CR 寄存器中的 POL 控制位决定，因此当 POL 设置为 1 时，输出与所选标志位相反的极性。

可以使用 RTC_CR 寄存器中的控制位 TAMPALRM_TYPE 将 TAMPALRM 引脚配置为输出开漏或输出推挽。由于 RTC_CR 寄存器中的 TAMPALRM_PU 位提供了是否使用内部上拉电阻的能力，所以可以在输出模式下应用内部上拉电阻。

注：一旦使能 TAMPALRM 输出后，它的优先级高于 RTC_OUT1 上的 CALIB。

当选择 TAMPALRM 输出时，将自动配置 RTC_OUT1 引脚，但必须将 RTC_OUT2 引脚配置为替代功能。如果在 RTC 中将 TAMPALRM 配置为漏极开路，则必须将 RTC_OUT1 GPIO 配置为输入。

12.1.2　RTC 低功耗模式

RTC 低功耗模式如表 12.4 所示。

表 12.4　RTC 低功耗模式

模式	描述
休眠	没有效果 RTC 中断引起器件退出休眠模式
停止	当 RTC 时钟源为 LSE 或 LSI 时，RTC 保持活动状态。RTC 中断导致器件退出停止模式
待机	当 RTC 时钟源为 LSE 或 LSI 时，RTC 保持活动状态。RTC 中断导致器件退出待机模式
断电	当 RTC 时钟源为 LSE 时，RTC 保持活动状态。RTC 中断导致器件退出断电模式

12.1.3　RTC 中断

RTC 中断事件及其描述如表 12.5 所示。

表 12.5　RTC 中断事件及其描述

中断事件	描述
报警 A	当日历值匹配报警 A 的值时，设置
报警 B	当日历值匹配报警 B 的值时，设置
唤醒定时器	当唤醒自动重加载定时器到达 0 时，设置
时间戳	当发生时间戳事件时，设置

12.2　I2C 总线的原理及功能

集成电路之间（Inter-Integrated Circuit，IIC）总线接口处理微控制器和串行 IIC 总线之间的通信。它提供多主机功能，并控制所有特定于 IIC 总线的序列、协议、仲裁和时序。它支持标准模式（Standard Mode，SM）、快速模式（Fast Mode，FM）和快速模式加（Fast Mode plus，FM+）。此外，它还与 SMBus（系统管理总线）和 PMBus（电源管理总线兼容）。

注：很多教材将 IIC 也写作 I2C 或 I^2C，本书使用 I2C 的写法。

本节介绍 I2C 总线的功能和结构。I2C 模块的典型应用如图 12.3 所示。

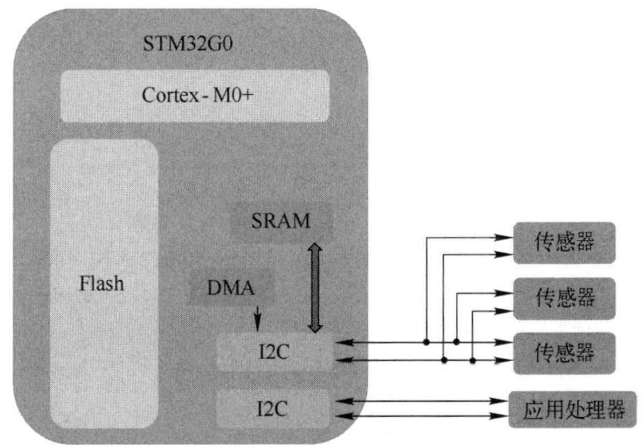

图 12.3　I2C 模块的典型应用

STM32G071 MCU 内集成的 I2C 模块的主要功能如下。

（1）I2C 总线规范 REV03 兼容性。

① 从模式和主模式。

② 多个主设备功能，多个主设备和多个从设备连接关系如图 12.4 所示。

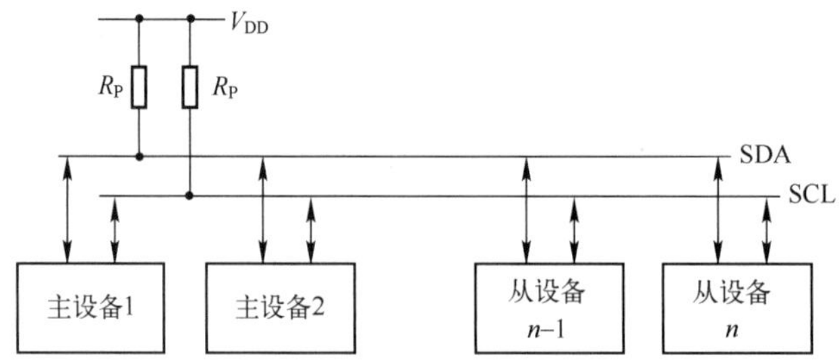

图 12.4　多个主设备和多个从设备连接关系

③ 在 SM 模式下，最高为 100kHz；在 FM 模式下，最高为 400kHz；在 FM+模式下，最高为 1MHz。

④ 7 位和 10 位寻址模式。

⑤ 多个 7 位从设备地址（2 个地址，其中一个具有可配置的掩码）。

⑥ 所有 7 位地址确认模式。

⑦ 一般呼叫。

⑧ 可编程的建立和保持时间。

⑨ 易于使用的事件管理。

⑩ 可选的时间延长。

⑪ 软件复位。

（2）具有 DMA 功能的 1B 缓冲区。

（3）可编程的模拟和数字噪声滤波器。

根据产品的实现，还可以使用以下附加功能。

（1）SMBus 规范 V3.0 兼容性。

① 带有 ACK 控制的硬件包错误检查（Packet Error Checking，PEC）生成和验证。

② 命令和数据确认控制。

③ 支持地址解析协议（Address Resolution Protocol，ARP）。

④ 支持主机和设备。

⑤ SMBus 警报。

⑥ 超时和空闲条件检测。

（2）PMBus V1.3 标准兼容性。

（3）独立时钟：独立时钟源的选择，使 I2C 通信速度与 PCLK 重编程无关。

（4）地址匹配时从停止模式唤醒。

12.2.1　I2C 模块的结构

I2C1 模块的结构如图 12.5 所示。

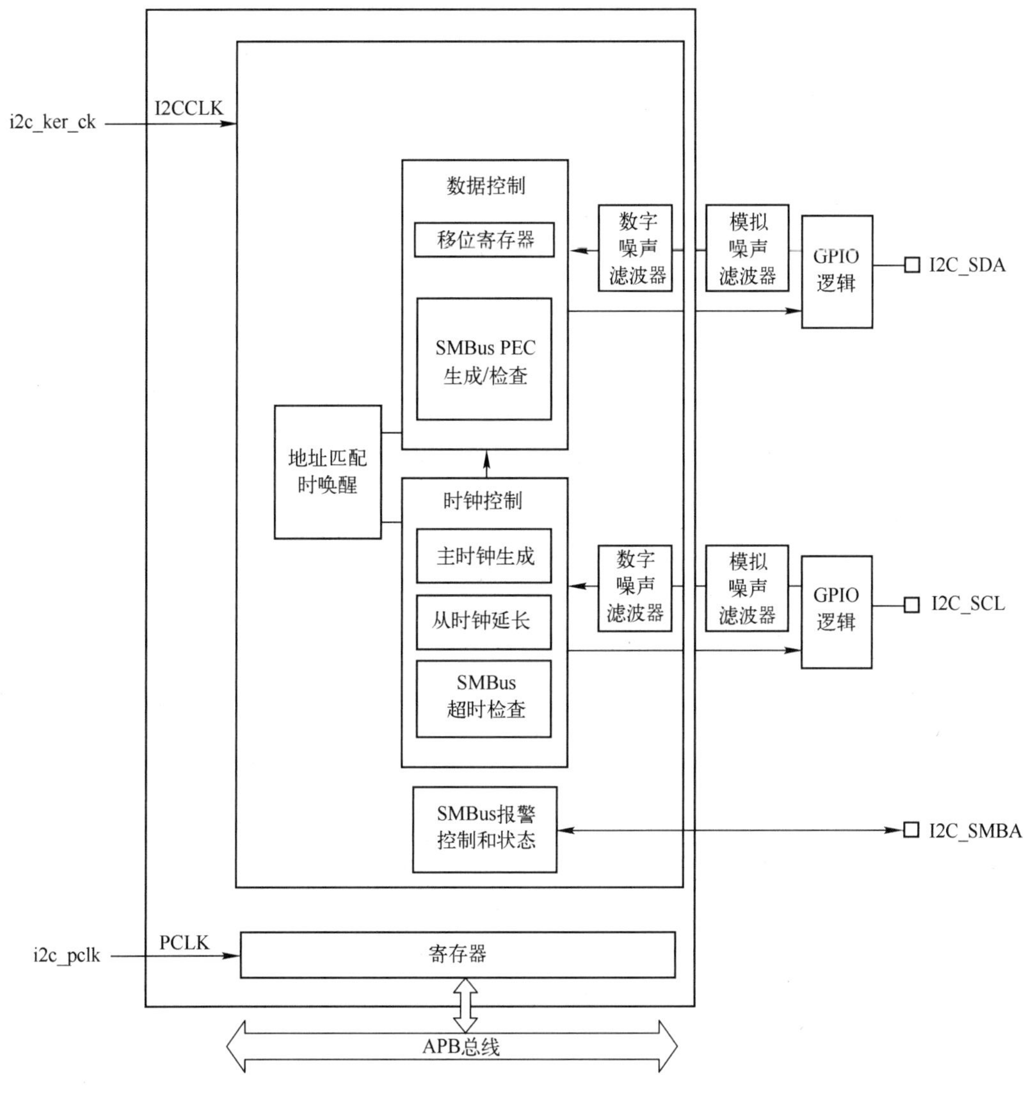

图 12.5　I2C1 模块的结构

I2C1 由独立的时钟源提供时钟，该时钟源允许 I2C 独立于 PCLK 频率工作。对于支持 20mA 输出电流驱动以实现 FM+操作的 I2C I/O，可通过系统配置控制器（SYSCFG）中的控制位来使能驱动能力。

I2C2 模块的结构如图 12.6 所示。

对于支持 20mA 输出电流驱动以实现 FM+操作的 I2C I/O，可通过系统配置控制器（SYSCFG）中的控制位来使能驱动能力。

I2C 模块引脚的定义如表 12.6 所示。I2C 模块内部信号的定义如表 12.7 所示。

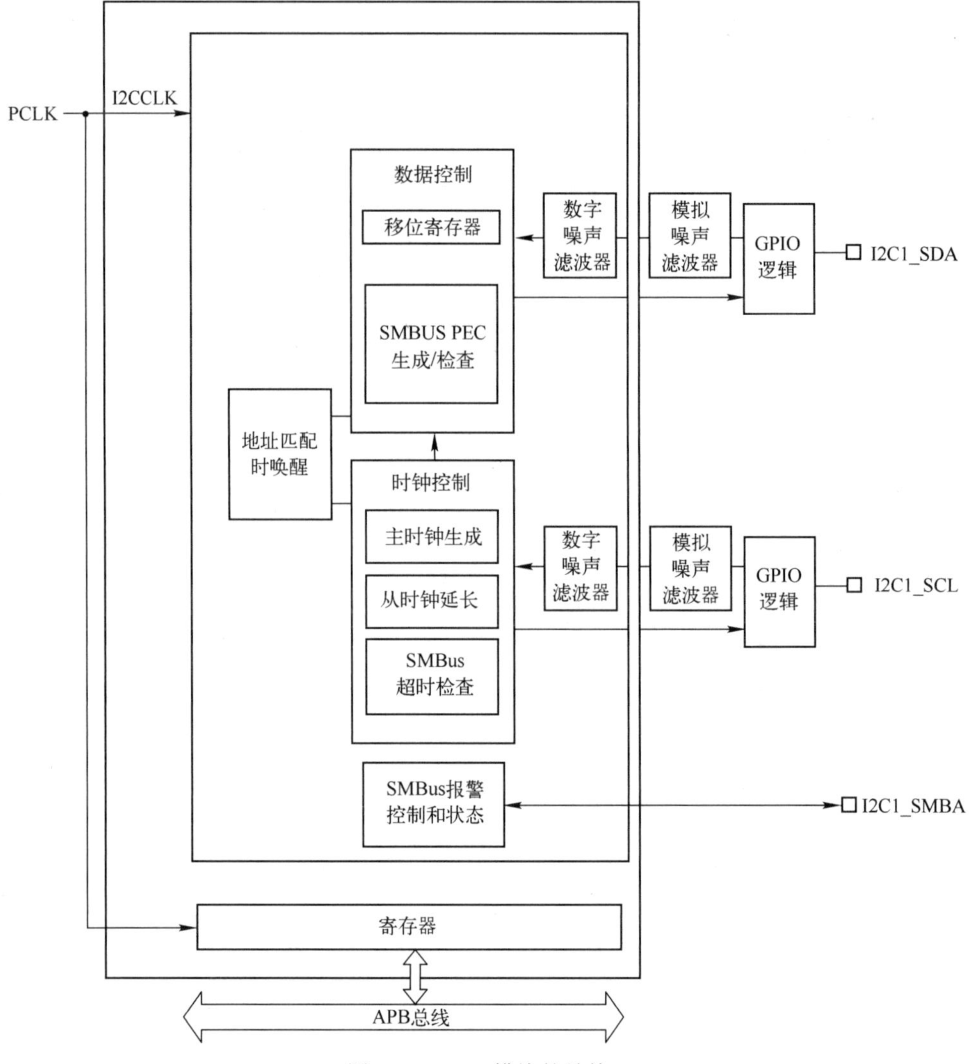

图 12.6　I2C2 模块的结构

表 12.6　I2C 模块引脚的定义

引脚名字	信号类型	描述
I2C_SDA	双向	I2C 数据
I2C_SCL	双向	I2C 时钟
I2C_SMBA	双向	SMBus 报警

表 12.7　I2C 模块内部信号的定义

内部信号名字	信号类型	描述
i2c_ker_ck	输入	I2C 内核时钟，在本章中也称为 I2CCLK
i2c_pclk	输入	I2C APB 时钟
i2c_it	输出	I2C 中断
i2c_rx_dma	输出	I2C 接收数据 DMA 请求（I2C_Rx）
i2c_tx_dma	输出	I2C 发送数据 DMA 请求（I2C_Tx）

12.2.2　I2C 可编程时序

必须配置时序，已确保在主模式和从模式下使用正确的数据建立和保持时间，如图 12.7 所示。这是通过对 I2C_TIMINGR 寄存器中的 PRESC[3:0]、SCLDEL[3:0]和 SDADEL[3:0]字段编程来实现的。

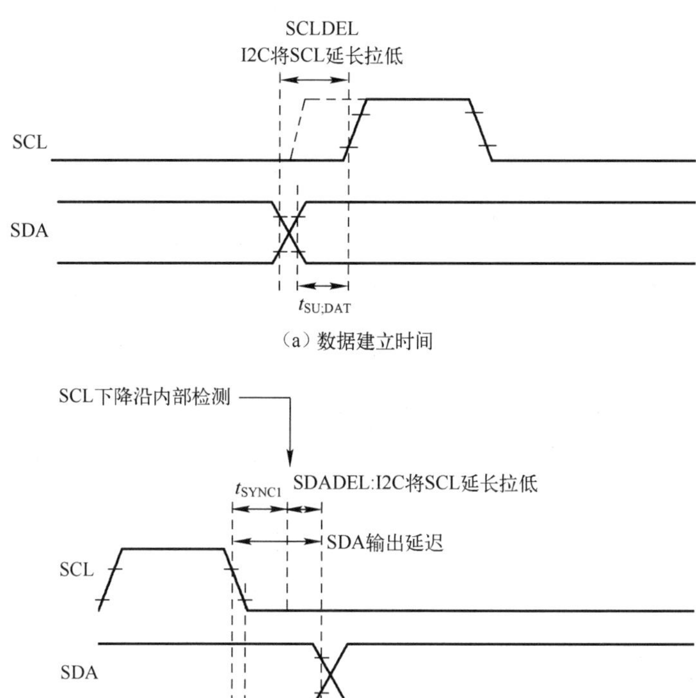

（a）数据建立时间

（b）数据保持时间

图 12.7　I2C 模块的数据建立和保持时间

STM32CubeMX 工具在 I2C 配置窗口中计算并提供 I2C_TIMINGR 的内容。

如图 12.7（a）所示，对于数据建立时间，在发送的情况下，当在 SDA 输出上发送数据时，SCLDEL 计数器启动；如图 12.7（b）所示，对于数据保持时间，在发送的情况下，如果 I2C_TxDR 中已经有数据，则在 SDADEL 延迟后在 SDA 输出上发送数据。

（1）当内部检测到 SCL 下降沿时，在发送 SDA 输出之前会插入一个延迟。该延迟为

$$t_{SDADEL} = \text{SDADEL} \times t_{PRESC} + t_{I2CCLK}$$

式中

$$t_{PRESC} = (\text{PRESC} + 1) \times t_{I2CCLK}$$

t_{SDADEL} 影响保持时间 $t_{HD;DAT}$。

总的 SDA 输出延迟为

$$t_{SYNC1} + \{[\text{SDADEL} \times (\text{PRESC} + 1) + 1]\} \times t_{I2CCLK}$$

式中，t_{SYNC1} 持续的时间长度取决于下面的参数。

① SCL 下降斜率。

② 当使能时，模拟滤波器带来的输入延迟，满足下面的条件：

$$t_{AF(min)} < t_{AF} < t_{AF(max)}$$

③ 当使能时，数字滤波器带来的输入延迟，满足下面的条件：

$$t_{DNF} = DNF \times t_{I2CCLK}$$

④ 由于 SCL 同步到 I2CCLK 时钟的延迟（2～3 个 I2CCLK 周期）。

为了对接 SCL 下降沿未定义的区域，使用者必须以以下方式对 SDADEL 进行编程：

$$\{t_{f(max)} + t_{HD;DAT(min)} - t_{AF(min)} - [(DNF+3) \times t_{I2CCLK}]\} / (PRESC + 1) \times t_{I2CCLK}]\} \leqslant SDADEL$$

$$SDADEL \leqslant \{t_{HD;DAT(max)} - t_{AF(max)} - [(DNF+4) \times t_{I2CCLK}]\} / \{(PRESC + 1) \times t_{I2CCLK}\}$$

注：仅当使能模拟滤波器时，$t_{AF(min)} / t_{AF(max)}$ 才是等式的一部分。

对 SM、FM 和 FM+来说，最大的 $t_{HD;DAT}$ 可以是 3.45μs、0.9μs 和 0.45μs，但是必须小于跳变时间的最大 $t_{VD;DAT}$。如果器件没有延长 SCL 信号的低电平周期（t_{LOW}），则必须满足该最大值。如果时钟延迟了 SCL，则在释放时钟之前，数据必须在建立时间之前有效。

SDA 上升沿通常是最坏的情况，因此在这种情况下，上式变为

$$SDADEL \leqslant \{t_{VD;DAT(max)} - t_{r(max)} - 260ns - [(DNF+4) \times t_{I2CCLK}]\} / \{(PRESC + 1) \times t_{I2CCLK}\}$$

注：当 NOSTRETCH=0 时，可能会和该条件冲突，因此器件会根据 SCLDEL 的值将 SCLl 拉低以保证建立时间。

（2）在 t_{SDADEL} 延迟之后，或者在发送 SDA 输出以防止从设备由于数据尚未写入 I2C_TxDR 寄存器而不得不延长时钟的时间之后，在建立期间 SCL 线保持低电平。该建立时间为

$$t_{SCLDEL} = (SCLDEL+1) \times t_{PRESC}$$

式中，$t_{PRESC} = (PRESC+1) \times t_{I2CCLK}$。

t_{SCLDEL} 影响建立时间 $t_{SU;DAT}$。

为了对接 SDA 跳变未定义区域（上升沿通常是最坏的情况），使用者必须以下面的方式对 SCLDEL 进行编程：

$$\{[t_{r(max)} + t_{SU;DAT(min)}] / [(PRESC + 1) \times t_{I2CCLK}]\} - 1 \leqslant SDADEL$$

应用程序中将使用 SDA 和 SCL 跳变时间。使用标准中的最大值将增加 SDADEL 和 SCLDEL 计算的约束，但无论应用如何，都应该确保该功能。

12.2.3　I2C 主设备时钟

I2C 主设备时钟生成和同步如图 12.8 所示。I2C 主时钟的低电平和高电平持续时间由 I2C 时序寄存器中的软件配置。

从图 12.8 中可知，在检测到 SCL 信号的跳变沿后，启动 SCL 低电平和高电平计数器。这样即可实现允许在多个主设备环境中支持主设备时钟同步机制以及从设备时钟延长功能。

主时钟周期为

$$t_{SCL} = t_{SYNC1} + t_{SYNC2} + \{[(SCLH+1)+(SCLL+1)] \times (PRESC + 1) \times t_{I2CCLK}\}$$

因此，总的 SCL 周期大于计数器的和。这与由于 SCL 线边沿的内部检测而增加的延迟有关。这些延迟，t_{SYNC1} 和 t_{SYNC2} 取决于 SCL 下降沿/上升沿、滤波器（包括模拟滤波器和数字滤波器）引起的输入延迟以及内部 SCL 与 I2C 时钟同步引起的延迟。

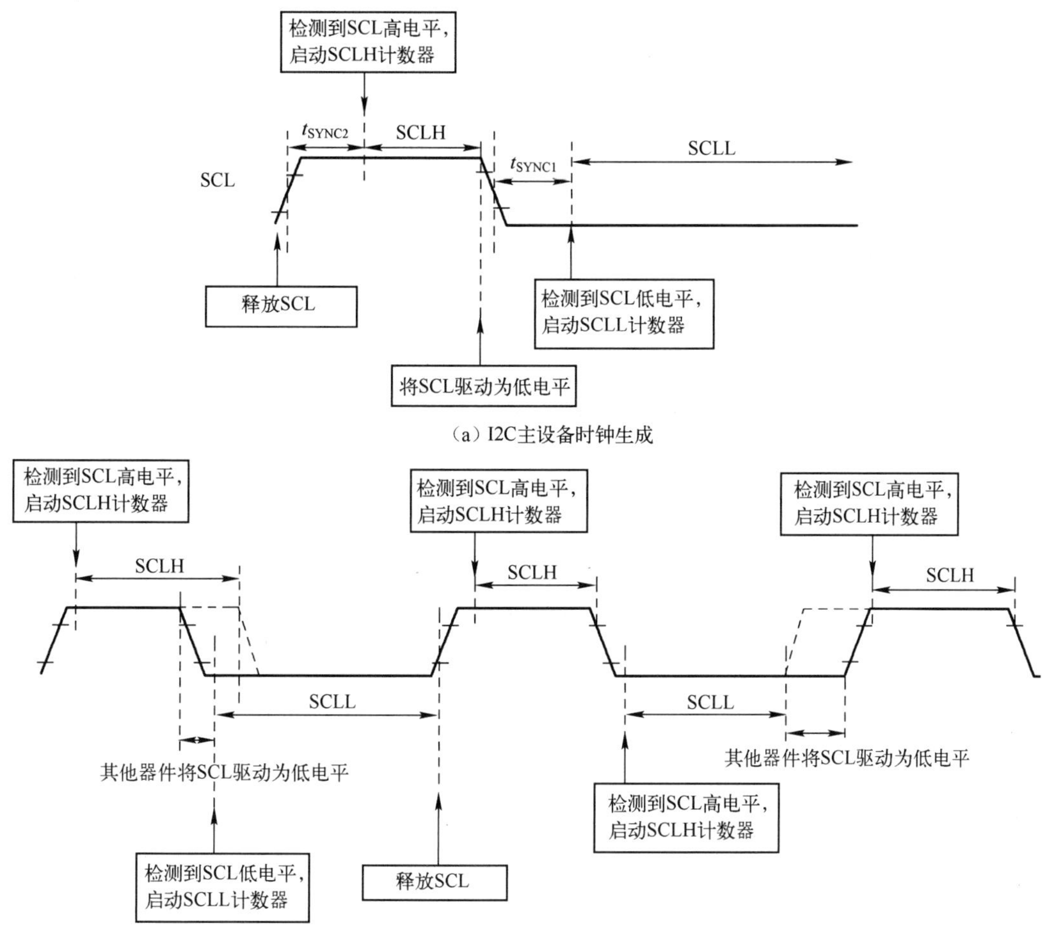

（a）I2C主设备时钟生成

（b）I2C主设备时钟同步

图 12.8　I2C 主设备时钟生成和同步

上升沿取决于上拉电阻和 SCL 线的电容。下降沿取决于数据手册中所定义的 I/O 端口参数。为了正确配置时钟速度，可以测量或计算这些边沿。为了在 STM32CubeMX 工具中正确配置 I2C 外设，就需要这些参数，然后在该工具中可以自动计算时序寄存器的设置。

12.2.4　从设备寻址模式

为了工作在从模式，使用者必须至少使能一个从设备地址。两个寄存器 I2C_OAR1 和 I2C_OAR2 可用于编程从设备自己的地址 OA1 和 OA2。

（1）通过设置 I2C_OAR1 寄存器中的 OA1MODE 位，OA1 可以配置为 7 位模式（默认）或 10 位寻址模式。通过设置 I2C_OAR1 寄存器中的 OA1EN 位来使能 OA1。

（2）如果需要额外的从设备地址，则可以配置第二个从设备地址 OA2。通过配置 I2C_OAR2 寄存器中的 OA2MSK[2:0]字段，最多可以屏蔽 7 个 OA2 LSB，OA2MSK[2:0]与地址匹配条件之间的关系如表 12.8 所示。因此，对于 1～6 配置的 OA2MSK，只有 OA2[7:2]、OA[7:3]、OA2[7:4]、OA2[7:5]、OA2[7:6]或 OA2[7]与收到的地址进行比较。一旦 OA2MSK 不等于 0，OA2 的地址比较器就会排除未确认的 I2C 保留地址（0000XXX 和 1111XXX）。如果 OA2MSK=7，则会接收所有收到的 7 位地址（保留地址除外）。OA2 始终是一个 7 位地址。

表 12.8　OA2MSK[2:0]与地址匹配条件之间的关系

OA2MSK[2:0]	地址匹配条件
000	地址[7:1]=OA[7:1]
001	地址[7:2]=OA[7:2]（不考虑地址[1]）
010	地址[7:3]=OA[7:3]（不考虑地址[1:0]）
011	地址[7:4]=OA[7:4]（不考虑地址[2:0]）
100	地址[7:5]=OA[7:5]（不考虑地址[3:0]）
101	地址[7:6]=OA[7:6]（不考虑地址[4:0]）
110	地址[7]=OA[7]（不考虑地址[5:0]）
111	确认除保留地址以外的其他所有地址

如果这些保留位是通过特定的使能位使能的，并且它们是在 I2C_OAR1 或 I2C_OAR2 寄存器中通过 OA2MSK=0 编程的，则可以对其进行确认。通过在 I2C_OAR2 寄存器中的 OA2EN 位来使能 OA2。

（3）通过设置 I2C_CR1 寄存器中的 GCEN 位来使能广播呼叫地址。当 I2C 被它其中的一个使能地址选择，并且设置 ADDR 中断状态标志，以及设置 ADDRIE 位时，产生中断。

12.2.5　从停止模式唤醒

当地址匹配/不匹配时的唤醒情况如图 12.9 所示。I2C 外设支持在地址匹配时从停止模式唤醒。为此，必须将 I2C 外设时钟设置为 HSI16 振荡器。当使能从停止模式唤醒时，仅支持模拟噪声滤波器。I2C 支持所有的寻址模式。

当器件处于停止模式时，关闭内部的高速振荡器。当检测到启动条件时，I2C 设备使能内部高速振荡器，该振荡器用于接收总线上的地址。

在停止模式下接收到地址后，如果地址与编程的从设备地址相匹配，则会产生唤醒中断，如图 12.9（a）所示。如果地址不匹配，则会关闭内部高速振荡器，不产生中断，器件保持停止模式，如图 12.9（b）所示。

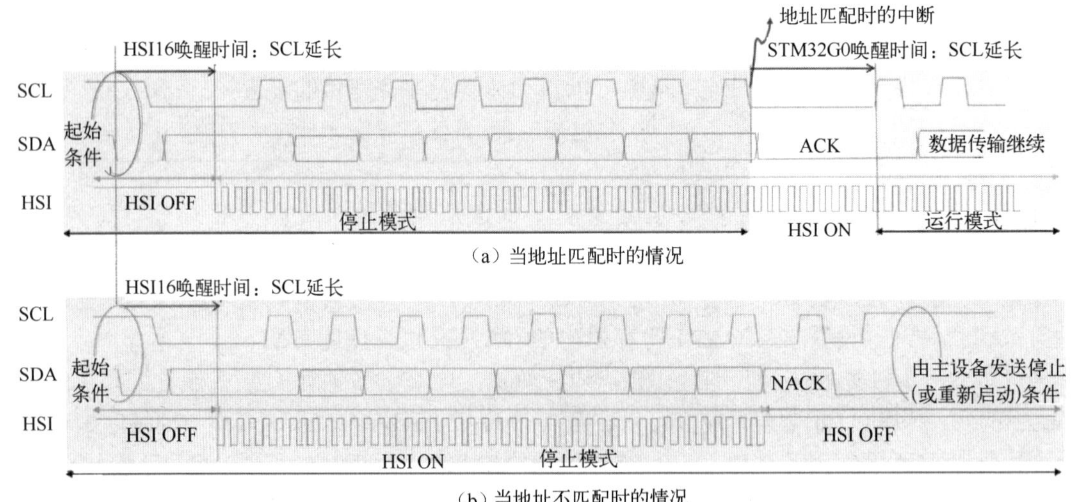

图 12.9　当地址匹配/不匹配时的唤醒情况

必须使能时钟延长，因为 I2C 外设在启动条件之后将时钟线为低电平的时间延长，直至启动内部高速振荡器。在收到与编程的从设备地址匹配的地址后，I2C 外设还将时钟线为低电平的时间延长，直至唤醒 STM32G0 器件。

12.2.6　数据传输的处理

通过发送/接收数据寄存器和移位寄存器，管理数据传输。

1．接收数据

如图 12.10 所示，SDA 输入填充寄存器。在第 8 个 SCL 脉冲之后（当接收到完整的数据字节时），如果接收寄存器 I2C_RxDR 寄存器为空（RxNE=0），则将移位寄存器的内容复制到 I2C_RxDR 寄存器中。如果 RxNE=1，则表示目前尚未读取前面接收到的数据，拉低 SCL 线，直到读取 I2C_RxDR 寄存器为止。在第 8 个和第 9 个 SCL 脉冲之间，插入延长（在 ACK 脉冲之前）。

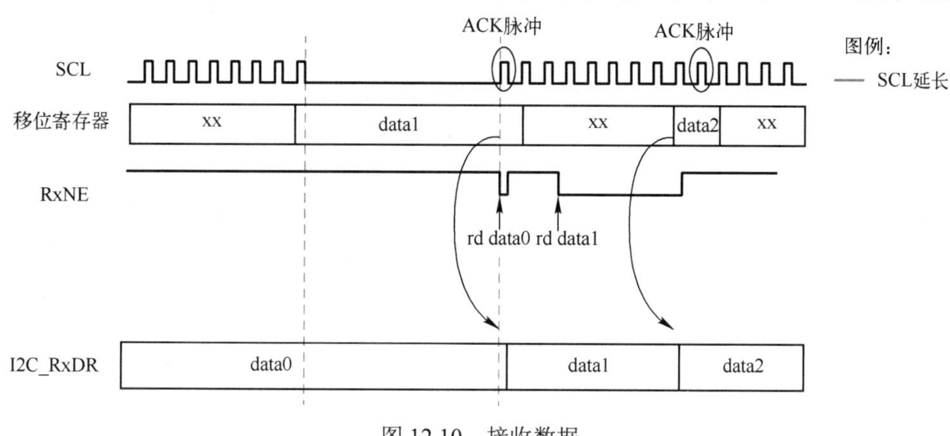

图 12.10　接收数据

2．发送数据

如图 12.11 所示，如果 I2C_TxDR 寄存器不为空（TxE=0），则在第 9 个 SCL 脉冲（ACK 脉冲）之后，将 I2C_TxDR 寄存器的内容复制到移位寄存器中，然后移位寄存器的内容在 SDA 线上移出。如果 TxE=1，则意味着 I2C_TxDR 寄存器中还没有数据写入，延长 SCL 线拉低的时间直到有数据写入 I2C_TxDR 寄存器为止。在第 9 个脉冲之后，完成延长。

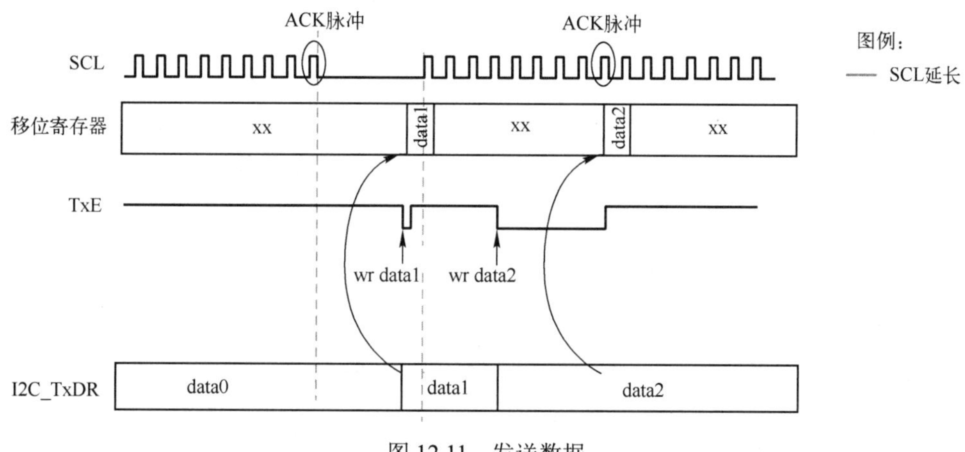

图 12.11　发送数据

3．硬件传输管理

I2C 在硬件中嵌入了一个字节计数器，以管理字节传输并关闭各种模式下的通信。

（1）在主模式下的 NACK、STOP 和 RESTART 的生成。

（2）在从设备接收器模式下的 ACK 控制。

（3）当支持 SMBus 功能时的 PEC 生成和检查。

在主模式中始终使用字节计数器，默认在从模式下禁止使用字节计数器，但是可以通过软件设置 I2C_CR2 寄存器中的从设备字节控制（Slave Byte Control，SBC）位来使能它。

要传输的字节数在 I2C_CR2 寄存器中的 NBYTES[7:0]字段中编程。如果要传输的字节数（NBYTES）大于 255，或者接收器想要控制接收到的数据字节的确认值，则必须通过在 I2C_CR2 寄存器中设置 RELOAD 位来选择重加载模式。在这种模式下，当传输了 NBYTES 中编程的字节数时，设置 TCR 标志，并且如果设置了 TCIE，则产生中断。只要设置了 TCR 标志，就将要延长 SCL。当给 NBYTES 写入非零值时，软件将清除 TCR 标志。当字数计数器重新加载最后一个字节数时，必须清除 RELOAD 位。

在主模式下，当 RELOAD=0 时，字数计数器可用于以下两种模式。

（1）自动结束模式（I2C_CR2 寄存器中的 AUTOEND=1）。在该模式下，一旦传输了 NBYTES[7:0]字段中编程的字节数，主设备将自动发送停止条件。

（2）软件结束模式（I2C_CR2 寄存器中的 AUTOEND=0）。在该模式下，一旦传输了 NBYTES[7:0]字段中编程的字节数，就期望软件的行为。如果设置了 TCIE 位，则设置 TC 标志并产生中断。只要设置了 TC 标志，就会延长 SCL。当设置 I2C_CR2 寄存器中的 START 或 STOP 位时，由软件将 TC 标志清零。当主设备想要发送 RESTART 条件时，必须使用该模式。

12.2.7 从模式

默认从设备使用它的时钟延长功能，这意味着它在需要时延长低电平时的 SCL，以便执行软件操作。如果主设备不支持时钟延长，则在 I2C_CR1 寄存器中将 I2C 配置为 NOSTRETCH=1。

在收到 ADDR 中断后，如果使能了多个地址，则使用者必须在 I2C_ISR 寄存器中读取 ADDCODE[6:0]字段，以检查匹配的地址。此外，还必须检查 DIR 标志以便知道传输方向。

1．从设备时间延长（NOSTRETCH=0）

在默认模式下，I2C 从设备在以下情况下延长 SCL 时钟。

（1）当设置 ADDR 标志时，接收到的地址与使能的从设备地址之一匹配。当通过软件设置 ADDRCF 位清除 ADDR 标志时，释放该延长。

（2）在发送时，如果之前的数据传输完成并且没新的数据写入 I2C_TxDR 寄存器，或者当清除 ADDR 标志（TxE=1）时没有写入第一个数据字节。当数据写入 I2C_TxDR 寄存器时，释放该延长。

（3）在从字节控制（Slave Byte Control，SBC）模式下，当 TCR=1 时，重加载模式（SBC=1 和 RELOAD=1），这意味着已经传输最后一个数据字节。当通过在 NBYTES[7:0]字段中写入一个非零值来清除 TCR 标志时，将释放该延长。

（4）在检测到 SCL 下降沿后，I2C 在下面的时间内将 SCL 拉低

$$[(\text{SDADEL}+\text{SCLDEL}+1)\times(\text{PRESC}+1)\times t_{\text{I2CCLK}}]$$

2．从设备没有时间延长（NOSTRETCH=1）

当 I2C_CR1 寄存器中的 NOSTRETCH=1 时，I2C 从设备不会延长 SCL 信号。

（1）当设置 ADDR 标志时，不会延长 SCL 时钟。

（2）在发送时，数据必须在与其传输对应的第一个 SCL 脉冲发生之前写入 I2C_TxDR 寄存器。如果不是，则发生欠载，在 I2C_ISR 寄存器中设置 OVR 标志，如果在 I2C_CR1 寄存器中设置 ERRIE 位，则会产生中断。当开始第一次数据传输并且仍然设置 STOPF 标志（尚未清除）时，也会设置 OVR 标志。因此，如果用户只有在写入下一次传输中要传输的第一个数据后才清除前一次传输的 STOPF 标志，则要确保提供 OVR 状态，即使是第一个要传输的数据。

（3）在接收时，必须在下一个数据字节的第 9 个 SCL 脉冲（ACK 脉冲）出现之前从 I2C_RxDR 寄存器中读取数据。如果没有发生溢出，则设置 I2C_ISR 寄存器中的 OVR 标志，如果在 I2C_CR1 寄存器中设置 ERRIE 位，则会产生中断。

3．从设备字节控制模式

为了在从设备接收模式下允许字节 ACK 控制，必须通过设置 I2C_CR1 寄存器中的 SBC 位来使能从设备字节控制模式。这需要符合 SMBus 标准。

必须选择重加载模式，以便在从设备接收模式（RELOAD=1）中允许字节 ACK 控制。为了获得每个字节的控制权，必须在 ADDR 中断子程序中将 NBYTES 初始化为 0x1，并且在每个接收到的字节后重新加载为 0x1。当接收到字节时，设置 TCR 位，在第 8 个和第 9 个 SCL 脉冲之间拉低 SCL 信号。使用者可以从 I2C_RxDR 寄存器中读取数据，然后通过配置 I2C_CR2 寄存器中的 ACK 位来决定是否确认。通过将 NBYTES 编程为非零值来释放 SCL 延长：发送确认或非确认，并且可以接收下一个字节。

NBYTES 可以加载大于 0x1 的值，在这种情况下，NBYTES 数据接收期间接收流是连续的。

注：当禁止 I2C，或者未寻址从设备，或者当 ADDR=1 时，必须配置 SBC 位。

当 ADDR=1 或 TCR=1 时，可以更改 RELOAD 位的值。

注：从设备字节控制模式与 MOSTRETCH 模式不兼容，不允许在 NOSTRETCH=1 时设置 SBC。

12.2.8　对 SMBus 的支持

系统管理总线（System Management Bus，SMBus）是一种两线接口，各种设备可以通过它互相通信以及与系统的其余部分进行通信。它基于 I2C 工作原理。SMBus 为系统和电源管理相关任务提供控制总线。该外设与 SMBus 规范兼容。

SMBus 规范涉及三种类型的设备。

（1）从设备是接收或者响应命令的设备。

（2）主设备是发出命令、生成时钟和停止传输的设备。

（3）主机是专门的主设备，为系统的 CPU 提供主接口。主机必须是主-从，并且支持 SMBus 主机通知协议。一个系统中止允许一台主机。

该外设可以配置为主设备或从设备，也可以配置为主机。

1．总线协议

对于任何给定的设备，有 11 种可能的命令协议。设备可以使用 11 种协议中的任何一种或全部进行通信。这些协议是快速命令、发送字节、接收字节、写字节、写字、读字节、读字、进程调用、块读、块写和块写块读进程调用。这些协议由使用者软件实现。

2．地址解析协议

SMBus 从设备地址冲突可以通过为每个从设备动态分配一个新的唯一地址来解决。为了提供一种机制来隔离每个设备以进行地址分配，每个设备继续实现唯一的设备标识符（unique device identifier，UDID）。这个 128 位数字由软件实现。

该外设支持地址解析协议（Address Resolution Protocol，ARP）。通过设置 I2C_CR1 寄存器中的 SMBDEN 位来使能 SMBus 设备默认地址（0b1100001）。ARP 命令应由使用者软件实现。

在从模式下也执行仲裁以支持 ARP。

3．数据包错误检查

SMBus 规范中引入了数据包错误检查机制，以提高可靠性和通信的稳健性。数据包错误检查时通过在每个消息传输的末尾附加一个包错误码（Packet Error Checking，PEC）来实现。PEC 是通过对所有消息字节（包括地址和读/写位）使用 $C(8)=x^8+x^2+x+1$ 的 CRC-8 多项式来计算的。

外设嵌入了硬件 PEC 计算器，并且允许在接收到的字节与硬件计算的 PEC 不匹配时自动发送非确认。

12.2.9　中断和 DMA

I2C 中断请求如表 12.9 所示。

表 12.9　I2C 中断请求

<table>
<tr><th colspan="2">中断缩写</th><th>中断事件</th><th>事件标志</th><th>使能控制位</th><th>清除中断的方法</th><th>从休眠模式退出</th><th>从停止模式退出</th><th>从待机模式退出</th></tr>
<tr><td rowspan="13">I2C</td><td rowspan="7">I2C_EV</td><td>接收缓冲区非空</td><td>RxNE</td><td>RxIE</td><td>读 I2C_RxDR 寄存器</td><td rowspan="7">是</td><td rowspan="5">否</td><td rowspan="7">否</td></tr>
<tr><td>发送缓冲区中断状态</td><td>TxIS</td><td>TxIE</td><td>写 I2C_TxDR 寄存器</td></tr>
<tr><td>停止检测中断标志</td><td>STOPF</td><td>STOPIE</td><td>写 STOPCF=1</td></tr>
<tr><td>传输完成重加载</td><td>TCR</td><td rowspan="2">TCIE</td><td>用 NBYTE[7:0]≠0 写 I2C_CR2</td></tr>
<tr><td>传输完成</td><td>TC</td><td>写入 START=1 或 STOP=1</td></tr>
<tr><td>地址匹配</td><td>ADDR</td><td>ADDRIE</td><td>写入 ADDRCF=1</td><td>是</td></tr>
<tr><td>接收到 NACK</td><td>NACKF</td><td>NACKIE</td><td>写入 NACKCF=1</td><td>否</td></tr>
<tr><td rowspan="6">I2C_ER</td><td>总线错误</td><td>BERR</td><td rowspan="6">ERRIE</td><td>写入 BERRCF=1</td><td rowspan="6">是</td><td rowspan="6">否</td><td rowspan="6">否</td></tr>
<tr><td>仲裁丢失</td><td>ARLO</td><td>写入 ARLOCF=1</td></tr>
<tr><td>过载/欠载</td><td>OVR</td><td>写入 OVRCF=1</td></tr>
<tr><td>PEC 错误</td><td>PECERR</td><td>写入 PECERRCF=1</td></tr>
<tr><td>超时/t_{LOW} 错误</td><td>TIMEOUT</td><td>写入 TIMEOUTCF=1</td></tr>
<tr><td>SMBus 报警</td><td>ALERT</td><td>写入 ALERTCF=1</td></tr>
</table>

从表 12.9 中可知，下面几个事件可以触发中断。

（1）当接收缓冲区包含接收到的数据并准备好读取数据时，设置接收缓冲区非空标志。当发送缓冲区为空并准备写入时，设置发送缓冲区中断状态。当在总线上检测到停止条件时，设置停止检测标志。

（2）当设置 RELOAD 位并且已经传输了 NBYTES 中规定的字节数据时，设置传输完成重加载标志。

（3）当清除 RELOAD 和 AUTOEND 位并且已经传输了 NBYTES 中规定的字节数据时，设置传输完成标志。

（4）当接收到的从设备地址与使能的从设备地址之一匹配时，设置地址匹配标志。

（5）当在发送一个字节之后收到不确认（NACK）时，设置 NACK 接收标志。

当设置接收缓冲区非空或发送缓冲区为空标志时，产生 DMA 请求。

从表 12.9 中可知，可以生成多个错误标志。

（1）当检测到错误设置的启动或停止条件时，设置总线错误检测标志；当丢失仲裁时，设置仲裁丢失标志；当检测到过载/欠载错误时，在从模式且禁止时钟延长的情况下，设置过载/欠载错误标志。

（2）在 SMBus 模式下，当接收到的 PEC 与计算出的 PEC 寄存器内容不匹配时，设置 PEC 错误标志；当检测到超时或扩展的时钟超时时，设置超时错误标志；当使能警报并且在 SMBA 引脚上检测到下降沿时，在 SMBus 主机配置中设置警报引脚检测标志。

12.2.10　低功耗模式

低功耗模式对 I2C 的影响如表 12.10 所示。

表 12.10　低功耗模式对 I2C 的影响

模式	功能
休眠	没有影响。I2C 中断会导致器件退出休眠模式
停止	保留 I2C 寄存器的内容。如果 WUPEN=1 并且 I2C 由内部振荡器（HSI16）提供时钟，则地址识别有效。I2C 地址匹配条件导致器件退出停止模式。如果 WUPEN=0，则在进入停止模式之前必须禁止 I2C
待机	I2C 外设断电，退出待机模式后必须重新初始化

12.3　OLED 显示模块的原理

本节介绍 0.96 寸（1 寸=2.54 厘米）有机发光半导体（organic electroluminescence display，OLED）的原理。OLED 是一种利用多层有机薄膜结构产生电致发光的器件，它容易制造，并且只需要低的驱动电压。OLED 显示屏比 LCD 轻薄、亮度高、功耗低、响应快、清晰度高、柔性好、发光效率高。

12.3.1　OLED 的性能和参数

在该设计中，使用带 I2C/SPI 接口的 0.96 寸 OLED 显示模块，其外观如图 12.12 所示。0.96 寸 OLED 的参数如下。

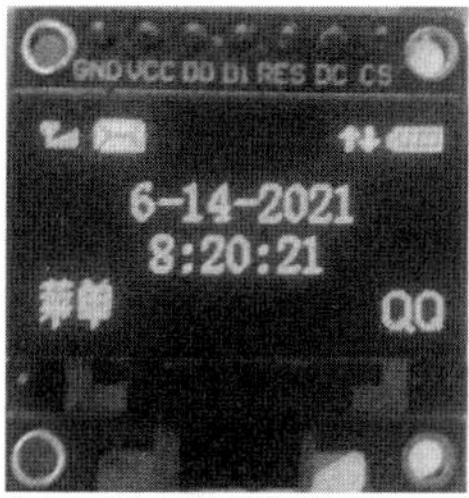

图 12.12　0.96 寸 OLED 显示模块的外观

1．显示规范

（1）显示方式：无源矩阵。

（2）显示颜色：单色（蓝色）。

（3）驱动占空：1/64 占空。

2．机械规范

（1）具体尺寸可参考该模块配套的产品规范。

（2）像素个数：128×64。

（3）面板尺寸：26.70mm×19.26mm×1.4mm。

（4）有效面积：21.744mm×10.864mm。

（5）像素间距：0.17mm×0.17mm。

（6）像素大小：0.154mm×0.154mm。

（7）质量：1.54g。

3．活动区域/存储器映射和像素构建

该 OLED 的活动区域以及像素的映射关系如图 12.13 所示。

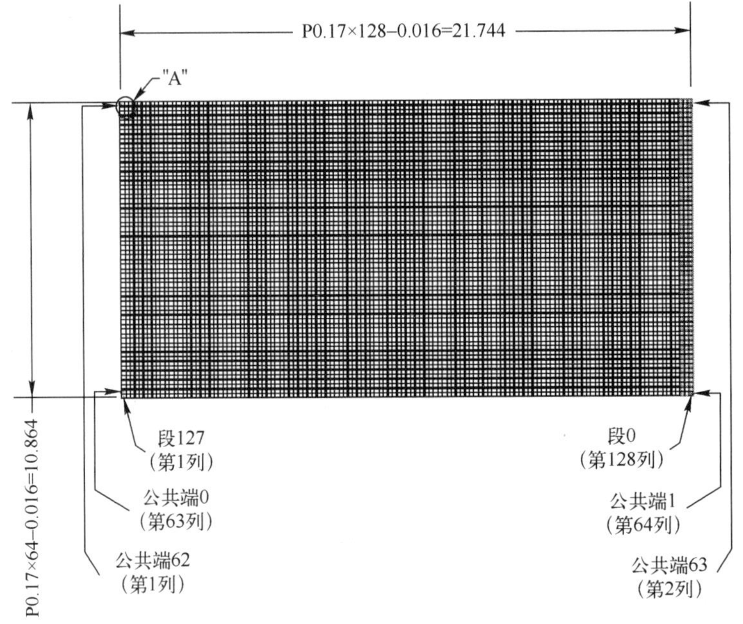

图 12.13　OLED 的活动区域以及像素的映射关系

12.3.2　OLED 模块的电路

0.96 寸 OLED 显示模块的电路原理如图 12.14 所示。在该显示模块中，采用了 SSD1306 主控芯片。

SSD1306 是一款带控制器的单芯片 CMOS OLED/PLED 驱动器，用于有机/聚合物发光二极管点阵图形显示系统。它由 128 个端和 64 个公共端组成。此 IC 专为共阴极 OLED 面板设计。

SSD1306 内嵌对比度控制、显示 RAM 和振荡器，减少了外部元件的数量和功耗。它具有 256 级亮度控制。数据/命令通过硬件可选的 6800/8000 系列兼容并行接口、I2C 接口或串行外设接口从通用 MCU 发送。

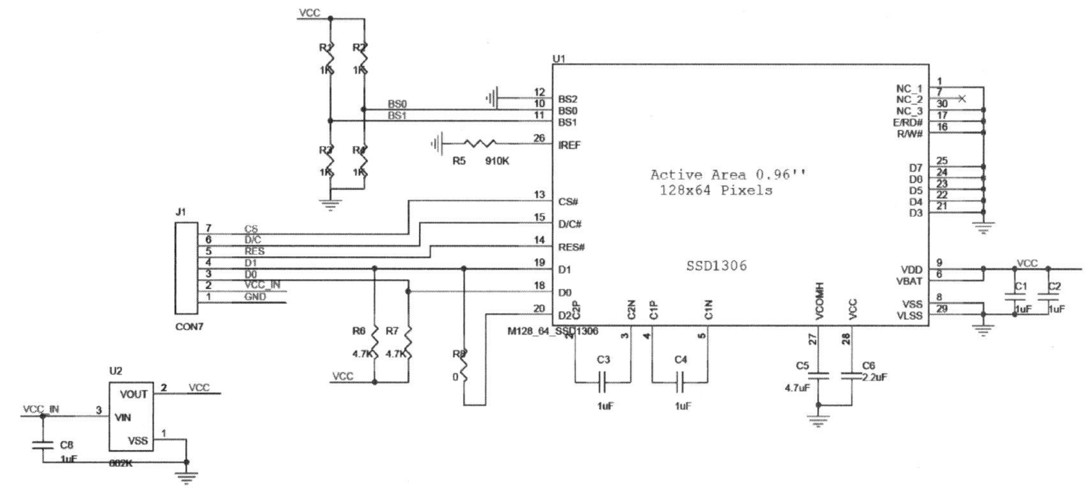

图 12.14　0.96 寸 OLED 显示模块的电路原理（仿真）

该模块提供了 7 针接口，用户可以选择 I2C 接口或 SPI 接口，接口模式由 BS0、BS1 和 BS2 引脚设置，如表 12.11 所示。

表 12.11　接口模式的设置（仅列出当前模块支持的模式）

BS2	BS1	BS0	接口模式
0	1	0	I2C 接口
0	0	0	4 线串行接口
0	0	1	3 线串行接口

根据表 12.11 给出的模式进行设置。

（1）当使用 4 线 SPI 接口时，焊接电阻 R3、R4。

（2）当使用 3 线 SPI 接口时，焊接电阻 R2、R3。

（3）当使用 I2C 接口时，焊接电阻 R1、R4。

> **注**：（1）当使用 I2C 接口时，需要焊接电阻 R8、R6 和 R7。
> （2）7 针接口上的引脚 VCC_IN 连接到开发板上的 3.3V 电源。

当设置为 I2C 接口时，连接器 CON7 上的引脚定义如表 12.12 所示。

表 12.12　连接器 CON7 上的引脚定义（I2C 接口模式）

引脚号	引脚名字	引脚功能
1	GND	地引脚，通过开发板上的连接器与地连接在一起
2	VCC_IN	供电电源引脚，通过开发板上的连接器与 3.3V 电源连接在一起
3	D0	对应于 I2C 接口的 SCL 信号
4	D1	对应于 I2C 接口的 SDA 信号
5	RES	该引脚为复位信号输入
6	D/C	在 I2C 模式下，该引脚作为从设备地址选择的 SA0
7	CS	该引脚是片选输入，只有当 CS 拉低时，才会使能芯片的 MCU 通信

I2C 接口由从设备地址位（SA0 位）、I2C 总线数据信号 SDA（SDAOUT/D2 为输出，SDAIN/D1 为输入）和 I2C 总线时钟信号 SCL（D0）组成。数据和时钟信号都必须连接上拉电阻。RES 信号用于设备的初始化。

（1）从设备地址位（SA0 位）。

SSD1306 在通过 I2C 总线传输或接收任何信息之前必须识别从设备地址。设备将相应从设备地址位（SA0 位）和读/写选择位（R/W#位）之后的从设备地址进行设置，字节格式如表 12.13 所示。

表 12.13　字节格式

位数	b7	b6	b5	b4	b3	b2	b1	b0
值	0	1	1	1	1	0	SA0	R/W#

从表 12.13 中可知，SA0 位为从设备地址提供扩展位。SSD1306 的从设备地址可以选择 0111100 或 0111101。D/C 引脚用作从设备地址选择的 SA0。R/W#位用于确定 I2C 总线接口的操作模式。当 R/W#=1 时，处于读模式；当 R/W#=0 时，处于写模式。

（2）I2C 总线数据信号（SDA）。

SDA 充当发送器和接收器之间的通信信道。数据和确认信息通过 SDA 发送。需要注意的是，ITO 走线阻抗和 SDA 引脚上的上拉电阻构成一个分压器。因此，确认不可能在 SDA 中获得有效的逻辑 0 电平。

在 OLED 模块中，将 SDAIN 和 SDAOUT 引脚绑定在一起作为 SDA。SDAIN 引脚必须连接以用作 SDA。SDAOUT 引脚可以断开。当 SDAOUT 引脚断开时，将忽略 I2C 总线中的确认信号。

（3）I2C 总线时钟信号（SCL）。

I2C 总线中的信息传输遵循时钟信号 SCL。每个数据位的传输发生在 SCL 的单个时钟周期内。

12.3.3　I2C 总线写数据

I2C 总线接口允许将数据和命令写入设备。I2C 总线的写模式按照时间顺序排列，I2C 总线写数据格式如图 12.15 所示。

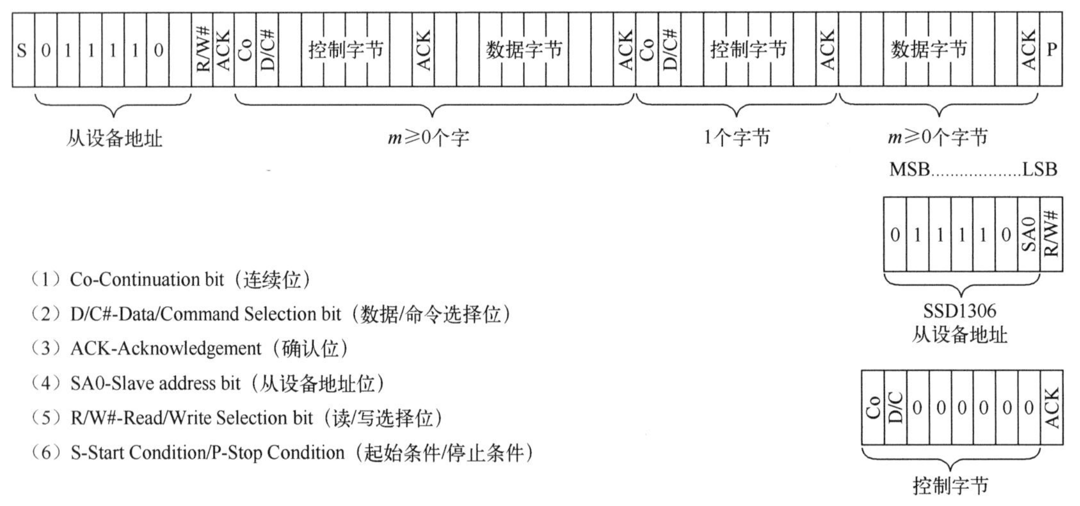

图 12.15　I2C 总线写数据格式

12.3.4　I2C 的写模式

（1）主设备通过一个启动条件初始化数据通信。启动条件和停止条件的定义如图 12.16 所示。通过将 SDA 从高电平拉到低电平而 SCL 保持高电平来建立启动条件。

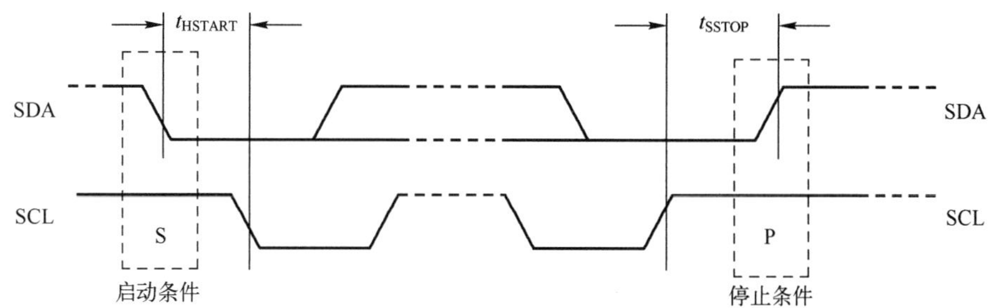

图 12.16　启动条件和停止条件的定义

（2）从设备地址跟随起始条件用于识别。对 SSD1306 而言，通过将 SA0 更改为低/高电平（D/C 引脚充当 SA0），从设备地址为 b0111100 或 b0111101。

（3）通过将 R/W#位设置为逻辑 0 来建立写模式。

（4）接收到一个字节的数据后会产生一个确认信号，包括从设备地址和 R/W#位。确认条件的定义如图 12.17 所示。确认位（ACK）定义为在确认相关时钟脉冲的高电平期间将 SDA 线拉低。

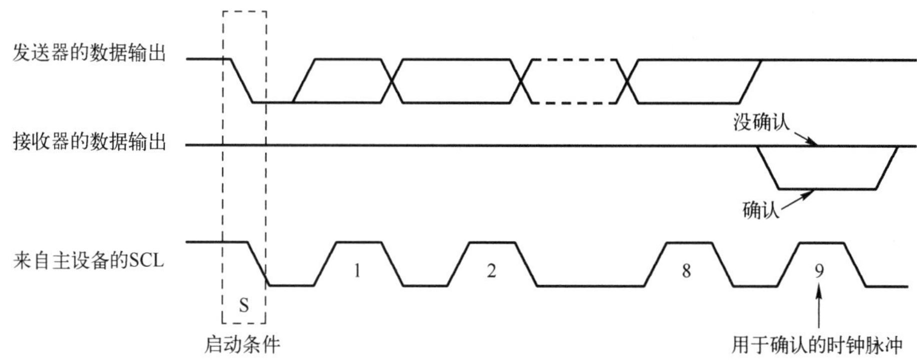

图 12.17　确认条件的定义

（5）在传输从设备地址后，可以通过 SDA 线发送控制字节或数据字节。一个控制字节主要由 Co 和 D/C#位构成，后面跟着六个 0。

① 如果将 Co 位设置为逻辑 0，则随后的信息传输将仅包含数据字节。

② D/C#位决定下一个数据字节是作为命令还是数据。如果将 D/C#位设置为逻辑 0，则随后的数据字节定义为命令；如果将 D/C#位设置为逻辑 1，则将随后的数据字节定义为将保存在 GDDRAM（图形显示数据 RAM）中的数据。

当每次写入数据后，GDDRAM 列地址指针会自动加 1。

（6）当接收到每个控制字节或数据字节后会产生确认位。

（7）当应用停止条件时，将结束写入模式。在图 12.16 中定义了停止条件。在 SCL 保持高电平时，将 SDA 信号从低电平拉到高电平将建立停止条件。

12.3.5　I2C 的数据位传输

需要注意，数据位的传输有一些限制。

（1）在每个 SCL 脉冲期间，传输的数据位必须在时钟脉冲的“高”周期内保持稳定状态，如图 12.18 所示。除了在启动条件或停止条件下，只有在 SCL 为低电平时才能切换数据线。

（2）SDA 和 SCL 都要通过外部电阻上拉。

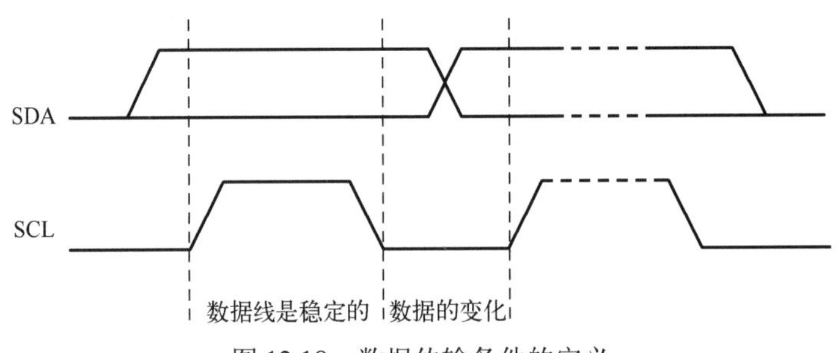

图 12.18　数据传输条件的定义

12.3.6　图形显示数据 RAM

图形显示数据 RAM（Graphic Display Data RAM，GDDRAM）是位映射静态 RAM，它保存着要显示的位图案。GDDRAM 的容量为 128×64 位，将其分为 8 页，从 PAGE0 到 PAGE7，适用于单色 128×64 位点阵显示，其结构如图 12.19 所示。

		Row re-mapping（行重映射）
PAGE0 (COM0~COM7)	PAGE0	PAGE0 (COM63~COM56)
PAGE1 (COM8~COM15)	PAGE1	PAGE1 (COM55~COM48)
PAGE2 (COM16~COM23)	PAGE2	PAGE2 (COM47~COM40)
PAGE3 (COM24~COM31)	PAGE3	PAGE3 (COM39~COM32)
PAGE4 (COM32~COM39)	PAGE4	PAGE4 (COM31~COM24)
PAGE5 (COM40~COM47)	PAGE5	PAGE5 (COM23~COM16)
PAGE6 (COM48~COM55)	PAGE6	PAGE6 (COM15~COM8)
PAGE7 (COM56~COM63)	PAGE7	PAGE7 (COM7~COM0)
	SEG0 -------------------- SEG127	
Column re-mapping（列重映射）	SEG127 -------------------- SEG0	

图 12.19　GDDRAM 的结构

当把一个数据字节写入 GDDRAM 时，将当前列的同一页的所有行图像数据填满，即填满列地址指针指向的整列(8 位)。数据位 D0 写入最上面一行，而数据位 D7 写入最下面一行，GDDRAM 的扩大如图 12.20 所示。

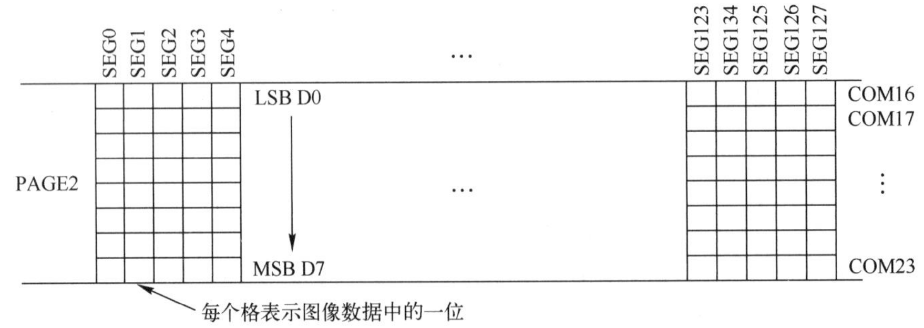

图 12.20　GDDRAM 的扩大（无行重映射和列重映射）

对于机械灵活性，可以通过软件选择对段（SEG）和公共端（COM）输出的重新映射，如图 12.19 所示。

对于显示的垂直移位，可以设置保存显示起始行的内部寄存器来控制要映射到显示的 RAM 数据部分（命令 D3h）。

12.3.7　存储器寻址模式

SSD1306 有三种不同的存储器寻址模式：页寻址模式、水平寻址模式和垂直寻址模式。通过命令可将存储器的寻址模式设置为上述三种模式之一。其中，COL 表示图形显示数据 RAM 列。

1．页寻址模式（A[1:0]=10xb）

在页寻址模式下，当读/写显示 RAM 后，列地址指针自动加 1。如果列地址指针达到了列的结束地址，则列地址指针将复位到列起始指针且页面地址指针不变。用户必须设置新的页面地址和列地址才能访问下一页 RAM 内容。页寻址模式下地址指针的移动如图 12.21 所示。

	COL0	COL1	…	COL126	COL127
PAGE0	→	→	→	→	
PAGE1	→	→	→	→	
⋮	⋮	⋮	⋮	⋮	⋮
PAGE6	→	→	→	→	
PAGE7	→	→	→	→	

图 12.21　页寻址模式下地址指针的移动

在正常显示数据 RAM 读/写和页寻址模式下，需要以下步骤来定义起始 RAM 访问指针的位置。

（1）通过命令 B0h～B7h，设置目标显示位置的页面起始地址。

（2）通过命令 00h～0Fh，设置指针的低位起始列地址。

（3）通过命令 10h～1Fh，设置指针的高位起始列地址。

例如，如果页面地址设置为 B2h，低列地址为 03h，高列地址为 00h，则表示起始列是 PAGE2 的 SEG3。RAM 访问指针的位置如图 12.22 所示。输入数据字节将写到第 3 列的 RAM 位置。

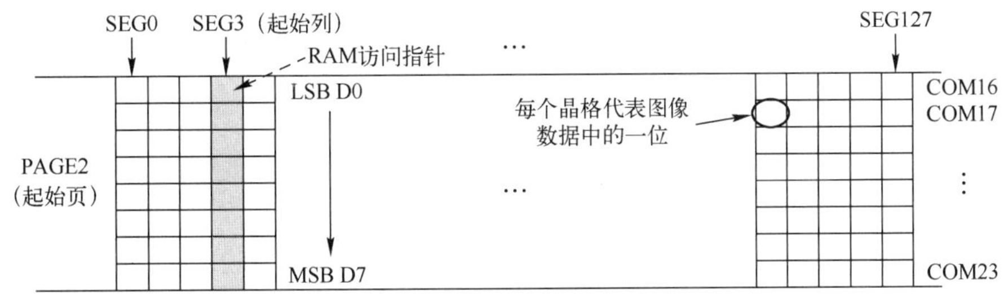

图 12.22　页寻址模式下的 RAM 访问指针的位置（无行重映射和列重映射）

2．水平寻址模式（A[1:0]=00b）

在水平寻址模式下，在读/写显示 RAM 后，列地址指针自动加 1。如果列地址指针到达列结束地址，则列地址指针复位为列起始地址且页面地址指针加 1。水平寻址模式下地址指针的移动如图 12.23 所示。当列地址和页面地址指针都到达结束地址时，将指针复位到列起始地址和页面起始地址，如图 12.23 中的虚线所示。

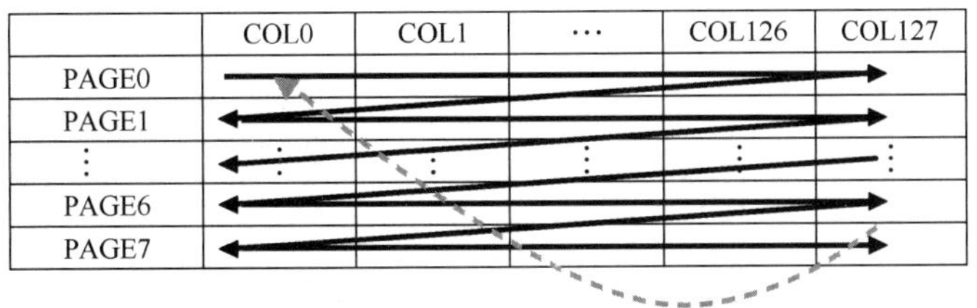

图 12.23　水平寻址模式下地址指针的移动

3．垂直寻址模式（A[1:0]=01b）

在垂直寻址模式下，在读/写显示 RAM 后，页面地址指针自动加 1。如果页面地址指针到达页尾地址，则页面地址指针复位为页面起始地址，列地址指针加 1。垂直寻址模式下地址指针的移动如图 12.24 所示。当列地址指针和页面地址指针都达到结束地址时，将指针复位到列起始地址和页面起始地址，如图 12.24 中的虚线所示。

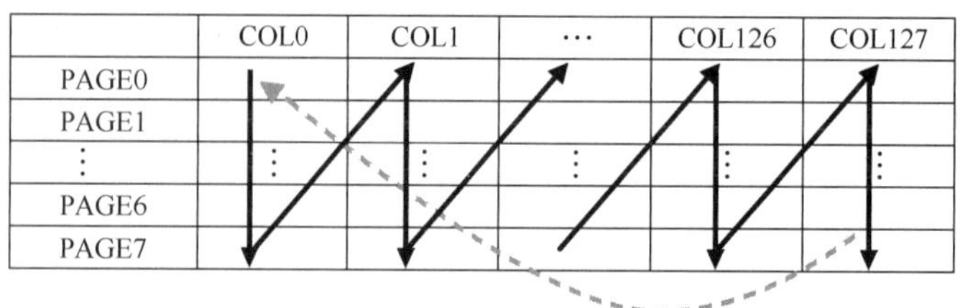

图 12.24　垂直寻址模式下地址指针的移动

在正常显示数据 RAM 读和写以及水平/垂直寻址模式下，需要下面的步骤来定义 RAM 访问指针的位置。

（1）通过命令 21 设置目标显示位置的列起始和结束地址。

（2）通过命令 22 设置目标显示位置的页面起始和结束地址。

12.3.8　OLED 的初始化命令序列

在该设计中，OLED 的初始化命令序列，如代码清单 12.1 所示。

代码清单 12.1　OLED 的初始化命令序列代码

```
Write_IIC_Command(0xAE); //关闭显示（复位）
Write_IIC_Command(0x20); //设置存储器寻址模式为水平寻址模式
Write_IIC_Command(0x10); //为页寻址模式设置较高的列起始地址
Write_IIC_Command(0xb0); //为页寻址模式设置 GDDRAM 页面起始地址
Write_IIC_Command(0xc8); //设置 COM 输出扫描方式，从 COM[N-1]到 COM0
Write_IIC_Command(0x00); //为页寻址模式设置较低的列起始地址
Write_IIC_Command(0x10); //为页寻址模式设置较高的列起始地址
Write_IIC_Command(0x40); //设置显示起始行

Write_IIC_Command(0x81); //设置对比度控制
Write_IIC_Command(0xdf);

Write_IIC_Command(0xa1); //列地址 127 映射到 SEG0
Write_IIC_Command(0xa6); //正常显示

Write_IIC_Command(0xa8); //复用率
Write_IIC_Command(0x3F); //占空比 1/64

Write_IIC_Command(0xa4); //恢复到 RAM 内容显示

Write_IIC_Command(0xd3); //设置显示偏移
Write_IIC_Command(0x00);

Write_IIC_Command(0xd5); //设置显示时钟分频比/振荡器频率
Write_IIC_Command(0xf0);
```

```
Write_IIC_Command(0xd9); //设置预充电周期
Write_IIC_Command(0x22);

Write_IIC_Command(0xda); //设置 COM 引脚硬件配置
Write_IIC_Command(0x12);

Write_IIC_Command(0xdb); //设置 VCOMH 反压值
Write_IIC_Command(0x20);

Write_IIC_Command(0x8d); //设置充电泵
Write_IIC_Command(0x14);

Write_IIC_Command(0xaf);  //打开显示，处于正常模式
```

12.4　电子钟的应用设计

本节将基于 STM32G071 MCU 的 RTC 模块以及带 I2C 接口的 OLED 模块，实现电子钟的功能，可以在 OLED 模块上显示实时时钟。

12.4.1　在 STM32CubeMX 中配置参数

下面将在 STM32CubeMX 中配置相关模块的参数，主要步骤如下。

（1）启动 STM32CubeMX 软件开发环境。

（2）选择 STM32G071RBTx 器件。

（3）进入 STM32CubeMX untitled:STM32G071RBTx 界面。在该界面中，单击 Pinout & Configuration 标签。在该标签界面左侧窗口中，找到并展开 System Core。在展开项中，找到并选择 RCC 选项，如图 12.25 所示。在右侧 RCC Mode and Configuration 窗口中，找到 Configuration 子窗口。在该子窗口中，找到 Parameter Settings 标签。在该标签界面中，找到并展开 Peripherals Clock Configuration。在展开项中，找到并将 Generate the peripherals clock configuration 设置为 FALSE。

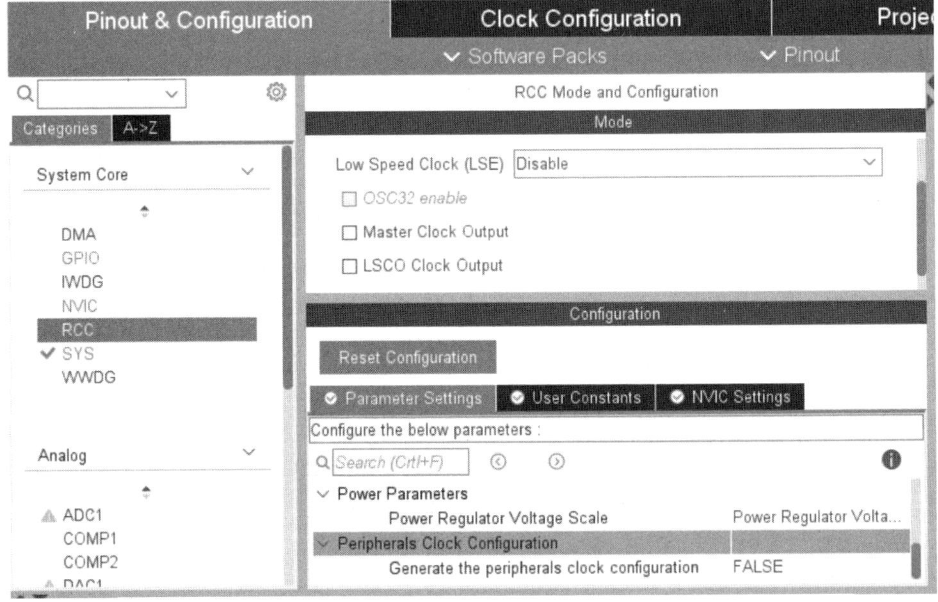

图 12.25　RCC 参数配置

（4）单击图 12.25 中的 Clock Configuration 标签。在该标签界面中，按图 12.26 所示设置时钟参数。

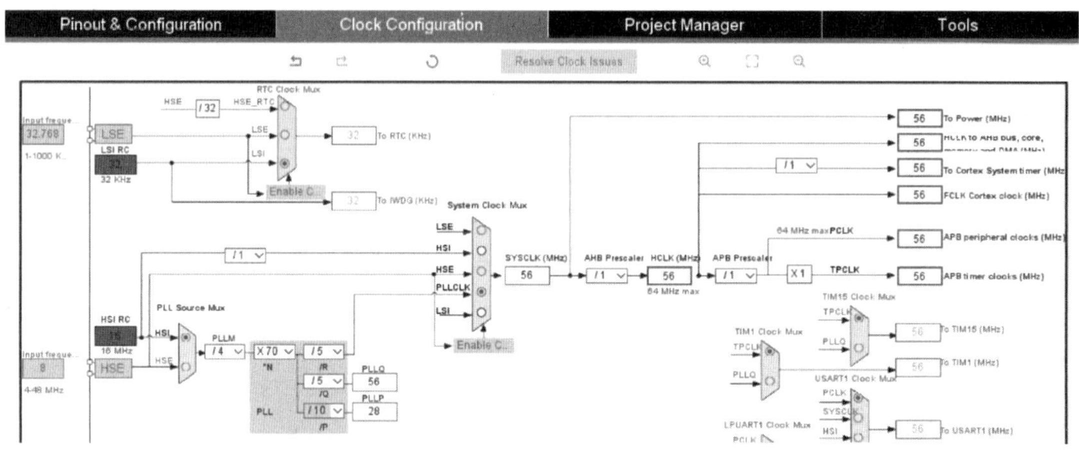

图 12.26　设置时钟参数

（5）在 Pinout & Configuration 标签界面左侧窗口中，找到并展开 Timers。在展开项中，找到并选择 RTC 选项。在右侧的 RTC Mode and Configuration 窗口（见图 12.27）中，参数设置如下。

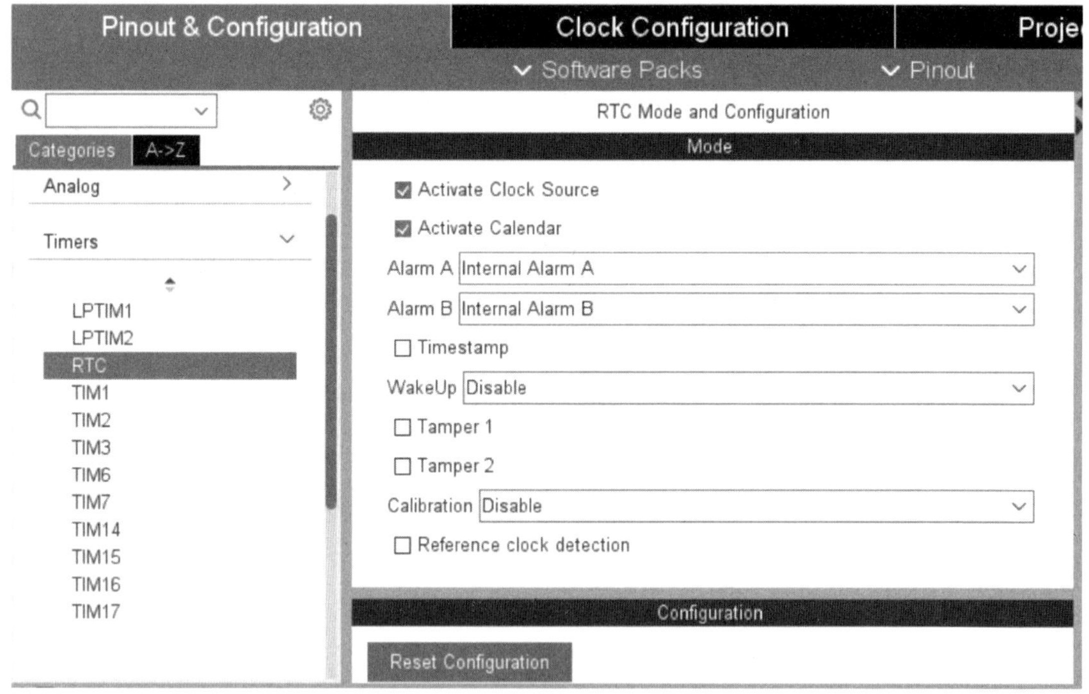

图 12.27　RTC 参数设置界面（1）

① 勾选 Activate Clock Source 前面的复选框。

② 勾选 Activate Calendar 前面的复选框。

③ 通过 Alarm A 右侧的下拉框，将 Alarm A 设置为 Internal Alarm A。

④ 通过 Alarm B 右侧的下拉框，将 Alarm B 设置为 Internal Alarm B。

在 Configuration 子窗口中，单击 Parameter Settings 标签。在该标签界面（见图 12.28）中，参数设置如下。

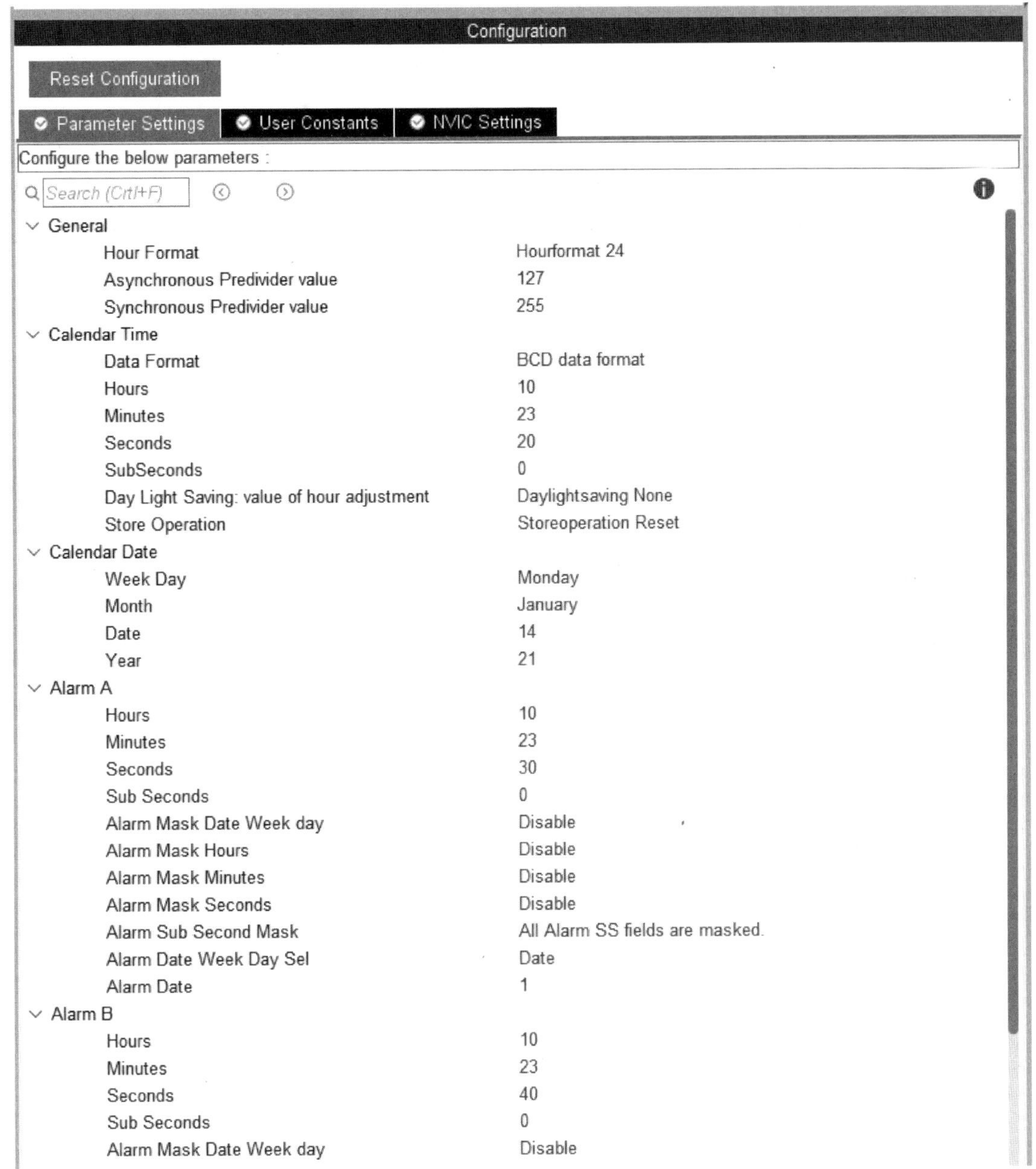

图 12.28　RTC 参数设置界面（2）

（6）在 Pinout & Configuration 标签界面左侧窗口中，找到并展开 Connectivity。在展开项中，找到并选择 I2C1 选项，如图 12.29 所示。在右侧的 I2C1 Mode and Configuration 窗口中，在 Mode 子窗口中，通过 I2C 右侧的下拉框，将 I2C 设置为 I2C。

（7）在 Configuration 子窗口中，单击 User Constants 标签，如图 12.30 所示。在该标签界面中，找到并单击 add 按钮。

（8）弹出 User Constants 界面。在该界面中，参数设置如下。

① constant Name：I2C_ADDRESS。

② constant Value：0x78。

（9）单击 OK 按钮，退出 User Constants 界面。

（10）单击图 12.30 中的 Parameter Settings 标签，在该标签界面中，按图 12.31 所示设置参数。

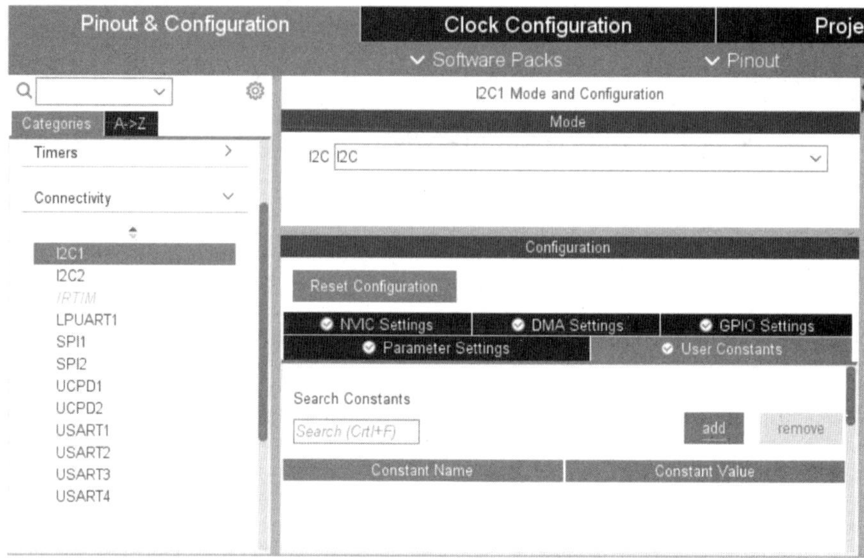

图 12.29　I2C1 参数配置（1）

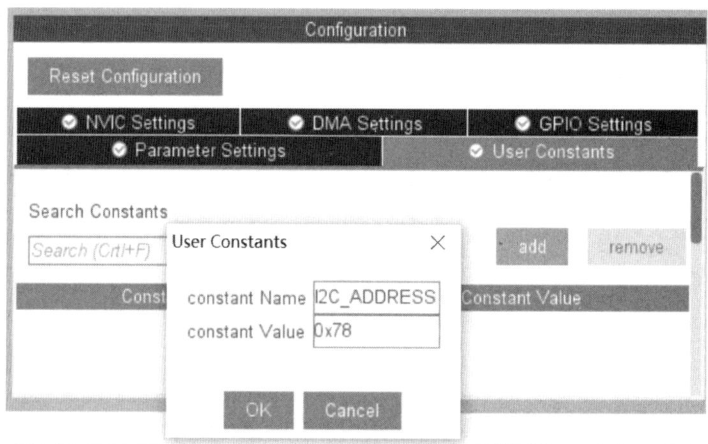

图 12.30　I2C1 参数配置（2）

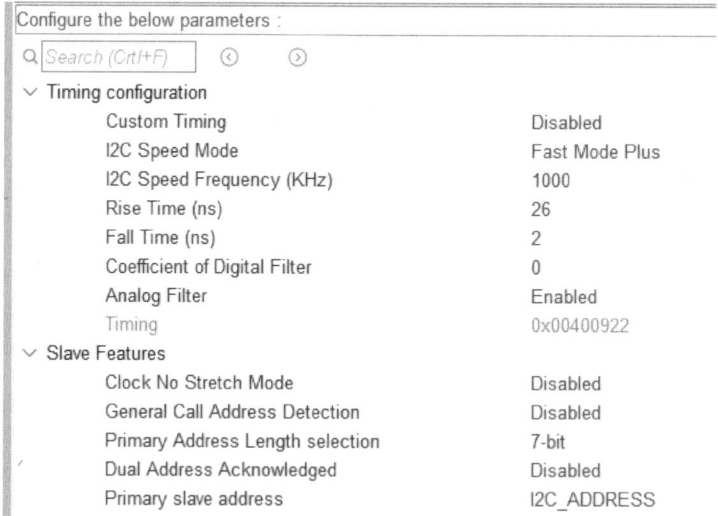

图 12.31　I2C1 参数配置（3）

（11）单击 Pinout & Configuration 标签。在该标签界面中，找到并单击 Pinout view 按钮，进入 STM32G071RBTx LQFP64 器件视图界面。

① 选中并单击 STM32G071RBTx LQFP64 器件上的 PB9 引脚，出现浮动菜单。在浮动菜单内，选择 I2C1_SDA 选项。

② 选中并单击 STM32G071RBTx LQFP64 器件上的 PB8 引脚，出现浮动菜单。在浮动菜单内，选择 I2C1_SCL 选项。

③ 选中并单击 STM32G071RBTx LQFP64 器件上的 PA5 引脚，出现浮动菜单。在浮动菜单内，选择 GPIO_Output 选项。

（12）单击 Project Manager 标签。在该标签界面中，按本书前面章节介绍的方法配置导出工程的参数。

（13）在 STM32CubeMX 主界面右上角，单击 GENERATE CODE 按钮，导出工程文件。

12.4.2　在 Keil μVision 中添加设计代码

下面将在 Keil μVision 集成开发环境中添加设计代码，主要步骤如下。

（1）启动 Keil μVision 集成开发环境（以下简称 Keil）。

（2）在 Keil 主界面主菜单中，选择 Project->Open Project。

（3）弹出 Select Project File 界面。在该界面中，将路径定位到下面的路径 E:\STM32G0_example\example_12_1\MDK-ARM。在该路径下，选择名字为 RTC_IIC_NeiZhi.uvprojx 的工程文件。

（4）单击打开按钮，退出 Select Project File 界面。

（5）在 Keil 左侧的 Project 窗口中，找到并双击 stm32g0xx_hal_msp.c，打开该设计文件。在该文件中修改函数定义，如代码清单 12.2 所示。

代码清单 12.2　修改 stm32g0xx_hal_msp.c 文件中的函数定义

```
void HAL_RTC_MspInit(RTC_HandleTypeDef* hrtc)
{
  if(hrtc->Instance==RTC)
  {
    RCC_OscInitTypeDef          RCC_OscInitStruct = {0};
    RCC_PeriphCLKInitTypeDef    PeriphClkInitStruct = {0};
    __HAL_RCC_PWR_CLK_ENABLE();
    HAL_PWR_EnableBkUpAccess();
    HAL_RCCEx_GetPeriphCLKConfig(&PeriphClkInitStruct);
    if (PeriphClkInitStruct.RTCClockSelection == RtcClockSource)
    { }
    else
    {
      PeriphClkInitStruct.PeriphClockSelection = RCC_PERIPHCLK_RTC;
      if (PeriphClkInitStruct.RTCClockSelection != RCC_RTCCLKSOURCE_NONE)
      {
        PeriphClkInitStruct.RTCClockSelection = RCC_RTCCLKSOURCE_NONE;
        if (HAL_RCCEx_PeriphCLKConfig(&PeriphClkInitStruct) != HAL_OK)
          Error_Handler();
      }
      RCC_OscInitStruct.OscillatorType =   RCC_OSCILLATORTYPE_LSI |
                                           RCC_OSCILLATORTYPE_LSE;
      RCC_OscInitStruct.PLL.PLLState = RCC_PLL_NONE;
```

```
        RCC_OscInitStruct.LSIState = RCC_LSI_ON;
        RCC_OscInitStruct.LSEState = RCC_LSE_OFF;
        if (HAL_RCC_OscConfig(&RCC_OscInitStruct) != HAL_OK)
          Error_Handler();
        PeriphClkInitStruct.RTCClockSelection = RtcClockSource;
        if (HAL_RCCEx_PeriphCLKConfig(&PeriphClkInitStruct) != HAL_OK)
          Error_Handler();
      }
      __HAL_RCC_RTC_ENABLE();
      __HAL_RCC_RTCAPB_CLK_ENABLE();
      HAL_NVIC_SetPriority(RTC_TAMP_IRQn, 0, 0);
      HAL_NVIC_EnableIRQ(RTC_TAMP_IRQn);
    }
}

void HAL_RTC_MspDeInit(RTC_HandleTypeDef* hrtc)
{
  if(hrtc->Instance==RTC)
  {
    /* Peripheral clock disable */
    __HAL_RCC_RTC_DISABLE();
    __HAL_RCC_RTCAPB_CLK_DISABLE();
    /* RTC interrupt DeInit */
    HAL_NVIC_DisableIRQ(RTC_TAMP_IRQn);
  }
}
```

（6）在 Keil 左侧的 Project 窗口中，找到并双击 main.c，打开该设计文件。在该文件中，添加设计代码。

① 添加变量定义及函数声明，如代码清单 12.3 所示。

代码清单 12.3　在 main.c 文件中添加变量定义及函数声明

```
//*******************************************************************RTC 相关变量
#define Init_Time_Year 0x21
#define Init_Time_Month 0x06
#define Init_Time_Date 0x014
#define Init_Time_Hours 0x08
#define Init_Time_Minutes 0x20
#define Init_Time_Seconds 0x00
#define Init_Time_SubSeconds 0x00

#define Alarm_A_Hours 0x08
#define Alarm_A_Minutes 0x20
#define Alarm_A_Seconds 0x10
#define Alarm_A_SubSeconds 0x00

#define Alarm_B_Hours 0x08
#define Alarm_B_Minutes 0x20
#define Alarm_B_Seconds 0x20
#define Alarm_B_SubSeconds 0x00

#include <stdio.h>
uint8_t Flag_Alarm = 0; //闹钟标志置位，判定是否处于闹钟模式
```

```
uint8_t Flag_Second_Old = 0; //降低 OLED 刷新速率--------------------避免卡 BUG
uint8_t aShowTime[8] = "hh:ms:ss";
uint8_t aShowDate[10] = "dd-mm-yyyy";
static void RTC_CalendarShow(uint8_t *showtime, uint8_t *showdate);

//**************************************************IIC 的数据缓冲区与基层函数

#define TXBUFFERSIZE    2
unsigned char aTxBuffer_Command[TXBUFFERSIZE] = {0x00,0x00};
unsigned char aTxBuffer_Data[TXBUFFERSIZE] = {0x40,0x00};

void Write_IIC_Command(unsigned char IIC_Command);
void Write_IIC_Data(unsigned char IIC_Data);
void Initial_M096128x64_ssd1306(void);

//******************************************************************IIC 的图片显示

const unsigned char biaoqingbao[][128] =
{
0X00,0X00,0X00,0X00,0X00,0X00,0X00,0X00,0X00,0X00,0X00,0X00,0X00,0X00,0X00,0X00,
0X00,0X00,0X00,0X00,0X00,0X00,0X00,0X00,0X00,0X00,0X00,0X00,0X00,0X00,0X00,0X00,
0X00,0X00,0X00,0X00,0X00,0X00,0X00,0X00,0X00,0X00,0X00,0X00,0X00,0X00,0X00,0X00,
0X00,0X00,0X00,0X00,0X00,0X00,0X00,0X00,0X00,0X00,0X00,0X00,0X00,0X00,0X00,0X00,
0X00,0X00,0X00,0X00,0X00,0X00,0X00,0X00,0X00,0X00,0X00,0X00,0X00,0X00,0X00,0X00,
0X00,0X00,0X00,0X00,0X00,0X00,0X00,0X00,0X00,0X00,0X00,0X00,0X00,0X00,0X00,0X00,
0X00,0X00,0X00,0X00,0X00,0X00,0X00,0X00,0X00,0X00,0X00,0X00,0X00,0X00,0X00,0X00,
0X00,0X00,0X00,0X00,0X00,0X00,0X00,0X00,0X00,0X00,0X00,0X00,0X00,0X00,0X00,0X00,
0X00,0X00,0X00,0X00,0X00,0X00,0X00,0X00,0X00,0X00,0X00,0X00,0X00,0X00,0X00,0X00,
0X00,0X00,0X00,0X00,0X00,0X00,0X00,0X00,0X00,0X00,0X00,0X00,0X00,0X00,0X00,0X00,
0X00,0X00,0X00,0X00,0X00,0X00,0X00,0X00,0X00,0X00,0X00,0X00,0X00,0X00,0X00,0X00,
0X00,0X00,0X00,0X00,0X00,0X00,0X00,0X80,0X80,0XC0,0XC0,0X60,0X60,0X30,0X30,0X30,
0X30,0X30,0X30,0X30,0X30,0X30,0X30,0X30,0XB0,0X30,0X20,0X60,0X60,0XC0,0XC0,0X80,
0X80,0X00,0X00,0X00,0X00,0X00,0X00,0X00,0X00,0X00,0X00,0X00,0X00,0X00,0X00,0X00,
0X00,0X00,0X00,0X00,0X00,0X00,0X00,0X00,0X00,0X00,0X00,0X00,0X00,0X00,0X00,0X00,
0X00,0X00,0X00,0X00,0X00,0X00,0X00,0X00,0X00,0X00,0X00,0X00,0X00,0X00,0X00,0X00,
0X00,0X00,0X00,0X00,0X00,0X00,0X00,0X00,0X00,0X00,0X00,0X00,0X00,0X00,0X00,0X00,
0X00,0X00,0X00,0X00,0X00,0X00,0X00,0X00,0X00,0X00,0X00,0X00,0X00,0X00,0X00,0X00,
0X00,0X00,0X00,0X00,0X00,0X00,0X00,0X00,0X00,0X00,0X00,0X00,0X00,0X00,0X00,0X00,
0X00,0X80,0XE0,0X78,0X1C,0X0E,0X07,0X03,0X01,0X00,0X80,0X03,0X03,0X01,0X00,0X00,
0X00,0X00,0X00,0X00,0X00,0X80,0X80,0X01,0X03,0X03,0X00,0X00,0X00,0X00,0X00,0X01,
0X03,0X07,0X0E,0X1C,0X70,0XE0,0X00,0X00,0X00,0X00,0X00,0X00,0X00,0X00,0X00,0X00,
0X00,0X00,0X00,0X00,0X00,0X00,0X00,0X00,0X00,0X00,0X00,0X00,0X00,0X00,0X00,0X00,
0X00,0X00,0X00,0X00,0X00,0X00,0X00,0X00,0X00,0X00,0X00,0X00,0X00,0X00,0X00,0X00,
0X00,0X00,0X00,0X00,0X00,0X00,0X00,0X00,0X00,0X00,0X00,0X00,0X00,0X00,0X00,0X00,
0X00,0X00,0X00,0X00,0X00,0X00,0X00,0X00,0X00,0X00,0X00,0X00,0X00,0X00,0X00,0X00,
0X00,0X00,0X00,0X00,0X00,0X00,0X00,0X00,0X00,0X00,0X00,0X00,0X00,0X00,0XF0,0XF8,
0X0E,0X07,0X01,0X08,0X1C,0X1C,0X1C,0X1C,0X1C,0X0F,0X07,0X33,0X30,0X60,0X60,0X60,
0X60,0X60,0X60,0X30,0X33,0X03,0X0F,0X0D,0X0C,0X0C,0X0C,0X0C,0X0C,0X00,0X00,0X00,
0X00,0X00,0X00,0X00,0X00,0X87,0XFF,0X30,0X00,0X00,0X00,0X00,0X00,0X00,0X00,0X00,
0X00,0X00,0X00,0X00,0X00,0X00,0X00,0X00,0X00,0X00,0X00,0X00,0X00,0X00,0X00,0X00,
0X00,0X00,0X00,0X00,0X00,0X00,0X00,0X00,0X00,0X00,0X00,0X00,0X00,0X00,0X00,0X00,
0X00,0X00,0X00,0X00,0X00,0X00,0X00,0X00,0X00,0X00,0X00,0X00,0X00,0X00,0X00,0X00,
0X00,0X00,0X00,0X00,0X00,0X00,0X00,0X00,0X00,0X00,0X00,0X00,0X00,0X00,0X00,0X00,
```

```
0X00,0X00,0X00,0X00,0X00,0X00,0X00,0X00,0X00,0X00,0X00,0X00,0X00,0X00,0X07,0X1F,
0X38,0X70,0X60,0XC0,0XC0,0X80,0X80,0X80,0X80,0X80,0X20,0X60,0X40,0XC0,0XC0,0X80,
0XC0,0XC0,0XC0,0X60,0X30,0X00,0X00,0X00,0X00,0X00,0X00,0X00,0X00,0X80,0X80,0X80,
0XC0,0X60,0X70,0X38,0X1C,0X0F,0X03,0X00,0X00,0X00,0X00,0X00,0X00,0X00,0X00,0X00,
0X00,0X00,0X00,0X00,0X00,0X00,0X00,0X00,0X00,0X00,0X00,0X00,0X00,0X00,0X00,0X00,
0X00,0X00,0X00,0X00,0X00,0X00,0X00,0X00,0X00,0X00,0X00,0X00,0X00,0X00,0X00,0X00,
0X00,0X00,0X00,0X00,0X00,0X00,0X00,0X00,0X00,0X00,0X00,0X00,0X00,0X00,0X00,0X00,
0X00,0X00,0X00,0X00,0X00,0X00,0X00,0X00,0X00,0X00,0X00,0X00,0X00,0X00,0X00,0X00,
0X00,0X00,0X00,0X00,0X00,0X00,0X00,0X00,0X00,0X00,0X00,0X00,0X00,0X00,0X00,0X00,
0X80,0XC0,0XE0,0X70,0X1C,0X8F,0XC3,0X61,0X31,0X19,0X08,0X00,0X80,0XC0,0X61,0X39,
0X1D,0X01,0X81,0XE0,0X70,0X38,0X00,0X00,0XF0,0XFE,0X0F,0X03,0X03,0X01,0X01,0X01,
0X00,0X00,0X00,0X00,0X00,0X00,0X00,0X00,0X00,0X00,0X00,0X00,0X00,0X00,0X00,0X00,
0X00,0X00,0X00,0X00,0X00,0X00,0X00,0X00,0X00,0X00,0X00,0X00,0X00,0X00,0X00,0X00,
0X00,0X00,0X00,0X00,0X00,0X00,0X00,0X00,0X00,0X00,0X00,0X00,0X00,0X00,0X00,0X00,
0X00,0X00,0X00,0X00,0X00,0X00,0X00,0X00,0X00,0X00,0X00,0X00,0X00,0X00,0X00,0X00,
0X00,0X00,0X00,0X00,0X00,0X00,0X00,0X00,0X00,0X00,0X00,0X00,0X00,0X00,0X00,0X00,
0X00,0X00,0X00,0X00,0X00,0X00,0X00,0X00,0X00,0X00,0XE0,0XE0,0XF0,0XF8,0XFE,0XE6,
0XC3,0XC7,0XC6,0X83,0X83,0XF9,0XFC,0X86,0X86,0X82,0X82,0X07,0X0D,0X0C,0X9C,0X9E,
0X9F,0X9B,0X99,0XB0,0XF0,0XF0,0XF8,0XFF,0XF7,0XF0,0XE0,0X00,0X00,0X00,0X00,0X00,
0X00,0X00,0X00,0X00,0X00,0X00,0X00,0X00,0X00,0X00,0X00,0X00,0X00,0X00,0X00,0X00,
0X00,0X00,0X00,0X00,0X00,0X00,0X00,0X00,0X00,0X00,0X00,0X00,0X00,0X00,0X00,0X00,
0X00,0X00,0X00,0X00,0X00,0X00,0X00,0X00,0X00,0X00,0X00,0X00,0X00,0X00,0X00,0X00,
0X00,0X00,0X00,0X00,0X00,0X00,0X00,0X00,0X00,0X00,0X00,0X00,0X00,0X00,0X00,0X00,
0X00,0X00,0X00,0X00,0X00,0X00,0X00,0X00,0X00,0X00,0X00,0X00,0X00,0X00,0X00,0X00,
0X00,0X00,0X00,0X00,0X00,0X00,0X00,0X00,0X00,0X00,0X00,0X01,0X01,0X03,0X03,0X03,
0X07,0X07,0X07,0X07,0X07,0X07,0X07,0X07,0X07,0X07,0X07,0X07,0X07,0X07,0X07,0X07,
0X07,0X07,0X07,0X07,0X03,0X03,0X03,0X03,0X01,0X01,0X00,0X00,0X00,0X00,0X00,0X00,
0X00,0X00,0X00,0X00,0X00,0X00,0X00,0X00,0X00,0X00,0X00,0X00,0X00,0X00,0X00,0X00,
0X00,0X00,0X00,0X00,0X00,0X00,0X00,0X00,0X00,0X00,0X00,0X00,0X00,0X00,0X00,0X00,
0X00,0X00,0X00,0X00,0X00,0X00,0X00,0X00,0X00,0X00,0X00,0X00,0X00,0X00,0X00,0X00,
};

unsigned char show[][128]=
{
    {0x00,0x00,0x06,0x0A,0xFE,0x0A,0xC6,0x00,0xE0,0x00,0xF0,0x00,0xF8,0x00,0x00,0x00,
    0x00,0x00,0x00,0xFE,0x7D,0xBB,0xC7,0xEF,0xEF,0xEF,0xEF,0xEF,0xEF,0xEF,0xC7,0xBB,
    0x7D,0xFE,0x00,0x00,0x00,0x00,0x00,0x00,0x00,0x00,0x00,0x00,0x00,0x00,0x00,0x00,
    0x00,0x00,0x00,0x00,0x00,0x00,0x00,0x00,0x00,0x00,0x00,0x00,0x00,0x00,0x00,0x00,
    0x00,0x00,0x00,0x00,0x00,0x00,0x00,0x00,0x00,0x00,0x00,0x00,0x00,0x00,0x00,0x00,
    0x00,0x00,0x00,0x00,0x00,0x00,0x00,0x00,0x00,0x00,0x00,0x00,0x00,0x00,0x00,0x00,
    0x08,0x0C,0xFE,0xFE,0x0C,0x08,0x20,0x60,0xFE,0xFE,0x60,0x20,0x00,0x00,0x00,0x78,
    0x48,0xFE,0x82,0xBA,0xBA,0x82,0xBA,0xBA,0x82,0xBA,0xBA,0x82,0xBA,0xBA,0x82,0xFE},
    {0x00,0x00,0x00,0x00,0x00,0x00,0x00,0x00,0x00,0x00,0x00,0x00,0x00,0x00,0x00,0x00,
    0x00,0x00,0x00,0x00,0x00,0x01,0x01,0x01,0x01,0x01,0x01,0x01,0x01,0x01,0x01,0x01,
    0x01,0x01,0x00,0x00,0x00,0x00,0x00,0x00,0x00,0x00,0x00,0x00,0x00,0x00,0x00,0x00,
    0x00,0x00,0x00,0x00,0x00,0x00,0x00,0x00,0x00,0x00,0x00,0x00,0x00,0x00,0x00,0x00,
    0x00,0x00,0x00,0x00,0x00,0x00,0x00,0x00,0x00,0x00,0x00,0x00,0x00,0x00,0x00,0x00,
    0x00,0x00,0x00,0x00,0x00,0x00,0x00,0x00,0x00,0x00,0x00,0x00,0x00,0x00,0x00,0x00,
    0x00,0x00,0x00,0x00,0x00,0x00,0x00,0x00,0x00,0x00,0x00,0x00,0x00,0x00,0x00,0x00,
    0x00,0x00,0x00,0x00,0x00,0x00,0x00,0x00,0x00,0x00,0x00,0x00,0x00,0x00,0x00,0x00},
    {0x00,0x00,0x00,0x00,0x00,0x00,0x00,0x00,0x00,0x00,0x00,0x00,0x00,0x00,0x00,0x00,
    0x00,0x00,0x00,0x00,0x00,0x00,0x00,0x00,0x00,0x00,0x00,0x00,0x00,0x00,0x00,0x00,
    0xFE,0xFF,0x03,0x03,0x03,0x03,0x03,0x03,0x03,0x03,0x03,0xFF,0xFF,0x00,0x00,0xFE,
```

```
        0xFF,0x03,0x03,0x03,0x03,0x03,0x03,0x03,0x03,0x03,0xFF,0xFE,0x00,0x00,0x00,0x00,
        0xC0,0xC0,0xC0,0x00,0x00,0x00,0x00,0xFE,0xFF,0x03,0x03,0x03,0x03,0x03,0x03,0x03,
        0x03,0x03,0xFF,0xFE,0x00,0x00,0xFE,0xFF,0x03,0x03,0x03,0x03,0x03,0x03,0x03,0x03,
        0x03,0xFF,0xFE,0x00,0x00,0x00,0x00,0x00,0x00,0x00,0x00,0x00,0x00,0x00,0x00,0x00,
        0x00,0x00,0x00,0x00,0x00,0x00,0x00,0x00,0x00,0x00,0x00,0x00,0x00,0x00,0x00,0x00},
        {0x00,0x00,0x00,0x00,0x00,0x00,0x00,0x00,0x00,0x00,0x00,0x00,0x00,0x00,0x00,0x00,
        0x00,0x00,0x00,0x00,0x00,0x00,0x00,0x00,0x00,0x00,0x00,0x00,0x00,0x00,0x00,0x00,
        0xFF,0xFF,0x00,0x00,0x00,0x00,0x00,0x00,0x00,0x00,0x00,0xFF,0xFF,0x00,0x00,0xFF,
        0xFF,0x0C,0x0C,0x0C,0x0C,0x0C,0x0C,0x0C,0x0C,0x0C,0xFF,0xFF,0x00,0x00,0x00,0x00,
        0xE1,0xE1,0xE1,0x00,0x00,0x00,0x00,0xFF,0xFF,0x00,0x00,0x00,0x00,0x00,0x00,0x00,
        0x00,0x00,0xFF,0xFF,0x00,0x00,0xFF,0xFF,0x0C,0x0C,0x0C,0x0C,0x0C,0x0C,0x0C,0x0C,
        0x0C,0xFF,0xFF,0x00,0x00,0x00,0x00,0x00,0x00,0x00,0x00,0x00,0x00,0x00,0x00,0x00,
        0x00,0x00,0x00,0x00,0x00,0x00,0x00,0x00,0x00,0x00,0x00,0x00,0x00,0x00,0x00,0x00},
        {0x00,0x00,0x00,0x00,0x00,0x00,0x00,0x00,0x00,0x00,0x00,0x00,0x00,0x00,0x00,0x00,
        0x00,0x00,0x00,0x00,0x00,0x00,0x00,0x00,0x00,0x00,0x00,0x00,0x00,0x00,0x00,0x00,
        0x0F,0x1F,0x18,0x18,0x18,0x18,0x18,0x18,0x18,0x18,0x18,0x1F,0x0F,0x00,0x00,0x0F,
        0x1F,0x18,0x18,0x18,0x18,0x18,0x18,0x18,0x18,0x18,0x1F,0x0F,0x00,0x00,0x00,0x00,
        0x00,0x00,0x00,0x00,0x00,0x00,0x00,0x0F,0x1F,0x18,0x18,0x18,0x18,0x18,0x18,0x18,
        0x18,0x18,0x1F,0x0F,0x00,0x00,0x0F,0x1F,0x18,0x18,0x18,0x18,0x18,0x18,0x18,0x18,
        0x18,0x1F,0x0F,0x00,0x00,0x00,0x00,0x00,0x00,0x00,0x00,0x00,0x00,0x00,0x00,0x00,
        0x00,0x00,0x00,0x00,0x00,0x00,0x00,0x00,0x00,0x00,0x00,0x00,0x00,0x00,0x00,0x00},
        {0x00,0x00,0x00,0x00,0x00,0x00,0x00,0x00,0x00,0x00,0x00,0x00,0x00,0x00,0x00,0x00,
        0x00,0x00,0x00,0x00,0x00,0x00,0x00,0x00,0x00,0x00,0x00,0x00,0x00,0x00,0x00,0x00,
        0x00,0x00,0x00,0x00,0x00,0x00,0x00,0xE2,0x92,0x8A,0x86,0x00,0x00,0x7C,0x82,0x82,
        0x82,0x7C,0x00,0xFE,0x00,0x82,0x92,0xAA,0xC6,0x00,0x00,0xC0,0xC0,0x00,0x7C,0x82,
        0x82,0x82,0x7C,0x00,0x00,0x02,0x02,0x02,0xFE,0x00,0x00,0xC0,0xC0,0x00,0x7C,0x82,
        0x82,0x82,0x7C,0x00,0x00,0xFE,0x00,0x00,0x00,0x00,0x00,0x00,0x00,0x00,0x00,0x00,
        0x00,0x00,0x00,0x00,0x00,0x00,0x00,0x00,0x00,0x00,0x00,0x00,0x00,0x00,0x00,0x00,
        0x00,0x00,0x00,0x00,0x00,0x00,0x00,0x00,0x00,0x00,0x00,0x00,0x00,0x00,0x00,0x00},
        {0x00,0x00,0x00,0x24,0xA4,0x2E,0x24,0xE4,0x24,0x2E,0xA4,0x24,0x00,0x00,0x00,0xF8,
        0x4A,0x4C,0x48,0xF8,0x48,0x4C,0x4A,0xF8,0x00,0x00,0x00,0x00,0x00,0x00,0x00,0x00,
        0x00,0x00,0x00,0x00,0x00,0x00,0x00,0x00,0x00,0x00,0x00,0x00,0x00,0x00,0x00,0x00,
        0x00,0x00,0x00,0x00,0x00,0x00,0x00,0x00,0x00,0x00,0x00,0x00,0x00,0x00,0x00,0x00,
        0x00,0x00,0x00,0x00,0x00,0x00,0x00,0x00,0x00,0x00,0x00,0x00,0x00,0x00,0x00,0x00,
        0x00,0x00,0x00,0x00,0x00,0x00,0x00,0x00,0x00,0x00,0x00,0x00,0x00,0x00,0x00,0x00,
        0x00,0x00,0x00,0x00,0x00,0x00,0x00,0x00,0x00,0x00,0x00,0x00,0x00,0x00,0xC0,0x20,
        0x10,0x10,0x10,0x10,0x20,0xC0,0x00,0x00,0xC0,0x20,0x10,0x10,0x10,0x10,0x20,0xC0},
        {0x00,0x00,0x00,0x12,0x0A,0x07,0x02,0x7F,0x02,0x07,0x0A,0x02,0x00,0x00,0x00,0x0B,
        0x0A,0x0A,0x0A,0x7F,0x0A,0x0A,0x0A,0x0B,0x00,0x00,0x00,0x00,0x00,0x00,0x00,0x00,
        0x00,0x00,0x00,0x00,0x00,0x00,0x00,0x00,0x00,0x00,0x00,0x00,0x00,0x00,0x00,0x00,
        0x00,0x00,0x00,0x00,0x00,0x00,0x00,0x00,0x00,0x00,0x00,0x00,0x00,0x00,0x00,0x00,
        0x00,0x00,0x00,0x00,0x00,0x00,0x00,0x00,0x00,0x00,0x00,0x00,0x00,0x00,0x00,0x00,
        0x00,0x00,0x00,0x00,0x00,0x00,0x00,0x00,0x00,0x00,0x00,0x00,0x00,0x00,0x00,0x00,
        0x00,0x00,0x00,0x00,0x00,0x00,0x00,0x00,0x00,0x00,0x00,0x00,0x00,0x00,0x1F,0x20,
        0x40,0x40,0x40,0x50,0x20,0x5F,0x80,0x00,0x1F,0x20,0x40,0x40,0x40,0x50,0x20,0x5F}
};
void fill_picture(unsigned char fill_Data);
void Picture(int i);

//****************************************************************IIC 的字符显示

const unsigned char L8H16[][8]=
{
```

```
{0x00,0x00,0x00,0x00,0x00,0x00,0x00,0x00},
    {0x00,0x00,0x00,0x00,0x00,0x00,0x00,0x00},          //space 0
{0x00,0x00,0x00,0xF8,0x00,0x00,0x00,0x00},
    {0x00,0x00,0x00,0x33,0x30,0x00,0x00,0x00},          //! 1
{0x00,0x10,0x0C,0x06,0x10,0x0C,0x06,0x00},
    {0x00,0x00,0x00,0x00,0x00,0x00,0x00,0x00},          //" 2
{0x40,0xC0,0x78,0x40,0xC0,0x78,0x40,0x00},
    {0x04,0x3F,0x04,0x04,0x3F,0x04,0x04,0x00},          //# 3
{0x00,0x70,0x88,0xFC,0x08,0x30,0x00,0x00},
    {0x00,0x18,0x20,0xFF,0x21,0x1E,0x00,0x00},          //$ 4
{0xF0,0x08,0xF0,0x00,0xE0,0x18,0x00,0x00},
    {0x00,0x21,0x1C,0x03,0x1E,0x21,0x1E,0x00},          //% 5
{0x00,0xF0,0x08,0x88,0x70,0x00,0x00,0x00},
    {0x1E,0x21,0x23,0x24,0x19,0x27,0x21,0x10},          //& 6
{0x10,0x16,0x0E,0x00,0x00,0x00,0x00,0x00},
    {0x00,0x00,0x00,0x00,0x00,0x00,0x00,0x00},          //' 7
{0x00,0x00,0x00,0xE0,0x18,0x04,0x02,0x00},
    {0x00,0x00,0x00,0x07,0x18,0x20,0x40,0x00},          //( 8
{0x00,0x02,0x04,0x18,0xE0,0x00,0x00,0x00},
    {0x00,0x40,0x20,0x18,0x07,0x00,0x00,0x00},          //) 9
{0x40,0x40,0x80,0xF0,0x80,0x40,0x40,0x00},
    {0x02,0x02,0x01,0x0F,0x01,0x02,0x02,0x00},          //* 10
{0x00,0x00,0x00,0xF0,0x00,0x00,0x00,0x00},
    {0x01,0x01,0x01,0x1F,0x01,0x01,0x01,0x00},          //+ 11
{0x00,0x00,0x00,0x00,0x00,0x00,0x00,0x00},
    {0x80,0xB0,0x70,0x00,0x00,0x00,0x00,0x00},          //, 12
{0x00,0x00,0x00,0x00,0x00,0x00,0x00,0x00},
    {0x00,0x01,0x01,0x01,0x01,0x01,0x01,0x01},          //-13
{0x00,0x00,0x00,0x00,0x00,0x00,0x00,0x00},
    {0x00,0x30,0x30,0x00,0x00,0x00,0x00,0x00},          //. 14
{0x00,0x00,0x00,0x00,0x80,0x60,0x18,0x04},
    {0x00,0x60,0x18,0x06,0x01,0x00,0x00,0x00},          /// 15
{0x00,0xE0,0x10,0x08,0x08,0x10,0xE0,0x00},
    {0x00,0x0F,0x10,0x20,0x20,0x10,0x0F,0x00},          //0 16
{0x00,0x10,0x10,0xF8,0x00,0x00,0x00,0x00},
    {0x00,0x20,0x20,0x3F,0x20,0x20,0x00,0x00},          //1 17
{0x00,0x70,0x08,0x08,0x08,0x88,0x70,0x00},
    {0x00,0x30,0x28,0x24,0x22,0x21,0x30,0x00},          //2 18
{0x00,0x30,0x08,0x88,0x88,0x48,0x30,0x00},
    {0x00,0x18,0x20,0x20,0x20,0x11,0x0E,0x00},          //3 19
{0x00,0x00,0xC0,0x20,0x10,0xF8,0x00,0x00},
    {0x00,0x07,0x04,0x24,0x24,0x3F,0x24,0x00},          //4 20
{0x00,0xF8,0x08,0x88,0x88,0x08,0x08,0x00},
    {0x00,0x19,0x21,0x20,0x20,0x11,0x0E,0x00},          //5 21
{0x00,0xE0,0x10,0x88,0x88,0x18,0x00,0x00},
    {0x00,0x0F,0x11,0x20,0x20,0x11,0x0E,0x00},          //6 22
{0x00,0x38,0x08,0x08,0xC8,0x38,0x08,0x00},
    {0x00,0x00,0x00,0x3F,0x00,0x00,0x00,0x00},          //7 23
{0x00,0x70,0x88,0x08,0x08,0x88,0x70,0x00},
    {0x00,0x1C,0x22,0x21,0x21,0x22,0x1C,0x00},          //8 24
{0x00,0xE0,0x10,0x08,0x08,0x10,0xE0,0x00},
    {0x00,0x00,0x31,0x22,0x22,0x11,0x0F,0x00},          //9 25
{0x00,0x00,0x00,0xC0,0xC0,0x00,0x00,0x00},
```

```
    {0x00,0x00,0x00,0x30,0x30,0x00,0x00,0x00},          //: 26
{0x00,0x00,0x00,0x80,0x00,0x00,0x00,0x00},
    {0x00,0x00,0x80,0x60,0x00,0x00,0x00,0x00},          //; 27
{0x00,0x00,0x80,0x40,0x20,0x10,0x08,0x00},
    {0x00,0x01,0x02,0x04,0x08,0x10,0x20,0x00},          //< 28
{0x40,0x40,0x40,0x40,0x40,0x40,0x40,0x00},
    {0x04,0x04,0x04,0x04,0x04,0x04,0x04,0x00},          //= 29
{0x00,0x08,0x10,0x20,0x40,0x80,0x00,0x00},
    {0x00,0x20,0x10,0x08,0x04,0x02,0x01,0x00},          //> 30
{0x00,0x70,0x48,0x08,0x08,0x08,0xF0,0x00},
    {0x00,0x00,0x00,0x30,0x36,0x01,0x00,0x00},          //? 31
{0xC0,0x30,0xC8,0x28,0xE8,0x10,0xE0,0x00},
    {0x07,0x18,0x27,0x24,0x23,0x14,0x0B,0x00},          //@ 32
{0x00,0x00,0xC0,0x38,0xE0,0x00,0x00,0x00},
    {0x20,0x3C,0x23,0x02,0x02,0x27,0x38,0x20},          //A 33
{0x08,0xF8,0x88,0x88,0x88,0x70,0x00,0x00},
    {0x20,0x3F,0x20,0x20,0x20,0x11,0x0E,0x00},          //B 34
{0xC0,0x30,0x08,0x08,0x08,0x08,0x38,0x00},
    {0x07,0x18,0x20,0x20,0x20,0x10,0x08,0x00},          //C 35
{0x08,0xF8,0x08,0x08,0x08,0x10,0xE0,0x00},
    {0x20,0x3F,0x20,0x20,0x20,0x10,0x0F,0x00},          //D 36
{0x08,0xF8,0x88,0x88,0xE8,0x08,0x10,0x00},
    {0x20,0x3F,0x20,0x20,0x23,0x20,0x18,0x00},          //E 37
{0x08,0xF8,0x88,0x88,0xE8,0x08,0x10,0x00},
    {0x20,0x3F,0x20,0x00,0x03,0x00,0x00,0x00},          //F 38
{0xC0,0x30,0x08,0x08,0x08,0x38,0x00,0x00},
    {0x07,0x18,0x20,0x20,0x22,0x1E,0x02,0x00},          //G 39
{0x08,0xF8,0x08,0x00,0x00,0x08,0xF8,0x08},
    {0x20,0x3F,0x21,0x01,0x01,0x21,0x3F,0x20},          //H 40
{0x00,0x08,0x08,0xF8,0x08,0x08,0x00,0x00},
    {0x00,0x20,0x20,0x3F,0x20,0x20,0x00,0x00},          //I 41
{0x00,0x00,0x08,0x08,0xF8,0x08,0x08,0x00},
    {0xC0,0x80,0x80,0x80,0x7F,0x00,0x00,0x00},          //J 42
{0x08,0xF8,0x88,0xC0,0x28,0x18,0x08,0x00},
    {0x20,0x3F,0x20,0x01,0x26,0x38,0x20,0x00},          //K 43
{0x08,0xF8,0x08,0x00,0x00,0x00,0x00,0x00},
    {0x20,0x3F,0x20,0x20,0x20,0x20,0x30,0x00},          //L 44
{0x08,0xF8,0xF8,0x00,0xF8,0xF8,0x08,0x00},
    {0x20,0x3F,0x00,0x3F,0x00,0x3F,0x20,0x00},          //M 45
{0x08,0xF8,0x30,0xC0,0x00,0x08,0xF8,0x08},
    {0x20,0x3F,0x20,0x00,0x07,0x18,0x3F,0x00},          //N 46
{0xE0,0x10,0x08,0x08,0x08,0x10,0xE0,0x00},
    {0x0F,0x10,0x20,0x20,0x20,0x10,0x0F,0x00},          //O 47
{0x08,0xF8,0x08,0x08,0x08,0x08,0xF0,0x00},
    {0x20,0x3F,0x21,0x01,0x01,0x01,0x00,0x00},          //P 48
{0xE0,0x10,0x08,0x08,0x08,0x10,0xE0,0x00},
    {0x0F,0x18,0x24,0x24,0x38,0x50,0x4F,0x00},          //Q 49
{0x08,0xF8,0x88,0x88,0x88,0x88,0x70,0x00},
    {0x20,0x3F,0x20,0x00,0x03,0x0C,0x30,0x20},          //R 50
{0x00,0x70,0x88,0x08,0x08,0x08,0x38,0x00},
    {0x00,0x38,0x20,0x21,0x21,0x22,0x1C,0x00},          //S 51
{0x18,0x08,0x08,0xF8,0x08,0x08,0x18,0x00},
    {0x00,0x00,0x20,0x3F,0x20,0x00,0x00,0x00},          //T 52
```

```
{0x08,0xF8,0x08,0x00,0x00,0x08,0xF8,0x08},
    {0x00,0x1F,0x20,0x20,0x20,0x20,0x1F,0x00},          //U 53
{0x08,0x78,0x88,0x00,0x00,0xC8,0x38,0x08},
    {0x00,0x00,0x07,0x38,0x0E,0x01,0x00,0x00},          //V 54
{0xF8,0x08,0x00,0xF8,0x00,0x08,0xF8,0x00},
    {0x03,0x3C,0x07,0x00,0x07,0x3C,0x03,0x00},          //W 55
{0x08,0x18,0x68,0x80,0x80,0x68,0x18,0x08},
    {0x20,0x30,0x2C,0x03,0x03,0x2C,0x30,0x20},          //X 56
{0x08,0x38,0xC8,0x00,0xC8,0x38,0x08,0x00},
    {0x00,0x00,0x20,0x3F,0x20,0x00,0x00,0x00},          //Y 57
{0x10,0x08,0x08,0x08,0xC8,0x38,0x08,0x00},
    {0x20,0x38,0x26,0x21,0x20,0x20,0x18,0x00},          //Z 58
{0x00,0x00,0x00,0xFE,0x02,0x02,0x02,0x00},
    {0x00,0x00,0x00,0x7F,0x40,0x40,0x40,0x00},          //[ 59
{0x00,0x0C,0x30,0xC0,0x00,0x00,0x00,0x00},
    {0x00,0x00,0x00,0x01,0x06,0x38,0xC0,0x00},          //\ 60
{0x00,0x02,0x02,0x02,0xFE,0x00,0x00,0x00},
    {0x00,0x40,0x40,0x40,0x7F,0x00,0x00,0x00},          //] 61
{0x00,0x00,0x04,0x02,0x02,0x02,0x04,0x00},
    {0x00,0x00,0x00,0x00,0x00,0x00,0x00,0x00},          //^ 62
{0x00,0x00,0x00,0x00,0x00,0x00,0x00,0x00},
    {0x80,0x80,0x80,0x80,0x80,0x80,0x80,0x80},          //_ 63
{0x00,0x02,0x02,0x04,0x00,0x00,0x00,0x00},
    {0x00,0x00,0x00,0x00,0x00,0x00,0x00,0x00},          //` 64
{0x00,0x00,0x80,0x80,0x80,0x80,0x00,0x00},
    {0x00,0x19,0x24,0x22,0x22,0x22,0x3F,0x20},          //a 65
{0x08,0xF8,0x00,0x80,0x80,0x00,0x00,0x00},
    {0x00,0x3F,0x11,0x20,0x20,0x11,0x0E,0x00},          //b 66
{0x00,0x00,0x00,0x80,0x80,0x80,0x00,0x00},
    {0x00,0x0E,0x11,0x20,0x20,0x20,0x11,0x00},          //c 67
{0x00,0x00,0x00,0x80,0x80,0x88,0xF8,0x00},
    {0x00,0x0E,0x11,0x20,0x20,0x10,0x3F,0x20},          //d 68
{0x00,0x00,0x80,0x80,0x80,0x80,0x00,0x00},
    {0x00,0x1F,0x22,0x22,0x22,0x22,0x13,0x00},          //e 69
{0x00,0x80,0x80,0xF0,0x88,0x88,0x88,0x18},
    {0x00,0x20,0x20,0x3F,0x20,0x20,0x00,0x00},          //f 70
{0x00,0x00,0x80,0x80,0x80,0x80,0x80,0x00},
    {0x00,0x6B,0x94,0x94,0x94,0x93,0x60,0x00},          //g 71
{0x08,0xF8,0x00,0x80,0x80,0x80,0x00,0x00},
    {0x20,0x3F,0x21,0x00,0x00,0x20,0x3F,0x20},          //h 72
{0x00,0x80,0x98,0x98,0x00,0x00,0x00,0x00},
    {0x00,0x20,0x20,0x3F,0x20,0x20,0x00,0x00},          //i 73
{0x00,0x00,0x00,0x80,0x98,0x98,0x00,0x00},
    {0x00,0xC0,0x80,0x80,0x80,0x7F,0x00,0x00},          //j 74
{0x08,0xF8,0x00,0x00,0x80,0x80,0x80,0x00},
    {0x20,0x3F,0x24,0x02,0x2D,0x30,0x20,0x00},          //k 75
{0x00,0x08,0x08,0xF8,0x00,0x00,0x00,0x00},
    {0x00,0x20,0x20,0x3F,0x20,0x20,0x00,0x00},          //l 76
{0x80,0x80,0x80,0x80,0x80,0x80,0x80,0x00},
    {0x20,0x3F,0x20,0x00,0x3F,0x20,0x00,0x3F},          //m 77
{0x80,0x80,0x00,0x80,0x80,0x80,0x00,0x00},
    {0x20,0x3F,0x21,0x00,0x00,0x20,0x3F,0x20},          //n 78
{0x00,0x00,0x80,0x80,0x80,0x80,0x00,0x00},
```

```
        {0x00,0x1F,0x20,0x20,0x20,0x20,0x1F,0x00},              //o 79
    {0x80,0x80,0x00,0x80,0x80,0x00,0x00,0x00},
        {0x80,0xFF,0xA1,0x20,0x20,0x11,0x0E,0x00},              //p 80
    {0x00,0x00,0x00,0x80,0x80,0x80,0x80,0x00},
        {0x00,0x0E,0x11,0x20,0x20,0xA0,0xFF,0x80},              //q 81
    {0x80,0x80,0x80,0x00,0x80,0x80,0x80,0x00},
        {0x20,0x20,0x3F,0x21,0x20,0x00,0x01,0x00},              //r 82
    {0x00,0x00,0x80,0x80,0x80,0x80,0x80,0x00},
        {0x00,0x33,0x24,0x24,0x24,0x24,0x19,0x00},              //s 83
    {0x00,0x80,0x80,0xE0,0x80,0x80,0x00,0x00},
        {0x00,0x00,0x00,0x1F,0x20,0x20,0x00,0x00},              //t 84
    {0x80,0x80,0x00,0x00,0x00,0x80,0x80,0x00},
        {0x00,0x1F,0x20,0x20,0x20,0x10,0x3F,0x20},              //u 85
    {0x80,0x80,0x80,0x00,0x00,0x80,0x80,0x80},
        {0x00,0x01,0x0E,0x30,0x08,0x06,0x01,0x00},              //v 86
    {0x80,0x80,0x00,0x80,0x00,0x80,0x80,0x80},
        {0x0F,0x30,0x0C,0x03,0x0C,0x30,0x0F,0x00},              //w 87
    {0x00,0x80,0x80,0x00,0x80,0x80,0x80,0x00},
        {0x00,0x20,0x31,0x2E,0x0E,0x31,0x20,0x00},              //x 88
    {0x80,0x80,0x80,0x00,0x00,0x80,0x80,0x80},
        {0x80,0x81,0x8E,0x70,0x18,0x06,0x01,0x00},              //y 89
    {0x00,0x80,0x80,0x80,0x80,0x80,0x80,0x00},
        {0x00,0x21,0x30,0x2C,0x22,0x21,0x30,0x00},              //z 90
    {0x00,0x00,0x00,0x00,0x80,0x7C,0x02,0x02},
        {0x00,0x00,0x00,0x00,0x00,0x3F,0x40,0x40},              //{ 91
    {0x00,0x00,0x00,0x00,0xFF,0x00,0x00,0x00},
        {0x00,0x00,0x00,0x00,0xFF,0x00,0x00,0x00},              //| 92
    {0x00,0x02,0x02,0x7C,0x80,0x00,0x00,0x00},
        {0x00,0x40,0x40,0x3F,0x00,0x00,0x00,0x00},              //} 93
    {0x00,0x06,0x01,0x01,0x02,0x02,0x04,0x04},
        {0x00,0x00,0x00,0x00,0x00,0x00,0x00,0x00},              //～ 94
};
void OLED_ShowChar(unsigned char x,unsigned char y,unsigned char chr);
void OLED_ShowString(unsigned char   x,unsigned char   y, unsigned char   *p);
void OLED_ShowString_Short(unsigned char x,unsigned char   y, unsigned char   *p,unsigned char   l);
```

② 修改 main 主函数内的代码，如代码清单 12.4 所示。

代码清单 12.4　修改 main 主函数内的代码

```
int main(void)
{
  HAL_Init();
  SystemClock_Config();
  MX_GPIO_Init();
  MX_I2C1_Init();
  MX_RTC_Init();

  Initial_M096128x64_ssd1306();
  HAL_Delay(5);

  Picture(1);                                   //显示一张图片——壁纸
  OLED_ShowString(22,2,"            ");         //清空原图片中间部分（显示日期与时间）
  OLED_ShowString(22,4,"            ");
```

```
    RTC_CalendarShow(aShowTime, aShowDate);                    //获取日期
    OLED_ShowString(22,2,aShowDate);                           //字符串显示日期

    while (1)
    {
        RTC_CalendarShow(aShowTime, aShowDate);
        if((Flag_Alarm==0)&&(Flag_Second_Old!=aShowTime[7])) //非闹钟模式显示时钟
        {
            OLED_ShowString_Short(28,4,aShowTime,8);           //限定长度 8 位
            Flag_Second_Old = aShowTime[7];
        }
    }
}
```

③ 修改 RTC 初始化函数，如代码清单 12.5 所示。

代码清单 12.5　修改 RTC 初始化函数

```
static void MX_RTC_Init(void)
{
  RTC_TimeTypeDef sTime = {0};
  RTC_DateTypeDef sDate = {0};
  RTC_AlarmTypeDef sAlarm = {0};
  /** Initialize RTC Only */
  hrtc.Instance = RTC;
  hrtc.Init.HourFormat = RTC_HOURFORMAT_24;
  hrtc.Init.AsynchPrediv = 127;
  hrtc.Init.SynchPrediv = 255;
  hrtc.Init.OutPut = RTC_OUTPUT_DISABLE;
  hrtc.Init.OutPutRemap = RTC_OUTPUT_REMAP_NONE;
  hrtc.Init.OutPutPolarity = RTC_OUTPUT_POLARITY_HIGH;
  hrtc.Init.OutPutType = RTC_OUTPUT_TYPE_OPENDRAIN;
  hrtc.Init.OutPutPullUp = RTC_OUTPUT_PULLUP_NONE;
  if (HAL_RTC_Init(&hrtc) != HAL_OK)
  {
    Error_Handler();
  }
  /** Initialize RTC and set the Time and Date    */
  sTime.Hours = Init_Time_Hours;
  sTime.Minutes = Init_Time_Minutes;
  sTime.Seconds = Init_Time_Seconds;
  sTime.SubSeconds = Init_Time_SubSeconds;
  sTime.DayLightSaving = RTC_DAYLIGHTSAVING_NONE;
  sTime.StoreOperation = RTC_STOREOPERATION_RESET;
  if (HAL_RTC_SetTime(&hrtc, &sTime, RTC_FORMAT_BCD) != HAL_OK)
  {
    Error_Handler();
  }
  sDate.WeekDay = RTC_WEEKDAY_MONDAY;
  sDate.Month = Init_Time_Month;    //RTC_MONTH_JUNE;
  sDate.Date = Init_Time_Date;
  sDate.Year = Init_Time_Year;

  if (HAL_RTC_SetDate(&hrtc, &sDate, RTC_FORMAT_BCD) != HAL_OK)
  {
```

```
    Error_Handler();
  }
  /** Enable the Alarm A   */
  sAlarm.AlarmTime.Hours = Alarm_A_Hours;
  sAlarm.AlarmTime.Minutes = Alarm_A_Minutes;
  sAlarm.AlarmTime.Seconds = Alarm_A_Seconds;
  sAlarm.AlarmTime.SubSeconds = Alarm_A_SubSeconds;
  sAlarm.AlarmTime.DayLightSaving = RTC_DAYLIGHTSAVING_NONE;
  sAlarm.AlarmTime.StoreOperation = RTC_STOREOPERATION_RESET;
  sAlarm.AlarmMask = RTC_ALARMMASK_NONE;
  sAlarm.AlarmSubSecondMask = RTC_ALARMSUBSECONDMASK_ALL;
  sAlarm.AlarmDateWeekDaySel = RTC_ALARMDATEWEEKDAYSEL_WEEKDAY;
  sAlarm.AlarmDateWeekDay = RTC_WEEKDAY_MONDAY;
  sAlarm.Alarm = RTC_ALARM_A;
  if (HAL_RTC_SetAlarm_IT(&hrtc, &sAlarm, RTC_FORMAT_BCD) != HAL_OK)
  {
    Error_Handler();
  }
  /** Enable the Alarm B   */
  sAlarm.AlarmTime.Hours = Alarm_B_Hours;
  sAlarm.AlarmTime.Minutes = Alarm_B_Minutes;
  sAlarm.AlarmTime.Seconds = Alarm_B_Seconds;
    sAlarm.AlarmTime.SubSeconds = Alarm_B_SubSeconds;
  sAlarm.Alarm = RTC_ALARM_B;
  if (HAL_RTC_SetAlarm_IT(&hrtc, &sAlarm, RTC_FORMAT_BCD) != HAL_OK)
  {
    Error_Handler();
  }
}
```

④ 添加自定义函数，如代码清单 12.6 所示。

代码清单 12.6　添加自定义函数

```
void HAL_RTC_AlarmAEventCallback(RTC_HandleTypeDef *hrtc)
{
    HAL_GPIO_WritePin(GPIOA,GPIO_PIN_5,1);              //点亮 LED
    Picture(2);                                         //显示两张图片——起床表情包
    Flag_Alarm=1;                                       //闹钟模式标志位启用
}

void HAL_RTCEx_AlarmBEventCallback(RTC_HandleTypeDef *hrtc)
{
    HAL_GPIO_WritePin(GPIOA,GPIO_PIN_5,0);              //关闭 LED
    Picture(1);                                         //显示一张图片——壁纸
    OLED_ShowString(22,2,"               ");            //清空原图片中间部分（显示日期与时间）
    OLED_ShowString(22,4,"               ");
    OLED_ShowString(22,2,aShowDate);                    //字符串显示日期
    Flag_Alarm=0;                                       //闹钟模式标志位关闭
}

static void RTC_CalendarShow(uint8_t *showtime, uint8_t *showdate)
{
  RTC_DateTypeDef sdatestructureget;
  RTC_TimeTypeDef stimestructureget;
```

```
  /* Get the RTC current Time */
  HAL_RTC_GetTime(&hrtc, &stimestructureget, RTC_FORMAT_BIN);
  /* Get the RTC current Date */
  HAL_RTC_GetDate(&hrtc, &sdatestructureget, RTC_FORMAT_BIN);
  /* Display time Format : hh:mm:ss */
  sprintf((char *)showtime, "%2d:%2d:%2d", stimestructureget.Hours,
        stimestructureget.Minutes, stimestructureget.Seconds);
  /* Display date Format : mm-dd-yy */
  sprintf((char *)showdate, "%2d-%2d-%2d", sdatestructureget.Month, sdatestructureget.Date,
        2000 + sdatestructureget.Year);
}

//***************************************************************IIC 基层函数

void Write_IIC_Command(unsigned char IIC_Command)
{
    aTxBuffer_Command[1]=IIC_Command;
    HAL_I2C_Master_Transmit(&hi2c1, (uint16_t)I2C_ADDRESS,
                        (uint8_t *)aTxBuffer_Command, TXBUFFERSIZE, 10000);
}

void Write_IIC_Data(unsigned char IIC_Data)
{
    aTxBuffer_Data[1]=IIC_Data;
    HAL_I2C_Master_Transmit(&hi2c1, (uint16_t)I2C_ADDRESS, (uint8_t *)aTxBuffer_Data,
                        TXBUFFERSIZE, 10000);
}

void Initial_M096128x64_ssd1306()          //该段命令的含义参考 12.3.8 节内容
{
    Write_IIC_Command(0xAE);
    Write_IIC_Command(0x20);
    Write_IIC_Command(0x10);
    Write_IIC_Command(0xb0);
    Write_IIC_Command(0xc8);
    Write_IIC_Command(0x00);
    Write_IIC_Command(0x10);
    Write_IIC_Command(0x40);
    Write_IIC_Command(0x81);
    Write_IIC_Command(0xdf);
    Write_IIC_Command(0xa1);
    Write_IIC_Command(0xa6);
    Write_IIC_Command(0xa8);
    Write_IIC_Command(0x3F);
    Write_IIC_Command(0xa4);
    Write_IIC_Command(0xd3);
    Write_IIC_Command(0x00);
    Write_IIC_Command(0xd5);
    Write_IIC_Command(0xf0);
    Write_IIC_Command(0xd9);
    Write_IIC_Command(0x22);
    Write_IIC_Command(0xda);
```

```
    Write_IIC_Command(0x12);
    Write_IIC_Command(0xdb);
    Write_IIC_Command(0x20);
    Write_IIC_Command(0x8d);
    Write_IIC_Command(0x14);
    Write_IIC_Command(0xaf);
}

//************************IIC 的图片显示

void Picture(int i)
{
  for(unsigned char y=0;y<8;y++)
    {
      Write_IIC_Command(0xb0+y);
      Write_IIC_Command(0x0);
      Write_IIC_Command(0x10);
      for(unsigned char x=0;x<128;x++)
      {
        if(i==1)
            Write_IIC_Data(show[y][x]);
        else if(i==2)
            Write_IIC_Data(biaoqingbao[y][x]);
        else ;
      }
    }
}


void fill_picture(unsigned char fill_Data)
{
    for(unsigned char m=0;m<8;m++)
    {
     Write_IIC_Command(0xb0+m);              //页面 0 和页面 1
     Write_IIC_Command(0x00);                //低列起始地址
     Write_IIC_Command(0x10);                //高列起始地址
       for(unsigned char n=0;n<128;n++)
        {
         Write_IIC_Data(fill_Data);
        }
    }
}

//************************************************************IIC 的字符显示

void OLED_ShowChar(unsigned char x,unsigned char y,unsigned char chr)
{
    unsigned char number=0;
    number=chr-' ';                         //得到偏移后的值即 ASC 码偏移量，设置空格为 0 号字符
    if(x>127)                               //如果超出这一行，则自动跳转到下一行（+2）
    {
        x=0;
        y=y+2;
```

```
    }
    Write_IIC_Command(0xb0+y);
    Write_IIC_Command(0x00+x%16);                //低四位横坐标
    Write_IIC_Command(0x10+x/16);                //高四位横坐标
     for(int i=0;i<8;i++)
         Write_IIC_Data(L8H16[number*2][i]);

    Write_IIC_Command(0xb0+y+1);
    Write_IIC_Command(0x00+x%16);
    Write_IIC_Command(0x10+x/16);
     for(int i=0;i<8;i++)
         Write_IIC_Data(L8H16[number*2+1][i]);

}

void OLED_ShowString(unsigned char x,unsigned char y,unsigned char *chr)
{
    unsigned char i=0;
    while (chr[i]!='\0')                        //如果未检测到字符串的结尾，则一直循环
    {
        OLED_ShowChar(x,y,chr[i]);              //在 x,y 处显示字符
        x+=8;                                   //列地址加 8 准备显示下一字符
        if(x>120)                               //位置不够显示当前字符，去下一行显示
        {
          x=0;
          y+=2;
        }
        i++;                                    //扫描下一字符
    }
}

void OLED_ShowString_Short(unsigned char  x,unsigned char  y, unsigned char
                          *chr,unsigned char  l)
{
    unsigned char i=0;
    while (chr[i]!='\0'&&i<l)                   //不是字符串并且小于指定的长度
    {
        OLED_ShowChar(x,y,chr[i]);              //在 x,y 处显示字符
        x+=8;                                   //列地址加 8 准备显示下一字符
        if(x>120)                               //位置不够显示当前字符，去下一行显示
        {
            x=0;
            y+=2;
        }
         i++;                                   //扫描下一字符
    }
}
```

（7）保存设计代码。

12.4.3 设计下载和测试

下面将对设计进行编译和连接，生成可以下载到 STM32G071 MCU 内 Flash 存储器的文件格

式，并在 OLED 屏上显示实时时钟。

（1）在 Keil 主界面主菜单中，选择 Project->Build Target，对设计代码进行编译和连接，然后生成可以下载到 STM32G071 MCU 内 Flash 存储器的文件格式。

（2）通过 USB 电缆，将计算机/笔记本电脑的 USB 接口连接到 NUCLEO-G071RB 开发板的 USB 接口。

（3）通过 NUCLEO-G071RB 开发板上的 CN10_3 连接器将 STM32G071 MCU 的 PB8 引脚连接到 OLED 模块的引脚（具体映射关系见 12.3.2 节内容）。

（4）通过 NUCLEO-G071RB 开发板上的 CN10_5 连接器将 STM32G071 MCU 的 PB9 引脚连接到 OLED 模块的引脚（具体映射关系见 12.3.2 节内容）。

（5）OLED 模块的引脚的其他引脚的连接，参见 12.3.2 节内容。

（6）在 Keil 主界面主菜单中，选择 Flash->Download，将前面生成的 Flash 格式的文件下载到 STM32G071 MCU 内的 Flash 存储器中。

（7）按一下 NUCLEO-G071RB 开发板上标记为 RESET 的按键，使程序正常运行。

思考与练习 12.1：观察 OLED 屏上所显示的实时时钟，是否满足设计要求。

思考与练习 12.2：观察当 RTC 报警时，该开发板上 LED 的变化情况。

第 13 章　直接存储器访问的原理和实现

STM32G071 MCU 内嵌的直接存储器访问（Direct Memory Access，DMA）用于在外设和存储器之间，以及存储器和存储器之间的高速数据传输。数据可以通过 DMA 进行快速搬移，而无须任何 CPU 的操作。因此，减轻了 CPU 的负载，使得可以释放 CPU 用于其他操作。

13.1　DMA 模块的原理

本节介绍 DMA 模块的原理。

13.1.1　STM32G071 MCU 系统结构

包含 DMA 模块的 STM32G071 MCU 系统架构如图 13.1 所示。

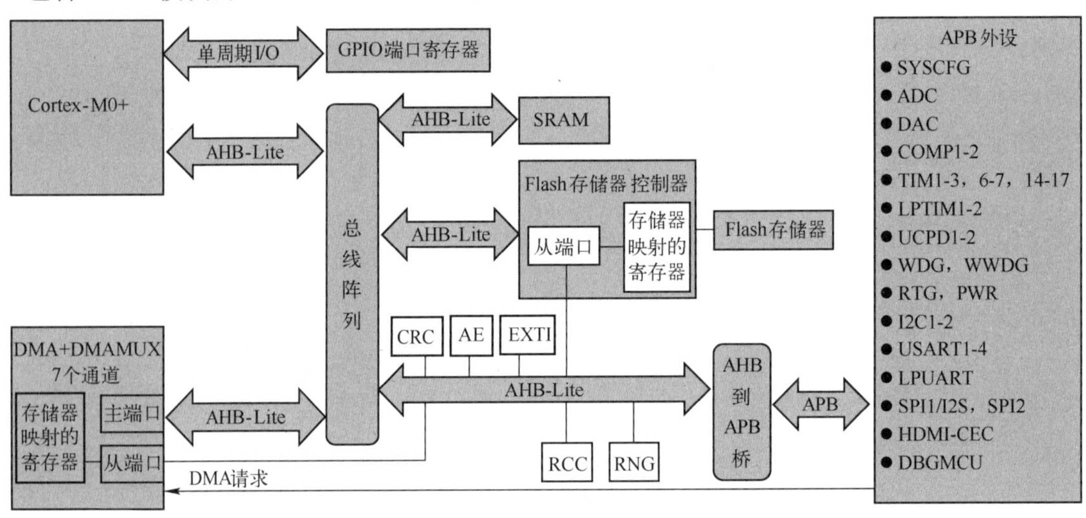

图 13.1　STM32G071 MCU 系统架构（包含 DMA 模块）

DMA 通道可以访问任何存储器位置，包括：

（1）AHB 外设，如 CRC 发生器；

（2）AHB 存储器，如 SRAM；

（3）APB 外设，如 USART 外设。

DMA 模块支持两个 AHB-Lite 端口：一个是主端口，用于自主访问存储器映射位置、存储器或外设寄存器；另一个是从端口，用于提供对 DMA 模块控制和状态寄存器的访问。

大多数 APB 外设都可以配置为使 DMA 请求有效，这对通信外设和 ADC/DAC 来说都非常有用。例如，让使用者关注 ADC，它获取采样并将采样暂存在内部 FIFO 中。

为了将这些采样传输至 SRAM 的缓冲区，STM32G071 MCU 提供了两种可能性：使中断有效，并通过软件将采样从 FIFO 传输至存储器；或者依赖 DMA 通道清空 FIFO，并将内容传输至 SRAM 中的缓冲区。很明显，第二种解决方案需要更少的 CPU 负载。

DMA 模块具有三个连接到中断向量控制器的中断输出。DMA 请求总线是 APB 外设发出的请求的集合，这些请求到 DMA 通道的映射由 DMA 请求多路复用器（DMAMUX）单元执行。

> 注：定时器事件可用于定期触发 DMA 传输。

13.1.2　DMA 模块的结构

DMA 模块的结构如图 13.2 所示。通过与其他系统主设备共享 AHB 系统总线，DMA 执行直接的存储器访问。总线矩阵实现轮询调度。当 CPU 和 DMA 以相同的存储器或外设等为目标时，DMA 请求可能会停止 CPU 访问系统总线的多个总线周期。

根据它通过 AHB 从接口的配置，DMA 模块在通道以及相关的接收请求之间进行仲裁。DMA 模块还调度单个 AHB 端口主设备上的 DMA 数据传输。

DMA 模块为中断控制器生成每个通道的中断。

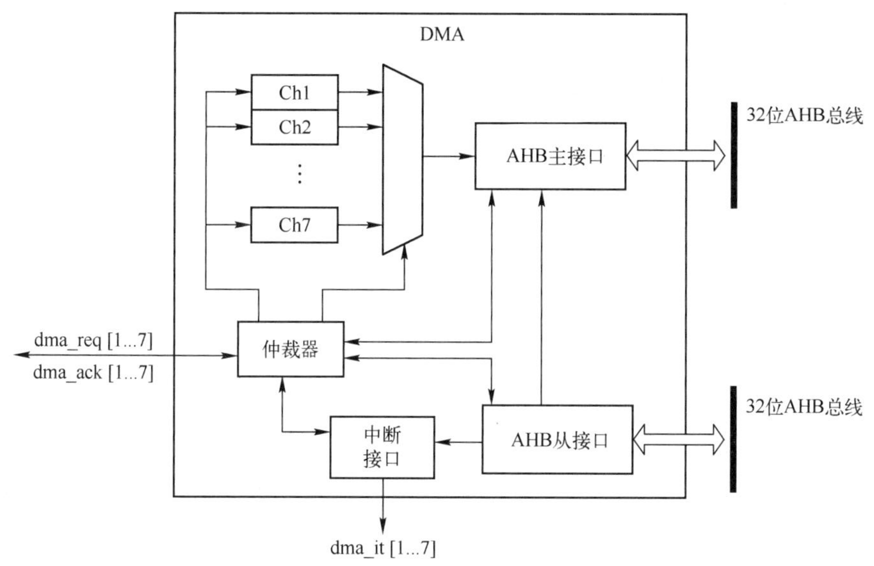

图 13.2　DMA 模块的结构

（1）dma_req[x]：输入，为 DMA 通道 x 的请求信号。

（2）dma_ack[x]：输出，为 DMA 通道 x 的确认信号。

（3）dma_it[x]：输出，为 DMA 通道 x 的中断信号。

13.1.3　DMA 传输

软件在通道级别配置 DMA 模块，以执行由 AHB 总线传输系列组成的块传输。DMA 传输可以从外设请求，或者在存储器到存储器传输的情况下由软件触发。在一个事件后，单个 DMA 传输的步骤如下。

（1）外设向 DMA 模块发送单个 DMA 请求信号。

（2）DMA 模块根据与此外设请求信号相关的通道的优先级来处理请求。

（3）一旦 DMA 模块授权外设，DMA 信号就会向外设发送一个确认信号。

（4）一旦外设收到来自 DMA 控制的确认信号后，就会立即释放其请求信号。

（5）一旦外设使请求信号无效，DMA 模块就会释放确认信号。

外设可能会发出进一步的单个请求信号并启动另一个单一的 DMA 传输。

当外设是传输的源或目的时，使用请求/确认协议。例如，在存储器到外设传输的情况下，外设通过将其单个请求信号驱动到 DMA 模块来启动传输。然后，DMA 模块读取存储器中的单个数据并将该数据写入外设。

对于一个给定的通道 x，DMA 传输由以下重复序列组成。

（1）单个 DMA 传输，封装单个数据的两个 AHB 传输，通过 DMA AHB 总线主设备进行。

① 从外设数据寄存器或存储器中的某个位置读取单个数据（字节、半字或字），通过内部当前外设/存储器地址寄存器寻址。

用于第一次单次传输的起始地址是外设或存储器的基地址，并在 DMA_CPARx 或 DMA_CMARx 寄存器中编程。

② 单个数据写入（字节、半字或字）到外设数据寄存器或存储器中的某个位置，通过内部当前外设/存储器地址寄存器寻址。

用于第一次传输的起始地址是外设或存储器的基地址，并在 DMA_CPARx 或 DMA_CMARx 寄存器中编程。

（2）编程的 DMA_CNDTRx 寄存器递减后，该寄存器包含要传输的剩余数据项数（AHB“先读后写”传输的个数）。

重复该序列，直至 DMA_CNDTRx 为空。

注： AHB 主设备总线源/目的地址必须与传输到源/目标的单个数据编程的位宽对齐。

13.1.4 DMA 仲裁

仲裁器管理不同通道之间的优先级。当仲裁器给活动的通道 x 授权（硬件请求或软件触发）时，将发出单个 DMA 传输（如 AHB“先读后写”传输单个数据）。然后，仲裁器再次考虑活动信道集并选择具有最高优先级的信道。

优先级分为两个阶段进行管理。

（1）软件：在 DMA_CCRx 寄存器中配置每个通道的优先级，即很高、高、中和低。

（2）硬件：如果两个请求具有相同的软件优先级，则索引最低的通道获得优先权。例如，通道 2 的优先级高于通道 4。

当给通道 x 编程为字存储器到存储器模式的块传输时，会考虑在此通道 x 的每个单个 DMA 传输之间进行重新仲裁。每当有另一个并发的活动请求通道时，仲裁器会自动交替并授予另一个最高优先级的请求通道，该通道的优先级可能比存储器到存储器的优先级要低。

13.1.5 DMA 通道

每个通道可以处理位于固定地址的外设寄存器和存储器地址之间的 DMA 传输，要传输的数据项的个数是可编程的，包含要传输数据项个数的寄存器在每次传输后递减。一个 DMA 通道在块传输级别进行编程。

1. 可编程的数据宽度

通过对 DMA_CCRx 寄存器的 PSIZE[1:0]和 MSIZE[1:0]字段进行编程，可以设置单个数据（字节、半字或字）到外设和存储器的传输位宽。

2. 指针递增

外设和存储器指针可能会在每次传输后自动递增，具体取决于 DMA_CCRx 寄存器的 PINC 和

MINC 位。

如果使能递增模式（PINC 或 MINC 设置为 1），则下次传输的地址是前一次传输的地址加 1、加 2 或加 4，具体取决于 PSIZE[1:0]或 MSIZE[1:0]字段中定义的数据位宽。第一个传输地址是在 DMA_CPARx 或 DMA_CMARx 寄存器中编程的地址。在传输期间，这些寄存器保持初始编程值。当前传输地址（在当前内部外设/存储器地址寄存器中）不能被软件访问。

如果通道 x 配置为非循环模式，则在最后一次数据传输后（一旦要传输的单个数据数达到设定值）将不会提供 DMA 请求，必须禁止 DMA 通道才能将新数量的数据项重新加载到 DMA_CNDTRx 寄存器中。

> **注：** 如果禁止通道 x，则不会复位 DMA 寄存器。DMA 通道寄存器（DMA_CCRx、DMA_CPARx 和 DMA_CMARx）保留在通道配置阶段编程的初始值。

在循环模式中，在最后一次数据传输之后，DMA_CNDTRx 寄存器会自动重新加载初始的编程值。从来自 DMA_CPARx 和 DMA_CMARx 寄存器的基地址值重新加载当前内部地址寄存器。

3．通道配置过程

配置 DMA 通道 x 需要以下步骤。

（1）在 DMA_CPARx 寄存器中设置外设寄存器的地址。在外设事件之后，或者在存储器到存储器模式下使能通道之后，数据从/到该地址到/从存储器。

（2）在 DMA_CMARx 寄存器中设置存储器地址。在外设事件之后，或者在存储器到存储器模式下使能通道之后，数据写入存储器或者从存储器中读取。

（3）在 DMA_CNDTRx 寄存器中配置要传输的数据总数。每次传输后，该值递减。

（4）在 DMA_CCRx 寄存器中配置参数，包括通道优先级、数据传输方向、循环模式、外设和存储器递增模式、外设和存储器数据位宽、在半和/或全传输和/或传输错误时的中断使能。

（5）通过设置 DMA_CCRx 寄存器中的 EN 位来使能通道。一旦使能通道，就可以处理来自连接到该通道的外设的任何 DMA 请求，或者可以启动存储器到存储器的块传输。

> **注：** 通道配置过程的最后两步可以合并为一次对 DMA_CCRx 寄存器的访问，以配置和使能通道。

4．通道状态和禁止通道

处于活动状态的通道 x 是使能的通道（读取 DMA_CCRx.EN=1）。活动通道 x 是必须由软件使能（DMA_CCRx.EN 设置为 1）并且之后没有发生传输错误（DMA_ISR.TEIFx=0）的通道。如果出现传输错误，硬件就会自动禁止该通道（DMA_CCRx.EN=0）。

这可能会发生以下三个用例。

（1）暂停和继续一个通道。这对应于下面的两个行为。

① 软件禁止活动的通道（写入 DMA_CCRx.EN=0 而 DMA_CCRx.EN=1）。

② 软件再次使能通道（DMA_CCRx.EN 设置为 1），而无须重新配置其他通道寄存器（如 DMA_CNDTRx、DMA_CPARx 和 DMA_CMARx）。

DMA 硬件不支持这种情况，它不能保证正确执行剩余的数据传输。

（2）停止和放弃一个通道。

如果应用程序不再需要该通道，则可以通过软件禁止该活动通道。然而，停止和放弃通道，DMA_CNDTRx 寄存器中的内容可能无法正确反映中止的源和目标缓冲区/寄存器剩余的数据传输。

（3）中止和重新启动通道。

这对应于软件序列：禁止活动的通道，然后重新配置通道并再次使能它。

如果满足以下条件，则硬件支持如下操作。

（1）应用程序保证，当软件禁止通道时，不会同时通过其主端口进行 DMA 数据传输。例如，应用程序可以先禁止外设处于 DMA 模式，以确保没有挂起来自该外设的硬件 DMA 请求。

（2）软件必须对同一个 DMA_CCRx 寄存器进行单独的写访问：首先，禁止通道；然后，重新配置通道以进行下一个块传输，包括 DMA_CCRx，当 DMA_CCRx.EN=1 时，存在只读 DMA_CCRx 寄存器字段；最后，重新使能通道。

当发生通道传输错误时，硬件清除 DMA_CCRx 寄存器的 EN 位。软件不能重新设置 EN 位来重新激活通道 x，直至设置了 DMA_ISR 寄存器中的 TEIFx 位。

5．循环模式（存储器到外设/外设到存储器）

循环模式可用于处理循环缓冲区和连续数据流（如 ADC 扫描模式）。通过 DMA_CCRx 寄存器的 CIRC 位使能该功能。

> **注：** 循环模式不能用于存储器到存储器模式。在使能通道处于循环模式（CIRC=1）之前，软件必须清除 DMA_CCRx 寄存器的 MEM2MEM 位。当激活循环模式时，要传输的数据量会自动重载为通道配置阶段编程的初始值，并继续处理 DMA 请求。
>
> 为了停止循环传输，软件需要在禁止 DMA 通道之前，停止外设产生 DMA 请求（如退出 ADC 扫描模式）。在启动/使能一个传输之前，以及停止循环传输之后，软件必须显式编程 DMA_CNDTRx 寄存器的值。

6．存储器到存储器模式

DMA 通过可以在不受外设请求触发的情况下运行。这种模式称为存储器到存储器模式，由软件启动。

如果设置了 DMA_CCRx 寄存器中的 MEM2MEM 位，则通道（如果使能）将启动传输。一旦 DMA_CNDTRx 寄存器到达零，则会停止传输。

> **注：** 不能在循环模式下使用存储器到存储器模式。在使能通道用于存储器到存储器模式之前，软件必须清除 DMA_CCRx 寄存器中的 CIRC 位。

7．外设到外设模式

任何 DMA 通道都可以在外设到外设模式下运行。

（1）选择来自外设的硬件请求以触发 DMA 通道时，该外设是 DMA 启动器，并在该外设与属于另一个存储器映射外设（该外设未配置为 DMA 模式）的寄存器之间进行数据传输。

（2）当没有选择外设请求并连接到 DMA 通道时，通过软件设置 DMA_CCRx 寄存器的 MEM2MEM 位来配置寄存器到寄存器的传输。

8．编程传输方向、分配源/目的

DMA_CCRx 寄存器的 DIR 位的值设置传输方向，因此，无论源/目的类型（外设或存储器）如何，它都是识别源和目标的。

（1）DIR=1，通常定义存储器到外设的传输。

① 源属性由 DMA_MARx 寄存器、MSIZE[1:0]字段以及 DMA_CCRx 寄存器中的 MINC 位定义。

不管它们的名称如何，这些寄存器、字段和位用于在外设到外设模式下定义源外设。

② 目的属性由 DMA_PARx 寄存器、DMA_CCRx 寄存器中的 PSIZE[1:0]字段和 PINC 位定义。

不管它们的名称如何，这些寄存器、字段和位用于定义存储器到存储器模式下的目的存储器。

（2）DIR=0，通常定义外设到存储器的传输。

① 源属性由 DMA_PARx 寄存器、PSIZE[1:0]字段和 DMA_CCRx 寄存器中的 PINC 位定义。

不管它们的名称如何，这些寄存器、字段和位用于定义存储器到存储器模式下的源存储器。

② 目的属性由 DMA_MAR 寄存器、MSIZE[1:0]字段和 DMA_CCRx 寄存器的 MINC 位定义。

不管它们的名称如何，这些寄存器、字段和位用于在外设到外设模式下定义目的外设。

13.1.6 DMA 数据宽度、对齐和端

当 PSIZE[1:0]和 MSIZE[1:0]不相等时，DMA 模块执行一些数据对齐。DMA 模块不会打包或解包数据。当源端口比目的端口窄时，数据会基于目的端口宽度在目的存储器中对齐，如图 13.3 所示。在该结构中，源端口宽度为 8 位，目的端口宽度为 32 位，传输数据的个数为 4 个，数据传输关系如表 13.1 所示。在该例子中，对齐是 32 位。因此，从源设备接收到的每个字节都在 32 位字地址上对齐。

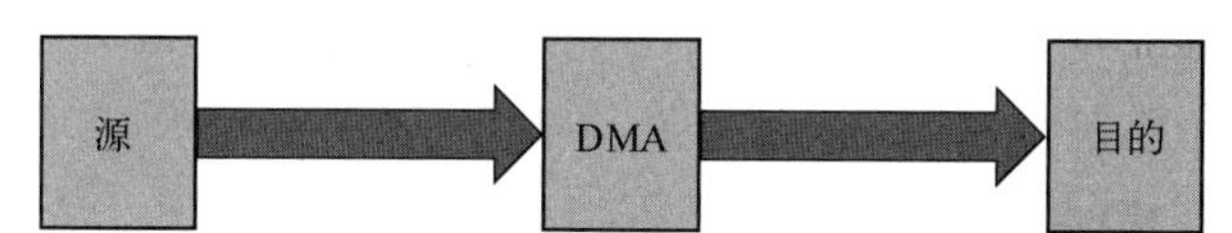

图 13.3 源端口比目的端口窄的数据传输结构

表 13.1 数据传输关系（源端口比目的端口窄）

源端设备		目的设备	
地址	数据[7:0]	地址	数据[31:0]
0xXXXX_XXX0	B0	0xXXXX_XXX0	000000B0
0xXXXX_XXX1	B1	0xXXXX_XXX4	000000B1
0xXXXX_XXX2	B2	0xXXXX_XXX8	000000B2
0xXXXX_XXX3	B3	0xXXXX_XXXC	000000B3

对一个源端口比目的端口宽的数据传输来说，如源端口宽度为 32 位，目的端口宽度为 16 位，传输数据的个数为 4 个，数据传输关系如表 13.2 所示。

表 13.2 数据传输关系（源端口比目的端口宽）

源端设备		目的设备	
地址	数据[7:0]	地址	数据[31:0]
0xXXXX_XXX0	B3B2B1B0	0xXXXX_XXX0	B1B0
0xXXXX_XXX1	B7B6B5B4	0xXXXX_XXX2	B5B4
0xXXXX_XXX2	BBBAB9B8	0xXXXX_XXX4	B9B8
0xXXXX_XXX3	BFBEBDBC	0xXXXX_XXX6	BDBC

当源端口比目的端口宽时，将数据截断以适应目的端口宽度。从表 13.2 中可知，截断从源设备接收到的 32 位字，因此只将 16 位低部分写入目标地址。

当指针在源和目的上增加时，增量等于端口宽度。

13.1.7　DMA 中断

对于每个 DMA 通道 x，可以在传输完成一半、传输全部完成，以及传输错误时产生中断。单独的中断使能功能提供了灵活性，DMA 中断请求如表 13.3 所示。

表 13.3　DMA 中断请求

中断请求	中断事件	事件标志	中断使能位
通道 x 中断	通道 x 上的半个传输	HTIFx	HTIEx
	通道 x 上的完整传输	TCIFx	TCIEx
	通道 x 上的传输错误	TEIFx	TEIEx
	通道 x 上的半个传输或传输完成或传输错误	GIFx	—

13.2　DMA 请求多路选择器的原理

DMA 请求多路选择器（DMA request MUX，DMAMUX）允许在 STM32G0 与其 DMA 模块之间连接 DMA 请求线。布线连接功能由可编程的多通道 DMAMUX 保障。每个通道从其 DMAMUX 同步输入中无条件或与事件同步地选择唯一的 DMA 请求线。DMAMUX 还可用作在它输入触发器信号上可编程事件的 DMA 请求生成器。

请求连接功能基于在特定输出通道上生成的事件，该事件用作请求生成的输入以激活另一个通道。

DMA 支持两个中断请求输出。它通过 AHB 从端口访问 DMAMUX。

13.2.1　DMAMUX 的结构

DMAMUX 的结构如图 13.4 所示。DMAMUX 具有两个子模块：请求多路选择器和请求生成器。DMAMUX 中资源的个数如表 13.4 所示。

> **注：** DMAMUX 中资源的具体个数，STM32G0B1xx 和 STM32G0C1xx 为 12 个，STM32G071xx 和 STM32G081xx 及 STM32G051xx 和 STM32G061xx 为 7 个，STM32G031xx 和 STM32G041xx 为 5 个。

DMAMUX 信号的功能如表 13.5 所示。

（1）来自外设（dmamux_req_inx）和来自 DMAMUX 请求生成器子模块（dmamux_req_genx）通道的 DMAMUX 请求多路选择器子模块输入（dmamux_reqx）。

（2）DMAMUX 请求输出到 DMA 控制器的通道（dmamux_req_outx）。

（3）到 DMA 请求触发器输入的内部或外部信号（dmamux_trgx）。

（4）同步输入的内部或外部信号（dmamux_syncx）。

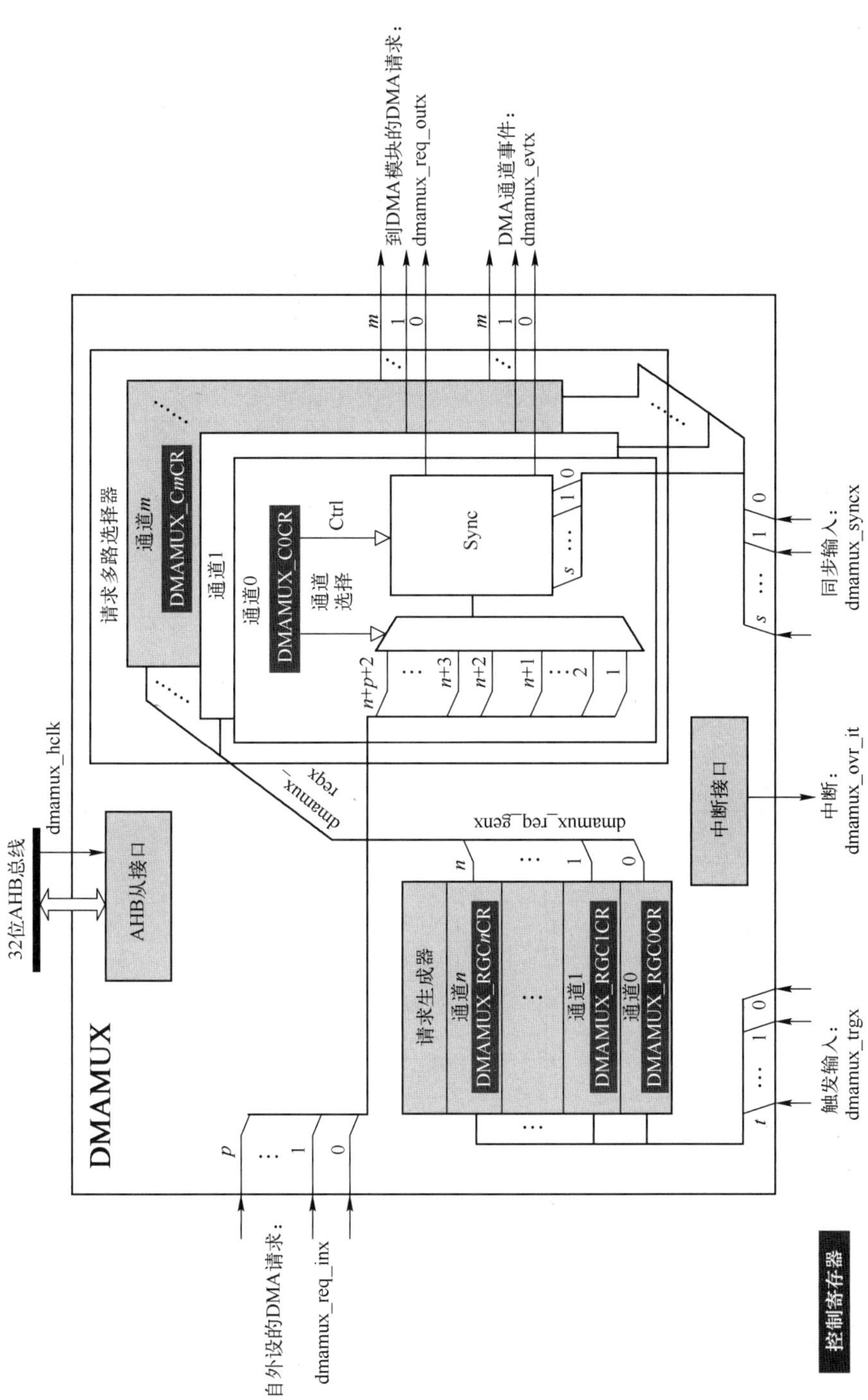

图 13.4　DMAMUX 的结构

表 13.4 DMAMUX 中资源的个数

功能	DMAMUX
DMAMUX 输出请求通道个数	12/7/5 个
DMAMUX 请求发生器通道个数	4 个
DMAMUX 请求触发器输入的个数	23 个
DMAMUX 同步输入的个数	23 个
DMAMUX 外设请求输入的个数	最多 73 个

表 13.5 DMAMUX 信号的功能

信号名字	描述
dmamux_hclk	DMAMUX AHB 时钟
dmamux_req_inx	来自外设的 DMAMUX DMA 请求线输入
dmamux_trgx	DMAMUX DMA 请求触发器呼入（到请求生成器子模块）
dmamux_req_genx	DMAMUX 请求生成器子模块通道输出
dmamux_reqx	DMAMUX 请求多路选择器子模块输入（来自外设请求和请求生成器通道）
dmamux_syncx	DMAMUX 同步输入（到请求多路选择器子模块）
dmamux_req_outx	DMAMUX 请求输出（到 DMA 模块）
dmamux_evtx	DMAMUX 事件输出
dmamux_ovr_it	DMAMUX 溢出中断

13.2.2 DMAMUX 映射

资源到 DMAMUX 的映射是硬连线的。DMAMUX 输入和资源的分配如表 13.6 所示。

表 13.6 DMAMUX 输入和资源的分配

DMAMUX 输入	资源	DMAMUX 输入	资源	DMAMUX 输入	资源
1	dmamux_req_gen0	19	SPI2_Tx	37	TIM3_UP
2	dmamux_req_gen1	20	TIM1_CH1	38	TIM6_UP
3	dmamux_req_gen2	21	TIM1_CH2	39	TIM7_UP
4	dmamux_req_gen3	22	TIM1_CH3	40	TIM15_CH1
5	ADC	23	TIM1_CH4	41	TIM15_CH2
6	AES_IN	24	TIM1_TRIG_COM	42	TIM15_TRIG_COM
7	AES_OUT	25	TIM1_UP	43	TIM15_UP
8	DAC_Channel1	26	TIM2_CH1	44	TIM16_CH1
9	DAC_Channel2	27	TIM2_CH2	45	TIM16_COM
10	I2C1_Rx	28	TIM2_CH3	46	TIM16_UP
11	I2C1_Tx	29	TIM2_CH4	47	TIM17_CH1
12	I2C2_Rx	30	TIM2_TRIG	48	TIM17_COM
13	I2C2_Tx	31	TIM2_UP	49	TIM17_UP
14	LPUART_Rx	32	TIM3_CH1	50	USART1_Rx
15	LPUART_Tx	33	TIM3_CH2	51	USART1_Tx
16	SPI1_Rx	34	TIM3_CH3	52	USART2_Rx
17	SPI1_Tx	35	TIM3_CH4	53	USART2_Tx
18	SPI2_Rx	36	TIM3_TRIG	54	USART3_Rx

续表

DMAMUX 输入	资源	DMAMUX 输入	资源	DMAMUX 输入	资源
55	USART3_Tx	63	I2C3_Tx	71	TIM4_CH4
56	USART4_Rx	64	LPUART2_Rx	72	TIM4_TRIG
57	USART4_Tx	65	LPUART2_Tx	73	TIM4_UP
58	UCPD1_Rx	66	SPI3_Rx	74	USART5_Rx
59	UCPD1_Tx	67	SPI3_Tx	75	USART5_Tx
60	UCPD2_Rx	68	TIM4_CH1	76	USART6_Rx
61	UCPD2_Tx	69	TIM4_CH2	77	USART6_Tx
62	I2C3_Rx	70	TIM4_CH3	—	—

触发输入和资源的分配如表 13.7 所示。

表 13.7　触发输入和资源的分配

触发输入	资源	触发输入	资源
0	EXTILINE0	12	EXTILINE12
1	EXTILINE1	13	EXTILINE13
2	EXTILINE2	14	EXTILINE14
3	EXTILINE3	15	EXTILINE15
4	EXTILINE4	16	dmamux_evt0
5	EXTILINE5	17	dmamux_evt1
6	EXTILINE6	18	dmamux_evt2
7	EXTILINE7	19	dmamux_evt3
8	EXTILINE8	20	LPTIM1_OUT
9	EXTILINE9	21	LPTIM2_OUT
10	EXTILINE10	22	TIM14_OC
11	EXTILINE11	23	Reserved

同步输入和资源的分配如表 13.8 所示。

表 13.8　同步输入和资源的分配

同步输入	源	同步输入	源
0	EXTI LINE0	12	EXTI LINE12
1	EXTI LINE1	13	EXTI LINE13
2	EXTI LINE2	14	EXTI LINE14
3	EXTI LINE3	15	EXTI LINE15
4	EXTI LINE4	16	dmamux_evt0
5	EXTI LINE5	17	dmamux_evt1
6	EXTI LINE6	18	dmamux_evt2
7	EXTI LINE7	19	dmamux_evt3
8	EXTI LINE8	20	LPTIM1_OUT
9	EXTI LINE9	21	LPTIM2_OUT
10	EXTI LINE10	22	TIM14_OC
11	EXTI LINE11	23	Reserved

13.2.3　DMAMUX 通道

DMAMUX 通道是一个 DMAMUX 请求多路选择器通道，根据请求多路选择器的选定输入，它可以包括一个额外的 DMAMUX 请求生成器通道。DMAMUX 请求多路选择器通道连接并专用于 DMA 模块的单个通道。

按照下面的顺序配置 DMAMUX *x* 通道和相关的 DMA 通道 *y*。

（1）设置和配置完整的 DMA 通道 *y*，除了使能通道 *y*。

（2）完整设置和配置相关的 DMAMUX *x* 通道。

（3）最后，通过设置 DMA *y* 通道寄存器的 EN 位来激活 DMA 通道 *y*。

13.2.4　DMAMUX 请求多路选择器

具有多个通道的 DMAMUX 请求多路选择器可保证 DMA 请求/确认控制信号（称为 DMA 请求线）实际的布线。

每个 DMA 请求线并行连接到 DMAMUX 请求多路选择器的所有通道。DMA 请求来自外设或来自 DMAMUX 请求生成器。

DMAMUX 请求多路选择器通道 *x* 选择由 DMAMUX_CxCR 寄存器中的 DMAREQ_ID 字段配置的 DMA 请求线编号。

注：（1）字段 DMAREQ_ID 中的空值对应未选择的 DMA 请求线。

（2）只有当应用确保不会同时请求服务这些通道时，才能将相同的非空 DMAREQ_ID 分配给两个不同的通道。换句话说，如果两个不同的通道同时接收到相同的有效硬件请求，则会发生不可预测的 DMA 硬件行为。

在 DMA 请求选择之上，如果需要，则可以配置和使能同步模式和/或事件生成。

13.2.5　同步模式和通道事件生成

通过设置 DMAMUX_CxCR 寄存器中的同步使能（SE）位，可以单独同步每个 DMAMUX 请求多路选择器通道 *x*。

DMAMUX 有多个同步输入。同步输入并行连接到请求多路选择器的所有通道。通过给定通道 *x* 的 DMAMUX_CxCR 寄存器中的 SYNC_ID 字段选择同步输入。

当通道处于该同步模式时，一旦在所选择输入同步信号上检测到可编程上升沿/下降沿（通过 DMAMUX_CxCR 寄存器的 SPOL[1:0]字段），选定的输入 DMA 请求线会传播到请求多路选择器输出。此外，DMAMUX 请求多路选择器内部还有一个可编程的 DMA 请求计数器，可用于通道请求输出生成，也可用于生成事件。通过 DMAMUX_CxCR 寄存器的 EGE 位（事件生成使能），使能通道 *x* 输出上的一个事件生成。

进一步讲，如图 13.5 所示，当 DMAMUX 通道配置为同步模式，即 DMAMUX_CCRx 寄存器配置为 NBREQ=4、SE=1、EGE=1、SPOL=01（上升沿）时，其行为如下。

（1）请求多路选择器输入（来自外设的 DMA 请求）可以变为活动状态，但在收到同步信号之前不会在 DMAMUX 请求多路选择器输出上转发。

（2）当接收到同步事件时，请求多路选择器连接其输入和输出，转发所有外设请求。

（3）转发的每个 DMA 请求将递减请求计数器（用户编程的值）。当该计数器达到零时，断开 DMA 模块和外设之间的连接，等待新的同步事件。

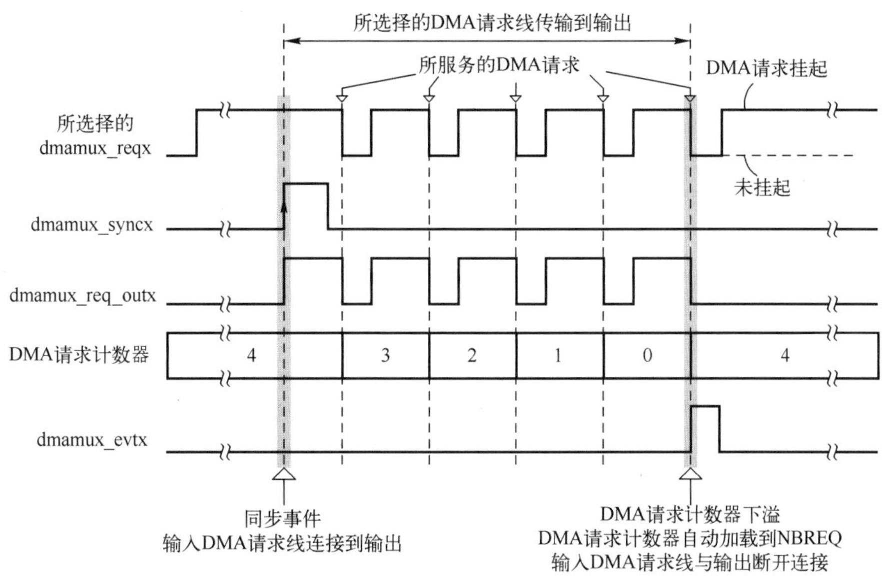

图 13.5　DMAMUX 请求多路选择器通道同步模式

（4）对于该计数器的每次欠载，请求多路选择器线上可以生成一个可选事件与第二条 DMAMUX 线路同步。在某些低功耗场景中，可以使用相同的事件将系统切换回停止模式，而无须 CPU 干预。

例如，同步模式可以用于带有定时器的自动同步数据传输，或者触发外设事件的传输。

如图 13.6 所示，DMAMUX_CCRx 寄存器配置为 NBREQ=3、SE=0、EGE=1。在检测到同步输入的边沿时，挂起的所选择的输入 DMA 请求线连接到 DMAMUX 请求多路选择器通道 x 输出。

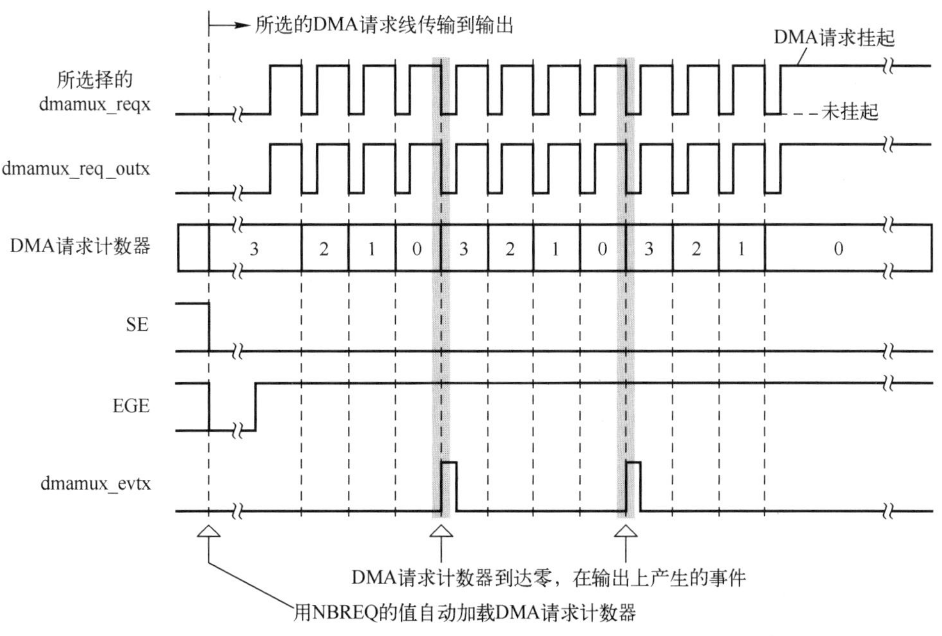

图 13.6　DMAMUX 请求多路选择器通道的事件生成

> **注：** 当发生同步事件，而没有挂起的所选择的输入 DMA 请求线时，将其丢弃。随后有效的输入请求线未连接到 DMAMUX 请求多路选择器通道输出，直至再次发生一个同步事件。

从该点开始，每次连接的 DMAMUX 请求由 DMA 模块提供服务（已提供的请求无效），DMA 请求计数器递减。

在欠载时，DMA 请求计数器会自动加载 DMAMUX_CxCR 寄存器的 NBREQ 字段中的值，并且输入 DMA 请求线与请求多路选择器通道 x 输出断开连接。

因此，在检测到同步事件之后，传输到多路选择器通道 x 输出的 DMA 请求的个数等于 NBREQ 字段中的值加 1。

> 注：当对应的请求多路选择器通道 x 的同步使能 SE 位和事件使能 EGE 位都禁止时，才能由软件写 NBREQ 字段中的值。

如果使能 EGE 位，当其 DMA 请求计数器自动重新加载编程的 NBREQ 字段中的值时，请求多路选择器通道生成一个通道事件，作为一个 AHB 时钟周期的脉冲，如图 13.5 和图 13.6 所示。

> 注：（1）如果使能 EGE 位且 NBREQ=0，则在每个服务的 DMA 请求之后生成一个事件。
> （2）如果边沿之后的状态保持稳定超过两个 AHB 时钟周期，则检测到同步事件（边沿）。在写入 DMAMUX_CxCR 寄存器之后，在 3 个 AHB 时钟周期后屏蔽同步事件。

下面介绍同步溢出和中断。

如果在 DMA 请求计数器欠载（通过 DMAMUX_CxCR 寄存器的 NBREQ 字段编程的内部请求计数器）之前发生新的同步事件，则在 DMAMUX_CSR 寄存器中设置同步溢出标志 SOFx。

> 注：在完成 DMA 模块相关通道的使用后，必须禁止请求多路选择器通道 x 同步（DMAMUX_CxCR.SE=0）。否则，在检测到新的同步事件时，由于没有从 DMA 模块接收到 DMA 确认（即没有服务请求），会出现同步溢出。

通过在 DMAMUX_CFR 寄存器中设置相关的清除同步过载标志 CSOFx 来复位过载标志 SOFx。如果设置了 DMAMUX_CxCR 寄存器中的同步过载中断使能 SOIE 位，则设置同步过载标志将产生中断。

13.2.6 DMAMUX 请求生成器

DMAMUX 请求生成器在其 DMA 请求触发器输入上的触发事件之后生成 DMA 请求。DMAMUX 请求生成器有多个通道。将 DMA 请求触发器输入并行连接到所有通道。

DMAMUX 请求生成器通道的输出是 DMAMUX 请求多路选择器的输入。

每个 DMAMUX 请求发生器通道 x 在对应的 DMAMUX_RGxCR 寄存器中有一个使能位（发生器使能）。

通过相应 DMAMUX_RGxCR 寄存器中的 SIG_ID（触发信号 ID）字段，选择用于 DMAMUX 请求生成器通道 x 的 DMA 请求触发输入。

DMA 请求触发输入上的触发事件可以是上升沿、下降沿或任一边沿。通过对应的 DMAMUX_RGxCR 寄存器中的 GPOL（发生器极性）字段选择有效边沿。

触发事件后，对应的生成器通道开始在其输出上生成 DMA 请求。每次 DMAMUX 生成的请求由连接的 DMA 模块提供服务（服务过的请求无效），内建（在 DMAMUX 请求生成器内部）的 DMA 请求计数器递减。在欠载时，请求生成器通道停止生成 DMA 请求，并且 DMA 请求计数器在下一个触发事件时自动重新加载其编程值。

因此，触发事件后产生的 DMA 请求数为 GNBREQ+1。

> 注：只有当对应请求生成器通道 x 的使能 GE 位为禁止时，软件才能写入 GNBREQ 字段的值。

如果边沿之后的状态保持稳定超过两个 AHB 时钟周期，则检测到触发事件（边沿）。

在写入 DMAMUX_RGxCR 寄存器后，在 3 个 AHB 时钟周期内屏蔽触发事件。

下面介绍触发溢出和中断。

如果在 DMA 请求计数器欠载（通过 DMAMUX_RGxCR 寄存器的 GNBREQ 字段编程的内部计数器）之前发生新的 DMA 请求触发事件，并且如果请求发生器通道 x 通过 GE 位使能，则请求触发事件溢出标志 OFx 由 DMAMUX_RGSR 寄存器中的硬件置位。

> 注：在完成 DMA 模块相关通道的使用后，必须禁止请求生成器通道 x（DMAMUX_RGxCR.GE=0）。否则，当检测到新的触发事件时，由于没有从 DMA 接收到确认信号（即没有服务的请求）而导致触发溢出。

通过设置 DMAMUX_RGCFR 寄存器中的相关清除溢出标志 COFx 来复位溢出标志 OFx。

如果设置 DMAMUX_RGxCR 寄存器中的 DMA 请求触发事件溢出中断使能 OIE 位，则设置 DMAMUX 请求触发溢出标志会产生中断。

13.2.7　DMAMUX 中断

以下情况会产生 DMAMUX 中断。

（1）每个 DMA 请求多路选择器通道中的同步事件过载/溢出。

（2）每个 DMA 请求生成器通道中的触发事件过载/溢出。

对于每种情况，每个通道都有单独的中断使能、状态和清除标志寄存器位可用。

DMAMUX 中断如表 13.9 所示。

表 13.9　DMAMUX 中断

中断信号	中断事件	事件标志	清除位	使能位
dmamuxovr_it	DMAMUX 请求多路选择器的通道 x 上的同步事件过载/溢出	SOFx	CSOFx	SOIE
	DMAMUX 请求生成器通道 x 上触发事件溢出	OFx	COFx	OIE

13.3　设计实例：基于 DMA 的数据传输实现

本节将基于 STM32G071 MCU 内的 DMA 模块，实现将数据从片内 Flash 存储器搬移到片内 SRAM 存储器中。

13.3.1　在 STM32CubeMX 中配置参数

下面将在 STM32CubeMX 中配置 DMA 的参数，主要步骤如下。

（1）启动 STM32CubeMX 软件开发环境。

（2）选择器件 STM32G071RBTx。

（3）DMA 配置入口如图 13.7 所示。在该界面右侧窗口中，找到并单击 System view 按钮。在该窗口的左侧给出一列按钮，即 DMA 按钮、NVIC 按钮、RCC 按钮，以及 SYS 按钮。单击 DMA 按钮。

图 13.7 DMA 配置入口

（4）弹出 DMA Mode and Configuration 界面，如图 13.8 所示。在该界面中，先单击 Add 按钮，然后在 DMA Request 一列下面出现下拉框。在下拉框中选择 MEMTOMEM 选项。

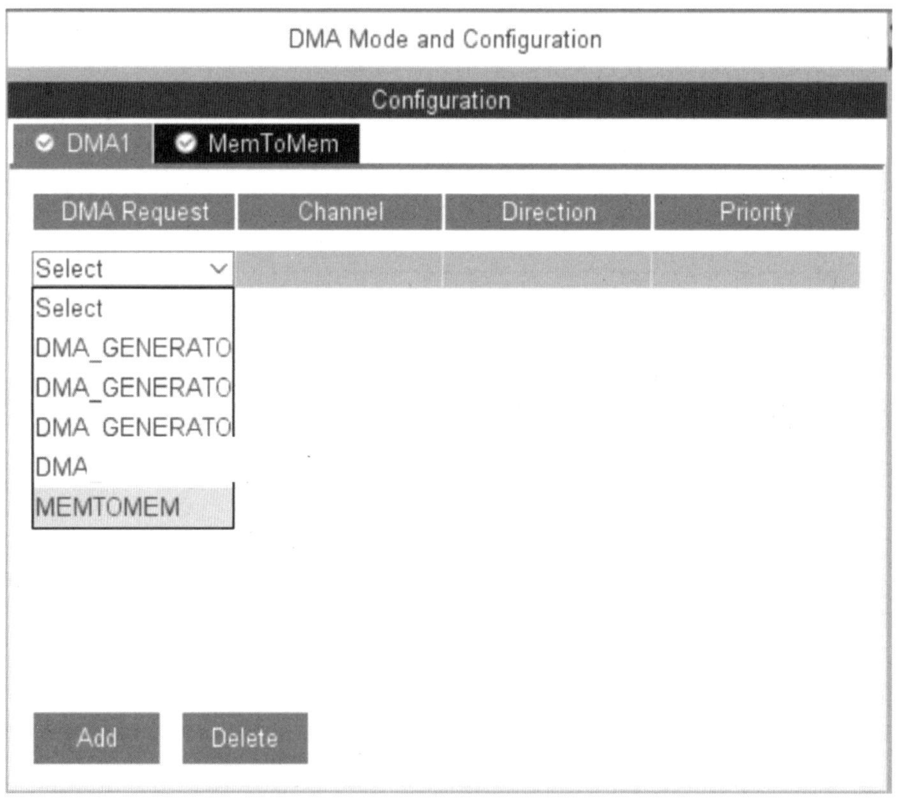

图 13.8 DMA Mode and Configuration 界面

（5）如图 13.9 所示，单击 DMA Request 一列下面名字为 MEMTOMEM 的一行。在该界面下方出现 DMA Request Settings 窗口。在该窗口中，参数设置如下。

① Mode：Normal（通过下拉框设置）。

② Src Memory 下面的 Data Width：Word（通过下拉框设置）。

③ Dst Memory 下面的 Data Width：Word（通过下拉框设置）。

④ 单击 MEMTOMEM 一行和 Priority 一列相交的单元格，出现下拉框。在下拉框中选择 Low 选项，将优先级设置为“低”。

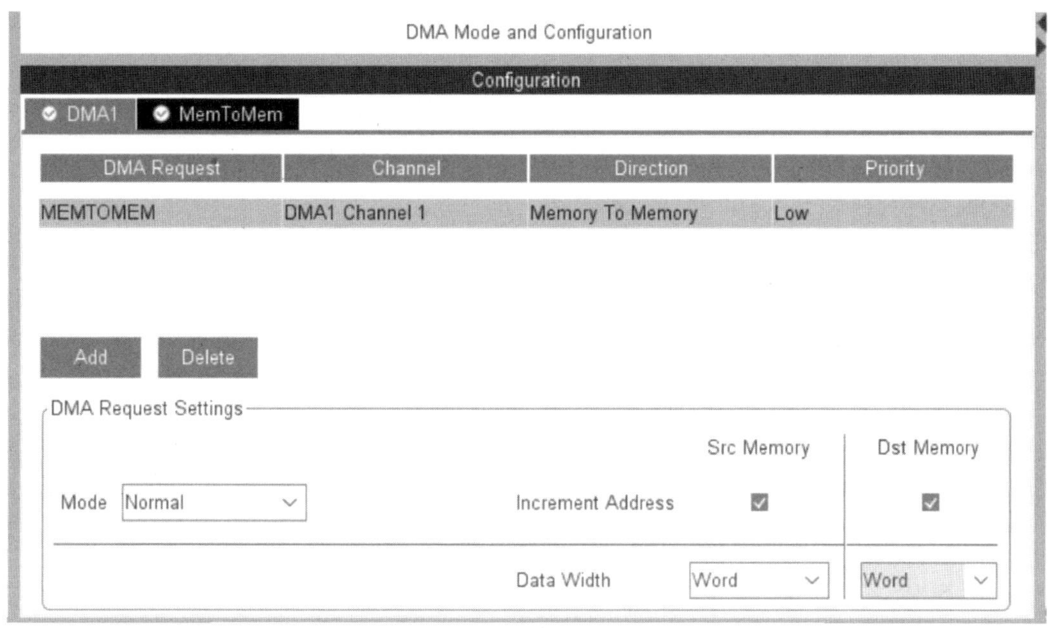

图 13.9　Configuration 界面

（6）如图 13.10 所示，单击 Pinout & Configuration 标签。在该标签左侧窗口中，找到并展开 System Core。在展开项中，找到并选择 NVIC 选项。在该标签界面右侧的 NVIC Mode and Configuration 窗口中，单击 NVIC 标签。在该标签界面中，勾选 DMA1 channel 1 interrupt 右侧的复选框，表示使能 DMA1 通道 1 的中断。

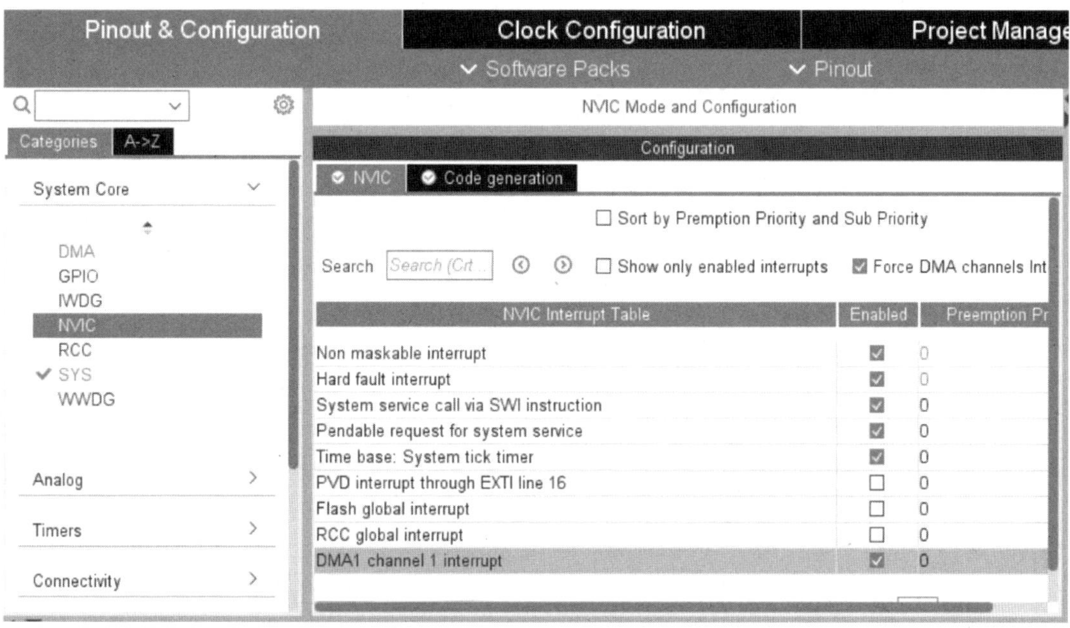

图 13.10　设置 NVIC 参数

（7）在 Pinout view 界面中，找到并选中 PA5 引脚，出现浮动菜单。在浮动菜单内，选择 GPIO_OUTPUT 选项。

注：该引脚用于指示数据传输过程。

（8）在 STM32CubeMX Untitled:STM32G071RBTx 界面中，单击 Project Manager 标签。在该标签界面中，设置导出工程的相关参数。

注：读者可以参考本书前面章节的导出工程的参数设置。

（9）在 STM32CubeMX Untitled:STM32G071RBTx 界面中，单击 GENERATE CODE 标签，生成 Keil MDK 工程。

13.3.2　在 Keil μVision 中添加设计代码

下面将在 Keil μVision 集成开发环境中添加设计代码，主要设计步骤如下。

（1）启动 Keil μVision 集成开发环境（以下简称 Keil）。

（2）在 Keil 主界面主菜单中，选择 Project->Open Project。

（3）弹出 Select Project File 界面。在该界面中，将路径定位到 E:\STM32G0_example\example_13_1\MDK-ARM。在该路径下，选中名字为 DMA_LD4.uvprojx 的工程文件。

（4）单击打开按钮，退出 Select Project File 界面。

（5）在 Keil 左侧 Project 窗口中，找到并双击 main.c，打开该文件。在该文件中，添加设计代码。

① 添加一行代码，用于定义缓冲区大小。

```
#define BUFFER_SIZE    32
```

② 添加下面的代码，定义并初始化源缓冲区、定义目标缓冲区，以及设置标志位，如代码清单 13.1 所示。

代码清单 13.1　添加的代码片段（一）

```
//定义源缓存区 aSRC_Const_Buffer 并初始化
static const uint32_t aSRC_Const_Buffer[BUFFER_SIZE] =
{
  0x01020304, 0x05060708, 0x090A0B0C, 0x0D0E0F10,
  0x11121314, 0x15161718, 0x191A1B1C, 0x1D1E1F20,
  0x21222324, 0x25262728, 0x292A2B2C, 0x2D2E2F30,
  0x31323334, 0x35363738, 0x393A3B3C, 0x3D3E3F40,
  0x41424344, 0x45464748, 0x494A4B4C, 0x4D4E4F50,
  0x51525354, 0x55565758, 0x595A5B5C, 0x5D5E5F60,
  0x61626364, 0x65666768, 0x696A6B6C, 0x6D6E6F70,
  0x71727374, 0x75767778, 0x797A7B7C, 0x7D7E7F80
};

//定义目标缓存区 aDST_Buffer
static uint32_t aDST_Buffer[BUFFER_SIZE];

//设定标志位
static __IO uint32_t transferErrorDetected;          //检测到传输错误时，设置为 1
static __IO uint32_t transferCompleteDetected;       //当传输正确完成时，设置为 1
```

③ 添加函数声明代码，如代码清单 13.2 所示。

代码清单 **13.2**　添加函数声明代码

```
static void TransferComplete(DMA_HandleTypeDef *hdma_memtomem_dma1_channel1);
static void TransferError(DMA_HandleTypeDef *hdma_memtomem_dma1_channel1);
```

④ 在 main()主函数的 while 循环语句前面添加下面的代码，如代码清单 13.3 所示。

代码清单 **13.3**　添加的代码片段（二）

```
transferErrorDetected = 0;                              //初始标志为 0，没有传输错误
transferCompleteDetected = 0;                           //初始标志为 0，没有传输完成
HAL_GPIO_WritePin(GPIOA,GPIO_PIN_5,0);     //LD4 初始状态为灭，未开始传输
HAL_DMA_RegisterCallback(&hdma_memtomem_dma1_channel1,
                         HAL_DMA_XFER_CPLT_CB_ID, TransferComplete);
HAL_DMA_RegisterCallback(&hdma_memtomem_dma1_channel1,
                         HAL_DMA_XFER_ERROR_CB_ID, TransferError);
if  (HAL_DMA_Start_IT(&hdma_memtomem_dma1_channel1,  (uint32_t)&aSRC_Const_  Buffer,  (uint32_t)
&aDST_Buffer, BUFFER_SIZE) != HAL_OK)
{
    Error_Handler();
}
```

⑤ 在 while 循环中，添加设计代码，如代码清单 13.4 所示。

代码清单 **13.4**　添加的代码片段（三）

```
while (1)
  {
    if (transferErrorDetected == 1)
    {
      //传输出错 LD4 灯闪烁（间隔 0.2s）
        HAL_GPIO_TogglePin(GPIOA,GPIO_PIN_5);
        HAL_Delay(200);
    }
    if (transferCompleteDetected == 1)
    {
      //传输完成 LD4 保持常亮
      HAL_GPIO_WritePin(GPIOA,GPIO_PIN_5,1);
      transferCompleteDetected = 0;
    }
  }
```

⑥ 在 main()函数后面添加 TransferComplete 函数的定义部分，如代码清单 13.5 所示。

代码清单 **13.5**　**TransferComplete** 函数的定义部分

```
static void TransferComplete(DMA_HandleTypeDef *hdma_memtomem_dma1_channel1)
{
    transferCompleteDetected = 1;
}
```

⑦ 在 TransferComplete 函数后面添加 TransferError 函数的定义部分，如代码清单 13.6 所示。

代码清单 **13.6**　**TransferError** 函数的定义部分

```
static void TransferError(DMA_HandleTypeDef *hdma_memtomem_dma1_channel1)
{
  transferErrorDetected = 1;
}
```

（6）保存设计代码。

13.3.3 设计下载和调试

下面将对该设计代码进行处理，并对代码进行调试，主要步骤如下。

（1）在 Keil 主界面主菜单下，选择 Project->Build Target。

（2）如图 13.11 所示，设置两个断点。第一个断点设置在传输完成之前，第二个断点设置在传输完成之后。

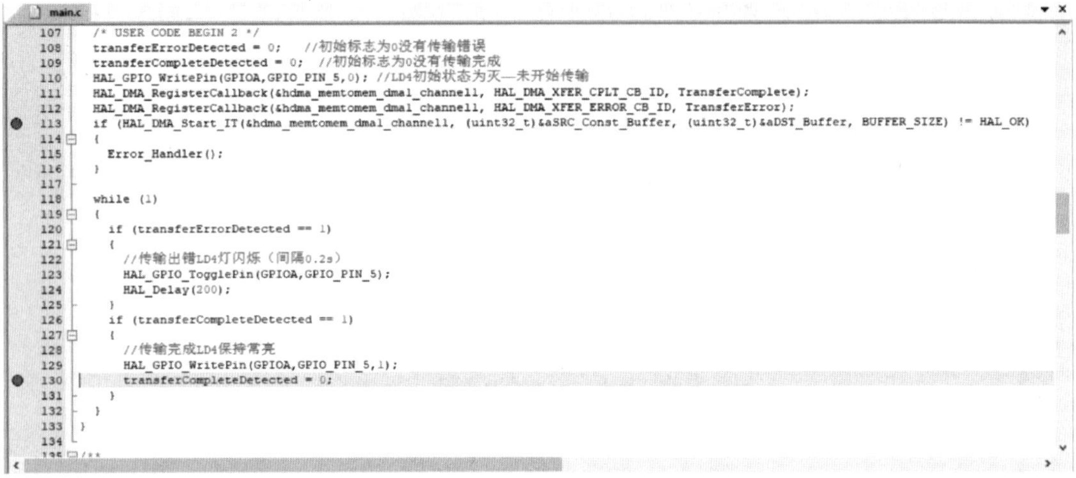

```
main.c
  /* USER CODE BEGIN 2 */
  transferErrorDetected = 0;    //初始标志为0没有传输错误
  transferCompleteDetected = 0;  //初始标志为0没有传输完成
  HAL_GPIO_WritePin(GPIOA,GPIO_PIN_5,0); //LD4初始状态为灭—未开始传输
  HAL_DMA_RegisterCallback(&hdma_memtomem_dma1_channel1, HAL_DMA_XFER_CPLT_CB_ID, TransferComplete);
  HAL_DMA_RegisterCallback(&hdma_memtomem_dma1_channel1, HAL_DMA_XFER_ERROR_CB_ID, TransferError);
  if (HAL_DMA_Start_IT(&hdma_memtomem_dma1_channel1, (uint32_t)&aSRC_Const_Buffer, (uint32_t)&aDST_Buffer, BUFFER_SIZE) != HAL_OK)
  {
    Error_Handler();
  }

  while (1)
  {
    if (transferErrorDetected == 1)
    {
      //传输出错LD4灯闪烁（间隔0.2s）
      HAL_GPIO_TogglePin(GPIOA,GPIO_PIN_5);
      HAL_Delay(200);
    }
    if (transferCompleteDetected == 1)
    {
      //传输完成LD4保持常亮
      HAL_GPIO_WritePin(GPIOA,GPIO_PIN_5,1);
      transferCompleteDetected = 0;
    }
  }
}
/**
```

图 13.11　在 main.c 文件中设置两个断点

（3）通过 USB 电缆，将计算机/笔记本电脑的 USB 接口连接到 NUCLEO-G071RB 开发板的 USB 接口。

（4）在 Keil 主界面主菜单中，选择 Debug->Start/Stop Debug Session，进入调试器界面。

（5）在 Keil 调试器主界面主菜单下，选择 View->Watch Windows->Watch 1，在 Keil 调试器主界面右下角出现 Watch 1 窗口，如图 13.12 所示。在 Watch 1 窗口中，分别添加两个变量 aSRC_Const_Buffer 和 aDST_Buffer。

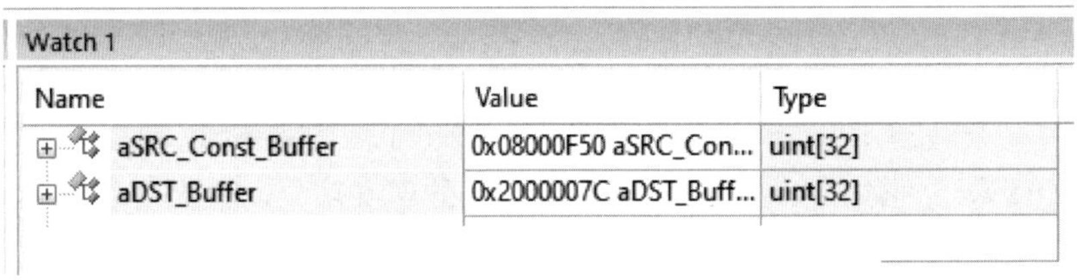

Watch 1

Name	Value	Type
aSRC_Const_Buffer	0x08000F50 aSRC_Con...	uint[32]
aDST_Buffer	0x2000007C aDST_Buff...	uint[32]

图 13.12　Watch 1 窗口

（6）在 Keil 调试器主界面主菜单下，选择 Debug->Run，使 Cortex-M0+运行到所设置的第一个断点的位置后停下来。

思考与练习 13.1：在图 13.12 中，分别单击 aSRC_Const_Buffer 前面的“+”号和 aDST_Buffer 前面的“+”号，查看 aSRC_Const_Buffer 数组变量和 aDST_Buffer 数组变量的内容。

（7）在 Keil 调试器主界面主菜单下，选择 Debug->Run，使 Cortex-M0+运行到所设置的第二个断点的位置后停下来。

思考与练习 13.2：查看 aSRC_Const_Buffer 数组变量和 aDST_Buffer 数组变量的内容。

思考与练习 13.3：查看开发板上 LED 的变化情况，是否和设计要求相符。

第 14 章　信号采集和处理的实现

STM32G071 MCU 内集成了模数转换器（Analog-to-Digital Converter，ADC），允许 MCU 接收来自传感器输出的模拟值，并转换信号用于数字域。通过 ADC 实现将模拟连续信号转换为离散数字信号，并使用 STM32G071 MCU 内的处理器执行数字信号处理，以满足不同应用场景的要求。

STM32G071 MCU 内的数模转换器（Digital-to-Analog Converter，DAC）将 8 位/12 位数字数据转换为一个模拟电压，它有两个 DAC，可以以同步或异步方式工作。此外，它还集成了低功耗采样和保持模式。DAC 可以与外部电位器或偏置电路连接，还可以创建语音或任意信号。此外，利用 STM32G071 MCU 的基本定时器模块可以为 DAC 提供同步信号。

本章在介绍 ADC 和 DAC 原理的基础上，通过两个设计实例说明 STM32G071 MCU 内 ADC 和 DAC 的配置和使用方法。

14.1　ADC 结构和功能

ADC 提供了最多 19 个模拟输入。ADC 本身是具有额外过采样硬件的 12 位逐次逼近寄存器型（Successive Approximation Register，SAR）转换器。对 12 位分辨率来说，ADC 执行每秒 2.5×10^6 的采样次数。对于采样完成的信号，可以通过 DMA 搬移或中断使采样后的数据可用。该 ADC 具有低功耗和高性能的特点，并具有多种触发机制。

此外，ADC 还集成了模拟看门狗，用于检测输入电压是否落在了用户定义的高门限或低门限区域之外。

14.1.1　ADC 内部结构

STM32G071 MCU 内 ADC 的内部结构如图 14.1 所示。ADC 引脚及内部信号如表 14.1 所示。如图 14.1 所示，通过 EXTSEL[1:0]选择外部触发源。

14.1.2　低功耗模式

ADC 支持深度掉电模式。当不使用 ADC 时，可以通过电源开关将其断开，以进一步减少漏电流。当等待模式处于活动状态时，ADC 等待直到读取最后的转换数据或清除转换结束标志，然后再开始下一次转换，如图 14.2 所示。这样避免了不必要的转换，从而降低了功耗。

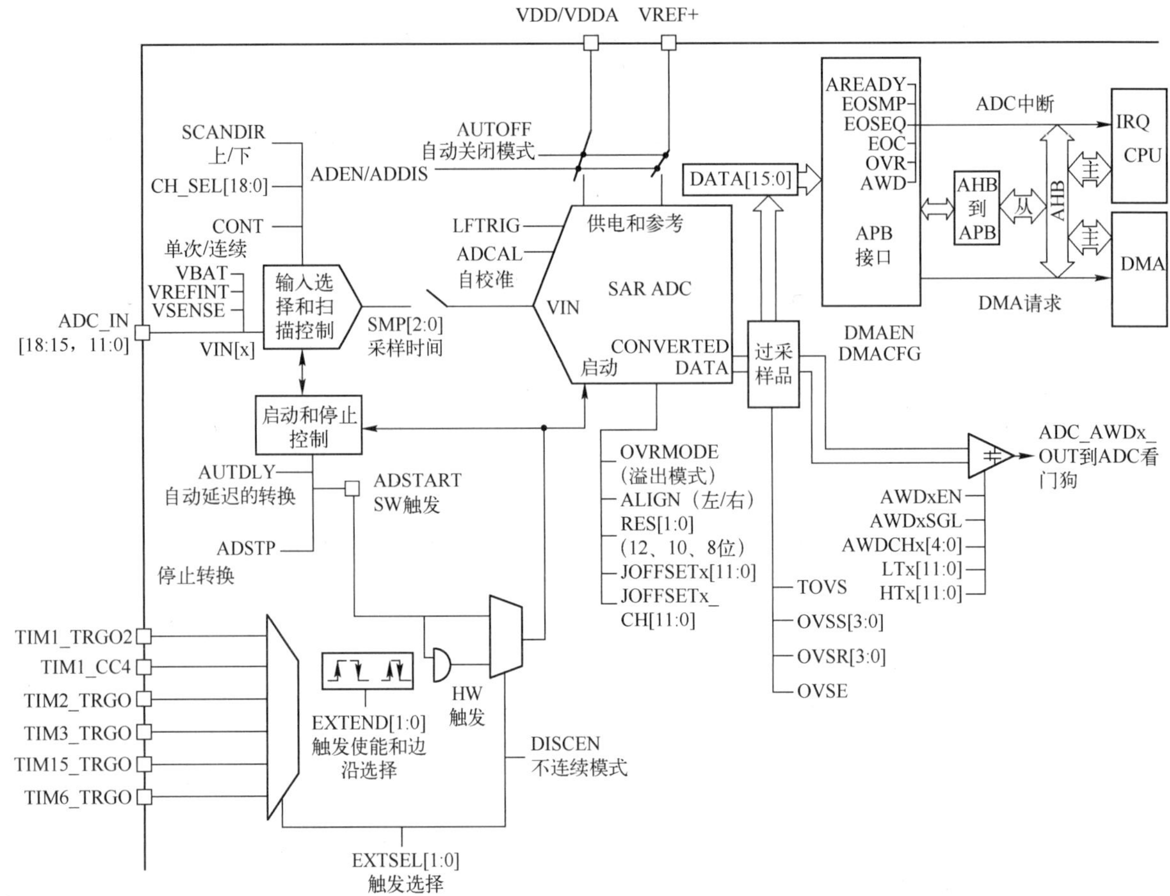

图 14.1　ADC 的内部结构

表 14.1　ADC 引脚及内部信号

引脚名	信号类型	功能
VDDA	输入，模拟供电电源	用于 ADC 的模拟供电和正参考电压，$V_{DDA} \geqslant V_{DD}$
VSSA	输入，模拟供电地	用于模拟供电电源的地。必须处于 V_{SS} 电平
VREF+	输入，模拟参考正	用于 ADC 的高/正参考电压
ADC_INx	模拟输入信号	16 个外部模拟输入通道
VIN[x]	模拟输入通道	连接到内部通道或 ADC_INx 外部通道
TRGx	输入	ADC 转换的触发器
VSENSE	输入	内部的温度传感器输出电压
VREFINT	输入	内部电压参考源的输出电压
VBAT/3	输入	VBAT 引脚的输入电压除以 3
ADC_AWDx_OUT	输出	内部模拟看门狗输出信号，连接到片上定时器（x 为模拟看门狗的号，如 1、2、3）

ADC 具有自动电源管理功能，称之为自动关闭模式。当使能自动关闭模式时，在不进行转换时，总是关闭 ADC 的电源，并在转换开始时（通过软件或硬件触发）自动唤醒。在触发转换的触发事件和 ADC 的采样事件之间会自动插入一个启动时间。一旦完成转换序列，将自动禁止 ADC，如图 14.3 所示。

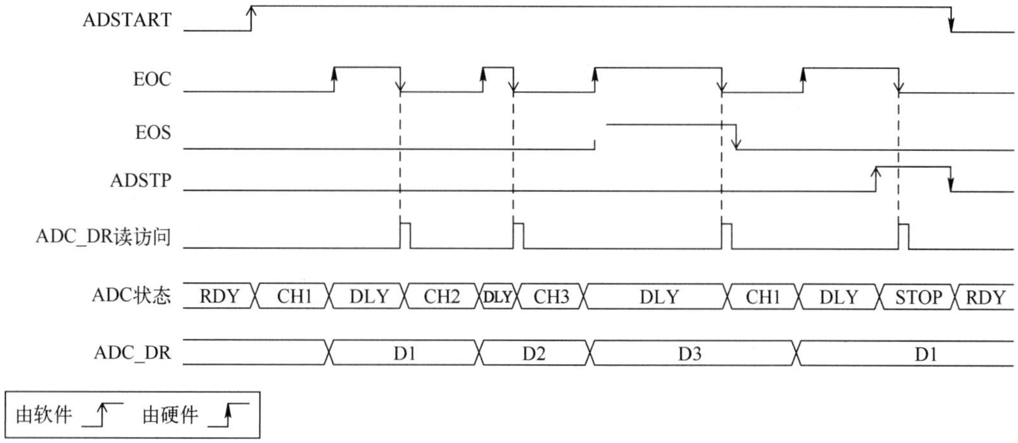

图 14.2　等待模式转换（连续模式，软件触发）

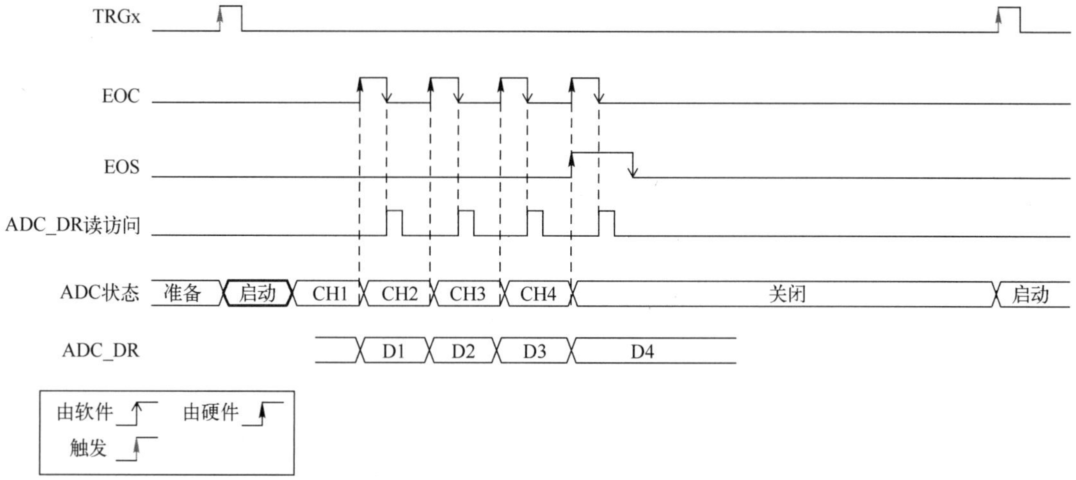

图 14.3　WAIT=0，AUTOFF=1 时的行为

自动关闭模式可以与等待模式转换（WAIT=1）结合使用，用于低频时钟驱动的应用。如果 ADC 在等待阶段自动关闭电源，并在应用程序读取 ADC_DR 寄存器后立即重启，则这种组合可以显著降低功耗，如图 14.4 所示。

功耗是采样频率的函数。对于低采样率，电流消耗几乎成比例地降低。

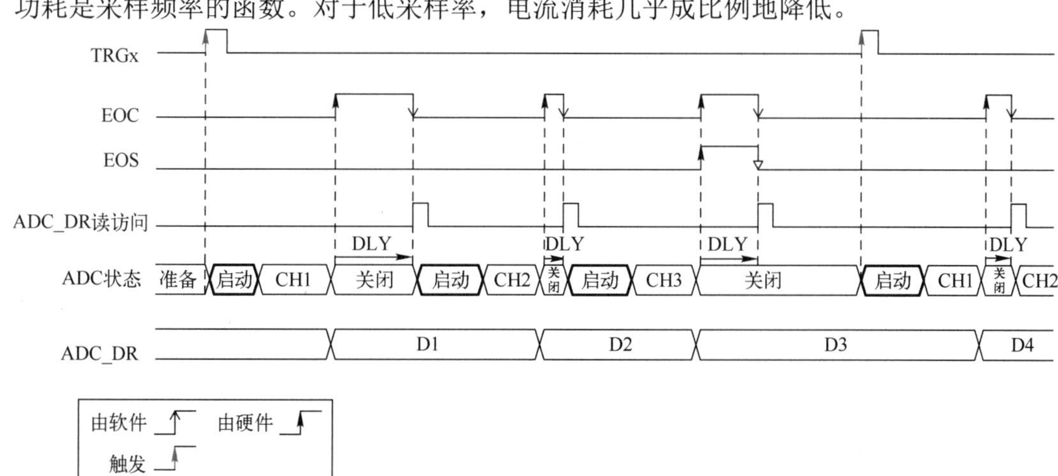

图 14.4　WAIT=1，AUTOFF=1 时的行为

14.1.3　高性能特性

ADC 包含过采样硬件，该硬件会先累积数据，然后在没有 CPU 的帮助下进行分频。它以如下形式提供结果，即

$$\text{Result} = \frac{1}{M} \times \sum_{n=0}^{N-1} \text{Conversion}(t_n)$$

ADC 允许通过硬件执行以下功能，包括平均、降低速率、信噪比（Signal Noise Ratio，SNR）改善，以及基本的滤波。

使用 ADC_CFGR2 寄存器中的 OVFS[2:0]字段定义过采样率 N，范围为 2～256，可选的值为 2、4、8、16、32、64、128 和 256。除法系数 M 由最多可移动 8 位的右移位构成。右移的位数通过 ADC_CFGR2 寄存器的 OVSS[3:0]字段设置，OVSS[3:0]字段与移位个数之间的对应关系如表 14.2 所示。求和单元可以产生最多 20 位（256×12 位）的结果，该结果首先右移。

表 14.2　OVSS[3:0]字段与移位个数之间的对应关系

OVSS[3:0]的设置	移位个数
0000	无移位
0001	右移 1 位
0010	右移 2 位
0011	右移 3 位
0100	右移 4 位
0101	右移 5 位
0110	右移 6 位
0111	右移 7 位
1000	右移 8 位
其他	保留

注：只有当 ADSTART=0 时，软件才允许写入该字段。

然后，将结果的高位截断，仅将 16 个最低有效位四舍五入，再使用移位后剩余的最低有效位将它们四舍五入，最后将其传送到 ADC_DR 数据寄存器中。

注：如果移位后的中间结果超过 16 位，则结果的高位会被截断。

图 14.5 和图 14.6 给出了从原始 20 位累积数据到最终 16 位结果的转换。对图 14.6 来说，$(3B7D7)_{16}$=$(243671)_{10}$，移动 5 位，相当于 $(243671/2^5)_{10} = (7{,}614.71875)_{10} \approx (7615)_{10} = (1DBF)_{16}$。

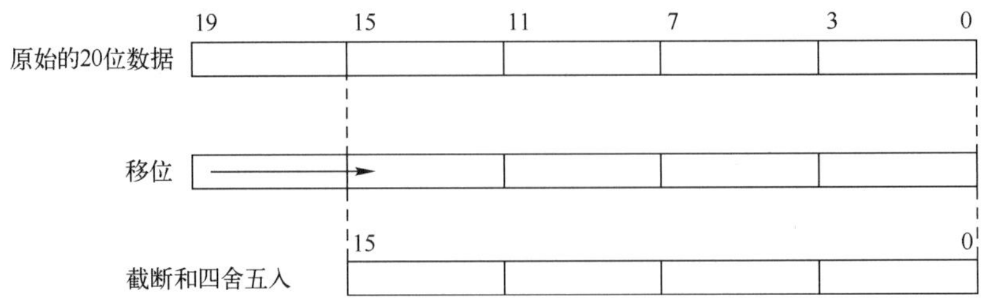

图 14.5　从原始 20 位累积数据到最终的 16 位结果的转换（1）

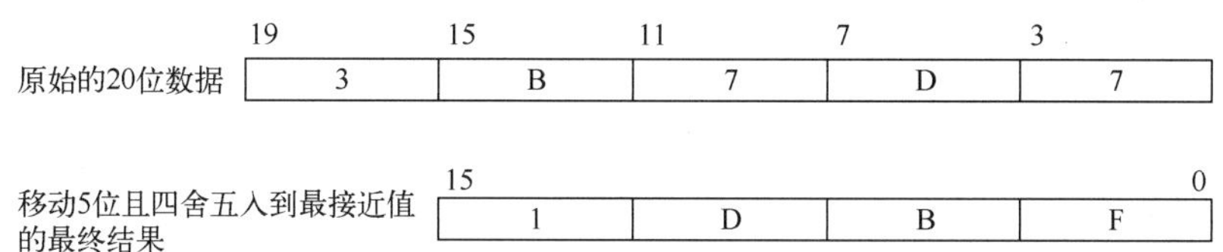

图 14.6　从原始 20 位累积数据到最终的 16 位结果的转换（2）

14.1.4　ADC 转换速度

在 12 位分辨率下，STM32G071 MCU 内的 ADC 需要最小 1.5 个 T_{ADC_CLK} 用于采样，12.5 个 T_{ADC_CLK} 用于转换。对 35MHz 的 ADC_CLK 来说，需要 14 个周期，其采样率为 2.5Msps。

在低分辨率下，对 35MHz 的 ADC_CLK 来说，ADC 的采样率最高如下。

（1）在 10 位分辨率下，10.5 个 T_{ADC_CLK}+1.5 个 T_{ADC_CLK}=12 个 T_{ADC_CLK}，采样率为 2.92Msps。

（2）在 8 位分辨率下，8.5 个 T_{ADC_CLK}+1.5 个 T_{ADC_CLK}=10 个 T_{ADC_CLK}，采样率为 3.5Msps。

（3）在 6 位分辨率下，6.5 个 T_{ADC_CLK}+1.5 个 T_{ADC_CLK}=8 个 T_{ADC_CLK}，采样率为 4.375Msps。

该采样时间必须足以使输入电压源对采样和保持电容进行充电，以达到输入信号的电平。可编程的采样时间，允许根据输入电压源的输入电阻来调整转换速度。

ADC 使用几个 ADC 时钟周期对输入电压进行采样，可以使用 ADC_SMPR 寄存器中的 SMP1[2:0]和 SMP2[2:0]字段对其进行修改。

每个通道都可以通过 ADC_SMPR 寄存器中的 SMPSELx 位，从在 SMP1[2:0]和 SMP2[2:0]字段内配置的两个采样时间中选择一个。

排序器允许使用者以升序或降序转换最多 19 个通道，或者以使用者定义的顺序转换最多 8 个通道。

ADC 提供了用于失调的自校准机制。如果参考电压变化超过 10%，则建议在应用上进行失调校准，因此这包括从复位或从模拟电源已被移除并恢复的低功耗状态中恢复。高温偏移可能还需要运行失调校准。

14.1.5　ADC 时钟的选择

ADC 具有双时钟域结构，因此可以为 ADC 提供独立于 APB 时钟（PCLK）的时钟（ADC 异步时钟），ADC 时钟的结构如图 14.7 所示。

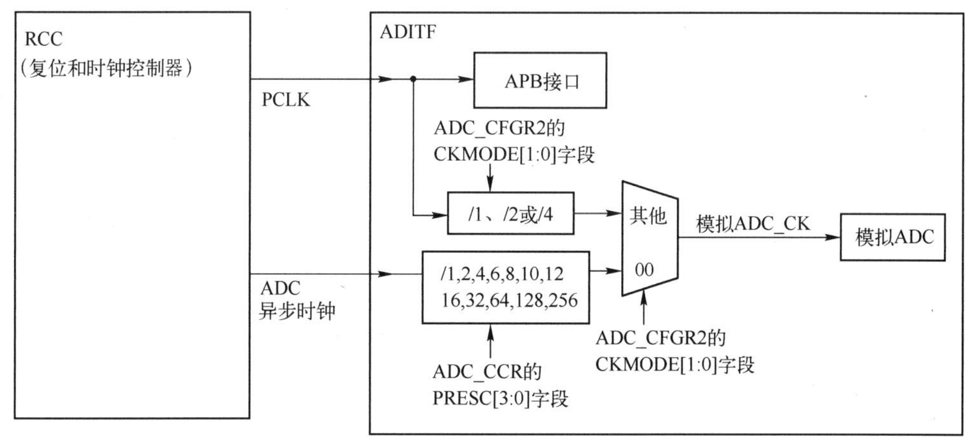

图 14.7　ADC 时钟的结构

用户可以在两个不同的时钟源之间选择模拟 ADC 的输入源。

（1）ADC 可以是一个特定的时钟源，称之为 ADC 异步时钟，它独立于 APB 时钟并与之异步。

（2）ADC 时钟也可以从 ADC 总线接口的 APB 时钟获得，并根据 CKMODE[1:0]字段除以可编程系数（1、2 或 4）。要选择该方案，ADC_CFGR2 寄存器中的 CKMODE[1:0]字段必须与 00 不同。

无论选择哪种 APB 时钟方案，选项（1）的优点是都可以达到最高的 ADC 时钟频率。选项（2）具有绕过时钟域重新同步的优势。当由定时器触发 ADC 且应用程序要求 ADC 被精确触发而没有任何不确定性时，它非常有用（否则，两个时钟域之间的重新同步会增加触发瞬间的不确定性）。

注： 选择 CKMODE[1:0]=11（PCLK 除以 1）时，使用者必须确保 PCLK 具有 50%的占空比。这是通过选择占空比为 50%的系统时钟并在 RCC 以旁路模式配置 APB 预分频器来完成的。如果选择了内部源时钟，则 AHB 和 APB 预分频器不会对时钟进行分频。

14.1.6　ADC 输入与 ADC 的连接关系

ADC 输入与 ADC 的连接关系如图 14.8 所示。ADC 允许 16 个外部输入和 3 个内部输入。

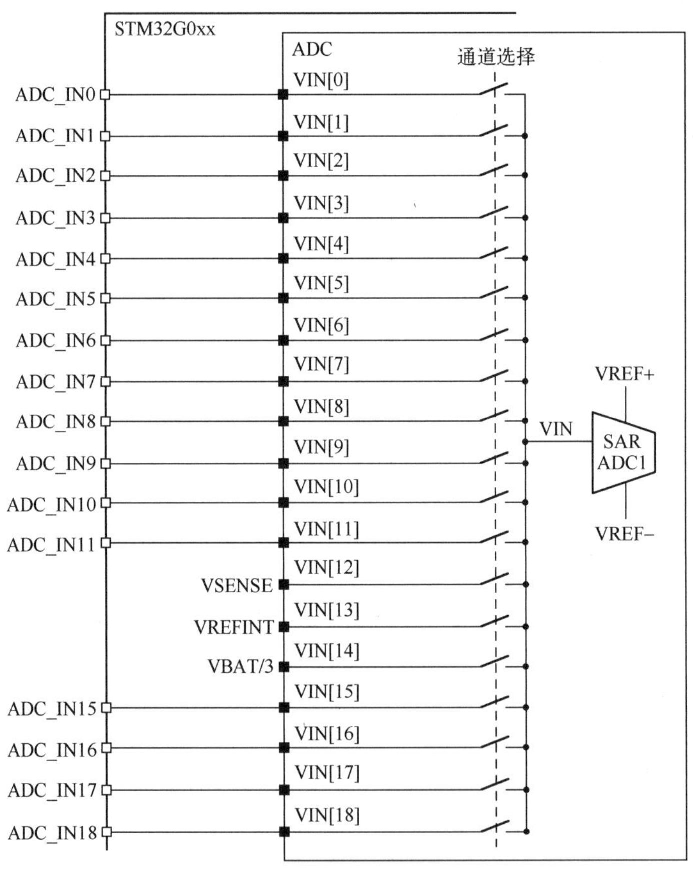

图 14.8　ADC 输入与 ADC 的连接关系

14.1.7　ADC 转换模式

ADC 支持单次转换模式和连续转换模式。

1. 单次转换模式（CONT=0）

在单次转换模式下，ADC 执行单个转换序列，一次转换所有通道。当 ADC_CFGR1 寄存器中的 CONT=0 时，选择该模式。通过以下任意方式进行转换。

（1）在 ADC_CR 寄存器中设置 ADSTART 位。

（2）硬件触发事件。

在序列中，每次转换完成后：

（1）转换后的数据存储在 16 位 ADC_DR 寄存器中；

（2）设置了转换结束（End Of Conversion，EOC）标志；

（3）如果设置 EOCIE 位，则产生中断。

转换顺序完成后：

（1）设置了序列结束（End Of Sequence，EOS）标志；

（2）如果设置了 EOSIE 位，则产生中断。

然后，ADC 停止，直至发生新的外部触发事件或设置了 ADSTART 位。

注：要转换单个通道，编程长度为 1 的序列。

2. 连续转换模式（CONT=1）

在连续转换模式下，当发生软件或硬件触发事件时，ADC 执行一系列转换，一次转换所有通道，然后转换一次。

自动重新启动并连续执行相同的转换顺序。当 ADC_CFGR1 寄存器中的 CONT=1 时，选择该模式。转换开始于：

（1）设置 ADC_CR 寄存器中的 ADSTART 位；

（2）硬件触发器事件。

在序列内，在每次转换完成之后：

（1）转换后的数据保存在 16 位的 ADC_CR 寄存器中；

（2）设置了 EOC 标志；

（3）如果设置了 EOCIE 位，则产生中断。

转换顺序完成后：

（1）设置了 EOS 标志；

（2）如果设置 EOSIE，则产生中断。

然后，新的序列立即重启，ADC 连续重复转换序列。

注：不能同时使能不连续模式和连续模式，禁止同时设置 DISCEN=1 和 CONT=1。

14.1.8　模拟看门狗

每个 ADC 具有 3 个集成的 12 位模拟看门狗，具有高和低阈值设置。将 ADC 转换值与该窗口阈值进行比较，如果结果超过阈值，则可以在没有 CPU 干预的情况下使中断或定时器触发信号有效。

1. 模拟看门狗 1

通过将 ADC_CFGR1 寄存器中的 AWD1EN 位设置为 1，可以使能 AWD1 模拟看门狗。它用于监视一个选定通道或所有已使能通道是否保持在配置的电压范围（窗口）内。如果 ADC 转换的模拟电压低于低阈值或高于高阈值，则设置 AWD1 模拟看门狗状态位。可以在 ADC_AWD1TR 寄存器的 HT1[11:0]和 LT1[11:0]字段中编程阈值，可以通过设置 ADC_IER 寄存器中的 AWD1IE 位来使能中断，可以通过将 AWD1 标志编程为 1 将其清除。

当转换分辨率小于 12 位的数据（对应于 DRES[1:0]字段）时，必须保持清除编程阈值的 LSB，因为内部比较总是对完整的 12 位原始转换数据执行（左对齐）的。

2．模拟看门狗 2 和 3

第 2 个和第 3 个模拟看门狗更加灵活，可以通过在 ADC_AWDxCR（x 为 2 或 3）寄存器中对 AWDxCHy 进行编程来保护几个选定的通道。当设置 ADC_AWDxCR 寄存器中的任何 AWDxCHy 位（x 为 2 或 3）时，使能相应的看门狗。

同理，当转换分辨率小于 12 位的数据（通过 DRES[1:0]字段配置）时，必须保持清除编程阈值的 LSB，因为内部比较总是对完整的 12 位原始转换数据执行（左对齐）的。如果 ADC 转换的模拟电压低于低阈值或高于高阈值，则设置 AWD2/AWD3 模拟看门狗状态位。通过编程，将这些阈值写入 ADC_AWDxTR 寄存器（x 为 2 或 3）的 HTx[11:0]和 LTx[11:0]字段。

通过设置 ADC_IER 寄存器中的 AWDxIE 位来使能中断。通过将 AWD2 和 ADW3 标志编程为 1，可以清除它们。

14.1.9　数据传输和中断

下面介绍数据传输和中断。

1．数据传输

ADC 转换结果保存在 16 位数据寄存器中。系统可以使用 CPU 轮询、中断或 DMA 模块来使用转换的数据。

如果在下次转换数据之前没有读取数据，则会生成溢出标志。如果发生溢出，则删除新的采样或覆盖以前的采样。

2．中断

下面的事件均可以产生中断：

（1）校准结束（end of calibration，EOCAL）标志；

（2）ADC 上电，当 ADC 准备好（ADRDY 标志）时；

（3）转换结束（EOC）标志；

（4）转换序列结束（EOS）标志；

（5）当发生模拟看门狗检测（AWD1、AWD2、AWD3 标志）时；

（6）通道配置准备好（CCRDY 标志）；

（7）采样阶段结束（EOSMP 标志）；

（8）发生数据溢出（OVR 标志）。

14.2　温度传感器和内部参考电压

温度传感器可用于测量器件的结温（T_J）。温度传感器的内部连接到 ADC 的 VIN[12]输入通道，该通道用于将传感器的输出电压转换为数字值。温度传感器模拟引脚的采样时间必须大于数据手册中指定的最小的 T_{S_temp} 值。当不使用时，可以将传感器置为掉电模式。

内部基准电压（V_{REFINT}）源为 ADC 和比较器提供稳定的（带隙）电压输出。V_{REFINT} 内部连接到 ADC VIN[13]输入通道。在生产测试期间，ST 公司会分别为每个器件测量 V_{REFINT} 的精确电压，并且将其保存在系统存储区内。

图 14.9 显示了温度传感器、内部基准电压源和 ADC 之间的连接框图。必须设置 TSEN 位使能 ADC VIN[12]（温度传感器）的转换，并且必须设置 VREFEN 位以使能 ADC VIN[13]（V_{REFINT}）的转换。

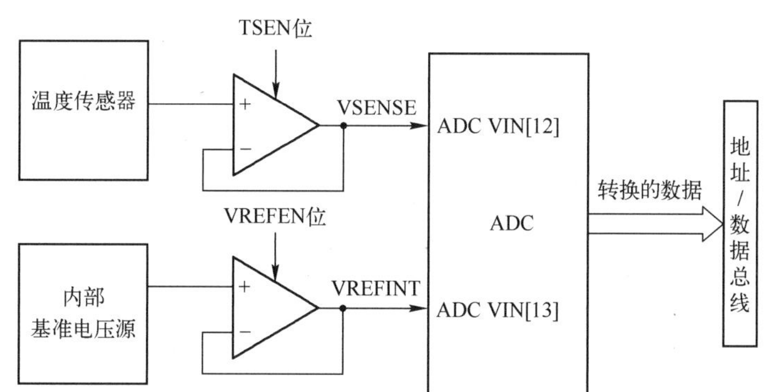

图 14.9　温度传感器、内部基准电压源和 ADC 之间的连接框图

温度传感器的输出电压随温度线性变化。由于工艺的变化，线性偏移因芯片而异（从一个芯片到另一个芯片高达 45℃）。

未经校准的温度传感器更适用于检测温度变化而不是绝对温度。为了提高温度传感器的测试精度，ST 公司在生产过程中将每个器件的校准值存储在系统存储器中。

在制造过程中，温度传感器的校准数据和内部参考电压存储在系统存储区中。然后，用户应用程序可以读取它们并使用它们来提高温度传感器或内部基准的精度。

温度传感器的主要特点如下。

（1）支持的温度范围：−40～125℃。

（2）线性度：±2℃（最大值），精度取决于校准。

14.2.1　读取温度

读取温度的步骤如下。

（1）选择 ADC VIN[12]输入通道。

（2）选择设备数据表中指定的适当采样时间（T_{S_temp}）。

（3）设置 ADC_CCR 寄存器中的 TSEN 位，以将温度传感器从掉电模式中唤醒，并等待其稳定时间（t_{START}）。

（4）通过设置 ADC_CR 寄存器中的 ADSTART 位（或通过外部触发）来启动 ADC 转换。

（5）读取 ADC_DR 寄存器中最终的 V_{SENSE} 数据。

（6）使用以下公式计算温度：

$$\text{Temperature}(℃)=\frac{\text{TS\_CAL2\_TEMP}-\text{TS\_CAL1\_TEMP}}{\text{TS\_CAL2}-\text{TS\_CAL1}}\times(\text{TS\_DATA}-\text{TS\_CAL1})+\text{TS\_CAL1\_TEMP}$$

其中，TS_CAL2 是在 TS_CAL2_TEMP 处获取的温度传感器的校准值；TS_CAL1 是在 TS_CAL1_TEMP 处获取的温度传感器的校准值；TS_DATA 是 ADC 转换的实际温度传感器输出值。

14.2.2　使用内部参考电压计算实际 V_{REF+}

V_{REF+}可能会发生变化，也可能无法确切知道。嵌入的内部参考电压（V_{REFINT}）以及在制造过程中由 ADC 通过 V_{REF+_charac} 获取的校准数据可用于评估实际 V_{REF+}。以下公式给出了为器件供电的实际 V_{REF+}：

$$V_{REF+}=V_{REF+\_charac}\times \text{VREFINT\_CAL/VREFINT\_DATA}$$

式中，V_{REF+_charac} 是在制造过程中表征为 V_{REFINT} 的 V_{REF+}电压值，它在器件手册中指定；VREFINT_CAL 是 V_{REFINT} 标准值；VREFINT_DATA 是 ADC 转换的实际 V_{REFINT} 输出值。

14.3　电池电压的监控

ADC_CCR 寄存器中的 VBATEN 位允许应用测量 VBAT 引脚上的备用电池电压。由于 V_{BAT} 可能大于 V_{REF+}，因此为了确保 ADC 正确运行，VBAT 引脚在内部连接到电桥分压器。

设置 VBATEN 位，该桥自动使能，以将 VBAT 引脚连接到 ADC VIN[14]输入通道。结果，转换后的数字值是 V_{BAT} 的一半。为了防止电池产生任何不必要的消耗，建议仅在 ADC 转换需要时才使能电桥分压器，VBAT 通道结构如图 14.10 所示。

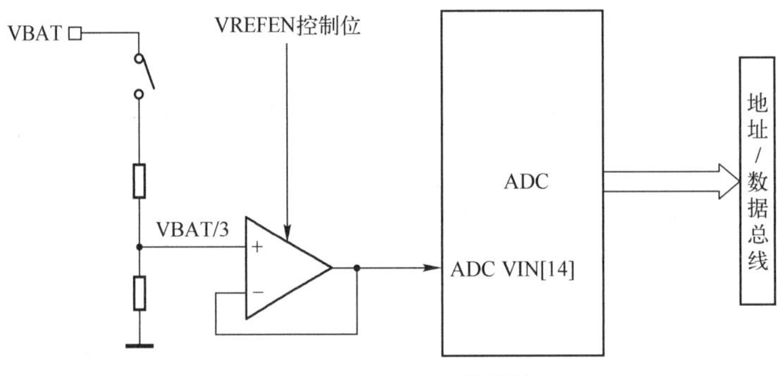

图 14.10　VBAT 通道结构

14.4　设计实例一：模拟信号的采集与显示

本节将使用 STM32G071 MCU 内集成的 ADC 采集片内的温度传感器得到的温度值，以及通过引脚 PA4 提供的外部电压值，并在 Keil μVision 集成开发环境的 Debug 窗口中观察采集的信号值。

14.4.1　在 STM32CubeMX 中配置参数

下面将在 STM32CubeMX 中配置相关模块的参数，主要步骤如下。

（1）启动 STM32CubeMX 软件开发环境。

（2）选择 STM32G071RBTx 器件。

（3）进入 STM32CubeMX untitled:STM32G071RBTx 界面。在该界面中，单击 Pinout & Configuration 标签。

（4）在该标签界面的右侧窗口中，单击 Pinout view 按钮。在该界面中，出现器件封装图。

① 单击 PA5 引脚，弹出浮动菜单。在浮动菜单内，选择 GPIO_Output 选项。

② 单击 PC13 引脚，弹出浮动菜单。在浮动菜单内，选择 GPIO_EXTI13 选项。

（5）在 Pinout & Configuration 标签界面左侧窗口中，找到并展开 System Core。在展开项中，找到并选择 GPIO 选项。在右侧的 GPIO Mode and Configuration 窗口中，选中 Pin Name 为 PC13 的一行。在下面的 PC13 Configuration 标题窗口中，通过 GPIO mode 右侧的下拉框，将 GPIO mode 设置为 External Interrupt Mode with Falling edge trigger detection。

（6）在 Pinout & Configuration 标签左侧窗口中，找到并展开 Analog。在展开项中，找到并选择 ADC1 选项，如图 14.11 所示。在右侧的 ADC1 Mode and Configuration 窗口中，分别勾选 IN4 前面的复选框、Temperature Sensor Channel 前面的复选框和 Vrefint Channel 前面的复选框。

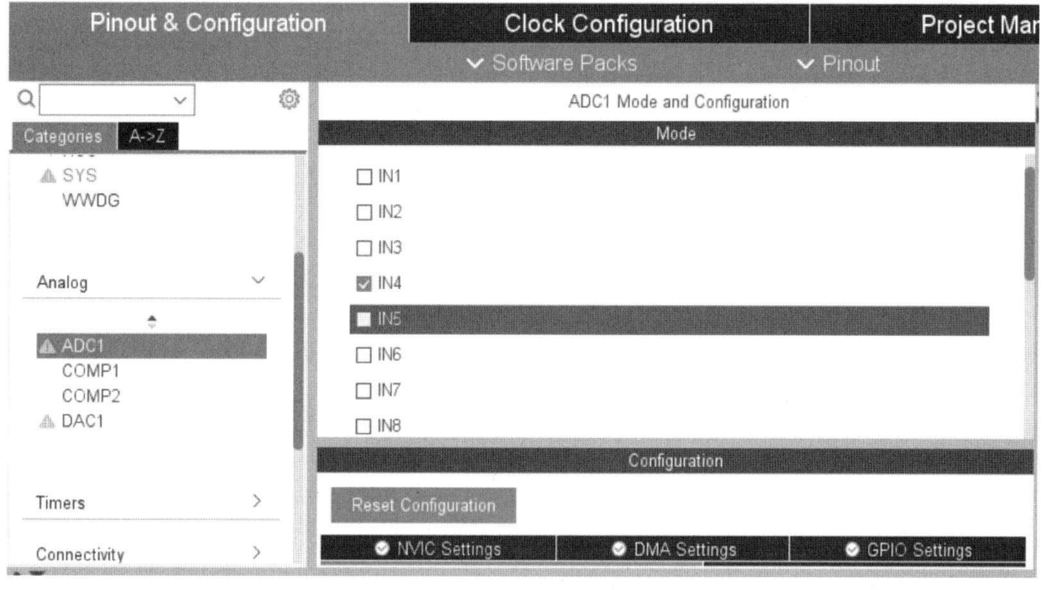

图 14.11　ADC1 参数配置（1）

（7）如图 14.12 所示，单击 Parameter Settings 标签。在该标签界面中，参数设置如下。

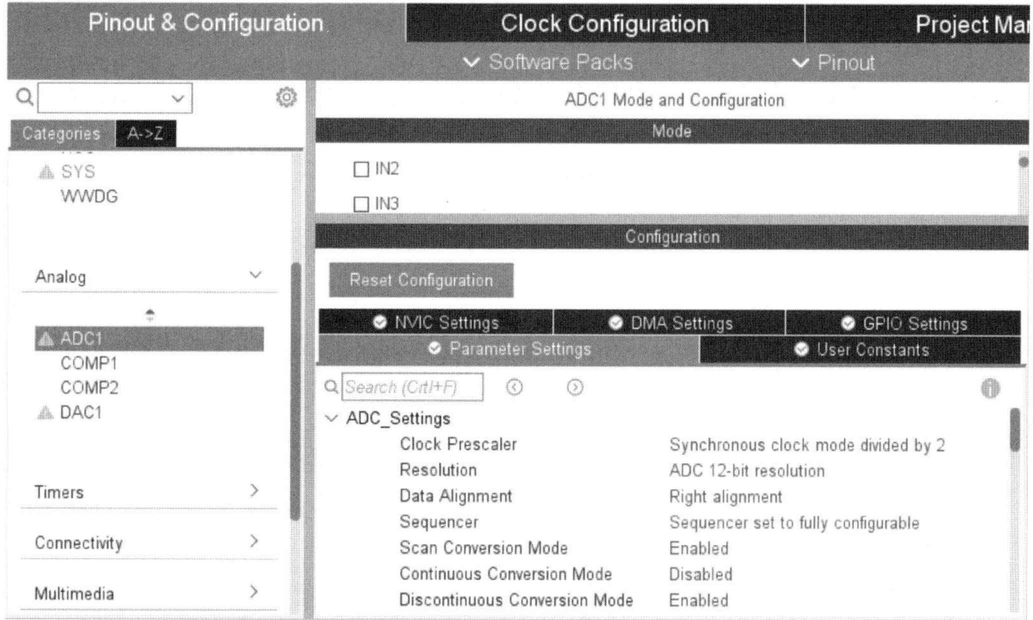

图 14.12　ADC1 参数配置（2）

① 找到并展开 ADC_Regular_ConversionMode 选项。在展开项中，将 Number of Conversion 设置为 3（表示共有三个转换通道）。

② 找到并展开 ADC_Settings 选项。在展开项中，将 Scan Conversion Mode 设置为 Enabled，将 Discontinuous Conversion Mode 设置为 Enabled。

③ 找到并展开 ADC_Regular_ConversionMode 选项。在展开项中，将 SamplingTime Common2 设置为 160.5 Cycles。找到并展开 Rank 1，在展开项中按图 14.13 所示设置参数；找到并展开 Rank 2，在展开项中按图 14.13 所示设置参数；找到并展开 Rank3，在展开项中按图 14.13 所示设置参数。

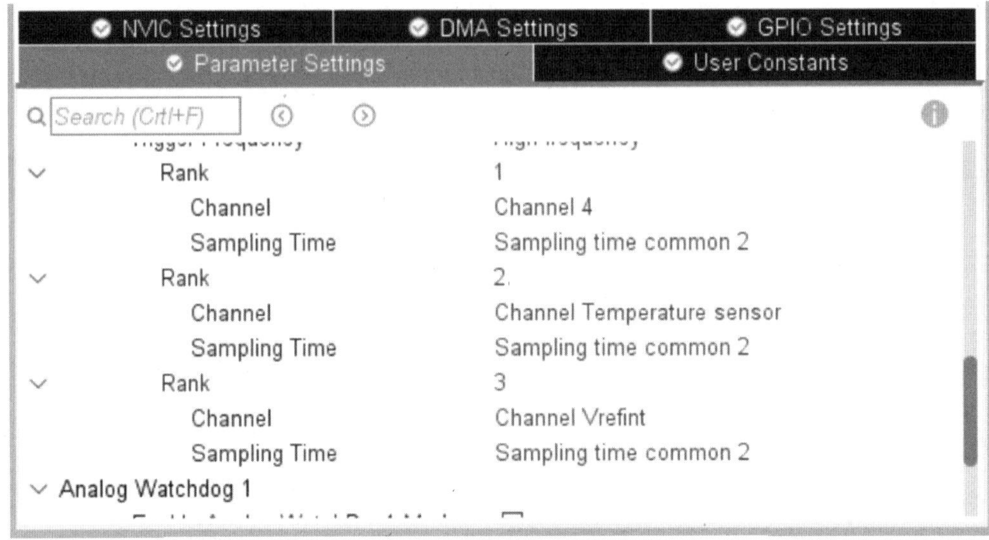

图 14.13　ADC1 参数配置（3）

（8）如图 14.14 所示，在 ADC1 Mode and Configuration 窗口中，单击 DMA Settings 标签。在该标签界面中，找到并单击 Add 按钮。在名字为 DMA Request 的一列下面出现下拉框。在下拉框中选择 ADC1 选项。

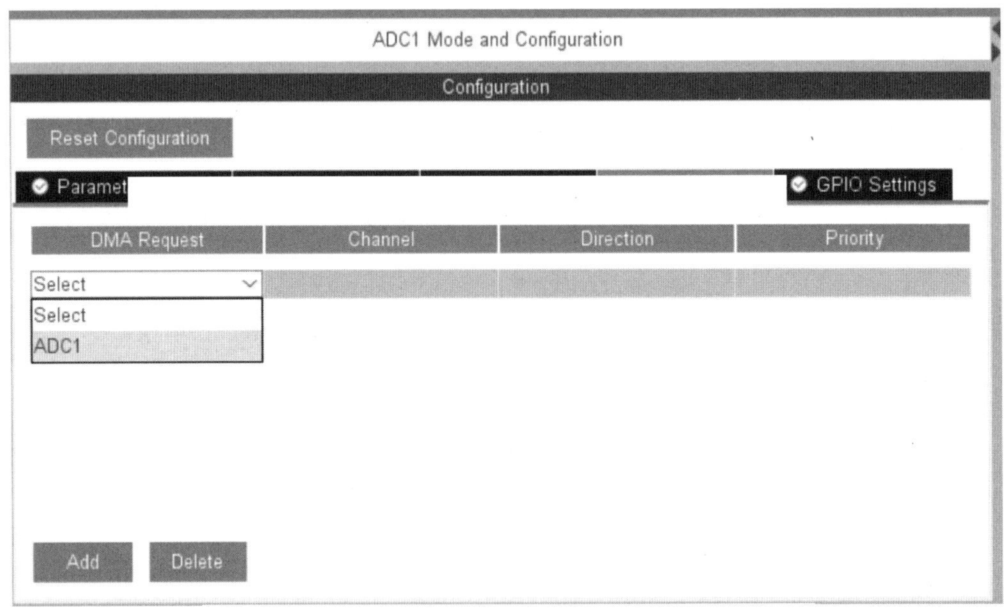

图 14.14　ADC1 参数配置（4）

（9）如图 14.15 所示，参数设置如下。

① 单击 ADC1 一行和 Channel 一列所对应的小方格，出现下拉框。在下拉框中，将 Channel 设置为 DMA1 Channel 1。

② 单击 ADC1 一行和 Priority 一列所对应的小方格，出现下拉框。在下拉框中，将 Priority 设置为 High。

③ 在 DMA Request Settings 标题窗口中，通过 Mode 右侧的下拉框将 Mode 设置为 Circular；确认 Peripheral 的 Data Width：Half Word；确认 Memory 的 Data Width：Half Word。

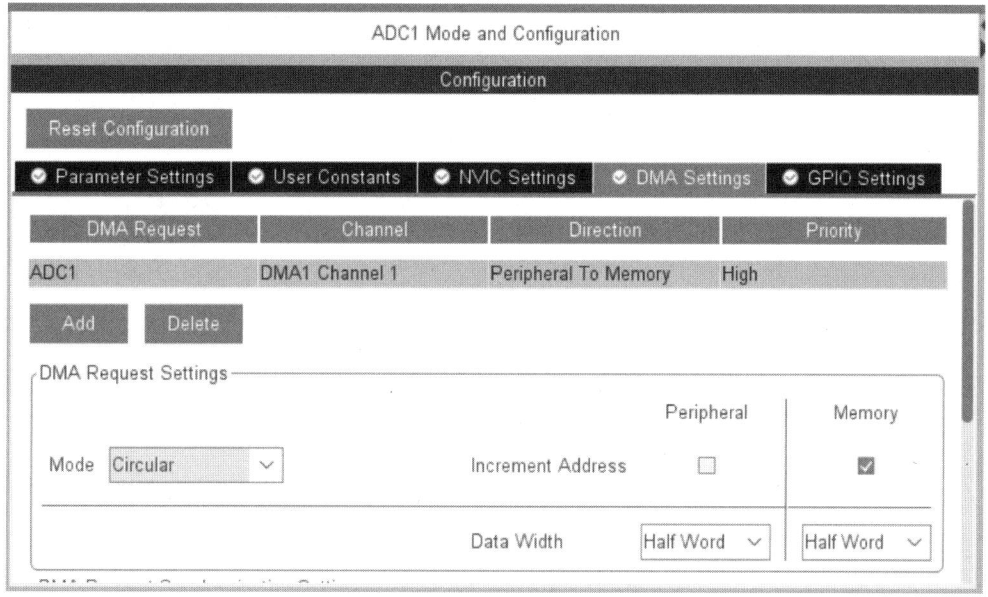

图 14.15　ADC1 参数配置（5）

（10）如图 14.16 所示，单击 ADC1 Mode and Configuration 窗口中的 GPIO Settings 标签。在该标签界面中，确认将 GPIO mode 设置为 Analog mode。

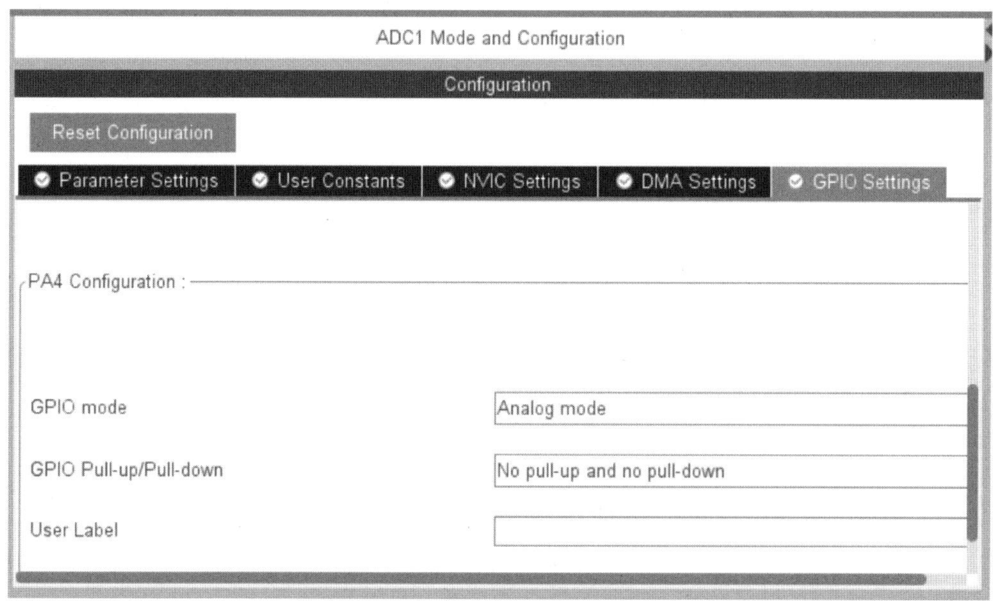

图 14.16　ADC1 参数配置（6）

（11）如图 14.17 所示，单击 Pinout & Configuration 标签。在该标签左侧窗口中，找到并展开 System Core。在展开项中，找到并选择 NVIC 选项。在右侧的 NVIC Mode and Configuration 窗口中，参数设置如下。

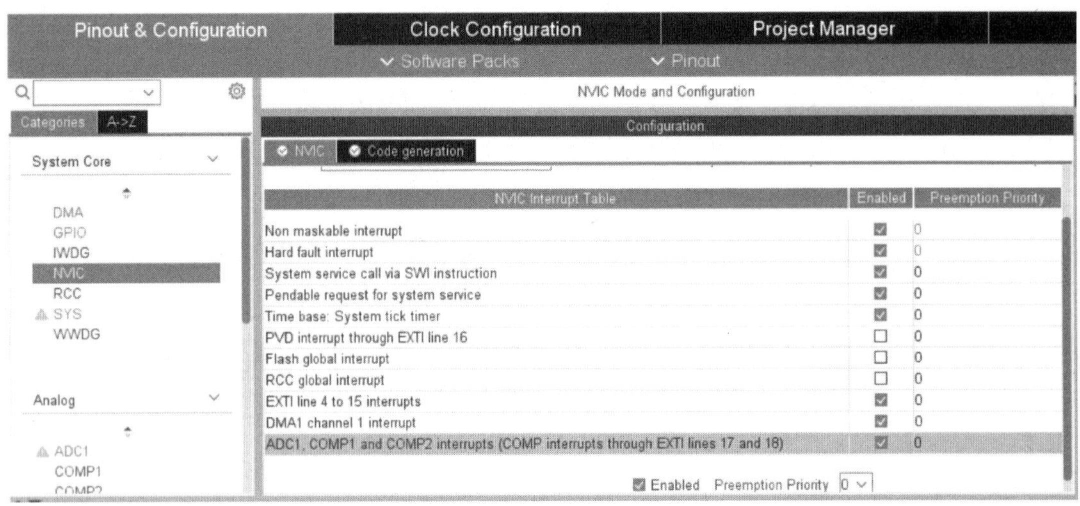

图 14.17　ADC1 参数配置（7）

① 勾选 EXTI line 4 to 15 interrupts 后面的复选框；

② 勾选 DMA1 channel 1 interrupt 后面的复选框；

③ 勾选 ADC1,COMP1 and COMP2 interrupts(COMP interrupts through EXTI lines 17 and 18)后面的复选框。

（12）如图 14.18 所示，单击 Clock Configuration 标签。在该标签界面中，设置时钟参数。

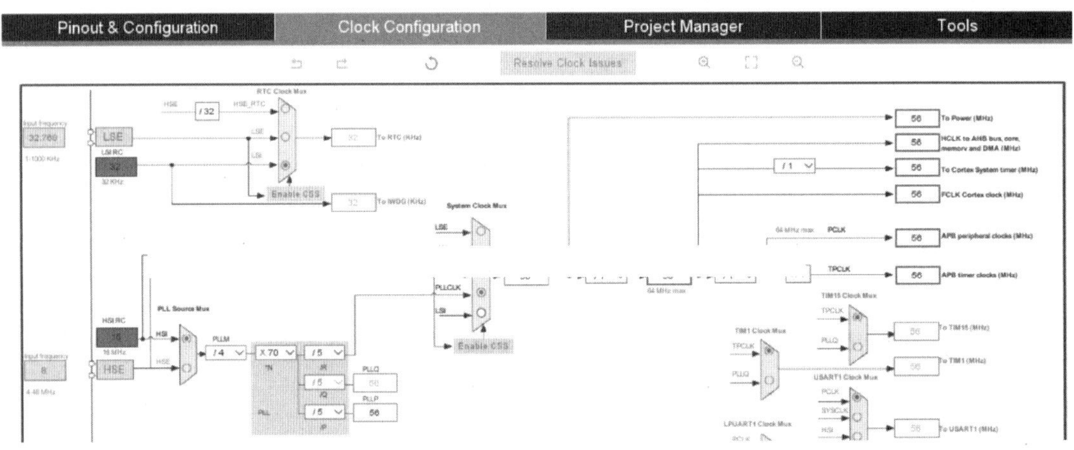

图 14.18　时钟参数配置

（13）单击 Project Manager 标签。在该标签界面中，配置导出工程的参数。读者可以参考本书前面的内容配置导出工程的相关参数。

（14）单击 GENERATE CODE 按钮，导出 Keil MDK 格式的工程及文件。

14.4.2　在 Keil μVision 中添加设计代码

下面将在 Keil μVision 集成开发环境中添加设计代码，主要步骤如下。

（1）启动 Keil μVision 集成开发环境（以下简称 Keil）。

（2）在 Keil 主界面主菜单中，选择 Project->Open Project。

（3）弹出 Select Project File 界面。在该界面中，将路径定位到下面的路径 E:\STM32G0_example\example_14_1\MDK-ARM。在该路径下，选择名字为 ADC_VTV.uvprojx 的工程文件。

（4）单击打开按钮，退出 Select Project File 界面。

（5）在 Keil 左侧的 Project 窗口中，找到并双击 main.c，打开该设计文件。在该文件中，添加设计代码。

① 添加变量定义和函数声明，如代码清单 14.1 所示。

代码清单 14.1　添加变量定义和函数声明

```
/* 环境模拟值的定义 */
/* 模拟参考电压 VREF+，连接模拟电压 */
/* 供电侧（单位：mV）          */
#define VDDA_APPLI (3300UL)
#define ADC_CONVERTED_DATA_BUFFER_SIZE    (3)

/* ADC 转换数据（数据数组），大小为 3 */
__IO    uint16_t    aADCxConvertedData[ADC_CONVERTED_DATA_BUFFER_SIZE];

/* 用 ADC 转换数据计算得到物理值 */
/* GPIO 引脚（对应 ADC 通道）上的电压值（单位：mV） */
__IO uint16_t uhADCxConvertedData_VoltageGPIO_mVolt = 0U;

/* 内部电压参考 VrefInt 值（单位：mV） */
__IO uint16_t uhADCxConvertedData_VrefInt_mVolt = 0U;

/* 温度值（单位：摄氏度） */
__IO    int16_t uhADCxConvertedData_Temperature_DegreeCelsius = 0U;

/* 模拟参考电压 VREF+，连接模拟电源 VDDA，从 ADC 转换数据计算（单位：mV） */
__IO uint16_t uhADCxConvertedData_VrefAnalog_mVolt = 0U;

/* ADC 转换数据的 DMA 传输状态 */
/*   0：DMA 传输没有完成     */
/*   1：DMA 传输完成     */
/*   2：DMA 尚未开始传输（初始状态） */

/*变量集到 DMA 中断回调 */
__IO    uint8_t ubDmaTransferStatus = 2;

/* 事件检测：用户按下中断后置 1，松开后清零 */
__IO    uint8_t ubUserButtonClickEvent = RESET;
```

② 写中断标志位处理的相关函数，并注释掉原有的 4～15 号外部中断入口，如代码清单 14.2 所示。

代码清单 14.2　写中断标志位处理的相关函数

```
ITStatus EXTI_GetITStatus(uint32_t EXTI_Line)
{
    ITStatus bitstatus = RESET;
    uint32_t enablestatus = 0;
    assert_param(IS_GET_EXTI_LINE(EXTI_Line));
    enablestatus = EXTI->IMR1 & EXTI_Line;
```

```
    if (((EXTI->FPR1 & EXTI_Line) != (uint32_t)RESET) && (enablestatus != (uint32_t)RESET))
        bitstatus = SET;
    else
        bitstatus = RESET;
    return bitstatus;
}

void EXTI_ClearITPendingBit(uint32_t EXTI_Line)
{
  assert_param(IS_EXTI_LINE(EXTI_Line));
  EXTI->FPR1 = EXTI_Line;
}
```

③ 在 main()主函数中，进入循环工作模式之前，需要初始化 ADC 输出的数组，关闭 LED4 状态提示灯，进行 ADC 校准，使用 DMA 启用 ADC 常规数据转换（DMA 协同 ADC 工作），如代码清单 14.3 所示。

代码清单 14.3　main()主函数中添加初始化代码

```
  uint32_t tmp_index_adc_converted_data = 0; //数组赋值辅助变量

  for (tmp_index_adc_converted_data = 0; tmp_index_adc_converted_data <
        ADC_CONVERTED_DATA_BUFFER_SIZE; tmp_index_adc_converted_data++)
        aADCxConvertedData[tmp_index_adc_converted_data] = 0x1000;        //初始数组值

HAL_GPIO_WritePin(GPIOA,GPIO_PIN_5,RESET);                              //LED 初始状态灭

  /* 运行 ADC 校准 */
  if (HAL_ADCEx_Calibration_Start(&hadc1) != HAL_OK)
    Error_Handler();                                                    //校准错误

  /*## 开始 ADC 转换 #################################################*/
  /* 使用 DMA 启动 ADC 常规转换 */
  if (HAL_ADC_Start_DMA(&hadc1,(uint32_t *)aADCxConvertedData,
    ADC_CONVERTED_DATA_BUFFER_SIZE) != HAL_OK)
    Error_Handler();                                                    //ADC 转换启动错误
```

④ 在 while 循环中，添加设计代码，如代码清单 14.4 所示。

代码清单 14.4　在 while 循环中添加设计代码

```
    /* 等待用户按下按键执行以下操作 */
  while (1)
  {
    while (ubUserButtonClickEvent == RESET) { }
    /* 清除按下标志位 */
    HAL_Delay(200);
    ubUserButtonClickEvent = RESET;

    //启动 ADC 转换
    //由于排序器是在不连续模式下工作的，这将执行转换的下一个排名在排序器
    //之前已经由函数 HAL_ADC_Start_DMA()发起 DMA 传输，因此使 DMA 继续传输
    if (HAL_ADC_Start(&hadc1) != HAL_OK)
    {
      Error_Handler();
    }
```

```
    //延时以等待 ADC 转换和 DMA 传输完成，且更新变量 ubDmaTransferStatus
    HAL_Delay(1000);

    //检查 ADC 是否转换了序列的所有级别
    if (ubDmaTransferStatus == 1)                              //如果 DMA 传输完成
    {
      /* ADC 的计算将原始数字数据转换为对应的物理值 */
      /*使用 LL ADC 驱动程序帮助宏 */
      /* 注：将 ADC 结果保存至数组 aADCxConvertedData */
      /* 其排名顺序在 ADC 序列 */

      /*供电电压*数组数据/分辨率——量化）*/
      uhADCxConvertedData_VoltageGPIO_mVolt =
      __LL_ADC_CALC_DATA_TO_VOLTAGE(VDDA_APPLI, aADCxConvertedData[0],
                                      LL_ADC_RESOLUTION_12B);
      uhADCxConvertedData_VrefInt_mVolt =
       __LL_ADC_CALC_DATA_TO_VOLTAGE(VDDA_APPLI, aADCxConvertedData[1],
                                      LL_ADC_RESOLUTION_12B);
      uhADCxConvertedData_Temperature_DegreeCelsius =
      __LL_ADC_CALC_TEMPERATURE(VDDA_APPLI, aADCxConvertedData[2],
                                      LL_ADC_RESOLUTION_12B);

      /* （可选）从内部电压参考 VrefInt 的 ADC 转换计算模拟参考电压 VREF+*/
      /* 这个电压应该对应 VDDA_APPLI 的值 */
      /* 注：应用中电压 VREF+值未知时可进行此计算。 */

      uhADCxConvertedData_VrefAnalog_mVolt =
      __LL_ADC_CALC_VREFANALOG_VOLTAGE(aADCxConvertedData[1],
                                      LL_ADC_RESOLUTION_12B);

      for (tmp_index_adc_converted_data = 0; tmp_index_adc_converted_data <
            ADC_CONVERTED_DATA_BUFFER_SIZE; tmp_index_adc_converted_data++)
        aADCxConvertedData[tmp_index_adc_converted_data] = 0x00;    // 清除数组

      ubDmaTransferStatus = 0;                                 //更新 DMA 传输状态变量
    }
}
```

注：由于在该设计中，由软件启动触发转换，因此每次转换都必须调用"HAL_ADC_Start()"。

⑤ 添加外部 13 号中断处理程序，如代码清单 14.5 所示。

代码清单 14.5　添加外部 13 号中断处理程序

```
void EXTI4_15_IRQHandler(void)
{
    if (EXTI_GetITStatus(0x2000) != 0x00)          //0x2000==EXTI_PIN_13
  {
    EXTI_ClearITPendingBit(0x2000);               //清除中断标志位
    ubUserButtonClickEvent = SET;                 //设置变量向主程序报告按钮事件
  }
}
```

⑥ 添加 ADC 与 DMA 相关的中断回调函数，如代码清单 14.6 所示。

代码清单 14.6　添加 ADC 与 DMA 相关的中断回调函数

```
void HAL_ADC_ConvCpltCallback(ADC_HandleTypeDef *hadc)
{
 ubDmaTransferStatus = 1;                        //更新 DMA 传输状态变量 1 完成
 HAL_GPIO_WritePin(GPIOA,GPIO_PIN_5,SET);  //点亮 LED，表示 DMA 传输完成
}

void HAL_ADC_ConvHalfCpltCallback(ADC_HandleTypeDef *hadc)
{
  /*未更新 DMA 传输状态变量未完成*/
 HAL_GPIO_WritePin(GPIOA,GPIO_PIN_5,RESET); //关闭 LED，表示 DMA 传输未完成
}

void HAL_ADC_ErrorCallback(ADC_HandleTypeDef *hadc)
{
  Error_Handler();                    //当 ADC 出错时，执行主要的错误处理函数提示用户
}
```

⑦ 添加错误处理函数 Error_Handler 代码，在该函数中 LED4 闪烁用以提示用户，如代码清单 14.7 所示。

代码清单 14.7　添加错误处理函数 Error_Handler 代码

```
void Error_Handler(void)
{
  while(1)
  {
    HAL_GPIO_TogglePin(GPIOA,GPIO_PIN_5);       //切换 LED 的状态
    HAL_Delay(50);                               //延迟函数
  }
}
```

（6）保存设计代码。

14.4.3　设计下载和调试

下面将对设计进行编译和连接，生成可以下载到 STM32G071 MCU 内 Flash 存储器的文件格式，并在 Keil 调试器界面中，查看设计结果。

（1）在 Keil 主界面主菜单中，选择 Project->Build Target，对设计代码进行编译和连接，然后生成可以下载到 STM32G071 MCU 内 Flash 存储器的文件格式。

（2）通过 USB 电缆，将计算机/笔记本电脑的 USB 接口连接到 NUCLEO-G071RB 开发板的 USB 接口。

（3）通过 NUCLEO-G071RB 开发板上的 CN8_3 连接器，将外部可调电源连接到 STM32G071 MCU 的 PA4 引脚。

（4）在 Keil 主界面主菜单中，选择 Debug->Start/Stop Debug Session，进入调试器界面。

（5）在 Keil 调试器主界面主菜单中，选择 View->Watch Windows->Watch 1，在调试器主界面右下角出现 Watch 1 窗口。

（6）在 main.c 文件中，找到并将下面的变量添加到 Watch 1 窗口中。

① 找到并选中名字为 aADCxConvertedData 的数组变量，单击鼠标右键，出现浮动菜单。在浮动菜单内，选择 Add ‘aADCxConvertedData’ to... ->Watch 1。

② 找到并选中名字为 uhADCxConvertedData_VoltageGPIO_mVolt 的变量，单击鼠标右键，出现浮动菜单。在浮动菜单内，选择 Add 'uhADCxConvertedData_VoltageGPIO_mVolt' to...->Watch 1。

③ 找到并选中名字为 uhADCxConvertedData_VrefInt_mVolt 的变量，单击鼠标右键，出现浮动菜单。在浮动菜单内，选择 Add 'uhADCxConvertedData_VrefInt_mVolt' to... ->Watch 1。

④ 找到并选中名字为 uhADCxConvertedData_Temperature_DegreeCelsius 的变量，单击鼠标右键，出现浮动菜单。在浮动菜单内，选择 Add 'uhADCxConvertedData_Temperature_DegreeCelsius' to... ->Watch 1。

⑤ 找到并选中名字为 uhADCxConvertedData_VrefAnalog_mVolt 的变量，单击鼠标右键，出现浮动菜单。在浮动菜单内，选择 Add 'uhADCxConvertedData_VrefAnalog_mVolt' to... ->Watch 1。

（7）在 main.c 文件中代码的第 126 行设置断点。

（8）在 Keil 调试器主界面主菜单下，选择 Debug->Run。

（9）按下一次 NUCLEO-G071RB 开发板上标记为 USER 的外部按键，触发一次采样转换，观察 Watch 1 窗口内变量的值，如图 14.19 所示。

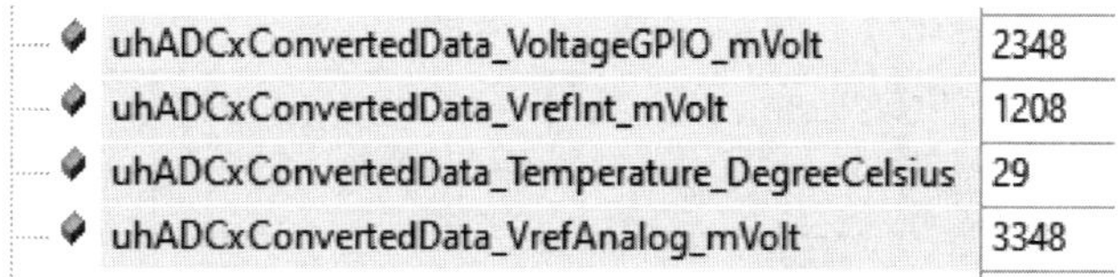

图 14.19　Watch 1 窗口内变量的值

> **注：**（1）在循环外开启 DMA 时就已经执行了一次 ADC 转换，故第一次只需要按下两次中断按键就可以得到物理值。之后，则是以三次中断为一组，更新物理值变量。
>
> （2）在图 14.19 的窗口中，鼠标右键单击变量，可以改变其显示格式（十进制和十六进制切换）。

思考与练习 14.1：读者可以在 main.c 文件中添加 1602 字符 LCD 的显示驱动代码，在 1602 字符 LCD 上显示测量得到的数据。

14.5　DAC 结构和功能

如前所述，STM32G071 MCU 内的数模转换器（Digital-to-Analog Converter，DAC）将 8 位/12 位数字数据转换为一个模拟电压，它有两个 DAC，可以以同步或异步方式工作。此外，它还集成了低功耗采样和保持模式。

DAC 可以与外部电位器或偏置电路连接，还可以创建语音或任意信号。

14.5.1　DAC 内部结构

DAC 的主要功能如下。

（1）一个 DAC 接口，最多两个输出通道。

（2）12 位模式下的左/右数据对齐。

（3）同步更新能力。

（4）噪声和三角波生成。

（5）用于独立或同时转换的双 DAC 通道。

（6）每个通道的 DMA 功能，包括 DMA 欠载错误检测。

（7）用于转换的外部触发器。

（8）DAC 输出通道缓冲/非缓冲模式。

（9）缓冲区偏移校准。

（10）每个 DAC 输出都可以从 DAC_OUTx 数据引脚断开。

（11）DAC 输出连接到片上外设。

（12）停止模式下用于低功耗操作的采样和保持模式。

（13）输入参考电压 V_{REF+}。

DAC 的内部结构如图 14.20 所示。

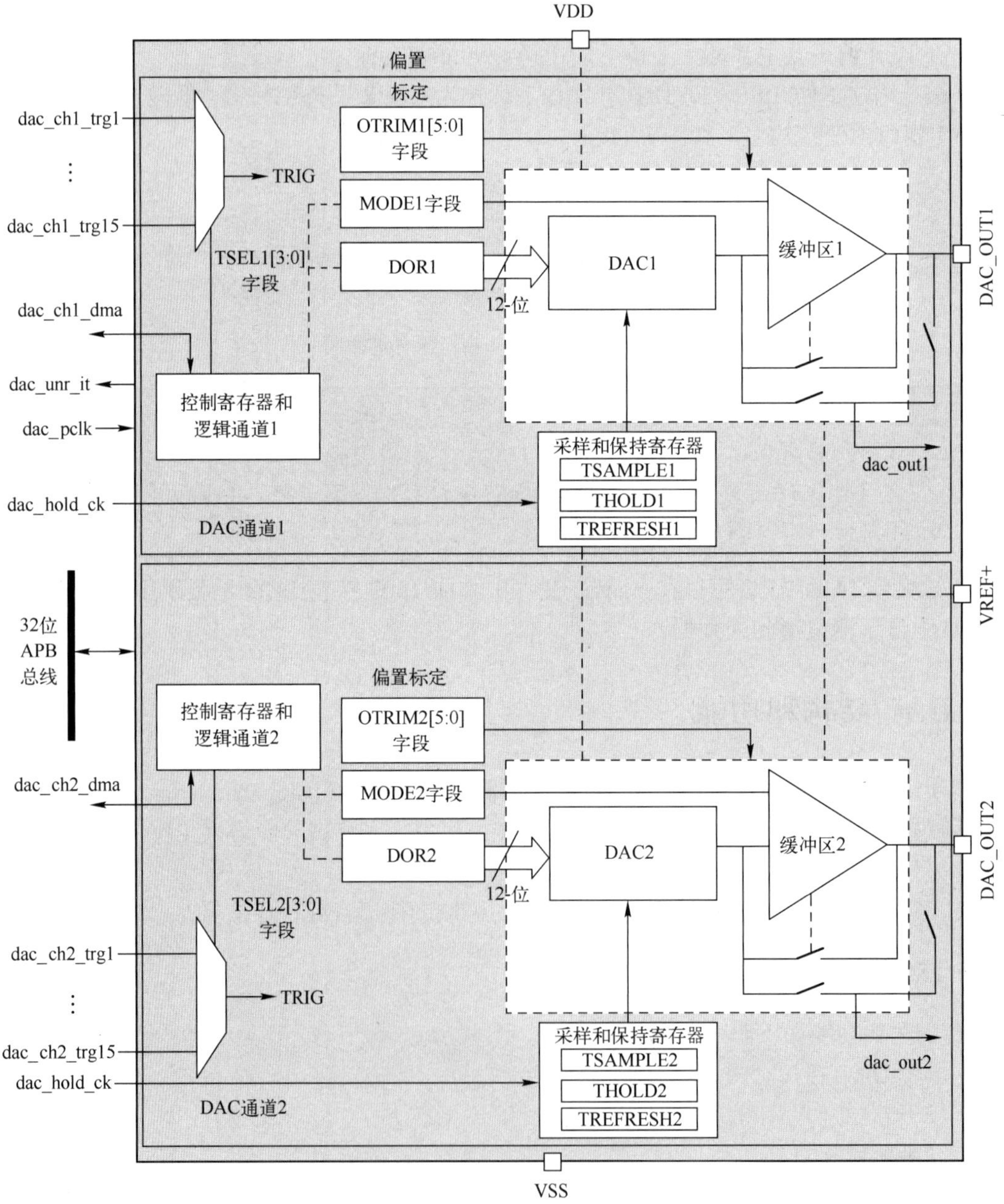

图 14.20　DAC 的内部结构

DAC 包括：

（1）最多两个输出通道；

（2）DAC_OUTx 可与输出引脚断开连接，用作普通 GPIO；

（3）dac_outx 可以使用内部引脚连接到片上外设，如比较器、运算放大器和 ADC（如果可用）；

（4）DAC 输出通道缓冲或非缓冲；

（5）采样和保持寄存器在停止模式下运行，使用 LSI 时钟源（dac_hold_ck）进行静态转换。

DAC 包含最多两个独立的输出通道。每个输出通道都可以连接到片上外设，如比较器、运算放大器和 ADC（如果可用）。在这种情况下，可以将 DAC 的输出通道与 DAC_OUTx 输出引脚断开，相应的 GPIO 可用于其他目的。

DAC 输出可以缓冲或不缓冲。采样和保持寄存器以及相关寄存器可以使用 LSI 时钟源（dac_hold_ck）在停止模式下运行。

DAC 的输入和输出引脚如表 14.3 所示。

表 14.3　DAC 的输入和输出引脚

引脚名字	信号类型	用途
VREF+	输入，模拟参考电压正端	DAC 的较高/正端参考电压
VDD	输入，模拟供电电源	模拟电源的供电电压
VSS	输入，模拟供电电源的地	模拟电源的地
DAC_OUTx	模拟输出信号	DAC 通道 x 的模拟输出

DAC 内部输入和输出信号如表 14.4 所示。

表 14.4　DAC 内部输入和输出信号

内部信号的名字	信号类型	描述
dac_ch1_dma	双向	DAC 通道 1 的 DMA 请求/确认
dac_ch2_dma	双向	DAC 通道 2 的 DMA 请求/确认
dac_ch1_trgx(x=1～15)	输入	DAC 通道 1 触发输入
dac_ch2_trgx(x=1～15)	输入	DAC 通道 2 触发输入
dac_unr_it	输出	DAC 欠载中断
dac_pclk	输入	DAC 外设时钟
dac_hold_ck	输入	在采样和保持模式中使用的 DAC 低功耗时钟
dac_out1	模拟输出	用于片上外设的 DAC 通道 1 的输出
dac_out2	模拟输出	用于片上外设的 DAC 通道 2 的输出

DAC 互连如表 14.5 所示。

表 14.5　DAC 互连

信号	源	类型
dac_hold_ck	ck_lsi（在 RCC 中选择）	在 RCC 中选择 LSI 时钟
dac_chx_trg1(x=1,2)	tim1_trgo	来自片上定时器的内部信号
dac_chx_trg2(x=1,2)	tim2_trgo	来自片上定时器的内部信号
dac_chx_trg3(x=1,2)	tim3_trgo	来自片上定时器的内部信号
dac_chx_trg5(x=1,2)	tim6_trgo	来自片上定时器的内部信号
dac_chx_trg6(x=1,2)	tim7_trgo	来自片上定时器的内部信号

续表

信号	源	类型
dac_chx_trg8(x=1,2)	tim15_trgo	来自片上定时器的内部信号
dac_chx_trg11(x=1,2)	lptim1_out	来自片上定时器的内部信号
dac_chx_trg12(x=1,2)	lptim2_out	来自片上定时器的内部信号
dac_chx_trg13(x=1,2)	Exti9	外部引脚

14.5.2 DAC 通道使能

每个 DAC 通道都可以通过设置 DAC_CR 寄存器对应的 ENx 位来上电，然后在 t_{WAKEUP} 启动事件后使能 DAC 通道。

注：ENx 位用于使能模拟 DAC 通道。即使 ENx 位复位，DAC 通道 x 数字接口也会使能。

14.5.3 DAC 数据格式

根据所选择的配置模式，数据必须写到指定的寄存器中，如下所述。

（1）单个 DAC 通道，有以下三种可能性。

① 8 位右对齐：软件必须将数据加载到 DAC_DHR8Rx[7:0]字段（保存到 DHRx[11:4]字段）。

② 12 位左对齐：软件必须将数据加载到 DAC_DHR12Lx[15:4]字段（保存到 DHRx[11:0]字段）。

③ 12 位右对齐：软件必须将数据加载到 DAC_DHR12Rx[11:0]字段（保存到 DHRx[11:0]字段）；

根据加载的 DAC_DHRyyyx 寄存器，将使用者写入的数据进行移位并保存到相应的 DHRx（数据保持寄存器，这是内部非存储器映射寄存器），然后 DHRx 寄存器通过软件触发或外部事件触发自动加载到 DAC_DORx 寄存器中。

（2）双 DAC 通道（如果可用），有以下三种可能性。

① 8 位右对齐：DAC 通道 1 的数据加载到 DAC_DHR8RD[7:0]字段（保存到 DHR1[11:4]字段）和 DAC 通道 2 的数据加载到 DAC_DHR8RD[15:8]字段（保存到 DHR2[11:4]字段）。

② 12 位左对齐：DAC 通道 1 的数据加载到 DAC_DHR12LD[15:4]字段（保存到 DHR1[11:0]字段）和 DAC 通道 2 的数据加载到 DAC_DHR12LD[31:20]字段（保存到 DHR2[11:0]字段）。

③ 12 位右对齐：DAC 通道 1 的数据加载到 DAC_DHR12RD[11;0]字段（保存到 DHR1[11:0]字段）和 DAC 通道 2 的数据加载到 DAC_DHR12RD[27:16]字段（保存到 DHR2[11:0]字段）。

根据加载的 DAC_DHRyyyx 寄存器，将使用者写入的数据移位并保存到 DHR1 和 DHR2（数据保持寄存器，它们是内部非存储器映射的寄存器）。然后，DHR1 和 DHR2 寄存器分别通过软件触发或外部事件触发自动加载到 DAC_DOR1 和 DAC_DOR2 寄存器中。

14.5.4 DAC 转换

DAC_DORx 寄存器不能直接写入，任何到 DAC 通道的数据传输都必须通过加载 DAC_DHRx 寄存器来执行（到 DAC_DHR8Rx、DAC_DHR12Lx、DAC_DHR12Rx、DAC_DHR8RD、DAC_DHR12RD 或 DAC_DHR12LD 的写入操作）。

如果没有选择硬件触发（复位 DAC_CR 寄存器中的 TENx 位），则保存在 DAC_DHRx 寄存器中的数据会在一个 dac_pclk 时钟周期后自动传输到 DAC_DORx 寄存器中，如图 14.21 所示。但是，当选择硬件触发（设置 DAC_CR 寄存器中的 TENx 位）并且发生触发时，在触发信号之后的三个 dac_pclk 时钟周期执行传输。

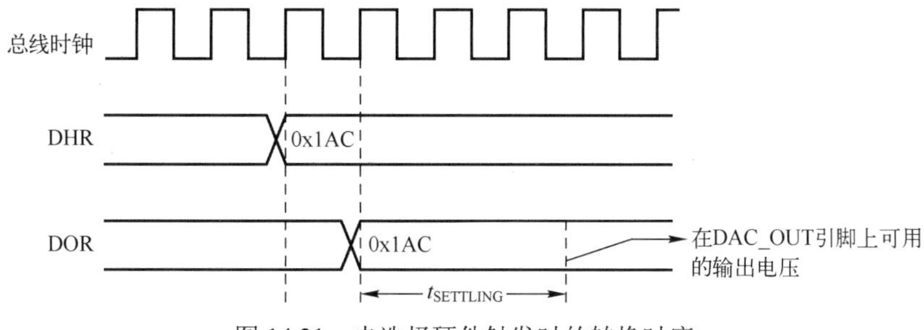

图 14.21　未选择硬件触发时的转换时序

当使用 DAC_DHRx 寄存器内容加载 DAC_DORx 寄存器时，模拟输出电压在 $t_{SETTING}$ 时间后变为可用，该时间取决于电源电压和模拟输出负载。

14.5.5　DAC 电压

通过 0 和 V_{REF+}之间的线性转换，将数字输入转换为输出电压。每个 DAC 通道引脚上的模拟输出电压由以下等式确定：

$$V_{DACOUT} = V_{REF} \times \frac{DOR}{4096}$$

14.5.6　DAC 触发选择

如果设置 TENx 控制位，则转换可由外部事件（定时器计数器、外部中断线）触发。TSEL[3:0]控制位确定 16 个可能事件中的一个触发转换，如 DAC_CR 寄存器的 TSELx[3:0]字段。这些事件可以由软件触发或硬件触发。

每次 DAC 接口检测到所选触发源的上升沿时，保存在 DAC_DHRx 寄存器的最后数据将传输到 DAC_DORx 寄存器中。在触发发生后的三个 dac_pclk 时钟周期更新 DAC_DORx 寄存器。

如果选择软件触发，那么一旦设置了 SWTRIG 位，转换就开始。一旦用 DAC_DHRx 寄存器的内容加载了 DAC_DORx 寄存器，硬件就复位 SWTRIG。

注：（1）当设置 ENx 位时，不能改变 TSELx[3:0]字段。
（2）当选择软件触发时，从 DAC_DHRx 寄存器传输到 DAC_DORx 寄存器只需要一个 dac_pclk 时钟周期。

14.5.7　DMA 请求

每个 DAC 通道都具有 DMA 功能。两个 DMA 通道用于服务 DAC 通道 DMA 请求。

当在设置 DMAENx 位的情况下发生外部触发（不是软件触发）时，传输完成后，DAC_DHRx 寄存器的值传输到 DAC_DORx 寄存器中，并且产生一个 DMA 请求。

在双模式下，如果设置了所有 DMAENx 位，则会生成两个 DMA 请求。如果只需要 DMA 请求，则设置相应的 DMAENx 位。通过这种方式，应用程序可以通过使用一个 DMA 请求和一个唯一的 DMA 通道在双模式下管理两个 DMA 通道。

由于 DAC_DHRx 寄存器到 DAC_DORx 寄存器的数据传输发生在 DMA 请求之前，因此必须在第一个触发事件发生之前将数据写入 DAC_DHRx 寄存器。

下面简要介绍 DMA 负载的问题。

DAC 通道 DMA 请求未排队，因此如果第二个外部触发在收到第一个外部触发的确认信号（第一个请求）之前到达，则不会发出新请求，并且设置 DAC_SR 寄存器中的 DMA 通道 x 欠载标志

DMAUDRx，报告错误条件。DAC 通道 x 继续转换以前的数据。

软件必须通过写 1 来清除 DMAUDRx 标志，清除所用 DMA 流的 DMAEN 位，并且重新初始化 DMA 和 DAC 通道 x，以正确重新启动传输。软件必须修改 DAC 触发转换频率或减轻 DMA 工作负载，以避免新的 DMA 欠载。最后，可以通过使能 DMA 数据和转换触发来恢复 DAC 转换。

对于每个 DAC 通道 x，如果使能 DAC_CR 寄存器中对应的 DMAUDRIEx 位，则会产生中断。

14.5.8　噪声生成

为了产生可变幅度的伪噪声，可以使用线性反馈移位寄存器（Linear Feedback Shift Register，LFSR），其算法如图 14.22 所示。通过将 WAVEx[1:0]字段设置为 01 来选择生成 DAC 噪声。LFSR 中的预加载值为 0xAAA。根据特定的算法，在每个触发事件后的三个 dac_pclk 时钟周期更新该寄存器。

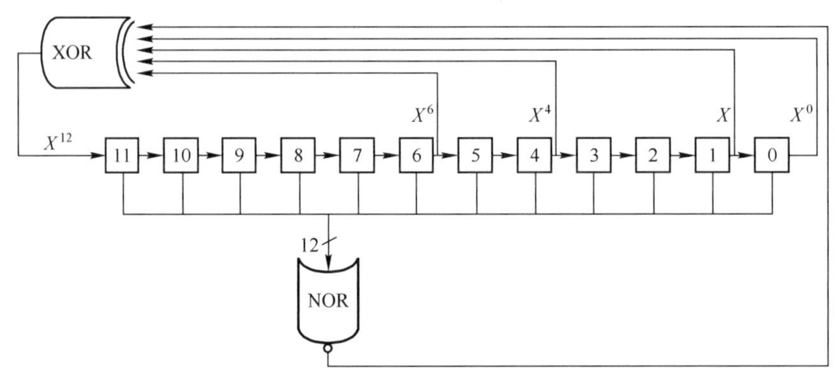

图 14.22　LFSR 算法

通过 DAC_CR 寄存器中 MAMPx[3:0]字段，部分或全部屏蔽 LFSR 值，在不溢出的情况下与 DAC_DHRx 寄存器内容相加，然后将该值传输到 DAC_DORx 寄存器中。

如果 LFSR 为 0x0000，则向其注入 1（防锁定机制）。通过复位 WAVEx[1:0]字段来复位 LFSR 波的生成。

带有 LFSR 波形生成的 DAC 转换（使能软件触发），如图 14.23 所示。

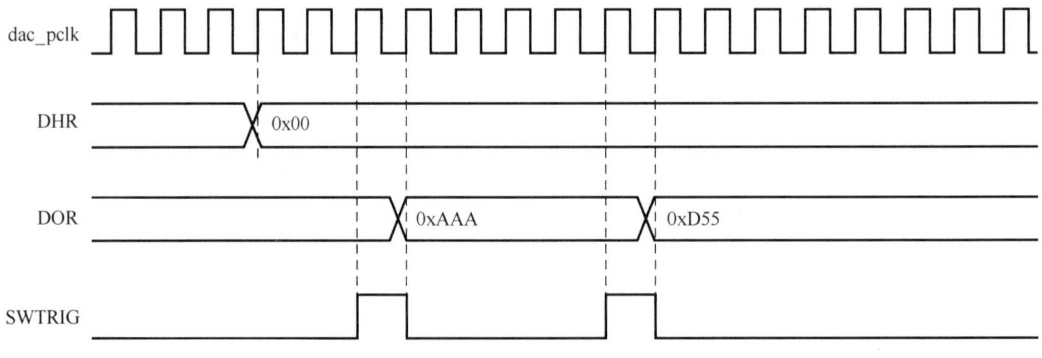

图 14.23　带有 LFSR 波形生成的 DAC 转换（使能软件触发）

> 注：必须通过设置 DAC_CR 寄存器中的 TENx 位来为生成噪声使能 DAC 触发器。

14.5.9　生成三角波

可以在直流或缓慢变化的信号上添加小幅度的三角波，通过将 WAVEx[1:0]字段设置为 10 来选择生成 DAC 三角波。通过 DAC_CR 寄存器中的 MAMPx[3:0]字段配置幅度。在每次触发事件之后的三个 dac_clk 时钟周期，内部三角计数器递增。然后将该计数器的值无溢出地加到 DAC_DHRx 寄存器中，并将总和传输到 DAC_DORx 寄存器中。只要三角计数器小于 MAMPx[3:0]字段定义的最大幅度，它就会递减。一旦达到配置的幅度，计数器就会递减到 0，然后再次递增，以此类推，DAC 三角波的生成如图 14.24 所示。

可以通过复位 WAVEx[1:0]字段来复位三角波的生成。

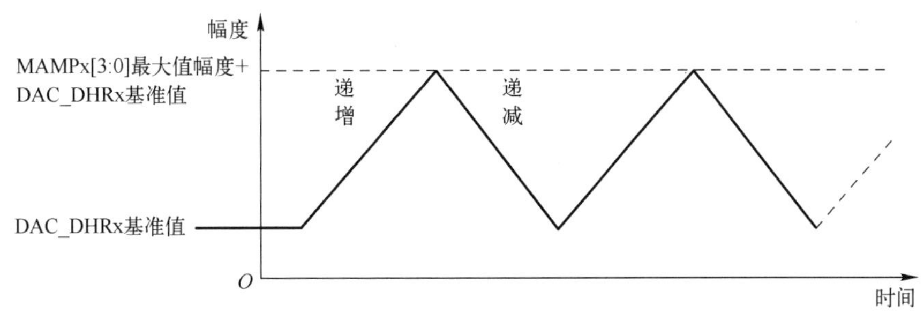

图 14.24　DAC 三角波的生成

带有三角波的 DAC 转换（使能软件触发）如图 14.25 所示。

> **注：**（1）必须通过设置 DAC_CR 寄存器中的 TENx 位来为生成三角波使能 DAC 触发器。
> （2）必须在使能 DAC 之前配置 MAMPx[3:0]字段，否则无法更改它们。

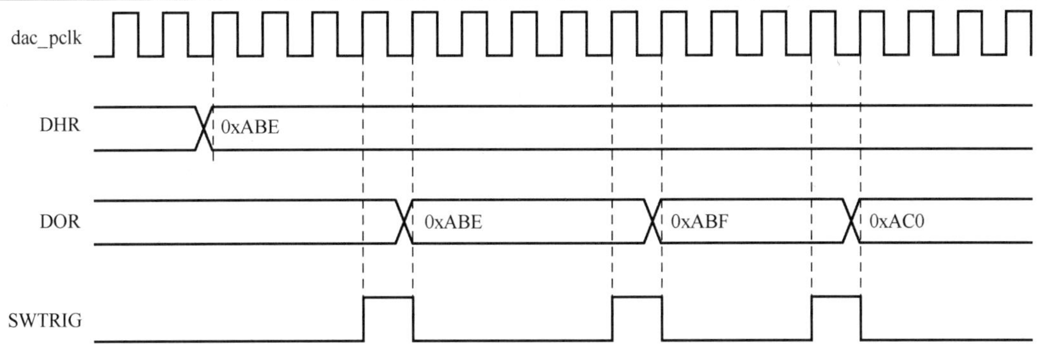

图 14.25　带有三角波的 DAC 转换（使能软件触发）

14.5.10　DAC 通道模式

每个 DAC 通道都能配置为正常模式或采样保持模式，可以使能输出缓冲区以允许更高的驱动能力。在使能输出缓冲区之前，需要校准电压偏移。该校准在工厂执行（复位后加载），并可以通过软件在应用程序运行期间进行调整。

1. 正常模式

在正常模式下，通过更改缓冲器状态和更改 DAC_OUTx 引脚的互连，有以下四种组合。

（1）要使能输出缓冲区，DAC_MCR 寄存器中的 MODEx[2:0]字段必须为：

① 000：DAC 连接到外部引脚；

② 001：DAC 连接到外部引脚和片上外设。

（2）要禁止输出缓冲区，DAC_MCR 寄存器中的 MODEx[2:0]字段必须为：

① 010：DAC 连接到外部引脚；

② 011：DAC 连接到片上外设。

2．采样和保持模式

在采样和保持模式下，DAC 内核在触发转换时转换数据，然后将转换的电压保持在电容上。当不转换时，DAC 内核和缓冲区在采样之间完全关闭，DAC 输出为三态，因此降低了整体功耗。在每次新的转换之前需要一个稳定期，其值取决于缓冲状态。

在采样和保持模式下，除了 dac_pclk 时钟外，DAC 内核和所有相应的逻辑和寄存器都由 LSI 低速时钟（dac_hold_ck）驱动，允许在诸如停止模式等深度低功耗模式下使用 DAC 通道。

当使能采样和保持模式时，不能停止 LSI 低速时钟（dac_hold_ck）。

采样和保持模式操作可分为三个阶段。

（1）采样阶段：采样/保持元件充电到所需要的电压。充电时间取决于电容的值（内部/外部，由使用者选择）。采样时间由 DAC_SHSRx 寄存器中的 TSAMPLEx[9:0]字段配置。在写入 TSAMPLEx[9:0]字段期间，DAC_SR 寄存器中的 BWSTx 位设置为 1，用于在两个时钟域（APB 和低速时钟）之间同步，并允许软件在 DAC 通道工作期间更改采样阶段的值。

（2）保持阶段：DAC 输入通道为三态，关闭 DAC 内核和缓冲区，以减少电流消耗。通过 DAC_SHHR 寄存器中的 THOLDx[9:0]字段配置保持时间。

（3）刷新阶段：由于一些因素导致“电荷”泄漏，使得刷新用于保持输出电压在期望的值（±LSB）。通过 DAC_SHRR 寄存器中的 TREFRESHx[7:0]字段配置刷新时间。

上述三个阶段的时序以 LSI 时钟周期为单位。例如，要配置 350μs 的采样时间、2ms 的保持时间和 100μs 的刷新时间，假设选择了 LSI 为 32kHz，则：

（1）采样阶段需要 12 个周期，TSAMPLEx[9:0]=11；

（2）保持阶段需要 62 个周期，THOLDx[9:0]=62；

（3）刷新阶段需要 4 个周期，TREFRESHx[7:0]=4。

在该例子中，与正常模式相比，功耗为正常模式的 1/15。采样和刷新时间的公式如表 14.6 所示，保持时间取决于漏电流。

表 14.6　采样和刷新时间的公式

缓冲区状态	t_{SAMP}	$T_{REFRESH}$
使能	$7\mu s+(10\times R_{BON}\times C_{SH})$	$7\mu s+(R_{BON}\times C_{SH})\times \ln(2\times N_{LSB})$
禁止	$3\mu s+(10\times R_{BON}\times C_{SH})$	$7\mu s+(R_{BOFF}\times C_{SH})\times \ln(2\times N_{LSB})$

（1）在上述公式中，对 12 位分辨率来说，以 1/2 LSB 或精度稳定到所需的码值需要 10 个恒定时间；对 8 位分辨率来说，稳定时间为 7 个恒定时间。

（2）C_{SH} 为采样保持模式下电容。

（3）在保持阶段，允许的电压降 V_d 由电容以输出漏电流放电后的 LSB 值表示。以 1/2 LSB 误差精度稳定回到所需值需要 DAC 的 $\ln(2\times N_{LSB})$恒定时间。

下面给出打开输出缓冲区时的采样和刷新时间计算实例。该例子中所使用的值仅供参考。有关产品数据，需要参考产品数据表。在该例子中，C_{SH}=100nF，V_{DD}=3.0V。

（1）采样阶段。

$t_{SAMP}=7\mu s+(10\times 2000\times 100\times 10^{-9})s=2.007ms$，其中 $R_{BON}=2k\Omega$。

（2）刷新阶段。

$T_{REFRESH}=7\mu s+(2000\times 100\times 10^{-9})\times \ln(2\times 10)s\approx 606.1\mu s$，其中，$N_{LSB}=10$（在保持阶段的 10 个 LSB 的下降）。

（3）保持阶段。

$$D_V = i_{leak} \times t_{hold} / C_{SH} = 0.0073\text{V}$$（在 3V、12 位的 10 个 LSB）

式中，$i_{leak} = 150\text{nA}$（在温度范围中最坏情况的 I/O 泄漏）。

$$t_{hold} = 0.0073 \times 100 \times 10^{-9} / (150 \times 10^{-9})\text{s} \approx 4.867\text{ms}$$

DAC 采样和保持模式阶段的波形如图 14.26 所示。

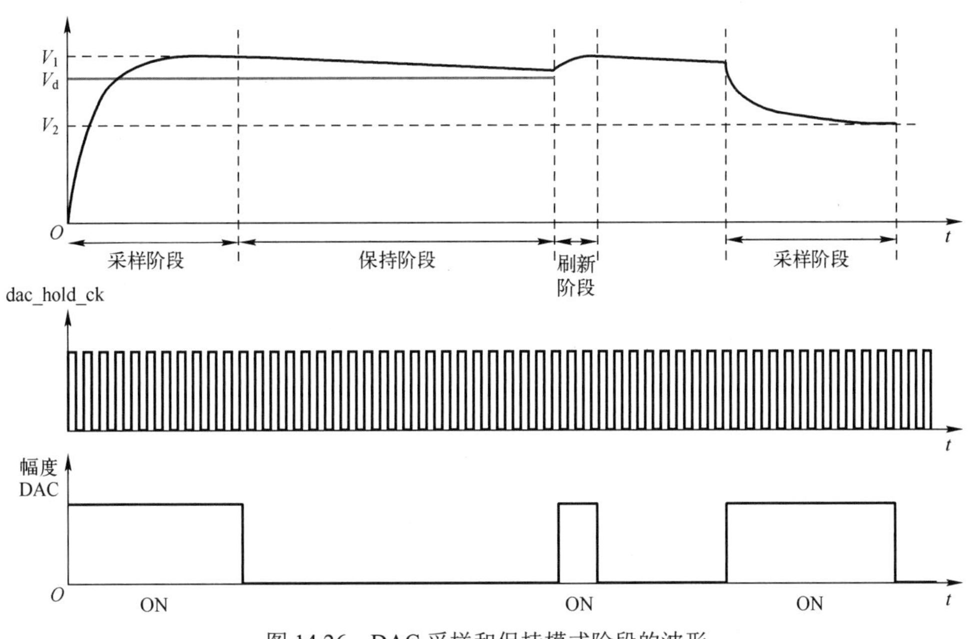

图 14.26　DAC 采样和保持模式阶段的波形

与普通模式一样，采样和保持模式有不同的配置。

（1）要使能输出缓冲区，DAC_MCR 寄存器中的 MODEx[2:0]字段必须设置如下。

① 100：DAC 连接到外部引脚。

② 101：DAC 连接到外部引脚和片上外设。

（2）要禁止输出缓冲区，DAC_MCR 寄存器中的 MODEx[2:0]字段必须设置如下。

① 110：DAC 连接到外部引脚和片上外设。

② 111：DAC 连接到片上外设。

当 MODEx[2:0]字段等于 111 时，内部电容 C_{Lint} 保持 DAC 内核的输出电压，然后将其驱动到片上外设。

所有采样和保持阶段都是可产生中断的，DAC_DHRx 寄存器的任何变化都会立即触发新的采样阶段。

14.5.11　DAC 通道缓冲区标定

N 位 DAC 的传递函数为

$$V_{OUT} = ((D / 2^{N-1}) \times G \times V_{REF}) + V_{OS}$$

式中，V_{OUT} 是模拟输出；D 是数字输入；G 是增益；V_{REF} 是标称满量程电压；V_{OS} 是偏置电压。对于理想的 DAC 通道，G=1 且 $V_{OS} = 0$。

由于输出缓冲区特性，电压偏移因器件而异，并且在模拟输出上引入绝对偏移误差。为了补

偿 V_{OS}，需要通过微调技术进行校准。

校准仅在 DAC 通道在使能缓冲器的情况下运行时有效（MODEx[2:0]=000b 或 001b 或 100b 或 101b）。在关闭缓冲器时，将校准用于其他模式则无效。校准期间：

（1）缓冲器的输出与引脚内部/外部连接断开并置于三态模式（HiZ）；

（2）缓冲器充当比较器，检测中间代码 0x800 并通过内部桥将其与 $V_{REF+}/2$ 信号进行比较，然后根据比较结果（CAL_FLAGx 位）将其信号切换为 0 或 1。

下面提供了两种校准技术。

（1）工厂修正（默认设置）。

在出厂时，已经修正 DAC 缓冲器的偏移。DAC_CCR 寄存器中 ORTIMx[4:0]字段的默认值是出厂时的调整值。一旦复位 DAC 数字接口，就会加载该值。

（2）用户修正。

当工作条件与工厂标称的微调条件不同时，尤其是当 V_{DDA}、温度、V_{REF+} 发生任何变化时，用户可以进行修正，并且可以在应用过程中的任何时候通过软件进行修正。

此外，当移除 V_{DD} 时（如器件进入待机或 V_{BAT} 模式），需要校准。

执行用户微调校准的步骤如下。

（1）如果 DAC 通道处于活动状态，则向 DAC_CR 寄存器的 ENx 位写入 0 以禁止该通道。

（2）通过写入 DAC_MCR 寄存器，MODEx[2:0]=000b 或 001b 或 100b 或 101b，选择使能缓冲器的模式。

（3）通过将 DAC_CR 寄存器的 CENx 位设置为 1，启动 DAC 通道校准。

（4）应用修正算法：

① 将码写入 OTRIMx[4:0]字段，从 00000b 开始；

② 等待 t_{RTIM} 延迟；

③ 检查 DAC_SR 寄存器中的 CAL_FLAGx 位是否设置为 1；

④ 如果 CAL_FLAGx 位设置为 1，则找到 OTRIMx[4:0]修正码，并在器件工作期间用于补偿输出值，否则递增 OTRIMx[4:0]并重复步骤①～④。

软件算法可以使用逐次逼近或二分法技术以更快的方式计算和设置 OTRIMx[4:0]字段的内容。

CAL_FLAGx 位的换向/切换表示偏移得到正确补偿，相应的调整码必须保存在 DAC_CCR 寄存器的 OTRIMx[4:0]字段中。

> **注：**在写入 OTRIMx[4:0]字段和读取 DAC_SR 寄存器中的 CAL_FLAGx 位之间必须考虑 t_{RTIM} 延迟，以获取正确的值。

如果在器件工作期间，V_{DD}、V_{REF+} 和温度条件没有变化，而它更频繁地进入待机和 V_{BAT} 模式，则软件可能会将在用户第一次校准时找到的 OTRIM[4:0]字段保存在 Flash 存储器或备份寄存器中。然后，在电源上电再次恢复时直接加载/写入它们，从而避免等待新的校准时间。

当设置 CENx 位时，不允许设置 ENx 位。

14.5.12 双 DAC 通道转换模式（如果可用）

为了在同时需要两个 DAC 通道的应用中有效地使用总线带宽，实现了三个双寄存器：DHR8RD、DHR12RD 和 DHR12LD。然后需要一个唯一的寄存器访问来同时驱动两个 DAC 通道。对于波形生成，不需要访问 DHRxxxD 寄存器，因此，可以独立或同时使用两个输出通道。

使用两个 DAC 通道和这些双寄存器可以实现 11 种转换。尽管如此，如果需要，可以使用单独的 DHRx 寄存器获得所有的转换模式。

1．不带有波形生成的独立触发

如果在此转换模式下配置 DAC，则需要以下步骤。

（1）设置两个 DAC 通道触发使能位 TEN1 和 TEN2。

（2）通过在 TSEL1 和 TSEL2 位域中设置不同的值来配置不同的触发源。

（3）将两个 DAC 通道数据加载到所需的 DHR 寄存器（DAC_DHR12RD、DAC_DHR12LD 或 DAC_DHR8RD）中。当 DAC 通道 1 的触发到达时，将 DHR1 寄存器传输到 DAC_DOR1 寄存器中（三个 dac_pclk 时钟周期后）。

当 DAC 通道 2 触发到达时，将 DHR2 寄存器传输到 DAC_DOR2 寄存器中（三个 dac_pclk 时钟周期后）。

2．具有单个 LFSR 生成的独立触发

如果在此转换模式下配置 DAC，则需要以下步骤。

（1）设置两个 DAC 通道触发使能位 TEN1 和 TEN2。

（2）通过在 TSEL1 和 TSEL2 位域中设置不同的值来配置不同的触发源。

（3）将两个 DAC 通道 WAVEx[1:0]字段配置为 01，并在 MAMPx[3:0]字段中配置相同的 LFSR 掩码值。

（4）将两个 DAC 通道数据加载到所需的 DHR 寄存器（DAC_DHR12RD、DAC_DHR12LD 或 DAC_DHR8RD）中。当 DAC 通道 1 触发到达时，将具有相同掩码的 LFSR1 计数器加到 DHR1 寄存器中，并且将总和传送到 DAC_DOR1 寄存器中（三个 dac_pclk 时钟周期后），然后更新 LFSR1 计数器；当 DAC 通道 2 触发到达时，将具有相同掩码的 LFSR2 计数器加到 DHR2 寄存器中，并且将总和传输到 DAC_DOR2 寄存器中（三个 dac_pclk 时钟后），然后更新 LFSR2 计数器。

3．具有不同 LFSR 生成的独立触发

如果在此转换模式下配置 DAC，则需要以下步骤。

（1）设置两个 DAC 通道触发使能位 TEN1 和 TEN2。

（2）通过在 TSEL1 和 TSEL2 位域中设置不同的值来配置不同的触发源。

（3）将两个 DAC 通道 WAVEx[1:0]字段配置为 01，并在 MAMP1[3:0]和 MAMP2[3:0]字段中设置不同的 LFSR 掩码值。

（4）将两个 DAC 通道数据加载到所需的 DHR 寄存器（DAC_DHR12RD、DAC_DHR12LD 或 DAC_DHR8RD）中。当 DAC 通道 1 触发到达时，将 LFSR1 计数器（带有由 MAMP[3:0]配置的掩码）加到 DHR1 寄存器中，并且将总和传送到 DAC_DOR1 寄存器中（三个 dac_pclk 时钟周期后），然后更新 LFSR1 计数器；当 DAC 通道 2 触发到达时，将 LFSR2 计数器（带有 MAMP2[3:0]配置的掩码）加到 DHR2 寄存器中，并且将总和传输到 DAC_DOR2 寄存器中（三个 dac_pclk 时钟后），然后更新 LFSR2 计数器。

4．具有单个三角波生成的独立触发

如果在此转换模式下配置 DAC，则需要以下步骤。

（1）设置两个 DAC 通道触发使能位 TEN1 和 TEN2。

（2）通过在 TSEL1 和 TSEL2 位域中设置不同的值来配置不同的触发源。

（3）将两个 DAC 通道 WAVEx[1:0]字段配置为 1x，并在 MAMPx[3:0]字段中配置相同的最大幅度。

（4）将两个 DAC 通道数据加载到所需的 DHR 寄存器（DAC_DHR12RD、DAC_DHR12LD 或 DAC_DHR8RD）中。当 DAC 通道 1 触发到达时，将具有相同三角幅度的 DAC 通道 1 三角计数器加到 DHR1 寄存器中，并且将总和传送到 DAC_DOR1 寄存器中（三个 dac_pclk 时钟周期后），然后更新通道 1 三角计数器；当 DAC 通道 2 触发到达时，将具有相同三角幅度的 DAC 通道 2 三角计数器加到 DHR2 寄存器中，并且将总和传送到 DAC_DOR2 寄存器中（三个 dac_pclk 时钟周期后），然后更新通道 2 三角计数器。

5．具有不同三角波生成的独立触发

如果在此转换模式下配置 DAC，则需要以下步骤。

（1）设置两个 DAC 通道触发使能位 TEN1 和 TEN2。

（2）通过在 TSEL1 和 TSEL2 位域中设置不同的值来配置不同的触发源。

（3）将两个 DAC 通道 WAVEx[1:0]字段配置为 1x，并在 MAMP1[3:0]和 MAMP2[3:0]字段中配置不同的最大幅度。

（4）将两个 DAC 通道数据加载到所需的 DHR 寄存器（DAC_DHR12RD、DAC_DHR12LD 或 DAC_DHR8RD）中。当 DAC 通道 1 触发到达时，将具有由 MAMP1[3:0]配置的三角幅度的 DAC 通道 1 三角计数器加到 DHR1 寄存器中，并且将总和传送到 DAC_DOR1 寄存器中（三个 dac_pclk 时钟周期后），然后更新通道 1 三角计数器；当 DAC 通道 2 触发到达时，将 DAC 通道 2 三角计数器（具有由 MAMP2[3:0]配置的三角幅度）加到 DHR2 寄存器中，并且将总和传送到 DAC_DOR2 寄存器中（三个 dac_pclk 时钟周期后），然后更新通道 2 三角计数器。

6．同时软件启动

如果在此转换模式下配置 DAC，则需要以下步骤。

将两个 DAC 通道数据加载到所需的 DHR 寄存器（DAC_DHR12RD、DAC_DHR12LD 或 DAC_DHR8RD）中。

在该配置中，一个 dac_pclk 时钟周期后，DHR1 和 DHR2 寄存器分别传输到 DAC_DOR1 和 DAC_DOR2 寄存器中。

7．不产生波的同时触发

如果在此转换模式下配置 DAC，则需要以下步骤。

（1）设置两个 DAC 通道触发使能位 TEN1 和 TEN2。

（2）通过在 TSEL1 和 TSEL2 位域中设置相同的值，为两个 DAC 通道配置相同的触发源。

（3）将两个 DAC 通道数据加载到所需要的 DHR 寄存器（DAC_DHR12RD、DAC_DHR12LD 或 DAC_DHR8RD）中。当触发到达时，DHR1 和 DHR2 寄存器分别传输到 DAC_DOR1 和 DAC_DOR2 寄存器中（三个 dac_pclk 时钟周期后）。

8．具有单个 LFSR 生成的同时触发

如果在此转换模式下配置 DAC，则需要以下步骤。

（1）设置两个 DAC 通道触发使能位 TEN1 和 TEN2。

（2）通过在 TSEL1 和 TSEL2 位域中设置相同的值，为两个 DAC 通道配置相同的触发源。

（3）将两个 DAC 通道 WAVEx[1:0]字段配置为 01，并在 MAMPx[3:0]字段中配置相同的 LFSR 掩码值。

（4）将两个 DAC 通道数据加载到所需要的 DHR 寄存器（DAC_DHR12RD、DAC_DHR12LD 或 DAC_DHR8RD）中。当触发到达时，将具有相同掩码的 LFSR1 计数器加到 DHR1 寄存器中，并且将总和传送到 DAC_DOR1 寄存器中（三个 dac_pclk 时钟周期后），然后更新 LFSR1 寄存器。同时，将具有相同掩码的 LFSR2 计数器加到 DHR2 寄存器中，并且将总和传输到 DAC_DOR2 寄存器中（三个 dac_pclk 时钟周期后），然后更新 LFSR2 计数器。

9．具有不同 LFSR 生成的同时触发

如果在此转换模式下配置 DAC，则需要以下步骤。

（1）设置两个 DAC 通道触发使能位 TEN1 和 TEN2。

（2）通过在 TSEL1 和 TSEL2 位域中设置相同的值，为两个 DAC 通道配置相同的触发源。

（3）将两个 DAC 通道 WAVEx[1:0]字段配置为 01，并使用 MAMP1[3:0]和 MAMP2[3:0]字段设置不同的 LFSR 掩码值。

（4）将两个 DAC 通道数据加载到所需要的 DHR 寄存器（DAC_DHR12RD、DAC_DHR12LD 或 DAC_DHR8RD）中。当触发到达时，将 LFSR1 计数器（带有 MAMP1[3:0]配置的掩码）加到 DHR1 寄存器中，并且将总和传送到 DAC_DOR1 寄存器中（三个 dac_pclk 时钟周期后），然后更新 LFSR1 寄存器。同时，将 LFSR2 计数器（带有 MAMP2[3:0]配置的掩码）加到 DHR2 寄存器，并将总和传输到 DAC_DOR2 寄存器中（三个 dac_pclk 时钟周期后），然后更新 LFSR2 计数器。

10．具有单个三角形生成的同时触发

如果在此转换模式下配置 DAC，则需要以下步骤。

（1）设置两个 DAC 通道触发使能位 TEN1 和 TEN2。

（2）通过在 TSEL1 和 TSEL2 位域中设置相同的值，为两个 DAC 通道配置相同的触发源。

（3）使用 MAMPx[1:0]字段将两个 DAC 通道 WAVEx[1:0]字段配置为 1x 和相同的最大幅度。

（4）将两个 DAC 通道数据加载到所需要的 DHR 寄存器（DAC_DHR12RD、DAC_DHR12LD 或 DAC_DHR8RD）中。当触发到达时，将具有相同三角幅度的 DAC 通道 1 三角计数器加到 DHR1 寄存器中，并且将总和传送到 DAC_DOR1 寄存器中（三个 dac_pclk 时钟周期后），然后更新 DAC 通道 1 三角计数器。同时，将具有相同三角幅度的 DAC 通道 2 三角计数器加到 DHR2 寄存器中，并且将总和传送到 DAC_DOR2（三个 dac_pclk 时钟周期后），然后更新 DAC 通道 2 三角计数器。

11．具有不同三角形生成的同时触发

如果在此转换模式下配置 DAC，则需要以下步骤。

（1）设置两个 DAC 通道触发使能位 TEN1 和 TEN2。

（2）通过在 TSEL1 和 TSEL2 位域中设置相同的值，为两个 DAC 通道配置相同的触发源。

（3）将两个 DAC 通道 WAVEx[1:0]字段配置为 1x，并在 MAMP1[3:0]和 MAMP2[3:0]字段中设置不同的最大幅度。

（4）将两个 DAC 通道数据加载到所需要的 DHR 寄存器（DAC_DHR12RD、DAC_DHR12LD 或 DAC_DHR8RD）中。当触发到达时，将 DAC 通道 1 三角计数器（其三角幅度由 MAMP1[3:0]配置）加到 DHR1 寄存器中，并且将总和传送到 DAC_DOR1 寄存器中（三个 dac_pclk 时钟周期后），然后更新 DAC 通道 1 三角计数器。同时，将 DAC 通道 2 三角计数器（其三角幅度由 MAMP2[3:0]配置）加到 DHR2 寄存器中，并且将总和传送到 DAC_DOR2（三个 dac_pclk 时钟周期后），然后更新 DAC 通道 2 三角计数器。

14.5.13 低功耗模式

低功耗模式对 DAC 的影响如表 14.7 所示。

表 14.7 低功耗模式对 DAC 的影响

模式	描述
休眠	无影响，DAC 和 DMA 一起使用
停止 0	如果使用 LSI 时钟选择了采样和保持模式，则 DAC 保持活动状态并具有静态值
待机	DAC 外设断电，必须在退出待机或断电模式后重新初始化
断电	

14.6 基本定时器结构和功能

基本定时器的内部结构如图 14.27 所示，基本定时器 TIM6 和 TIM7 包括一个 16 位自动重加载计数器，该计数器由可编程预分频器驱动。它们可以用作生成时基的通用定时器，但也专门用于驱动 DAC。实际上，定时器内部连接到 DAC，并且能够通过其触发输出来驱动它。

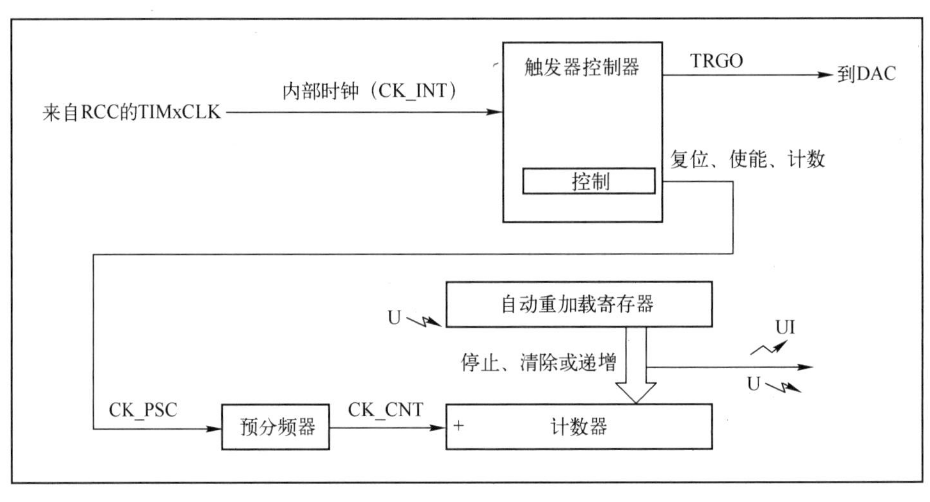

图 14.27 基本定时器的内部结构

基本定时器是完全独立的，并且不共享任何资源。该定时器的功能如下。

（1）16 位自动重加载递增计数器。

（2）16 位可编程预分频器，用于将计数器时钟频率除以（也可以“即时”）1～65535 的因子。

（3）同步电路触发 DAC。

（4）更新事件产生中断/DMA：计数器上溢。

注：（1）关于 TIM6/TIM7 功能的详细信息，参见 RM0444 Reference manual *STM32G0x1 advanced Arm-based 32-bit MCUs* 的 23.3 节。

（2）关于 TIM15 寄存器的详细信息，参见 RM0444 Reference manual *STM32G0x1 advanced Arm-based 32-bit MCUs* 的 23.4 节。

14.7 设计实例二：使用示波器上的 *X*-*Y* 模式显示不同的图形

本节将详细介绍在示波器上的 *X*-*Y* 模式下显示不同图形的方法。

14.7.1 设计目标和设计思路

下面简要介绍该设计的设计目标和设计思路，以帮助读者理解后续内容。

1．设计目标

通过 DMA 通道 1，将 *X* 坐标数组传输到 DAC 的通道 1，然后通过 DAC 将数字量转换为模拟电压并在 STM32G071 MCU 的 PA4 引脚上输出；通过 DMA 通道 2，将 *Y* 坐标数组传输到 DAC 的通道 2，然后通过 DAC 将数字量转换为模拟电压并在 STM32G071 MCU 的 PA5 引脚上输出。

将 STM32G071 MCU PA4 引脚输出的电压以及 STM32G071 MCU PA5 引脚输出的电压连接到示波器的通道 1 和通道 2 探头，将示波器设置为 *X*-*Y* 模式，利用 *X* 与 *Y* 坐标在示波器的 *X*-*Y* 时基显示模式下绘制二维图像。

2．设计思路

DAC 通道 1 的触发源为基本定时器 6，DAC 通道 2 的触发源为基本定时器 7。当定时器 6 与定时器 7 的频率相同时，示波器 *X* 与 *Y* 坐标变化的速度相同，因此达到动态平衡在示波器上显示静态图形的效果；当定时器 6 与定时器 7 的频率不同时，示波器 *X* 与 *Y* 坐标变化的速度不同，则实现在示波器上显示动态图像的效果。

在该设计中，通过 STM32G071 MCU 的引脚 PC13 引入外部按键中断，用于在动态显示与静态显示模式之间进行切换。

此外，在应用程序代码中使用宏定义来选择 *X* 与 *Y* 坐标数组的定义，用于区分在 *X*-*Y* 模式下的示波器显示圆形图案或正方形图案。

14.7.2 在 STM32CubeMX 中配置参数

下面将在 STM32CubeMX 中配置相关模块的参数，主要步骤如下。

（1）启动 STM32CubeMX 软件开发环境。

（2）选择 STM32G071RBTx 器件。

（3）进入 STM32CubeMX untitled:STM32G071RBTx 界面。在该界面中，单击 Clock Configuration 标签。在该标签界面中，设置 RCC 的参数，如图 14.28 所示。

（4）单击图 14.28 中的 Pinout & Configuration 标签。在该标签界面左侧窗口中，找到并展开 System Core。在展开项中，找到并选择 RCC 选项，如图 14.29 所示。在右侧的 RCC Mode and Configuration 窗口中，单击 Parameter Settings 标签。在该标签界面中，找到并展开 Peripherals Clock Configuration。在展开项中，找到并将 Generate the peripherals clock configuration 设置为 FALSE。

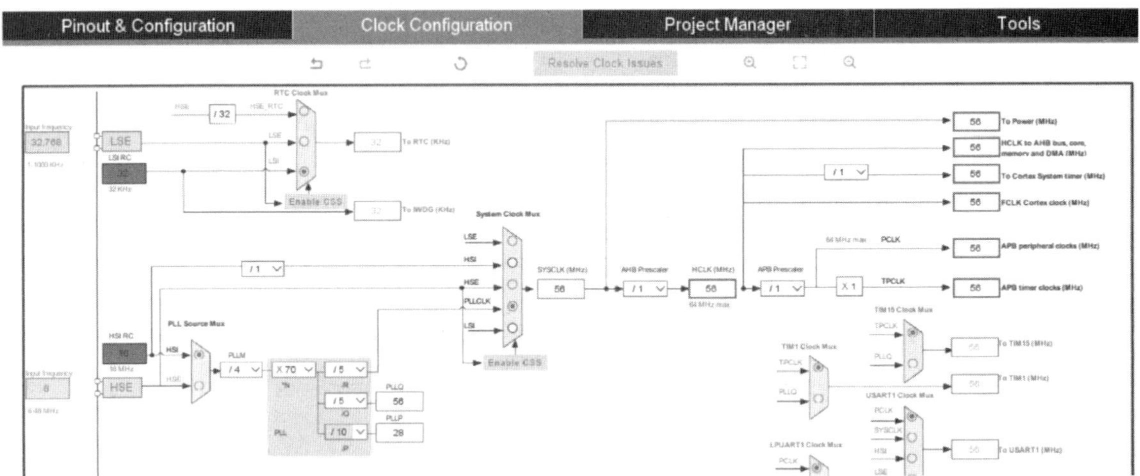

图 14.28　Clock Configuration 标签界面

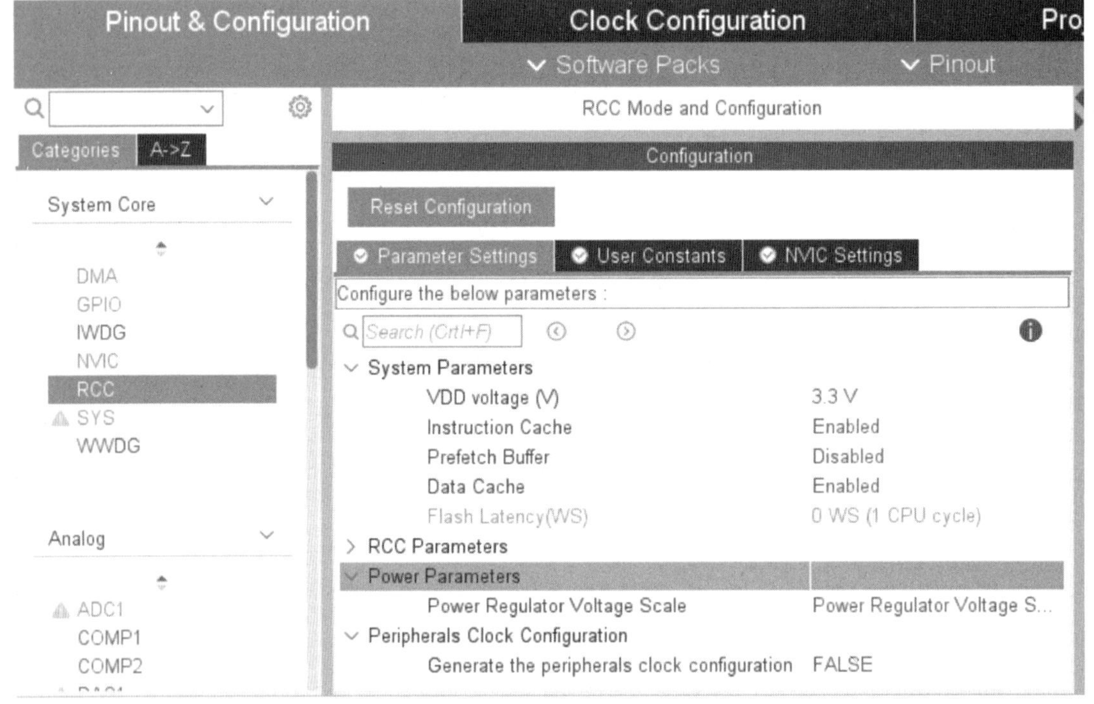

图 14.29　RCC 的参数配置

（5）在 Pinout & Configuration 标签界面左侧窗口中，找到并展开 Timers。在展开项中，找到并选择 TIM6 选项，如图 14.30 所示。在右侧的 TIM6 Mode and Configuration 窗口中，找到 Mode 子窗口，勾选 Activated 前面的复选框。在 Configuration 子窗口中，单击 Parameter Settings 标签。在该标签界面中，参数设置如下。

① 展开 Counter Settings。在展开项中，将 Counter Period(AutoReload Register - 16 bits value) 设置为 0x7ff。

② 找到并展开 Trigger Output(TRGO)Parameters。在展开项中，将 Trigger Event Selection 设置为 Update Event。

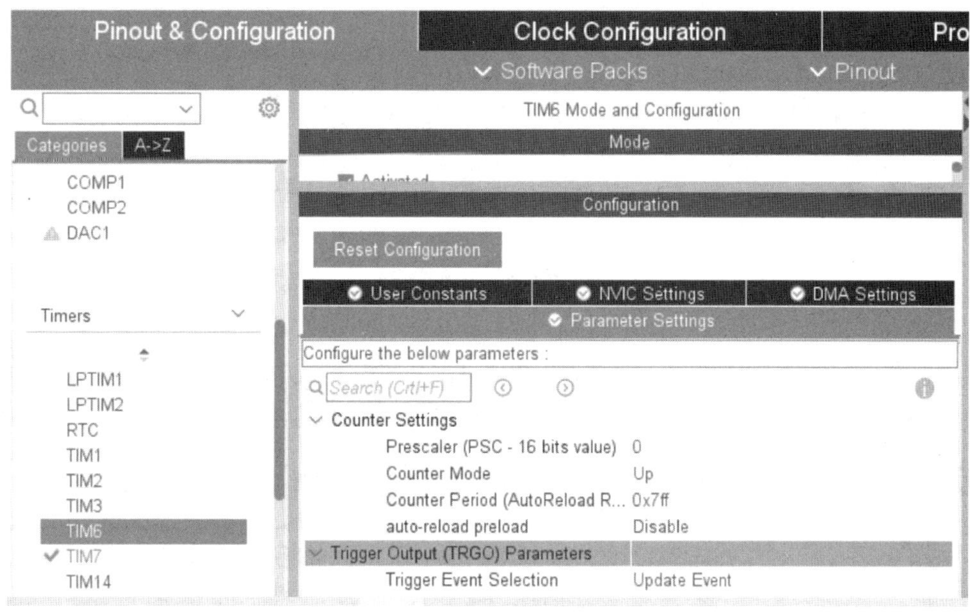

图 14.30　TIM6 的参数配置

（6）在 Pinout & Configuration 标签界面左侧窗口中，找到并展开 Timers。在展开项中，选择 TIM7 选项，按照与 TIM6 相同的参数进行设置。

（7）在 Pinout & Configuration 标签界面右侧窗口中，单击 Pinout view 按钮。在 STM32G071RBTx LQFP64 器件封装视图上，找到并单击 PA4 引脚，出现浮动菜单。在浮动菜单内，选择 DAC1_OUT1 选项；同理，在 STM32G071RBTx LQFP64 器件封装视图上，找到并单击 PA5 引脚，出现浮动菜单。在浮动菜单内，选择 DAC1_OUT2 选项。

（8）在 Pinout & Configuration 标签界面左侧窗口中，找到并展开 Analog。在展开项中，选择 DAC1 选项，如图 14.31 所示。在右侧的 DAC1 Mode and Configuration 窗口中，参数设置如下。

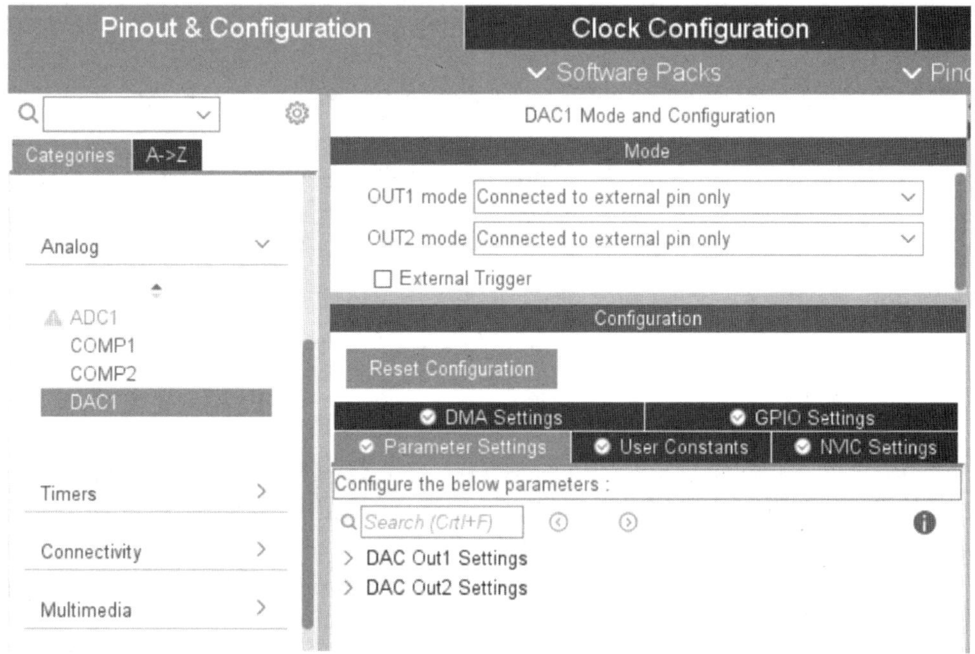

图 14.31　DAC 的参数设置

① OUT1 mode：Connected to external pin only。

② OUT2 mode：Connected to external pin only。

③ 展开 DAC Out1 Settings。在展开项中，将 Trigger 设置为 Timer 6 Trigger Out Event，展开项中的其他参数按默认设置。

④ 展开 DAC Out2 Settings。在展开项中，将 Trigger 设置为 Timer 7 Trigger Out Event，展开项中的其他参数按默认设置。

（9）在 Pinout & Configuration 标签界面左侧窗口中，找到并展开 System Core。在展开项中，选择 DMA 选项，如图 14.32 所示。在右侧的 DMA Mode and Configuration 窗口中，参数设置如下。

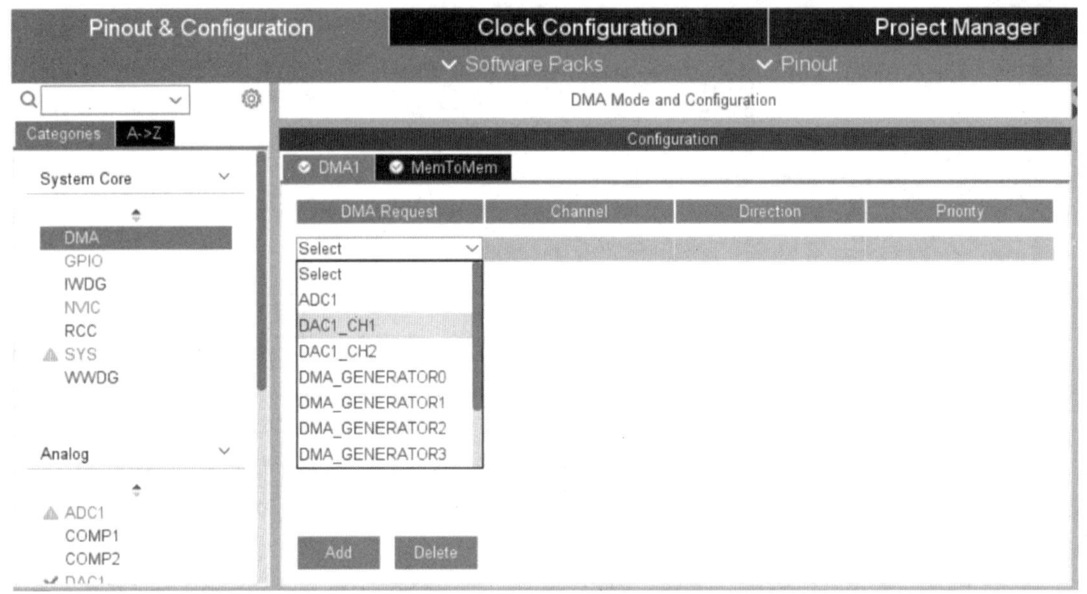

图 14.32　添加 DMA 请求源

① 单击 Add 按钮，在 DMA Request 一列下方出现下拉框。在下拉框内，选择 DAC1_CH1 选项。

② 单击 Add 按钮，在 DMA Request 一列下方出现下拉框。在下拉框内，选择 DAC1_CH2 选项。

（10）在 Pinout & Configuration 标签界面中，找到并单击 Pinout view 按钮，进入 STM32G071 RBTx LQFP64 器件封装视图界面。在该界面中，找到并单击其视图上的 PC13 引脚，出现浮动菜单。在浮动菜单内，选择 GPIO_EXTI13 选项。

（11）在 Pinout & Configuration 标签界面左侧窗口中，找到并展开 System Core。在展开项中，选择 GPIO 选项。在右侧的 GPIO Mode and Configuration 窗口中，选中 Pin Name 为 PC13 的一行。在下面的 PC13 Configuration 子窗口中，通过 GPIO mode 右侧的下拉框，将 GPIO mode 设置为 External Interrupt Mode with Falling edge trigger detection。

（12）在 Pinout & Configuration 标签界面左侧窗口中，找到并展开 System Core。在展开项中，选择 NVIC 选项。在右侧的 NVIC Mode and Configuration 窗口中，找到 NVIC Interrupt Table 子窗口，勾选 EXTI line 4 to 15 interrupts 右侧的复选框。

（13）单击 Project Manager 标签。在该标签界面左侧一列按钮中，找到并单击 Advanced Settings（高级设置）按钮，如图 14.33 所示。在右侧窗口中，参数设置如下。

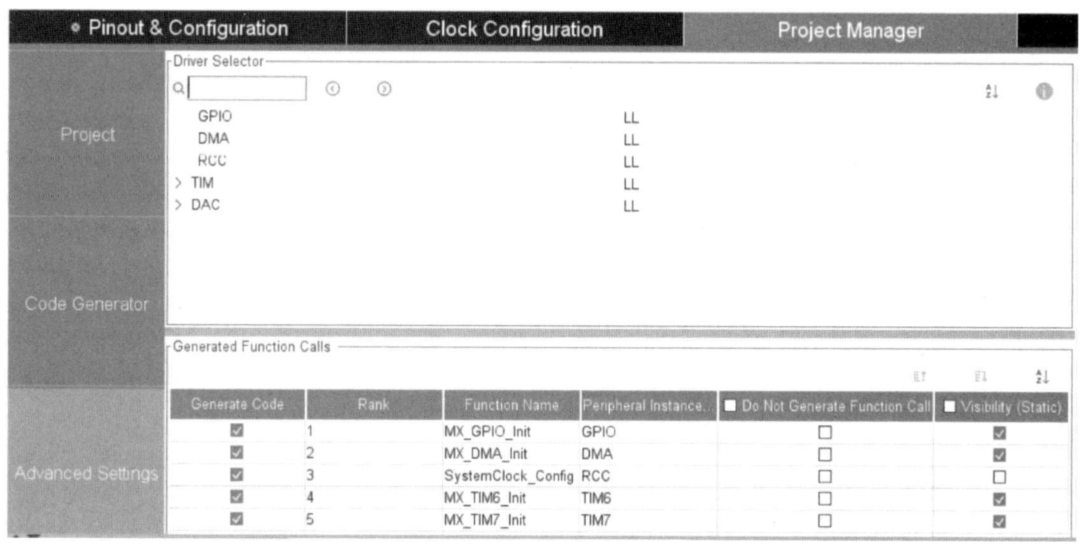

图 14.33　高级设置窗口

① 将 GPIO 右侧的 HAL 改为 LL。

② 将 DMA 右侧的 HAL 改为 LL。

③ 将 RCC 右侧的 HAL 改为 LL。

④ 将 TIM 右侧的 HAL 改为 LL。

⑤ 将 DAC 右侧的 HAL 改为 LL。

（14）单击图 14.33 左侧的 Project 按钮，读者可以参考本书前面的内容，设置导出工程的参数。

（15）单击 STM32CubeMX 开发环境主界面右上角的 GENERATE CODE 按钮，生成并导出工程文件。

14.7.3　在 Keil μVision 中添加设计代码

下面将在 Keil μVision 集成开发环境中添加设计代码，主要步骤如下。

（1）启动 Keil μVision 集成开发环境（以下简称 Keil）。

（2）在 Keil 主界面主菜单中，选择 Project->Open Project。

（3）弹出 Select Project File 界面。在该界面中，将路径定位到下面的路径 E:\STM32G0_example\example_14_2\MDK-ARM。在该路径下，选择名字为 DAC_CircleAndSqure_LL.uvprojx 的工程文件。

（4）单击打开按钮，退出 Select Project File 界面。

（5）在 Keil 左侧的 Project 窗口中，找到并双击 main.c，打开该设计文件。在该文件中，添加设计代码，如代码清单 14.8 所示。

代码清单 14.8　在 main.c 文件中添加代码

```
#include "main.h"

//#define CIRCLE //图形选择，注释掉此行，输出即为正方形
int MOVE=0; //定义 0 为静态图像，1 为动态图像

#define VDDA_APPLI    ((uint32_t)3300)      /*定义环境模拟电压，模拟电压值单位为 mV */
#define DIGITAL_SCALE_12BITS    (__LL_DAC_DIGITAL_SCALE(LL_DAC_RESOLUTION_12B))
/*12 位分辨率的满量程数字值，电压范围由模拟参考电压 VREF+和 VREF-确定  */
```

```
/*波形生成：波形参数 */
#define WAVEFORM_AMPLITUDE        (VDDA_APPLI)    /*波形振幅（单位：mV）*/
#define WAVEFORM_FREQUENCY        ((uint32_t)1000)    /*波形频率（单位：Hz）*/
#define    WAVEFORM_SAMPLES_SIZE        (sizeof(WaveformSine_12bits_32samples)/    sizeof(uint16_t))
/*包含 DAC 波形样本的阵列大小 */

/*波形产生：定时器参数（用作 DAC 触发器） */
/*定时器频率（单位：Hz），定时器 16 位和时基频率最小 1Hz，范围 1Hz～32kHz */
#define  WAVEFORM_TIMER_FREQUENCY                    (WAVEFORM_FREQUENCY  *
WAVEFORM_SAMPLES_SIZE)
#define WAVEFORM_TIMER_FREQUENCY_RANGE_MIN        ((uint32_t)     1)            /*定时器最小
频率（单位：Hz），用于计算频率范围，使用 16 位定时器，最大频率是该值的 32000 倍 */
#define WAVEFORM_TIMER_PRESCALER_MAX_VALUE        ((uint32_t)0xFFFF-1)        /*定时器预分
频器最大值（0xFFFF 为一个 16 位定时器）*/

/*从数字刻度上的最大值 12 位（对应于电压 VDDA）到新刻度上的值（对应于由 WAVEFORM_AMPLITUDE
定义的电压）的计算*/
#define __WAVEFORM_AMPLITUDE_SCALING(__DATA_12BITS__)    \
  (__DATA_12BITS__                                        \
   * __LL_DAC_CALC_VOLTAGE_TO_DATA(VDDA_APPLI, WAVEFORM_AMPLITUDE,
LL_DAC_RESOLUTION_12B)                                    \
   / __LL_DAC_DIGITAL_SCALE(LL_DAC_RESOLUTION_12B)        \
  )

#ifdef CIRCLE
//存储正弦信号（作为圆的纵坐标）
const uint16_t WaveformSine_12bits_32samples[] =
{
__WAVEFORM_AMPLITUDE_SCALING(2048),
__WAVEFORM_AMPLITUDE_SCALING(2447),
__WAVEFORM_AMPLITUDE_SCALING(2831),
__WAVEFORM_AMPLITUDE_SCALING(3185),
__WAVEFORM_AMPLITUDE_SCALING(3495),
__WAVEFORM_AMPLITUDE_SCALING(3750),
__WAVEFORM_AMPLITUDE_SCALING(3939),
__WAVEFORM_AMPLITUDE_SCALING(4056),

__WAVEFORM_AMPLITUDE_SCALING(4095),
__WAVEFORM_AMPLITUDE_SCALING(4056),
__WAVEFORM_AMPLITUDE_SCALING(3939),
__WAVEFORM_AMPLITUDE_SCALING(3750),
__WAVEFORM_AMPLITUDE_SCALING(3495),
__WAVEFORM_AMPLITUDE_SCALING(3185),
__WAVEFORM_AMPLITUDE_SCALING(2831),
__WAVEFORM_AMPLITUDE_SCALING(2447),

__WAVEFORM_AMPLITUDE_SCALING(2048),
__WAVEFORM_AMPLITUDE_SCALING(1649),
__WAVEFORM_AMPLITUDE_SCALING(1265),
__WAVEFORM_AMPLITUDE_SCALING(911),
__WAVEFORM_AMPLITUDE_SCALING(601),
```

```
__WAVEFORM_AMPLITUDE_SCALING(346),
__WAVEFORM_AMPLITUDE_SCALING(157),
__WAVEFORM_AMPLITUDE_SCALING(40),

__WAVEFORM_AMPLITUDE_SCALING(0),
__WAVEFORM_AMPLITUDE_SCALING(40),
__WAVEFORM_AMPLITUDE_SCALING(157),
__WAVEFORM_AMPLITUDE_SCALING(346),
__WAVEFORM_AMPLITUDE_SCALING(601),
__WAVEFORM_AMPLITUDE_SCALING(911),
__WAVEFORM_AMPLITUDE_SCALING(1265),
__WAVEFORM_AMPLITUDE_SCALING(1649)
};

//存储正弦信号（作为圆的横坐标），数组顺序控制 90°相位差
const uint16_t WaveformSine_12bits_32samples1[] =
{
__WAVEFORM_AMPLITUDE_SCALING(4095),
__WAVEFORM_AMPLITUDE_SCALING(4056),
__WAVEFORM_AMPLITUDE_SCALING(3939),
__WAVEFORM_AMPLITUDE_SCALING(3750),
__WAVEFORM_AMPLITUDE_SCALING(3495),
__WAVEFORM_AMPLITUDE_SCALING(3185),
__WAVEFORM_AMPLITUDE_SCALING(2831),
__WAVEFORM_AMPLITUDE_SCALING(2447),

__WAVEFORM_AMPLITUDE_SCALING(2048),
__WAVEFORM_AMPLITUDE_SCALING(1649),
__WAVEFORM_AMPLITUDE_SCALING(1265),
__WAVEFORM_AMPLITUDE_SCALING(911),
__WAVEFORM_AMPLITUDE_SCALING(601),
__WAVEFORM_AMPLITUDE_SCALING(346),
__WAVEFORM_AMPLITUDE_SCALING(157),
__WAVEFORM_AMPLITUDE_SCALING(40),

__WAVEFORM_AMPLITUDE_SCALING(0),
__WAVEFORM_AMPLITUDE_SCALING(40),
__WAVEFORM_AMPLITUDE_SCALING(157),
__WAVEFORM_AMPLITUDE_SCALING(346),
__WAVEFORM_AMPLITUDE_SCALING(601),
__WAVEFORM_AMPLITUDE_SCALING(911),
__WAVEFORM_AMPLITUDE_SCALING(1265),
__WAVEFORM_AMPLITUDE_SCALING(1649),

__WAVEFORM_AMPLITUDE_SCALING(2048),
__WAVEFORM_AMPLITUDE_SCALING(2447),
__WAVEFORM_AMPLITUDE_SCALING(2831),
__WAVEFORM_AMPLITUDE_SCALING(3185),
__WAVEFORM_AMPLITUDE_SCALING(3495),
__WAVEFORM_AMPLITUDE_SCALING(3750),
__WAVEFORM_AMPLITUDE_SCALING(3939),
__WAVEFORM_AMPLITUDE_SCALING(4056)
```

```
};

#else

//0~3500 间隔 500 绘制正方形
const uint16_t WaveformSine_12bits_32samples[] =
{
__WAVEFORM_AMPLITUDE_SCALING(0),
__WAVEFORM_AMPLITUDE_SCALING(500),
__WAVEFORM_AMPLITUDE_SCALING(1000),
__WAVEFORM_AMPLITUDE_SCALING(1500),
__WAVEFORM_AMPLITUDE_SCALING(2000),
__WAVEFORM_AMPLITUDE_SCALING(2500),
__WAVEFORM_AMPLITUDE_SCALING(3000),
__WAVEFORM_AMPLITUDE_SCALING(3500),

__WAVEFORM_AMPLITUDE_SCALING(3500),
__WAVEFORM_AMPLITUDE_SCALING(3500),
__WAVEFORM_AMPLITUDE_SCALING(3500),
__WAVEFORM_AMPLITUDE_SCALING(3500),
__WAVEFORM_AMPLITUDE_SCALING(3500),
__WAVEFORM_AMPLITUDE_SCALING(3500),
__WAVEFORM_AMPLITUDE_SCALING(3500),
__WAVEFORM_AMPLITUDE_SCALING(3500),

__WAVEFORM_AMPLITUDE_SCALING(3500),
__WAVEFORM_AMPLITUDE_SCALING(3000),
__WAVEFORM_AMPLITUDE_SCALING(2500),
__WAVEFORM_AMPLITUDE_SCALING(2000),
__WAVEFORM_AMPLITUDE_SCALING(1500),
__WAVEFORM_AMPLITUDE_SCALING(1000),
__WAVEFORM_AMPLITUDE_SCALING(500),
__WAVEFORM_AMPLITUDE_SCALING(0),

__WAVEFORM_AMPLITUDE_SCALING(0),
__WAVEFORM_AMPLITUDE_SCALING(0),
__WAVEFORM_AMPLITUDE_SCALING(0),
__WAVEFORM_AMPLITUDE_SCALING(0),
__WAVEFORM_AMPLITUDE_SCALING(0),
__WAVEFORM_AMPLITUDE_SCALING(0),
__WAVEFORM_AMPLITUDE_SCALING(0),
__WAVEFORM_AMPLITUDE_SCALING(0)
};

const uint16_t WaveformSine_12bits_32samples1[] =
{
__WAVEFORM_AMPLITUDE_SCALING(0),
__WAVEFORM_AMPLITUDE_SCALING(0),
__WAVEFORM_AMPLITUDE_SCALING(0),
__WAVEFORM_AMPLITUDE_SCALING(0),
__WAVEFORM_AMPLITUDE_SCALING(0),
__WAVEFORM_AMPLITUDE_SCALING(0),
```

```
__WAVEFORM_AMPLITUDE_SCALING(0),
__WAVEFORM_AMPLITUDE_SCALING(0),

__WAVEFORM_AMPLITUDE_SCALING(0),
__WAVEFORM_AMPLITUDE_SCALING(500),
__WAVEFORM_AMPLITUDE_SCALING(1000),
__WAVEFORM_AMPLITUDE_SCALING(1500),
__WAVEFORM_AMPLITUDE_SCALING(2000),
__WAVEFORM_AMPLITUDE_SCALING(2500),
__WAVEFORM_AMPLITUDE_SCALING(3000),
__WAVEFORM_AMPLITUDE_SCALING(3500),

__WAVEFORM_AMPLITUDE_SCALING(3500),
__WAVEFORM_AMPLITUDE_SCALING(3500),
__WAVEFORM_AMPLITUDE_SCALING(3500),
__WAVEFORM_AMPLITUDE_SCALING(3500),
__WAVEFORM_AMPLITUDE_SCALING(3500),
__WAVEFORM_AMPLITUDE_SCALING(3500),
__WAVEFORM_AMPLITUDE_SCALING(3500),
__WAVEFORM_AMPLITUDE_SCALING(3500),

__WAVEFORM_AMPLITUDE_SCALING(3500),
__WAVEFORM_AMPLITUDE_SCALING(3000),
__WAVEFORM_AMPLITUDE_SCALING(2500),
__WAVEFORM_AMPLITUDE_SCALING(2000),
__WAVEFORM_AMPLITUDE_SCALING(1500),
__WAVEFORM_AMPLITUDE_SCALING(1000),
__WAVEFORM_AMPLITUDE_SCALING(500),
__WAVEFORM_AMPLITUDE_SCALING(0)
};

#endif

void   SystemClock_Config(void);
void   Configure_USER_Interrupt(void);
void   Configure_DMA(void);
void   Configure_TIM_TimeBase_DAC_trigger(void);
void   Configure_DAC(void);
void   Activate_DAC(void);


int main(void)
{
  SystemClock_Config();
  Configure_USER_Interrupt();
  Configure_DMA();                          /*为从 DAC 传输数据配置 DMA */
  Configure_TIM_TimeBase_DAC_trigger();     /* 配置定时器为时基，触发 DAC 转换*/
  Configure_DAC();                          /* 配置 DAC 通道 */
  Activate_DAC();                           /* 使能 DAC 通道 */
  while (1)
  {
  }
```

```
}

void SystemClock_Config(void)
{
  LL_FLASH_SetLatency(LL_FLASH_LATENCY_2);
  /* HSI configuration and activation */
  LL_RCC_HSI_Enable();
  while(LL_RCC_HSI_IsReady() != 1)
  {
  }
  /* Main PLL configuration and activation */
  LL_RCC_PLL_ConfigDomain_SYS(LL_RCC_PLLSOURCE_HSI, LL_RCC_PLLM_DIV_4, 70, LL_RCC_
PLLR_DIV_5);
  LL_RCC_PLL_Enable();
  LL_RCC_PLL_EnableDomain_SYS();
  while(LL_RCC_PLL_IsReady() != 1)
  {
  }
  /* Sysclk activation on the main PLL */
  LL_RCC_SetSysClkSource(LL_RCC_SYS_CLKSOURCE_PLL);
  while(LL_RCC_GetSysClkSource() != LL_RCC_SYS_CLKSOURCE_STATUS_PLL)
  {
  }
  /* Set AHB prescaler*/
  LL_RCC_SetAHBPrescaler(LL_RCC_SYSCLK_DIV_1);
  /* Set APB1 prescaler*/
  LL_RCC_SetAPB1Prescaler(LL_RCC_APB1_DIV_1);
  /* Set systick to 1ms in using frequency set to 56MHz */
  /* This frequency can be calculated through LL RCC macro */
  /* ex: __LL_RCC_CALC_PLLCLK_FREQ(__LL_RCC_CALC_HSI_FREQ(),
                                  LL_RCC_PLLM_DIV_4, 70, LL_RCC_PLLR_DIV_5)*/
  LL_Init1msTick(56000000);
  /* Update CMSIS variable (which can be updated also through SystemCoreClockUpdate function) */
  LL_SetSystemCoreClock(56000000);
}


void Configure_USER_Interrupt(void)
{
  LL_EXTI_InitTypeDef EXTI_InitStruct = {0};
  LL_IOP_GRP1_EnableClock(LL_IOP_GRP1_PERIPH_GPIOC);
  LL_EXTI_SetEXTISource(LL_EXTI_CONFIG_PORTC, LL_EXTI_CONFIG_LINE13);
  EXTI_InitStruct.Line_0_31 = LL_EXTI_LINE_13;
  EXTI_InitStruct.LineCommand = ENABLE;
  EXTI_InitStruct.Mode = LL_EXTI_MODE_IT;
  EXTI_InitStruct.Trigger = LL_EXTI_TRIGGER_RISING;
  LL_EXTI_Init(&EXTI_InitStruct);
  LL_GPIO_SetPinPull(GPIOC, LL_GPIO_PIN_13, LL_GPIO_PULL_NO);
  LL_GPIO_SetPinMode(GPIOC, LL_GPIO_PIN_13, LL_GPIO_MODE_INPUT);
  NVIC_SetPriority(EXTI4_15_IRQn,0);
  NVIC_EnableIRQ(EXTI4_15_IRQn);
}
```

```
void Configure_DMA(void)
{
  /* 配置 NVIC 以使能 DMA 中断 */
    NVIC_SetPriority(DMA1_Channel1_IRQn,2); /* DMA IRQ 优先级低于 DAC IRQ */
  NVIC_EnableIRQ(DMA1_Channel1_IRQn);
  NVIC_SetPriority(DMA1_Channel2_3_IRQn,3); /* DMA IRQ 优先级低于 DAC IRQ */
  NVIC_EnableIRQ(DMA1_Channel2_3_IRQn);

  /* 使能送给 DMA 的外部时钟 */
  LL_AHB1_GRP1_EnableClock(LL_AHB1_GRP1_PERIPH_DMA1);
  /* 配置 DMA 传输 */
  /*   - DMA 传输在循环模式下有无限的 DAC 信号产生*/
  /*   - 直接存储器存取转移到 DAC 没有地址增量*/
  /*   - 直接存储器存取转移与地址增量*/
  /*   - DMA 传输到 DAC 以半字匹配 DAC 分辨率 12 位*/
  /*   - DMA 从存储器通过半字转移到与 DAC 数据缓冲区匹配的变量类型：半字*/
  LL_DMA_ConfigTransfer(DMA1,LL_DMA_CHANNEL_1,LL_DMA_DIRECTION_MEMORY_TO_PERIPH |
LL_DMA_MODE_CIRCULAR | LL_DMA_PERIPH_NOINCREMENT | LL_DMA_MEMORY_ INCREMENT |
LL_DMA_PDATAALIGN_HALFWORD | LL_DMA_MDATAALIGN_HALFWORD | LL_DMA_PRIORITY_HIGH );
 LL_DMA_ConfigTransfer(DMA1,LL_DMA_CHANNEL_2,LL_DMA_DIRECTION_MEMORY_TO_PERIPH |
LL_DMA_MODE_CIRCULAR | LL_DMA_PERIPH_NOINCREMENT | LL_DMA_MEMORY_ INCREMENT |
LL_DMA_PDATAALIGN_HALFWORD | LL_DMA_MDATAALIGN_HALFWORD | LL_DMA_PRIORITY_HIGH );

  /* 选择 DAC 作为 DMA 传输请求 */
  LL_DMA_SetPeriphRequest(DMA1,LL_DMA_CHANNEL_1,LL_DMAMUX_REQ_DAC1_CH1);
 LL_DMA_SetPeriphRequest(DMA1,LL_DMA_CHANNEL_2,LL_DMAMUX_REQ_DAC1_CH2);

  /* 设置源和目的的 DMA 传输地址 */

LL_DMA_ConfigAddresses(DMA1,LL_DMA_CHANNEL_1,(uint32_t)&WaveformSine_12bits_32samples,LL_DAC_
DMA_GetRegAddr(DAC1, LL_DAC_CHANNEL_1,
 LL_DAC_DMA_REG_DATA_12BITS_RIGHT_ALIGNED),LL_DMA_DIRECTION_MEMORY_TO_PERIPH);
 LL_DMA_ConfigAddresses(DMA1,LL_DMA_CHANNEL_2,(uint32_t)&WaveformSine_12bits_32samples1,LL_
DAC_DMA_GetRegAddr(DAC1, LL_DAC_CHANNEL_2,
 LL_DAC_DMA_REG_DATA_12BITS_RIGHT_ALIGNED),LL_DMA_DIRECTION_MEMORY_TO_PERIPH);

  /* 设置 DMA 传输大小 */
  LL_DMA_SetDataLength(DMA1,LL_DMA_CHANNEL_1,WAVEFORM_SAMPLES_SIZE);
  LL_DMA_SetDataLength(DMA1,LL_DMA_CHANNEL_2,WAVEFORM_SAMPLES_SIZE);

  /* 使能 DMA 传输中断: 传输错误 */
   LL_DMA_EnableIT_TE(DMA1,LL_DMA_CHANNEL_1);
    LL_DMA_EnableIT_TE(DMA1,LL_DMA_CHANNEL_2);

  /* 注: 在本设计中，唯一激活的 DMA 中断是传输错误；如果需要，DMA 中断传输的一半和传输完成可
以被激活，参考 DMA 示例*/
  /* 启用 DMA 传输 */
    LL_DMA_EnableChannel(DMA1,LL_DMA_CHANNEL_1);
    LL_DMA_EnableChannel(DMA1,LL_DMA_CHANNEL_2);
}
```

```
//动态显示
void Configure_TIM_TimeBase_DAC_trigger(void)
{
  uint32_t timer_clock_frequency = 0;          /*定时器的时钟频率 */
  uint32_t timer_prescaler = 0;            /* 时基预分频器，使时基按可能的最小频率对齐 */
  uint32_t timer_reload = 0; /*定时器预分频器中的定时器重新加载值，实现时基周期*/
   if (LL_RCC_GetAPB1Prescaler() == LL_RCC_APB1_DIV_1)
  {
    timer_clock_frequency = __LL_RCC_CALC_PCLK1_FREQ(SystemCoreClock,
                                  LL_RCC_GetAPB1Prescaler());
  }
  else
  {
    timer_clock_frequency = (__LL_RCC_CALC_PCLK1_FREQ(SystemCoreClock,
                                  LL_RCC_GetAPB1Prescaler()) * 2);
  }
  /* 计时器预分频器计算 */
  /* (computation for timer 16 bits, additional + 1 to round the prescaler up) */
  timer_prescaler = ((timer_clock_frequency / (WAVEFORM_TIMER_PRESCALER_MAX_VALUE *
WAVEFORM_TIMER_FREQUENCY_RANGE_MIN)) +1);
  /* 定时器重载计算 */
  timer_reload = (timer_clock_frequency / (timer_prescaler*
                  WAVEFORM_TIMER_FREQUENCY));
  /* 使能定时器外围时钟 */
  LL_APB1_GRP1_EnableClock(LL_APB1_GRP1_PERIPH_TIM6);
  LL_APB1_GRP1_EnableClock(LL_APB1_GRP1_PERIPH_TIM7);
  /* 设置定时器预分频器值 */
  LL_TIM_SetPrescaler(TIM6, (timer_prescaler - 1));
  LL_TIM_SetPrescaler(TIM7, (timer_prescaler - 1)+MOVE);//频率差造成动态图像
  /* 设置定时器自动重载值 */
  LL_TIM_SetAutoReload(TIM6, (timer_reload - 1));
  LL_TIM_SetAutoReload(TIM7, (timer_reload - 1));
  /* 设置当前模式 */
  LL_TIM_SetCounterMode(TIM6, LL_TIM_COUNTERMODE_UP);
  LL_TIM_SetCounterMode(TIM7, LL_TIM_COUNTERMODE_UP);
  /* 注: 在本设计中，没有激活计时器中断；如果需要，则可以使用每个时基周期上定时器的中断 */
  /* 设置定时器触发输出（TRGO）*/
  LL_TIM_SetTriggerOutput(TIM6, LL_TIM_TRGO_UPDATE);
  LL_TIM_SetTriggerOutput(TIM7, LL_TIM_TRGO_UPDATE);
  /* 使能计数器 */
  LL_TIM_EnableCounter(TIM6);
  LL_TIM_EnableCounter(TIM7);
}

void Configure_DAC(void)
{
  /* 使能 DAC 相关的 GPIO 时钟*/
  LL_IOP_GRP1_EnableClock(LL_IOP_GRP1_PERIPH_GPIOA);
  /* 将 GPIO 配置在模拟模式作为 DAC 的输出端 */
  LL_GPIO_SetPinMode(GPIOA, LL_GPIO_PIN_4, LL_GPIO_MODE_ANALOG);
```

```
        LL_GPIO_SetPinMode(GPIOA, LL_GPIO_PIN_5, LL_GPIO_MODE_ANALOG);
      /* 配置 NVIC 使能 DAC1 中断 */
      NVIC_SetPriority(TIM6_DAC_LPTIM1_IRQn, 0);
      NVIC_EnableIRQ(TIM6_DAC_LPTIM1_IRQn);
      NVIC_SetPriority(TIM7_LPTIM2_IRQn, 1);
      NVIC_EnableIRQ(TIM7_LPTIM2_IRQn);
      /* 使能 DAC 时钟 */
      LL_APB1_GRP1_EnableClock(LL_APB1_GRP1_PERIPH_DAC1);
      /* 选择触发源 */
      LL_DAC_SetTriggerSource(DAC1, LL_DAC_CHANNEL_1, LL_DAC_TRIG_EXT_TIM6_TRGO);
      LL_DAC_SetTriggerSource(DAC1, LL_DAC_CHANNEL_2, LL_DAC_TRIG_EXT_TIM7_TRGO);
      /* 设置 DAC 通道 1 的输出 */
      LL_DAC_ConfigOutput(DAC1, LL_DAC_CHANNEL_1, LL_DAC_OUTPUT_MODE_NORMAL, LL_DAC_
OUTPUT_BUFFER_ENABLE, LL_DAC_OUTPUT_CONNECT_GPIO);
      LL_DAC_ConfigOutput(DAC1, LL_DAC_CHANNEL_2, LL_DAC_OUTPUT_MODE_NORMAL, LL_DAC_
OUTPUT_BUFFER_ENABLE, LL_DAC_OUTPUT_CONNECT_GPIO);
      /* 启用 DAC 通道 DMA 请求 */
      LL_DAC_EnableDMAReq(DAC1, LL_DAC_CHANNEL_1);
      LL_DAC_EnableDMAReq(DAC1, LL_DAC_CHANNEL_2);
      /* 使能 DAC 通道 1 中断 */
      LL_DAC_EnableIT_DMAUDR1(DAC1);
    }

    void Activate_DAC(void)
    {
      __IO uint32_t wait_loop_index = 0;
      /* 使能 DAC 通道 1 */
      LL_DAC_Enable(DAC1, LL_DAC_CHANNEL_1);
      LL_DAC_Enable(DAC1, LL_DAC_CHANNEL_2);

      wait_loop_index = ((LL_DAC_DELAY_STARTUP_VOLTAGE_SETTLING_US *
                        (SystemCoreClock / (100000 * 2))) / 10);
      while(wait_loop_index != 0)
      {
        wait_loop_index--;
      }
      LL_DAC_EnableTrigger(DAC1, LL_DAC_CHANNEL_1);
      LL_DAC_EnableTrigger(DAC1, LL_DAC_CHANNEL_2);
    }

    void USER_Interrupt_CallBack(void)
    {
        MOVE = ( MOVE + 1 ) % 2;
        Configure_TIM_TimeBase_DAC_trigger();
    }

    #ifdef USE_FULL_ASSERT

    /**
      * @brief   Reports the name of the source file and the source line number
      *            where the assert_param error has occurred.
      * @param   file: pointer to the source file name
```

```
  * @param   line: assert_param error line source number
  * @retval None
  */
void assert_failed(uint8_t *file, uint32_t line)
{
  /* User can add his own implementation to report the file name and line number,
     ex: printf("Wrong parameters value: file %s on line %d", file, line) */

  /* Infinite loop */
  while (1)
  {
  }
}
#endif
```

(6)在 stm32g0xx_it.c 文件下，在与外部中断相关的中断服务程序中调用自定义中断回调函数，如代码清单 14.9 所示。

代码清单 14.9　自定义中断回调函数

```
void EXTI4_15_IRQHandler(void)
{
  if (LL_EXTI_IsActiveRisingFlag_0_31(LL_EXTI_LINE_13) != RESET)
  {
    LL_EXTI_ClearRisingFlag_0_31(LL_EXTI_LINE_13);
      USER_Interrupt_CallBack();
  }
}
```

（7）保存设计文件。

14.7.4　设计下载和测试

下面将对设计进行编译和连接，生成可以下载到 STM32G071 MCU 内 Flash 存储器的文件格式，将 DAC 的两个通道输出信号连接到 *X-Y* 模式显示的示波器上，并且在示波器上观察输出的图形。

（1）在 Keil 主界面主菜单中，选择 Project->Build Target，对设计代码进行编译和连接，然后生成可以下载到 STM32G071 MCU 内 Flash 存储器的文件格式。

（2）通过 USB 电缆，将计算机/笔记本电脑的 USB 接口连接到 NUCLEO-G071RB 开发板的 USB 接口。

（3）通过 NUCLEO-G071RB 开发板上的 CN8_3 连接器将 STM32G071 MCU 的 PA4 引脚的输出连接到示波器的输入通道 1。

（4）通过 NUCLEO-G071RB 开发板上的 CN5_6 连接器将 STM32G071 MCU 的 PA5 引脚的输出连接到示波器的输入通道 2。

（5）在 Keil 主界面主菜单中，选择 Flash->Download，将前面生成的 Flash 格式的文件下载到 STM32G071 MCU 内的 Flash 存储器中。

（6）按一下 NUCLEO-G071RB 开发板上标记为 RESET 的按键，使程序正常运行。

（7）将示波器设置为时基模式下的 DAC 两个输出通道的波形，如图 14.34 所示。

（8）将示波器设置为 *X-Y* 模式下的 DAC 两个输出通道的波形，如图 14.35 所示。

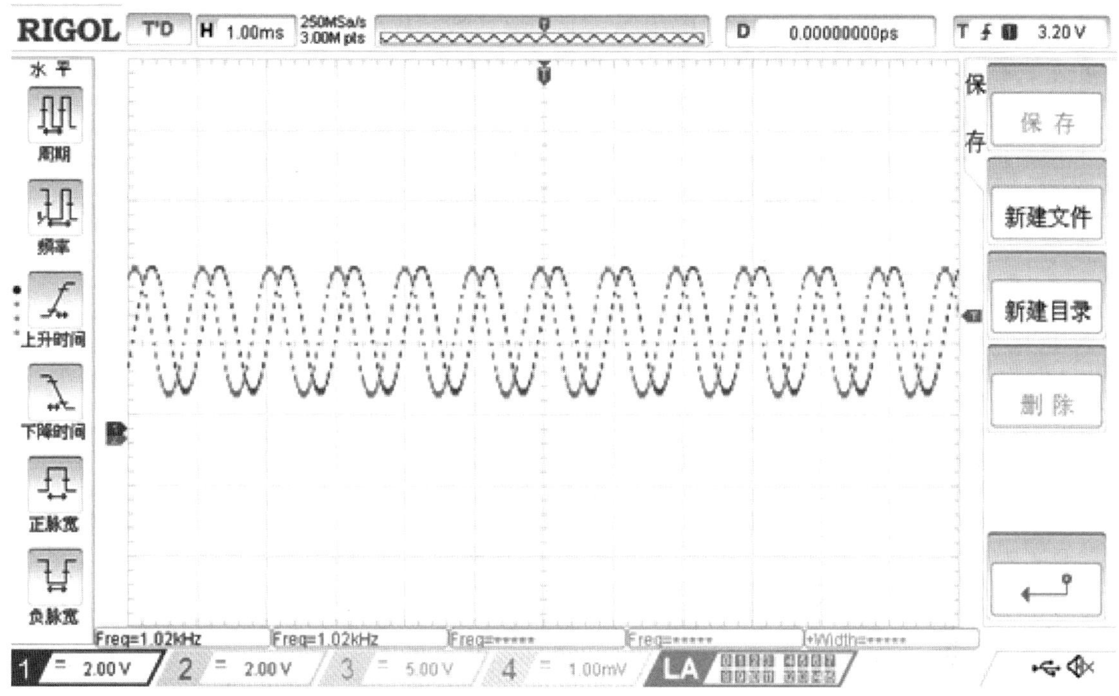

图 14.34　时基模式下的 DAC 两个输出通道的波形一（反色显示）

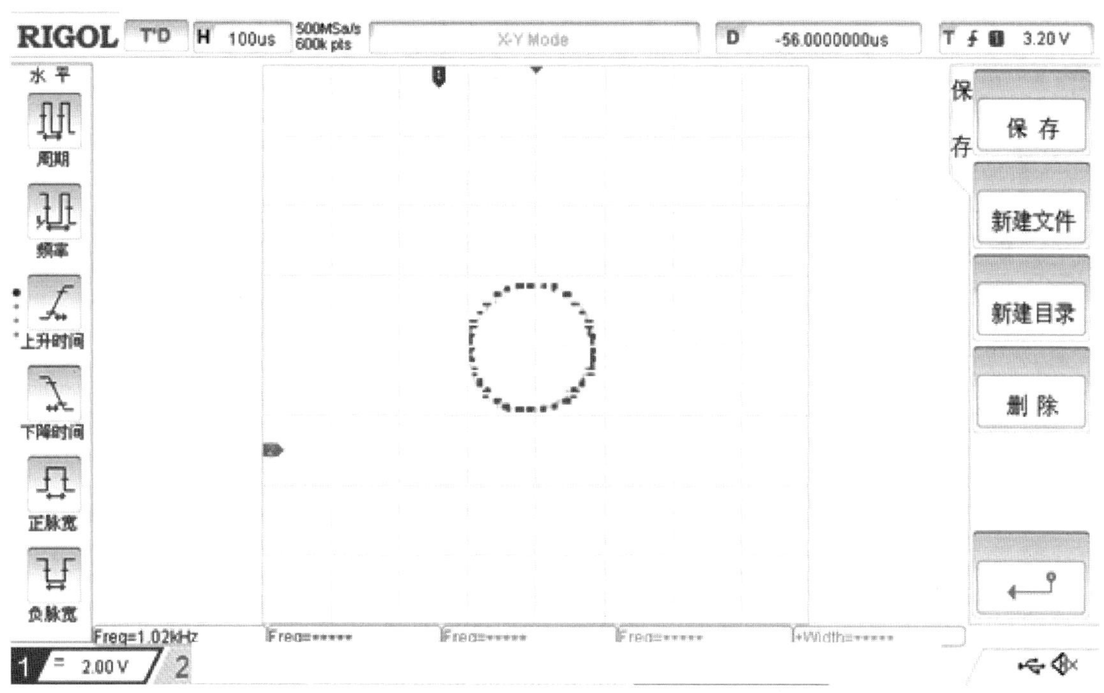

图 14.35　*X-Y* 模式下的 DAC 两个输出通道的波形一（反色显示）

思考与练习 14.2：按一下 NUCLEO-G071RB 开发板上标记为 USER 的按键，观察示波器设置为 *X-Y* 模式的动态图形显示效果。

（9）在 main.c 文件的代码中，找到下面一行代码

```
#define CIRCLE          //图形选择，注释掉此行，输出即为正方形
```

在该行代码的前面添加注释符号//。

（10）重新对设计代码进行编译和连接，并将重新生成的代码下载到 STM32G071 MCU 内的 Flash 存储器中。

（11）重新按一下 NUCLEO-G071RB 开发板上标记为 RESET 的按键，使程序正常运行。

（12）将示波器设置为时基模式下的 DAC 两个输出通道的波形，如图 14.36 所示。

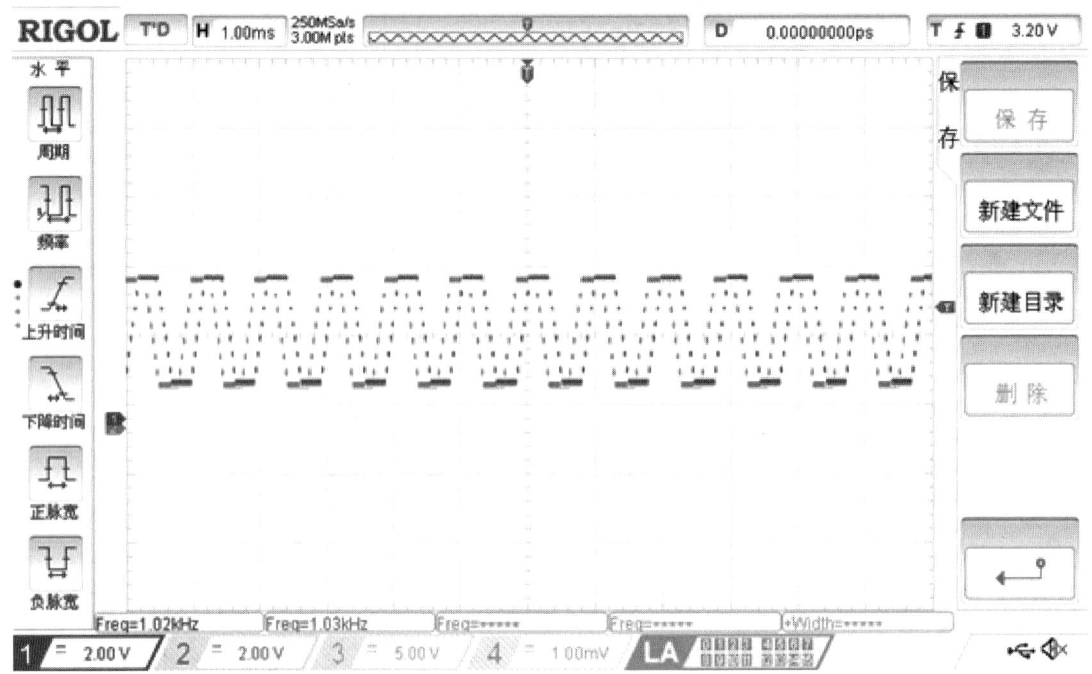

图 14.36　时基模式下的 DAC 两个输出通道的波形二（反色显示）

（13）将示波器设置为 *X*-*Y* 模式下的 DAC 两个输出通道的波形，如图 14.37 所示。

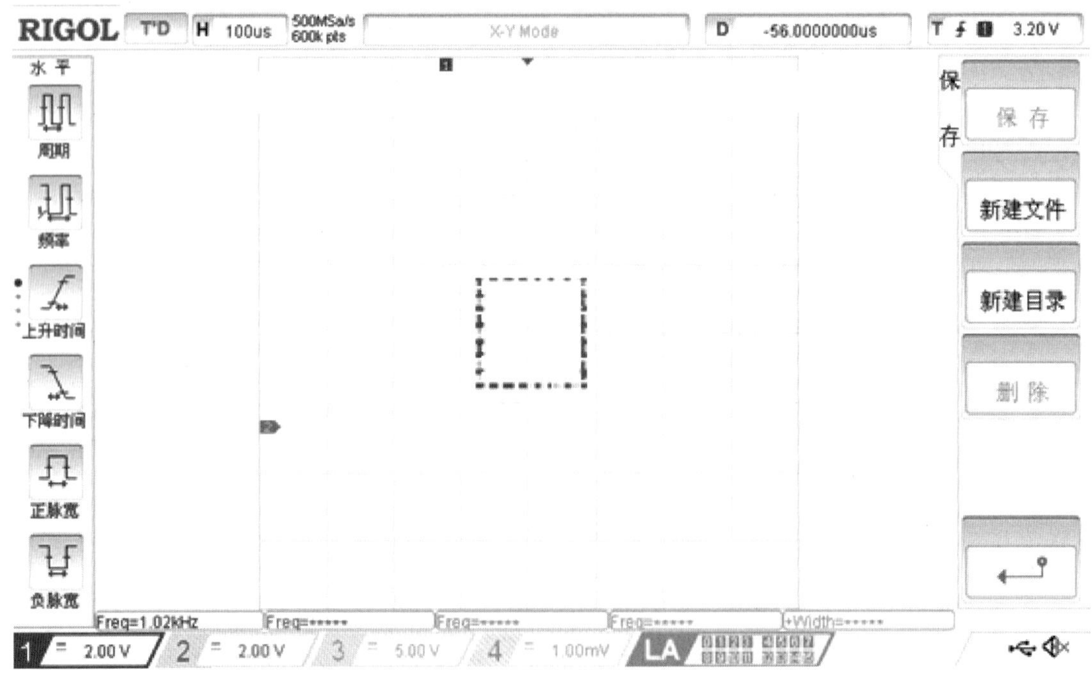

图 14.37　*X*-*Y* 模式下的 DAC 两个输出通道的波形二（反色显示）

第 15 章　嵌入式操作系统原理及应用

在一个真正的嵌入式系统中，必须搭载操作系统。本章将通过在 STM32G071 MCU 上移植和运行国产操作系统 RT-Thread 来说明嵌入式操作系统的基本原理，以及它在嵌入式系统中的作用。

15.1　操作系统的必要性

通过本书前面所介绍内容可知，在 STM32G071 MCU 上开发应用程序时经常使用单任务程序和轮询程序。这些程序/应用都不带有操作系统（Operating System，OS），这就是我们经常说的在 MCU 上所开发的“裸奔”程序。

虽然使用 ST 提供的 HAL 和 LL 提高了应用程序的开发效率，但是使用单任务程序或轮询程序仍然没有解决一些应用程序开发中的根本问题。

15.1.1　单任务程序

一个标准的 C 程序用 main()启动执行。在嵌入式应用中，main()通常作为一个无限循环，将其看作一个单任务，这个任务连续运行。

【例 15-1】 单任务的 C 语言描述，如代码清单 15.1 所示。

代码清单 15.1　单任务程序

```
int counter;
void main (void) {
counter = 0;
while (1) {                          //无限循环
        counter++;                   //递增计数器
    }
}
```

很明显，一旦 CPU 开始运行这个程序，除非强行退出，否则永远无法释放 CPU 资源，其他程序永远不能得到 CPU 的服务（执行）。

15.1.2　轮询程序

不使用实时操作系统（Real-Time Operating System，RTOS），解决单任务程序的一个方法就是将需要 CPU 执行的一些程序编写成为子程序，然后用一个轮询预安排的多任务机制，实现一个更复杂的 C 程序。在这个机制中，在一个无限循环内重复地调用任务或函数。

【例 15-2】轮询的 C 语言描述，如代码清单 15.2 所示。

代码清单 15.2　轮询程序

```
int counter;
void main (void) {
counter = 0;
while (1) {                    //无限循环
      check_serial_io ();      //处理串行 I/O 设备
```

```
        process_serial_cmds ();             //处理串行输入
        check_kbd_io ();                    //检查键盘 I/O 设备
        process_kbd_cmds ();                //处理键盘输入
        adjust_ctrlr_parms ();              //调整控制器
        counter++;                          //递增计数器
        }
}
```

与前面的单任务程序相比，它们的本质是一样的，即除非强行退出，否则 CPU 永远运行该程序。轮询程序的改进之处就是，在运行程序时，可以按一定的顺序轮流执行其他功能，如串行处理、键盘输入等。其响应事件的能力较差，如硬件上已经出现了键盘按键的事件，但是必须等待程序轮询执行到 process_kbd_cmds 子程序时才能进行处理。

通过这两个例子可以看出，单任务程序和轮询程序运行方式效率很低、响应事件的时间较长，并且不能同时运行多个程序，以及不能有效地管理计算机的硬件资源。因此，我们需要引入操作系统来解决这些问题。

15.2　操作系统基本知识

操作系统是管理和控制计算机硬件与软件资源的计算机程序，是直接运行在计算机硬件上最基本的系统软件，任何其他软件都必须在操作系统的支持下才能运行。

操作系统运行在硬件系统上，它驻留在内存中，并给上层提供两种接口，即操作接口和编程接口。操作接口由一系列操作指令组成，用户通过操作接口可以方便地使用计算机。编程接口由一系列的系统调用组成，各种程序可以使用这些系统调用让操作系统为其服务，并通过操作系统来使用硬件和软件资源。计算机通过操作系统提供的功能，就可以运行其他应用程序了。

15.2.1　操作系统的作用

操作系统的作用主要体现在以下两个方面。

（1）屏蔽硬件物理特性和操作细节，为用户使用计算机提供了便利。对一个复杂的 CPU 来说，它的指令集中包含大量的机器指令，在 CPU 中通过微指令控制序列来实现这些机器指令。早期的计算机程序开发人员就是在计算机硬件上直接通过汇编语言和 C 语言编写程序的。这种方式在早期的计算机系统中没有任何问题，但是随着计算机硬件体系结构越来越复杂，这种直接在计算机硬件上编程的设计方式就会遇到很多困难，如如何高效地管理计算机硬件系统的功能部件（包括存储器、外设等）。

（2）有效管理系统资源以提高系统资源使用效率。如何有效地管理和合理地分配系统资源，提高系统资源使用效率是操作系统必须发挥的主要作用。

资源利用率和系统吞吐量是衡量计算机性能的两个重要指标。要满足这两个指标，就要求为多个要运行的程序提供和分配计算机资源。当在一个计算机系统中运行多个程序时，就需要解决资源共享问题，以及如何分配、管理有限的资源。

15.2.2　操作系统的功能

操作系统位于底层硬件与用户之间，是两者沟通的桥梁。用户可以通过操作系统的用户界面输入指令。操作系统则对指令进行解释，驱动硬件设备，实现用户要求。

通常，一个完整的操作系统应该提供以下功能。

1. 资源管理

根据用户需求，操作系统按一定的策略来分配和调度系统的设备资源和信息资源。操作系统中的存储管理模块就负责分配应用程序所需要的内存单元，以便可以在计算机上执行该应用程序，在程序执行结束后，将它占用的内存单元收回以便进行重新分配。对于提供虚拟存储资源的计算机系统，操作系统还要与硬件配合做好页面调度工作，根据执行程序的要求分配页面，在执行中将页面调入和调出内存以及回收页面等。

处理器管理也称处理器调度，是操作系统资源管理功能的另一个重要内容。在一个允许多个程序同时执行的系统中，操作系统会根据一定的策略将处理器交替地分配给系统内等待运行的程序。一个等待运行的程序只有在获得了处理器调度后才能运行。一个程序在运行中若遇到某个事件，如启动外部设备而暂时不能继续运行下去，或者发生一个外部事件等，操作系统就要来处理相应的事件，然后重新分配处理器。

操作系统的设备管理功能主要是分配和回收外部设备，以及控制外部设备按用户程序的要求进行操作等。对于非存储型外部设备，如打印机、显示器等，它们可以直接作为一个设备分配给一个用户程序，在使用完毕后回收以便给另一个有需求的用户使用。对于存储型外部设备，如磁盘、磁带等，则是给用户提供存储空间，以保存用户的文件和数据。存储型外部设备的管理与信息管理是紧密联系的。

信息管理是操作系统的一个重要的功能，它主要是向用户提供一个文件系统。通常，一个文件系统向用户提供创建文件、撤销文件、读写文件、打开和关闭文件等功能。有了文件系统后，用户可按文件名存取数据而无须知道这些数据存放在哪里。这种做法不仅便于用户使用而且还有利于用户共享公共数据。此外，由于文件建立时允许创建者规定使用权限，因此可以保证数据的安全性。

2. 程序控制

一个用户程序的执行自始至终是在操作系统的控制下进行的。一个用户使用程序设计语言（如 C 语言、Python 语言）编写了一个应用程序后，就将该程序连同对它执行的要求输入到计算机内，操作系统根据要求控制这个用户程序的执行直到结束。操作系统控制用户的执行主要有以下一些内容。

（1）调入相应的编译程序，将使用程序设计语言编写的源程序编译成计算机可执行的目标代码。

（2）分配内存等资源，然后将程序调入内存并执行程序。

（3）按用户指定的要求处理执行中出现的各种事件以及与操作员联系请示有关意外事件的处理等。

3. 人机交互

操作系统的人机交互功能是决定计算机系统友好性的一个重要因素。人机交互功能主要靠可输入/输出的外部设备和相应的软件来完成。可供人机交互使用的设备主要有键盘、显示器、鼠标，以及各种模式识别设备等。与这些设备对应的软件就是操作系统所提供的人机交互功能。人机交互的主要作用是控制有关设备的运行和理解并执行通过人机交互设备传来的各种指令和要求。

4. 进程管理

不管是常驻程序还是应用程序，它们都是以进程为标准的执行单位。进程就是当前正在运行的程序。在早期使用冯·诺依曼理论构建计算机系统时，每个中央处理器最多只能同时执行一个进程。早期的操作系统（如 DOS）不允许任何程序突破这个限制，并且它同时只能执行一个进程。而现代的操作系统（如 Windows），即便只有一个 CPU，它也可以利用多任务功能同时执行多个进程。进程管理指的是操作系统管理多个进程的准备、运行、挂起和退出。

由于绝大多数的计算机系统只有一个 CPU，在单内核 CPU 的情况下多进程只是简单迅速地切换各进程，以便 CPU 都能够执行每个进程；而在多内核/多处理器的情况下，通过许多协同技术，在不同的处理器或内核上切换所有进程。很明显，所需要执行的进程越多，每个进程能分配到的时间片就越小。进程管理通常使用分时复用的调度机制，大部分的操作系统可以通过为不同进程指定不同的优先级，从而改变为这些进程所分配的时间片。在进程管理中，优先调度优先级高的进程。

5．内存管理

程序员通常希望系统给进程分配尽可能多且尽可能快的存储器资源。大部分的现代计算机存储器架构都是分层的，存储器层次按下面的顺序排列，即寄存器、高速缓存、内存和外存。寄存器容量小，而外存容量大；寄存器速度快，而外存速度慢。操作系统的存储器管理功能如下。

（1）查找可用的存储空间。

（2）配置与释放存储空间。

（3）交换内存和外存的内容。

（4）提供存储器访问的权限。

6．虚拟内存

虚拟内存是计算机系统内存管理的一种技术。它使得应用程序认为其拥有连续的、可用的内存（一个连续完整的地址空间）。而实际上，它通常被分隔成多个物理内存碎片，还有部分数据暂时保存在外部磁盘存储器上，在需要时进行数据交换。

7．用户接口

用户接口包括作业一级接口和程序一级接口。作业一级接口为了便于用户直接或间接地控制自己的作业而设置。它通常包括联机用户接口与脱机用户接口。程序一级接口是为用户程序在执行中访问系统资源而设置的，它通常由一组系统调用组成。

在早期的单用户单任务操作系统中，每台计算机只有一个用户，每次运行一个程序，且程序不是很大，单个程序完全可以存放在实际内存中。这时虚拟内存并没有太大的用处。但随着程序占用存储器容量的增加以及用户多任务操作系统的出现，程序所需要的存储器资源与计算机系统实际配置的主存储器的容量之间往往存在矛盾。例如，在某些计算机系统中，所提供的物理内存容量较小，而某些应用程序却需要很大的内存空间才能运行；而在多用户多任务系统中，多个用户或多个任务更新全部主存，要求同时互斥（排他性）执行程序。这些同时运行的程序到底占用实际内存中的哪一部分，在编写程序时是无法预先确定的，必须等到运行程序时才能进行分配（动态分配）。

8．用户界面

用户界面（User Interface，UI）是系统和用户之间进行交互和信息交换的媒介，它实现信息的内部形式与人类可以接受形式之间的转换。

用户界面是一种用于用户与硬件之间交互沟通而设计的相关软件，其目的是让用户能够方便、高效地去操作硬件以实现双向交互，完成借助硬件才能完成的工作，用户界面定义广泛，包含了人机交互与图形用户接口，凡是参与人类与机械的信息交流的领域都存在用户界面。用户和系统之间一般用面向问题的受限自然语言进行交互。目前，有系统开始利用多媒体技术开发新一代的用户界面。

15.2.3　嵌入式操作系统

顾名思义，嵌入式操作系统就是操作系统用于嵌入式系统中。那么，用于嵌入式系统的操作系统和用于计算机的操作系统又有什么不同之处呢？

以 STM32G071 MCU 为例，该微控制器使用的 Arm Cortex-M0+处理器性能根本无法和高性能处理器相比，提供的片上 SRAM 和 Flash 存储器资源也非常有限。此外，为了适用于嵌入式的应用场景对 MCU 的功耗也提出了苛刻的要求。总之一句话，就是 MCU 上的各种资源非常有限，但是还要求有较好的系统性能，以及整体功耗。

因为有了这个先决条件，所以搭载在 STM32G071 MCU 的操作系统，必须“小型易用”。所谓的“小型”就是指对操作系统进行“裁剪”，使之能充分高效地利用 MCU 内现有的片上资源，这种“裁剪”仍然要保留操作系统的必要组件。所谓的“易用”就是指应用程序开发人员很容易在“裸机”程序的基础上通过加载和配置嵌入式操作系统，来改造原来的“裸机”程序，使其能更好地满足不同嵌入式应用场景的需求。

在 STM32G071 上可以搭载的典型的操作系统如下。

1．μC/OS

MicroC/OS（也称 μC/OS）内核最初发表在《嵌入式系统编程》杂志的三篇文章和 Jean J. Labrosse 所著的 *μC/OS The Real-Time Kernel*（ISBN：0-87930-444-8）一书中。作者最初打算简单描述他为自己开发的便携式操作系统的内部结构，但后来作者将操作系统开发为版本 II 和版本 III。

基于为 μC/OS 编写的源代码，于 1998 年作为商业版本推出，μC/OS-II 是一个可移植的、可保存在 ROM 的、可扩展的、抢占式的、实时的、确定性的、多任务内核，用于微处理器和数字信号处理器（Digital Signal Processors，DSPs）。它管理最多 255 个应用程序任务。它的大小可以进行调整（5～24KB），以仅包含给定用途所需的功能。

大部分的 μC/OS-II 是用高度可移植的 ANSI C 编写的，目标微处理器特定的代码是用汇编语言编写的。后者的使用被最小化，以方便移植到其他处理器。

μC/OS-III 是 Micro-Controller Operating System Version 3 的缩写，于 2009 年推出，是 μC/OS-II RTOST 的一个升级版本，添加了更多的功能。

μC/OS-III 提供了 μC/OS-II 的所有特性和功能。它们最大的区别在于支持的任务个数。μC/OS-II 仅允许 255 个优先级的每个任务中的 1 个，最多 255 个任务。μC/OS-III 允许任意数量的应用程序任务、优先级和每级任务，仅受处理器对存储器的访问限制。

μC/OS-II 和 μC/OS-III 目前由 Silicon Labs 的子公司 Micrium, Inc.维护，可以按产品或按产品线获得许可，读者可以登录其官网查看相关的资料。

μC/OS-II 是为嵌入式使用而设计的。如果生产商有合适的工具链（即 C 编译器、汇编器和链接器定位器），则可以将 μC/OS-II 作为产品的一部分嵌入。μC/OS-II 用于许多嵌入式系统，包括航空电子设置、医疗设备和装置、数据通信设备、白色家电（电器）、移动电话/个人数字助手（Personal Digital Assistants，PDAs）、工业控制、消费类电子产品，以及汽车。

2．FreeRTOS

FreeRTOS 内核最初由 Richard Barry 于 2003 年左右开发，后来由 Barry 的公司 Real Time Engineers Ltd.开发和维护。2017 年，Real Time Engineers Ltd.将 FreeRTOS 项目的管理权交给了亚

马逊网络服务。作为 AWS 团队的一员，Barry 继续为 FreeRTOS 项目工作。

FreeRTOS 的设计小巧而简单。其内核本身仅包含三个 C 文件。为了使代码可读、易于移植和可维护，它主要用 C 语言编写，但在需要的地方包含了一些汇编函数（主要在特定于架构的调度器程序中）。

FreeRTOS 为多线程或任务、互斥、信号量和软件定时器提供了方法。为低功耗应用提供了无滴答方法。它支持线程优先级，可以完全静态分配 FreeRTOS 应用程序，或者可以使用五种存储器分配方案动态分配 RTOS 对象，包括：

（1）只分配；

（2）使用非常简单、快速的算法分配和释放；

（3）一种更复杂但快速的分配和释放算法，具有存储器合并功能；

（4）更复杂方案的替代方案，包括存储器合并等，允许将一个堆分解为跨多个存储器区域；

（5）带有一些互斥保护的 C 库分配和释放。

FreeRTOS 没有 Linux 或 Windows 等操作系统中通常提供的高级功能，如设备驱动、高级存储器管理、用户账户和网络等。FreeRTOS 可看作是“线程库”而不是“操作系统”，尽管它可以使用命令行界面和类似 POSIX 的 I/O 抽象附加组件。

FreeRTOS 通过让主机程序以固定的短时间间隔调用线程滴答方法来实现多线程。线程滴答方法根据优先级和循环调度方案切换任务。通常的时间间隔是 1～10ms，该间隔来自硬件定时器的中断，其值可以修改以适应特定应用。

下载包含为每个端口和编译器准备的配置和演示，允许快速应用程序设计。读者可以登录 FreeRTOS 官网以获取文档和 RTOS 教程，以及 RTOS 设计的详细信息。

3．Mbed

Mbed 是平台和操作系统，用于基于 32 位 Arm Cortex-M 微控制器的互联网连接设备。该类设备也称为物联网（Internet of Things，IoT）设备。该项目由 Arm 及其技术合作伙伴共同开发。

读者可以使用 Mbed 在线 IDE（一个免费的在线代码编辑器和编译器）开发 Mbed 平台应用程序。只需要在本地 PC 上安装 Web 浏览器即可，这是因为工程是在云端编译的，即在远程服务器上使用 ARMCC C/C++编译器进行编译。Mbed IDE 为私有工作区提供了导入、导出和与分布式 Mercurial 版本控制共享代码的能力，它还可以用于生成代码文档，也可以使用其他开发环境开发应用程序，如 Keil μVision、IAR Embedded Workbench 和带有 GCC Arm Embedded 工具的 Eclipse。

Mbed OS 提供 Mbed C/C++软件平台和工具，用于创建在 IoT 设备上运行的微控制器固件。它由包括微控制器外设驱动程序、网络、RTOS 和运行时环境、编译工具以及测试和调试脚本的核心库构成。这些连接可以通过兼容的 SSL/TLS（如支持 mbed-rtos 的 Mbed TLS 或 wolfSSL）来保护。

元件数据库为用于构建最终产品的元件和服务提供驱动程序库。

Mbed OS 作为一种 RTOS，是基于 Keil RTX5 构建的。

4．RT-Thread

RT-Thread 成立于 2006 年，是一个主要用 C 语言编写的开源的实时操作系统（RTOS）。RT-Thread 全称是 Real Time-Thread，表示它是一个嵌入式实时多线程操作系统，其基本属性就是支持多任务，任务调度器根据优先级在不同的任务之间进行快速切换，因此使得用户看起来好像处理器在同一时刻执行了多个任务一样。在 RT-Thread 中，任务通过线程实现。读者可以通过登录其官网获取关于该操作系统的更多信息。

RT-Thread 主要使用 C 语言编写，浅显易懂，方便移植。它把面向对象的设计方法应用到实时系统设计中，使得代码风格优雅、结构清晰、系统模块化且裁剪性非常好。特别是对于资源有限的 MCU，可通过使用不同的软件工具，裁剪出需要 3KB Flash 存储器、1.2KB RAM 存储器的 Nano 版本（该版本是 RT-Thread 官方于 2017 年 7 月发布的一个极简版内核）。而对于资源丰富的物联网设备，RT-Thread 又能使用在线的软件包管理工具，配合系统配置工具实现直观快速的模块化裁剪，无缝导入丰富的软件功能包，实现类似安卓（Android）的图形界面及触摸滑动效果、智能语音交互效果等复杂功能。

RT-Thread 系统完全开源，3.1.0 以及以前的版本遵守 GPL V2+开源协议。3.1.0 之后的版本遵守 Apache License 2.0 开源许可协议，可以免费在商业产品中使用，并且不需要公开私有代码。

15.3　RT-Thread Nano 架构及功能

RT-Thread Nano 是一个极简版的硬实时内核，它由 C 语言开发，采用面向对象的编程思想，具有良好的代码风格，是一个可裁剪的、抢占式实时多任务 RTOS。该操作系统所占用的存储器资源很少。该操作系统提供了任务处理、软件定时器、信号量、邮箱和实时调度等相对完整的实时操作系统功能。该操作系统适用于家电、消费电子、医疗设备、工控等领域大量使用 32 位 Arm 入门级 MCU 的场合。

RT-Thread Nano 的内部结构如图 15.1 所示。

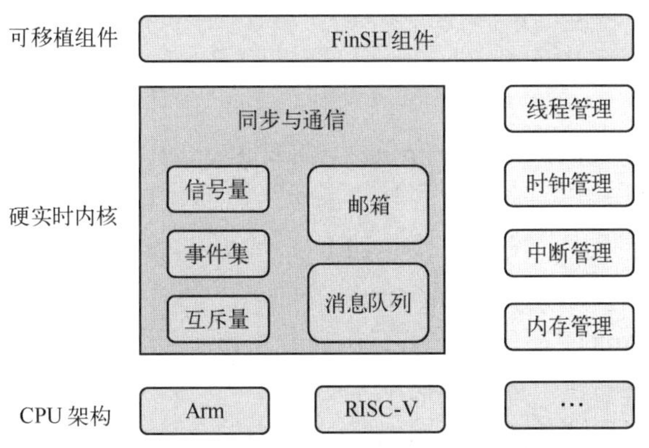

图 15.1　RT-Thread Nano 的内部结构

> **注：支持的 Arm 架构包括 Cortex-M0、Cortex-M0+、Cortex-M3、Cortex-M4 和 Cortex-M7 等。**

RT-Thread Nano 的特点如下。

（1）下载简单。RT-Thread Nano 以软件包的形式集成在 STM32CubeMX 和 Keil μVision 开发环境中，可以直接在软件中下载 Nano 软件包获取源码。同时也提供了下载 Nano 源码压缩包的途径，方便在其他开发环境移植 RT-Thread Nano，如在 IAR 上移植 RT-Thread Nano。

（2）代码简单。与 RT-Thread 完整版不同的是，Nano 不含 Scons 构建系统，不需要 Kconfig 以及 Env 配置工具，也去掉了完整版特有的 device 框架和组件，仅是一个纯净的内核。

（3）移植简单。由于 Nano 的极简特性，使 Nano 的移植过程变得非常简单。添加 Nano 源码到工程，就完成了 90%以上的移植工作。

Keil μVision 与 STM32CubeMX 开发环境还提供了 Nano 软件包，可以一键下载到工程。另外，在 RT-Thread Studio 中可以基于 Nano 创建工程直接使用。

（4）使用简单。RT-Thread Nano 在使用上也非常简单，带给嵌入式系统开发人员更好的体验。

① 易裁剪：Nano 的配置文件为 rtconfig.h，该文件列出了内核中的所有宏定义。

② 易添加 FinSH 组件：可以很方便地在 Nano 上移植 FinSH 组件，而不依赖于 device 框架，只需要对接两个必要的函数就可以完成移植。

③ 自选驱动库：可以使用厂商提供的固件驱动库，如 ST 的 STD 库、HAL 库和 LL 库。

④ 完善的文档：包含内核基础、线程管理（例程）、时钟管理（例程）、线程间同步（例程）、线程间通信（例程）、内存管理（例程）、中断管理，以及 Nano 的移植教程。

（5）资源占用少。对 RAM 和 ROM 的开销很小，在支持信号量和邮箱特性并运行两个线程（main 线程+idle 线程）的情况下，仍然保持占用很少的 ROM 和 RAM 资源。

（6）开源免费（Apache 2.0）。RT-Thread Nano 实时操作系统遵循 Apache 许可证 2.0 版本，可以免费在商业产品中使用实时操作系统内核以及所有开源组件，不需要公布应用程序代码，没有潜在风险。

15.4　RT-Thread Nano 在 Keil MDK 的移植

本节将介绍在 Keil μVision 集成开发环境中移植 RT-Thread Nano 的方法，在移植的过程中使用了 STM32G071 MCU 器件以及 STM32CubeMX 生成的 Keil MDK 工程。

15.4.1　安装 RT-Thread Nano

下面介绍在 Keil μVision 中安装 RT-Thread Nano 的方法，主要步骤如下。

（1）启动 Keil μVision 集成开发环境（以下简称 Keil）。

（2）在 Keil 主界面主菜单下，选择 Project->Open Project。

（3）弹出 Select Project File 界面。在该界面中，将路径指向 E:\STM32G0_example\example_15_1\MDK-ARM。在该路径下，找到并选中 LED_Control.uvprojx 工程文件。

（4）单击打开按钮，退出 Select Project File 界面。

（5）在 Keil 左侧的 Project 窗口中，找到并双击 main.c。注意，在 while 循环中使用下面的代码来控制开发板上 LED 的变化，如代码清单 15.3 所示。

代码清单 15.3　main.c 文件中的 main()函数代码

```
void SystemClock_Config(void);
static void MX_GPIO_Init(void);

int main(void)
{
  HAL_Init();                                         //复位所有外设、初始化 Flash 和 Systick
  SystemClock_Config();                               //配置系统时钟
  MX_GPIO_Init();                                     //初始化所有配置的外设
  while (1)                                           //while 循环
  {
    HAL_GPIO_TogglePin(GPIOA,GPIO_PIN_5);             //切换 GPIO 的状态
  HAL_Delay(500);                                     //延迟
  }
}
```

（6）在 Keil 主界面的工具栏中单击 Pack Installer 按钮，如图 15.2 所示。

（7）弹出新的 Pack Installer 界面。在该界面中，提示 Welcome to the Keil Pack Installer 信息，单击 OK 按钮退出该界面。

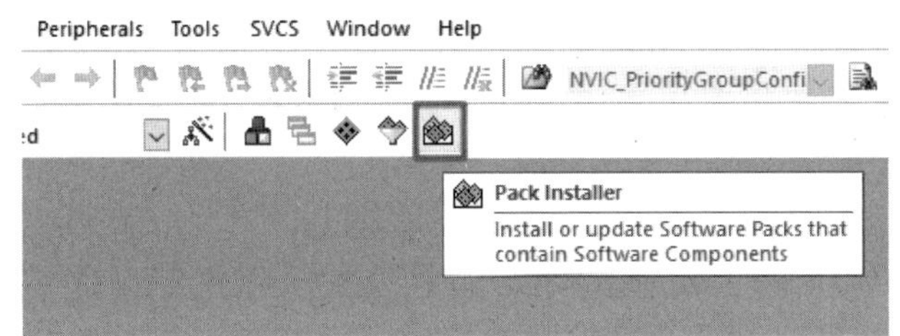

图 15.2　Pack Installer 按钮

（8）在 Pack Installer 界面的左侧窗口中，单击 Packs 标签，如图 15.3 所示。在该标签界面中，找到并展开 RealThread::RT-Thread。单击该选项右侧的 Install 按钮。

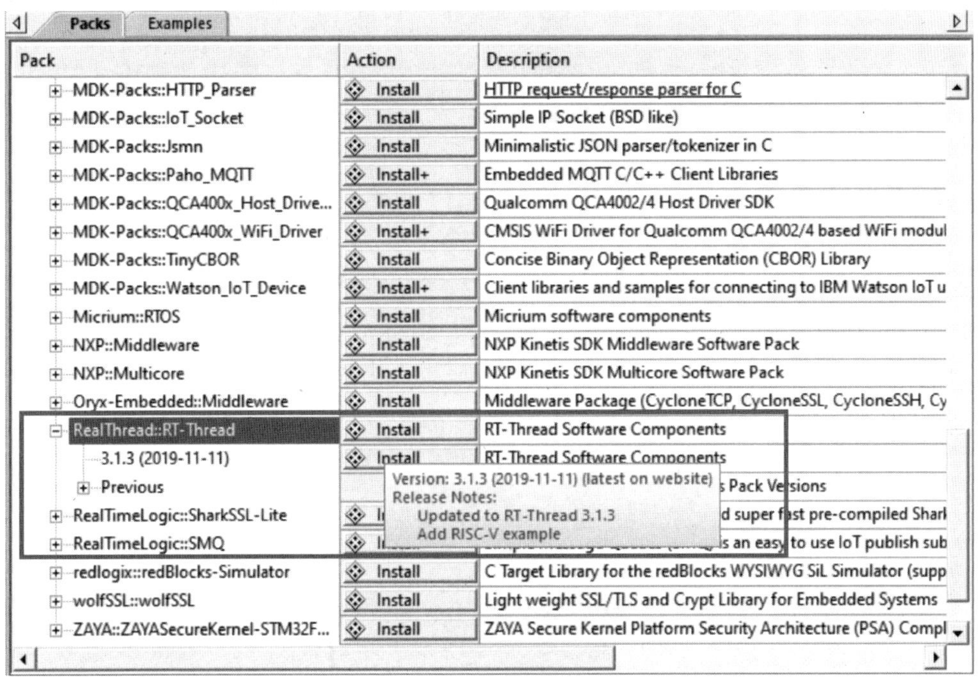

图 15.3　RT-Thread 的安装入口

（9）弹出 Pack Unzip: RealThread RT-Thread 3.1.3-License Agreement 界面。在该界面中，勾选 I agree to all the terms of the preceding License Agreement 前面的复选框。

（10）单击 Next 按钮，下载并安装 RT-Thread。

（11）退出 Pack Installer 界面。

15.4.2　添加 RT-Thread Nano

下面将 RT-Thread Nano 添加到当前的设计工程中，主要步骤如下。

（1）在 Keil 主界面工具栏中，找到并单击 Manage Run-Time Environment 按钮◈，如图 15.4 所示。

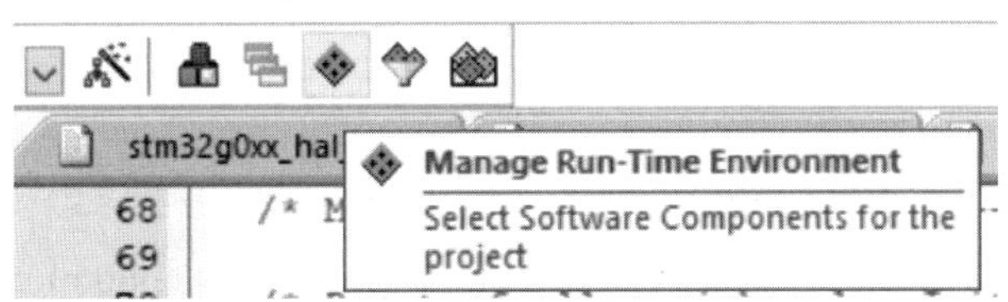

图 15.4　Manage Run-Time Environment 按钮

（2）弹出 Manage Run-Time Environment 界面，如图 15.5 所示。在该界面中，找到 RTOS 选项，通过该选项右侧的下拉框将其设置为 RT-Thread，表示 RTOS 使用的是 RT-Thread。

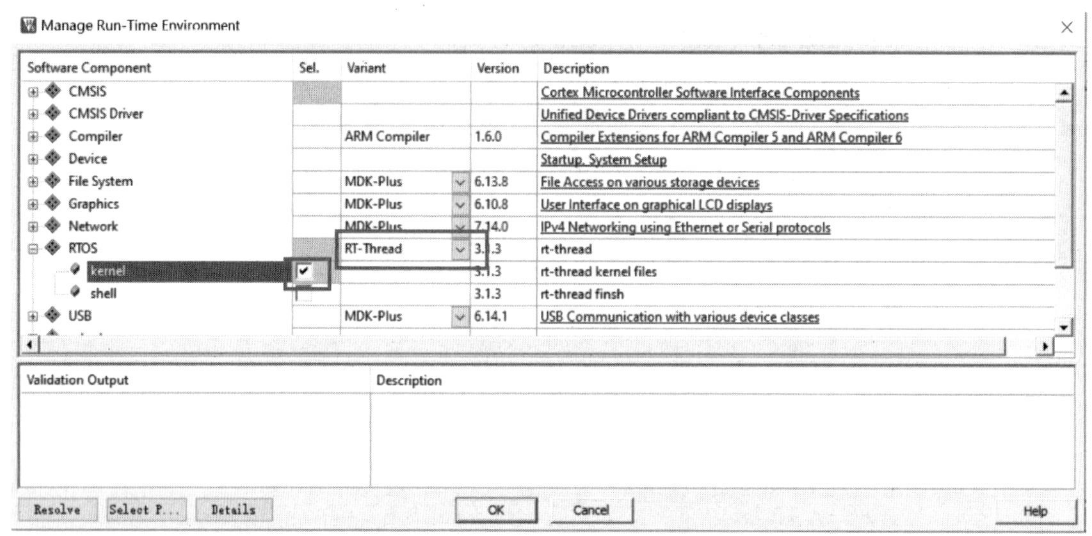

图 15.5　Manage Run-Time Environment 界面

展开 RTOS。在展开项中，勾选 kernel 右侧的复选框。

（3）在 Keil 主界面左侧的 Project 窗口中，找到并展开 RTOS，如图 15.6 所示。很明显，RT-Thread 中的文件已经添加到当前工程中。

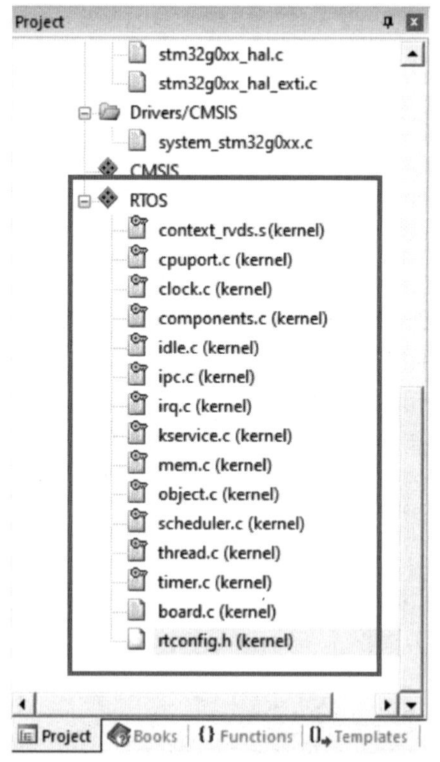

图 15.6　添加到当前工程中的 RT-Thread 文件

① Cortex-M 芯片内核移植代码文件，包括 context_rvds.s 和 cpuport.c 文件。

② kernel 文件，包括 clock.c、components.c、idle.c、ipc.c、irq.c、kservice.c、mem.c、object.c、 scheduler.c、thread.c 和 time.c。

③ 配置文件，包括 board.c 和 rtconfig.h。

15.4.3　适配 RT-Thread Nano

下面需要修改工程中的一些文件，使得在当前的工程中可以正确地加载 RT-Thread。

1．修改中断与异常处理

RT-Thread 会接管异常处理函数 HardFault_Handler()和挂起处理函数 PendSV_Handler()，这两个函数已由 RT-Thread 实现，所以需要删除工程里中断服务例程文件内的这两个函数，避免在编译时产生重复定义的错误。

方法是：在 Keil 主界面左侧的 Project 窗口中，找到并单击 stm32g0xx_it.c 文件。找到异常处理函数 HardFault_Handler()和挂起处理函数 PendSV_Handler()的定义部分，使用注释符号将这两个函数注释掉。

> 注：如果此时对工程进行编译，没有出现函数重复定义的错误，则不用进行任何修改。

2．配置系统时钟

需要在 board.c 文件中实现系统时钟配置（为 MCU、外设提供工作时钟）与 OS Tick（为操作系统提供节拍），如代码清单 15.4 所示。

代码清单 15.4　rt_hw_board_init()函数

```
void rt_hw_board_init()
{
    HAL_Init();                          //复位所有外设、初始化 Flash 和 SysTick
    SystemClock_Config();                //配置系统时钟
    //更新系统时钟
    SystemCoreClockUpdate();

    //配置系统滴答时钟
    _SysTick_Config(SystemCoreClock / RT_TICK_PER_SECOND);

    /* 调用元件板初始化(use INIT_BOARD_EXPORT()) */
#ifdef RT_USING_COMPONENTS_INIT
    rt_components_board_init();
#endif

#if defined(RT_USING_USER_MAIN) && defined(RT_USING_HEAP)
    rt_system_heap_init(rt_heap_begin_get(), rt_heap_end_get());
#endif
}
```

此外，使用滴答定时器 SysTick 实现 OS Tick，在 board.c 中实现 SysTick_Handler()中断服务例程，调用 RT-Thread 提供的 rt_tick_increase()函数，如代码清单 15.5 所示。

代码清单 15.5　SysTick_Handler()函数

```
void SysTick_Handler(void)
{
    /* enter interrupt */
    rt_interrupt_enter();
```

```
    rt_tick_increase();

    /* leave interrupt */
    rt_interrupt_leave();
}
```

由于在 board.c 中重新实现了 SysTick_Handler()中断服务例程，做了 OS Tick，所以需要删除工程里原来已经实现的 SysTick_Handler()，避免在编译时产生重复定义的错误。其方法是：在 Keil 主界面左侧的 Project 窗口中，找到并单击 stm32g0xx_it.c 文件。找到异常处理函数 SysTick_Handler()的定义部分，使用注释符号将这个函数注释掉。

3．初始化堆

在 board.c 文件的 rt_hw_board_init()函数中，提供了初始化系统存储器堆（heap）的功能。通过使能/禁止 RT_USING_HEAP，来确定是否使用存储器堆功能，RT-Thread Nano 默认不使能存储器堆功能，这样可以保持较少的存储器资源开销，不用为存储器堆开辟空间。

开启系统存储器堆将可以使用动态存储器分配功能，如使用 rt_malloc、rt_free 以及各种系统动态创建对象的 API。如果需要使用系统存储器堆功能，则使能 RT_USING_HEAP，此时将调用存储器初始化函数 rt_system_heap_init()，如代码清单 15.4 所示。

初始化存储器堆需要堆的起始地址和结束地址两个参数，系统中默认使用数组作为堆，并获取了堆的起始地址和结束地址，该数据的大小可修改。在 board.c 中找到该段代码，如代码清单 15.6 所示。

代码清单 15.6　堆的定义

```
#if defined(RT_USING_USER_MAIN) && defined(RT_USING_HEAP)
#define RT_HEAP_SIZE 1024
static uint32_t rt_heap[RT_HEAP_SIZE];        // 堆的默认值：4K(1024 * 4)
RT_WEAK void *rt_heap_begin_get(void)
{
    return rt_heap;
}

RT_WEAK void *rt_heap_end_get(void)
{
    return rt_heap + RT_HEAP_SIZE;
}
#endif
```

需要注意的是，使能堆的存储器动态分配后，堆的默认值较小，在使用时需要增大堆的值，否则会有申请存储器失败或者创建线程失败的情况。修改堆大小有以下两种方法。

（1）可以直接修改数组中定义的 RT_HEAP_SIZE 值，至少大于各个动态申请的存储器容量之和，但是要小于所能提供的 RAM 容量。

（2）使用 RAM ZI 段结尾处作为 HEAP 的起始地址，使用 RAM 的结尾地址作为 HEAP 的结尾地址，这是堆能设置的最大值的方法。

15.4.4　修改设计代码

下面将修改初始的 main.c 文件，主要步骤如下。

（1）打开 main.c 文件，添加与 RT-Thread 相关的头文件：

```
#include "rtthread.h"
```

（2）在 while 循环中将延迟函数改为 rt_thread_mdelay()。该函数会引起系统调度，切换到其他线程运行，体现了线性实时性的特点，如代码清单 15.7 所示。

代码清单 15.7　while 循环语句

```
while (1)
{
  HAL_GPIO_TogglePin(GPIOA,GPIO_PIN_5);
  rt_thread_mdelay(500);
}
```

（3）保存设计文件。

（4）在 Keil 主界面主菜单中，选择 Project->Build Target，对设计进行编译和连接，生成可下载到 STM32G071 MCU 内 Flash 存储器的文件格式。

（5）通过 USB 电缆，将计算机/笔记本电脑的 USB 接口连接到 NUCLEO-G071RB 开发板的 USB 接口。

（6）在 Keil 主界面主菜单中，选择 Flash->Download，将生成的存储器文件格式的代码下载到 STM32G071 MCU 内 Flash 存储器中。

（7）按一下开发板上标记为 RESET 按键，使得程序正常运行。

思考与练习 15.1：观察 LED 的状态，所添加的 RT-Thread 函数是否起作用。

> **注：** 当添加 RT-Thread 之后，原来工程中的 main()会自动成为 RT-Thread 系统中的 main 线程的入口函数。由于线程不能一直独占 CPU，所以此时在 main()中使用 while(1)时，需要有让出 CPU 的动作，如使用 rt_thread_mdelay()则可以让出 CPU 资源。

15.4.5　配置 RT-Thread Nano

RT-Thread Nano 默认为使能 RT_USING_HEAP，因此只支持静态方式创建任务、信号量等对象。若要通过动态方式创建对象，则需要在 rtconfig.h 文件中使能 RT_USING_HEAP 宏定义。

在图 15.6 中找到并双击 rtconfig.h，打开配置向导（Configuration Wizard）界面，如图 15.7 所示。展开 Memory Management Configuration。在展开项中，可以看到 Dynamic Heap Management（动态堆管理）。在该界面中所做的修改就等同于直接修改 rtconfig.h 文件。

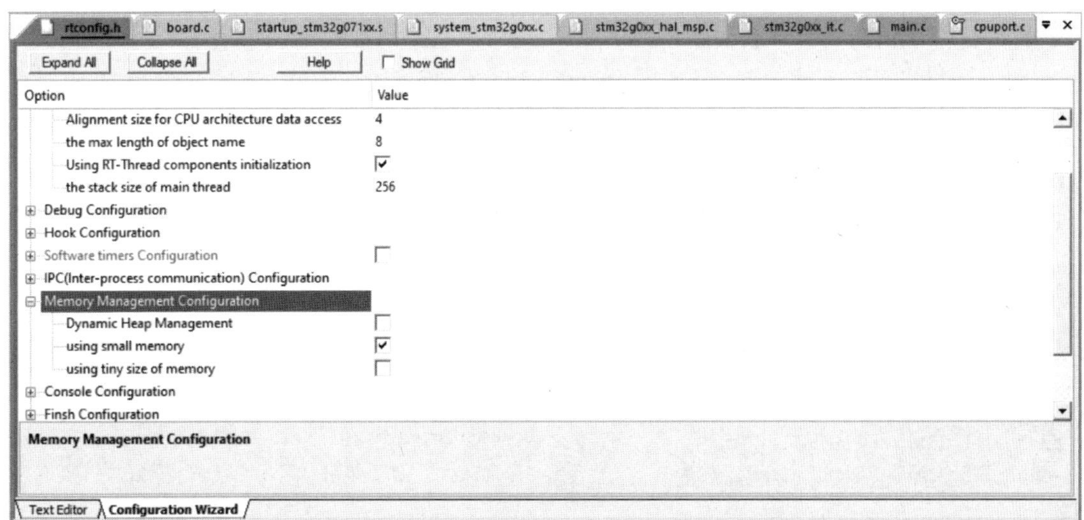

图 15.7　Configuration Wizard 界面

1．基础配置

（1）设置操作系统的最大优先级，可设置范围为 8～256，默认值为 8，可修改。

```
#define RT_THREAD_PRIORITY_MAX 8
```

（2）设置 RT-Thread 操作系统的节拍，表示每秒的节拍数，如默认值为 1000，表示一个时钟节拍（OS Tick）长度为 1ms。时钟节拍频率越快，操作系统的额外开销就越大。

```
#define RT_TICK_PER_SECOND 1000
```

（3）字节对齐时设置对齐的字节个数，默认为 4，常使用 ALIGN(RT_ALIGN_SIZE)进行字节对齐。

```
#define RT_ALIGN_SIZE   4
```

（4）设置对象名字的最大长度，默认为 8 个字符，一般无须修改。

```
#define RT_NAME_MAX   8
```

（5）设置使用组件自动初始化功能，默认需要使用，使能该宏则可以使用自动初始化功能。

```
#define RT_USING_COMPONENTS_INIT
```

（6）使能 RT_USING_USER_MAIN 宏，则启用 user_main 功能，默认需要使能，这样才能调用 RT_THREAD 的启动代码；main 线程的堆栈大小默认为 256，可修改。

```
#define RT_USING_USER_MAIN
#define RT_MAIN_THREAD_STACK_SIZE 256
```

2．内核调试功能配置

定义 RT_DEBUG 宏则使能调试模式，默认不使能。若使能系统调试，则可以打印系统 LOG 日志。

```
//#define RT_DEBUG                //关闭调试模式
#define RT_DEBUF_INIT 0           //使能组件初始化调试配置，设置为 1 则会打印自动初始化的函数名字
//define RT_USING_OVERFLOW_CHECK  //禁止栈溢出检查
```

3．挂钩函数

设置是否使用挂钩函数，默认禁止。

```
//#define RT_USING_HOOK                //是否使能系统挂钩函数
//#define RT_USING_IDLE_HOOK           //是否使能空闲线程挂钩函数
```

4．软件定时器配置

设置是否使能软件定时器，以及相关参数的配置，默认禁止。

```
#define RT_USING_TIMER_SOFT     0     //关闭软件定时器功能，为 1 则打开
#if RT_USING_TIMER_SOFT == 0
#undef RT_USING_TIMER_SOFT
#endif

#define RT_TIMER_THREAD_PRIO     4    //设置软件定时器线程优先级，默认为 4
#define RT_TIMER_THREAD_STACK_SIZE   512  //设置软件定时器堆栈大小，默认为 512B
```

5. IPC 配置

系统支持的进程间通信（Inter-Process Communication，IPC）包括信号量、互斥、事件集、邮箱、消息队列，通过定义相应的宏使能/禁止使用该 IPC。

```
//define RT_USING_SEMAPHORE            //设置是否使用信号量
//define RT_USING_MUTEX                //设置是否使用互斥
//define RT_USING_EVENT                //设置是否使用事件集
//define RT_USING_MAILBOX              //设置是否使用邮箱
//define RT_USING_MESSAGEQUEUE         //设置是否使用消息队列
```

6. 存储器配置

RT_Thread 存储器管理包括存储器池、存储器堆、小存储器管理、小体积算法，通过使能相应的宏定义使用相应的功能。

```
//define RT_USING_MEMPOOL              //是否使用存储器池
//define RT_USING_HEAP                 //是否使用存储器堆
//define RT_USING_SMALL_MEM            //是否使用小存储器管理
//define RT_USING_TINY_SIZE            //是否使用小体积的算法
```

7. FinSH 控制台配置

定义 RT_USING_CONSOLE 则使能控制台功能，使能该宏则关闭控制台，不能实现打印；修改 RT_CONSOLEBUF_SIZE 可配置控制台缓冲大小。

```
//define RT_USING_CONSOLE                    //控制台宏开关
//define RT_CONSOLEBUF_SIZE   128            //设置控制台数据缓冲区大小，默认为 128B
```

通过定义 RT_USING_FINSH 使能使用 FinSH 组件，使能后可对 FinSH 组件的相关参数进行修改，FINSH_THREAD_STACK_SIZE 的默认值较小，可根据实际情况增加该值。

```
#if defined(RT_USING_FINSH)                  //开关 FinSH 组件

  #define FINSH_USING_MSH                    //使用 FinSH 组件 MSH 模式
  #define FINSH_USING_MSH_ONLY               //仅使用 MSH 模式

 #define __FINISH_THREAD_PRIORITY 5          //设置 FinSH 优先级，配置后根据下面的公式进行计算
 #define FINSH_THREAD_PRIORITY (RT_THREAD_PRIORITY_MAX / 8 * __FINSH_THREAD_PRIORITY + 1)

 #define FINSH_THREAD_STACK_SIZE    512 //设置 FinSH 线程栈大小，范围是 1～4096

 #define FINSH_HISTORY_LINES          1      //设置 FinSH 组件记录历史命令的个数，范围是 1～32

 #define FINSH_USING_SYMTAB                  //使用符号表，需要使能，默认使能
#endif
```

15.5 RT-Thread Nano 内核分析与实现

本节将对 RT-Thread Nano 内核的关键部分进行说明，并通过设计实例进行演示。

> **注：**（1）此部分内容参考了 RT-Thread 的文档和设计案例，读者可以登录其官网查找这些资料和设计案例。

（2）由于 RT-Thead Nano 的内核功能较多，本书仅以线程创建和调用、定时器调用，以及线程同步为例，来说明内核的功能，更多的设计案例可以参考 RT-Thread 提供的实验材料。

15.5.1 线程及其管理

线程是 RT-Thread 操作系统中最小的调度单位，线程调度算法是基于优先级的全抢占式多线程调度算法，即在系统中除了中断处理函数、调度器上锁部分的代码和禁止中断的代码是不可抢占的外，系统的其他部分都是可以抢占的，包括线程调度器自身。RT-Thread 支持 256 个线程优先级（可以通过配置文件更改为支持 32 个/8 个线程优先级，针对 STM32 的默认配置是 32 个线程优先级）。0 优先级表示最高优先级，最低优先级留给空闲线程使用；同时，RT-Thread 也支持创建多个具有相同优先级的线程，相同优先级的线程间采用时间片的轮询调度算法进行调度，使每个线程运行相应时间；另外，调度器在寻找那些处于就绪状态的具有最高优先级的线程时，所经历的时间是恒定的，系统也不限制线程数量的多少，线程数量只与硬件的具体存储器相关。

在日常生活中，我们经常会把一个大的复杂的任务分解为一个个小的比较容易实现的任务，然后按一定的规则将小的任务一个个实现，这样就可以完成一个大的复杂的任务。在计算机软件程序设计中，我们将一个代码长度较长，实现起来比较复杂的程序，分解为一段一段小的比较容易实现的代码，然后按一定的规则来实现这些小的容易实现的代码。

例如，对于一个任务，该任务通过传感器采集数据，然后在显示器上将采集的数据显示出来。我们可以将这个任务分解为两个子任务，一个子任务不间断地读取传感器的数据，并将数据写到存储器中；另一个子任务周期性地从存储器中读取数据，并将传感器数据输出到显示屏上。数据采集和显示任务的划分和处理如图 15.8 所示。

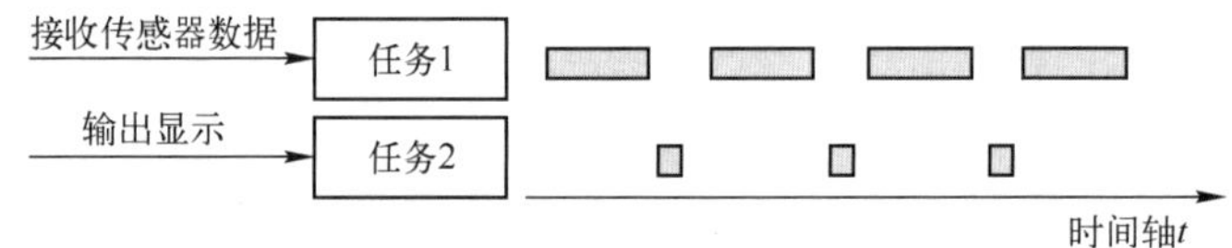

图 15.8 数据采集和显示任务的划分和处理

在 RT-Thread 中，与上述子任务对应的程序实体就是线程，线程是实现任务的载体，它是 RT-Thread 中最基本的调度单位，它描述了一个任务执行的运行环境，也描述了这个任务所处的有限等级，可以将紧急任务设置高优先级，将非紧急任务设置低优先级。当然，不同的任务也可以设置相同的优先级，轮流运行。

对于每个运行的线程，它本身会认为自己独占了 CPU 的资源。运行线程时的环境称为上下文，正确的上下文使得不同的线程可以根据调度策略进行切换。

在 rtdef.h 文件中，使用 struct rt_thread 表示线程控制块，具体见该文件。该线程控制块是操作系统中用于管理线程的一个数据结构，它会存放线程的一些信息，如优先级、线程名字、线程状态等，也包含线程与线程之间连接用的链表结构、线程等待事件集合等。

RT-Thread 线程具有独立的栈，当切换线程时，会将当前线程的上下文保存在堆栈中，当线程要恢复运行时，再从堆栈中读取上下文信息，进行恢复。

在线程运行的过程中，同一时间内只允许一个线程在处理器中运行，从运行的过程上划分，线程有多种不同的运行状态，如初始状态、挂起状态、就绪状态等。在 RT-Thread 中，线程包含 5 种状态，如表 15.1 所示。

表 15.1　线程的 5 种状态

状态	描述
初始状态	当刚创建线程而没有开始运行线程时，该线程就处于初始状态；在初始状态下，线程不参与调度。该状态在 RT-Thread 中的宏定义为 RT-THREAD_INIT
就绪状态	在就绪状态下，线程按照优先级排队，等待执行它；一旦当前线程运行完毕让出处理器，操作系统就会马上寻找最高优先级的就绪状态线程运行。该状态在 RT-Thread 中的宏定义为 RT_THREAD_READY
运行状态	当前正在运行线程。在单核系统中，只有 rt_thread_self()返回的线程处于运行状态；在多核系统中，可能不止这一个线程处于运行状态。该状态在 RT-Thread 中的宏定义为 RT-THREAD_RUNNING
挂起状态	也称为阻塞状态。这是由于系统未能给线程提供需要的资源，使得线程处于挂起等待状态，或者线程主动延迟一段时间而挂起。在挂起状态下，线程不参与调度。该状态在 RT-Thread 中的宏定义为 RT-THREAD-SUSPEND
关闭状态	当线程结束运行时，将处于关闭状态。处于关闭状态的线程不参与线程的调度。该状态在 RT-Thread 中的宏定义为 RT-THREAD-CLOSE

操作系统会自动根据其运行的情况来动态调整它的状态，线程之间的状态切换如图 15.9 所示。

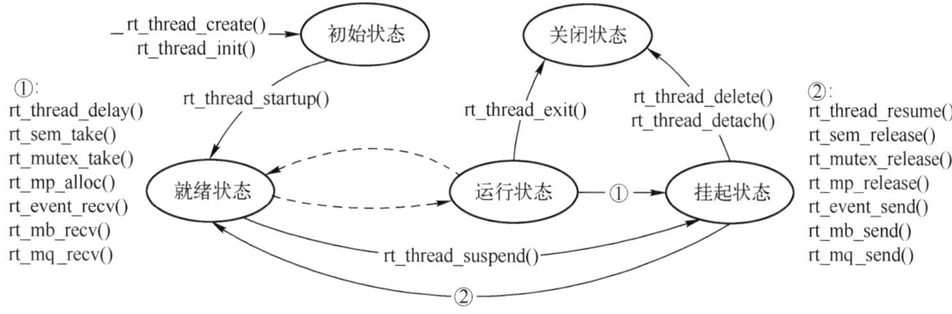

图 15.9　线程之间的状态切换

（1）线程通过调用函数 rt_thread_create/init()进入初始状态（RT_THREAD_INIT）。

（2）初始状态的线程通过调用函数 rt_thread_startup()进入就绪状态（RT_THREAD_READY）。

（3）就绪状态的线程被调度器调度后进入运行状态（RT_THREAD_RUNNING）。

（4）当处于运行状态的线程调用 rt_thread_delay()、rt_sem_take()、rt_mutex_take()或 rt_mb_recv()等函数或获取不到资源时，将进入挂起状态（RT_THREAD_SUSPEND）。

（5）处于挂起状态的线程，如果等待超时仍然没有获得资源，或者由于其他线程释放了资源，那么将返回到就绪状态。

（6）挂起状态的线程，如果调用 rt_thread_delete/detach()函数，那么将更改为关闭状态（RT_THREAD_CLOSE）。

（7）处于运行状态的线程，如果运行结束，就会在线程的最后部分执行 rt_thread_exit()函数，将更改为关闭状态。

注：在 RT-Thread OS 中，实际上线程并不存在运行状态，就绪状态和运行状态是等同的。

在系统启动时，系统会创建 main 线程，它的入口函数为 main_thread_entry()，用户的应用入口函数 main()就是从这里真正开始的，启动系统调度器后，开始运行 main 线程，如图 15.10 所示，用户可以在 main()函数里添加自己的应用程序初始化代码。

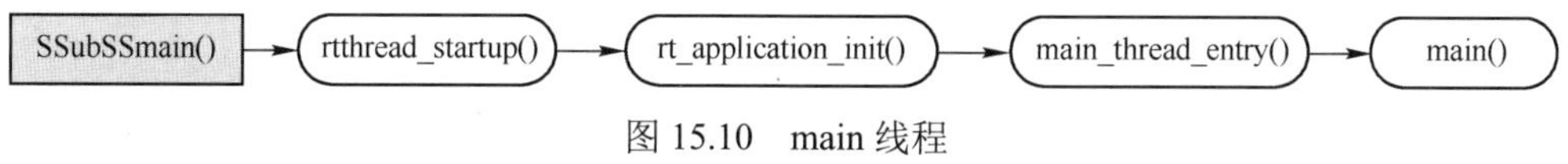

图 15.10　main 线程

1．创建线程

一个线程要成为可执行的对象，就必须由操作系统的内核为它创建一个线程，创建函数的原型如下。

```
rt_thread_t rt_thread_create(const char *name,
                             void (*entry)(void *parameter),
                             void *parameter,
                             rt_uint32_t stack_size,
                             rt_uint8_t priority,
                             rt_uint32_t tick);
```

该函数的参数说明，如表 15.2 所示。

表 15.2　参数说明

参数	说明
name	线程的名字；线程名字的最大长度由 rtconfig.h 中宏 RT_NAME_MAX 指定，超过该长度的名字将被截掉
entry	线程入口参数
parameter	线程入口参数
stack_size	线程堆栈大小，单位是字节
priority	线程的优先级。根据系统配置情况确定优先级范围（由 rtconfig.h 中的 RT_THREAD_PRIORITY_MAX 定义），如果支持 256 级优先级，那么范围为 0～255，数值越小优先级越高，0 代表最高优先级
tick	线程的时间片大小。时间片的单位是操作系统的时钟节拍。当操作系统中存在相同优先级的线程时，该参数指定调度一次线程能够运行的最大时间长度。当该时间片运行结束时，调度器自动选择下一个就绪状态的同优先级的线程进行运行

当创建线程成功时，返回 thread（线程创建成功，返回线程句柄）；当创建线程失败时，返回 RT_NULL。

2．删除线程

对于一些使用 rt_thread_create()创建出来的线程，当不需要使用，或者运行出错时，可以使用下面的函数删除该线程。

```
rt_err_t rt_thread_delete(rt_thread_t thread);
```

调用该函数后，将该线程移出线程队列并从内核对象管理器中删除，同时也会释放该线程所占用的堆栈空间，回收的该堆栈空间将重新进行分配以用于其他线程。实际上，用 rt_thread_delete()删除线程，仅仅是把相应的线程状态更改为 RT_THREAD_CLOSE 状态，然后放到 rt_thread_defunct 队列中；而删除线程的真正行为（释放线程块和释放线程栈）需要到下一次执行空闲进程时，由空闲线程完成最后的线程删除动作。

当删除线程成功时，返回 RT_EOK；当删除线程失败时，返回 RT_ERROR。

> 注：仅在使能系统动态堆时，rt_thread_create()和 rt_thread_delete()才有效（即在 RT_USING_HEAP 宏中进行了定义）。

3．初始化线程

使用下面的函数完成对线程的初始化，以初始化静态线程对象。

```
rt_err_t rt_thread_init(struct rt_thread *thread,
                        const char *name,
                        void (*entry)(void *parameter),
                        void *parameter,
                        void *stack_start,
                        rt_uint32_t stack_size,
                        rt_uint8_t priority,
                        rt_uint32_t tick);
```

其中，thread 为线程句柄，由用户提供，并指向对应的线程控制块存储器地址；stack_start 为线程栈的起始地址。

当创建线程成功时，返回 RT_EOK；当创建线程失败时，返回 RT_ERROR。

4．脱离线程

对于使用 rt_thread_init()初始化的线程，使用 rt_thread_detach()将脱离在线程队列和内核对象管理器中的该线程。线程脱离函数如下。

```
rt_err_t rt_thread_detach(rt_thread_t thread);
```

当脱离线程成功时，返回 RT_EOK；当脱离线程失败时，返回 RT_ERROR。

5．启动线程

创建（初始化）的线程状态处于初始状态，并未进入就绪线程的调度队列，可以在线程初始化/创建成功后，调用下面的函数让线程进入就绪状态。

```
rt_err_t rt_thread_startup(rt_thread_t thread);
```

当调用该函数时，将线程的状态更改为就绪状态，并放到相应优先级队列中等待调度。如果新启动的线程优先级高于当前的线程优先级，则立即切换到新启动的线程。

当启动线程成功时，返回 RT_EOK；当启动线程失败时，返回 RT_ERROR。

6．获得当前的线程

在程序运行的过程中，多个线程可能会执行相同的一段代码，可以通过下面的函数获得当前执行的线程句柄。

```
rt_thread_t rt_thread_self(void);
```

返回值为当前运行的线程句柄，如果返回 RT_NULL，则表示还未启动调度器。

7．让出线程

当前线程的时间片用完或者该线程主动要求让出处理器资源时，它将不再占有处理器，调度器会选择执行具有相同优先级的下一个线程。线程调用该函数后，该线程仍然在就绪队列中。线程使用下面的函数让出处理器。

```
rt_err_t rt_thread_yield(void);
```

调用该函数后，当前线程首先把自己从它所在的就绪优先级队列中删除，然后将自己挂到该优先级队列链表的尾部，最后激活调度器切换上下文（如果当前优先级只有这一个线程，则继续执行该线程，不进行上下文切换）。

rt_thread_yield()函数和 rt_schedule()函数类似，但在有相同优先级的其他就绪状态线程存在时，系统的行为却截然不同。执行 rt_thread_yield()函数后，将当前线程换出，然后执行下一个具有相同优先级的线程。但是在执行 rt_schedule()函数后，并不一定把当前线程换出，即使将其换出，也不会把它放到就绪队列线程链表的尾部，而是在系统中选取就绪的优先级最高的线程执行（如果系统中不存在比当前线程优先级更高的线程，那么执行完 rt_schedule()函数后，系统将继续执行当前线程）。

8．线程休眠

在实际应用中，有时需要让运行的当前线程延迟一段时间，在到达指定的时间后重新运行，这就是线程休眠。使用下面的函数，可以实现线程休眠。

```
rt_err_t rt_thread_delay(rt_tick_t tick);
rt_err_t rt_thread_mdelay(rt_int32_t ms);
```

这些函数的作用相同，调用它们可以使当前的线程挂起一段指定的时间，当这个时间过后，将线程唤醒并使其进入就绪状态。该函数接收一个参数，该参数指定了线程的休眠时间。线程休眠函数的入口参数为 tick（单位为 ms），tick 以 1 个 OS Tick 为单位，mdelay 以 1ms 为单位。当操作成功后，返回 RT_EOK。

9．挂起线程

挂起线程使用下面的函数。

```
rt_err_t rt_thread_suspend(rt_thread_t thread);
```

当挂起线程成功后，返回 RT_EOK；当挂起线程失败后，返回 RT_ERROR。该线程的状态并不是就绪状态。

> 注：只能使用本函数挂起线程自己，不可以在线程 A 中尝试挂起线程 B，而且在挂起线程自己后，需要立即调用 rt_schedule()函数进行手动的线程上下文切换。用户只需要了解该函数的作用即可，不推荐使用该函数，该函数可看作内核内部函数。

10．恢复线程

恢复线程就是让挂起的线程重新进入就绪状态，并将线程放入系统的就绪队列中；如果恢复的线程在所有就绪线程中位于最高优先级链表的第一位，那么系统将进行线程的上下文切换，使用下面的函数恢复线程。

```
rt_err_t rt_thread_resume(rt_thread_t thread);
```

当恢复线程成功时，返回 RT_EOK；当恢复线程失败时，返回 RT_ERROR。该线程的状态并不是 RT_THREAD_SUSPEND 状态。

11．控制线程

当需要对线程进行一些其他控制时，如动态更改线程的优先级，可以调用如下函数。

```
rt_err_t rt_thread_control(rt_thread_t thread, int cmd, void *arg);
```

其中，thread 为线程句柄；cmd 为指示控制命令；arg 为控制参数。

当控制线程正确时，返回 RT_EOK；当控制线程不正确时，返回 RT_ERROR。

指示控制命令 cmd 当前支持的命令如下。

（1）RT_THREAD_CTRL_CHANGE_PRIORITY：动态更改线程的优先级。

（2）RT_THREAD_CTRL_STARTUP：开始运行一个线程，等同于 rt_thread_startup()函数调用。

（3）RT_THREAD_CTRL_CLOSE：关闭一个线程，等同于 rt_thread_delete()函数或 rt_thread_detach()函数调用。

12．设置空闲挂钩

空闲挂钩函数就是空闲线程的挂钩函数，如果设置了空闲挂钩函数，就可以在系统执行空闲线程时，自动执行空闲挂钩函数来做一些事情，如系统指示灯。设置空闲挂钩函数如下。

```
rt_err_t rt_thread_idle_sethook(void (*hook)(void));
```

其中，hook 为设置的挂钩函数。当设置成功时，返回 RT_EOK；当设置失败时，返回 RT_EFULL。

13．删除空闲挂钩

删除空闲挂钩的函数如下。

```
rt_err_t rt_thread_idle_delhook(void (*hook)(void));
```

其中，hook 为删除的挂钩函数。当删除成功时，返回 RT_EOK；当删除失败时，返回 RT_ENOSYS。

> **注：** 空闲线程是一个线程状态永远为就绪状态的线程，因此设置的挂钩函数必须保证空闲线程在任何时候都不会处于挂起状态，这可能会导致线程挂起的函数都不能使用，如 rt_thread_delay()和 rt_sem_take()。并且，由于 malloc、free 等存储器相关的函数内部使用了信号量作为临界区保护，因此在挂钩函数内部也不允许调用此类函数。

14．设置调度器挂钩

在整个系统的运行过程中，系统都处于线程运行、中断触发-响应中断、切换到其他线程，甚至是线程间的切换过程，或者说系统的上下文切换是系统中最普遍的事件。有时候用户想知道在一个时刻发生了什么样的线程切换，可以通过调用下面的函数设置一个相应的挂钩函数。在系统线程切换时，将调用以下挂钩函数。

```
void rt_scheduler_sethook(void (*hook)(rt_thread_t from, rt_thread_t to));
```

其中，hook 表示用户定义的挂钩函数指针。

挂钩函数 hook()声明如下。

```
void hook(struct rt_thread* from, struct rt_thread* to);
```

其中，from 表示系统所要切换处的线程控制块指针；to 表示系统要切换到的线程控制块指针。

> **注：** 仔细编写挂钩函数，稍有不慎将可能导致整个系统运行不正常（在整个挂钩函数中，基本上不允许调用系统 API，更不应该导致当前运行的上下文挂起）。

15.5.2　线程的创建及调度的实现

下面将在设计中添加设计代码，实现线程的创建及调度。

1．打开设计工程

打开设计工程的主要步骤如下。

（1）启动 Keil μVision 集成开发环境（以下简称 Keil）。

（2）在 Keil 主界面主菜单中，选择 Project->Open Project。

（3）弹出 Select Project File 界面。在该界面中，将路径定位到下面的路径 E:\STM32G0_example\example_15_2\MDK-ARM。在该路径下，选中名字为 top.uvprojx 的工程文件。

（4）单击打开按钮，退出 Select Project File 界面。

2．添加 UART 控制台

在 RT-Thread Nano 上添加 UART 控制台打印功能后，即可在代码中使用 RT-Thread 提供的打印函数 rt_kprintf()进行信息打印，从而获取自定义的打印信息，方便定义代码的缺陷或者获取系统当前运行状态等。实现控制台打印（需要确认 rtconfig.h 中已经使能 RT_USING_CONSOLE 宏定义），需要完成基本的硬件初始化，以及对接一个系统输出字符的函数。

（1）初始化串口。

在 Keil 主界面左侧的 Project 窗口中，找到并展开 RTOS。在展开项中，双击 board.c，打开该设计文件。在该文件中，添加设计代码，如代码清单 15.8 所示。

代码清单 15.8　添加串口初始化代码

```
static UART_HandleTypeDef UartHandle;
static int uart_init(void)
{
    UartHandle.Instance = USART2;
    UartHandle.Init.BaudRate = 115200;
    UartHandle.Init.WordLength = UART_WORDLENGTH_8B;
    UartHandle.Init.StopBits = UART_STOPBITS_1;
    UartHandle.Init.Parity = UART_PARITY_NONE;
    UartHandle.Init.Mode = UART_MODE_TX_RX;
    UartHandle.Init.HwFlowCtl = UART_HWCONTROL_NONE;
    UartHandle.Init.OverSampling = UART_OVERSAMPLING_16;

    if (HAL_UART_Init(&UartHandle) != HAL_OK)
    {
        while (1);
    }
    return 0;
}
INIT_BOARD_EXPORT(uart_init);
```

> **注：** 读者也可以在 void rt_hw_board_init()函数中，添加一行代码 uart_init();，来代替上面的 INIT_BOARD_EXPORT(uart_init);。

（2）添加 rt_hw_console_output()函数。

需要注意的是，RT-Thread 系统中已有的打印均以\n 结尾，而非\r\n，所以在字符输出时，需要在输出\n 之前输出\r，完成回车与换行，否则系统打印出来的信息将只有换行。

在 board.c 文件中，添加 rt_hw_console_output()函数代码，如代码清单 15.9 所示。

代码清单 15.9　rt_hw_console_output()函数代码

```
void rt_hw_console_output(const char *str)
{
    rt_size_t i = 0, size = 0;
    char a = '\r';

    __HAL_UNLOCK(&UartHandle);

    size = rt_strlen(str);

    for (i = 0; i < size; i++)
    {
        if (*(str + i) == '\n')
        {
            HAL_UART_Transmit(&UartHandle, (uint8_t *)&a, 1, 1);
```

```
            }
            HAL_UART_Transmit(&UartHandle, (uint8_t *)(str + i), 1, 1);
        }
    }
```

（3）保存 board.c 文件。

3．添加创建和调度线程文件

下面将在设计中添加新的设计文件，在该文件中实现创建进程和线程调度的功能，主要步骤如下。

（1）在 Keil 主界面左侧窗口中，找到并选中 Application/User 文件夹，单击鼠标右键，出现浮动菜单。在浮动菜单内，选择 Add New Item to Group 'Application/User'...。

（2）弹出 Add New Item to Group 'Application/User'界面。在该界面中，选择文件类型 C File(.c)，在 Name 后面的文本框中输入 thread_sample，表示新创建的文件名字为 thread_sample.c。

（3）单击 Add 按钮，退出该界面，同时自动打开 thread_sample.c 文件。在该文件中，添加设计代码，如代码清单 15.10 所示。

代码清单 15.10　thread_sample.c 文件

```
#include <rtthread.h>

#define THREAD_PRIORITY          25
#define THREAD_STACK_SIZE        512
#define THREAD_TIMESLICE         5

static rt_thread_t tid1 = RT_NULL;

/* 线程 1 的入口函数 */
static void thread1_entry(void *parameter)
{
        unsigned char counter0=0;
    while (1)
    {
        /* 线程 1 采用低优先级运行，一直打印计数值 */
        rt_kprintf("thread1 count: %d\n", counter0++);
        rt_thread_mdelay(500);
    }
}

ALIGN(RT_ALIGN_SIZE)
static char thread2_stack[1024];
static struct rt_thread thread2;
/* 线程 2 入口 */
static void thread2_entry(void *param)
{
      unsigned char counter1=0;
    while (1)
    {
        /* 线程 2 采用低优先级运行，一直打印计数值 */
        rt_kprintf("thread2 count: %d\n", counter1++);
        rt_thread_mdelay(500);
```

```
    }
}

ALIGN(RT_ALIGN_SIZE)
static char thread3_stack[1024];
static struct rt_thread thread3;
/* 线程 3 入口 */
static void thread3_entry(void *param)
{
    unsigned char counter2=0;
            for(counter2=0;counter2<20;counter2++)
        {
            /* 线程 3 采用高优先级运行*/
            rt_kprintf("thread3 count: %d\n", counter2);
        }
                rt_kprintf("thread3 exit\n");
}                /* 线程 3 运行结束后也将自动脱离系统 */

int thread_sample(void)
{
    /* 创建线程 1，名称是 thread1，入口是 thread1_entry*/
    tid1 = rt_thread_create("thread1",
                            thread1_entry,
                            RT_NULL,
                            THREAD_STACK_SIZE,
                            THREAD_PRIORITY,
                            THREAD_TIMESLICE);

    /* 如果获得线程控制块，则启动这个线程 */
    if (tid1 != RT_NULL)
        rt_thread_startup(tid1);

    /* 初始化线程 2，名称是 thread2，入口是 thread2_entry */
    rt_thread_init(&thread2,
                "thread2",
                thread2_entry,
                RT_NULL,
                &thread2_stack[0],
                sizeof(thread2_stack),
                THREAD_PRIORITY-1,
                THREAD_TIMESLICE);
                rt_thread_startup(&thread2);

    /* 初始化线程 3，名称是 thread3，入口是 thread3_entry */
    rt_thread_init(&thread3,
                "thread3",
                thread3_entry,
                RT_NULL,
                &thread3_stack[0],
                sizeof(thread3_stack),
                THREAD_PRIORITY - 2,
```

```
                    THREAD_TIMESLICE);
                    rt_thread_startup(&thread3);
        return 0;
    }

    /* 导出到 msh 命令列表中 */
    MSH_CMD_EXPORT(thread_sample, thread sample);
```

（4）保存该设计文件。

思考与练习 15.2：说明在 RT-Thread 中创建线程的方法。

思考与练习 15.3：说明线程切换的方法，尤其是 rt_thread_mdelay(500);代码（参考 15.5.1 节中切换线程的方法）。

4．修改主函数

下面将修改主函数，主要步骤如下。

（1）在 Keil 主界面 Project 窗口中，找到并双击 main.c，打开该设计文件。

（2）在 main()主函数中，添加下面一行设计代码。

```
thread_sample();
```

（3）保存 main.c 文件。

5．设计处理和测试

下面将对设计进行处理，并对该设计进行验证，主要内容如下。

（1）在 Keil 主界面主菜单中，选择 Project->Build Target，对该设计进行编译和连接，并生成可以下载到 STM32G071 MCU 内 Flash 存储器的文件格式。

（2）通过 USB 电缆，将 NUCLEO-G071RB 开发板的 USB 接口与计算机/笔记本电脑的 USB 接口进行连接。

> **注：** 读者需要确认在计算机上虚拟出来的端口号，对于 Windows 操作系统，读者可以在设备管理器中找到虚拟的端口号，如图 15.11 所示，在此处虚拟出来的端口号为 COM4。

端口 (COM 和 LPT)
STMicroelectronics STLink Virtual COM Port (COM4)
固件

图 15.11　虚拟的端口号

（3）登录 PuTTY 官网后，读者根据自己计算机所使用的处理器和所安装的操作系统，下载 PuTTY 工具。在该设计中，我们使用的是 64-bit x86 putty.exe 文件，并将该文件下载到计算机桌面上。

（4）打开 PuTTY 工具，其配置界面如图 15.12 所示，按图中标注的 1、2 和 3 的顺序，选择 Serial 单选项，在 Serial line 下面的文本框中输入虚拟出来的端口号，在 Speed 下面的文本框中输入 115200（该设置必须与工程中的端口初始化代码中所设置的波特率一致）。

（5）单击图 15.12 界面底部的 Open 按钮，弹出一个黑色窗口。

（6）在 Keil 主界面主菜单中，选择 Flash->Download。

（7）在 COM4-PuTTY 界面中，观察打印的信息，如图 15.13 所示。

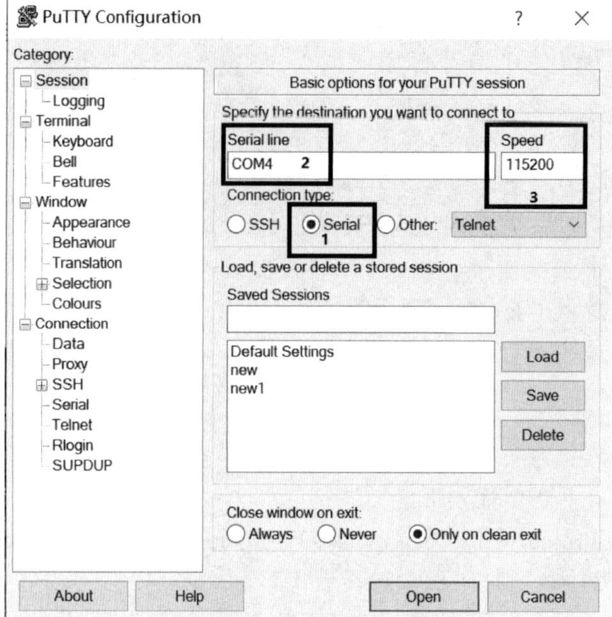

图 15.12　PuTTY 配置界面

```
COM4 - PuTTY
 \ | /
- RT -     Thread Operating System
 / | \     3.1.3 build Jun 23 2021
 2006 - 2019 Copyright by rt-thread team
msh >thread3 count: 0
thread3 count: 1
thread3 count: 2
thread3 count: 3
thread3 count: 4
thread3 count: 5
thread3 count: 6
thread3 count: 7
thread3 count: 8
thread3 count: 9
thread3 count: 10
thread3 count: 11
thread3 count: 12
thread3 count: 13
thread3 count: 14
thread3 count: 15
thread3 count: 16
thread3 count: 17
thread3 count: 18
thread3 count: 19
thread3 exit
thread2 count: 0
thread1 count: 0
thread2 count: 1
thread1 count: 1
thread2 count: 2
thread1 count: 2
thread2 count: 3
thread1 count: 3
thread2 count: 4
thread1 count: 4
thread2 count: 5
thread1 count: 5
thread2 count: 6
thread1 count: 6
thread2 count: 7
thread1 count: 7
thread2 count: 8
thread1 count: 8
```

图 15.13　在 COM4-PuTTY 界面中打印的信息（反色显示）

思考与练习 15.4：根据打印的信息，分析线程调度的过程和调度优先级，理解和掌握在 RT-Thread 中创建线程的方法，以及最基本的线程调度方法。

15.5.3　定时器的使用

RT-Thread 定时器是由操作系统提供的一类接口（函数），它构建在芯片的硬件定时器基础之上，使系统能够提供不受数量限制的定时器服务。

前面提到，RT-Thread 定时器分为 HARD-TIMER 与 SOFT-TIMER，可以设置为单次定时与周期定时，这些属性均可在创建/初始化定时器时进行设置。如果没有设置 HARD-TIMER 或 SOFT-TIMER，则默认使用 HARD_TIMER。

1．打开设计工程

打开设计工程的主要步骤如下。

（1）启动 Keil μVision 集成开发环境（以下简称 Keil）。

（2）在 Keil 主界面主菜单中，选择 Project->Open Project。

（3）弹出 Select Project File 界面。在该界面中，将路径定位到下面的路径 E:\STM32G0_example\example_15_3\MDK-ARM。在该路径下，选中名字为 top.uvprojx 的工程文件。

（4）单击打开按钮，退出 Select Project File 界面。

2．添加创建和调度定时器的文件

下面将添加新的设计文件，在该文件中实现创建定时器线程和调用定时器超时的功能，主要步骤如下。

（1）在 Keil 主界面左侧窗口中，找到并选中 Application/User 文件夹，单击鼠标右键，出现浮动菜单。在浮动菜单内，选择 Add New Item to Group 'Application/User'...。

（2）弹出 Add New Item to Group 'Application/User'界面。在该界面中，选择文件类型 C File(.c)，在 Name 后面的文本框中输入 timer_sample，表示新创建的文件为 timer_sample.c。

（3）单击 Add 按钮，退出该界面，同时自动打开 timer_sample.c 文件。在该文件中，添加设计代码，如代码清单 15.11 所示。

代码清单 15.11　timer_sample.c 文件

```
#include <rtthread.h>

/* 定时器的控制块 */
static rt_timer_t timer1;
static rt_timer_t timer2;
static int cnt = 0;

/* 定时器 1 超时函数 */
static void timeout1(void *parameter)
{
    rt_kprintf("periodic timer is timeout %d\n", cnt);

    /* 运行第 10 次，停止周期定时器 */
    if (cnt++ >= 9)
    {
        rt_timer_stop(timer1);
        rt_kprintf("periodic timer was stopped! \n");
    }
```

```
}

/* 定时器 2 超时函数 */
static void timeout2(void *parameter)
{
    rt_kprintf("one shot timer is timeout\n");
}

int timer_sample(void)
{
    /* 创建定时器 1：周期定时器 */
    timer1 = rt_timer_create("timer1",
                             timeout1,
                             RT_NULL,
                             10,
                             RT_TIMER_FLAG_PERIODIC);

    /* 启动定时器 1 */
    if (timer1 != RT_NULL) rt_timer_start(timer1);

    /* 创建定时器 2：单次定时器 */
    timer2 = rt_timer_create("timer2",
                             timeout2,
                             RT_NULL,
                             30,
                             RT_TIMER_FLAG_ONE_SHOT);

    /* 启动定时器 2 */
    if (timer2 != RT_NULL) rt_timer_start(timer2);
    return 0;
}

/* 导出到 msh 命令列表中 */
MSH_CMD_EXPORT(timer_sample, timer sample);
```

（4）保存 timer_sample.c 文件。

3．修改主函数

下面将修改主函数，主要步骤如下。

（1）在 Keil 主界面 Project 窗口中，找到并双击 main.c，打开该设计文件。

（2）在 main()主函数中，添加下面一行设计代码。

```
timer_sample();
```

（3）保存 main.c 文件。

4．设计处理和测试

下面将对设计进行处理，并对该设计进行验证，主要内容如下。

（1）在 Keil 主界面主菜单中，选择 Project->Build Target，对该设计进行编译和连接，并生成可以下载到 STM32G071 MCU 内 Flash 存储器的文件格式。

（2）通过 USB 电缆，将 NUCLEO-G071RB 开发板的 USB 接口与计算机/笔记本电脑的 USB 接口进行连接。

（3）打开 PuTTY 工具，按 15.5.2 节介绍的方法配置 PuTTY 内的串口通信参数。

（4）单击 Open 按钮，弹出一个黑色窗口。

（5）在 Keil 主界面主菜单中，选择 Flash->Download。

（6）在 COM4-PuTTY 界面中，观察打印的信息，如图 15.14 所示。

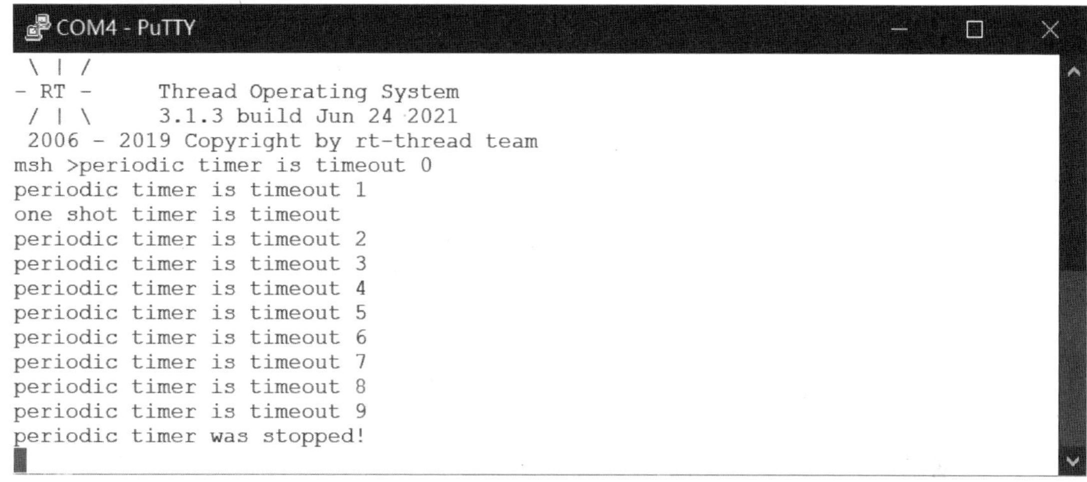

图 15.14　在 COM4-PuTTY 界面中打印的信息

思考与练习 15.5：根据设计代码和图 15.14 给出的打印信息，分析定时器所实现的功能。

15.5.4　互斥量的使用

互斥量是一种特殊的二值信号量。它和信号量的不同之处是：拥有互斥量的线程具有互斥量的所有权，互斥量支持递归访问且能防止线程优先级翻转；并且互斥量只能由持有线程释放，而信号量则可以由任何线程释放。

互斥量的使用比较单一，它是信号量的一种，并且它是以锁的形式存在的。在初始化时，互斥量永远处于开锁状态，而线程持有的时候则立刻转为闭锁的状态。

> 注：互斥量绝对不能用在中断服务程序中。

1. 打开设计工程

打开设计工程的主要步骤如下。

（1）启动 Keil μVision 集成开发环境（以下简称 Keil）。

（2）在 Keil 主界面主菜单中，选择 Project->Open Project。

（3）弹出 Select Project File 界面。在该界面中，将路径定位到下面的路径 E:\STM32G0_example\example_15_4\MDK-ARM。在该路径下，选中名字为 top.uvprojx 的工程文件。

（4）单击打开按钮，退出 Select Project File 界面。

2. 添加创建和使用互斥锁的文件

下面将在设计中添加新的设计文件，在该文件中实现创建定时器线程和调用定时器超时的功能，主要步骤如下。

（1）在 Keil 主界面左侧窗口中，找到并选中 Application/User 文件夹，单击鼠标右键，出现浮动菜单。在浮动菜单内，选择 Add New Item to Group 'Application/User'...。

（2）弹出 Add New Item to Group 'Application/User'界面。在该界面中，选择文件类型 C File(.c)，

在 Name 后面的文本框中输入 mutex_sample，表示新创建的文件为 mutex_sample.c。

（3）单击 Add 按钮，退出该界面，同时自动打开 mutex_sample.c 文件。在该文件中，添加设计代码，如代码清单 15.12 所示。

代码清单 15.12　mutex_sample.c 文件

```
#include <rtthread.h>

#define THREAD_PRIORITY           8
#define THREAD_TIMESLICE          5

/* 指向互斥量的指针 */
static rt_mutex_t dynamic_mutex = RT_NULL;
static rt_uint8_t number1,number2 = 0;

ALIGN(RT_ALIGN_SIZE)
static char thread1_stack[1024];
static struct rt_thread thread1;
static void rt_thread_entry1(void *parameter)
{
        while(1)
        {
            /*线程 1 获取到互斥量后，先后对 number1、number2 进行加 1 操作，然后释放互斥量*/
            rt_mutex_take(dynamic_mutex, RT_WAITING_FOREVER);
            number1++;
            rt_thread_mdelay(10);
            number2++;
            rt_mutex_release(dynamic_mutex);
         }
}

ALIGN(RT_ALIGN_SIZE)
static char thread2_stack[1024];
static struct rt_thread thread2;
static void rt_thread_entry2(void *parameter)
{
        while(1)
        {
            /*线程 2 获取到互斥量后，检查 number1、number2 的值是否相同，相同则表示 mutex 起到了锁的
作用*/
            rt_mutex_take(dynamic_mutex, RT_WAITING_FOREVER);
            if(number1 != number2)
            {
              rt_kprintf("not protect.number1 = %d, mumber2 = %d \n", number1 ,
                        number2);
            }
            else
            {
              rt_kprintf("mutex protect ,number1 = mumber2 is %d\n",number1);
            }

             number1++;
             number2++;
             rt_mutex_release(dynamic_mutex);
```

```
            if(number1 >=50)
                return;
        }
}

/* 互斥量示例的初始化 */
int mutex_sample(void)
{
    /* 创建一个动态互斥量 */
    dynamic_mutex = rt_mutex_create("dmutex", RT_IPC_FLAG_PRIO);
    if (dynamic_mutex == RT_NULL)
    {
        rt_kprintf("create dynamic mutex failed.\n");
        return -1;
    }

    rt_thread_init(&thread1,
                   "thread1",
                   rt_thread_entry1,
                   RT_NULL,
                   &thread1_stack[0],
                   sizeof(thread1_stack),
                   THREAD_PRIORITY,
                   THREAD_TIMESLICE);
    rt_thread_startup(&thread1);

    rt_thread_init(&thread2,
                   "thread2",
                   rt_thread_entry2,
                   RT_NULL,
                   &thread2_stack[0],
                   sizeof(thread2_stack),
                   THREAD_PRIORITY-1,
                   THREAD_TIMESLICE);
    rt_thread_startup(&thread2);
    return 0;
}

/* 导出到 msh 命令列表中 */
MSH_CMD_EXPORT(mutex_sample, mutex sample);
```

3. 修改主函数

下面将修改主函数，主要步骤如下。

（1）在 Keil 主界面 Project 窗口中，找到并双击 main.c，打开该设计文件。

（2）在 main()主函数中，添加下面一行设计代码。

```
mutex_sample();
```

（3）保存 main.c 文件。

4．设计处理和测试

下面将对设计进行处理，并对该设计进行验证，主要内容如下。

（1）在 Keil 主界面主菜单中，选择 Project->Build Target，对该设计进行编译和连接，并生成可以下载到 STM32G071 MCU 内 Flash 存储器的文件格式。

（2）通过 USB 电缆，将 NUCLEO-G071RB 开发板的 USB 接口与计算机/笔记本电脑的 USB 接口进行连接。

（3）打开 PuTTY 工具，按 15.5.2 节介绍的方法配置 PuTTY 内的串口通信参数。

（4）单击 Open 按钮，弹出一个黑色窗口。

（5）在 Keil 主界面主菜单中，选择 Flash->Download。

（6）在 COM4-PuTTY 界面中，观察打印的信息，如图 15.15 所示。

思考与练习 15.6：根据设计代码和图 15.15 给出的打印信息，分析互斥量在进程同步之间的作用，以及该设计使用互斥量所实现的功能。

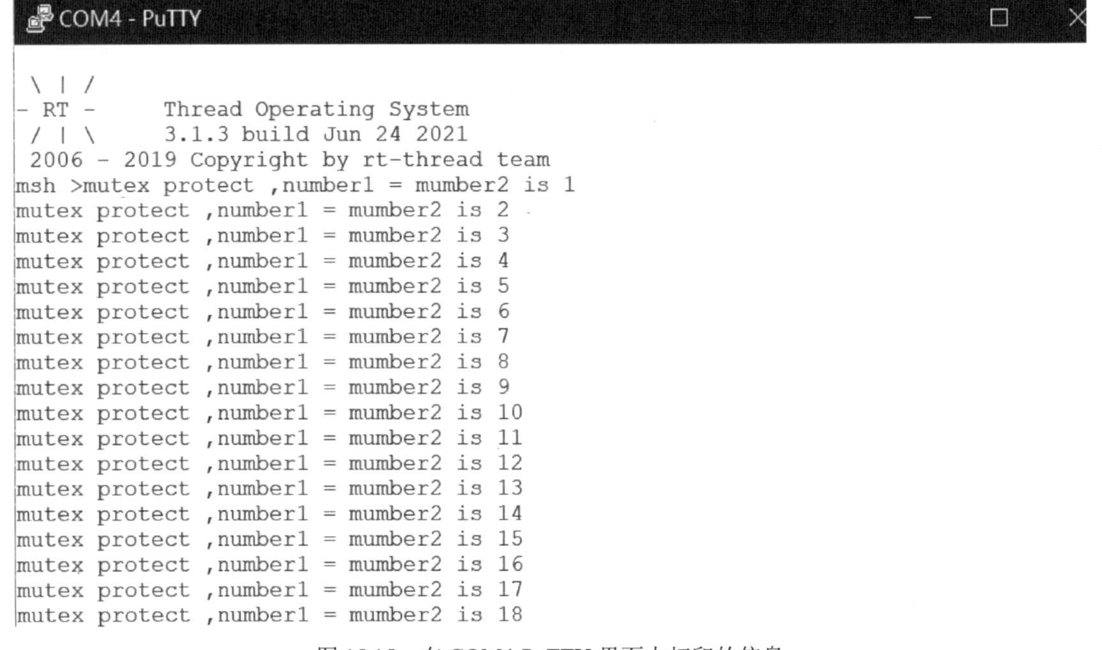

图 15.15　在 COM4-PuTTY 界面中打印的信息

思考与练习 15.7：根据打印的信息，分析线程调度的过程和调度优先级，理解和掌握在 RT-Thread 中创建线程的方法，以及最基本的线程调度方法。